DELIUS KLASING

Dr. H. R. Etzold
Diplom-Ingenieur für Fahrzeugtechnik

So wird's gemacht

pflegen – warten – reparieren

Band 72

FORD ESCORT/ORION
Limousine/Turnier/Express

Benziner
1,3 l/ 44 kW (60 PS) 9/91– 8/96
1,4 l/ 52 kW (71 PS) 9/90– 1/94
1,4 l/ 54 kW (73 PS) 2/94– 1/95
1,4 l/ 55 kW (75 PS) 2/95– 8/98
1,6 l/ 66 kW (90 PS) 1/93– 8/98
1,6 l/ 77 kW (105 PS) 9/90–12/91
1,8 l/ 77 kW (105 PS) 2/92– 9/95
1,8 l/ 85 kW (115 PS) 10/95– 8/98
1,8 l/ 96 kW (130 PS) 2/92– 9/95
2,0 l/110 kW (150 PS) 10/90– 9/95

Diesel
1,8 l/ 44 kW (60 PS) 9/90– 9/95
1,8 l/ 51 kW (70 PS) 1/96– 8/98
1,8 l/ 66 kW (90 PS) 9/93– 8/98

Delius Klasing Verlag

Redaktion: Günter Skrobanek (Text),
Christine Etzold (Bild)

Bibliografische Information Der Deutschen Bibliothek

Die Deutsche Bibliothek verzeichnet diese Publikation in der Deutschen Nationalbibliografie; detaillierte bibliografische Daten sind im Internet über „http://dnb.ddb.de" abrufbar.

9. Auflage / C3z
ISBN 3-7688-0703-7

Alle Angaben ohne Gewähr
Umschlaggestaltung: Ekkehard Schonart
Druck: Kunst- und Werbedruck, Bad Oeynhausen
Printed in Germany 2003

Delius Klasing Verlag, Siekerwall 21, D-33602 Bielefeld
Tel.: 0521/559-0, Fax: 0521/559-115
e-mail: info@delius-klasing.de
www.delius-klasing.de

Lieber Leser,

obwohl die Automobile von Modellgeneration zu Modellgeneration technisch wesentlich aufwendiger und komplizierter werden, greifen von Jahr zu Jahr immer mehr Heimwerker zum »So wird's gemacht«-Handbuch. Die Erklärung dafür ist einfach: Weil die Technik des Automobils komplizierter geworden ist, kommt man selbst als Fachmann bei Wartungs- und Reparaturarbeiten am Fahrzeug ohne eine spezielle Anleitung nicht mehr aus.

Auch der fachkundige Hobbymonteur, der sein Fahrzeug selbst wartet und repariert, sollte bedenken, daß der Fachmann viel Erfahrung hat und durch die Weiterschulung und den ständigen Erfahrungsaustausch über den neuesten Technikstand verfügt. Mithin kann es für die Überwachung und Erhaltung der Betriebs- und Verkehrssicherheit des eigenen Fahrzeugs sinnvoll sein, in regelmäßigen Abständen eine Fachwerkstatt aufzusuchen.

Grundsätzlich muß sich der Heimwerker natürlich darüber im klaren sein, daß man mit Hilfe eines Handbuches nicht automatisch zum Kfz-Mechaniker wird. Auch deshalb sollte man nur solche Arbeiten durchführen, die man sich selbst zutraut. Das gilt insbesondere für jene Arbeiten, die die Verkehrssicherheit des Fahrzeugs beeinträchtigen können. Gerade in diesem Punkt sorgt das »So wird's gemacht«-Handbuch jedoch für praktizierte Verkehrssicherheit. Durch die exakte Beschreibung der erforderlichen Arbeitsschritte und den Hinweis, die Sicherheitsaspekte nicht außer acht zu lassen, wird der Heimwerker vor der Arbeit entsprechend sensibilisiert und fachlich richtig informiert. Auch wird darauf hingewiesen, im Zweifelsfall die Arbeit lieber einem Fachmann zu überlassen.

Vor jedem Arbeitsgang empfiehlt sich ein Blick in das vorliegende Buch. Dadurch werden Umfang und Schwierigkeitsgrad der Reparatur offenbar. Außerdem wird deutlich, welche Ersatz- oder Verschleißteile eingekauft werden müssen und ob unter Umständen die Arbeit nur mit Hilfe von Spezialwerkzeug durchgeführt werden kann.

Für die meisten Schraubverbindungen ist das Anzugsmoment angegeben. Bei Schraubverbindungen, die in jedem Fall mit einem Drehmomentschlüssel angezogen werden müssen (Zylinderkopf, Achsverbindungen usw.), ist der Wert **fett** gedruckt. Nach Möglichkeit sollte man generell jede Schraubverbindung mit einem Drehmomentschlüssel anziehen. Übrigens: Für viele Schraubverbindungen sind Innen- oder Außen-Torxschlüssel erforderlich.

Als ich Anfang der siebziger Jahre den ersten Band der »So wird's gemacht-Buchreihe« auf den Markt brachte, wurden im Automobilbau nur ganz wenige elektronische Bauteile eingesetzt. Inzwischen ist das elektronische Management allgegenwärtig; ob bei der Steuerung der Zündung, des Fahrwerks oder der Gemischaufbereitung. Die Elektronik sorgt auch dafür, daß es in verschiedenen Bereichen keine Verschleißteile mehr gibt, wie zum Beispiel der früher für den Zündfunken unentbehrliche Unterbrecherkontakt im Zündverteiler. Das Überprüfen elektronischer Bauteile ist wiederum nur noch mit teuren und speziell auf das Fahrzeugmodell abgestimmten Prüfgeräten möglich, die dem Heimwerker in der Regel nicht zur Verfügung stehen. Wenn also verschiedene Reparaturschritte nicht mehr beschrieben werden, so liegt das ganz einfach am vermehrten Einsatz von elektronischen Bauteilen.

Das vorliegende Buch kann natürlich auch nicht auf jede aktuelle, technische Frage eingehen. Dennoch hoffe ich, daß die getroffene Auswahl an Reparatur-, Wartungs- und Pflegehinweisen in den meisten Fällen die auftretenden Probleme zufriedenstellend löst.

Rüdiger Etzold

Inhaltsverzeichnis

Der Motor

Der FORD ESCORT/ORION wird von einem flüssigkeitsgekühlten Vierzylinder-Reihenmotor angetrieben, der vorn quer zur Fahrtrichtung eingebaut ist.

Je nach Motorleistung ist ein **OHV-**, **CVH-** oder **DOHC-Benzinmotor** oder ein **OHC-Dieselmotor** eingebaut.

Die Benzinmotoren

Der **OHV-Motor** (OHV = overhead valves = obenliegende Ventile) mit 60 PS ist nach dem Querstrom-Prinzip konstruiert. Das heißt, frisches Kraftstoff-Luftgemisch wird auf der einen Seite angesaugt und verbranntes Gas auf der gegenüberliegenden Seite über die Abgasanlage ausgestoßen. Ein- und Auslaßventile sind abwechselnd im Zylinderkopf angeordnet und werden über Stößel, Stößelstangen und Kipphebel betätigt. Die dreifach gelagerte Nockenwelle befindet sich seitlich im Zylinderblock und wird über eine Rollenkette von der Kurbelwelle angetrieben. Die Kurbelwelle ist dreifach gelagert und zum Massenausgleich mit Gegengewichten versehen.

Brennräume und Ansaugkanäle sind so gestaltet, daß das angesaugte Kraftstoff-Luftgemisch in eine Drallbewegung versetzt und intensiv verwirbelt wird. Aufgrund dieses Vorganges wird der Motor auch **HCS**-Motor genannt (HCS = High Compression Swirl = Hochdruck-Drall-Verwirbelung). Durch die Drall-Verwirbelung kann die Verbrennung schneller und vollständiger ablaufen, was im Fahrbetrieb zu geringerem Kraftstoffverbrauch und niedrigeren Schadstoff-Emissionen führt.

Die Ölpumpe ist seitlich außen am Motorblock angeschraubt und wird durch eine Schrägverzahnung von der Nockenwelle angetrieben. Direkt an der Ölpumpe sitzt, schräg nach unten geneigt, der Hauptstrom-Ölfilter.

Die Zündung erfolgt durch ein verteilerloses, vollelektronisches Zündsystem (EDIS = Electronic-Distributorless-Ignition-System).

Der **ENDURA-E**-Motor ist die abgasoptimierte Variante des OHV-/HCS-Motors.

Der **CVH-Motor** mit 1,4- und 1,6 l Hubraum besitzt einen Leichtmetall-Zylinderkopf. Unter CVH versteht man V-förmig geneigte Ventile, die in halbkugelförmige Brennkammern ragen (C = Compound, V = Valve Angle, H = Hemispherical Chamber). Die von einem Zahnriemen angetriebene, obenliegende Nockenwelle betätigt die Ventile über Kipphebel und hydraulische Ventilstößel (Ventilspielausgleicher). Das Ventilspiel muß daher anläßlich der Wartung nicht mehr eingestellt werden.

Im Motorblock befindet sich die Kühlmittelpumpe, die wie auch die Nockenwelle durch den Zahnriemen angetrieben wird. Die Zahnrad-Ölpumpe wird durch einen Mitnehmerzapfen direkt von der Kurbelwelle angetrieben. Die Kurbelwelle ist 5-fach im Motorblock gelagert und zum Massenausgleich mit Gegengewichten versehen.

Der 1,4-l- wie auch der 1,6-l-Motor besitzen ein verteilerloses Zündsystem, das heißt der herkömmliche Zündverteiler ist durch elektronische Bauelemente ersetzt worden.

Für die Aufbereitung eines zündfähigen Kraftstoff-Luftgemisches ist der 1,4-l-CVH-Motor mit einer Zentral-, der 1,4-l-PTE- sowie 1,6-l-CVH-Motor mit einer Mehrstellen-Einspritzanlage ausgerüstet.

Der **PTE**-Motor ist die abgasoptimierte Variante des CVH-Motors.

Der **DOHC-Motor** besitzt 2 obenliegende Nockenwellen (DOHC steht für **D**ouble **o**verhead camshafts). Beim sogenannten **ZETEC**-Motor (1,6-/1,8-l) werden die Nockenwellen von der Kurbelwelle über einen Zahnriemen angetrieben, der im Vergleich zu den bisher verwendeten Zahnriemen breiter ist und dessen Zähne ein neues Profil aufweisen. Zum Spannen des Zahnriemens ist ein Zahnriemenspanner mit einer Spannrolle angebaut. Beim 2,0-l-Motor werden die Nockenwellen durch eine Steuerkette angetrieben.

Die Nockenwellen betätigen die V-förmig angeordneten Ein- und Auslaßventile über hydraulische Tassenstößel. Die Hydrostößel gleichen dabei jegliches Ventilspiel aus, so daß eine Überprüfung des Ventilspiels im Rahmen der Wartung entfällt.

Die Kühlmittelpumpe ist auf der linken Seite in den Motorblock integriert Die Ölpumpe ist ähnlich wie beim CVH-Motor außen am Motorblock angebaut.

Die Kraftstoffversorgung übernimmt eine elektronische Einspritzanlage.

Der **ZETEC-E**-Motor ist die abgasoptimierte Variante des ZETEC-Motors.

Der Dieselmotor

Beim OHC-Dieselmotor bestehen Zylinderkopf und Motorblock aus Grauguß. Der Begriff **OHC** (**o**ver**h**ead **c**amshaft) weist darauf hin, daß sich die Nockenwelle oben im Zylinderkopf befindet. Von der Kurbelwelle werden über einen Zahnriemen Nockenwelle und Kühlmittelpumpe angetrieben. Die senkrecht hängenden Ventile werden von der Nockenwelle direkt über Tassenstößel aufgestoßen. Das Ventilspiel muß regelmäßig im Rahmen der Wartung überprüft werden, zur Einstellung werden Einstellscheiben entsprechender Dicke in die Tassenstößel eingesetzt.

Ein zweiter Zahnriemen treibt die Verteilereinspritzpumpe an, die den für die Diesel-Einspritzung erforderlichen hohen Einspritzdruck erzeugt.

Der **ENDURA-DE**-Motor ist die abgasoptimierte Variante des OHC-Dieselmotors.

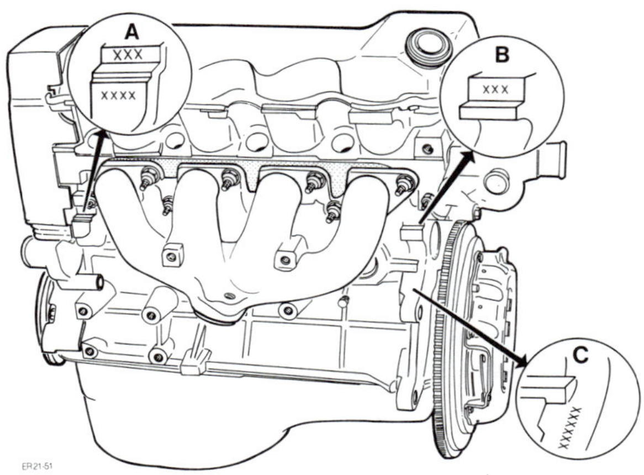

Die **Motornummer** sitzt beim **CVH-Motor** je nach Ausstattung an einer der bezeichneten Stellen vorn links oder rechts am Motorblock. Beim Dieselmotor sitzt die Nummer an der linken Motorblock-Stirnseite über dem Getriebeflansch.

An der Stelle –C– der obigen Abbildung wird die Motornummer im Reparaturfall eingeschlagen. Je nach Motorausführung ist auch das Herstellungsdatum im Motorblock eingeschlagen.

Die ersten beiden Stellen geben das Herstellungsdatum an, wobei der erste Buchstabe für das Herstellungsjahr steht, z.B. P = 1993. Der 2. Buchstabe gibt den Herstellungsmonat an, z.B. C = September.

	Jan	Feb	Mär	Apr	Mai	Jun	Jul	Aug	Sep	Okt	Nov	Dez
1991 = M	C	K	D	E	L	Y	S	T	J	U	M	P
1992 = N	B	R	A	G	C	K	D	E	L	Y	S	T
1993 = P	J	U	M	P	B	R	A	G	C	K	D	E
1994 = R	L	Y	S	T	J	U	M	P	B	R	A	G
1995 = S	C	K	D	E	L	Y	S	T	J	U	M	P
1996 = T	B	R	A	G	C	K	D	E	L	Y	S	T
1997 = V	J	U	M	P	B	R	A	G	C	K	D	E
1998 = W	L	Y	S	T	J	U	M	P	B	R	A	G

Danach folgt eine 5stellige Seriennummer.

Der **Motorcode –B–** besteht aus 3 Buchstaben und sagt etwas über Hubraum und Verdichtung des Motors aus. Für die Motoridentifizierung sind allerdings nur die ersten beiden Buchstaben maßgeblich, zum Beispiel: F6 = 1,4-l-Motor mit Zentraleinspritzung.

Hubraum	Motorversion	Modell
G = 1,1 l J = 1,3 l F = 1,4 l L = 1,6 l R = 1,8 l N = 2,0 l	U = Vergasermotor J, 1, D,Q = Mehrstelleneinspritzung 4 = Sequentielle Einspritzung 5 = Cosworth 6 = Zentraleinspritzung 7 = 16V Einspritzer T = Saugdiesel F = Turbodiesel	bezieht sich auf die Einbaureihenfolge in der Produktion (Bauvariante)

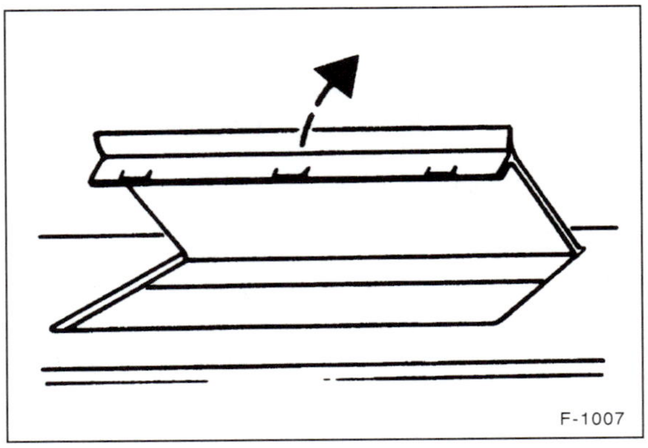

Die **Fahrgestellnummer** ist von außen durch die Windschutzscheibe auf der Instrumententafel ablesbar. Zusätzlich ist sie auf der Beifahrerseite unter einer Plastikabdeckung zwischen Sitz und Türschweller im Bodenblech eingeschlagen.

Baujahr und Fertigungsmonat sind in der 19stelligen Fahrgestellnummer verschlüsselt.

Beispiel:

*	W	F	0	B	X	X	G	B	A	B	V	J	0	0	0	0	1	*
1	2	3	4	5	6	7	8	9	10	11	12	13	14	15	16	17	18	19

Stellen 2 bis 4: Welt-Herstellerzeichen

SFA – Ford Motor Company Ltd. Großbritannien
WF0 – Ford Werke AG Deutschland (Europäische Modelle)

Stelle 8: Ursprungsgesellschaft

B – Ford England-Eigenproduktion
G – Ford Deutschland-Eigenproduktion

Stelle 10: Modellreihe

A – Escort/Orion; B – Mondeo; F – Fiesta.

Stelle 12: Baujahr

R = 1994; S = 1995; T = 1996; V = 1997; W = 1998.

Stelle 13: Fertigungsmonat

Hier gilt der gleiche Code wie bei der Motornummer.

Stelle 14 – 18: Laufende Fahrzeugnummer (5stellig)

Die wichtigsten Motordaten

Motorbezeichnung		1,3 i	1,3 i	1,4 i	1,4 i	1,4 i	1,6 i*	1,6 i	1,8i
Motortyp		OHV/HCS	Endura-E	CVH	PTE	PTE	ZETEC/-E	CVH	ZETEC
Motorcode		J6A	J4B	F6F	F4B	F4B	L1E	LJF	RDA
Fertigung	von – bis	9/91-9/95	10/95-8/96	9/90-1/94	2/94-1/95	2/95-8/98	1/93-8/98	9/90-12/91	2/92-9/95
Hubraum	cm³	1299	1299	1392	1391	1391	1597	1596	1796
Leistung	kW bei 1/min PS bei 1/min	44/5000 60/5000	44/5000 60/5000	52/5600 71/5600	54/5500 73/5500	55/5500 75/5500	66/5500 90/5500	77/6000 105/6000	77/5500 105/5500
Drehmoment	Nm bei 1/min	101/2500	103/2500	103/4000	106/2750	109/2750	130/3000	135/2800	153/4000
Bohrung	∅ mm	74,0	74,0	77,2	77,2	77,2	76,0	80,0	80,6
Hub	mm	75,5	75,5	74,3	74,3	74,3	88,0	79,5	88,0
Verdichtung		8,8	9,5	8,5	9,5	9,5	10,3	9,75	10
Maximale Drehzahl Dauer Kurzzeitig	 1/min 1/min	 5450 5675	 5450 5675	 6200 6475	 6100 6375	 6100 6325	 5950 6170	 6250 6450	 5950 6175
Kraftstoff/ROZ	bleifrei	Super/95	Super/95	Super/95	Super/95	Super/95	Super/95	Super/95	Super/95
Einspritzung		CFI	SEFI	CFI	SEFI	SEFI	SEFI	EFI	SEFI
Zündanlage		EDIS	EDIS	EEC IV	EDIS	EDIS	EDIS	EDIS	EDIS
Zündfolge		1-2-4-3	1-2-4-3	1-3-4-2	1-3-4-2	1-3-4-2	1-3-4-2	1-3-4-2	1-3-4-2

Motorbezeichnung		1,8i	1,8 i	2,0 i	2,0 Turbo	2,0 Turbo	1,8 D	1,8 TD	1,8 TD
Motortyp		ZETEC-E	ZETEC	DOHC	DOHC	DOHC	OHC	Endura-DE	Endura-DE
Motorcode		RKC	RQB	N7A	N5E	N5F	RTC/-D/-E/-F	RVA	RFK
Fertigung	von – bis	10/95-8/98	2/92-9/95	10/90-9/95	1/95-9/98	5/92-12/94	9/90-9/95	1/96-8/98	9/93-8/98
Hubraum	cm³	1796	1796	1998	1993	1993	1753	1753	1753
Leistung	kW bei 1/min PS bei 1/min	85/5750 115/5750	96/6250 130/6250	110/6000 150/6000	162/5700 220/5700	165/6250 225/6250	44/4800 60/4800	51/4500 70/4500	66/4500 90/4500
Drehmoment	Nm bei 1/min	160/4500	162/4500	190/4500	290/2500	290/3500	110/2500	135/2500	180/2500
Bohrung	∅ mm	80,6	80,6	86,0	90,8	90,8	82,5	82,5	82,5
Hub	mm	88,0	88,0	86,0	77,0	77,0	82,0	82,0	82,0
Verdichtung		9,8	10	10,3	8,0	8,0	21,5	21,5	21,5
Maximale Drehzahl Dauer Kurzzeitig	 1/min 1/min	 6500 6800	 6700 6925	 6450 6675	 6500 6800	 6500 6800	 4800 5350	 4800 5150	 4800 5200
Kraftstoff/ROZ	bleifrei	Super/95	Super/95	Super/95	Super/95	Super/95	Diesel	Diesel	Diesel
Einspritzung		SEFI	SEFI	SEFI	SEFI	SEFI	Diesel	Diesel	Diesel
Zündanlage		EDIS	EDIS	EDIS	EDIS	EDIS	–	–	–
Zündfolge		1-3-4-2	1-3-4-2	1-3-4-2	1-3-4-2	1-3-4-2	1-3-4-2	1-3-4-2	1-3-4-2

*) Als Zetec-Motor mit einem maximalen Drehmoment von 134 Nm bei 3000/min. Als Zetec-E bis 3/95 mit einer Leistungsangabe von 65 kW/88 PS und einem maximalen Drehmoment von 130 Nm bei 3000/min. Leistungsdaten in Kombination mit Automatikgetriebe: 66 kW/90 PS bei 5000/min; 135 Nm bei 4000/min; Verdichtung 9,8:1.

CFI = **C**entral **F**uel **I**njection = Zentraleinspritzung; **S/EFI** = **S**equential/**E**lectronic **F**uel **I**njection = Elektronische Mehrfacheinspritzung; **EDIS** = **E**lectronic **D**istributerless **I**gnition **S**ystem = verteilerlose, vollelektronische Zündung; **EEC** = **E**lectronic **E**ngine **C**ontrol = elektronische Motorregelung; **PTE** = **P**ent roof/high **T**orque/low **E**mission = Motor mit dachförmigem Brennraum/hohem Drehmoment/geringem Schadstoffausstoß, PTE-Motor = abgasoptimierter CVH-Motor; **HCS** = **H**igh **C**ompression **S**wirl = Hochdruck-Drall-Verwirbelung; **Endura-E** = abgasoptimierter HCS-Motor; **Endura-DE** = abgasoptimierter Dieselmotor.

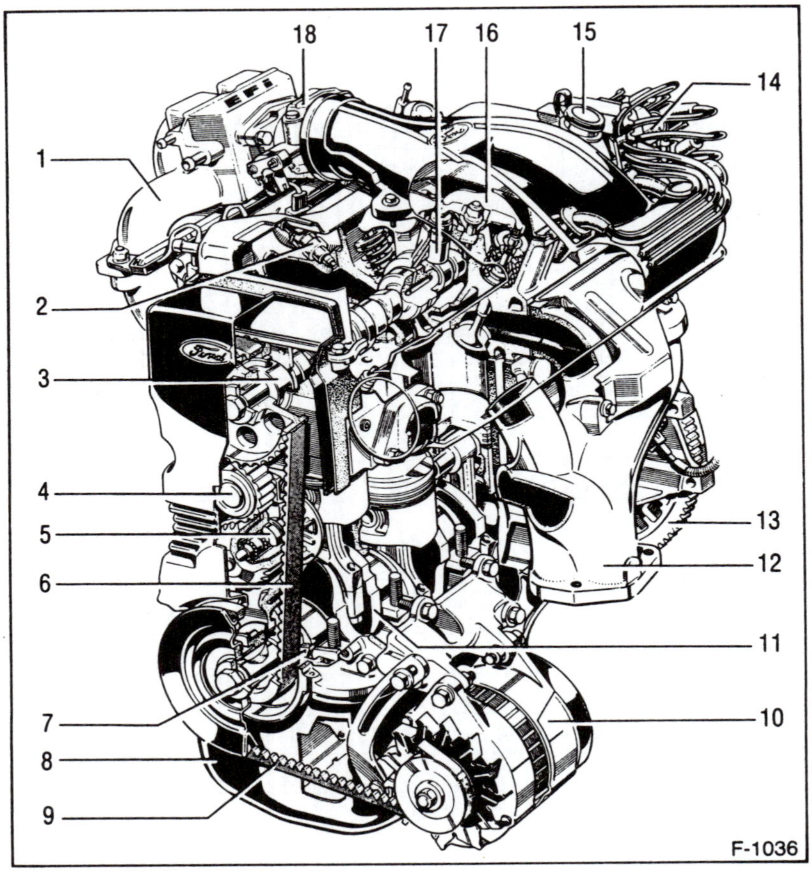

CVH-Motor

1 – **Ansaugkrümmer**
Zweiteilig (1,6-l-Motor), bei 1,4-l-Motor einteilig.
2 – **Einspritzventil (1,6-l-Motor)**
3 – **Nockenwelle**
4 – **Zahnriemenspanner**
5 – **Kühlmittelpumpe**
6 – **Zahnriemen**
7 – **Ölpumpe**
8 – **Ölwanne**
9 – **Keilriemen**
10 – **Generator**
11 – **Kurbelwelle**
12 – **Abgaskrümmer**
13 – **Schwungrad**
14 – **Zündspule**
15 – **Öleinfülldeckel**
16 – **Kipphebel**
17 – **Hydraulische Ventilspielausgleicher**
18 – **Drosselklappenstutzen**

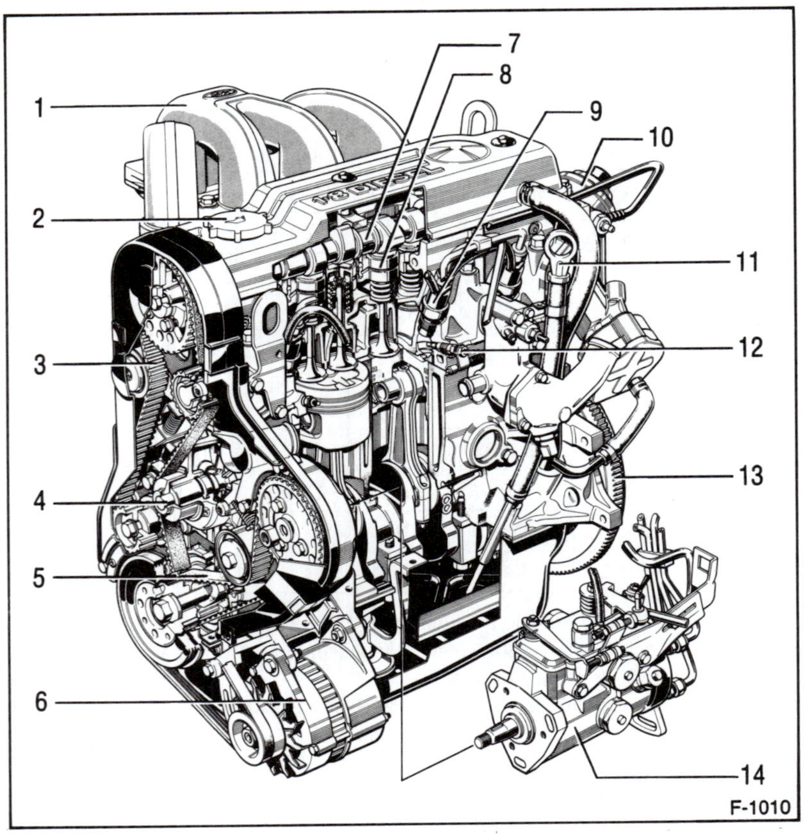

OHC-Dieselmotor

1 – **Ansaugkrümmer**
2 – **Öleinfülldeckel**
3 – **Zahnriemen für Nockenwelle**
4 – **Kühlmittelpumpe**
5 – **Zahnriemen für Einspritzpumpe**
6 – **Drehstromgenerator**
7 – **Nockenwelle**
8 – **Tassenstößel**
9 – **Einspritzdüse**
10 – **Kraftstoffilter**
11 – **Ölmeßstab**
12 – **Glühkerze**
13 – **Schwungrad**
14 – **Einspritzpumpe**

Motor mit Getriebe aus- und einbauen

Der Motor wird mit angeflanschtem Getriebe nach unten ausgebaut. Es empfiehlt sich deshalb, auch das Kapitel »Getriebeausbau« zu lesen.

Achtung: Nur beim **Automatikgetriebe** wird der Motor vom Getriebe getrennt und nach oben aus dem Motorraum herausgehoben. Spezielle Hinweise zum Ausbau werden am Kapitelende gegeben.

Zum Ausbau des Motors wird ein Kran oder Flaschenzug benötigt. In **keinem Fall** darf der Motor mit einem Rangierheber abgestützt werden, da der Heber am Motor schwere Schäden verursachen würde.

Da der Motor zusammen mit dem Getriebe unter dem Fahrzeug herausgezogen werden muß, wird außerdem eine Grube oder eine Hebebühne benötigt.

Abgas- und Ansaugkrümmer sowie Einspritzanlage und Generator bleiben am Motor angebaut. Vor der Montage im Motorraum sollten die Kotflügel mit Decken geschützt werden.

Je nach Baujahr und Ausstattung können die elektrischen Leitungen beziehungsweise Unterdruck- oder Kühlmittelschläuche unterschiedlich im Motorraum verlegt sein. Da im einzelnen nicht auf jede Variante eingegangen werden kann, empfiehlt es sich, die jeweilige Leitung mit Tesaband zu kennzeichnen, bevor sie abgezogen wird. Unterschiede ergeben sich vor allem bei den Anschlüssen für Zylinderkopf/Einspritzanlage, daher bei Unklarheiten auch Kapitel »Zylinderkopfausbau« des jeweiligen Motors lesen.

Ausbau

- Massekabel (–) und Pluskabel (+) von der Batterie abklemmen.
- Kühlmittel ablassen, dazu Deckel am Ausgleichbehälter und Ablaßschraube am Kühler unten links öffnen, siehe auch Kapitel »Wartung«.
- Luftfilter ausbauen, siehe Seite 77.

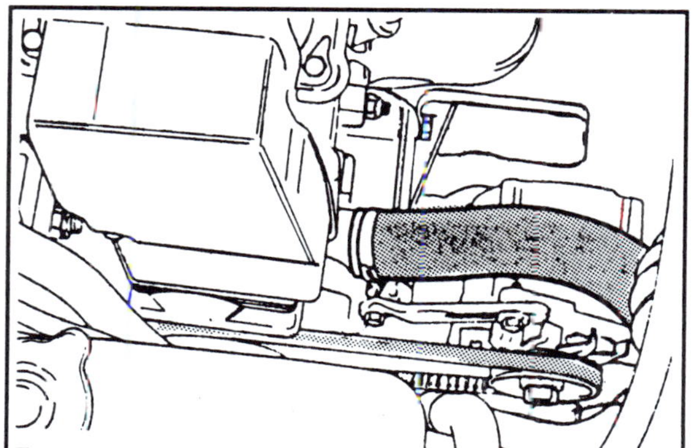

F-1018

- Unteren Kühlerschlauch von der Kühlmittelpumpe abziehen. Vorher Schelle lösen und zurückschieben.

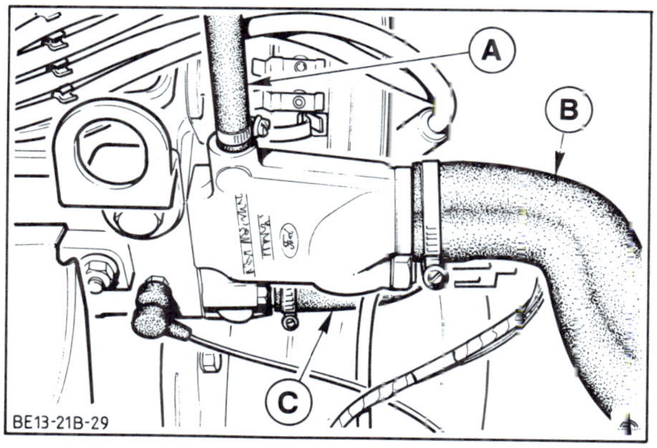

BE13-21B-29

- Oberen Kühlerschlauch –B– und Verbindungsschlauch zum Ausgleichbehälter –A– vom Thermostatgehäuse abbauen, vorher Schellen lösen und zurückschieben.
- Nur 1,4-l-Motor: Verbindungsschlauch –C– von der Kraftstoff-Einspritzeinheit zum Thermostatgehäuse ausbauen.
- Gaszug an der Einspritzanlage abbauen, siehe Seite 80. **Achtung:** Der Gaszug darf nicht geknickt werden
- Unterdruckschlauch vom MAP-Sensor (Druckgeber Ansaugluft, am rechten Federbeindom) am Ansaugkrümmer abschrauben.
- Unterdruckleitung für Bremskraftverstärker vom Ansaugkrümmer abbauen. Beim 1,6-l-Motor dazu den Klemmring in den Ansaugkrümmer drücken und gleichzeitig am Schlauch ziehen, siehe Seite 131.
- Kraftstoffvor- und Rücklaufleitung von der Einspritzanlage abbauen und Vorlauf am Verbindungsstück trennen, dazu Verschlüsse zusammendrücken und Leitungen abziehen. Kraftstoffleitungen mit geeignetem Stopfen verschließen. Zum Beispiel saubere Schraube mit entsprechendem Durchmesser in die Leitung stecken.
- Elektrische Leitungen mit Tesaband kennzeichnen und abklemmen von:
  - Temperaturgeber
  - Thermoschalter für Lüfter
  - Öldruckschalter
  - Zündspule
  - Motortemperatursensor
  - Geber für Drehzahl und Kurbelwellenposition
  - Ansauglufttemperatur-Sensor
- Alle Anschlüsse an der Einspritzanlage abziehen, siehe Seite 83.
- Massekabel oben am Getriebe abziehen.
- Kabel für Rückfahrleuchten-Schalter am Getriebe abziehen.
- 1 Schraube für Halter Kühlmittelschläuche beziehungsweise Elektrokabel am Getriebe abschrauben.
- Tachowelle beziehungsweise Kabel für Geschwindigkeitssensor am Getriebe abbauen, siehe Seite 111.
- Kupplungsseilzug am Getriebe aushängen, siehe Seite 109.
- Fahrzeug aufbocken, siehe Seite 105.
- Vorderes Abgasrohr mit Katalysator ausbauen, siehe Seite 100.

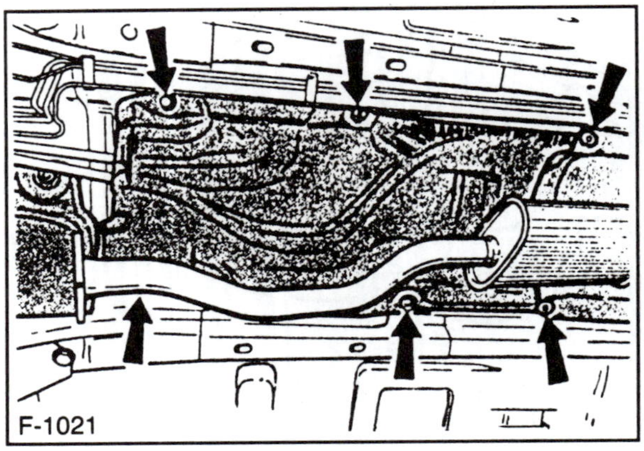
F-1021

- Vorderen Teil des Hitzeschildes der Abgasanlage ausbauen, dazu 4 Muttern und 2 Schrauben lösen.
- Kabel von Anlasser und Drehstromgenerator abbauen, siehe Seite 228/223.
- Kabelbinder für Generatorkabel am Querträger entfernen.
- 4. Gang einlegen, damit die Schaltung in der richtigen Stellung zum Wiedereinbau steht.

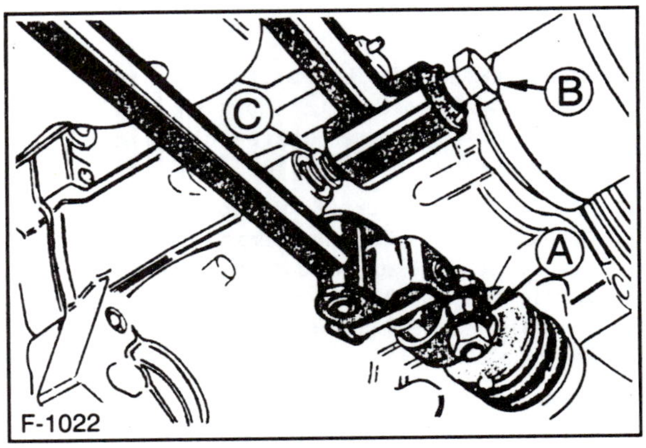

F-1022

- Schaltstange von der Getriebe-Schaltwelle abschrauben, dazu Klemmschraube –A– lösen und Schaltstange abziehen.
- Schaltstangenhalter am Getriebegehäuse abschrauben, dazu Schraube –B– abschrauben. **Achtung:** Unterlegscheibe –C– beim Einbau nicht vergessen.
- Schaltstange und Schaltstangenhalter mit Draht am Unterboden festbinden.

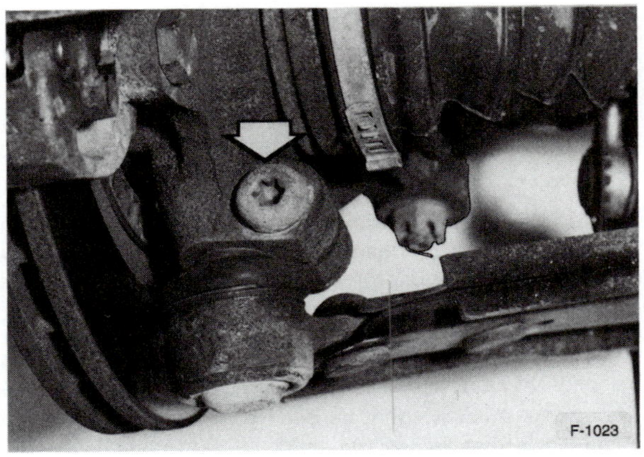
F-1023

- Beide Querlenker aus dem Schwenklager nach unten abdrücken, vorher Klemmschraube abschrauben. Zum Lösen wird ein Torxschlüssel, Größe T 50, benötigt.
- Linke Spurstange vom Spurstangenhebel abziehen, siehe Seite 144.
- Zuerst rechte, dann linke Gelenkwelle aus dem Getriebe ausdrücken, dazu einen Montierhebel zwischen Getriebegehäuse und Gelenkwelle ansetzen, siehe Seite 128.

Dabei gleichzeitig das Rad zur Unterstützung nach außen drükken.

Achtung: Gelenkwelle nicht nach unten hängen lassen, da dies zur Beschädigung der Gelenke führt. Daher Gelenkwelle mit Draht am Aufbau festbinden. Außerdem die Antriebskegelräder des Ausgleichgetriebes mit einem Plastikstopfen oder einem alten Gelenkstück, das in die Verzahnung gesteckt wird, gegen Verdrehen sichern.

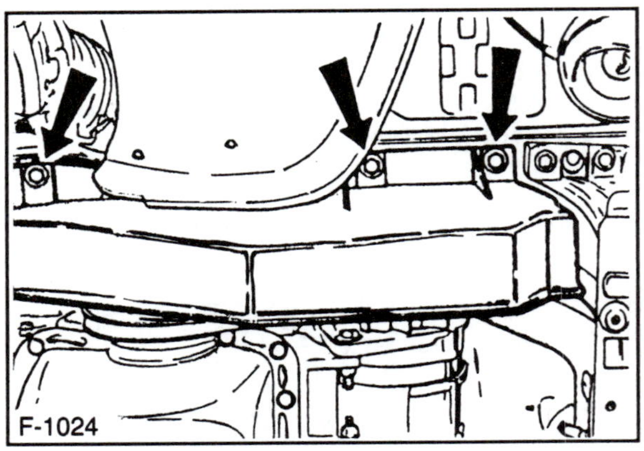
F-1024

- Vordere Kunststoffabdeckung von unten abschrauben.

F-1025

- Strebe der rechten Motoraufhängung komplett von Motorlager und Vorderachsträger abschrauben.

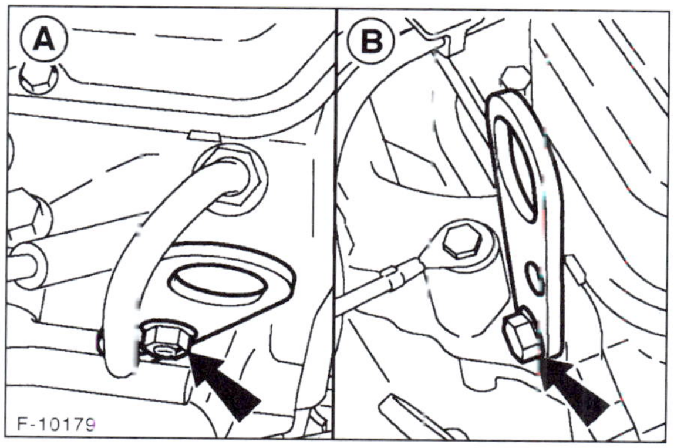

F-10179

- Motor leicht anheben, bis die Motorlager frei werden. Dazu Motorhebevorrichtung FORD-21-140 an den Stehbolzen des Abgaskrümmers –A– und mit Schraube M8x40 an der Motorrückseite anstelle der Ansaugkrümmerschraube –B– anschrauben. Motor mit einem geeigneten Kran anheben.

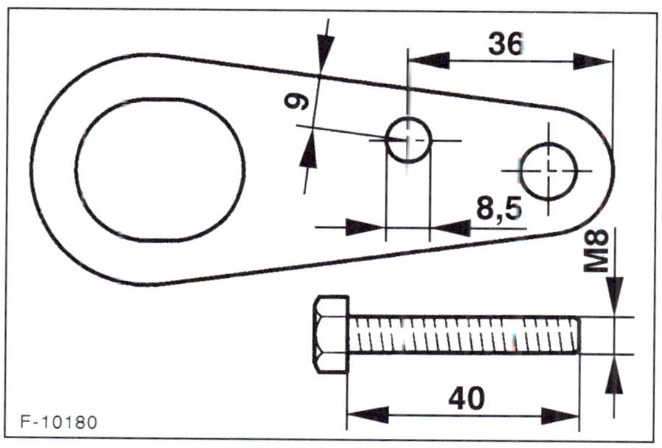

F-10180

Achtung: Beim 1,3-l-Motor, wie in der Abbildung gezeigt, eine zusätzliche Bohrung an der Motorhebeöse anbringen. Hebeöse mit der neuen Bohrung am Stehbolzen des Abgaskrümmers anschrauben; Maßangaben in mm.

Hinweis: Steht das Spezialwerkzeug nicht zur Verfügung, kräftiges Seil an Ansaug- und Abgaskrümmer einhängen. Geeignete Stange durchschieben, Motor etwas anheben und auf 2 Böcken lagern. Die Stange kann auch in den Sicken der Kotflügel gelagert werden, dazu dicke Holz-Zwischenlage verwenden und diese zur Sicherung mit Schraubzwingen festklemmen. **Achtung:** Stange nicht auf die Kotflügel legen.

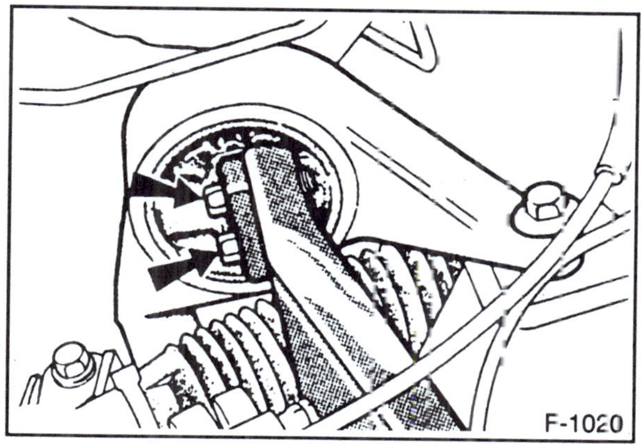
F-1020

- 2 Schrauben für Getriebestütze am Vorderachsträger abschrauben.

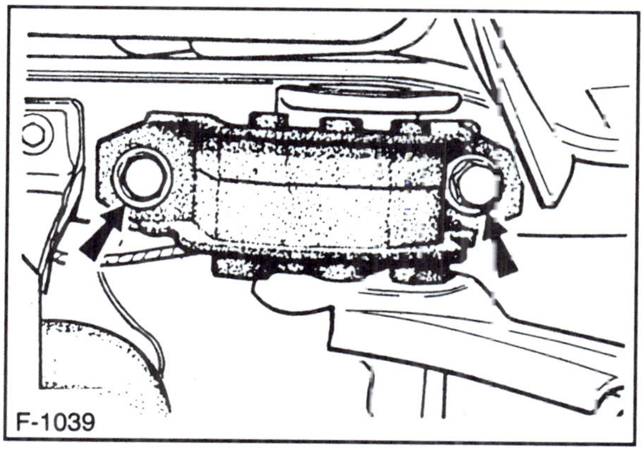
F-1039

- Gummipuffer der Getriebeaufhängung links vorn am Längsträger abbauen, dazu 2 Schrauben lösen.

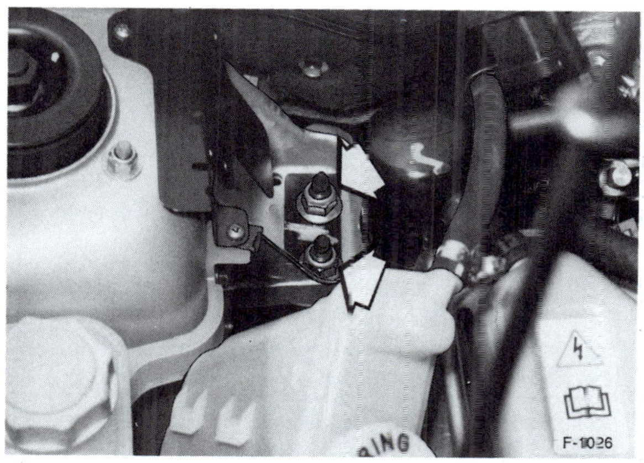
F-1026

- Am rechten Federbeindom 2 Muttern für Motorlager abschrauben, gegebenenfalls Sensor (MAP-Sensor) zuvor abschrauben, damit die Schrauben erreicht werden können.
- Motor mit Getriebe vorsichtig absenken und unter dem Fahrzeug herausziehen. Dabei Motor sorgfältig führen (Helfer), damit keine Anbauteile beschädigt werden.

Einbau

- Bei Fahrzeugen mit hoher Kilometerleistung empfiehlt es sich, Motor und Getriebe am Verbindungsflansch auseinanderzuschrauben und die Kupplung auf Verschleiß zu prüfen, siehe Seite 107.
- Halter für Elektrokabel und Kühlmittelschläuche mit den Getriebe-Flanschschrauben anschrauben. Flanschschrauben Getriebe/Motor mit **45 Nm** anziehen.
- Motorlager, Kühlmittel-, Öl- und Kraftstoffschläuche auf Porosität oder Risse prüfen, falls erforderlich erneuern.
- Motor mit Getriebe vorsichtig unter das Fahrzeug schieben und so weit anheben, bis die Stehbolzen der Motoraufhängung in die Halterung rechts am Federbeindom eingeführt sind. 2 Muttern von oben aufschrauben, noch nicht festziehen.
- Getriebeaufhängung mit Gummipuffern vorn am Längsträger anschrauben.
- Strebe für Motoraufhängung rechts komplett anbauen (1 Schraube, 2 Muttern), siehe Abbildung unter »Ausbau«.
- Motor-Hebevorrichtung abbauen.
- Spritzschutzabdeckung von unten anschrauben.
- Kupplungsabdeckblech unten anschrauben.

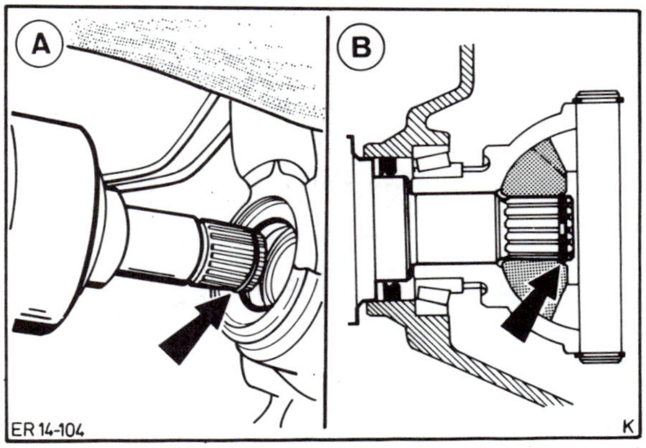

- Gelenkwellen mit neuen Sicherungsringen –Pfeil A– in die Verzahnung des Antriebskegelrades einsetzen und durch kräftiges Drücken gegen das Vorderrad einrasten –Pfeil B–.
- Linke Spurstange am Spurstangenhebel einsetzen und mit neuer Kronenmutter und Splint sichern, siehe Seite 144.
- Querlenker in beide Schwenklager einführen und mit den Torxschrauben anschrauben, siehe Seite 126.
- Schaltstangen am Getriebe aufschieben und anschrauben. Obere Schraube für Haltestange mit 55 Nm, Klemmschraube für Schaltstange nur ganz leicht anschrauben. Die Klemmflächen müssen fettfrei sein.
- Anschließend Schaltung einstellen, siehe Seite 117.
- Hitzeschild für Abgasanlage am Unterboden anschrauben.
- Vorderes Abgasrohr mit Katalysator einsetzen und mit neuer Dichtung an Abgaskrümmer und an hintere Abgasanlage anschrauben, siehe Seite 100.
- Lambda-Sonde anschließen und Stecker in den Halter einrasten.
- Getriebeölstand prüfen, gegebenenfalls auffüllen, siehe Kapitel »Wartung«.
- Fahrzeug ablassen, siehe Seite 105.
- Getriebehalter hinten am Gummipuffer mit 2 Schrauben anschrauben.
- Motor durch Schüttelbewegungen spannungsfrei einrichten. Anschließend Motorlager am Federbeindom mit **80 Nm** festziehen.
- Alle Motor/Getriebelager mit Drehmomentschlüssel auf richtiges Anzugsdrehmoment nachziehen. Die Anzugswerte stehen am Ende des Kapitels.
- Kupplungsseilzug am Getriebe einhängen, siehe Seite 109.
- Tachowelle am Getriebe einführen und anschrauben.
- Kabel für Rückwärtsgangschalter am Getriebe aufstecken.
- Kraftstoffleitungen sowie elektrische Anschlüsse an der Einspritzanlage anschließen, siehe auch Seite 83.

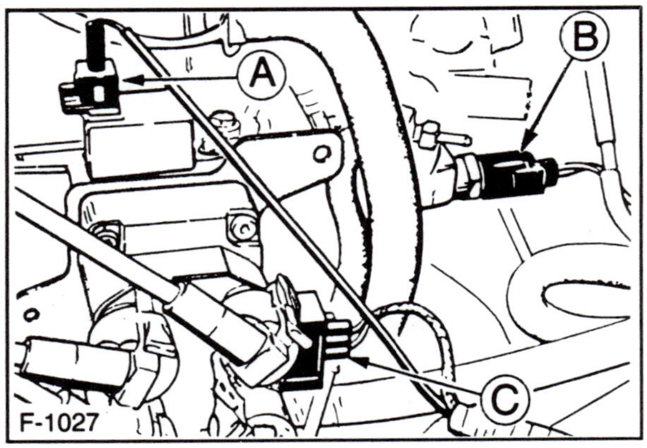

- Sämtliche elektrische Leitungen anklemmen, siehe unter »Ausbau«. Abgebildet ist der 1,4-l-Motor: Entstörkondensator –A–, DIS-Zündspule –C–, Kühlmittel-Temperaturgeber –B–. Elektrische Leitungen mit Kabelbindern fixieren.

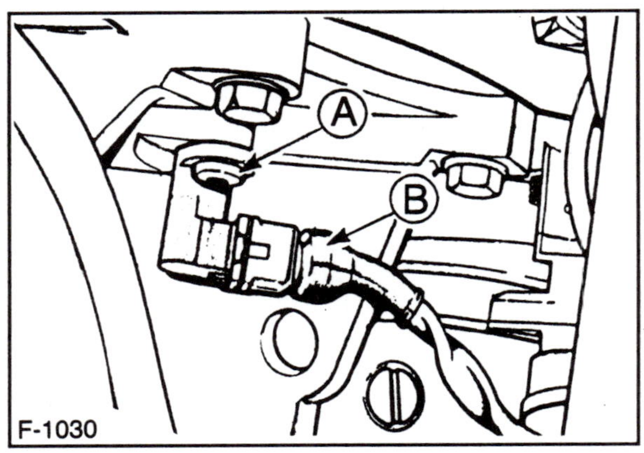

- Kabel für Kurbelwellen-Positionssensor –B– (CPS-Sensor) an der Getriebeglocke anschließen. A– Steckerbefestigung.
- Heizungs- und Kühlmittelschläuche aufschieben und mit Schellen sichern, siehe unter »Ausbau«. Beim 1,4-l-Motor ist auch die Einspritzeinheit am Kühlmittelkreislauf angeschlossen, Zuleitung anbringen.

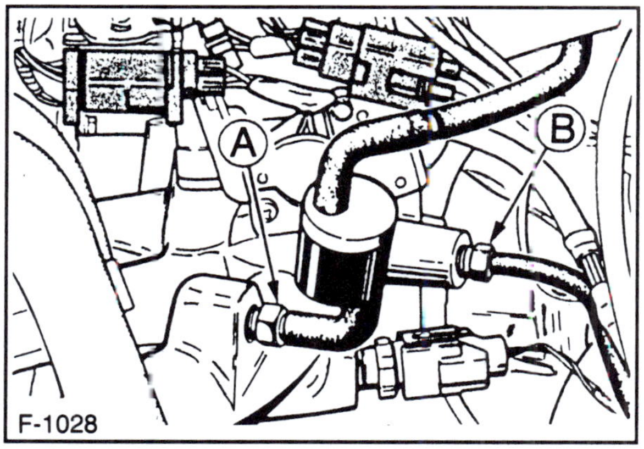

F-1028

- **1,4-l-Motor:** Unterdruckschlauch für Druckgeber Ansaugluft –A– (MAP-Sensor) am Ansaugkrümmer anschrauben sowie Schlauch vom Aktivkohlebehälter an der Einspritzeinheit aufstecken.
- Unterdruckleitung für Bremskraftverstärker –B– am Ansaugkrümmer anschließen.
- Gaszug einhängen und einstellen, siehe Seite 80.
- Luftfilter-Einsatz prüfen, bei Verschmutzung erneuern. Luftfilter einbauen, siehe Seite 77.
- Ölstand im Motor prüfen, gegebenenfalls auffüllen.
- Kühlmittel auf Gefrierschutz prüfen und auffüllen, siehe Kapitel »Wartung«.
- Massekabel (–) und Pluskabel (+) an die Batterie anklemmen. Hinweise beachten, siehe Seite 215.
- Motor starten und auf Betriebstemperatur bringen, Kühlmittelstand überprüfen und sämtliche Schlauchanschlüsse auf Dichtheit prüfen.
- **Dieselmotor:** Ventilspiel prüfen, siehe Kapitel »Wartung«.

Anzugsdrehmomente Motorlagerung

CVH-/PTE-Motor	
Vorderes Motorlager an Konsole/Federbeindom	85 Nm
Halter vorderes Motorlager an Motorblock	90 Nm
Strebe an rechte Motoraufhängung	70 Nm
Verstärkungsstrebe an Vorderachsträger	70 Nm
Strebe an Halter für Motor-/Getriebeaufhängung	50 Nm
Halter vorn links an Motorlager	70 Nm
Senkrechter Halter an Getriebe (3 Muttern)	70 Nm
Motorlager an Halter (1 Mutter)	85 Nm
Halter für Motorlager an Querträger	85 Nm
Motorlager an Halter (2 Schrauben)	45 Nm
Querstrebe an senkrechten Halter	70 Nm
Querstrebe an Getriebe	45 Nm
Getriebeaufhängung hinten links	70 Nm
Getriebeaufhängung hinten rechts	50 Nm
OHV-/HCS-/Endura E-Motor	
Motorlager vorn	85 Nm
Strebe für Motorlager hinten rechts	70 Nm
Motorlager vorn an Halter Motorblock	120 Nm
Halter Motorlager vorn an Motorblock	70 Nm
Verstärkungsstrebe	70 Nm
Zetec-/Zetec-E-Motor	
Motorlager hinten links an Getriebe	60 Nm
Motormomentstütze an Karosserie	120 Nm
Motorlager hinten rechts an Karosserie	85 Nm
Motorlager hinten links an Karosserie	70 Nm
Strebe für Motorlager an Motorlager hinten rechts	70 Nm
Strebe für Motorlager an Motorblock hinten rechts	45 Nm
Bügel Motorlager hinten rechts	70 Nm
Dieselmotor	
Halter Motorlager an Motorblock	70 Nm
Motorlager an Stehblech	85 Nm
Motorlager an Halter Motorblock	120 Nm
Verstärkungsstrebe an Motorlager	70 Nm
Verstärkungsstrebe an Vorderachsträger	70 Nm
Getriebestrebe an Getriebehalter vorn links	50 Nm
Getriebehalter an Gummilager hinten links	70 Nm
Motorlager links an Längsträger	70 Nm
Mutter für Motorlager hinten rechts	35 Nm
Motorlager hinten rechts	70 Nm
Motormomentstütze	120 Nm
DOHC-Motor mit 150 PS	
Motorlager vorn rechts an Karosserie	80 Nm
Alle anderen Schrauben/Muttern für Motorlager	70 Nm

Speziell 1,4-l-Motor mit CTX-Automatikgetriebe

Der Motor wird getrennt vom Getriebe nach oben ausgebaut. Dadurch ergeben sich folgende Änderungen:

- Motorhaube ausbauen, siehe Seite 179.

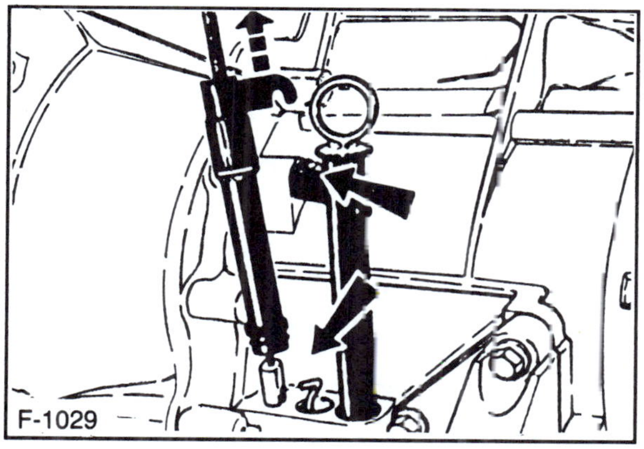
F-1029

- Betätigungszug für automatisches Getriebe ausbauen. Dazu Halter der Seilzugaußenhülle vom Getriebegehäuse abschrauben (1 Schraube) und Seilzug aus dem Gestänge am Getriebe aushängen.
- Anlasser ausbauen, siehe Seite 227.
- 4 untere Schrauben Motor/Getriebe herausdrehen.
- Motor an geeigneten Kran anseilen und vorspannen.
- 2 obere Schrauben Motor/Getriebe herausdrehen.
- Linkes Motorlager am Federbeindom abschrauben.
- Motor hin- und herrütteln, um ihn vom Getriebeflansch zu lösen. Motor mit Montierhebel vom Getriebe abdrücken.
- Motor mit Kran nach oben herausheben. Dabei Motor führen, damit keine Anbauteile beschädigt werden.

Einbau

Achtung: Getriebe-Antriebswelle nicht einfetten.

- Der Einbau erfolgt in umgekehrter Reihenfolge.
- Schrauben Motor/Getriebe mit **40 Nm** festziehen.
- Nach dem Einbau Gasbetätigung für automatisches Getriebe einstellen, siehe Seite 120.

CVH-Motor (1,4- und 1,6-l-Motor)

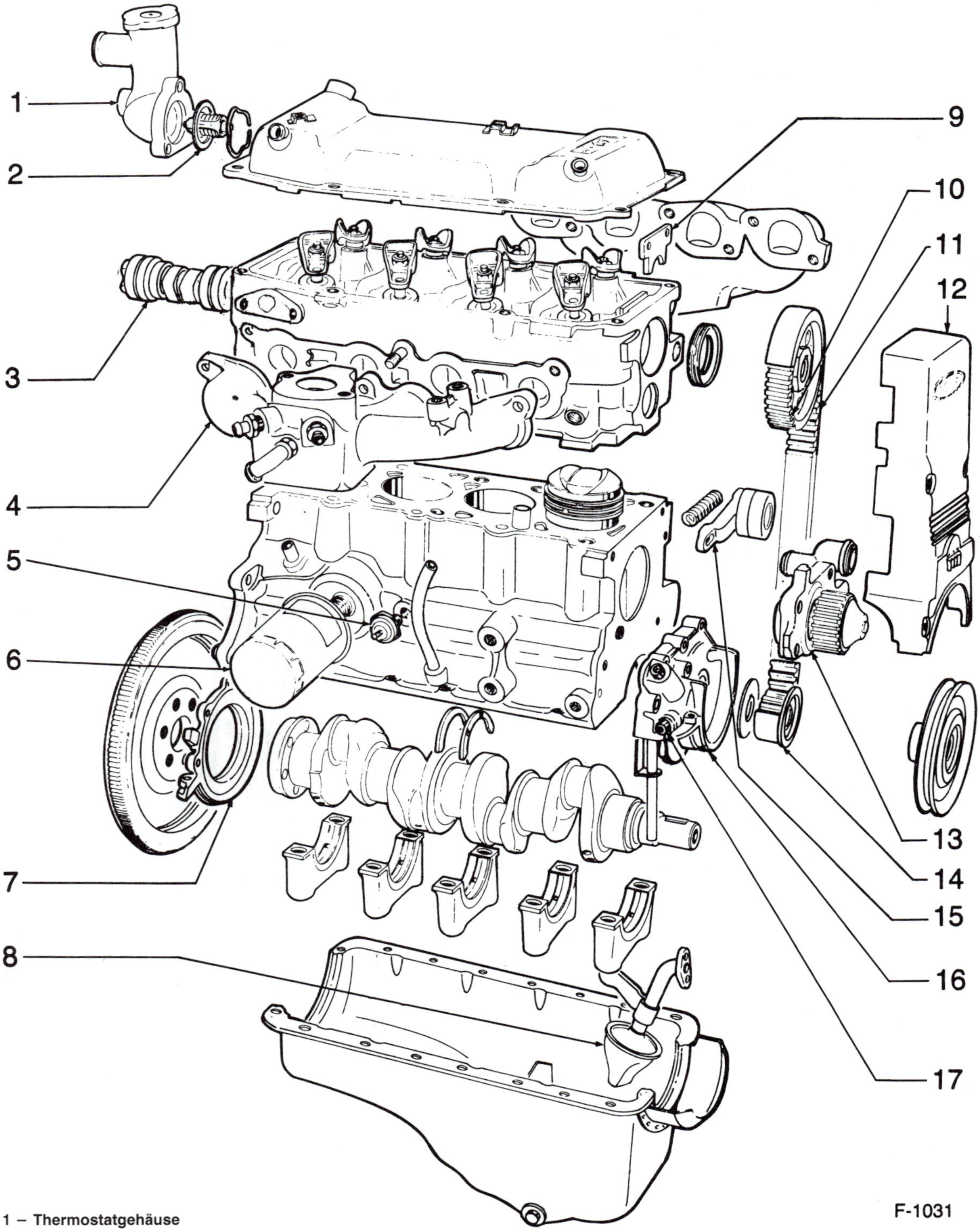

1 – Thermostatgehäuse
2 – Thermostat
3 – Nockenwelle
4 – Ansaugkrümmer
5 – Öldruckschalter
6 – Ölfilter
7 – Kurbelwellen-Dichtungsträger
8 – Ölpumpensieb mit Saugrohr
9 – Nockenwellen-Halteplatte
10 – Nockenwellen-Zahnriemenrad
11 – Zahnriemen
12 – Zahnriemenabdeckung
13 – Kühlmittelpumpe
14 – Kurbelwellen-Zahnriemenrad
15 – Zahnriemenspanner
16 – Ölpumpe
17 – Öldruckregelventil

Zahnriemen aus- und einbauen/ Zahnriemen spannen

CVH (1,4-/1,6-l-Benzin)-Motor

Ausbau

- Batterie-Massekabel abklemmen.

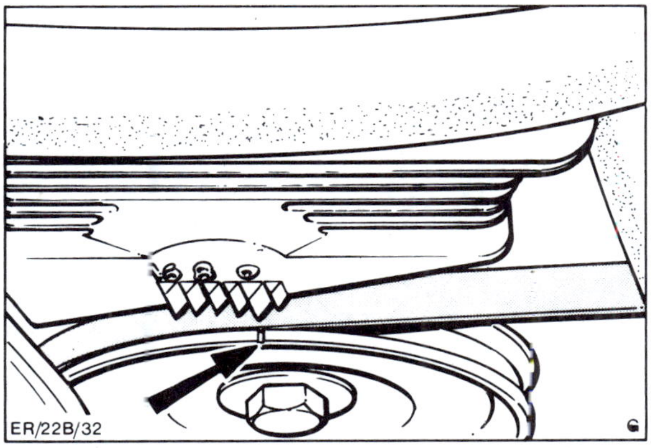
ER/22B/32

- Zylinder 1 auf oberen Totpunkt (OT) stellen. Dazu Getriebe in Leerlaufstellung bringen, Handbremse anziehen. Motor verdrehen, bis die Kerbe an der Kurbelwellen-Riemenscheibe der Bezugsmarke »O« gegenübersteht. Zum Verdrehen des Motors kann der 5. Gang eingelegt und das Fahrzeug bei gelöster Handbremse auf einer ebenen Fläche verschoben werden, oder das Fahrzeug vorn rechts angehoben und am Vorderrad gedreht werden.
- Falls vorhanden, Hydraulikölbehälter für Servolenkung nach oben aus der Halterung ziehen und mit angeschlossenen Leitungen zur Seite legen, damit die Zahnriemenabdeckung erreicht werden kann.

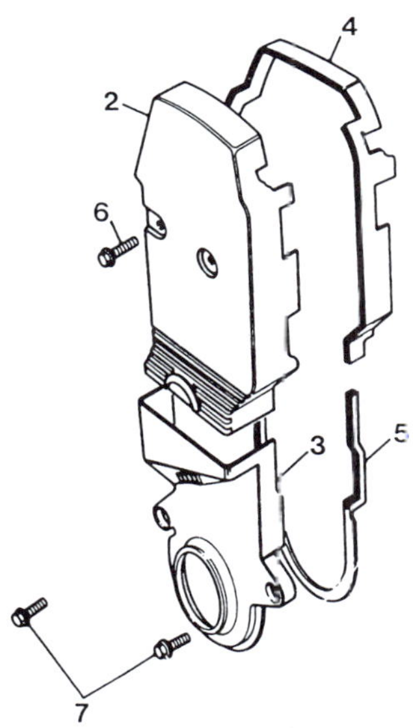

F-1011

- Obere Zahnriemen-Abdeckung –2– mit 2 Schrauben –6– abschrauben und nach oben herausnehmen. Riemenscheibe dabei nicht verdrehen. Dichtung –4– abnehmen.

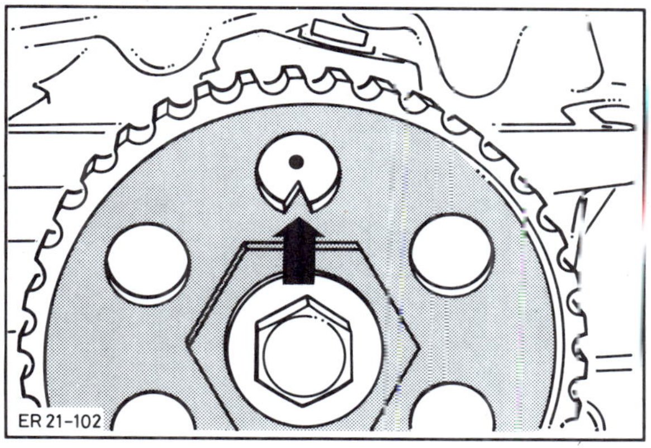
ER 21-102

- Die Markierung des Nockenwellenzahnrades muß mit der OT-Markierung übereinstimmen, sonst Kurbelwelle um 1 Umdrehung weiterdrehen.
- Radmuttern für rechtes Vorderrad lösen.
- Fahrzeug aufbocken, siehe Seite 105.
- Rechtes Vorderrad ausbauen.
- Keilriemen ausbauen, siehe Seite 48.

F-1032

- Schraube für Kurbelwellen-Riemenscheibe abschrauben und Riemenscheibe abziehen. Dabei 5. Gang einlegen und Fußbremse von Helfer treten lassen, damit der Motor nicht mitdreht.
- Untere Zahnriemenabdeckung –3– abschrauben, dazu 2 Schrauben –7– lösen. Abdeckung mit Dichtung abnehmen, siehe Abbildung F-1011.

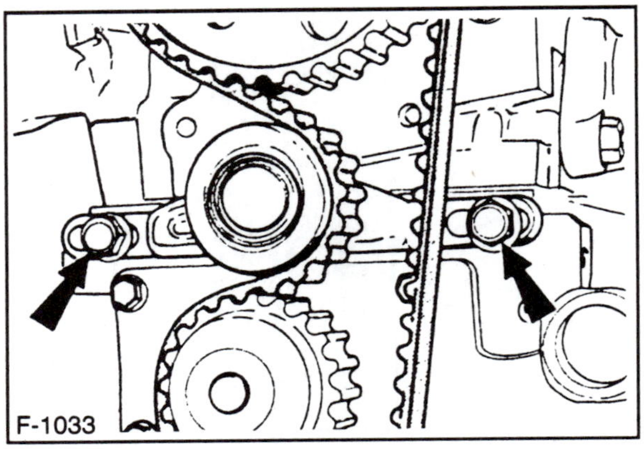

F-1033

- Befestigungsschrauben lösen und Zahnriemenspanner mit Schraubendreher nach links drücken; Schrauben anschließend wieder festziehen.

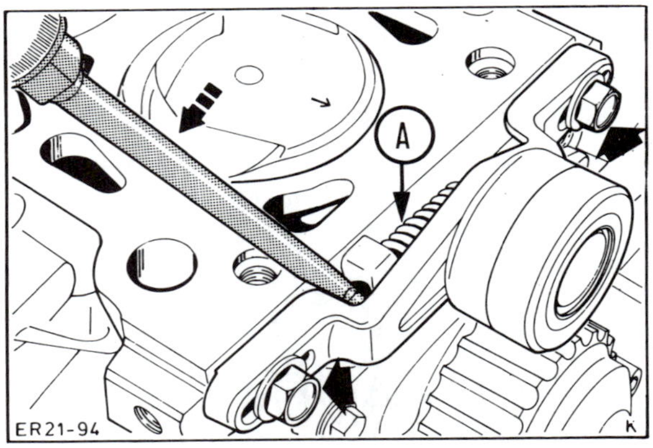

ER21-94

Achtung: Ist der Zahnriemenspanner nicht unter Federkraft, kehrt nach dem Verschieben also nicht in Richtung Zahnriemen zurück, Zahnriemenspanner ausbauen und Feder –A– (Ersatzteil) einsetzen. Der Zylinderkopf muß dafür nicht, wie abgebildet, ausgebaut werden.

- Zahnriemen abnehmen.

Achtung: Bei ausgebautem Zahnriemen Motor (Kurbelwelle/Nockenwelle) möglichst **nicht** verdrehen, sonst können an Kolben und Ventilen schwere Schäden entstehen.

Einbau

- Zahnriemen auf jeden Fall ersetzen, wenn er Risse aufweist, verölt ist oder Flanken und Zähne beschädigt sind.

Achtung: Nockenwelle und Kurbelwelle bei ausgebautem Zahnriemen grundsätzlich nicht mehr verdrehen.

Falls die Nockenwelle jedoch im Rahmen anderer Arbeiten verdreht werden muß, unbedingt darauf achten, daß dabei kein Kolben im Oberen Totpunkt (OT) steht. Andernfalls drücken die Ventile beim Drehen der Nockenwelle auf den Kolben, wobei Kolben und Ventile beschädigt werden können. Um dies zu verhindern, Kurbelwelle so verdrehen, daß die Markierung auf dem Zahnrad ca. 90° (¼ Umdrehung) vor oder nach der OT-Markierung am Motorblock steht. Dabei Kurbelwelle insgesamt nicht weiter als 90° verdrehen.

Bevor die Kurbelwelle wieder in OT-Stellung gebracht wird, darauf achten, daß sich die Nockenwelle in OT-Stellung befindet. Die Markierung des Nockenwellen-Zahnrades muß mit der OT-Markierung auf dem Zylinderkopf übereinstimmen, gegebenenfalls Nockenwellenrad verdrehen, siehe Abbildung ER-21-102.

ER 21-103

- Gleichzeitig muß die Scheibenfeder –B– der Markierung am Ölpumpengehäuse –A– gegenüberstehen, gegebenenfalls Kurbelwelle korrigieren. Den kürzesten Weg wählen, sonst kann es zu Motorschäden kommen.
- Zahnriemen im Gegenuhrzeigersinn auflegen. Dabei an der Kurbelwelle beginnen, dann am Nockenwellenrad, Spannrad und Kühlmittelpumpenrad auflegen.

Achtung: Beim Auflegen des Zahnriemens darf weder die Nockenwellenstellung noch die der Kurbelwelle verändert werden. Sonst können schwerwiegende Schäden am Motor entstehen, beziehungsweise der Motor gibt nicht mehr seine volle Leistung ab. Nachdem der Zahnriemen gespannt wurde, empfiehlt es sich, die OT-Stellung von Nockenwelle und Kurbelwelle nochmals zu kontrollieren. Gegebenenfalls Einstellung bei abgenommenem Zahnriemen wiederholen.

Zahnriemen spannen/prüfen

- Zahnriemenspanner lösen und verschieben, bis der Zahnriemen gespannt ist. Zahnriemenspanner festschrauben. Dabei rechte Schraube zuerst anziehen.
- Kurbelwelle 2 Umdrehungen im Uhrzeigersinn weiterdrehen bis die Markierungen für OT wieder übereinstimmen.

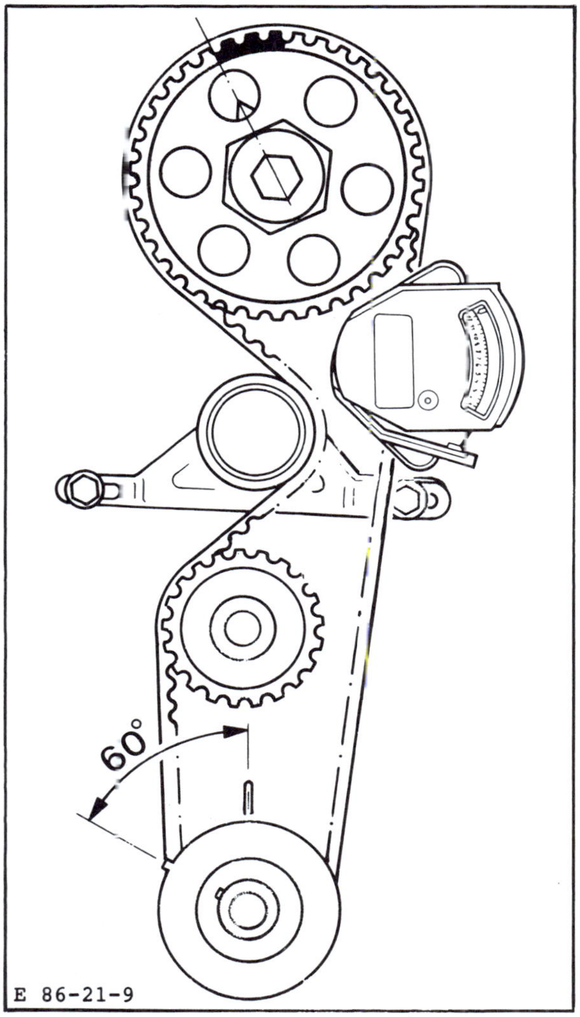

- Kurbelwelle um etwa 60° **entgegen** dem Uhrzeigersinn drehen. Dabei verdreht sich das Nockenwellenrad um 3 Zähne.
- FORD-Prüfgerät 21-113 zwischen Nockenwellenrad und Kurbelwellenrad ansetzen und Zahnriemenspannung ablesen.

- Der Zahnriemen ist richtig gespannt, wenn das Prüfgerät bei einem **gelaufenen** Riemen einen Wert zwischen 4 und 6 anzeigt. Bei einem **neuen** Zahnriemen muß der Wert 10–11 betragen.
- Stimmt der Prüfwert nicht, Motor im Uhrzeigersinn verdrehen, bis das Kurbelwellen-Riemenrad auf dem OT des 1. Zylinders steht.
- Zahnriemenspanner lösen, je nach Spannungsabweichung Spanner etwas verschieben und wieder mit **20 Nm** festziehen, dabei rechte Schraube zuerst anziehen
- Kurbelwelle um ¼ Umdrehung weiterdrehen, dann wieder zurückdrehen bis ca. 60° vor OT.
- Messung wiederholen. Bei Abweichung vom vorgegebenen Wert, Einstellung wiederholen.

Hinweis: Steht kein Zahnriemenspannungs-Prüfgerät zur Verfügung (Ausland, Panne), kann der Zahnriemen auch behelfsmäßig gespannt werden, siehe folgendes Kapitel. Es ist dann jedoch zwingend erforderlich, die Spannung baldmöglichst mit dem Prüfgerät zu überprüfen.

- Untere Zahnriemenabdeckung anschrauben, Dichtung nicht vergessen.
- Kurbelwellen-Riemenscheibe einbauen und mit **110 Nm** anschrauben, dabei 5. Gang einlegen und Fußbremse treten, damit der Motor nicht mitdreht.
- Keilriemen einbauen, siehe Seite 48
- Rechtes Vorderrad anschrauben.
- Fahrzeug ablassen, siehe Seite 105.
- Radmuttern über Kreuz mit **100 Nm** festziehen.
- Obere Kunststoffabdeckung für Zahnriemen ansetzen und festschrauben.
- Batterie-Massekabel anklemmen.

Zahnriemenspannung behelfsmäßig einstellen

Steht kein Zahnriemenspannungs-Prüfgerät zur Verfügung (Ausland, Panne), kann der Zahnriemen auch behelfsmäßig gespannt werden. Es ist dann jedoch erforderlich, die Spannung baldmöglichst mit dem Prüfgerät zu überprüfen, siehe vorhergehendes Kapitel.

Einstellen

- Obere Zahnriemenabdeckung ausbauen.

- Zahnriemenspanner lösen, Kurbelwelle 2 Umdrehungen im Uhrzeigersinn weiterdrehen, damit sich die Spannrolle an den Zahnriemen anlegt.

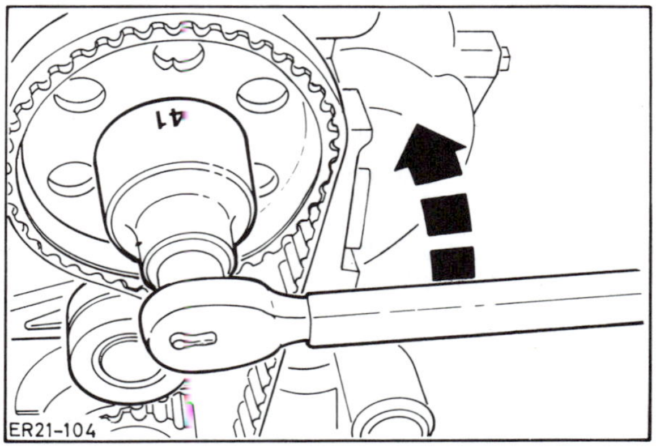

- Zum Spannen des Zahnriemens Kurbelwelle festhalten, indem bei eingelegtem 5. Gang die Handbremse angezogen wird. Dann Nockenwelle mit Drehmomentschlüssel sowie 41-mm-Stecknuß entgegen dem Uhrzeigersinn drehen. **Achtung:** Nicht an der Befestigungsschraube für die Nokkenwelle drehen. Für den Einsatz der 41-mm-Stecknuß mit dem Drehmomentschlüssel wird ein Reduzierstück ½" – ¾" benötigt.
- Nockenwelle mit 45 bis 50 Nm festhalten und Zahnriemenspanner festschrauben (20 Nm), dabei rechte Schraube zuerst anziehen.
- Kurbelwelle um 2 Umdrehungen weiterdrehen bis der 1. Zylinder wieder auf OT steht. Gleichzeitige Übereinstimmung der OT-Markierungen von Nockenwellen- und Kurbelwellen-Zahnrad überprüfen. Gegebenenfalls Einstellung wiederholen.
- Zahnriemen-Abdeckung einbauen.
- Bei nächster Gelegenheit Zahnriemenspannung von FORD-Werkstatt überprüfen lassen.

Zylinderkopf aus- und einbauen

CVH (1,4-/1,6-l-Benzin)-Motor

Der Zylinderkopf kann bei eingebautem Motor ausgebaut werden. Abgas- und Ansaugkrümmer bleiben angeschlossen. Zylinderkopf nur bei kaltem Motor (Raumtemperatur ca. 20°C, mindestens 6 Stunden Standzeit) ausbauen.

Eine defekte Zylinderkopfdichtung ist an einem oder mehreren der folgenden Merkmale erkennbar:

- Kühlflüssigkeitsverlust. Weiße Abgaswolken bei warmem Motor, beziehungsweise Gasblasen sprudeln im Kühlmittel-Ausgleichbehälter.
- Ölverlust. Kühlflüssigkeit im Motoröl, Ölstand nimmt nicht ab, sondern zu. Graue Farbe des Motoröls, Schaumbläschen am Ölpeilstab, Öl dünnflüssig. Motoröl in der Kühlflüssigkeit.
- Keine Kompression auf 2 benachbarten Zylindern, Leistungsverlust.

Ausbau

- Batterie-Massekabel (–) abklemmen.
- 1,4-l-Motor: Luftfilter ausbauen, siehe Seite 77.
- Zündkerzenstecker abziehen und Zündkabel aus dem Halter am Zylinderkopf ausclipsen.

1,6-l-Motor

- 2 Schrauben –2– für Ansaugrohr von der Zylinderkopfhaube abschrauben.
- Stecker vom Leerlaufdrehzahl-Regelventil –4– abziehen sowie zugehörigen Unterdruckschlauch –3– am Ansaugrohr abziehen. Bei neueren Modellen sitzt das Leerlaufdrehzahl-Regelventil am Drosselklappenstutzen, hier Schlauch am Kunststoff-Ansaugrohr abziehen.
- Luftfilterdeckel –5– abclipsen und komplett mit Kunststoff-Ansaugrohr und Regelventil abnehmen.

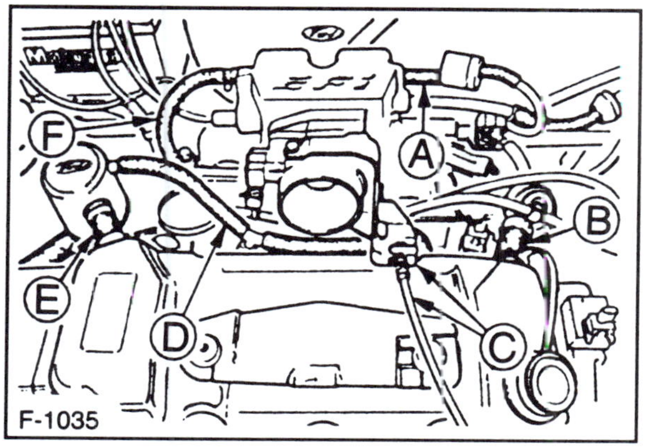

- Gaszug –C– aushängen und komplett am Halter am Drosselklappenstutzen abbauen.
- Unterdruckanschlüsse –A– zum MAP-Sensor sowie –F– zum Aktivkohlebehälter am Ansaugkrümmer abziehen.
- Entlüftungsschläuche –B– für Kurbelgehäuse sowie –E– für Ölabscheider an der Zylinderkopfhaube abziehen.
- Unterdruckschlauch für Ölabscheider –D– am T-Stück abziehen.

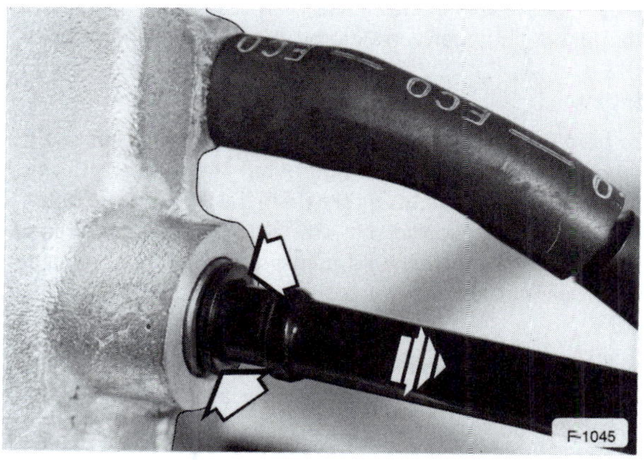

- Unterdruckleitung für Bremskraftverstärker vom Ansaugkrümmer abbauen. Dazu Halteclip am Ansaugkrümmer etwas in den Krümmer hineindrücken, festhalten und Unterdruckleitung vorsichtig aus der Federbuchse ziehen. **Achtung:** Wenn zu kräftig gezogen oder die Unterdruckleitung verkantet wird, verriegelt die Federbuchse die Leitung. Sie kann dann nicht abgezogen werden.
- Am Saugrohr das Kabel vom Temperaturgeber Ansaugluft abziehen.

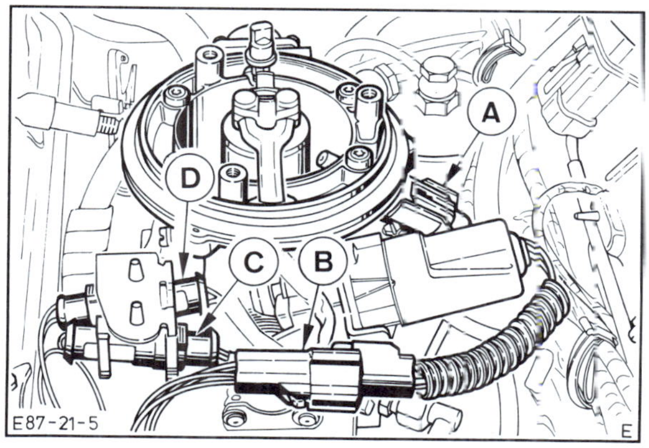

- Folgende elektrische Leitungen abklemmen:
  – Geber Fernthermometer (unterhalb vom Thermostatgehäuse)
  – Temperaturgeber Kühlmittel (beim 1,4-l-Motor am Saugrohr, beim 1,6-l-Motor am Zylinderkopf)
  – Thermoschalter Motorlüfter (am Thermostatgehäuse)
  – Mehrfachstecker Hauptkabelstrang und Zündspule
  – Massekabel Radioentstörung

  Nur 1,4-l-Einspritzmotor
  – Temperaturgeber Ansaugluft –A–
  – Stellmotor für Drosselklappe –B–
  – Drosselklappenschalter –C–
  – Einspritzventil –D–
  – Gaszug (1 Clip lösen)
- Kühlmittel ablassen, dazu Kühler-Ablaßschraube und Ausgleichbehälter-Deckel abschrauben, siehe Seite 248.

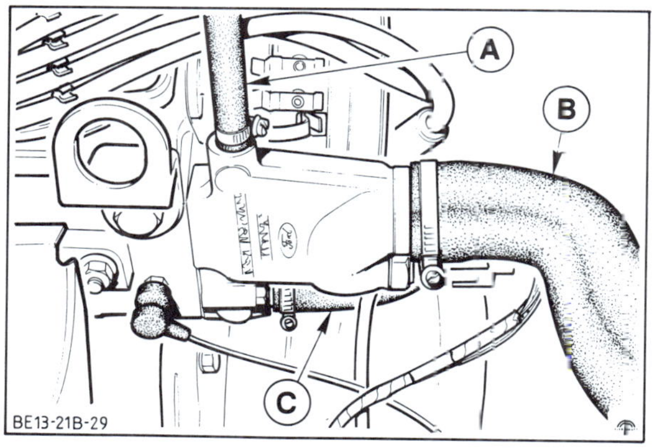

- Oberen Kühlerschlauch –B– und Verbindungsschlauch –A– zum Ausgleichbehälter, sowie Heizungsschlauch –C– (zur Einspritzeinheit beziehungsweise beim 1,6-l-Motor zum Zwischenflansch-Einspritzventile) ausbauen.
- Kraftstoffleitungen für Zulauf und Rücklauf mit Tesaband kennzeichnen und von der Einspritzanlage abziehen. Kraftstoffsystem steht unter Druck, austretenden Kraftstoff mit sauberem Lappen auffangen. Kraftstoffleitungen mit geeigneten Stopfen, zum Beispiel sauberen Schrauben, gegen Verunreinigungen verschließen.

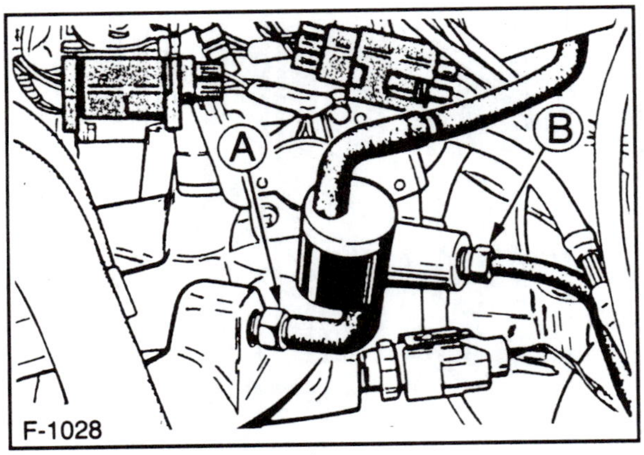

- **1,4-l-Motor:** Unterdruckleitungen für Bremskraftverstärker –B– sowie zum MAP-Sensor –A– vom Ansaugkrümmer abschrauben. Außerdem Unterdruckleitung vom Aktivkohlebehälter an der Einspritzeinheit abziehen.
- Fahrzeug aufbocken, siehe Seite 105.
- Vorderes Abgasrohr abschrauben und mit einem Draht gegen Herunterfallen sichern, siehe Seite 100.
- Fahrzeug ablassen, siehe Seite 105.
- Zündkerzen herausschrauben.

- 2 Belüftungsschläuche –1– des Zylinderkopfdeckels an den Anschlußstutzen abziehen.
- Obere Zahnriemenabdeckung abnehmen, Zahnriemen entspannen und vom Nockenwellenzahnrad abziehen, siehe Seite 21.
- Zylinderkopfdeckel abschrauben, dazu 9 Schrauben lösen.

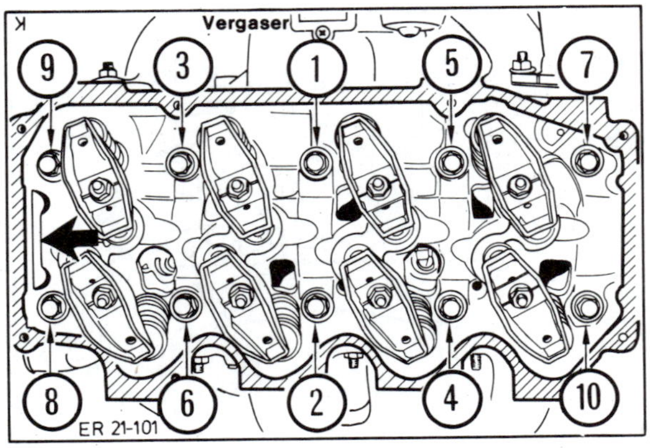

- Zylinderkopfschrauben in umgekehrter Reihenfolge der Numerierung, also von 10 nach 1, herausdrehen.

Achtung: Der Zylinderkopf muß vorher auf Raumtemperatur abgekühlt sein.

- Zylinderkopf komplett mit angebautem Ansaug- und Abgaskrümmer abheben.

Achtung: Zylinderkopf nach dem Ausbau nicht auf der Dichtfläche absetzen, dabei könnten voll geöffnete Ventile beschädigt werden. Deshalb Zylinderkopf auf 2 Holzleisten legen. Außerdem darauf achten, daß keine Teile oder Verunreinigungen in die Innenbohrungen von Motorblock oder Zylinderkopf fallen.

Einbau

Vor dem Einbau Zylinderkopf und Zylinderblock mit geeignetem Schaber von Dichtungsresten freimachen. Darauf achten, daß keine Dichtungsreste in die Bohrungen fallen. Bohrungen mit Lappen verschließen. Alte Zylinderkopfdichtung für Kauf der neuen Dichtung aufbewahren, da die benötigte neue Dichtung anhand der ausgebauten Dichtung bestimmt wird.

- Zylinderkopf und Motorblock mit Stahllineal in Längs- und Querrichtung auf Planheit prüfen. Der zulässige Wärmeverzug darf über die gesamte Länge gemessen nicht mehr als 0,15 mm betragen. Gegebenenfalls Dichtfläche des Zylinderkopfes bis maximal 0,3 mm nacharbeiten (Werkstattarbeit). Anschließend Brennraumkanten mit Schmirgelleinen entgraten, nicht anfasen. **Achtung:** Die Brennraumtiefe im Zylinderkopf muß beim 1,4-l-Motor mindestens 17,4 mm und beim 1,6-l-Motor mindestens 19,1 mm betragen. Wird dieser Wert unterschritten, Zylinderkopf ersetzen.
- Zylinderkopf auf Risse, Zylinderlauffläche auf Riefen überprüfen.
  Wichtig: Bohrungen der Zylinderkopfschrauben sorgfältig von Öl und anderen Rückständen mit Preßluft oder Lappen reinigen.

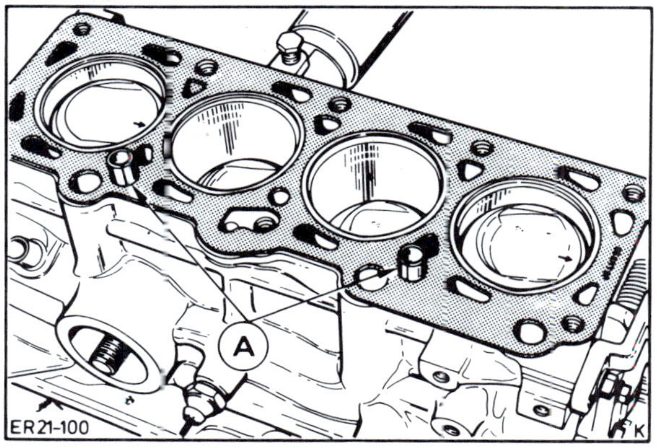

- Führungsbuchsen –A– müssen vorhanden sein, auf festen Sitz überprüfen.
- Zylinderkopfdichtung grundsätzlich ersetzen.
- Neue Dichtung ohne Dichtmittel so auflegen, daß keine Bohrungen verdeckt werden.

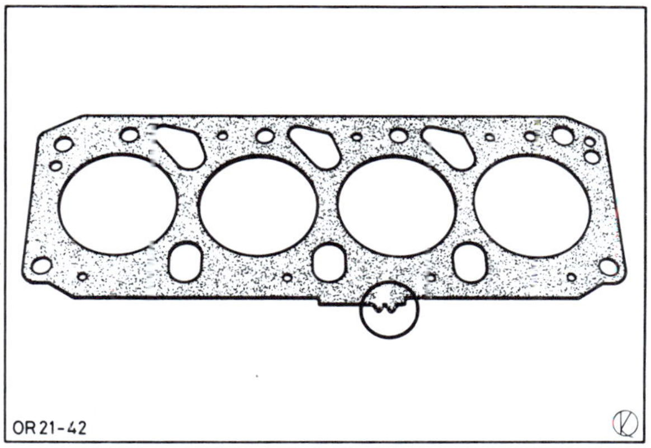

Achtung: Die Zylinderkopfdichtung ist mit Zacken gekennzeichnet. Beim Einbau Dichtung gleicher Ausführung verwenden.

- Um Beschädigungen an Ventilen und Kolben zu vermeiden, vor Aufsetzen des Zylinderkopfes die Kurbelwelle so drehen, daß der Kolben des 1. Zylinders ca. 20 mm vor OT steht. Dazu Kurbelwelle verdrehen, bis der 1. und 4. Kolben ca. 20 mm unter der höchsten Stellung (OT) stehen. Nach dem Aufsetzen des Zylinderkopfs Kurbelwelle wieder in Ausgangsstellung zurückdrehen.
- Prüfen, ob sich die Nockenwelle in OT-Stellung befindet, siehe Seite 21.
- Zylinderkopf aufsetzen.
- **Neue** Zylinderkopfschrauben mit Unterlegscheiben einsetzen und handfest anziehen. **Achtung:** Zylinderkopfschrauben immer ersetzen.

Achtung: Das Anziehen der Zylinderkopfschrauben ist mit größter Sorgfalt durchzuführen. Vor dem Anziehen der Schrauben sollte der Drehmomentschlüssel auf seine Genauigkeit überprüft werden. Außerdem wird zum Anziehen der Zylinderkopfschrauben eine Winkelscheibe, zum Beispiel HAZET 6690, benötigt. Steht die Winkelscheibe nicht zur Verfügung, Schlüssel im 90°-Winkel zum Zylinderkopf ansetzen, Schlüssel in einem Zug drehen, bis der Schlüsselarm parallel zur langen Seite des Zylinderkopfes steht.

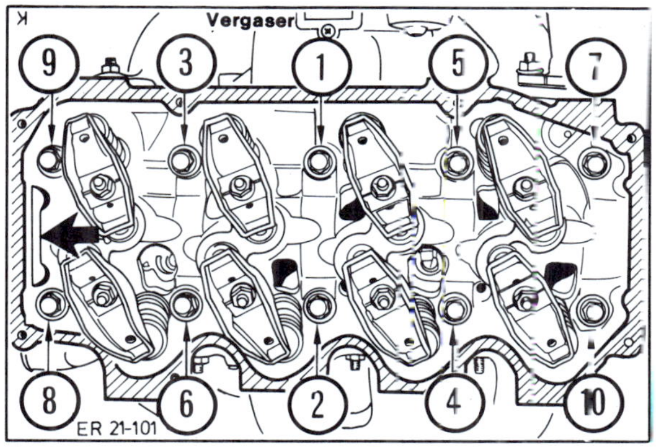

- Zylinderkopfschrauben gemäß der Reihenfolge von 1 bis 10 in **vier Stufen** anziehen.

Achtung: Die Zylinderkopfschrauben in jeder Stufe jeweils in der Reihenfolge von 1 bis 10 anziehen.

1.Stufe: mit Drehmomentschlüssel und **30 Nm;**
2.Stufe: mit Drehmomentschlüssel und **50 Nm;**
3.Stufe: mit starrem Schlüssel **90°** weiterdrehen;
4.Stufe: mit starrem Schlüssel **90°** weiterdrehen.

Achtung: Anschließend dürfen die Kopfschrauben **nicht nachgezogen** werden.

- Zahnriemen einbauen und spannen, siehe Seite 2-.

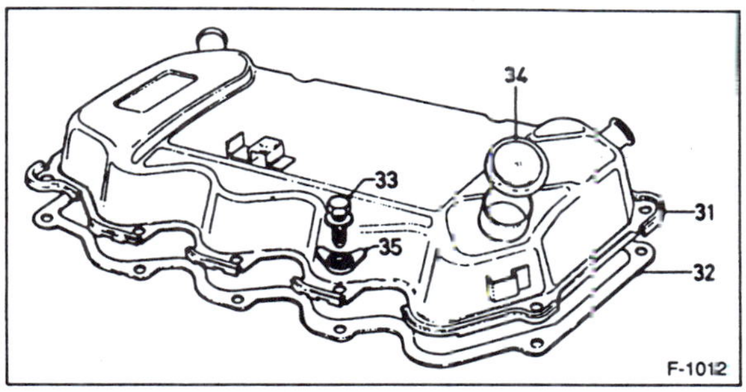

- Zylinderkopfdeckel –31– mit **neuer** Dichtung –32– aufsetzen und mit 10 Nm über Kreuz festziehen, dabei Verstärkungsbleche –35– mit der Riffelung nach oben auflegen und mit **7 Nm** anschrauben. 33 – Befestigungsschraube, 34 – Öleinfülldeckel.
- Belüftungsschlauch am Stutzen des Motorblocks aufschieben.
- Zahnriemenabdeckung anschrauben.
- Zündkerzen mit 25 Nm anschrauben.

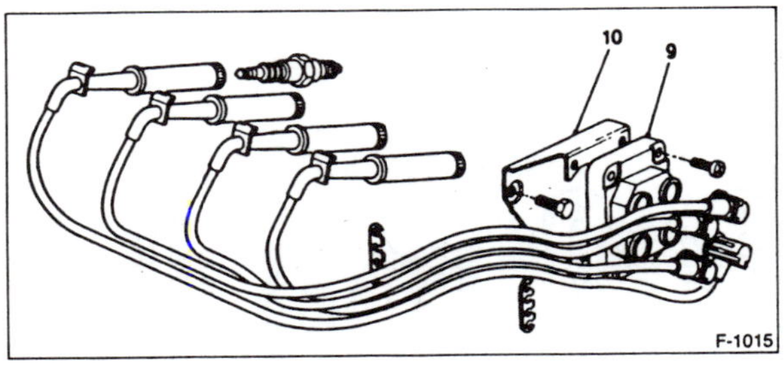

- Zündkabel-Stecker entsprechend der Zündfolge-Markierung auf die Zündkerzen und die DIS-Zündspule aufschieben. Die Zylinder 1 bis 4 werden von rechts nach links gezählt, in Fahrtrichtung gesehen.
- Fahrzeug aufbocken, siehe Seite 105.
- Vorderes Abgasrohr mit neuer Dichtung und **40 Nm** am Krümmer anschrauben.
- Fahrzeug ablassen, siehe Seite 105.

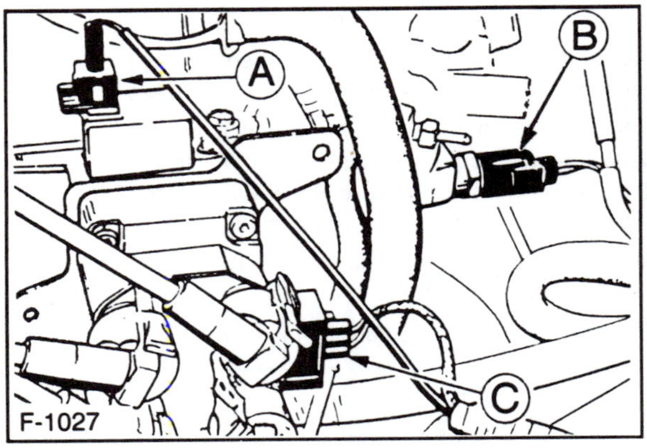

- Sämtliche elektrische Leitungen und Unterdruckschläuche anschließen, siehe unter »Ausbau«. Die Abbildung zeigt einen Teil der Anschlüsse am 1,4-l-Motor: Entstörkondensator –A–, DIS-Zündspule –C–, Kühlmittel-Temperaturgeber –B–. Elektrische Leitungen mit Kabelbindern fixieren.
- Kraftstoffleitungen entsprechend den angebrachten Markierungen an der Einspritzeinheit anschließen.
- Gaszug einhängen, siehe Seite 80.
- Kühlmittelschläuche aufschieben und mit Schellen sichern.
- 1,6-l-Motor: Oberes Ansaugrohr einbauen, Leerlaufregelventil anschließen.
- Luftfilter einbauen.
- Batterie-Massekabel anklemmen.
- Kühlmittel auffüllen, siehe Seite 266.
- Ölstand im Motor prüfen, gegebenenfalls Öl nachfüllen. Wurde der Zylinderkopf abgebaut aufgrund einer defekten Zylinderkopfdichtung, empfiehlt sich ein vorgezogener Ölwechsel einschließlich eines Ölfilterwechsels, da sich im Motoröl Kühlflüssigkeit befinden kann.
- Motor warmlaufen lassen, Motoröl- und Kühlmittelstand prüfen.

Nockenwelle aus- und einbauen

CVH (1,4-/1,6-l-Benzin)-Motor

Achtung: Werden Teile der Ventilsteuerung wieder verwendet, müssen diese an gleicher Stelle wieder eingebaut werden. Damit keine Verwechslungen vorkommen, empfiehlt es sich, ein entsprechendes Ablagebrett anzufertigen.

Ausbau

- Batterie-Massekabel (–) abklemmen.

1,4-l-Motor:

- Luftfilter ausbauen, siehe Seite 77.

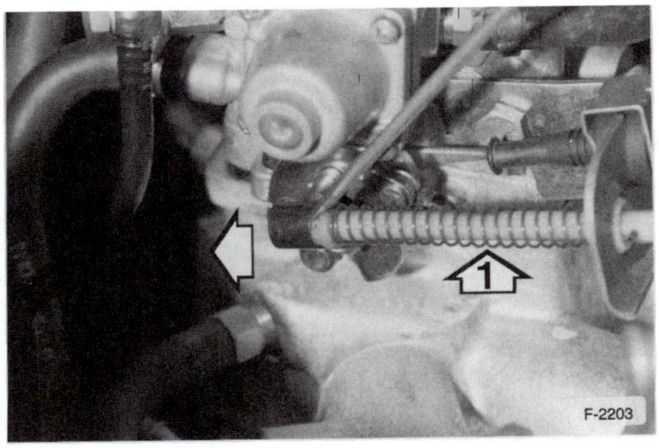

- Gaszug von Einspritzeinheit und Gegenlager abbauen, dazu 2 Klips am Drosselklappenhebel und Gegenlager lösen und Gaszug herausziehen.

1,6-l-Motor:

- Gaszug aushängen. Halter für Gaszug vom Drosselklappengehäuse abschrauben.
- Zündkerzenstecker abziehen und Zündkabel aus den Haltern am Ansaugrohr und der Zylinderkopfhaube herausziehen.

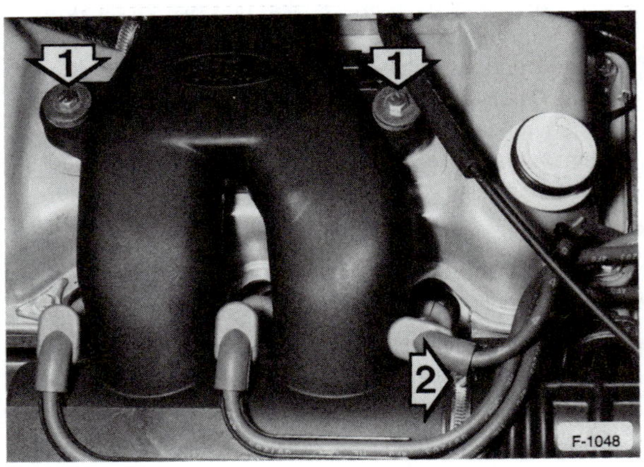

- Oberes Ansaugrohr von der Zylinderkopfhaube abschrauben, Schrauben –1–, sowie Stecker und Ansaugschlauch vom Leerlaufregelventil abbauen. Anschließend Schlauchschelle –2– lösen und Schlauch zum Luftfilter abziehen. Ansaugrohr am Ansaugkrümmer herausziehen und abnehmen.

- Obere Zahnriemen-Abdeckung abbauen, dazu 2 Schrauben herausdrehen.
- Motor auf OT für Zylinder 1 drehen, Zahnriemen entspannen und vom Nockenwellen-Zahnriemenrad abziehen, siehe Seite 21.
- Zylinderkopfdeckel abschrauben, vorher Kurbelgehäuse-Entlüftungsschlauch abziehen.

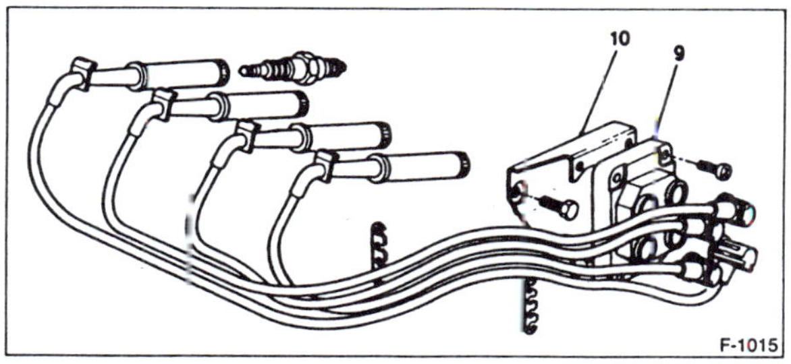

- EDIS-Zündspule vom Halter am Zylinderkopf abschrauben (4 Torxschrauben), anschließend Halter der Zündspule am Zylinderkopf abschrauben, dabei Kabel für den Entstörkondensator abklemmen.
- Verschlußdeckel für Nockenwelle unterhalb der Zündspule mit spitzem Dorn durchstoßen und aus dem Zylinderkopf heraushebeln.

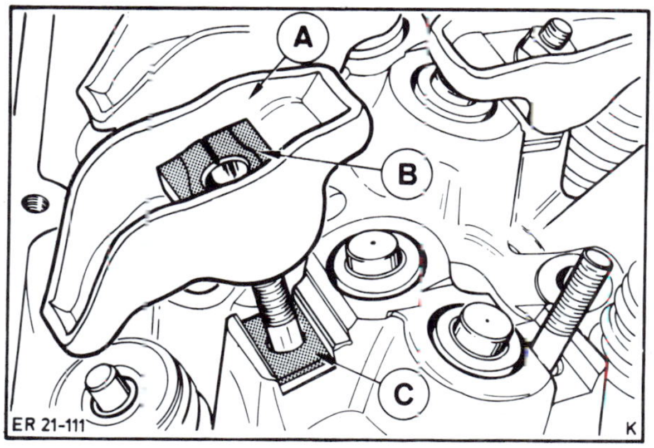

- Kipphebel –A– abschrauben und mit Führungsstück –B– und Distanzplatte –C– abnehmen.

- Hydraulische Ventilspielausgleicher aus den Bohrungen herausziehen und markieren, damit sie an gleicher Stelle wieder eingesetzt werden können.

- Nockenwellen-Zahnrad abschrauben, dabei mit einem Schraubendreher oder einem gekröpften Ringschlüssel SW 41 gegenhalten. Der Motor muß dabei auf OT für Zylinder 1 stehen, siehe Seite 21.

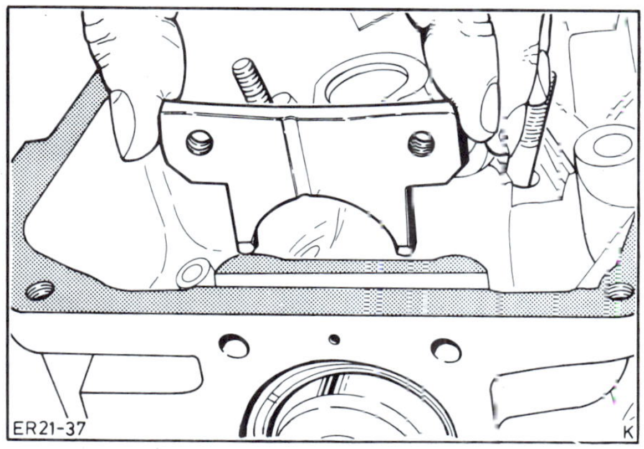

- Halteplatte für Nockenwelle abschrauben (2 Schrauben/ Zahnriemenseite) und herausnehmen.

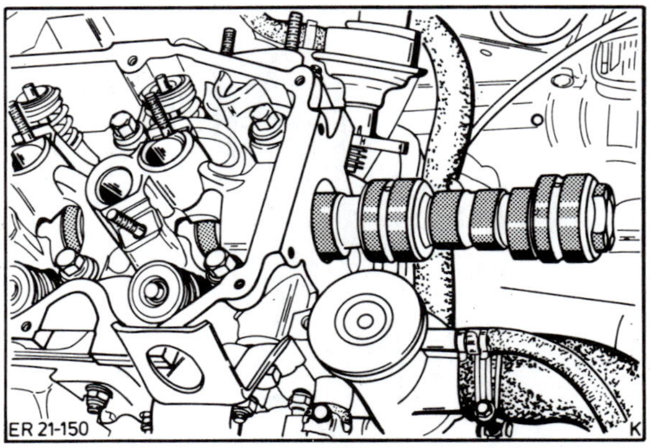

- Nockenwelle vorsichtig zur Zündspulenseite herausziehen.
- Wellendichtring auf der Zahnriemenseite vorsichtig aus dem Zylinderkopf heraushebeln.

Einbau

Vor dem Einbau kann die Nockenwelle gegebenenfalls von der Werkstatt auf Schlag geprüft werden.

- Sämtliche Einbauteile sorgfältig mit Waschbenzin reinigen. Dichtflächen säubern.
- Nockenwelle und Hydrostößel auf Verschleiß prüfen, gegebenenfalls ersetzen. Dabei immer alle 8 Hydrostößel auswechseln, auch wenn nur 1 Stößel verschlissen ist.
- Nockenwelle, Nockenwellenlager sowie Halteplatte leicht mit Motoröl einölen. Nockenwelle vorsichtig vom hinteren Lager her einsetzen und mit Halteplatte und 12 Nm festschrauben.

Achtung: Dabei dürfen keine Lagerlaufflächen beschädigt werden, sonst muß der Zylinderkopf ausgetauscht werden.

- Neuen Wellendichtring an der Dichtlippe leicht einölen, in das Werkzeug FORD-21-094 einsetzen und mit der Zahnrad-Befestigungsschraube bis zum Anschlag eindrücken. Steht das Spezialwerkzeug nicht zur Verfügung, kann auch ein kurzes Rohr verwendet werden, wobei Außen- und Innendurchmesser dem des Dichtringes entsprechen müssen. Dichtring und Rohr ansetzen, Nockenwellen-Zahnriemenrad auf Zapfen aufschieben und mit Befestigungsschraube und geeigneter Unterlegscheibe bis zum Anschlag einziehen.
- Werkzeug entfernen, Zahnriemenrad aufsetzen. Das Zahnriemenrad läßt sich nur in einer Stellung aufsetzen.
- **Neue** Schraube für Zahnriemenrad verwenden, am Gewinde mit FORD-Dichtmittel SDM-4G9105-A oder anderem handelsüblichem Dichtmittel bestreichen und mit **55 Nm** festziehen, dabei Riemenrad mit Schraubendreher oder Ringschlüssel gegenhalten.

Achtung: Es soll grundsätzlich eine neue Schraube mit Dichtmittel eingesetzt werden, sonst kann es zu Ölundichtigkeiten in diesem Bereich kommen.

- Zahnriemen auflegen und spannen, Zahnriemen-Abdeckung einbauen, siehe Seite 21.
- Hydraulische Ventilstößel mit Hypoid-Öl (Getriebeöl) einölen und einsetzen. **Achtung:** Die Stößel müssen wieder an der gleichen Stelle eingebaut werden.
- Kipphebel einbauen, siehe Seite 29.
- Neuen Verschlußdeckel für Nockenwelle mit FORD-Werkzeug 14-030 oder geeignetem Rohr mit entsprechendem Durchmesser ansetzen und vorsichtig eintreiben.
- Zylinderkopfdeckel mit neuer Dichtung aufsetzen. Befestigungsschrauben gleichmäßig mit **7 Nm** festziehen. Dabei Haltebleche mit der geriffelten Seite nach oben mit anschrauben. Beide Kurbelgehäuse-Entlüftungsschläuche auf die Anschlußstutzen aufschieben.
- EDIS-Zündspule mit Halter anschrauben, Kabel für Entstörkondensator an der Zündspule aufschieben.
- **1,6-l-Motor:** Oberen Ansaugkrümmer mit Luftfilteroberteil sowie Leerlaufregelventil einbauen, siehe Seite 85.
- Zündkabel aufstecken und in die Halter am Zylinderkopfdeckel beziehungsweise Ansaugkrümmer einclipsen.
- Gaszug einhängen, Halter anschrauben. Gaszugeinstellung prüfen, siehe Seite 80.
- **1,4-l-Motor:** Luftfilter einbauen, siehe Seite 77.
- Batterie-Massekabel anklemmen.

Ventil aus- und einbauen

CVH (1,4-/1,6-l-Benzin)-Motor

Ausbau

Achtung: Werden Teile der Ventilsteuerung wieder verwendet, müssen diese an gleicher Stelle wieder eingebaut werden. Damit keine Verwechslungen vorkommen, empfiehlt es sich, ein entsprechendes Ablagebrett anzufertigen.

- Zylinderkopf ausbauen und auf 2 Holzleisten legen, siehe Seite 24.

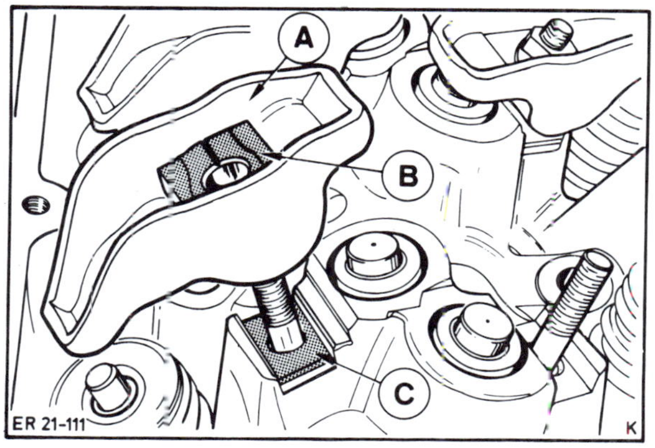

● Kipphebel –A– abschrauben und mit Führungsstück –B– und Distanzplatte –C– abnehmen.

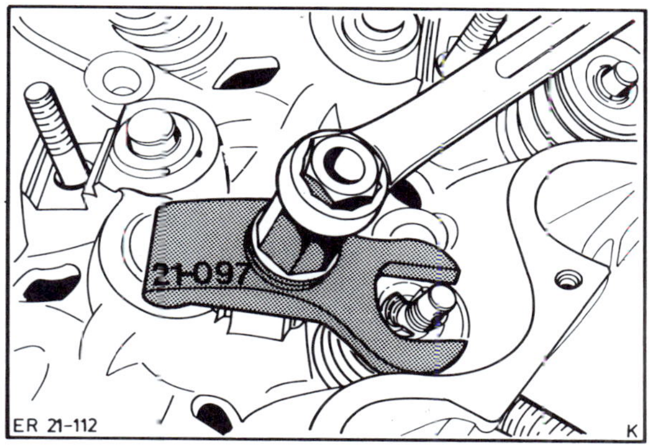

● Ventilfeder mit Spezialwerkzeug FORD 21-097 herunterdrücken und Ventilkegelstücke abnehmen.

Achtung: Zum Spannen der Ventilfedern kann auch ein handelsüblicher Ventilspanner eingesetzt werden. Je nach verwendetem Werkzeug müssen dann unter Umständen der Abgas- und Ansaugkrümmer abgeschraubt werden.

● Feder entspannen und Federteller oben, Ventilfeder sowie Federteller unten abnehmen.

● Ventil herausziehen. **Achtung:** Alle Teile so ablegen, daß sie an gleicher Stelle wieder eingebaut werden können.

● Nächstes Ventil auf dieselbe Weise ausbauen.

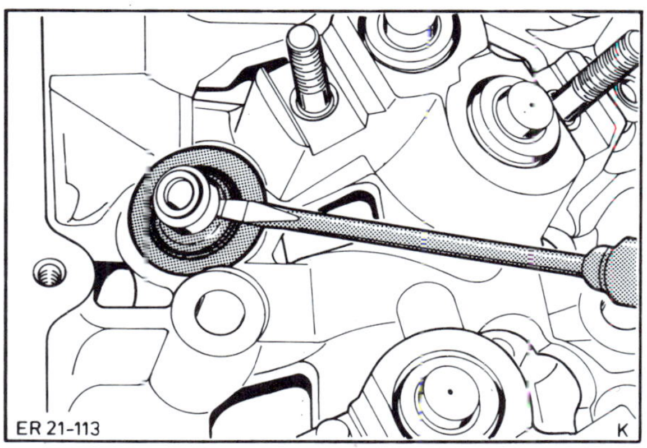

● Ventilschaftabdichtungen mit Schraubendreher abhebeln.

Einbau

Vor Einbau der Ventile Ventilführungen prüfen, eventuell Ventilsitze nacharbeiten, siehe Seite 32/41.

Achtung: Wird ein neues Ventil eingebaut, auf jeden Fall vorher Ventilsitz nacharbeiten. Ventilfederteller sind an der Unterkante der Bohrung für die Kegelstücke vereinzelt sehr scharfkantig. Dadurch können die Ventilschäfte beschädigt werden (Riefen, etc.). Beschädigte Ventile auf jeden Fall ersetzen, Ventilfederteller vor dem Einbau gegebenenfalls entgraten.

● Unteren Ventilfederteller einsetzen.

● Ventilschaft an der Anlagefläche der Ventilkegelstücke entgraten.

● Ventilschaft und Ventilführung mit Hypoid-Öl SAE 90 (Getriebeöl) leicht einölen und altes Ventil an gleicher Stelle einsetzen.

● Ventilschaftabdichtungen immer erneuern.

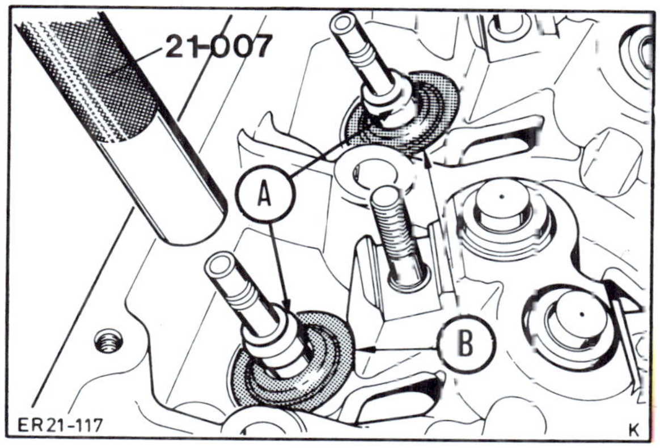

● Ventilschaft-Abdichtung –A– leicht einölen und mit geeignetem Treibdorn 21-007A (2,0-l-DOHC-Motor: Werkzeug 21-130A) bis zum Anschlag aufdrücken. **Achtung:** Um Beschädigungen der Ventilschaft-Abdichtung zu vermeiden, vor dem Einbau Ventilschaft an den Anlageflächen der Ventilkegelstücke mit glattem Klebeband abkleben. Nach dem Einbau Klebeband entfernen.

● Ventilfeder und oberen Ventilteller einsetzen.

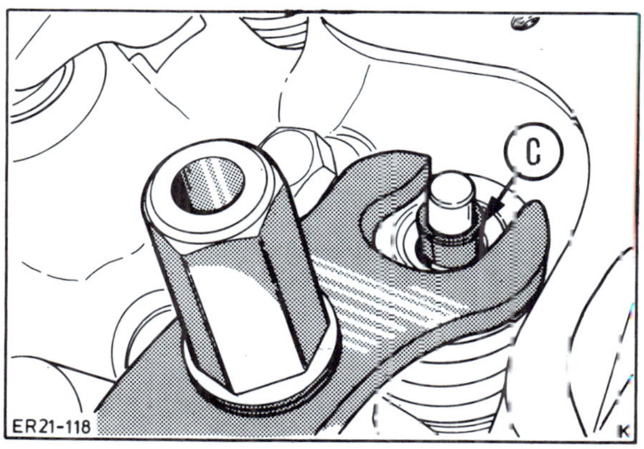

● Ventilfeder zusammendrücken und Ventilkegelstücke –C– einsetzen. Ventilfeder langsam entspannen und dabei auf richtigen Sitz der Kegelstücke achten.

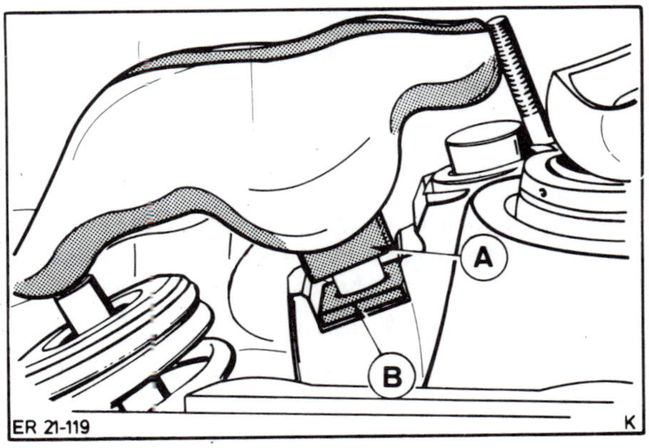

- **Achtung:** Bevor die einzelnen Kipphebel aufgesetzt werden, Nockenwelle so verdrehen, daß der jeweilige hydraulische Ventilstößel am Nocken-Grundkreis anliegt, also seine tiefste Stellung einnimmt. Nur in dieser Stellung ist ein korrekter Sitz der Kipphebel im Zylinderkopf sichergestellt.

Distanzplatten –B– auflegen, Kipphebel sowie Führungsstücke –A– einsetzen und **neue** Muttern für Kipphebel mit **25 Nm** festschrauben.

Achtung: Muß der Stehbolzen für Kipphebel erneuert werden, ist folgendes zu beachten:

- Stehbolzen mit Mutter und Kontermutter oder mit Rohrzange abschrauben. Kann der alte Stehbolzen nicht mit weniger als 35 Nm gelöst werden, oberen Teil des Bolzens mit Lötflamme vorsichtig erwärmen. **Achtung:** CFI-Einspritzeinheit, wenn angebaut, mit geeignetem Blech abschirmen.
- Gewinde im Zylinderkopf mit M10-Gewindebohrer reinigen. Das Gewinde darf weder geölt noch gefettet sein.
- Das Gewinde neuer Stehbolzen ist mit Klebstoff beschichtet, der während des Einschraubens bereits mit der Aushärtung beginnt. Daher Bolzen sofort vollständig (ohne Unterbrechung) einschrauben. Anzugsdrehmoment: 20 Nm.
- Erst 30 Minuten nach Einbau des neuen Bolzens den dazugehörigen Kipphebel anschrauben (Klebstoffaushärtung).
- Anschließend nächstes Ventil einbauen. Dabei Ein- und Auslaßventil nicht verwechseln.
- Zylinderkopf einbauen, siehe Seite 24.

Ventilführungen prüfen

Bei Instandsetzungsarbeiten an einem Zylinderkopf mit undichten Ventilen genügt es nicht, die Ventile und Ventilsitze zu bearbeiten beziehungsweise zu erneuern. Es ist außerdem dringend erforderlich, die Ventilführungen auf Verschleiß zu prüfen. Besonders wichtig ist die Prüfung an Motoren mit längerer Laufzeit. Verschlissene Ventilführungen gewährleisten keinen zentrischen Ventilsitz und führen zu hohem Ölverbrauch. Ist der Verschleiß zu groß, sind entweder die Ventilführungen aufzureiben oder zu erneuern (Werkstattarbeit).

- Ventil ausbauen.
- Ventilführung mit einer zylinderförmigen Bürste innen reinigen.

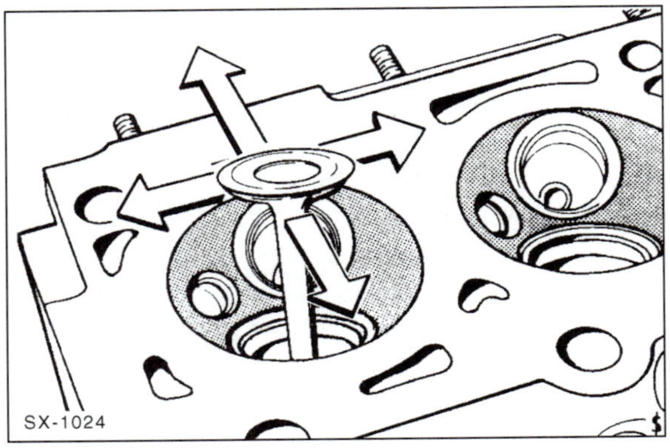

- Ventil von der Brennraumseite her in die Ventilführung einführen und Spiel durch seitliches Hin- und Herbewegen des Ventils prüfen. Die Ventilführung darf dabei kaum spürbares Spiel aufweisen.
- Zum Prüfen Stahllineal anlegen oder, falls vorhanden, Meßuhr mit Magnetständer und Taststift verwenden.

Maximal zulässiges Spiel der Ventilführung in mm:

Motor	Einlaßventil	Auslaßventil
1,3-/2,0-l-Benzin	0,020 – 0,069	0,046 – 0,095
1,4-/1,6-l-Benzin	0,020 – 0,063	0,046 – 0,089
1,8-l-Diesel	0,020 – 0,040	0,040 – 0,060

- Gegebenenfalls Ventilführungen auf die nächste Übergröße aufreiben beziehungsweise erneuern lassen (Werkstattarbeit).

Achtung: Wurden die Ventilführungen aufgerieben, müssen Ventile mit Ventilschaft-Übergröße eingebaut werden.

OHV-Motor

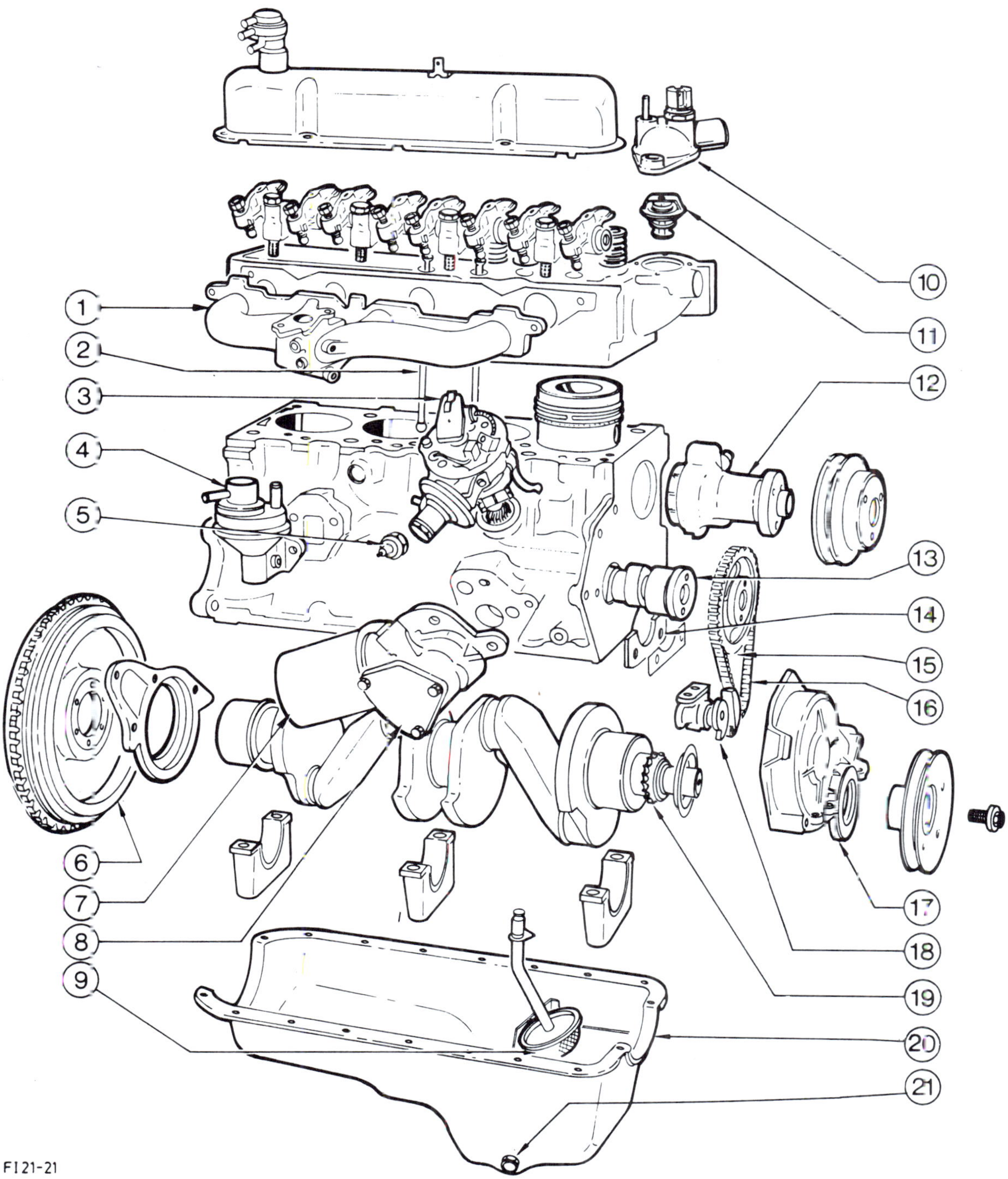

FI21-21

1 – Ansaugkrümmer
2 – Ventil-Stößelstange
3 – Zündverteiler
4 – Kraftstoffpumpe
5 – Öldruckschalter
6 – Schwungrad
7 – Ölfilter
8 – Ölpumpe
9 – Ölpumpensieb mit Saugrohr
10 – Kühlmittelstutzen
11 – Thermostat
12 – Kühlmittelpumpe
13 – Nockenwelle
14 – Halteplatte für Nockenwelle
15 – Nockenwellen-Zahnrad
16 – Steuerkette
17 – Stirnraddeckel mit Dichtring
18 – Kettenspanner
19 – Kurbelwellen-Zahnrad
20 – Ölwanne
21 – Ölablaßschraube

Zylinderkopf aus- und einbauen

OHV-Motor

Die Arbeitsgänge sind im Wesentlichen gleich wie beim CVH-Motor. In diesem Kapitel wird nur auf die Besonderheiten des OHV-Motors eingegangen.

Ausbau

- Batterie-Massekabel abklemmen.
- Luftfilter ausbauen. Dazu 3 Befestigungsschrauben des Luftfilters herausdrehen und Luftfilter etwas anheben. Schlauch für Kurbelgehäuseentlüftung am Luftfilter-Halter ausclipsen und Anschlußstutzen aus der Luftfilterunterseite herausziehen. Benzinabscheider am Clip aushängen und Stecker vom Ansauglufttemperatur-Sensor abziehen. Der Sensor befindet sich auf der Rückseite der Einspritzeinheit.
- Kühlflüssigkeit ablassen, siehe Kapitel »Wartung«.
- Oberen Kühlerschlauch sowie Verbindungsschlauch zum Ausgleichbehälter vom Thermostatgehäuse abziehen. Vorher Schellen ganz öffnen und zurückschieben.
- Heizungsschlauch an der CFI-Einheit abziehen.
- Gaszug am Drosselklappenhebel abclipsen und mit Halter abschrauben.
- Sämtliche Zündkerzenstecker abziehen. Dabei am Stecker, **nicht** am Kabel ziehen.
- Zündkabel am Halter/Zylinderkopfdeckel ausclipsen. Zündkerzennischen mit Preßluft ausblasen.
- Zündkerzen herausschrauben.
- Elektrische Leitungen mit Tesaband kennzeichnen und abziehen von:
  - Thermoschalter am Thermostatdeckel
  - Geber für Kühlmitteltemperatur-Anzeige
  - Kühlmitteltemperaturgeber vom Ansaugkrümmer
  - Radio-Massekabel am Ansaugkrümmer
- Kühlmittelregler ausbauen (Einbaulage beachten).
- Unterdruckleitungen vom Bremskraftverstärker, sowie Belüftungsschlauch vom Ansaugkrümmer abziehen.
- Abgasrohr vom Abgaskrümmer abschrauben und mit Draht aufhängen, damit es nicht herunterfallen kann.
- Öleinfüllkappe vom Zylinderkopfdeckel abziehen.
- Zylinderkopfdeckel mit 4 Schrauben abschrauben.

- Kipphebelachse mit 4 Schrauben abschrauben.
- Stößelstangen herausnehmen. **Achtung:** Die Stößelstangen müssen beim Einbau wieder an derselben Stelle eingebaut werden. Aus diesem Grund Stößelstangen entweder mit Tesaband kennzeichnen oder so ablegen, daß sie beim Einbau nicht verwechselt werden.
- Zündkerzen herausschrauben.

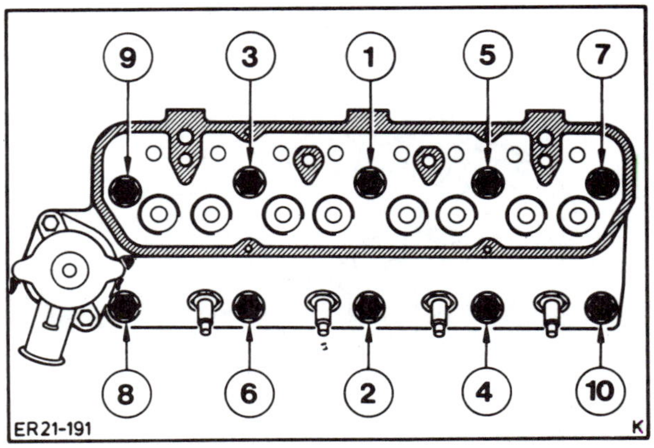

- Zylinderkopfschrauben in umgekehrter Reihenfolge der Numerierung, also von 10 nach 1, um 1/2 Umdrehung lösen, dann herausdrehen.
- Zylinderkopf komplett mit Ansaug- und Abgaskrümmer abheben.

Achtung: Zylinderkopf nach dem Ausbau nicht auf der Dichtfläche absetzen, dabei könnten voll geöffnete Ventile beschädigt werden. Deshalb Zylinderkopf auf 2 Holzleisten legen.

Einbau

- Zylinderkopfdichtung grundsätzlich ersetzen.
- Neue Dichtung ohne Dichtmittel so auflegen, daß keine Bohrungen verdeckt werden.
- Zylinderkopf aufsetzen, Zylinderkopfschrauben handfest anziehen.
- Zylinderkopfschrauben gemäß der Reihenfolge in Abbildung ER-21-191 von 1 bis 10 in **drei Stufen** anziehen.

Achtung: Die Zylinderkopfschrauben in jeder Stufe jeweils in der Reihenfolge von 1 bis 10 anziehen.

1.Stufe: mit Drehmomentschlüssel **30 Nm**
2.Stufe: mit starrem Schlüssel **90° weiterdrehen**
3.Stufe: mit starrem Schlüssel **90° weiterdrehen**

Achtung: Anschließend dürfen die Kopfschrauben **nicht nachgezogen** werden. Die Zylinderkopfschrauben können einmal wiederverwendet werden, sie müssen dann jedoch mit einem Körner markiert werden. Es empfiehlt sich aber, die Kopfschrauben grundsätzlich zu ersetzen.

- Stößelstangen an beiden Enden mit Motoröl einölen und in die Stößelpfannen stellen. **Achtung:** Stößelstangen unbedingt an der gleichen Stelle wie vor dem Ausbau wieder einbauen.
- Kipphebelachse so aufsetzen, daß die Stellschrauben in die Pfannen der Stößelstangen eingreifen. Schrauben der Kipphebelachse zunächst handfest anziehen, dann gleichmäßig mit **45 Nm** festziehen.
- Ventilspiel einstellen, siehe Seite 262.
- Zylinderkopfdeckel aufsetzen und Schrauben gleichmäßig ganz leicht mit 5 Nm festziehen.
- Öleinfüllkappe mit Belüftungsschlauch aufstecken.
- Zündkerzen von Hand bis zur Anlage am Zylinderkopf einschrauben. **Achtung:** Dabei Kerzen nicht verkanten. Anschließend Zündkerzen mit handelsüblichem Kerzenschlüssel SW 16 und 20 Nm festziehen.
- Abgasrohr am Abgaskrümmer mit **neuen** Muttern anschrauben.

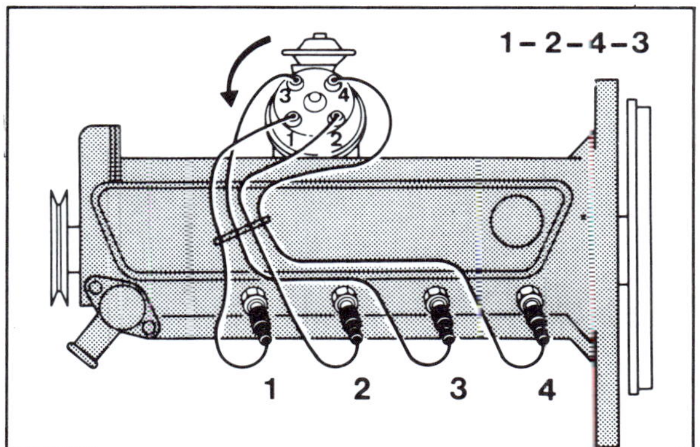

ER 21-193 K

- Kerzenstecker in Zündfolge aufstecken, siehe Seite 268
- Elektrische Leitungen aufstecken, siehe unter »Ausbau«.
- Unterdruckleitungen am Bremskraftverstärker, sowie Belüftungsschlauch am Ansaugkrümmer aufschieben.
- Gaszug mit Halter anschrauben. Gaszug einstellen, siehe Seite 80.
- Heizungsschlauch am Ansaugkrümmer aufschieben und mit Schelle sichern.
- Kühlmittelregler einbauen.
- Oberen Kühlerschlauch sowie Verbindungsschlauch zum Ausgleichbehälter am Thermostatgehäuse aufschieben und mit Schellen sichern.
- Luftfilter einbauen.
- Batterie-Massekabel anklemmen.
- Kühlmittel auffüllen, siehe Kapitel »Wartung«.
- Ölstand im Motor prüfen, gegebenenfalls Öl nachfüllen. Wurde der Zylinderkopf abgebaut aufgrund einer defekten Zylinderkopfdichtung, empfiehlt sich ein vorgezogener Ölwechsel einschließlich eines Ölfilterwechsels, da sich im Motoröl Kühlflüssigkeit befinden kann.
- Motor starten und warmlaufen lassen. Gegebenenfalls Motorregelung prüfen lassen.

Achtung: Die Zylinderkopfschrauben dürfen auch nach einer Fahrstrecke von 1000 km **nicht** nachgezogen werden.

Ventil aus- und einbauen

OHV-Motor

Ausbau

Achtung: Werden Teile der Ventilsteuerung wiederverwendet, müssen diese an gleicher Stelle wieder eingebaut werden. Damit keine Verwechslungen vorkommen, empfiehlt es sich, ein entsprechendes Ablagebrett anzufertigen.

- Zylinderkopf ausbauen und auf 2 Holzleisten legen, siehe Seite 34.
- Ansaugkrümmer komplett mit CFI-Einheit vom Zylinderkopf abschrauben.
- Abgaskrümmer vom Zylinderkopf abschrauben.

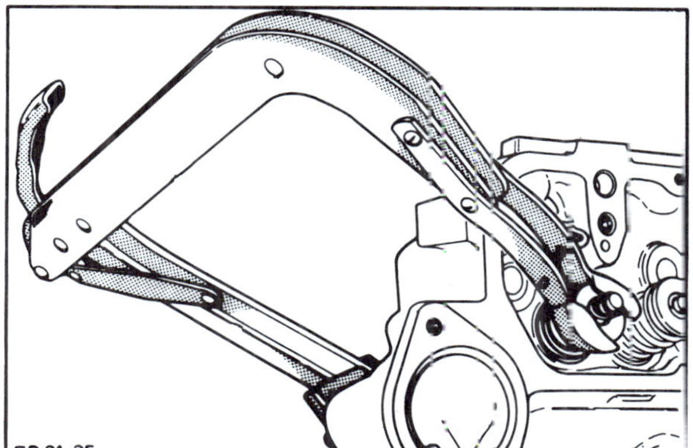
ER 21-25 K

- Ventilfeder mit handelsüblichem Ventilfederspanner zusammendrücken. Ventilkeile abnehmen und Ventilfeder wieder entspannen.

Achtung: Beim Herausnehmen der Ventilkeile darauf achten, daß der Ventilschaft nicht durch den heruntergedrückten Ventilteller beschädigt wird. Andernfalls muß das Ventil ausgewechselt werden, da bei beschädigtem Ventilschaft keine ausreichende Abdichtung mehr gewährleistet ist. Die Folge sind dann erhöhter Ölverbrauch und Verschleißerscheinungen in der Ventilführung.

- Ventilfederteller und Ventilfeder abnehmen.
- Ventil zur Brennraumseite hin herausziehen.
- Ventilschaftabdichtung mit Schraubendreher abhebeln.
- Nächstes Ventil auf dieselbe Weise ausbauen.

Einbau

Vor Einbau der Ventile Ventilführungen prüfen, eventuell Ventilführungen aufreiben und/oder Ventilsitze nacharbeiten, siehe Seite 32.

Achtung: Neue Ventilfederteller sind an der Unterkante der Bohrung für die Kegelstücke vereinzelt sehr scharfkantig. Dadurch können die Ventilschäfte beschädigt werden (Riefen etc.). Beschädigte Ventile müssen ersetzt werden, Ventilfederteller vor dem Einbau gegebenenfalls entgraten.

- Ventilschaft an den Anlageflächen der Ventilkegelstücke entgraten.

Achtung: Werden in einen neuen Zylinderkopf bereits gelaufene Ventile eingebaut, dann muß der Ventilsitz eingeschliffen werden, siehe Seite 41.

- Ventilschaft und Ventilführung mit Hypoidöl SAE 90 (FORD-Spezifikation SQM 2C-9002-AA) leicht einölen und Ventil einsetzen.
- Ventilschaft an den Anlageflächen der Ventilkegelstücke mit Klebeband abkleben, damit die Ventilschaftabdichtung beim Einbauen nicht beschädigt wird.

Achtung: Ventilschaftabdichtungen grundsätzlich ersetzen.

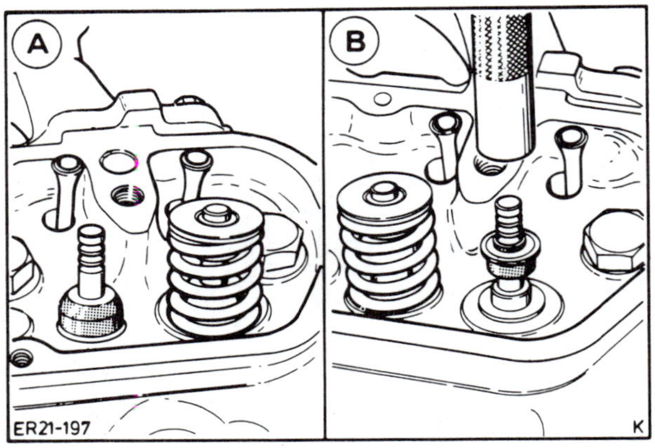

- Ventilschaftabdichtung für Auslaßventil –A– leicht einölen und vorsichtig aufschieben. Ventilschaftabdichtung für Einlaßventil –B– mit Treibdorn FORD 21-007 aufdrücken. Anschließend Klebeband entfernen.
- Ventilfeder und Ventilfederteller einsetzen.
- Ventilfeder mit Spannapparat zusammendrücken und Ventilkegelstücke einsetzen. **Achtung:** Auf richtige Anlage der Kegelstücke am Ventilschaft achten. Falls erforderlich, Grat mit Schmirgelleinen entfernen.
- Alle weiteren Ventile einbauen, darauf achten, daß Aus- und Einlaßventile nicht vertauscht werden.
- Ansaugkrümmer mit **neuer** Dichtung am Zylinderkopf anschrauben. 5 **neue** Schrauben mit **neuen** Sicherungsringen abwechselnd mit **20 Nm** festziehen.
- Abgaskrümmer am Zylinderkopf ansetzen. Vorher Dichtfläche mit Graphitfett bestreichen. 8 **neue** Muttern abwechselnd mit **25 Nm** festziehen.
- Zylinderkopf einbauen, siehe Seite 34.

Ventilschaftabdichtungen ersetzen

OHV-Motor

Hoher Ölverbrauch kann auf verschlissene Ventilschaftabdichtungen zurückzuführen sein. Die Ventilschaftabdichtungen können auch **bei eingebautem Zylinderkopf** ausgebaut werden. Allerdings werden dann das Spezialwerkzeug FORD 21-056 und Preßluft benötigt.

Ausbau

- Batterie-Massekabel abklemmen.
- 3 Befestigungsschrauben für Luftfilter herausdrehen und Luftfilter etwas anheben.
- Schlauch für Motordurchlüftung aus dem Halter am Luftfilter ausclipsen und anschlußstutzen aus der Luftfilterunterseite herausziehen. Benzinabscheider am Clip aushängen und Stecker für Ansaugluft-Sensor (ACT-Sensor) abziehen.
- Luftfilter abnehmen.
- Öleinfüllkappe mit Belüftungsschläuchen abziehen.
- Zündkerzenstecker abziehen, Zündkerzen herausschrauben.
- Zylinderkopfdeckel abschrauben.
- Kipphebelachse abschrauben, siehe Seite 34.

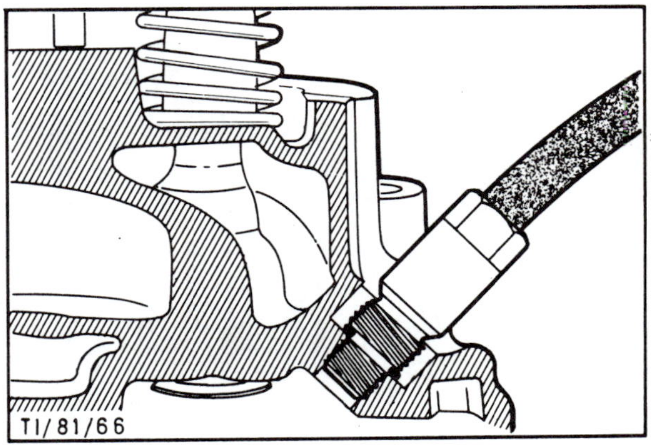

- Handelsüblichen Druckluftadapter, zum Beispiel HAZET 3428, in das Zündkerzengewinde einschrauben.

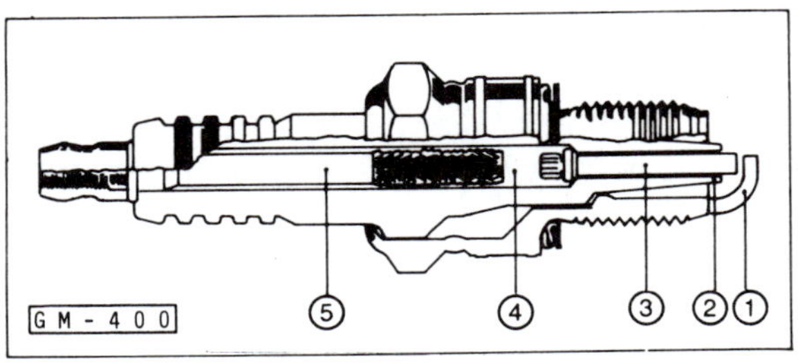

Achtung: Steht der Druckluftadapter nicht zur Verfügung, kann er auch aus einer alten Zündkerze und einem geeigneten Schlauch selbst hergestellt werden.

- An einer alten Zündkerze Masseelektrode –1– abkneifen. Keramik-Isolator –2– mit Schraubendreher abbrechen und Mittelelektrode –3– durch Hin- und Herbiegen abbrechen und herausnehmen. Rest der Mittelelektrode zusammen mit Glasschmelze –4– und Anschlußbolzen –5– mit geeignetem Durchschlag (ca. 3 mm) heraustreiben. Dabei Zündkerze in Schraubstock einspannen oder in entsprechenden Schraubendrehereinsatz (Stecknuß) einsetzen. **Achtung:** Das Gewinde der Zündkerze darf nicht beschädigt werden, um Folgeschäden an der Gewindebohrung im Zylinderkopf zu vermeiden.
- Zündkerze in den betreffenden Zylinder einschrauben und mit Druckluftschlauch verbinden.
- Über Druckluftschlauch ständig ca. 7 bis 10 bar Überdruck in den Zylinder blasen.

Achtung: Ventilfeder **nicht** ohne Druckluft ausbauen, sonst können Beschädigungen an Ventilen und Kolben entstehen.

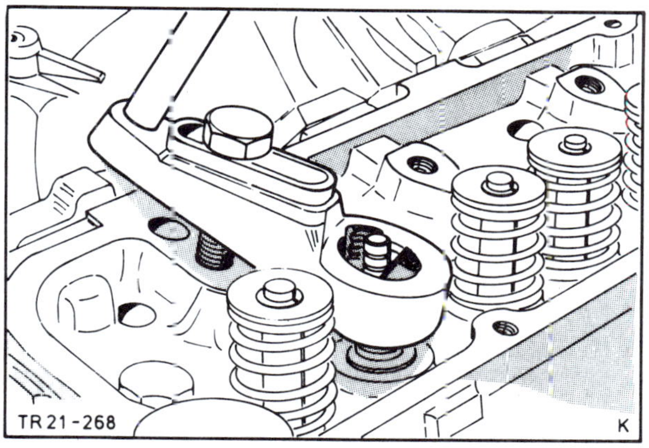

TR 21-268 K

- FORD-Werkzeug 21-056 am Zylinderkopf anschrauben.
- Ventilfeder niederdrücken, Ventilkegelstücke herausnehmen und Ventilfeder entspannen.

Achtung: Beim Herausnehmen der Ventilkegelstücke darauf achten, daß der Ventilschaft nicht durch den heruntergedrückten Ventilteller beschädigt wird. Andernfalls muß das Ventil ausgewechselt werden, da bei beschädigtem Ventilschaft keine ausreichende Abdichtung mehr gewährleistet ist. Die Folge sind dann erhöhter Ölverbrauch und Verschleißerscheinungen in der Ventilführung.

- Ventilfederteller und Ventilfeder abnehmen.

ER 21-113 K

- Ventilschaftabdichtungen mit Schraubendreher abhebeln. Die Abbildung zeigt den CVH-Motor.

Einbau

- Neue Ventilschaftabdichtung einsetzen, siehe Abbildung ER 21-197 auf Seite 36.
- Ventilfeder und Ventilfederteller einsetzen und mit Federspanner spannen.
- Ventilkegelstücke einsetzen. Dabei auf richtigen Sitz am Ventilschaft achten.
- Anschließend nächste Ventilschaftabdichtung einsetzen.
- Kipphebelachse einbauen, siehe Seite 34.
- Ventilspiel einstellen, siehe Seite 262.
- Zylinderkopfdeckel gleichmäßig, ganz leicht mit 5 Nm anschrauben.
- Zündkerzen von Hand bis zur Anlage an den Zylinderkopf hineindrehen. **Achtung:** Kerzen beim Ansetzen nicht verkanten. Anschließend Zündkerzen mit Kerzenschlüssel und richtigem Drehmoment festziehen; OHV-Motor: 20 Nm.
- Kerzenstecker entsprechend der Zündfolge aufstecken, siehe Seite 72.
- Luftfilter einbauen, siehe Seite 77.
- Schlauch für Kurbelgehäuseentlüftung einclipsen.
- Kabel an ACT-Sensor anschließen.
- Batterie-Massekabel anklemmen.

Der DOHC-Motor

1,6-/1,8-l-Zetec-Motor

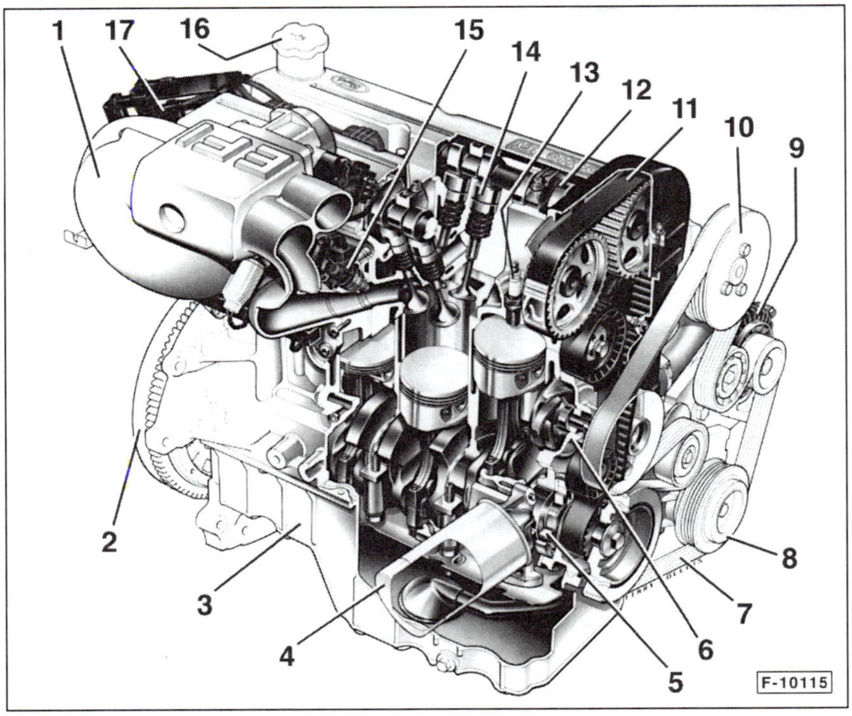

1 – Ansaugkrümmer
2 – Schwungrad
3 – Ölwanne
4 – Ölfilter
5 – Ölpumpe
6 – Kühlmittelpumpe
7 – Keilrippenriemen
8 – Riemenrad Klimakompressor
9 – Generator
10 – Riemenrad Lenkhilfepumpe
11 – Zahnriemen
12 – Nockenwelle
13 – Zündkerze
14 – Hydraulischer Ventilspielausgleicher
15 – Einspritzventil
16 – Öleinfülldeckel
17 – Zündspulen

Zahnriemen aus- und einbauen/ Zahnriemen spannen

1,6-/1,8-l-Zetec-Motor

Hinweis: Bei Fahrzeugen bis 9/92 beim Zahnriemenwechsel auch das untere Zahnriemenrad ersetzen. Zahnriemenrad mit einem gelben Punkt markieren. Ein bereits markiertes Zahnriemenrad braucht nicht ausgetauscht zu werden.

Ausbau

- Kühlmittel ablassen und auffangen, siehe Seite 266.
- Haltebügel für Hitzeschutzblech am Abgaskrümmer abschrauben.
- Mehrfachstecker vom Luftmassenmesser abziehen.
- Klammern für Ansaugrohr am Luftfiltergehäuse öffnen und Ansaugrohr abnehmen.
- Kühlmittelschlauch vom Ausgleichbehälter am Thermostatgehäuse abziehen.
- Unteren Kühlmittelschlauch vom Ausgleichbehälter abziehen. Ausgleichbehälter herausheben.
- Mehrfachstecker vom Drucksensor für Servolenkung abziehen.
- Rücklaufschlauch und Druckleitung von der Ölpumpe für die Servolenkung abschrauben. **Achtung:** Hydrauliköl auffangen. Öffnungen mit einem geeigneten Stopfen verschließen. Vorratsbehälter für Servolenkung herausheben.
- Gaszug aushängen und zur Seite legen.
- Fahrzeug aufbocken, siehe Seite 105.
- Abdeckung für die Kurbelwellen-Riemenscheibe mit 3 Schrauben abschrauben.
- Flachkeilriemen entspannen und abnehmen. Zum Entspannen Spannrolle mit Ringschlüssel verdrehen.
- Riemenscheibe für Kühlmittelpumpe mit 4 Schrauben abschrauben.

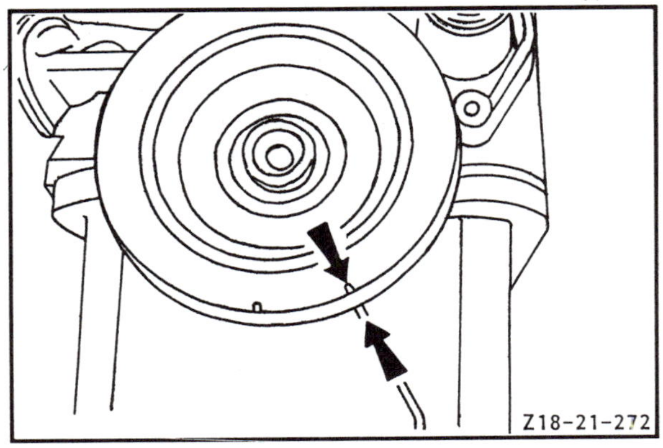

- Kurbelwelle auf OT stellen. Dazu Getriebe in Leerlaufstellung bringen, Handbremse anziehen. Kurbelwelle an der Zentralschraube verdrehen, bis die beiden Markierungen übereinstimmen.
- Kurbelwellen-Riemenscheibe an der Zentralschraube abschrauben. Zum Gegenhalten 1. Gang einlegen und Handbremse anziehen.

- 2 Befestigungsschrauben für Zahnriemenabdeckung unten herausdrehen.
- Fahrzeug ablassen, siehe Seite 105.
- Obere Zahnriemenabdeckung abschrauben und abnehmen, anschließend mittlere Zahnriemenabdeckung ausbauen.
- Schlauch für Kurbelgehäuseentlüftung vom Zylinderkopfdeckel abziehen.
- Sämtliche Zündkerzenstecker abziehen und mit Zündkabeln nach hinten verlegen.
- Halter für Gaszug am Drosselklappenteil abschrauben.
- Vordere Motor-Anhebeöse lösen und Zylinderkopfdeckel mit 10 Schrauben abschrauben und Distanzhülsen mit O-Ringen abnehmen.

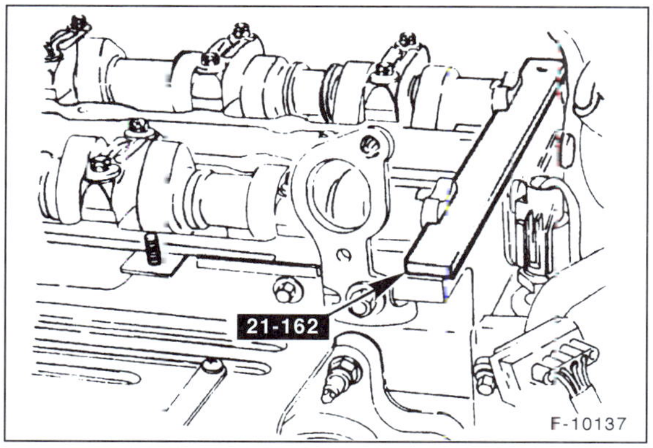

- Nockenwellen mit Einstellwerkzeug 21-162 oder entsprechendem Lineal in OT-Stellung fixieren. **Achtung:** Läßt sich das Werkzeug nicht einsetzen, Kurbelwelle an der Kurbelwellenschraube um eine Umdrehung weiterdrehen.
- An der Zahnriemen-Spannrolle die Sicherungsschraube lösen und Spannrolle mit Innensechskantschlüssel vom Zahnriemen wegdrücken, Spannrolle also im Uhrzeigersinn drehen. Dadurch wird der Zahnriemen entspannt. Anschließend Sicherungsschraube wieder festziehen.
- Zahnriemen abnehmen.

Einbau

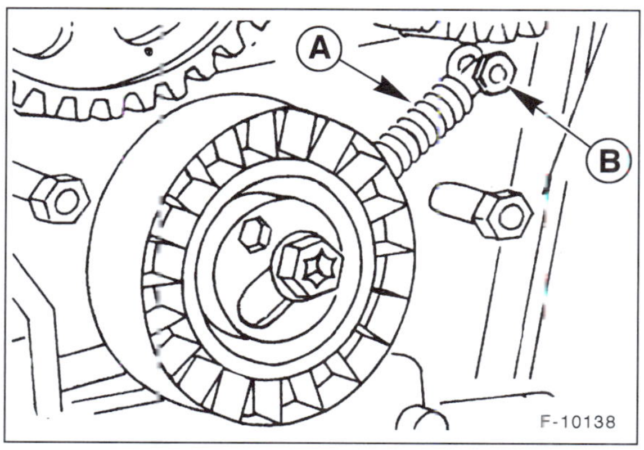

Achtung: Ab Werk wird die Zahnriemen-Spannvorrichtung ohne Feder –A– eingebaut. Falls keine Spannfeder vorhanden ist, neue Feder mit Haltebolzen –B– (10 Nm) einbauen. Dazu Spanner lösen und nach Einbau der Feder in die Ausgangsposition zurückdrehen.

- Neuen Zahnriemen auflegen. Dabei am Kurbelwellen-Zahnriemenrad beginnen und im Uhrzeigersinn auflegen. **Achtung:** Die Zugseite des Zahnriemens muß gespannt sein. Zugseite ist der Teil des Zahnriemens der zwischen Kurbelwellen-Zahnrad und Auslaßnockenwellen-Zahnrad liegt.
- Zahnriemen spannen. Dazu Sicherungsschraube des Zahnriemenspanners lösen. Dadurch zieht die Feder den Spanner gegen den Riemen. Der Zahnriemen ist jetzt korrekt gespannt.
- Einstellwerkzeug 21-162 entfernen.
- Riemenscheibe für Kurbelwelle ansetzen und festschrauben.
- Kurbelwelle an der Zentralschraube um 2 Umdrehungen im Uhrzeigersinn weiterdrehen.
- OT-Stellung der Nocken- und Kurbelwelle mit dem Einstellwerkzeug 21-162 nochmals prüfen. Die Markierungen an Kurbelwellen-Riemenscheibe und Ölwanne müssen gleichzeitig übereinstimmen.

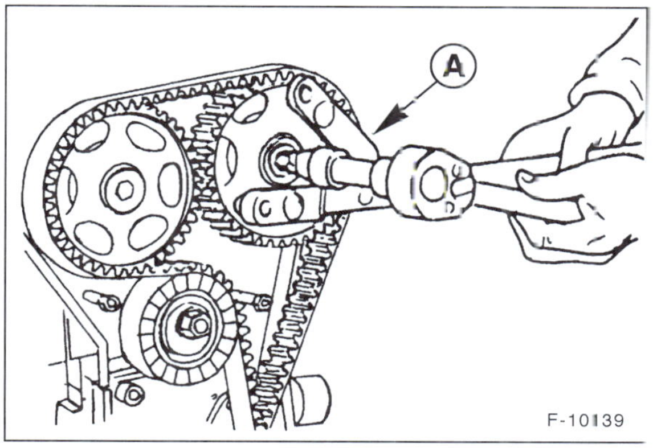

- Falls das Nockenwellen-Einstellwerkzeug nicht eingesetzt werden kann, Zahnriemenrad der entsprechenden Nockenwelle mit FORD-Halteschlüssel 15-030A gegenhalten und Befestigungsschraube lösen. Nockenwelle vorsichtig drehen, bis das Einstellwerkzeug paßt. In dieser Stellung Zahnriemenrad mit **70 Nm** festziehen.
- Zahnriemenspanner mit **40 Nm** festziehen.
- Zylinderkopfdeckel mit neuer Dichtung einbauen, vorher Distanzhülsen mit O-Ringen einsetzen. Auf richtigen Sitz des Deckels auf den Führungshülsen achten. Schrauben zuerst ganz leicht handfest anziehen. Anschließend sämtliche Schrauben leicht nachziehen (ca. 8 Nm).
- Untere, mittlere und obere Zahnriemenabdeckung einbauen. Dazu Riemenscheibe für Kurbelwelle abnehmen
- Zündkerzenstecker aufstecken.
- Halter für Gaszug am Drosselklappenteil anschrauben.
- Kurbelgehäuseentlüftungsschlauch am Zylinderkopfdeckel aufschieben.
- Fahrzeug aufbocken, siehe Seite 105.

- Untere Zahnriemenabdeckung unten anschrauben.
- Kurbelwellen-Riemenscheibe mit **115 Nm** festschrauben.
- Riemenscheibe für Kühlmittelpumpe mit 10 Nm anschrauben.
- Flachkeilriemen auflegen und spannen.
- Abdeckung für Kurbelwellen-Riemenscheibe anschrauben.
- Fahrzeug ablassen.
- Gaszug einhängen und einstellen.
- Vorratsbehälter für Servolenkung einsetzen. Rücklaufschlauch und Druckleitung an die Ölpumpe der Servolenkung anschrauben.
- Mehrfachstecker für Drucksensor aufstecken.
- Kühlmittel-Ausgleichbehälter einsetzen und Kühlmittelschläuche aufstecken.
- Ansaugrohr in Einbaulage bringen und anclipsen.
- Mehrfachstecker für Luftmassenmesser aufstecken.
- Haltebügel für Hitzeschutzblech anschrauben.
- Kühlmittel auffüllen, siehe Seite 266.
- Batterie-Massekabel anklemmen.
- Vorratsbehälter für Servolenkung mit Hydrauliköl befüllen, Spezifikation siehe Seite 276.
- Servolenkung entlüften, siehe Seite 145.

Zylinderkopf aus- und einbauen/ Zylinderkopfdichtung ersetzen

1,6-/1,8-l-Zetec-Motor

Die Arbeitsgänge sind im Wesentlichen gleich wie beim CVH-Motor. In diesem Kapitel wird nur auf die Besonderheiten des Zetec-Motors eingegangen. Vom 2,0-l-DOHC-Motor sind die Anzugsdrehmomente für den Zylinderkopf angegeben.

Ausbau

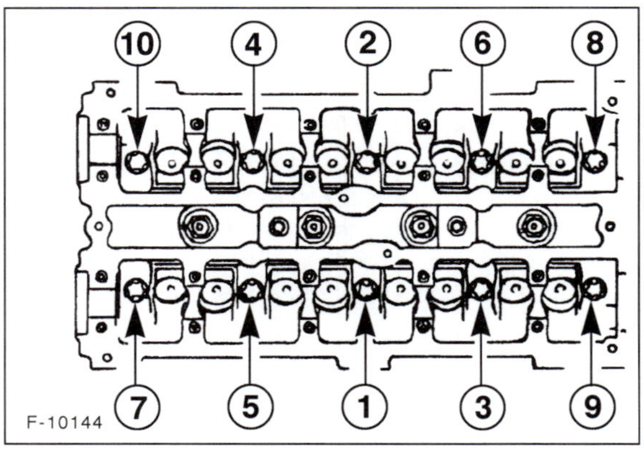

- Zylinderkopfschrauben entgegen der Numerierung von 10 nach 1 lösen.

Einbau

- Auf richtigen Sitz der Führungsbuchsen im Motorblock achten. Die Führungsbuchsen müssen fest in den Bohrungen der Schrauben –4– und –6– sitzen.
- Zylinderkopfdichtung so auflegen, daß die Bezeichnung »TOP/OBEN« zum Zylinderkopf zeigt. Zylinderkopfdichtungen sind durch Zacken am vorderen Rand gekennzeichnet. Die Neue Dichtung muß dieselbe Kennzeichnung aufweisen wie diejenige, die bisher eingebaut war.

Achtung: Um Beschädigungen an Ventilen und Kolben zu vermeiden, Kurbelwelle vor dem Aufsetzen des Zylinderkopfs so drehen, daß der Kolben des 1. Zylinders etwa 20 mm vor OT steht.

- Zylinderkopf aufsetzen und ungeölte Zylinderkopfschrauben eindrehen.

Achtung: Die Zylinderkopfschrauben dürfen maximal 3mal verwendet werden, daher Schrauben beim Einbau mit einem Körnerschlag markieren. Falls die Anzahl der Wiederverwendung nicht eindeutig bestimmt werden kann, Schrauben ersetzen.

1,6-/1,8-l-Zetec/Zetec-E-Motor

- Zylinderkopfschrauben in der Anzugsreihenfolge von 1 bis 10 in 3 Stufen festziehen:

1. Stufe: mit Drehmomentschlüssel **25 Nm**
2. Stufe: mit Drehmomentschlüssel **45 Nm**
3. Stufe: mit starrem Schlüssel **105°** weiterdrehen

2,0-l-Benzinmotor

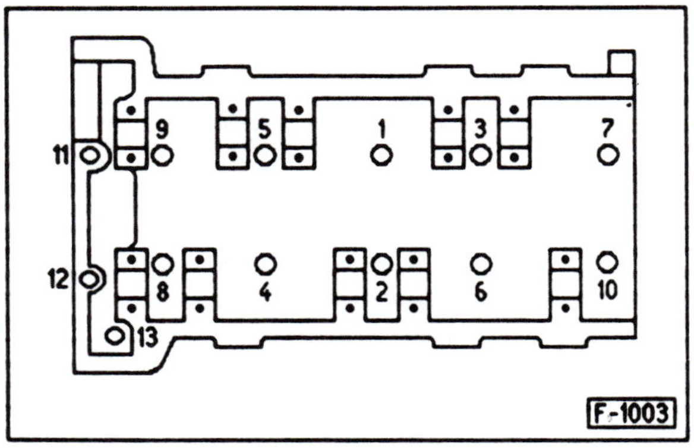

- Zylinderkopfschrauben in der Anzugsreihenfolge von 1 bis 10 in 4 Stufen festziehen:

1. Stufe: mit Drehmomentschlüssel **40 Nm**
2. Stufe: mit Drehmomentschlüssel **55 Nm**
3. Stufe: mit starrem Schlüssel **90°** weiterdrehen
4. Stufe: mit starrem Schlüssel **90°** weiterdrehen

- Die 3 Zylinderkopfschrauben –11/12/13– an der Steuerketten-Stirnseite mit **40 Nm** festziehen

Achtung: Anschließend dürfen die Kopfschrauben nicht mehr nachgezogen werden.

- Anlagefläche der Zylinderkopfdeckel-Dichtung mit Kaltreiniger sorgfältig reinigen. Die beiden Trennstellen zwischen Zylinderkopfstirnseite und oberer Steuergehäuse-Abdekkung mit Dichtmasse, zum Beispiel Curil, bestreichen.

Ventilsitz einschleifen

Selbst einwandfrei bearbeitete Ventilsitzringe und neue Ventile sollten aufeinander eingeschliffen werden, damit sie optimal abdichten. Dies ist insbesondere beim Dieselmotor zu beachten.

- Die Ventile dürfen nur mit feinkörniger Schleifpaste eingeschliffen werden. Für die notwendigen Drehbewegungen wird ein Gummisauger auf den Ventilteller gesetzt. Rillenbildung auf den Sitzflächen beim Einschleifen läßt sich durch häufiges Anheben und gleichmäßiges Weiterdrehen des Ventils während des Schleifvorgangs vermeiden.

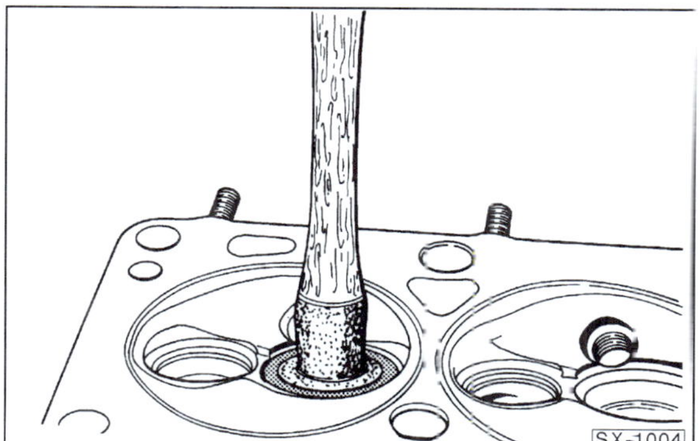
SX-1004

Achtung: Die Schleifpaste ist nach dem Einschleifen sorgfältig zu entfernen.

- Geprüft werden kann der Schleifvorgang am Tragbild mit »Preußischblau« oder »Bleiweiß« sowie mit Kraftstoff. Ventile lose einsetzen, Kraftstoff in Brennraum einfüllen, Kraftstoff darf nicht zur Ventilführung herauslaufen. Sonst ist der Schleifvorgang zu wiederholen.

Zahnriementrieb Dieselmotor

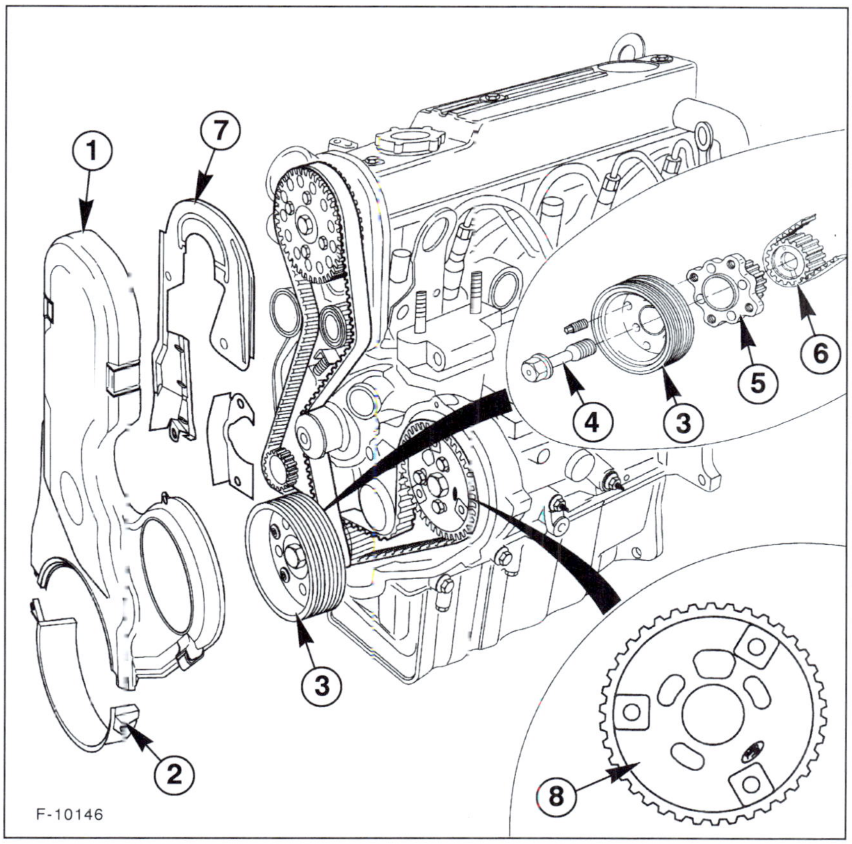

F-10146

1 – Obere Zahnriemenabdeckung
2 – Untere Zahnriemenabdeckung
3 – Keilriemenrad, Schwingungsdämpfer
4 – Kurbelwellenschraube
5 – Zahnriemenrad Kurbelwelle, Nockenwellenantrieb
6 – Zahnriemenrad Kurbelwelle, Einspritzpumpenantrieb
7 – Hintere Zahnriemenabdeckung
8 – Zahnriemenrad Einspritzpumpe

Zahnriemen aus- und einbauen

Dieselmotor

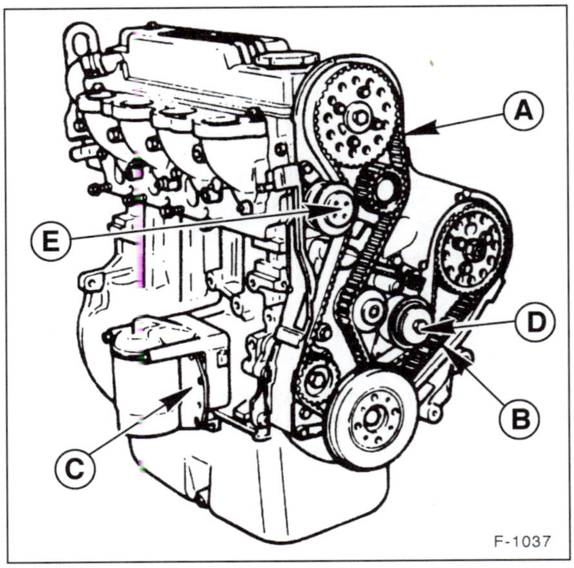

Der Dieselmotor besitzt 2 Zahnriemen. Bevor der Zahnriemen –B– für die Einspritzpumpe ausgebaut werden kann, muß der Zahnriemen –A– für den Antrieb der Nockenwelle ausgebaut werden. Beim Ausbau ist folgendes zu beachten:

- Zahnriemen **nur bei kaltem Motor** (Raumtemperatur) **einbauen**. Der Motor darf mindestens 4 Stunden nicht in Betrieb gewesen sein. **Achtung:** Die Einstellung der Riemenspannung bei warmem Motor ergibt eine zu niedrige Riemenspannung und verkürzt die Lebensdauer der Riemen.
- Für den Aus- und Einbau der beiden Zahnriemen sind 3 spezielle Einstelldorne erforderlich, die auch selbst hergestellt werden können.
- Beide Zahnriemen sind im Rahmen der Wartung alle 60.000 km zu ersetzen.
- Beide Zahnriemen müssen nach dem Ausbau immer erneuert werden. Der Zahnriemenspanner dient nur zum Einstellen der Riemenspannung bei neuen Zahnriemen. Nachspannen führt zur Überbelastung von Riemen und Lagern.
- Falls Öl oder Kühlflüssigkeit auf dem Zahnriemen gelangt, Zahnriemen umgehend ersetzen. Ein in der Funktion beeinträchtigter Zahnriemen kann zu schweren Motorschäden führen.
- Bei abgenommenem Nockenwellen-Zahnriemen darf der Motor nicht durchgedreht werden, andernfalls stoßen die Kolben an die Ventile.

Ausbau

- Batterie-Massekabel (–) von der Batterie abklemmen. **Achtung:** Dadurch werden die elektronischen Speicher gelöscht, wie zum Beispiel der Motorfehlerspeicher oder der Radiocode. Vor dem Abklemmen der Batterie sollten auch die Hinweise im Kapitel »Batterie aus- und einbauen« durchgelesen werden.
- Keilriemen ausbauen, siehe Seite 48.

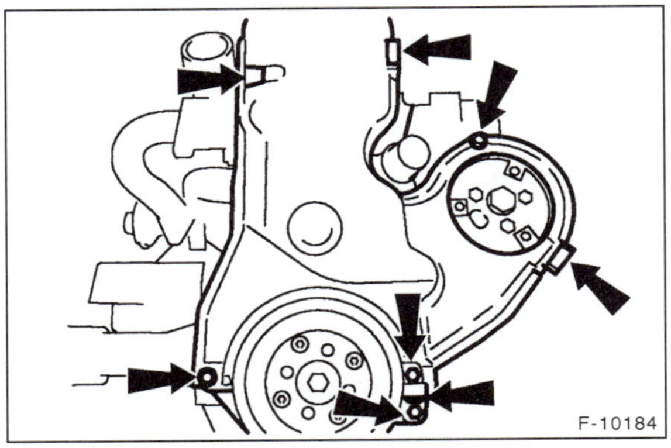

- Zahnriemenabdeckungen ausclipsen beziehungsweise abschrauben.
- Kurbelwelle auf OT für Zylinder 1 oder 4 stellen (OT = Oberer Totpunkt). Dazu Getriebe in Leerlaufstellung bringen, Handbremse anziehen. Gekröpften Ringschlüssel SW 32 an der Zentralschraube der Kurbelwellen-Riemenscheibe ansetzen und Riemenscheibe im Uhrzeigersinn verdrehen. Andere Methode zum Motor-Durchdrehen: 5. Gang einlegen und Fahrzeug auf einer ebenen Fläche verschieben.

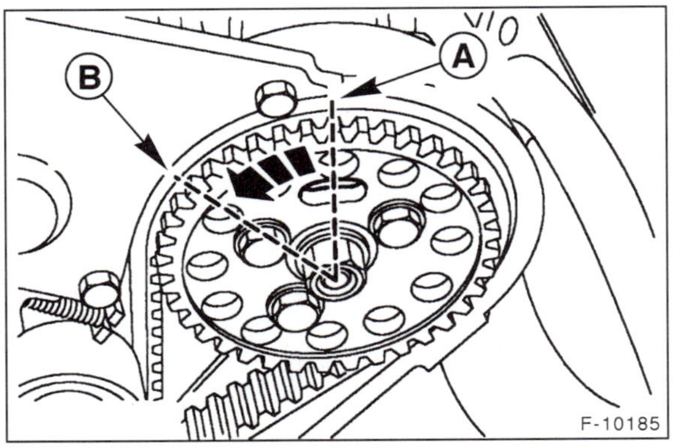

- Kurbelwelle verdrehen bis das Langloch des Einspritzpumpen-Zahnrades oben steht – Position A–,
- Kurbelwelle ca. 30° in Gegenrichtung drehen –Position B–.

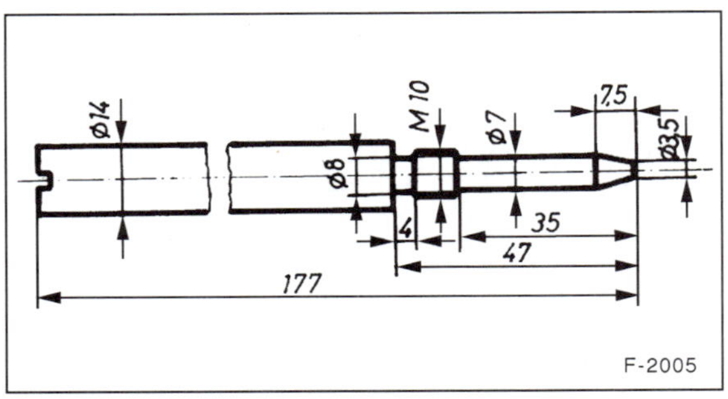

- Zur genauen Einstellung der OT-Position der Kurbelwelle wird ein OT-Einstellstift benötigt, zum Beispiel FORD-21-104. Gegebenenfalls Werkzeug, wie in der Abbildung dargestellt, selbst anfertigen.

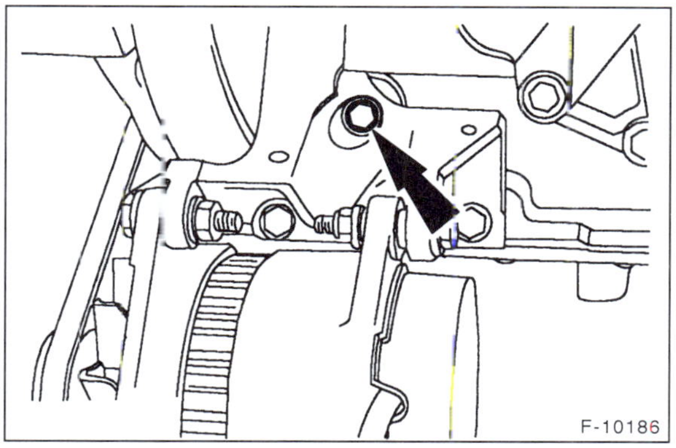

- Am Motorblock Verschlußschraube –Pfeil– herausdrehen. Die Verschlußschraube befindet sich an der Vorderseite des Motors zwischen Einspritzpumpe und Generator.
- OT-Einstellstift in die Bohrung einschrauben.
- Kurbelwelle mit Ringschlüssel im Uhrzeigersinn bis zum Anschlag am Einstellstift drehen. Dadurch wird die Kurbelwelle genau auf OT ausgerichtet.

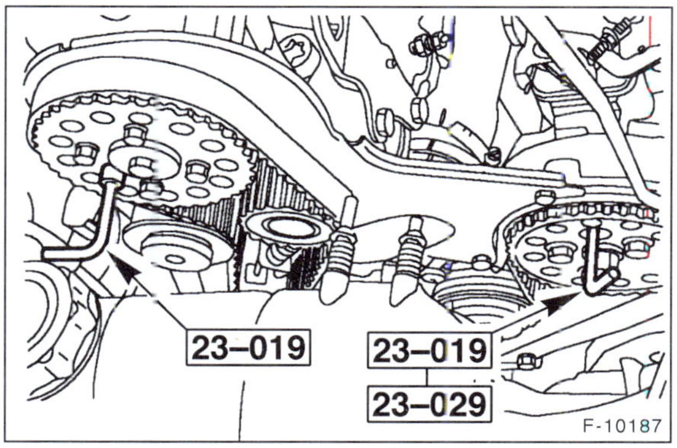

- Nockenwellen-Einstellstift einstecken, zum Beispiel FORD 23-019 oder einen geeigneten Dorn mit 6 mm ∅.
- Einspritzpumpen-Einstellstift einstecken. Für die BOSCH-Einspritzpumpe ist der Einstellstift FORD 23-019 oder ein geeigneter Dorn mit 6 mm ∅ erforderlich. Falls eine LUCAS-Einspritzpumpe eingebaut ist, wird für das Einspritzpumpenrad ein Einstellstift mit 9,5 mm ∅ benötigt.
- Befestigungsschraube für Zahnriemenspanner –E– lösen, siehe Abbildung F-1037. Zahnriemenspanner vom Zahnriemen wegdrücken und Schraube festziehen. Für die Befestigungsschraube wird ein Torxschraubendreher T50 benötigt. **Achtung:** Falls zum Lösen der Schraube große Gewalt angewendet wurde oder ein Meißel benutzt werden mußte, Schraube und Riemenspanner unbedingt ersetzen. Der Riemenspanner kann sonst im späteren Betrieb ausfallen und dadurch teuere Motorschäden verursachen
- Befestigungsschraube für Zahnriemenspanner –D– lösen, siehe Abbildung F-1037. Zahnriemenspanner vom Zahnriemen wegdrücken und Schraube festziehen.

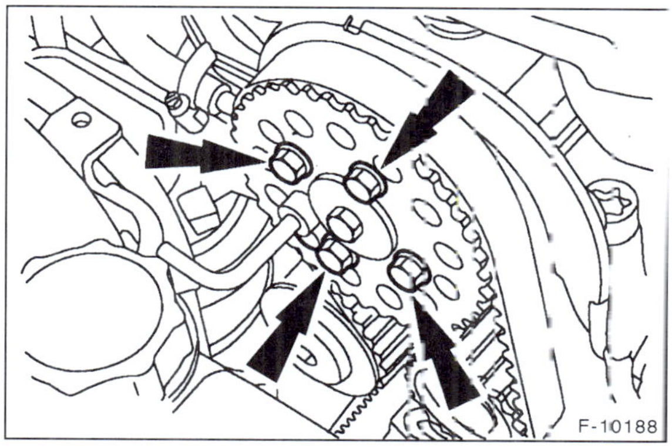

- 4 Befestigungsschrauben des Nockenwellen-Zahnriemenrades lösen, so daß das Zahnriemenrad innerhalb der Langlöcher frei drehbar ist.
- 3 Befestigungsschrauben des Einspritzpumpen-Zahnriemenrades lösen, so daß das Zahnriemenrad innerhalb der Langlöcher frei drehbar ist.
- Beide Zahnriemen abnehmen. Motor nach dem Abnehmen des Nockenwellen-Zahnriemens nicht mehr verdrehen, da sonst Schäden an Kolben und Ventilen entstehen können.
- Riemenspanner sowie Zwischenrad drehen und auf Risse, Kerben und andere Schäden prüfen, gegebenenfalls.ersetzen. Lager auf rauhen Lauf oder Klemmneigung bzw. bei schneller Drehung auf hohes Laufgeräusch prüfen, gegebenenfalls ersetzen. Kunststoff-Zwischenrad auf verschlissene Zähne (Umfang in der Mitte ist geringer als am Rand) prüfen, gegebenenfalls ersetzen.

Einbau

- Beide Zahnriemen auflegen, dabei Zahnriemenräder nicht verdrehen. **Achtung:** Die Pfeile auf den Zahnriemen müssen in Drehrichtung des Motors zeigen (im Uhrzeigersinn).
- Beim Auflegen der Zahnriemen jeweils an den Kurbelwellen-Zahnrädern beginnen und Zahnriemen entgegen dem Uhrzeigersinn auflegen, also in der Reihenfolge Kurbelwellenrad, Nockenwellen- beziehungsweise Einspritzpumpenrad, Spannrad. Dadurch kommt die lockere Zahnriemenseite zu den federbelasteten Spannrollen.

Achtung: Nach dem Auflegen des Zahnriemens müssen die Schrauben der Zahnriemenräder in der Mitte ihrer Langlöcher stehen.

- Befestigungsschrauben für die Spannrollen lösen und Zahnriemenspanner durch die Federkraft gegen den Zahnriemen schnappen lassen. Anschließend Schrauben festziehen.
- Befestigungsschrauben für das Nockenwellen-Zahnrad mit **10 Nm** und für das Einspritzpumpen-Zahnrad mit **25 Nm** festziehen.
- Alle 3 Einstellstifte entfernen.
- Kurbelwelle im Uhrzeigersinn drehen bis das Einspritzpumpenrad eine volle Umdrehung durchgeführt hat. Anschließend Kurbelwelle in OT-Position drehen und die 3 Einstellstifte einsetzen, siehe Abbildung F-10185.

- Schrauben der beiden Zahnriemenräder lösen.

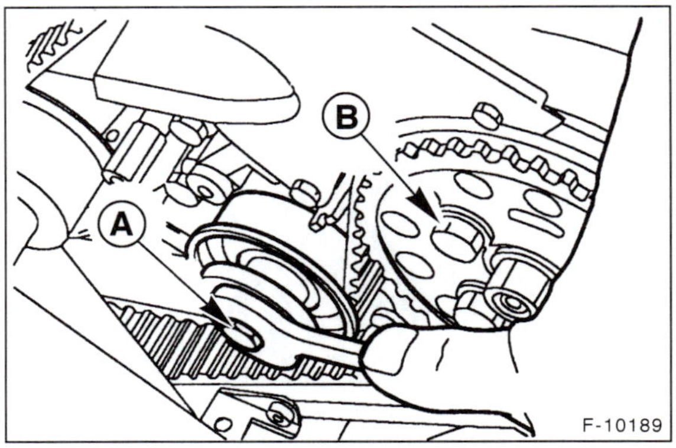

- Schraube –A– des Zahnriemenspanners für die Einspritzpumpe ¼ Umdrehung lösen, so daß der Riemenspanner frei gegen den Zahnriemen drückt.
- Schraube –A– des Zahnriemenspanners für die Einspritzpumpe mit **45 Nm** festziehen. Schrauben –B– für das Einspritzpumpen-Zahnrad mit **25 Nm** festziehen.

Achtung: Einstellstift für Einspritzpumpe bleibt eingesteckt.

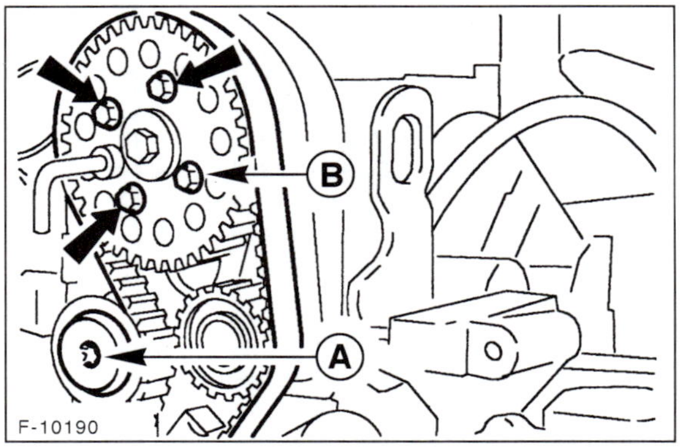

- Schraube –A– des Zahnriemenspanners für die Nockenwelle ¼ Umdrehung lösen, so daß der Riemenspanner frei gegen den Zahnriemen drückt.
- Schraube –A– des Zahnriemenspanners für die Nockenwelle mit **50 Nm** festziehen. Schrauben –B– für das Nockenwellen-Zahnrad mit **10 Nm** festziehen.
- Nochmals prüfen, ob alle Einstellstifte richtig eingesteckt sind und die Kurbelwelle am Anschlag des OT-Einstellstiftes anliegt. Anschließend alle Einstellstifte entfernen.
- Verschlußstopfen am Motorblock mit 25 Nm einschrauben.
- Untere und obere Zahnriemenabdeckung einbauen.
- Keilriemen einbauen, siehe Seite 48.
- Batterie-Massekabel (–) anklemmen.
- Falls vorhanden, Zeituhr einstellen sowie Diebstahlcode für das Radio eingeben.

Zylinderkopf aus- und einbauen

Dieselmotor

Der Zylinderkopf kann bei eingebautem Motor ausgebaut werden. Abgas- und Ansaugkrümmer bleiben angeschlossen. Zylinderkopf nur bei kaltem Motor (Raumtemperatur ca. 20°C, mindestens 6 Stunden Standzeit) ausbauen.

Eine defekte Zylinderkopfdichtung ist an folgenden Merkmalen erkennbar, siehe Seite 24.

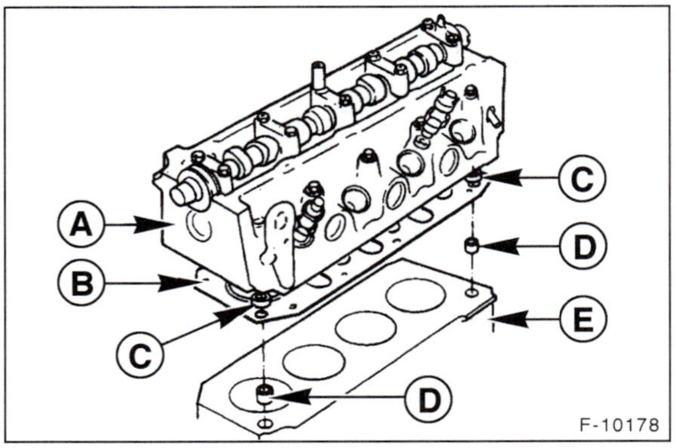

Achtung: Ab 9/92 wird der Zylinderkopf mit M12-Innentorxschrauben befestigt, bisher Sechskantschrauben. Wenn ein Zylinderkopf –A– für M12-Innentorxschrauben auf einen Motorblock –E– für Sechskantschrauben (bis 8/92) angebaut werden soll, dann werden 2 zusätzliche Führungshülsen –D– und Distanzbuchsen –C– benötigt. Neue Zylinderkopfdichtung –B– beim Auflegen durch Führungshülsen zentrieren. Vorher unbedingt Kolbenüberstand messen.

Ausbau

- Batterie-Massekabel abklemmen.
- Klemmschelle lösen und Ansaugluftschlauch vom Ansaugkrümmer abziehen.
- Kühlmittel ablassen, siehe Seite 266.
- Oberen Kühlerschlauch am Thermostatgehäuse abziehen, vorher Schlauchschelle ganz lösen und zurückschieben.
- Kühlmittelschläuche zum Zylinderkopf ausbauen:
  - Verbindungsschläuche vom Ausgleichbehälter am Zylinderkopf und Thermostatgehäuse.
  - Verbindungsschlauch vom Heizungs-Wärmetauscher.
- Unterdruckschläuche für Abgasrückführung am Abgasrückführventil (EGR-Ventil) am Abgaskrümmer abziehen. EGR-System, siehe Seite 91.
- Unterdruckleitung für Bremskraftverstärker sowie Ölrücklaufleitung an der Vakuumpumpe abziehen beziehungsweise abschrauben, siehe auch Seite 48.
- Folgende elektrische Leitungen abklemmen:
  - Geber Fernthermometer (in der Nähe vom Thermostatgehäuse)
  - Thermoschalter Motorlüfter (am Thermostatgehäuse)
  - Kabel für Glühkerzen
  - Öldruckschalter (neben dem Kraftstoffilter)

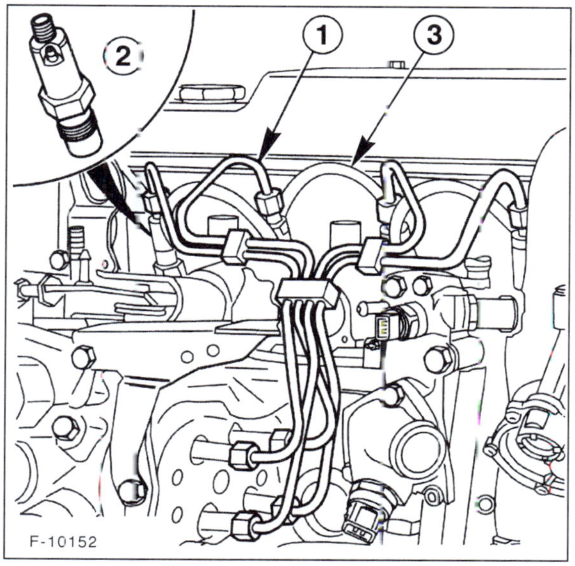

- Leckölschläuche –3– von den Einspritzventilen abziehen.
- Überwurfmuttern für Einspritzleitungen –1– an Düsen –2– und Einspritzpumpe lösen. Leitungen komplett mit Haltern abnehmen. **Achtung:** Biegeform nicht verändern. Leitungsanschlüsse mit geeigneten Kappen verschließen und dadurch vor Verschmutzung schützen.
- Halter für Ölmeßstab mit 1 Schraube am Thermostatgehäuse abschrauben.
- Kühlmittelschlauch am Thermostatgehäuse abziehen.
- Thermostatgehäuse abschrauben, 2 Schrauben.
- Kraftstoffzulaufleitung zur Einspritzpumpe am Kraftstoffilter abbauen.
- Kraftstoffilter mit 2 Muttern abschrauben und zur Seite legen.
- Fahrzeug aufbocken, siehe Seite 105.
- Vorderes Abgasrohr abschrauben und mit einem Draht gegen Herunterfallen sichern, siehe Seite 100.
- Fahrzeug ablassen, siehe Seite 105.
- Keilrillenriemen für Drehstromgenerator ausbauen, siehe Seite 48.

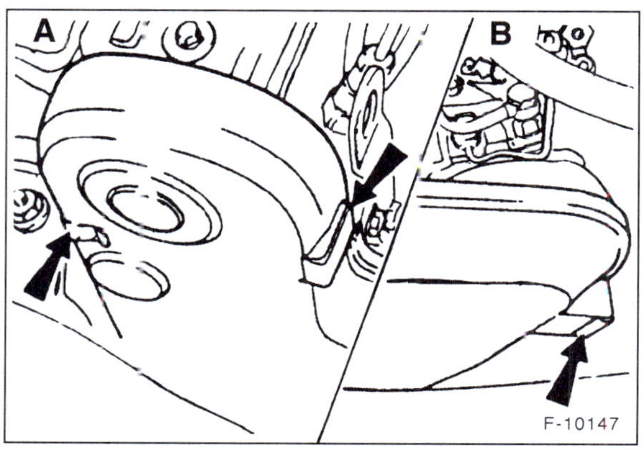

- Obere Zahnriemenabdeckung mit 1 Schraube und 3 Clipsen abbauen.
- Abdeckung für Drehstromgenerator abschrauben.
- Zahnriemen vom Nockenwellenzahnrad abbauen, siehe Seite 42.
- Schraube vom Nockenwellenzahnrad abschrauben. Dabei stabilen Schraubendreher durch eine Bohrung im Zahnrad stecken und beim Lösen der Schraube gegenhalten. Gegebenenfalls Nockenwellenrad durch leichte Schläge mit einem Kunststoffhammer vom Konussitz lösen, Zahnrad abnehmen.
- Zahnriemenrad unterhalb der Nockenwelle abschrauben, dazu eine Torxschraube herausdrehen.
- Beide hinteren Zahnriemenabdeckbleche abschrauben (3 Schrauben).
- Seitliche Zahnriemenabdeckung abnehmen.

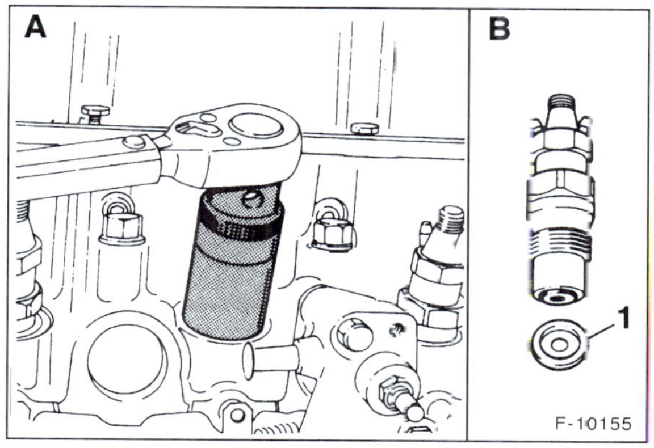

- Einspritzdüsen mit geeigneter Stecknuß herausdrehen, zum Beispiel HAZET 4555. Wärmeschutzdichtungen –1– abnehmen.
- Kabelstrang für Glühkerzen abschrauben.
- Glühkerzen herausschrauben.
- Kurbelgehäuseentlüftungsschlauch vom Zylinderkopfdeckel abziehen.
- Zylinderkopfdeckel abschrauben.

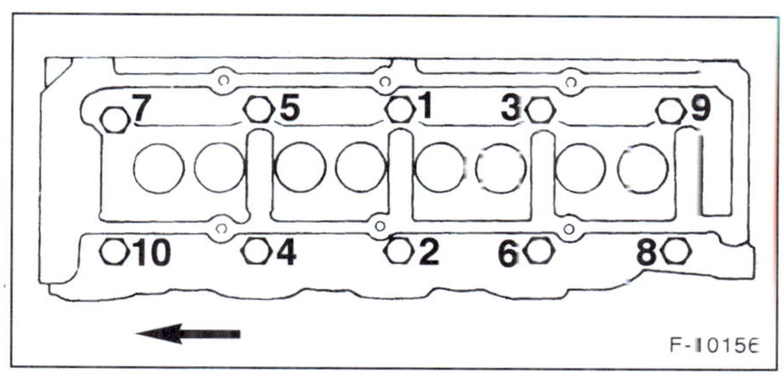

- Zylinderkopfschrauben in umgekehrter Reihenfolge der Numerierung, also von 10 nach 1, herausdrehen. **Achtung:** Der Zylinderkopf ist bis 8/92 mit Sechskantschrauben und ab 9/92 mit M12-Innentorxschrauben befestigt. Für die M12-Schrauben wird ein Torx-Steckschlüsseleinsatz benötigt, zum Beispiel HAZET 992 Lg-T70.

Achtung: Der Zylinderkopf muß vor dem Abschrauben ausreichend abgekühlt (handwarm) sein.

- Zylinderkopf abheben.

Achtung: Zylinderkopf nach dem Ausbau nicht auf der Dichtfläche absetzen, dabei könnten voll geöffnete Ventile beschädigt werden. Deshalb Zylinderkopf auf 2 Holzleisten legen.

Einbau

Vor dem Einbau Zylinderkopf und Zylinderblock mit geeignetem Schaber von Dichtungsresten freimachen. **Darauf achten, daß keine Dichtungsreste in die Bohrungen fallen.** Bohrungen mit Lappen verschließen.

- Bei geöffnetem Einspritzsystem möglichst nicht mit Druckluft arbeiten, Fahrzeug nicht bewegen. Geöffnete Bauteile verschließen oder abdecken, wenn die Reparatur nicht umgehend ausgeführt wird.
- Zylinderkopf und Motorblock mit Stahllineal in Längs- und Querrichtung auf Planheit prüfen. Der zulässige Wärmeverzug darf über die gesamte Länge gemessen nicht mehr als 0,08 mm betragen. Der Zylinderkopf darf **nicht** nachgearbeitet werden. Bei zu großem Verzug, Zylinderkopf ersetzen.
- Zylinderkopf auf Risse, Zylinderlauffläche auf Riefen überprüfen.
- **Wichtig:** Bohrungen der Zylinderkopfschrauben sorgfältig von Öl und anderen Rückständen reinigen. Mitunter sammelt sich in den Bohrungen Öl. Öl mit Spritze oder Lappen aufsaugen. Keine Preßluft verwenden.
- Festen Sitz der beiden Führungshülsen, oben im Motorblock, prüfen. Die Führungshülsen ermöglichen eine genaue Zentrierung von Zylinderkopf und Dichtung.
- Zylinderkopfdichtung grundsätzlich ersetzen.

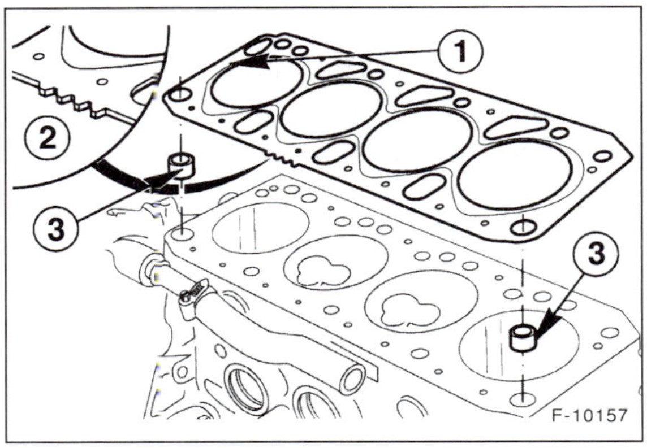

- Festen Sitz der beiden Führungshülsen –3– im Motorblock prüfen. Die Führungshülsen ermöglichen eine genaue Zentrierung von Zylinderkopf und Dichtung.
- Neue Dichtung ohne Dichtmittel so auflegen, daß keine Bohrungen verdeckt werden und die Beschriftung »TOP/OBEN« an Stelle –1– zum Zylinderkopf zeigt.

Achtung: Die Zylinderkopfdichtung ist mit Zacken –2– gekennzeichnet. Beim Einbau Dichtung gleicher Ausführung verwenden. Die Anzahl der Zacken dient als Kennzeichnung für die Dicke der Dichtung entsprechend dem Kolbenüberstand. Dichtungen für Übermaß-Zylinderbohrungen sind anstelle der Zacken mit Löchern gekennzeichnet.

- Vor Aufsetzen des Zylinderkopfes prüfen, ob sich die Nockenwelle in OT-Stellung befindet.

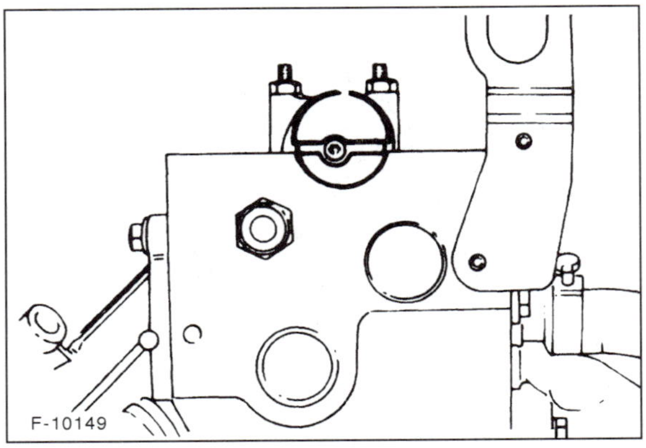

- Die Nockenwelle steht dann auf OT für Zylinder 1, wenn die Nut am Nockenwellenexzenter parallel zur Oberkante vom Zylinderkopf steht. Der größere Halbkreis muß nach oben zeigen.

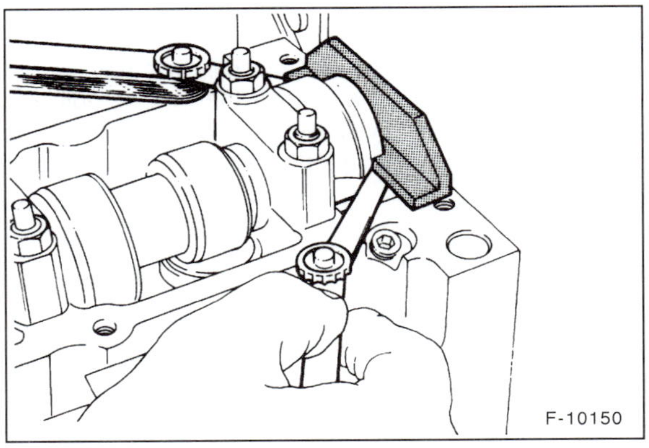

- Spezialwerkzeug 21-105 oder Stahlunterlage mit 5 mm Höhe in die Nut am Nockenwellenexzenter einsetzen.
- Spezialwerkzeug ausmitteln, dazu Nockenwelle verdrehen, bis das Werkzeug parallel zur Oberkante des Zylinderkopfes steht. Zur Kontrolle links und rechts Fühlerblattlehre mit gleichem Abstand einschieben.
- Zylinderkopf aufsetzen.
- **Neue** Zylinderkopfschrauben einsetzen und handfest anziehen. **Achtung:** Zylinderkopfschrauben immer ersetzen.

Achtung: Das Anziehen der Zylinderkopfschrauben ist mit größter Sorgfalt durchzuführen. Vor dem Anziehen der Schrauben sollte der Drehmomentschlüssel auf seine Genauigkeit überprüft werden. Außerdem wird zum Anziehen der Zylinderkopfschrauben eine Winkelscheibe, zum Beispiel HAZET 6690, benötigt. Steht die Winkelscheibe nicht zur Verfügung, Schlüssel im 90°-Winkel zum Zylinderkopf ansetzen, Schlüssel in einem Zug drehen, bis der Schlüsselarm parallel zur langen Seite des Zylinderkopfes steht.

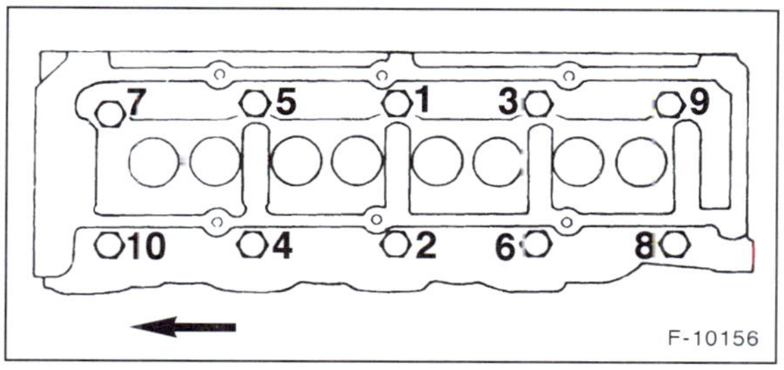

- Zylinderkopfschrauben gemäß der Reihenfolge von 1 bis 10 in **drei** beziehungsweise **fünf Stufen** anziehen.

Achtung: Die Zylinderkopfschrauben in jeder Stufe jeweils in der Reihenfolge von 1 bis 10 anziehen.

Anzugsvorschrift für Motoren **bis 8/92** mit **Sechskant**-Zylinderkopfschrauben:

1.Stufe: mit Drehmomentschlüssel **20 – 30 Nm**
2.Stufe: mit Drehmomentschlüssel **75 – 90 Nm**

Ca. 2 Minuten warten, bis sich die Schrauben gesetzt haben.

3.Stufe: mit starrem Schlüssel **90° weiterdrehen**

Achtung: Falls ein »M12-Zylinderkopf« auf einen Motorblock bis 8/92 angebaut wird, Sechskant-Zylinderkopfschrauben verwenden und nach der oben angegebenen Anzugsvorschrift festziehen.

Anzugsvorschrift für Motoren **ab 9/92** mit **M12-Innentorx**-Zylinderkopfschrauben:

1.Stufe: mit Drehmomentschlüssel **10 Nm**
2.Stufe: mit Drehmomentschlüssel **100 Nm**

Ca. 3 Minuten warten, bis sich die Schrauben gesetzt haben.

3.Stufe: Schrauben einzeln nacheinander um **180° lösen,**
4.Stufe: mit Drehmomentschlüssel **70 Nm** anziehen,
5.Stufe: mit starrem Schlüssel um **120° weiterdrehen.**

Achtung: Anschließend dürfen die Kopfschrauben **nicht nachgezogen** werden.

- Nockenwellen-Zahnriemenrad anschrauben und Einstellstift einsetzen. Anzugsdrehmomente: M6-Schrauben: **10 Nm**; M8-Schrauben: **30 Nm.**
- 2 hintere Zahnriemenabdeckbleche anschrauben. Zahnriemen einbauen und spannen.
- Glühkerzen einschrauben und mit maximal **30 Nm** festziehen. Kabelstrang anschließen.

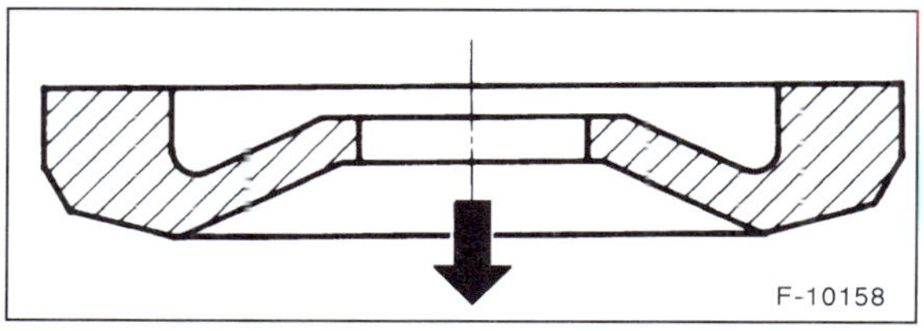

- Einspritzdüsen mit **neuer** Wärmeschutzdichtung und **70 Nm** einschrauben. Die Vertiefung der Dichtung muß nach oben zeigen, der Pfeil zeigt zum Zylinderkopf.
- Obere Zahnriemenabdeckung anschrauben. Festen Sitz der Mutter an der Kühlmittelpumpe prüfen, gegebenenfalls mit Sicherungsmittel, zum Beispiel Loctite 242, einschrauben und festziehen.
- Untere Zahnriemenabdeckung anschrauben.
- Abdeckung für Generator anschrauben.
- Keilriemen einbauen, siehe Seite 48.
- Vorderes Abgasrohr anschrauben, siehe Seite 100.
- Ventilspiel prüfen, gegebenenfalls einstellen, siehe Seite 262.
- Zylinderkopfdeckel mit neuer Dichtung ganz leicht mit 4 Nm anschrauben.
- Kurbelgehäuse-Entlüftungsschläuche am Zylinderkopfdeckel aufschieben.
- Kraftstoffilter einbauen und Kraftstoffleitungen anschrauben. Bei CAV-Einspritzpumpe Leitungen mit neuen Dichtringen anschließen.
- Thermostatgehäuse mit neuer Dichtung anschrauben.
- Halter für Ölmeßstab am Thermostatgehäuse anschrauben.
- Einspritzleitungen an Düsen und Pumpe ansetzen und Überwurfmuttern mit etwa 20 Nm festziehen.
- Leckölleitungen an den Einspritzdüsen aufstecken.
- Elektrische Leitungen am Zylinderkopf anklemmen, siehe unter »Ausbau«.
- Unterdruckleitung für Bremskraftverstärker sowie Ölrücklaufschlauch an Vakuumpumpe anbauen.
- Unterdruckleitungen von Abgasrohr am EGR-Ventil (neben dem Saugrohr) anschließen, siehe auch Seite 91.
- Kühlmittelschläuche aufschieben und mit Schellen sichern:
  - Verbindungsschläuche vom Ausgleichbehälter am Zylinderkopf und Thermostatgehäuse.
  - Verbindungsschlauch zum Heizungs-Wärmetauscher.
- Luftansaugschlauch am Ansaugkrümmer anbauen, Schlauchschelle festziehen.
- Kühlmittel auffüllen, siehe Seite 266.
- Ölstand im Motor prüfen, gegebenenfalls Öl nachfüllen. Wurde der Zylinderkopf abgebaut aufgrund einer defekten Zylinderkopfdichtung, empfiehlt sich ein vorgezogener Ölwechsel einschließlich eines Ölfilterwechsels, da sich im Motoröl Kühlflüssigkeit befinden kann.
- Batterie-Massekabel anklemmen.

Achtung: Bei CAV-Einspritzanlage vor dem Starten des Motors Kraftstoffsystem entlüften, siehe Seite 92.

- Motor warmlaufen lassen, Motoröl- und Kühlmittelstand sowie Schlauchanschlüsse auf Dichtheit prüfen.

Vakuumpumpe aus- und einbauen

Dieselmotor

Die Vakuumpumpe befindet sich beim Dieselmotor am Zylinderkopf, sie wird über einen Stößel von der Nockenwelle angetrieben. Die Pumpe erzeugt den nötigen Unterdruck für den Bremskraftverstärker, da beim Dieselmotor im Gegensatz zum Benzinmotor kein ausreichender Unterdruck im Saugrohr vorhanden ist.

Ausbau

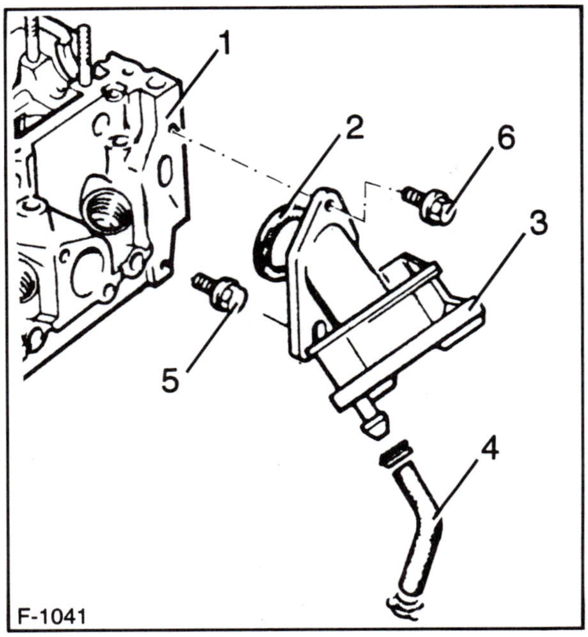

- Ölrücklaufschlauch –4– sowie Unterdruckschlauch zum Bremskraftverstärker (nicht abgebildet) an der Vakuumpumpe –3– abziehen, vorher Schlauchschelle lösen und vom Anschlußstück zurückschieben.
- Zuerst obere Schraube –6–, dann untere Schraube –5– abschrauben, Vakuumpumpe vom Zylinderkopf –1– abnehmen.

Einbau

- Dichtring –2– einsetzen. Vorher auf Beschädigung prüfen, gegebenenfalls ersetzen.
- Untere Schraube einige Gewindegänge eindrehen, Vakuumpumpe einsetzen und dann obere Schraube einschrauben.
- Beide Schrauben gleichmäßig anziehen.
- Ölrücklaufschlauch sowie Unterdruckanschluß montieren.

Keilriemen aus- und einbauen/ spannen

Der Generator wird über einen Keilriemen vom Motor angetrieben. Bei Fahrzeugen mit Servolenkung, Klimaanlage oder Dieselmotor ist ein breiter Keilrillenriemen eingebaut, hier gesonderte Anleitung am Kapitelende beachten.

Ausbau schmaler Keilriemen

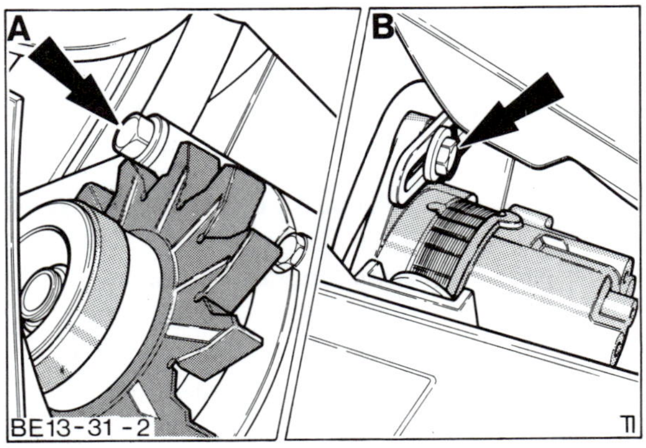

- 2 untere Schrauben/Muttern an den Generatorlagern lösen. Sind die Schrauben nicht erreichbar, gegebenenfalls vorher Generatorabdeckung demontieren.
- Drehstromgenerator zum Motorblock schwenken und dadurch Keilriemen entspannen.
- Keilriemen von den Riemenscheiben abnehmen.

Einbau

- Vor dem Einbau Keilriemen überprüfen. Sind die Flanken ausgefranst, Risse oder Bruchstellen vorhanden, Keilriemen in jedem Fall ersetzen.
- Keilriemen auflegen und spannen.

Keilriemen spannen

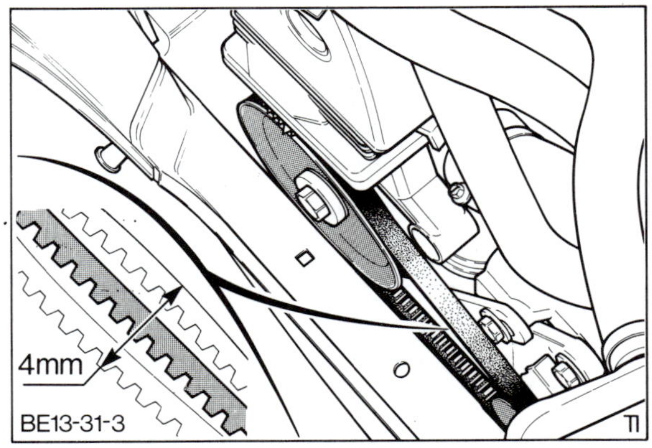

- Drehstromgenerator mit Montierhebel so weit nach außen drücken, daß das maximale Spiel in der Mitte der längsten Spannweite des Riemens bei normalem Fingerdruck 4 mm beträgt. **Hinweis:** Bei einigen Modellen ist die Generatorbefestigung mit einer Zahnstange versehen, der Generator wird durch Verdrehen des Ritzels nach außen gedrückt.

- Obere Schraube/Mutter festziehen und Spannung nochmals kontrollieren, ggf. Keilriemen erneut spannen.
- In der Werkstatt wird die Spannung des Keilriemens anschließend mit einem speziellen Meßgerät geprüft. Dabei gelten folgende Spannwerte (bei kaltem Keilriemen):

Motor/Keilriemen	neu	gelaufen
CVH/PTE	400 - 500 N	300 - 400 N
OHV/HCS/Endura E	350 - 450 N	250 - 350 N
Diesel (Generator)	400 - 500 N	300 - 400 N
Diesel (Servo/Klima)	550 - 650 N	400 - 500 N

Achtung: Ein Keilriemen gilt als »gelaufen«, wenn er **mindestens** 10 Minuten in Betrieb war.

Keilrillenriemen aus- und einbauen/spannen

Besitzt der Motor mehrere Nebenaggregate (Lenkhilfepumpe und/oder Klimakompressor), erfolgt der Antrieb über einen breiten Keilrillenriemen, der höhere Momente als ein herkömmlicher Keilriemen übertragen kann.

Ausbau

- Fahrzeug aufbocken, siehe Seite 105.

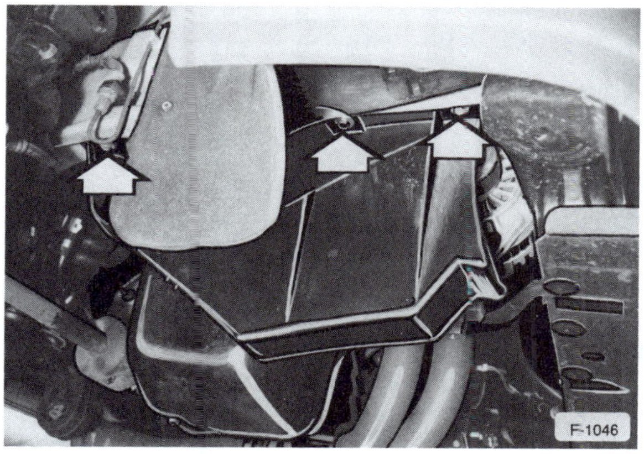

- Von unten, hinter dem rechten Vorderrad, die Abdeckung der Keilriemenscheiben mit 3 Schrauben abschrauben.

- Mit geeignetem Ringschlüssel den Riemenspanner an der Schraube –2– im Uhrzeigersinn drehen, dadurch wird die Riemenspannung aufgehoben. Riemen abnehmen

Einbau

- Vor dem Einbau Keilrillenriemen überprüfen. Sind die Flanken ausgefranst, Risse oder Bruchstellen vorhanden, Keilriemen in jedem Fall ersetzen.

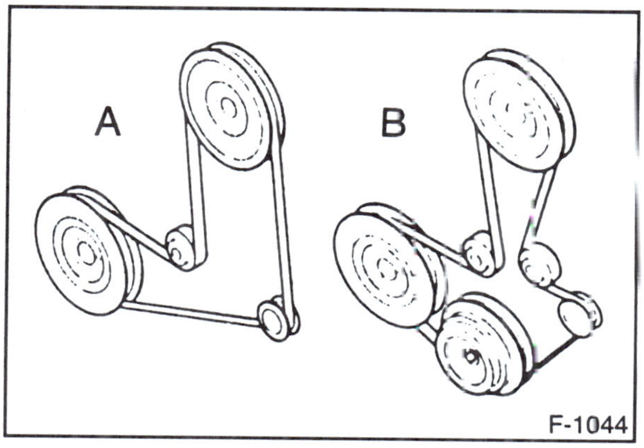

A – Fahrzeuge ohne Klimaanlage, B – mit Klimaanlage

- Spannrolle gegen Uhrzeigersinn drehen und dabei Keilriemen korrekt auf die Riemenscheiben auflegen. Beim Loslassen der Spannrolle spannt sich der Keilriemen auf den richtigen Wert, die Spannung ist nicht einstellbar.
- Schutzabdeckung für Keilriemenscheiben anschrauben und Fahrzeug ablassen.

Kompression prüfen

Die Kompressionsprüfung erlaubt Rückschlüsse über den Zustand des Motors. Und zwar läßt sich bei der Prüfung feststellen, ob die Ventile oder die Kolben (Kolbenringe) in Ordnung beziehungsweise verschlissen sind. Außerdem zeigen die Prüfwerte an, ob der Motor austauschreif ist beziehungsweise komplett überholt werden muß oder ob die Zylinderkopfdichtung zu erneuern ist. Für die Prüfung wird ein Kompressionsdruckprüfer benötigt, der für Benzinmotoren recht preiswert in Fachgeschäften angeboten wird.

Achtung: Für den Dieselmotor wird ein Kompressionsdruckprüfer mit größerem Meßbereich benötigt.

Der Druckunterschied zwischen den einzelnen Zylindern darf maximal 3,0 bar (Diesel 5,0 bar) betragen. Falls ein oder mehrere Zylinder gegenüber den anderen einen Druckunterschied von mehr als 3,0 bar (Diesel 5,0 bar) haben, ist dies ein Hinweis auf defekte Ventile, verschlissene Kolbenringe beziehungsweise Zylinderlaufbahnen oder auf eine defekte Zylinderkopfdichtung. Ist die Verschleißgrenze erreicht, muß der Motor überholt beziehungsweise ausgetauscht werden.

Der Meßwert für den Kompressionsdruck kann je nach verwendetem Meßgerät und Anlasserdrehzahl unterschiedlich ausfallen. **Als Soll-Richtwert gilt bei den Benzinmotoren 12–14 bar, beim Dieselmotor 28–34 bar Kompressionsdruck. Aussagefähiger ist der Druckunterschied zwischen den einzelnen Zylindern.**

■ Motorölstand prüfen, gegebenenfalls ergänzen. Sonst ist die richtige Funktion der hydraulischen Ventilstößel nicht gewährleistet. Wurde nachgefüllt, Motor anschließend kurz laufen lassen.

■ Zur Prüfung der Kompression sollte die Motoröltemperatur mindestens +30° C betragen, der Motor muß also handwarm sein.

Benzinmotoren

- Zündung ausschalten.

- Zuleitung vom Steuergerät –1– an der Zündspule abziehen.
- Sämtliche Zündkerzenstecker von Hand oder mit einer speziellen Zange, zum Beispiel HAZET 1849, an den Zündkerzen abziehen.
- Anschließend möglichst Zündkerzen-Nischen im Zylinderkopf mit Preßluft ausblasen, und alle Zündkerzen mit geeignetem Kerzenschlüssel herausschrauben.
- Motor mit Anlasser ein paarmal durchdrehen, damit Rückstände und Ruß herausgeschleudert werden. **Achtung:** Getriebe in Leerlaufstellung und Handbremse angezogen.
- Kompressionsdruckprüfer entsprechend der Bedienungsanleitung in die Zündkerzenöffnung drücken oder einschrauben.
- Von Helfer Gaspedal ganz durchtreten lassen und während der ganzen Prüfung mit dem Fuß festhalten.
- Motor einige Umdrehungen drehen lassen, bis kein Druckanstieg mehr auf dem Meßgerät erfolgt.
- Nacheinander sämtliche Zylinder prüfen und Prüfwerte notieren.
- Anschließend Zündkerzen einschrauben und Zündkabel aufstecken, siehe auch Seite 69.

Dieselmotor

■ Ventilspiel muß korrekt sein, gegebenenfalls einstellen, siehe Seite 262.

- Zündschlüssel auf Stellung »0« drehen.
- Elektrische Leitung vom Abschaltventil an der Einspritzpumpe abschrauben. Lage des Ventils, siehe Seite 95.

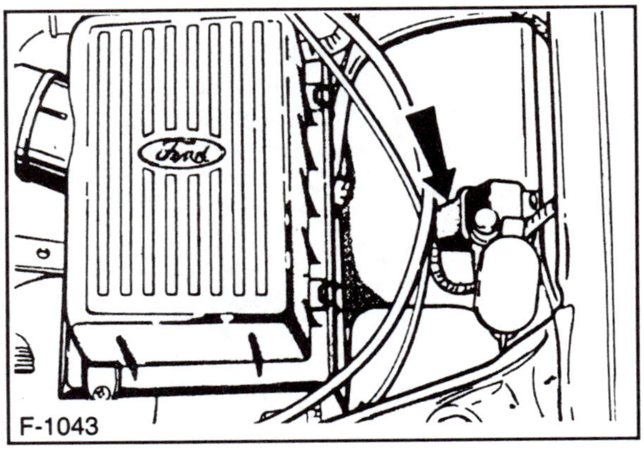

- Kabelstecker vom Vorglührelais abziehen. Das Vorglührelais sitzt ganz vorn im Motorraum am linken Kotflügel, neben dem Luftfilterkasten.
- Kabel von den Glühkerzen abbauen. Glühkerzen ausbauen, siehe Seite 93.
- Kompressionsdruckprüfer anstelle der Glühkerzen einschrauben und Anlasser so lange betätigen, bis der Zeiger am Prüfgerät nicht mehr ansteigt. Nacheinander jeden Zylinder prüfen.
- Zündschlüssel auf Stellung »0« drehen.
- Glühkerzen einbauen, siehe Seite 93.
- Leitungen an Abschaltventil und Vorglührelais anschließen.

Fahrzeug abschleppen

- Zündung einschalten, damit das Lenkrad nicht blockiert ist und die Blinkleuchten, das Signalhorn und gegebenenfalls die Scheibenwischer betätigt werden können.
- Da der Bremskraftverstärker nur bei laufendem Motor arbeitet, muß bei nicht laufendem Motor das Bremspedal entsprechend kräftiger getreten werden!
- Bei Fahrzeugen mit Servolenkung muß auch zum Lenken mehr Kraft aufgewendet werden, da bei stehendem Motor die Servo-Unterstützung fehlt.
- Das Abschleppseil soll elastisch sein, damit das schleppende und das gezogene Fahrzeug geschont werden. Nur Kunstfaserseile oder Seile mit elastischen Zwischengliedern verwenden. **Sicherer ist jedoch die Verwendung einer Abschleppstange.**
- Bei Fahrzeugen mit Katalysator und warmem Motor darf der Motor **nicht** durch Anschieben oder Anschleppen gestartet werden, siehe Seite 102.
- Fahrzeuge mit **Allradantrieb:** Niemals beim Abschleppen nur eine Achse anheben.
- Abschleppen von Fahrzeugen mit Automatikgetriebe, siehe Seite 118.

Starthilfe

Sicherheitshinweis:
Werden die vorgeschriebenen Anschlußhinweise nicht genau eingehalten, besteht die Gefahr der Verätzung durch austretende Batteriesäure. Außerdem können Verletzungen oder Schäden durch eine Batterieexplosion entstehen oder Defekte an der Fahrzeugelektrik auftreten.

- Batterieflüssigkeit von Augen, Haut, Gewebe und lackierten Flächen fernhalten. Die Flüssigkeit ist ätzend. Säurespritzer sofort mit klarem Wasser gründlich abspülen. Gegebenenfalls einen Arzt aufsuchen.
- Keine Funken oder offenen Flammen in Batterienähe, da aus der Batterie brennbare Gase austreten können.
- Augenschutz tragen.
- Darauf achten, daß die Starthilfekabel nicht durch drehende Teile wie z. B. Kühlerventilator beschädigt werden.

- Der Leitungsquerschnitt der Starthilfekabel soll bei Ottomotoren bis ca. 2,5 l Hubraum mindestens 16 mm^2 (Durchmesser ca. 5 mm) betragen. Bei Dieselmotoren oder Ottomotoren über ca. 2,5 l Hubraum soll der Leitungsquerschnitt mindestens 25 mm^2 betragen. Maßgebend ist dabei jeweils das Fahrzeug mit der entladenen Batterie. Der Leitungsquerschnitt ist in der Regel auf der Packung der Starthilfekabel angegeben. Beim Neukauf ist ein Starthilfekabel mit isolierten Kabelzangen und 25 mm^2 Querschnitt empfehlenswert, da es sich auch für Motoren mit geringerem Hubraum eignet.
- Bei beiden Batterien muß die Spannung 12 Volt betragen.
- Eine entladene Batterie kann bereits bei –10° C gefrieren. Vor Anschluß der Starthilfekabel muß eine gefrorene Batterie unbedingt aufgetaut werden.
- Die entladene Batterie muß ordnungsgemäß am Bordnetz angeklemmt sein.
- Flüssigkeitsstand der entladenen Batterie prüfen, gegebenenfalls mit destilliertem Wasser auffüllen.
- Fahrzeuge so weit auseinanderstellen, daß kein metallischer Kontakt besteht. Andernfalls könnte bereits beim Verbinden der Pluspole ein Strom fließen.
- Bei beiden Fahrzeugen Handbremse anziehen. Schaltgetriebe in Leerlaufstellung, automatisches Getriebe zusätzlich in Parkstellung »P« schalten.
- Alle Stromverbraucher ausschalten.
- Grundsätzlich Motor des Spenderfahrzeuges während des Startvorganges mit Leerlaufdrehzahl drehen lassen. Dadurch wird eine Beschädigung des Generators durch Spannungsspitzen beim Startvorgang vermieden.
- Starthilfekabel in folgender Reihenfolge anschließen:

  1. Rotes Kabel –1– an den Pluspol (+) der entladenen Batterie –A– anklemmen.

  2. Das andere Ende des roten Kabels an den Pluspol (+) der stromgebenden Batterie –B– anklemmen.

  3. Schwarzes Kabel –2– an den Minuspol (–) der stromgebenden Batterie anklemmen.

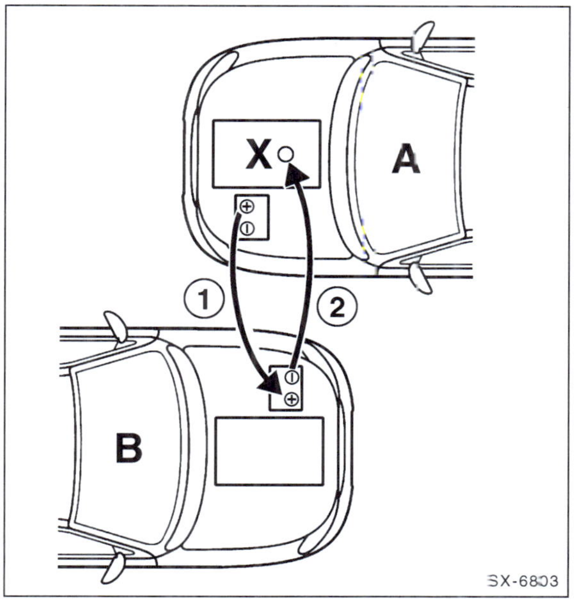

  4. Das andere Ende des schwarzen Kabels an eine gute Massestelle –X– des Empfängerfahrzeuges anschließen. **Achtung: Nicht an den Minuspol (–) der leeren Batterie.** Am besten eignet sich ein mit dem Motorblock verschraubtes Metallteil. Unter ungünstigen Umständen könnte beim Anschließen des Kabels an den Minuspol der leeren Batterie, durch Funkenbildung und Knallgasentwicklung, die Batterie explodieren.

Achtung: Die Klemmen der Starthilfekabel dürfen bei angeschlossenen Kabeln nicht in Kontakt miteinander kommen, beziehungsweise die Plusklemmen dürfen keine Massestellen (Karosserie oder Rahmen) berühren – Kurzschlußgefahr!

- Motor des Empfängerfahrzeuges (leere Batterie) starten und laufen lassen. Beim Starten Anlasser nicht länger als 10 Sekunden ununterbrochen betätigen, da sich durch die hohe Stromaufnahme Polzangen und Kabel erwärmen. Deshalb zwischendurch eine »Abkühlpause« von mindestens ½ Minute einlegen.
- Bei Startschwierigkeiten nicht unnötig lange den Anlasser betätigen. Während des Anlassens wird permanent Kraftstoff eingespritzt. Fehlerursache ermitteln und beseitigen.
- Nach erfolgreichem Start beide Fahrzeuge mit der »Strombrücke« noch 3 Minuten laufen lassen.
- Um Spannungsspitzen beim Trennen abzubauen, im Fahrzeug mit der leeren Batterie Gebläse und Heckscheibenheizung einschalten. Nicht das Fahrlicht einschalten. Glühlampen brennen bei Überspannung durch.
- **Nach der Starthilfe** Kabel in **umgekehrter** Reihenfolge abklemmen: Zuerst schwarzes Kabel –2– (–) am Empfängerfahrzeug, dann am stromgebenden Fahrzeug abklemmen. Rotes Kabel –1– zuerst am stromgebenden und dann am Empfängerfahrzeug abklemmen.

Störungsdiagnose Motor

Wenn der Motor nicht anspringt, Fehler systematisch einkreisen. Damit der Motor überhaupt anspringen kann, müssen beim Benzinmotor immer zwei Grundvoraussetzungen erfüllt sein. Das Kraftstoff-Luftgemisch muß bis in die Zylinder gelangen und der Zündfunke muß an den Zündkerzen vorhanden sein. Wie man dabei systematisch vorgeht, steht im Kapitel »Einspritzanlage«.

Störung: Der Motor springt schlecht oder gar nicht an

Ursache		Abhilfe
Bedienungsfehler beim Starten	**Benzinmotor:**	■ **Bei kaltem Motor:** Kupplung ganz durchtreten und Motor starten ohne das Gaspedal zu betätigen. ■ Springt der Motor auch nach 3 Startversuchen nicht an, ca. 10 Sekunden warten und Motor wie bei »heißem Motor« beschrieben starten **Bei warmem Motor:** Gaspedal halb durchtreten und in dieser Stellung Motor starten. Nach dem Anspringen Gaspedal loslassen. Springt der Motor nach 3maligem Starten nicht an, Vorgang wie bei »heißem Motor« beschrieben wiederholen ■ **Bei heißem Motor:** Gaspedal ganz durchtreten und in dieser Stellung halten – nicht pumpen – und Motor starten. Nach dem Anspringen des Motors Gaspedal mit steigender Drehzahl langsam entlasten.
	Dieselmotor:	■ **Bei kaltem Motor:** Zündung einschalten und sobald die Kontrollampe erlischt, Gas- und Kupplungspedal ganz durchtreten und Motor starten. ■ **Bei warmem Motor:** Es braucht nicht vorgeglüht zu werden, der Motor kann sofort angelassen werden. Springt der Motor nach 20 Sekunden nicht an, kurz warten und Startvorgang wiederholen.
Zündanlage defekt oder verschmutzt		■ Zündanlage entsprechend Störungsdiagnose überprüfen
Kraftstoffanlage defekt, verschmutzt		■ Kraftstoffanlage entsprechend Störungsdiagnose überprüfen
Anlasser dreht zu langsam		■ Batterie laden. Falls Einbereichs-Motoröl eingefüllt ist, in der kalten Jahreszeit Winteröl einfüllen. Anlasser überprüfen
Ventilspiel falsch (nur Dieselmotor)		■ Ventilspiel korrigieren
Kompressionsdruck zu niedrig		■ Ventilspiel einstellen, Motor überholen
Zylinderkopfdichtung defekt		■ Dichtung ersetzen
Dieselmotor: Vorglühanlage defekt		■ Vorglühanlage entsprechend Störungsdiagnose überprüfen
Förderbeginn verstellt		■ Förderbeginn überprüfen
Einspritzdüsen defekt		■ Einspritzdüsen überprüfen
Einspritzpumpe defekt		■ Einspritzpumpe ersetzen

Die Motor-Schmierung

Für die Motor-Schmierung sind **Mehrbereichsöle** vorgeschrieben, so daß ein jahreszeitbedingter (Sommer/Winter) Ölwechsel nicht erforderlich ist. Mehrbereichsöle bauen auf einem dünnflüssigen Einbereichsöl auf (z. B. 10 W) und werden durch sogenannte »Viskositätsindexverbesserer« im heißen Zustand stabilisiert. Dadurch ist sowohl für den kalten wie auch für den heißen Motor die richtige Schmierfähigkeit gegeben.

Es können auch **Leichtlauföle** verwendet werden. Dabei handelt es sich um Mehrbereichsöle, denen unter anderem Reibwertverminderer zugesetzt wurden, wodurch sich die Reibung innerhalb des Motors vermindert. Für das Leichtlauföl wird als Grundöl ein Synthetiköl verwendet. Die Angabe »Mineralisch«, »Teilsynthetisch« oder »Vollsynthetisch« ist nur ein Hinweis auf die Zusammensetzung des Basisöls. Zusammen mit den übrigen Bestandteilen können sich ganz unterschiedliche Qualitäten ergeben.

Anwendungsbereich/Viskositätsklassen

Die SAE-Bezeichnung gibt die Viskosität (Zähflüssigkeit) des Motoröls an. Beispiel: SAE 10 W 40:

10 – Viskosität des Öls in kaltem Zustand. Je kleiner die Zahl, desto dünnflüssiger ist das kalte Motoröl.
W – Das Motoröl ist wintertauglich.
40 – Viskosität des Öls in heißem Zustand. Je größer die Zahl, desto dickflüssiger ist das heiße Motoröl.

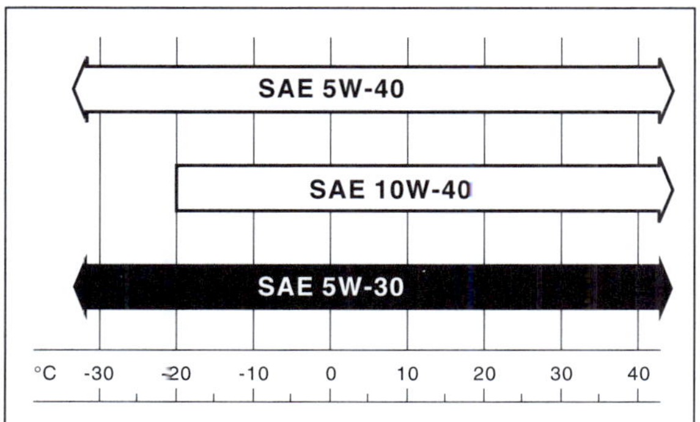

F-1643

In der Abbildung wird die Motoröl-Viskosität in Abhängigkeit von der Außentemperatur dargestellt. Da die Einsatzbereiche benachbarter SAE-Klassen sich überschneiden, können kurzfristige Temperaturschwankungen unberücksichtigt bleiben. Es ist zulässig, Öle verschiedener Viskositätsklassen miteinander zu mischen, wenn einmal Öl nachgefüllt werden muß und die Außentemperaturen nicht mehr der Viskositätsklasse des im Motor befindlichen Öles entsprechen.

Zusatzschmiermittel – gleich welcher Art – sollen weder dem Kraftstoff noch den Schmierölen beigemischt werden.

Spezifikation des Motoröls

Die Qualität eines Motoröls wird durch Normen der Automobil- sowie der Ölhersteller gekennzeichnet.

Die Klassifikation der Motoröle amerikanischer Ölhersteller erfolgt nach dem **API**-System (API: American Petroleum Institut): Die Kennzeichnung erfolgt durch jeweils zwei Buchstaben. Der erste Buchstabe gibt den Anwendungsbereich an: **S** = Service, für **Ottomotoren** geeignet; **C** = Commercial, für **Dieselmotoren** geeignet. Der zweite Buchstabe gibt die Qualität in alphabetischer Reihenfolge an. Von höchster Qualität sind Öle der API-Spezifikation **SL** für Ottomotoren und **CF** für Dieselmotoren.

Europäische Ölhersteller klassifizieren ihre Öle nach der **»ACEA«-Spezifikation** (**A**ssociation des **C**onstructeurs **E**uropéens d'**A**utomobiles), die vor allem die europäische Motorentechnologie berücksichtigt. Öle für PKW-Benzinmotoren haben die ACEA-Qualitätsklassen A1-96 bis A3-96; Dieselmotoröle von B1-96 bis B4-96. Von höchster Qualität sind Öle **»A3«** für Ottomotoren und **»B3«** für Dieselmotoren. **»B4«** ist auf Diesel-Direkteinspritzer abgestimmt, sollte aber nur verwendet werden, wenn ebenfalls die Spezifikation »B3« angegeben ist. **»96«** gibt den Beginn der Gültigkeit der ACEA-Klassifikation im Jahr 1996 an. Motoröle mit höheren Jahreszahlangaben können ebenfalls verwendet werden.

Achtung: Motoröle, die vom Hersteller ausdrücklich als Öle für Diesel-Motoren bezeichnet werden, sind für Ottomotoren nicht geeignet. Es gibt Öle, die sowohl für den Otto- als auch für den Diesel-Motor geeignet sind. In diesem Fall sind beide Spezifikationen (Beispiel: ACEA A3-96/B3-96 oder API SH/CF) auf der Öldose vermerkt.

Das richtige Motoröl für den FORD ESCORT/ORION

Mehrbereichs- oder Leichtlauföl nach folgenden Spezifikationen verwenden. Die Spezifikation **muß** auf der Öldose angegeben sein. Motoröle höherer Qualitätsstufen können ebenso verwendet werden.

Benzinmotoren:

API SH oder höher,
ACEA A1-96/B1-96 oder höher.
Viskosität **SAE 5W-30**,
wenn nicht verfügbar, dann 10W-30, 10W-40 oder 5W-40.

Dieselmotoren:

API CD oder höher,
ACEA A3-96/B3-96.
Viskosität **SAE 10W-40**,
für Diesel-Turbomotoren wird SAE 15 W 40 empfohlen.
Wenn nicht verfügbar, dann 5W-30 oder 5W-40.

Ölverbrauch

Bei einem Verbrennungsmotor versteht man unter dem Ölverbrauch diejenige Ölmenge, die als Folge des Verbrennungsvorganges verbraucht wird. Auf keinen Fall ist Ölverbrauch mit Ölverlust gleichzusetzen, wie er durch Undichtigkeiten an Ölwanne, Zylinderkopfdeckel usw. auftritt.

Normaler Ölverbrauch entsteht durch Verbrennung jeweils kleiner Mengen im Zylinder; durch Abführen von Verbrennungsrückständen und Abrieb-Partikeln. Zudem verschleißt das Öl durch hohe Temperaturen und hohe Drücke, denen es im Motor fortwährend ausgesetzt ist.

Ferner haben auch äußere Betriebsverhältnisse, Fahrweise sowie Fertigungstoleranzen einen Einfluß auf den Ölverbrauch. Der Ölverbrauch darf höchstens 1,0 l/1000 km betragen.

Unbedingt muß Öl nachgefüllt werden, wenn die »Nachfüll«-Markierung erreicht ist. **Achtung:** Nicht zuviel Öl auf einmal nachfüllen. Nachfüllmenge: max. 1 l.

Der Ölkreislauf

CVH (1,4-/1,6-l-Benzin)-Motor

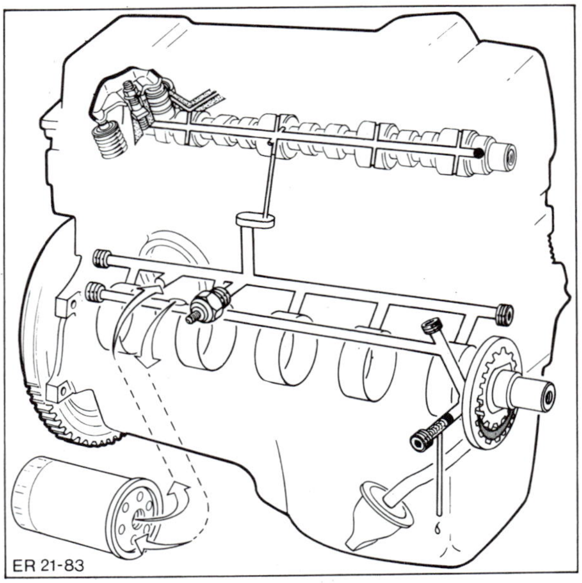

Die Ölpumpe saugt das Motoröl über den Ölsaugkorb aus der Ölwanne an und drückt es in den Hauptstromölfilter. An der Druckseite der Ölpumpe befindet sich ein Überdruckventil (Öldruckregelventil). Bei zu hohem Öldruck öffnet das Ventil, und ein Teil des Öls kann in die Ölwanne zurückfließen.

Durch die Mittelachse der Filterpatrone gelangt das gefilterte Öl in den Hauptölkanal. Bei verstopftem Ölfilter leitet ein Kurzschlußventil das Öl direkt und ungefiltert in den Hauptölkanal.

Vom Hauptölkanal zweigen Kanäle ab zur Schmierung der Kurbelwellenlager. Durch schräge Bohrungen in der Kurbelwelle wird das Öl an die Pleuellager geleitet und von dort gegen Kolbenbolzen und Zylinder gespritzt.

Eine Steigleitung führt zu den mittleren Lagerzapfen der Nockenwelle. Das Motoröl verteilt sich durch eine Bohrung innerhalb der Nockenwelle auf die übrigen Lagerzapfen. Von dort führen kleine Kanäle zu den hydraulischen Ventilstößeln, wobei über eine Bohrung in den Stößelkolben ebenfalls die Kipphebel und Ventilschaft-Enden geschmiert werden.

Öldruck überprüfen

- Motor warmfahren, die Öltemperatur soll ca. +80° C betragen. Ölstand kontrollieren, gegebenenfalls auffüllen.

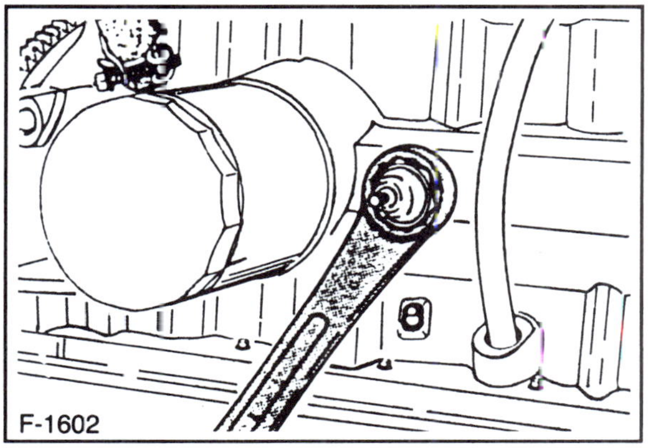
F-1602

- Öldruckschalter ausbauen. Der Öldruckschalter befindet sich beim CVH (1,4-/1,6-l-Benzin)-Motor rechts neben dem Ölfilter (Abbildung), beim Dieselmotor seitlich am Zylinderkopf neben dem Kraftstoffilter.
- Anstelle des Öldruckschalters geeignetes Manometer in den Motorblock einschrauben.
- Motor starten und im Leerlauf belassen. Öldruck prüfen.
- Drehzahl langsam auf 2000/min (Zetec/Zetec-E-Motor auf 4000/min) erhöhen und Öldruck erneut prüfen.

Motor	Motoröl/ Öltemperatur	Mindestöldruck bei	
		Leerlauf	2000/min
1,3-l	80° C	0,6 bar	1,5 bar
1,4-/1,6-l-CVH	10W30/80° C	1,0 bar	2,8 bar
1,6-/1,8-l Zetec	80° C	1,3 bar	3,7 bar*
1,8-l Diesel	100° C	0,75 bar	1,5 bar
2,0-l-DOHC	80° C	1,6 bar	3,1 bar

*) Bei 4000/min

- Öldruckschalter mit neuem Dichtring einsetzen und mit 20 Nm (1,6-/1,8-l-DOHC-Motor: 30 Nm) festziehen.
- Falls der Öldruck vom Sollwert abweicht, siehe »Störungsdiagnose Ölkreislauf«.

Hinweis: Die Öldruckkontrolle leuchtet bei 0,3 - 0,5 bar.

Ölwanne aus- und einbauen

Ausbau

- Batterie-Massekabel abklemmen.
- Fahrzeug aufbocken, siehe Seite 105.
- Motoröl ablassen, siehe Seite 264.
- Anlasser ausbauen, siehe Seite 228.
- Benzinmotor: Vorderes Abgasrohr mit Katalysator ausbauen, siehe Seite 100.
- Dieselmotor: Keilriemenabdeckung sowie untere Zahnriemenabdeckung von der Fahrzeugunterseite her abschrauben.

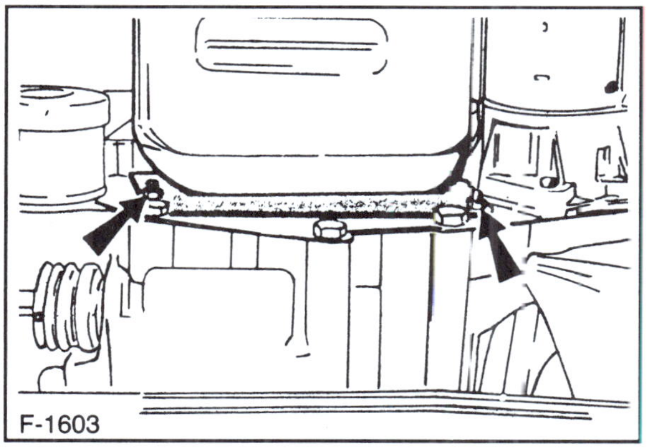
F-1603

- Kupplungsabdeckblech vom Kupplungsgehäuse mit 2 Schrauben abschrauben.
- 18 Schrauben für Ölwanne herausdrehen (Zetec-Motor: 10 Schrauben, Dieselmotor: 16 Schrauben) und Ölwanne nach unten abnehmen. Festsitzende Ölwanne mit Schraubendreher seitlich vorsichtig abdrücken.

Einbau

- Ölwanne innen reinigen.
- Dichtflächen von Ölwanne und Motorblock reinigen. Eventuell verbogene Dichtflächen an der Ölwanne vorsichtig richten.

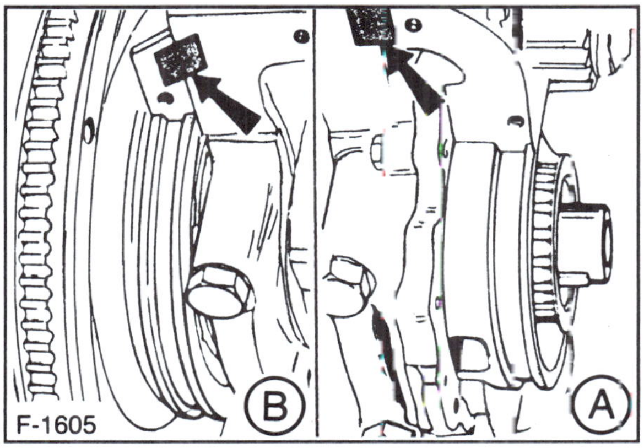

F-1605

- Motorblockdichtfläche am Stoß des vorderen und hinteren Abschlußdeckels mit Dichtmittel, zum Beispiel SM-4G-9112-F/G von FORD, oder Loctite 275, bestreichen.

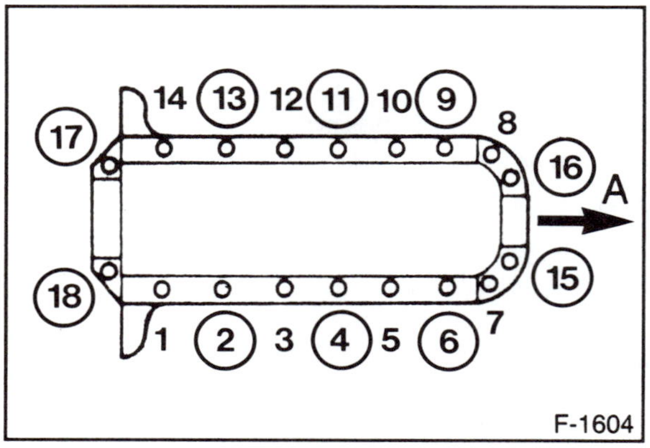

- Als Montagehilfe M 6-Gewindebolzen (10 Stück) in die mit Kreisen gekennzeichneten Gewindebohrungen einschrauben.
- Ölwannendichtung aufschieben, darauf achten, daß sie in den Nuten an den Kurbelwellenlagern richtig sitzt.
- Ölwanne einsetzen, Stehbolzen einzeln herausschrauben und durch Ölwannenschrauben ersetzen. **Achtung:** Seit 8/94 werden Schrauben mit und ohne Unterlegscheiben verwendet. Schrauben ohne Unterlegscheiben (mit Bund) **nur** an den Positionen 1 – 5 und 8 – 14 verwenden.
- Alle Schrauben gleichmäßig ganz leicht festziehen.
  CVH-/PTE-Motor: **7 Nm**,
  OHV-/HCS-/ENDURA E-Motor in der 1. Stufe: **7 Nm**;
  2. Stufe: **10 Nm;**
  Nach Warmlauf (15 min bei 1000/min): **10 Nm.**

Dieselmotor

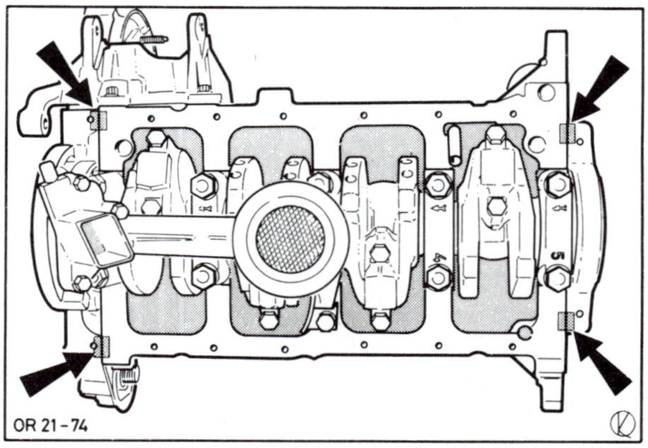

- Markierte Flächen mit Dichtungsmittel, zum Beispiel SM-4G-9112-F/G von FORD, oder Loctite 275, bestreichen.
- Neue Ölwannendichtung mit etwas Mehrzweckfett am Motorblock ankleben. Dabei muß die Nase der Dichtung an der Schwungradseite in die entsprechende Aussparung am Kurbelwellenlager eingreifen.
- Ölwanne ansetzen und zuerst die Eckschrauben –Pfeile– und dann die restlichen Schrauben handfest anziehen.
- Sämtliche Schrauben ganz leicht mit **8 Nm** festziehen. Dabei zuerst alle Schrauben außer den Eckschrauben im Gegenuhrzeigersinn nacheinander festziehen, erst zum Schluß die 4 Eckschrauben anziehen.

Zetec-Motor

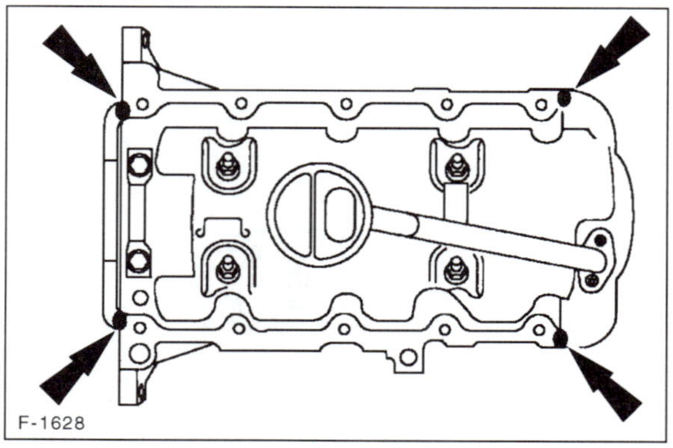

- Markierte Flächen mit Dichtmittel, zum Beispiel Loctite 275, bestreichen.

Achtung: Die Ölwannenschrauben müssen innerhalb von 20 Minuten nach Auftragen des Dichtmittels festgezogen werden.

- Ölwanne mit neuer Dichtung ansetzen und Schrauben handfest anziehen. **Achtung:** Unterschiedliche Dichtung ab 9/93.

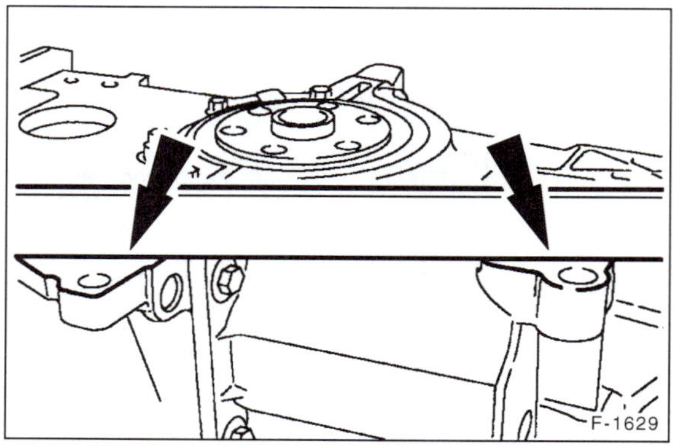

- Ölwanne mit Stahllineal so ausrichten, daß der Motorblock und die Ölwanne eine Ebene bilden.

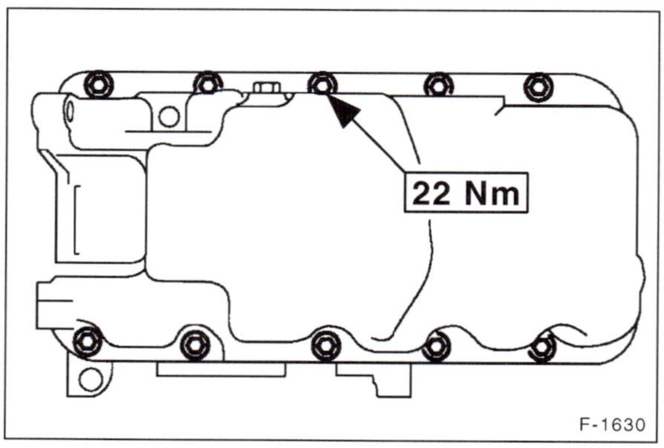

- Ölwannenschrauben über Kreuz mit **22 Nm** festziehen. Ausrichtung der Ölwanne nochmals überprüfen. Versatz gegebenenfalls durch Distanzscheiben ausgleichen.

- Neues Motoröl einfüllen. Füllmenge (mit Filterwechsel) Benzinmotoren: 3,5 l; Dieselmotor: 4,5 l Motoröl.
- Anlasser einbauen, siehe Seite 228.
- Kupplungsabdeckblech anschrauben.
- Dieselmotor Zahnriemenabdeckung sowie Keilriemenabdeckung unten anschrauben.
- Benzinmotor: Vorderes Abgasrohr mit Katalysator einbauen, siehe Seite 100.
- Fahrzeug ablassen, siehe Seite 105.
- Batterie-Massekabel anklemmen.
- Nach Probefahrt Ölwanne auf Dichtigkeit prüfen, eventuell alle Schrauben vorsichtig nachziehen.

Ölpumpe aus- und einbauen

CVH (1,4-/1,6-l-Benzin)-Motor

Ausbau

- Motoröl ablassen, siehe Kapitel »Wartung«.
- Fahrzeug aufbocken, siehe Seite 105.
- Keilriemen ausbauen, siehe Seite 48.
- Zahnriemen ausbauen, siehe Seite 21.

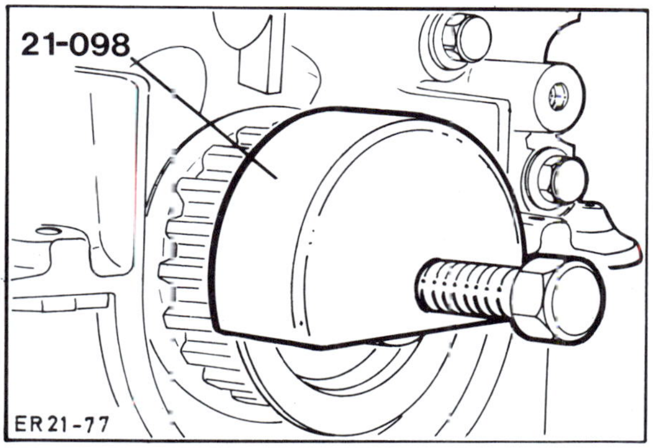

ER 21-77

- Zahnriemenrad mit Spezialwerkzeug FORD-21-098 von der Kurbelwelle abziehen und mit Anlaufscheibe abnehmen.
- Wellendichtring mit einem passenden Spitzdorn in der Mitte des Dichtrings lochen. Geeignete Blechschraube eindrehen, und Wellendichtring mit Zange aus dem Sitz herausziehen.
- Ölwanne ausbauen.

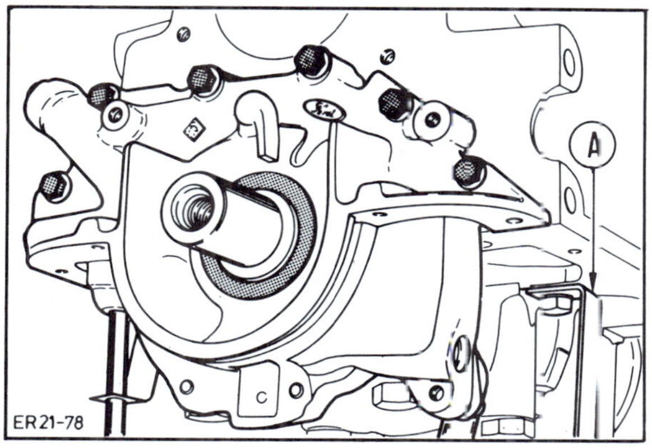

ER 21-78

- Halter für Saugglocke –A– abschrauben.
- Ölpumpengehäuse vom Motorblock abschrauben und Ölpumpe komplett mit Saugglocke herausnehmen.

Einbau

- Ölpumpe zerlegen und reinigen. Weisen Teile Einlaufspuren auf, Ölpumpe ersetzen. Überdruckventil herausschrauben und reinigen. **Achtung:** Beim Zusammenbau der Ölpumpe, treibendes und getriebenes Rad so einsetzen, daß die Körnerpunkte sichtbar sind dann Deckel montieren.

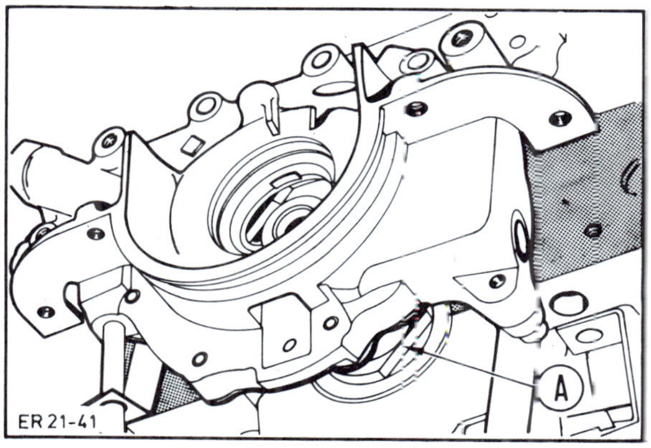

ER 21-41

- Ölpumpe komplett mit Saugglocke und neuer Dichtung auf den Mitnehmerzapfen –A– der Kurbelwelle aufschieben und Schrauben mit 10 Nm festziehen.

Achtung: Wird eine neue oder überholte Ölpumpe eingebaut, Pumpe vorher mit Motoröl füllen und von Hand einige Male durchdrehen.

- Halter für Saugglocke anschrauben.

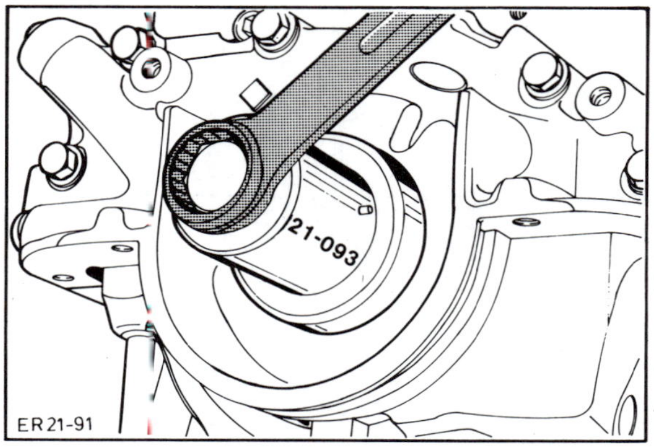

- Neuen Wellendichtring an der Dichtlippe leicht einölen, in das Werkzeug FORD-21-093 einsetzen und mit der Zahnrad-Befestigungsschraube bis zum Anschlag eindrücken. Steht das Spezialwerkzeug nicht zur Verfügung, kann auch ein kurzes Rohr verwendet werden, wobei Außen- und Innendurchmesser dem des Dichtringes entsprechen müssen. Dichtring und Rohr ansetzen, Nockenwellen-Zahnrad auf Zapfen aufschieben und mit Befestigungsschraube und geeigneter Unterlegscheibe bis zum Anschlag eintreiben.
- Werkzeug entfernen und Kurbelwellenzapfen mit Mehrzweckfett leicht einfetten, um ein Festrosten des Zahnrades zu verhindern.
- Anlaufscheibe mit der gewölbten Seite nach außen aufschieben.
- Zahnrad auf Kurbelwellenzapfen aufschieben (Anlaufring zeigt nach außen) und mit Riemenscheibe und Befestigungsschraube aufziehen.
- Riemenscheibe lösen und Zahnriemen einbauen, siehe Seite 21.
- Ölwanne einbauen.
- Keilriemen einbauen, siehe Seite 48.
- Fahrzeug ablassen.
- Motoröl auffüllen, siehe Kapitel »Wartung«.
- Nach Probefahrt Ölpumpe auf Dichtigkeit prüfen.

Dieselmotor

Ausbau

- Fahrzeug aufbocken, siehe Seite 105.
- Ölfilter abschrauben.
- Ölpumpe mit 4 Schrauben vom Motorblock abschrauben, nach außen ziehen und abnehmen.

Einbau

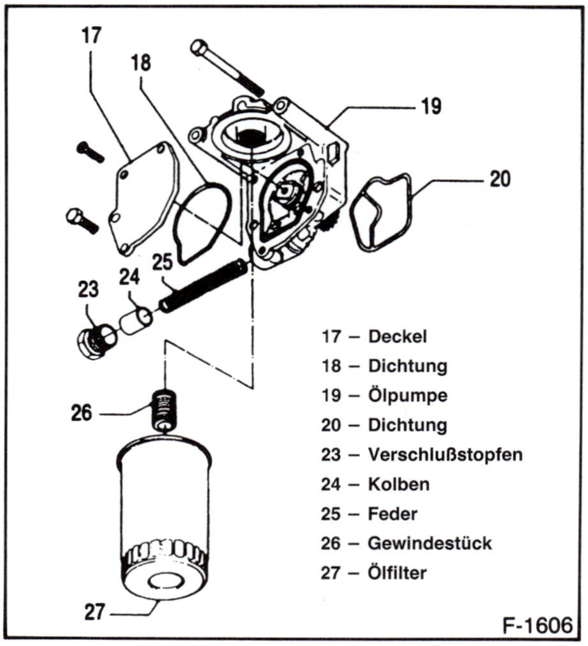

- Ölpumpe gegebenenfalls reinigen, verschlissene Teile ersetzen.

Achtung: Vor dem Anbau die Ölpumpe mit ca. 10 cm^3 Motoröl befüllen sowie die Verzahnung der Antriebswelle einölen.

- Ölpumpe mit neuer Dichtung und 4 Schrauben am Motorblock anschrauben.
- Ölfilter von Hand aufschrauben, vorher Dichtring leicht einölen.
- Fahrzeug ablassen.

Störungsdiagnose Ölkreislauf

Störung	Ursache	Abhilfe
Kontrolleuchte leuchtet nicht nach Einschalten der Zündung.	Öldruckschalter defekt.	■ Zündung einschalten, Leitung vom Öldruckschalter abziehen und gegen Masse halten. Wenn die Kontrollampe leuchtet, Schalter ersetzen.
	Strom zum Schalter unterbrochen, Kontakte korrodiert.	■ Elektrische Leitung und Anschlüsse prüfen.
	Kontrollampe defekt.	■ Kontrollampe ersetzen.
Kontrollicht verlischt nicht nach Anspringen des Motors.	Öl sehr heiß.	■ Unbedenklich, wenn Kontrollicht beim Gasgeben verlischt.
Kontrollicht verlischt nicht beim Gasgeben bzw. leuchtet während der Fahrt.	Öldruck zu gering.	■ Ölstand prüfen, ggf. auffüllen; Öldruck nach Vorschrift prüfen.
	Elektrische Leitung zum Öldruckschalter hat Kurzschluß gegenüber Masse.	■ Kabel am Schalter abziehen und isoliert ablegen (nicht gegen Masse legen), Zündung einschalten. Wenn die Kontrollampe aufleuchtet, Leitung überprüfen.
	Öldruckschalter defekt.	■ Schalter auswechseln.
Zu niedriger Öldruck im gesamten Drehzahlbereich.	Zu wenig Öl im Motor.	■ Motoröl nachfüllen.
	Ansaugsieb in der Saugglocke verschmutzt, Saugrohr gebrochen.	■ Ölwanne ausbauen, Ansaugsieb reinigen, ggf. Saugrohr ersetzen.
	Ölpumpe verschlissen.	■ Ölpumpe ausbauen und prüfen, gegebenenfalls ersetzen (Werkstattarbeit).
	Lagerschaden.	■ Motor demontieren.
Zu niedriger Öldruck im unteren Drehzahlbereich.	Öldruckregelventil klemmt in offenem Zustand durch Verschmutzung.	■ Öldruckregelventil ausbauen und reinigen
Zu hoher Öldruck bei Drehzahlen über 2.000/min.	Öldruckregelventil öffnet nicht wegen Verschmutzung. Öffnungsdruck für Öldruckregelventil: 1,4-/1,6-l: 4,7 – 6,0 bar 1,3-l-OHV/HCS: 2,40 – 2,75 bar 1,3-l-Endura E: 2,40 – 2,95 bar Dieselmotor: 2,0 – 4,0 bar	■ Öldruckregelventil ausbauen und reinigen

Die Motor-Kühlung

Der Kühlmittelkreislauf

Das Kühlsystem besteht aus Kühler, Kühlmittelpumpe, Thermostat und elektrisch betriebenem Lüfter.

Der Kühlmittelkreislauf wird thermostatisch geregelt. Solange der Motor kalt ist, zirkuliert das Kühlmittel nur im Motorblock und im Wärmetauscher der Heizung. Mit zunehmender Erwärmung öffnet der Thermostat den großen Kühlmittelkreislauf. Das Kühlmittel wird dann von der ständig im Einsatz befindlichen Kühlmittelpumpe über den Kühler geleitet. Wenn die Kühlflüssigkeit zu heiß wird, schaltet ein Thermoschalter am Thermostatgehäuse den Elektro-Lüfter zu. Bei steigender Temperatur dehnt sich die Kühlflüssigkeit aus. Der Druck im Kühlsystem nimmt so lange zu, bis der normale Arbeitsdruck erreicht ist. Wenn der Druck weiter ansteigt, strömt Kühlflüssigkeit durch den Verbindungsschlauch vom Thermostatgehäuse zum Ausgleichbehälter. Sobald der Druck im System durch abkühlende Kühlflüssigkeit abnimmt, kann über den unteren Schlauch am Ausgleichbehälter wieder Kühlflüssigkeit in den Kühlkreislauf zufließen.

Nachgefüllt wird das Kühlmittel nur über den Ausgleichbehälter.

Achtung: Bei warmem Motor und Arbeiten in der Nähe des Lüfters darauf achten, daß die Zündung ausgeschaltet ist. Der Lüfter kann sonst unversehens einschalten, wenn durch die fehlende Umwälzung der Kühlflüssigkeit die Temperatur im Bereich des Thermoschalters ansteigt.

Achtung: Bei Arbeiten am Kühlsystem darauf achten, daß **kein Kühlmittel auf den Zahnriemen** gelangt. Gegebenenfalls Zahnriemen ausbauen. Der Zahnriemen wird durch das Kühlmittel angegriffen, was in der Folge zu Motorschäden führen kann. Ein verunreinigter Zahnriemen muß erneuert werden.

Inhalt des Kühlsystems

1,3-l-Benzinmotor	7,1 l
1,4-l-Benzinmotor	7,6 l
1,6-l-Benzinmotor CVH	7,8 l
1,6-/1,8-l-Benzinmotor Zetec	7,0 l
2,0-l-Benzinmotor	9,3 l
1,8-l-Dieselmotor	9,3 l

Kühlsystem CVH (1,4-/1,6-l-Benzin)-Motoren

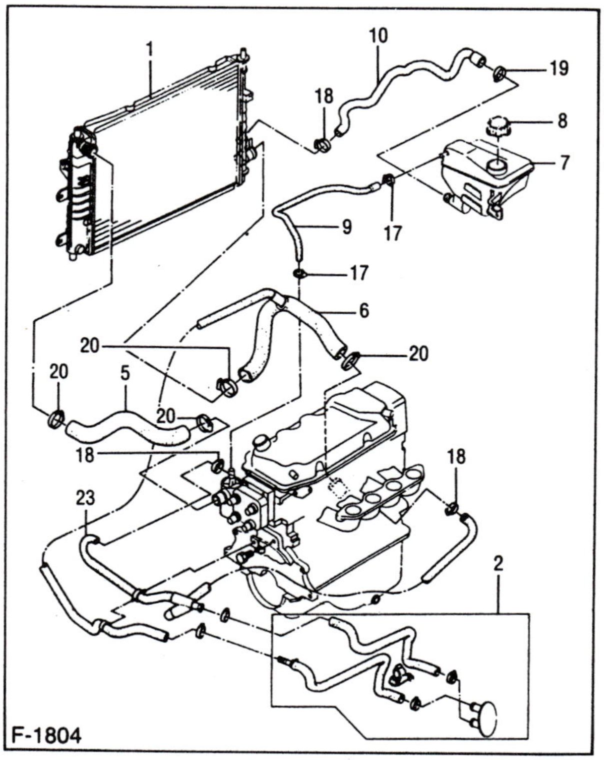

F-1804

1 – Kühler
2 – Zur Innenraumheizung
5 – Oberer Kühlerschlauch
6 – Unterer Kühlerschlauch
7 – Ausgleichbehälter
8 – Verschlußdeckel
9 – Oberer Verbindungsschlauch
10 – Unterer Verbindungsschlauch
17 – Schlauchschelle ∅ 20 mm (max.)
18 – Schlauchschelle ∅ 25 mm
19 – Schlauchschelle ∅ 32 mm
20 – Schlauchschelle ∅ 45 mm
23 – Heizungsschlauch (Thermostat-Bypaß)

Kühler-Frostschutzmittel

Die Kühlanlage wird ab Werk mit einer Mischung aus Wasser und Kühlkonzentrat aufgefüllt. Das Kühlkonzentrat verhindert Frost- und Korrosionsschäden und hebt die Siedetemperatur des Wassers an. Deshalb muß das Kühlsystem unbedingt ganzjährig mit Kühlerfrost- und Korrosionsschutzmittel gefüllt sein. Wird das Kühlsystem nur mit Wasser gefüllt, können schwere Korrosions-Schäden entstehen.

Achtung: Für den ESCORT/ORION nur das Kühlkonzentrat **»Motorcraft Super Plus 4«** oder ein anderes Frostschutzmittel nach FORD-Spezifikation ESDM-97B49-A verwenden.

Achtung: Seit 8/98 wird bei neuen FORD-Fahrzeugen ab Werk das silikatfreie Kühlkonzentrat »Motorcraft Super Plus 2000« verwendet, es ist an der orangen Färbung erkennbar. Es darf nicht mit dem silikathaltigen blaugrünen »Super Plus 4« vermischt werden, sonst können schwerwiegende Schäden an Motor und Kühlsystem die Folge sein. Ebenso niemals – im Handel erhältliche – **silikathaltige** (**blaugrün**) mit **silikatfreien** (**rot**) Frostschutzmitteln mischen.

Wurde versehentlich fehlende Kühlflüssigkeit im Ausgleichbehälter mit dem falschen Kühlkonzentrat ergänzt, muß das Kühlmittel ganz abgelassen werden und das gesamte Kühlsystem mit klarem Wasser durchgespült werden. Anschließend ist das Kühlsystem **wieder mit dem ursprünglich verwendeten** Kühlkonzentrat zu befüllen. Ein Wechsel des Kühlkonzentrates von »Super Plus 4« auf das neue und bessere »Super Plus 2000« ist von FORD **nicht** freigegeben.

Kühlmittel-Mischungsverhältnis: Um einen Frostschutz bis –25° C zu erreichen müssen 40% Kühlkonzentrat mit 60% sauberem, kalkarmem Wasser gemischt werden. Ein Mischungsverhältnis von je 50 % Wasser und 50% Kühlkonzentrat ergibt einen Frostschutz bis –40° C.

Kühlmittelregler aus- und einbauen/prüfen

Der Kühlmittelregler (Thermostat) öffnet mit zunehmender Erwärmung des Motors den großen Kühlmittelkreislauf. Bleibt der Kühlmittelregler durch einen Defekt geschlossen, wird der Motor zu heiß. Erkennbar ist das an einer im roten Bereich stehenden Kühlmittel-Temperaturanzeige, während gleichzeitig der Kühler kalt bleibt. Ein defekter Thermostat kann aber auch nach dem Abkühlen der Kühlflüssigkeit weiterhin geöffnet bleiben. Dies erkennt man daran, daß der Motor nicht mehr seine Betriebstemperatur erreicht bzw. daß der Zeiger der Kühlmittel-Temperaturanzeige langsamer ansteigt als bisher oder im Winter die Heizleistung nachläßt.

Achtung: Wenn der Motor nach kurzer Fahrstrecke heiß wird, kann das auch daran liegen, daß sich der Kühler aufgrund von Kalkablagerungen zugesetzt hat.

Ausbau

- Batterie-Massekabel abklemmen.
- Deckel vom Ausgleichbehälter abnehmen, Kühlerablaßschraube öffnen und Kühlmittel ablassen und auffangen, siehe Seite 266.

F-1805

- Kühlmittelschläuche vom Thermostatgehäuse abziehen. Vorher Schellen ganz öffnen und zurückschieben. Die Abbildung zeigt den CVH (1,4-/1,6-l-Benzin)-Motor. Da der Thermostat bei allen Motoren im Austrittsstutzen für den oberen Kühlerschlauch sitzt, ist er auch beim Dieselmotor leicht zu finden.
- Stecker vom Thermoschalter auf dem Thermostatgehäuse abziehen.
- Thermostatgehäuse vom Zylinderkopf abschrauben und abnehmen, dazu 3 Schrauben lösen.

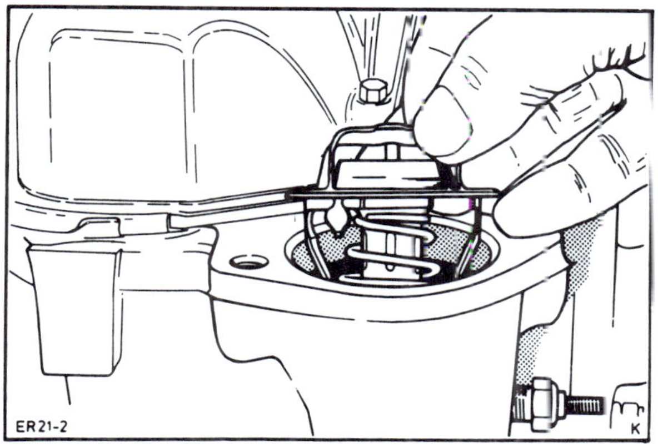

ER21-2

- Thermostat herausnehmen.

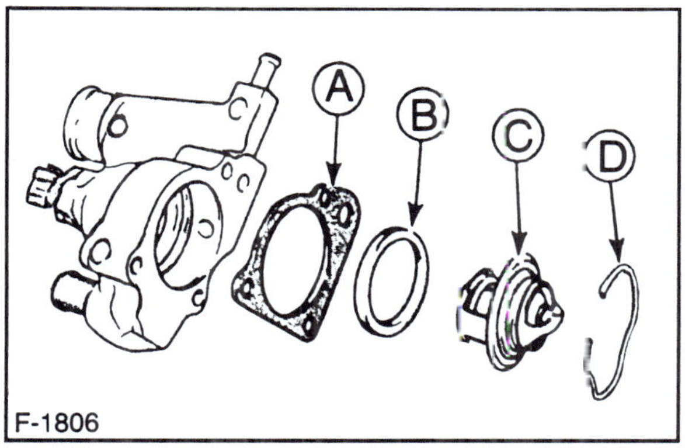

F-1806

- Beim CVH (1,4-/1,6-l-Benzin)-Motor Haltering –D– mit Schraubendreher heraushebeln. Alle Motoren: Thermostat –C– mit Dichtring –B– aus dem Gehäuse herausnehmen.

Prüfen

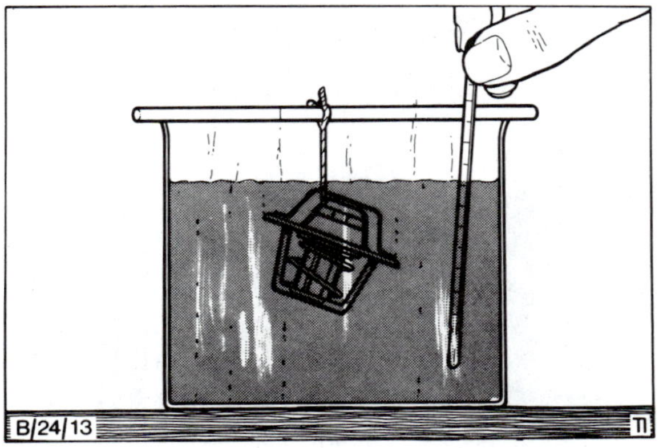

- Kühlmittelregler im Wasserbad erwärmen. Dabei darf der Regler nicht die Wände des Behälters berühren. Temperatur mit einem geeigneten Thermometer kontrollieren.
- Bei einer Temperatur von +85° bis +89° C beginnt die Bimetallfeder des Reglers sich auszudehnen. Der Öffnungsbeginn ist auch auf dem Thermostat eingeprägt. Die größte Ausdehnung ist bei +102° ± 3° C erreicht.
- Prüfen, ob sich der Regler ausdehnt und wieder schließt und ob der Öffnungsbeginn mit dem Wert übereinstimmt, der auf dem Regler eingeprägt ist. Gegebenenfalls Regler ersetzen.

Achtung: Es kann nur der Öffnungsbeginn geprüft werden, da die Temperatur zur vollen Öffnung des Thermostats über dem Siedepunkt des Wassers liegt.

Einbau

- Dichtflächen an Thermostatgehäuse und Motorstutzen reinigen.
- Thermostat in das Gehäuse einsetzen. Dichtring erneuern, beim CVH (1,4-/1,6-l-Benzin)-Motor Thermostat mit Haltering sichern. **Achtung:** Auf Einbaulage des Thermostats achten.
- Neue Dichtung auflegen, Gehäuse aufsetzen und mit folgendem Drehmoment festziehen:
  1,3-l-OHV-1,6-/1,8-l-DOHC-Motor/1,8-l-Diesel – **20 Nm**;
  1,4-l-/1,6-l-CVH-Motor – **10 Nm**.
- Kühlmittelschläuche aufschieben und mit Schellen sichern.
- Kühlmittel auffüllen, siehe Kapitel »Wartung«.
- Masseband an Batterie anklemmen.
- Motor warmlaufen lassen. Kühlsystem auf Dichtigkeit prüfen.
- Prüfen, ob der Kühler unten warm wird und das Kühlmittelreglergehäuse dicht ist.
- Kühlmittelstand prüfen, gegebenenfalls auffüllen.

Thermoschalter prüfen

Der Thermoschalter befindet sich je nach Motor unten oder seitlich am Thermostatgehäuse. Er schaltet den elektrischen Lüfter zu, wenn die Kühlflüssigkeit eine bestimmte Temperatur erreicht. Der Schalter ist zu prüfen, wenn bei heißem Motor der Elektrolüfter nicht einschaltet. **Prüfvoraussetzung:** Der Thermostat muß in Ordnung sein. Öffnet der Thermostat nicht, kann der Thermoschalter den Lüfter nicht zuschalten, weil er selbst durch die Kühlflüssigkeit nicht erwärmt wird.

- Stecker vom Thermoschalter abziehen.
- Beide Steckerklemmen mit kurzer Prüfleitung verbinden.
- Zündung einschalten. Wenn der Lüfter jetzt anläuft, Thermoschalter ersetzen.
- Andernfalls Stecker am Thermoschalter und am Lüftermotor auf festen Sitz und guten Kontakt prüfen. Elektrische Leitungen und Lüftermotor nach Schaltplan prüfen.
- Neuen Thermoschalter mit neuem Dichtring anschrauben und Funktion überprüfen. Motor warmfahren und solange im Leerlauf drehen lassen, bis der Lüfter für Kühlmittel einschaltet.

Lüftermotor aus- und einbauen

Ausbau

- Masseband (–) von der Batterie abklemmen.
- Stecker vom Lüftermotor abziehen und Kabel am Halter aushängen.

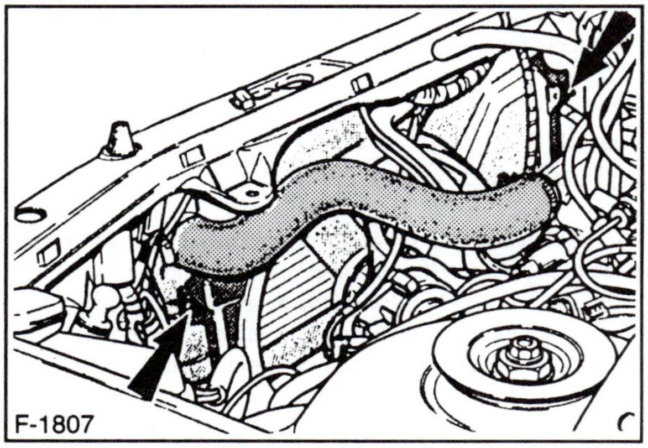

- 2 obere Befestigungsschrauben für Luftführung herausdrehen.
- Lüfter komplett mit Luftführung herausheben. Dazu Haltenasen der Luftführung unten aus den Befestigungsclipsen herausziehen.

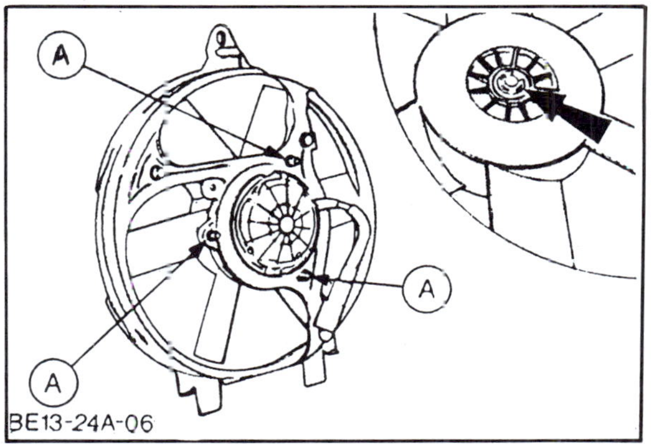

BE13-24A-06

- Motor mit 3 Muttern –A– vom Lüfterhalter abschrauben.
- Befestigungsclip und Scheibe von der Welle des Lüftermotors abnehmen –Pfeil– und Luftrad von der Welle abziehen.

Einbau

- Motor an der Luftführung ansetzen und mit 10 Nm anschrauben.
- Luftrad auf die Welle des Lüftermotors schieben und mit Scheibe und **neuem** Clip sichern.
- Luftführung mit Lüftermotor in das Fahrzeug einsetzen. Dabei die unteren Nasen der Luftführung in die entsprechenden Aufnahmen hineinschieben.
- Luftführung oben mit Gummilager und 5 Nm anschrauben.
- Stecker am Motor aufschieben und durch Hin- und Herbewegen festen Sitz prüfen. Kabel am Halter einhängen.
- Batterie-Massekabel anklemmen und Lüfter anlaufen lassen: Dazu Stecker vom Thermoschalter im Thermostatgehäuse abziehen. Beide Kabelklemmen im Stecker mit kurzer Prüfleitung überbrücken.
- Zündung einschalten, der Lüfter muß jetzt anlaufen.
- Zündung ausschalten, Prüfkabel entfernen und Stecker aufschieben.

Kühler aus- und einbauen

Ausbau

- Batterie-Masseband abklemmen.
- Kühlmittel an der Ablaßschraube unten links am Kühler ablassen, siehe Seite 266.
- Kühlmittelschläuche oben und unten und Kühlmittelschlauch vom Ausgleichbehälter zum Kühler am Kühler abziehen. Vorher Schlauchschellen ganz öffnen und zurückschieben.

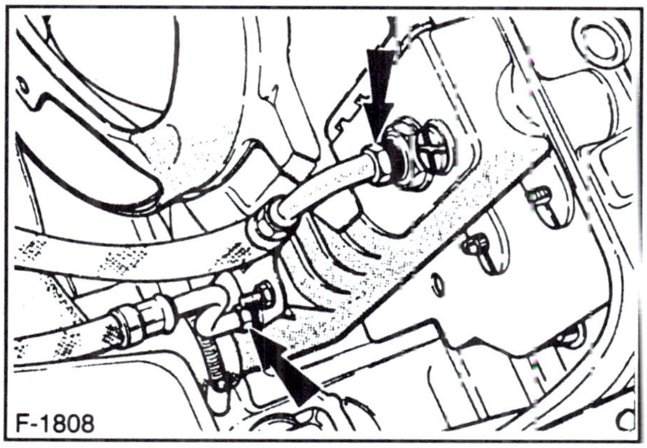

F-1808

- Nur bei **Automatikgetriebe**: Ölleitungen für ATF-Kühler am Kühler abschrauben und Anschlüsse mit Stopfen verschließen, um größeren Verlust von Getriebeöl zu vermeiden. **Achtung:** Öl läuft aus, Gefäß unterstellen. Anschlüsse vor dem Lösen reinigen, damit keine Verunreinigungen ins Getriebeöl gelangen.
- Lüfter mit Luftführung ausbauen, siehe Seite 62.
- Fahrzeug aufbocken, siehe Seite 105.
- Spritzschutz unterhalb des Kühlers entfernen, dazu 6 Schrauben und 2 Clipse entfernen.

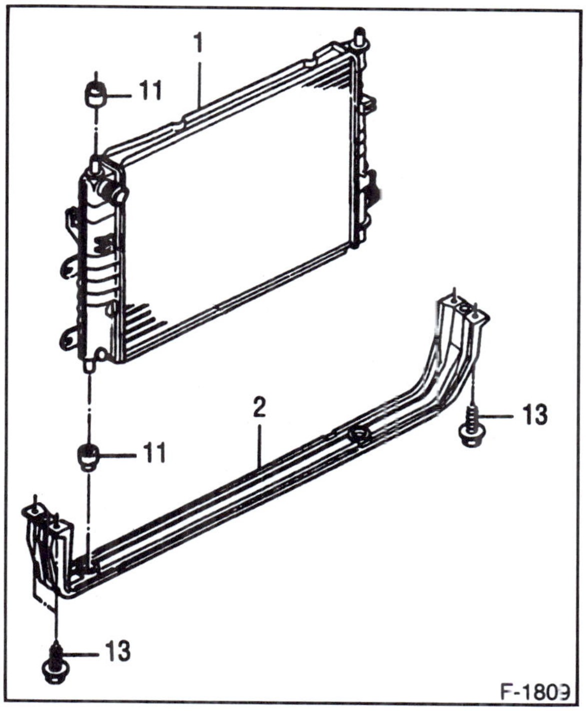

F-1809

- Untere Quertraverse –2– für Kühler ausbauen, dazu 4 Schrauben –13– herausdrehen.
- Kühler –1– nach unten aus den oberen Befestigungszapfen ziehen und von unten aus dem Fahrzeug ziehen.

Einbau

- Gummitüllen –11– oben und unten am Kühler auf Beschädigung prüfen, gegebenenfalls ersetzen.

- Kühler von unten einsetzen, so daß die Haltenasen oben in die entsprechenden Aufnahmen eingreifen.
- Kühler-Traverse unten mit 25 Nm festschrauben.
- Spritzschutz unterhalb vom Kühler einbauen.
- Fahrzeug ablassen.
- Lüfter einbauen.
- Kühlerablaßschraube eindrehen und ganz leicht mit 1-2 Nm festziehen.
- Oberen und unteren Kühlmittelschlauch sowie Verbindungsschlauch zum Ausgleichbehälter aufschieben und mit Schellen sichern.
- Kühlflüssigkeit auffüllen, siehe Seite 266.
- Gegebenenfalls Anschlüsse für Automatikgetriebe anschrauben. Anschließend Ölstand prüfen, siehe Seite 259.
- Batterie-Massekabel anklemmen.
- Motor warmfahren und im Leerlauf drehen lassen bis der Lüfter einschaltet. Kühlsystem auf Dichtigkeit prüfen.
- Kühlmittelstand nochmals prüfen, gegebenenfalls auffüllen.

Kühlmittelpumpe aus- und einbauen

1,3-/1,4-/1,6-l-Benzinmotor
1,8-l-Dieselmotor

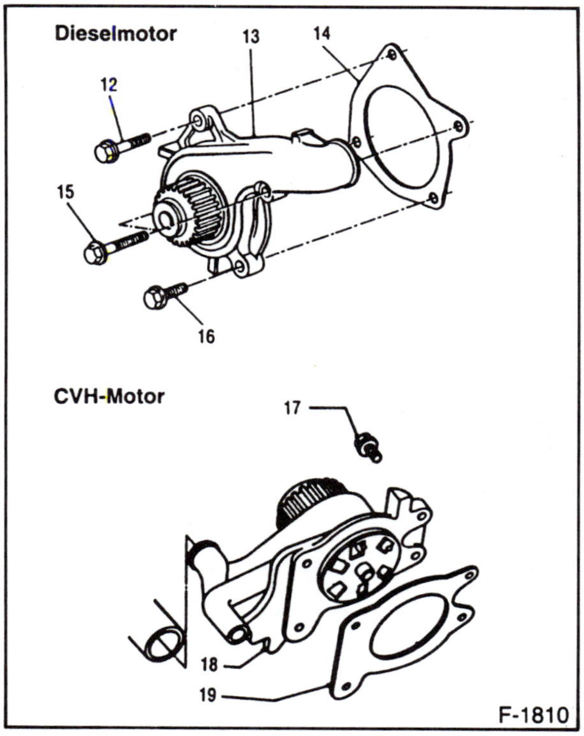

12 – Sechskantschraube M8×32
13 – Kühlmittelpumpe
14 – Dichtung
15 – Sechskantschraube M8×45
16 – Sechskantschraube M8×32
17 – Sechskantschraube
18 – Kühlmittelpumpe
19 – Dichtung

Ausbau

- Batterie-Massekabel abklemmen.
- Kühlmittel ablassen, siehe Seite 266.
- Keilriemen ausbauen, siehe Seite 48.

1,3-l-Benzinmotor

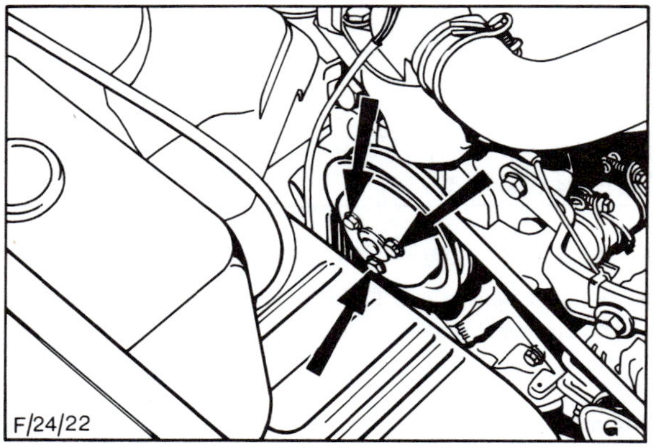

- Keilriemenscheibe von der Kühlmittelpumpe abschrauben. Damit sich die Riemenscheibe beim Lösen der Schrauben nicht mitdreht, Keilriemen um die Riemenscheibe legen, zusammendrücken und festhalten.
- Kühlmittelschlauch vom Anschlußstutzen der Kühlmittelpumpe abziehen. Vorher Schlauchschelle lösen und zurückschieben.
- Kühlmittelpumpe mit 3 Befestigungsschrauben vom Motorblock abschrauben und herausnehmen.

CVH (1,4-/1,6-l-Benzin)-Motor:

- Spritzschutzblech unter dem Fahrzeug ausbauen.
- Zahnriemen ausbauen, siehe Seite 21.
- Zahnriemenspanner für Zahnriemen abschrauben.
- Kühlmittelschlauch von der Kühlmittelpumpe abziehen, vorher Schlauchschelle ganz lösen und zurückschieben.

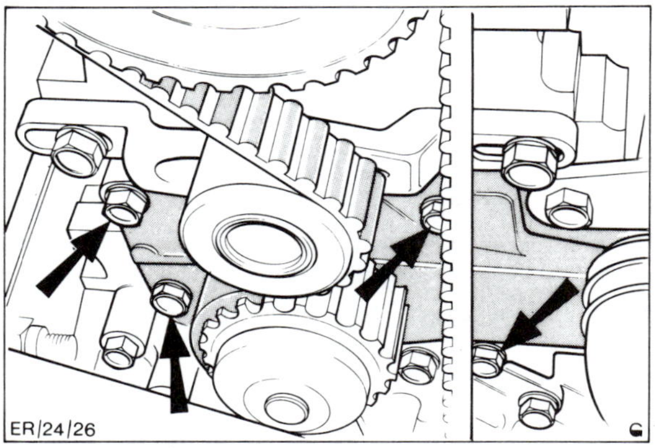

- Kühlmittelpumpe vom Motorblock abschrauben.

1,8-l-Dieselmotor:

- Zahnriemen ausbauen, siehe Seite 42.

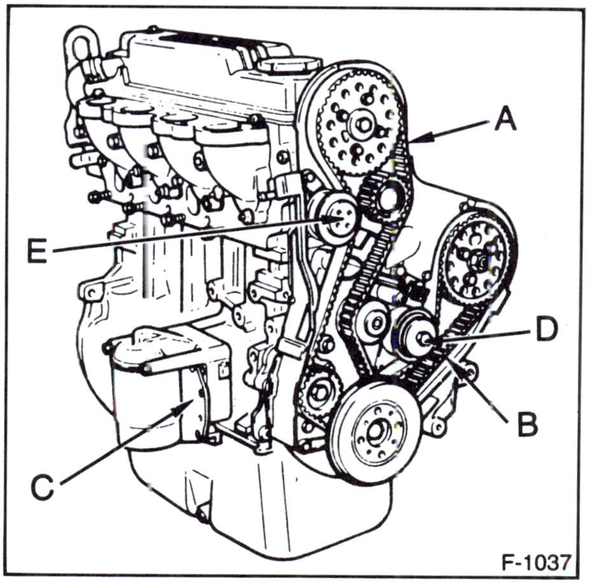

- Zahnriemenspanner –E– abschrauben und herausnehmen.
- Zahnriemen-Zwischenrad unterhalb der Nockenwelle abschrauben, dazu ist ein Torxschlüssel erforderlich.
- Abstand-Stehbolzen für äußere Zahnriemenabdeckung aus dem Kühlmittelpumpengehäuse herausdrehen.
- Kühlmittelschlauch von der Kühlmittelpumpe abziehen, vorher Schlauchschelle ganz lösen und zurückschieben.
- Kühlmittelpumpe abschrauben und herausheben.

Einbau

- Welle der Kühlmittelpumpe von Hand drehen und auf leichten Lauf prüfen, gegebenenfalls Pumpe auswechseln.
- Mit geeignetem Schaber Dichtungsreste von Kühlmittelpumpe und Motorblock vollständig entfernen.

CVH (1,4-/1,6-l-Benzin)-Motor:

- Kühlmittelschlauch am Stutzen der Pumpe aufschieben und mit Schelle sichern.
- Dichtflächen an Kühlmittelpumpe/Motorblock mit Dichtmittel SM1C-1022A, erhältlich bei FORD, bestreichen.
- Anschließend Pumpe mit **neuer** Papierdichtung am Motorblock ansetzen.
- Schrauben reindrehen und mit **9 Nm** festziehen.
- Spannrolle anschrauben, nicht festziehen.
- Zahnriemen einbauen und spannen, siehe Seite 21.

1,8-l-Dieselmotor:

- Kühlmittelschlauch so auf den Anschlußstutzen der Kühlmittelpumpe schieben, daß die weiße Farblinie auf dem Schlauch mit der Gußmarkierung an der Pumpe übereinstimmt.
- Kühlmittelpumpe mit neuer Dichtung ansetzen und mit **25 Nm** festschrauben, dabei den Halter für die Zahnriemen-Spannfeder mit anbauen.
- Kühlmittelschlauch an Pumpe mit Schelle sichern, dabei Übereinstimmung von Farblinie und Gußmarkierung prüfen.
- Abstand-Stehbolzen für Zahnriemenabdeckung an der Kühlmittelpumpe einschrauben. Vorher Bolzengewinde säubern und mit Sicherungsmittel Loctite 242 bestreichen. Stehbolzen nicht überdrehen.
- **Neuen** Zahnriemen einbauen und spannen, siehe Seite 42.

Achtung: Es muß beim Erneuern der Kühlmittelpumpe immer ein neuer Zahnriemen eingebaut werden.

HCS (1,3-l-Benzin)-Motor

- Kühlmittelschlauch am Stutzen der Pumpe aufschieben und mit Schelle sichern.
- Dichtflächen an Kühlmittelpumpe und Motorblock mit FORD-Dichtmittel SM1C-1022A bestreichen.
- Anschließend Pumpe mit **neuer** Papierdichtung am Motorblock ansetzen.
- Schrauben reindrehen und mit **10 Nm** festziehen.
- Keilriemenscheibe ansetzen und mit **10 Nm** festschrauben. Dabei Riemenscheibe mit Keilriemen festhalten.

- Keilriemen einbauen, siehe Seite 48.
- Zahnriemenabdeckungen einbauen.
- Spritzschutzblech an der Fahrzeugunterseite anschrauben.
- Kühler-Ablaßschraube einschrauben und ganz leicht mit 1-2 Nm festziehen.
- Kühlmittel auffüllen, siehe Seite 266.
- Batterie-Massekabel anklemmen.
- Motor warmfahren und im Leerlauf drehen lassen bis der Lüfter einschaltet. Kühlsystem auf Dichtigkeit prüfen.
- Kühlmittelstand prüfen, gegebenenfalls auffüllen.

Kühlmittelpumpe aus- und einbauen

DOHC (Benzin)-Motor
1,8-l-Motor

- Batterie-Massekabel abklemmen.
- Falls erforderlich, Vorratsbehälter für Lenkhilfepumpe abbauen und seitlich ablegen.
- Kühlmittel ablassen, siehe Seite 266.
- Zahnriemen ausbauen, siehe Seite 33.
- Unteren Kühlmittelschlauch von der Kühlmittelpumpe abziehen, vorher Schlauchschelle lösen und zurückschieben.
- Kühlmittelpumpe mit 4 Schrauben abschrauben und herausnehmen.

Einbau

- Dichtungsreste von Kühlmittelpumpe und Motorblock mit geeignetem Schaber vollständig entfernen.
- Dichtflächen an Kühlmittelpumpe und Motorblock mit FORD-Dichtmittel SM1C-1022A bestreichen.

- Anschließend Pumpe mit **neuer** Papierdichtung am Motorblock ansetzen.
- Schrauben reindrehen und mit **20 Nm** festziehen.
- Unteren Kühlmittelschlauch an der Kühlmittelpumpe aufschieben und mit Schelle sichern.
- Zahnriemen einbauen, siehe Seite 38.
- Falls abgebaut, Vorratsbehälter für Lenkhilfepumpe befestigen.
- Kühlmittel auffüllen, siehe Seite 266.
- Batterie-Massekabel anklemmen.
- Motor starten und laufen lassen, bis der Thermostat öffnet. Dann weitere 5 Minuten laufen lassen und Kühlsystem auf Undichtigkeiten prüfen. Kühlmittelstand prüfen, gegebenenfalls Kühlmittel bis zur MAX.-Markierung am Ausgleichbehälter nachfüllen.

2,0-l-Motor

Ausbau

- Batterie-Massekabel abklemmen.
- Kühlmittel ablassen, siehe Seite 266.
- Drehstromgenerator ausbauen, siehe Seite 223.
- Schrauben für Keilriemenscheibe der Kühlmittelpumpe lösen.
- Keilriemen und Riemenscheibe ausbauen.
- Kühlmittelpumpe abschrauben und mit Dichtring abnehmen.

Einbau

- Kühlmittelpumpe mit **neuem** Dichtring ansetzen und mit **25 Nm** festschrauben.
- Riemenscheibe ansetzen, Keilriemen auflegen und Schrauben für Riemenscheibe mit **25 Nm** festziehen.
- Drehstromgenerator einbauen, siehe Seite 223.
- Kühlmittel auffüllen, siehe Seite 266.
- Batterie-Massekabel anklemmen.
- Motor starten und laufen lassen, bis der Thermostat öffnet. Dann weitere 5 Minuten laufen lassen und Kühlsystem auf Undichtigkeiten prüfen. Kühlmittelstand prüfen, gegebenenfalls Kühlmittel bis zur MAX-Markierung am Ausgleichbehälter nachfüllen.

Störungsdiagnose Motorkühlung

Störung: Die Kühlmitteltemperatur ist zu hoch, Anzeige steht im roten Bereich

Ursache	Abhilfe
Zu wenig Kühlflüssigkeit im Kreislauf	■ Ausgleichbehälter muß bis zur Markierung voll sein. Gegebenenfalls Kühlmittel nachfüllen. Kühlsystem auf Dichtheit prüfen
Kühlmittelregler (Thermostat) öffnet nicht, Kühlflüssigkeit zirkuliert nur im kleinen Kreislauf	■ Prüfen, ob oberer Kühlmittelschlauch warm wird. Wenn nicht, Regler ausbauen und prüfen, ggf. Regler ersetzen Unterwegs: Thermostat ausbauen. Ohne Thermostat erreicht der Motor seine normale Betriebstemperatur später oder gar nicht, deshalb defekten Thermostat alsbald ersetzen
Kühlmittelpumpe defekt	■ Kühlmittelpumpe ausbauen und überprüfen
Ventil im Verschlußdeckel-Ausgleichbehälter defekt	■ Druckprüfung auf 1,2 bar durchführen lassen (Werkstattarbeit)
Kühlerlamellen verschmutzt	■ Kühler von der Motorseite her mit Preßluft durchblasen
Kühler innen durch Kalkablagerungen oder Rost zugesetzt, unterer Kühlerschlauch wird nicht warm	■ Kühler erneuern
Elektrolüfter läuft nicht	■ Stecker an Thermoschalter und Lüftermotor auf festen Sitz und guten Kontakt prüfen ■ Thermoschalter prüfen. Unterwegs: Thermoschalter überbrücken. Der Lüfter läuft dann immer mit, solange die Zündung eingeschaltet ist. In der Regel ist die Zusatzkühlung durch den Lüfter nur im Stadt- und Kurzstreckenverkehr erforderlich ■ Prüfen, ob Spannung am Stecker für Lüftermotor anliegt (Zündung eingeschaltet, Stecker für Thermoschalter überbrückt). Gegebenenfalls Lüftermotor ersetzen
Kühlmitteltemperaturanzeige defekt	■ Anzeige/Geber überprüfen lassen

Die Zündung/Zündkerzen

Die Zündanlage erzeugt für jeden Zylinder des Motors im richtigen Augenblick den Zündfunken. Dieser setzt das angesaugte Kraftstoffluftgemisch in Brand. In der Zündspule wird hierzu die Batteriespannung von 12 Volt auf über 30000 Volt umgeformt.

Der Dieselmotor besitzt keine Zündanlage, da sich aufgrund der hohen Verdichtung die Luft so weit erwärmt, daß nach Einspritzen des Kraftstoffes die Zündung von selbst erfolgt.

Alle ESCORT/ORION-Benzinmotoren besitzen eine kennfeldgesteuerte, vollelektronische Zündanlage, bei der auch die Funktion des herkömmlichen Zündverteilers durch elektronische Bauteile übernommen wird. Die Steuerung von Zündung und Einspritzung ist in nur einem Steuergerät zusammengefaßt.

Die Zündanlage besteht aus:

- den Zündspulen
- den Zündkerzen
- dem Drehzahl- und Kurbelwellen-Positions-Geber (CPS-Sensor)
- dem elektronischen Steuergerät für Zündung und Einspritzung (EEC IV-Modul)
- dem Steuermodul der verteilerlosen Zündanlage (EDIS-Modul)

Funktion der elektronischen Zündanlage

Bei der elektronischen Zündanlage im ESCORT/ORION wird der optimale Zündzeitpunkt vom jeweiligen Betriebszustand des Motors bestimmt. Als Meßgrößen dienen die Motordrehzahl, die Motortemperatur, die Ansauglufttemperatur und der Lastzustand (Saugrohrunterdruck, Drosselklappenstellung). Unter Lastzustand versteht man die momentane Belastung des Motors. Denn es ist ein Unterschied, ob das Fahrzeug beispielsweise mit 4000/min einen Berg hinauf- oder herunterfährt.

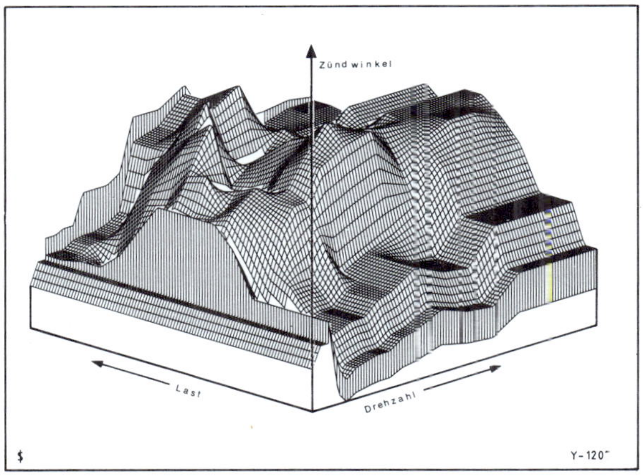

Durch Versuche auf dem Motorprüfstand wird für jeden Motor ein sogenanntes Kennfeld für die richtigen Zündzeitpunkte ermittelt und anschließend in Fahrversuchen so abgestimmt, daß sich die günstigsten Werte für Verbrauch, Abgas und Fahrverhalten ergeben. Die ermittelten Werte werden im Steuergerät gespeichert.

Während der Fahrt werden aus den Funktionen Motordrehzahl, Motortemperatur und Lastzustand Signale an das Steuergerät gegeben, welches dann aus dem festgelegten Zündkennfeld für den momentanen Betriebszustand den richtigen Zündzeitpunkt (zum Beispiel 10° vor OT oder 0°) bestimmt.

Die Hochspannungsverteilung auf die einzelnen Zylinder erfolgt durch zwei elektronische Module, die die Funktion des herkömmlichen mechanisch arbeitenden Verteilers mit Verteilerläufer übernehmen.

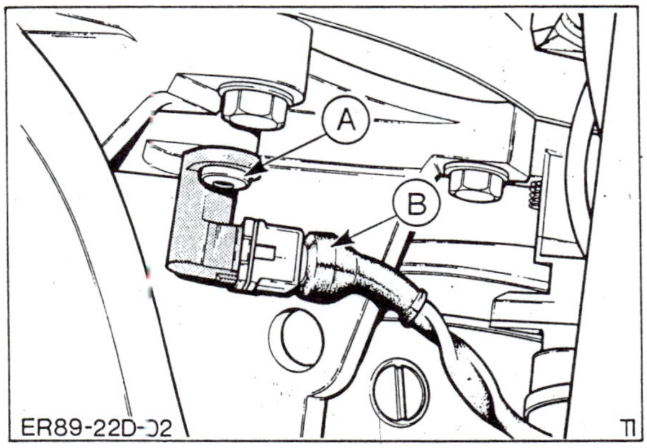

Am Motorblock, in der Nähe vom Getriebe, befindet sich ein Sensor. Er liefert dem Steuergerät die Information über die aktuelle Motordrehzahl und Kurbelwellen-Position anhand von Markierungen (Gußstegen) auf der Schwungscheibe.

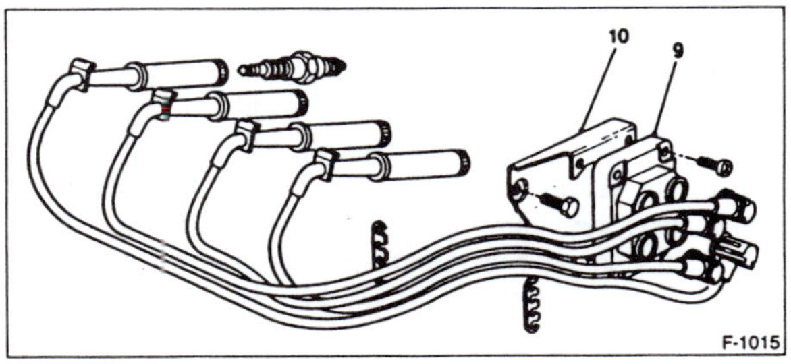

Die Zündanlage besitzt 2 in einem Gehäuse –9– untergebrachte Zündspulen, die bei jeder Kurbelwellenumdrehung zum richtigen Zündzeitpunkt je 2 Zündfunken abgeben. Jede Zündspule versorgt 2 Zylinder. Während der Zündfunke in dem Zylinder, der sich gerade in der Kompressionsphase befindet, das Gemisch zündet, wird der zweite Zündfunken in den Auspufftakt des korrespondierenden Zylinders abgegeben. Eine Kurbelwellenumdrehung später kehrt sich der Vorgang um. Der im Auspufftakt abgegebene Zündfunke erzielt keine Wirkung, richtet aber auch keinen Schaden an.

Das im ESCORT/ORION verwendete Zünd- und Einspritzmodul EEC IV verfügt über ein umfangreiches Selbsttestprogramm sowie einen Speicher, der im Fahrbetrieb auftretende Fehler erkennt und einige Zeit (über 40 Motorstarts) speichert. Das Modul kann mehr als 30 mögliche Fehlercodes anzeigen, allerdings werden zur Abfrage ein Prüfgerät sowie umfangreiche Prüfunterlagen von FORD benötigt. Bei Störungen ist daher eine FORD-Werkstatt aufzusuchen.

Achtung: Wird die Batterie abgeklemmt, werden alle im Fehlerspeicher erfaßten Werte sowie auch »gelernte« Betriebswerte, zum Beispiel der Leerlaufdrehzahl-Regelung, gelöscht. Nach dem Wiederanklemmen der Batterie können Mängel im Fahrverhalten (Stottern, Aussetzer beim Beschleunigen oder unrunder Leerlauf) auftreten.

Nach Anklemmen der Batterie sollte der Motor daher zunächst ca. 3 Minuten im Leerlauf laufen. Nach Erreichen der Betriebstemperatur (Kühlmittel-Temperaturanzeige steht in der Skalenmitte) etwas Gas geben und den Motor mit etwa 1200/min weitere 2 Minuten laufen lassen. Durch diesen Vorgang speichert das Modul die Leerlauf- und andere Betriebswerte wieder neu ein. Anschließend empfiehlt es sich, noch eine Fahrt über ca. 8 km mit unterschiedlichen Geschwindigkeiten zu vorzunehmen, damit der »Lernprozeß« abgeschlossen ist und sich ein normaler Motorlauf einstellt.

Sicherheitsmaßnahmen zur elektronischen Zündanlage

Bei elektronischen Zündanlagen beträgt die Zündspannung bis zu 37 kV (Kilovolt). Unter ungünstigen Umständen, zum Beispiel Feuchtigkeit im Motorraum, können Spannungsspitzen die Isolation durchschlagen, was bei Berührung zu Elektroschocks führt.

Um Verletzungen von Personen und/oder die Zerstörung der elektronischen Zündanlage zu vermeiden, ist bei Arbeiten folgendes zu beachten:

- Zündkabel nicht bei laufendem Motor bzw. bei Anlaßdrehzahl mit der Hand berühren bzw. abziehen.
- Leitungen der Zündanlage nur bei ausgeschalteter Zündung abklemmen.
- Das An- und Abklemmen von Meßgeräteleitungen (Drehzahlmesser/Zündungstester) nur bei ausgeschalteter Zündung vornehmen.
- Die Zündspule darf nicht durch eine andere Ausführung ersetzt werden. Auf keinen Fall darf eine für unterbrechergesteuerte Zündanlagen vorgesehene Zündspule eingebaut werden.
- Bei Erhitzung auf mehr als +80° C (z. B. Lackieren, Dampfstrahlen) darf der Motor nicht unmittelbar nach der Aufheizphase gestartet werden.
- Die Motorwäsche ist nur bei Motorstillstand durchzuführen.
- Bei Elektro- und Punktschweißen ist die Batterie komplett abzuklemmen.
- Personen mit einem Herzschrittmacher sollen keine Arbeiten an der elektronischen Zündanlage durchführen.

Zündzeitpunkt prüfen

Der Zündzeitpunkt ist beim ESCORT/ORION **nicht** einstellbar. Eine Prüfung ist auch nicht notwendig, da das Zündsystem keine beweglichen Bauteile besitzt und sich somit der Zündzeitpunkt nicht verstellen kann.
Zum Prüfen der Funktionsfähigkeit sind ein Spezial-Testgerät (Star-Tester) mit geeignetem Adapter für den Diagnosestecker sowie eine Zündblitzpistole erforderlich.

- Handelsübliche Zündblitzpistole nach Herstelleranweisung am Zündkabel für Zylinder 1 anschließen.

Achtung: Der Zündzeitpunkt muß bei betriebswarmem Motor mit dem Selbsttest-Code 60 geprüft werden. Hierzu wird ein Spezial-Testgerät (Star-Tester) mit geeignetem Adapter benötigt, siehe auch Seite 88.

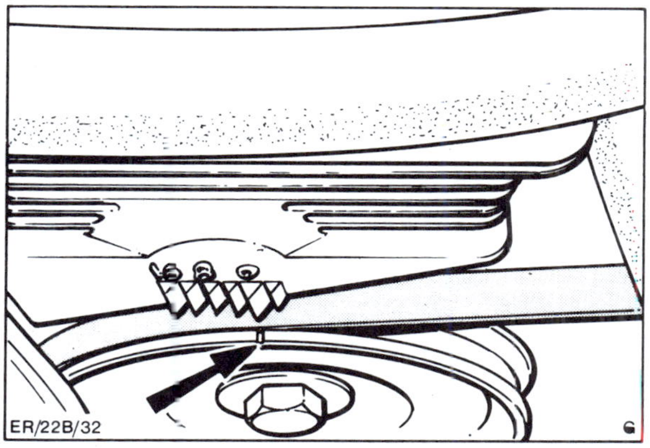

- Die Zündung ist richtig eingestellt, wenn im Leerlauf beim Anblitzen die Kerbe der Kurbelwellen-Riemenscheibe gegenüber der richtigen Zündzeitpunkt-Markierung scheinbar stillsteht. Der richtige Zündzeitpunkt liegt bei 10° vor OT (oberem Totpunkt) für Zylinder 1.
- Stimmen Kerbe und richtige Zündzeitpunkt-Markierung beim Anblitzen nicht überein, sind Bauteile defekt. Fachwerkstatt zur systematischen Fehlersuche aufsuchen.

Zündkabel prüfen

Bei zu hohem Widerstand in den Zündkabeln (Hochspannungskabeln) kann es zu Startschwierigkeiten und Zündaussetzern kommen.

- Zündung ausschalten.

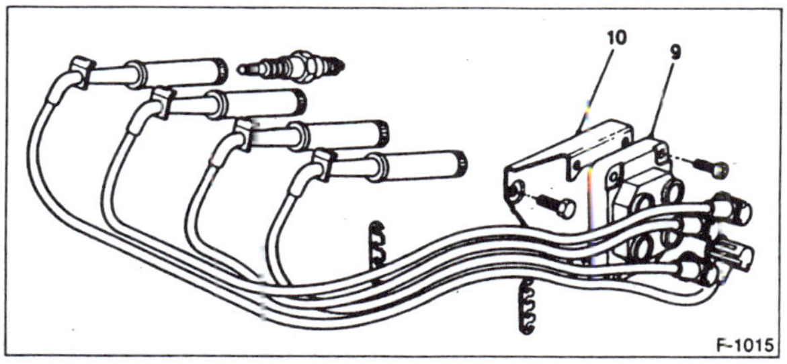

- Zum leichteren Einbau die Zündkabel entsprechend der Zylinderreihenfolge von 1 bis 4 mit Tesaband kennzeichnen. Zündkerzenstecker an den Zündkerzen abziehen. **Achtung:** Dabei am Stecker und nicht am Kabel ziehen.
- Beide Verriegelungszungen an jedem Zündkabelstecker zusammendrücken und Zündkabel an der Zündspule abziehen.
- Widerstand aller 4 Zündkabel jeweils zwischen dem Steckerkontakt der Zündspule und dem Kontakt des Zündkerzensteckers prüfen. Sollwert: max. 30 kΩ.
- Bei zu hohem Widerstand Kabelanschlüsse reinigen und Prüfung wiederholen, gegebenenfalls entsprechendes Kabel erneuern.
- Zündleitungen im Bereich der Kerzenstecker in engem Radius biegen und auf Risse kontrollieren, gegebenenfalls alle Zündkabel ersetzen.
- Zündkabel auf die Zündspule aufstecken, dabei sicherstellen, daß die Verriegelungszungen einrasten.

Achtung: Die Buchsen der Hochspannungsleitungen an der Zündspule sind von »1« bis »4« markiert. Die Leitungen müssen nach korrekter Zündfolge 1–3–4–2 aufgesteckt werden. Zylinder 1 liegt an der Keilriemenseite des Motors (in Fahrtrichtung gesehen rechts).

Zündspule prüfen/ersetzen

Die Zündspule ist unter anderem zu prüfen, wenn keine Hochspannungsstöße (für den Zündfunken) an den Zündkerzen ankommen, obwohl der Anlasser dreht.

Geprüft wird die Zündspule mit einem Widerstands-Prüfgerät (Ohmmeter).

- Batterie-Massekabel (–) abklemmen.

Prüfen

- Alle Zündkabel an der Zündspule abklemmen, dabei beide Rastzungen an jedem Stecker zusammendrücken.
- Primärwiderstand prüfen: Dazu Stecker –1– abziehen, dabei Metallbügel niederdrücken.

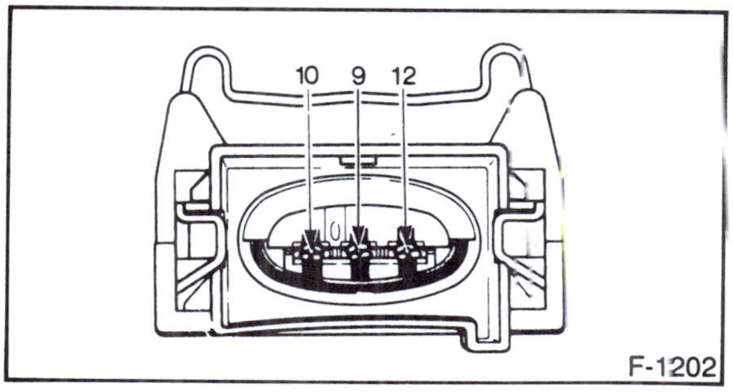

- Die Abbildung zeigt den Kabelstecker –1– der Zündspule. Ohmmeter an die entsprechenden Kontakte **der Zündspule** anschließen und Widerstand nacheinander zwischen folgenden Kontakten messen:
  – zwischen Kontakt 10 und 9;
  – zwischen Kontakt 12 und 9.
  Sollwert bei beiden Messungen (Primärwiderstände der Einzelzündspulen): 4,5 – 5,5 Ω.
- Bei deutlicher Abweichung vom Sollwert, Zündspule ersetzen.

Zündspule ersetzen

Achtung: Falls die Zündspule ersetzt wird, auf keinen Fall die Zündspule für ein unterbrechergesteuertes Zündsystem einbauen.

- 4 Torxschrauben –Pfeile– lösen und Zündspule abnehmen.
- Neue Zündspule anschrauben, seitlichen Kabelstecker einrasten.
- 4 Zündkabelstecker aufstecken. Die Buchsen der Zündspule sind mit 1 bis 4 gekennzeichnet; diese Markierungen können sich auch an der Unterseite des Zündspulengehäuses befinden. Zündkabel nach der Zündfolge **1–3–4–2** (1,3-l-Motor: **1–2–4–3**) aufstecken. Die Zylinder werden der Reihe nach, in Fahrtrichtung gesehen, von rechts nach links gezählt.
- Batterie-Massekabel anklemmen.

Impulsgeber prüfen/ersetzen

Der Impulsgeber (CPS-Sensor) sitzt am Motor-Schwungrad, an der Verbindungsstelle Motor/Getriebe. Er liefert dem Zünd-Steuergerät und der Einspritzanlage die Information über die augenblickliche Drehzahl und Kurbelwellen-Position des Motors.

- Zündung ausschalten.

Prüfen

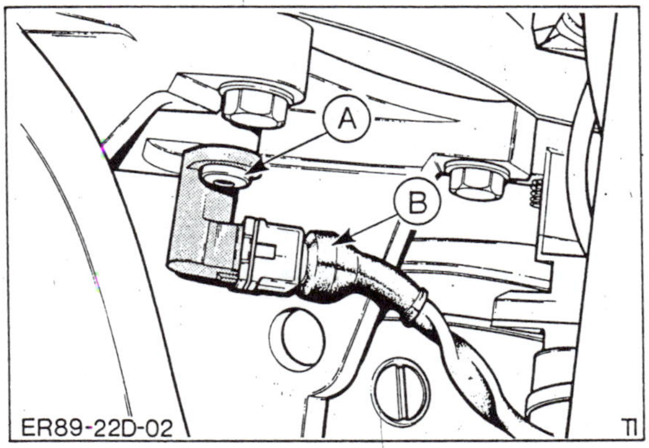

- Stecker –B– am Impulsgeber abziehen, dabei Drahtsicherung drücken.
- Widerstand an den beiden Steckerkontakten des Impulsgebers messen. Sollwert: 200 – 450 Ω.
- Wird der Sollwert nicht erreicht, Geber auswechseln.

Ersetzen

- Batterie-Massekabel (–) abklemmen.
- Torxschraube –A– lösen und Impulsgeber herausziehen.
- Neuen Impulsgeber einsetzen, Schraube mit **4 Nm**, also ganz leicht, festziehen.
- Stecker am Impulsgeber einrasten lassen.
- Batterie-Massekabel anklemmen.

Zündmodul aus- und einbauen

Das Steuermodul der elektronischen verteilerlosen Zündanlage (EDIS-Modul) sitzt am linken Stehblech im Motorraum.

Ausbau

- Batterie-Massekabel (–) abklemmen.

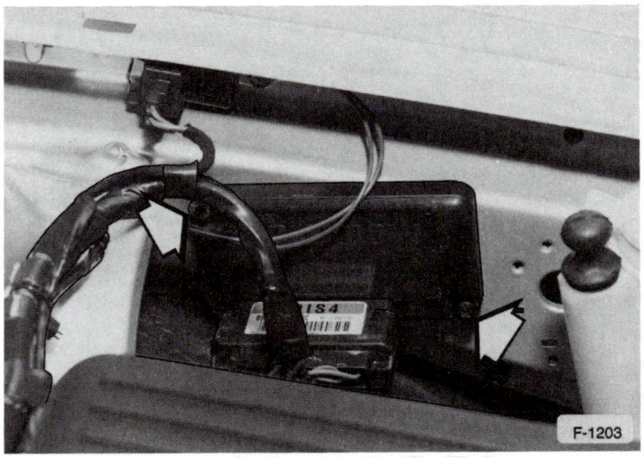

- Mehrfachstecker am Zündmodul abziehen, dabei Rastzunge nach unten drücken. Nicht an den Kabeln, nur am Stecker ziehen.
- 2 Schrauben lösen und Modul abnehmen.

Einbau

- Modul in Einbaulage bringen und mit beiden Schrauben befestigen.
- Mehrfachstecker aufschieben. Sicherstellen, daß die beiden Haltezungen eingerastet sind.
- Batterie-Massekabel anklemmen.

Technische Daten Zündanlage

Bauteil	
Zündspule Typ Ausgangsleistung	 Hochleistungszündspule für verteilerlose Zündsysteme 37 kV (min)-bei offenem Stromkreis
Widerstand-Primärwicklung	0,5 ± 0,05 Ω
Zündkabel-Widerstand	max. 30 kΩ je Kabel
Zündzeitpunkt-Grundeinstellung	10° vor OT, kann nur im Service-Einstell-Programm (Code 60) geprüft, nicht eingestellt werden*

*) Zündzeitpunkt wird vom Modul geregelt und ist deshalb nicht einstellbar.

Zündkerzentechnik

Die Zündkerze besteht aus der Mittel-Elektrode, dem Isolator mit Gehäuse und der oder den Masse-Elektrode(n). Zwischen Mittel- und Masse-Elektrode springt der Zündfunke über, der das Kraftstoff-/Luftgemisch entzündet. Man sollte niemals vom vorgeschriebenen Zündkerzentyp abweichen, der unter anderem von der Wärmewert-Kennzahl bestimmt wird.

Die Wärmewert-Kennzahl gibt den Grad der Wärmebelastbarkeit einer Zündkerze an. Je niedriger die Wärmewert-Kennzahl einer Kerze ist, desto höher ist die Wärmebelastbarkeit. Die Kerze kann also die Wärme besser ableiten, wodurch schädliche Glühzündungen (Motorklopfer) verhindert werden. Eine Kerze mit hoher Wärmebelastbarkeit hat allerdings den Nachteil, daß ihre Selbstreinigungstemperatur ebenfalls höher liegt. Sie neigt daher schneller zum Verrußen, insbesondere dann, wenn der Motor häufig seine Betriebstemperatur während der Fahrt nicht erreicht (Stadtverkehr, Kurzstreckenverkehr im Winter).

Der richtige Zündkerzen-Wärmewert wird vom Automobilhersteller festgelegt. Es gibt Zündkerzen mit einem oder mehreren Polen, mit unterschiedlicher Gewindelänge und unterschiedlichem Gewindedurchmesser. Beim Auswechseln von Zündkerzen ist es deshalb wichtig, daß nur solche Kerzen verwendet werden, die der Vorschrift des Automobilherstellers entsprechen.

Die durchschnittliche Lebensdauer von Zündkerzen ist recht unterschiedlich. Dabei spielt auch der Elektrodenwerkstoff eine wichtige Rolle. Die Chrom-Nickel-Legierung zeichnet sich durch sehr hohe Wärmeableitung und hohe Korrosionsfestigkeit aus; Silber bietet das beste Wärmeleitvermögen aller Metalle und Platin-Elektroden verfügen über eine hohe Korrosions- und Abbrandfestigkeit. Die Lebensdauer von Zündkerzen beträgt zwischen 30.000 Kilometer und bis zu 100.000 Kilometer, je nachdem, welcher Elektrodenwerkstoff verwendet wurde und ob ein- oder mehrpolige Zündkerzen zum Einsatz kommen.

Zündkerzengewinde erneuern

Falls festgestellt wird, daß das Zündkerzengewinde defekt ist, muß dieses erneuert werden. Dazu gibt es unter anderem von BERU einen entsprechenden Werkzeug- und Reparatursatz. Mit einem Spezialbohrer wird das alte Gewinde herausgeschält; der Zylinderkopf muß dazu nicht ausgebaut werden. Anschließend wird ein neues Gewinde in den Zylinderkopf geschnitten und die Zündkerze mit einem speziellen Gewindeeinsatz reingedreht. Nachträglich eingebaute Zündkerzengewindeeinsätze sitzen sicher und sind kompressionsdicht.

Zündkerzen wechseln

- Zündkerzen mit Zündkerzenschlüssel herausdrehen. **Achtung:** Der Motor muß dabei mindestens auf Handwärme abgekühlt sein. Bei zu warmem Motor kann beim Herausschrauben das Gewinde im Zylinderkopf beschädigt werden.
- Zündkerzen von Hand einschrauben und anschließend mit **20 Nm** festziehen. **Achtung:** Beim 2,0-l/150-PS-Motor Gewinde der Zündkerzen vor dem Einsetzen mit dem Schmiermittel »Never Seez« dünn bestreichen. Zündkerzen ersetzen, siehe auch Seite 268

Achtung: Insbesondere beim 2,0-l-Motor Kerzenstecker vor der Montage sorgfältig ausrichten und anschließend auf festen Sitz prüfen. Falsch aufgesteckte Kerzenstecker können durch Spannungsüberschläge beschädigt werden und führen im Fahrbetrieb zu Fehlzündungen. Im Zweifel Kerzenstecker prüfen: Gummitülle mit Papier umwickeln und aufstecken. Bei defektem Kerzenstecker entstehen sichtbare Brandspuren auf dem Papier. **Kerzenstecker nur bei abgestelltem Motor abziehen.**

Die richtige Zündkerze für den FORD ESCORT / ORION

Modell	Zündkerze							EA[1]
	MOTORCRAFT	NGK	BOSCH		BERU		CHAMPION	
1,3-l OHV/HCS	AGRF 22 C1	PTR5D-10	HR 7 DCX	HR 78 X	14KR-7DUX*	UXK 79*	RS9YCC*	1,0 mm
1,3-l Endura-E	AGRF 22 PP1	PTR5D-10	HR 8 DPP22U	–	14FR-7DUX*	UXF 79*	–	1,0 mm
1,4-l CVH	AGPR 32 C1	BCPR6ES-11*	FR 7 DCX	FR 78 X	14FR-7DUX*	UXF 79*	RC7YCC4*	1,0 mm
1,4-l PTE	AGPR 32 C1	BCPR6ES-11*	FR 7 DCX	FR 78 X	14FR-7DUX*	UXF 79*	RC7YCC4*	1,0 mm
1,6-l CVH	AGPR 22 C1	BCPR6ES-11	FR 6 DCX	–	14FR-6DUX	UXF 56	RC7YCC4*	1,0 mm
1,6-/1,8-l Zetec/-E	AYRF 22 PP	PTR5A-13	HR 7 MPP22V	–	14KR-6ZPPV	–	RE7PYC5	1,3 mm
2,0-l (N7A)	AGPR 22 C1	BCPR6ES-11	FR 6 DCX	–	14FR-6DUX	UXF 56	RC7YCC4*	1,0 mm
2,0-l Turbo bis 12/94	–	PFR7B	–	–	–	–	–	0,8 mm
2,0-l Turbo ab 1/95	–	PFR7B-11*	–	–	–	–	C59C	0,6 mm

[1]) EA = Elektrodenabstand. *) Elektrodenabstand = 1,1 mm. Anzugsdrehmoment = 20 Nm.

Achtung: Es kann sein, daß inzwischen für einzelne Motoren andere Zündkerzenwerte gelten, so daß unsere Tabelle möglicherweise nicht auf dem neuesten Stand ist. Um die aktuelle Zündkerze für Ihren Fahrzeugmotor zu ermitteln, benötigt der Fachhandel die **Fahrzeug-Ident.-** und die **3 Schlüsselnummern**. Diese Nummern sind im Fahrzeugschein aufgeführt. Sie sollten beim Kauf von Zündkerzen angegeben werden.

Störungsdiagnose Zündanlage

Störung: Zündfunken an den Zündkerzen sind schwach oder nicht vorhanden, der Motor springt schlecht oder gar nicht an.
Hinweis: Zuvor systematische Grundprüfung der Zünd- und Einspritzanlage durchführen.

Ursache	Abhilfe
Widerstand in Zündkerzenleitung/Zündkerzenstecker zu hoch, Zündkerzenstecker defekt	■ Zündleitung/Zündkerzenstecker erneuern
Zündkerzenstecker in falscher Reihenfolge aufgesteckt	■ Zündkerzenstecker nach Zündfolge aufstecken: **1-3-4-2** Zündfolge beim 1,3-l-Motor: **1-2-4-3**
Zündkerzen wegen zu vieler Startversuche naß	■ Zündkerzen ausbauen und trocknen
Zündkerzen außen feucht und verschmutzt	■ Zündkerzen reinigen, trocknen. **Hinweis:** Braune Verfärbungen am unteren Teil der Zündkerzen-Isolatoren bedeuten keine Einschränkung der Zündkerzenfunktion. Die Verfärbung entsteht durch den Einfluß der Hochspannung auf die Umgebungsluft.
Leistung der Zündspule zu gering	■ Elektrische Leitungen an der Zündspule auf festen Sitz und guten Kontakt prüfen
Zündspule gerissen, Brandkanäle	■ Zündspule erneuern
Spannungsverlust durch Berührung elektrischer Anschlüsse bzw. Leitungen mit Schläuchen des Motors	■ Elektrische Leitungen richtig führen
Keine Stromversorgung des Steuergerätes	■ Elektrische Leitungen nach Stromlaufplan prüfen
Masseanschluß für Steuergerät unterbrochen	■ Masseanschlüsse am Stecker des Steuergerätes mit Ohmmeter gegen Batterie-Minus oder Masse prüfen. Die Widerstände müssen < 1 Ω sein, andernfalls Massepunkte nach Stromlaufplan prüfen
Induktiver Impulsgeber defekt	■ Widerstand prüfen, ggf. Induktivgeber oder Leitung ersetzen
Zu hoher Übergangswiderstand am Masseanschluß des EDIS-Zündmoduls (2,0-l/150 PS-Motor) kann zu gelegentlichen Fehlzündungen und verzögerter Beschleunigung führen	■ Massekabel mit Hilfskabel (1 mm²) verlängern und direkt an den Batterie-Minuspol (–) anschließen

Die Kraftstoffanlage

Kraftstoffvorratsbehälter, Tankgeber, Elektrische Kraftstoffpumpe

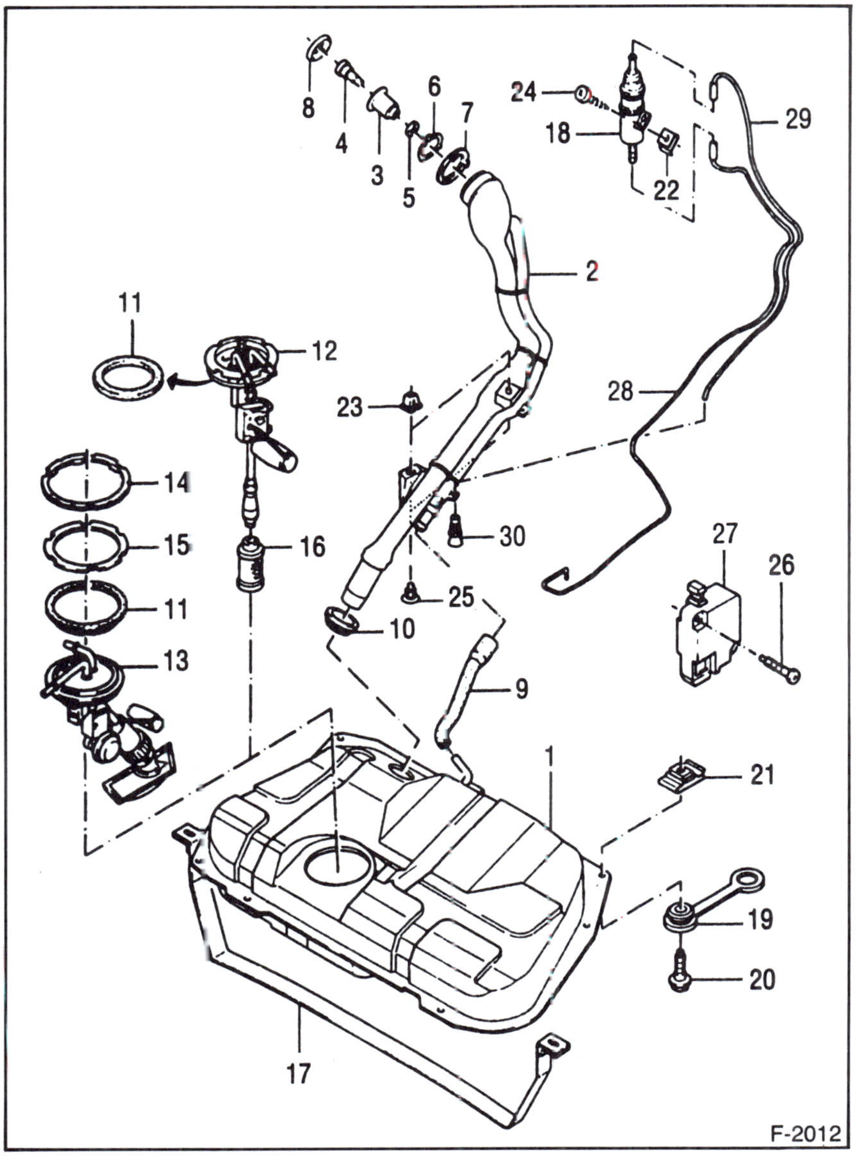

1 – **Kraftstoffvorratsbehälter**
2 – **Einfüllstutzen**
3 – **Tankverschluß ohne Schließzylinder**
4 – **Schließzylinder**
5 – **Sicherungsring**
6 – **Rosette**
7 – **Blende** (in Wagenfarbe)
8 – **Schutzkappe** (in Wagenfarbe)
9 – **Entlüftungsschlauch**
10 – **Dichtung für Einfüllstutzen**
11 – **Dichtring**
12 – **Tankgeber** (Dieselmotor)
13 – **Tankgeber mit elektrischer Kraftstoffpumpe** (Benzinmotor)
14 – **Haltering**
15 – **Zwischenlage**
16 – **Filter**
17 – **Halteband**
18 – **Ventil für Kraftstoffdämpfe**
19 – **Dämpfungsunterlage**
20 – **Spezialschraube**
21 – **Federmutter**
22 – **Federmutter**
23 – **Dehnmutter**
24 – **Blechschraube**
25 – **Blechschraube**
26 – **Blechschraube**
27 – **Sicherheitsschalter** (Benzin-Einspritzmotor)
28 – **Entlüftungsschlauch**
29 – **Entlüftungsschlauch**
30 – **Schutzkappe**

Zur Kraftstoffanlage gehören der Kraftstoffbehälter, die im Kraftstoffbehälter liegende Kraftstoffpumpe (nur Benzinmotoren) und die Kraftstoffleitungen sowie der Kraftstoff- und Luftfilter. Die eigentlichen Kraftstoff-Einspritzanlagen für Benzin beziehungsweise Diesel werden in getrennten Kapiteln behandelt.

Sicherheits- und Sauberkeitsregeln bei Arbeiten an der Kraftstoffversorgung

Bei Arbeiten an der Kraftstoffversorgung sind die folgenden Regeln sorgfältig zu beachten:

Sicherheitshinweise

- Beim Öffnen der Kraftstoffanlage austretenden Kraftstoff mit einem Lappen auffangen. Hautkontakt mit Kraftstoff vermeiden. **Schutzbrille tragen.**
- **Unbedingt für gute Belüftung des Arbeitsplatzes sorgen. Kraftstoffdämpfe sind giftig.**
- **Kein offenes Feuer, nicht rauchen, keine glühenden oder sehr heißen Teile in die Nähe des Arbeitsplatzes bringen. Unfallgefahr! Feuerlöscher bereitstellen.**

- Verbindungsstellen und deren Umgebung vor dem Lösen gründlich reinigen.
- Ausgebaute Teile auf einer sauberen Unterlage ablegen und abdecken. Folien oder Papier verwenden. Keine fasernden Lappen benutzen!
- Geöffnete Bauteile sorgfältig abdecken bzw. verschließen, wenn die Reparatur nicht umgehend ausgeführt wird.
- Nur saubere Teile einbauen.
- Ersatzteile erst unmittelbar vor dem Einbau aus der Verpackung nehmen.
- Keine Teile verwenden, die unverpackt (z. B. in Werkzeugkästen usw.) aufgehoben wurden.
- Bei geöffneter Kraftstoff-Anlage möglichst nicht mit Druckluft arbeiten.
- Das Fahrzeug möglichst nicht bewegen.
- Verschmutzten Kraftstoff auf der Sondermüll-Deponie abgeben.

Kraftstoffvorratsbehälter/Tankgeber/ Kraftstoffpumpe aus- und einbauen

Der 55 l große Kraftstoffbehälter befindet sich unter dem Bodenblech unterhalb des Rücksitzes. Der Tankgeber ist oben in den Kraftstoffbehälter eingesetzt und kann nur bei ausgebautem Vorratsbehälter ausgebaut werden. Der Kabelstrang für den Tankgeber ist durch eine Öffnung im Bodenblech unter dem Rücksitz verlegt. Bei Fahrzeugen mit Benzin-Einspritzung ist die elektrische Kraftstoffpumpe zusammen mit dem Tankgeber im Tank eingebaut.

Achtung: Kraftstoffbehälter nur ausbauen, wenn eine geeignete Pumpe zum Absaugen des Kraftstoffs vorhanden ist. Kraftstoff nicht über einen Schlauch mit dem Mund absaugen.

Die folgenden Sicherheitsmaßnahmen zum Entleeren des Kraftstoffbehälters sind unbedingt zu beachten:

- **Kraftstoffbehälter nicht entleeren, wenn das Fahrzeug über einer Grube steht.**
- **Kein offenes Feuer oder Funkenbildung in der Nähe des Arbeitsplatzes! Nicht rauchen!**
- **CO_2-Feuerlöscher bereithalten.**
- **Bindemittel bereithalten, um ausgelaufenen Kraftstoff aufzusaugen.**
- **Für gute Belüftung des Arbeitsplatzes sorgen. Kraftstoffdämpfe sind giftig und sehr leicht entflammbar!**

Ausbau

- Batterie-Massekabel abklemmen.
- Kraftstoffbehälter durch Aussaugen mit Pumpe entleeren.
- Fahrzeug aufbocken, siehe Seite 105.

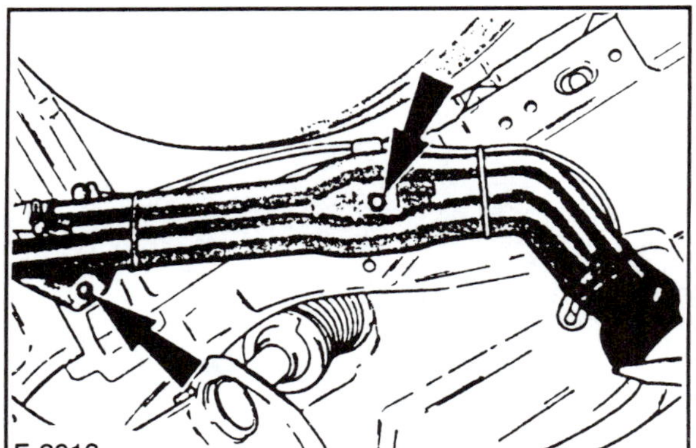
F-2013

- 2 Befestigungsschrauben für den Kraftstoff-Einfüllstutzen von unten abschrauben.

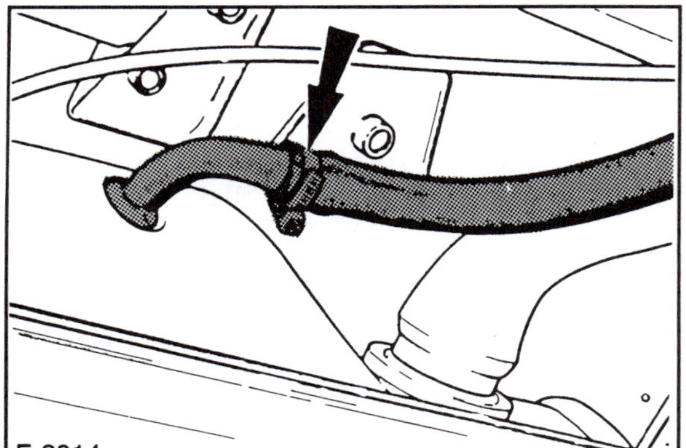
F-2014

- Belüftungsleitung für den Einfüllstutzen beziehungsweise zum Aktivkohlebehälter hinten am Tank abziehen, vorher Schraubschelle lösen.

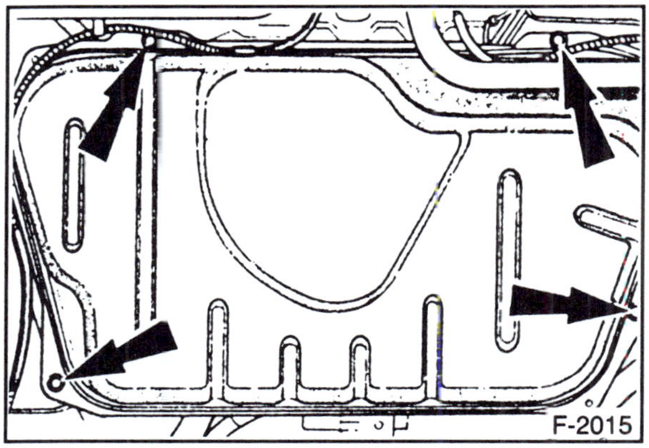

F-2015

- Um besseren Zugang zu den Befestigungsschrauben des Kraftstoffbehälters zu haben, zuerst Hitzeschilder der Abgasanlage um den Kraftstoffbehälter herum abschrauben und absenken.
- Kraftstoffbehälter mit der Hand oder mit einem Wagenheber und einer Holzzwischenlage abstützen und 4 Befestigungsschrauben herausdrehen.
- Tank etwas absenken, dabei gleitet der Einfüllstutzen aus der Tanköffnung.
- Dünne Belüftungsleitung oben am Tank abziehen. Kabel für Tankgeber/Kraftstoffpumpe am Tankgeber abziehen.
- Kraftstoffsaug- und Rücklaufleitungen am Tankgeber abziehen. Zum Lösen der Schläuche beide Knöpfe an den Schnellverschlüssen ganz hineindrücken und Verschluß abziehen. **Achtung:** Bei den Benzinmotoren steht das Kraftstoffsystem unter Druck! Bei Öffnen der Leitungen, austretenden Kraftstoff mit einem Lappen auffangen. Vor dem Abziehen beide Kraftstoffschläuche mit Tesaband kennzeichnen, damit sie nicht vertauscht eingebaut werden.
- Tank vorsichtig absenken und mit einem Rollbrett unter dem Fahrzeug hervorziehen.

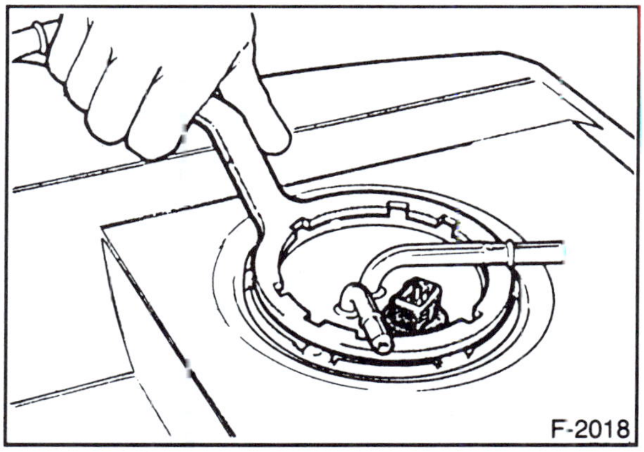

F-2018

- Tankgeber mit Spezialschlüssel oder Rohrzange nach links drehen und lösen. Andere Möglichkeit zum Lösen: Mit einem Hartholzstab (Hammerstil) entgegen dem Uhrzeigersinn losschlagen.

Achtung: Zum Losschlagen keinen Metallgegenstand verwenden, da sonst Funken entstehen können.

Einbau

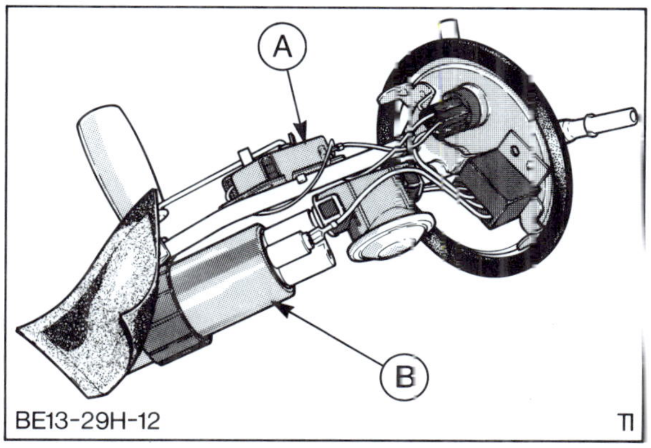

BE13-29H-12 TI

- Tankgeber –A– mit **neuer** Dichtung einsetzen. **Achtung:** Da beim Ausbau des Tankgebers die Dichtung meistens deformiert wird, darf sie nicht wiederverwendet werden. B – Elektrische Kraftstoffpumpe bei Benzin-Einspritzmotoren.

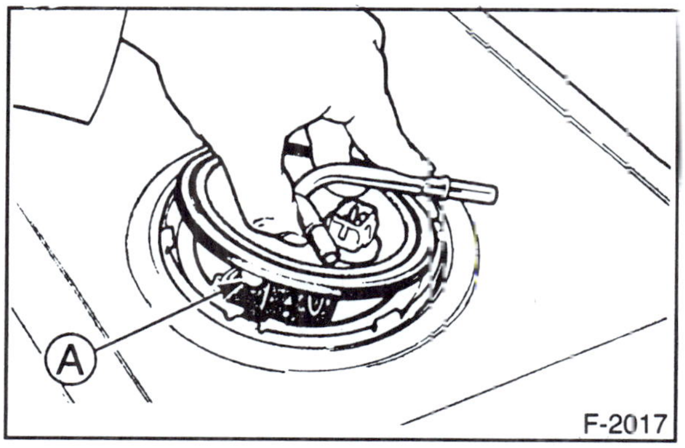

F-2017

- Beim Einsetzen des Tankgebers –A– darauf achten, daß die Führungszunge des Deckels in die Nut am Tank eingreift. Tankgeber durch Rechtsdrehen befestigen.
- Dichtring und Einfüllstutzen leicht mit Vaseline einfetten, um den Einbau zu erleichtern. Tank am Einfüllstutzen ansetzen und etwas hochdrücken.
- Elektrische Leitung und dünne Belüftungsleitung oben am Tank anschließen. **Achtung:** Aus Sicherheitsgründen sollte die dünne Belüftungsleitung immer ersetzt werden.
- Kraftstoffvorlauf- und -rücklaufschläuche aufstecken. Sicherstellen, daß die Schnellverschlüsse ganz bis zum Wulst auf die Leitung aufgeschoben werden.
- 4 Schrauben für Tank reindrehen und festziehen.
- Belüftungsleitung für Einfüllstutzen anschließen.
- Kraftstoffbehälter auffüllen und Dichtheit der Anschlüsse prüfen.
- Hitzeschilde der Abgasanlage am Unterboden anschrauben.
- Fahrzeug ablassen.
- Massekabel an Batterie anklemmen.
- Motor starten, nach einiger Laufzeit nochmals Dichtheit der Kraftstoffanlage sichtprüfen.

Kraftstoffpumpen-Sicherheitsschalter einschalten/aus- und einbauen

Benzinmotoren

Alle Modelle mit Benzineinspritzung besitzen einen Sicherheitsschalter, der bei einem Unfall oder Überlastung die Kraftstoffpumpe abschaltet. Der Schalter ist vor der Fahrertür in der linken Seitenwand installiert. Ob der Stromkreis unterbrochen ist, erkennt man am herausgehobenen Einschaltknopf.

Einschalten

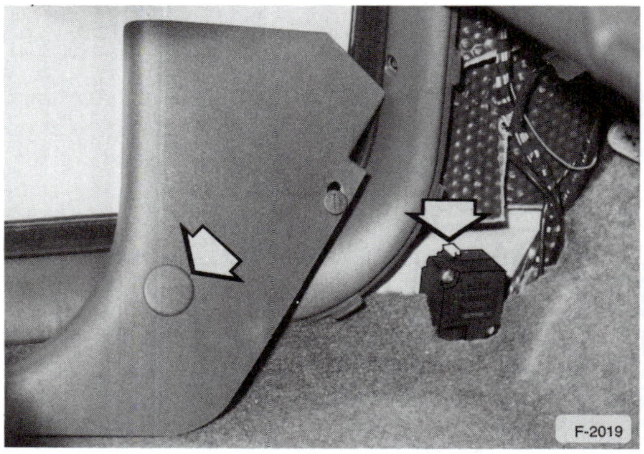

- Abdeckung von der seitlichen Fußraumverkleidung abheben und durch das Schauloch schauen. Bei eingedrücktem Einschaltknopf (Abbildung) ist der Stromkreis nicht unterbrochen. Ist der Knopf dagegen herausgesprungen, hat der Schalter die Kraftstoffpumpe abgeschaltet.

Achtung: Bei Undichtigkeiten, nach Unfällen beziehungsweise Benzingeruch soll der Schalter nicht betätigt werden, da sonst Brand- und Verletzungsgefahr durch austretendes Benzin besteht!

- Zündung ausschalten.
- Kraftstoffanlage auf Undichtigkeit sichtprüfen. Ist kein ausgetretenes Benzin sichtbar und kein Kraftstoffgeruch spürbar, Knopf des Sicherheitsschalters niederdrücken.
- Zündung einschalten, dabei läuft die Kraftstoffpumpe hörbar an und baut Druck auf.
- Zündung ausschalten und Kraftstoffanlage erneut auf Undichtigkeiten sichtprüfen, gegebenenfalls Undichtigkeit beheben.

Ersetzen

- Seitliche Fußraumverkleidung mit 1 Schraube abschrauben und aushängen.
- 2 Befestigungsschrauben des Schalters entfernen.
- Mehrfachstecker vom Sicherheitsschalter abziehen. Dabei am Stecker, nicht am Kabel ziehen.
- Der Einbau des Schalters erfolgt in umgekehrter Reihenfolge.

Relais für Einspritzanlage aus- und einbauen

Benzinmotoren

Läuft die Kraftstoffpumpe nicht an (kein Laufgeräusch hörbar, keine Stromversorgung), ist die Stromversorgung in folgender Reihenfolge zu prüfen: Sicherheitsschalter unten links im Fahrerfußraum muß eingeschaltet sein, Sicherung für Kraftstoffpumpe muß intakt sein. Sicherungsbelegung, siehe Seite 219.

Wurde kein Fehler gefunden, Kraftstoffpumpenrelais beziehungsweise Spannungsversorgungs-Relais der Einspritzanlage prüfen, gegebenenfalls ersetzen. Relais prüfen, siehe Seite 220.

Ausbau

- Batterie-Massekabel (–) abklemmen.

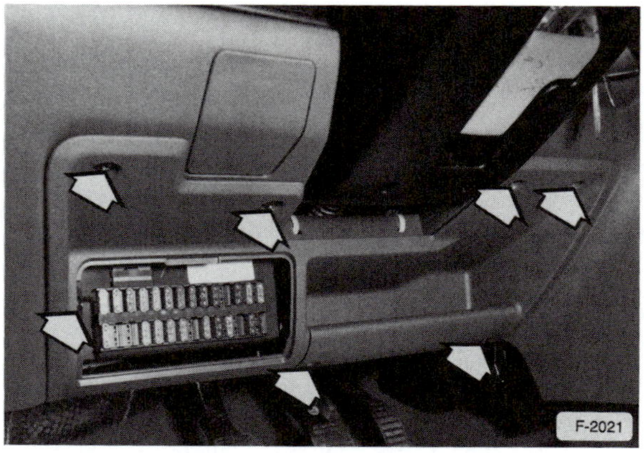

- Verkleidung unterhalb vom Lenkrad abbauen, dazu 6 Schrauben lösen.
- 3 Befestigungsschrauben der Kunststoffabdeckung vom Sicherungskasten abschrauben, Abdeckung abnehmen.

- Spannbügel –unterer Pfeil– lösen und Sicherungskasten nach unten schwenken. Die Relais befinden sich an der Oberseite.

- Relais für Spannungsversorgung –1– (grün, rot oder gelb) beziehungsweise Relais für Kraftstoffpumpe –2– (braun) vorsichtig nach oben abziehen und durch intaktes Relais ersetzen.

Einbau

- Sicherungskasten nach oben schwenken, Spannbügel einhängen und spannen.
- Kunststoffabdeckungen anschrauben.
- Batterie-Massekabel anklemmen.
- Motor starten und auf einwandfreie Funktion prüfen.

Luftfilter aus- und einbauen

Ausbau

- Batterie-Massekabel (–) abklemmen.

1,4-l-Motor

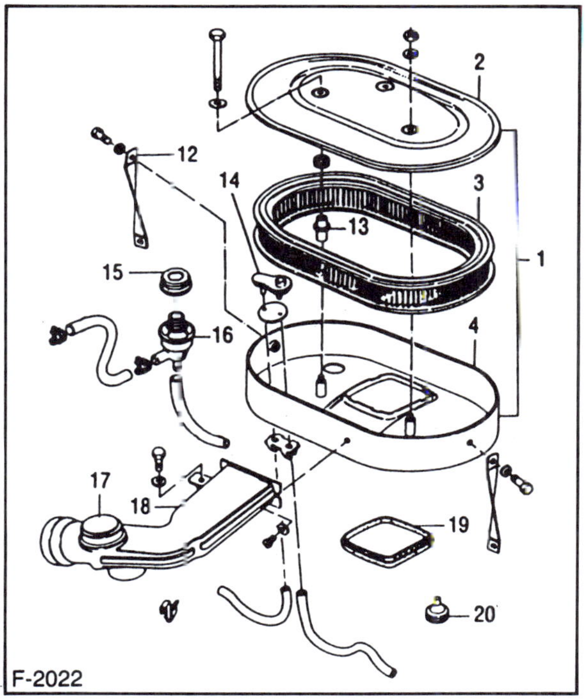

F-2022

1 – **Luftfilter**	15 – **Gummitülle**
2 – **Luftfilter-Oberteil**	16 – **Filter für Kurbelgehäuseentlüftung**
3 – **Filtereinsatz**	17 – **Luftregelklappe**
4 – **Gehäuse**	18 – **Ansaugstutzen**
12 – **Halter vorn**	19 – **Dichtgummi**
13 – **Distanzrohr**	20 – **Gummipuffer**
14 – **Temperaturfühler**	

- Entlüftungsventil –16– unten am Luftfilter abziehen.
- 3 Schrauben und Muttern oben am Luftfilterdeckel herausdrehen.
- Falls vorhanden, Luftfilter von den Haltern –12– abschrauben.
- Luftfilter etwas abheben.
- Unterdruckschläuche für Temperaturfühler abziehen.
- Luftfilter abnehmen.

1,6-l-Motor

- Luftfilteroberteil mit Filtereinsatz ausbauen, siehe Seite 263.

F-2024

- 2 Schläuche –2– abziehen. Beim hinteren Schlauch zuvor Spreizschelle lösen und nach hinten schieben.
- 2 Befestigungsschrauben –3– an der Luftfilterunterseite abschrauben und Luftfilter abnehmen (Steckschlüsse ist an der hinteren Schraube angesetzt)

1,8-l-Dieselmotor

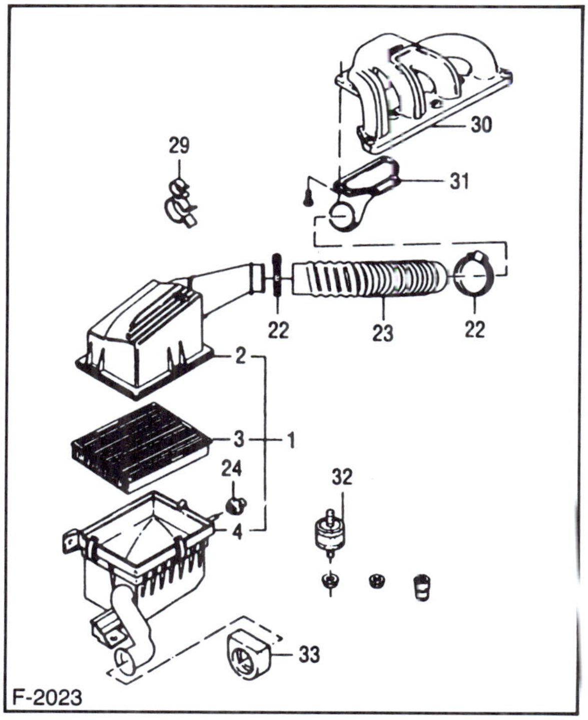

F-2023

1 – **Luftfilter**	24 – **Tülle**
2 – **Luftfilter-Oberteil**	30 – **Luftführung**
3 – **Filtereinsatz**	31 – **Anschlußstück**
4 – **Gehäuse**	32 – **Gummilager**
22 – **Schraubschelle**	33 – **Dichtung**
23 – **Luftschlauch**	

- Luftschlauch –23– abziehen, vorher Schraubschelle –22– ganz öffnen.
- 2 Befestigungsschrauben herausdrehen.
- Luftfilter aus der Tülle –24– ziehen und abnehmen.

Einbau

- Luftfilter einsetzen und festschrauben.
- Sämtliche Entlüftungs-, Unterdruck- und Luftschläuche aufschieben und mit Schellen sichern. Dabei auf festen Sitz des Vorwärmschlauches achten.
- Batterie-Massekabel anklemmen.

Ansaugluftvorwärmung prüfen

1,4-l-Motor

Eine Vorwärmung der angesaugten Frischluft ist notwendig, um die Aufbereitung des Kraftstoffluftgemisches bei niedrigen Außentemperaturen zu verbessern. Bei defekter Ansaugluftvorwärmung können folgende Beanstandungen auftreten:

- Schlechter Leerlauf in der Warmlaufphase.
- Übergangsstörungen.
- Schlechte Leistung, Höchstgeschwindigkeit wird nicht erreicht.
- Hoher Kraftstoffverbrauch.

Stellung des Klappenventils prüfen

Achtung: Die folgende Prüfung nur bei kaltem Motor vornehmen.

- Luftfilter ausbauen.

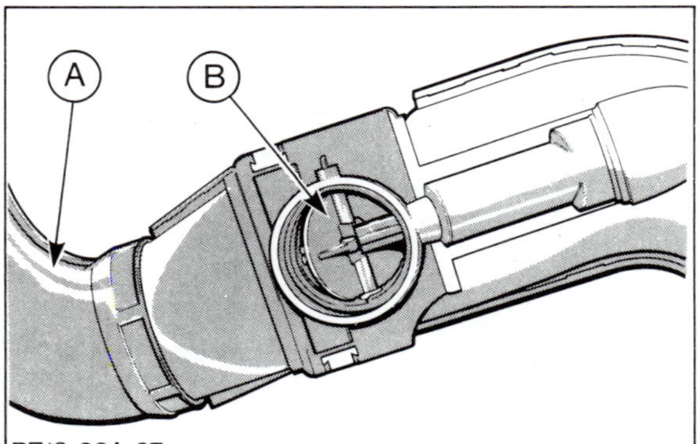

BE13-23A-07

- Bei kaltem Motor muß das Klappenventil –B– ganz geöffnet sein, damit Warmluft vom Abgaskrümmer dem Luftfilter zugeleitet wird; A – Hauptlufteingang.
- Luftfilter einbauen.
- Motor starten und auf Betriebstemperatur bringen.
- Luftfilter ausbauen.
- Stellung des Klappenventils prüfen. Bei warmem Motor muß das Klappenventil geschlossen sein, damit ausschließlich kühle Luft über den Hauptlufteingang in den Luftfilter angesaugt wird.
- Falls Fehler auftreten, Ansaugstutzen ersetzen.

Die Benzin-Einspritzanlage

Der 1,4-l-Benzinmotor des ESCORT/ORION ist mit einer Zentraleinspritzanlage ausgerüstet, wohingegen beim 1,6-l-Motor eine Mehrstelleneinspritzung zum Einsatz kommt. Während bei der Mehrstellenanlage für jeden Zylinder ein Einspritzventil zur Verfügung steht, insgesamt also 4 Einspritzventile, versorgt bei der Zentraleinspritzung ein zentral angeordnetes Einspritzventil die 4 Zylinder des Motors.

Die Regelung des Zünd- und Einspritzsystems wird von einem gemeinsamen Steuergerät, FORD-Bezeichnung »EEC IV«, übernommen. Ein gemeinsames Steuergerät hat unter anderem den Vorteil, daß Sensoren, beispielsweise der Positions- und Drehzahlgeber am Schwungrad, nur einmal vorhanden sein müssen, obwohl sie für Zündung und Einspritzung benötigt werden. In diesem Kapitel wird hauptsächlich auf das Einspritzteil des Systems eingegangen.

Alle Teile der Einspritzanlage sind langzeitstabil und wartungsarm, Reparaturen sind daher äußerst selten. Ein Großteil der Überprüfungsarbeiten, wie zum Beispiel das Einstellen von Leerlauf und CO, ist nicht oder nur mit teuren Prüfgeräten und entsprechenden Fachkenntnissen möglich.

Die Motoren besitzen Notlaufprogramme für folgende Situationen:

- Tritt ein Fehler in einem Sensorkreis auf, so nimmt das Steuergerät gespeicherte Festwerte (Mittelwerte) an und ermöglicht weiterhin den Betrieb des Fahrzeugs, allerdings ist der Motorlauf nicht mehr unter allen Bedingungen einwandfrei.
- Fällt das Steuergerät aus, schaltet sich automatisch ersatzweise ein Notlaufprogramm ein. Der Motorlauf ist dann erheblich verschlechtert, der Motor ruckelt stark und neigt zum Absterben. Jedoch kann das Fahrzeug in der Ebene mit einer Geschwindigkeit bis zu 60 km/h betrieben werden.

Das im ESCORT/ORION verwendete Zünd- und Einspritzmodul EEC IV verfügt über ein umfangreiches Selbsttestprogramm sowie einen Speicher, der im Fahrbetrieb auftretende Fehler erkennt und einige Zeit (über 40 Motorstarts) speichert. Das Modul kann mehr als 30 mögliche Fehlercodes anzeigen, allerdings werden zur Abfrage ein Prüfgerät sowie umfangreiche Prüfunterlagen von FORD benötigt. Bei Störungen ist daher eine FORD-Werkstatt aufzusuchen.

Achtung: Wird die Batterie abgeklemmt, werden alle im Fehlerspeicher erfaßten Werte sowie auch »gelernte« Betriebswerte, zum Beispiel der Leerlaufdrehzahl-Regelung, gelöscht. Nach dem Wiederanklemmen der Batterie können Mängel im Fahrverhalten (Stottern, Aussetzer beim Beschleunigen oder unrunder Leerlauf) auftreten.

Nach Anklemmen der Batterie sollte der Motor daher zunächst ca. 3 Minuten im Leerlauf laufen. Nach Erreichen der Betriebstemperatur (Kühlmittel-Temperaturanzeige steht in der Skalenmitte) etwas Gas geben und den Motor mit etwa 1200/min weitere 2 Minuten laufen lassen. Durch diesen Vorgang speichert das Modul die Leerlauf- und andere Betriebswerte wieder neu ein. Anschließend empfiehlt es sich, noch eine Fahrt über ca. 8 km mit unterschiedlichen Geschwindigkeiten zu vorzunehmen, damit der »Lernprozeß« abgeschlossen ist und sich ein normaler Motorlauf einstellt.

Arbeitsweise der Zentraleinspritzung im 1,3-/1,4-l-Motor

Im Unterschied zur Mehrstellen-Einspritzung besitzt die Zentraleinspritzanlage nur ein einzelnes Einspritzventil, das zentral über der Drosselklappe angeordnet ist. Die Betätigung des Einspritzventils erfolgt elektromagnetisch im Takt der Zündimpulse.

Der Kraftstoff wird von der im Kraftstoffbehälter sitzenden elektrischen Kraftstoffpumpe mit ca. 3 bar über den Kraftstoffilter zur zentralen Einspritzeinheit gefördert. Ein Druckregler an der Einspritzeinheit sorgt dafür, daß der Druck im Kraftstoffsystem unabhängig von der eingespritzten Kraftstoffmenge konstant auf ca. 1 bar gehalten wird.

Die Verbrennungsluft wird vom Motor über den Luftfilter und das Ansaugrohr angesaugt. Im Ansaugrohr befindet sich die Drosselklappe. Die Winkelstellung der durch das Gaspedal betätigten Drosselklappe wird über ein Potentiometer erfaßt und dient dem Steuergerät zusammen mit der momentanen Motordrehzahl und dem Saugrohrunterdruck als Maß für die angesaugte Luftmenge. Der Fühler für Saugrohrdruck sitzt oberhalb vom rechten Motorlager am Federbeindom und ist mit einer Unterdruckleitung mit dem Saugrohr verbunden.

Das Steuergerät regelt entsprechend der gemessenen Luftmenge die Einspritzzeit und dadurch die Einspritzmenge. Bei längerer Öffnung des Einspritzventils wird mehr Kraftstoff eingespritzt. Zusätzliche Fühler und Geber sorgen in jeder Fahrsituation für die richtig bemessene Kraftstoffmenge.

- Die Lambda-Sonde (Sauerstoffsensor) mißt den Sauerstoffgehalt im Abgasstrom und schickt entsprechende Spannungssignale an das Steuergerät. Daraufhin verändert das Steuergerät das angesaugte Kraftstoff-Luftverhältnis, so daß die Abgasschadstoffe immer auf dem geringsten Wert gehalten werden.
- Der Ansaugluft-Temperaturfühler an der Einspritzeinheit mißt die Temperatur der angesaugten Luft, ein zweiter Temperaturfühler am Zylinderkopf mißt die Kühlmitteltemperatur. Diese Temperaturen haben großen Einfluß auf den Kraftstoffbedarf.
- Das Magnetventil für Tankentlüftung wird je nach Betriebszustand des Motors angesteuert. Auftretende Kraftstoffdämpfe im Tank werden von einem Aktivkohlefilter gespeichert und über das Ventil der Verbrennung zugeführt. Die Kraftstoffdämpfe werden also durch den Aktivkohlefilter größtenteils wirtschaftlich genutzt und gelangen nicht ins Freie.

Arbeitsweise der Einspritzanlage im 1,6-l-CVH-Motor

Der Kraftstoff wird aus dem Kraftstoffbehälter von der elektrischen Kraftstoffpumpe angesaugt und über den Kraftstoffilter zum Verteilerrohr und dann zu den Einspritzventilen gefördert. Ein Druckregler am Verteilerrohr sorgt dafür, daß der Druck im Kraftstoffsystem gleichbleibend 2,5 bar beträgt. Die Einspritzventile werden elektrisch angesteuert und spritzen den Kraftstoff intermittierend, also stoßweise, in das Ansaugrohr vor die Einlaßventile.

Wie bei der Zentraleinspritzung erhält das Steuergerät über verschiedene Sensoren Informationen über den Betriebszustand des Motors und regelt dementsprechend Einspritzzeitpunkt und Einspritzmenge. Bei längerer Öffnung des Einspritzventils wird mehr Kraftstoff eingespritzt.

Arbeitsweise der Einspritzanlage im 1,6-/1,8-/2,0-l-DOHC-Motor

Im Unterschied zum CVH-Motor erfolgt beim DOHC-Motor die Kraftstoffeinspritzung sequentiell. Das heißt, die Einspritzventile werden getrennt und dadurch einzeln angesteuert und spritzen den Kraftstoff entsprechend der Zündfolge vor die Einlaßventile des Motors. Durch die Wahl des Einspritzzeitpunktes im Verhältnis zu den Öffnungszeiten der Einlaßventile können Abgas- und Leistungsverhalten besser abgestimmt werden. Außerdem spricht der Motor beim Beschleunigen schneller an.

Anstelle des Luft**mengen**messers kommt ein Luft**massen**messer zum Einsatz. Der Luftmassenmesser hat folgende Vorteile: geringe Baugröße, automatischer Ausgleich von Temperatur- und Höheneinflüssen, keine beweglichen Bauteile und daher geringer Verschleiß. Für die Luftmassenmessung wird ein elektrisch erwärmter Hitzdraht durch die vorbeistreichende Ansaugluft abgekühlt. Um die Temperatur des Hitzdrahtes konstant zu halten, ändert sich der Heizstrom entsprechend der angesaugten Luft. Anhand der Schwankungen des Heizstromes erkennt das Steuergerät den Lastzustand des Motors und regelt dementsprechend die Einspritzmenge. Um eine Verfälschung durch Verunreinigungen zu vermeiden, glüht sich der Hitzdraht nach jedem Abschalten des Motors automatisch frei.

Sicherheitshinweise zur Einspritzanlage

- Motor nicht ohne fest angeschlossene Batterie starten.
- Zum Starten des Motors **keinen** Schnellader verwenden.
- Nie bei laufendem Motor die Batterie vom Bordnetz trennen.
- Beim Schnelladen Batterie vom Bordnetz trennen.
- Bevor eine Prüfung der elektronischen Einspritzanlage erfolgt, muß gewährleistet sein, daß die Zündung in Ordnung ist.
- Bei Temperaturen über +80° C (Trockenofen), Steuergerät ausbauen.
- Auf einwandfreien Sitz der Anschlußstecker achten.
- Mehrfachstecker des Steuergerätes nicht bei eingeschalteter Zündung abziehen oder aufstecken.
- Bei einer Kompressionsdruckprüfung Stromversorgung für Kraftstoffpumpenrelais unterbrechen, dazu Relais abziehen.
- Bei Reparaturen Sauberkeitsregeln beachten, siehe Kapitel »Kraftstoffanlage«.
- Das Kraftstoffsystem steht unter Druck. Beim Lösen von Kraftstoffleitungen Lappen herumlegen, damit das austretende Benzin aufgefangen wird.

Gaszug einstellen/ aus- und einbauen

Achtung: Der Gaszug ist sehr knickempfindlich und daher beim Einbau besonders sorgfältig zu behandeln. Ein einziger leichter Knick kann zum späteren Bruch im Fahrbetrieb führen. Züge, die geknickt wurden, dürfen deswegen **nicht** eingebaut werden.

Einstellen

- Gaspedal ganz durchdrücken (Vollgasstellung) und in dieser Stellung festklemmen. Dazu geeignetes Brett zwischen Sitz und Pedal klemmen.

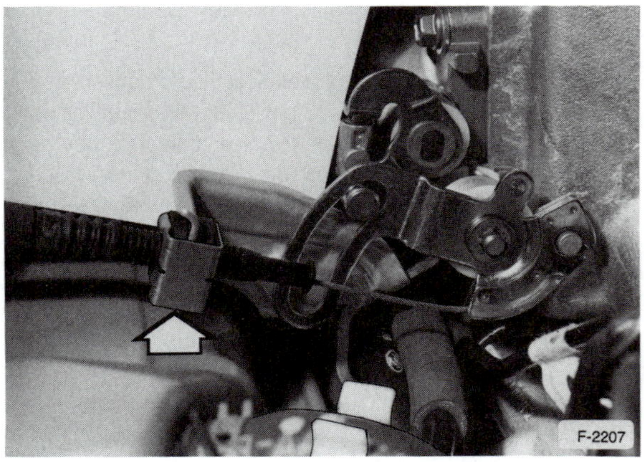

- Sicherungsklammer für Steckraste abziehen.

- Steckraste (Gaszughülle) so weit zurückziehen, bis der Drosselklappenhebel die Vollgasstellung gerade erreicht. In dieser Stellung Steckraste wieder aufstecken.
- Gaspedal lösen, dann durchtreten und prüfen, ob die Vollgasstellung der Drosselklappe erreicht wird. Gegebenenfalls Einstellung korrigieren.

Gaszug am Drosselklappenhebel aushängen

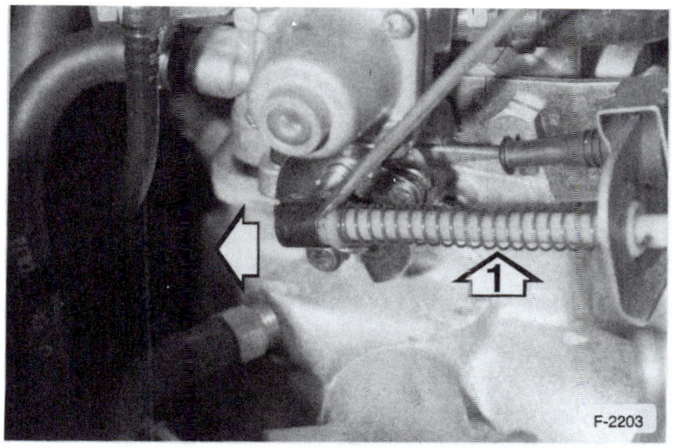

F-2203

- Nur 1,4-l-Motor: Luftfilter ausbauen, dann Sicherungsklammer mit Schraubendreher anheben und in Pfeilrichtung abziehen. Kunststoffpfanne vom Kugelkopf des Drosselklappenhebels abnehmen und Kunststoffstange mit Rückzugfeder –1– abnehmen.
- Sicherungsklammer für Steckraste nach oben abziehen.

F-2205

- Gummitülle nach oben aus dem Widerlager herausziehen.
- Gaszugnippel aus dem Schlitz des Drosselklappensegments herausziehen.

Einhängen

- Gaszug am Drosselklappensegment einhängen.
- Gummitülle am Widerlager einschieben.
- Sicherungsklammer für Steckraste aufschieben.
- Kunststoffstange einhängen und mit Sicherungsklammer sichern.
- Gaszug einstellen
- 1,4-l-Motor: Luftfilter einbauen, siehe Seite 77.

Kühlmittel-Temperaturfühler prüfen/aus- und einbauen

Der Temperaturfühler mißt die Motortemperatur und gibt sie an das Steuergerät weiter. Der Fühler beinhaltet ein NTC-Element (NTC = Negativer Temperatur-Coeffizient), das seinen Widerstand bei steigender Temperatur verringert. Bei defektem Fühler nimmt das Steuergerät als Ersatzwert eine Kühlmitteltemperatur an, die dem betriebswarmen Motor entspricht. Das führt bei niedrigen Außentemperaturen und kaltem Motor zu Startschwierigkeiten und unruhigem Motorlauf.

Temperaturfühler prüfen

- Mehrfachstecker abziehen. Dabei am Stecker, nicht am Kabel ziehen.
- Ohmmeter an die Kontakte des Fühlers anschließen.
- Widerstand messen und mit Sollwert vergleichen. Entsprechend der Temperatur sind Zwischenwerte möglich. Sollwerte, siehe Seite 89.
- Falls der Widerstand nicht dem Sollwert entspricht, Fühler ausbauen.
- Temperaturfühler mit Draht in Wasserbad hängen, ohne daß er mit der Gefäßwand in Berührung kommt. Wasser mit Eisstücken abkühlen und anschließend auf der Herdplatte erwärmen. Fühler bei den angegebenen Temperaturen herausnehmen und Widerstand zwischen den Kontaktzungen messen. Gegebenenfalls Temperaturfühler ersetzen.
- Ist der Temperaturfühler in Ordnung, Voltmeter zwischen Stecker des Temperaturfühlers und Masse anschließen.
- Zündung einschalten und prüfen, ob Spannung anliegt. Liegt keine Spannung an, Leitung auf Durchgang prüfen.
- Masseleitung auf Durchgang prüfen.
- Wenn Leitungen und Temperaturfühler in Ordnung sind, liegt ein Defekt im Steuergerät vor.

Ausbau

- Batterie-Massekabel abklemmen.

Achtung: Damit beim Ausbau des Fühlers kein Kühlmittel ausläuft, Kühlmittel vorher zum Teil ablassen und auffangen, siehe Kapitel »Wartung«.

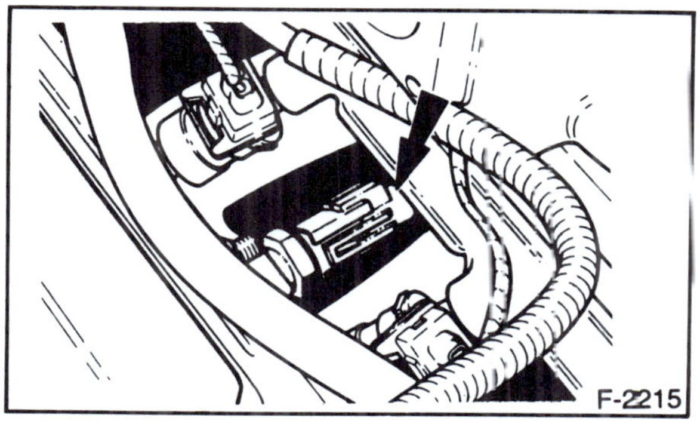

F-2215

- Stecker abziehen, dabei nicht am Kabel ziehen. Die Abbildung zeigt den 1,6-l-Motor, der Fühler befindet sich hier unterhalb des Ansaugkrümmers. Beim 1,4-l-Motor sitzt der

Fühler im kühlmittelbeheizten Ansaugkrümmer, der Stecker besitzt die gleiche Form wie beim 1,6-l-Motor.

- Temperaturfühler herausschrauben. **Achtung:** Dabei tritt Kühlmittel aus, Gefäß unterstellen.

Einbau

- Temperaturfühler mit neuem Dichtring einschrauben und mit 25 Nm anziehen. **Achtung:** Der Fühler darf nicht zu fest angezogen werden.
- Stecker aufschieben und einrasten.
- Kühlmittel auffüllen, siehe Kapitel »Wartung«.
- Kühlsystem entlüften, siehe Kapitel »Wartung«.
- Batterie-Massekabel anklemmen.
- Probefahrt durchführen und Temperaturfühler-Anschluß auf Dichtigkeit überprüfen.

Ansaugluft-Temperaturfühler prüfen/aus- und einbauen

Der Temperaturfühler mißt die Ansauglufttemperatur, die für das Steuergerät ein Maß für die Luftdichte ist und somit die Kraftstoffzumessung beeinflußt. Ein defekter Fühler führt zu erhöhtem Kraftstoffverbrauch und Störungen im Motorlauf.

Temperaturfühler prüfen

- Mehrfachstecker abziehen. Dabei am Stecker, nicht am Kabel ziehen.
- Ohmmeter an die Kontakte des Fühlers anschließen.
- Widerstand messen und mit Sollwert vergleichen. Entsprechend der Temperatur sind Zwischenwerte möglich. Sollwerte, siehe Seite 89.
- Ist der Temperaturfühler in Ordnung, Voltmeter zwischen Stecker des Temperaturfühlers und Masse anschließen.
- Zündung einschalten und prüfen, ob Spannung anliegt. Liegt keine Spannung an, Leitung auf Durchgang prüfen.
- Masseleitung auf Durchgang prüfen.
- Wenn Leitungen und Temperaturfühler in Ordnung sind, liegt ein Defekt im Steuergerät vor.

Ausbau

- Batterie-Massekabel abklemmen.

1,4-l-Motor

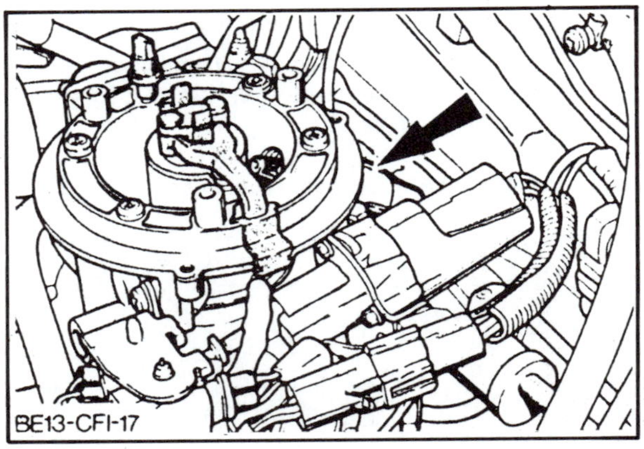

1,6-l-Motor

- Stecker abziehen, die Abbildungen zeigen den Ansaugluft-Temperaturfühler der jeweiligen Motoren.
- Temperaturfühler herausschrauben.

Einbau

- **Nur 1,6-l-Motor:** Gewinde des Temperaturfühlers mit geeignetem Dichtmittel, zum Beispiel Curil, bestreichen.
- Temperaturfühler einschrauben und mit 25 Nm anziehen. **Achtung:** Der Fühler darf nicht zu fest angezogen werden.
- Stecker aufschieben und einrasten.
- Batterie-Massekabel anklemmen.

Einspritz-Steuergerät aus- und einbauen

Ausbau

- Batterie-Massekabel (–) abklemmen.
- Rechte Fußraumverkleidung im Beifahrerfußraum ausbauen. Dazu Befestigungsknebel mit Schraubendreher ¼ Umdrehung verdrehen und Verkleidung aushängen.

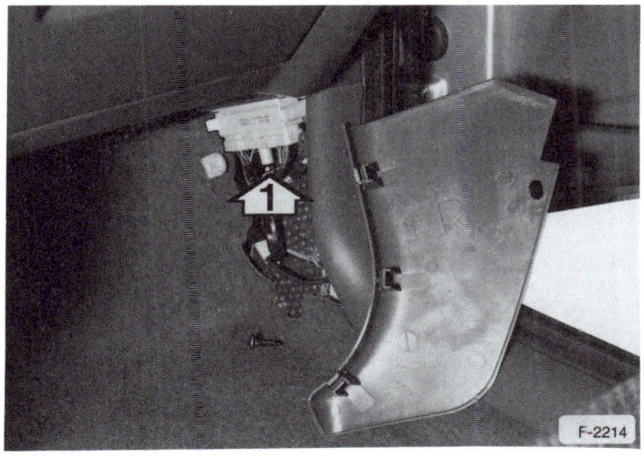

- EEC IV-Modul vom Halter abclipsen und herausziehen.
- Schraube –1– lösen und Mehrfachstecker abziehen.

Einbau

- Der Einbau erfolgt in umgekehrter Reihenfolge.
- Batterie-Massekabel anklemmen und ca. 10minütige Probefahrt mit unterschiedlicher Geschwindigkeit durchführen. Das Modul »lernt« auf der Probefahrt die Fahrwerte, siehe Seite 68.

Zentraleinspritzeinheit 1,4-l-Motor

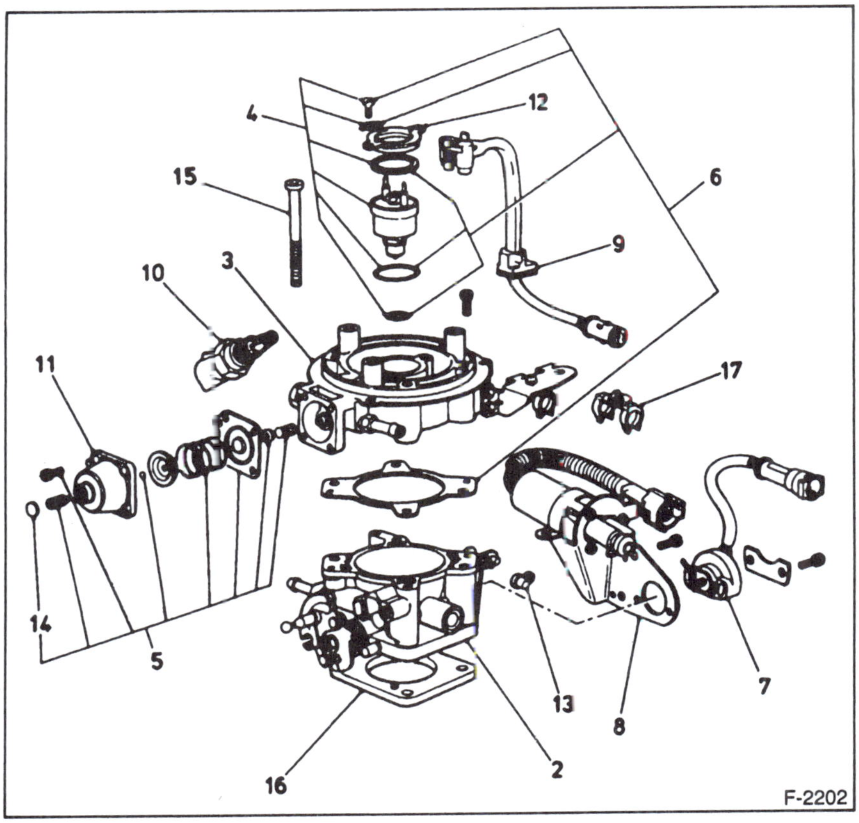

2 – **Einspritzeinheit-Unterteil**
3 – **Einspritzeinheit-Oberteil**
4 – **Einspritzventil**
5 – **Druckregler**
6 – **Dichtungen**
7 – **Drosselklappensensor**
8 – **Stellmotor** mit Halter Drosselklappe
9 – **Anschlußleitung** für Einspritzventil
10 – **Ansaugluft-Temperatursensor**
11 – **Gehäuse für Druckregler**
12 – **Haltering für Einspritzventil**
13 – **Kappe**
14 – **Stopfen** für Stellschraube am Druckregler
15 – **Linsenkopfschraube**
16 – **Distanzstück**
17 – **Clip**

Einspritzeinheit aus- und einbauen

1,3-/1,4-l-Motor

Achtung: Nach Abstellen des Motors steht das Kraftstoffsystem noch unter Druck. Sauberkeits- und Sicherheitsregeln beachten, siehe Seite 74.

Ausbau

- Batterie-Massekabel (–) abklemmen.
- Luftfilter ausbauen, dazu 3 Schrauben am Deckel lösen und Luftfilter komplett abnehmen.
- Beide Kühlmittelschläuche an der Einspritzeinheit abziehen, vorher Schlauchschellen lösen und zurückschieben. **Achtung:** Kühlmittel läuft aus, Gefäß unterstellen.

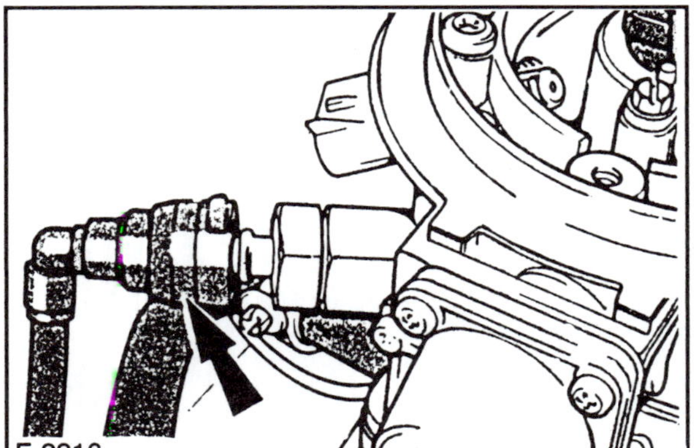

F-2216

- Kraftstoff-Druckleitung abbauen, dazu Kupplung (Schnellverbinder) nach hinten ziehen und Leitung abziehen.
- Kraftstoff-Rücklaufleitung abziehen.
- Gaszug an der Einspritzeinheit aushängen, siehe Seite 80.
- Mehrfachstecker von Ansauglufttemperatur-Sensor, Drosselklappen-Sensor und Drosselklappen-Stellmotor abziehen.
- Unterdruckschlauch abziehen.

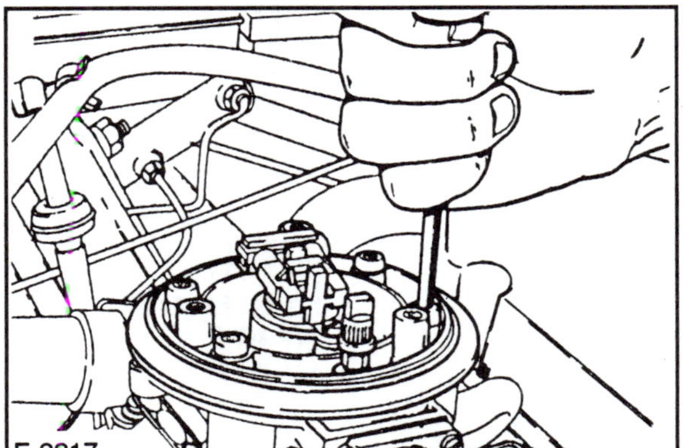

F-2217

- Einspritzeinheit vom Ansaugkrümmer abschrauben (4 Schrauben) und abnehmen. Darauf achten, daß keine Verunreinigungen in den Ansaugkrümmer fallen, Krümmer mit sauberem Lappen abdecken.

Einbau

- Alle Dichtflächen mit einem Schaber vorsichtig säubern, anschließend mit Spiritus oder Kraftstoff abreiben.
- Einspritzeinheit mit **neuer** Dichtung aufsetzen, die 4 Schrauben mit **15 Nm** anziehen. **Achtung:** Schrauben nicht zu fest anziehen.
- Unterdruckleitung aufschieben.
- Alle Mehrfachstecker aufschieben und einrasten, siehe unter »Ausbau«.
- 2 Kühlmittelschläuche aufschieben und mit Schlauchschellen sichern.
- Gaszug einbauen und einstellen, siehe Seite 80.
- Kraftstoffdruckleitung einklinken, Kraftstoffrücklaufleitung montieren.
- Luftfilter einbauen.
- Batterie-Massekabel anklemmen.
- Kühlmittel auffüllen, Kühlsystem entlüften, siehe Seite 267.
- Zündung 5mal ein- und ausschalten, dabei läuft jedesmal die Kraftstoffpumpe an und baut Druck auf. Anschließend Kraftstoffsystem auf Undichtigkeiten sichtprüfen.

Grund-Leerlaufdrehzahl prüfen/einstellen

1,6-l-CVH-Motor

Die Leerlaufdrehzahl ist beim ESCORT/ORION grundsätzlich nicht einstellbar, sie wird vom Steuergerät automatisch auf den Sollwert eingeregelt. Lediglich beim CVH-Motor wird vom Werk eine Grund-Leerlaufdrehzahl eingestellt. Zum Einstellen ist ein Spezial-Testgerät (Star-Tester) mit geeignetem Adapter sowie ein Drehzahlmesser erforderlich.

Prüfen

- Motor warmfahren, bis die normale Betriebstemperatur erreicht ist, Kühlmittel-Temperaturanzeige steht in der Skalenmitte.
- Zündung ausschalten, Star-Tester am Diagnoseanschluß (in Batterienähe) anschließen.
- Drehzahlmesser anschließen.
- Star-Tester einschalten und Druckschalter vorn am Star-Tester niederdrücken.
- Zündung einschalten, 3 Minuten warten und dann Motor starten. Jetzt sollte am Testgerät Code 50 angezeigt werden, außerdem sollte sich die Motordrehzahl ändern.
- Nach dem Code 50 wird Code 10 angezeigt. Sobald Code 10 erscheint, am Drosselklappenhebel Gas geben, die Drehzahl sollte dabei 2500/min überschreiten.
- Nun sollte Code 11 am Testgerät erscheinen. Wird ein anderer Code außer Code 11 angezeigt, ist ein Fehler im Steuergerät gespeichert, FORD-Werkstatt zur Fehlersuche aufsuchen.
- Motor weiterlaufen lassen. Sobald Code 60 erscheint, Star-Tester abschalten und abklemmen.
- Motor abstellen, dann wieder starten.

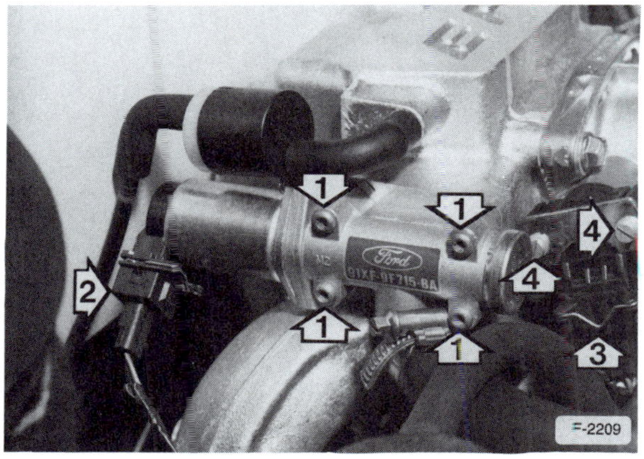

- Stecker –2– vom Leerlaufregelventil abziehen, dazu Drahtklammer eindrücken.
- Motor ca. 30 Sekunden mit 3000/min, dann im Leerlauf laufen lassen. Die Drehzahl muß auf 750±50/min (Grund-Leerlaufdrehzahl) abfallen.
- Ist die Leerlaufdrehzahl zu hoch, Leerlauf-Regelventil ausbauen und reinigen. Prüfung wiederholen. Ist die Drehzahl weiterhin zu hoch, kann die Grund-Leerlaufdrehzahl wie folgt eingestellt werden.

Einstellen

- Motor muß betriebswarm sein, Stecker vom Leerlaufregelventil abgezogen.

- Plastikstopfen an der Einstellschraube entfernen, dazu Blechschraube eindrehen und Blechschraube mit Stopfen entfernen.
- Grund-Leerlaufdrehzahl einstellen. **Sollwert:** 750±25/min. **Achtung:** Zur Erhöhung der Drehzahl Einstellschraube links herum drehen, zur Erniedrigung rechts herum.
- Motor nach jedem Verdrehen der Einstellschraube für ca. 30 Sekunden mit 2000/min, dann im Leerlauf laufen lassen und Grund-Leerlaufdrehzahl prüfen.
- Wird der Sollwert erreicht, neuen Sicherungsstopfen einsetzen.
- Stecker auf Leerlaufregelventil aufschieben. Die Drehzahl wird dann über 900/min ansteigen und nach kurzer Zeit auf normale Leerlaufdrehzahl abfallen.
- Meßgeräte entfernen.
- Motor anschließend 5 Minuten im Leerlauf laufen lassen, damit das Einspritz-Steuergerät die Leerlauf-Werte speichern kann.

Leerlaufregelventil prüfen/ aus- und einbauen/reinigen

1,6-/1,8-/2,0-l-Motor

Die Leerlaufdrehzahl muß unter allen Betriebsbedingungen in einem engen Toleranzbereich gehalten werden. Durch das Leerlaufregelventil wird die Ansaugluftmenge durch einen zusätzlichen Luftkanal unter Umgehung der Drosselklappe geregelt.

Prüfen

- Motor muß Betriebstemperatur haben, Kühlmitteltemperaturanzeige muß in der Skalenmitte stehen.
- Drehzahlmesser anschließen.
- Motor starten und im Leerlauf drehen lassen. Sollwert für Leerlaufdrehzahl, siehe Seite 89.

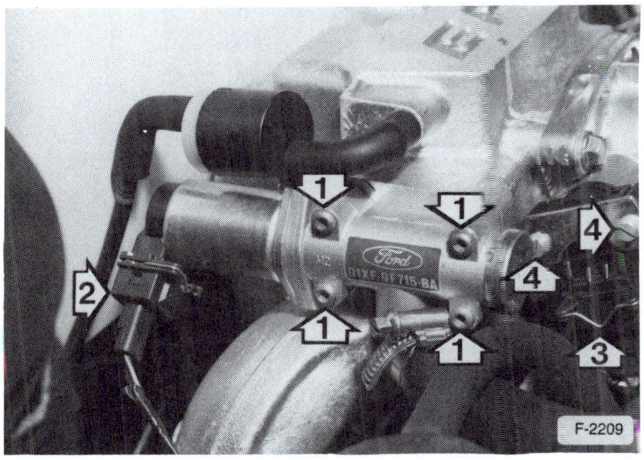

- Stecker –2– vom Leerlaufregelventil abziehen, dazu Drahtklammer eindrücken. Die Drehzahl muß auf 750 ± 50/min abfallen. Sinkt die Leerlaufdrehzahl nicht ab, Ventil ausbauen und reinigen. Bleibt der Defekt bestehen, FORD-Werkstatt zur weiteren Fehlersuche aufsuchen.

Ausbau

- Batterie-Massekabel abklemmen.
- Stecker am Leerlaufregelventil abziehen, dazu Drahtklammer eindrücken.
- Regelventil abschrauben, dazu 4 Schrauben –1– lösen, siehe Abbildung. Beim 1,8-l-Motor Ventil mit 3 Schrauben abschrauben.
- Ventil herausziehen.

Reinigen

- Leerlaufregelventil mit dem Ventilteil in einen geeigneten, mit sauberem Benzin gefüllten Behälter eintauchen.

- Ventil ca. 3 Minuten vollsaugen lassen.
- Kolben in der Kolbenbohrung mit einem kleinen Schraubendreher vorsichtig auf- und abbewegen.
- Ventil mit Benzin auswaschen.
- Regelventil mit Preßluft, falls vorhanden, trockenblasen.

Einbau

- Dichtflächen an Ventil und Ansaugkrümmer reinigen.
- Ventil ohne Dichtung ansetzen. Die 4 bzw. 3 Befestigungsschrauben gleichmäßig ganz leicht mit 5 Nm festziehen.
- Mehrfachstecker aufschieben und einrasten.
- Batterie-Massekabel anklemmen.
- Motor starten. Prüfen, ob der Motor im Leerlauf gleichmäßig läuft und das Ventil luftdicht sitzt.
- Motor warmfahren.
- Drehzahlmesser anschließen und Leerlaufdrehzahl mit Sollwert vergleichen.
- Möglichst viele Stromverbraucher einschalten und prüfen, ob die Leerlaufdrehzahl noch geregelt wird.
- Stromverbraucher abschalten.
- Motor abstellen.
- Drehzahlmesser abklemmen.

Einspritzventile aus- und einbauen

1,6-/1,8-/2,0-l-Motor

Ausbau

- Batterie-Massekabel (–) abklemmen.

1,6-/1,8-l-Motor

- Zündkerzenstecker abziehen und aus den Haltern am Ansaugrohr ziehen.
- Luftfilterdeckel ausclipsen, Kunststoff-Ansaugrohr am Zylinderkopfdeckel abschrauben und abziehen.
- Gaszug am Drosselklappenhebel abbauen, siehe Seite 80.

- Kabel vom Drosselklappensensor abziehen, dabei Drahtsicherung drücken. (Pfeil zeigt auf Leerlauf-Einstellschraube).

- Drosselklappengehäuse mit 4 Schrauben abschrauben und mit Dichtung abnehmen.
- **1,6-l-Motor:** 2 Muttern –C– lösen und Kabelstrang von den Einspritzventilen wegdrücken.
- Kabelstecker von den Sensoren für Ansaugluft-Temperatur und Kühlmittel-Temperatur abziehen, siehe Seite 82.
- **1,8-l-Motor:** Schlauch für Kurbelgehäuseentlüftung am Zylinderkopfdeckel abziehen.

Alle Motoren

- Kraftstoffzulaufleitung vom Verteilerrohr, sowie Kraftstoffrücklauf- und Unterdruckleitung vom Kraftstoffdruckregler abbauen. **2,0-l-Motor:** Öleinfüllkappe abnehmen, um den Ausbau des Kraftstoffverteilerrohres zu erleichtern.

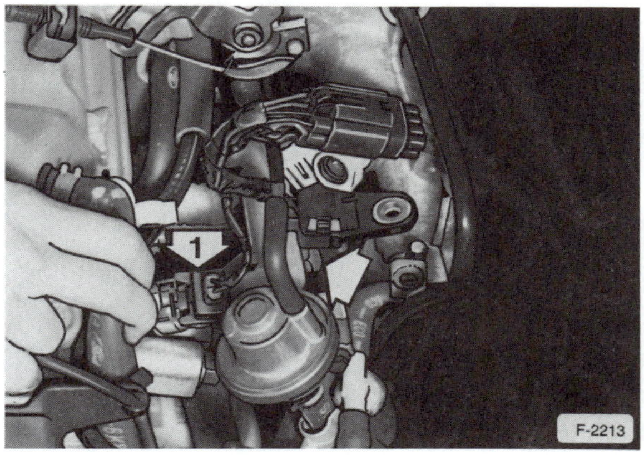

- Kabelstecker –1– von den Einspritzventilen abziehen, dabei Drahtsicherung niederdrücken.
- **1,6-/2,0-l-Motor:** 2 Befestigungsschrauben –Pfeil– auf beiden Seiten des Verteilerrohres herausdrehen und Verteilerrohr mit Einspritzventilen vom Motor abheben. Die Einspritzventile sind nur in das Verteilerrohr gesteckt, nicht verschraubt. Einspritzventile vom Verteilerrohr abbauen.

1,8-l-Motor

- Kraftstoffverteilerrohr mit 3 Schrauben abschrauben und zusammen mit den Einspritzventilen vorsichtig aus dem Motor heben.

- Restlicher Kraftstoff aus dem Verteilerrohr in einen geeigneten Auffangbehälter (kein Plastik) leeren.
- Kraftstoffverteilerrohr leicht in einen Schraubstock mit Schutzbacken einspannen. 2 Schrauben herausdrehen und Einspritzventil vorsichtig aus dem Kraftstoffverteilerrohr herausziehen.

Einbau

F-2218

Achtung: Die oberen und unteren Dichtringe müssen bei **allen** Einspritzventilen erneuert werden, auch wenn nur ein einziges Einspritzventil ausgewechselt wird.

- Neue Dichtringe auf die Einspritzventile schieben, mit sauberem Motoröl schmieren und Einspritzventile in das Verteilerrohr einsetzen.
- Verteilerrohr mit Einspritzventilen am Zylinderkopf ansetzen und Einspritzventile eindrücken. Verteilerrohr mit 2 bzw. 3 Schrauben und folgendem Anzugsdrehmoment befestigen: 1,6-/2,0-l-Motor: 25 Nm; 1,8-l-Motor: 10 Nm.
- Kraftstoff-Rücklaufleitung und Unterdruckleitung am Druckregler anbauen und Kraftstoff-Zulaufleitung am Verteilerrohr aufschieben. Schläuche mit Klemmschellen sichern.
- Schlauch für Kurbelgehäuseentlüftung am Zylinderkopfdeckel aufschieben.
- Kabelstrang-Halter mit 2 Muttern befestigen.
- Mehrfachstecker an den Einspritzventilen, Ansauglufttemperatur-Sensor sowie Kühlmitteltemperatur-Sensor aufstecken.
- Dichtflächen reinigen, Drosselklappengehäuse mit **neuer** Dichtung anbauen und Schrauben gleichmäßig festziehen.
- Stecker für Drosselklappensensor anschließen, die Drahtsicherung muß einrasten.
- Gaszug einbauen und einstellen, siehe Seite 80.
- Ansaugrohr und Luftfilteroberteil einbauen, mit 2 Schrauben am Zylinderkopfdeckel anschrauben.
- Zündkabel in den Haltern verlegen und Stecker auf die Zündkerzen stecken.
- Batterie-Massekabel anklemmen. Motor starten und Funktion überprüfen.

Kraftstoff-Druckregler aus- und einbauen

1,6-/1,8-/2,0-l-Motor

Ausbau

- Auffanggefäß unter den Druckregler stellen. **Achtung:** Das Kraftstoffsystem steht unter Druck. Vor dem Lösen von Leitungen Lappen herumlegen, damit der austretende Kraftstoff aufgefangen wird. Sicherheitsmaßnahmen beachten, siehe Seite 80.
- Batterie-Massekabel (–) abklemmen.

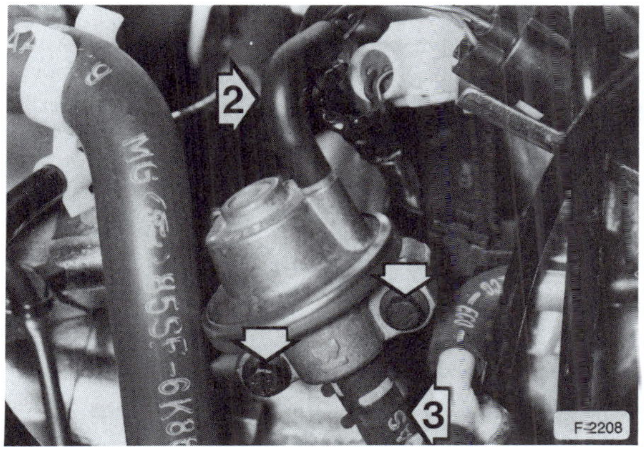

- Unterdruckleitung –2– sowie Kraftstoffrücklaufleitung –3– vom Regler abziehen, vorher Klemmschelle lösen.
- 2 Befestigungsschrauben –Pfeile– lösen und Regler abnehmen.

Einbau

- **Neuen** Dichtring einbauen, mit sauberem Motoröl benetzen.
- Regler ins Verteilerrohr einsetzen und Befestigungsschrauben mit 10 Nm, also nur leicht, festziehen.
- Kraftstoffrücklaufleitung mit neuer Klemmschelle anschließen.
- Unterdruckleitung aufschieben.
- Batterie-Massekabel anklemmen.
- Zündung 5mal ein- und ausschalten, ohne den Anlasser zu betätigen. Dadurch baut sich hoher Kraftstoffdruck im System auf. Danach Anschlüsse auf Dichtigkeit sichtprüfen.

Systematische Fehlersuche an Zündung/Einspritzanlage

Bevor anhand der Tabelle der Fehler aufgespürt wird, müssen folgende Prüfvoraussetzungen erfüllt sein: Bedienungsfehler beim Starten ausgeschlossen. Kraftstoff im Tank, Motor mechanisch in Ordnung (Kompression prüfen), Batterie geladen, Anlasser dreht mit ausreichender Drehzahl, Verschmutzungen im Kraftstoffsystem ausgeschlossen, elektrische Masseverbindung (Motor-Getriebe-Aufbau) vorhanden. **Achtung:** Bei der systematischen Fehlersuche immer von oben nach unten in angegebener Reihenfolge vorgehen. Die FORD-Werkstatt kann zur weiteren Diagnose mit einem Testgerät den Fehlerspeicher des Steuergerätes abfragen.

Test	Ergebnis	Maßnahme
1 Funktioniert die Kraftstoffpumpe?	JA	■ Weiter mit Test 2
Deckel vom Kraftstoffbehälter abnehmen, Zündung einschalten und auf Laufgeräusch der Kraftstoffpumpe achten.	NEIN	■ Sicherheitsschalter der Kraftstoffpumpe prüfen. Relais-Kraftstoffpumpe und Sicherung prüfen. Ggf. Teile austauschen. Funktioniert Pumpe noch nicht, FORD-Diagnose durchführen lassen.
2 Arbeitet System im Notlaufprogramm (LOS)?	NEIN	■ Weiter mit Test 3
Zündung einschalten und auf Laufgeräusch der Kraftstoffpumpe achten. Pumpe muß nach ca. einer Sekunde abschalten. Läuft sie ununterbrochen weiter, ist LOS-Modus aktiviert. Zündung ausschalten.	JA	■ EEC IV-Modulstecker abziehen, Test wiederholen. Läuft die Pumpe weiter, Kabeldefekt lokalisieren und beheben. EEC IV-Modul anschließen und Test wiederholen. Ist der Fehler noch vorhanden, FORD-Diagnose durchführen.
3 Sind alle Leitungsanschlüsse der Motorelektrik angeschlossen?	JA	■ Weiter mit Test 4
Sind Unterdruck- und Kraftstoffleitungen in gutem Zustand?	NEIN	Beschädigte Kraftstoff-/Unterdruckleitungen auswechseln. Falls erforderlich, elektrische Verbindungen wieder anschließen.
4 Motor-Testgerät gemäß Herstelleranweisung anschließen. Motor starten und auf Betriebstemperatur bringen. **Achtung:** Für Testgerät ohne Oszilloskop, siehe Anweisung des Herstellers.		■ Weiter mit Test 5
5 Liegt an allen Zündkerzen Hochspannung an? Springt Motor nicht an, Motor durchdrehen und Anzeige am Oszilloskop beobachten.	JA	■ Springt Motor nicht an, Zündkabel auf korrekten Anschluß an der Zündspule prüfen. Wenn i.O., FORD-Diagnose durchführen. Wenn Motor läuft, weiter mit Test 7.
	NEIN	FORD-Diagnose durchführen.

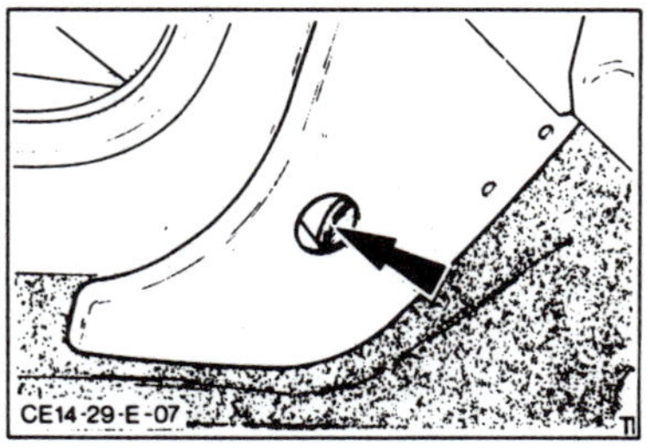

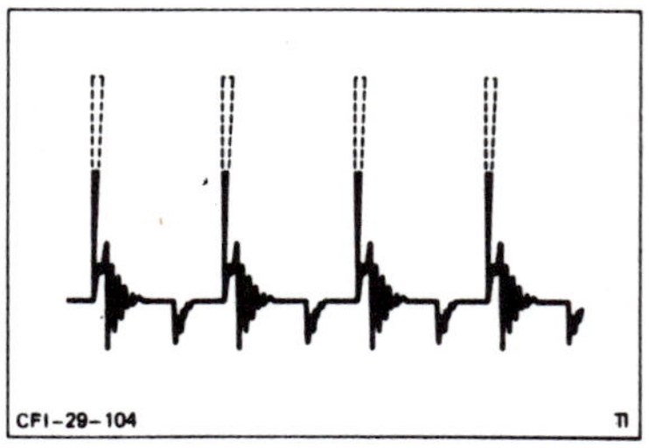

(Fortsetzung)

Fortsetzung Fehlersuche

Test	Ergebnis	Maßnahme
6 Ist der Katalysator verstopft?	JA	■ Neuen Katalysator einbauen.
Katalysator vom vorderen Abgasrohr trennen. Motor starten. Springt Motor an, ist der Katalysator verstopft.	NEIN	■ Weiter mit Test 7.
7 Ist die Zündkerzen-Spannung in Ordnung?	JA	■ Weiter mit Test 8
Motor starten und im Leerlauf drehen lassen. Zündkerzen-Spannung prüfen. Alle Anzeigen sollten gleich hoch sein, ca. 8 bis 14 kV. Drehzahl kurzzeitig auf 3000/min erhöhen und prüfen, ob alle Anzeigen gleichmäßig unter 16 kV liegen. Motor abstellen.	NEIN	■ Zündkerze(n) erneuern. Zündkabel prüfen, ggf. erneuern.
8 Ist das Ansaugsystem dicht?	JA	■ Selbsttest-Verfahren durchführen lassen (FORD-Werkstatt).
Motor starten und auf Undichtigkeiten prüfen.	NEIN	■ Ggf. Undichtigkeiten beheben.

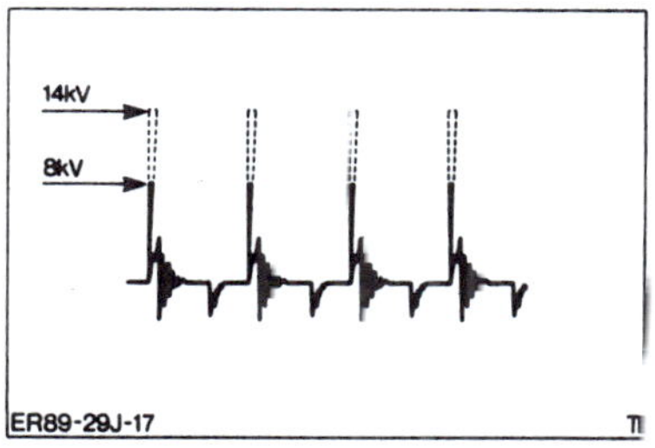

Technische Daten Benzin-Einspritzung

Motor			1,3-l	1,4-l CVH	1,6-l CVH	1,6-/1,8-l Zetec	2,0-l
Typ der Einspritzanlage			CFI	CFI	EFI	SEFI	SEFI
Leerlaufdrehzahl		1/min	750 ± 50	900 ± 50	900 ± 50	875 ± 50	950 ± 50
Leerlaufdrehzahl bei Selbsttest im Code 60		1/min	–	1200 ± 50	–	–	950 ± 75
CO-Gehalt		Vol.%	1,0 ± 0,5	–	0,8 ± 0,25	–	–
Förderdruck Kraftstoffpumpe (bei 12 V kein Durchfluß)		bar	–	> 3	> 3	> 3	> 3
Regeldruck Kraftstoffsystem		bar	–	1	2,5 ± 0,2	2,1 ± 0,2	2,7 ± 0,2
Widerstand Kühlmitteltemperatur-	– 40° C	in kΩ	749 – 1020	885	749 – 1020	749 – 1020	749 – 1020
fühler sowie Ansauglufttemperatur-	– 20° C	in kΩ	253 – 289	271	253 – 289	253 – 289	253 – 289
fühler (alle, außer 1,4-l CVH)	0° C	in kΩ	89 – 102	95	89 – 102	89 – 102	89 – 102
	20° C	in kΩ	35 – 40	37	35 – 40	35 – 40	35 – 40
	50° C	in kΩ	15 – 18	11	15 – 18	15 – 18	15 – 18
	80° C	in kΩ	7 – 8,5	4	7 – 8,5	7 – 8,5	7 – 8,5
	100° C	in kΩ	1,9 – 2,5	2	1,9 – 2,5	1,9 – 2,5	1,9 – 2,5
Widerstand Ansauglufttemperatur-	0° C	in kΩ	–	89 – 102	–	–	–
fühler (nur 1,4-l CVH)	20° C	in kΩ	–	35 – 40	–	–	–
	40° C	in kΩ	–	5 – 18	–	–	–
	60° C	in kΩ	–	7 – 8,5	–	–	–
	100° C	in kΩ	–	2 – 2,5	–	–	–
Widerstand Einspritzventil		in kΩ	–	–	–	13,7 – 15,2 Ω	13,7 – 15,2 Ω

Störungsdiagnose Benzin-Einspritzanlage

Bevor anhand der Störungsdiagnose der Fehler aufgespürt wird, müssen folgende Prüfvoraussetzungen erfüllt sein: Bedienungsfehler beim Starten ausgeschlossen. Sowohl für den kalten wie warmen Motor gilt: Gaspedal während des Startvorgangs nicht betätigen.Kraftstoff im Tank, Motor mechanisch in Ordnung, Ventilspiel richtig, Batterie geladen, Anlasser dreht mit ausreichender Drehzahl, Zündanlage sind in Ordnung, keine Undichtigkeiten an der Kraftstoffanlage, Verschmutzungen im Kraftstoffsystem ausgeschlossen, Kurbelgehäuse-Entlüftung in Ordnung, elektrische Masseverbindung (Motor-Getriebe-Aufbau) vorhanden. **Achtung:** Wenn Kraftstoffleitungen gelöst werden, müssen diese vorher mit Benzin gesäubert werden.

Störung	Ursache	Abhilfe
Motor springt nicht an	Elektro-Kraftstoffpumpe läuft beim Betätigen des Anlassers nicht an	■ Prüfen, ob Spannung an der Pumpe anliegt. Elektrische Kontakte auf gute Leitfähigkeit überprüfen
	Sicherheitsschalter der Einspritzanlage ist ausgelöst	■ Klappe links unten im Fußraum neben dem Fahrersitz öffnen. Der Stromkreis ist unterbrochen, wenn der Knopf des Sicherheitsschalters herausgehoben ist. Um den Stromkreis zu schließen Knopf eindrücken
	Kraftstoffpumpenrelais defekt	■ Kraftstoffpumpenrelais überprüfen. Das Relais befindet sich im Relaiskasten
	Einspritzventile verklebt	■ Ventile prüfen, ggf. ersetzen
Der kalte Motor springt schlecht an, läuft unrund	CO-Gehalt falsch	■ CO-Gehalt und Leerlauf prüfen lassen
	Temperaturfühler defekt	■ Temperaturfühler prüfen
	Kraftstoffdruck zu niedrig	■ Kraftstoffdruck prüfen lassen
Der warme Motor springt schlecht an, läuft unrund	Luftansaugsystem undicht	■ Dichtstellen und Anschlüsse im Ansaugsystem prüfen
	Batterie-Massekabel bei Zündschloß-Stellung »II« angeklemmt	■ Massekabel abklemmen und mindestens 10 Minuten warten. Anschließend Massekabel bei Zündschloß-Stellung »0« anklemmen und Probefahrt über ca. 10 km durchführen.
Der Motor setzt aus	Elektrische Verbindungen zur Kraftstoffpumpe zeitweise unterbrochen	■ Steckverbindungen und Anschlüsse von elektrischen Leitungen an der Kraftstoffpumpe und dem Kraftstoffpumpen-Relais auf feste und widerstandslose Verbindung prüfen. Relais prüfen. Kontakte reinigen.
	Kraftstoff-Förderdruck zu gering	■ Förderdruck prüfen lassen
	Kraftstoffilter defekt	■ Kraftstoffilter erneuern
	Kraftstoffpumpe defekt	■ Kraftstoffpumpe prüfen
	Einspritzventil defekt	■ Einspritzventile prüfen
	Aktivkohlesystem verstopft	■ Sämtliche Unterdruckleitungen und Gummischläuche auf Knicke prüfen
Der Motor hat Übergangsstörungen	Luftansaugsystem undicht	■ Dichtstellen und Anschlüsse im Ansaugsystem prüfen
	Leerlaufregelung fehlerhaft	■ Drehzahlregelung, Lambda-Regelung prüfen
Der heiße Motor springt nicht an	Druck im Kraftstoffsystem zu hoch	■ Kraftstoffdruck prüfen lassen, ggf. Druckregler ersetzen
	Motortemperaturfühler defekt	■ Temperaturfühler prüfen
	Kraftstoffsystem undicht	■ Sichtprüfung an allen Verbindungsstellen im Bereich des Motors und der elektrischen Kraftstoffpumpe. Alle Anschlüsse nachziehen
	Luftansaugsystem undicht	■ Dichtstellen und Anschlüsse prüfen

Die Diesel-Einspritzanlage

Das Diesel-Prinzip

Beim Dieselmotor wird reine Luft in die Zylinder angesaugt und dort sehr hoch verdichtet. Dadurch steigt die Temperatur in den Zylindern über die Zündtemperatur des Dieselöls an. Wenn der Kolben kurz vor dem oberen Totpunkt steht, wird in die hochverdichtete und etwa 600° C heiße Luft Dieselöl eingespritzt. Das Dieselöl zündet von selbst, Zündkerzen sind also nicht erforderlich.

Bei sehr kaltem Motor kann es vorkommen, daß durch die Verdichtung die Zündtemperatur nicht erreicht wird. In diesem Fall muß vorgeglüht werden. Dazu befindet sich in jeder Wirbelkammer eine Glühkerze, die den Brennraum aufheizt.

Der Kraftstoff wird von der Verteiler-Einspritzpumpe aus dem Kraftstoff-Vorratsbehälter angesaugt. In der Einspritzpumpe wird der für die Diesel-Einspritzung erforderliche hohe Druck von 120 bis 150 bar aufgebaut und der Kraftstoff entsprechend der Zündfolge in die für jeden Zylinder vorhandenen Wirbelkammern gespritzt. Durch die Form der Wirbelkammer erhält die angesaugte Luft beim Verdichtungshub eine bestimmte Wirbelbewegung, so daß sich der eingespritzte Kraftstoff optimal mit Luft vermischt.

Bevor der Kraftstoff in die Einspritzpumpe gelangt, durchfließt er den Kraftstoffilter. Dort werden Verunreinigungen und Wasser zurückgehalten. Es ist deshalb äußerst wichtig, den Kraftstoffilter entsprechend der Wartungsvorschrift zu entwässern beziehungsweise auszuwechseln.

Die Einspritzpumpe ist wartungsfrei. Alle beweglichen Teile der Pumpe werden mit Dieselöl geschmiert. Angetrieben wird die Einspritzpumpe durch einen separaten Zahnriemen von der Kurbelwelle.

Da der Dieselmotor als Selbstzünder nicht durch Spannungsunterbrechung der Zündanlage abgeschaltet werden kann, hat er ein Magnetventil zur Abschaltung der Kraftstoffzufuhr. Durch Ausschalten der Zündung wird die Spannungsversorgung für das Magnetventil (Absteller) unterbrochen, und das Ventil verschließt den Kraftstoffkanal. Dadurch ist sichergestellt, daß die Kraftstoffzufuhr vor Einrasten des Lenkschlosses gesperrt ist. Das Magnetventil wird beim Starten des Motors über den Zünd-Anlaßschalter mit Spannung versorgt und öffnet daraufhin den Kraftstoffkanal.

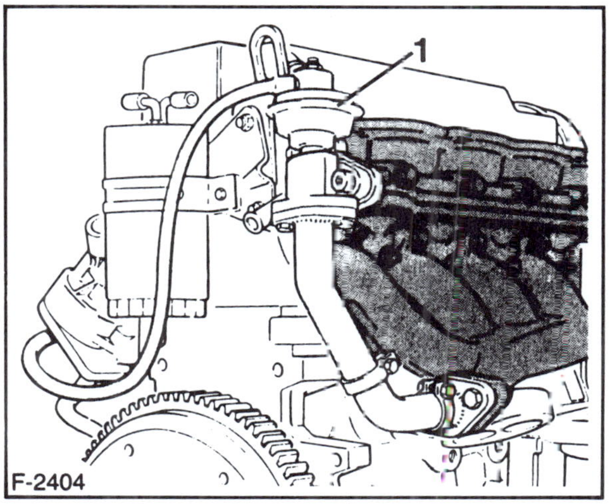

F-2404

Die Diesel-Kraftstoffanlage ist mit einem Abgas-Rückführungssystem (EGR-System) ausgerüstet, um den Anteil von Stickoxiden (NO_x) im Abgas zu verringern. Funktion: Ein Unterdruck-Regulierventil auf der Einspritzpumpe steuert den Unterdruck-Impuls zum EGR-Ventil –1– und sorgt für die richtige Dosierung der Abgasrückführung. Das EGR-Ventil sitzt am Ansaugkrümmer. Seine Aufgabe besteht darin, einen Teil der Abgase in die Verbrennungsräume des Motors zurückzuführen, um die Verbrennungstemperatur zu mindern und dadurch den Schadstoff-Anteil der Abgase zu reduzieren. Ein Thermoschalter am Kühlmittel-Thermostatgehäuse unterbricht das System bei Kühlmitteltemperaturen unter +60° C. Das Abgas-Rückführungssystem ist wartungsfrei. Nur nach dem Ausbau der Einspritzpumpe muß das Unterdruck-Regulierventil geprüft und eventuell von der Werkstatt eingestellt werden.

Fahren im Winter

Kraftstoffzusätze sollen dem Diesel nicht zugegeben werden, es sei denn im Winter. Mit abnehmenden Außentemperaturen verringert sich das Fließvermögen des Dieselkraftstoffes durch Paraffin-Ausscheidung. Der Dieselkraftstoff wird dick wie Honig. Aus diesem Grund werden von den Mineralölfirmen dem Diesel im Winter Zusätze beigemischt, die das Fließverhalten heraufsetzen und ein Starten bis etwa –20° C garantieren. Nicht immer reichen jedoch diese Zusätze für einen störungsfreien Betrieb aus, weshalb es mitunter notwendig wird, besonders wenn noch »Sommer-Diesel« im Tank ist, dem Diesel Petroleum oder Ottokraftstoff beizumischen.

Achtung: Die Zumischung sollte möglichst vor Beginn der Paraffin-Ausscheidung erfolgen, da sonst erst Filter und Leitungen von dem dickflüssigen Diesel befreit werden müssen.

Bei sehr tiefen Außentemperaturen können alternativ folgende Maßnahmen ergriffen werden:

- Dem Dieselkraftstoff bis zu 30 % Petroleum beimischen.
- Im Handel erhältliche Kraftstoffzusätze, sogenannte Fließverbesserer, beimischen. Dabei die Herstelleranweisungen zur Dosierung beachten. Diese Zusätze sollten nicht über einen längeren Zeitraum verwendet werden, da Wirtschaftlichkeit und Motorleistung beeinträchtigt werden können.
- Dem Dieselkraftstoff bis zu 15 % Ottokraftstoff (Normalbenzin) beimischen. Wegen der leichten Entflammbarkeit von Ottokraftstoff sollte aus Sicherheitsgründen das Beimischen nur im Fahrzeugtank erfolgen. Dabei zuerst Normalbenzin und dann Dieselkraftstoff einfüllen.

Achtung: Zum Beimischen nur Normalbenzin, kein Superbenzin verwenden. Durch das Beimischen von Ottokraftstoff verringert sich die Motorleistung.

Bleibt der Motor bei großer Kälte aufgrund versulzten Dieselkraftstoffs stehen, ist es mitunter sehr schwierig, den Motor wieder zum Laufen zu bringen. Dabei bieten sich folgende Möglichkeiten an:

- Kraftstoffilter ausbauen und im Wasserbad erwärmen, bis der Dieselkraftstoff wieder flüssig wird.
- Kraftstoffilter ausbauen und durch neuen Filter ersetzen.
- Fahrzeug in Garage stellen und diese heizen.
- Einspritzanlage mit heißem Wasser abspritzen.

Achtung: Auf keinen Fall dürfen die Einspritzanlage oder der Tank mit einer Lötlampe oder einem vergleichbaren Gerät erhitzt werden. Explosionsgefahr!

- Von den Firmen BOSCH und FORD gibt es einen Dieselheizer zum nachträglichen Einbau. Die elektrische Heizung wird in die Zulaufleitung zum Kraftstoffilter montiert.

Kraftstoffanlage entlüften

Falls der Tank einmal ganz leer gefahren oder wenn Teile der Kraftstoffanlage ausgetauscht wurden, muß die Anlage in der Regel nicht entlüftet werden, da sich diese während des Anlassens automatisch entlüftet.

Um bei Startschwierigkeiten zu prüfen, ob Kraftstoff zu den Einspritzventilen gefördert wird, an zwei Einspritzventilen die Überwurfmuttern lösen und den Motor ohne vorzuglühen starten, bis Kraftstoff an den Überwurfmuttern austritt. Überwurfmuttern mit 20 Nm festziehen und Motor vorschriftsmäßig starten.

Achtung: Wenn sich die Kraftstoffanlage nicht automatisch entlüftet, dann ist folgendermaßen vorzugehen:

- Falls erforderlich, Einspritzpumpe durch den Rücklaufschlauch und Kraftstoffilter mit Dieselkraftstoff anfüllen.
- Bei Arbeiten an der Einspritzanlage Sauberkeitshinweise beachten, siehe Seite 74.
- Darauf achten, daß kein Dieselkraftstoff auf die Kühlmittelschläuche läuft. Gegebenenfalls müssen die Schläuche sofort wieder gereinigt werden. Angegriffene Schläuche sind zu ersetzen.

LUCAS/CAV-Einspritzpumpe

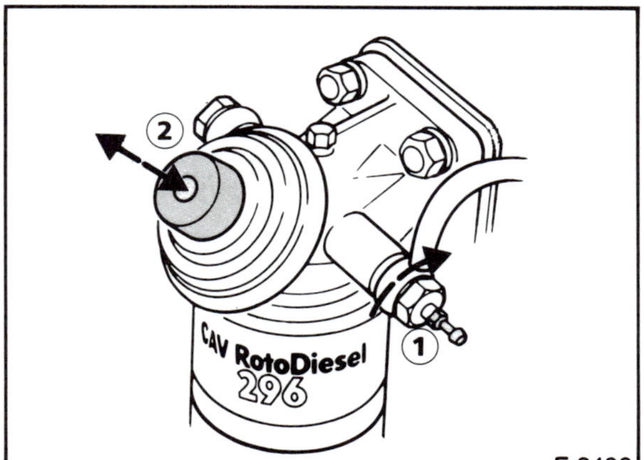

F-2406

- Entlüftungsschraube –1– an der Rücklaufleitung des Filters lösen.
- Kraftstoff-Auffangbehälter unterstellen und Handpumpe betätigen bis sauberer blasenfreier Kraftstoff austritt. Entlüftungsschraube schließen.
- Zündung einschalten, Zündschlüssel auf Stellung II.
- Kraftstoff-Rücklaufleitung an der Einspritzpumpe lösen.
- Handpumpe –2– am Filtergehäuse so lange betätigen, bis sauberer blasenfreier Kraftstoff am Anschluß der Rücklaufleitung austritt.
- Rücklaufleitung festziehen und Zündung ausschalten.

BOSCH-Einspritzpumpe: Die Kraftstoffanlage entlüftet sich automatisch beim Starten des Motors.

- Motor laufen lassen, bis alle Luftreste aus dem Kraftstoffsystem entfernt sind.
- Falls die bisherigen Entlüftungsmaßnahmen nicht ausreichen:

- Alle Überwurfmuttern an den Einspritzleitungen lösen. Motor mit Anlasser durchdrehen, bis Kraftstoff austritt. Anschließend Muttern mit 20 Nm festziehen. Bei Undichtigkeiten bis 25 Nm nachziehen.
- Dadurch ist eine schnelle Entlüftung sichergestellt.

Vorglühanlage/Glühkerzen prüfen

Glühkerzen prüfen

- Mehrfachstecker vom Vorglührelais abziehen. Das Vorglührelais befindet sich im Motorraum am linken Federbeindom.

- Anschlußkabel und Stromschiene für Glühkerzen abnehmen.

- Spannungsprüfer an den Pluspol (+) der Batterie anklemmen und nacheinander an jede Glühkerze anlegen.
- Leuchtdiode leuchtet auf: Glühkerze in Ordnung.
- Leuchtdiode leuchtet nicht auf: Glühkerze defekt, austauschen; Anzugsdrehmoment: **30 Nm. Achtung:** Das Anzugsdrehmoment darf **nicht** überschritten werden, da sonst der Ringspalt zwischen Glühstab und Gewindeteil zugezogen wird und die Glühkerze vorzeitig ausfällt. Bei verbrannten Glühstiften Hinweise beachten.
- Anschlußkabel für Stromschiene anklemmen. Mutter mit 5 Nm anschrauben.

Relais für Glühkerzen prüfen

- Spannungsprüfer an Klemme 30 (+) des Mehrfachsteckers vom Vorglührelais und an Masse (–) anschließen. Leuchtdiode im Spannungsprüfer muß aufleuchten, andernfalls Spannungsführung von der Batterie prüfen.
- Spannungsprüfer an Anschluß 86 (Klemme 15) und Masse anschließen. Zündung einschalten. Leuchtdiode im Spannungsprüfer muß aufleuchten, andernfalls Spannungsführung vom Zündschloß prüfen.
- Spannungsprüfer an Klemme 50 und Masse anschließen. Starter durch Helfer kurz betätigen lassen. Leuchtdiode im Spannungsprüfer muß aufleuchten, andernfalls Spannungsführung vom Zündschloß prüfen.
- Wenn die Leuchtdiode im Spannungsprüfer leuchtet, Zuleitung zu den Glühkerzen auf Unterbrechung prüfen, gegebenenfalls ersetzen. Andernfalls Vorglührelais ersetzen.

Glühkerzen mit verbrannten Glühstiften

Verbrannte Glühstifte von Glühkerzen sind häufig Folgeschäden von Düsenstörungen. Derartige Schäden sind nicht auf Mängel in oder an der Glühkerze zurückzuführen.

Werden im Beanstandungsfall derartige Glühkerzen gefunden –Pfeil–, genügt es nicht, diese nur zu ersetzen. Es muß eine Überprüfung der Einspritzdüsen auf Strahl, Schnarren, Druck und Dichtigkeit erfolgen (Werkstattarbeit).

Einspritzdüsen aus- und einbauen

Defekte Einspritzdüsen können zu starkem Klopfen des Motors führen und Lagerschäden vermuten lassen. Bei derartigen Beanstandungen Motor im Leerlauf laufen lassen und Einspritzleitungs-Überwurfmuttern der Reihe nach lösen. Verschwindet das Klopfen nach dem Lösen einer Überwurfmutter, so zeigt dies eine defekte Düse an.

Die ersten Anzeichen von Düsenstörungen treten wie folgt auf.

- Fehlzündungen
- Klopfen in einem oder mehreren Zylindern
- Motor überhitzt
- Leistungsabfall des Motors
- Übermäßig starker schwarzer Auspuffqualm
- Hoher Kraftstoffverbrauch

Ausbau

- Drehstromgenerator zum Schutz gegen herunterlaufenden Kraftstoff abdecken.
- Batterie-Massekabel abklemmen.
- Einspritzleitungen mit Kaltreiniger reinigen.
- Einspritzleitungen komplett ausbauen, dazu Überwurfmuttern mit offenem Ringschlüssel, z. B. HAZET 4550, lösen. **Achtung:** Biegeform nicht verändern. Geeignete Schutzkappen auf Einspritzdüsen und -pumpe aufschieben, um das Eindringen von Schmutz zu verhindern.
- Falls die Halteklammern für die Einspritzleitungen abgenommen werden, vorher mit Filzstift Einbaulage kennzeichnen.
- Leckölleitungen vorsichtig von den Einspritzdüsen abziehen.

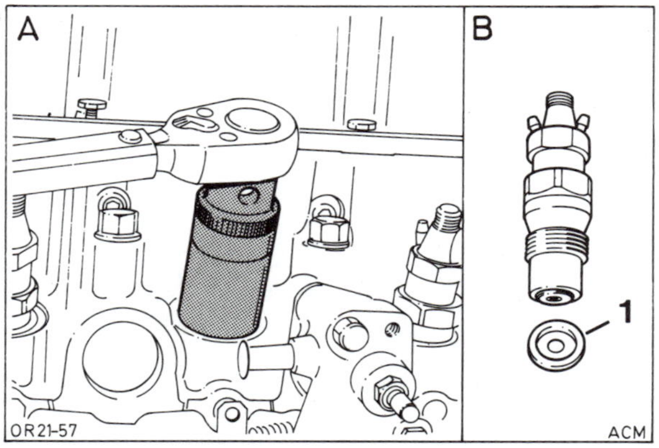

- Einspritzdüsen mit Steckschlüsseleinsatz SW 27, z. B. HAZET 4555, ausbauen. Düsen unten mit Schutzkappen gegen Verschmutzung schützen. **Achtung:** Darauf achten, daß die Einspritzdüsen nicht herunterfallen.
- Wärmeschutzdichtung herausnehmen.

Einbau

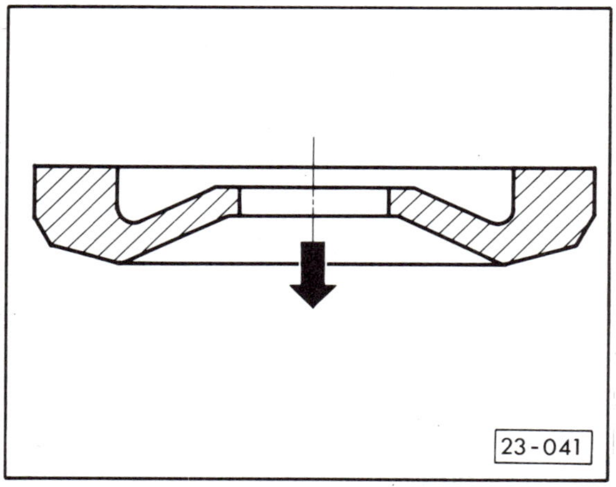

- Grundsätzlich **neue** Wärmeschutzdichtungen zwischen Zylinderkopf und Einspritzventil verwenden. Die Vertiefung muß nach oben zeigen, Pfeil zeigt zum Zylinderkopf.
- Einspritzdüsen mit **70 Nm** festziehen.
- Einspritzleitungen mit **20 Nm** festziehen.
- Falls ausgebaut, Halteklammern entsprechend der angebrachten Markierungen einclipsen.
- Leckölleitungen aufschieben.
- Batterie-Massekabel anklemmen.
- Motor starten und Kraftstoffsystem auf Dichtigkeit überprüfen.

Die Einspritzpumpe

Je nach Ausführung kann entweder eine BOSCH-VE-Einspritzpumpe oder LUCAS/CAV-Diesel-Einspritzpumpe eingebaut sein. Einspritzleitungen und -düsen sind auf die jeweilige Einspritzpumpe abgestimmt und dürfen nicht gemischt verbaut werden. So haben beispielsweise die Einspritzleitungen unterschiedliche Durchmesser: Bosch 2,0 mm, CAV 2,5 mm. Nach Einbau einer Einspritzpumpe muß die Motorsteuerung (Förderbeginn) eingestellt werden, siehe Seite 43.

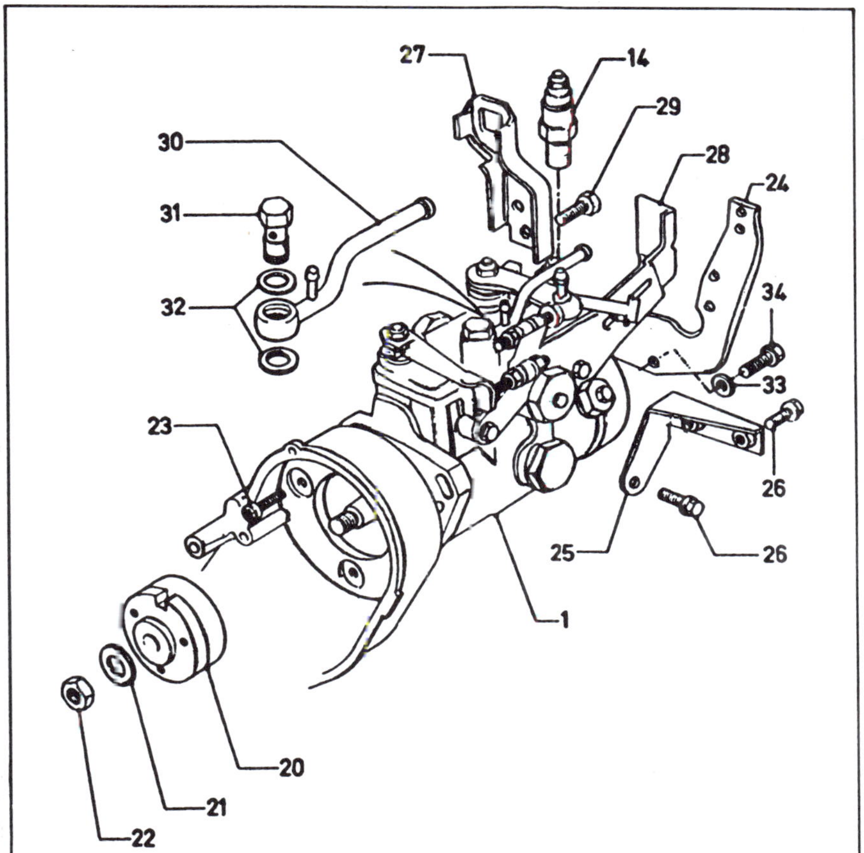

F-2401

1 – **Einspritzpumpe**
14 – **Abschaltventil (Absteller)**
20 – **Nabe**
21 – **Scheibe**
22 – **Sechskantmutter**
23 – **Schraube**
24 – **Halter**
25 – **Halter**
26 – **Schraube**
27 – **Halter**
28 – **Halter**
29 – **Schraube M8×14**
30 – **Verbindungsstück (CAV)**
31 – **Hohlschraube (CAV)**
32 – **Kupferdichtring (CAV)**
33 – **Scheibe**
34 – **Schraube**

Elektrischen Absteller prüfen/ aus- und einbauen

Der elektrische Absteller befindet sich an der Einspritzpumpe oberhalb der Kraftstoffanschlüsse. Sobald die Zündung eingeschaltet wird, erhält der Absteller vom Vorglühzeitrelais Spannung und öffnet den Kraftstoffkanal. In stromlosem Zustand ist der Kolben des Abstellers durch den Druck der eingebauten Feder ausgefahren und verschließt den Kraftstoffkanal. Der Absteller ist zu prüfen, wenn der Motor nicht anspringt.

Prüfen

- Zündung einschalten. Absteller muß klicken.

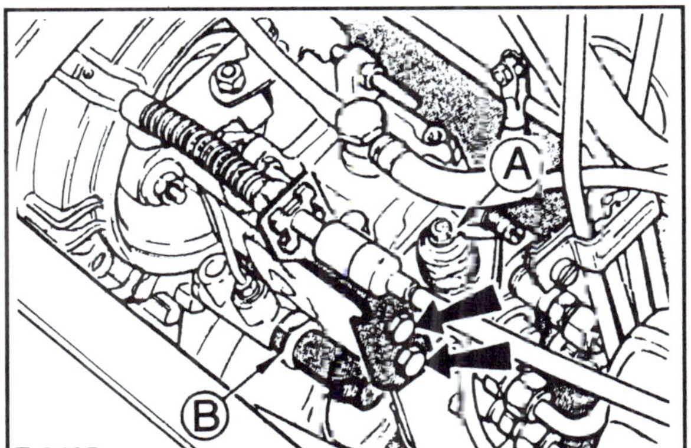

F-2405

- Andernfalls elektrische Leitung –A– abschrauben. Mit Hilfskabel Batterie-Plus an Absteller anlegen.

- Wenn das Magnetventil jetzt anzieht, elektrische Leitungen gemäß Stromlaufplan prüfen, Spannungsversorgung des Vorglühzeitrelais prüfen.
- Zieht das Ventil nicht an, festen Sitz des Abstellers prüfen, gegebenenfalls ersetzen.

Ausbau

- Zündung ausschalten.
- Batterie-Massekabel abklemmen.
- Elektrische Leitung abschrauben.
- Abstellventil äußerlich mit Kaltreiniger säubern.
- Absteller mit Maulschlüssel lösen und herausschrauben.

Achtung: Darauf achten, daß Kolben und Feder nicht herausfallen. In stromlosem Zustand ist der Kolben durch den Druck der Feder ausgefahren.

Einbau

- Absteller mit neuem O-Ring einsetzen. Auf richtigen Sitz der Feder und des Kolbens achten.
- Abstellventil vorsichtig in die Einspritzpumpe einschrauben und festziehen, Anzugsdrehmoment ca. 20 Nm.
- Anschlußleitung an Magnetventil anklemmen.
- Batterie-Massekabel anklemmen.

Gaszug einstellen/aus- und einbauen

Achtung: Der Gaszug ist sehr knickempfindlich und daher beim Einbau besonders sorgfältig zu behandeln. Ein einziger leichter Knick kann zum späteren Bruch im Fahrbetrieb führen. Züge, die geknickt wurden, dürfen deswegen **nicht** eingebaut werden.

- Gaspedal ganz durchdrücken (Vollgasstellung) und in dieser Stellung festklemmen. Dazu geeignetes Brett zwischen Sitz und Pedal klemmen.
- Der Betätigungshebel muß jetzt an der Anschlagschraube für Höchstdrehzahl an der Einspritzpumpe anliegen. Ist das der Fall, Einstellmutter so weit zurückdrehen, bis ein Spalt zwischen Hebel und Anschlagschraube vorhanden ist. **Achtung:** Unter Umständen muß der Gaszug dazu am Widerlager vorsichtig mit einem kleinen Schraubendreher herausgehebelt werden.
- Betätigungshebel gegen die Anschlagschraube drücken und Einstellmutter so weit rausdrehen, bis der Gaszug gespannt ist.
- Gaspedal lösen.
- Der Betätigungshebel muß jetzt an der Einstellschraube für Leerlaufdrehzahl anliegen.

Achtung: Falls sich der Gaszug auf diese Weise nicht korrekt einstellen läßt, Gaszug ersetzen.

Gaszug am Betätigungshebel aushängen

- Sicherungsklammer seitlich abziehen beziehungsweise Gaszug am Widerlager vorsichtig mit kleinem Schraubendreher heraushebeln.
- Gaszug am Betätigungshebel von der Gummitülle nach oben abziehen.
- Gaszug am Gaspedal aushängen und in den Motorraum durchziehen.

Einhängen

- Gaszug am Gaspedal und am Betätigungshebel einhängen und am Widerlager einclipsen beziehungsweise mit Klammer sichern.
- Gaszugeinstellung kontrollieren.

Leerlaufdrehzahl prüfen/einstellen

BOSCH-Einspritzpumpe

Da Dieselmotoren keine Zündanlage besitzen, wird ein spezieller Drehzahlmesser benötigt, der die Drehzahl induktiv abnimmt. Er ist teuer, so daß sich der Kauf nicht unbedingt lohnt.

- Motor auf Betriebstemperatur bringen, Motoröltemperatur mindestens +80° C.
- Elektrische Verbraucher (Radio, Licht) müssen ausgeschaltet sein.

Prüfen

- Leerlaufdrehzahl prüfen, **Sollwert:** 840 – 870/min.

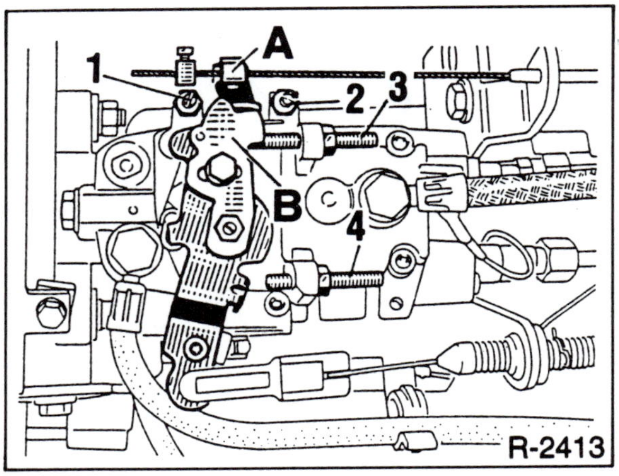

- Ist die Leerlaufdrehzahl korrekt, Fühlerblattlehre von 0,5 mm Stärke zwischen Anschlagschraube –3– und Regelhebel –B– schieben. Die Leerlaufdrehzahl nicht erhöhen, sonst ist die Leerlaufdrehzahl komplett neu einzustellen.
- Fühlerblattlehre mit 1,0 mm Stärke anstelle der 0,5 mm-Fühlerblattlehre einsetzen. Die Leerlaufdrehzahl muß sich geringfügig (mindestens um 10/min bis 20/min) erhöhen. Steigt die Drehzahl nicht an, ist die Leerlaufdrehzahl neu einzustellen.

Einstellen

- Motor muß betriebswarm sein. Motor im Leerlauf laufen lassen.
- Kontermutter lösen und Schraube –3– verdrehen, bis die Leerlaufdrehzahl 850/min beträgt.

- Seilzug für beschleunigten Leerlauf ganz an der Einspritzpumpe lösen.
- Kontermutter lösen und Schraube –2– verstellen, bis die Leerlaufdrehzahl 850/min erreicht ist. Kontermutter festziehen.

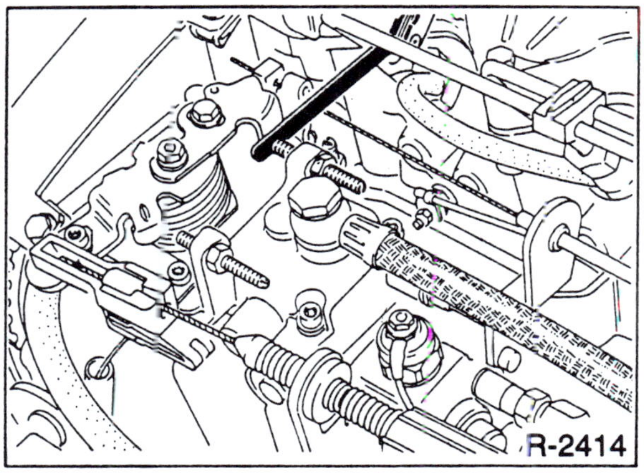

- Fühlerblattlehre mit 0,5 mm Dicke zwischen Anschlagschraube und Regelhebel schieben. Die Leerlaufdrehzahl darf jetzt nicht ansteigen, gegebenenfalls vorangegangene Einstellung wiederholen.
- 0,5 mm-Fühlerblattlehre durch eine 1,0 mm-Fühlerblattlehre ersetzen. Leerlauf-Anschlagschraube bei eingelegter Fühlerblattlehre soweit einschrauben, daß sich die Leerlaufdrehzahl auf 860 – 870/min erhöht. Kontermutter festziehen.
- Fühlerblattlehre entfernen. Die Leerlaufdrehzahl muß wieder auf den Sollwert abfallen, sonst Einstellung wiederholen.
- Einige Male Vollgas geben und dann Leerlaufdrehzahl erneut prüfen, gegebenenfalls einstellen.

Achtung: Nie länger als 5 Sekunden Vollgas geben! Falls die Leerlaufdrehzahl nicht erreicht wird, BOSCH-Kundendienst zur Einstellung aufsuchen.

- Anschließend den beschleunigten Leerlauf einstellen.

Beschleunigten Leerlauf einstellen

BOSCH-Einspritzpumpe

Der beschleunigte Leerlauf sorgt dafür, daß der kalte Motor rund läuft. Funktion: Ein Thermoelement sitzt im Kühlmittelkreislauf und betätigt bei kaltem Motor über einen Bowdenzug einen Hebel an der Einspritzpumpe.

Einstellen

- Motor warmfahren, Kühlflüssigkeitstemperatur mindestens +80° C.
- Leerlaufdrehzahl einstellen, siehe vorhergehendes Kapitel.

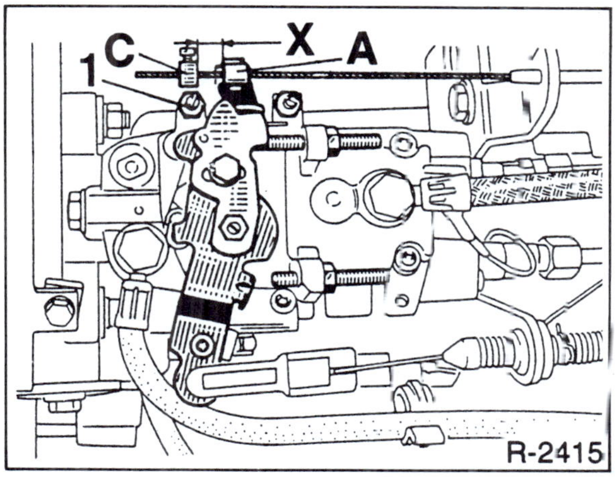

- Hebel –A– nach rechts bis zum Anschlag drücken und Drehzahl messen. Sollwert: 1190 ± 10/min.
- Wird der Sollwert nicht erreicht, Schraube –1– verdrehen, bis der Sollwert erreicht wird, dabei Hebel –A– an den Anschlag drücken. Kontermutter vor jeder Einstellung lösen, nach der Einstellung wieder festziehen.
- Anschließend Bowdenzug des Thermoelementes prüfen/einstellen: Hebel –A– loslassen, Bowdenzug von Hand spannen. Das Klemmstück –C– muß einen Abstand von **1 mm** –Maß X– vom Hebel haben, gegebenenfalls Schraube am Klemmstück lösen und dieses entsprechend verschieben.

Leerlaufdrehzahl prüfen/einstellen

LUCAS-Einspritzpumpe

Da Dieselmotoren keine Zündanlage besitzen, wird ein spezieller Drehzahlmesser benötigt, der auf Fotozellenbasis arbeitet. Er ist teuer, so daß sich der Kauf nicht unbedingt lohnt.

Außerdem benutzen die FORD-Werkstätten die Einstellehre 23-016, die aber nicht unbedingt benötigt wird

- Motor auf Betriebstemperatur bringen, Motoröltemperatur mindestens +80° C.
- Elektrische Verbraucher (Radio, Licht) müssen ausgeschaltet sein.

Prüfen

- Leerlaufdrehzahl prüfen, **Sollwert:** 840 – 870/min.
- Ist die Leerlaufdrehzahl korrekt, anschließend Drehzahlabfall prüfen, gegebenenfalls einstellen.

Einstellen

- Motor muß betriebswarm sein. Motor im Leerlauf laufen lassen.

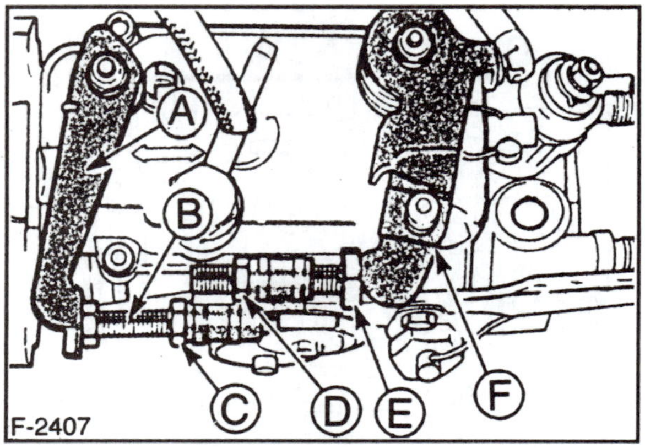

A– Leerlaufdrehzahl-Anschlaghebel
B– Leerlaufdrehzahl-Einstellschraube
C– Kontermutter
D– Kontermutter
E– Leerlaufsicherung-Einstellschraube
F– Drosselhebel

- FORD-Werkzeug 23-016 und Fühlerblattlehre von 1 mm Stärke zwischen Leerlaufsicherungsschraube –E– und Drosselhebel –F– schieben.

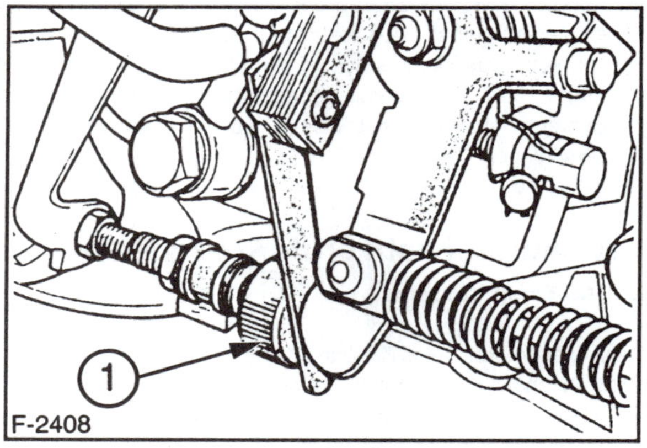

- Das Sonderwerkzeug –1– wird auf den Anschlag der Einstellschraube geschoben, dadurch kann sie leichter von Hand verdreht werden. Es wird aber nicht unbedingt benötigt.

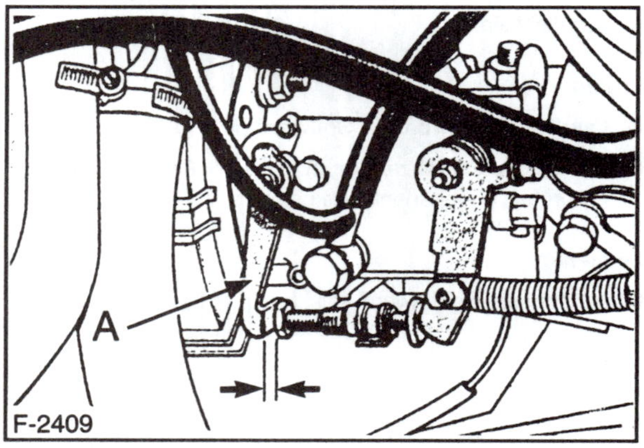

- Leerlaufdrehzahl-Anschlaghebel –A– von der Einstellschraube abhalten, dazu geeignetes 20 mm-Distanzstück dazwischenklemmen.
- Kontermutter lösen und mit Leerlaufsicherungs-Schraube –E– (siehe Abbildung F-2407) die Leerlaufdrehzahl auf 900 ± 100/min einstellen.
- 20 mm-Distanzstück entfernen. Dabei legt sich der Leerlaufdrehzahl-Anschlaghebel –A– an die Einstellschraube –B– an.
- Spezialwerkzeug 23-016 und Fühlerblattlehre entfernen.
- Kontermutter lösen und Schraube –B– verdrehen, bis die Leerlaufdrehzahl 840–870/min beträgt.
- Anschließend Motor-Verzögerung prüfen, gegebenenfalls einstellen.

Motor-Verzögerung einstellen

Die Motor-Verzögerung ist die Zeit, die der Motor braucht, um von Vollgas (Höchstdrehzahl) wieder auf die Leerlaufdrehzahl zu kommen. Fällt die Motordrehzahl zu schnell ab, stirbt der Motor ab. Fällt die Drehzahl zu langsam, stört dies beim Fahren und erhöht den Kraftstoffverbrauch.

- Vollgas geben, dann Gaspedal loslassen und Zeit stoppen, bis die Leerlaufdrehzahl erreicht wird. Sollwert: ca. 5 Sekunden.

Achtung: Nie länger als 3 Sekunden Vollgas geben. Nicht unnötig oft Vollgas geben.

- Wird der Sollwert nicht erreicht, Leerlauf-Drehzahl erneut einstellen. Hilft dieses nicht, sind folgende Maßnahmen möglich:
- Drehzahl nimmt zu langsam ab: Leerlaufsicherungs-Schraube –E– um ¼ Umdrehung im Uhrzeigersinn drehen.
- Drehzahl nimmt zu schnell ab: Leerlaufsicherungs-Schraube –E– um ¼ Umdrehung gegen den Uhrzeigersinn drehen.

Achtung: Die Schraube –E– nicht um mehr als eine ¼ Umdrehung verdrehen.

- Einstellschrauben mit Kontermuttern sichern.

Technische Daten Diesel-Einspritzung

Einspritzpumpe	Typ	LUCAS/ CAV	BOSCH VE
Höchstdrehzahl Turbomotor	1/min 1/min	5350 ± 50 5150 ± 50	5350 ± 50
Leerlaufdrehzahl	1/min	840 – 870	840 – 870
Drehzahlabfall von Höchst- auf Leerlaufdrehzahl	s	max. 5	max. 5
Öffnungsdruck der Einspritzdüsen	bar	120 ± 6	143 ± 7
Einspritzleitungen	∅ in mm	2,5	2,0

Störungsdiagnose Diesel-Einspritzanlage

Bevor anhand der Störungsdiagnose der Fehler aufgespürt wird, müssen folgende Prüfvoraussetzungen erfüllt sein: Bedienungsfehler beim Starten ausgeschlossen. Kraftstoff im Tank, Motor mechanisch in Ordnung, Batterie geladen, Anlasser dreht mit ausreichender Drehzahl, elektrische Masseverbindung (Motor-Getriebe-Aufbau) vorhanden. Fehlerspeicher abfragen (Werkstattarbeit). **Achtung:** Wenn Kraftstoffleitungen gelöst werden, müssen diese vorher mit Kaltreiniger gesäubert werden.

Störung	Ursache	Abhilfe
1. Motor springt nicht oder schlecht an.	1. Motor glüht nicht vor.	■ Vorglühanlage/Glühkerzen prüfen.
	2. Kraftstoffabschaltventil schaltet nicht.	■ Fahrzeuge **ohne Wegfahrsperre:** Spannungsprüfer an Absteller anschließen, Zündung einschalten. Leuchtdiode muß leuchten, sonst Leitungsunterbrechung ermitteln und beseitigen.
		■ Fahrzeuge **mit Wegfahrsperre:** Kraftstoffabschaltventil sowie Steuergerät für Wegfahrsperre prüfen (Werkstattarbeit).
	3. Kraftstoffversorgung defekt.	■ Prüfen, ob Kraftstoff gefördert wird.
	a) Kraftstoffleitungen geknickt, verstopft, undicht, porös.	■ Kraftstoffleitungen reinigen.
	b) Kraftstoffilter verstopft.	■ Kraftstoffilter ersetzen.
	c) Tankbelüftung verschlossen. Kraftstoffsieb im Tank verschmutzt.	■ Reinigen.
	4. Förderbeginn verstellt.	■ Einspritzbeginn prüfen, einstellen lassen.
	5. Einspritzdüsen defekt.	■ Einspritzdüsen prüfen: Überwurfmuttern nacheinander lösen und anziehen. Bleibt die Motordrehzahl beim Lösen einer Mutter gleich, zeigt dies eine defekte Düse an.
	6. Einspritzpumpe defekt.	■ Versuchsweise neue Pumpe einbauen.
2. Motor ruckelt im Leerlauf, beim Anfahren.	1. Kraftstoffschläuche an der Einspritzpumpe bzw. am Kraftstofffilter lose.	■ Kraftstoffschläuche ersetzen, mit Schlauchschellen befestigen, Hohlschrauben festziehen.
	2. Zu- und Rücklaufleitung an der Einspritzpumpe vertauscht.	■ Anschlüsse der Kraftstoffleitungen prüfen.
	3. Wie unter 1.3 – 1.5.	■ Wie unter 1.3 – 1.5.
3. Kraftstoffverbrauch zu hoch.	1. Luftfilter verschmutzt.	■ Filtereinsatz ersetzen.
	2. Kraftstoffanlage undicht.	■ Sichtprüfung an allen Kraftstoffleitungen (Saug- Rücklauf- und Einspritzleitungen), Kraftstoffilter und Einspritzpumpe durchführen, Kraftstoffanlage auf Dichtheit prüfen.
	3. Rücklaufleitung verstopft.	■ Rücklaufleitung von Einspritzpumpe zum Kraftstoffbehälter mit Luft durchblasen.
	4. Wie unter 1.4 – 1.5.	■ Wie unter 1.4 – 1.5.
4. Stark nagelnde Motorgeräusche.	1. Schmutz im Kraftstoffsystem, dadurch hängende Düsennadel.	■ Einspritzdüse ersetzen, Kraftstoffleitungen durchblasen.
	2. Fehlende oder falsch montierte Wärmeschutzdichtung, Einspritzdüse zu stark angezogen.	■ Defekte Teile ersetzen, auf richtige Montage achten.
5. Leistungsverlust (Turbo-Diesel mit 66 kW/90 PS).	Durchhängen der Motorhauben-Dämmatte im Bereich des Schließdorns und dadurch verminderte Kühlung der Ansaugluft durch den Ladeluftkühler.	■ Dämmatte am Ausschnitt für den Schließdorn mit einer Blechklammer befestigen.

Die Abgasanlage

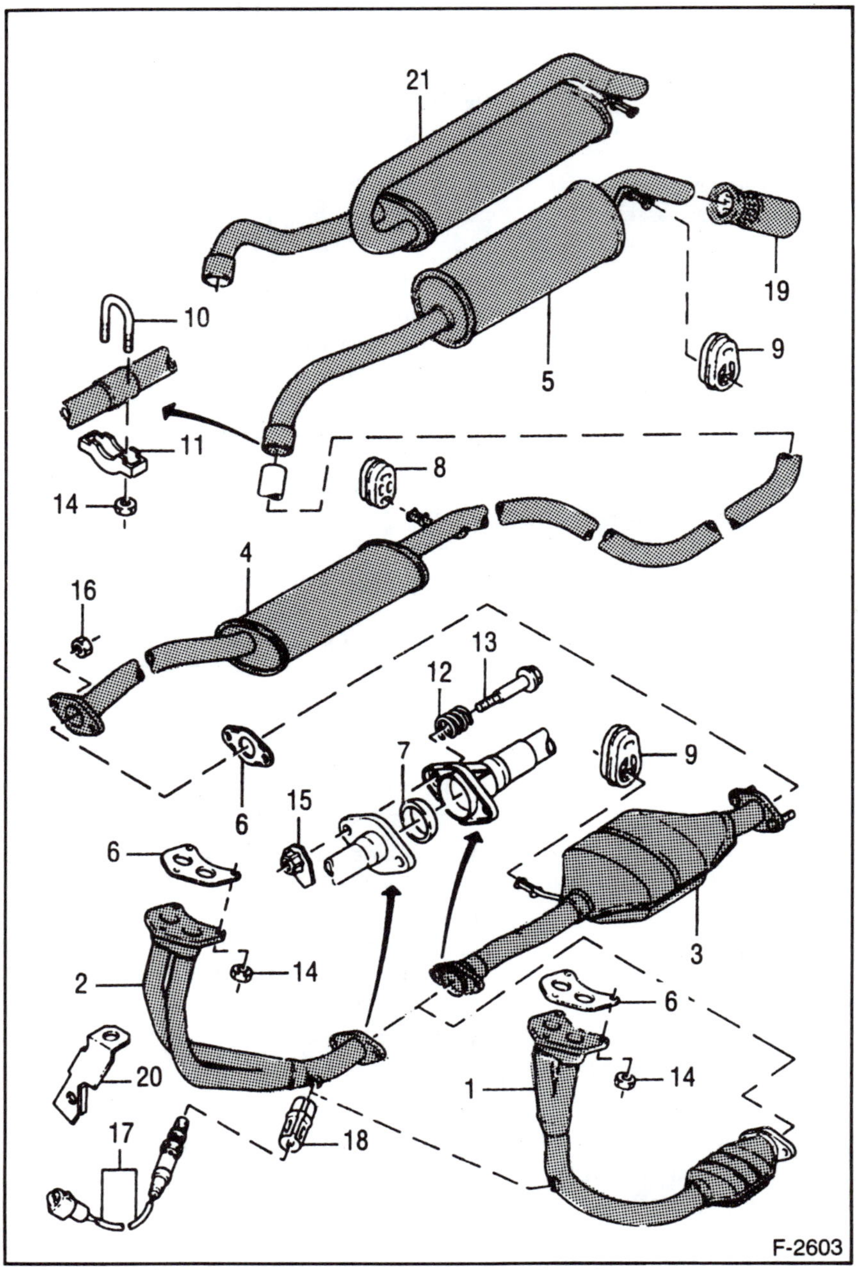

1,4-/1,6-l-Motoren

1 – **Vorderes Abgasrohr**
Nur bei Automatikgetriebe.

2 – **Vorderes Abgasrohr**
Modelle mit Schaltgetriebe.

3 – **Katalysator**

4 – **Vorschalldämpfer**

5 – **Nachschalldämpfer**
Bei 1,4-l-Motor.

6 – **Dichtungen**

7 – **Dichtring**

8 – **Gummistegschlaufe**

9 – **Gummistegschlaufe**

10 – **U-Bügel**

11 – **Halteklammer**

12 – **Druckfeder**

13 – **Sechskantschraube**

14 – **Selbstsichernde Mutter M 10**

15 – **Selbstsichernde Mutter M 10**

16 – **Selbstsichernde Mutter M 10**

17 – **Lambda-Sonde**

18 – **Hitzeschild**

19 – **Auspuffblende**

20 – **Halter**

21 – **Nachschalldämpfer**
Bei 1,6-l-Motor.

Die Abgasanlage besteht aus dem vorderen Abgasrohr, dem Katalysator, dem Vorschalldämpfer und dem Nachschalldämpfer. Der Nachschalldämpfer besteht aus aluminiumbeschichtetem Stahlblech, die inneren Teile sind aus Edelstahl, um einen möglichst großen Widerstand gegen Durchrosten zu bieten.

Bei den Benzinmotoren ist die für die Regelung des Katalysators erforderliche Lambda-Sonde im vorderen Abgasrohr eingeschraubt.

Das vordere Zwillings-Abgasrohr ist mit dem Abgaskrümmer verschraubt, der am Zylinderkopf angeflanscht ist. Alle Teile der Abgasanlage sind miteinander verschraubt, beziehungsweise verschweißt, und lassen sich einzeln auswechseln. Selbstsichernde Muttern und Dichtungen sind nach dem Ausbau zu ersetzen. Gummi-Halteschlaufen und Gummipuffer auf Porosität und Beschädigung prüfen, gegebenenfalls auswechseln.

Beim Einbau einer neuen Abgasanlage empfiehlt es sich, alle Befestigungsteile ebenfalls zu erneuern.

Hinweis: Rasselgeräusche von der Abgasanlage können durch ein loses Hitzeschutzschild verursacht werden. Gegebenenfalls Katalysator ausbauen und Hitzeschutzschild nachschweißen. Vorher Batterie abklemmen, siehe Seite 215.

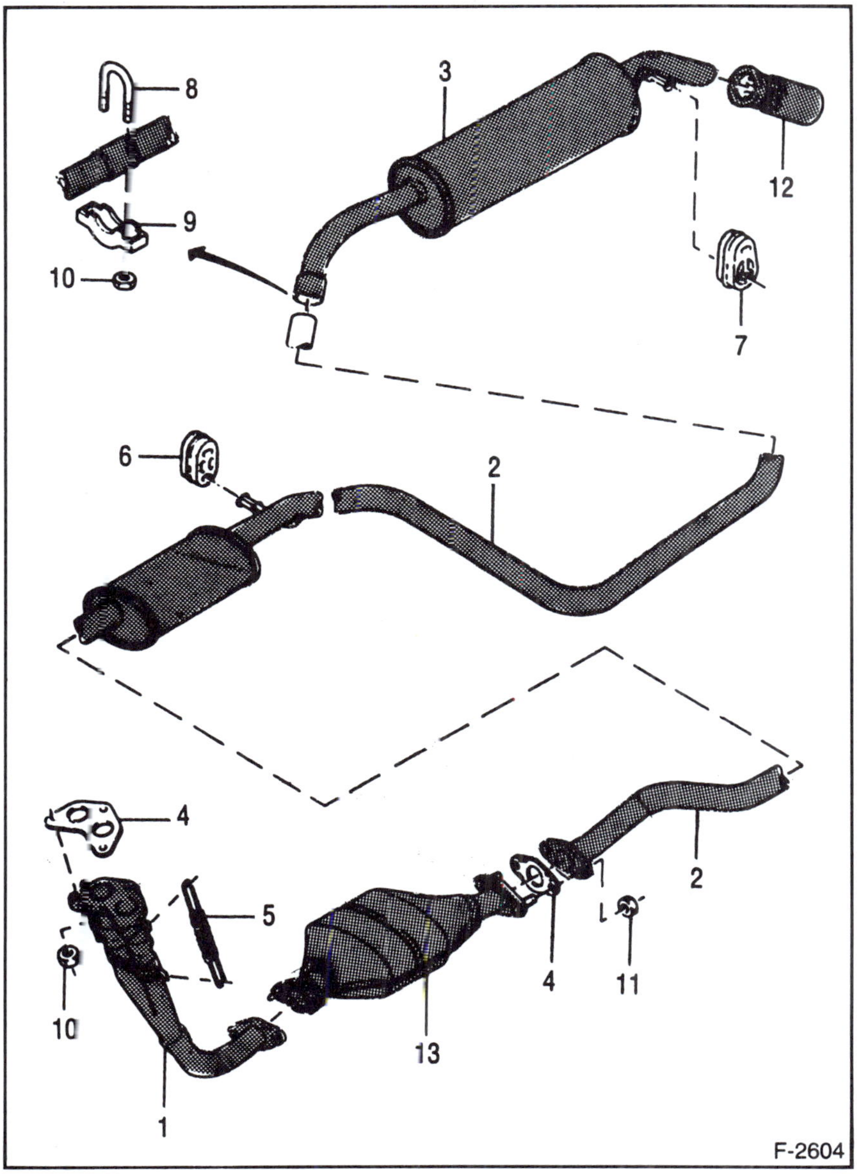

Dieselmotor

1 – Vorderes Abgasrohr
2 – Vorschalldämpfer
3 – Nachschalldämpfer
4 – Dichtung
5 – Feder
6 – Gummistegschlaufe
7 – Gummistegschlaufe
8 – U-Bügel
9 – Halteklammer
10 – Selbstsichernde Mutter M 10
11 – Selbstsichernde Mutter M 10
12 – Auspuffblende
13 – Katalysator

Funktion des Katalysators

Alle Benzin- und Dieselmotoren des ESCORT/ORION sind serienmäßig mit Katalysatoren zur Abgasreinigung ausgestattet.

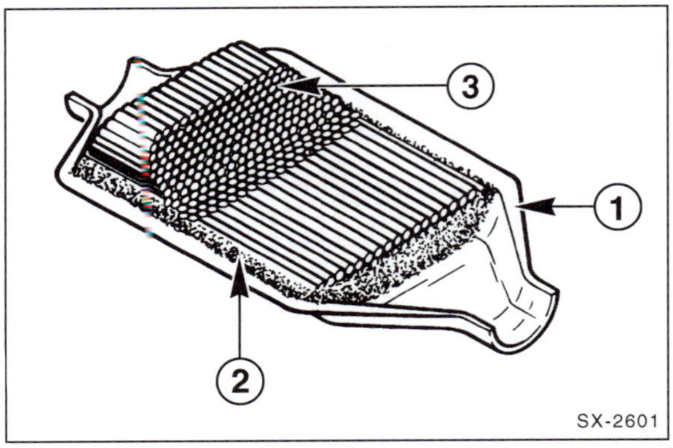

Der Katalysator besteht aus einem Keramik-Wabenkörper –3–, der mit einer Trägerschicht überzogen ist. Auf der Trägerschicht befinden sich Edelmetallsalze, die den Umwandlungsprozeß bewirken. Im Gehäuse –1– wird der Katalysator durch eine Isolations-Stützmatte –2– fixiert, die außerdem Wärmeausdehnungen ausgleicht.

In Verbindung mit der elektronischgesteuerten Einspritzanlage und der Lambdasonde wird die Kraftstoffmenge für die Verbrennung exakt dosiert, damit der Katalysator die Schadstoffe reduzieren kann. Die Lambdasonde sitzt im Abgasrohr vor dem Katalysator und wird vom Abgasstrom umspült. Bei der Lambdasonde handelt es sich um einen elektrischen Meßfühler, der den Restgehalt an Sauerstoff im Abgas durch elektrische Spannungsschwankungen anzeigt und Rückschlüsse auf die Zusammensetzung des Luft-Kraftstoff-Gemisches ermöglicht. In Bruchteilen von Sekunden kann die Lambdasonde entsprechende Signale an die Steuereinheit der Einspritzanlage weitergeben und dadurch das Kraftstoff-Luftverhältnis ständig verändern. Das ist einerseits erforderlich, da sich ja die Betriebsverhältnisse (Leerlauf, Vollgas) ständig ändern, zum anderen aber auch, weil nur dann eine optimale Nachverbrennung im Katalysator erfolgt, wenn noch genügend Kraftstoffanteile im Motorabgas vorhanden sind.

Damit es also bei einer Temperatur von +300° bis +800° C im Katalysator überhaupt zu einer Nachverbrennung kommen kann, muß das Kraftstoff-Luftgemisch mehr Kraftstoffanteile aufweisen, als für die reine Verbrennung erforderlich wären.

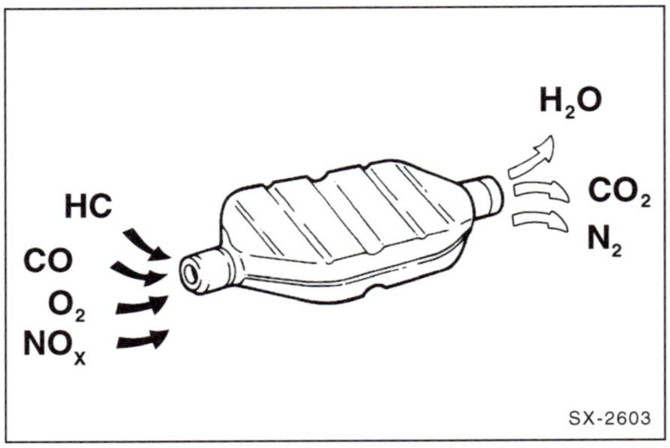

Bei den verwendeten Katalysatoren für Benzinmotoren handelt es sich um sogenannte 3-Wege-Katalysatoren. Das bedeutet, daß aufgrund der Lambda-Regelung die Oxidation von Kohlenmonoxid (CO) und Kohlenwasserstoffen (HC) sowie die Reduktion der Stickoxide (NO_X) gleichzeitig durchgeführt werden.

Bei den Katalysatoren für die Dieselfahrzeuge handelt es sich um Oxidationskatalysatoren. Eine Lambda-Regelung ist hier nicht erforderlich. Die Oxidationskatalysatoren reduzieren hauptsächlich die im Abgas enthaltenen Kohlenmonoxid- und Kohlenwasserstoff-Anteile. Außerdem vermindern sie den typischen Diesel-Abgasgeruch. Um die Stickoxide im Abgas zu vermindern, haben die Dieselmotoren ein zusätzliches Abgas-Rückführsystem, siehe Seite 91.

Der Umgang mit Katalysator-Fahrzeugen

Um Beschädigungen an der Lambdasonde und am Katalysator zu vermeiden, sind nachstehende Hinweise unbedingt zu beachten:

Benzinmotoren

- Grundsätzlich nur **bleifreien** Kraftstoff tanken.
- Falls irrtümlich bleihaltiger Kraftstoff getankt wurde, müssen das Abgasrohr vor dem Katalysator sowie der Katalysator erneuert werden. Vor Einbau der Neuteile mindestens 2 Tankfüllungen mit bleifreiem Kraftstoff fahren.
- Kraftstofftank nie ganz leerfahren.
- Das Anlassen des **betriebswarmen** Motors durch Anschieben oder Anschleppen ist nicht erlaubt. Starthilfekabel verwenden. Unverbrannter Kraftstoff könnte bei einer Zündung zur Überhitzung des Katalysators und zu seiner Zerstörung führen.
- Häufige Kaltstarts hintereinander sollten vermieden werden. Sonst sammelt sich im Katalysator unverbrannter Kraftstoff, der bei Erwärmung schlagartig verbrennt und dabei den Katalysator beschädigt.
- Bei Startschwierigkeiten nicht unnötig lange den Anlasser betätigen. Während des Anlassens wird permanent Kraftstoff eingespritzt. Fehlerursache ermitteln und beseitigen.
- Treten Zündstörungen auf, muß bei der Fehleridentifizierung verhindert werden, daß während der Betätigung des Anlassers Kraftstoff eingespritzt wird. Dazu das Kraftstoffpumpenrelais abziehen.

■ Keine Funkenprüfung mit abgezogenem Zündkerzenstecker durchführen.

■ Es darf kein Zylindervergleich (Balancetest) durch Zündabschaltung eines Zylinders durchgeführt werden. Bei Zündabschaltung einzelner Zylinder – auch über Motortester – gelangt unverbrannter Kraftstoff in den Katalysator.

■ Treten Zündaussetzer auf, hohe Motor-Drehzahlen vermeiden und Fehler umgehend beheben.

Benzin- und Dieselmotoren

■ Fahrzeug nicht über trockenem Laub, Gras oder einem Stoppelfeld abstellen. Die Abgasanlage wird im Bereich des Katalysators sehr heiß und strahlt die Wärme auch nach dem Abstellen des Motors noch ab.

■ Beim Ein- oder Nachfüllen von Motoröl besonders darauf achten, daß auf keinen Fall die Maximum-Markierung am Ölpeilstab überschritten wird. Das überschüssige Öl gelangt sonst aufgrund unvollständiger Verbrennung in den Katalysator und kann das Edelmetall beschädigen oder den Katalysator vollständig zerstören.

■ Keinen Unterbodenschutz an der Abgasanlage aufbringen.

Abgasanlage aus- und einbauen

Achtung: Serienmäßig ist eine 2teilige Abgasanlage eingebaut, die im Reparaturfall durch eine 3teilige Ausführung ersetzt wird. Bei der 2teiligen Anlage kann der Mittelschalldämpfer nicht separat ersetzt werden, im Reparaturfall müssen dann Vor- und Nachschalldämpfer erneuert werden. Ist nur ein neuer Nachschalldämpfer erforderlich, muß die Abgasanlage durchgesägt werden.

Ausbau

- Batterie-Massekabel abklemmen.
- Fahrzeug aufbocken.
- Sämtliche Schrauben und Muttern der Abgasanlage mit rostlösendem Mittel einsprühen. Rostlöser einige Zeit einwirken lassen.

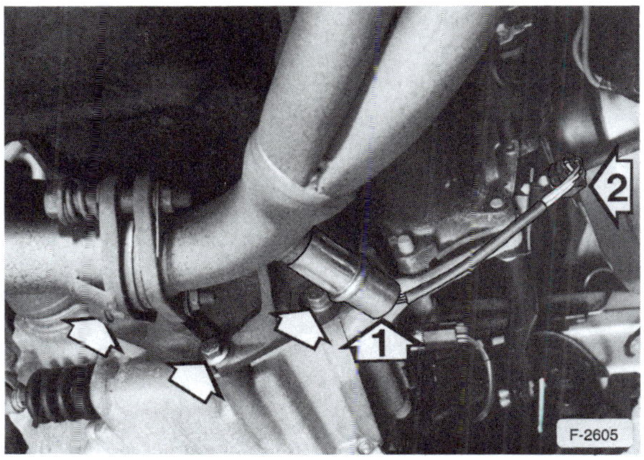

- Benzinmotoren: Lambdasonde –1– ausbauen. Dazu Mehrfachstecker –2– trennen, dabei nicht am Kabel ziehen. Hitzeschild zurückschieben, Lambdasonde am vorderen Abgasrohr abschrauben und mit Dichtring abnehmen. Meßsonde nicht an der Spitze berühren oder beschmutzen.

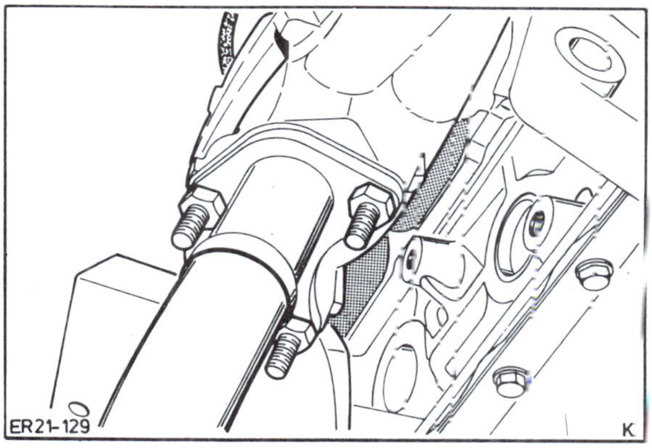

- Vorderes Abgasrohr mit 3 Muttern vom Krümmer abschrauben.
- Abgasanlage durch Holzunterlagen abstützen.
- Gummi-Halteschlaufen auf Risse prüfen. Hierzu Abgasanlage leicht herunterdrücken, Stegschlaufen mit Taschenlampe anstrahlen, überprüfen und gegebenenfalls erneuern.
- Sämtliche Gummi-Halteschlaufen aushängen und abnehmen.
- Abgasanlage komplett herausnehmen.

Einbau

Vor dem Einbau Krümmer und vorderen Abgasrohrflansch sowie Verbindungsflansch mit Stahlbürste reinigen. Grundsätzlich neue Dichtung und Schrauben verwenden. Gegebenenfalls auch die Gummihalterungen erneuern.

Sämtliche Schrauben und Muttern mit Hochtemperaturpaste (z.B. Liqui Moly LM-508-ASC) bestreichen, damit sie sich später leichter lösen lassen.

- Vorderes Abgasrohr mit **neuer** Dichtung ansetzen und lose anschrauben.
- Vor- und Nachschalldämpfer lose montieren.
- Abgasanlagen-Teile gegeneinander verschieben und dadurch dem Unterboden anpassen, dann in die Gummistegschlaufen einhängen. Darauf achten, daß die Gummihalterungen gleichmäßig belastet und nicht verformt werden. **Achtung:** Der Abstand der Abgasanlage muß zu allen Fahrzeugteilen mindestens 25 mm betragen.
- Neue selbstsichernde Muttern für vorderes Abgasrohr am Krümmer mit **40 Nm** festziehen.
- Vorderes Abgasrohr an den Vorschalldämpfer mit **60 Nm** anschrauben.
- Muttern für Haltebügel am Fahrzeugboden mit **40 Nm** festziehen.

- Lambdasonde mit neuem Dichtring vorsichtig einsetzen und mit **60 Nm** einschrauben. Hitzeschild aufschieben, Anschlußstecker anschließen.
- Fahrzeug ablassen, siehe Seite 105.
- Batterie-Massekabel anklemmen.
- Motor starten und Abgasanlage auf Dichtigkeit prüfen. Dazu mit Lappen Endrohr verschließen. Wenn der Motor ausgeht, ist die Anlage dicht.

Nachschalldämpfer aus- und einbauen

Serienmäßig ist eine 2teilige Abgasanlage eingebaut, die im Reparaturfall durch eine 3teilige Abgasanlage ersetzt wird. Soll bei der 2teiligen Anlage nur der Nachschalldämpfer ersetzt werden, muß die Abgasanlage, wie angegeben, durchgesägt werden.

Ausbau

- Fahrzeug aufbocken, siehe Seite 105.

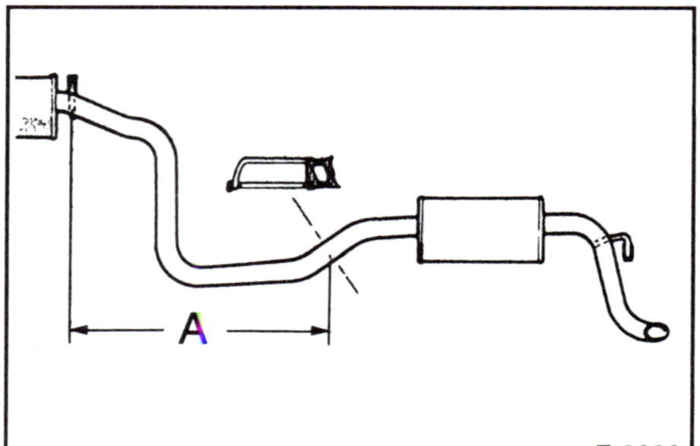

F-2606

- Falls eine 2teilige Abgasanlage eingebaut ist, Abgasrohr an der angegebenen Stelle durchsägen. Dabei wird der Abstand –A– immer von der mittleren Halteschlaufe aus gemessen.

1,3-/1,4-/1,6-l-Motor:
Fließheck, Stufenheck, Cabrio und Kombi: Maß A = 720 mm;
ESCORT EXPRESS (Kastenwagen): Maß A = 914 mm.

1,8-/2,0-l-Motor: Maß A = 1717 mm.

- Abgasrohr rechtwinklig abschneiden. Danach Rohrende reinigen und scharfe Kanten sowie Grate beseitigen.
- Bei einer 3teiligen Anlage U-Haltebügel abschrauben und Nachschalldämpfer vom Vorschalldämpfer abdrücken.
- Hintere Gummi-Halteschlaufe an der Karosserie aushängen.
- Nachschalldämpfer herausnehmen.

Einbau

- Falls vorhanden, Grat am Vorschalldämpfer mit Dreikantschaber und Schmirgelleinen entfernen.

F-2607

- Nachschalldämpfer aufschieben, ausrichten und Haltebügel lose befestigen.
- Neue Gummi-Halteschlaufe einhängen.
- Muttern für Haltebügel mit 40 Nm festziehen.
- Fahrzeug ablassen, siehe Seite 105.

Abgasanlage auf Dichtheit prüfen

Prüfen

- Damit beim Durchdrehen des Motors kein Kraftstoff eingespritzt wird, Mehrfachstecker vom EEC-IV-Modul abziehen.
- Abgasanlage vom Zylinderkopf bis zur Lambdasonde mit handelsüblichem Lecksuchspray (für Druckluftbremsen) oder mit Seifenlösung einsprühen.
- Abgas-Endrohr mit einem Lappen dicht verschließen.
- Motor mit Anlasser durchdrehen.
- Undichtigkeiten zeigen sich durch Schaumbildung.
- Zur Inbetriebnahme Mehrfachstecker am EEC-IV-Modul aufstecken.

Bei Undichtigkeiten im Bereich:

- ■ **Abgaskrümmer-Zylinderkopf:** Abgaskrümmer festziehen. Beim 1,3-/2,0-l-Benzinmotor mit **25 Nm**, beim CVH- und Zetec-Motor mit **15 Nm**. Dichtung ersetzen. Dichtflächen der Flansche auf Planheit prüfen, gegebenenfalls nacharbeiten. Bei Verzug, Krümmer erneuern. **Achtung:** Beim 2,0-l-DOHC-Motor müssen zusammen mit der neuen Dichtung auch längere Stehbolzen, geänderte Distanzhülsen und Muttern verwendet werden.
- ■ **Abgaskrümmer - vorderes Abgasrohr:** Dichtung ersetzen.
- ■ **Impulssystem-Leitungen:** Überwurfmuttern mit **30 Nm** festziehen.

Fahrzeug aufbocken

Für viele Wartungs- und Reparaturarbeiten muß das Fahrzeug aufgebockt beziehungsweise hochgehoben werden. In der Werkstatt wird der Wagen in der Regel mit der Hebebühne angehoben, man kann ihn jedoch auch mit dem Fahrzeug- oder Werkstatt-Wagenheber anheben.

Bei Arbeiten unter dem Fahrzeug muß dieses, falls es nicht auf einer Hebebühne steht, auf vier stabilen Unterstellböcken stehen. **Auf keinen Fall dürfen Arbeiten unter dem Fahrzeug ausgeführt werden, wenn dieses nur mit dem Bordwagenheber oder Werkstattwagenheber abgestützt ist. Lebensgefahr!**

- Die Räder, die beim Anheben auf dem Boden stehen bleiben, mit Keilen gegen Vor- oder Zurückrollen sichern. Nicht auf die Feststellbremse verlassen, diese muß bei einigen Reparaturarbeiten gelöst werden.
- Fahrzeug nur auf ebener, fester Fläche aufbocken. Bei weichem Untergrund breite Bretter unter den Wagenheber und die Unterstellböcke legen, damit sich das Gewicht auf eine größere Fläche verteilt.
- Durch eine geeignete Gummi- oder Holzzwischenlage werden beim Anheben Beschädigungen an der Karosserie vermieden.
- Fahrzeug mit Unterstellböcken so abstützen, daß jeweils ein Bein seitlich nach außen zeigt.
- Das Fahrzeug nur in unbeladenem Zustand anheben.

Achtung: Niemals darf der Wagen an Motor-/Getriebeteilen oder an der Hinterachse abgestützt werden.

Anheben mit dem Bordwagenheber

F-6804

- Klaue des Wagenhebers nur an den markierten Stellen (Ausbuchtung) vorn oder hinten an den Türschwellern ansetzen. Die Kante muß in die Rille am Wagenheber eingreifen.
- Kurbel des Wagenhebers im Uhrzeigersinn drehen, bis der Fuß des Hebers mit der gesamten Fläche auf dem Boden steht. Anschließend Wagen anheben.

Anheb- und Aufbockpunkte

- Hebewerkzeuge zum Anheben des Fahrzeuges dürfen nur an den nachstehend gezeigten Stellen angesetzt werden, da sonst Schäden am Fahrzeug nicht auszuschließen sind.

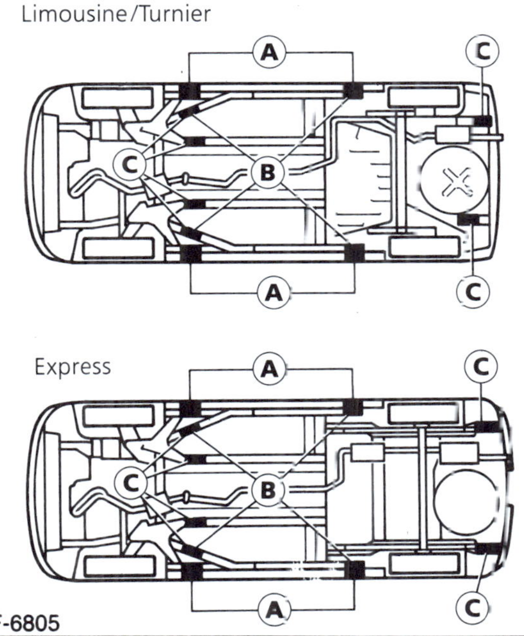

F-6805

- A = Anhebepunkte für Bordwagenheber B = Ansatzpunkte für Hebebühne, C = Zusätzliche Abstützpunkte.

Bei Verwendung eines Werkstattwagenhebers (Rangierwagenheber) darf dieser nur an den Punkten –B– und –C– angesetzt werden.

Achtung: Wird das Fahrzeug nicht mit einer Hebebühne hochgehoben, Fahrzeug zusätzlich immer mit einem Unterstellbock sichern.

Die Kupplung

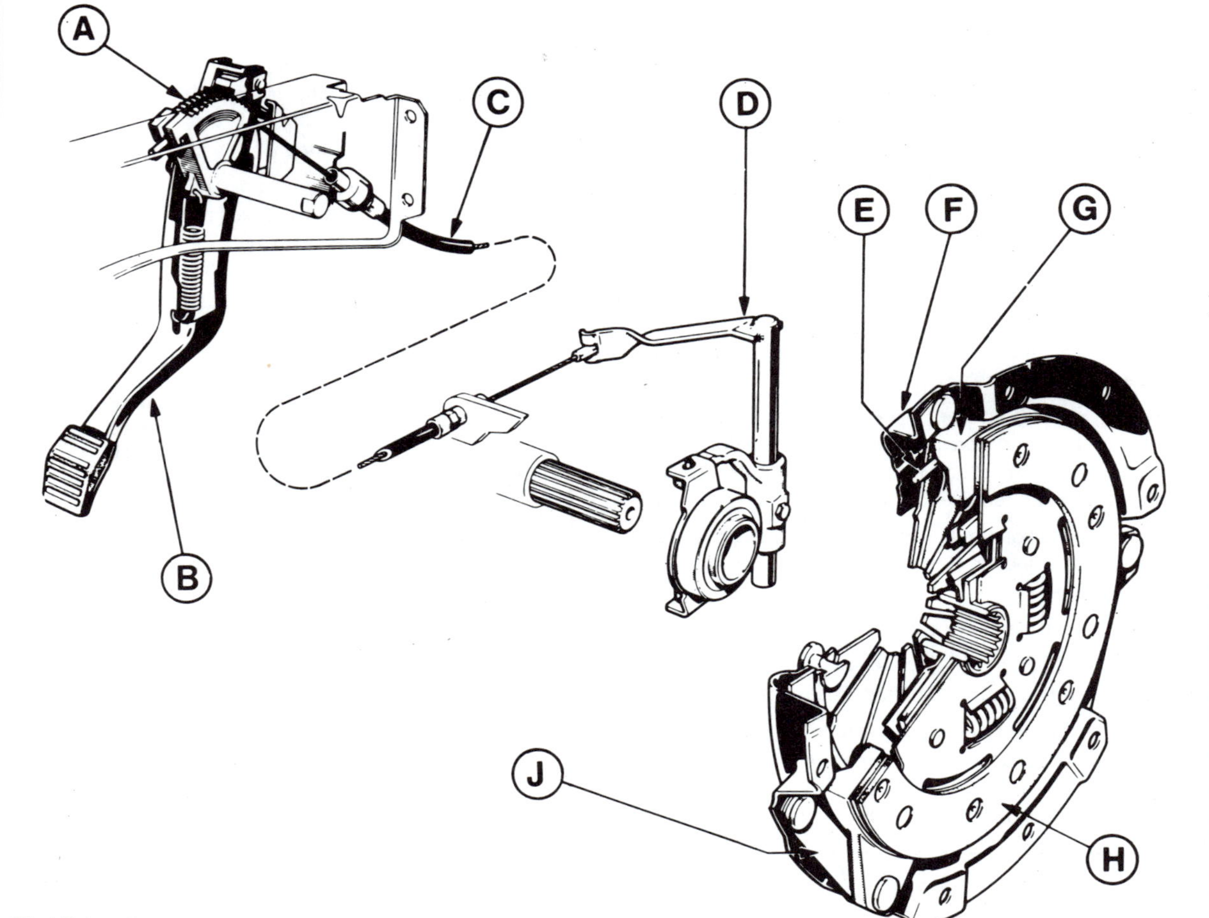

FI 16A-2

A – Nachstellautomatik
B – Kupplungspedal
C – Kupplungsseilzug
D – Ausrückwelle mit Gabel und Gleitlager
E – Kippring
F – Kupplungsdeckel
G – Druckplatte
H – Reibscheibe
J – Federstahllaschen

Die Kupplung übernimmt im Auto 2 Aufgaben: Beim Schalten der Gänge trennt sie den Kraftschluß zwischen Motor und Getriebe und beim Anfahren sorgt sie durch die Reibung für eine ruckfreie Kraftübertragung.

Die Kupplung besteht aus der Kupplungsdruckplatte, der Kupplungsmitnehmerscheibe und dem Ausrücklager.

Die Kupplungsdruckplatte ist fest mit dem Schwungrad verschraubt, das wiederum an der Kurbelwelle des Motors angeflanscht ist. Zwischen der Kupplungsdruckplatte und dem Schwungrad befindet sich die Kupplungsmitnehmerscheibe, die von der Kupplungsdruckplatte gegen das Schwungrad gepreßt wird. Die Mitnehmerscheibe wird von der verzahnten Getriebeantriebswelle zentriert.

Beim Niedertreten des Kupplungspedals (auskuppeln) wird über das Kupplungsseil und den Ausrückhebel das Ausrücklager gegen die Feder der Kupplungsdruckplatte gedrückt. Dadurch entspannt sich die Kupplungsdruckplatte, und die Mitnehmerscheibe wird nicht mehr gegen die Schwungscheibe gepreßt. Der Kraftschluß zwischen Motor und Getriebe ist also aufgehoben.

Wird das Kupplungspedal zurückgenommen (einkuppeln), preßt die Druckplatte die Mitnehmerscheibe gegen das Schwungrad. Der Kraftschluß ist wieder hergestellt, da die angepreßte Mitnehmerscheibe über die Verzahnung fest mit der Getriebewelle verbunden ist.

Bei jedem Ein- und Auskuppeln wird durch den leichten Schleifvorgang etwas Reibbelag von der Mitnehmerscheibe abgeschliffen. Die Mitnehmerscheibe ist also ein Verschleißteil, doch hat sie eine mittlere Lebensdauer von über 100000 Kilometer. Der Verschleiß hängt im wesentlichen von der Belastung (Anhängerbetrieb) und der Fahrweise ab. Die Kupplung ist wartungsfrei.

Eine automatische Nachstellvorrichtung sorgt dafür, daß sich das Kupplungspedalspiel auch bei fortschreitender Abnutzung der Kupplungsbeläge nicht verändert.

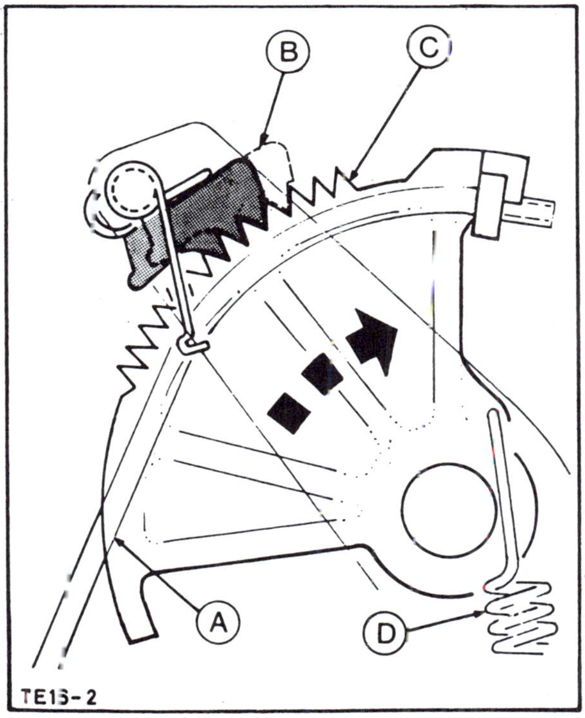

Die Nachstellfunktion übernimmt ein Zahnsegment –C– , das drehbar auf der Welle des Kupplungspedals gelagert ist. In das Zahnsegment ist der Kupplungsseilzug –A– eingehängt. Bei nicht betätigtem Kupplungspedal wird das Kupplungsseil ausschließlich durch die Zugfeder –D– unter Spannung gehalten.

Sobald das Kupplungspedal niedergetreten wird, arretiert die Sperrklinke –B– das Zahnsegment. Dadurch wird eine starre Verbindung geschaffen und das Betätigen der Kupplung ermöglicht.

Nachdem sich das Pedal wieder in Ruhestellung befindet, gibt die Sperrklinke das Zahnsegment frei. Durch die Zugfeder wird das Zahnsegment nun nach hinten –Pfeilrichtung– gezogen, bis der Kupplungszug spielfrei gespannt ist.

Falls ein entsprechender Belagverschleiß vorliegt, zieht die Feder das Zahnsegment etwas weiter nach hinten als vor dem Betätigen der Kupplung. Wird das Kupplungspedal wieder niedergetreten, arretiert die Sperrklinke das Zahnsegment um einen Zahn weiter vorn und gleicht dadurch den Belagverschleiß aus. Die Mechanik des Kupplungspedals ist dabei so ausgelegt, daß beim Niedertreten des Pedals die Sperrklinke das Zahnsegement immer nach dem gleichen Pedalweg arretiert. Das Kupplungspedalspiel bleibt daher konstant.

Kupplung aus- und einbauen/prüfen

Ausbau

- Getriebe ausbauen, siehe Seite 111.

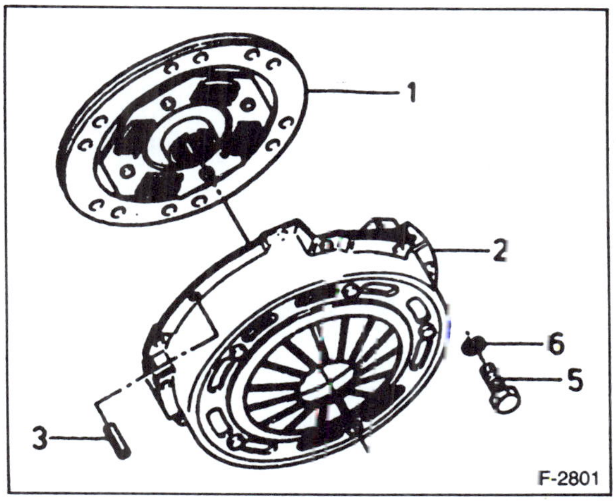

- Befestigungsschrauben –5– der Kupplungsdruckplatte –2– nacheinander jeweils um 1 bis 1½ Umdrehungen lösen, bis die Druckplatte entspannt ist (6 Schrauben).

Achtung: Wenn die Schrauben sofort ganz gelöst werden, kann die Membranfeder beschädigt werden.

- Damit das Schwungrad beim Lösen der Schrauben nicht mitdreht, Schwungrad mit Schraubendreher und Dorn arretieren.
- Anschließend Schrauben ganz herausdrehen und mit Unterlegscheiben –6– abnehmen.
- Druckplatte –2– und Kupplungsscheibe –1– herausnehmen. **Achtung:** Druckplatte und Kupplungsscheibe beim Herausnehmen nicht fallen lassen, sonst können nach dem Einbau Rupf- und Trennschwierigkeiten auftreten. Darauf achten, daß die beiden Führungsstifte –3– nicht verloren gehen.
- Schwungrad mit benzingetränktem Lappen auswischen.

Prüfen

- Kupplungsdruckplatte auf Brandrisse und Riefen prüfen.

- Membranfeder auf Brüche untersuchen –Pfeil–.

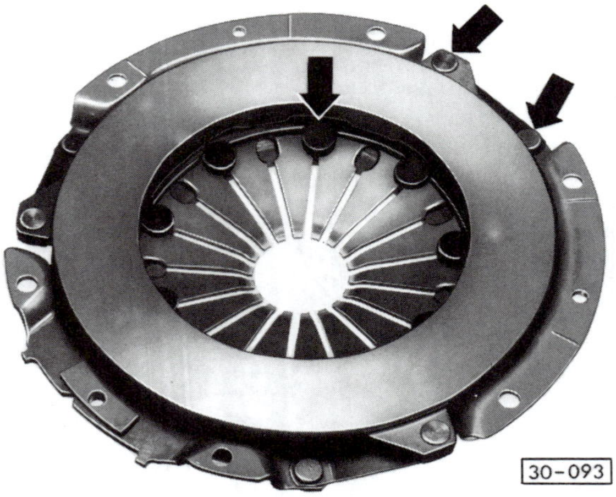

- Federverbindungen zwischen Druckplatte und Deckel auf Risse, Nietbefestigungen auf festen Sitz prüfen. Kupplung mit beschädigten oder losen Nietverbindungen ersetzen.

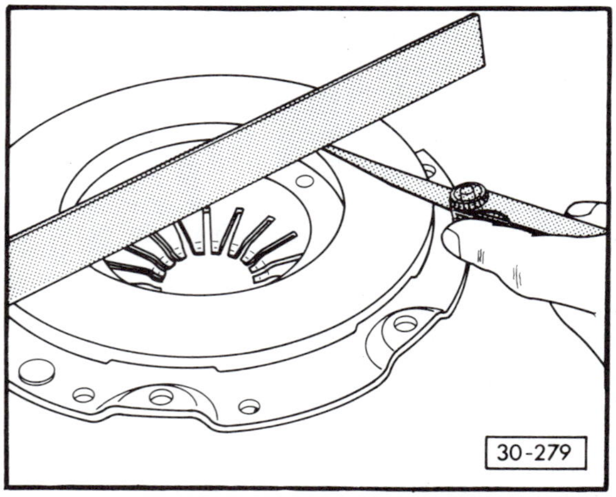

- Auflagefläche der Druckplatte auf Risse, Brandstellen und Verschleiß prüfen.

- Druckplatten, die bis zu 0,3 mm nach innen durchgebogen sind, dürfen noch eingebaut werden. Die Prüfung erfolgt mit Lineal und Fühlerblattlehre.
- Schwungrad auf Brandrisse und Riefen prüfen.
- Kupplungsdruckplatte und Schwungrad mit sehr feinem Schmirgelleinen abziehen.
- Verölte, verfettete oder mechanisch beschädigte Kupplungsscheiben austauschen.
- Belagstärke der Kupplungsscheibe mit Schieblehre messen. Wenn die Belagdicke unterhalb der Verschleißgrenze liegt, Kupplungsscheibe auswechseln. Ebenso bei Belagrissen. Verschleißgrenze 1,3-l, 1,4-l-CVH: 7,3 mm; 1,6-/1,8-/2,0-l: 6,9 mm.

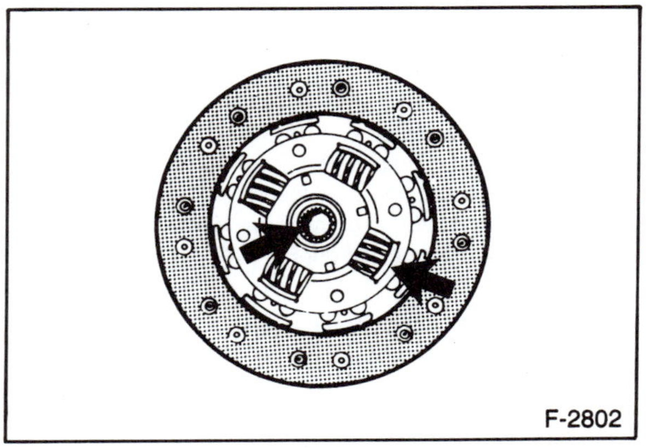

- Federfenster, Torsionsfedern und Nabe auf Verschleiß- und Einlaufspuren prüfen.
- Ausrücklager vom Lagerrohr am vorderen Getriebedeckel abnehmen und prüfen, siehe Seite 109.
- In der Werkstatt kann die Kupplungsscheibe auf Schlag geprüft werden. Der Seitenschlag darf bei der Kupplungsscheibe maximal 0,5 mm betragen. **Achtung:** Diese Prüfung ist nur notwendig, wenn die alte Kupplungsscheibe wieder eingebaut werden soll und die Kupplung vorher nicht richtig ausgekuppelt hat.

Einbau

- Vor dem Einbau einer neuen Kupplung, Korrosionsschutzfett von der Druckplatte restlos entfernen.

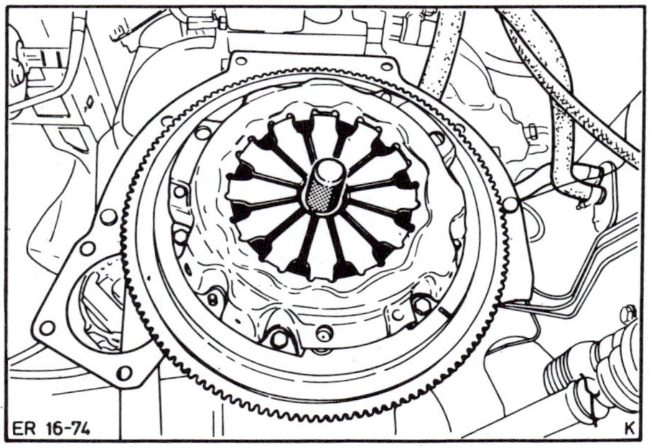

- Kupplungsscheibe und Kupplungsdruckplatte in Schwungrad einsetzen.

- Die Kupplungsdruckplatte in die entsprechenden Paßstifte setzen. Die Kupplungsscheibe muß mit einem passenden Dorn (zum Beispiel von HAZET) oder mit einer alten Getriebe-Antriebswelle zentriert werden.

Achtung: Die flache Seite der Kupplungsscheibe mit der Aufschrift »Schwungradseite« muß zum Schwungrad zeigen.

- Befestigungsschrauben für Kupplungsdruckplatte nacheinander über Kreuz mit 1 bis 1½ Umdrehungen anziehen, bis die Druckplatte festgezogen ist. Anschließend Zentrierdorn entfernen. **Achtung:** Darauf achten, daß die Druckplatte beim Anziehen der Schrauben gleichmäßig und gratfrei in das Schwungrad eingezogen wird. Anzugsdrehmoment: **30 Nm**.
- Getriebe einbauen, siehe Seite 111.

Kupplungsseilzug aus- und einbauen

Hinweis: Falls störende Übertragungsgeräusche durch die Kupplung bei langsamer Fahrt im 1. oder 2. Gang auftreten, Kupplungszug und Ausrückhebel ersetzen. Bei heulenden Geräuschen vom Getriebe her, die bei einer Geschwindigkeit von über 90 km/h im 5. Gang auftreten, kann der Kupplungszug ersetzt werden.

Ausbau

- Batterie-Massekabel abklemmen.
- Kupplungspedal anheben und mit Holzklotz unterstützen. Dadurch wird das Kupplungsseil entlastet.

F-2803

- Kupplungsseil mit Flachzange etwas aus der Zughülle herausziehen und an der Kupplungsschwinge aushängen. **Achtung:** Zange ca. 15 mm vom Seilende ansetzen, damit die Ummantelung des Zuges nicht beschädigt wird.
- Kupplungsseil am Pedal aushängen. Dazu Pedal etwas anheben, damit sich die Sperr-Raste aus dem Zahnsegment der Nachstellautomatik löst. Zahnsegment nach vorne (in Fahrtrichtung gesehen) drehen und Seilzug aushängen.
- Kupplungsseilzug von der Motorraumseite aus der Stirnwand herausziehen.

Einbau

- Neuen Kupplungsseilzug in Stirnwand einsetzen

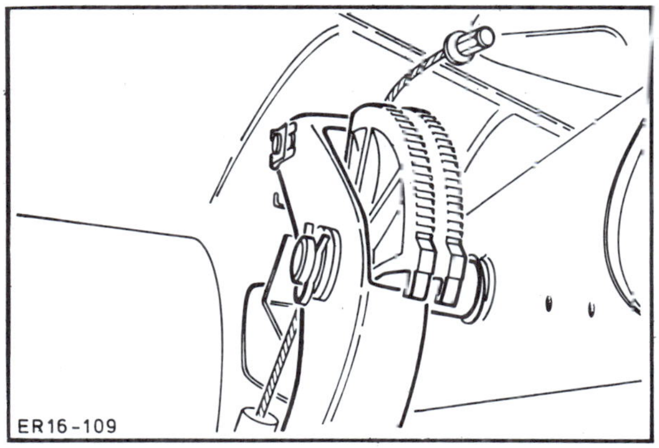

ER 16-109

- Kupplungspedal etwas anheben. Kupplungsseil zwischen die Aussparung von Pedal und Zahnsegment einführen, Segment nach vorne drehen und Seilzug einhängen.
- Kupplungsseil in Kupplungsschwinge einhängen. **Achtung:** Der Kupplungszug muß in möglichst weichen Bögen verlegt werden, sonst kann die Nachstelleinheit am Kupplungspedal klemmen.
- Klotz unter dem Pedal entfernen. Kupplungspedal durchtreten und dadurch Seilzug einstellen.
- Batterie-Massekabel anklemmen.

Ausrücklager aus- und einbauen

Hörbare Lagergeräusche in ausgekuppeltem Zustand, also bei niedergetretenem Kupplungspedal, deuten auf ein defektes Ausrücklager hin.

Achtung: Bei Klopfgeräuschen vom Kupplungs-Ausrücklager her oder bei erhöhtem Kraftaufwand am Kupplungspedal kann ein neues, geändertes Ausrücklager (mit Stahlhülse) eingebaut werden.

Ausbau

- Getriebe ausbauen, siehe Seite 111.

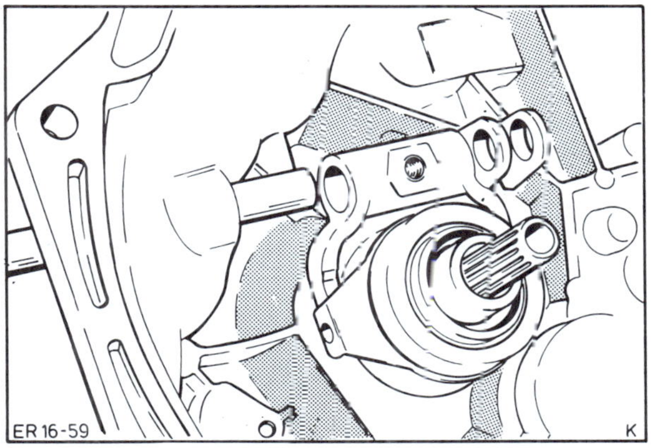

ER 16-59 K

- Ausrücklager oben und unten aus der Lagergabel aushängen und von der Getriebe-Antriebswelle abziehen.

Einbau

- Sämtliche Lager- und Berührungsflächen mit MoS_2-Schmierfett fetten.
- Ausrücklager einsetzen und Lagergabel einhängen.
- Falls erforderlich, neue Stahlführungshülse mit Kupferhammer vorsichtig auftreiben.
- Getriebe einbauen, siehe Seite 111.

Störungsdiagnose Kupplung

Störung	Ursache	Abhilfe
Kupplung rupft	Motor- und Getriebelager defekt	■ Prüfen, gegebenenfalls auswechseln
	Getriebe liegt in der Aufhängung nicht fest	■ Befestigungsschrauben nachziehen
	Druckplatte trägt ungleichmäßig	■ Druckplatte auswechseln
	Mitnehmerscheibe kein Original-FORD-Teil	■ Original-FORD-Kupplungsscheibe einbauen
	Kurbelwelle fluchtet nicht zur Getriebe-Antriebswelle	■ Zentrierflächen von Motor und Getriebe überprüfen
	Ausrücker drückt einseitig	■ Ausrücker überprüfen
	Seilführung falsch verlegt	■ Seilführung in Ordnung bringen
Nur bei Rückwärtsfahrt	Kupplungsbelag verglast durch Unterbelastung	■ Kupplung stark belasten, z. B. 5mal Anfahren im 3. Gang, **Achtung:** Kuppl. nicht überhitzen
Kupplung rutscht	Kupplungsscheibe verschlissen	■ Dicke der Kupplungsscheibe prüfen, gegebenenfalls auswechseln
	Spannung der Membranfeder zu gering	■ Druckplatte auswechseln
	Belag verhärtet oder verölt	■ Kupplungsscheibe austauschen
	Kupplung wurde überhitzt	■ Original-FORD-Teil einbauen
Kupplung trennt nicht richtig	Belag durch Abrieb verklebt	■ Kupplungsscheibe austauschen
	Kupplungsscheibe klemmt auf der Antriebswelle, Kerbverzahnung trocken oder verklebt	■ Kerbverzahnung reinigen, entgraten, ggf. Rost entfernen und neu schmieren; z. B. MoS_2-Puder einbürsten
	Kupplungsscheibe hat Seitenschlag	■ Kupplungsscheibe prüfen lassen, ersetzen
	Kupplungspedal erreicht den Begrenzungsanschlag nicht	■ Prüfen, ob Begrenzungsanschlag erreicht wird, gegebenenfalls Fußmatte ausschneiden
	Ausrücker defekt	■ Ausrücker auf Verformung prüfen
	Mitnehmerscheibe stark verbogen, oder Belag gebrochen	■ Mitnehmerscheibe ersetzen
Bei heißem Getriebe lassen sich die Gänge nicht herunterschalten	Kupplungsscheibe defekt	■ Neue, geänderte Kupplungsscheibe einbauen
Geräusch bei betätigtem Kupplungspedal	Ausrücklager defekt	■ Ausrücklager prüfen, ersetzen
	Kupplungsscheibe schlägt an die Druckplatte	■ Kupplungsscheibe auswechseln
Lastwechsel-Klacken bei niedrigen Geschwindigkeiten	Kupplungsscheibe defekt	■ 130-PS-Motor: Kupplungsscheibe auswechseln 105-PS-Motor: Kupplungsscheibe und Druckplatte auswechseln
Auf- und abschwellendes Geräusch bei Zug- oder Schubzustand, oder wenn das Fahrzeug in ausgekuppeltem Zustand rollt	Torsionsdämpfer der Kupplungsscheibe schwergängig	■ Kupplungsscheibe erneuern
	Nietverbindungen der Kupplung locker	■ Kupplung ersetzen
	Unwucht der Kupplung zu groß	■ Kupplung und Kupplungsscheibe ersetzen

Das Schaltgetriebe

Das Getriebe bildet mit dem Achsantrieb eine Einheit. Das komplette Aggregat kann ohne Ausbau des Motors ausgebaut werden. Ein Ausbau ist dann erforderlich, wenn die Kupplung ausgewechselt werden soll oder wenn das Getriebe überholt werden muß. Da es jedoch in keinem Fall anzuraten ist, Reparaturen am Getriebe mit Heimwerkermitteln in Angriff zu nehmen, beschreibe ich lediglich den Ausbau des Aggregates.

Schaltgetriebe aus- und einbauen

Der ESCORT/ORION ist grundsätzlich mit dem 4- oder 5-Gang-Getriebe »BC« ausgestattet beziehungsweise seit Modelljahr '96 mit dem 5-Gang Getriebe »B5«. Die leistungsstärkeren Modelle mit 130- und 150-PS-Motoren besitzen das 5-Gang-Getriebe »MTX-75«. Beschrieben wird der Ausbau des »BC«-Getriebes; zum Ausbau des »B5«-Getriebes sinngemäß vorgehen. Auf die Besonderheiten beim Ausbau des »MTX-75«-Getriebes wird am Ende des Kapitels hingewiesen.

Ausbau

Achtung: Vor dem Ausbau des Getriebes einen Gang einlegen, um eine korrekte Einstellung der Schaltung nach dem Einbau zu gewährleisten.
Beim 4-Gang-Getriebe den **2. Gang** einlegen.
Beim 5-Gang-Getriebe den **4. Gang** einlegen.

- **Batterie-Massekabel (–) abklemmen.**
- **1,6-l-Benzin- sowie Dieselmotor:** Luftschlauch vom Luftfilter abbauen, Luftfilteroberteil abnehmen.

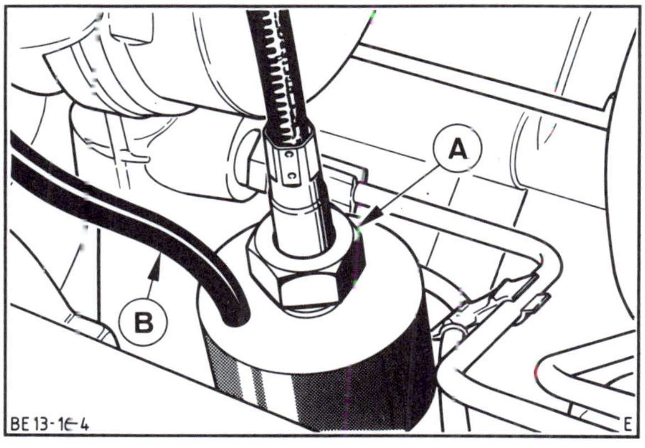

- Überwurfmutter –A– für Tachowelle abschrauben. Tachowelle herausziehen.
- Falls vorhanden, Anschlußkabel –B– für Geschwindigkeitssensor am Kabelstecker trennen.

- Kupplungspedal nach oben drücken, zum Beispiel durch Helfer, oder mit Holzklotz unterstützen. Kupplungsseil nach vorn ziehen und Seilzugnippel aus dem Getriebehebel aushängen.
- Getriebeentlüftungsschlauch aus der Öffnung des Längsträgers herausziehen.
- Massekabel für Radio oben vom Getriebe abziehen, falls verschraubt, Schraube lösen.

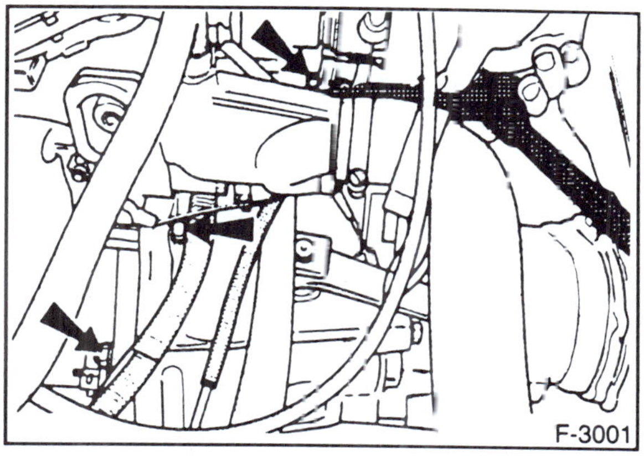

- Die 3 von oben zugänglichen Flanschschrauben, die Motor und Getriebe verbinden, herausdrehen. Die Abbildung zeigt den Benzinmotor.

- 2 Muttern vom Halter der linken hinteren Getriebeaufhängung abschrauben.

- Aufhängevorrichtung einsetzen, Motor vorne links einhängen und vorspannen (etwas hochziehen).
- Steht die Aufhängevorrichtung nicht zur Verfügung, geeignetes Rohr über den Motorraum legen und in den Kotflügelsicken abstützen, dabei Holz unterlegen. Nicht das Rohr auf die Kotflügel legen! Geeigneten Draht oder Haken in die Halteöse des Motors einhängen und mit dem Rohr verbinden.

Achtung: Beim **1,3-l-Motor** Zündkabel des 4. Zylinders abziehen und Zündkerze ausbauen, um Beschädigungen beim Anbringen der Haltevorrichtung zu vermeiden.

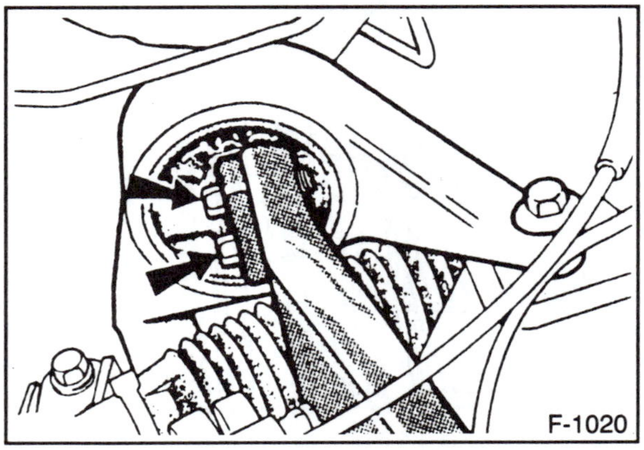

- Getriebelager hinten links am Gummilager mit 2 Schrauben abschrauben.

- Fahrzeug aufbocken, siehe Seite 105.

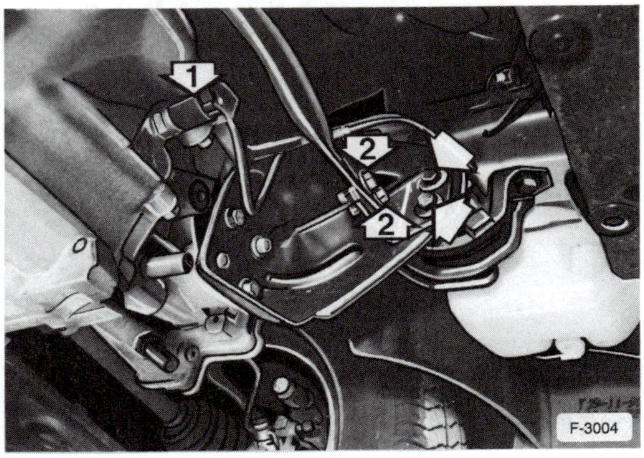

- Getriebelager vorn links am Gummilager mit 2 Schrauben abschrauben –Pfeile–.
- Kabelstecker –1– vom Schalter für Rückfahrleuchten abziehen.
- Anlasser ausbauen, siehe Seite 228.

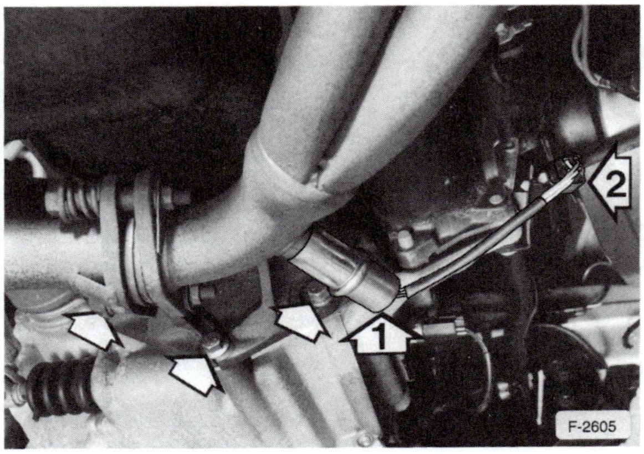

- **Nur 1,6-l-Motor:** Versteifungsstreben –Pfeile– zwischen Motor und Getriebe lösen (7 Schrauben). Zwischenblech herausnehmen.

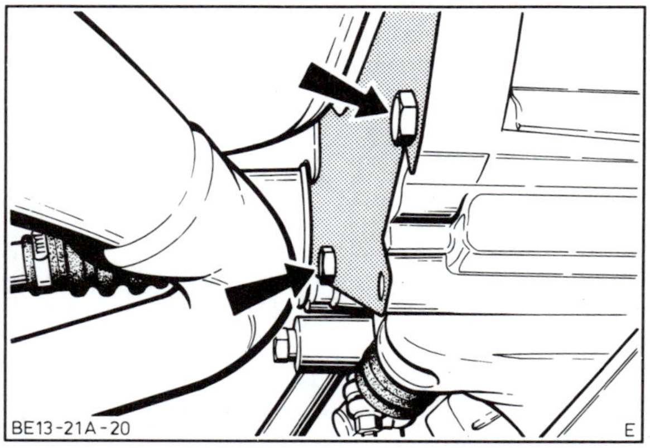

- **Alle Modelle außer 1,6-l-Motor:** Abdeckblech für Kupplungsgehäuse abschrauben.

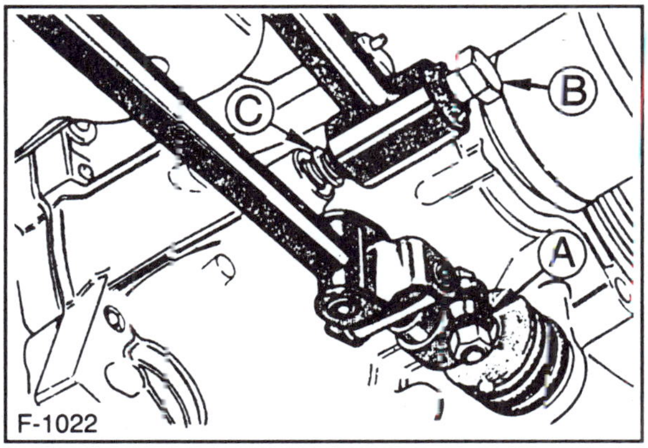

- Schaltstange von der Getriebe-Schaltwelle abbauen, dazu Klemmschraube –A– lösen und Schaltstange abziehen.
- Schraube –B– für Stabilisator herausdrehen und Stabilisator mit Draht am Unterboden aufhängen. **Achtung:** Unterlegscheibe –C– zwischen Getriebegehäuse und Stabilisator nicht verlieren.
- Schaltstange und Stabilisator mit Draht am Unterboden aufhängen, um Beschädigungen zu vermeiden.

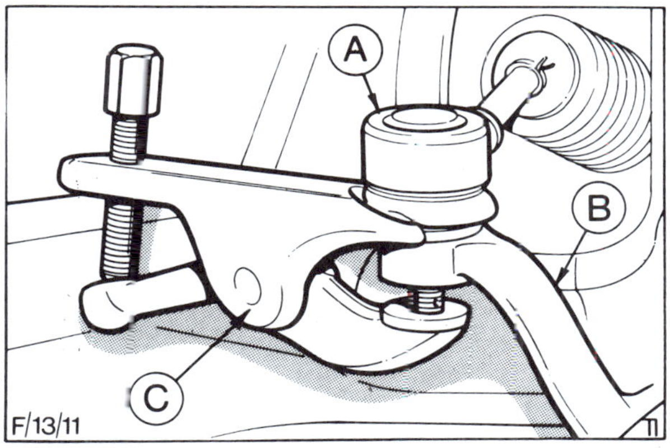

- Splint herausziehen, Mutter lösen und **linke** Spurstange –A– mit Abdrücker –C– vom Spurstangenhebel –B– abdrücken.

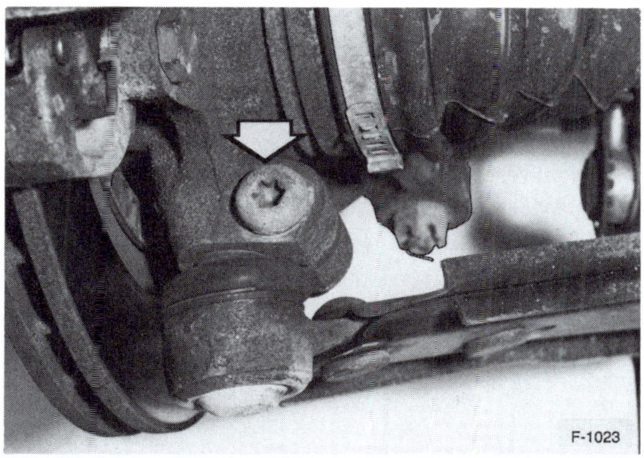

- Achsgelenk rechts und links vom Schwenklager abschrauben (2 Schrauben mit Muttern). Schrauben herausziehen und Achsgelenk nach unten aus dem Schwenklager herausziehen.
- Linkes Antriebsgelenk mit Gelenkwelle vom Getriebe abbauen. Dazu einen großen Montierhebel zwischen einer Verstärkungsrippe am Getriebegehäuse und dem Antriebsgelenk ansetzen. Das Ende des Hebels nach unten drükken. Dabei Schwenklager vorsichtig nach außen drücken, bis sich die Antriebswelle aus dem Getriebe herausnehmen läßt, hierbei getriebeseitiges Tripoden-Gelenk nicht auseinanderziehen.

Achtung: Antriebskegelräder des Ausgleichgetriebes mit einem Plastikstopfen oder Antriebsgelenk gegen Verdrehen und herauslaufendes Öl sichern. Um eine unnötige Belastung der Gelenke zu vermeiden, Gelenkwelle mit Draht aufhängen. Der maximal zulässige Beugungswinkel des inneren Gelenkes beträgt 17°, das äußere (radseitige) Gelenk hat einen Anschlag, jedoch nicht mit Gewalt über diesen Anschlag beugen.

- Rechtes Antriebsgelenk mit Gelenkwelle vom Getriebe abbauen und Gelenkwelle ebenfalls aufhängen.
- Motor und Getriebe mit Motorhaltevorrichtung etwas absenken.
- Getriebe mit Werkstattwagenheber und Holzzwischenlage leicht unterstützen.
- 1 verbliebene Mutter am Halter für Getriebelager hinten links abschrauben. Getriebehalter herausnehmen.
- 4 untere Getriebeflanschschrauben herausdrehen.
- Getriebe von Hand leicht anheben und mit Montierhebel vom Motor abdrücken.
- Getriebe vorsichtig herausheben.

Einbau

Vor dem Einbau des Getriebes Kupplung und Kupplungsausrücklager überprüfen, siehe Seite 109.

- Kerbverzahnung der Antriebswelle reinigen und leicht mit Moly-Gleitpaste oder Moly-Spray schmieren. **Achtung:** Wird zuviel Fett aufgetragen, kann es im Betrieb auf die Kupplungs-Reibscheibe gelangen und zu Funktionsstörungen führen.

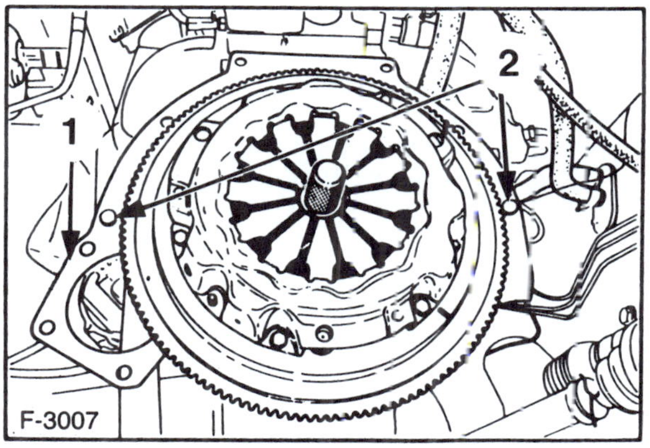

- Beim Einsetzen des Getriebes auf richtigen Sitz des Zwischenbleches –1– achten. Gegebenenfalls Zwischenplatte mit etwas Fett befestigen. Außerdem müssen beide Führungsstifte –2– vorhanden sein.

- Falls beim Einsetzen des Getriebes die Getriebe-Antriebswelle nicht in die Kupplungsscheibe einrastet, Antriebswelle etwas verdrehen, oder Motor-Kurbelwelle durch Helfer etwas drehen lassen.
- Getriebe ausrichten, bis die Bohrungen im Kupplungsgehäuse in die Führungsbuchsen eingreifen.
- Anschließend die 4 unteren Befestigungsschrauben einsetzen und mit **40 Nm** festziehen.

Achtung: Dabei darf auf keinen Fall das Getriebe durch Anziehen der Schrauben an den Motorblock herangezogen werden.

- Getriebelager-Halter auf die 3 Stehbolzen setzen, Muttern mit **50 Nm** festziehen.
- Halter für Getriebelager mit 3 Muttern am Getriebe mit **50 Nm** festziehen.
- Fahrzeug absenken.

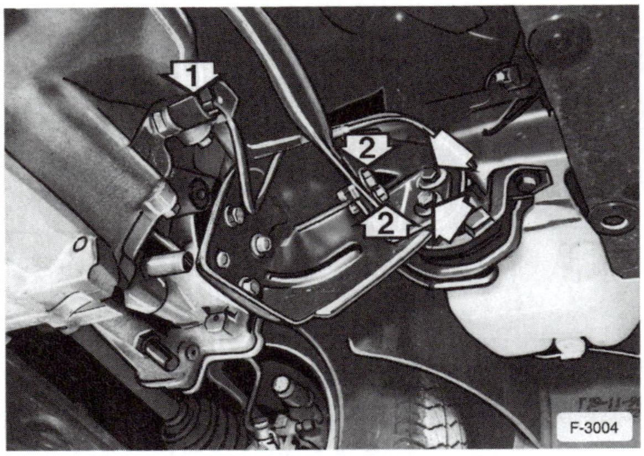

- Motor mit Hebevorrichtung anheben, bis die Gewindelöcher am Getriebelager fluchten. 2 Schrauben –Pfeile– einsetzen, mit **70 Nm** anziehen.

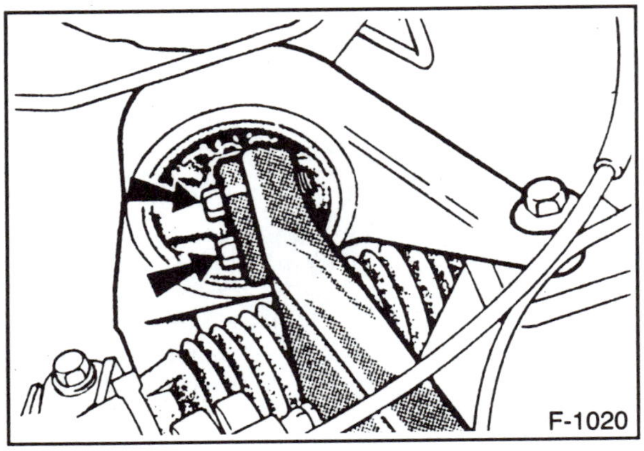

- Hinteres Getriebelager mit 2 Schrauben und **70 Nm** anschrauben.
- Gelenkwellen mit neuen Sicherungsringen in das Getriebe eindrücken, siehe Seite 128.
- Kugelgelenke der Querlenker rechts und links am Schwenklager einsetzen, Schrauben mit **55 Nm** festziehen.
- Linke Spurstange am Schwenklager einsetzen und Kronenmutter mit **25 Nm** anschrauben. Mutter mit Splint sichern, dazu Splint durch die Bohrung schieben und Schenkel des Splints umbiegen. **Achtung:** Falls der Splint nicht durch die Bohrung paßt, Mutter entsprechend weiterdrehen, nicht lösen.

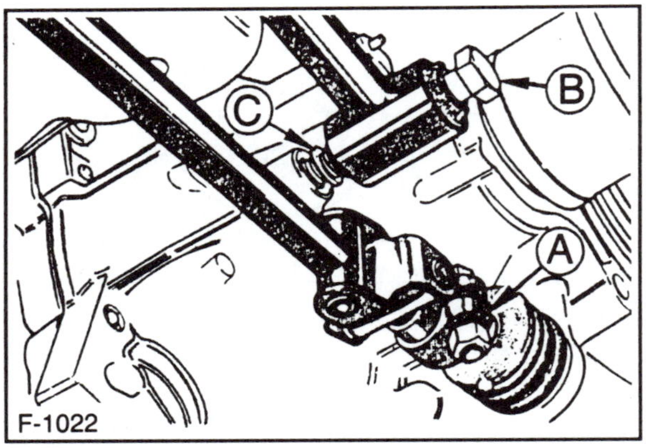

- Stabilisator mit Unterlegscheibe –C– am Getriebegehäuse ansetzen und Schraube –B– mit **55 Nm** festschrauben.
- Klemmstellen von Schaltstange und Schaltwelle mit Benzin abwischen (fettfrei reinigen) und zusammenstecken.
- Schaltung einstellen, nach der Einstellung mit Klemmschraube und **15 Nm** sichern, siehe Seite 117.
- **Fahrzeuge außer mit 1,6-l-Motor:** Kupplungsabdeckblech mit 40 Nm anschrauben.

- **1,6-l-Motor:** Getriebe-Zwischenblech zusammen mit den Versteifungsstreben-Motorblock/Getriebegehäuse am Getriebe befestigen (3 Schrauben –Pfeile links–). Versteifungsstreben am Motorblock festschrauben (4 Schrauben). Alle Schrauben mit **40 Nm** festziehen.
- Anlasser zusammen mit der Strebe zur linken vorderen Getriebeaufhängung mit 3 Schrauben und **40 Nm** anschrauben. Kabel anklemmen, siehe Seite 223.

Achtung: Anlasserkabel und Kabel –2– zur Lambdasonde –1– so anschließen, daß ein Kontakt mit dem Abgasrohr ausgeschlossen ist.

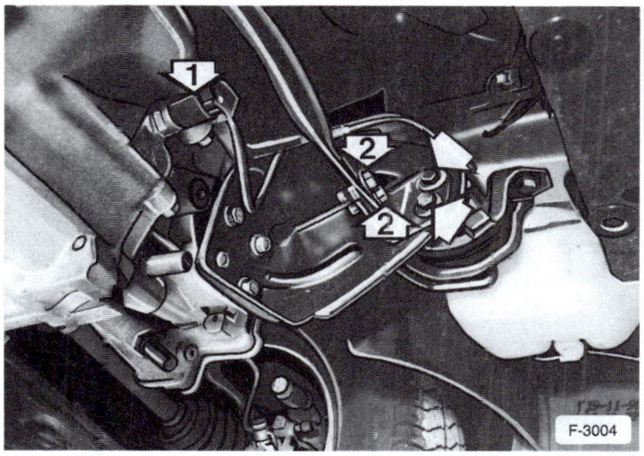

- Verbindungsstrebe zum linken vorderen Getriebelager spannungsfrei einbauen: Dazu beide Schrauben –2– lösen, Anlasser-Befestigungsschrauben an der Strebe lösen und mit **40 Nm** festziehen. Danach Schrauben –2– mit **50 Nm** festziehen.
- Kabelstecker am Schalter für Rückfahrscheinwerfer –1– anschließen.
- Fahrzeug ablassen, siehe Seite 105.
- **1,3-l-Motor:** Falls ausgebaut, Zündkerze für Zylinder 4 einbauen und Zündkabel aufstecken.
- Motor-Haltevorrichtung entspannen und abnehmen.
- Massekabel für Radio am Getriebe anbringen.
- 3 obere Verbindungsschrauben am Motor/Getriebeflansch einsetzen und mit **40 Nm** festziehen. **Achtung:** Kabelhalterung für OT-Sensor (am Motor/Getriebeflansch) mit der entsprechenden Flanschschraube mit anschrauben.
- Tachowelle am Getriebe einsetzen und mit Überwurfmutter anschrauben. Leitung für Drehzahlsensor aufstecken.
- Kupplungsseil einhängen, siehe Seite 109.
- Getriebe-Entlüftungsschlauch **knickfrei** in die Öffnung am Längsträger stecken. **Achtung:** Ist der Schlauch geknickt oder verschmutzt, entsteht Überdruck im Getriebe, Getriebeöl kann durch die Tachowelle oder die Dichtringe der Gelenkwelle austreten.
- **1,6-l-Motor und Dieselmotor:** Luftfilter einbauen, siehe Seite 77.
- Getriebe-Ölstand kontrollieren, gegebenenfalls auffüllen, siehe Kapitel »Wartung«.
- Batterie-Massekabel anklemmen.

5-Gang-Getriebe »MTX-75«

Ausbau

Achtung: Der Ausbau erfolgt grundsätzlich wie beim »BC«-Getriebe. Hier wird nur auf die Abweichungen hingewiesen.

- Gaszug aushängen
- Obere Flanschschrauben Motor/Getriebe herausdrehen.
- Motorhalterung anbringen und Motor etwas anheben.
- Unter dem Fahrzeug Kabelbinder am Ansaugschlauch für Impulsluftsystem durchschneiden.
- Motorlager hinten/oben von der Karosserie abschrauben.
- Motorlager hinten/unten vom Längsträger abschrauben.
- Gelenkwellen und Anlasser abbauen.
- Muttern für Motorlager hinten/oben abschrauben.
- Motorlager vorn vom Längsträger abschrauben.
- Getriebe bis auf die Höhe des Längsträgers absenken.
- Motorlager vorn ausbauen.
- Motorlager hinten/oben herausnehmen.
- Die unteren 6 Flanschschrauben herausdrehen. **Achtung:** Die beiden Schrauben unten/hinten können nicht herausgenommen werden. Deshalb die beiden Schrauben lösen, gleichzeitig Getriebe vom Motor spaltenbreit trennen.

Einbau

- Getriebe anflanschen. **Achtung:** Die beiden Flanschschrauben hinten/unten müssen bereits eingesetzt sein. Aus diesem Grund kann das Getriebe nicht bündig angesetzt werden.
- 6 Flanschschrauben mit **40 Nm** anziehen.
- Motorlager vorn an Getriebe mit **55 Nm** anschrauben.
- Motorlager hinten/oben an Getriebe mit **120 Nm** anschrauben.
- Getriebe etwas anheben.
- Motorlager hinten/oben an die Karosserie mit **70 Nm** anschrauben.
- Motorlager vorn an die Karosserie mit **70 Nm** anschrauben.

- Motorlager hinten/unten an Längsträger mit **120 Nm** anschrauben.

Achtung: Die Motorlager dürfen sich beim Festziehen nicht verdrehen.

- Gelenkwellen und Anlasser einbauen.
- Schaltung anbauen: Stabilisator mit **55 Nm** anschrauben. Innere Schaltstange in 1.-Gang-Stellung bringen. Äußere Schaltstange auf innere schieben und mit **25 Nm** anschrauben. Klemmschraube lösen, so daß sich die Klemmverbindung verschieben läßt, und Schaltung in Neutral-Stellung bringen. Nach dem Einstellen der Schaltung Klemmschraube festziehen.
- Motorhaltevorrichtung abnehmen.
- 2 Flanschschrauben oben mit Halter für Anlasserkabel und **40 Nm** anschrauben.
- Gaszug einhängen und einstellen.
- Schaltung einstellen: Manschette und Balg am Schalthebel abziehen. Spezialwerkzeug 16-064 in die Kulisse einsetzen und Oberteil um 90° nach rechts drehen. Dadurch wird der Schalthebel in Mittelposition fixiert. In dieser Stellung Klemmschraube an der Schaltstange festziehen. Spezialwerkzeug abnehmen.

Die Schaltung

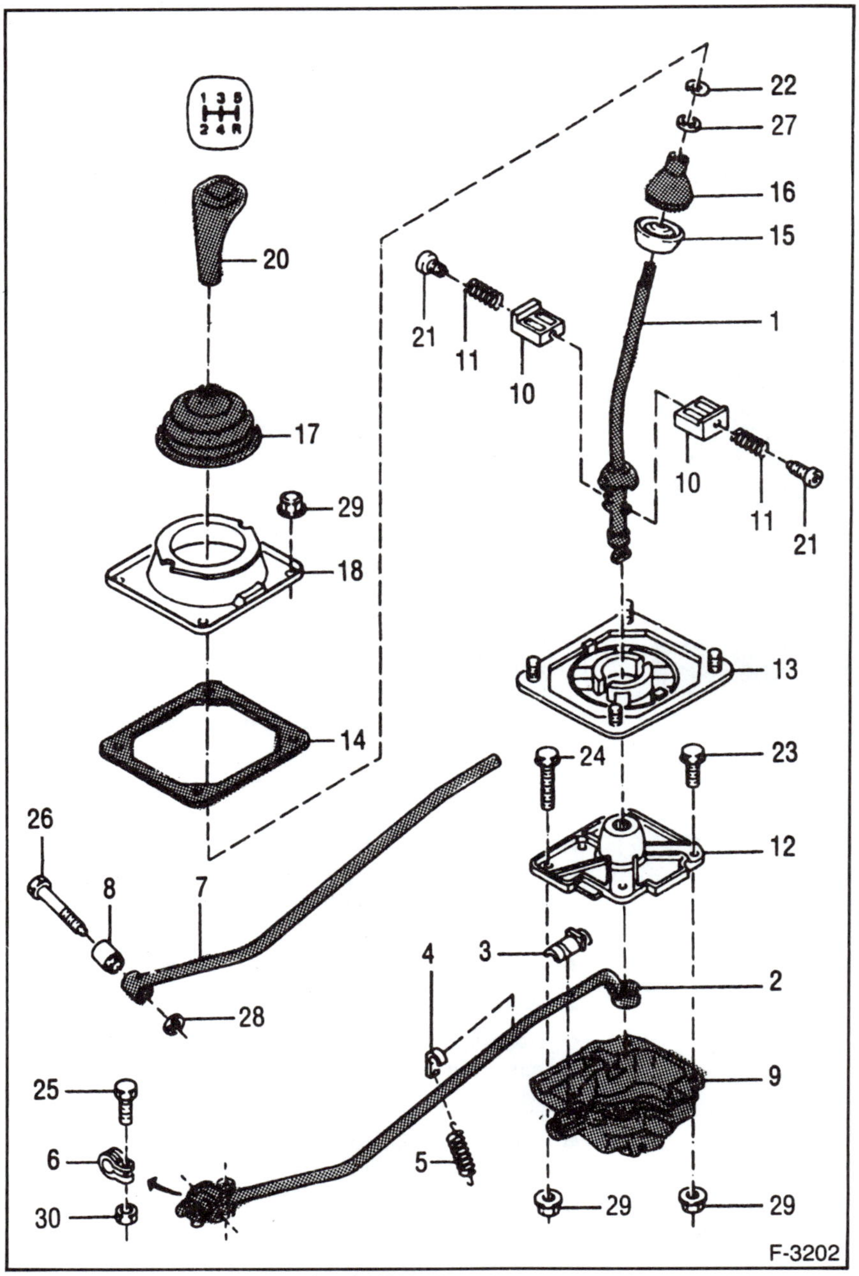

1 – **Handschalthebel**
2 – **Schaltstange**
3 – **Lagerschale für Schaltkulisse**
4 – **Halter für Rückzugfeder**
5 – **Rückzugfeder für Schaltstange**
6 – **Klemmschelle**
7 – **Stabilisator**
8 – **Gummilager**
9 – **Schaltungsgehäuse**
10 – **Arretierbügel**
11 – **Feder für Arretierbügel**
12 – **Schaltungsgehäuse**
13 – **Halter**
14 – **Dichtung**
15 – **Federauflage**
16 – **Gummifeder**
17 – **Manschette für Schalthebel**
18 – **Halter für Manschette**
20 – **Schaltknopf**
21 – **Linsenkopfschraube**
22 – **Sicherungsscheibe**
23 – **Sechskantschraube M6×20**
24 – **Sechskantschraube M6×40**
25 – **Sechskantschraube M8×33**
26 – **Sechskantschraube M12×80**
27 – **Unterlegscheibe**
28 – **Unterlegscheibe**
29 – **Selbstsichernde Mutter M6**
30 – **Selbstsichernde Mutter M8**

Schaltung einstellen

5-Gang-Getriebe »BC«

Wird das Getriebe oder die Schaltung ausgebaut, Schalthebel vorher in Stellung 4.Gang bringen. In dieser Stellung Schaltwelle an der Klemmschelle wieder zusammenschrauben, eine Einstellung ist dann nicht unbedingt erforderlich. Falls vergessen wurde, vor Ausbau den 4.Gang einzulegen, Schaltschwierigkeiten auftreten oder das Getriebe zerlegt wurde, ist die Schaltbetätigung wie folgt einzustellen.

- Fahrzeug aufbocken, siehe Seite 105.

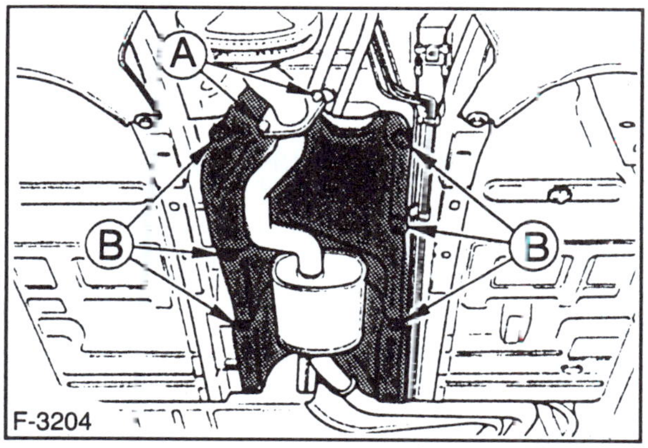

F-3204

- Katalysator-Hitzeschild unterhalb vom Schalthebel von der Bodengruppe abschrauben, dazu Schrauben –B– lösen. Bei beengten Platzverhältnissen kann es erforderlich sein, zusätzlich das Abgasrohr zu lösen, Schrauben –A–.
- Klemmschraube lösen und Schaltstange von der Getriebeschaltwelle abziehen.

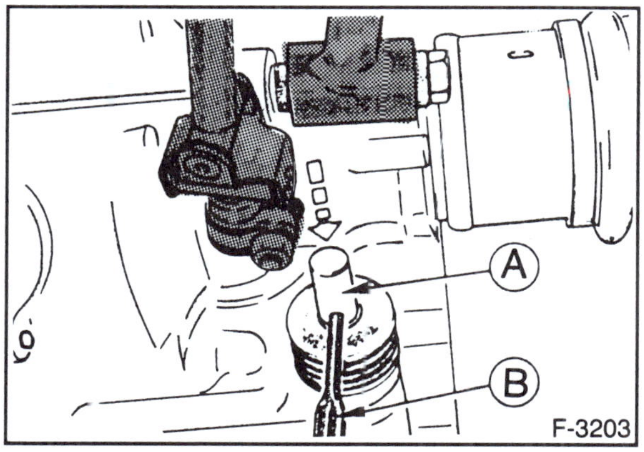

F-3203

- Mit einem geeigneten Dorn –B– die Getriebe-Schaltwelle –A– vor- und zurückschieben, um die Mittelstellung festzustellen.
- In der Mittelstellung Schaltwelle nach rechts und links bis zum Anschlag verdrehen, um auch hier die Mittelstellung festzustellen. In dieser Stellung Schaltwelle ganz in das Getriebe hineindrücken, siehe –Pfeil– in der Abbildung.
- Klemmflächen an Schaltwelle/Schaltstange mit Spiritus abwischen, damit sie fettfrei sind.
- Schaltstange auf die Getriebeschaltwelle schieben.

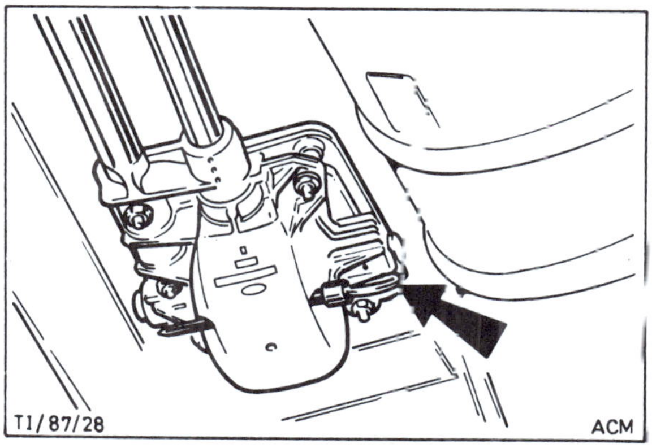

- Schalthebel im Innenraum in die 4.Gang-Position bringen. In dieser Stellung Dorn oder Bohrer mit 3,5 mm ∅ durch die Bohrung im Schaltgehäuse und im Schalthebel stecken –Pfeil–. Der Schalthebel ist nun in dieser Position arretiert.

Achtung: Arretierstift nur von links (in Fahrtrichtung gesehen) einsetzen.

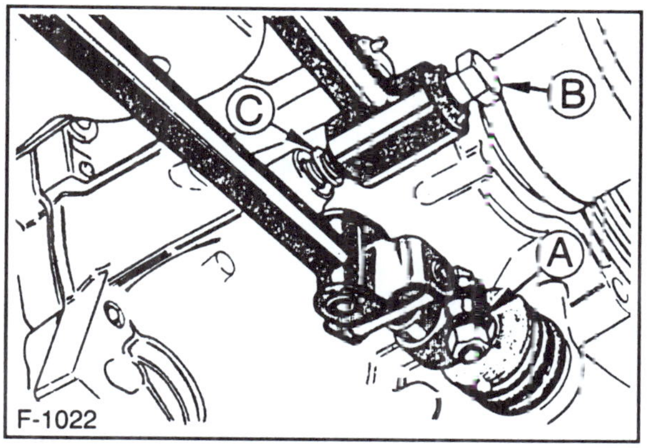

F-1022

- Mutter –A– an der Klemmschraube mit **15 Nm** festziehen. Dabei darauf achten, daß die Schaltwelle sich nicht verdreht. Zusätzlich abgebildet: Schraube –B– und Unterlegscheibe –C– für Stabilisator.
- Arretierdorn aus dem Schaltgehäuse entfernen.
- Leichte Schaltbarkeit aller Gänge prüfen, gegebenenfalls Einstellung wiederholen.
- Hitzeschild für Katalysator wieder anschrauben.
- Gegebenenfalls Abgasanlage mit neuer Dichtung zusammenschrauben, siehe Seite 100.
- Fahrzeug ablassen, siehe Seite 105.

Die Vollautomatik

Der FORD ESCORT/ORION wird auf Wunsch mit einer Getriebevollautomatik, dem CTX-Getriebe, ausgestattet. Beim CTX-Getriebe (CTX = Continuously Variable Transaxle) erfolgt die Kraftübertragung stufenlos über ein Stahlband, das aus hunderten hochfester Stahlglieder besteht. Es stellt die Verbindung zwischen Getriebe-Eingangswelle und dem Abtrieb her und läuft in paarweise angeordneten, kegelförmigen Scheiben. Diese Riemenscheiben werden je nach Fahrzustand und Leistungsanforderung hydraulisch zusammengedrückt oder gespreizt. Dementsprechend sinkt das Schubgliederband tiefer oder klettert nach außen die Scheibe hoch.

Das Übersetzungsverhältnis ändert sich dadurch stufenlos. Die hydraulische Steuereinheit des CTX-Getriebes wählt automatisch das Übersetzungsverhältnis so, daß der Motor stets mit bestmöglichem Wirkungsgrad arbeitet.

Um schneller beschleunigen zu können, zum Beispiel bei Überholvorgängen, hat die Automatik einen sogenannten Kickdown-Schalter, der sich beim vollen Niedertreten des Gaspedals einschaltet. Der Kickdown-Effekt sorgt dafür, daß das Getriebe eine niedrigere Übersetzung wählt.

Für die Beurteilung der Funktion der Getriebeautomatik und für die richtige Fehlersuche sind Erfahrung mit automatischen Getrieben und die Kenntnis der Arbeitsweise unerläßlich. Daher werden hier nur der Aus- und Einbau des Getriebes mit Seilzugeinstellung sowie die wichtigsten Gebrauchshinweise gegeben. Die Wartung (Ölstandprüfung/Ölwechsel) wird im Kapitel »Wartung« am Buchende behandelt.

Abschleppen von Fahrzeugen mit Automatik

Achtung: Fahrzeug mit CTX-Automatik-Getriebe **nicht** auf herkömmliche Weise mit Abschleppseil oder Zugstange abschleppen, sonst wird das Getriebe beschädigt.

- Fahrzeug vorn an den Antriebsrädern anheben oder auf Hänger beziehungsweise Transporter aufladen.
- Bei Fahrzeugen mit Automatik-Getriebe kann der Motor **nicht** durch Anschieben/Anschleppen gestartet werden.

Automatikgetriebe aus- und einbauen

Arbeiten, die auch beim Ausbau des Schaltgetriebes durchgeführt werden müssen, werden hier nicht besonders erläutert. Nur die Unterschiede werden aufgezeigt. Daher zuerst das Kapitel »Schaltgetriebeausbau« durchlesen, siehe Seite 102.

Ausbau

- Batterie-Massekabel (–) abklemmen.
- Luftfilter ausbauen, siehe Seite 77.
- Kabel vom Schalter für Startsperre am Getriebegehäuse ausclipsen.
- Tachowelle am Getriebe abschrauben, Stecker für Geschwindigkeitsgeber (Nähe Tachowelle) am Stecker trennen.

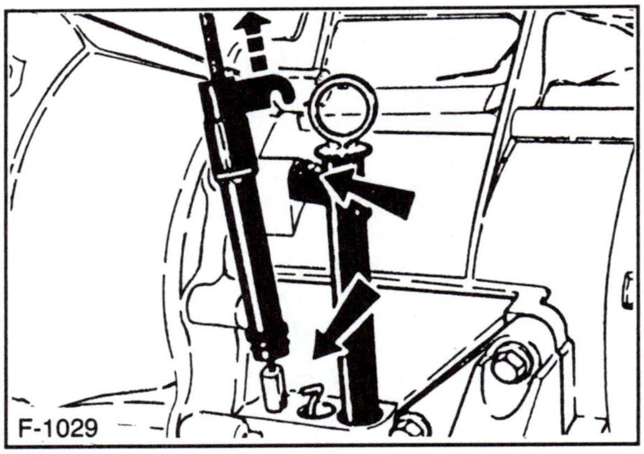

- Kurvenscheiben-Betätigungszug komplett ausbauen, dazu Seilzug am Gasgestänge der Einspritzanlage aushängen. Halter der Seilzugaußenhülle vom Getriebegehäuse abschrauben (1 Schraube). Gestänge für den Kurvenscheiben-Betätigungszug am Seilzug aushängen, siehe Abbildung.
- Obere Verbindungsschrauben Motor/Getriebe abschrauben.
- Getriebehalter hinten links vom Gummilager abschrauben (2 Schrauben).

- Motorhaltevorrichtung einsetzen und Motor vorspannen, also etwas anheben.
- Fahrzeug aufbocken, siehe Seite 105.
- Getriebeöl aus dem Automatikgetriebe ablassen, siehe Seite 271.
- Schaltseilzug vom Getriebe-Schaltwellenhebel abbauen, dazu beide Muttern am Halter des Schaltseilzugs und Gabelkopf vom Schaltwellenhebel abnehmen, siehe Abbildung unter Kapitel »Schaltseilzug einstellen«.
- Anlasser ausbauen, siehe Seite 228.
- Stecker vom Schalter der Startsperre sowie Rückfahrleuchtenschalter am Getriebegehäuse abziehen, sowie Radio-Massekabel am Getriebe abklemmen.
- Abdeckblech vom Motor-Schwungrad am Getriebe abschrauben (3 Schrauben).

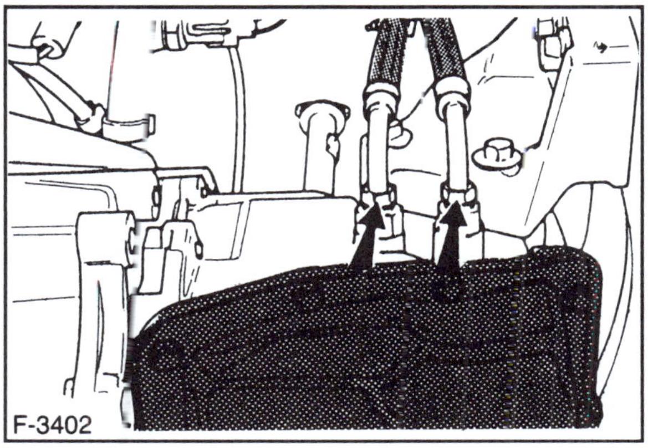
F-3402

- 2 Ölleitungen zum Ölkühler am Getriebe abschrauben und zur Seite legen. **Achtung:** Öl läuft aus, Auffanggefäß unterlegen. Es darf kein Schmutz in die Leitungen gelangen, daher Plastiktüten mit Gummiringen überstülpen.
- Achsgelenke der beiden Querlenker lösen und aus dem Schwenklager ausdrücken, siehe Seite 126.
- **Linke** Spurstange mit Spezialwerkzeug vom Spurstangenhebel abdrücken, vorher Splint entfernen und Kronenmutter lösen.
- Gelenkwellen mit Draht am Aufbau hochbinden. Beide Antriebsgelenke mit Montierhebel vom Getriebe abdrükken, danach Stopfen in das Getriebe einsetzen, siehe Seite 128.

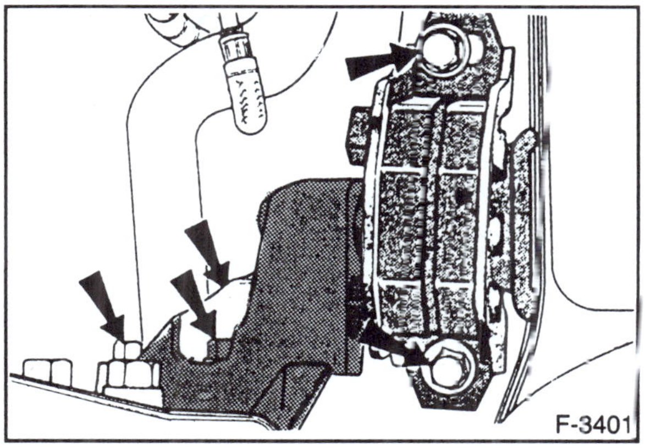
F-3401

- Vorderen Getriebehalter komplett ausbauen, dazu 5 Schrauben lösen.
- Motor/Getriebe mit der Motorhaltevorrichtung soweit absenken, daß der hintere Getriebehalter vom Getriebe abgebaut werden kann.

Achtung: Getriebe mit Werkstatt-Wagenheber von unten abstützen, dabei eine möglichst breite Zwischenlage als Auflage verwenden. Darauf achten, daß die Getriebe-Ölwanne nicht eingedrückt wird.

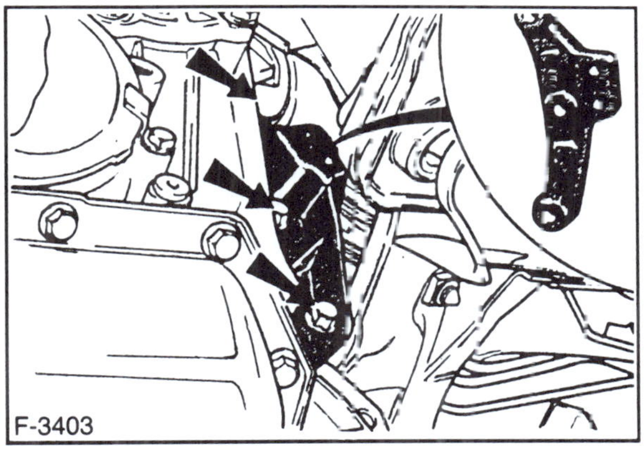
F-3403

- Hinteren Getriebehalter vom Getriebegehäuse abschrauben (3 Schrauben).
- Untere Verbindungsschrauben Motor/Getriebe abschrauben.
- Wagenheber ablassen, Getriebe vom Motor weg abnehmen.

Einbau

- Antriebswellen-Verzahnung mit Drahtbürste reinigen.

Achtung: Die Verzahnung der Getriebe-Antriebswelle darf nicht mit Fett oder ähnlichem geschmiert werden, da dies zu Funktionsstörungen führt.

- Wagenheber vorsichtig anheben und Getriebe einsetzen.
- 2 untere Getriebe-Flanschschrauben einsetzen und mit **40 Nm** am Motor festschrauben, dabei Massekabel mit einsetzen.
- Hinteren Getriebehalter mit 3 Schrauben und **70 Nm** am Getriebe anschrauben.
- Wagenheber wegnehmen und Motor mit der Motorhebevorrichtung anheben.
- Getriebehalter vorn komplett mit Gummipuffer an Getriebe und Längsträger anschrauben. Schrauben für Halter am Getriebe mit **50 Nm**, alle anderen Schrauben mit **70 Nm** festziehen.
- Stopfen am Getriebe entfernen und beide Gelenkwellen mit neuen Sicherungsringen in das Getriebe eindrücken, sie müssen einrasten, siehe Seite 128.
- Linken Spurstangenkopf einbauen, siehe Seite 144.
- Querlenker links und rechts in die Schwenklager eindrücken, Schrauben mit **55 Nm** anziehen.
- Stopfen entfernen und beide Ölleitungen zum Ölkühler anschrauben.
- Abdeckblech für Motor-Schwungrad montieren, 3 Schrauben mit 10 Nm, also nicht zu fest, anziehen.
- Kabel für Schalter der Startsperre und Rückfahrscheinwerfer, sowie Radio-Massekabel am Getriebe anschließen.
- Anlasser einbauen, siehe Seite 228.

Achtung: Dabei Halter für den Lambda-Sondenstecker mit anschrauben.

- Schaltseilzug einstellen und anbauen, siehe folgendes Kapitel.
- Fahrzeug absenken und Motor-Haltevorrichtung abnehmen.
- Hinteren Getriebehalter mit 2 Schrauben und **70 Nm** am Gummipuffer anschrauben.
- Obere Verbindungsschrauben Motor/Getriebe mit **40 Nm** anschrauben, dabei Kabelhalter und Heizungsschlauchhalter mit anbauen.
- Kurvenscheiben-Betätigungszug am Gestänge einhängen und Außenhülle mit 1 Schraube am Getriebe anschrauben.
- Kurvenscheiben-Betätigungszug einstellen, siehe Seite 121.
- Tachowelle einschrauben, Stecker für Geschwindigkeitsgeber zusammenfügen.
- Luftfilter einbauen, siehe Seite 77.
- Batterie-Massekabel anklemmen.
- Vorgeschriebenes Getriebeöl auffüllen und Ölstand prüfen.

Schaltseilzug einstellen

Das gewählte Fahrprogramm (P-R-N-D-L) wird über den Schaltseilzug am Automatikgetriebe eingelegt. Eine Einstellung ist nach Einbau des Getriebes oder der Schaltung erforderlich.

Einstellung prüfen

- Wählhebel in Position »P« legen.
- Fahrzeug vorn aufbocken, siehe Seite 105.
- Sicherstellen, daß sich der Schaltwellenhebel am Getriebe in der Position »P« befindet. Dazu an den Vorderrädern drehen, bis die Parksperre einrastet (Vorderräder blockieren).
- Blockieren die Vorderräder nicht, Schaltseilzug einstellen.

Einstellen

- Schaltseilzug am Schaltwellenhebel am Getriebe abbauen, dazu Sicherungsbolzen –A– abhebeln.
- Getriebe-Schaltwelle verschieben, bis die Parksperre einrastet, zur Prüfung an den Vorderrädern drehen.
- Wählhebel auf Stellung »P« stellen.

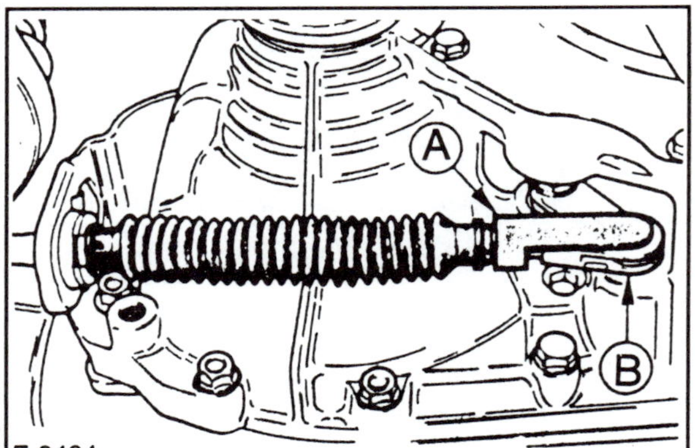

F-3404

- In dieser Stellung müssen die Bohrungen im Schaltwellenhebel –B– und im Gabelkopf des Schaltseilzugs übereinanderstehen und sich der Sicherungsbolzen –A– leicht einsetzen lassen, sonst Seilzug in der Länge verstellen.
- Zur Verstellung Gummibalg am Seilzug zurückschieben und Gabelkopf am Gewinde soweit heraus- beziehungsweise hereinschrauben, bis die Bohrungen von Schaltwelle und Seilzug fluchten und sich der Sicherungsbolzen leicht einsetzen läßt.
- Sicherungsbolzen einsetzen und durch Einrasten sichern; Gummibalg aufschieben.
- Fahrzeug ablassen.

Kurvenscheiben-Seilzug einstellen

Die Gaspedalstellung (und damit die Leistungsanforderung) wird dem automatischen Getriebe von einem Seilzug, der an einer Kurvenscheibe an der Drosselklappenwelle der Einspritzeinheit befestigt ist, übermittelt. Eingestellt werden muß der Seilzug bei Einbau des Getriebes oder des Gaszugs.

Einstellen

- Luftfilter ausbauen, siehe Seite 77.

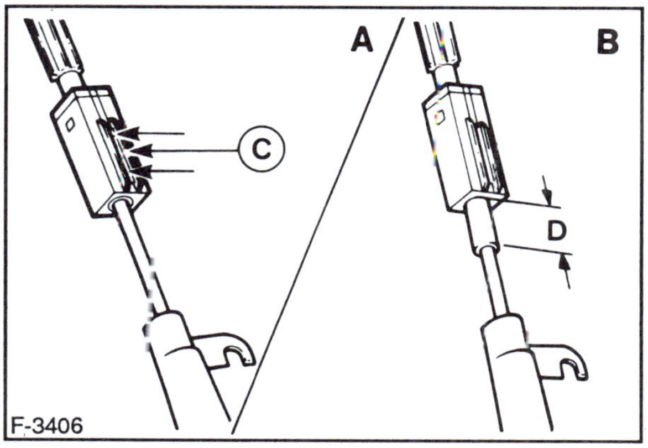

- Rote Entriegelungsleiste –C– der automatischen Einstellvorrichtung (sitzt oben an der Seilzug-Führungshülse) gleichmäßig eindrücken, bis der Seilzug ganz entspannt ist. Dabei wird ein Klicken hörbar. Der Überstand –D– der Hülle vergrößert sich dabei.
- Drosselklappe der Einspritzanlage durch Drehung der Kurvenscheibe von Hand in Vollgasstellung bringen, daß heißt bis zum Anschlag verdrehen, und dann wieder loslassen. **Achtung:** Dabei rastet die automatische Einstellvorrichtung am Getriebe-Seilzug hörbar ein, das Spiel –D– stellt sich ein.

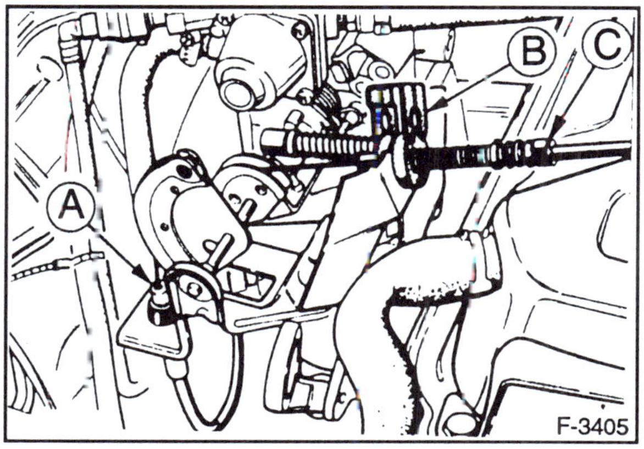

A – Kurvenscheiben-Seilzug, B – Steckraste, C – Gaszughülle der Einspritzanlage

- Gaszug der Einspritzanlage anschließend einstellen. Dazu Steckraste –B– abziehen, Gaspedal ganz durchtreten lassen (Helfer). Gaszughülle ganz herausziehen, dabei öffnet sich die Drosselklappe ganz. Steckraste in dieser Stellung aufschieben.
- Zur Prüfung der Einstellung Gaspedal nochmals ganz durchtreten lassen, die Drosselklappe muß die Vollgasstellung knapp erreichen, gegebenenfalls Steckraste entsprechend umstecken.
- Luftfilter einbauen.

Die Vorderachse

Die Vorderachse ist durch die beiden McPherson-Federbeine bestimmt. Die Federbeine bestehen jeweils aus einer Schraubenfeder und einem integrierten Hydraulik-Stoßdämpfer. Sie sind oben mit der Karosserie und unten mit dem Schwenklager verschraubt. Die seitliche Führung erfolgt durch untere, L-förmige Querlenker aus Preßstahl, die über Gummimetallbuchsen am Achsträger gelagert sind. Die Buchsen der Querlenker sind nicht auswechselbar, bei einem Defekt muß der gesamte Querlenker ausgewechselt werden.

Ein Querstabilisator ist am Achsträger befestigt und über Koppelstangen mit beiden Federbeinen verbunden. Er vermindert die Aufbauneigung des Fahrzeugs in Kurven.

Die Antriebskraft des Frontmotors wird über zwei Gelenkwellen auf die Vorderräder übertragen. Die Gelenkwellen sind unterschiedlich lang und jeweils mit zwei Gleichlaufgelenken beziehungsweise mit einem Gleichlaufgelenk und einem Tripodegelenk ausgestattet. Ein Tilgergewicht auf der rechten Gelenkwelle dient zur Schwingungsdämpfung.

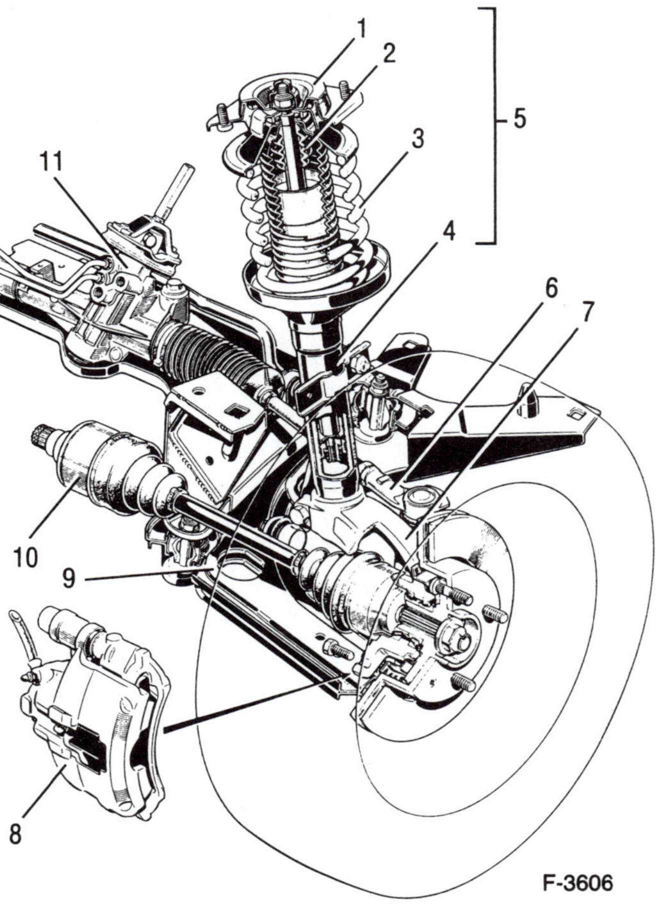

1 – Stützlager
2 – Gummipuffer
3 – Schraubenfeder
4 – Stoßdämpfer
5 – Federbein
6 – Spurstange
7 – Schwenklager
Mit eingepreßtem Radlager.
8 – Bremssattel
9 – Querlenker
10 – Gelenkwelle
11 – Lenkgetriebe

Federbein aus- und einbauen

Ausbau

- Radschrauben am betreffenden Federbein lösen.
- Abdeckkappe für Federbeinmutter im Motorraum abziehen.

- 2 Muttern für Federbeinlager –Pfeile– lösen, noch nicht ganz abschrauben. **Achtung:** Auf keinen Fall Mutter –1– lösen, da die Feder unter Vorspannung steht!
- Fahrzeug vorn aufbocken, siehe Seite 105.
- Rad abnehmen.
- Gelenkwelle so abstützen, daß sie nach Ausbau des Federbeins nicht nach unten durchhängt. Dazu geeigneten Stützbock unter der Gelenkwelle postieren, und zwar neben der Gummimanschette des äußeren Gleichlaufgelenks.
- Halter des Bremsschlauches vom Federbein abschrauben.

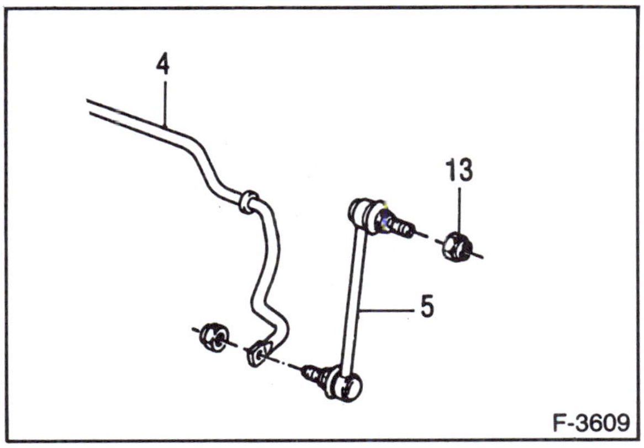

- Kugelgelenk der Verbindungsstange –5– des Stabilisators –4– am Federbein abbauen, dazu Mutter –13– lösen.

- Klemmschraube und Mutter des Kugelgelenkes für unteren Querlenker am Schwenklager entfernen und Querlenker nach unten aus dem Schwenklager herausziehen. **Achtung:** Darauf achten, daß die Gummimanschette am Kugelgelenk nicht beschädigt wird. Zum Schutz mit Lappen umwickeln.

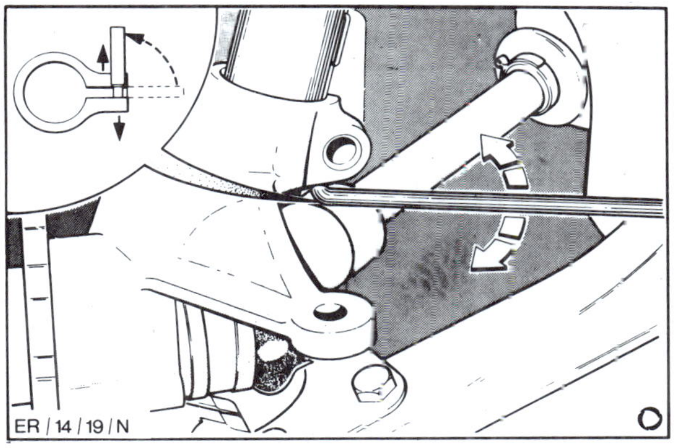

- Klemmschraube für Federbein am Schwenklager herausdrehen.
- Zum Ausbau benutzen die FORD-Werkstätten das Spezialwerkzeug 14-039. FORD-Werkzeug von unten in die Nut des Schwenklagers einsetzen, um 90° drehen und dadurch Federbeinhalterung spreizen. Schwenklager nach unten drücken, damit das Federbein frei wird. Werkzeug abnehmen. Es geht aber auch mit einem geeigneten Meißel oder Montierhebel, hier aber darauf achten, daß keine Bauteile beschädigt werden.
- Obere Befestigungsmuttern für Federbein abschrauben und Federbein komplett herausnehmen.

Einbau

- Federbein von unten einführen, so daß es mittig im Federbeindom sitzt. 2 **neue, selbstsichernde** Muttern auf die Stehbolzen am Federbeinlager aufschrauben, mit **45 Nm** anziehen.
- Spezialwerkzeug FORD 14-039 oder geeigneten Montierhebel in die Nut des Schwenklagers einsetzen, um 90° drehen und Schwenklager am Federbein aufschieben. Werkzeug abnehmen.

- **Neue selbstsichernde** Klemmschraube für Federbein am Schwenklager einsetzen, dabei sicherstellen, daß die Schraube durch den Schlitz in der Halterplatte geführt wird. Klemmschraube mit **85 Nm** festziehen.
- Querlenker-Kugelgelenk von unten in das Schwenklager einführen und Klemmschraube mit **55 Nm** festziehen.
- Halter für Bremsschlauch am Federbein anschrauben.
- Kugelgelenk der Verbindungsstange des Stabilisators an Halter am Federbein mit **50 Nm** anschrauben.
- Vorderrad anschrauben.
- Fahrzeug ablassen.
- Radmuttern mit **100 Nm** festziehen.
- Baldmöglichst Fahrzeug vermessen lassen, gegebenenfalls Spur einstellen, siehe Seite 148.

Das Federbein

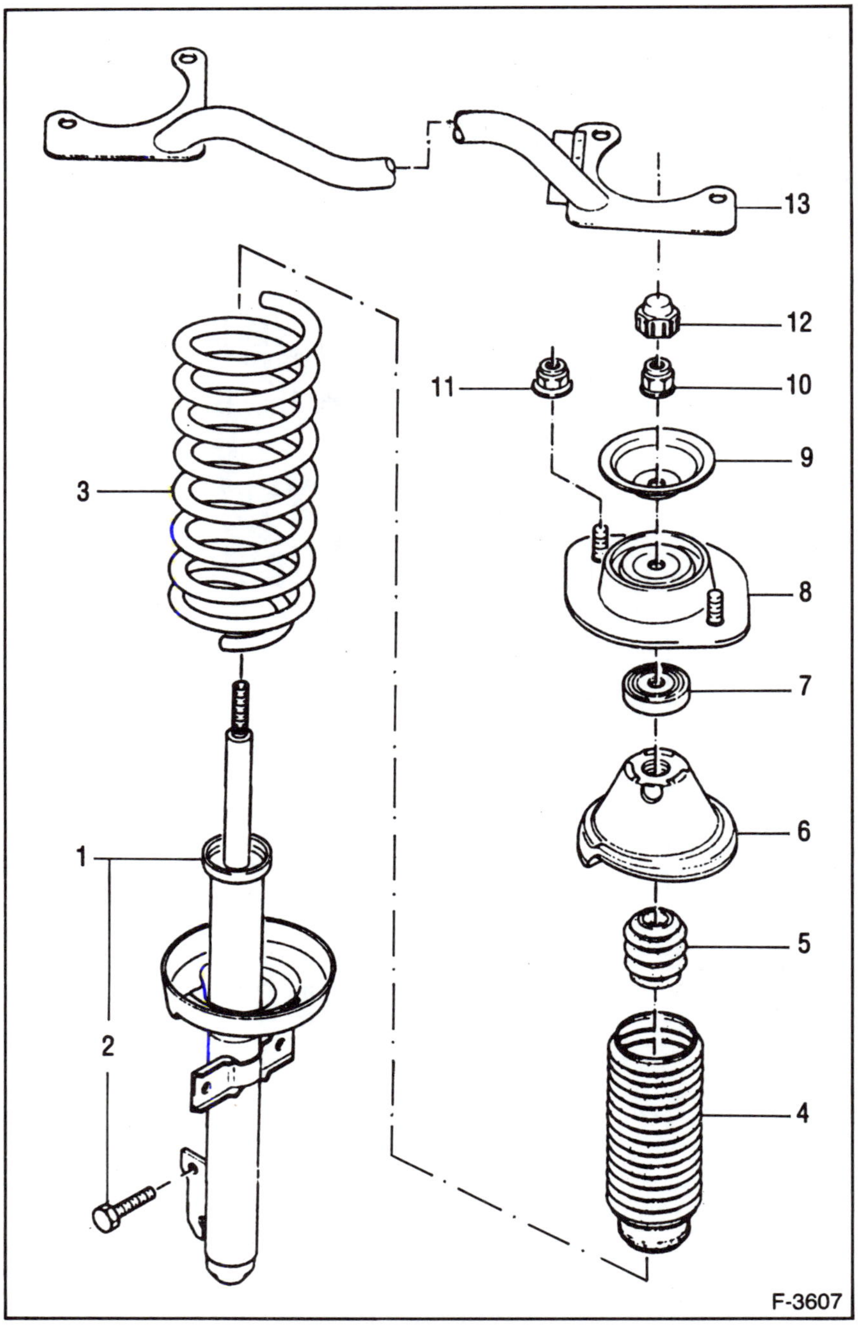

1 – **Stoßdämpfer**
2 – **Selbstsichernde Sechskantschraube M12×45**
3 – **Schraubenfeder**
4 – **Schutzmanschette**
5 – **Anschlagpuffer**
6 – **Obere Federauflage**
7 – **Lager**
8 – **Lagerhalter**
9 – **Halteblech**
10 – **Selbstsichernde Sechskantmutter M12×1,25**
11 – **Selbstsichernde Sechskantmutter M8**
12 – **Abdeckkappe**
13 – **Verstärkungsstrebe**
Nur Cabrio-Modell.

Federbein zerlegen/Stoßdämpfer/Schraubenfeder aus- und einbauen

Ausbau

- Federbein ausbauen, siehe Seite 123.
- Um den Stoßdämpfer ausbauen zu können, muß die Schraubenfeder vorgespannt werden. Die Fachwerkstatt benutzt dazu eine Spezialvorrichtung.

Achtung: Auf keinen Fall Stoßdämpfer lösen, wenn die Feder nicht gespannt ist.

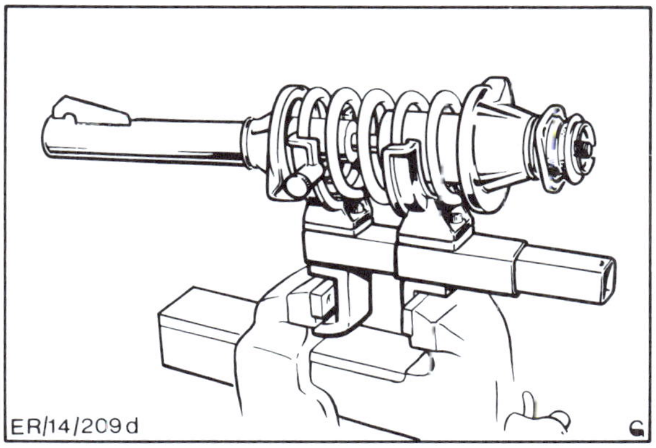

ER/14/209 d

- FORD-Federspanner MS-1516 oder handelsüblichen Federspanner in einen Schraubstock einspannen. Federbein in den Federspanner einsetzen und Feder langsam und gleichmäßig zusammenpressen, bis die obere Federauflage entlastet ist.

Achtung: Falls ein handelsüblicher Federspanner verwendet wird, der in die Windungen der Feder eingreift, darauf achten, daß die Federwindungen sicher umfaßt werden und der Federspanner nicht abrutschen kann. Feder grundsätzlich an 3 gegenüberliegenden Seiten spannen. Die Schraubenfeder steht unter großer Vorspannung, deshalb nur stabiles Werkzeug verwenden. Keinesfalls Feder mit Draht zusammenbinden. Unfallgefahr!

Achtung: Die Befestigungsmutter darf nur dann gelöst werden, wenn die Feder sicher gespannt ist.

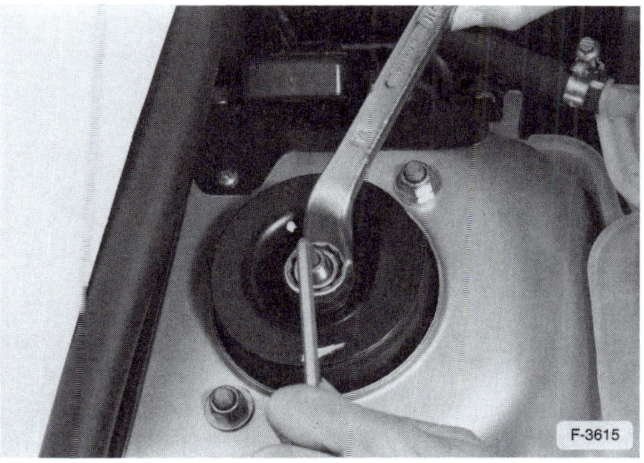

F-3615

- Abdeckkappe abnehmen, obere Befestigungsmutter am Federbein mit tiefgekröpftem 19er Ringschlüssel lösen, dabei Kolbenstange mit 6 mm Innensechskantschlüssel gegenhalten, damit sich die Kolbenstange nicht mitdrehen kann. **Achtung:** Federbein nicht, wie oben abgebildet, bei eingebautem Federbein lösen, sondern zuvor ausbauen.
- Tellerscheibe, obere Federbeinhalterung, Lager, obere Federauflage, Staubmanschette und Gummianschlag vom Federbein abziehen, siehe Federbein-Explosionsdarstellung.

Achtung: Falls nur die Feder ausgewechselt werden soll, Feder langsam entspannen. Soll dagegen nur der Stoßdämpfer ersetzt werden, bleibt die Feder gespannt.

Einbau

- Vor Einbau Stoßdämpfer prüfen, siehe Seite 126.
- Falls erforderlich, neue Schraubenfeder spannen. **Achtung:** Beim Nachkauf einer Feder beachten, daß je nach Modell Federn unterschiedlicher Stärke eingebaut sind.

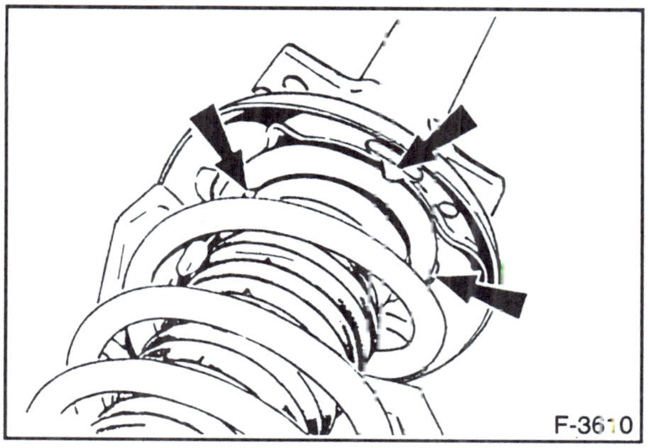

F-3610

- Stoßdämpfer durch die Feder schieben. Darauf achten, daß die Schraubenfeder an den Ansätzen der unteren Federauflage richtig anliegt.
- Anschlagpuffer über die Kolbenstange schieben.
- Staubmanschette aufsetzen.
- Obere Tellerscheibe und Lager aufschieben und Mutter mit **60 Nm** anschrauben. Dabei Kolbenstange mit Innensechskantschlüssel gegenhalten. Abdeckkappe aufdrücken. **Achtung:** Vor dem Festziehen der Mutter prüfen, ob das Lager korrekt auf der Kolbenstange sitzt.
- Schraubenfeder langsam entspannen. Dabei sicherstellen, daß die Enden der Feder und die Lager korrekt im Formteil der Federauflagen sitzen.
- Federbein einbauen, siehe Seite 123.

Stoßdämpfer prüfen

Folgende Fahreigenschaften weisen auf defekte Stoßdämpfer hin:

- Langes Nachschwingen der Karosserie bei Bodenunebenheiten, Aufschaukeln der Karosserie bei aufeinander folgenden Bodenunebenheiten.
- Aufbäumen des Fahrzeuges beim Beschleunigen.
- Springen der Räder bereits auf normaler Fahrbahn.
- Ausbrechen des Fahrzeuges beim Bremsen (kann auch andere Ursachen haben).
- Kurvenunsicherheit durch mangelnde Spurhaltung, Schleudern des Fahrzeuges.
- Poltergeräusche während der Fahrt.

Der Stoßdämpfer kann von Hand geprüft werden. Eine genaue Überprüfung der Stoßdämpferleistung ist jedoch nur mit einem Shock-Tester oder einer Stoßdämpfer-Prüfmaschine möglich.

- Stoßdämpfer ausbauen.
- Stoßdämpfer in Einbaulage halten, Stoßdämpfer auseinanderziehen und zusammendrücken.
- Der Stoßdämpfer muß sich über den gesamten Hub gleichmäßig schwer und ruckfrei bewegen lassen.
- Bei einwandfreier Funktion sind geringe Spuren von Stoßdämpferöl kein Grund zum Austausch.
- Bei starkem Ölverlust Stoßdämpfer austauschen.

Querlenker aus- und einbauen

Der Querlenker ist nicht zerlegbar. Ist ein Gelenk ausgeschlagen oder der Querlenker verbogen, muß das gesamte Teil ersetzt werden.

Ausbau

- Radmuttern für Vorderrad lösen.
- Fahrzeug vorn aufbocken, siehe Seite 105.
- Vorderrad abschrauben.

- Bolzen des Kugelgelenkes lösen und herausziehen.
- Querlenker vom Schwenklager nach unten abdrücken. Bei Schwergängigkeit Montierhebel zwischen Querlenker und Fahrzeugrahmen ansetzen und Querlenker herausdrükken. **Achtung:** Manschette des Kugelgelenks mit einem Lappen umwickeln, um sie vor Beschädigungen bei der weiteren Montage zu schützen.

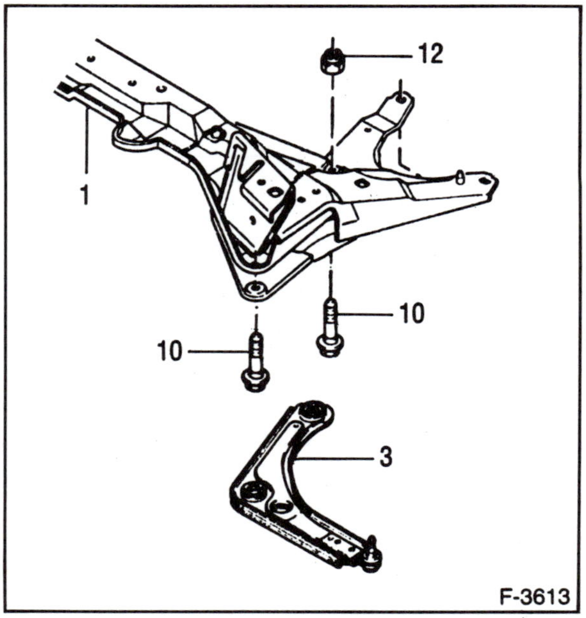

- 2 Schrauben –10–, die den Querlenker –3– am Achsträger –1– befestigen, herausdrehen.
- Querlenker herausnehmen.

Einbau

- Querlenker in den Achsträger einsetzen. Schraubenlöcher ausrichten, beide Schrauben hineindrehen und Muttern –12– handfest anziehen. **Achtung:** Die Schrauben dürfen erst festgezogen werden, wenn das Fahrzeug auf den Rädern steht.

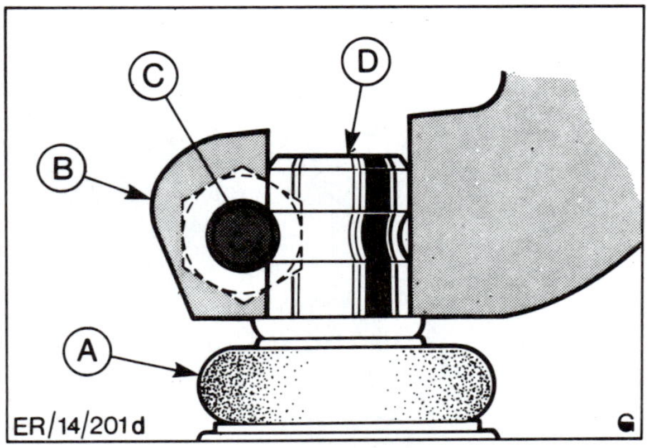

- Querlenker bis zum Anschlag in das Schwenklager –B– eindrücken. Bolzen –C– einsetzen, er greift in die Nut am Querlenkerzapfen –D– ein. Achtung: Der Schraubenkopf soll nach hinten, zum Fahrzeugheck, zeigen. Bolzenmutter mit **55 Nm** festziehen. Dabei darf sich der Bolzen nicht mitdrehen. A– Gummipuffer.

- Vorderrad anschrauben.
- Fahrzeug ablassen, siehe Seite 105.
- Radmuttern über Kreuz mit **100 Nm** festziehen.
- Befestigungsschrauben –10– für Querlenker am Achsträger in 3 Stufen festziehen. Zuerst Schrauben nochmals ganz lösen.
  1. Stufe mit Drehmomentschlüssel und **50 Nm**
  Anschließend Schrauben wieder **ganz lösen**
  2. Stufe mit Drehmomentschlüssel und **50 Nm**
  3. Stufe Schrauben mit starrem Schlüssel um **90°** (1/4 Umdrehung) **weiterdrehen**.

Achtung: Dabei muß das Fahrzeug auf den Rädern stehen.

- Spur prüfen, gegebenenfalls einstellen (Werkstattarbeit).

Schwenklager aus- und einbauen

Das Schwenklager muß zum Beispiel zum Erneuern des Radlagers ausgebaut werden.

Ausbau

- Achsmutter bei auf dem Boden stehendem Fahrzeug lösen, siehe Seite 128.
- Radschrauben lösen, Fahrzeug aufbocken, siehe Seite 105.
- Achsmutter abschrauben und mit Unterlegscheibe abnehmen.
- Halter für Bremsschlauch am Federbein abschrauben, dazu 1 Schraube lösen.
- Bremssattel abschrauben und mit angeschlossenem Bremsschlauch am Aufbau aufhängen, siehe Seite 154.

F-3614

- Falls eingebaut, Radsensor für ABS-Bremssystem abschrauben, dazu Schraube –A– lösen und Sensor am Schwenklager herausziehen. Zuleitung an den Kabelclips herausziehen –Pfeile–.
- Splint entfernen und Spurstangenkopf-Kronenmutter abschrauben. Spurstange mit Ausdrückwerkzeug am Schwenklager ausdrücken, siehe Seite 144.
- Befestigungsschraube für Kugelgelenk am unteren Querlenker entfernen und Querlenker am Schwenklager herausdrücken.
- Bremsscheibe ausbauen, siehe Seite 154.
- Schwenklager spreizen und vom Federbein nach unten abziehen, siehe Seite 123.
- Gelenkwelle abstützen, damit sie nach dem Ausbau nicht nach unten hängt. Gelenkwelle mit Universalabzieher aus der Radnabe herausdrücken, siehe Seite 128.

Einbau

- Schwenklager am Federbein anbauen, siehe Seite 123.
- Gelenkwelle mit Sonderwerkzeug in die Radnabe einziehen, siehe Seite 128.
- Spurstangenkopf am Schwenklager anbauen, siehe Seite 144.
- Kugelgelenk des unteren Querlenkers in das Schwenklager einbauen, siehe Seite 126.
- Bremsscheibe einbauen, siehe Seite 154.
- Bremssattel einbauen, siehe Seite 154.
- Gegebenenfalls ABS-Sensor einsetzen, anschrauben und Zuleitung in den Kabelclips verlegen.
- Vorderrad anschrauben.
- Fahrzeug ablassen.
- Radschrauben über Kreuz mit **100 Nm** festziehen

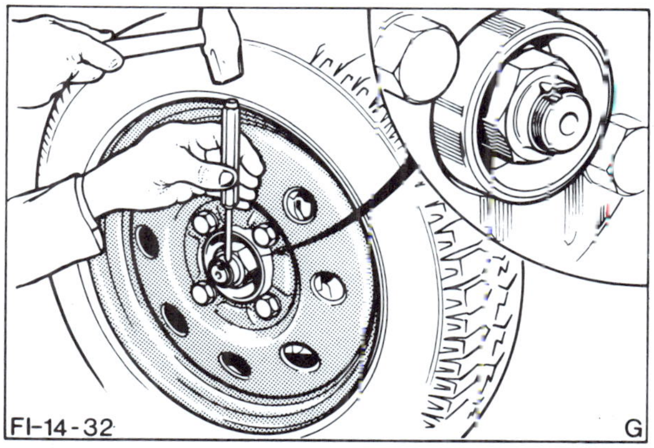

FI-14-32

- Handbremse anziehen und Fußbremse von Helfer betätigen lassen. **Neue** Achsmutter für Gelenkwelle festziehen.
  Anzugsdrehmomente:
  Mutter M20 x 1,5 (23 Keilnuten) – **220 Nm**
  Mutter M22 x 1,5 (25 Keilnuten) – **235 Nm**
- Achsmutter durch Verstemmen sichern, dazu Bund der Mutter mit Dorn mit der Nut der Welle verstemmen.
- Vorderräder von Anschlag zu Anschlag drehen, dabei Leitung für ABS-Sensor auf Freigängigkeit prüfen, sonst Verlegung korrigieren.

Gelenkwelle aus- und einbauen

Achtung: Beim Einbau der Gelenkwelle wird unter Umständen Spezialwerkzeug benötigt. Ferner müssen alle gelösten Sicherungsringe, Muttern und Splinte erneuert werden.

Ausbau

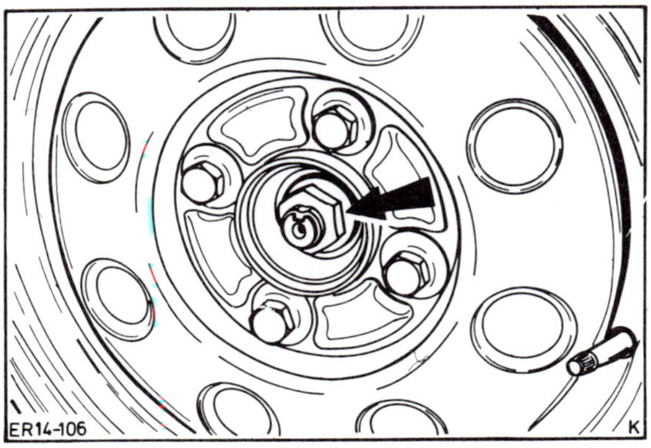

- Mit einem kleinen Durchschlag Sicherungszunge an der Nabenmutter zurückbiegen. Mutter durch Stecknuß mit langem Hebel lösen. **Achtung:** Dabei muß das Fahrzeug auf dem Boden stehen, hohes Lösemoment. Von Helfer Fußbremse betätigen lassen, damit das Fahrzeug nicht wegrollt.
- Radmuttern lösen, nicht abschrauben.
- Fahrzeug aufbocken und Rad abnehmen, siehe Seite 105.
- Bremssattel ausbauen und mit Draht am Aufbau aufhängen, siehe Seite 154.
- Spurstangenkopf vom Lenkhebel abbauen, siehe Seite 144.
- Bolzen für Querlenker am Schwenklager lösen, Querlenker nach unten aus dem Schwenklager drücken.

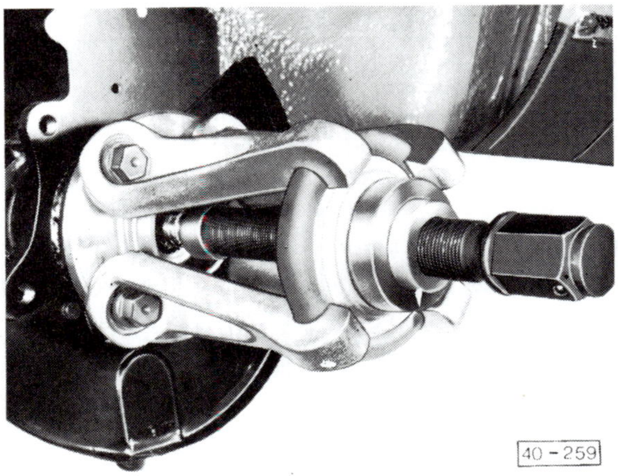

- Gelenkwelle mit handelsüblichem Abzieher aus der Radnabe drücken.

Achtung: Wenn nur die Manschetten erneuert werden sollen, braucht die Gelenkwelle nicht komplett ausgebaut zu werden. Innere Manschette lösen, Gelenkwelle aus dem inneren Gleichlaufgelenk herausziehen und Manschetten abnehmen.

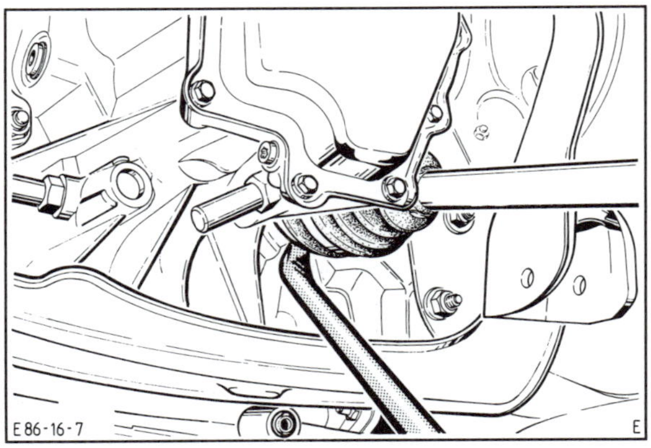

- Soll die Gelenkwelle komplett ausgebaut werden, großen Montierhebel zwischen Gelenk und an einer Verstärkungsrippe am Getriebegehäuse ansetzen. Hebel schwenken und damit Gelenk herausdrücken. Nicht an der Gelenkwelle ziehen!

Achtung: Antriebskegelräder des Ausgleichgetriebes mit einem Plastikstopfen oder einem alten Antriebsgelenk gegen Verdrehen und herauslaufendes Öl sichern. Um eine unnötige Belastung der Gelenke zu vermeiden, Gelenkwelle mit Draht aufhängen. Der maximal zulässige Beugungswinkel des getriebeseitigen Gelenkes beträgt 17°, das äußere Gelenk hat einen Anschlag, jedoch nicht mit Gewalt gegen den Anschlag drükken.

Einbau

- Vor dem Einbau Wellendichtringe auf Verschleiß überprüfen.

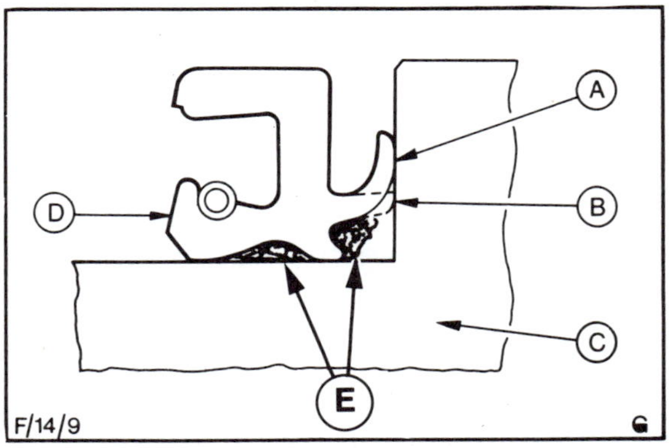

A – Dichtlippe neu, B – Dichtlippe verschlissen, C – Radnabe oder Gelenkwelle, D – Dichtring, E – Fett.

- Verschlissenen Dichtring gegebenenfalls heraushebeln. Falls erforderlich, Dichtring mit Bohrer lochen, geeignete Blechschraube reindrehen, dann mit einer Zange Schraube und damit auch Dichtring herausziehen.

Achtung: Bei defektem oder verschlissenem Dichtring, Rollen und Lagerlaufringe auf Beschädigungen prüfen, gegebenenfalls ersetzen.

- Neuen Dichtring fetten, wie in der Abbildung gezeigt, und mit geeignetem Rohr gleichmäßig eintreiben.
- Kerbverzahnung und Gewinde der Gelenkwelle reinigen und leicht einfetten.

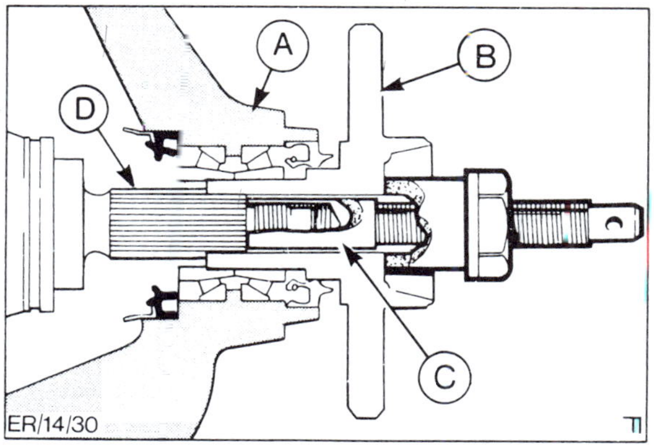

- Gelenkwelle von Hand in das Radlager einsetzen. Unterlegscheibe aufsetzen, **neue** Nabenmutter ansetzen und durch Anschrauben der Mutter Radnabe auf Gelenkwellenstumpf aufziehen. Nabenmutter nicht festziehen.

Achtung: Falls sich die Mutter nicht ansetzen läßt, Nabe –B– mit Spezialwerkzeug FORD 14-022 –C– (1,4-l-Motor ohne ABS oder Automatikgetriebe) beziehungsweise 14-041 (andere Modelle) bis zum Anschlag auf die Welle –D– ziehen. Bremsscheibe während dieses Vorgangs drehen, damit sich das Radlager gleichmäßig setzt. Werkzeug abnehmen, Unterlegscheibe auflegen und Mutter handfest aufschrauben. A– Schwenklager.

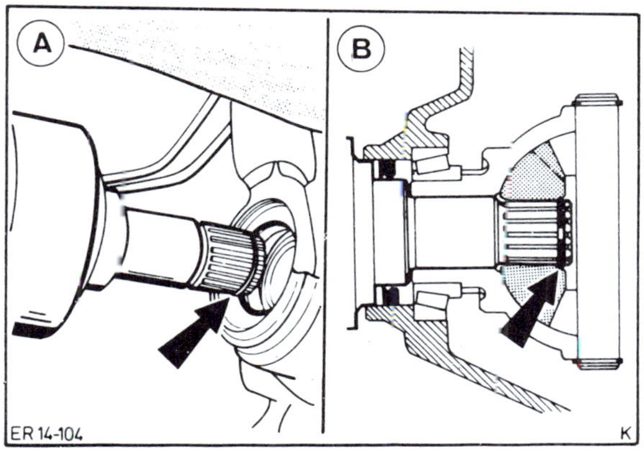

- Gelenkwelle mit **neuem** Sicherungsring –Pfeil A– in die Verzahnung des Antriebskegelrades einsetzen und durch kräftiges Drücken gegen das Schwenklager einrasten –Pfeil B–. Durch leichtes Ziehen und Drücken prüfen, ob die Welle einwandfrei sitzt.
- Querlenker am Schwenklager einbauen, siehe Seite 127.
- Spurstangenendstück am Federbein einbauen, siehe Seite 144.
- Bremssattel einbauen, siehe Seite 154.
- Vorderrad anschrauben, Schrauben handfest anziehen.
- Getriebeölstand prüfen, gegebenenfalls auffüllen, siehe Seite 271.
- Fahrzeug ablassen, siehe Seite 105.

- Radmuttern mit **100 Nm** über Kreuz festziehen.
- Handbremse anziehen und von Helfer die Fußbremse treten lassen, um das Vorderrad zu blockieren.

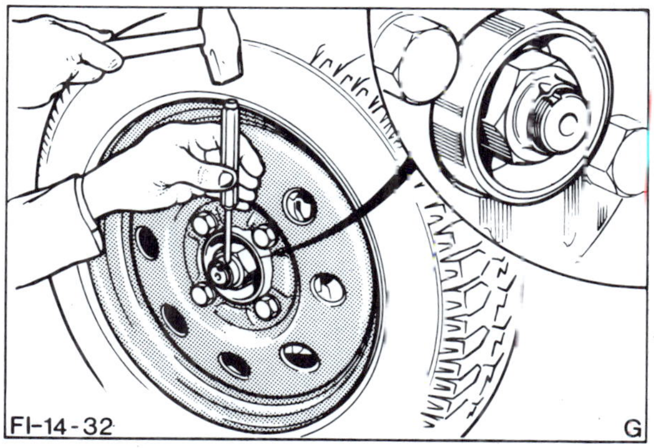

- **Neue** Radnabenmutter festziehen. **Achtung** Dabei muß das Fahrzeug auf den Rädern stehen.
  Anzugsdrehmomente:
  Mutter M20 x 1,5 (23 Keilnuten) – **220 Nm**
  Mutter M22 x 1,5 (25 Keilnuten) – **235 Nm**
- Radnabenmutter durch Verstemmen sichern. Dazu Bund der Mutter mit Dorn in die Nut der Welle treiben.

Die Gelenkwelle

Je nach Fahrzeugmodell sind Gelenkwellen mit unterschiedlicher Verzahnung eingebaut: Fahrzeuge mit 1,4-l-Motor ohne ABS oder Automatikgetriebe haben 23 Keilnuten (in Verbindung mit Kegelrollen-Radlagern), alle anderen Modelle besitzen eine Gelenkwelle mit 25 Keilnuten (in Verbindung mit doppelrillen-kugelgelagerten Radlagern).

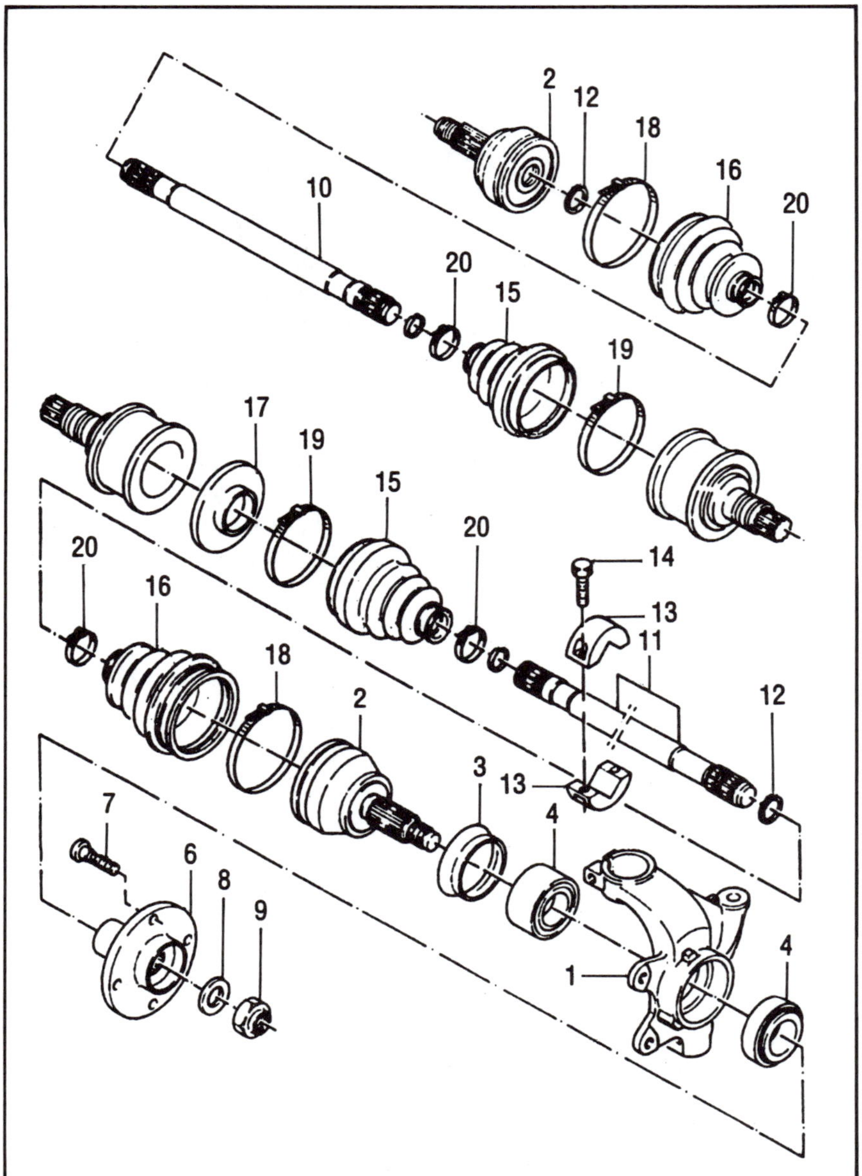

1 – **Schwenklager**

2 – **Antriebswellenstumpf**
Mit Tripode-Schiebegelenk.

3 – **Staubschutzring**

4 – **Radlager**

6 – **Radnabe**

7 – **Radbolzen**

8 – **Unterlegscheibe**

9 – **Radnabenmutter**
Immer ersetzen. Nur bei auf dem Boden stehendem Fahrzeug lösen. **Unfallgefahr!**

10 – **Linke Gelenkwelle**

11 – **Rechte Gelenkwelle**

12 – **Sicherungsring**
Immer ersetzen.

13 – **Tilgergewicht**
Einbaulage kennzeichnen. Bei RS 2000 Fahrzeugen bis 11/91 kann das Tilgergewicht um 50 mm nach Innen versetzt werden, falls es bei starkem Einfedern des Fahrzeuges den Motor berührt.

14 – **Befestigungsschraube**
Bis 9/91: Sechskantschraube mit Federring, Festigkeit 8.8.
Ab 10/91: Innentorxschraube, Festigkeit 10.9, Anzugsdrehmoment: **30 Nm.**

15 – **Manschetten**
Auf Risse und Scheuerstellen prüfen.

16 – **Manschetten**
Auf Risse und Scheuerstellen prüfen.

17 – **Anlaufscheibe**

18 – **Schelle ∅ 82 mm**

19 – **Schelle ∅ 89 mm**

20 – **Schelle ∅ 30 mm**

Schellen immer ersetzen.

Gelenkwelle zerlegen/ Schutzhüllen erneuern

Aufgrund der seitlich versetzten Lage des Getriebegehäuses im Fahrzeug sind die Gelenkwellen rechts und links unterschiedlich lang. Um die Schwingungen an der längeren, rechten Gelenkwelle zu reduzieren, ist hier ein Schwingungsdämpfer eingebaut. Dabei handelt es sich um ein Tilgergewicht, das an einer ganz bestimmten Stelle mit Klemmschrauben an der Welle befestigt ist. Vor dem Ausbau des Tilgergewichts Einbaulage mit Filzstift kennzeichnen.

Defekte Schutzhüllen sofort erneuern. Zum Erneuern der Schutzhülle muß die Gelenkwelle zerlegt werden. Zum Erneuern der getriebeseitigen Manschetten müssen die Gelenkwellen nicht ganz ausgebaut werden, siehe Kapitel »Gelenkwellenausbau«. Falls Schmutz in das Fett eingedrungen ist, Gelenk auswaschen und mit neuem Spezialfett (S-M1C-75-A/ SQM-1C-9004-A, FORD-Nr. 5003563) schmieren. Defekte Kugeln im Lager machen sich durch Lastwechselschlagen und Geräusche bemerkbar. In diesem Fall ist das Gelenk auszutauschen.

Zerlegen

- Gelenkwelle ausbauen.

Achtung: Einbaumaße –A– für Gummimanschetten und Tilgergewicht messen und notieren, siehe Abbildung F/14/115 und F 14-129.

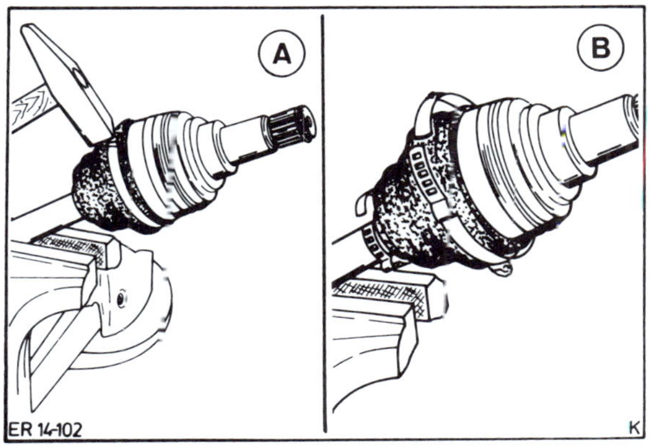

- Mit Hammer Enden der Lochbandschellen umbiegen (lösen) und Schellen abnehmen.
- Getriebeseitiges Gelenk von der Gelenkwelle abziehen, es ist keine Sicherung vorhanden.
- Manschetten auf der Welle zurückschieben.
- Gelenkhohlräume, Innenteile, Flansche, Abdeckkappen und Manschetten sorgfältig abwischen. Das vorhandene, nicht mehr schmierfähige Fett mit einem Lösungsmittel oder mit Druckluft entfernen.
- Gelenklaufbahnen und Wälzkörper auf Verschleiß prüfen, gegebenenfalls Gelenk erneuern.

Getriebeseitiges Tripodegelenk zerlegen

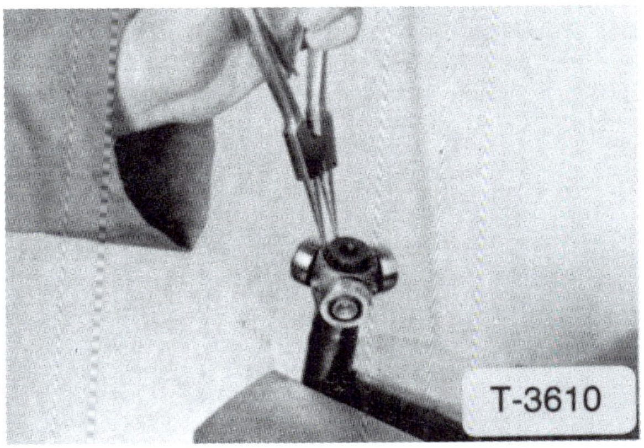

- Mit geeigneter Zange Sicherungsring spreizen und Gelenkstern von der Gelenkwelle abziehen.
- Manschette von der Welle abnehmen.

Radseitiges Gleichlaufgelenk zerlegen

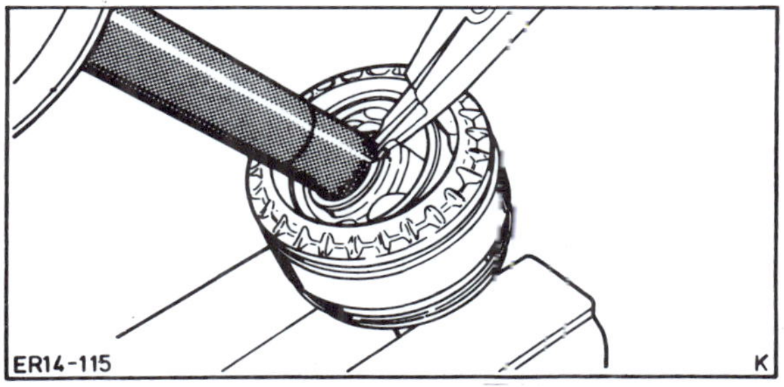

- Mit geeigneter Zange Sicherungsring spreizen und Gelenkwelle aus dem Gelenkstück herausziehen.

Zusammenbau

- Poröse und defekte Manschetten ersetzen. Wellenoberfläche leicht einfetten, damit die Manschette leichter rutscht.

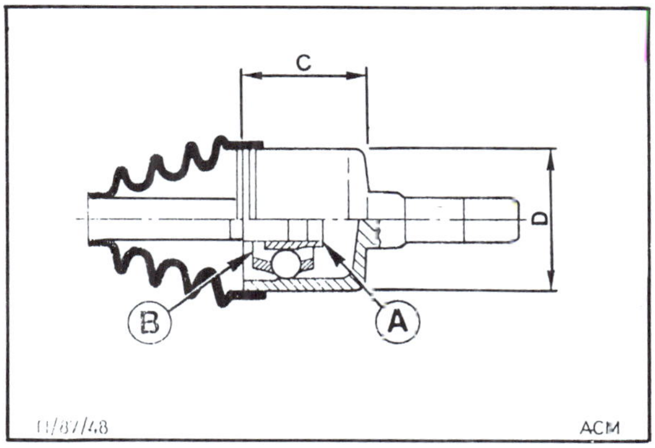

A, B = Fetteinfüllstellen

- Hohlräume zwischen den Gelenkinnenteilen von beiden Seiten mit Spezialfett füllen, dabei unterschiedliche Füllmengen beachten: Getriebeseitiges Gelenk (Tripodegelenk): 95 g/Seite. Radseitiges Gelenk (Abbildung): 40 g/Seite, an Stellen –A– und –B–. Darauf achten, daß möglichst wenig Fett in die Manschette gelangt.

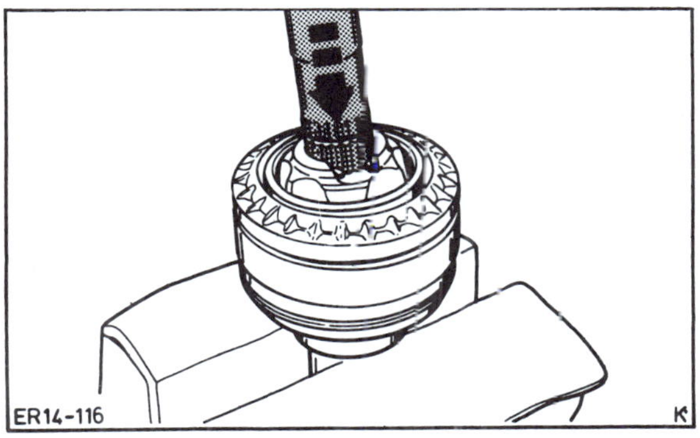

- Radseitiges Gelenk: Welle mit neuem Sicherungsring gerade in die Verzahnung des Gelenks hineindrücken, bis der Sicherungsring einrastet.

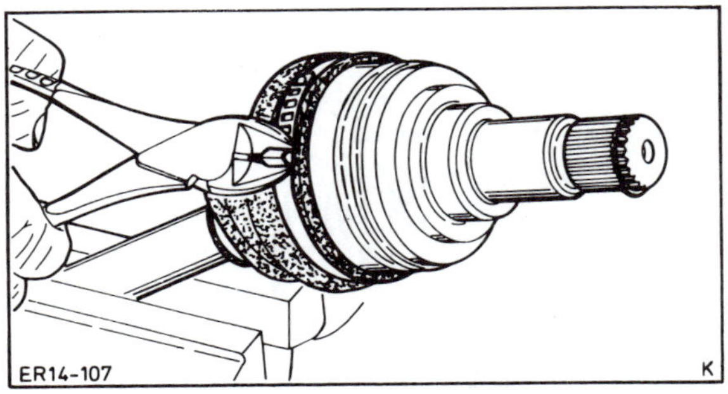

- Manschette über das Gelenk schieben, Lochbandschelle von Hand spannen und einhaken. Anschließend mit Zange nachspannen.

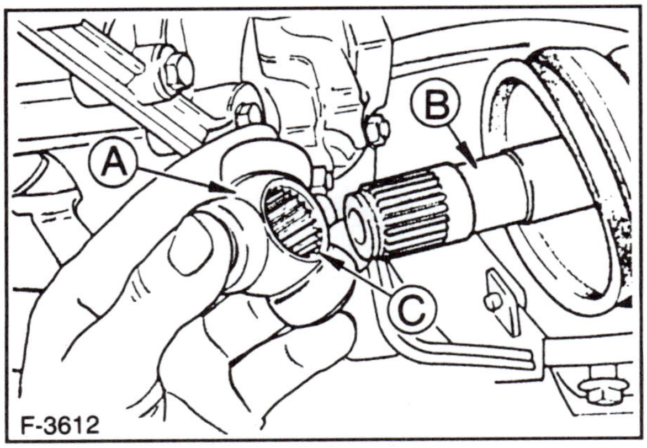

- Getriebeseitiges Gelenk: Tripode –A– auf die Gelenkwelle –B– schieben und mit neuem Sicherungsring sichern. **Achtung:** Beim Aufsetzen muß die Fase –C– an der Tripode zur Gelenkwelle hin zeigen.

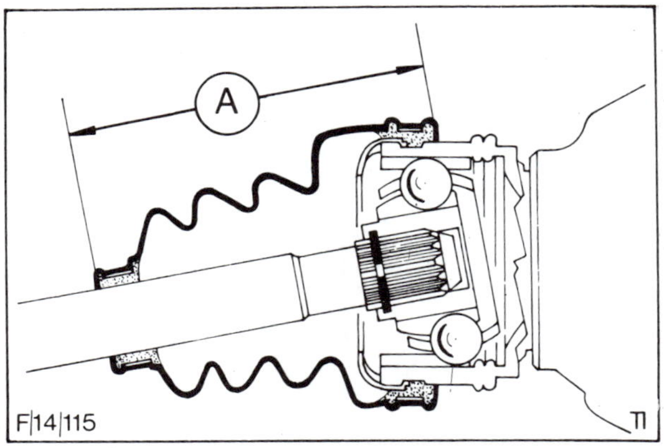

- Manschette am getriebeseitigen Gelenk aufschieben und Lochbandschelle mit größerem Durchmesser handfest anziehen. Lochbandschelle mit kleinerem Durchmesser so montieren, daß das beim Ausbau notierte Maß –A– erreicht wird. Dabei muß das innere Gelenk vollständig zusammengeschoben sein und 10° bis 20° abgewinkelt werden.

- Beide Lochbandschellen durch Zusammenquetschen festziehen.
- Manschette für äußeres Gelenk auf dieselbe Weise einbauen, dabei das Maß –A– für das äußere Gelenk beachten.
- Lochbandschellen am äußeren Gelenk festziehen.

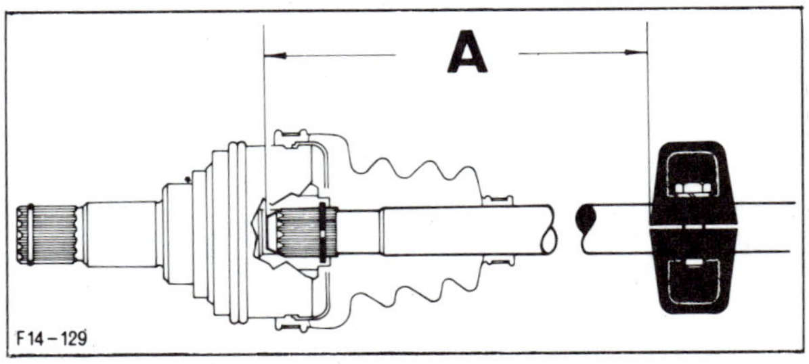

Achtung: Falls der Schwingungsdämpfer an der rechten Gelenkwelle ausgebaut wurde, beim Einbau unbedingt den Abstand –A– einhalten.

- Gelenkwelle einbauen.

Das Radlager

Je nach Fahrzeugmodell sind verschiedene Radlager eingebaut, die auch eine unterschiedliche Verzahnung für die Gelenkwelle besitzen: Fahrzeuge mit 1,4-l-Motor, die kein ABS oder Automatikgetriebe besitzen, haben Kegelrollen-Radlager mit 23 Keilnuten, alle anderen Modelle besitzen Doppelrillen-Kugellager mit 25 Keilnuten.

Defekte Radlager machen sich folgendermaßen bemerkbar: Geräusche in engen Kurven; Schwergängigkeit des Rades bei gelöster Bremse. Die Radlager sitzen so fest im Schwenklager, daß sie nur mit geeigneten Einziehwerkzeugen fachgerecht montiert werden können. Diese Arbeiten sollten der FORD-Werkstatt überlassen werden. Zum Ersetzen der Radlager muß zuvor das gesamte Schwenklager ausgebaut werden.

Die Hinterachse

Die Verbundlenker-Hinterachse des FORD ESCORT/ORION (PKW und TURNIER) besteht aus einem V-förmigen Profilträger, an den auf jeder Seite Längslenker angeschweißt sind. Das Profilteil wirkt als Stabilisator und verringert bei Kurvenfahrt die Aufbauneigung sowie das Abheben des kurveninneren Hinterrades. Die Abfederung der Hinterachse erfolgt über Federbeine, die unten auf Achshöhe mit den Längslenkern und oben mit der Karosserie verschraubt sind. Über auswechselbare Gummilager ist der Hinterachskörper mit der Karosserie verschraubt.

Die hinteren Radlager sind wartungsfrei und nicht einstellbar.

Der ESCORT EXPRESS (Lieferwagen) besitzt eine durch Blattfedern und Stoßdämpfer geführte Starrachse, die sich durch hohe Robustheit auszeichnet. Arbeitsanweisungen für dieses Modell sind besonders gekennzeichnet.

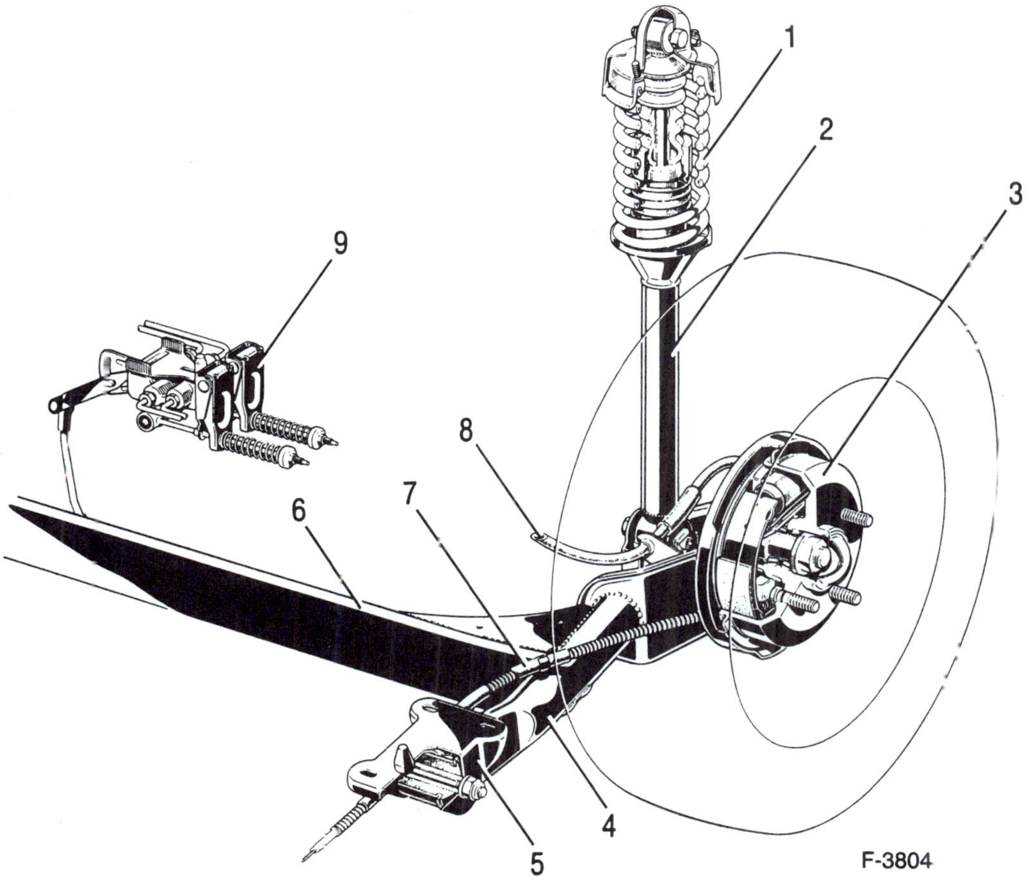

1 – Schraubenfeder
2 – Stoßdämpfer
3 – Bremstrommel
4 – Längslenker
5 – Achslager
6 – Verbindungsprofil
7 – Handbremsseil
8 – Bremsschlauch
9 – Bremskraftregler (nur bei ABS)

Federbein hinten aus- und einbauen

Ausbau

- Fahrzeug hinten aufbocken, siehe Seite 105.
- Verkleidung aus dem Radkasten ausbauen.

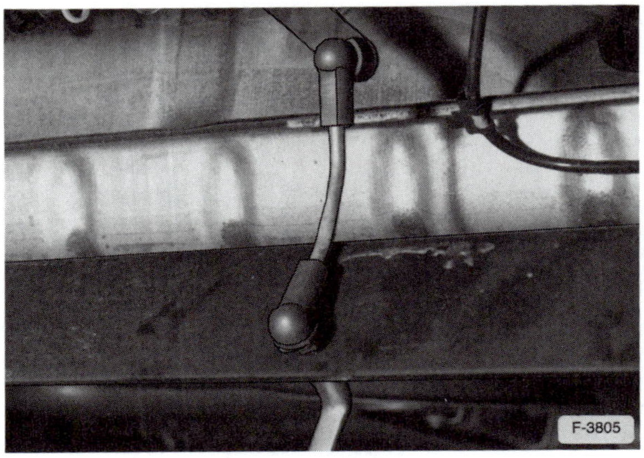

- Nur Fahrzeuge mit ABS (Antiblockiersystem): Gestänge für Bremskraftregler am Hinterachsprofil abschrauben.

- Untere Befestigungsmutter am Federbein abschrauben. Hinterrad entlasten, dazu mit Wagenheber oder Montierhebel unterstützen. Schraube –B– herausziehen.

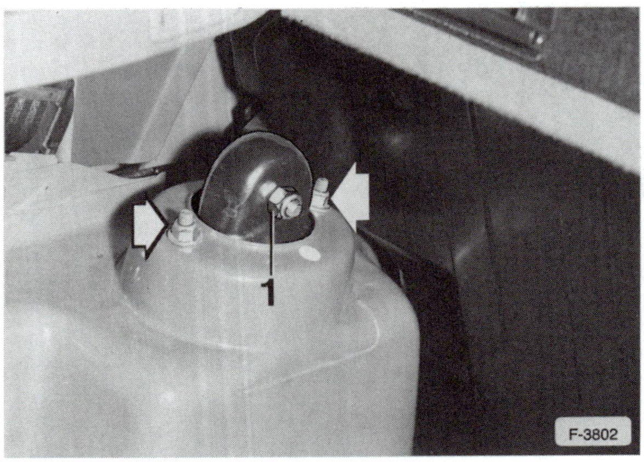

- 2 Befestigungsmuttern für obere Federbeinbefestigung abschrauben.

Achtung: Befestigungsschraube –1– für obere Federhalterung **nicht** entfernen. Unfallgefahr!

- Hinteres Federbein nach unten herausnehmen.

Einbau

- Federbein einsetzen und oben am Federbeindom anschrauben. 2 Muttern mit **35 Nm** festziehen.
- Federbein unten in die Längslenkeraufnahme einsetzen. Schraube durchschieben und beiziehen, noch nicht ganz festziehen.
- Bremskraftregler-Gestänge am Achskörper festschrauben.
- Verkleidung für Radkasten einbauen.
- Fahrzeug ablassen, siehe Seite 105.
- Schraube für untere Federbeinbefestigung mit **120 Nm** festziehen.

Hinteres Federbein zerlegen/ Stoßdämpfer/Schraubenfeder aus- und einbauen

Limousinen-Modelle

Folgende Abbildung zeigt die Limousinenversion. Das Turnier-Modell (Kombiversion) besitzt getrennte Schraubenfedern, die nach Ausbau beider Stoßdämpfer herausgenommen werden können.

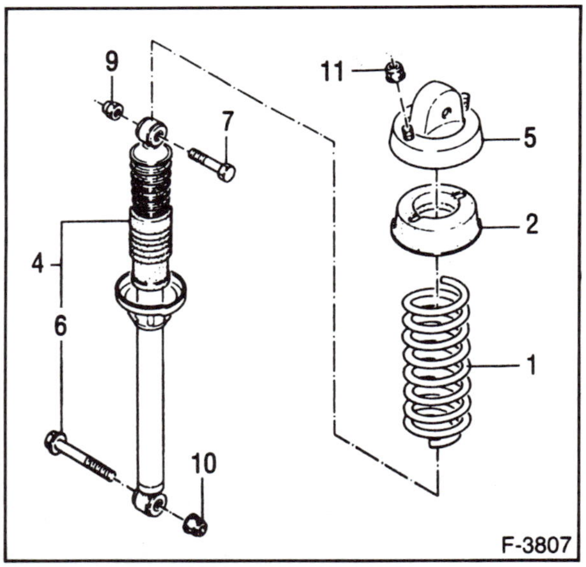

1 – Schraubenfeder

2 – Stützteller

4 – Stoßdämpfer

5 – Oberer Federteller

6 – Untere Befestigungsschraube

7 – Obere Befestigungsschraube

9 – Selbstsichernde Mutter M10
Immer ersetzen.

10 – Selbstsichernde Mutter M12
Immer ersetzen.

11 – Befestigungsmutter Federbeindom

Ausbau

- Federbein hinten ausbauen, siehe Seite 134.
- Um den Stoßdämpfer ausbauen zu können, muß die Schraubenfeder vorgespannt werden. Die Fachwerkstatt benutzt dazu eine Spezialvorrichtung.

Achtung: Auf keinen Fall Stoßdämpfer lösen, wenn die Feder nicht gespannt ist.

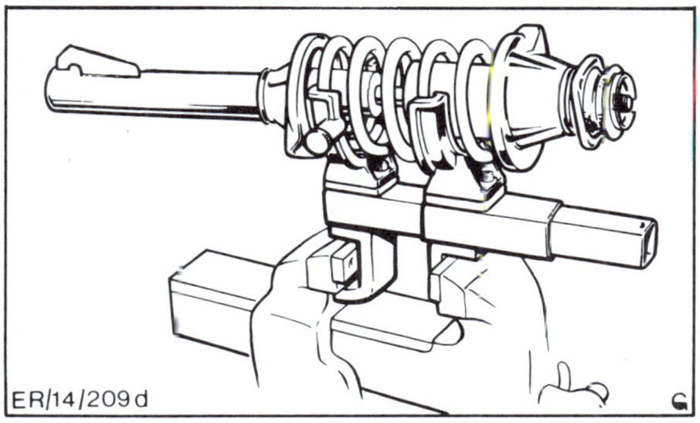

- FORD-Federspanner MS-1516 oder handelsüblichen Federspanner in einen Schraubstock einspannen. Hinteres Federbein in den Federspanner einsetzen und Feder langsam und gleichmäßig zusammenpressen, bis der obere Federteller entlastet ist (Abbildung zeigt vorderes Federbein).

Achtung: Falls ein handelsüblicher Federspanner verwendet wird, der in die Windungen der Feder eingreift, darauf achten, daß die Federwindungen sicher umfaßt werden und der Federspanner nicht abrutschen kann. Feder grundsätzlich an 3 gegenüberliegenden Seiten spannen. Die Schraubenfeder steht unter großer Vorspannung, deshalb nur stabiles Werkzeug verwenden. Keinesfalls Feder mit Draht zusammenbinden. Unfallgefahr!

Achtung: Die Befestigungsschraube darf nur dann entfernt werden, wenn die Feder sicher gespannt ist.

- Befestigungsmutter lösen und Schraube herausziehen.
- Oberen Federteller und Stützteller abnehmen.
- Stoßdämpfer aus der Schraubenfeder herausziehen.

Achtung: Falls nur die Feder ausgewechselt werden soll, Feder langsam entspannen. Soll dagegen nur der Stoßdämpfer ersetzt werden, bleibt die Feder gespannt.

Einbau

- Vor Einbau Stoßdämpfer prüfen, siehe Seite 126.
- Falls erforderlich, neue Schraubenfeder spannen.
- Stoßdämpfer durch die Feder schieben. Darauf achten, daß die Schraubenfeder an den Ansätzen der unteren Federauflage richtig anliegt.
- Stützteller und oberen Federteller aufsetzen.
- Durchgangsschraube einsetzen und Mutter mit **50 Nm** anschrauben.
- Schraubenfeder langsam entspannen. Dabei sicherstellen, daß die Enden der Feder korrekt im Formteil der Federauflagen sitzen.
- Federbein hinten einbauen, siehe Seite 134.

Die Hinterachse des ESCORT EXPRESS

Während die Vorderachse beim ESCORT EXPRESS (Kastenwagen) der Limousinen-Ausführung entspricht, besteht die Hinterachse aus einer durch Blattfedern und Stoßdämpfern geführten Starrachse. Diese Konstruktion erlaubt vor allem eine wesentlich höhere Zuladung.

Auch die hinteren Radlager sind geändert, sie sind nicht in die Bremstrommeln integriert, sondern sitzen in einer separaten, mit der Bremstrommel verschraubten Radnabe.

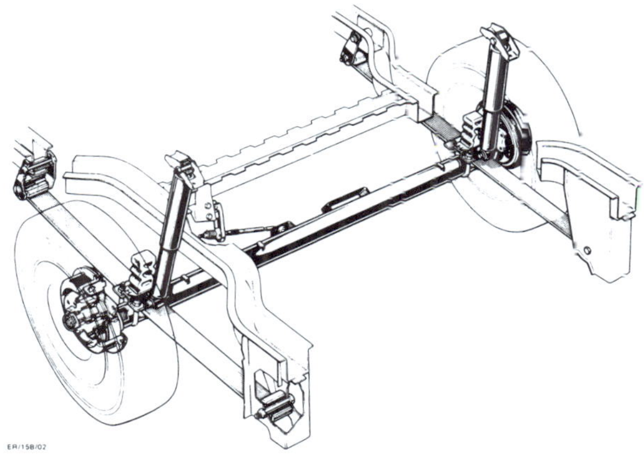

Stoßdämpfer aus- und einbauen

ESCORT EXPRESS

Ausbau

- Fahrzeug hinten aufbocken, siehe Seite 105.

Achtung: Fahrzeug nur in unbeladenem Zustand anheben.

- Einen Werkstattwagenheber unter die Hinterachse stellen und diese etwas anheben, damit der Stoßdämpfer entlastet wird.

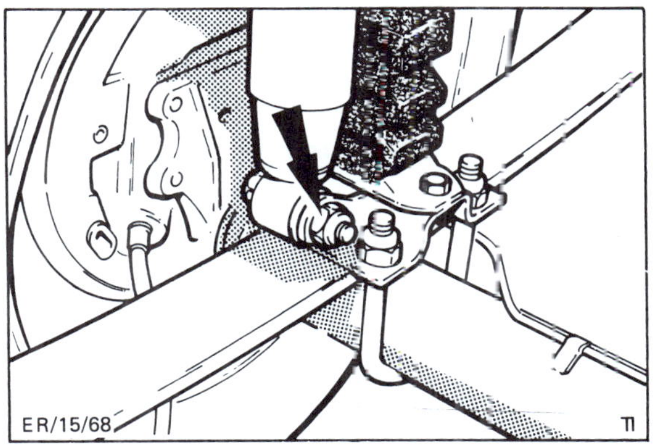

- Befestigungsschraube unten am Stoßdämpfer abschrauben und herausziehen, gegebenenfalls mit Kunststoffhammer austreiben.

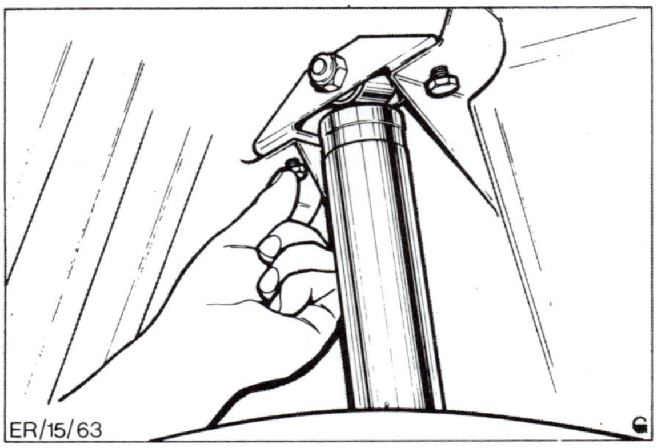

- Stoßdämpfer-Halteplatte oben abschrauben (4 Schrauben) und Stoßdämpfer herausnehmen.

Einbau

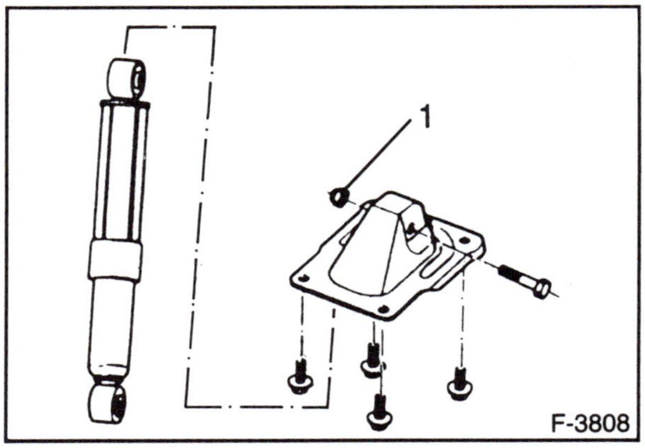

- Halter auf neuen Stoßdämpfer umbauen, neue selbstsichernde Mutter –1– mit **50 Nm** anziehen.
- Stoßdämpfer mit Halteplatte einsetzen und mit 4 Schrauben und **35 Nm** am Aufbau anschrauben.
- Stoßdämpfer am Achsrohr mit **70 Nm** anschrauben.
- Rad anschrauben.
- Hinterachs-Abstützung entfernen und Fahrzeug ablassen.
- Rad über Kreuz mit **100 Nm** anschrauben.

Hinterfeder aus- und einbauen

ESCORT EXPRESS

Ausbau

- Radschrauben hinten lösen.
- Fahrzeug hinten aufbocken, siehe Seite 105.
- Hinterräder abschrauben.
- Einen Werkstattwagenheber unter die Hinterachse stellen und diese etwas anheben, damit Hinterfeder/Stoßdämpfer entlastet werden.

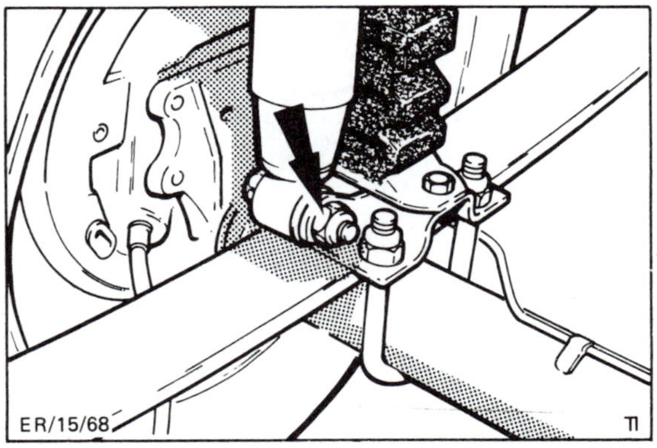

- Befestigungsschraube unten am Stoßdämpfer abschrauben und herausziehen, gegebenenfalls mit Kunststoffhammer austreiben.
- 4 Muttern der beiden U-Bügel lösen, siehe Abbildung.

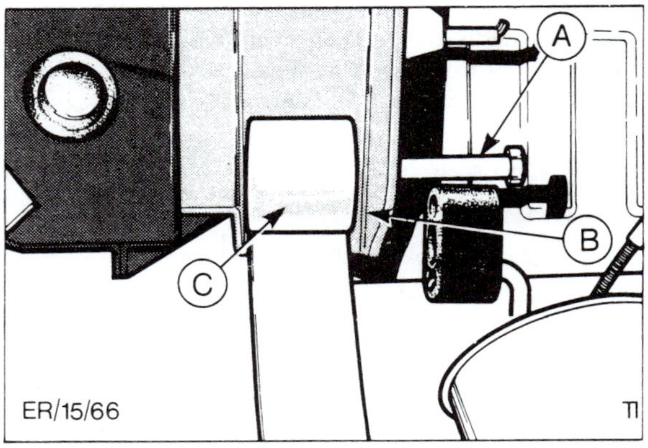

- Mutter und Befestigungsschraube –A– am hinteren und vorderen Federauge –C– abschrauben, Feder entfernen. B– Federaufnahme.

Einbau

- Feder in Einbaulage bringen.
- Feder vorn und hinten handfest anschrauben.
- Feder mit den Bügeln am Achsrohr anschrauben.
- Schrauben mit folgenden Drehmomenten festziehen: Bügel für Achsrohr **40 Nm**; vordere Federschraube **80 Nm**; Federlasche hinten: obere Schraube **45 Nm**, untere Schraube der Federlasche **80 Nm**.

- Stoßdämpfer am Achsrohr mit **70 Nm** anschrauben.
- Hinterräder anschrauben.
- Hinterachs-Abstützung entfernen und Fahrzeug ablassen.
- Räder über Kreuz mit **100 Nm** anschrauben.

Radlager aus- und einbauen

Die hinteren Radlager bestehen aus jeweils 2 Kegelrollenlagern, die in engen Toleranzen gefertigt sind und sich beim Zusammenbau auf das richtige Maß setzen. Das Radlager kann daher nachträglich **nicht** eingestellt werden.

Das Radlager beim ESCORT EXPRESS (Kastenwagen) sitzt in einer separaten Radnabe, bei den anderen Modellen direkt in der Bremstrommel. Außerdem sind Radlager und Bremstrommel beim Kastenwagen robuster ausgelegt.

Ausbau

- Fahrzeug hinten aufbocken, siehe Seite 105.
- Handbremse lösen, damit sich die Bremsbacken in Grundstellung befinden.

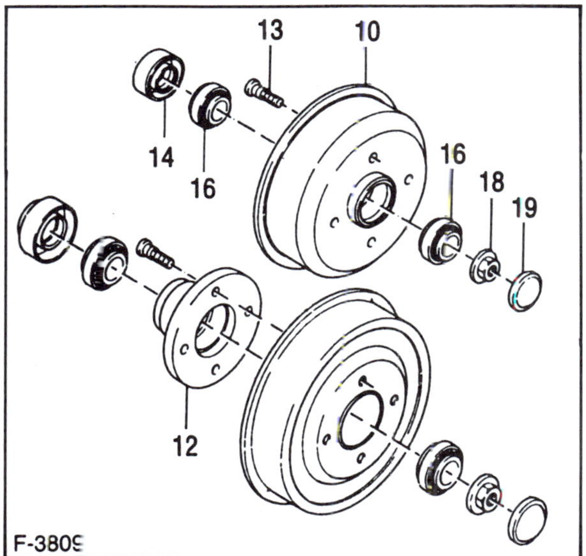

F-3809

10 – Bremstrommel, 12 – Radnabe (ESCORT EXPRESS), 13 – Radschraube, 14 – Radialdichtring (immer ersetzen), 16 – Kegelrollenlager, 18 – Selbstsichernde Radnabenmutter, 19 – Fettkappe (immer ersetzen)

- Äußere Fettkappe von der Radnabe abhebeln, dabei wird die Fettkappe zerstört. Sie muß beim Zusammenbau daher ersetzt werden.
- Radnabenmutter unterhalb der Fettkappe abschrauben.

Achtung: Die Radnabenmuttern haben Links- oder Rechtsgewinde. Linksgewinde an der linken, Rechtsgewinde an der rechten Fahrzeugseite. Mutter also an der linken Fahrzeugseite zum Lösen rechtsherum drehen. Hohes Lösemoment, daher stabiles Werkzeug verwenden. Damit das Fahrzeug nicht von den Böcken rutscht, muß das Rad wieder angeschraubt und die Mutter bei auf dem Boden stehendem Fahrzeug gelöst werden. Fahrzeug aufbocken, Rad abnehmen und Mutter abschrauben.

- Bremstrommel mitsamt der Radnabe abziehen gegebenenfalls mit Montierhebel abhebeln. Der Achsstummel verbleibt an der Hinterachse. **Achtung:** Ist die Bremstrommel eingelaufen und läßt sich nicht abziehen, zusätzlich Handbremsseil lösen, siehe Seite 163.
- Dichtring mit Schraubendreher aus der Radnabe heraushebeln. **Achtung:** Dabei nicht die Bohrung beschädigen. Die FORD-Werkstatt benutzt dazu das Spezialwerkzeug 21-051.
- Kegelrollenlager herausnehmen.

F-3810

- Beide Lagerlaufringe mit einem geeigneten Messingdorn vorsichtig heraustreiben. Um ein Verkanten der Laufringe in der Nabe zu vermeiden, den Dorn beim Herausschlagen abwechselnd an gegenüberliegenden Punkten des Laufrings ansetzen.

Achtung: Nur einwandfreien Dorn benutzen, damit sich kein Grat am Laufringsitz bilden kann.

- Radnabe mit sauberem Lappen und Spiritus reinigen.

Einbau

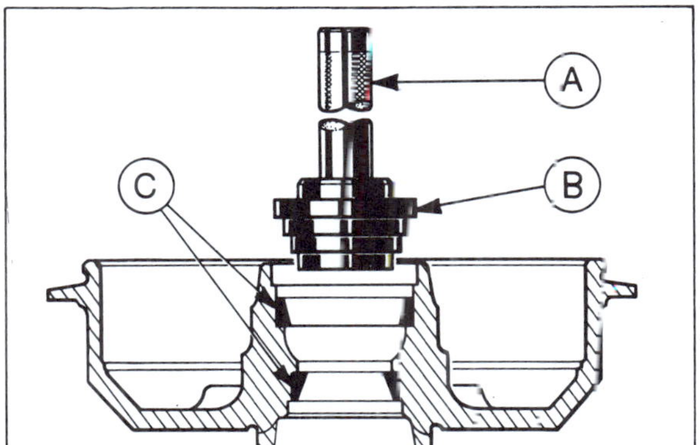

F/15/23

- Lagerlaufringe –C– bis zum Anschlag eintreiben. Die Werkstatt verwendet hierzu das Werkzeug 15-051, –A– und –B–. Steht dieses Werkzeug nicht zur Verfügung, Laufring mit geeignetem Rohr vorsichtig eintreiben.

Achtung: Lagerlaufring und Kegelrollenlager müssen vom gleichen Hersteller sein. Die Bauteile am hinteren Radlager sind genau aufeinander abgestimmt, damit sich beim Anziehen der Mutter das richtige Radlagerspiel einstellt.

- Inneres Kegelrollenlager mit Mehrzweckfett (Lithiumfett) füllen und in die Nabe einsetzen.
- **Neuen** Dichtring zwischen den Dichtlippen schmieren und seitenrichtig mit geeignetem Rohr eintreiben.
- Äußeres Kegelrollenlager schmieren und in die Nabe einsetzen.
- Nabe mit Bremstrommel auf den Achsstummel schieben, dabei darauf achten, daß keine Verunreinigungen (Bremsstaub) ins Radlager gelangen.
- **Neue** selbstsichernde Radnabenmutter aufschrauben und mit **260 Nm** festziehen. Dabei Bremstrommel anfangs etwas drehen, damit sich das Lager nicht verklemmt. **Achtung:** Hohes Drehmoment, Unfallgefahr! Stabiles Werkzeug verwenden. Druck nach unten, nicht seitlich ausüben, damit das Fahrzeug nicht von den Böcken rutscht. Andere Möglichkeit: Nabenmutter erst festziehen, wenn das Fahrzeug auf den Rädern steht.
- **Neue** Nabenkappe mit etwas Radlagerfett füllen und auf die Nabe mit einem Gummihammer aufschlagen. **Achtung:** Beschädigte Nabenkappe unbedingt ersetzen. Wenn die Kappe nicht richtig abdichtet, kann Wasser eindringen und das Radlager zerstören.
- Selbsteinstell-Einrichtung der Hinterradbremse anbauen.
- Hinterrad montieren.
- Fahrzeug ablassen und Radschrauben mit **100 Nm** über Kreuz festziehen.
- Bremspedal mehrere Male betätigen, damit die Bremsbacken durch die Nachstellvorrichtung in die richtige Position gebracht werden.

Die Lenkung

Die Lenkung besteht aus dem Lenkrad, der zweigeteilten Lenkspindel dem Lenkgetriebe und den Spurstangen. Das Lenkrad ist auf der Lenkspindel aufgeschraubt, die zum Lenkgetriebe führt. Über eine Verzahnung wird im Lenkgetriebe eine Zahnstange hin- und herbewegt. Die Zahnstange ist an jedem Ende über ein Kugelgelenk mit den Spurstangen verbunden. Diese übertragen die Lenkkräfte über Spurstangengelenke und Schwenklager auf die Vorderräder.

Die Zahnstangenlenkung sollte leichtgängig und spielfrei von Anschlag zu Anschlag sein. Sie ist wartungsfrei, allerdings müssen die Abdicht-Manschetten auf einwandfreien Zustand geprüft werden.

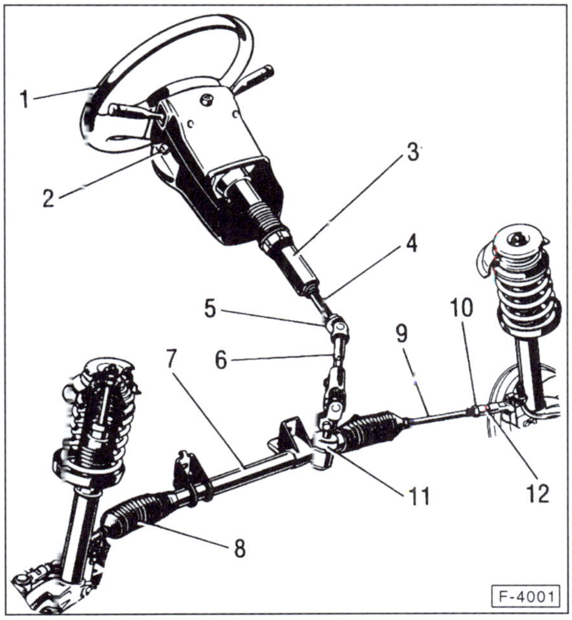

1 – Lenkrad
2 – Lenk-Zündschloß
3 – Mantelrohr
4 – Lenkspindel
5 – Kreuzgelenk
6 – Lenkzwischenwelle
7 – Zahnstangengehäuse
8 – Manschette
9 – Spurstange
10 – Kontermutter
11 – Lenkgetriebe
12 – Spurstangenkopf

Der Fahrer-**Airbag** ist als zusammengefalteter Luftsack im Lenkrad untergebracht. Im Fall einer stärkeren Frontalkollision wird über ein Steuergerät eine kleine Sprengladung in der Airbag-Einheit gezündet, die Abgase der Explosion blasen den Luftsack innerhalb weniger Millisekunden auf. Diese Zeit reicht aus, den Aufprall des nach vorn schnellenden Fahrers zu dämpfen. Der Airbag fällt dann innerhalb weniger Sekunden in sich zusammen, da die Gase durch Austrittsöffnungen entweichen.

Je nach Ausstattung wird die Bedienung der Lenkung durch eine **hydraulische Lenkhilfe** erleichtert. Die hydraulische Lenkhilfe (Servolenkung) besteht aus der Ölpumpe, dem Vorratsbehälter und den Öldruckleitungen. Angetrieben wird die Ölpumpe vom Motor über den Keilriemen. Die Pumpe saugt das Hydrauliköl aus dem Vorratsbehälter an und fördert es mit hohem Druck zum Lenkgetriebe. Dort sorgt eine Regeleinheit für die erforderliche Lenkunterstützung.

Sicherheitshinweis:
Selbstsichernde Muttern immer ersetzen. Schweiß- und Richtarbeiten an Lenkungsteilen sind nicht zulässig. Arbeiten am Airbag-System müssen von der Fachwerkstatt durchgeführt werden, Explosionsgefahr!

Sicherheitsmaßnahmen zum Airbag

- **Vor dem Ausbau der Airbageinheit Masseband (–) von der Batterie abklemmen und Minuspol abdecken.**
- Beim Anklemmen der Batterie darf sich keine Person vor dem Fahrer- oder Beifahrerairbag aufhalten.
- Die Airbageinheit ist im ausgebauten Zustand immer so abzulegen, daß das Prallpolster nach oben zeigt.
- Bei Arbeitsunterbrechung die Airbageinheit nicht unbeaufsichtigt liegen lassen.
- Die Airbageinheit darf nicht zerlegt werden, bei Defekt ist sie immer komplett zu ersetzen. Da die Airbageinheit Explosivstoffe enthält, ist sie unter Verschluß oder geeigneter Aufsicht aufzubewahren. Die Entsorgung muß die Fachwerkstatt vornehmen. Auf keinen Fall darf der Airbag selbst entsorgt werden. Explosionsgefahr!

- Eine nicht ausgelöste, ausgebaute Airbag-Einheit muß bei länger andauernder Fahrzeug-Reparatur unter Verschluß gelagert werden.
- Das Airbagsystem darf nur in der Fachwerkstatt geprüft werden. Keinesfalls mit Prüflampe, Voltmeter oder Ohmmeter prüfen.
- Die Airbageinheit darf nicht mit Flüssigkeiten wie Fett oder Reinigungsmitteln behandelt werden.
- Die Polsterplatte des Lenkrades darf weder beklebt noch überzogen oder andersweitig bearbeitet werden. Sie darf nur mit einem trockenen oder einem durch Wasser angefeuchteten Tuch sowie mit einem vom Fahrzeughersteller freigegebenen Reiniger gereinigt werden.
- Airbag-Einheit und Steuergerät sind schlagempfindlich. Falls sie von einer größeren Höhe als 50 cm herunterfallen, dürfen diese nicht mehr eingebaut werden. Bei geringerer Höhe Airbag in der Werkstatt prüfen lassen.
- Wurde aufgrund eines Unfalls der Airbag ausgelöst, müssen sämtliche Airbagbauteile durch Neuteile ersetzt werden (Werkstattarbeit).
- Bei Schweißarbeiten Polklemme des Schweißgerätes unmittelbar an der Schweißstelle anbringen.

Lenkrad mit Airbag aus- und einbauen

Sicherheitshinweis:
Unbedingt »Sicherheitsmaßnahmen zum Airbag« durchlesen.

Ausbau

- **Wichtig:** Batterie-Massekabel (–) bei ausgeschalteter Zündung abklemmen. **Achtung:** Dadurch werden elektronische Speicher gelöscht, wie zum Beispiel der Radiocode. Deshalb Hinweise im Kapitel »Batterie aus- und einbauen« durchlesen.
- Minuspol der Batterie isolieren, um versehentlichen Kontakt zu vermeiden.

Sicherheitshinweis:
Nach dem Abklemmen der Batterie mindestens zwei Minuten warten, bis sich der Kondensator entladen hat. Dadurch wird ein unbeabsichtigtes Auslösen der Airbag-Einheiten und der Gurtstraffer verhindert.

- Obere Lenksäulenverkleidung mit 2 Schrauben und untere Lenksäulenverkleidung mit 4 Schrauben abschrauben und herausnehmen.

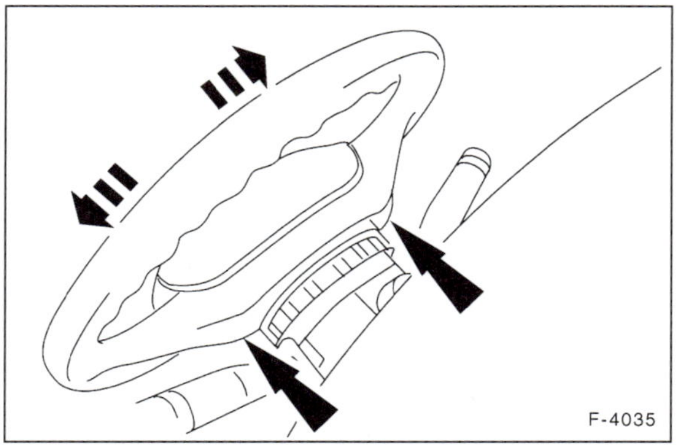
F-4035

- Airbag mit 2 Schrauben von der Lenkrad-Rückseite her abschrauben. Dazu Lenkrad jeweils nach links oder rechts um 90° aus der Geradeausstellung drehen, damit die Schrauben zugänglich werden.

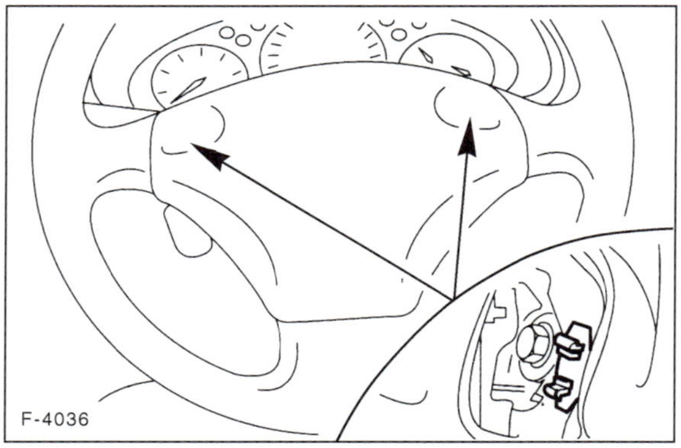
F-4036

- Airbag etwas vom Lenkrad abziehen und die beiden Clips ausclipsen.

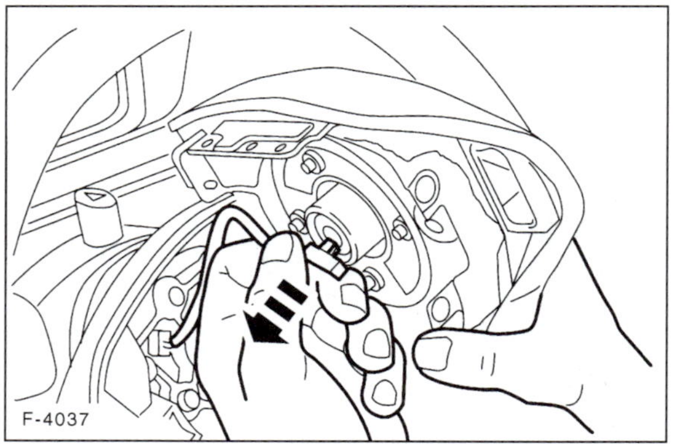
F-4037

- Stecker vom Airbag abziehen.

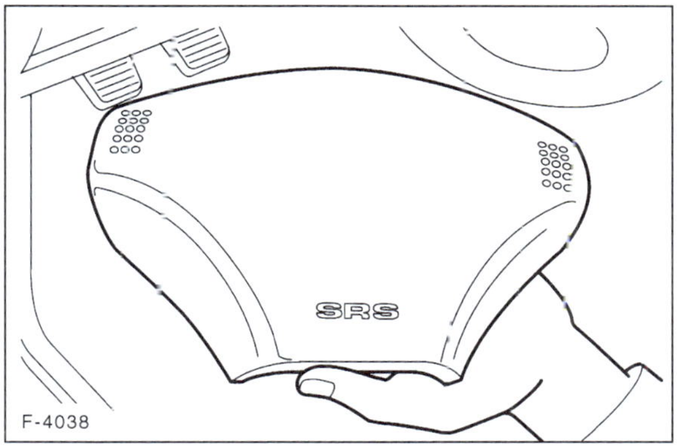

F-4038

- Airbag vorsichtig aus dem Fahrzeug herausnehmen.

Sicherheitshinweis:
Airbag immer mit der Abdeckung nach oben transportieren und ablegen. Beim Transport Airbag vom Körper entfernt halten. Sicherheitshinweise zum Airbag beachten.

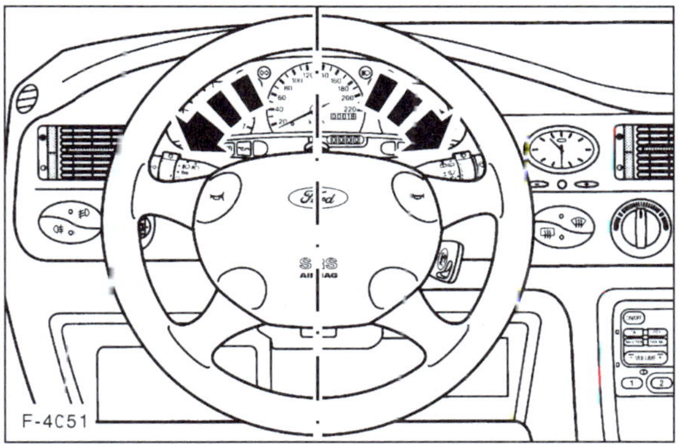
F-4051

- Lenkrad in Mittelstellung bringen, die Räder zeigen geradeaus. Lenkradschloß in dieser Stellung einrasten.
- Abdeckung für Sicherungskasten ausclipsen und abnehmen.
- Fußraumabdeckung auf der Fahrerseite oben mit 4 Schrauben und unten 2 Schrauben abschrauben und abnehmen. Von der Rückseite der Abdeckung 3 Stecker und die Fußraumleuchte abziehen. Abdeckung herausnehmen.

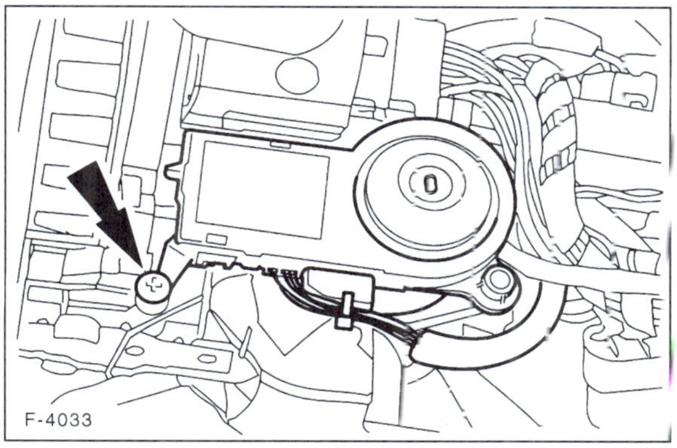
F-4033

- Sende- und Empfangseinheit für Wegfahrsperre am Zündschloß abschrauben und herausnehmen.

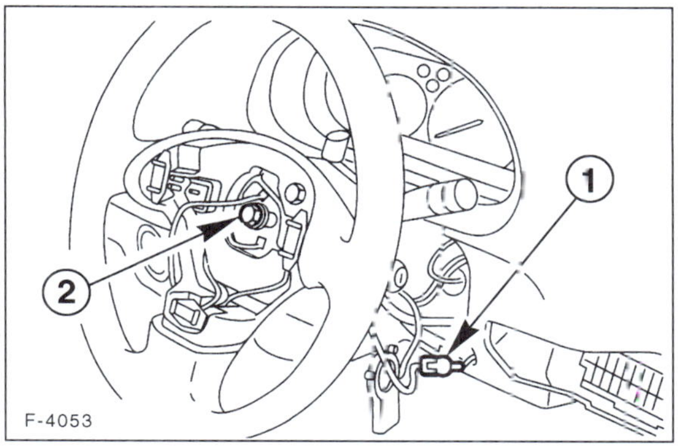

F-4053

- Steckverbindung –1– für Airbag trennen. Kabelbaum für Airbag aushängen.
- Schraube –2– für Lenkrad herausdrehen, Lenkrad noch nicht abnehmen.
- Zündschlüssel in Stellung »I« drehen, Lenkrad von der Lenksäule abziehen und Zündschlüssel in Stellung »0« zurückdrehen.

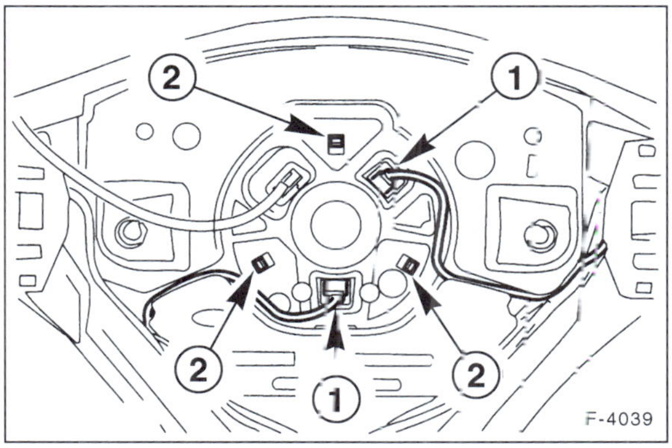

F-4039

- Wickelfeder freilegen. Dazu 3 Haltelaschen –2– lösen und Stecker –1– abziehen. Dabei am Stecker, nicht an der Leitung ziehen.

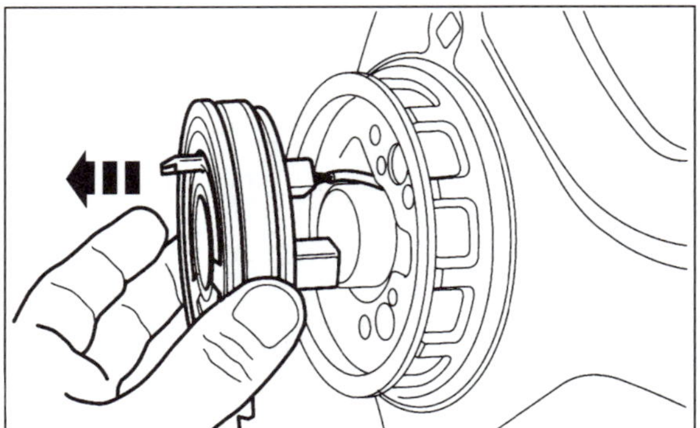

F-4040

- Wickelfeder herausnehmen.

Einbau

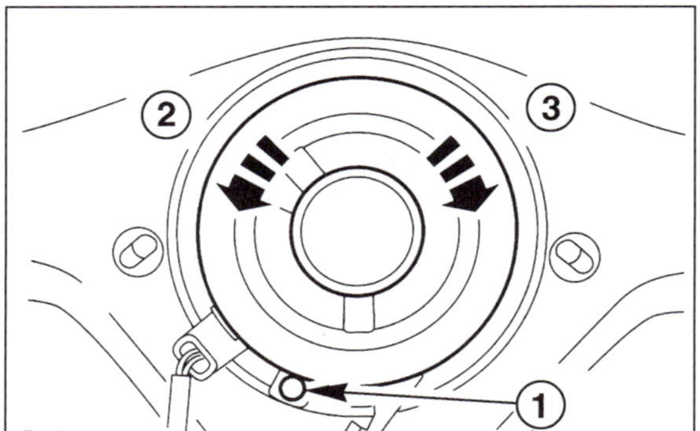

F-4041

- Wickelfeder vor dem Einbau zentrieren. Dazu Sicherungszunge –1– herunterdrücken und halten. Äußeren Rotor gegen den Uhrzeigersinn –2– und gegen den inneren Rotor drehen, bis er festsitzt. Anschließend äußeren Rotor im Uhrzeigersinn –3– ca. 3¾ Umdrehungen drehen. In dieser Stellung Sicherungszunge loslassen und darauf achten, daß der äußere Rotor in dieser Position einrastet.

Achtung: Falls Zweifel an der richtigen Position der Wickelfeder bestehen, Vorgang zum Zentrieren der Wickelfeder wiederholen.

- Wickelfeder einsetzen und in Haltelaschen einrasten.
- Stecker aufschieben.
- Lenkrad in »Geradeausstellung« (Abbildung F-4051) auf die Lenksäule aufschieben. Dabei darauf achten, daß die Haltezungen der Wickelfeder korrekt über dem Schließstift des Lenkradschlosses einrasten.
- Lenkrad mit **50 Nm** anschrauben.
- Steckverbindung für Airbag verbinden.
- Sende- und Empfangseinheit für Wegfahrsperre einsetzen und anschrauben.
- Airbag vorsichtig am Lenkrad ansetzen, Stecker am Airbag aufschieben. Die 2 Clips einclipsen.
- Airbag mit 2 Schrauben von der Lenkrad-Rückseite her ganz leicht anschrauben. Dazu Lenkrad jeweils nach links oder rechts um 90° aus der Geradeausstellung drehen, damit die Schrauben zugänglich werden.
- Lenksäulenverkleidungen ansetzen und festschrauben.
- Fußraumabdeckung auf der Fahrerseite ansetzen und an der Rückseite 3 Stecker und Fußraumleuchte aufstecken. Abdeckung anschrauben.
- Abdeckung für Sicherungskasten einclipsen.
- Batterie-Massekabel (–) anklemmen. **Achtung:** Dabei darf sich niemand im Fahrzeug-Innenraum aufhalten.
- Zeituhr einstellen.
- Falls erforderlich, Diebstahlcode für Radio eingeben.

Lenkrad ohne Airbag aus- und einbauen

Ausbau

- Räder in Geradeausstellung bringen.
- Batterie-Massekabel (–) bei ausgeschalteter Zündung abklemmen. **Achtung:** Dadurch werden elektronische Speicher gelöscht, wie zum Beispiel der Radiocode. Hinweise im Kapitel »Batterie aus- und einbauen« beachten.
- Mit kleinem Schraubendreher Hupentaste ausheben.

F-4006

- Hupenschalter mit einem Finger aus dem Lenkrad ziehen. Einbaulage für Wiedereinbau merken: Die Nase am Hupenschalter zeigt nach oben.
- Kabel am Hupenschalter abziehen.
- Lenkradschloß einrasten, dazu Zündschlüssel abziehen.

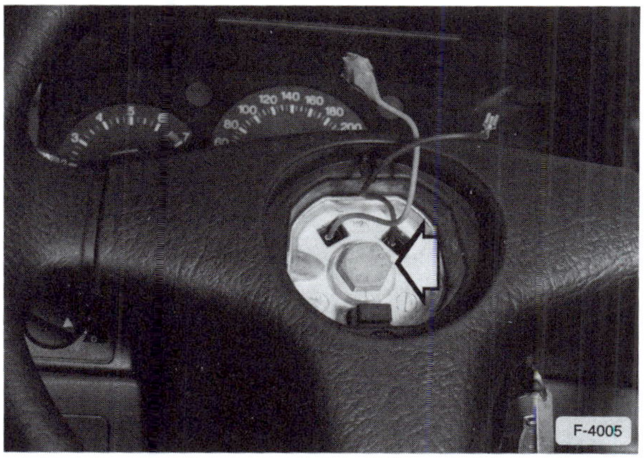

- Schraube für Lenkrad mit Stecknuß SW 22 und Verlängerung herausdrehen.
- Lenkrad von der Lenkspindel abziehen. Dazu ist eine kräftige Person erforderlich, da das Lenkrad recht fest sitzt.

Einbau

Hinweis: Ein verschmutztes oder klebrig wirkendes Lenkrad kann mit neutralem Haushaltsreiniger und lauwarmem Wasser gereinigt werden, keine Scheuermittel verwenden.

- Prüfen, ob sich der Blinkerhebel in Mittelstellung befindet, sonst kann beim Aufschieben des Lenkrades der Nocken beschädigt werden.
- Lenkrad so auf den Sechskantkonus der Lenkspindel aufschieben, daß der untere Teil der Speichen waagerecht steht.
- Sechskantschraube für Lenkrad mit **50 Nm** anschrauben.
- 2 Kabel für Hupenschalter anschließen.
- Hupenschalter zuerst oben mit der Nase ins Lenkrad einsetzen und dann unten eindrücken.
- Huptaste in die Polsterplatte eindrücken.
- Batterie-Massekabel anklemmen, Funktion der Hupe prüfen.
- Probefahrt durchführen und bei Geradeausfahrt Stellung des Lenkrades überprüfen. Die Lenkradspeichen müssen waagerecht stehen.
- Falls das Lenkrad um mehr als 30° schräg steht, Lenkrad versetzen. Gegebenenfalls Lenkrad einrichten.
- Automatische Rückstellung des Blinkerschalters prüfen.

Lenkrad einrichten

Das Lenkrad muß eingerichtet werden, wenn es um weniger als 30° schräg steht. Bei einer Abweichung von der Mittelstellung um mehr als 30°, Lenkrad auf der Lenkspindel versetzen bis die Abweichung unter 30° liegt, dann Lenkrad einrichten.

- Stellung des Lenkrades prüfen. Dazu Probefahrt auf gerader, ebener Straße durchführen. Bei Geradesausfahrt muß der untere Teil der Lenkradspeichen waagerecht stehen. Gegebenenfalls Abweichung der Lenkradspeichen notieren.
- Fahrzeug aufbocken, siehe Seite 105.
- Position der Spurstangenköpfe mit Filzstift markieren.
- Beide Kontermuttern der Spurstangenköpfe und die äußeren Schellen der Gummimanschetten lösen.

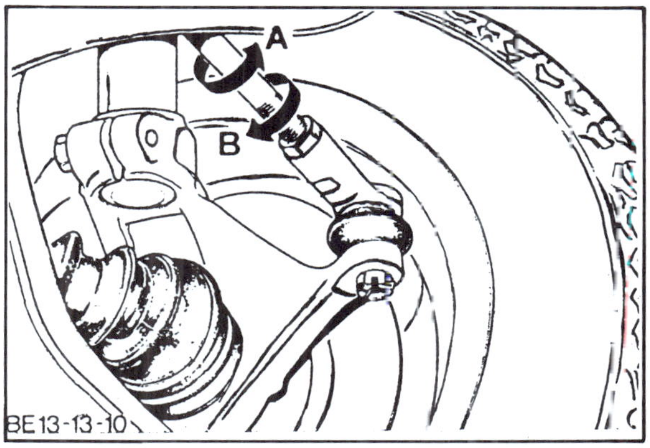

- Beide Spurstangen in die gleiche Richtung drehen; etwa 30° für jedes Grad der Lenkradabweichung. Bei einer Lenkradabweichung im Uhrzeigersinn, Spurstangen in Richtung –A– drehen. Bei einer Lenkradabweichung entgegen dem Uhrzeigersinn, Spurstangen in Richtung –B– drehen. In der Abbildung ist die rechte Spurstange gezeigt.

Achtung: Beide Spurstangen müssen in die **gleiche Richtung** und um die **gleiche Umdrehungszahl** gedreht werden, sonst verstellt sich die Spur.

Beispiel: Lenkradabweichung = 3° im Uhrzeigersinn
1° Lenkradabweichung ≙ 30° Spurstange drehen
3° Lenkradabweichung ≙ 3 x 30° = 90° Spurstange drehen

Daher beide Spurstangen in Richtung –A– um 90° (1/4 Umdrehung) verdrehen.

- Kontermuttern für Spurstangenköpfe mit **65 Nm** festziehen.
- Schellen der Gummimanschetten festziehen.
- Fahrzeug ablassen, siehe Seite 105.
- Probefahrt durchführen und Lenkradstellung erneut prüfen.

Spurstangengelenk aus- und einbauen

Ausbau

- Radmuttern lösen.
- Fahrzeug aufbocken, siehe Seite 105.
- Rad abnehmen.

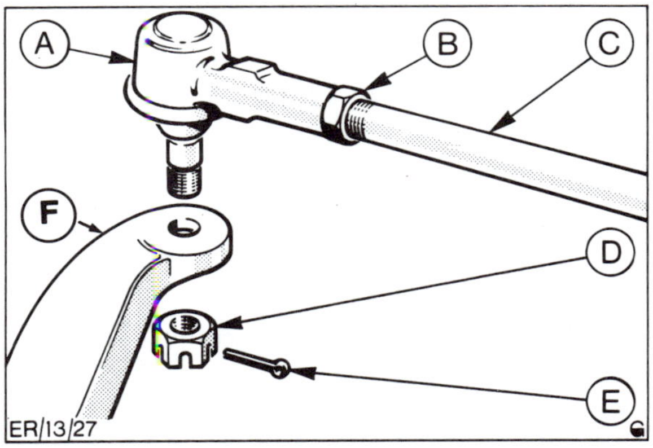

- Spurstangengelenk –A– vom Lenkhebel –F– abschrauben, dazu Splint –E– herausziehen und Kronenmutter –D– rausdrehen. B – Kontermutter, C – Spurstange.

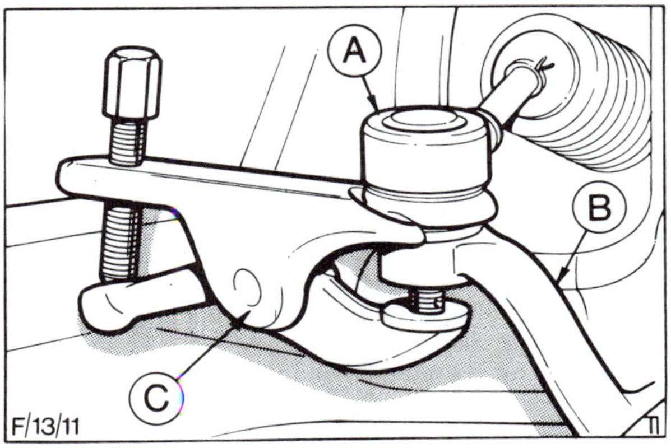

- Spurstangengelenk –A– mit handelsüblichem Ausdrücker –C– ausdrücken. B – Lenkhebel.
- Kontermutter lösen und Spurstangengelenk von der Spurstange abschrauben. **Achtung:** Umdrehungen notieren und Gelenk beim Einbau gleich weit einschrauben.

Einbau

- Spurstangengelenk entsprechend den gezählten Umdrehungen aufschrauben und mit Kontermutter sichern. Mutter nicht festziehen.
- Gelenk in den Lenkhebel einsetzen.
- Kronenmutter mit **25 Nm** anziehen und mit **neuem** Splint sichern. Geht der Splint nicht durch die Bohrung, Mutter weiter festziehen bis der Splint durchgeht, **nicht** lösen.
- Rad montieren.
- Fahrzeug ablassen, siehe Seite 105.
- Radmuttern mit **100 Nm** festziehen.
- Fahrzeug etwas hin- und herschaukeln, damit sich die Federung setzt.
- Spureinstellung überprüfen und Kontermutter am Spurstangengelenk mit 65 Nm festziehen.

Gummimanschette für Lenkung aus- und einbauen

Ausbau

- Spurstangengelenk ausbauen.
- Schellen an beiden Enden der Manschette lösen. Klemmschellen mit Seitenschneider durchkneifen beziehungsweise Schraubschellen lösen. Drahtschellen beim Einbau durch Schraubschellen ersetzen.
- Gummimanschette abziehen.

Achtung: War die Manschette schon längere Zeit defekt, kann davon ausgegangen werden, daß Verunreinigungen eingedrungen sind. Diese wirken zusammen mit dem Fett wie Schleifpaste und zerstören das Lenkgetriebe. In diesem Fall, wie auch bei Rostspuren an der Zahnstange, ist das Lenkgetriebe zu überholen (Werkstattarbeit).

Einbau

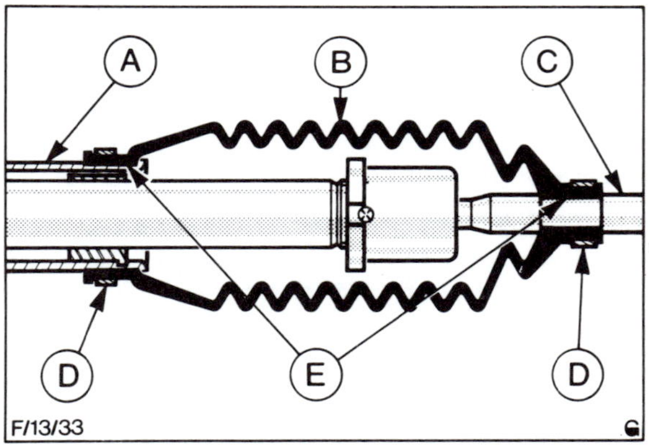

- Spurstange –C– leicht einfetten.
- Manschette –B– innen am Bund etwas fetten –E– und über die Spurstange –C– aufziehen.
- Manschette am Zahnstangengehäuse –A– mit Schelle –D– befestigen.
- Spurstangengelenk einbauen.
- Manschette auf der Spurstange mit Schraubschelle befestigen, dabei muß der Bund der Manschette fest in der Nut der Spurstange sitzen.
- Fahrzeug ablassen.
- Spur prüfen, gegebenenfalls einstellen.
- Prüfen ob die Gummimanschette nicht verdreht ist. Anschließend äußere Schraubschelle festziehen.

Lenkhilfepumpe aus- und einbauen

Die Lenkhilfepumpe (Pumpe der Servolenkung) sitzt rechts vorn im Motorraum, sie wird über den Keilrillenriemen angetrieben, der auch den Generator beziehungsweise den Klimakompressor antreibt.

Ausbau

- Batterie-Massekabel (–) abklemmen.
- Keilriemen ausbauen, siehe Seite 48.
- Hydraulikleitungen von der Lenkhilfepumpe abschrauben und Hydrauliköl aus der Pumpe und dem Vorratsbehälter in einen geeigneten Auffangbehälter ablaufen lassen.

F-4003

- Riemenscheibe der Lenkhilfepumpe mit 9 mm Innensechskantschlüssel gegenhalten und die 3 Befestigungsschrauben abschrauben, Riemenscheibe abnehmen.

F-4004

- 4 Befestigungsschrauben herausdrehen und Lenkhilfepumpe abnehmen.

Einbau

- Lenkhilfepumpe einsetzen und mit **25 Nm** festziehen.
- Riemenscheibe anschrauben, 3 Schrauben mit **25 Nm** anziehen, dabei mit Innensechskantschlüssel Pumpenwelle gegenhalten.
- Hydraulikleitungen an die Pumpe anschrauben.
- Keilriemen einbauen, siehe Seite 48.
- Vorratsbehälter mit Hydraulikflüssigkeit auffüllen. **Spezifikation:** FORD ATF-Öl oder Getriebeöl entsprechend Ford-Spezifikation ESP-M2C 166H.
- Batterie-Massekabel anklemmen.
- Lenksystem entlüften und Hydraulikölstand korrigieren.

Lenkhilfe entlüften

Luft im Hydrauliksystem macht die Lenkhilfe unwirksam. Die Luft kann in das System eindringen, wenn die Anlage bei Reparaturen geöffnet wurde, oder wenn durch Undichtigkeiten der Flüssigkeitsspiegel im Vorratsbehälter soweit abgesunken ist, daß die Pumpe Luft ansaugt.

Zum Nach- beziehungsweise Auffüllen darf nur **neue** Hydraulikflüssigkeit (ATF-Öl) verwendet werden, die der FORD-Spezifikation ESPM-2C-166H entspricht.

Achtung: Die Hydraulikflüssigkeit darf vor dem Einfüllen nicht geschüttelt werden, da es sonst zur Luftblasenbildung kommen kann.

Entlüften

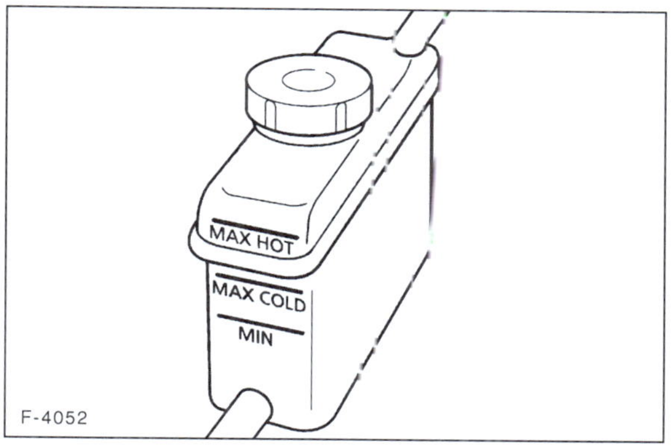

F-4052

- Vorratsbehälter mit neuer, sauberer und blasenfreier Hydraulikflüssigkeit bis zur »MAX«-Markierung auffüllen. **Achtung:** Das Öl muß langsam eingefüllt werden, um Blasenbildung zu vermeiden.
- Motor starten und dabei das Lenkrad langsam drei- bis viermal von Anschlag zu Anschlag drehen.
- Von Helfer Flüssigkeitsstand im Vorratsbehälter beobachten lassen. Der Flüssigkeitsstand darf nicht unter die MIN-Markierung sinken, gegebenenfalls Hydraulikflüssigkeit nachfüllen.
- Vorgang solange wiederholen, bis keine Luftblasen mehr im Vorratsbehälter aufsteigen.
- Lenkhilfe auf Undichtigkeit hin untersuchen. Leitungsanschlüsse, Manschetten der Zahnstange und Ventilgehäuse auf Ölverlust nach außen überprüfen.
- Motor abstellen und Ölstand nochmals prüfen, gegebenenfalls Hydrauliköl nachfüllen.

Hinweis: Eine schwache Geräuschentwicklung von der Lenkhilfe ist nach dem Entlüften bei laufendem Motor normal, solange das Fahrzeug noch nicht gefahren wurde.

- Bei starken Störgeräuschen, Hydrauliksystem mit handelsüblicher Unterdruckhandpumpe entlüften.

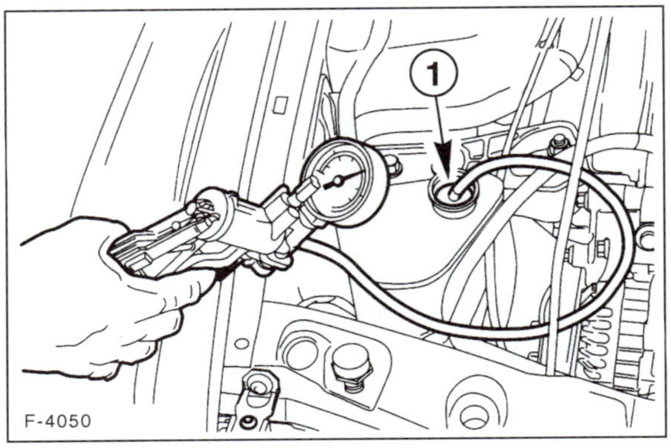

- Die Werkstatt setzt anstelle des Verschlußdeckels einen Adapter –1– mit Unterdruckanschluß auf den Vorratsbehälter. Ein geeigneter Adapter kann mit Hilfe eines zusätzlichen Verschlußdeckels auch selbst angefertigt werden. Hinweis: Die Abbildung zeigt nicht den Vorratsbehälter im ESCORT.
- Unterdruckpumpe anschließen.
- Motor starten und dabei das Lenkrad bis kurz vor den Anschlag langsam nach rechts drehen.
- Motor abstellen und mit der Unterdruckpumpe einen Unterdruck von 0,5 bar anlegen, bis die Luft vollständig aus dem System entwichen ist.

Achtung: Unterdruck über mindestens 5 Minuten aufrechterhalten. Dabei abfallenden Unterdruck mit der Unterdruckpumpe ausgleichen.

- Anschließend Unterdruck abbauen. Lenkrad bis kurz vor den Anschlag langsam nach links drehen und Entlüftungsvorgang wiederholen.
- Unterdruckhandpumpe abnehmen, Flüssigkeitsstand prüfen, gegebenenfalls Hydrauliköl nachfüllen. Vorratsbehälter verschließen.
- Motor starten und Lenkrad von Anschlag zu Anschlag drehen. Bei übermäßigen Störgeräuschen Entlüftungsvorgang wiederholen.
- Falls der Geräuschpegel danach immer noch zu hoch ist, Fahrzeug über Nacht stehen lassen und Entlüftungsvorgang am folgenden Tag wiederholen.

Die Fahrwerkvermessung

Optimale Fahreigenschaften und geringster Reifenverschleiß sind nur dann zu erzielen, wenn die Stellung der Räder einwandfrei ist. Bei unnormaler Reifenabnutzung sowie mangelhafter Straßenlage – bei schlechter Richtungsstabilität in Geradeausfahrt sowie schlechten Lenkeigenschaften in Kurvenfahrt – sollte die Werkstatt aufgesucht werden, um den Wagen optisch vermessen zu lassen.

Die Fahrzeugvermessung kann ohne eine entsprechende Meßanlage nicht durchgeführt werden. Ich beschränke mich deshalb hier auf die Beschreibung der für die Vermessung erforderlichen Grundbegriffe.

Spur/Sturz/Spreizung/Nachlauf

Als **Spur** bezeichnet man den seitlichen Abstand der Räder voneinander. Vorspur bedeutet, daß die Räder – in Höhe des Radmittelpunktes gemessen – vorn etwas enger zusammenstehen als hinten. Nachspur bedeutet, daß die Vorderräder vorn etwas weiter auseinanderstehen als hinten.

Der FORD ESCORT/ORION bis 9/95 wird auf »neutral«, ab 10/95 auf Vorspur eingestellt.

Sturz und Spreizung vermindern die Übertragung von Fahrbahnstößen auf die Lenkung und halten bei Kurvenfahrt die Reibung möglichst gering.

Sturz ist der Winkel α, um den die Radebene von der Senkrechten abweicht. Die Vorderräder stehen also schräg, bei negativem Sturz beispielsweise im Radaufstandspunkt weiter auseinander als oben. Der FORD ESCORT/ORION besitzt einen negativen Sturz.

Spreizung ist der Winkel β zwischen der Schwenkachse des Achsschenkels und der Senkrechten im Reifenaufstandspunkt, in Längsrichtung des Wagens gesehen.

Durch den Sturz- und Spreizwinkel werden die Berührungspunkte der Räder auf der Fahrbahn näher an die Schwenkachse des Achsschenkels herangebracht. Damit wird der sogenannte Lenkrollhalbmesser klein gehalten. Je kleiner der Lenkrollhalbmesser ist, desto leichtgängiger ist die Lenkung. Auch die Fahrbahnstöße wirken sich wesentlich schwächer auf das Lenkgestänge aus.

Nachlauf ist der Winkel zwischen der Schwenkachse des Achsschenkels und der Senkrechten im Reifenaufstandspunkt in Querrichtung des Fahrzeuges gesehen.

Der Nachlauf beeinflußt maßgeblich die Geradeausführung der Vorderräder. Zu geringer Nachlauf begünstigt ein Abweichen aus der Fahrtrichtung auf schlechten Straßen oder bei Seitenwind und läßt zudem nach der Kurvenfahrt die Lenkung nicht weit genug zur Mittelstellung zurücklaufen.

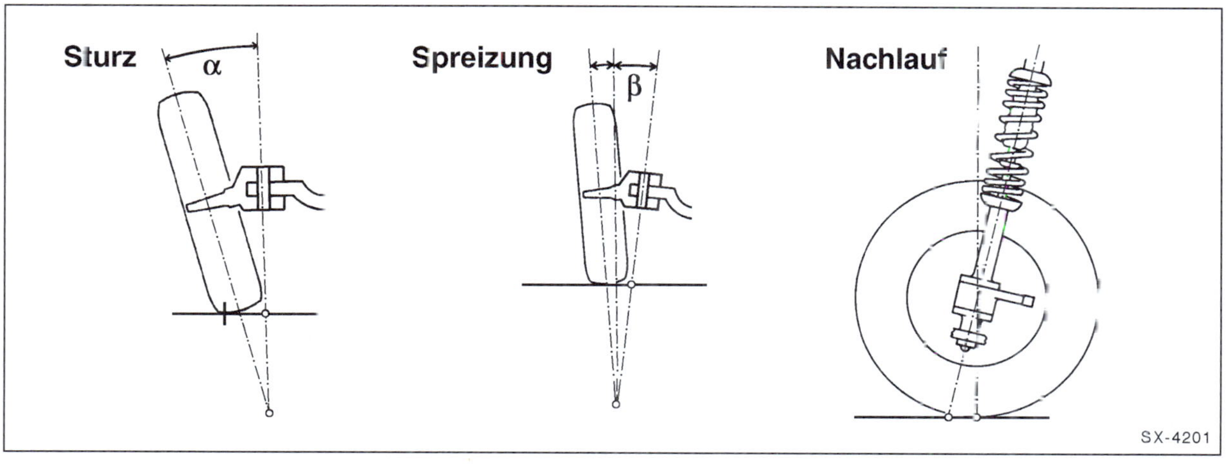

Prüfvoraussetzungen

- Vorschriftsmäßiger Reifenfülldruck
- Genau ebene, waagerechte Meßfläche
- Fahrzeug in Leergewichtszustand: unbeladen, mit Reserverad und vollgetanktem Kraftstofftank.
- Fahrzeug vorher kräftig durchgefedert
- Lenkung richtig eingestellt
- Kein unzulässiges Spiel im Lenkgestänge
- Kein unzulässiges Spiel in der Radaufhängung

Spur-Einstellwerte der Vorderachse

Hinweis: Die Hinterachse ist nicht einstellbar.

Spur (Fahrzeuge bis 9/95) Prüfwert Einstellwert	– 2,5 mm (Nachspur) bis +2,5 mm (Vorspur) 0,0 mm ± 1,0 mm	– 0° 25' (Nachspur) bis +0° 25' (Vorspur) 0° 0' ± 0° 10'
Spur (Fahrzeuge ab 10/95) Prüfwert Einstellwert	– 0,5 mm (Nachspur) bis +4,5 mm (Vorspur) 2,0 mm ± 1,0 mm	– 0° 05' (Nachspur) bis +0° 45' (Vorspur) 0° 20' ± 0° 10'

Wenn sich der Meßwert innerhalb der Prüftoleranz (Prüfwert) befindet, ist keine Einstellung erforderlich.
Achtung: Falls bei Fahrzeugen bis 8/95 übermäßiger Reifenverschleiß an den Innenkanten der Vorderräder auftritt, Spur auf +2,0 mm (Vorspur) einstellen.

Spur an der Vorderachse messen

- Fahrzeug nach vorn auf eine ebene Fläche schieben.
- Fahrzeug mehrmals kräftig durchschwingen, damit sich die Vorderachsaufhängung richtig setzt.
- Fahrzeug um eine halbe Umdrehung der Räder vorwärtsschieben.
- Spurmeßgerät vorn am inneren Felgenrand der Räder ansetzen und Spur messen. Spurmaß notieren, Meßgerät entfernen.
- Fahrzeug um eine halbe Umdrehung vorwärtsschieben und Spur nochmals vorn messen. Maß notieren. Der Mittelwert aus den beiden Meßwerten gibt die tatsächliche Spur für vorn an.
- Meßvorgang nun am inneren Felgenrand hinter der Achse durchführen.

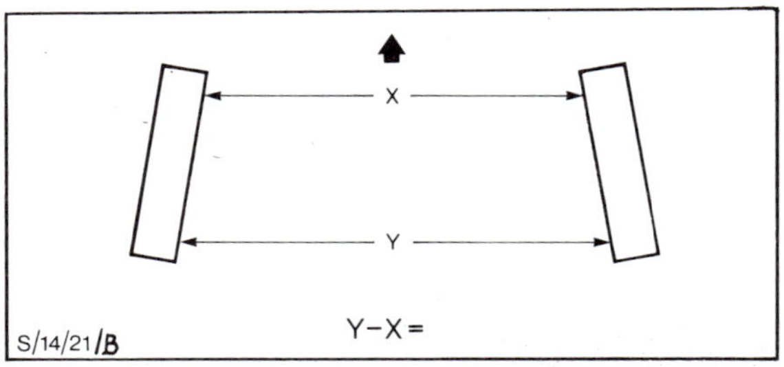

- Vorspur ermitteln, dazu den Spurmeßwert vor der Achse –X– vom Spurmeßwert hinter der Achse –Y– abziehen. Wenn das Ergebnis negativ ist, dann hat das Fahrzeug Nachspur.
- Vorspur bedeutet, daß die Vorderräder vorn enger zusammenstehen als hinten. Bei Nachspur stehen die Räder vorn weiter auseinander als hinten.

Spur einstellen

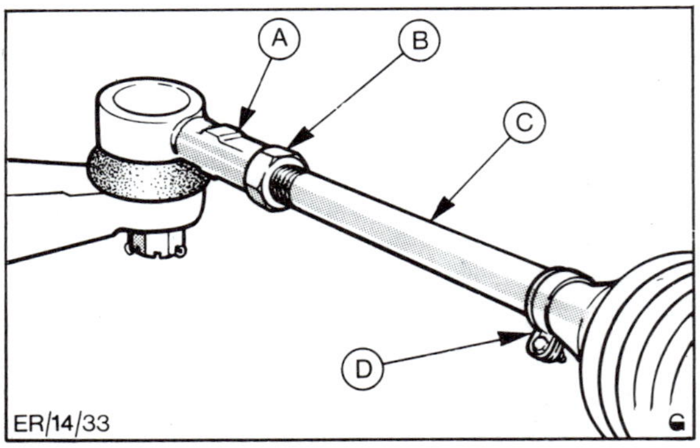

- Kontermuttern –B– an beiden Spurstangen lösen.
- Äußere Schraubschellen –D– lockern.
- Beide Spurstangen –C– gleich weit und in die gleiche Richtung verdrehen, sonst stimmt die Lenkradstellung nicht mehr. Veränderung der Spur direkt am optischen Meßgerät bzw. am Wandschirm ablesen oder Spur erneut vermessen.
- Kontermuttern der Spurstangen mit 65 Nm festziehen.
- Schellen für Gummimanschetten festschrauben. Darauf achten, daß die Manschetten nicht verdreht sind.

Die Bremsanlage

Das Bremssystem besteht aus dem Hauptbremszylinder, dem Bremskraftverstärker, den Scheibenbremsen für die Vorderräder und den Trommelbremsen für die Hinterräder. Während Fahrzeuge mit 1,4-l-Motor vorn massive Bremsscheiben besitzen, kommen bei den 1,6- und 1,8-l-Motoren an der Vorderachse innenbelüftete Bremsscheiben zum Einsatz. Das hydraulische Bremssystem ist in zwei Kreise aufgeteilt, die diagonal wirken. Und zwar wirkt jeweils ein Bremskreis vorn rechts / hinten links und der andere Bremskreis vorn links / hinten rechts. Dadurch kann bei Ausfall eines Bremskreises, zum Beispiel durch Undichtigkeit, das Fahrzeug über den anderen Bremskreis zum Stehen gebracht werden. Der Druck für beide Bremskreise wird im Tandem-Hauptbremszylinder über das Bremspedal aufgebaut.

Der Bremsflüssigkeitsbehälter befindet sich im Motorraum über dem Hauptbremszylinder und versorgt das ganze Bremssystem mit Bremsflüssigkeit.

Der Bremskraftverstärker speichert beim Benzinmotor einen Teil des vom Motor erzeugten Ansaug-Unterdruckes. Bei Bedarf wird die Pedalkraft durch den Unterdruck verstärkt. Da beim Dieselmotor der Ansaug-Unterdruck nicht ausreicht, erzeugt eine seitlich am Zylinderkopf angeflanschte Vakuumpumpe den Unterdruck für den Bremskraftverstärker. Die Vakuumpumpe wird durch die Nockenwelle angetrieben.

Die vorderen Scheibenbremsen sind mit einem sogenannten Faustsattel ausgestattet. Bei einem Faustsattel wird nur ein Kolben benötigt, um beide Bremsbeläge gegen die Bremsscheibe zu drücken.

Die Handbremse wirkt über Seilzüge auf die Hinterräder.

Die Scheibenbremsbeläge wie auch die Bremsbacken der hinteren Trommelbremse stellen sich automatisch nach, so daß eine Einstellung der Hinterradbremse nur nach einer Reparatur, bei der die Bremsanlage zerlegt wurde, erforderlich wird.

Beim Reinigen der Bremsanlage fällt Bremsstaub an. Dieser Staub kann zu gesundheitlichen Schäden führen. Deshalb beim Reinigen der Bremsanlage darauf achten, daß der Bremsstaub nicht eingeatmet wird.

Die Bremsbeläge sind Bestandteil der Allgemeinen Betriebserlaubnis (ABE), außerdem sind sie vom Werk auf das jeweilige Fahrzeugmodell abgestimmt. Es empfiehlt sich deshalb, nur von FORD beziehungsweise vom Kraftfahrtbundesamt freigegebene Bremsbeläge zu verwenden. Diese Bremsbeläge haben eine KBA-Freigabenummer.

Das Arbeiten an der Bremsanlage erfordert peinliche Sauberkeit und exakte Arbeitsweise. Falls die nötige Arbeitserfahrung fehlt, sollten die Arbeiten an der Bremse von einer Fachwerkstatt durchgeführt werden.

Hinweis: Auf stark regennassen Fahrbahnen sollte während des Fahrens die Bremse von Zeit zu Zeit betätigt werden, um die Bremsscheiben von Rückständen zu befreien. Durch die Zentrifugalkraft während der Fahrt wird zwar das Wasser von den Bremsscheiben geschleudert, doch bleibt teilweise ein dünner Film von Silikonen, Gummiabrieb, Fett und Verschmutzungen zurück, der das Ansprechen der Bremse vermindert.

Wird das Fahrzeug nach einer Regenfahrt abgestellt, insbesondere im Winter bei Streusalzeinwirkung, ist es zweckmäßig, die Bremse vorher mit leichter Pedalkraft bis zum Stillstand zu betätigen. Dadurch trocknen die Bremsscheiben und können nicht so leicht korrodieren.

Nach dem Einbau von neuen Bremsbelägen müssen diese eingebremst werden. Während einer Fahrtstrecke von rund 200 km sollten unnötige Vollbremsungen unterbleiben.

Korrodierte Scheibenbremsen erzeugen beim Abbremsen einen Rubbeleffekt, der sich auch durch längeres Abbremsen nicht beseitigen läßt. In diesem Fall müssen die Bremsscheiben erneuert werden.

Eingebrannter Schmutz auf den Bremsbelägen und zugesetzte Regennuten in den Bremsbelägen führen zur Riefenbildung auf den Bremsscheiben. Dadurch kann eine verminderte Bremswirkung eintreten.

Achtung: Wird nach einer Kurvenfahrt ein unterschiedlicher Pedalweg festgestellt, dann muß die Bremsscheibe am äußeren Durchmesser auf Seitenschlag geprüft werden, gegebenenfalls ist die Bremsscheibe zu erneuern.

Die Scheibenbremse

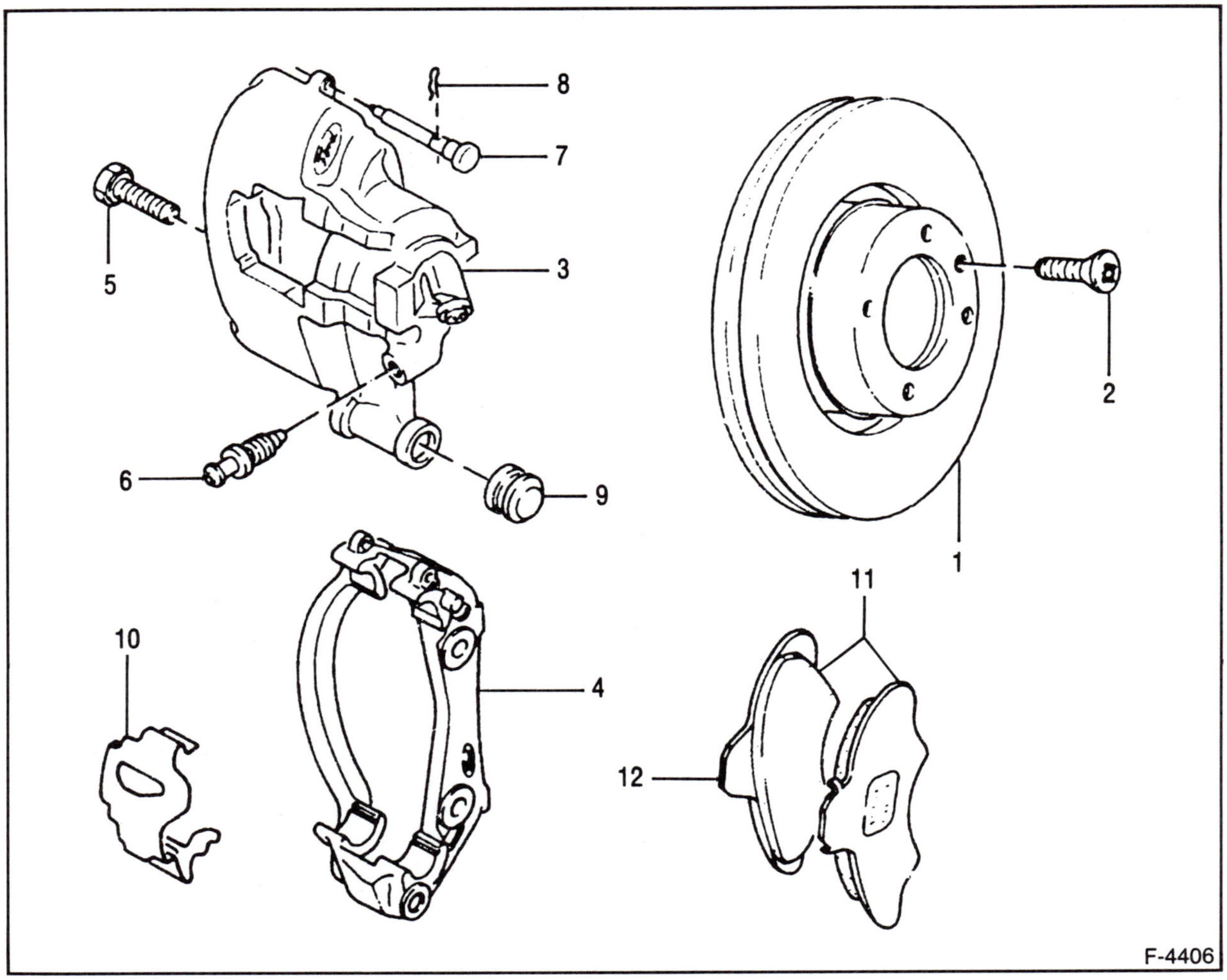

1 – Bremsscheibe	4 – Bremsträger	7 – Führungsbolzen	10 – Geräuschdämpfungsplatte
2 – Halteschraube	5 – Befestigungsschraube	8 – Halteklammer	11 – Bremsbeläge
3 – Bremssattel	6 – Entlüftungsschraube	9 – Abdeckkappe	12 – Rückenplatte

Bremsbeläge vorn aus- und einbauen

Achtung: Es sind 2 verschiedene Bremssättel der Fabrikate BENDIX oder TEVES eingebaut. Der Ausbau wird anhand der BENDIX-Anlage grundsätzlich beschrieben. Die Unterschiede der TEVES-Anlage werden am Ende des Kapitels erläutert. Falls TEVES-Bremsbeläge gewechselt werden, empfiehlt es sich beide Kapitel zu lesen.

Ein Wechsel der Beläge vom rechten zum linken Rad ist nicht zulässig. Der Wechsel kann zu ungleichmäßiger Bremswirkung führen. Grundsätzlich alle Scheibenbremsbeläge einer Achse gleichzeitig erneuern, auch wenn nur ein Belag die Verschleißgrenze erreicht hat. Sollen die Scheibenbremsbeläge wieder montiert werden, müssen sie beim Ausbau gekennzeichnet werden.

BENDIX-Bremse

Ausbau

- Einbaulage der Vorderräder gegenüber der Radnabe markieren, damit die ausgewuchteten Räder wieder in der gleichen Stellung zur Radnabe montiert werden können. Zur Markierung einen Strich mit Kreide oder Farbe über Felge und Nabe ziehen.
- Fahrzeug vorn aufbocken.
- Vorderräder abnehmen.

- Halteklammer –6– mit schmalem Schraubendreher herausziehen.
- Führungsbolzen –5– herausschlagen.

- Haltetülle –5– für Bremsschlauch am Schwenklager herausziehen. **Achtung:** Anderfalls kann beim Hochklappen des Kolbengehäuses der Bremsschlauch beschädigt werden. Falls der Halter in den Bremsschlauch integriert ist, Halter vom Federbein abschrauben.
- Kolbengehäuse –6– hochschwenken und in dieser Lage mit Draht am Federbein festbinden.
- Bremsbeläge –7– herausnehmen.

Einbau

Achtung: Bei ausgebauten Bremsbelägen nicht auf das Bremspedal treten, sonst wird der Kolben aus dem Gehäuse herausgedrückt.

- Führungsfläche bzw. Sitz der Beläge im Gehäuseschacht mit geeigneter Weichmetallbürste reinigen oder mit einem Lappen und Spiritus auswischen. Keine mineralölhaltigen Lösungsmittel oder scharfkantigen Werkzeuge verwenden.
- Vor Einbau der Beläge ist die Bremsscheibe durch Abtasten mit den Fingern auf Riefen zu untersuchen. Riefige Bremsscheiben sind zu erneuern. Bremsscheiben mit grauer oder blauer Verfärbung vor dem Einbau neuer Beläge reinigen.
- Bremsscheibendicke messen.
- Staubkappe am Bremskolben –8– auf Anrisse prüfen. Eine beschädigte Staubkappe umgehend ersetzen lassen, da eingedrungener Schmutz schnell zu Undichtigkeiten des Kolbengehäuses führt. Das Kolbengehäuse muß hierzu ausgebaut und zerlegt werden (Werkstattarbeit).
- Bremskolben mit Rücksetzvorrichtung zurückdrücken. Es geht auch mit einem Hartholzstab (Hammerstiel). Dabei jedoch besonders darauf achten, daß der Kolben nicht verkantet wird und Kolbenfläche sowie Staubkappe nicht beschädigt werden.

Achtung: Beim Zurückdrücken der Kolben wird Bremsflüssigkeit aus den Bremszylindern in den Ausgleichbehälter gedrückt. Flüssigkeit im Behälter beobachten, eventuell Bremsflüssigkeit mit einem Saugheber absaugen.

Zum Absaugen eine Entlüfterflasche oder Plastikflasche verwenden, die nur mit Bremsflüssigkeit in Berührung kommt. **Keine Trinkflaschen verwenden! Bremsflüssigkeit ist giftig und darf auf gar keinen Fall mit dem Mund über einen Schlauch abgesaugt werden.** Saugheber verwenden. Auch nach dem Belagwechsel darf die »MAX.«-Marke am Bremsflüssigkeitsbehälter nicht überschritten werden, da sich die Flüssigkeit bei Erwärmung ausdehnt. Ausgelaufene Bremsflüssigkeit läuft am Hauptbremszylinder runter, zerstört den Lack und führt zur Korrosion.

Achtung: Bei hohem Bremsbelagverschleiß Leichtgängigkeit des Kolbens prüfen. Dazu Holzklotz in den Bremssattel einsetzen und durch Helfer langsam auf das Bremspedal treten lassen. Der Bremskolben muß sich leicht heraus- und hineindrücken lassen. Zur Prüfung muß der andere Bremssattel eingebaut sein. Darauf achten, daß der Bremskolben nicht ganz herausgedrückt wird. Bei schwergängigem Kolben Bremssattel instandsetzen (Werkstattarbeit).

- Um ein Quietschen der Scheibenbremsen zu verhindern, Rückseite der Bremsbeläge sowie Seitenteile der Rückenplatte mit Schmiermittel (z. B. Plastilube, Liqui Moly LM-36 oder LM-508-ASC) **dünn** einstreichen. Dabei nur die Rückenplatte bestreichen. **Die Paste darf keinesfalls auf den eigentlichen Bremsbelag oder auf die Bremsscheibe kommen.** Gegebenenfalls Paste sofort abwischen und mit Spiritus reinigen.
- Schutzpapier von den Bremsbelägen abziehen.
- Bremsbeläge in den Bremsträger einsetzen.
- Bremskolbengehäuse über die Bremsbeläge herunterschwenken.
- Führungsbolzen eintreiben und mit Klammer sichern.
- Sicherstellen, daß der Bremsschlauch und der Metallanschluß nicht unter Spannung stehen oder verformt sind. Anschließend Gummitülle für Bremsschlauch in den Halter am Schwenklager eindrücken beziehungsweise Bremsschlauchhalter am Federbein anschrauben.
- Räder so ansetzen, daß die angebrachten Markierungen von Scheibenrad und Nabe übereinstimmen.
- Räder anschrauben, Fahrzeug ablassen und Radmuttern über Kreuz mit **100 Nm** festziehen.
- Bremspedal mehrmals treten, damit sich die Bremsbeläge an die Bremsscheibe anlegen.

TEVES-Bremse

Ausbau

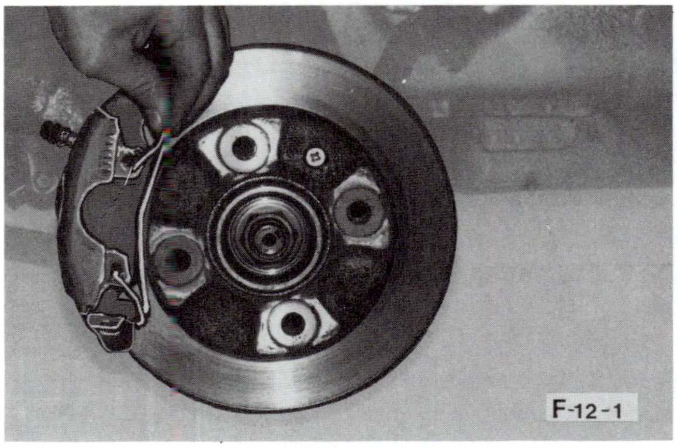

- Halteklammer vorsichtig heraushebeln.

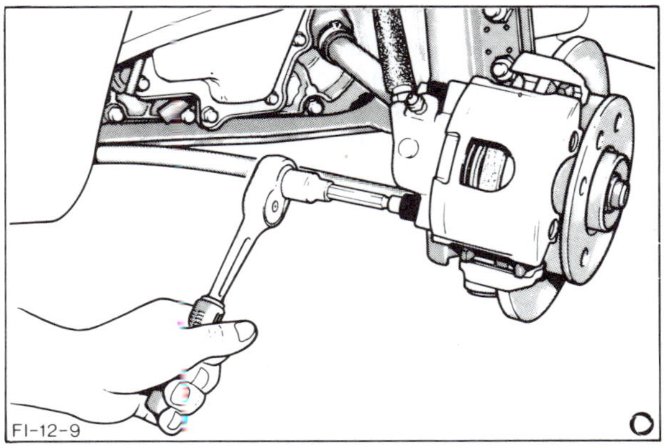

- Stopfen für die Führungsbolzen abhebeln.
- Führungsbolzen mit Innensechskantschlüssel herausdrehen.

Achtung: Bremsschlauch **nicht** abnehmen, sonst muß die Anlage beim Einbau entlüftet werden.

- Kolbengehäuse vom Bremsklotzträger wegschwenken und mit innerem Belag abnehmen. Kolbengehäuse mit Draht am Federbein aufhängen. Darauf achten, daß der Bremsschlauch dabei nicht auf Zug beansprucht wird.
- Äußeren Bremsbelag vom Halter abnehmen.

- Inneren Bremsbelag vom Bremskolben abhebeln. Der Belag ist mit einer Halteklammer im Kolben befestigt.

Einbau

- Äußeren Bremsbelag in den Halter einsetzen.
- Inneren Bremsbelag mit der Halteklammer in den Bremskolben einsetzen und einrasten.
- Bremskolbengehäuse am Halter ansetzen und mit Führungsbolzen gleichmäßig anschrauben.
- Führungsbolzen mit **25 Nm** festziehen.

Scheibenbremsbeläge hinten aus- und einbauen

130-, 150-PS-Motor

Achtung: In diesem Kapitel wird nur auf die Unterschiede gegenüber dem Wechsel der vorderen Beläge eingegangen. Daher empfiehlt es sich ebenfalls das Kapitel »Bremsbeläge vorn aus- und einbauen« zu lesen.

Ausbau

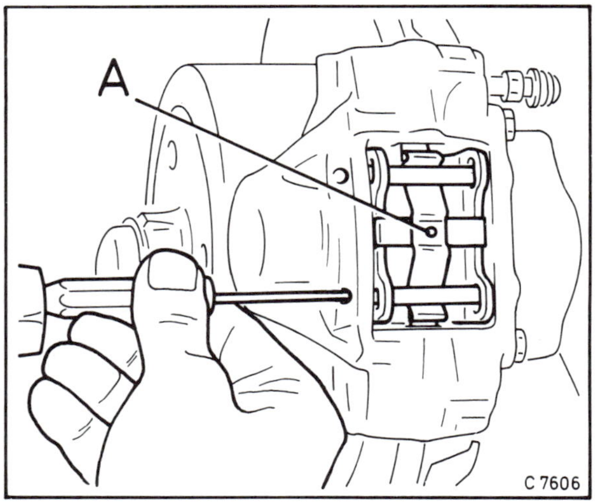

- Haltestifte mit einem geeigneten Durchschlag von außen nach innen aus dem Bremssattel herausschlagen.
- Belag-Haltefedern –A– herausnehmen.

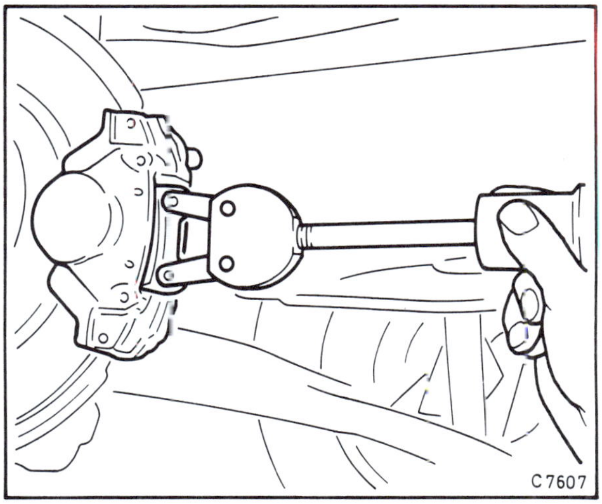

- Bremsbeläge mit Zange oder Schraubendreher herausziehen. Bei festgerosteten Bremsbelägen wird eine spezielle Ausziehvorrichtung (z. B. Schlagauszieher von HAZET) benötigt.

Einbau

- Kolben in das Gehäuse zurückdrücken.
- Neue Bremsbeläge in das Kolbengehäuse einschieben.

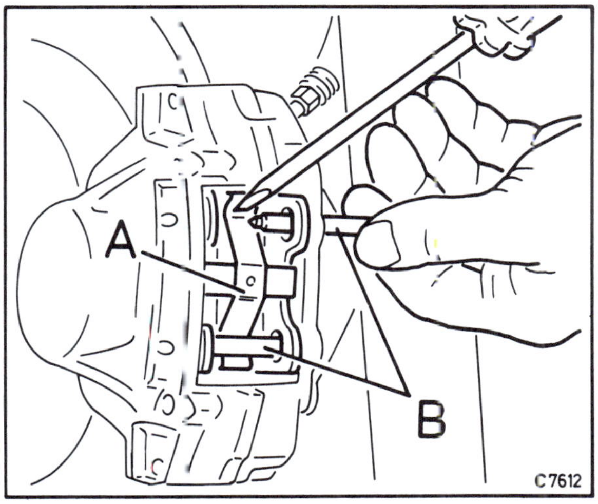

- Spreizfeder –A– einsetzen und Haltestifte –B– von innen nach außen einschlagen. Dabei Spreizfeder mit einem Schraubendreher andrücken, wie in der Abbildung gezeigt.
- Bremspedal mehrmals betätigen damit sich die Bremsbeläge an die Bremsscheibe anlegen.

Bremsscheibendicke prüfen

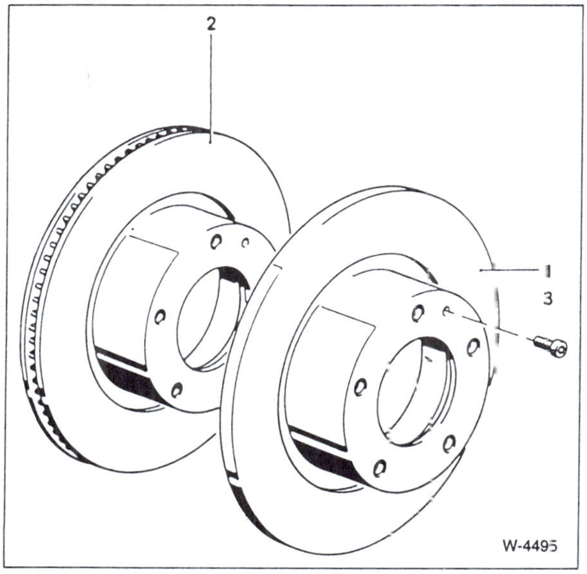

Hinweis: Fahrzeuge mit 1,3-l-Motor (1,4-l bis 8/91) sind mit massiven Bremsscheiben –1– ausgestattet. Alle anderen Modelle besitzen die dickeren, innenbelüfteten Bremsscheiben –2–, die eine bessere Wärmeabfuhr bieten. 3 – Halteschraube für Bremsscheibe.

- Einbaulage der Räder gegenüber der Radnabe markieren, damit die ausgewuchteten Räder wieder in der gleichen Stellung zur Radnabe montiert werden können. Zur Markierung einen Strich mit Kreide oder Farbe über Felge und Nabe ziehen.
- Radmuttern lösen.
- Fahrzeug aufbocken.
- Rad abnehmen.

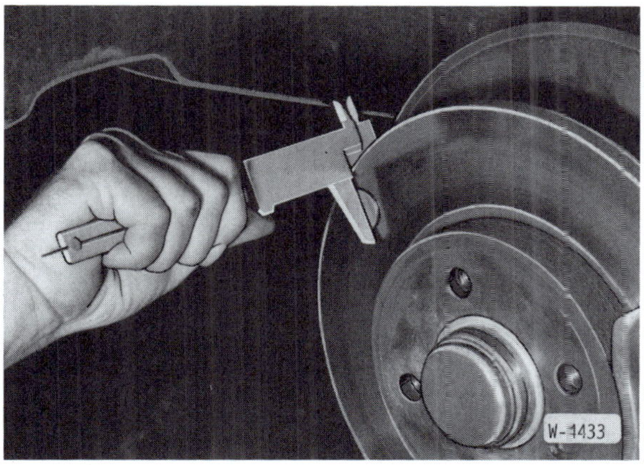

- Bremsscheibendicke messen. Die Werkstätten benutzen dazu eine spezielle Lehre oder eine Mikrometerlehre, da sich durch Abnutzung der Bremsscheibe ein Rand bildet. Man kann die Bremsscheibendicke auch mit einer normalen Schieblehre messen, allerdings muß dann auf jeder Seite der Bremsscheibe eine entsprechend starke Unterlage zwischengelegt werden (beispielsweise 2 Zehn-Pfennig-Stücke). Um die exakte Bremsscheibendicke zu haben, müssen von dem gemessenen Maß die 3,3 mm für die Zehn-Pfennig-Stücke beziehungsweise die Unterlage abgezogen werden. **Achtung:** Messung an mehreren Punkten der Bremsscheibe vornehmen.

Motor	60 PS	71 – 105 PS	130/150 PS
Bremsscheibe	massiv	belüftet	belüftet
Dicke neu	10 mm	20 mm	24 mm
Verschleißgrenze	8 mm	18 mm	22 mm

- Wird die Verschleißgrenze erreicht, Bremsscheibe erneuern.
- Bei größeren Rissen oder bei Riefen, die tiefer als 0,5 mm sind, Bremsscheibe erneuern.
- Räder so ansetzen, daß die angebrachten Markierungen von Scheibenrad und Nabe übereinstimmen.
- Räder anschrauben, Fahrzeug ablassen und Radmuttern über Kreuz mit **100 Nm** festziehen.

Bremsscheibe vorn aus- und einbauen

Ausbau

- Einbaulage der Vorderräder gegenüber der Radnabe markieren, damit die ausgewuchteten Räder wieder in der gleichen Stellung zur Radnabe montiert werden können. Zur Markierung einen Strich mit Kreide oder Farbe über Felge und Nabe ziehen.
- Vorderräder lösen, Wagen vorn aufbocken, Räder abnehmen.

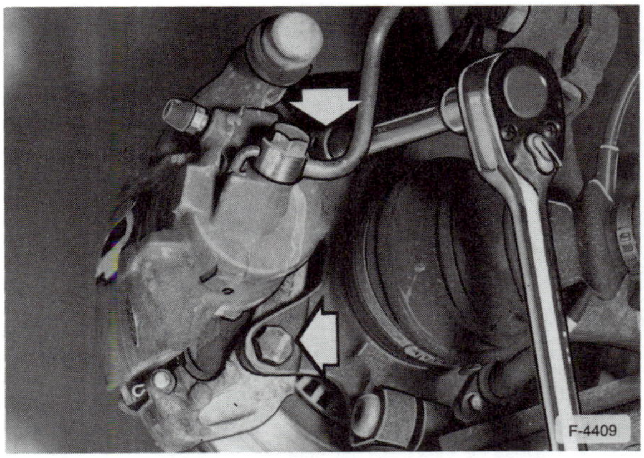
F-4409

- Befestigungsschrauben –Pfeile– am Bremsträger herausdrehen.

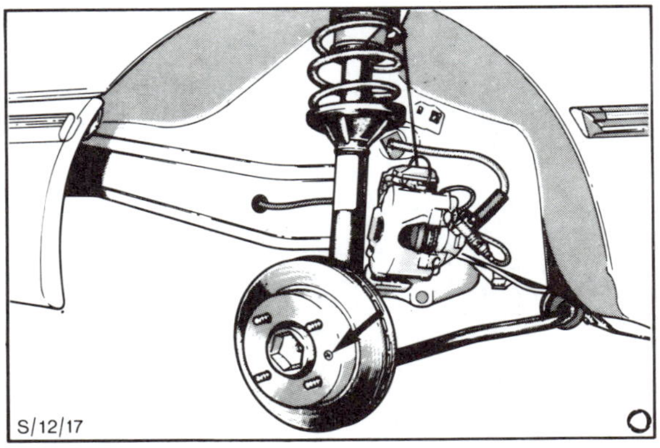
S/12/17

- Bremssattel abnehmen und mit Draht aufhängen. Darauf achten, daß der Bremsschlauch nicht gedehnt oder verdreht wird. Bremsschlauch nicht abschrauben, sonst muß die Anlage beim Einbau entlüftet werden. Die Bremsbeläge verbleiben im Bremssattel.

F-4416

- Arretierschraube –Pfeil– für Bremsscheibe herausdrehen und Bremsscheibe abnehmen.

Einbau

Um beidseitig ein gleichmäßiges Bremsen zu gewährleisten, müssen beide Bremsscheiben die gleiche Oberfläche bezüglich Schliffbild und Rauhtiefe aufweisen. Deshalb **grundsätzlich beide** Bremsscheiben ersetzen, beziehungsweise abdrehen lassen.

Die Werkstatt kann die Bremsscheibe auf Schlag prüfen. Maximaler Seitenschlag an der Bremsfläche gemessen: 0,1 mm bei eingebauter Bremsscheibe. Maximal zulässige Riefentiefe: 0,5 mm. Zulässige Dickentoleranz: 0,1 mm.

- Bremsscheibendicke messen.
- Falls vorhanden, Rost am Flansch der Bremsscheibe und der Vorderradnabe entfernen.
- Neue Bremsscheiben mit Nitro-Verdünnung vom Schutzlack reinigen.
- Bremsscheibe auf Radnabe aufsetzen und mit Halteschraube anschrauben.
- Bremssattel am Schwenklager mit **60 Nm** anschrauben.

- Räder so ansetzen, daß die angebrachten Markierungen von Scheibenrad und Nabe übereinstimmen.
- Räder anschrauben, Fahrzeug ablassen und Radmuttern über Kreuz mit **100 Nm** festziehen.

Achtung: Bremspedal im Stand mehrmals kräftig niedertreten, bis fester Widerstand spürbar ist.

- Bremsflüssigkeitsstand im Ausgleichbehälter prüfen, gegebenenfalls bis zur MAX.-Marke auffüllen.

Quietschgeräusche der Scheibenbremse beseitigen

- Bremsbeläge ausbauen.
- Beläge und Bremssattel mit Preßluft oder einem Lappen und Spiritus reinigen.

Achtung: Bremsstaub nicht einatmen!

- Folgende Stellen mit Plastilube oder Hochtemperaturpaste z. B. Liqui Moly LM-508-ASC, bestreichen:

■ Alle zugänglichen Stellen der Bremsbelag-Rückenplatte.

■ Kolbenstirnseite.

■ Anlagefläche des Bremsträgers.

■ Gleitführungen des Bremssattels.

Achtung: Plastilube oder Hochtemperaturpaste darf **nicht** auf die Reibflächen der Bremsscheibe oder der Bremsbeläge kommen. Eventuell auf die Reibflächen gelangte Reste der Paste mit einem Lappen abwischen, gegebenenfalls mit Spiritus reinigen.

- Bremsbeläge einbauen.

Die Trommelbremse

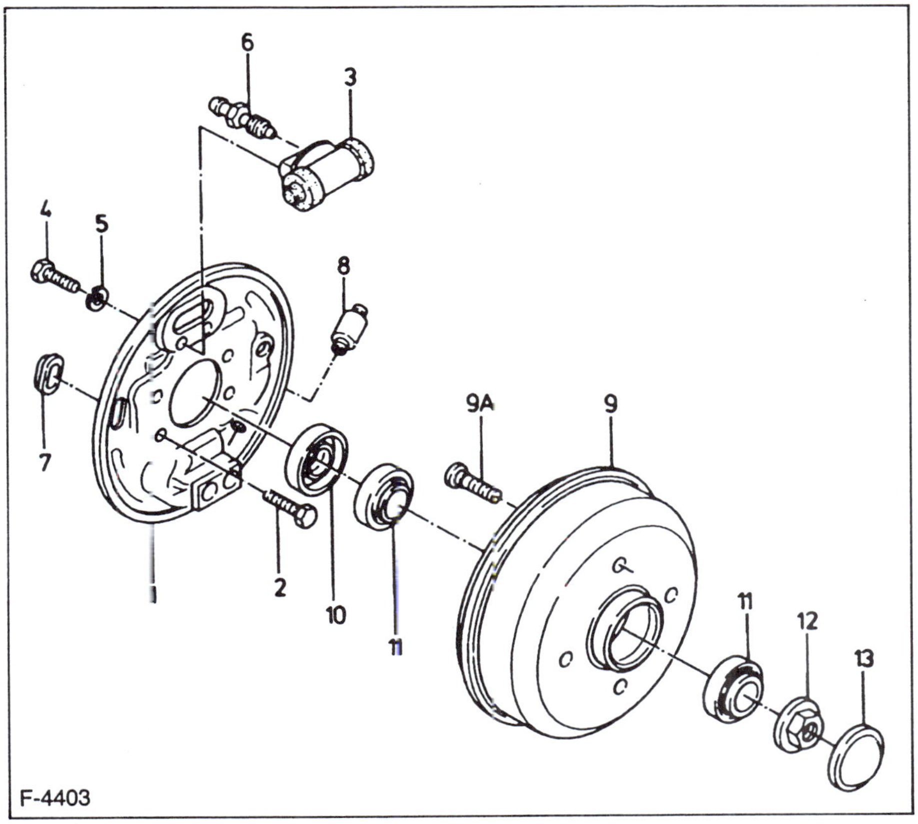

1 – **Bremsträger**
2 – **Sechskantschraube**
3 – **Radbremszylinder**
4 – **Sechskantschraube**
Für Befestigung Radbremszylinder
5 – **Federring**
6 – **Entlüftungsschraube**
7 – **Stopfen für Einstellöffnung**
8 – **Schwinghebelanschlag**
9 – **Bremstrommel**
9A – **Radbolzen**
10 – **Radialdichtring**
11 – **Radlager**
Nicht einstellbar
12 – **Selbstsichernde Sechskantmutter.** Links- oder Rechtsgewinde beachten.
13 – **Fettkappe**

Bremstrommel hinten aus- und einbauen

Ausbau

- Einbaulage der Räder gegenüber der Radnabe markieren, damit die ausgewuchteten Räder wieder in der gleichen Stellung zur Radnabe montiert werden können. Zur Markierung einen Strich mit Kreide oder Farbe über Felge und Nabe ziehen.
- Radmuttern für Hinterräder lösen, Wagen hinten aufbokken, Räder abnehmen.
- Handbremse lösen.

F-4415

- 4 Befestigungsschrauben für hintere Radnabe-/Bremstrommel-Einheit aus dem Achsflansch am Längslenker der Hinterachse herausdrehen.
- Nabe-/Bremstrommel-Einheit vorsichtig von den Bremsbacken abziehen. **Achtung:** Ist die Bremstrommel eingelaufen und läßt sich nicht abziehen, zusätzlich Handbremsseil lösen, siehe Seite 164.

Achtung: Beim Kastenwagen wird die Bremstrommel ohne Naben-/Lagereinheit von den Radbolzen abgezogen. Vorher Befestigungsclip von einem Radbolzen abhebeln.

Einbau

Um beidseitig ein gleichmäßiges Bremsen zu gewährleisten, müssen beide Bremstrommeln innen die gleiche Oberfläche aufweisen, deshalb **grundsätzlich beide** Bremstrommeln ersetzen.

- Vor dem Einbau Bremstrommel von Hand prüfen. Riefen bis maximal 0,4 mm sind zulässig. Bremstrommel auf Verschleiß und Beschädigung prüfen, gegebenenfalls ersetzen.
- Bremsstaub aus der Trommel entfernen. Dazu Trommel mit Preßluft ausblasen beziehungsweise mit einem Lappen und Spiritus reinigen. **Achtung:** Bremsstaub nicht einatmen.
- Nabe-/Trommel-Einheit vorsichtig auf die Bremsbacken schieben und am Achsflansch mit **70 Nm** anschrauben. Beim Kastenwagen Bremstrommel durch Halteclip sichern.
- Bremspedal mehrmals betätigen, damit sich die Bremsbakken automatisch einstellen.
- Räder so ansetzen, daß die angebrachten Markierungen von Scheibenrad und Nabe übereinstimmen.
- Räder anschrauben, Fahrzeug ablassen und Radmuttern über Kreuz mit **100 Nm** festziehen.
- Bremsflüssigkeitsstand im Ausgleichbehälter prüfen, gegebenenfalls bis zur MAX.-Marke auffüllen.

Bremsbacken aus- und einbauen

Ausbau

Achtung: Grundsätzlich alle Bremsbeläge einer Achse erneuern, auch wenn nur ein Belag verölt oder verschlissen ist.

- Bremstrommel ausbauen.

F-4411

4 – Radbremszylinder
5 – Obere Rückzugfeder
6 – Feder für Druckstrebe
7 – Ablaufbacke
8 – Feder und Niederhalter
9 – Bremsträgerblech
10 – Untere Rückzugfeder
11 – Nachstelleinheit
12 – Feder Nachstelleinheit
13 – Auflaufbacke
14 – Stützlager
15 – Druckstrebe

Achtung: Es empfiehlt sich vor Ausbau der Bremsbacken, die Einbaulage der Rückzugfedern, der Druckstange sowie der Nachstelleinheit zu notieren und gegebenenfalls die Federn mit Tesaband zu markieren. Dadurch erleichtert sich der Zusammenbau der Bremse.

F-4417

- Haltestift für vordere Bremsbackenbefestigung herausnehmen. Dazu Klemmfeder mit Zange niederdrücken und Stift um 90° verdrehen. Gleichzeitig von hinten mit dem Finger den Stift gegenhalten. Feder abnehmen, Haltestift herausziehen.

- Haltestift für hintere Bremsbackenbefestigung auf die gleiche Weise ausbauen.
- Beide Bremsbacken vom Radbremszylinder abdrücken und abnehmen, dabei Staubkappen nicht beschädigen. Anschließend Bremsbacken unten vom Stützlager abheben.

Achtung: Beim Abheben der Bremsbacken vom Radbremszylinder darauf achten, daß die Kolben nicht herausgezogen werden. Gegebenenfalls ein Gummiband über beide Kolben ziehen, damit sie im Radbremszylinder verbleiben.

- Obere und untere Rückzugfeder aushängen und vordere Bremsbacke abnehmen.

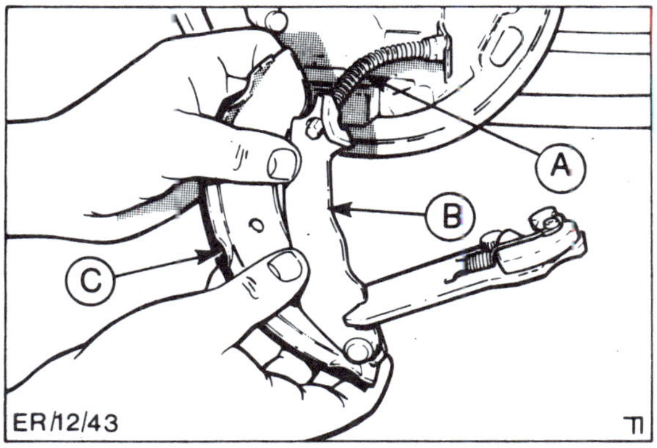

- Hintere Bremsbacke –C– um 90° nach unten schwenken und Handbremsseil –A– aus dem Zwischenhebel –B– aushängen.
- Rückzugfeder für Druckstrebe aushängen und Druckstrebe von der hinteren Bremsbacke abnehmen.
- Ratschenhebel der Nachstelleinheit ganz zurückstellen (zum Bremsträgerblech hin drehen, siehe Abbildung F-4411), dazu gegebenenfalls Feder für Nachstelleinheit abnehmen.

Einbau

Grundsätzlich alle 4 Bremsbacken ersetzen und gleiches Fabrikat verwenden. Bremstrommel und Bremsträger mit Preßluft ausblasen oder mit Spiritus reinigen.

Achtung: Den gesundheitsschädlichen Bremsstaub nicht einatmen. Während die Bremsbacken ausgebaut sind, **nicht auf die Fußbremse treten,** da sonst die Bremskolben aus dem Radbremszylinder rutschen. Falls der Radbremszylinder durch Bremsflüssigkeit feucht ist, Radbremszylinder ersetzen.

- Bremsfläche der Trommel mit dem Finger auf Riefen prüfen. Riefige Bremstrommeln ersetzen, dabei grundsätzlich **beide** Bremstrommeln ersetzen.

- Die sechs Kontaktflächen zwischen Bremsbacken und Bremsträger reinigen und vor dem Einbau der Bremsbacken dünn mit hitzebeständigem Fett, zum Beispiel Thermopaul 1, bestreichen.
- Nachstellhebel, Nachstellraste und Handbrems-Zwischenhebel an den Befestigungsstellen leicht einfetten und einhängen.
- Druckstrebe einsetzen und obere Rückzugfedern einhängen.

Achtung: Die Bremsbacken können auch einzeln eingebaut und mit Haltestiften und Klemmfedern befestigt werden. Anschließend werden dann die Rückzugfedern mit einer Bremsfedernzange eingehängt. Es geht auch mit einer Rohrzange oder einem großen Schraubendreher, allerdings nicht so geschickt, wie mit der Bremsfedernzange.

- Handbremsseil in Zwischenhebel einhängen.
- Bremsbacken über den Radbremszylinder schieben.
- Untere Rückzugfeder einhängen, Bremsbacken auseinanderdrücken und am Stützlager einsetzen.

Achtung: Beim Einsetzen der Bremsbacken dürfen die Staubmanschetten der Radbremszylinder nicht beschädigt werden.

- Bremsbacken an den Bremsträger andrücken. Gegebenenfalls mit Schraubzwingen sichern.
- Haltestift von hinten durchschieben, Klemmfeder aufsetzen. Feder zusammendrücken und Stift um 90° drehen. Haltestift gleichzeitig von hinten gegenhalten. Feder lösen, so daß der Haltestift einrastet.
- Zweiten Haltestift auf dieselbe Weise einbauen.
- Falls verwendet, Schraubzwingen abnehmen.
- Bremstrommel aufsetzen. Falls erforderlich, automatische Nachstellvorrichtung nochmals zurückstellen, damit sich die Bremsbacken an die Bremskolben anlegen. Dazu mit Schraubendreher auf den Ratschenhebel drücken, gegebenenfalls Haltefeder für Ratschenhebel aus- und nach dem Zurückstellen wieder einhängen.

● Falls eingebaut, Gummizug vom Radbremszylinder abnehmen.

● Bremstrommel einbauen.

● Räder so ansetzen, daß die angebrachten Markierungen von Scheibenrad und Nabe übereinstimmen.

● Räder anschrauben, Fahrzeug ablassen und Radmuttern über Kreuz mit **100 Nm** festziehen.

● Fußbremse mehrmals betätigen damit sich die Bremsbacken zentrieren und durch die Nachstellautomatik eingestellt werden.

Radbremszylinder aus- und einbauen

Ausbau

● Bremstrommel ausbauen.

● Bremsschlauch mit geeigneter Schlauchklemme abklemmen. Dabei darauf achten, daß der Bremsschlauch nicht durch eine scharfkantige Klemme beschädigt wird.

● Bremsbacken oben so weit auseinanderziehen, daß der Radbremszylinder frei wird und die Nachstellautomatik die Backen in dieser Stellung arretiert.

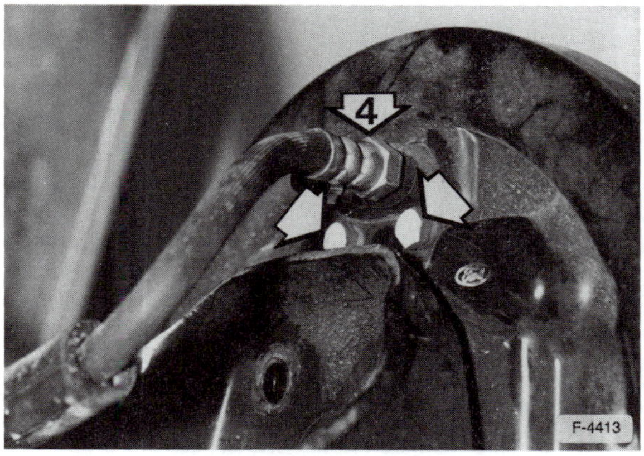

● Überwurfmutter –4– der Bremsleitung am Radbremszylinder von der Rückseite her lösen.

● 2 Befestigungsschrauben –Pfeile– für Radbremszylinder auf der Rückseite des Bremsträgers herausdrehen.

● Radbremszylinder abnehmen und vom Bremsschlauch vollständig abschrauben.

● Bremsschlauch mit geeignetem Stopfen verschließen, um hohen Flüssigkeitsverlust und das Eindringen von Schmutz zu vermeiden.

Einbau

● Radbremszylinder mit neuem Dichtring am Bremsschlauch anschrauben, Mutter noch nicht festziehen. Vorher Abdichtstopfen abnehmen.

● Radbremszylinder am Bremsträger ansetzen und festschrauben.

● Überwurfmutter für Bremsschlauch leicht mit ca. 13 Nm festziehen. Dabei sicherstellen, daß sich der Schlauch nicht verdreht oder gedehnt wird.

● Schlauchklemme abnehmen.

● Mit Schraubendreher auf den Ratschenhebel drücken, damit sich die Bremsbacken an die Bremskolben anlegen.

● Bremstrommel einbauen.

● Bremsanlage entlüften. Dabei genügt es in der Regel, nur den Radbremszylinder zu entlüften, wo die Leitung geöffnet wurde. Wenn der Bremsdruck nach dem Entlüften schwammig ist, gesamte Bremsanlage entlüften.

● Fußbremse mehrmals kräftig durchtreten. Damit ist die Hinterradbremse eingestellt.

Radbremszylinder instand setzen

Falls der Radbremszylinder nicht erneuert werden soll, kann er auch in eingebautem Zustand zerlegt werden. Dann müssen allerdings vorher die Bremsbacken ausgebaut werden. Der Radbremszylinder ist spätestens immer dann zu ersetzen, wenn Bremsflüssigkeit durch die Manschetten dringt. Beim Bremsbelagwechsel zur Kontrolle immer Staubkappen vom Radbremszylinder abziehen und in den Bremszylinder schauen. Wenn es hinter den Staubkappen feucht ist oder der gesamte Radbremszylinder mit Bremsflüssigkeit überzogen ist, Bremszylinder austauschen. Außerdem ist ein Austausch notwendig, wenn die Kolben im Radbremszylinder nicht mehr leichtgängig hin- und hergleiten, Riefen oder Korrosionsstellen aufweisen. In einem solchen Fall wird das Rad entweder nicht abgebremst oder es bremst ständig.

Ausbau

● Bremsbacken ausbauen.

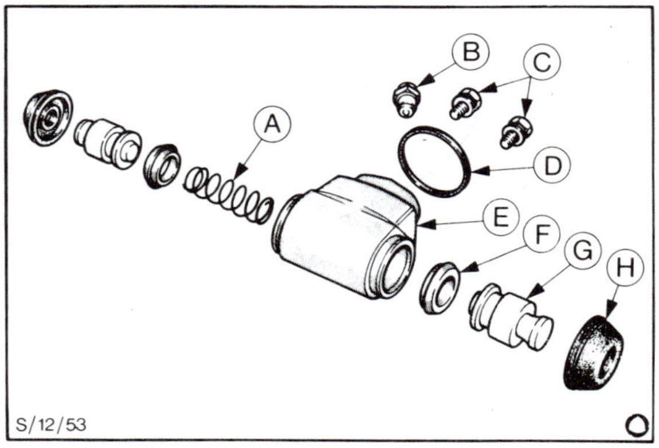

● Mit Schraubendreher Staubkappen –H– abhebeln. Vorsicht, Kappen nicht beschädigen.

● Beide Kolben –G– mit den Manschetten –F– herausziehen. **Achtung:** Dabei kann etwas Bremsflüssigkeit auslaufen, Lappen unterlegen.

● Feder –A– aus Radbremszylinder –E– herausnehmen. Die zusätzlich dargestellten Teile sind: B – Entlüftungsschraube; C – Befestigungsschrauben; D – Dichtring.

● Manschetten von den Kolben abziehen, dabei Kolben nicht beschädigen.

- Radbremszylinder innen mit staubfreiem Lappen auswischen. Es dürfen keine Riefen oder Rostnarben auf der Lauffläche sein, ggf. Radbremszylinder ersetzen.
- Alle Teile mit Spiritus oder Bremsflüssigkeit reinigen. Hinweise zur Bremsflüssigkeit beachten. **Achtung:** Keine Flüssigkeiten auf Mineralölbasis, wie Benzin, verwenden, andernfalls können später Bremsdefekte auftreten.

Einbau

- Entlüfterschraube gangbar machen, eventuell erneuern.
- Vor dem Zusammenbau alle Innenteile in saubere Bremsflüssigkeit tauchen. Grundsätzlich kompletten Reparatursatz verwenden.
- Manschetten so auf die Kolben aufziehen, daß die Dichtlippen gegen die Druckrichtung der Bremsflüssigkeit zeigen.
- Linken Kolben in den Radbremszylinder einsetzen.
- Von rechts Feder einsetzen, Entlüfterschraube öffnen, Kolben einschieben. Nach dem Komplettieren Entlüfterschraube schließen.
- Schutzkappen aufsetzen.
- Bremsbacken und Bremstrommel einbauen.
- Bremsanlage entlüften. Dabei genügt es in der Regel, nur denjenigen Bremszylinder zu entlüften, wo die Leitung geöffnet wurde. Wenn der Bremsdruck nach dem Entlüften schwammig ist, gesamte Bremsanlage entlüften.

Hinweise zum Umgang mit der Bremsflüssigkeit

Sicherheitshinweis
Bremsflüssigkeit ist giftig. Keinesfalls Bremsflüssigkeit mit dem Mund über einen Schlauch absaugen. Bremsflüssigkeit nur in Behälter füllen, bei denen ein versehentlicher Genuss ausgeschlossen ist.

- Bremsflüssigkeit ist ätzend und darf deshalb nicht mit dem Autolack in Berührung kommen, gegebenenfalls sofort abwischen und mit viel Wasser abwaschen.
- Bremsflüssigkeit ist hygroskopisch. Das heißt, sie nimmt aus der Luft Feuchtigkeit auf, wodurch der Siedepunkt der Bremsflüssigkeit und somit die Wärmebelastbarkeit abnimmt. Bremsflüssigkeit deshalb nur in dicht geschlossenen Originalbehältern an trockenen Orten aufbewahren.
- **Bremsflüssigkeit darf nicht durch Mineralöl oder Kühlmittel/Frostschutzmittel verunreinigt werden.** Schon geringe Spuren Mineralöl machen die Bremsflüssigkeit unbrauchbar beziehungsweise führen zum Ausfall des Bremssystems. Dichtungen der Bremsanlage werden beschädigt, wenn sie mit mineralölhaltigen Mitteln zusammenkommen. Zum Reinigen dieser Teile keine ölgetränkten Putzlappen verwenden.
- **Bremsflüssigkeit, die schon einmal im Bremssystem verwendet wurde, darf nicht wieder verwendet werden. Auch beim Entlüften der Bremsanlage nur neue Bremsflüssigkeit verwenden.**
- Bremsflüssigkeits-Spezifikation: **Super DOT 4** beziehungsweise FORD-**ESD-M6C57-A**.
- Bremsflüssigkeit alle 2 Jahre wechseln, möglichst nach der kalten Jahreszeit.

Achtung: Bremsflüssigkeit ist ein Problemstoff und darf auf keinen Fall einfach weggeschüttet oder dem Hausmüll mitgegeben werden. Gemeinde- und Stadtverwaltungen informieren darüber, wo sich die nächste Problemstoff-Sammelstelle befindet beziehungsweise wie die örtlichen Bestimmungen über den Umgang mit Problemstoffen lauten.

Bremsanlage entlüften

Nach jeder Reparatur an der Bremse, bei der die Anlage geöffnet wurde, kann Luft in die Druckleitungen eingedrungen sein. Dann ist das Bremssystem zu entlüften. Luft ist auch dann in den Leitungen, wenn sich beim Tritt auf das Bremspedal der Bremsdruck schwammig anfühlt. In diesem Fall muß die Undichtigkeit beseitigt und die Bremsanlage entlüftet werden. Diese Anleitung gilt auch für Fahrzeuge mit ABS (Antiblockiersystem).

Speziell Fahrzeuge mit ABS:

- Beim Entlüften muß das Fahrzeug auf den Rädern stehen, da sonst die hinteren Bremszylinder beziehungsweise das lastabhängige Bremsdruckregulierventil nicht korrekt entlüftet werden können.
- Ist eine Kammer des Bremsflüssigkeit-Ausgleichbehälters komplett leergelaufen (zum Beispiel bei Undichtigkeiten im Bremssystem oder wenn beim Entlüften vergessen wurde, Bremsflüssigkeit nachzufüllen), **muß die Bremse von der Fachwerkstatt entlüftet werden.** In der Fachwerkstatt wird mit dem Fehlerauslesegerät eine Entlüftungsroutine der ABS-Hydraulikeinheit eingeleitet.
- Bremspedal mindestens 20mal betätigen, um den Druck aus dem Bremssystem abzubauen.
- Batterie-Massekabel (–) bei ausgeschalteter Zündung abklemmen. **Achtung:** Dadurch werden elektronische Speicher gelöscht, wie zum Beispiel der Radiocode. Hinweise im Kapitel »Batterie aus- und einbauen« beachten.

Die Bremsanlage wird durch Pumpen mit dem Bremspedal entlüftet, dazu ist eine zweite Person notwendig.

Muß die ganze Anlage entlüftet werden, jede Radbremse einzeln entlüften. Falls nur **ein** Bremssattel beziehungsweise Radbremszylinder überholt wurde, genügt in der Regel das Entlüften des betreffenden Bremszylinders.

Reihenfolge der Entlüftung:

1. Bremssattel vorn links,
2. Bremssattel/Bremszylinder hinten rechts,
3. Bremssattel vorn rechts,
4. Bremssattel/Bremszylinder hinten links.

- Stecker für Bremsflüssigkeitswarnanzeige am Deckel des Bremsflüssigkeits-Vorratsbehälters abziehen. Deckel abschrauben und zur Seite legen. Dabei Geber für Warnanzeige nicht auf den Kopf stellen.

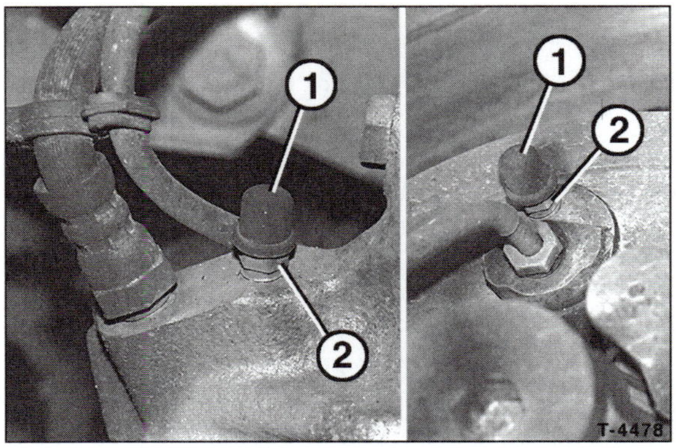

- Staubkappe –1– von der Entlüfterschraube –2– des Bremszylinders abnehmen. Entlüfterschraube reinigen, sauberen Schlauch aufstecken, anderes Schlauchende in eine mit Bremsflüssigkeit halbvoll gefüllte Flasche stecken. Bei älteren Fahrzeugen Entlüfterschraube vorsichtig gangbar machen.

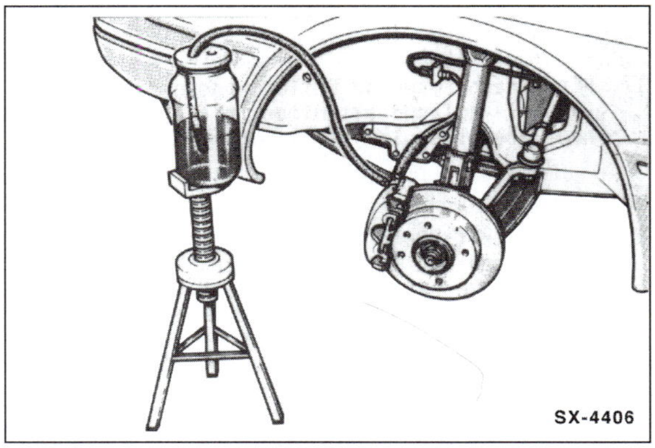

- Die Auffangflasche soll mindestens 30 cm über der Entlüfterschraube stehen beziehungsweise gehalten werden. Dadurch wird verhindert, daß Luft über das Gewinde der Entlüfterschraube in das Bremssystem gelangt.
- Von einer Hilfsperson Bremspedal so oft niedertreten lassen, »pumpen«, bis sich im Bremssystem Druck aufgebaut hat. Zu spüren am wachsenden Widerstand beim Betätigen des Pedals.
- Ist genügend Druck vorhanden, Bremspedal ganz durchtreten, Fuß auf dem Bremspedal halten.
- Entlüfterschraube am Bremssattel etwa eine halbe Umdrehung mit Ringschlüssel öffnen. Ausfließende Bremsflüssigkeit in der Flasche sammeln. Darauf achten, daß sich das Schlauchende in der Flasche ständig unterhalb des Flüssigkeitsspiegels befindet.
- Sobald der Flüssigkeitsdruck nachläßt, sofort Entlüfterventil schließen.
- Pumpvorgang wiederholen, bis sich Druck aufgebaut hat. Bremspedal niedertreten, Fuß auf dem Bremspedal lassen, Entlüfterschraube öffnen, bis der Druck nachläßt, Entlüfterschraube schließen.
- Entlüftungsvorgang an einem Bremszylinder so lange wiederholen, bis sich in der Bremsflüssigkeit, die in die Entlüfterflasche strömt, keine Luftblasen mehr zeigen.
- Anschließend bei durchgetretenem Bremspedal Entlüfterschraube vorsichtig anziehen, max. 10 Nm.
- Schlauch von Entlüfterschraube abziehen, Staubkappe auf Ventil stecken.
- Die anderen Bremszylinder auf gleiche Weise entlüften.

Achtung: Während des Entlüftens ab und zu den Ausgleichbehälter beobachten. Der Flüssigkeitsspiegel darf nicht zu weit sinken, sonst wird über den Ausgleichbehälter Luft angesaugt. **Immer nur neue Bremsflüssigkeit nachgießen!**

- Nach dem Entlüften Deckel für Ausgleichbehälter festschrauben. Gegebenenfalls Bremsflüssigkeit bis zur »MAX.«-Markierung auffüllen. **Achtung:** Der Bremsflüssigkeitsspiegel darf bei aufgeschraubtem Deckel nicht über der »MAX.«-Markierung liegen.
- Stecker aufschieben
- Fahrzeuge mit ABS: Batterie-Massekabel (–) anklemmen. Zeituhr einstellen. Falls erforderlich, Diebstahlcode für Radio eingeben.

Bremsleitung/Bremsschlauch ersetzen

Für das Bremsleitungssystem vom Hauptbremszylinder zu den vier Radbremsen besteht aus Rohren und aus druckfesten Bremsschläuchen. Die Bremsschläuche stellen die flexiblen Verbindungen zwischen den starren und beweglichen Fahrzeugteilen her.

Die Rohrverbindungen sind als sogenannte Kegelkupplungen ausgebildet. Die Rohrenden sind vorn gestaucht und haben dann eine kegelförmige Anlagefläche für die ebenfalls mit einem kegeligen Grund versehenen Gewindeöffnungen in den Bremszylindern, Verteilerstücken oder Bremsschläuchen. Bevor die Rohrenden gestaucht werden, wird eine Rohrmutter auf das Rohr gesteckt, die dann später nach dem Einschrauben die kegelige Anlagefläche des Rohres gegen den kegeligen Grund der Gewindeöffnung drückt und damit zuverlässig abdichtet.

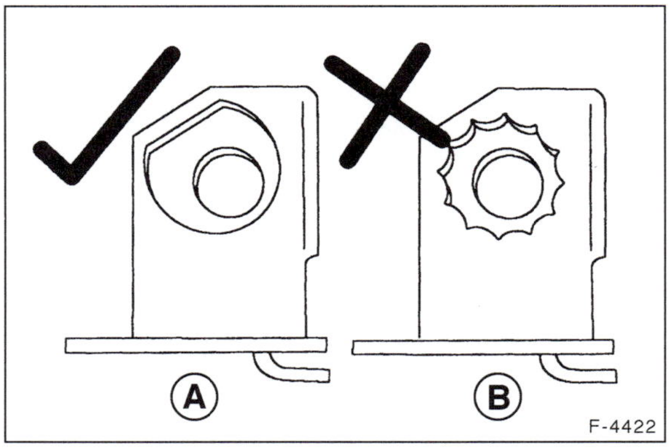

Achtung: Vor dem Ersetzen des Bremsschlauches prüfen, ob der richtige Halter –A– am Innenkotflügel vorhanden ist. Andernfalls sternförmigen Halter –B– durch Halter –A– ersetzen.

- Fahrzeug aufbocken, siehe Seite 105.
- Bremsleitung an den Überwurfmuttern lösen und abnehmen.

- Leitungsanschluß in Richtung Hauptbremszylinder mit geeignetem Stopfen verschließen.
- Falls der Halter am Innenkotflügel ersetzt werden muß, Nieten des bisherigen Halters ausbohren. Neuen Halter mit handelsüblichem Blindniet (∅ 5 mm) annieten.
- Neue Bremsleitung möglichst an gleicher Stelle verlegen.
- Beim Anschließen der Bremsleitung die kegelige Anlagefläche mit einigen Tropfen Bremsflüssigkeit benetzen und mit 12–15 Nm festziehen.
- Neuen Bremsschlauch so einbauen, daß er ohne Drall durchhängt, und mit 12–15 Nm festziehen.
- Nach dem Einbau bei entlastetem Rad prüfen (Wagen angehoben), ob der Schlauch allen Radbewegungen folgt, ohne irgendwo anzuscheuern.

Achtung: Bremsschläuche nicht mit Öl oder Petroleum in Berührung bringen, nicht lackieren oder mit Unterbodenschutz besprühen.

Hinweis: Seit 1/93 werden Bremsschläuche mit integriertem Halter eingebaut. Die Position des Halters am Bremsschlauch ist je nach Motor und Ausstattung unterschiedlich.

- Bremsanlage entlüften.
- Fahrzeug ablassen, siehe Seite 105.
- Bei auf dem Boden stehendem Fahrzeug Räder nach links und rechts bis zum Anschlag einschlagen und prüfen, ob der Schlauch allen Radbewegungen folgt, ohne irgendwo anzuscheuern.

Bremskraftverstärker prüfen/ Unterdruckleitung aus- und einbauen

Der Bremskraftverstärker ist auf Funktion zu überprüfen, wenn zur Erzielung ausreichender Bremswirkung die Pedalkraft außergewöhnlich hoch ist.

- Bremspedal bei stehendem Motor mindestens 5mal kräftig durchtreten, dann bei belastetem Bremspedal Motor starten. Das Bremspedal muß jetzt unter dem Fuß spürbar nachgeben.
- Andernfalls Unterdruckschlauch am Bremskraftverstärker abbauen, Motor starten. Durch Fingerauflegen am Ende des Unterdruckschlauches prüfen, ob bei laufendem Motor Unterdruck erzeugt wird.
- Ist kein Unterdruck vorhanden: Unterdruckschlauch auf Undichtigkeiten und Beschädigungen prüfen, gegebenenfalls ersetzen. Sämtliche Schellen fest anziehen.
- **Dieselmotor:** Unterdruckschlauch von der Vakuumpumpe abziehen und mit dem Finger prüfen, ob Unterdruck am Schlauchanschluß anliegt.
- Ist Unterdruck vorhanden: Unterdruck messen, gegebenenfalls Bremskraftverstärker ersetzen lassen (Werkstattarbeit). **Achtung:** Dabei auch immer Rückschlagventil in der Unterdruckleitung ersetzen lassen, da die Membrane im Bremskraftverstärker durch eindringende Kraftstoffdämpfe (bei defektem Rückschlagventil) beschädigt wird.

Hinweis: Falls die Bremskraftverstärkung nur kurz nach dem Kaltstart ausfällt und später wieder vorhanden ist, Unterdruckleitung komplett mit Rückschlagventil ersetzen.

Ausbau Unterdruckleitung

- Batterie-Massekabel (–) abklemmen. **Achtung:** Dadurch können elektronische Speicher gelöscht werden. Vor dem Abklemmen daher unbedingt Hinweise im Kapitel »Batterie aus- und einbauen« durchlesen.
- Bremspedal 3- oder 4-mal kräftig durchtreten, um das Vakuum im Bremskraftverstärker zu erschöpfen.

- Unterdruckleitung am Bremskraftverstärker herausziehen, gegebenenfalls mit großem Schraubendreher abheben.

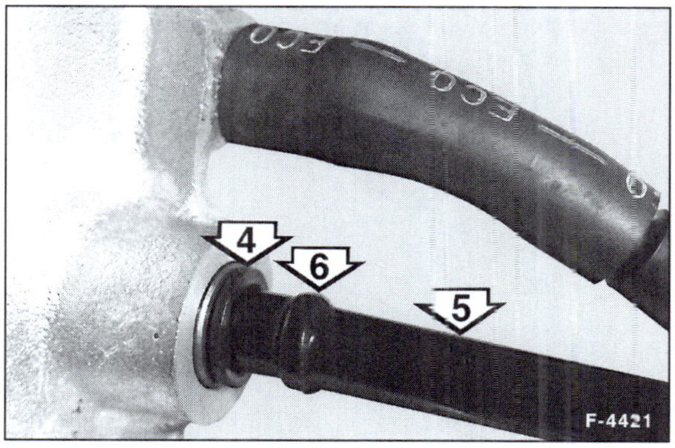

- **Benzinmotor:** Unterdruckleitung vom Ansaugkrümmer abziehen. Dazu Haltering –4– mit dem Fingernagel hineindrücken und Schlauch –5– gleichzeitig langsam herausziehen.
- **Dieselmotor:** Unterdruckleitung von der Vakuumpumpe mit Überwurfmutter abschrauben.

Einbau

Achtung: Verbindungsschlauch immer mit Rückschlagventil ersetzen.

- **Benzinmotor:** Schlauch am Ansaugkrümmer bis zum Ring –6– einschieben. Anschließend Schlauch leicht zurückziehen, um Arretierung zu prüfen.
- **Dieselmotor:** Unterdruckleitung an der Vakuumpumpe mit Überwurfmutter anschrauben.
- Unterdruckschlauch mit Winkelstück am Bremskraftverstärker einstecken.
- Batterie-Massekabel (–) anklemmen. Zeituhr einstellen. Diebstahlcode für Radio eingeben.

Die Handbremse

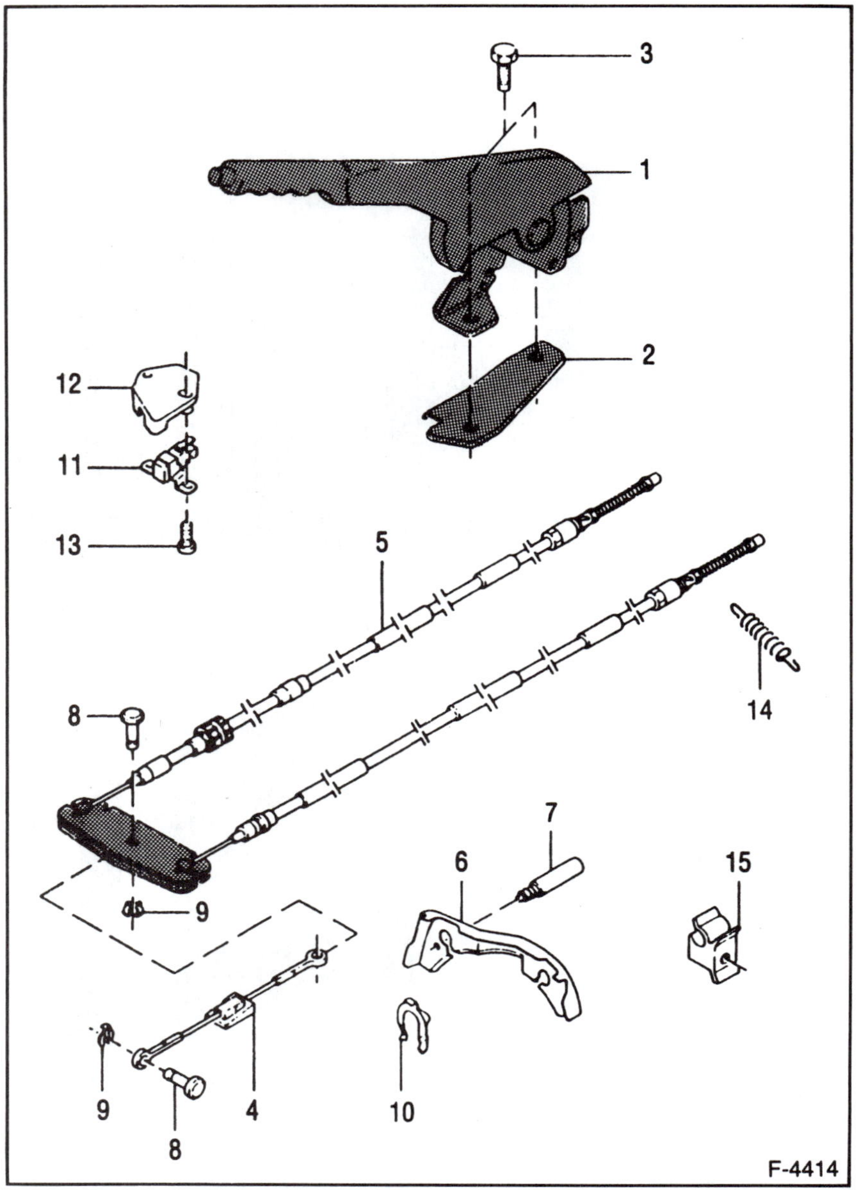

1 – **Handbremshebel**
2 – **Verstärkung**
3 – **Sechskantschraube**
4 – **Handbremsseil vorn**
5 – **Handbremsseil hinten**
6 – **Haltebügel**
7 – **Arretierstift**
8 – **Bolzen**
9 – **Sicherungsscheibe**
10 – **Sicherungsscheibe**
11 – **Schalter Handbrems-Kontrolle**
12 – **Abdeckung für Schalter**
13 – **Schraube**
14 – **Feder**
15 – **Rohrklemme**

Hinweis: Gelenke und Lagerstellen mit Mehrzweckfett etwas einfetten.

Handbremse einstellen

Die Hinterradbremse stellt sich automatisch nach, entsprechend dem Verschleiß der Bremsbeläge. Das Einstellen der Handbremse ist daher nur erforderlich, wenn der Handbremshebel oder die Bremsseile ausgewechselt wurden oder die Handbremse trotz ausreichender Belagstärke nicht zieht.

- Fahrzeug hinten aufbocken, siehe Seite 105.
- Richtige Verlegung der Handbremsseilzüge und einwandfreien Sitz in den Clipsen und Führungen prüfen.
- Handbremshebel lösen.
- Bremspedal mehrmals betätigen, um eine richtige Selbstnachstellung zu gewährleisten.

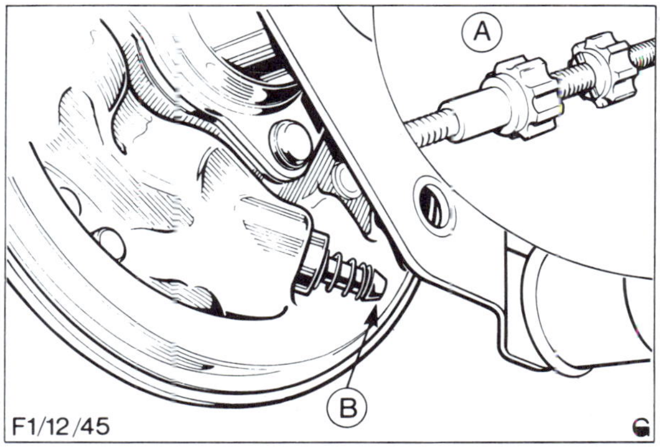

- Spiel der Prüfstifte –B– messen. Die Prüfstifte sitzen jeweils an der Bremsträgerplatte gegenüber dem Bremsseil. Die Prüfstifte dürfen sich addiert insgesamt etwa 0,5 bis 2,0 mm bewegen lassen. Prüfstift mit dem Daumen reindrücken dabei muß der Absatz auf dem Stift mit dem Rand der Kunststoffführung fluchten.

Achtung: Lassen sich die Prüfstifte nach dem Lockern des Bremsseils nicht bewegen, dann ist das Seil verklemmt, der Bremsmechanismus gestört oder die Stifte sitzen fest. Gegebenenfalls Seilverlegung prüfen oder Stifte gangbar machen.

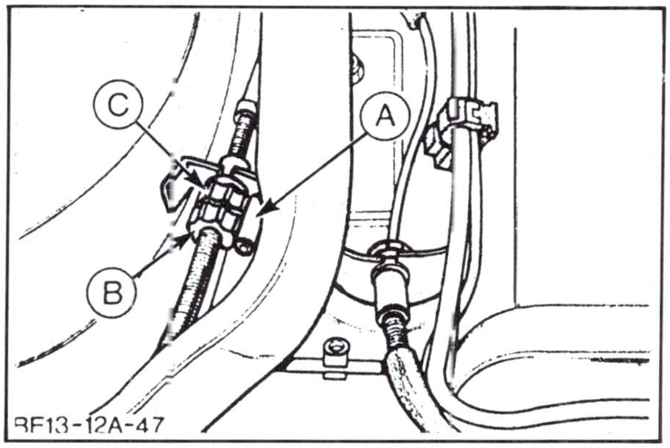

- Sicherungsstift –A– herausziehen.
- Kontermutter –B– lösen.
- Einstellmutter –C– so weit verdrehen, bis das Spiel beider Prüfstifte addiert 0,5 bis 2,0 mm beträgt.
- Kontermutter von Hand so fest wie möglich gegen die Einstellmutter drehen. Anschließend Kontermutter mit geeignetem Schlüssel um 2 »Klicks« weiterdrehen, dabei Einstellmutter gegenhalten.
- Einstellvorrichtung durch Einsetzen eines neuen Sicherungsstiftes –A– arretieren.
- Fahrzeug ablassen.

Handbremshebel aus- und einbauen

Ausbau

- Falls vorhanden, lange Mittelkonsole ausbauen

- Falls erforderlich, Bodenteppich am Ausschnitt für den Handbremshebel etwas zurückziehen.
- Stecker für Handbrems-Warnschalter –4– abziehen.
- Federklammer für Bolzen –5– abziehen und Bolzen für vorderes Handbremsseil herausziehen.
- 2 Befestigungsschrauben –6/7– herausdrehen.

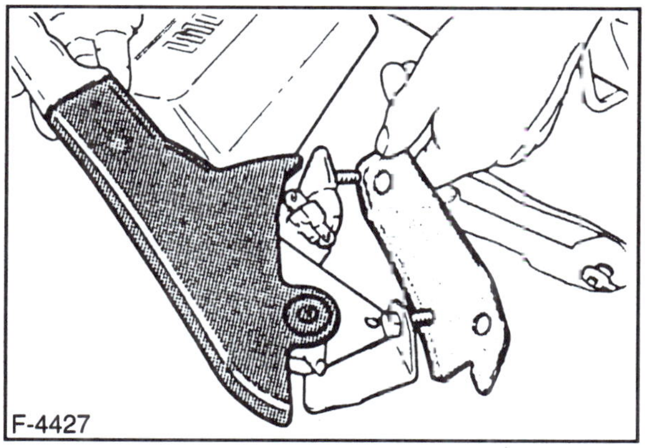

- Handbremshebel und Verteilerplatte herausheben.

Einbau

- Handbremshebel und Verteilerplatte einsetzen, anschrauben, Schrauben gut festziehen.
- Vorderes Handbremsseil ansetzen, Bolzen durchschieben und mit Klammer sichern.
- Stecker für Handbrems-Warnschalter aufschieben.
- Falls ausgebaut, lange Mittelkonsole einbauen.
- Handbremse einstellen, siehe Seite 162.

Handbremsseil vorn aus- und einbauen

Ausbau

- Fahrzeug aufbocken, siehe Seite 105.
- Handbremse lösen.

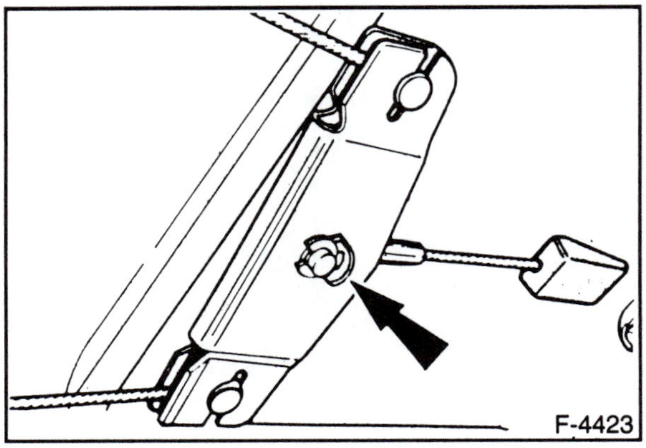

- Federklammer mit kleinem Schraubendreher abhebeln.

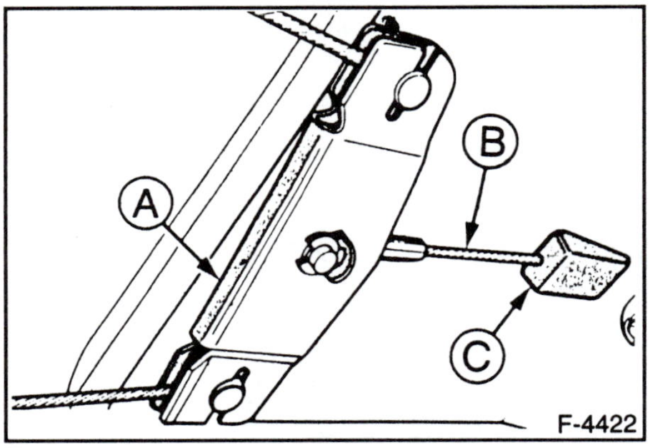

- Bolzen aus dem Ausgleichstück –A– herausdrücken.
- Vorderen Seilzug –B– aus dem Ausgleichstück herausnehmen.

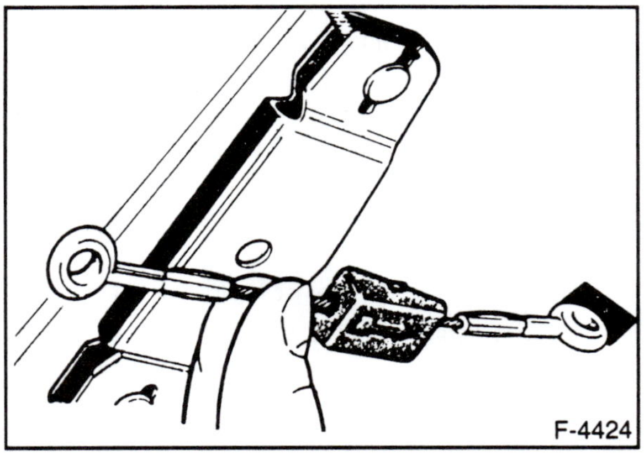

- Vorderen Seilzug am Handbremshebel aushängen und mit Führungsstück –C– abnehmen, siehe auch »Handbremshebel aus- und einbauen«.

Einbau

- Vorderen Seilzug am Handbremshebel einhängen und mit Federklammer sichern.
- Seilführung in die Öffnung drücken.
- Vorderen Seilzug in den Ausgleichbügel einführen, Bolzen durchschieben und mit Klammer sichern.
- Handbremse einstellen.
- Fahrzeug ablassen

Handbremsseil hinten aus- und einbauen

Ausbau

- Einbaulage der Räder gegenüber der Radnabe markieren, damit die ausgewuchteten Räder wieder in der gleichen Stellung zur Radnabe montiert werden können. Zur Markierung einen Strich mit Kreide oder Farbe über Felge und Nabe ziehen.
- Radmuttern lösen.
- Fahrzeug aufbocken, siehe Seite 105.
- Hinterräder abbauen.
- Handbremse lösen.

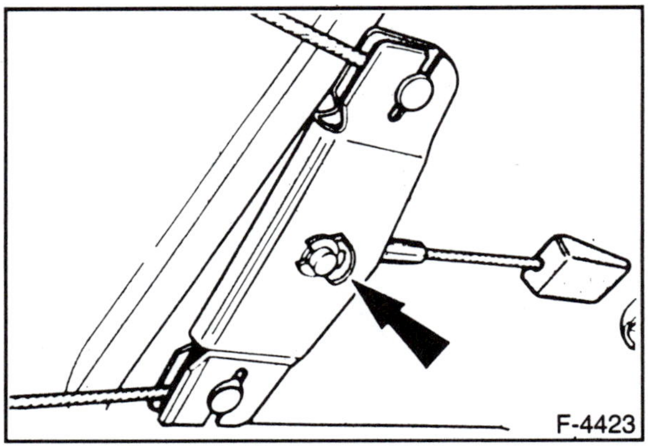

- Sicherungsklammer am Ausgleichbügel abhebeln.

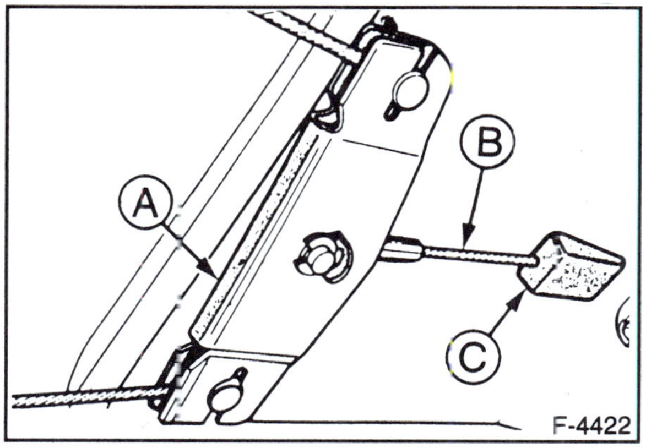

- Bolzen aus dem Ausgleichstück –A– herausdrücken.
- Vorderen Seilzug –B– aus dem Ausgleichstück herausnehmen.
- Hintere Handbremsseile am Ausgleichstück aushängen.

- Sicherungsstift von der Einstelleinheit –A– abnehmen.
- Einstellvorrichtung lösen und Seilzüge an den Haltern der Bodengruppe ausclipsen. Dazu Federklammern –B– aus den Seilführungen –C– herausziehen.
- Bremsbacken ausbauen, Handbremsseile aus Schwinghebel aushängen, siehe Seite 156.

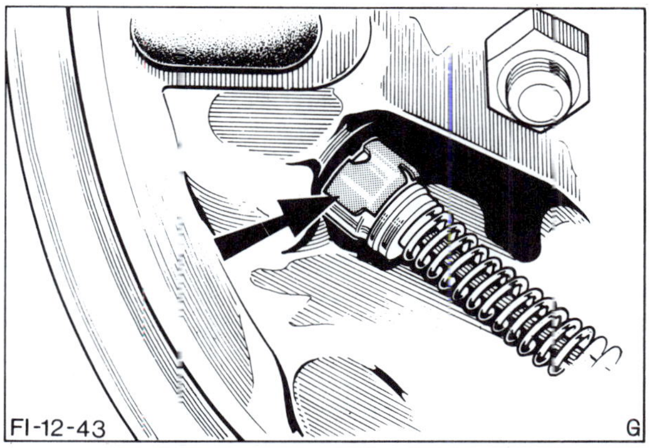

- Handbremsseile aus dem Bremsträger herausziehen, vorher Clip –Pfeil– mit Schraubendreher abhebeln.

Einbau

- Seilzüge in Einbaulage verlegen. Clipse am Aufbau leicht fetten und Seilzüge einclipsen.
- Seilzüge in die vorderen Halter einrasten.

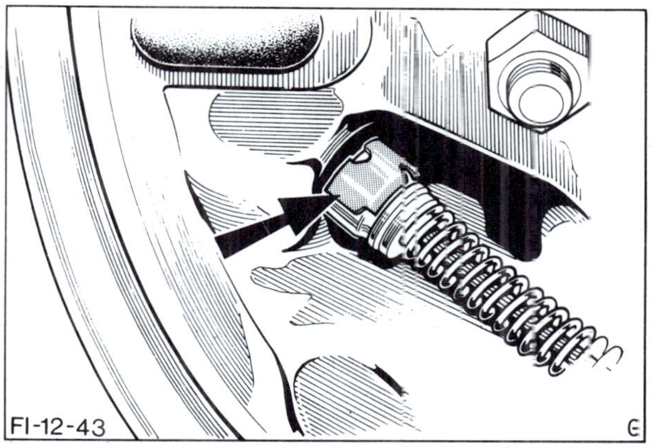

- Bremsseile durch die Bremsträger einführen und in die Schwinghebel einhängen.
- Seilzüge an Bremsträgern mit Klammern sichern. Beschädigte Klammern ersetzen.
- Bremsbacken einbauen, siehe Seite 156.
- Seilzüge in den Ausgleichhebel einhängen.
- Vorderen Seilzug in den Ausgleichbügel einführen, Bolzen durchschieben und diesen mit Klammer sichern.
- Seilführungen am Aufbau mit Federklammern sichern.
- Handbremse einstellen.
- Räder so ansetzen, daß die angebrachten Markierungen von Scheibenrad und Nabe übereinstimmen.
- Räder anschrauben, Fahrzeug ablassen und Radmuttern über Kreuz mit **100 Nm** festziehen.

Die ABS-Anlage

Je nach Modell und Ausstattung besitzt der FORD ESCORT ein elektronisches Antiblockiersystem (ABS) von TEVES. Das ABS ist speziell für Fahrzeuge mit Frontantrieb entwickelt.

Das Antiblockiersystem (ABS) verhindert, daß bei scharfem Abbremsen die beiden Vorderräder und ein Hinterrad blockieren können. Dadurch bleibt das Fahrzeug bei einer Vollbremsung lenkbar und die Fahrstabilität bleibt erhalten.

Das ABS ist funktionsbereit, sobald die Zündung eingeschaltet ist und die Kontrollampe erloschen ist. Es regelt alle Bremsvorgänge im Blockierbereich.

Durch zwei Drehzahlfühler an den Vorderrädern wird die Radgeschwindigkeit gemessen. Aus den Signalen der einzelnen Drehzahlfühler errechnet das elektronische Steuergerät eine Durchschnittsgeschwindigkeit, die in etwa der Fahrzeuggeschwindigkeit entspricht. Durch Vergleich der Radgeschwindigkeit für ein einzelnes Rad und der Durchschnittsgeschwindigkeit beider Räder erkennt das Steuergerät den Schlupfzustand des einzelnen Rades und kann dadurch feststellen, wenn sich ein Rad kurz vor dem Blockieren befindet. Die Hinterräder besitzen keine Radsensoren. Die Steuerung der bremsenden Hinterräder ist daher von den vorderen abhängig. Um unter allen Bremsbedingungen ein Blockieren der Hinterräder zu verhindern, ist ein lastabhängiger Bremskraftregler in jedem der hinteren Bremskreise installiert. Die lastabhängigen Bremskraftregler sind über der Hinterachse in einer Karosseriemulde montiert und werden durch ein einfaches Gestänge, welches mit der Hinterachse verbunden ist, betätigt.

Sobald ein Vorderrad zum Blockieren neigt, der Bremsflüssigkeitsdruck im Bremssattel ist dann zu hoch im Verhältnis zur Haftfähigkeit der Reifen auf der Straße, verringert das Hydrauliksystem aufgrund von Signalen des Steuergerätes den Flüssigkeitsdruck im Bremssattel. Jedoch nur so weit, bis das Rad wieder geringfügig beschleunigt, dann schließen die Ventile wieder und der durch die Bremspedalbetätigung erzielte Druck wirkt wieder, jedoch nicht über das Maß des allgemeinen Bremsdrucks hinaus.

Dieser Vorgang wiederholt sich bei scharfem Bremsen für jedes einzelne Rad so lange, bis das Bremspedal zurückgenommen wird, beziehungsweise bis kurz vor Stillstand des Fahrzeuges. Unter einer Geschwindigkeit von 7 km/h ist die ABS-Regelung nicht in Funktion.

Eine Sicherheitsschaltung im elektronischen Steuergerät sorgt dafür, daß sich das ABS bei einem Defekt selbst abschaltet. In diesem Fall leuchtet die ABS-Kontrolleuchte am Armaturenbrett während der Fahrt ständig auf. Die herkömmliche Bremsanlage bleibt dabei in Betrieb. Das Fahrzeug verhält sich beim Bremsen dann so, als ob kein ABS eingebaut wäre. Fällt ein Bremskreis aus, so wird der andere Bremskreis trotzdem durch das ABS geregelt.

- Prüfungen und Reparaturen des ABS sollten der Werkstatt vorbehalten bleiben.

Achtung: Vor Schweißarbeiten mit einem elektrischen Schweißgerät muß der Stecker vom elektronischen Steuergerät abgezogen werden. Stecker nur bei ausgeschalteter Zündung abziehen. Das elektronische Steuergerät befindet sich hinten links im Motorraum (in Fahrtrichtung gesehen).

Ab 9/95 wird im FORD ESCORT serienmäßig die ABS-Anlage »Teves Mk, 20-I« mit integriertem EBV-System eingebaut.

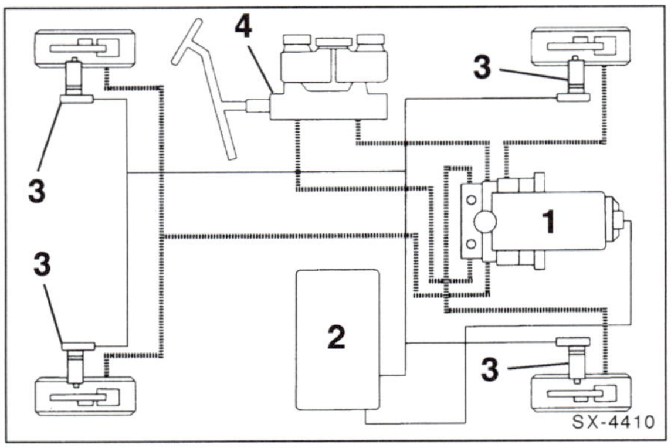

Die Anlage besteht aus der elektrohydraulischen Steuereinheit –1– mit integriertem elektronischen Steuergerät –2–, der ABS-Kontrolleuchte, den 4 Drehzahlfühlern –3– und Impulszahnrädern an allen vier Rädern. 4 – Hauptbremszylinder.

EBV: Die **E**lektronische **B**remskraft**v**erteilung verteilt mittels ABS-Hydraulik die Bremskraft an die Hinterräder. Da die EBV-Steuerung wesentlich sensibler arbeitet als ein mechanisch wirkender Bremskraftregler, wird ein deutlich größerer Regelbereich ausgenutzt.

Bei Geradeausfahrt wird die Hinterradbremse voll an der Bremsleistung beteiligt. Um auch bei Kurvenbremsungen die Fahrstabilität zu gewährleisten, muß der Bremskraftanteil der Hinterachse reduziert werden. Über die ABS-Drehzahlsensoren erkennt die EBV, ob das Fahrzeug geradeaus oder durch eine Kurve fährt. Bei Kurvenfahrt wird der Bremsdruck für die Hinterräder reduziert. Dadurch können die Hinterräder die maximale Seitenführungskraft aufbringen.

Wenn die Sicherheitsschaltung im elektronischen Steuergerät dafür sorgt, daß sich die ABS-Anlage selbst abschaltet, wird das EBV-System gleichzeitig ebenfalls deaktiviert. Die herkömmliche Bremsanlage bleibt dabei in Betrieb. Das Fahrzeug verhält sich dann beispielsweise beim Bremsen so, als ob keine ABS/EBV-Anlage eingebaut wäre.

Sicherheitshinweis:
Wenn während der Fahrt die **rote** Warnleuchte für Bremsanlage aufleuchtet, sofort anhalten und Ursache feststellen. Ursachen können beispielsweise sein: Zu wenig Bremsflüssigkeit, angezogene Handbremse. Bei Ausfall der EBV leuchten gleichzeitig die gelbe ABS-Kontrolleuchte **und** die rote Warnleuchte auf, es können dann beim starken Bremsen die Hinterräder blockieren.

Störungsdiagnose Bremse

Störung	Ursache	Abhilfe
Leerweg des Bremspedals zu groß	Bremsbacken teilweise oder völlig abgenutzt	■ Bremsbeläge nachstellen oder Beläge erneuern
	Ein Bremskreis ausgefallen	■ Bremskreise auf Flüssigkeitsverlust prüfen
	Nachstellautomatik der Trommelbremse klemmt	■ Nachstelleinheit gangbar machen
Bremspedal läßt sich weit und federnd durchtreten	Luft im Bremssystem	■ Bremse entlüften
	Zu wenig Bremsflüssigkeit im Ausgleichbehälter	■ Neue Bremsflüssigkeit nachfüllen Bremse entlüften
	Dampfblasenbildung. Tritt meist nach starker Beanspruchung auf, z. B. Paßabfahrt	■ Bremsflüssigkeit wechseln. Bremse entlüften
Bremswirkung läßt nach, und Bremspedal läßt sich durchtreten	Undichte Leitung	■ Leitungsanschlüsse nachziehen oder Leitung erneuern
	Beschädigte Manschette im Haupt- oder Radbremszylinder	■ Manschette erneuern. Beim Hauptbremszylinder Innenteile ersetzen, ggf. Hauptbremszylinder ersetzen
	Speziell bei Scheibenbremse: Stationärer Gummidichtring beschädigt	■ Bremssattel überholen
Schlechte Bremswirkung trotz hohen Fußdrucks	Bremsbeläge verölt	■ Bremsbeläge erneuern
	Ungeeigneter oder verhärteter Bremsbelag	■ Beläge erneuern Original FORD-Beläge verwenden
	Bremskraftverstärker defekt	■ Bremsservo prüfen
	Speziell bei Scheibenbremse: Bremsbeläge abgenutzt	■ Bremsbeläge erneuern
Bremse zieht einseitig	Unvorschriftsmäßiger Reifendruck	■ Reifendruck prüfen und berichtigen
	Bereifung ungleichmäßig abgefahren	■ Abgefahrene Reifen ersetzen
	Bremsbeläge verölt	■ Bremsbeläge erneuern
	Verschiedene Bremsbelagsorten auf einer Achse	■ Beläge erneuern. Original FORD-Beläge verwenden
	Schlechtes Tragbild der Bremsbeläge	■ Bremsbeläge austauschen
	Speziell bei Scheibenbremse: Verschmutzte Bremssattelschächte	■ Sitz- und Führungsflächen der Bremsbeläge im Bremssattel reinigen
	Korrosion in den Bremssattelzylindern	■ Bremssattel erneuern
	Bremsbelag ungleichmäßig verschlissen	■ Bremsbeläge erneuern (beide Räder)
	Speziell bei Trommelbremse: Kolben in den Radbremszylindern schwergängig	■ Radbremszylinder instand setzen

Störung	Ursache	Abhilfe
Bremse zieht von selbst an	Ausgleichsbohrung im Hauptbremszylinder verstopft Spiel zwischen Betätigungsstange und Hauptbremszylinderkolben zu gering	■ Hauptbremszylinder reinigen und Innenteile erneuern lassen ■ Spiel prüfen
Bremsen erhitzen sich während der Fahrt	Ausgleichsbohrung im Hauptbremszylinder verstopft Spiel zwischen Betätigungsstange und Hauptbremszylinder zu gering **Speziell bei Scheibenbremse:** Drosselbohrung im Spezial-Bodenventil verstopft **Speziell bei Trommelbremse:** Bremsbacken-Rückzugfedern erlahmt	■ Hauptbremszylinder reinigen und Innenteile erneuern lassen ■ Spiel prüfen ■ Hauptbremszylinder reinigen, Innenteile ersetzen und Bremsflüssigkeit erneuern ■ Rückzugfedern erneuern
Bremsen rattern	Ungeeigneter Bremsbelag **Speziell bei Scheibenbremse:** Bremsscheibe stellenweise korrodiert Bremsscheibe hat Seitenschlag **Speziell bei Trommelbremse:** Bremsbeläge verschlissen Bremstrommel unrund	■ Beläge erneuern Original FORD-Beläge verwenden ■ Scheibe mit Schleifklötzen sorgfältig glätten ■ Scheibe nacharbeiten oder ersetzen ■ Beläge erneuern. Original FORD-Beläge verwenden ■ Bremstrommel ersetzen
Bremsbeläge lösen sich nicht von der Bremsscheibe, Räder lassen sich schwer von Hand drehen	**Speziell bei Scheibenbremse:** Korrosion in den Bremssattelzylindern	■ Bremssattel überholen, eventuell austauschen
Ungleichmäßiger Belag-Verschleiß	**Speziell bei Scheibenbremse:** Ungeeigneter Bremsbelag Bremssattel verschmutzt Kolben nicht leichtgängig Bremssystem undicht	■ Bremsbeläge erneuern Original FORD-Beläge verwenden ■ Bremssattelschächte reinigen ■ Kolben gangbar machen ■ Bremssystem auf Dichtigkeit prüfen
Keilförmiger Bremsbelag-Verschleiß	**Speziell bei Scheibenbremse:** Bremsscheibe läuft nicht parallel zum Bremssattel Korrosion in den Bremssätteln Kolben arbeitet nicht richtig	■ Anlagefläche des Bremssattels prüfen ■ Verschmutzung beseitigen ■ Kolbenstellung (Kolbenring) prüfen

Störung	Ursache	Abhilfe
Bremse quietscht	Oft auf atmosphärische Einflüsse (Luftfeuchtigkeit) zurückzuführen	■ Keine Abhilfe erforderlich, und zwar dann, wenn Quietschen nach längerem Stillstand des Wagens bei hoher Luftfeuchtigkeit auftrat, aber nach den ersten Bremsungen sich nicht wiederholt
	Speziell bei Scheibenbremse: Ungeeigneter Bremsbelag	■ Beläge erneuern. Original FORD-Beläge verwenden Rückenplatte mit Anti-Quietsch-Paste bestreichen
	Bremsscheibe läuft nicht parallel zum Bremssattel	■ Anlagefläche des Bremssattels prüfen
	Verschmutzte Schächte im Bremssattel	■ Bremssattelschächte reinigen
	Speziell bei Trommelbremse: Ungeeigneter Bremsbelag	■ Beläge erneuern
	Belag liegt nicht satt auf	■ Beläge erneuern
	Bremse verschmutzt	■ Radbremsen reinigen
	Rückzugfedern zu schwach	■ Rückzugfedern erneuern
Bremse pulsiert	**ABS** in Funktion	■ Normal, keine Abhilfe
	Speziell bei Scheibenbremse: Seitenschlag oder Dickentoleranz der Bremsscheibe zu groß	■ Schlag und Toleranz prüfen. Scheibe nacharbeiten oder ersetzen
	Bremsscheibe läuft nicht parallel zum Bremssattel	■ Anlagefläche des Bremssattels prüfen
	Speziell bei Trommelbremse: Anlagefläche des Scheibenrades an der Bremstrommel nicht plan, dadurch Verzug der Bremstrommel	■ Es kann versucht werden, die Scheibenräder untereinander auszutauschen.

Räder und Reifen

Der FORD ESCORT ist je nach Modell und Ausstattung mit Reifen und Felgen unterschiedlicher Größe ausgerüstet. Sofern Reifen beziehungsweise Felgen montiert werden, die nicht in den Fahrzeugpapieren vermerkt sind, ist eine Eintragung in die Fahrzeugpapiere erforderlich.

Alle Scheibenräder sind als sogenannte Hump-Felgen ausgelegt. Der Hump ist ein in die Felgenschulter eingepreßter Wulst, der auch bei extrem scharfer Kurvenfahrt nicht zuläßt, daß der schlauchlose Reifen von der Felge gedrückt wird.

Räder- und Reifenmaße, Reifenfülldruck

Motor	**Scheibenrad** (Felge)	**Reifengröße** Gürtelreifen (schlauchlos)	**Reifenfülldruck (Überdruck) in bar**			
			halbe Zuladung		volle Zuladung	
			vorn	hinten	vorn	hinten
1,3-/1,4-l 1,6-l-CVH	4½ J x 13 5 J x 13 6 J x 14 6 J x 15	155 R13-S 175/70 R13-T 185/60 R14-H 195/50 R15-V	2,0 2,2 2,2 2,4	1,8 1,8 1,8 2,0	2,5 2,5 2,5 2,5	3,1 3,1 3,1 3,1
1,6-/1,8-l-Zetec 2,0-l-DOHC 1,8-l-Diesel	5 J x 13 6 J x 14 6 J x 15	175/70 R13-H 185/60 R14-H 195/50 R15-V	2,2 2,2 2,4	1,8 1,8 2,0	2,5 2,5 2,5	3,1 3,1 3,1
Express »55« »75«	5 J x 13 5 J x 13	165 R13-T 165 R13C-T	2,1 2,4	1,8 2,4	2,4 2,6	3,0 3,5
1,6-l (4x4)	6 J x 14	185/60 R 14-H	2,4	2,2	2,5	3,1
RS 2000 (4x4) – Notrad	6 J x 15	195/50 R 15-V T 125/80 LR 15	2,4 4,2	2,2 4,2	2,5 4,2	3,1 4,2
RS Cosworth – Notrad	8 J x 16 3½ J x 16	225/45 R 16 Z T 125/80 R 16 97 M	2,2 4,2	2,4 4,2	2,5 4,2	2,9 4,2

Achtung: Die technische Entwicklung geht ständig weiter. Es kann sein, daß inzwischen für ältere Fahrzeug-Modelle andere Reifenfülldrücke beziehungsweise andere Reifen-Felgen-Kombinationen zugelassen sind. Es empfiehlt sich deshalb, die aktuellen Daten bei der Fachwerkstatt zu erfragen.

- Sämtliche Überdruckangaben beziehen sich auf kalte Reifen. Der sich bei längerer Fahrt einstellende, um ca. 0,2 bis 0,4 bar höhere Überdruck darf nicht reduziert werden. Winterreifen werden in der Regel mit einem 0,2 bis 0,3 bar höheren Überdruck gefahren. Die Luftdruckempfehlungen des jeweiligen Reifenherstellers bei Winterreifen sind zu beachten. Da die Winterreifen einer Geschwindigkeitsbeschränkung unterliegen, muß ein Hinweis über die zulässige Höchstgeschwindigkeit im Blickfeld des Fahrers angebracht werden (§ 36, Absatz 1 StVZO).
- Bei sportlicher Fahrweise empfiehlt es sich, den Reifenüberdruck an Vorder- und Hinterrädern um 0,2 bar zu erhöhen. Bei dieser Erhöhung ist vom Basis-Überdruck auszugehen, wie er für die verschiedenen Belastungszustände vorgeschrieben ist.
- Der Reifenfülldruck für das **Reserverad** entspricht dem maximalen Fülldruck der Hinterradreifen.
- Bei Anhängerbetrieb Reifenfülldruck auf den unter »volle Zuladung« angegebenen Wert erhöhen.
- Wird das Fahrzeug über eine längere Strecke im Bereich der Höchstgeschwindigkeit gefahren, sollte der Reifenfülldruck erhöht werden. Ab 160 km/h je weitere 10 km/h um 0,1 bar, ab 190 km/h je weitere 10 km/h um 0,2 bar.

Reifen- und Scheibenrad-Bezeichnungen/Herstellungsdatum

Reifen-Bezeichnungen

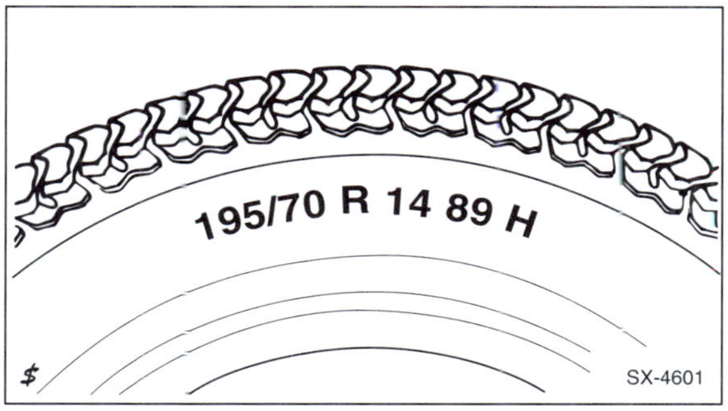

195 = Reifenbreite in mm

70 = Verhältnis Höhe zu Breite (die Höhe des Reifenquerschnitts beträgt 70 % von der Breite)

Fehlt eine besondere Angabe des Querschnittverhältnisses (z. B. 155 R 13), so handelt es sich um das »normale« Höhen-Breiten-Verhältnis. Es beträgt bei Gürtelreifen 82 %.

R = Radial-Bauart (= Gürtelreifen).

14 = Felgendurchmesser in Zoll.

89 = Tragfähigkeits-Kennzahl.

Achtung: Steht zwischen den Angaben 14 und 89 die Bezeichnung M+S, dann handelt es sich um einen Reifen mit Winterprofil.

H = Kennbuchstabe für zulässige Höchstgeschwindigkeit, H: bis 210 km/h.

Der Geschwindigkeitsbuchstabe steht hinter der Reifengröße. Die Geschwindigkeitssymbole gelten sowohl für Sommer- als auch für Winterreifen.

Beispiel Scheibenrad-Bezeichnungen: 6 J x 15

6 = Maulweite der Felge in Zoll

J = Kennbuchstabe für Höhe und Kontur des Felgenhorns (B = niedrigere Hornform)

x = Kennzeichen für einteilige Tiefbettfelge

15 = Felgen-Durchmesser in Zoll

Geschwindigkeits-Kennbuchstabe

Kennbuchstabe	Zulässige Höchstgeschwindigkeit
Q	160 km/h
S	180 km/h
T	190 km/h
H	210 km/h
V	240 km/h
W	270 km/h
Y	über 270 km/h

Achtung: Steht hinter der Reifenbezeichnung das Wort »reinforced«, handelt es sich um einen Reifen in verstärkter Ausführung, beispielsweise für Vans und Transporter.

Reifen-Herstellungsdatum

Das Herstellungsdatum steht auf dem Reifen im Hersteller-Code.

Beispiel: DOT CUL2 UM8 5001 TUBELESS

DOT = Department of Transportation (US-Verkehrsministerium)

CU = Kürzel für Reifenhersteller

L2 = Reifengröße

UM8 = Reifenausführung

5001 = Herstellungsdatum = 50. Produktionswoche 2001
Hinweis: Falls anstelle der 4-stelligen Ziffer eine 3-stellige Ziffer gefolgt von einem ◁-Symbol aufgeführt ist, dann wurde der Reifen im vergangenen Jahrzehnt produziert. Die Bezeichnung 509◁ bedeutet beispielsweise: 50. Produktionswoche 1999.

TUBELESS = schlauchlos (TUBETYPE = Schlauchreifen)

Achtung: Neureifen müssen seit 10/98 an der Reifenflanke zusätzlich mit einer ECE-Prüfnummer versehen sein, die nachweist, daß der Reifen dem ECE-Standard entspricht. Werden Reifen **ohne** ECE-Prüfnummer montiert, erlischt die Allgemeine Betriebserlaubnis (ABE) des Fahrzeuges.

Austauschen der Räder

Es ist nicht zweckmäßig, bei einem Austausch der Räder die Drehrichtung der Reifen zu ändern, da sich die Reifen nur unter vorübergehend stärkerem Verschleiß der veränderten Drehrichtung anpassen.

Bei deutlich stärkerer Abnutzung der vorderen Reifen empfiehlt es sich, die Vorderräder gegen die Hinterräder zu tauschen. Dadurch haben alle 4 Reifen etwa die gleiche Lebensdauer.

Zum Festziehen der Radmuttern sollte immer ein Drehmomentschlüssel verwendet werden. Dadurch wird sichergestellt, daß die Radmuttern gleichmäßig fest angezogen sind.

Reifen nicht einzeln, sondern mindestens achsweise ersetzen. Dabei Reifen mit der größeren Profiltiefe immer vorn montieren.

- Zum Schutz gegen Festrosten des Rades ist der Zentriersitz des Scheibenrades an den Radnaben vorn und hinten bei jeder Demontage des jeweiligen Rades mit Wälzlagerfett leicht einzufetten.
- Radkappen mit Kunststoffende des Radmutternschlüssels (Bordwerkzeug) abhebeln.
- Vor der Demontage Rad mit Kreide zur Radnabe markieren, damit es in gleicher Stellung wieder montiert werden kann.
- Leichtmetallfelgen sind durch einen Klarlacküberzug gegen Korrosion geschützt. Beim Radwechsel darauf achten, daß die Schutzschicht nicht beschädigt wird, andernfalls mit Klarlack ausbessern.
- **Für Leichtmetallfelgen nur Radmuttern mit drehbarer integrierter Scheibe verwenden.** Die konische Kegelscheibe auf der Mutter verhindert Beschädigungen an der Oberfläche der Leichtmetallfelge beim Festziehen.

Achtung: Sind am Fahrzeug Leichtmetallfelgen montiert, während das Reserverad eine Stahlfelge besitzt, ist es zweckmäßig, entsprechende Muttern für die Stahlfelge zum Bordwerkzeug zu legen.

- Verschmutzte Muttern und Gewinde reinigen.
- Radmuttern über Kreuz mit Drehmomentschlüssel in mehreren Durchgängen festziehen.

Achtung: Durch einseitiges oder unterschiedlich starkes Anziehen der Radmuttern können das Rad und/oder die Radnabe verspannt werden. **Das Anzugsdrehmoment für die Radmuttern beträgt 100 Nm.**

Regeln zur Reifenpflege

Generell gilt, daß Reifen sozusagen ein »Gedächtnis« haben und unsachgemäße Behandlung – dazu zählt beispielsweise auch schnelles oder häufiges Überfahren von Bordstein- oder Schienenkanten – oft erst viel später zu Reifenpannen führt.

Reifen reinigen

- Reifen möglichst nicht mit einem Dampfstrahlgerät reinigen. Wird die Düse des Dampfstrahlers zu nahe an den Reifen gehalten, dann wird dessen Gummischicht innerhalb weniger Sekunden irreparabel zerstört, selbst bei Verwendung von kaltem Wasser. Ein auf diese Weise gereinigter Reifen sollte sicherheitshalber ersetzt werden.
- Ersetzt werden sollte auch ein Reifen, der über längere Zeit mit Öl oder Fett in Berührung kam. Der Reifen quillt an den betreffenden Stellen zunächst auf, nimmt jedoch später wieder seine normale Form an und sieht äußerlich unbeschädigt aus. Die Belastungsfähigkeit des Reifens nimmt aber ab.

Reifen lagern

- Reifen sollten kühl, dunkel und trocken aufbewahrt werden. Sie dürfen nicht mit Fett und Öl in Berührung kommen.
- Räder liegend oder an den Felgen aufgehängt in der Garage oder im Keller lagern.
- Bevor die Räder abmontiert werden, Reifenfülldruck etwas erhöhen (ca. 0,3–0,5 bar).
- Für Winterreifen eigene Felgen verwenden, denn das Ummontieren der Reifen auf dieselben Felgen lohnt sich aus Kostengründen nicht.

Reifen einfahren

Neue Reifen haben vom Produktionsprozeß her eine besonders glatte Oberfläche. Deshalb müssen neue Reifen – das gilt auch für das neue Ersatzrad – eingefahren werden. Bei diesem Einfahren rauht sich durch die beginnende Abnutzung die glatte Oberfläche auf.

Während der ersten 300 km sollte man mit neuen Reifen speziell auf Nässe besonders vorsichtig fahren.

Auswuchten der Räder

Die serienmäßigen Räder werden im Werk ausgewuchtet. Das Auswuchten ist notwendig, um unterschiedliche Gewichtsverteilung und Materialungenauigkeiten auszugleichen.

Im Fahrbetrieb macht sich die Unwucht durch Trampel- und Flattererscheinungen bemerkbar. Das Lenkrad beginnt dann bei höherem Tempo zu zittern.

In der Regel tritt dieses Zittern nur in einem bestimmten Geschwindigkeitsbereich auf und verschwindet wieder bei niedrigerer und höherer Geschwindigkeit.

Solche Unwuchterscheinungen können mit der Zeit zu Schäden an Achsgelenken, Lenkgetriebe und Stoßdämpfern führen.

Räder grundsätzlich alle 20.000 km und nach jeder Reifenreparatur auswuchten lassen, da sich durch Abnutzung und Reparatur die Gewichts- und Materialverteilung am Reifen ändert.

Gleitschutzketten

Die Verwendung von Gleitschutzketten (Schneeketten) ist nur an der Antriebsachse (Vorderachse) erlaubt.

Mit Gleitschutzketten darf nicht schneller als 50 km/h gefahren werden. Auf schnee- und eisfreien Straßen sind die Gleitschutzketten abzunehmen.

Es sollten nur von FORD freigegebene Gleitschutzketten verwendet werden.

Achtung: Auf Reifen der Größe 195/50 R 15 dürfen keine Schneeketten montiert werden.

Fehlerhafte Reifenabnutzung

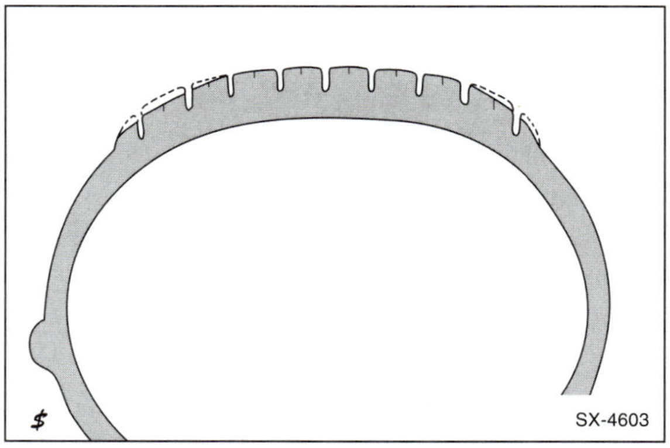

- An den Vorderrädern ist eine etwas größere Abnutzung der Reifenschultern gegenüber der Laufflächenmitte normal, wobei aufgrund der Straßenneigung die Abnutzung der zur Straßenmitte zeigenden Reifenschulter (linkes Rad: außen, rechtes Rad: innen) deutlicher ausgeprägt sein kann.

- Ungleichmäßiger Reifenverschleiß ist zumeist die Folge zu geringen oder zu hohen Reifenfülldrucks und kann auf Fehler in der Radeinstellung oder Radauswuchtung sowie auf mangelhafte Stoßdämpfer oder Felgen zurückzuführen sein.

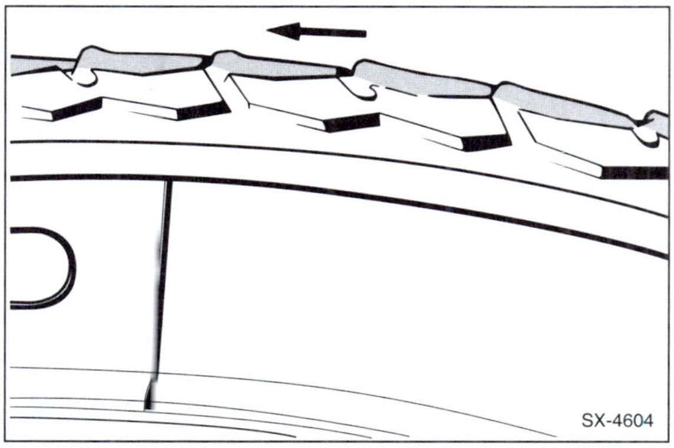

- Sägezahnförmige Abnutzung des Profils ist in der Regel auf eine Überbelastung des Fahrzeuges zurückzuführen.

- In erster Linie ist auf vorschriftsmäßigen Reifenfülldruck zu achten, wobei spätestens alle vier Wochen eine Prüfung vorgenommen werden sollte.
- Reifenfülldruck nur bei kühlen Reifen prüfen. Der Reifenfülldruck steigt nämlich mit zunehmender Erhitzung bei schneller Fahrt an. Dennoch ist es völlig falsch, aus erhitzten Reifen Luft abzulassen.
- Bei zu hohem Reifenfülldruck wird die Laufflächenmitte mehr abgenutzt, da der Reifen an der Lauffläche durch den hohen Innendruck mehr gewölbt ist.
- Bei zu niedrigem Reifenfülldruck liegt die Lauffläche an den Reifenschultern stärker auf, und die Laufflächenmitte wölbt sich nach innen durch. Dadurch ergibt sich ein stärkerer Reifenverschleiß der Reifenschultern.
- Falsche Radeinstellung und Unwucht ergeben jeweils typische Reifenverschleißbilder, auf die in der Störungsdiagnose hingewiesen wird.

Störungsdiagnose Reifen

Abnutzung	Ursache
Stärkerer Reifenverschleiß auf beiden Seiten der Lauffläche.	■ Zu niedriger Reifenfülldruck.
Stärkerer Reifenverschleiß in der Mitte der Lauffläche, über den gesamten Umfang.	■ Zu hoher Reifenfülldruck.
Auswaschungen der Profilseite.	■ Statische und dynamische Unwucht des Rades. Eventuell zu großer Seitenschlag der Felge, zu großes Spiel in den Traggelenken.
Auswaschungen in der Mitte des Reifenprofils.	■ Statische Unwucht des Rades. Eventuell Folge von zu großem Höhenschlag.
Starke Abnutzung an einzelnen Stellen in der Mitte der Lauffläche.	■ Blockierspuren von Vollbremsungen.
Schuppenförmige oder sägezahnähnliche Abnutzung des Profils. In krassen Fällen mit Gewebebrüchen verbunden, die nach einiger Zeit außen sichtbar werden.	■ Überbelastung des Wagens. Innenseite der Reifen auf Gewebebrüche untersuchen!
Gummizungen an den seitlichen Profilkanten.	■ Fehlerhafte Radeinstellung. Reifen radiert. Bei Hinterrädern auch Zustand der Stoßdämpfer prüfen!
Gratbildung an einer Profilseite des Vorderrades.	■ Falsche Spureinstellung. Reifen radiert. Häufiges Fahren auf stark gewölbter Fahrbahn. Schnelle Kurvenfahrt.
Stoßbrüche im Reifenunterbau. Anfangs nur im Innern des Reifens sichtbar.	■ Überfahren von kantigen Steinen, Schienenstößen und ähnlichem bei hohen Geschwindigkeiten.
Einseitig abgefahrene Laufflächen.	■ Sturzeinstellung überprüfen.

Die Karosserie

Die Karosserie des FORD ESCORT ist selbsttragend. Bodengruppe, Seitenteile, Dach und Kotflügel sind miteinander verschweißt. Größere Karosserie-Reparaturen können daher nur von einer Fachwerkstatt durchgeführt werden.

Motorhaube, Kofferraumdeckel und Türen sind angeschraubt und lassen sich leicht auswechseln. Beim Einbau ist dann unbedingt das richtige Luftspaltmaß (= Breite der Fugen zwischen jeweiliger Klappe und umliegender Karosserie) einzuhalten, sonst klappert beispielsweise die Tür, oder es können erhöhte Windgeräusche während der Fahrt auftreten. Der Luftspalt muß auf jeden Fall parallel verlaufen, das heißt, der Abstand zwischen den Karosserieteilen muß auf der gesamten Länge des Spaltes gleich groß sein. Abweichungen bis zu 1 mm sind zulässig.

Achtung: Die Abbildungen zeigen den ESCORT bis 1/95, abweichende Hinweise zum ESCORT ab 2/95 stehen gegebenenfalls am Ende des jeweiligen Kapitels.

Sicherheitshinweise bei Karosseriearbeiten

- Soweit Schweißarbeiten oder andere funkenerzeugende Arbeiten in Batterienähe durchgeführt werden, muß grundsätzlich die Batterie ausgebaut werden. **Achtung:** Dadurch werden aus dem Speicher des elektronischen Einspritz-Steuergerätes »Betriebswerte« und aus dem Speicher des Radios der Keycode für die Diebstahlsicherung sowie die eingestellten Sender gelöscht. Vor dem Abklemmen daher unbedingt Hinweise im Kapitel »Batterie aus- und einbauen« durchlesen.
- Im Rahmen einer Reparatur-Lackierung darf im Trockenofen oder in seiner Vorwärmzone das Fahrzeug bis maximal **+80°** C aufgeheizt werden. Sonst besteht die Gefahr der Beschädigung elektronischer Steuergeräte im Fahrzeug.
- Die pyrotechnischen Gurtstraffer an den Sitzen dürfen keinen Temperaturen über **+80° C** ausgesetzt werden.

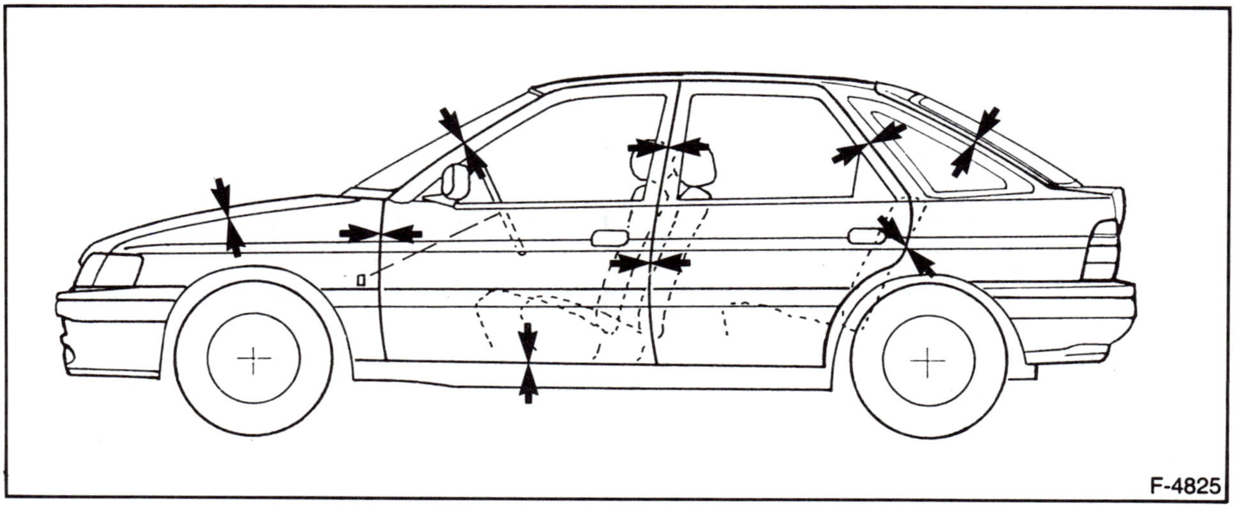

Stoßfänger vorn

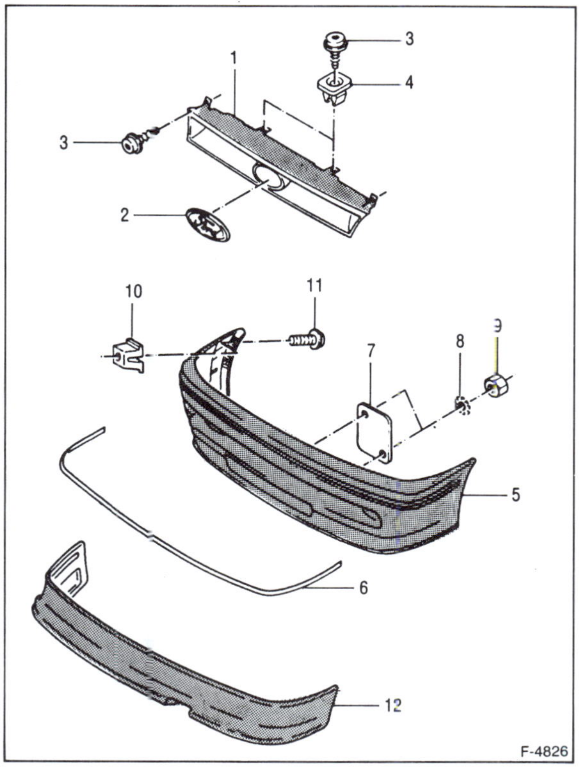

1 – Kühlergrill
2 – FORD-Emblem
3 – Spreizschraube
4 – Spreizclip
5 – Stoßfänger vorn
6 – Zierleiste
7 – Unterlage
8 – Unterlegscheibe
9 – Mutter
10 – Spreizclip
11 – Spreizschraube
12 – Spoiler

Stoßfänger vorn aus- und einbauen

Ausbau

Achtung: Selbstsichernde Muttern grundsätzlich erneuern.

- Motorhaube öffnen.

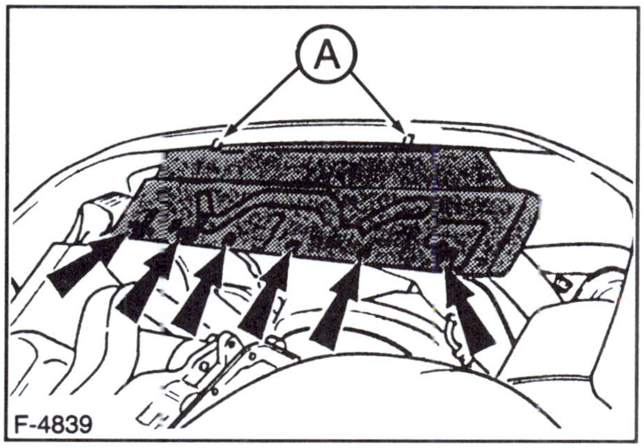

- Falls vorhanden, vorderes Spritzschild ausbauen. Dazu Fahrzeug vorn aufbocken, siehe Seite 105.
- 6 Kunststoff-Schrauben –Pfeile– herausdrehen.
- Spritzschild an den 2 Befestigungsclipsen –A– aushängen und abnehmen. Clipse vom Stoßfänger abnehmen.

- Links und rechts je 2 Befestigungsschrauben im Radausschnitt herausdrehen.

- Stoßfänger von der Karosserie abschrauben. Dazu links und rechts je 2 Befestigungsmuttern für Stoßfänger abschrauben.

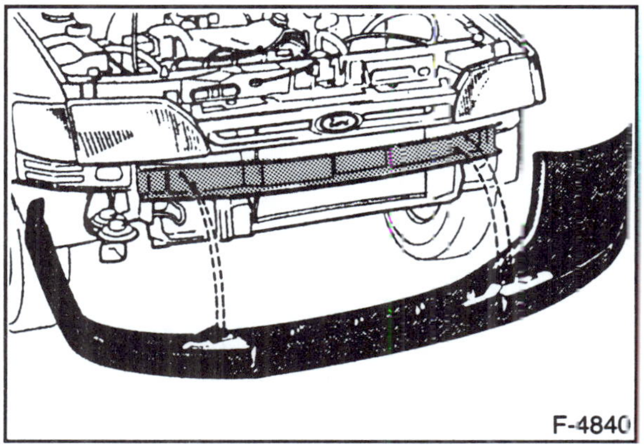

- Stoßfänger am Radausschnitt abziehen, dazu die Stoßfänger-Enden mit Helfer auf beiden Seiten nach außen ziehen und Stoßfänger nach vorn schieben. Stoßfänger abnehmen.

Achtung: Die Befestigungs-Stehbolzen sind fest mit dem Stoßfänger verbunden und können nicht entfernt werden.

Einbau

- Stoßfänger mit Helfer von vorn ansetzen, nach den Bohrungen ausrichten und aufschieben. Darauf achten, daß die Stehbolzen ganz in die Karosserie eingreifen; die Stoßfänger-Enden müssen mit den Radausschnitten fluchten.
- Befestigungsmuttern und die Schrauben am Radausschnitt handfest anschrauben.
- Prüfen, ob der Stoßfänger waagerecht sitzt und ein gleichmäßiger Zwischenraum zwischen Stoßfänger und Karosserie besteht. Stoßfänger festschrauben.
- Falls vorhanden, Spritzschild einhängen und anschrauben.
- Fahrzeug vorn ablassen, siehe Seite 105.

Speziell ab 2/95

- Kühlergrill ausbauen.
- Kühler mit Draht am Schließblech anhängen, damit er beim Abbau der Kühlerhalter nicht herunterfällt.
- Von unten linke und rechte Innenkotflügel-Verlängerung mit je 5 Schrauben abschrauben.
- Schlauchclip am rechten Kühlerhalter ausclipsen.
- Linken und rechten Kühlerhalter mit je 4 Schrauben abschrauben.

Innenkotflügel vorn aus- und einbauen

Ausbau

- Einbaulage der Räder gegenüber der Radnabe markieren, damit die ausgewuchteten Räder wieder in der gleichen Stellung zur Radnabe montiert werden können. Zur Markierung einen Strich mit Kreide oder Farbe über Felge und Nabe ziehen.
- Vordere Radmuttern lösen.
- Fahrzeug vorn aufbocken, siehe Seite 105.
- Vorderrad abnehmen.

- 7 Torx-Befestigungsschrauben herausdrehen und mit Scheiben abnehmen.
- Innenkotflügel oben von der Blechnase –6– abziehen und herausnehmen.

Einbau

- Innenkotflügel einsetzen und oben in die Blechnase einhängen.
- 7 Schrauben festziehen.
- Vorderrad so ansetzen, daß die angebrachten Markierungen von Scheibenrad und Nabe übereinstimmen.
- Vorderrad anschrauben, Fahrzeug ablassen und Radmuttern über Kreuz mit **100 Nm** festziehen.

Speziell ab 2/95

- Innenkotflügel mit 10 Torxschrauben abschrauben.

Stoßfänger hinten

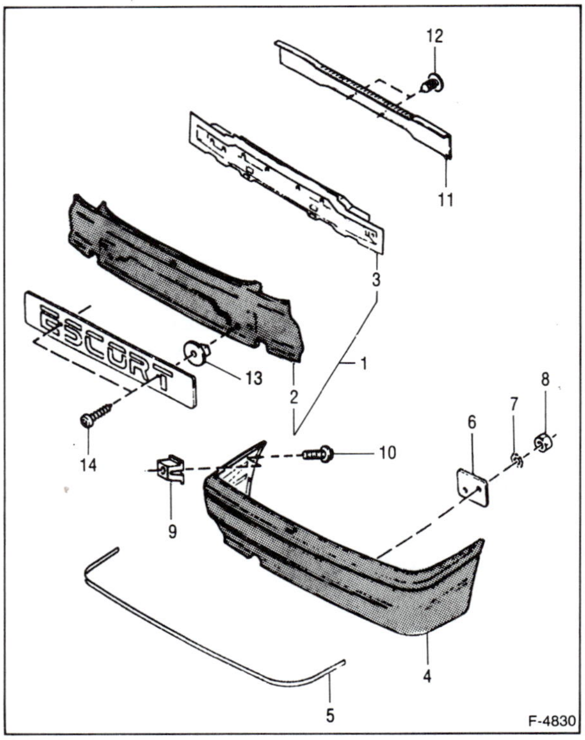

1 – Rückwandblech
2 – Rückwandblech unten
3 – Verstärkungsblech
4 – Stoßfänger hinten
5 – Zierleiste
6 – Unterlage
7 – Unterlegscheibe
8 – Selbstsichernde Mutter
9 – Spreizmutter
10 – Blechschraube
11 – Rückwandverkleidung
12 – Clip
13 – Stopfen
14 – Schraube

Stoßfänger hinten aus- und einbauen

Ausbau

Achtung: Selbstsichernde Muttern grundsätzlich erneuern.

- Falls vorhanden, Rückwandverkleidung mit 2 Schrauben links und rechts abschrauben und herausnehmen.

F-4831

- Kennzeichenleuchte ausbauen, dazu kleinen Schraubendreher zwischen Leuchte und Stoßfänger einführen und Kennzeichenleuchte nach oben herausdrücken. **Achtung:** Lappen zwischen Schraubendreher und Stoßfänger legen, um Kratzer zu vermeiden.
- Steckverbindung für Kennzeichenleuchte trennen.
- Links und rechts je 2 Befestigungsschrauben im Radausschnitt herausdrehen.

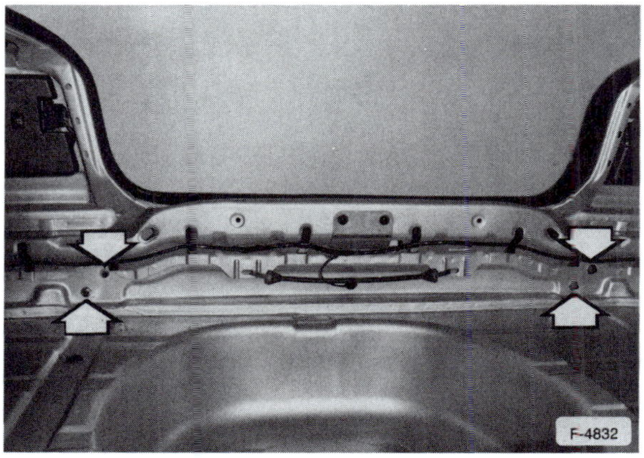

F-4832

- Vom Kofferraum her mit einem Steckschlüssel 2 Befestigungsmuttern links und rechts für Stoßfänger abschrauben.

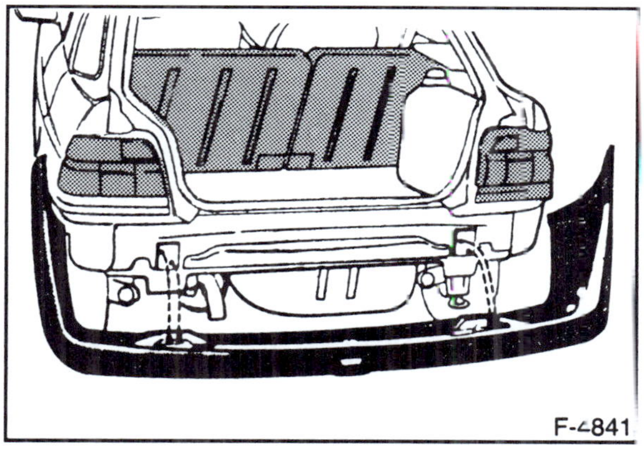

F-4841

- Stoßfänger am Radausschnitt abziehen und mit Helfer nach hinten vom Fahrzeug abziehen

Einbau

- Stoßfänger mit Helfer von hinten ansetzen, nach den Bohrungen ausrichten und aufschieben. Darauf achten, daß die Stehbolzen ganz in die Karosserie eingreifen; die Stoßfänger-Enden müssen mit den Radausschnitten fluchten.
- Befestigungsmuttern und die Schrauben am Radausschnitt handfest anschrauben.
- Prüfen, ob der Stoßfänger waagerecht sitzt und ein gleichmäßiger Zwischenraum zwischen Stoßfänger und Karosserie besteht. Stoßfänger festschrauben.
- Steckverbindung für Kennzeichenleuchte anschließen und Leuchte in den Stoßfänger eindrücken. Glühlampe auf Funktion prüfen.
- Falls ausgebaut, Rückwandverkleidung ansetzen und anschrauben.

Stoßfängerecke hinten aus- und einbauen

Express

Ausbau

- Hinter dem Stoßfänger die Befestigungsclipse der Kennzeichenleuchte zusammendrücken und Kennzeichenleuchte von der Vorderseite des Stoßfängers herausziehen.
- Stecker abziehen und Kennzeichenleuchte abnehmen.

F-4845

- 2 Torx-Schrauben herausdrehen und hintere Stoßfängerecke abnehmen.

Einbau

- Stoßfängerecke ansetzen und anschrauben.
- Stecker an Kennzeichenleuchte anklemmen und Leuchte in die Stoßfängerecke einrasten.
- Funktion der Leuchte überprüfen.

Zierleiste für Stoßfänger aus- und einbauen

Ausbau

- Stoßfänger ausbauen und auf eine ebene Unterlage legen.
- Klammern von den Endstücken der Zierleiste abhebeln.
- Zierleiste aus der Vertiefung im Stoßfänger mit Schraubendreher heraushebeln.
- Klebstoffreste aus der Zierleisten-Vertiefung im Stoßfänger restlos beseitigen. Anschließend Vertiefung mit Spiritus gründlich reinigen.
- Klebefläche trocknen lassen.

Einbau

- Grundierung für Klebstoff in die Vertiefung des Stoßfängers auftragen.
- Neue Zierleiste mit Fön etwa handwarm anwärmen. **Achtung:** Dazu kann die Zierleiste aufgerollt werden. Allerdings muß der Durchmesser der Rolle mindestens 30 cm betragen.
- Klammer für Endstück in den Stoßfänger einsetzen.
- Zierleiste nach und nach in die Vertiefung eindrücken und gleichzeitig Schutzfolie abziehen. Dabei Zierleiste mit geeignetem Kunststoff-Handroller fest eindrücken.
- Am Ende der Zierleiste Klammer **einsetzen** und befestigen.
- Endstücke für Zierleiste aufdrücken.

Kühlergrill aus- und einbauen

Ausbau

F-4833

- 4 Torx-Befestigungsschrauben herausdrehen.

F-4834

- **Bis 8/92:** Kühlergrill nach oben heben und aus den beiden Befestigungs-Rosetten ausclipsen.
- Kühlergrill abnehmen.

Einbau

- Kühlergrill einclipsen, nach hinten schwenken und anschrauben.

Speziell ab 2/95

- Windabweiser mit 6 Torxschrauben vorn abschrauben und 2 Spreizclips hinten abhebeln. Dazu Spreizstift in der Mitte des Clips mit Dorn hineinschlagen.
- Kühlergrill mit 2 Schrauben abschrauben und herausnehmen.

Zierleiste auswechseln

- Je ein Abdeckband dicht oberhalb und dicht unterhalb der Zierleiste ankleben. Dadurch wird beim Ausbau der Lack geschützt. Außerdem wird der Einbau einer neuen Zierleiste erleichtert.

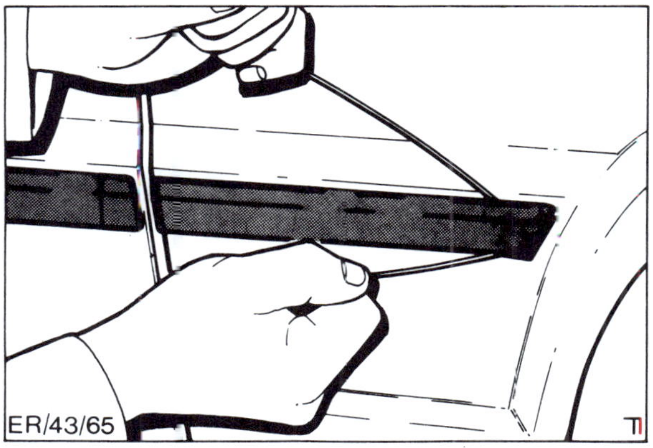

- Klebeverbindung zwischen Zierleiste und Karosserie mit dünner Nylonschnur (Angelschnur) lösen und Zierleiste abnehmen. Zur Erleichterung Nylonschnur an beiden Enden um Holzstücke wickeln und Zierleiste mit einem Fön leicht anwärmen.

Achtung: Die Klebeverbindung für das »FORD«-Ornament auf dem Kühlergrill wird auf dieselbe Weise gelöst.

- Reste der Klebeverbindung mit Spiritus abwaschen und Klebestelle trocknen lassen.
- Neue Zierleiste mit Fön gut handwarm durchwärmen.
- Schutzpapier von neuer Zierleiste abziehen, Leiste ausrichten und fest anpressen.
- Zur Verbesserung der Klebewirkung Zierleiste auf der gesamten Länge mit geeigneter Handrolle aus Holz beziehungsweise Kunststoff andrücken.
- Abdeckband entfernen.

Motorhaube aus- und einbauen

Zum Ausbau der Motorhaube ist ein Helfer erforderlich.

Ausbau

- Motorhaube öffnen und abstützen.

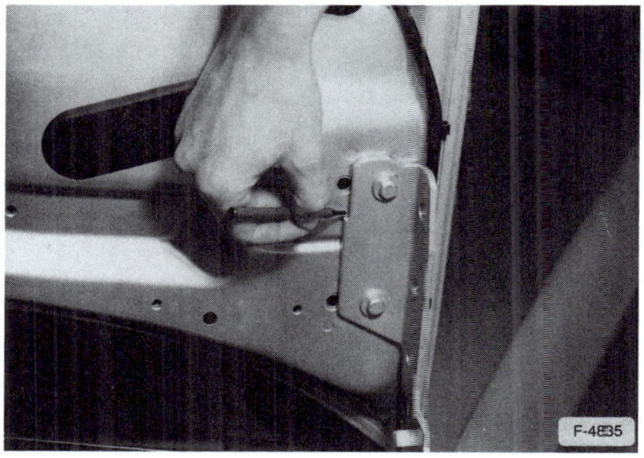

- Einbaulage der Scharniere mit Filzstift markieren. Dazu Scharniere mit Filzstift an der Motorhaube umkreisen.
- Massekabel von der Motorhaube abschrauben.
- 2 Clipse für Motorhauben-Dämmatte mit Schraubendreher heraushebeln.
- Schlauch für Waschdüsen abziehen, mit geeignetem Stopfen verschließen und von der Motorhaube abclipsen.
- Falls vorhanden, Mehrfachstecker für beheizbare Waschdüsen abziehen. Kabel aus den Clipsen an Motorhaube und Scharnier lösen.
- Mit Helfer auf jeder Seite die 2 Befestigungsschrauben herausdrehen und Motorhaube abnehmen.

Einbau

- Motorhaube mit Helfer an die Scharniere ansetzen und lose anschrauben.
- Motorhaube entsprechend den Markierungen ausrichten und mit 10 Nm anschrauben.
- Schlauch für Scheibenwaschdüse in die Clips an Scharnier und Motorhaube einsetzen. Schlauch auf die Düsen aufschieben.
- Falls vorhanden, Kabel für Waschdüsenheizung in die Clips an Scharnier und Motorhaube einsetzen. Mehrfachstecker aufschieben.
- Dämmatte anclipsen.
- Massekabel anschrauben.
- Motorhaube schließen und prüfen, ob das Spaltmaß zu den umliegenden Karosserieteilen ringsum gleich groß ist, gegebenenfalls Motorhaube neu ausrichten.

Einbau einer neuen Haube

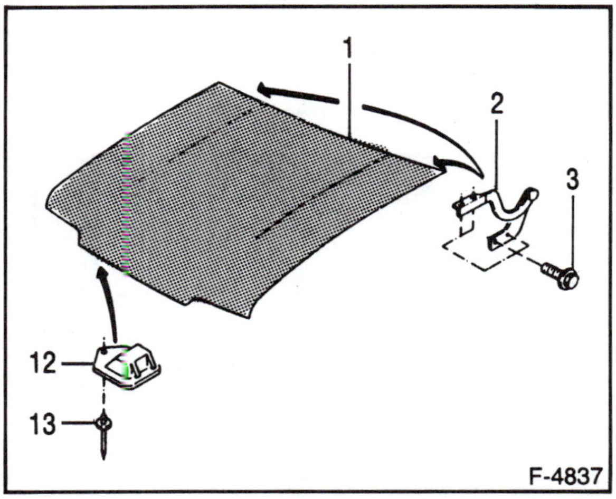

- Halter für Haubenstütze –12– mit einer Popniete –13– festnieten. 2 – Scharnier; 3 – Befestigungsschraube mit Scheibe M6x20.
- Haube –1– einsetzen und lose anschrauben.
- Befestigungsschrauben lockern und geschlossene Haube so ausrichten, daß der Abstand zwischen Motorhaube und Kotflügel links und rechts gleich groß ist und parallel verläuft.
- Motorhaube vorsichtig öffnen und Schrauben festziehen.

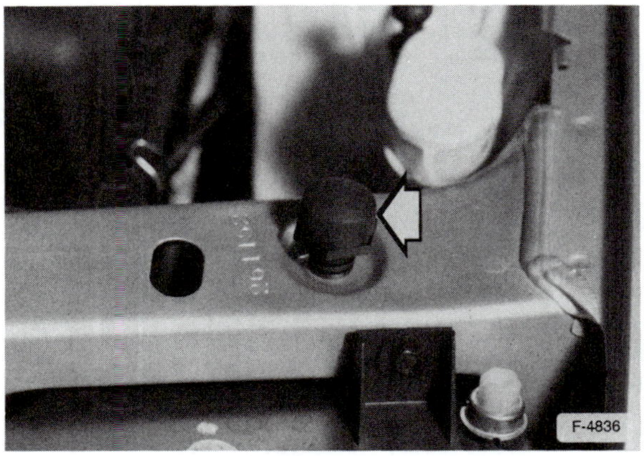

- Gummipuffer einschrauben. Durch Herausdrehen der Gummipuffer Höhe der Motorhaube gegenüber den Kotflügeln einstellen.
- Haube so ausrichten, daß rundum jeweils ein paralleler und gleich großer Spalt vorhanden ist.
- Scheibenwaschdüsen und Dämmatte einbauen.
- Waschdüsen anschließen.
- Massekabel an Haube anschrauben.

Haubenzug/Haubenschloß

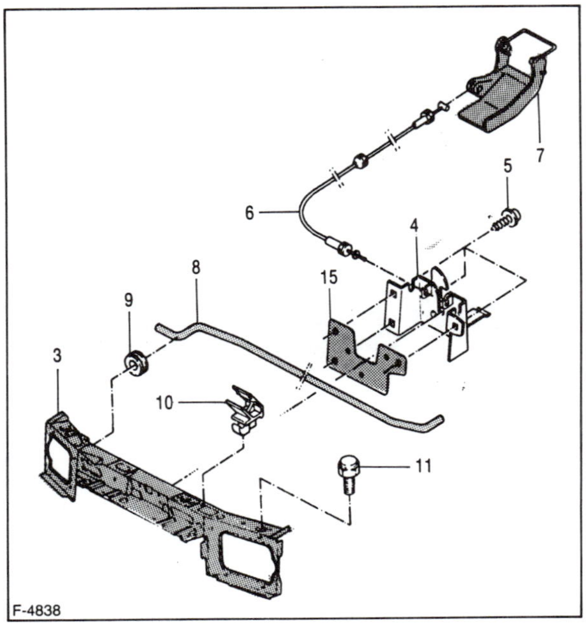

3 – Schloßträger
4 – Verriegelung Motorhaube
5 – Sechskantschraube M6×14
6 – Betätigungszug
7 – Griff Motorhaubenentriegelung
8 – Stütze für Motorhaube
9 – Tülle für Stütze
10 – Halteclip für Stütze
11 – Verstellbarer Anschlagpuffer
15 – Zwischenplatte

Haubenzug aus- und einbauen/ Haubenschloß einstellen

Ausbau

- Untere Lenkradabdeckung mit 4 Schrauben abschrauben.

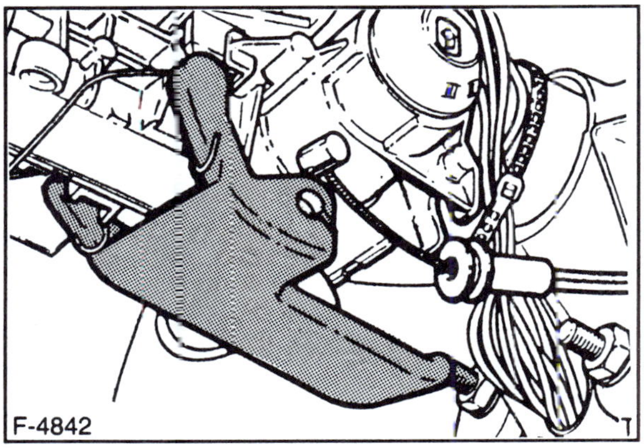

F-4842

- Seilzug aus dem Betätigungshebel aushängen.
- Motorhaube öffnen.

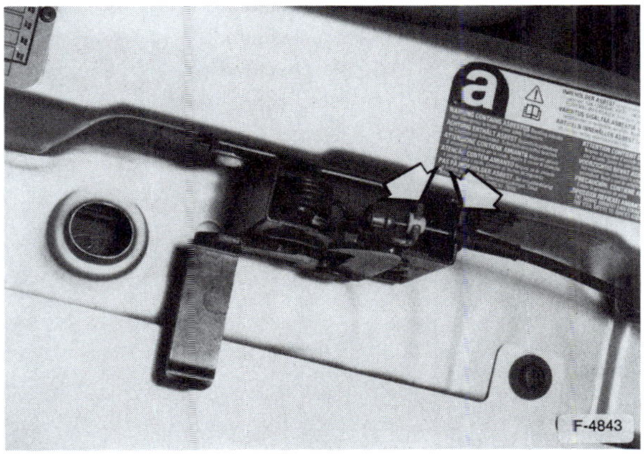

F-4843

- Seilzugtülle vom Halter für Haubenschloß abziehen und Zugnippel am Verriegelungshebel aushängen.
- Haubenzug durch die Instrumententafel in den Motorraum durchziehen und aushängen.

Einbau

- Neuen Haubenzug vom Motorraum aus durch die Instrumententafel schieben und Tülle in die Öffnung an der Spritzwand einsetzen.
- Seilzug im Innenraum am Betätigungshebel einhängen, Zughülle am Halter befestigen.
- Haubenzug in das Haubenschloß einhängen.
- Untere Lenksäulenverkleidung anschrauben.

Haubenschloß einstellen

- Schloß in die höchste Position einstellen und nur mit der unteren Schraube anschrauben.
- Motorhaube schließen.
- Schraube durch den Spalt zwischen Motorhaube und Grill lösen. Motorhaube herunterdrücken bis sie mit den Kotflügeln fluchtet. In dieser Stellung untere Schraube festziehen.
- Motorhaube öffnen und restliche Schrauben anschrauben.
- Einstellung des Schlosses nochmals prüfen.

Die Windschutzscheibe

Die Windschutzscheibe ist direkt an den Flansch des Fensterausschnitts geklebt. Dadurch ergibt sich eine höhere Verwindungs-Festigkeit der Karosserie und bessere Abdichtung gegen eindringendes Wasser. Zudem verringert sich der Luftwiderstand, und Gewicht wird eingespart. Zum Auswechseln der Scheibe ist jedoch neben verschiedenen Spezialwerkzeugen eine gewisse Erfahrung nötig. Aus diesem Grund sollte diese Arbeit der Werkstatt überlassen werden.

Die Tür

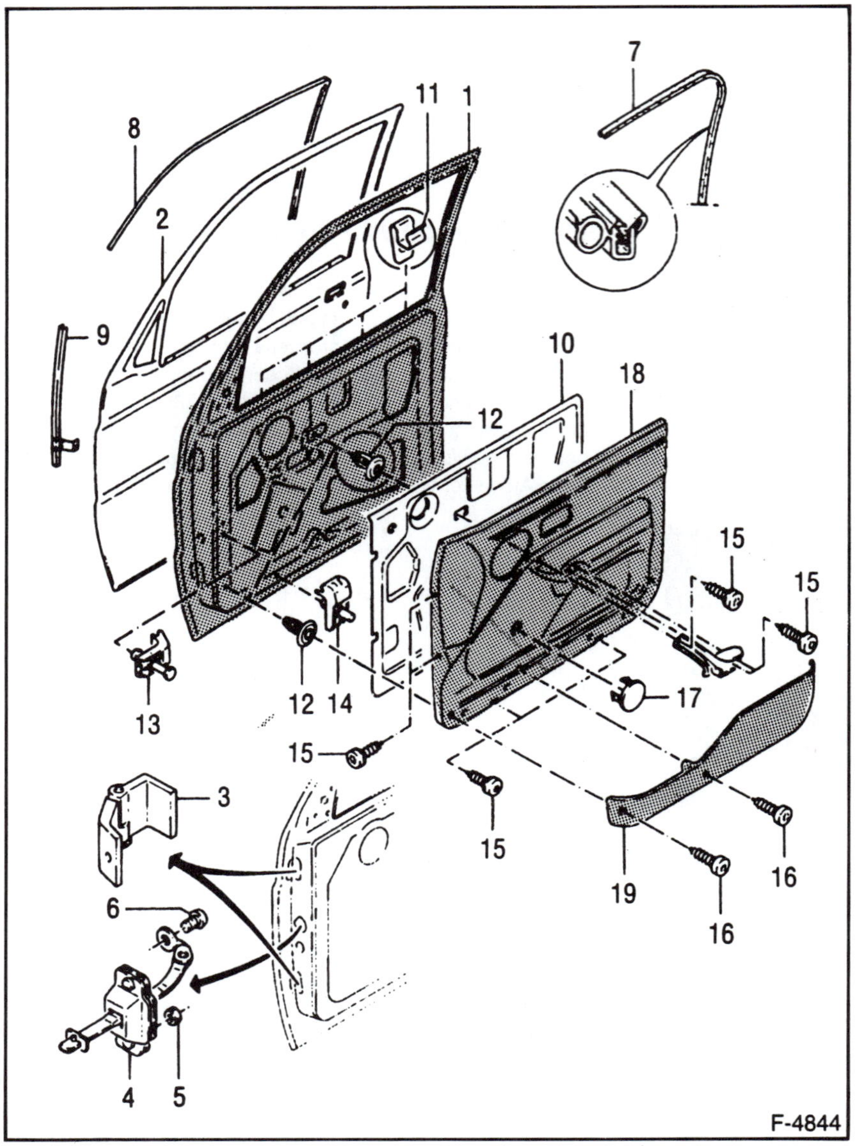

1 – **Vordere Tür**

2 – **Türaußenblech**

3 – **Scharnier**

4 – **Türfeststeller**
Bei Geräuschen, die vom Türfeststeller herrühren, ist folgendermaßen vorzugehen: Türfeststeller ausbauen, reinigen und mit neuem Spezialfett FORD-5 027 831 fetten und einbauen. Wenn das keine Abhilfe bringt, Türfeststeller ersetzen.

5 – **Sechskantmutter M5 mit Flansch**

6 – **Schraube M5x20**

7 – **Kantenschutz mit Dichtung**

8 – **Leiste oben**

9 – **Leiste vorn**

10 – **Abdichtung Türinnenblech**

11 – **Clip**

12 – **Spreizmutter**

13 – **Spreizmutter**

14 – **Spreizmutter**

15 – **Blechschraube**

16 – **Blechschraube**

17 – **Stopfen**

18 – **Türverkleidung**

19 – **Ablagefach**

Tür aus- und einbauen

Ausbau

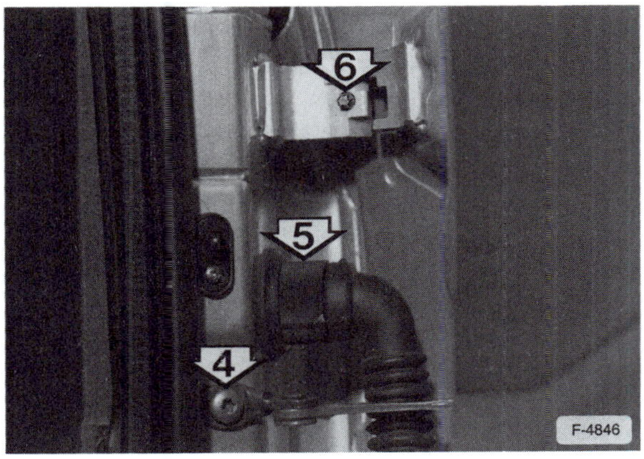

- Türfeststeller von der Karosserie abschrauben –4–.
- Falls vorhanden, Mehrfachstecker –5– nach links drehen und abziehen.
- Befestigungsschrauben –6– für Scharnierbolzen herausdrehen.
- Tür herausheben und abnehmen.

Einbau

- Tür einhängen und Scharnierbolzen mit den beiden Befestigungsschrauben befestigen.
- Türfeststeller anschrauben.
- Mehrfachstecker aufschieben und durch Linksdrehung arretieren.

Achtung: Eine Einstellung der Tür ist in der Regel nicht erforderlich. Nur nach Unfallreparaturen müssen gegebenenfalls die Scharniere ausgerichtet werden.

Schließdorn für Tür aus- und einbauen

Ausbau

- Einbaulage des Schließdorns markieren, dazu Dorn mit geeignetem Markierungsstift umkreisen.
- 2 Torx-Schrauben herausdrehen und Schließdorn abnehmen.

Einbau

- Schließdorn ansetzen und mit 2 Schrauben lose befestigen
- Tür öffnen und schließen, um die einwandfreie Lage des Schließdornes zu prüfen.
- Gegebenenfalls Schließdorn verschieben und Schrauben festziehen.

Kurbeldach einstellen

- Kurbeldach in Ausstellage öffnen und schließen. Der Kurbeldach-Deckel darf beim Schließen nicht klemmen.
- Fluchtung des Kurbeldach-Deckels zur Dachlinie kontrollieren, gegebenenfalls einstellen.
- Jalousie aufziehen.

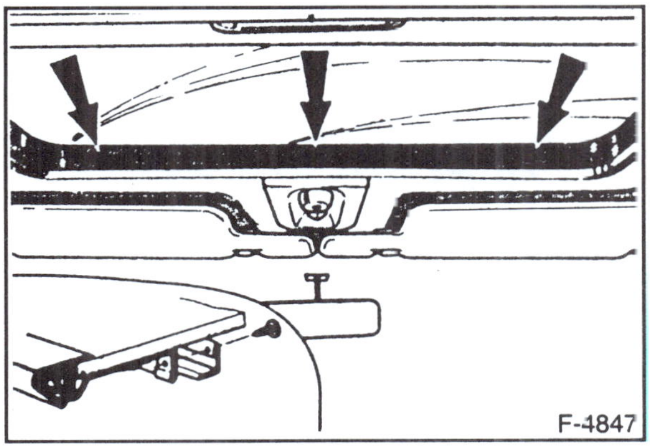

- 3 Befestigungsschrauben des unteren Rahmens am Glasdeckel herausdrehen. Unteren Rahmen in das Dach hineinschieben.

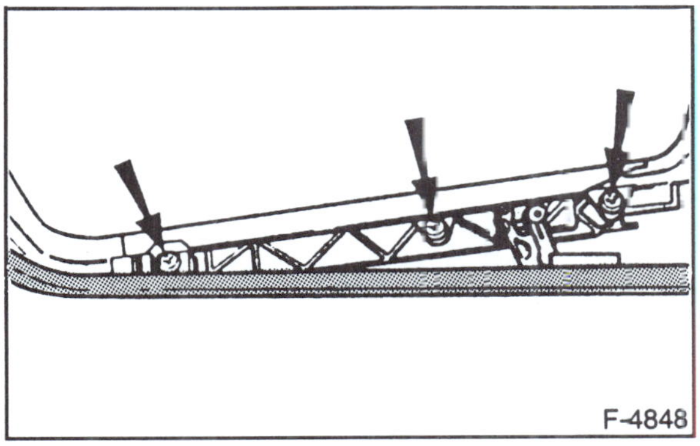

- Befestigungsschrauben vorn und in der Mitte lösen.
- Vordere Kante des Glasdeckels fluchtend mit der Dachkontur einstellen und Schrauben wieder festziehen. Einstelltoleranz: + 1,0 mm.
- Befestigungsschrauben hinten und in der Mitte lösen.
- Hintere Kante des Glasdeckels fluchtend mit der Dachkontur einstellen und Schrauben wieder festziehen. Einstelltoleranz: + 2 mm.
- Unteren Rahmen vorschieben und mit 3 Schrauben am Glasdeckel anschrauben.

Der Außenspiegel

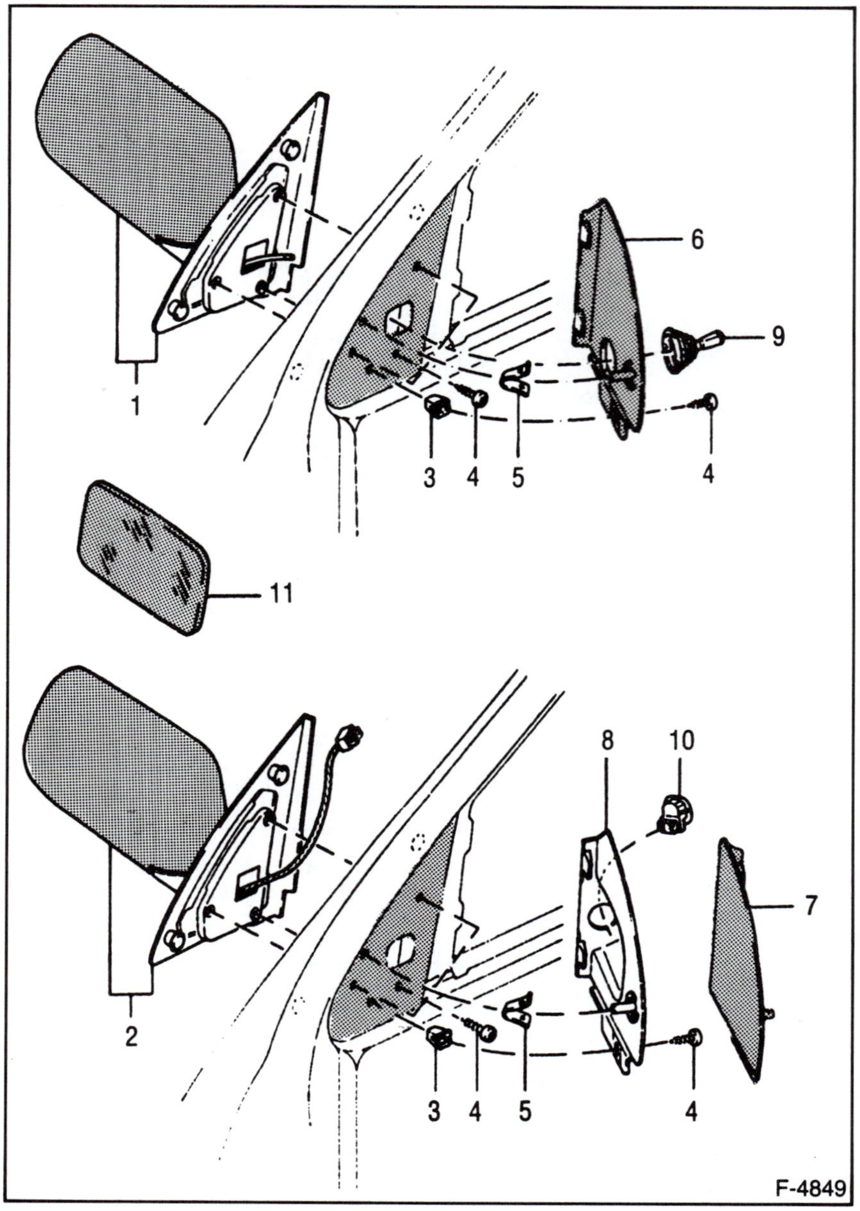

1 – Außenspiegel, manuell betätigt
2 – Außenspiegel, elektrisch betätigt
3 – Spreizmutter
4 – Schraube
5 – Clip
6 – Abdeckung, manueller Spiegel
7 – Abdeckung, ohne Außenspiegel
8 – Abdeckung, elektrischer Spiegel
9 – Betätigungsknopf
10 – Schalter
11 – Spiegelglas

Außenspiegel aus- und einbauen

Ausbau

- Türverkleidung ausbauen.
- Befestigungsschraube für Spiegelverkleidung herausdrehen und Verkleidung mit schmalem Schraubendreher von der Tür abheben. Dabei Pappe oder Lappen unterlegen, damit der Lack nicht beschädigt wird.
- Verkleidung mit Betätigungsknopf –9– (Abbildung F-4849) abnehmen.
- Falls vorhanden, Steckverbindung trennen.

F-4850

- 3 Befestigungsschrauben herausdrehen, dabei Spiegel von außen festhalten.
- Spiegel abnehmen.

Einbau

- Außenspiegel vorsichtig an der Tür in Einbaulage bringen und mit den 3 Schrauben befestigen.
- Spiegelverkleidung einclipsen, dabei Betätigungsknopf auf die Welle schieben und Halteschraube in die Spreizmutter reindrehen.
- Türverkleidung einbauen.

Spiegelglas auswechseln

- Spiegelglas mit der Hand ganz nach unten stellen (nach unten schwenken).
- Einen dünnen flachen Schraubendreher in die obere, äußere Ecke des Spiegels einsetzen, so daß die Klingenspitze hinter dem Glas sitzt. Spiegelglas nach vorn drücken, bis der äußere Drehpunkt ausgeklinkt wird.
- Auf die gleiche Weise inneren Drehpunkt ausklinken
- Betätigungsstange mit Schraubendreher aushängen.
- Spiegelglas abnehmen.
- Neues Spiegelglas in die Betätigungsstange einhängen.
- Inneren Drehpunkt einrasten.
- Äußeren Drehpunkt ausrichten und Spiegelglas gegen das Gehäuse drücken, bis es in den äußeren Drehpunkt einrastet.

Türverkleidung aus- und einbauen

Ausbau

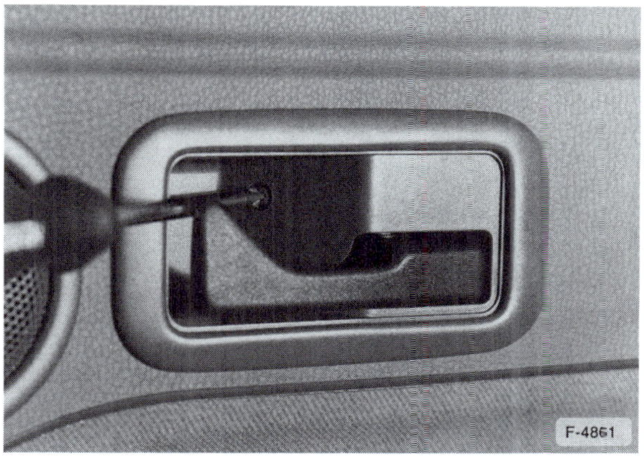
F-4861

- Abdeckung für Türöffnungshebel abschrauben und herausnehmen.

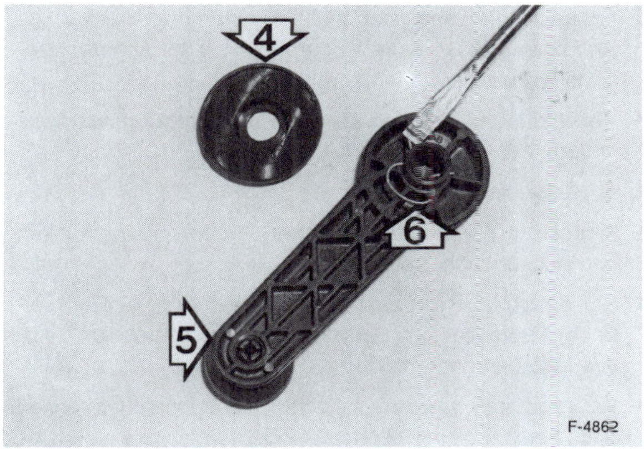

F-4862

- Fensterkurbel ausbauen. Dazu Schraubendreher zwischen Rosette –4– und Kurbel –5– neben der Kurbelachse einführen und Sicherungsklammer –6– abdrücken, siehe Abbildung. Fensterkurbel von der Kurbelachse abziehen. Gleich nach dem Ausbau Sicherungsklammer wieder in die Kurbel einsetzen.

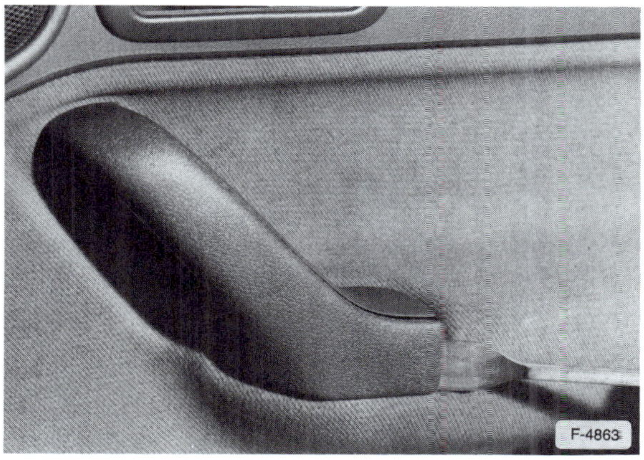
F-4863

- Blende für Türgriff mit breitem Schraubendreher abdrücken.

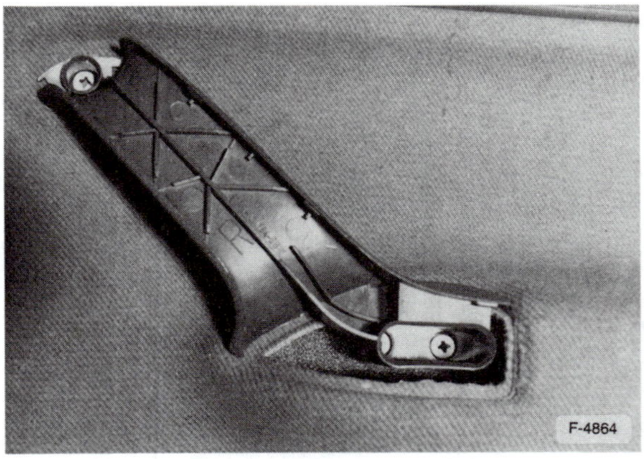

- Türgriff abnehmen. Dazu je nach Ausstattung 2 oder 3 Schrauben herausdrehen.
- Türverkleidung abschrauben, je nach Ausstattung 6 oder 7 Kreuzschlitzschrauben.
- Falls eine Ablageschale vorhanden ist, 2 Befestigungsschrauben für Ablagefach herausdrehen. **Achtung:** Die Ablageschale kann noch nicht abgenommen werden, da sie mit einer zusätzlichen Schraube von der anderen Seite her angeschraubt ist.
- Verkleidung nach oben anheben und Befestigungsclipse entlang der Fensteröffnung lösen.
- Türverkleidung abnehmen.
- **Hintertür:** Aschenbecher öffnen, Feder niederdrücken und Aschenbecher abnehmen.
- Soll das Ablagefach ausgebaut werden, von der Rückseite der Türverkleidung dritte Befestigungsschraube für Ablagefach herausdrehen.
- Falls vorhanden, Mehrfachstecker für Lautsprecher trennen und Lautsprecher mit 2 oder 3 Schrauben abschrauben.
- Falls erforderlich, Schutzfolie (Schaumstoff-Türschutz) vorsichtig vom Türrahmen wegziehen und die Kleberaupe mit einem Einwegmesser durchtrennen.

Achtung: Die nach dem Schneiden freiliegenden Klebeflächen nicht berühren, da sonst die Klebewirkung für den späteren Wiedereinbau beeinträchtigt wird.

Einbau

- Schaumstoff-Türschutz so ansetzen, daß die beiden Kleberaupen direkt aufeinander zu liegen kommen. Beschädigte Schutzfolie ersetzen.
- Falls ausgebaut, Lautsprecherkabel anschließen und Lautsprecher anschrauben.
- Falls ausgebaut, Ablagefach unten in die Verkleidung einhängen und vmit einer Schraube anschrauben.
- **Hintertür:** Aschenbecher einsetzen.
- Türverkleidung am Türrahmen ansetzen. Verkleidung so ausrichten, daß die obere Kante in die Befestigungsclipse eingreift.
- Türverkleidung mit 6 oder 7 Schrauben anschrauben.
- 2 Schrauben für Ablagefach reindrehen.
- Türinnenbetätigung öffnen, Abdeckschale einsetzen und anschrauben.
- Fensterkurbel einbauen. Dazu Sicherungsclip in die Kurbel einsetzen. Fensterkurbel auf die Verzahnung der Achse schieben. Der Hebel der Fensterkurbel zeigt bei geschlossenem Fenster nach vorn. Fensterkurbel andrücken und einrasten.
- Türgriff ansetzen und mit 2 oder 3 Schrauben anschrauben. Blende aufdrücken.

Speziell ab 2/95

- Schraubenabdeckung am Boden der Türgriffschale mit kleinem Schraubendreher abhebeln, Schraube herausdrehen und Türgriffschale herausziehen.
- Schraubenabdeckungen für Befestigung der Türverkleidung abhebeln. 8 Schrauben herausdrehen.

Türgriff außen aus- und einbauen

Ausbau

- Türverkleidung ausbauen.
- Schutzfolie im Bereich des Türaußengriffs abziehen.

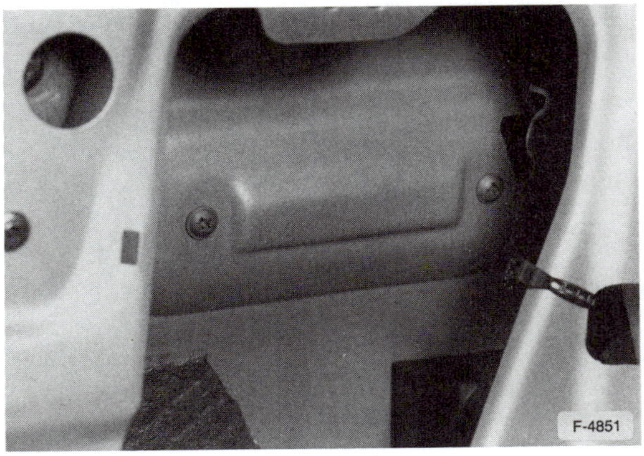

- 2 Schrauben herausdrehen und Türgriff abnehmen.

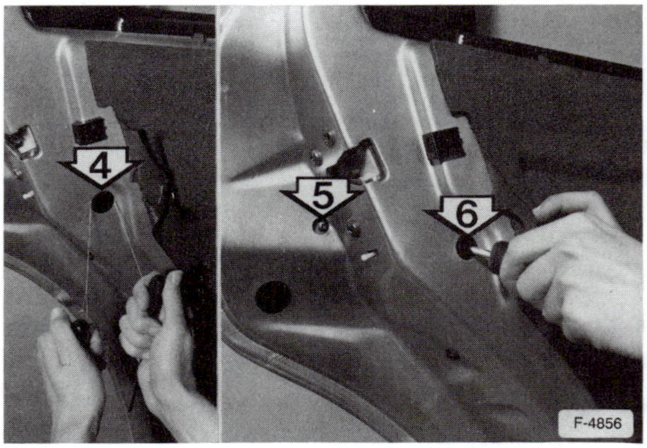

- **Hintertür:** Abdeckkappe –4– herausziehen, die beiden Schrauben –5– und –6– abschrauben und Türgriff nach außen abnehmen.

Einbau

- Türgriff ansetzen, ausrichten und anschrauben.
- Prüfen, ob der Türgriffhebel in die Verbindungsstange zum Türschloß eingreift.
- Falls abgezogen, Schutzfolie ankleben.
- **Hintertür:** Abdeckclip einclipsen.
- Türverkleidung einbauen.

Schließzylinder, Türschloß, Türinnengriff, Fensterkurbel

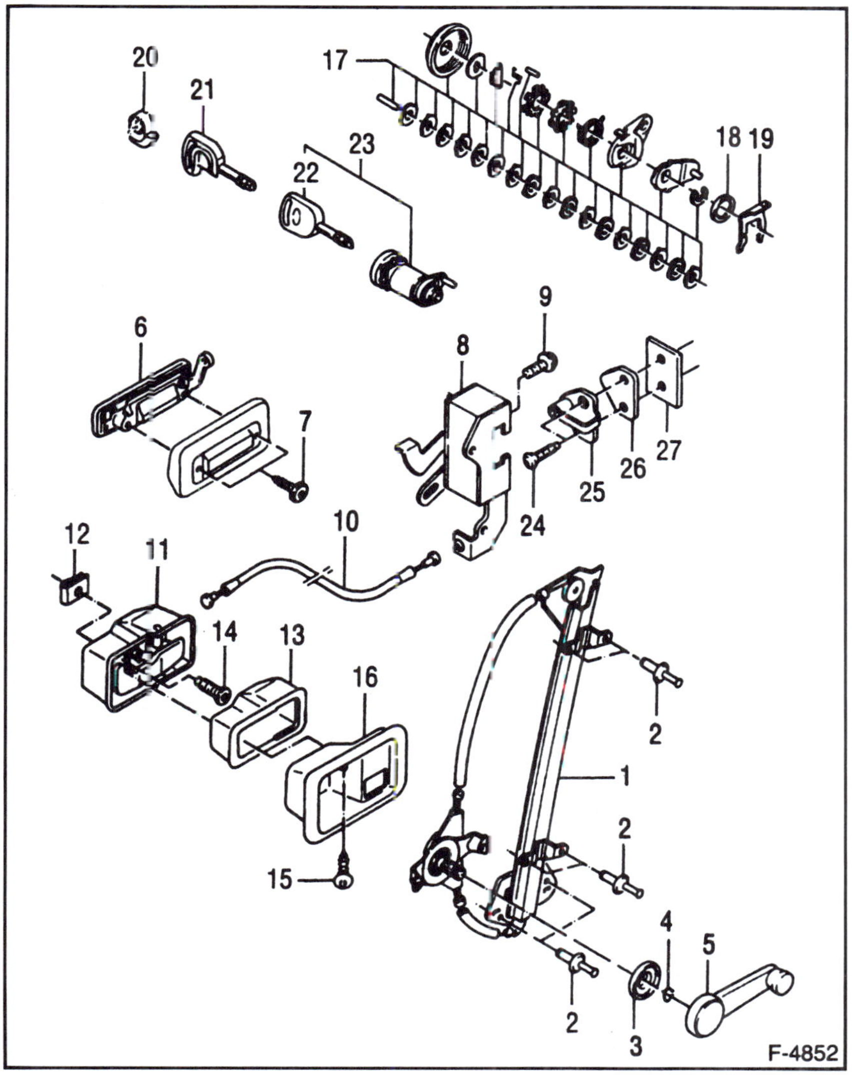

1 – Fensterheber
2 – Niet
3 – Rosette
4 – Sprengring
5 – Fensterkurbel
6 – Türaußengriff
7 – Schraube M6×12
8 – Türschloß
9 – Schraube
10 – Betätigungszug
11 – Türinnengriff
12 – Schnappmutter
13 – Untere Blende Türinnengriff
14 – Schraube
15 – Schraube
16 – Obere Blende Türinnengriff
17 – Reparatursatz Schließzylinder
18 – Unterlage
19 – Halteklammer
20 – Schlüsselleuchte
21 – Schlüssel beleuchtbar
22 – Schlüssel
23 – Schließzylinder
24 – Schraube
25 – Schließbolzen
26 – Unterlage
27 – Halteplatte

Elektrischer Fensterheber

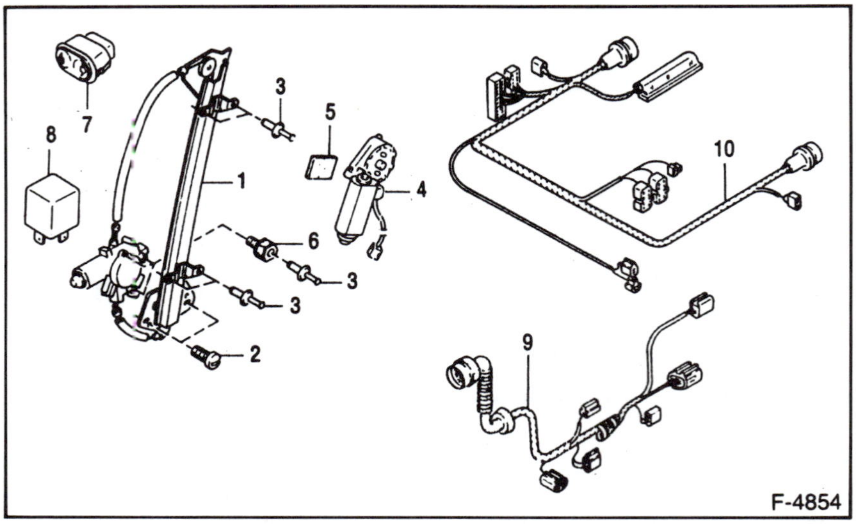

1 – Fensterheber
2 – Linsenkopfschraube
3 – Niet
4 – Motor für Fensterbetätigung
5 – Dämpfungsstreifen
6 – Geräuschdämpfer
7 – Schalter für Fensterbetätigung
8 – Relais
9 – Hauptleitung
10 – Nebenleitung

Türschließzylinder aus- und einbauen

Ausbau

- Türverkleidung ausbauen.
- Schutzfolie im Bereich des Schließzylinders abziehen.

- Halteklammer für Schließzylinder zur Seite schieben und abnehmen
- Schließzylinder nach außen aus der Tür herausnehmen.

Einbau

- Dichtung für Schließzylinder auf Beschädigung oder Porosität prüfen. Ältere Dichtung grundsätzlich ersetzen.

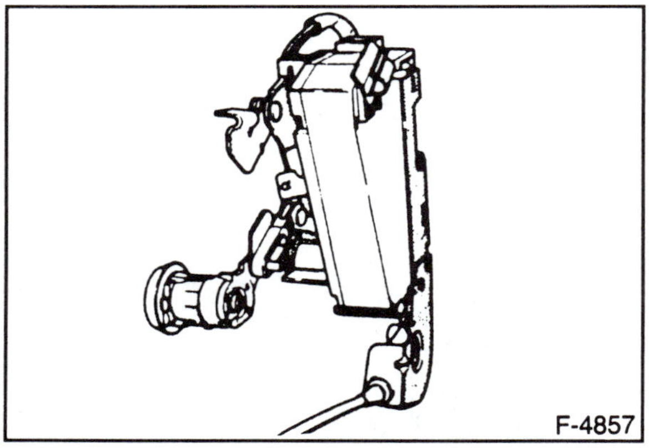

- Schließzylinder mit Dichtung in die Tür einsetzen. Dabei darauf achten, daß der Schließzylinder in die Schloßbetätigung eingreift.
- Schließzylinder von außen gegen die Tür drücken und gleichzeitig neue Sicherungsklammer hinter die Nasen des Schließzylinders schieben.
- Schloßbetätigung auf Funktion prüfen.
- Schutzfolie ankleben.
- Türverkleidung einbauen.

Türschloß aus- und einbauen

Ausbau

- Türverkleidung ausbauen.
- Schutzfolie im Bereich des Schlosses abziehen.
- Schließzylinder ausbauen.
- Bei eingebauter Zentralverriegelung: Mehrfachstecker für Schloßmotor abziehen.

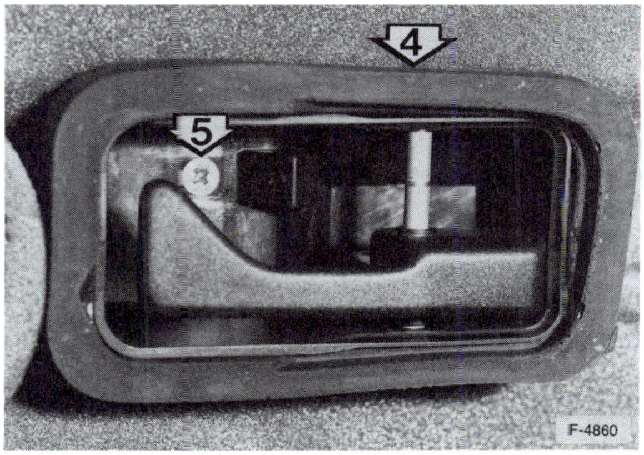

F-4860

- Dämpfungsgummi –4– abnehmen.
- Türinnenbetätigung ausbauen. Dazu Türinnenbetätigung abschrauben –5–, dann nach vorn schieben und abnehmen.

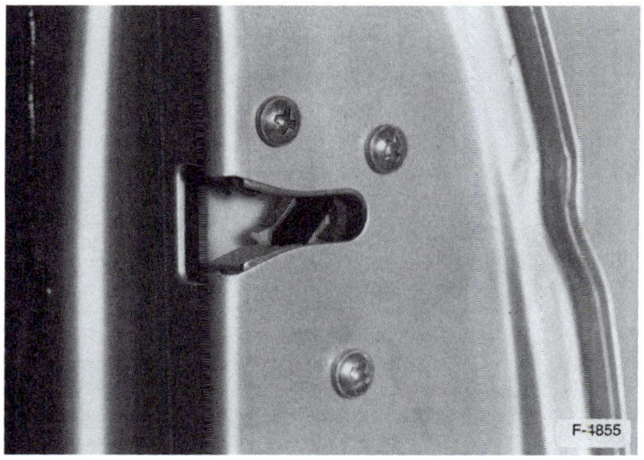

F-4855

- Türschloß abschrauben.
- **Hintertür:** Hintere Fensterführung abbauen.
- Türschloß zusammen mit Türinnenbetätigung komplett durch die Öffnung an der Innenseite der Tür herausnehmen.
- Falls vorhanden Stellglied für Zentralverriegelung mit 2 Schrauben abschrauben.

Einbau

- Falls vorhanden, Stellglied für Zentralverriegelung am Türschloß anschrauben.

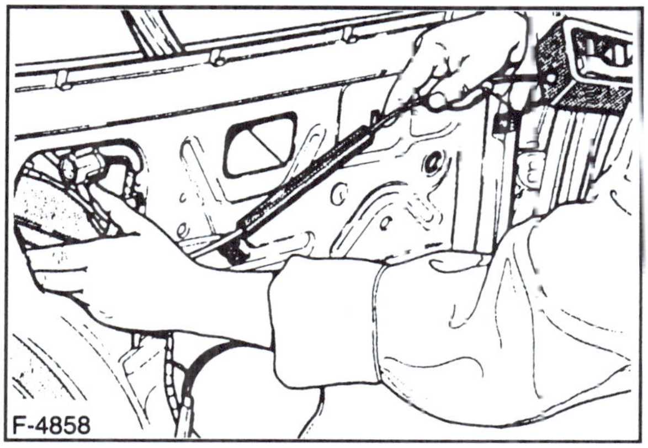

F-4858

- Schloß zusammen mit Türinnenbetätigung in die Tür einsetzen und anschrauben.
- **Hintertür:** Hintere Fensterführung einbauen.
- Mehrfachstecker für Zentralverriegelung aufstecken.
- Türinnenbetätigung in die Tür einhängen, nach hinten schieben und anschrauben.
- Schließzylinder einbauen.

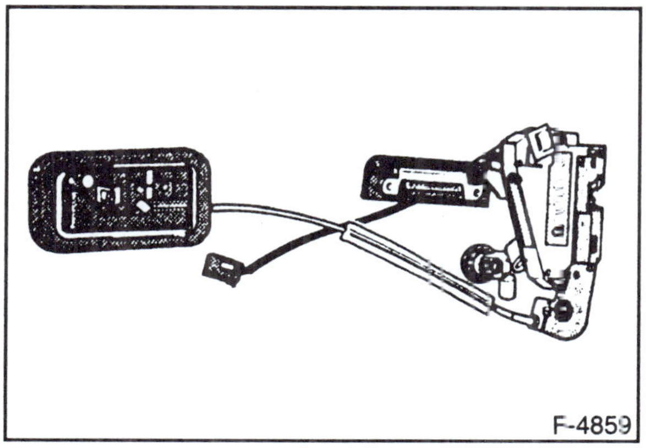

F-4859

- Türschloß auf Funktion prüfen. Zur Verdeutlichung ist in der Abbildung die Tür entfernt.
- Schutzfolie ankleben.
- Türverkleidung einbauen.

Die Zentralverriegelung

Die Zentralverriegelung kann von der Fahrer- und von der Beifahrerseite betätigt werden. Sie arbeitet nur bei geschlossenen Türen. Alle elektrischen Stellglieder sind an den Schlössern angeschraubt.

Bei einem Defekt der Zentralverriegelung, Türschloß ausbauen, Mehrfachstecker abziehen und prüfen ob Spannung anliegt. Gegebenenfalls Elektromotor vom Schloß abschrauben.

Schalter am Schließzylinder ausbauen und auf Funktion prüfen.

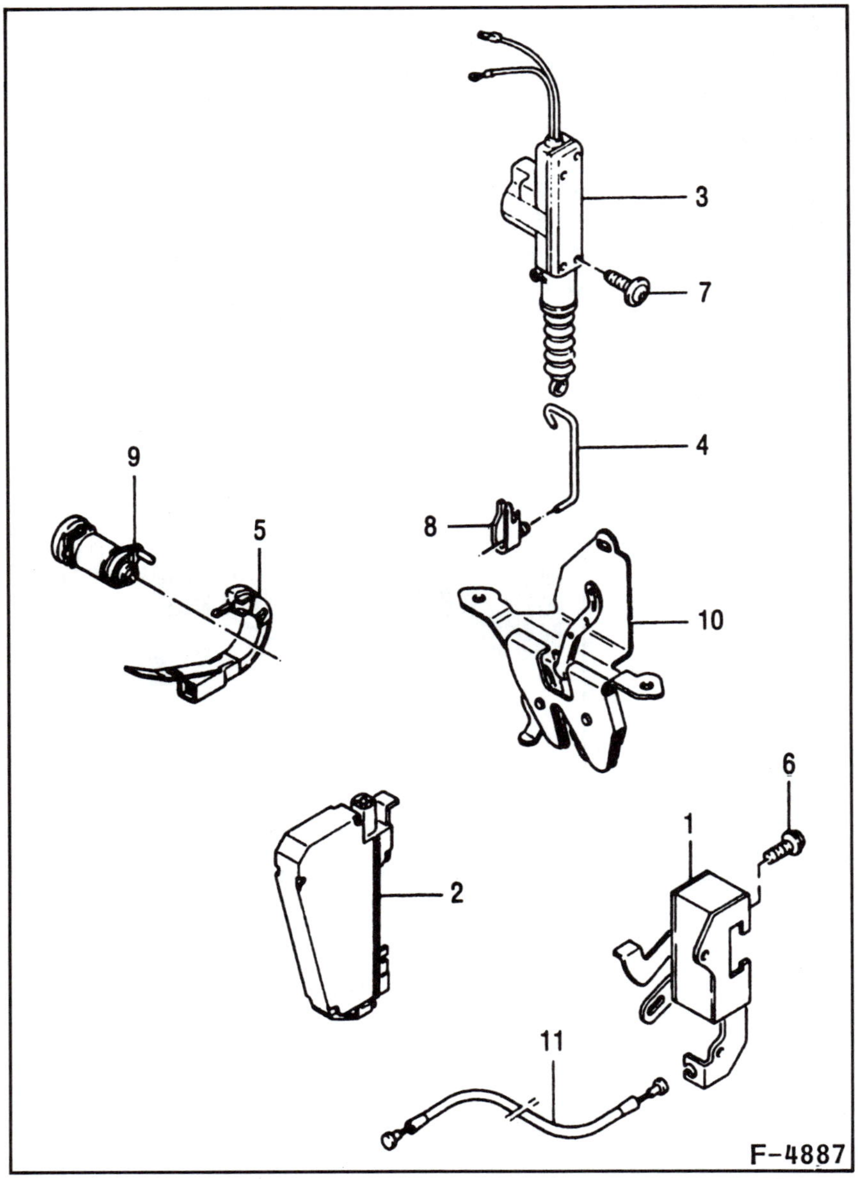

1 – **Türschloß**

2 – **Elektromotor für Tür**
Achtung: Unterschiedliche Ausführungen für vordere und hintere Tür.

3 – **Elektromotor Heckklappe**

4 – **Verbindungsstange**

5 – **Schalter**

6 – **Schraube**

7 – **Schraube**

8 – **Clip für Verbindungsstange**

9 – **Schließzylinder**

10 – **Heckklappenschloß**

11 – **Betätigungszug**

Türfenster/Fensterführung vorn aus- und einbauen

Ausbau

- Türfensterscheibe herunterkurbeln.
- Türverkleidung ausbauen.
- Schaumstoff-Türschutz ausbauen.
- Innere und äußere Dichtungsgummis am Türschacht abziehen.
- Fenster etwas schließen und durch Helfer festhalten lassen.

F-4865

- 2 Befestigungsschrauben an der Hebeschiene herausdrehen.

F-4866

- Türfensterscheibe zur Scharnierseite der Tür hindrehen und dann in Richtung Türschloß aus der Tür herausnehmen.
- Fensterführung herausziehen.

Einbau

- Fensterführung in den Türrahmen eindrücken.
- Fensterscheibe in die Tür einsetzen und beide Befestigungsschrauben in die Hebeschiene hineindrehen, noch **nicht** festziehen.
- Fenster ganz absenken und die beiden Dichtungsgummis in den Fensterschacht einsetzen.
- Fenster ganz nach oben kurbeln.
- Fensterscheibe durch verschieben nach links und rechts mittig ausrichten.

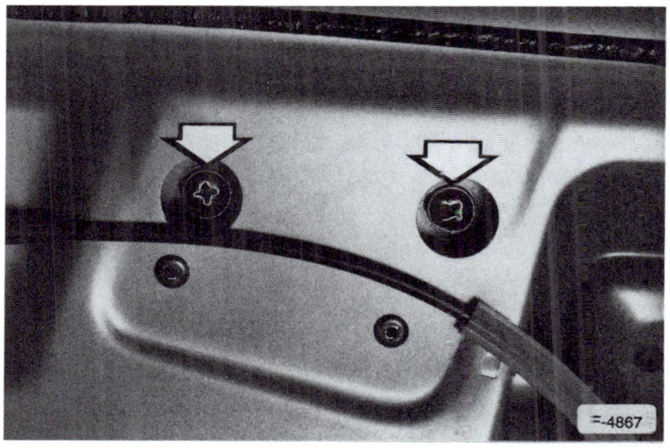
F-4867

- Die beiden Befestigungsschrauben durch die Bohrungen im Türrahmen festziehen.
- Schutzfolie am Türrahmen ankleben.
- Türverkleidung einbauen.

Fensterheber aus- und einbauen

Ausbau

Achtung: Besonderheiten beim Ausbau des elektrischen Fensterhebers stehen am Ende des Kapitels.

- Türverkleidung ausbauen und Schutzfolie abziehen.
- Türfenster ausbauen.

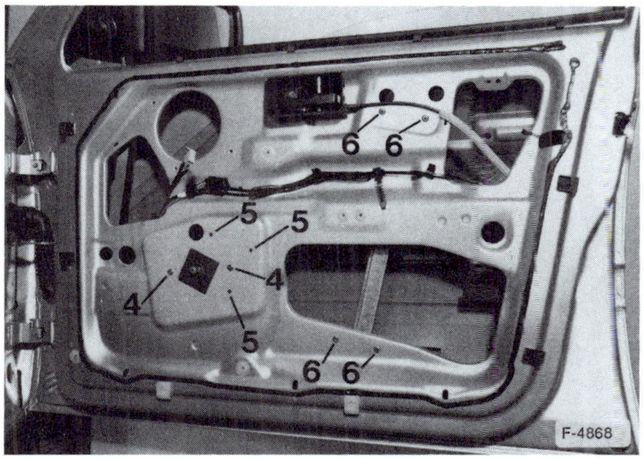

F-4868

- Köpfe der Befestigungsnieten für den Fensterheber vorsichtig mit 6-mm-Bohrer abbohren. Je nach Ausführung ist der Fensterheber mit den Nieten –4/6– oder –5/6– befestigt (Hintertür = 4 Nieten).

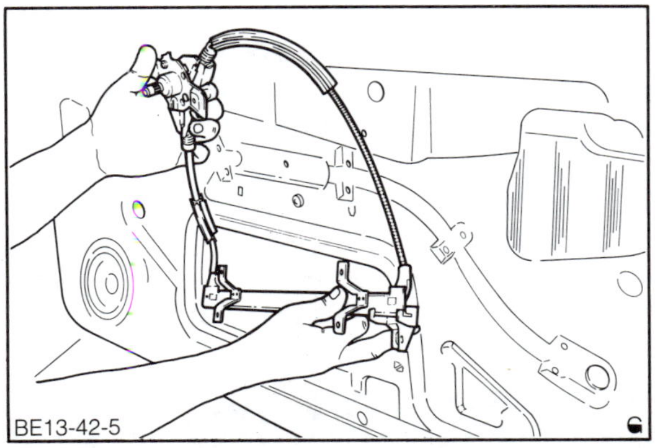

BE13-42-5

- Fensterheber aus der Tür herausnehmen. Dazu das Gehäuse waagerecht unten in die Tür legen und Kurbelmechanismus mit Kabel und Führungsschiene herausziehen.

Einbau

- Fensterheber in die Tür einsetzen, ausrichten und annieten, Nieten-∅ 4,8 mm. Hierzu wird eine geeignete Nietzange für Popnieten benötigt.
- Fenster einbauen.
- Türverkleidung einbauen.

Elektrischer Fensterheber

- Batterie-Massekabel (–) abklemmen. **Achtung:** Dadurch werden aus dem Speicher des elektronischen Einspritz-Steuergerätes »Betriebswerte« und aus dem Speicher des Radios der Keycode für die Diebstahlsicherung sowie die eingestellten Sender gelöscht. Vor dem Abklemmen daher unbedingt Hinweise im Kapitel »Batterie aus- und einbauen« durchlesen.
- Mehrfachstecker für Fensterhebermotor trennen.

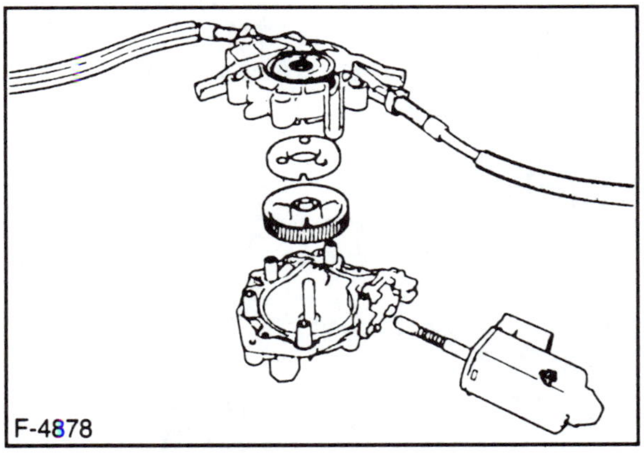

F-4878

- Motor ausbauen. Dazu 5 Torx-Schrauben für Abdeckplatte der Antriebswelle herausdrehen und Platte abnehmen.
- Heber-Mechanismus mit 3 Schrauben abschrauben. Komplettes Hebergetriebe abnehmen.
- Motor mit 2 Schrauben abschrauben.

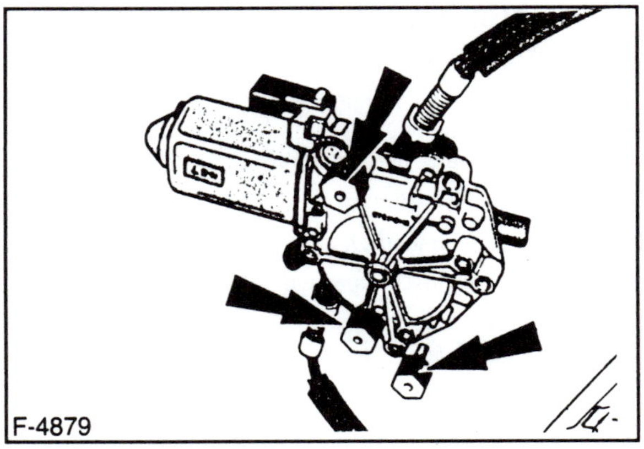

F-4879

- 3 Niethalterungen unten am Gehäuse abnehmen.

Einbau

- 3 **neue** Niethalterungen in das Hebergehäuse einsetzen.
- Motor, Hebergetriebe, Mechanismus und Abdeckplatte an den Fensterheber anschrauben.
- Fensterheber einsetzen und mit 3 Nieten annieten.
- Mehrfachstecker verbinden.
- Batterie-Massekabel (–) anklemmen.

Heckklappe aus- und einbauen

Ausbau

Achtung: Damit die elektrischen Leitungen oder Wasserschläuche leichter wieder eingebaut werden können, vor dem Ausbau an das Ende eine Paketschnur anbinden. Die Schnur verbleibt anschließend in der ausgebauten Heckklappe. Beim Einbau können mit Hilfe der Schnur die elektrischen Leitungen und Wasserschläuche leichter eingezogen werden.

- Batterie-Massekabel (–) abklemmen. **Achtung:** Dadurch werden aus dem Speicher des elektronischen Einspritz-Steuergerätes »Betriebswerte« und aus dem Speicher des Radios der Keycode für die Diebstahlsicherung sowie die eingestellten Sender gelöscht. Vor dem Abklemmen daher unbedingt Hinweise im Kapitel »Batterie aus- und einbauen« durchlesen.
- Einbaulage der runden Scharniere an der Heckklappe markieren. Dazu Scharnierbefestigung mit Filzstift umkreisen.
- Verkleidung für Heckklappe mit 7 Schrauben abschrauben.
- Abdeckstopfen unter der Düse für die Heckscheiben-Waschanlage herausdrücken und Schlauch am Düsenfuß abziehen.
- Falls vorhanden, Mehrfachstecker für Heckklappenverriegelung trennen.
- Massekabel abschrauben.
- Wasserschlauch und elektrische Leitung herausziehen.
- Heckklappe abstützen.

- Dämpfer vom Kugelkopf an der Heckklappe abziehen. Dazu Clip des Gasdruckdämpfers anheben. **Achtung:** Clip maximal 4 mm anheben, sonst wird der Dämpfer beschädigt.
- Heckklappe abschrauben und mit Helfer herausnehmen.

Einbau

- Scharniere an der Rückwandklappe ausrichten und mit **25 Nm** anschrauben.
- Gasdruckdämpfer am Kugelkopf aufdrücken.
- Wasserschlauch und elektrische Leitung mit Hilfe der eingezogenen Schnüre einziehen.
- Wasserschlauch auf die Waschdüse aufschieben.
- Mehrfachstecker verbinden.
- Massekabel an die Heckklappe anschrauben.
- Abdeckstopfen und Tülle für Schlauch in die Heckklappe einsetzen.
- Heckklappe schließen und Einstellung prüfen. Gegebenenfalls Befestigungsschrauben lockern und Klappe so ausrichten, daß zu den umliegenden Teilen ein gleich großer und paralleler Spalt vorhanden ist. Schrauben festziehen.
- Verkleidung für Heckklappe anschrauben.
- Batterie-Massekabel (–) anklemmen.

Kofferraumdeckel aus- und einbauen

ORION

Ausbau

Achtung: Damit die elektrischen Leitungen leichter wieder eingebaut werden können, vor dem Ausbau an das Ende eine Paketschnur anbinden. Die Schnur verbleibt anschließend im ausgebauten Kofferraumdeckel. Beim Einbau können mit Hilfe der Schnur die elektrischen Leitungen leichter eingezogen werden.

- Einbaulage der runden Scharniere am Kofferraumdeckel markieren. Dazu Scharnierbefestigung mit Filzstift umkreisen.
- Falls vorhanden, Mehrfachstecker für Kofferraumdeckelverriegelung trennen.
- Massekabel abschrauben.

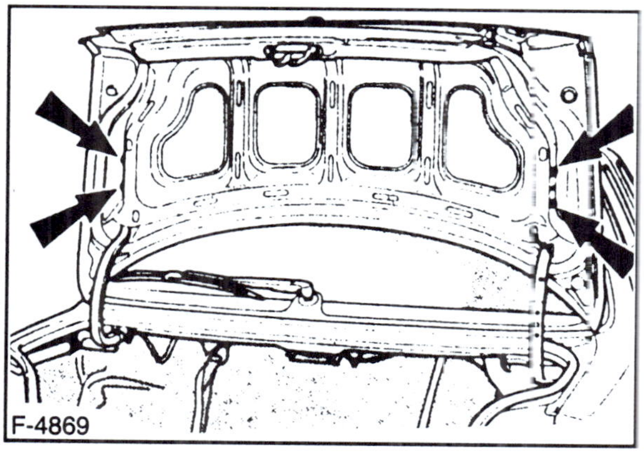

F-4869

- Links und rechts an jedem Scharnier 2 Schrauben abschrauben und Kofferraumdeckel mit Helfer herausnehmen.

Einbau

- Scharniere am Kofferraumdeckel ausrichten und und mit **25 Nm** anschrauben.
- Mehrfachstecker verbinden.
- Massekabel an den Kofferraumdeckel anschrauben.
- Kofferraumdeckel schließen und Einstellung prüfen. Gegebenenfalls Befestigungsschrauben lockern und Deckel so ausrichten, daß zu den umliegenden Teilen ein gleich großer und paralleler Spalt vorhanden ist. Schrauben festziehen.

Das Heckklappenschloß

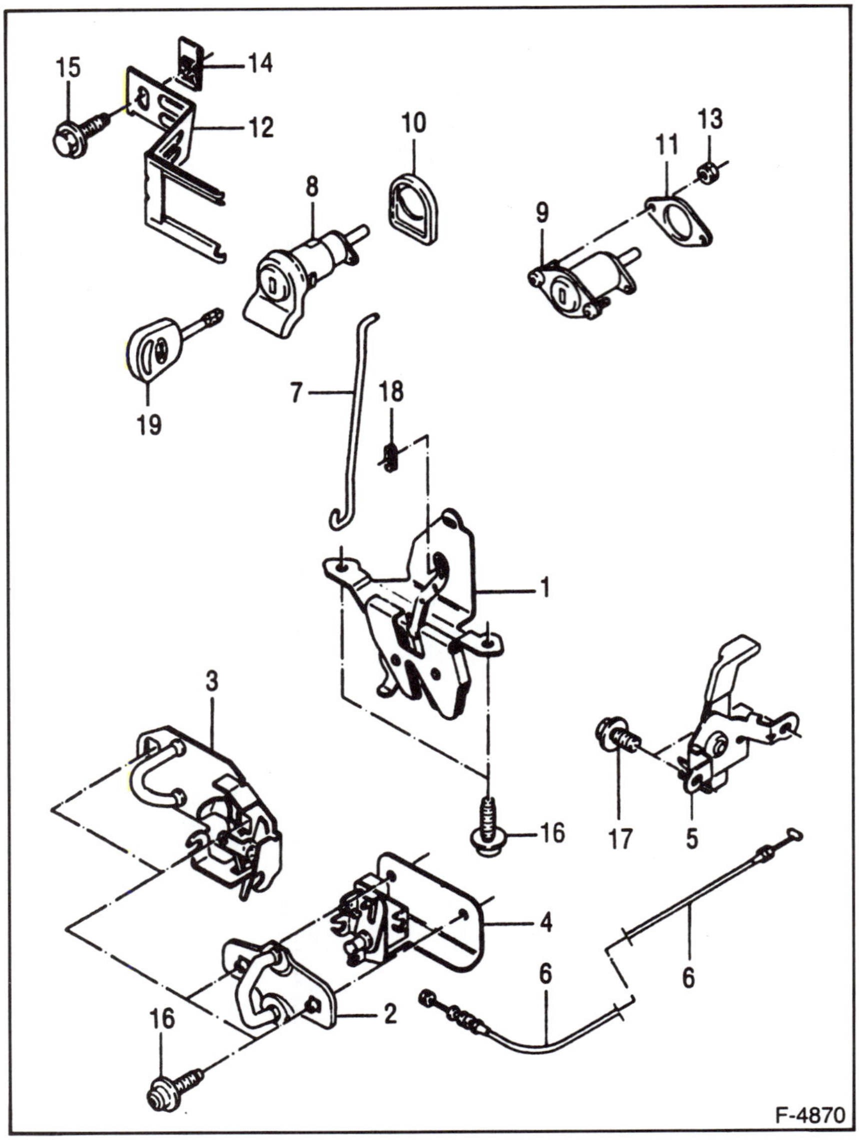

1 – Schloß
2 – Schließdorn (Limousine)
3 – Schließplatte (Turnier)
4 – Schließplatte (Limousine)
5 – Betätigungszug
6 – Kabel
7 – Verbindungsstange
8 – Schließzylinder (Limousine)
9 – Schließzylinder (Turnier)
10 – Unterlage
11 – Unterlage
12 – Halter
13 – Sechskantmutter
14 – Federmutter
15 – Schraube
16 – Schraube
17 – Schraube
18 – Buchse
19 – Schlüssel

Schloß für Heckklappe/ Kofferraumdeckel aus- und einbauen

Ausbau

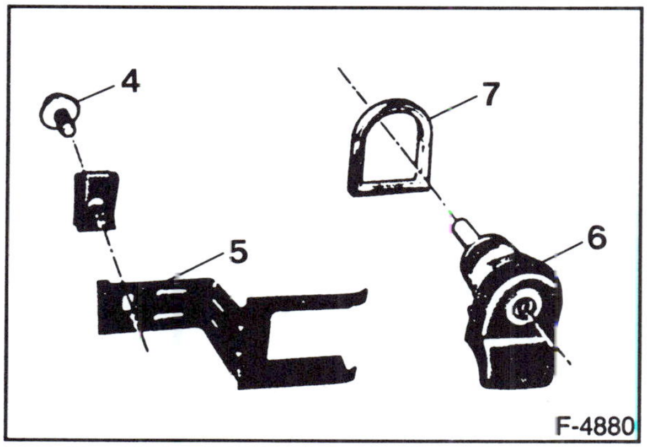

- Befestigungsschraube –4– für Halteclip –5– herausdrehen. Clip abnehmen.
- Betätigungsstange am Schließzylinder aushängen und Schließzylinder –6– herausnehmen.

- 3 Befestigungsschrauben mit Torx-Schraubendreher T30 herausschrauben und Schloß abnehmen.

Einbau

- Schloß ansetzen und mit 10 Nm anschrauben.
- Schließzylinder mit Dichtung –7– einsetzen. Vorher Dichtung auf Porosität oder Beschädigung prüfen, gegebenenfalls ersetzen.
- Betätigungsstange einhängen.
- Halteclip für Schließzylinder einsetzen und anschrauben.
- Schloß und Schließzylinder auf Funktion prüfen.

Schließdorn für Heckklappe aus- und einbauen

Ausbau

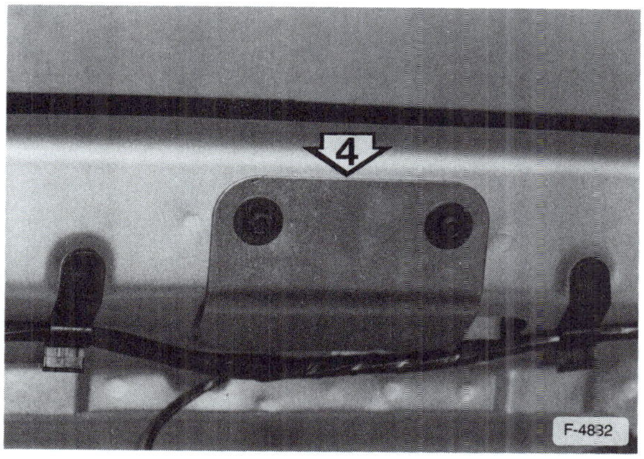

- Einbaulage der Schließplatte –4– markieren, dazu Platte am Rückwandblech mit geeignetem Markierungsstift umkreisen.
- 2 Torx-Schrauben herausdrehen.

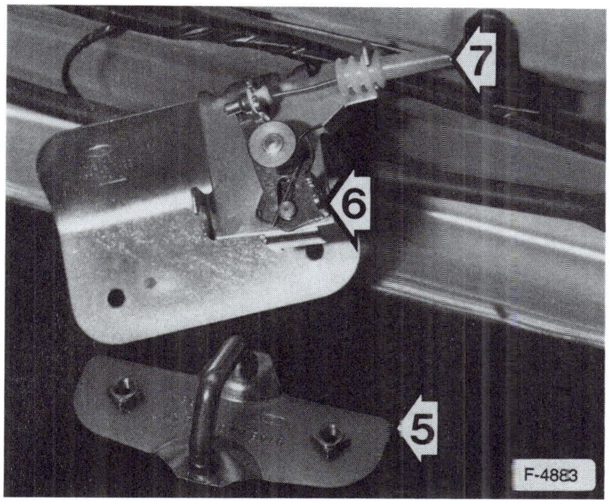

- Schließdorn –5– und Fernentriegelung –6– trennen und herausnehmen.
- Seilzug –7– für Fernentriegelung aushängen.

Einbau

- Seilzug einhängen.
- Schließdorn und Fernentriegelung einsetzen und mit 2 Schrauben lose verbinden.
- Schließplatte entsprechend den angebrachten Markierungen ausrichten, dann Schrauben mit 10 Nm festziehen.
- Heckklappe schließen und Funktion des Schließmechanismus sowie der Fernentriegelung prüfen. Gegebenenfalls Schrauben wieder lockern und Schließplatte einstellen.

Vordersitz aus- und einbauen

Achtung: Beschrieben wird der Ausbau von Vordersitzen mit **pyrotechnischem Gurtstraffer ab 2/95.** Sitze **ohne** Gurtstraffer werden auf dieselbe Weise ausgebaut, allerdings braucht die Batterie nicht abgeklemmt zu werden.

Achtung: Bei Fahrzeugen **bis 1/95** kann ein **mechanischer Gurtstraffer** eingebaut sein. In diesem Fall muß vor dem Ausbau des Vordersitzes unbedingt der Gurtstraffer gesichert werden, um unbeabsichtigtes Auslösen zu vermeiden. Unfallgefahr!

In der Werkstatt wird der Gurtstraffer durch Einsetzen des Transportverriegelungs-Hebels arretiert. Wenn der Sicherungshebel nicht korrekt eingesetzt ist, darf der Sitz nicht ausgebaut werden.

Ausbau

- **Wichtig:** Batterie-Massekabel (–) bei ausgeschalteter Zündung abklemmen. **Achtung:** Dadurch werden elektronische Speicher gelöscht, wie zum Beispiel der Radiocode. Deshalb Hinweise im Kapitel »Batterie aus- und einbauen« durchlesen.
- Minuspol der Batterie isolieren, um versehentlichen Kontakt zu vermeiden.

Sicherheitshinweis:
Nach dem Abklemmen der Batterie mindestens zwei Minuten warten, bis sich der Kondensator entladen hat. Dadurch wird ein unbeabsichtigtes Auslösen der Airbag-Einheiten und des Gurtstraffers verhindert.

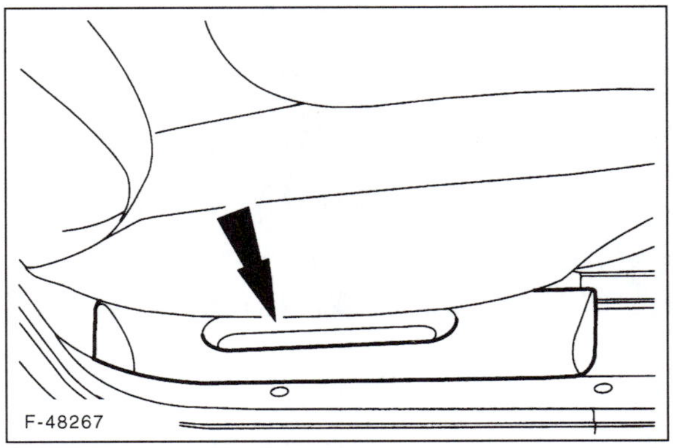
F-48267

- Seitenabdeckung abziehen.

F-48268

- Steckverbindung für Gurtstraffer trennen. **Achtung:** Falls keine Steckverbindung am Gurtstraffer vorhanden ist, Sitz in der Werkstatt ausbauen lassen.

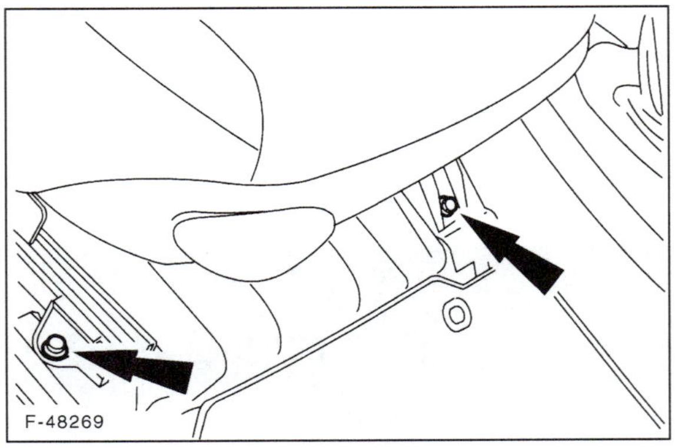
F-48269

- Sitz ganz nach hinten schieben und die vorderen beiden Schrauben herausdrehen.
- Sitz ganz nach vorn schieben und hinten Verkleidung der Sitzschiene abbauen. Dazu Klappe hinten öffnen und Seitenteile auseinanderdrücken.

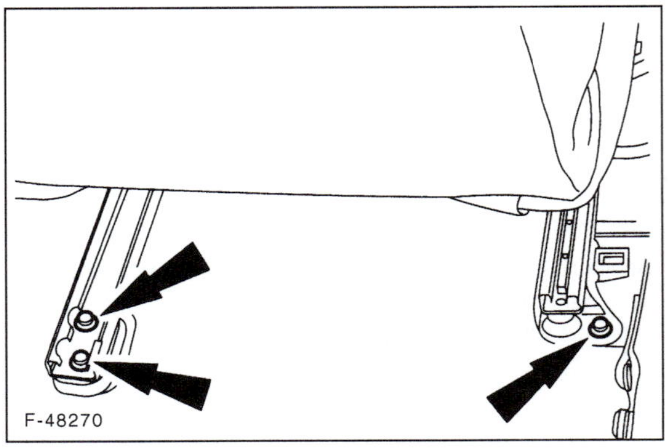
F-48270

- 3 Schrauben hinten herausdrehen.
- Vordersitz herausheben.

Einbau

- Sitz einsetzen und zuerst hinten, dann vorn mit **25 Nm** festschrauben. **Achtung:** Falls sich der Vordersitz nicht mehr ausreichend festschrauben läßt, können Verstärkungsstücke eingebaut werden (Werkstattarbeit).

- Verkleidung für Sitzschiebe aufsetzen und einclipsen.
- Elektrische Steckverbindung zusammenstecken.
- Seitenabdeckung aufdrücken.
- Batterie-Massekabel (–) anklemmen. Zeituhr einstellen. Falls erforderlich, Diebstahlcode für Radio eingeben.

Rücksitzbank aus- und einbauen

Ausbau

- Stopfen an den Scharnieren der Rücksitzbank heraushebeln.
- Schrauben an den Scharnieren herausdrehen.
- Rücksitzbank herausnehmen.

Einbau

- Rücksitzbank ausrichten, Scharniere anschrauben.
- Abdeckstopfen in die Scharniere einsetzen.

Rücksitzlehne aus- und einbauen

Ausbau

- Rücksitzbank hochheben.
- Sitzlehnen-Arretierung lösen, Lehne nach vorn klappen.
- 4 Schrauben an den Scharnieren herausdrehen.
- Rücksitzlehne herausnehmen.

Einbau

- Rücksitzlehne ausrichten und anschrauben.
- Lehne in senkrechte Stellung bringen und prüfen, ob die Arretierung einrastet. Gegebenenfalls Sitzlehne beziehungsweise Scharniere so ausrichten, daß die Arretierung sicher funktioniert.
- Rücksitzbank zurückklappen.

Innenspiegel aus- und einbauen

Ausbau

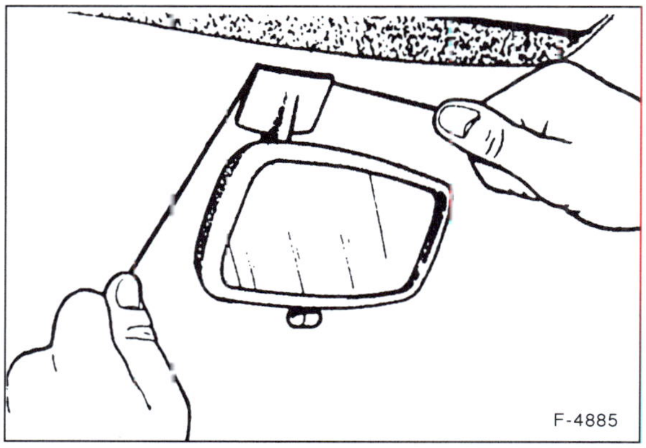

F-4885

- Mit einer dünnen Nylonschnur die Klebeverbindung zwischen Spiegelfuß und schwarzer Fläche auf der Windschutzscheibe trennen.
- Spiegel abnehmen.

Einbau

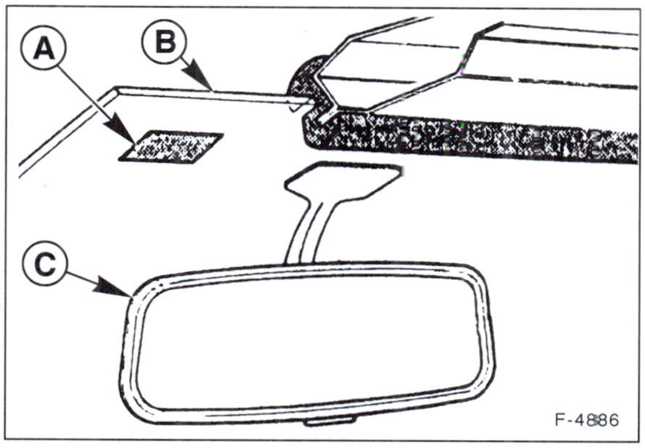

F-4886

Achtung: Es dürfen weder die schwarze Auflagefläche –A– auf der Windschutzscheibe –B–, noch die Klebefläche des Spiegels –C– berührt oder verschmutzt werden, da sonst eine einwandfreie Verklebung nicht mehr sichergestellt ist.

Bisherigen Spiegel wieder einbauen

- Spiegelfuß mit einem flusenfreien Tuch und Spiritus von Kleberesten reinigen. Anschließend ca. 1 Minute warten, bis der Spiritus verdunstet ist. **Achtung:** Der Spiegelfuß muß einwandfrei sauber sein.
- Schutzfolie von der neuen Klebefolie entfernen und Klebefolie fest auf den Spiegelfuß pressen.
- Schwarze Fläche auf der Windschutzscheibe reinigen.

Achtung: Für eine einwandfreie Verklebung darf die Windschutzscheibe nicht zu kalt sein. Das Fahrzeug muß sich daher mindestens 1 Stunde in einer Umgebungstemperatur von +20° C befinden.

- Spiegelfuß und Klebefolie ca. 30 Sekunden mit einem Heißluftfön auf ca. 50° – 70° C erwärmen.
- Schutzfolie von der Klebefolie am Spiegelfuß abziehen.

Achtung: Wird der Spiegel an eine neue Windschutzscheibe angebaut, vorher Schutzfolie von der schwarzen Fläche an der Scheibe abziehen.

- Spiegelfuß genau auf die schwarze Fläche an der Windschutzscheibe setzen und mindestens 2 Minuten fest andrücken.
- Nach ca. 30 Minuten Spiegel-Einstellung und Funktion prüfen.

Die Mittelkonsole

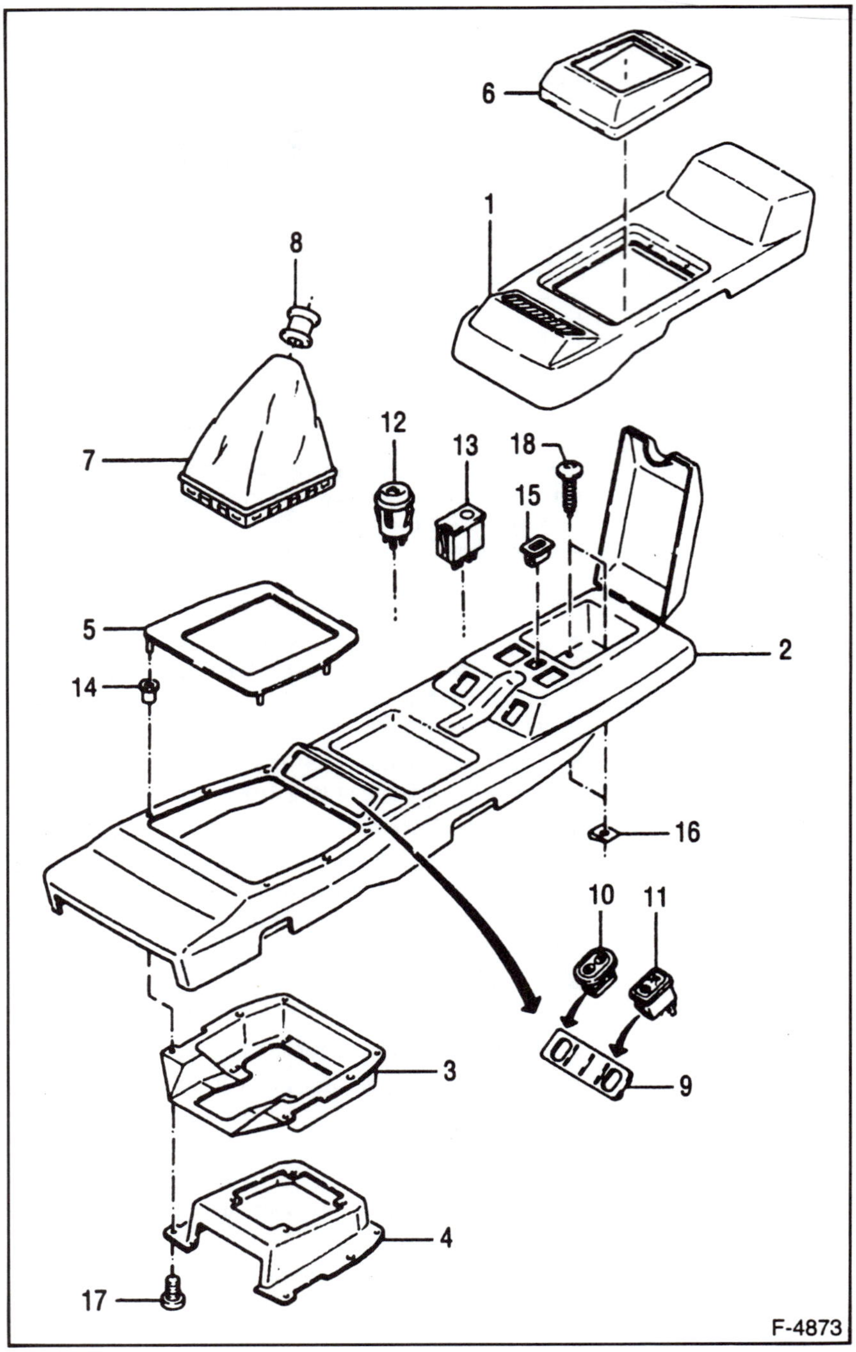

1 – Kurze Konsole
2 – Lange Konsole
3 – Halter für Konsole
4 – Halter für Konsole
5 – Rahmen für Manschette
6 – Rahmen für Manschette
7 – Manschette
8 – Abdeckung
9 – Blende
10 – Schalter für Fensterbetätigung
11 – Schalter für heizbare Sitze
12 – Sperrschalter für Fensterheber (Cabrio)
13 – Schalter für elektrische Betätigung Faltdach (Cabrio)
14 – Clip
15 – Arretierung
16 – Federmutter
17 – Schraube
18 – Schraube

Mittelkonsole aus- und einbauen

Ausbau

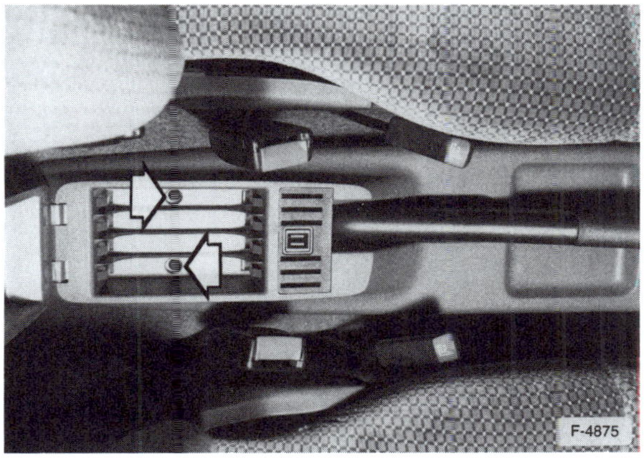

- Hintere Abdeckung der Mittelkonsole hochklappen und 2 Schrauben herausdrehen.

- Schalthebelknopf –4– abschrauben.
- Abdeckrahmen –5– für Schalthebel hochziehen und ausclipsen. Manschette über den Schalthebel abziehen.

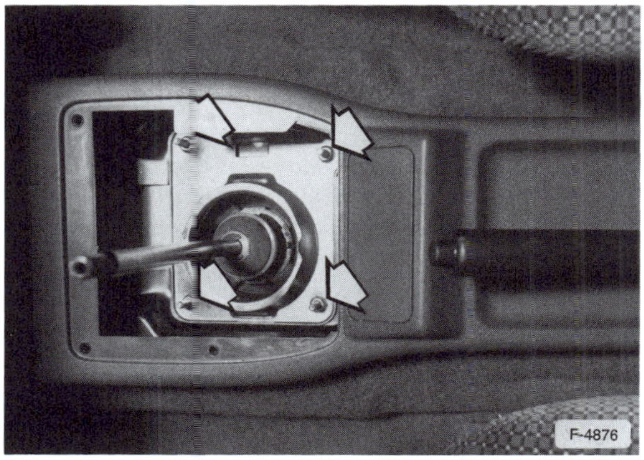

- 4 Schrauben herausdrehen.
- Halter herausheben.
- Handbremshebel so weit hochziehen wie möglich.
- Mittelkonsole über den Handbremshebel hochziehen und herausnehmen. Falls vorhanden, Mehrfachstecker für elektrische Fensterheber, Faltdach und Sitzheizung abziehen.

Einbau

- Mittelkonsole einsetzen.
- Mehrfachstecker für eingebaute Schalter aufschieben
- Halter einsetzen, Schalthebel hochziehen und Halter anschrauben.
- Konsole hinten anschrauben.
- Manschette über den Schalthebel ziehen und einclipsen.
- Schalthebelknopf anschrauben.
- Handbremse lösen.

Seitliche Innenverkleidung aus- und einbauen

Ausbau

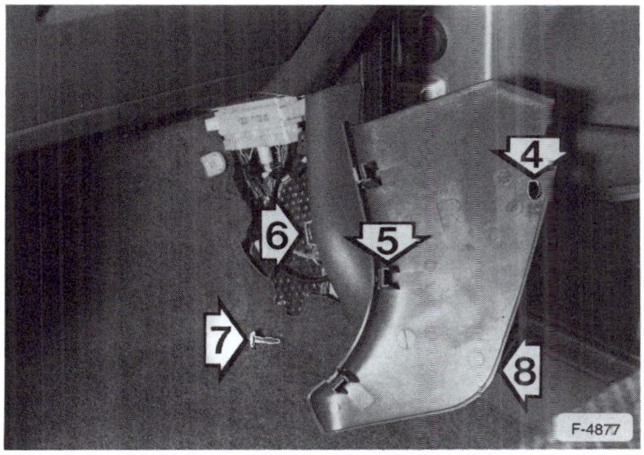

- Halteclip –7– aus der Öffnung –4– lösen, dazu Clip um 90° nach links drehen.
- Verkleidung –8– nach hinten klappen und die Federklammern –5– aus den Ösen –6– aushängen.

Einbau

- Verkleidung mit den Federklammern –5– einhängen.
- Clip –7– einsetzen und durch Rechtsdrehung arretieren.

Die Lackierung

Ausbeul- und Lackierarbeiten an der Autokarosserie setzen Erfahrung über den Werkstoff und dessen Bearbeitung voraus. Derartige Fertigkeiten werden in der Regel erst durch eine langjährige Praxis vervollkommnet. Aus diesem Grund wird hier nur das Ausbessern von kleineren Karosserie- und Lackschäden erläutert.

Zum Nachlackieren wird unbedingt dieselbe Lackfarbe benötigt, denn selbst kleinste Farbunterschiede fallen nach Abschluß der Arbeiten sofort ins Auge.

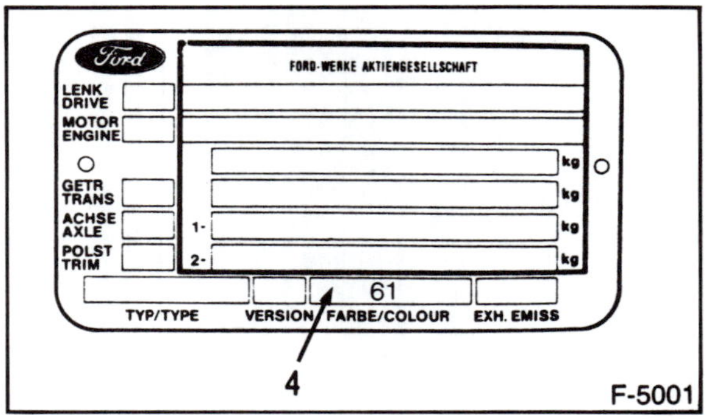

Der jeweilige Fahrzeug-Farbton wird vom Hersteller auf dem Fahrzeug-Typschild als 2-stelliger Code –4– angegeben, wobei die 1. Stelle auf die Farbe und die 2. Stelle auf das Einsatzjahr hinweist. Das Typschild befindet sich unter der Motorhaube auf dem vorderen oberen Querträger. In der Abbildung ist der Code 61 angegeben, wobei »6« für die Farbe Polar-Silber steht und »1« auf das Einsatzjahr des Farbtons, nämlich 1991, hinweist.

Treten dennoch Differenzen zwischen dem Originallack und dem Reparaturlack auf, dann liegt das an Lack-Alterung, ultravioletter Sonnenbestrahlung, extremen Temperaturdifferenzen, Witterungsbedingungen und chemischen Einflüssen wie beispielsweise Industrieabgasen. Außerdem können Oberflächenschäden, Farbveränderungen und Ausbleichen des Lakkes eintreten, wenn Reinigung und Lackpflege mit ungeeigneten Mitteln durchgeführt wurden.

Die Metallic-Lackierung besteht aus 2 Schichten, dem Metallic-Grundlack und der farblosen Decklackierung. Beim Lackieren wird der Klarlack über den feuchten Grundlack gespritzt. Die Gefahr von Farbdifferenzen bei der nachträglichen Metallic-Lackierung ist besonders groß, da hier schon unterschiedliche Viskosität des Reparaturlackes gegenüber dem Originallack zu Farbverschiebungen führt.

Steinschlagschäden ausbessern

Es lohnt sich, regelmäßig auch kleinste Lackschäden zu beseitigen, da auf diese Weise Rostschäden und größere Reparaturen vermieden werden.

Für kleine Kratzer und Steinschläge, die lediglich den Decklack abgesplittert haben, also nicht bis aufs blanke Blech vorgedrungen sind, genügt im allgemeinen der Lackstift.

- Tiefere Steinschlagschäden, die schon kleine Rostpickel gebildet haben, mit einem »Rostradierer« beziehungsweise einem Messer oder einem kleinen Schraubendreher auskratzen, bis das blanke Blech erscheint. Wichtig ist, daß keine auch noch so kleine Roststelle mehr sichtbar ist. Bei „Rostradierern" handelt es sich um kleine Kunststoffhülsen, die zum Auskratzen des Rostes kurze Drahtborsten besitzen.
- Die blanken Stellen müssen einwandfrei trocken und fettfrei sein. Dazu Reparaturstelle sowie umgebenden Lack mit Silikonentferner reinigen.
- Auf die blanke Metallfläche mit einem dünnen Pinsel etwas Lackgrundierung (»Primer«) auftragen. Da das Grundiermittel meist in Sprühdosen erhältlich ist, etwas Grundiermittel in den Deckel der Dose sprühen und Pinsel dort eintauchen.
- Nachdem die Grundierung trocken ist, Stelle mit Tupflack ausbessern. Bei den Tupflackdosen ist der Pinsel bereits im Deckel integriert. Falls nur eine Spraydose mit der entsprechenden Farbe zur Verfügung steht, etwas Farbe in den Deckel der Dose sprühen und anschließend Lack mit einem dünnen Wasserfarbenpinsel auftragen. Dabei in einem Arbeitsgang immer nur eine dünne Lackschicht anbringen, damit der Lack nicht herunterlaufen kann. Anschließend Farbe gut trocknen lassen. Vorgang so oft wiederholen, bis der Krater ausgefüllt ist und die ausgebesserte Stelle gegenüber der umgebenden Lackfläche keine Vertiefung mehr bildet.

Karosserie ausbeulen / Rostlöcher ausbessern

Kleine Dellen können mit einem Ausbeulhammer sowie einem passenden Handamboß ausgebeult werden. Bei Rostlöchern in der Karosserie empfiehlt es sich, das Teil je nach Schadensumfang komplett auszutauschen oder ein Blechstück einschweißen zu lassen.

Ausbeulen

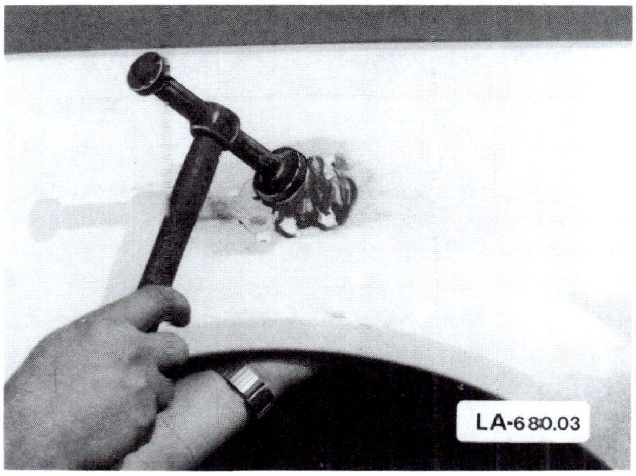

- Kleinere Dellen mit einem Ausbeulhammer zurückschlagen. Dabei auf der anderen Seite mit einem Handamboß gegenhalten. Nicht zu stark hämmern, sonst dehnt sich das Blech zu stark und man bekommt es nicht mehr glatt. Vom Rand ausgehend gleichmäßig zur Mitte hin arbeiten.
- Die ausgebeulte Fläche immer wieder mit der Hand prüfen, bis man die gewünschte Form gefunden hat. Kleinere Unebenheiten werden später ausgespachtelt.
- Roststellen und alte Lackreste sind nach dem Ausbeulen sorgsam von der Reparaturstelle zu entfernen. Entweder mit Sandpapier grober Körnung (120), das über einen Schleifblock gespannt wird, oder mit passenden Schleifblättern auf der Schwabbelscheibe. Naheliegende Zierleisten oder Kunststoffteile mit Abdeckband abkleben, damit sie bei einem Ausrutscher nicht versehentlich verkratzt werden.
- Durchgerostete Stellen in der Karosserie mit der Schleifscheibe bearbeiten, Ränder mit der Blechschere begradigen und leicht nach innen biegen.

Rostlöcher mit Glasfasermatten ausbessern: Diese Methode stellt nur eine behelfsmäßige Reparatur dar, da die Reparaturstelle meistens bald wieder durchrostet. Sie ist nur an nichttragenden Fahrzeugteilen erlaubt. Die wichtigsten Arbeitsschritte nach dem Grundieren der Reparaturstelle:

1. Provisorische Unterlage aus Holz oder dickem Karton herstellen und von hinten gegen das Rostloch spannen. Die Unterlagenform sollte der Karosseriewölbung entsprechen. Ohne Unterlage läßt sich die Glasfasermatte nur schwer in die richtige Form bringen. Da die Unterlage später wieder entfernt wird, muß sie mit einem speziellen Trennmittel präpariert werden. Sie darf sich auf keinen Fall mit dem Polyesterharz verbinden.

2. Das Glasfasergewebe in 3 Lagen auflegen, dabei soll die erste Lage die Blechränder nur geringfügig überlappen und die letzte Lage etwa 3 cm überstehen.

3. Polyesterharz mit Härter entsprechend der Gebrauchsanweisung vermischen. Dabei ist unbedingt auf die Einhaltung des genauen Mischverhältnisses zu achten, sonst trocknet das angereicherte Harz zu schnell oder zu langsam. Als Gefäß eignet sich ein Gipserbecher. Nicht zuviel Harz auf einmal anrühren, sonst trocknet es bereits im Bearbeitungsgefäß.

4. Zunächst Unterlage mit Polyesterharz einpinseln, dann die erste Lage Glasfasergewebe auflegen und Harz mit einem Pinsel auftupfen.

5. Eventuelle Lufteinschlüsse, als helle Stellen erkennbar, mit einem Scheibenroller kreuz und quer sorgfältig ausrollen, bevor die nächste Gewebeschicht aufgetragen und mit einem Pinsel angetupft wird.

6. Polyesterharz etwa 24 Stunden aushärten lassen. Unterlage abnehmen. Überstehende Glasfaserteile mit einer Feile entfernen.

7. Anschließend Lackierung vorbereiten und durchführen.

Lackierung vorbereiten

- Vor jeder Lackreparatur das Auto waschen, damit Schleifkratzer und Schmutzeinschlüsse vermieden werden.
- Nur bei Temperaturen über +12° C, aber nicht in praller Sonne und nicht bei starkem Wind arbeiten.

Entrosten

- Reparaturstelle großzügig mit Abdeckband (Tesakrepp) abkleben, damit der umliegende Lack nicht versehentlich beschädigt wird.
- Jeden sichtbaren sowie unter Rostblasen versteckten Rost mit Dreikantschaber oder Schraubendreher sowie Schleifpapier der Körnung 120 entfernen.
- Die Kante rings um die Schadenstelle anschließend mit Schleifpapier Körnung 320 zum gesunden Lack hin etwa 1 bis 2 Zentimeter breit anschleifen.
- An verzinkten Karosserieteilen sollte möglichst nur bis auf die Grundierung, nicht bis auf das Zink durchgeschliffen werden.

Rostschutzgrundierung (»Primer«) aufsprühen

- Die Reparaturstelle mit Nitroverdünnung und einem sauberen Lappen fett- und staubfrei wischen und trocknen lassen.
- Damit keine Verträglichkeitsprobleme auftreten, sollte der »Primer« und der später aufzutragende Decklack vom gleichen Hersteller sein. Sonst kann der Lack später Blasen werfen oder schrumpfen.
- Der »Primer« wird auf das entrostete Blech aus einem Abstand von etwa 25 cm extrem dünn, aber deckend aufgesprüht. Um Spritznebel auf den umgebenden Teilen zu vermeiden, Umfeld zunächst einige Zentimeter neben der Reparaturstelle mit Abdeckband und Papier (Zeitungspapier) abdecken.
- Nach 10 bis 15 Minuten Ablüftzeit kann weiter überspritzt werden. Muß die Stelle gespachtelt werden, »Primer« vorher ganz trocknen lassen.

Spachteln

Man unterscheidet 2 Spachtelarten: Zweikomponentenspachtel und Feinspachtel. Zweikomponentenspachtel wird kurz vor der Verarbeitung mit Härter vermischt. Er härtet schnell aus und muß rasch verarbeitet werden. Man benutzt ihn, um größere Unebenheiten im Blech auszugleichen. Feinspachtel ist ein Ziehspachtel, mit dem feinere Unebenheiten geglättet werden. Man kann ihn in mehreren Lagen auftragen. Beide Spachtelarten gibt es in Tuben und Dosen, Füllspachtel gibt es auch aus der Spraydose. **Achtung:** Obwohl auf der Dose oft noch direkter Spachtelauftrag auf das blanke Blech empfohlen wird, ist auf jeden Fall die Vorbehandlung mit dem »Primer« ratsam (Rostschutz).

- Auf die ausgebeulte oder mit Glasfasermatten ausgebesserte Stelle Zweikomponentenspachtel auftragen und aushärten lassen. Gebrauchsanleitung des Herstellers beachten.
- Nach dem Trocknen Unebenheiten von Hand oder mit Schwingschleifer abschleifen. Dabei sollte ein Schleifpapier mit der Körnung »180« verwendet werden. Es kann bereits Wasserschleifpapier verwendet werden. In diesem Fall die Reparaturstelle (mit Schwamm) und das Schleifpapier während des Schleifens von Zeit zu Zeit mit reichlich Wasser abspülen.
- Anschließend Reparaturstelle sauber abwischen und trocknen lassen.

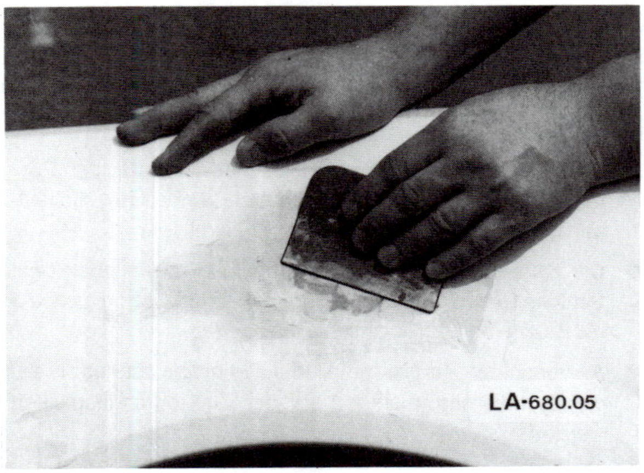
LA-680.05

- Mit breitem, elastischem Kunststoffspachtel die Reparaturstelle mit Feinspachtel überziehen und mindestens 2 Stunden lang aushärten lassen. Auf starken Rundungen und Konturen empfiehlt sich ein Feinspachtel aus der Spraydose.
- Je nach Schichtdicke muß Feinspachtel gut 2 bis 3 Stunden durchtrocknen.

Schleifen

Schleifpapier ist in verschiedenen Körnungen erhältlich. Je kleiner die Zahl, um so grober der Schliff. Zum Schleifen von Zweikomponentenspachtel empfiehlt sich Körnung 180 bis 240; Füllspachtel und alter Lack werden mit Körnung 360 naß geschliffen. Für den letzten Naßschliff vor der Lackierung empfiehlt sich 600er Schleifpapier.

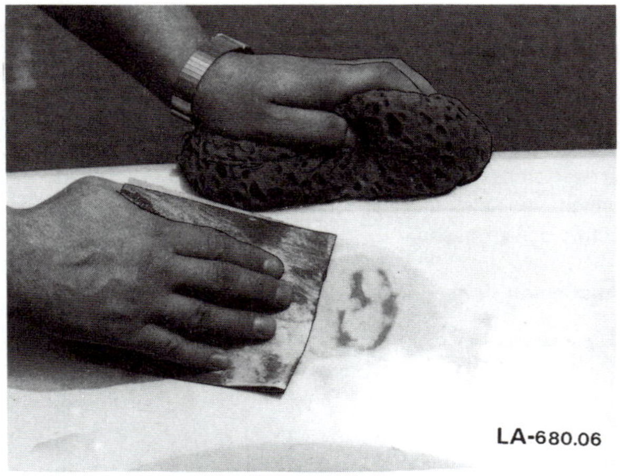
LA-680.06

- Fertige Spachtelstelle mit 360er Papier naß überschleifen, dabei ständig einen Schwamm über der Reparaturstelle ausdrücken. Schwamm von Zeit zu Zeit in sauberes Wasser tauchen und wieder vollsaugen lassen.
- Für den folgenden nassen Feinschliff eignet sich am besten spezielles Naßschleifpapier mit 600er Körnung, dabei wird auch der angrenzende und zu überspritzende Lack mit angeschliffen. Dabei nur in Fahrzeuglängsrichtung schleifen; dann sind verbleibende kleine Schleifriefen hinterher im Decklack kaum sichtbar.

Reinigen

Vor dem Spritzen muß die geschliffene Lackoberfläche sowie ein bis zwei Handbreiten des umliegenden Lacks von Fett- und Silikonresten befreit werden. Am besten eignet sich dazu Silikonentferner.

- Nach dem Schleifen Reparaturstelle sorgfältig reinigen und alle angrenzenden Fahrzeugflächen mit Zeitungspapier und Klebeband ganz exakt abkleben. Bei Lackierungen an den Kotflügeln ebenfalls die Reifen und die Stoßdämpfer sorgfältig abkleben.

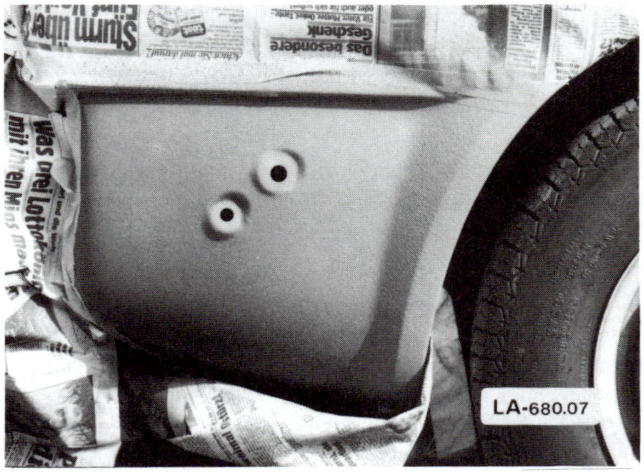
LA-680.07

- Reparaturstelle möglichst immer so abkleben, daß die gespritzte Fläche bis zur nächsten Zierleiste oder Karosseriekante reicht, da am Rand der Abklebung ein Farbgrat entsteht. Falls ein annähernd fließender Übergang zum Originallack unumgänglich ist, etwa zwei Handbreit um die Reparaturstelle abkleben.

- Fußboden zur Staubbindung mit Wasser anfeuchten.

Lackieren

Damit beim Lackieren keine Probleme auftreten, sollte der zuvor aufgetragene »Primer« vom gleichen Hersteller stammen wie der Spraydosenlack. Der Lack wirft dann keine Blasen und schrumpft nicht.

Achtung: Es empfiehlt sich, den Lackiervorgang zunächst an einem geeigneten Blech, zum Beispiel einem alten Kotflügel, zu üben.

- Zum Lackieren muß das zu lackierende Teil trocken und staubfrei sein. Wenn möglich, mit Preßluft abblasen.
- Fußboden zur Staubbindung mit Wasser anfeuchten.
- Reparaturstelle über die zu lackierende Fläche hinaus mit Silikonentferner abreiben. Noch optimaleren Haftgrund für den Decklack erhält man durch Abreiben der gereinigten Fläche mit **silikonfreier** Polierpaste.
- Spraydose vor Gebrauch wenigstens 3 bis 5 Minuten lang intensiv schütteln, sonst bilden sich auf dem Blech Lacknasen.
- Bei **Metalliclack** anschließend etwas Farbe auf einen Karton sprühen, damit eventuell im Steigrohr abgesetzte Metallpartikel beseitigt werden.

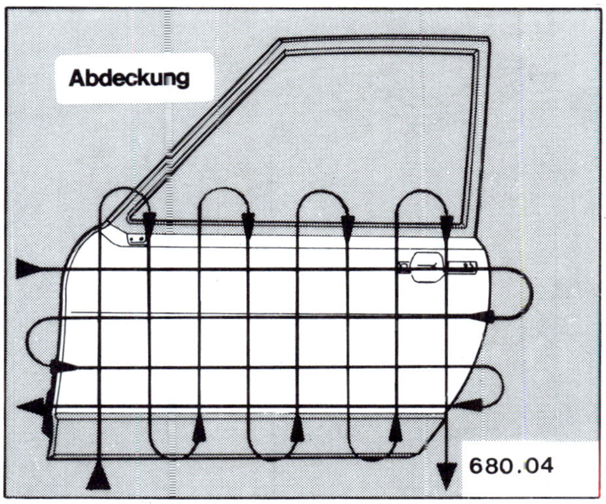

- Große Flächen, ob senkrecht oder waagerecht, werden im »Kreuzgang« gespritzt: Man beginnt außerhalb der Fläche und schwenkt den Spritzstrahl außerhalb in die andere Richtung.
- Kleine Stellen spiralförmig von außen nach innen besprühen, damit ein unnötig großes Sprühnebelfeld vermieden wird.
- Spraydose mit gleichbleibender Geschwindigkeit und gleichmäßigem Abstand über die Oberfläche führen. Der richtige Abstand liegt bei etwa 25 cm.
- Soll der Lacküberzug möglichst übergangslos zum heilen Lack aufgetragen werden: Das gelingt am besten, wenn man ihn in mindestens vier sich überlappenden Spritzgängen aufträgt. Jeder einzelne Auftrag sollte den vorhergehenden Lackauftrag um zwei bis drei Zentimeter vergrößern.

Achtung: Wird aus nächster Nähe gesprüht oder ist die Sprühbewegung zu langsam beziehungsweise von wechselnder Geschwindigkeit, treten sogenannte Lacknasen auf. Das heißt, der Lack läuft an einigen Stellen herunter, weil dort zuviel Farbe auf einmal aufgespritzt wurde. Ebenso verhält es sich, wenn die Richtungsänderungen beim Sprühvorgang nicht über der abgedeckten Fläche durchgeführt werden.

Der Spritzvorgang ist mit ca. 5minütigen Pausen, zum Abdunsten des Lösungsmittels, so oft zu wiederholen, bis der Lack eine ausreichende Deckung erreicht hat. Besonders Metallic-Lack auch zwischen den einzelnen Spritzgängen aufschütteln, da sich die Metallic-Partikel schnell absetzen.

Achtung: Bei **Metallic-Lack** ist eine Farbübereinstimmung mit dem Original-Lack nur schwer möglich. Die Pigmentierung (Verteilung der Aluminium-Partikel) wird gleichmäßiger, wenn der letzte Spritzgang aus etwa 30 cm statt 25 cm erfolgt. Mit dieser Technik ist auch eine gewisse Farbtonangleichung möglich: Langsame Handbewegung und damit satter Auftrag macht dunkler, nach schnellerem Überspritzen scheint Metalliclack dagegen heller.

Klarlack bei Metallic-Lackierungen

- Diesen Lacküberzug bekommt nur der Basislack einer Metallic-Lackierung, erst danach bekommt er seinen Glanz. Gespritzt wird wieder mindestens drei– bis viermal dünn, wobei jedesmal dazwischen eine Ablüftpause von einigen Minuten eingehalten werden muß. Vor dem ersten Auftragen soll der Basislack mindestens 30 Minuten abgelüftet sein. Der Klarlack hat den neuen Basislack um etwa eine Handbreit zu überlappen, das Abdeckpapier ist vorher entsprechend zu erweitern.
- Düsen der Spraydosen freisprühen. Dazu Dose auf den Kopf stellen und so lange sprühen, bis keine Farbe mehr kommt.
- Sofort nach Abschluß der Lackierarbeiten alle Abdeckungen abziehen. Dadurch kann, falls bis zur Abdeckung gespritzt wurde, der nasse Lack am Übergang verlaufen.
- Gespritzte Fläche trocknen lassen. Der Trocknungsvorgang läßt sich mit einer Heizsonne oder einer starken Fotolampe beschleunigen. **Achtung:** Kein Gebläse-Heizgerät verwenden, dadurch würden aufgewirbelte Staubpartikel gegen den frischen Lack geblasen.
- Nach dem Aushärten der Farbe, nach mindestens 48 Stunden, Sprühnebel auf den angrenzenden Flächen mit einem milden Poliermittel und einem Wattebausch vorsichtig abtragen. Dabei nur in Fahrzeug-Längsrichtung polieren.

Die Heizung

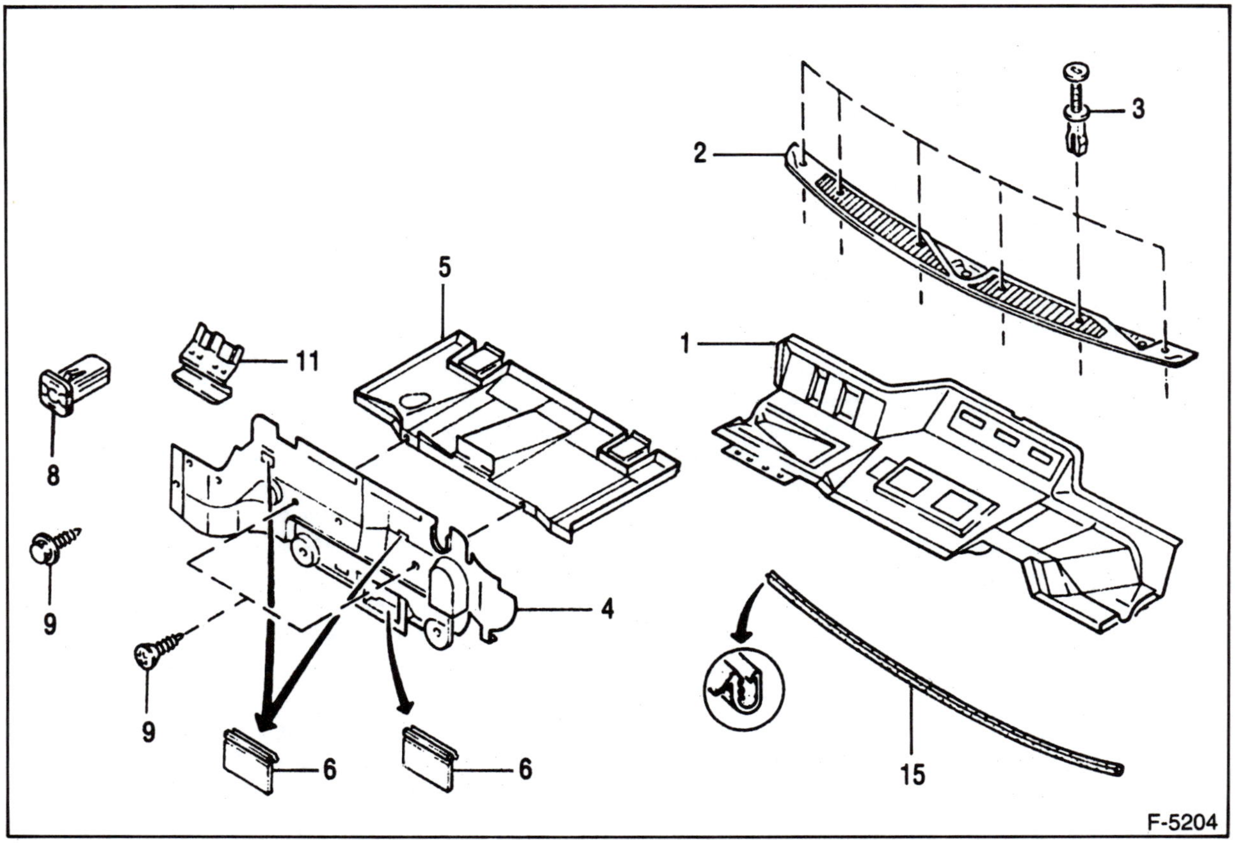

1–Windlaufoberteil	3–Spreizbuchse	5–Abdeckung für Gebläse	8–Spreizmutter	11–Verstärkung
2–Windlaufgrill	4–Schließblech für Luftkammer	6–Wasserablaufklappe	9–Schraube	15–Dichtgummi

Für die Heizung wird die Frischluft unterhalb der Windschutzscheibe angesaugt und gelangt über das Gebläse in den Fahrzeuginnenraum. Dabei durchströmt die Luft das Heizungsgehäuse und wird über verschiedene und durch Bowdenzüge gesteuerte Klappen auf die einzelnen Luftaustrittsdüsen verteilt. Sobald die Heizung auf »warm« gestellt wird, öffnet die Warmluftklappe und leitet die kühle Luft über den Wärmetauscher. Der Wärmetauscher befindet sich im Heizungsgehäuse und wird durch die heiße Kühlflüssigkeit aufgeheizt. Die vorbeistreichende Frischluft erwärmt sich an den heißen Lamellen des Wärmetauschers und gelangt dann in den Fahrzeuginnenraum.

Zur Verstärkung der Heizleistung dient ein dreistufiges Heizgebläse. Damit das Gebläse in den einzelnen Stufen mit unterschiedlicher Geschwindigkeit läuft, werden Widerstände vorgeschaltet. Bei Ausfall eines Widerstandes läuft der Motor in der entsprechenden Geschwindigkeitsstufe nicht.

Heizgebläse/Heizkasten

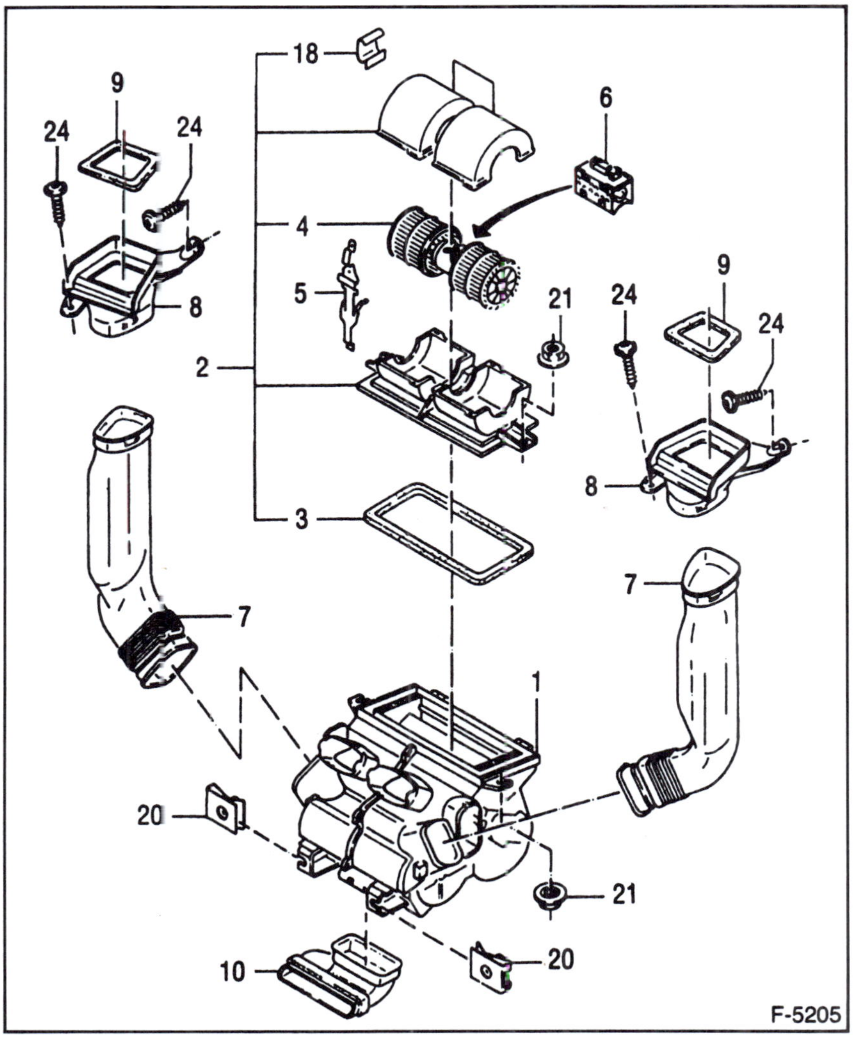

1 – **Heizkasten (Heizungsgehäuse)**
2 – **Gebläsegehäuse**
3 – **Dichtung**
4 – **Gebläsemotor mit Lüfterrädern**
5 – **Befestigungslasche**
6 – **Widerstand für Gebläsemotor**
7 – **Luftschlauch**
8 – **Entfrosterdüse**
9 – **Dichtung**
10 – **Luftführung**
18 – **Clip**
20 – **Clip**
21 – **Sechskantmutter**
24 – **Schraube**

Heizkasten/Bedieneinheit

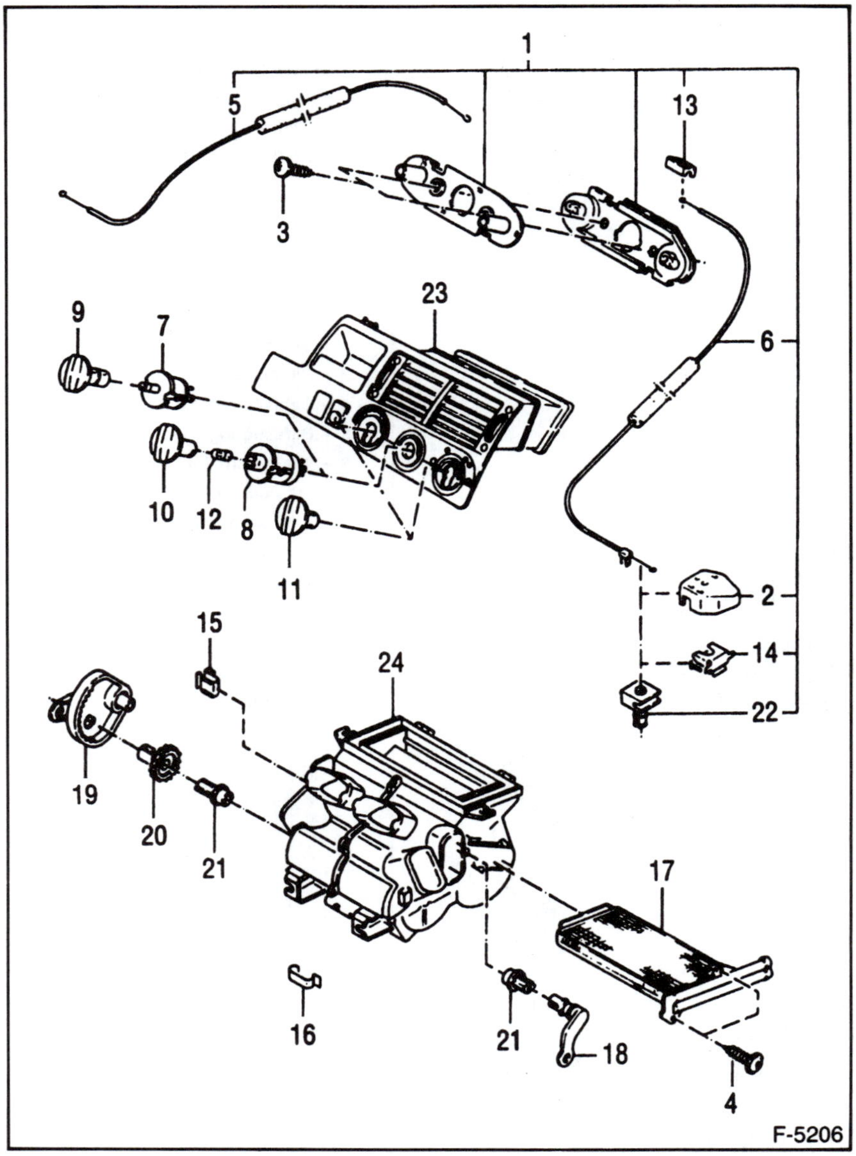

1 – Bedienschalter
2 – Abdeckung
3 – Schraube
4 – Schraube
5 – Betätigungszug Temperaturregelung
6 – Betätigungszug Luftverteilung
7 – Schalter Heizgebläse
8 – Schalter Heizgebläse
9 – Bedienungsknopf
10 – Bedienungsknopf
11 – Bedienungsknopf
12 – Glühlampe
13 – Clip
14 – Clip
15 – Clip
16 – Clip
17 – Wärmetauscher mit Dichtung
18 – Betätigungshebel Temperaturregelung
19 – Betätigungshebel Luftverteilung
20 – Zahnrad
21 – Lager
22 – Drehzapfen
23 – Bedieneinheit
24 – Heizkasten

Belüftungsdüse links aus- und einbauen

Ausbau

- Blende für Schalttafeleinsatz ausbauen, siehe Seite 239.
- Batterie-Massekabel (–) abklemmen. **Achtung:** Dadurch werden aus dem Speicher des elektronischen Einspritz-Steuergerätes »Betriebswerte« und aus dem Speicher des Radios der Keycode für die Diebstahlsicherung sowie die eingestellten Sender gelöscht. Vor dem Abklemmen daher unbedingt Hinweise im Kapitel »Batterie aus- und einbauen« durchlesen.
- Schalterknopf für Scheinwerferhöhenverstellung abziehen.
- Falls vorhanden, die Schalter für Nebelschlußleuchte und Nebelscheinwerfer ausbauen, siehe Seite 239.
- Mehrfachstecker abziehen.

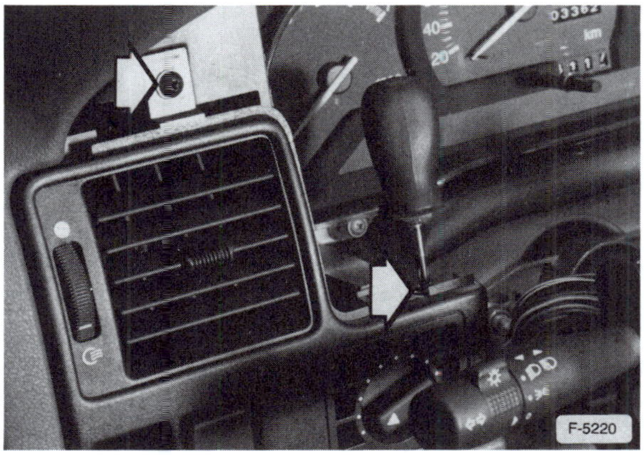
F-5220

- Belüftungsdüse abschrauben und herausnehmen.

Einbau

- Belüftungsdüse einsetzen und anschrauben.
- Schalterknopf für Scheinwerferhöhenregulierung aufstekken.
- Falls vorhanden, Mehrfachstecker auf die Schalter für Nebelschlußleuchte und Nebelscheinwerfer aufstecken und Schalter in die Öffnungen am Armaturenbrett eindrücken.
- Blende für Schalttafeleinsatz einbauen, siehe Seite 239.
- Batterie-Massekabel (–) anklemmen.

Belüftungsdüse rechts aus- und einbauen

Ausbau

- Handschuhkasten öffnen.

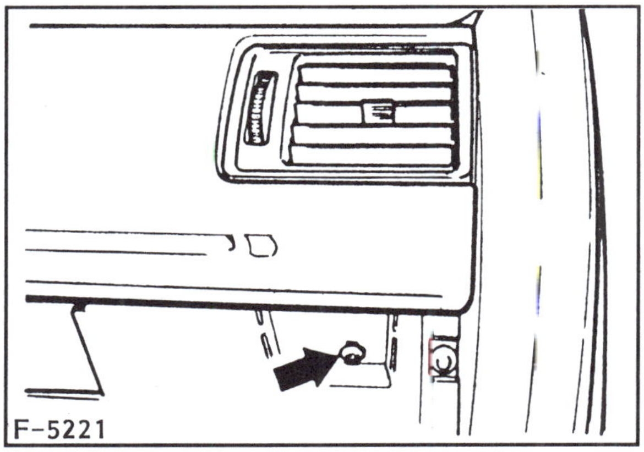
F-5221

- Befestigungsschraube herausdrehen.

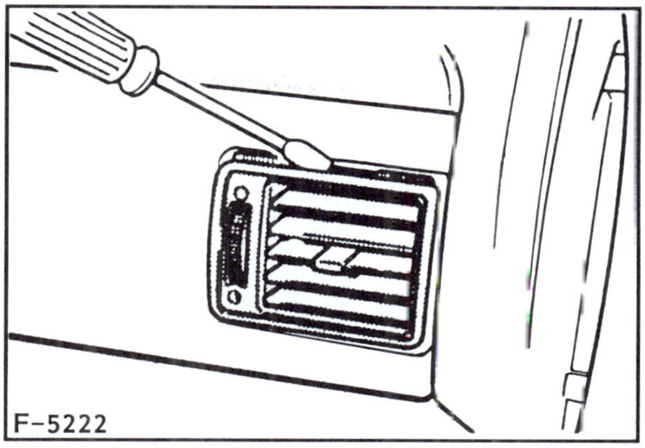
F-5222

- Belüftungsdüse mit einem Schraubendreher vorsichtig oben und unten heraushebeln.

Einbau

- Belüftungsdüse bis zum Anschlag in die Öffnung am Armaturenbrett eindrücken.
- Befestigungsschraube reindrehen. Handschuhfach schließen.

Heizungsbedienung/Heizungszüge aus- und einbauen

Ausbau

- Batterie-Massekabel (–) abklemmen. **Achtung:** Dadurch werden aus dem Speicher des elektronischen Einspritz-Steuergerätes »Betriebswerte« und aus dem Speicher des Radios der Keycode für die Diebstahlsicherung sowie die eingestellten Sender gelöscht. Vor dem Abklemmen daher unbedingt Hinweise im Kapitel »Batterie aus- und einbauen« durchlesen.
- Zur Erleichterung können das Ablagefach unterhalb des Radios mit 2 Schrauben abgeschraubt sowie das Radio ausgebaut und abgeklemmt werden, siehe Seite 246.
- 3 Drehknöpfe für Heizungsbedienung abziehen.
- Blende für Schalttafeleinsatz ausbauen, siehe Seite 239.

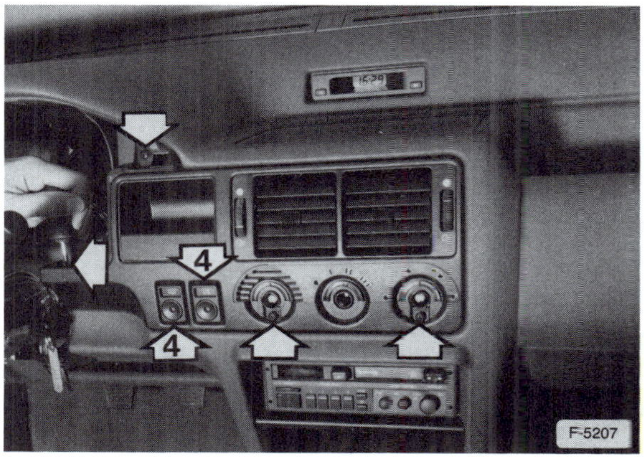

F-5207

- Schalter –4– ausbauen, siehe Seite 245.
- 4 Schrauben herausdrehen und Blende für Bedieneinheit abnehmen.

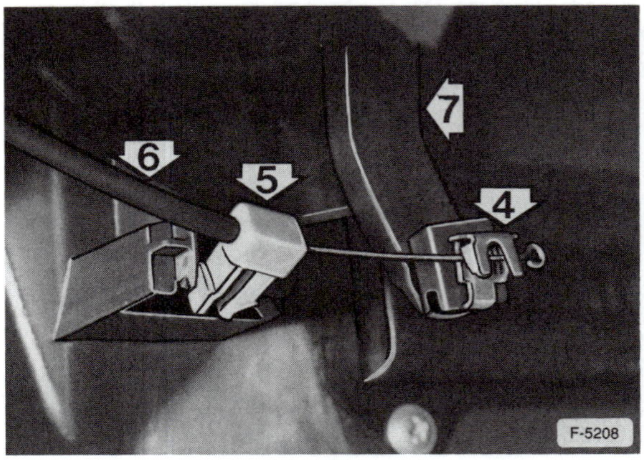

- Heizungszüge am Heizungsgehäuse abbauen. Dazu Abdeckung für die Halteklammer –4– am Betätigungshebel –7– auf der rechten Seite abziehen. Clip –5– für Seilzug –6– heraushebeln. Seilzug für Heizungsregulierung aus der Halteklammer aushängen. Heizungszug links auf die gleiche Weise ausbauen.

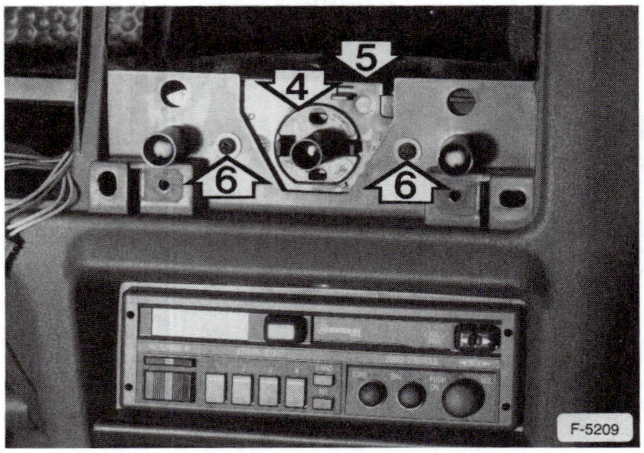

- Bedienungsschalter –5– für Heizung abschrauben –6– und vorziehen.
- Mehrfachstecker vom Gebläseschalter –4– abziehen.
- Bedienungsschalter für Heizung (Bedieneinheit) mit Heizungszügen nach oben herausnehmen.
- Befestigungszungen für Heizgebläseschalter hineindrükken und Schalter aus dem Sitz herausziehen.

Einbau

- Heizgebläseschalter in die Bedieneinheit einclipsen.
- Bedieneinheit mit Seilzügen einsetzen.
- Mehrfachstecker am Heizgebläseschalter aufschieben.
- Bedieneinheit anschrauben.

Achtung: Beim Einsetzen der Bedieneinheit darauf achten, daß die Heizungszüge nicht geknickt oder eingeklemmt werden.

- Rechten Seilzug am Heizungsgehäuse und am Hebel der Temperatur-Regulierklappe einclipsen. Abdeckung am Betätigungshebel aufdrücken.
- Linken Seilzug am Heizungsgehäuse und am Hebel der Luftverteilungsklappe einclipsen. Abdeckung am Betätigungshebel aufdrücken.
- Abdeckblende ansetzen und mit 4 Schrauben anschrauben.
- Schalter für heizbare Heckscheibe und Nebelschlußleuchte einbauen.
- 3 Knöpfe für Heizungsbetätigung aufstecken. Knöpfe für Temperatur und Luftverteilung von Anschlag zu Anschlag drehen. Dadurch stellen sich die Heizungszüge ein.
- Blende für Schalttafeleinsatz einbauen, siehe Seite 239.
- Falls ausgebaut, Ablagefach unterhalb des Radios sowie Radio einbauen und anklemmen, siehe Seite 246.
- Batterie-Massekabel (–) anklemmen.

Heizungszüge auswechseln

Ausbau

- Heizungsbedienung ausbauen.

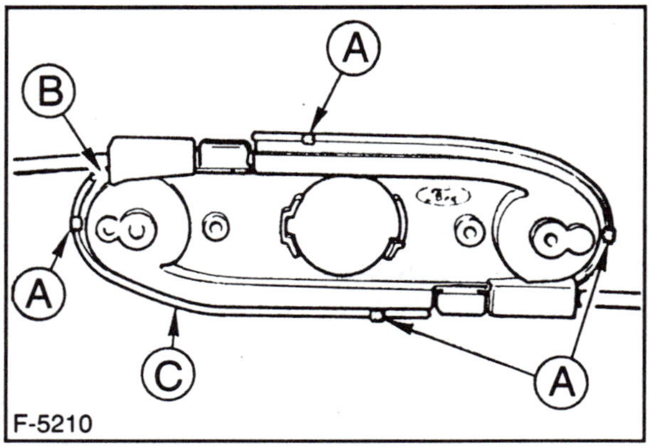

- 4 Haltezungen –A– mit einem Schraubendreher zurückbiegen.
- Deckel –B– von der Grundplatte –C– abnehmen und Bedienungsschalter öffnen.

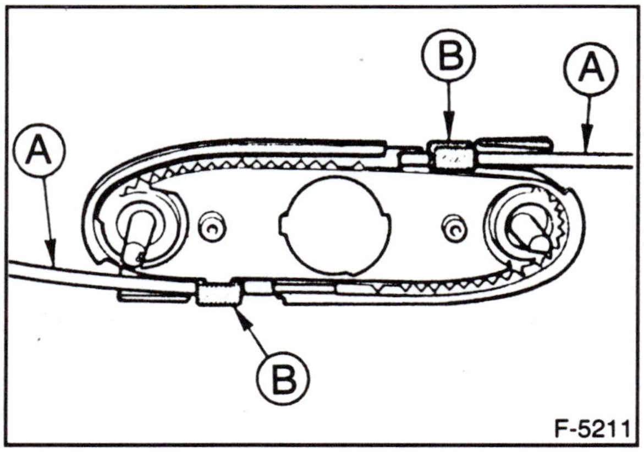

- Halteclips –B– der Seilzüge –A– aufschneiden. Seilzüge aus den Zahnbandführungen aushängen und herausnehmen.

Einbau

- Seilzüge einführen, in die Zahnbandführungen einhängen und mit neuen Halteclips befestigen.
- Deckel an der Grundplatte ansetzen und Bedienungsschalter mit Haltezungen zusammenclipsen.
- Heizungsbedienung einbauen.

Gebläse/Vorwiderstand aus- und einbauen

Ausbau

- Batterie-Massekabel (–) abklemmen. **Achtung:** Dadurch werden aus dem Speicher des elektronischen Einspritz-Steuergerätes »Betriebswerte« und aus dem Speicher des Radios der Keycode für die Diebstahlsicherung sowie die eingestellten Sender gelöscht. Vor dem Abklemmen daher unbedingt Hinweise im Kapitel »Batterie aus- und einbauen« durchlesen.
- **1,4-l-Motor:** Luftfilter ausbauen, siehe Seite 77.

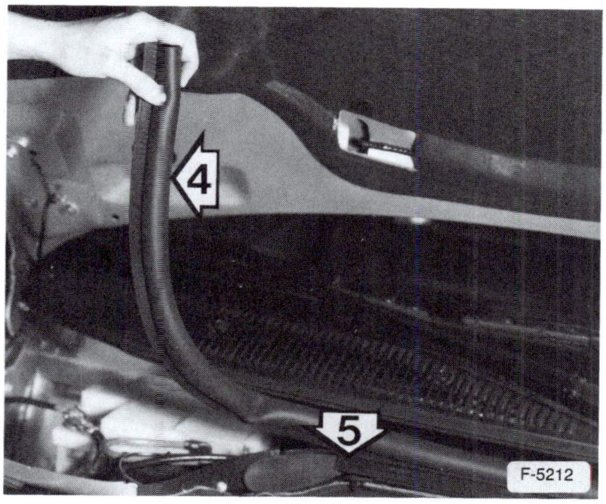

- Dichtgummi –4– vom Stirnwand-Abdeckblech abziehen.
- Kabelbaum –5– am Stirnwand-Abdeckblech ausclipsen.
- Vorhandene Kabelbinder aufschneiden.

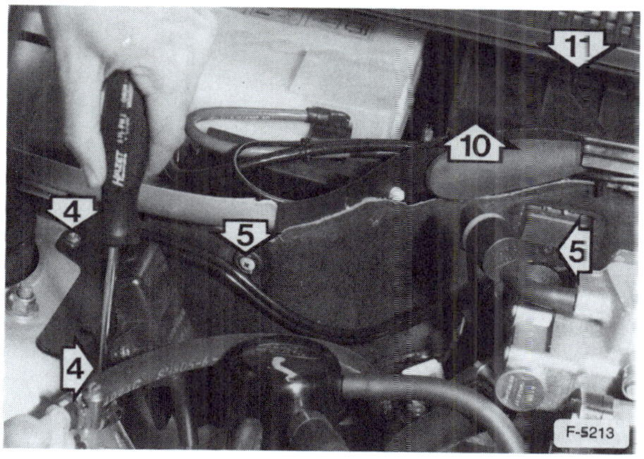

- MAP-Sensor mit Halter abschrauben –4–.
- Abdeckblech links abschrauben –5–.

- Abdeckblech rechts abschrauben –6–.
- Tachowelle –7– und Kabelbäume –8/9– herausziehen und hochheben. Abdeckblech in Richtung Batterie herausziehen.
- Abdeckung –10– für Gebläse herausziehen. Gegebenenfalls die beiden Kunststoffnasen –11– links und rechts nach unten drücken.

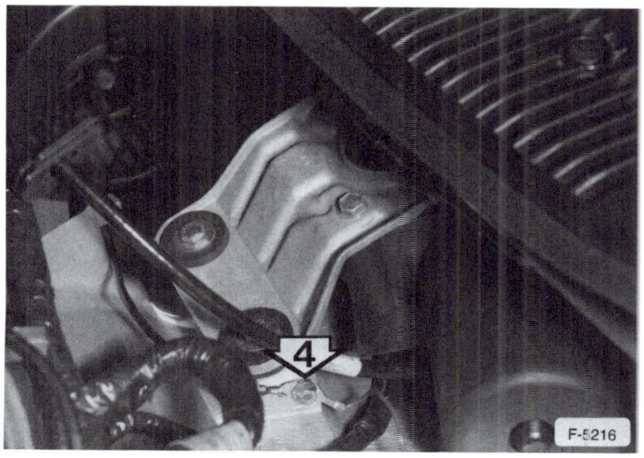

- Massekabel abschrauben –4–.

- Mehrfachstecker von den Anschlüssen –5– am Vorwiderstand –6– abziehen.
- Gebläsemotor mit 2 Muttern –7– abschrauben und komplett herausnehmen.

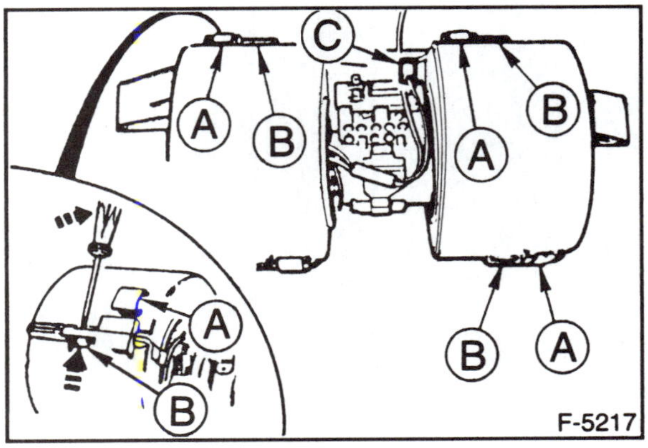

- Abdeckung für Lüfterrad abnehmen. Vorher 4 Halteklammern –A– abziehen. Anschließend Halteclips –B– mit einem Schraubendreher öffnen.

- Stecker –4– der Leitung vom Widerstand zum Gebläsemotor abziehen.
- Befestigungsbügel –5– mit Schraubendreher hochbiegen und mit Widerstand vom Gebläsemotor abziehen.
- Gebläsemotor aus dem Gehäuse herausnehmen.

Einbau

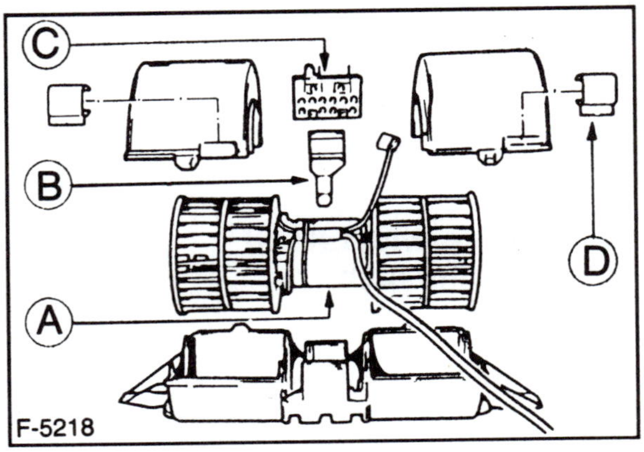

- Gebläsemotor –A– in das Gehäuse einsetzen.
- Widerstand –C– einsetzen, Haltebügel –B– umbiegen.
- Stecker vom Gebläsemotor am Widerstand aufstecken.
- Abdeckungen für Lüfterräder auf das Gehäuse stecken und mit Halteklammern –D– sichern. **Achtung:** Die Halteclips müssen einrasten.
- Gebläse komplett in die Luftkammer einsetzen und anschrauben.
- Mehrfachstecker am Vorwiderstand aufstecken.
- Massekabel anschrauben.
- Abdeckung für Heizgebläse in die Führungen einsetzen.
- Stirnwandabdeckung einsetzen und anschrauben.
- MAP-Sensor anschrauben.
- Kabelstränge an der Abdeckung entlang verlegen, einclipsen und mit Kabelbindern fixieren.
- Tülle Tachowelle in die Aussparung eindrücken.
- Dichtung auf die Stirnwandabdeckung aufschieben.
- Luftfilter einbauen.
- Batterie-Massekabel (–) anklemmen.

Störungsdiagnose Heizung

Störung	Ursache	Abhilfe
Heizgebläse läuft nicht	Sicherung für Gebläsemotor defekt	■ Sicherung für Gebläse prüfen gegebenenfalls ersetzen
	Gebläseschalter defekt	■ Prüfen, ob an den Vorwiderständen Spannung anliegt. Wenn nicht, Gebläseschalter ausbauen und prüfen
	Elektromotor defekt	■ Prüfen, ob bei eingeschalteter Zündung und betätigtem Gebläseschalter am Kontakt des Gebläsemotors Spannung anliegt. Wenn ja, Motor auswechseln
Heizgebläse läuft nur in einer Geschwindigkeitsstellung nicht	Vorwiderstand defekt	■ Vorwiderstände prüfen
Heizleistung zu gering	Kühlmittelstand zu niedrig	■ Kühlmittelstand prüfen, gegebenenfalls Kühlmittel auffüllen
	Kühlmittelregler defekt	■ Kühlmittelregler prüfen, gegebenenfalls ersetzen
Geräusche im Bereich des Heizgebläses	Eingedrungener Schmutz, Laub	■ Gebläse ausbauen, reinigen, Luftkanal säubern
	Lüfterrad hat Unwucht, Lager defekt	■ Gebläsemotor ausbauen, auf leichten Lauf und Lagerspiel prüfen

Die elektrische Anlage

Bei der Überprüfung der elektrischen Anlage stößt der Heimwerker in den technischen Unterlagen immer wieder auf die Begriffe Spannung, Stromstärke und Widerstand.

Die Spannung wird in Volt (V) gemessen, die Stromstärke in Ampère (A) und der Widerstand in Ohm (Ω). Mit dem Begriff Spannung ist beim Auto in der Regel die Batteriespannung gemeint. Es handelt sich dabei um eine Gleichspannung von ca. 12 Volt. Die Höhe der Batteriespannung hängt vom Ladezustand der Batterie und von der Außentemperatur ab. Sie kann etwa 10 bis 13 Volt betragen. Demgegenüber wird die Bordspannung vom Generator (Lichtmaschine) erzeugt, die bei mittleren Drehzahlen ca. 14 Volt beträgt.

Der Begriff Stromstärke taucht im Bereich der Automobil-Elektrik relativ selten auf. Die Stromstärke ist beispielsweise auf der Rückseite von Sicherungen angegeben und weist auf den maximalen Strom hin, der fließen kann, ohne daß die Sicherung durchbrennt und damit den Stromkreis unterbricht.

Überall wo ein Strom fließt, muß er einen Widerstand überbrükken. Der Widerstand ist unter anderem von folgenden Faktoren abhängig: Leitungsquerschnitt, Leitungsmaterial, Stromaufnahme usw. Ist der Widerstand mitunter zu groß, können Funktionsstörungen auftreten. Beispielsweise darf der Widerstand in Zündleitungen und Zündverteiler nicht zu hoch sein, sonst fehlt ein ausreichend starker Zündfunke an den Zündkerzen, der das Kraftstoff-Luftgemisch entzündet und damit den Motor zum Laufen bringt.

Meßgeräte

Zum Messen der Bord-Elektrik gibt es im Handel sogenannte Mehrfach-Meßgeräte. Sie vereinen in einem Gerät das Voltmeter, um Spannungen zu messen, das Ampèremeter, um die Stromstärke zu messen und das Ohmmeter, um den Widerstand zu messen. Mit einem Dreh- oder Tastschalter wird an dem Meßgerät der gewünschte Meßbereich (V,A,Ω) eingeschaltet. Die im Handel befindlichen Meßgeräte unterscheiden sich hauptsächlich im Meßbereich und in der Meßgenauigkeit. Durch den Meßbereich wird festgelegt, in welchem Bereich Spannungen oder Widerstände liegen müssen, damit sie überhaupt vom Gerät erfaßt werden können. Die Meßgenauigkeit wird in erster Linie vom Herstellungsaufwand bestimmt, der sich natürlich in den Kosten niederschlägt. Je größer die Genauigkeit, desto höher der Kaufpreis.

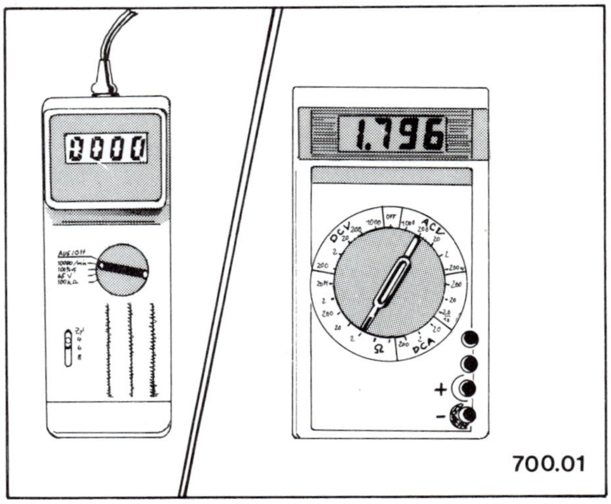

700.01

Für den Heimwerker gibt es Vielfach-Meßgeräte, die speziell für Prüfarbeiten am Auto abgestimmt sind. Mit solch einem Gerät kann man die Motordrehzahl und den Zünd-Schließwinkel messen und außerdem Spannungen bis zu 20 Volt. Bei Widerstandsmessungen beschränkt sich das Gerät in der Regel auf den Kilo-Ohm-Bereich, also etwa 1–1000 kΩ. Falls es eine Stromstärken-Messung zuläßt, dann nur im Bereich der Anlasserstromstärke.

Darüber hinaus werden Meßgeräte zur Überprüfung von elektrischen und elektronischen Bauteilen angeboten. Bei diesen Geräten fehlt naturgemäß die Meßmöglichkeit von Motordrehzahl und Zünd-Schließwinkel. Große Vorteile bietet ein solches Gerät jedoch auf dem Gebiet des Meßbereiches; denn dieser erlaubt eine umfassende Messung von kleinen Widerständen in Ohm (Ω) bis zu großen Widerständen im Mega-Ohm-Bereich (MΩ). Spannungen können bis auf drei Stellen hinter dem Komma genau gemessen werden, was vor allem bei elektronischen Bauteilen erforderlich ist.

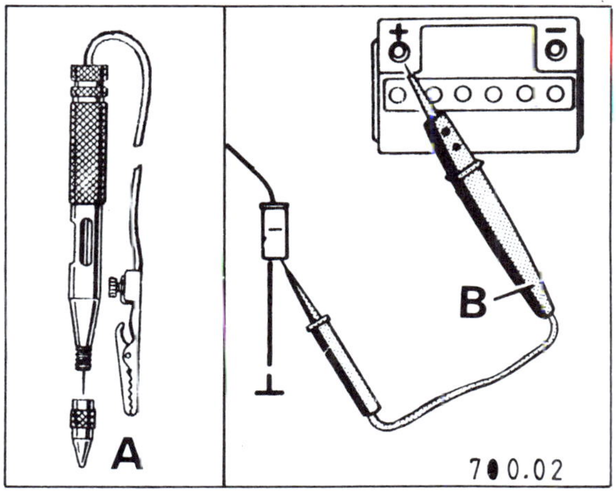

Wenn nur geprüft werden soll, ob überhaupt Spannung anliegt, eignet sich hierzu eine einfache Prüflampe –A–. Dies gilt allerdings nur für Stromkreise, in denen sich keine elektronischen Bauteile befinden. Denn elektronische Steuergeräte reagieren äußerst empfindlich auf zu hohe Ströme. Unter Umständen können elektronische Bauteile bereits durch das Anschließen einer Prüflampe zerstört werden. Für Fahrzeuge mit elektronischen Bauteilen, wie zum Beispiel die Transistorzündung oder die elektronisch gesteuerte Einspritzanlage, ist deshalb ein hochohmiger Spannungsprüfer –B– erforderlich. Er hat praktisch dieselben Funktionen wie die Prüflampe, ohne daß die elektronischen Bauteile geschädigt werden.

Meßtechnik

Spannung messen

Spannung kann schon mit einer einfachen Prüflampe oder einem Spannungsprüfer nachgewiesen werden. Allerdings erkennt man dann nur, ob überhaupt Spannung anliegt. Um die Höhe der anliegenden Spannung zu prüfen, muß ein Voltmeter (Spannungs-Meßgerät) angeschlossen werden. Das Voltmeter ist immer in einem Vielfachmeßgerät integriert.

Zunächst ist beim Voltmeter der Meßbereich einzustellen, in dem sich die zu messende Spannung voraussichtlich befindet. Spannungen am Fahrzeug sind in der Regel nicht höher als ca. 14 Volt. Eine Ausnahme bildet die Zündanlage; hier kann die Zündspannung bis zu 30 000 Volt betragen, was sich nur mit einem speziellen Meßgerät oder einem Oszilloskop messen läßt.

Während man bei Meßgeräten, die speziell auf das Auto abgestimmt sind, am Wählschalter nur das Voltmeter einschalten muß, sind bei einem allgemeinen Vielfachmeßgerät erst eine Reihe von Entscheidungen zu fällen. Zunächst wird mit dem Wählschalter der Bereich Gleichspannung (DCV im Gegensatz zu ACV=Wechselspannung) eingestellt. Dann wird der Meßbereich gewählt. Da beim Auto außer an der Zündanlage (bis 30 000 Volt) keine höheren Spannungen als ca. 14 Volt auftreten, sollte die Obergrenze des einzustellenden Meßbereiches etwas höher liegen (ca. 15 bis 20 Volt). Falls sicher ist, daß die gemessene Spannung wesentlich niedriger ist, zum Beispiel im Bereich von 2 Volt, kann der Meßbereich heruntergeschaltet werden, um eine größere Anzeigegenauigkeit zu erreichen.

Liegen höhere Spannungen an, als sie vom Meßbereich des Gerätes erfaßt werden, kann das Meßgerät zerstört werden.

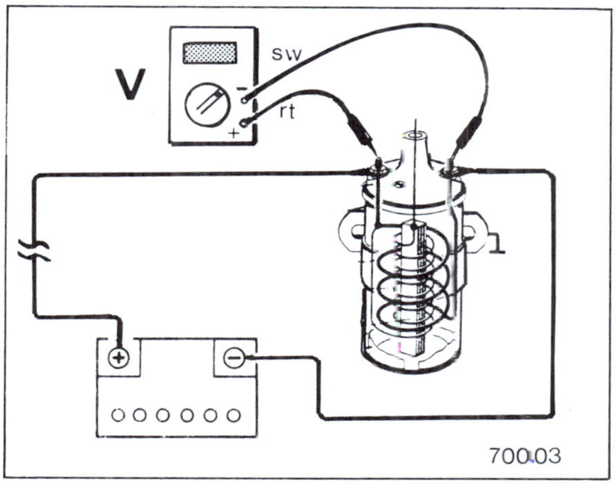

Die Kabel des Meßgerätes entsprechend der Zeichnung parallel zum Verbraucher anschließen. Dabei wird das rote Kabel an die vom Batterie-Pluspol (+) kommende Leitung angelegt, das schwarze Kabel an die Masse-Leitung (–) oder an Fahrzeugmasse, wie zum Beispiel den Motorblock.

Prüfbeispiel: Wenn der Motor nicht richtig anspringt, weil der Anlasser zu langsam dreht, ist es zweckmäßig, die Batteriespannung zu prüfen, während der Anlasser betätigt wird. Dazu das Voltmeter mit dem roten Kabel (+) an den Batterie-Pluspol und mit dem schwarzen Kabel an Fahrzeugmasse (–) anklemmen. Anschließend durch einen Helfer den Anlasser betätigen lassen und den Spannungswert ablesen. Liegt die Spannung unter ca. 7 Volt, muß die Batterie überprüft und eventuell vor den nächsten Startversuchen geladen werden.

Stromstärke messen

Am Auto ist es relativ selten erforderlich, die Stromstärke zu messen. Benötigt wird hierzu ein Ampèremeter, welches ebenfalls in einem Vielfachmeßgerät integriert ist.

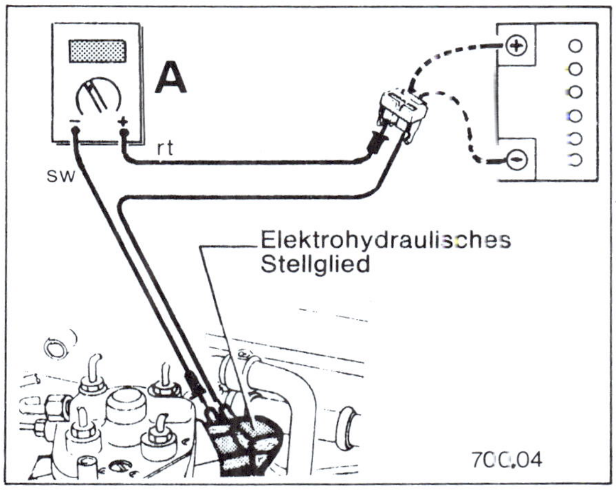

Ebenso wie beim Voltmeter wird vor der Strommessung das Meßgerät auf den Meßbereich eingestellt, in dem sich die zu messende Stromstärke voraussichtlich befindet. Falls das nicht bekannt ist, höchsten Meßbereich einstellen und, falls keine Anzeige erfolgt, nacheinander in die nächstniedrigeren Meßbereiche schalten.

Für die Messung der Stromstärke muß der Stromkreis aufgetrennt werden, das Meßgerät (Amperemeter) wird dazwischengeschaltet. Dazu wird beispielsweise der Stecker abgezogen und das rote Kabel (+) des Amperemeters an die stromführende Leitung angeschlossen. Das schwarze Kabel (–) wird an den Kontakt angelegt, an dem normalerweise die unterbrochene Leitung angeschlossen ist. Die Massekontakte zwischen Verbraucher und Stecker müssen dann mit einem Hilfskabel verbunden werden.

Achtung: Keinesfalls sollte mit einem normalen Amperemeter die Stromstärke in der Leitung zum Anlasser (ca. 150 A) oder zu den Glühkerzen beim Dieselmotor (bis 60 A) gemessen werden. Durch die hierbei auftretenden hohen Ströme kann das Meßgerät zerstört werden. Die Werkstatt benutzt für diese Messungen ein Amperemeter mit Gleichstromzange. Dabei wird eine Stromzange über das isolierte Stromkabel geklemmt und der Stromwert durch Induktion gemessen.

Widerstand messen

Vor der Prüfung des Widerstandes ist grundsätzlich sicherzustellen, daß am Bauteil, an welches das Ohmmeter angeschlossen wird, keine Spannung anliegt. Also immer vorher Stecker abziehen, Zündung ausschalten, Leitung beziehungsweise Aggregat ausbauen oder Batterie abklemmen. Andernfalls kann das Meßgerät beschädigt werden.

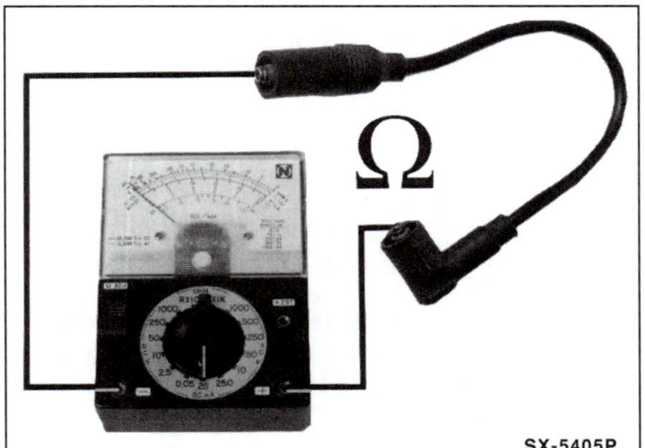

SX-5405P

Das Ohmmeter wird an die 2 Anschlüsse eines Verbrauchers oder an die 2 Enden einer elektrischen Leitung angeschlossen. Dabei spielt es keine Rolle, welches Kabel (+/–) des Meßgerätes an welchen Kontakt angeklemmt wird.

Die Widerstandsmessung am Auto erstreckt sich weitgehend auf 2 Bereiche:

1. Kontrolle eines in den Stromkreis integrierten Widerstandes oder Bauteils.

2. »Durchgangsprüfung« einer elektrischen Leitung, eines Schalters oder einer Heizwendel. Dabei wird geprüft, ob eine elektrische Leitung im Fahrzeug unterbrochen ist und deshalb das angeschlossene elektrische Gerät nicht funktionieren kann. Zur Messung wird das Ohmmeter an die beiden Enden der betreffenden elektrischen Leitung angeschlossen. Beträgt der Widerstand 0 Ω, dann ist „Durchgang" vorhanden. Das heißt, die elektrische Leitung ist in Ordnung. Bei unterbrochener Leitung zeigt das Meßgerät ∞ (unendlich) Ω an.

Elektrisches Zubehör nachträglich einbauen

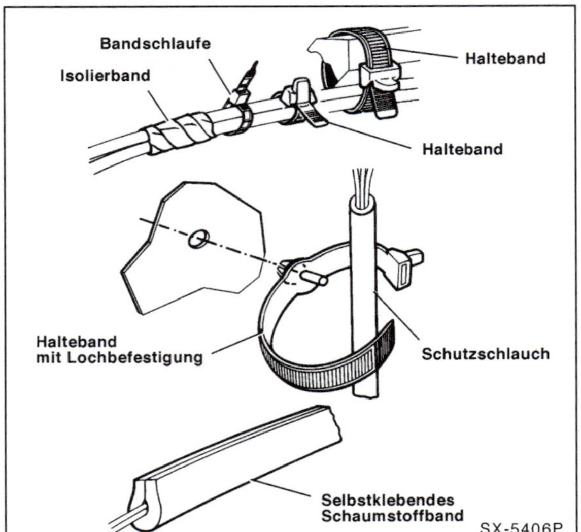

SX-5406P

Kabel, die beim Einbau von Zubehör zusätzlich zu dem serienmäßig eingebauten Kabelsatz im Fahrzeug verlegt werden müssen, sind nach Möglichkeit immer entlang der einzelnen Kabelstränge unter Verwendung der vorhandenen Kabelschellen und Gummitüllen zu verlegen.

Falls erforderlich, sind die neu verlegten Kabel, um Geräuschen während der Fahrt vorzubeugen und das Scheuern von Kabeln zu vermeiden, mit Isolierband, plastischer Masse, Kabelbändern und dergleichen zusätzlich festzulegen. Hierbei ist besonders darauf zu achten, daß zwischen den Bremsleitungen und den festverlegten Kabeln ein Mindestabstand von 10 mm sowie zwischen den Bremsleitungen und den Kabeln, die mit dem Motor oder anderen Teilen des Fahrzeuges schwingen, ein Mindestabstand von 25 mm vorliegt.

Beim Bohren von Karosserie-Löchern müssen die Lochränder anschließend entgratet, grundiert und lackiert werden. Die beim Bohren zwangsläufig anfallenden Späne sind restlos aus der Karosserie zu entfernen.

Bei allen Einbauarbeiten, die das elektrische Leitungssystem berühren, ist, um der Gefahr von Kurzschlüssen im elektrischen Leitungssystem vorzubeugen, grundsätzlich das Massekabel (–) von der Fahrzeugbatterie abzuklemmen und zur Seite zu hängen.

Achtung: Wird die Batterie abgeklemmt, werden unter Umständen der Fehlerspeicher für Motor- und Getriebesteuerung, Antiblockiersystem sowie andere elektrische Geräte wie zum Beispiel das Radio und die Zeituhr stillgelegt, beziehungsweise Speicherwerte gelöscht. Spezielle Hinweise zu diesem Thema stehen im Kapitel »Batterie-Ausbau«.

Sofern zusätzliche elektrische Verbraucher eingebaut werden, ist in jedem Fall zu überprüfen, ob die erhöhte Belastung noch von dem vorhandenen Drehstromgenerator mit übernommen werden kann. Falls erforderlich, sollte ein Generator mit größerer Leistung vorgesehen werden.

Die elektronische Wegfahrsperre

Seit 9/93 ist der FORD ESCORT serienmäßig mit einer elektronischen Wegfahrsperre ausgerüstet. Bei aktiviertem System verhindert die Anlage das Anspringen des Motors wenn nicht der mit dem richtigen Code versehene Schlüssel verwendet wird.

- Die Betriebsbereitschaft der Wegfahrsperre wird dadurch signalisiert, daß die Kontrolleuchte in der Digitaluhr ca. 3 Sekunden lang aufleuchtet.
- Dreht der Motor durch, ohne zu starten, ist zunächst die rote LED-Kontrolleuchte zu prüfen. Blinkt die Kontrolleuchte ca. 1 Minute in schnellem Rhythmus, dann ist das System aktiviert und der Empfänger am Schließzylinder hat den Schlüsselcode nicht erkannt. Das kann folgende Ursachen haben:
  - Lesevorgang durch zusätzliche Schlüssel am Schlüsselbund behindert,
  - Schlüsselcode defekt.
- Die elektronische Überprüfung des Wegfahrsperr-Systems erfolgt mit dem FORD-Diagnosegerät FDS 2000 über einen separaten Diagnoseanschluß-Stecker im Motorraum.
- Die Wegfahrsperre im Modell RS2000 arbeitet im Gegensatz zu den anderen Modellen mit einem ständig wechselnden Zufallscode, der bei jedem Starten vom Steuergerät neu erstellt und auf den Schlüssel übertragen wird.

Batterie aus- und einbauen

Achtung: Durch das Abklemmen der Batterie werden im Fahrzeug folgende elektronische Speicher gelöscht:

- Im Einspritz-Steuergerät werden die sogenannten »gelernten« Betriebswerte für den Motorlauf gelöscht. Das ist zum Beispiel die individuell auf diesen Motor abgestimmte Leerlaufdrehzahl-Regelung. Nachdem die Batterie wieder angeklemmt wurde, können daher kurze Zeit Mängel im Fahrverhalten (Stottern, Aussetzer beim Beschleunigen oder unrunder Leerlauf) auftreten.
- Aus dem Fehlerspeicher werden alle eventuell gespeicherten Fehler des Einspritz- und Zündsystems gelöscht.
- Im Radio werden der Keycode für die Diebstahlsicherung und die eingestellten Sender gelöscht.

Damit diese Speicher nicht gelöscht werden, verwendet die Werkstatt ein sogenanntes »Memory-Erhaltungskabel«. Dieses Kabel ist mit einer 12-Volt-Trockenbatterie verbunden und wird über den Zigarettenanzünder angeschlossen. Von der Fa. Sonnenschein ist es unter der Bezeichnung »CarMemoSafe« im Fachhandel erhältlich.

- Steht das »Memory-Erhaltungskabel« nicht zur Verfügung, sollte vor dem Abklemmen der Batterie sichergestellt werden, daß der Keycode für die Radio-Diebstahlsicherung vorhanden ist und der Fehlerspeicher ausgelesen wurde. (Werkstattarbeit).

Ausbau

- Motorhaube öffnen.

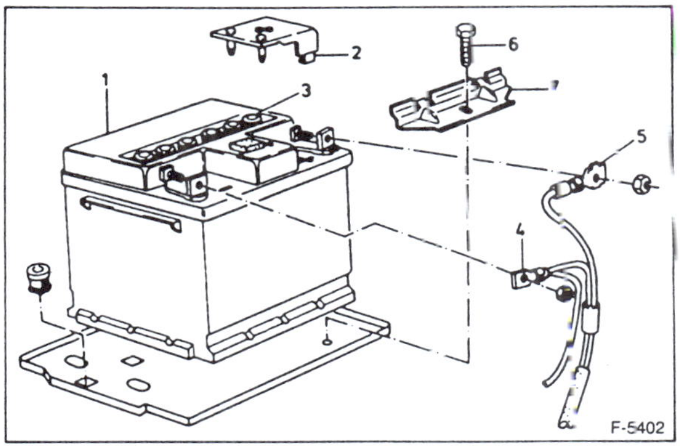

- Batteriekabel abklemmen, zuerst Massekabel –4– (–), dann Pluskabel –5– (+), vorher Abdeckkappe –2– nach oben klappen.
- Halteplatte –7– am Batteriefuß abschrauben –6– und herausnehmen.
- Batterie –1– herausheben; 3 – Batteriestopfen.

Achtung: Batterien enthalten giftige Substanzen, die nicht in den Hausmüll gelangen dürfen.

> **Hinweis:**
> Wenn Sie eine neue Autobatterie kaufen, nehmen Sie die Altbatterie zum Händler mit. Sonst müssen Sie Pfand für die neue Batterie bezahlen.

Einbau

- Batterie einsetzen.

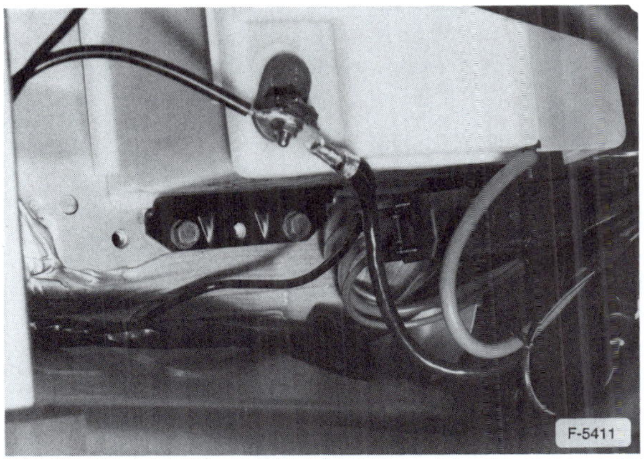

- Halteplatte ansetzen und festschrauben.

Achtung: Bevor die Batteriekabel angeklemmt werden prüfen, ob alle Stromverbraucher des Fahrzeuges ausgeschaltet sind. Andernfalls können beim Anklemmen Funken überspringen beziehungsweise elektrische Einrichtungen beschädigt werden.

Achtung: Bei Fahrzeugen mit **Airbag** darf sich beim Anklemmen der Batterie keine Person vor dem Fahrer- oder Beifahrerairbag aufhalten.

- Zündung ausschalten, Zündschloßschalter in Stellung »0«.
- Pluskabel am Pluspol (+), dann Massekabel am Minuspol (–) anklemmen. Am Pluspol Abdeckkappe aufsetzen.
- Batteriepole mit Vaseline oder Polschutzfett einfetten.
- Nach Anklemmen der Batterie Motor ca. 3 Minuten im Leerlauf laufen lassen. Nach Erreichen der Betriebstemperatur (Kühlmittel-Temperaturanzeige steht in der Skalenmitte) etwas Gas geben und den Motor mit etwa 1200/min weitere 2 Minuten laufen lassen. Durch diesen Vorgang speichert das Modul die Leerlauf- und andere Betriebswerte wieder neu ein. Anschließend empfiehlt es sich, eine Fahrt über ca. 8 km mit unterschiedlichen Geschwindigkeiten vorzunehmen, damit der »Lernprozeß« abgeschlossen wird und sich ein normaler Motorlauf einstellt.
- In den Radiospeicher den Keycode für die Diebstahlsicherung neu eingeben, siehe Seite 246.
- Die Sender neu speichern, Zeituhr einstellen.

Hinweise zur wartungsarmen Batterie

Der ESCORT/ORION ist serienmäßig mit einer wartungsarmen Batterie ausgestattet. Bei dieser Batterie muß nicht mehr im Rahmen der Wartung destilliertes Wasser nachgefüllt werden, dennoch sind einige Wartungspunkte zu beachten.

- Der Deckel hat eine Entlüftungsöffnung, über die die Batterie atmen kann. Damit keine Batteriesäure austreten kann, darf die Batterie nicht mehr als 45° geneigt werden.
- Zum Laden können die normalen Ladegeräte verwendet werden. Der Ladestrom darf 5 Ampere nicht überschreiten; die Ladespannung soll zwischen 14 und 15 Volt liegen. Ein dauernd zu hoher Ladestrom überlädt die Batterie und führt zu einer wesentlich verringerten Lebensdauer
- Die Batterie darf **nicht** mit einem Schnelladegerät geladen werden.
- Batterie nur im Freien oder in gut belüfteten Räumen laden.
- Bei zu niedrigem Säurestand, zum Beispiel durch längeren Aufenthalt in heißen Regionen, destilliertes Wasser nachfüllen, siehe Kapitel »Wartung«.
- Wird das Fahrzeug länger als 6 Wochen stillgelegt, Batterie ausgebaut und geladen lagern. Die günstigste Lagertemperatur liegt zwischen 0° C und +27° C. Bei diesen Temperaturen hat die Batterie die günstigste Selbstentladungsrate. **Spätestens nach 3 Monaten Batterie erneut aufladen, da sie sonst unbrauchbar wird.**
- Starthilfegeräte dürfen nur ausnahmsweise verwendet werden, da die Batterie hierdurch kurzfristig einer sehr hohen Stromstärke ausgesetzt wird.

Achtung: Starthilfegerät nicht einschalten, ohne gleichzeitig den Anlasser zu betätigen.

Batterie laden

Zum Laden der Batterie mit einem **Normal- oder Schnelladegerät** Batterie ausbauen. Zumindest aber Massekabel (–) sowie Pluskabel (+) abklemmen. **Achtung:** Erfolgt das Laden der Batterie bei angeklemmten Batteriekabeln, könnten Teile der Fahrzeugelektronik beschädigt werden.

Sicherheitshinweise:

- Batterie **nicht** bei laufendem Motor abklemmen.
- Batterie **niemals kurzschließen,** das heißt Plus- (+) und Minuspol (–) dürfen nicht verbunden werden. Bei Kurzschluß erhitzt sich die Batterie und kann platzen.
- Nicht mit offener Flamme in Batterie leuchten. Batteriesäure ist ätzend und darf nicht in die Augen, auf die Haut oder die Kleidung gelangen, gegebenenfalls mit viel Wasser abspülen.
- Die Batteriestopfen (kreuzförmige Schlitze) bleiben bei einer modernen Batterie mit Zentralentgasung beim Laden fest eingeschraubt.
- Gefrorene Batterie vor dem Laden auftauen. Eine geladene Batterie gefriert bei ca. –65° C, eine halbentladene bei ca. –30° C und eine entladene bei ca. –12° C. Aufgetaute Batterie vor dem Laden auf Gehäuserisse prüfen, gegebenenfalls ersetzen.

Laden

- Batterie möglichst ausbauen. Zumindest aber Massekabel (–) sowie Pluskabel (+) abklemmen. Batterie nur in gut belüftetem Raum oder im Freien laden. Beim Laden der eingebauten Batterie die Motorhaube geöffnet lassen.
- Wenn keine wartungsfreie Batterie eingebaut ist: Säurestand prüfen, gegebenenfalls destilliertes Wasser nachfüllen, siehe entsprechendes Kapitel.
- Falls am Ladegerät der Ladestrom eingestellt werden kann, Ladestrom für Normalladung auf ca. 10 % der Kapazität einstellen. Bei einer 50-Ah-Batterie also etwa 5,0 A. Als Richtwert für die Ladezeit können dann 10 Stunden genommen werden.
- **Bei ausgeschaltetem Ladegerät** Pluskabel (+) des Ladegerätes an den Pluspol (+) der Batterie anschließen. Minuskabel (–) des Ladegerätes mit dem Minuspol (–) der Batterie verbinden.
- Netzstecker des Ladegerätes in die Steckdose stecken. Falls erforderlich, Ladegerät einschalten.
- Wird die Batterie mit einem konstanten Ladestrom geladen, Temperatur der Batterie durch Auflegen der Hand prüfen. Die Säuretemperatur darf während des Ladens ca. +55° C nicht überschreiten, gegebenenfalls Ladung unterbrechen oder Ladestrom herabsetzen.
- So lange laden, bis alle Zellen lebhaft gasen und bei drei im Abstand von je einer Stunde aufeinanderfolgenden Messungen die Spannung nicht mehr angestiegen ist.
- Nach dem Laden Ladegerät abklemmen und Batterie ca. 20 min ausgasen lassen. Batterie einbauen.

Batterie prüfen

Der Batterie-Zustand wird durch Messen der Spannung mit einem Voltmeter zwischen den Batteriepolen überprüft.

- Batterie äußerlich säubern.
- Für die Prüfung darf die Batterie seit mindestens 6 Stunden nicht geladen worden sein, auch nicht durch den laufenden Fahrzeugmotor. Andernfalls vor der Prüfung die Hauptscheinwerfer 30 Sekunden lang einschalten.
- Scheinwerfer sowie alle anderen Stromverbraucher ausschalten und 5 Minuten warten.

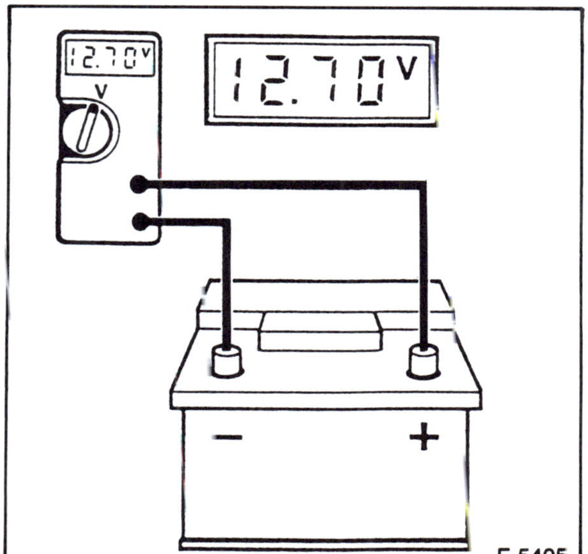

F-5405

- Voltmeter an die Batteriepole anschließen und Spannung messen.

Beurteilung:
12,7 Volt oder darüber = Batterie in gutem Zustand
12,6 Volt = normal
12,4 Volt oder darunter = Batterie in schlechtem Zustand, Batterie laden oder ersetzen

Batterie unter Belastung prüfen

- Voltmeter an den Polen der Batterie anschließen.
- Motor starten und Spannung ablesen.
- Während des Startvorganges darf bei einer vollen Batterie die Spannung nicht unter 10 Volt (bei einer Säuretemperatur von ca. +20° C) abfallen.
- Bricht die Spannung sofort zusammen und wurde in den Zellen eine unterschiedliche Säuredichte festgestellt, so ist auf eine defekte Batterie zu schließen.

Säuredichte prüfen

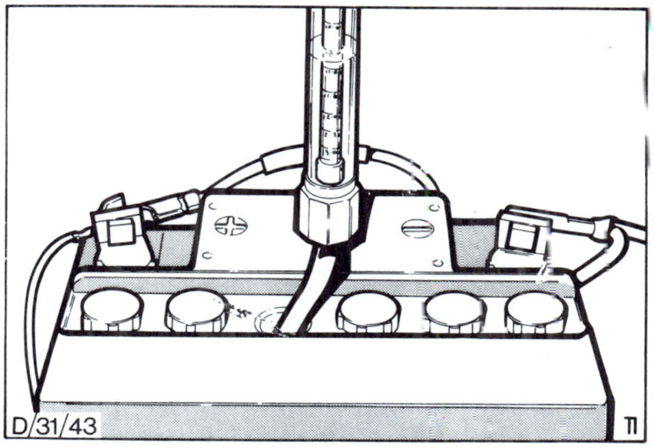
D/31/43

- Die Säuredichte ergibt in Verbindung mit der Spannungsmessung genauen Aufschluß über den Ladezustand der Batterie. Zur Prüfung dient ein Säureheber, der recht preiswert in Fachgeschäften angeboten wird. Je größer das spezifische Gewicht (Säuredichte) der angesaugten Batteriesäure ist, desto mehr taucht der Schwimmer auf. An der Skala kann man die Säuredichte in spezifischem Gewicht (g/ml) oder Baumégrad (+°Bé) ablesen. Folgende Werte müssen erreicht werden:

Ladezustand	norm. Klimazonen		Tropen	
	+°Bé	g/ml	+ °Bé	g/ml
entladen	16	1,12	11	1,08
halb entladen	24	1,20	18	1,16
gut geladen	32	1,28	27	1,23

Batterie entlädt sich selbständig

Je nach Fahrzeugausstattung addiert sich zur natürlichen Selbstentladung der Batterie auch die Stromaufnahme der verschiedenen Steuergeräte im Ruhezustand. Daher sollte die Batterie in einem abgestellten Fahrzeug spätestens alle 6 Wochen nachgeladen werden. Wenn der Verdacht auf Kriechströme besteht, Bordnetz nach folgender Anleitung prüfen:

- Zur Prüfung geladene Batterie verwenden.

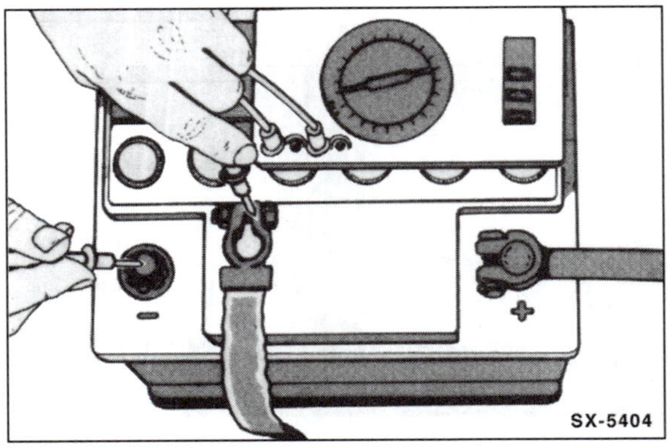

- Am Amperemeter (Meßbereich von 0–5 mA und 0–5 A) den höchsten Meßbereich einstellen. Massekabel (–) von der Batterie abklemmen. **Achtung:** Dadurch werden aus dem Speicher des elektronischen Einspritz-Steuergerätes »Betriebswerte« und aus dem Speicher des Radios der Keycode für die Diebstahlsicherung sowie die eingestellten Sender gelöscht. Vor dem Abklemmen daher unbedingt Hinweise im Kapitel »Batterie aus- und einbauen« durchlesen.
- Amperemeter zwischen Batterie-Minuspol (–) und Massekabel (–) schalten. Amperemeter-Plus- (+)Anschluß an Massekabel (–) und Amperemeter-Minus-Anschluß an Batterie-Minuspol (–).

Achtung: Die Prüfung kann auch mit einer Prüflampe durchgeführt werden. Leuchtet die Lampe zwischen Masseband und Minuspol der Batterie jedoch nicht auf, ist auf jeden Fall ein Amperemeter zu verwenden.

- Alle Verbraucher ausschalten, vorhandene Zeituhr (und andere Dauerverbraucher) abklemmen, Türen schließen.
- Vom Amperebereich solange auf den Milliamperebereich zurückschalten, bis eine ablesbare Anzeige erfolgt (1–3 mA sind zulässig).
- Durch Herausnehmen der Sicherungen nacheinander die verschiedenen Stromkreise unterbrechen. Wenn bei einem der unterbrochenen Stromkreise die Anzeige auf Null zurückgeht, ist hier die Fehlerquelle zu suchen. Fehler können sein: korrodierte und verschmutzte Kontakte, durchgescheuerte Leitungen, interner Schluß in Aggregaten.
- Wird in den abgesicherten Stromkreisen kein Fehler gefunden, so sind die Leitungen an den nicht abgesicherten Aggregaten abzuziehen. Dieses sind: Generator, Anlasser, Zündanlage.
- Geht beim Abklemmen von einem der ungesicherten Aggregate die Anzeige auf Null zurück, betreffendes Bauteil überholen oder austauschen. Bei Stromverlust in Anlasser- oder Zündanlage immer auch den Zünd-Anlaßschalter nach Stromlaufplan prüfen.
- Masseband an Batterie anklemmen.

Sicherungen auswechseln

Um Kurzschluß- und Überlastungsschäden an den Leitungen und Verbrauchern der elektrischen Anlage zu verhindern, sind die einzelnen Stromkreise durch Schmelzsicherungen geschützt.

- Die Hauptsicherungen sind in einem Sicherungskasten untergebracht, der sich links neben dem Lenkrad in der Instrumententafel befindet.
- Sicherungen für zusätzliche Ausstattungen des Fahrzeuges sind in einem Kasten untergebracht, der sich im Motorraum vor der Batterie befindet.
- Vor dem Auswechseln einer Sicherung immer zuerst den betroffenen Verbraucher ausschalten.

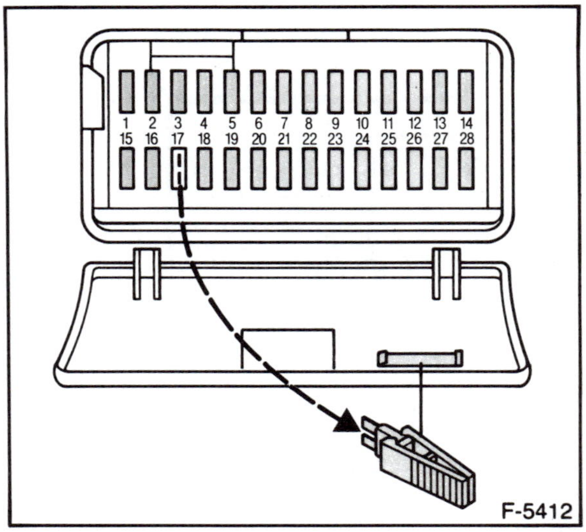

- Deckel des Sicherungskastens herunterklappen.

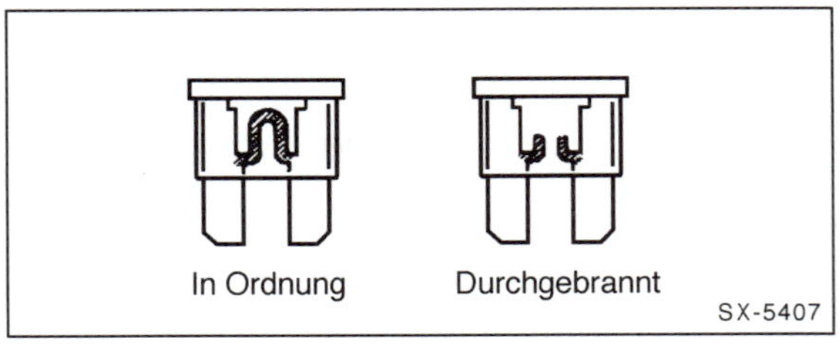

- Eine durchgebrannte Sicherung erkennt man am durchgeschmolzenen Metallstreifen.
- Defekte Sicherung mit der im Sicherungskasten-Deckel befindlichen Kunststoff-Pinzette herausziehen.
- Neue Sicherung **gleicher Sicherungsstärke** einsetzen.
- Brennt eine neu eingesetzte Sicherung nach kurzer Zeit wieder durch, muß der entsprechende Stromkreis überprüft werden.
- Auf keinen Fall Sicherung durch Draht oder ähnliche Hilfsmittel ersetzen, weil dadurch ernste Schäden an der elektrischen Anlage auftreten können.
- Es ist empfehlenswert, stets einige Ersatz-Sicherungen im Wagen mitzuführen.

Nennstromstärke Ampere	Kennfarbe
3	violett
10	rot
15	blau
20	gelb
25	farblos
30	grün

- Die Nennstromstärke der Sicherung ist auf der Rückseite des Griffes aufgedruckt. Außerdem hat der Griff eine Kennfarbe, an der die Nennstromstärke zu erkennen ist.
- Deckel für Sicherungskasten hochklappen und einrasten.

Sicherungs- und Relaisbelegung

Die Hauptsicherungen sind in einem Sicherungskasten untergebracht, der sich links neben dem Lenkrad in der Instrumententafel befindet. Sicherungen für zusätzliche Ausstattungen des Fahrzeuges befinden sich in einem Kasten im Motorraum vor der Batterie. Die Sicherungsbelegung hängt von der Fahrzeugausstattung und vom Baujahr des Fahrzeuges ab. Die aktuelle Belegung der Sicherungen befindet sich in der Bedienungsanleitung.

Sicherungsbelegung bis 1/95

Nr.	Amp.	Verbraucher
1	25	Heizbare Heckscheibe, heizbare Außenspiegel
2	30	Anti-Blockier-Bremssystem (ABS)
3	10	Lambda-Sonde (Katalysator)
4	15	Fernlicht rechts, Zusatzscheinwerfer
5	20	Elektrische Kraftstoffpumpe
6	10	Standlicht links, Instrumentenbeleuchtung
7	10	Standlicht rechts
8	10	Nebelschlußleuchte
9	30	Kühlgebläsemotor
10	10	Abblendlicht links
11	15	Nebelscheinwerfer
12	10	Blinkleuchten, Rückfahrleuchten
13	20	Wischermotor, Scheibenwaschpumpe
14	20	Heizgebläse
15	30	Anti-Blockier-Bremssystem
16	3	Heizbare Windschutzscheibe
17	3	Heizbare Windschutzscheibe oder
	20	Heizbare Windschutzscheibe, Diesel-Filterheizung
18	15	Fernlicht links
19	20	Zentralverriegelung, Diebstahlwarnanlage Elektrisch verstellbarer Außenspiegel
20	15	Horn, Warnblinkanlage
21	15	Innenbeleuchtung, Zigarettenanzünder Radio, Zeituhr
22	30	Elektrische Fensterheber
23	30	Scheinwerfer-Reinigungsanlage
24	10	Abblendlicht rechts
25	3	EEC-IV-Modul
26	15	Sitzheizung vorn
27	10	Bremsleuchten, beheizte Waschdüsen, Kontrolleuchten
28	10	Magnetkupplung Klimaanlage

Sicherungsbelegung ab 2/95

Nr.	Amp.	Verbraucher
1	7,5	Nebelschlußleuchte
–	–	–
3	10	Begrenzungslicht rechts
–	–	–
5	15	Fernlicht links
6	15	Fernlicht rechts, Zusatzscheinwerfer
7	3	EEC-IV-Modul
8	10	Begrenzungslicht links
9	30	Antiblockier-Bremssystem
10	30	Scheinwerfer-Reinigungsanlage
11	10	Kontrolleuchten
12	7,5	Airbag
13	20	Kaltstartventil, Motorregelung, Benzinabschaltung
14	10	Lambdasonde (Katalysator)
15	10	Abblendlicht links
16	20	Zündspule
17	10	Abblendlicht rechts
18	30	Elektrische Fensterheber und Schiebedach
19	25	Magnetbremse (Schaltgetriebe)
20	25	Heizgebläse
21	3	ABS-Modul
22	30	Kühlgebläsemotor
23	15	Beheizbare Sitze
24	20	Wischermotor, Scheibenwaschpumpe
25	30	Antiblockier-Bremssystem (ABS)
26	10	Blinkleuchten, Rückfahrleuchte
27	25	Beheizbare Heckscheibe und Außenspiegel
28	15	Hupe, Warnblinkanlage
29	15	Innenbeleuchtung, Zigarettenanzünder, Radio, Uhr
30	20	Zentralverriegelung, elektr. verstellbare Sitze
31	15	Nebelscheinwerfer
32	15	Magnetkupplung-Klimaanlage, Motorlauf
33	20	Kraftstoffpumpe
34	15	Beheizbare Waschdüsen, Bremsleuchten

Zusatzsicherung an der Rückseite Sicherungskasten:

35	20	Diebstahlwarnanlage

Zusatzsicherungen im Motorraum

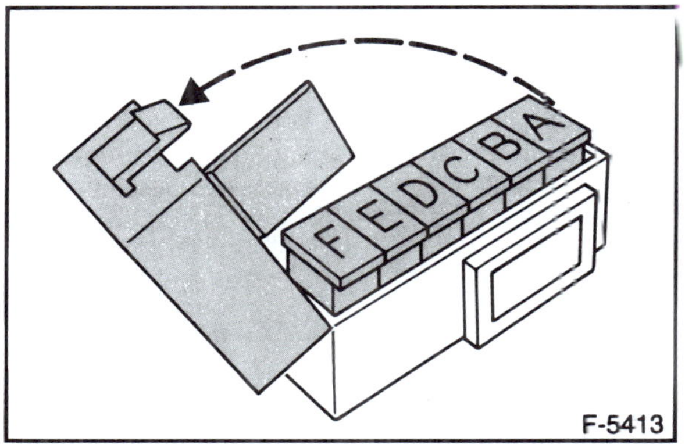

F-5413

Die Sicherungen befinden sich in einem Sicherungskasten vor der Batterie

Achtung: Zum Ausbau der Sicherungen A, B und C muß vorher der Sicherungskasten ausgebaut werden.

Nr.	Amp.	Verbraucher
A	80	Versorgungsleitungen zum Hauptsicherungskasten
B	60	Versorgungsleitungen zum Hauptsicherungskasten
C	60	Versorgungsleitungen zum Hauptsicherungskasten
D	40/50	Lüftermotor
E	50	Beheizbare Windschutzscheibe
F	50	Diesel-Vorglühung

Relaisbelegung bis 1/95

Die Relais sind von der Rückseite des Sicherungskastens im Innenraum aus zugänglich.

Nr.	Farbe	Geschaltete Stromkreise
R 1	grau	Beheizbare Windschutzscheibe
R 2	rot	Wischer-Intervall vorn
R 3	grau	Beheizbare Heckscheibe
R 4	dunkelgrün	Anti-Blockier-Bremssystem (System)
R 5	violett	Anti-Blockier-Bremssystem (Pumpe)
R 6	gelb	Fernlicht
R 7	orange	Wischer-Intervall hinten
R 8	grün/rot/ gelb	CFI-Verzögerungsrelais/EFI-Versorgungsrelais/EEC-IV-Versorgungs-relais
R 9	braun	Elektrische Kraftstoffpumpe
R 10	braun	Magnetkupplung Klimaanlage
R 11	braun	Klimaanlage
R 12	braun	Motorlauf
R 13	grün	Taglicht (nur Skandinavien)
R 14	–	frei
R 15	–	Reserve
R 16	–	frei
R 17	gelb	Zeitverzögerte Innenbeleuchtung
R 18	grün	Elektrische Fensterheber
R 19	–	Strombrücke
R 20	blau	Taglicht II (nur Skandinavien)
R 21	–/weiß	Strombrücke/Nebelscheinwerfer
R 22	blau	Scheinwerfer-Reinigungsanlage
R 23	weiß	Abblendlicht
R 24	–/rot/gelb	Strombrücke/Startsperre Automatik-Getriebe, Diebstahlwarnanlage
R 25	weiß	Nebelscheinwerfer
R 26	schwarz	Lenk-/Startschloß
R 27	–	frei

Relaisbelegung ab 2/95

Die Relais sind von der Rückseite des Sicherungskastens im Innenraum aus zugänglich.

Nr.	Farbe	Geschaltete Stromkreise
R 1	schwarz	Zündschloß
R 2	braun	Kraftstoffeinspritzung, Zündverzögerung, Turbo-Diesel
R 3	braun	Kraftstoffpumpe
R 4	braun	Magnetkupplung (Klimaanlage), Motorlauf
R 5	grau	Zeitkontrollrelais, beheizbare Heckscheibe
R 6	rot	Wischer-Intervall vorn
R 7	orange	Wischer-Intervall hinten
R 8	braun	Abblendlicht
R 9	braun	Fernlicht
R 11	gelb	Zeitverzögerte Innenbeleuchtung
R 12	Strombrücke	Nebelschlußleuchte
R 13	gelb	Relais Startunterbrechung
R 14	Strombrücke	Nebelscheinwerfer (Steuerung)
R 15	braun	Nebelscheinwerfer
R 16	blau	Scheinwerferreinigung
R 17	blau	Abschaltung (Klimaanlage)
R 18	gron	Taglicht (Export)
R 19	violett	Kraftstoffpumpe (4x4)
R 20	blau	Taglicht (Export)
R 21	violett	Antiblockier Bremssystem
R 22	dunkelgrün	Antiblockier-Bremssystem

Relais prüfen

Am einfachsten läßt sich die Funktionsfähigkeit eines Relais prüfen, wenn man es gegen ein intaktes auswechselt. So wird es in der Regel in der Werkstatt gemacht. Da dem Heimwerker jedoch in den seltensten Fällen ein neues Relais sofort zur Verfügung steht, empfiehlt sich folgender Arbeitsschritt bei den sogenannten Arbeitsrelais, wie sie unter anderem zum Schalten von Nebel- und Hauptscheinwerfern verwendet werden.

- Relais –1– aus der Halterung –2– herausziehen. In der Abbildung rechts ist das Relais für Nebelscheinwerfer dargestellt.
- Zuerst mit Spannungsprüfer feststellen, ob an Klemme 30 im Relaishalter Spannung anliegt. Dazu Spannungsprüfer an Masse (–) anschließen und die andere Kontaktspitze vorsichtig in Klemme 30 einführen. Wenn die Leuchtdiode des Spannungsprüfers aufleuchtet, ist Spannung vorhanden. Zeigt der Spannungsprüfer keine Spannung an, Unterbrechung vom Batterie-Pluspol (+) zu Klemme 30 anhand des Schaltplanes aufspüren.
- Leitungsbrücke aus einem Stück isoliertem Draht herstellen, die Enden müssen blank sein.
- Mit dieser Brücke im Relaishalter die Klemme 30 (Batterie +, führt immer Spannung) mit dem Ausgang des Relais-Schließers Klemme 87 verbinden. Wo sich die Klemmen im Relaishalter befinden, ist auf dem Relais beziehungsweise am Steckkontakt aufgeführt.
- Wenn bei eingesetzter Brücke zum Beispiel das Nebellicht aufleuchtet, kann man davon ausgehen, daß das Relais defekt ist.
- Wenn das Nebellicht nicht aufleuchtet, Unterbrechung in der Leitungsführung von Klemme 87 zum Nebelscheinwerfer einschließlich der Masseverbindung zum Relais und zum Scheinwerfer anhand des Schaltplanes aufspüren und beheben.
- Falls erforderlich, neues Relais einsetzen.

Störungsdiagnose Batterie

Störung	Ursache	Abhilfe
Säurestand zu niedrig	Überladung, Verdunstung (besonders im Sommer)	■ Destilliertes Wasser bis zur vorgeschriebenen Höhe nachfüllen (bei geladener Batterie)
Säure tritt aus den Verschlußstopfen aus	Ladespannung zu hoch	■ Spannungsregler prüfen, ggf. austauschen
	*Säurestand zu hoch	■ Überschüssige Säure mit Säureheber absaugen
Säuredichte zu niedrig	Säuredichte in einer Zelle deutlich niedriger als in den übrigen Zellen	■ Kurzschluß in einer Zelle. Batterie erneuern
	Säuredichte in zwei benachbarten Zellen deutlich niedriger als in den übrigen Zellen	■ Trennwand undicht, dadurch enteht eine leitende Verbindung zwischen den Zellen, wodurch die Zellen entladen werden. Batterie erneuern
	Batterie entladen	■ Batterie laden
	Generator nicht in Ordnung	■ Generator prüfen, ggf. reparieren oder austauschen
	Kurzschluß im Leitungsnetz	■ Elektrische Anlage überprüfen
	*Säure infolge Wartungsfehler verwässert	■ Säureausgleich durchführen
*Säuredichte zu hoch	Säure wurde nachgefüllt	■ Säureausgleich durchführen
Abgebende Leistung ist zu gering, Spannung fällt stark ab	Batterie entladen	■ Batterie nachladen
	Ladespannung zu niedrig	■ Spannungsregler prüfen, ggf. austauschen
	Anschlußklemmen lose oder oxydiert	■ Anschlußklemmen reinigen und besonders Unterseite mit Säureschutzfett leicht einfetten, Befestigungsschrauben anziehen
	Masseverbindung Batterie-Motor-Karosserie ist schlecht	■ Masseverbindung überprüfen, ggf. metallische Verbindungen herstellen oder Schraubverbindungen festziehen
	Zu große Selbstentladung der Batterie durch Verunreinigung der Batteriesäure	■ Batterie austauschen
	Evtl. Batterie sulfatiert (grauweißer Belag auf den Plus- und Minusplatten)	■ Batterie mit kleinem Strom laden, damit sich der Belag langsam zurückbildet. Falls nach wiederholter Ladung und Entladung die abgegebene Leistung immer noch zu gering ist, Batterie austauschen
	Batterie verbraucht, aktive Masse der Platten ausgefallen	■ Batterie austauschen
Nicht ausreichende Ladung der Batterie	Fehler an Generator, Spannungsregler oder Leitungsanschlüssen	■ Generator und Spannungsregler überprüfen, instand setzen bzw. austauschen; Leitungen einwandfrei befestigen
	Keilriemen locker	■ Keilriemen spannen oder austauschen
	Zu viele Verbraucher angeschlossen	■ Größere Batterie einbauen; evtl. auch größeren Generator verwenden
Dauernde Überladung	Fehler am Spannungsregler, evtl. auch am Generator	■ Spannungsregler austauschen bzw. Generator überprüfen

*) Die mit * gekennzeichneten Hinweise gelten nicht für die serienmäßige, wartungsarme Batterie.

Horn aus- und einbauen

Das Horn ist im rechten Radhaus am Längsträger montiert.

Ausbau

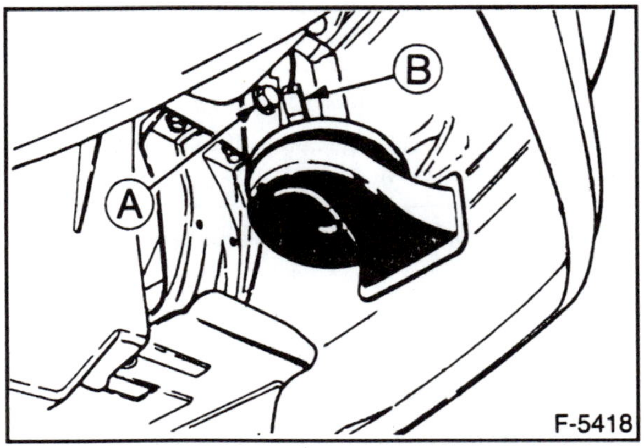

- Kabelstecker –B– am Horn abziehen.
- Befestigungsschraube –A– herausdrehen und das Horn mit Halter abnehmen.

Ghia-Modell

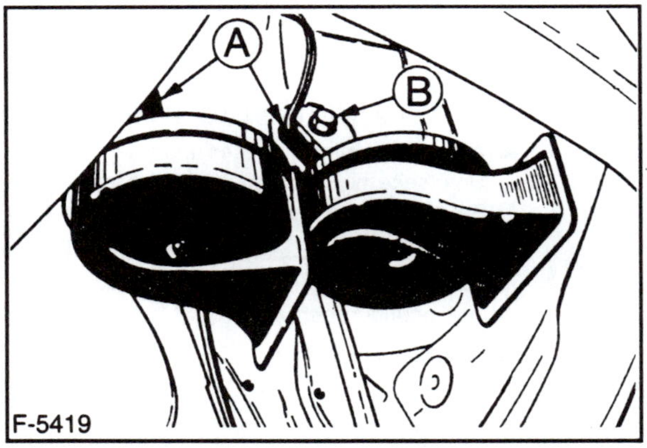

- Kabelstecker –A– von beiden Hörnern abziehen.
- Befestigungsschraube –B– herausdrehen und Hörner mit Halter abnehmen.

Einbau

- Führungslasche des Halters in den Längsträger einsetzen. Halter anschrauben.
- Kabelstecker aufschieben.
- Horn auf Funktion prüfen.

Der Generator

Der FORD ESCORT/ORION ist mit Drehstromgeneratoren der Marken Bosch, Magneti Marelli oder Mitsubishi ausgerüstet. Je nach Modell und Ausstattung kann ein Generator mit einer Leistung von 55 A oder 70 A eingebaut sein.

Der Generator wird von der Kurbelwelle über den Keilriemen angetrieben. Dabei dreht sich der Läufer mit der Erregerwicklung innerhalb der feststehenden Ständerwicklung mit ca. doppelter Motordrehzahl.

Über Kohlebürsten und Schleifringe fließt der Erregerstrom durch die Erregerwicklung. Dabei bildet sich ein Magnetfeld.

Die Lage des magnetischen Feldes zur Ständerwicklung ändert sich ständig, entsprechend der Umdrehung des Läufers. Dadurch wird in der Ständerwicklung ein Drehstrom erzeugt.

Da die Batterie aber nur mit Gleichstrom geladen werden kann, wird der Drehstrom durch Gleichrichter in der Diodenplatte in Gleichstrom umgewandelt. Der Spannungsregler verändert den Ladestrom durch Ein- und Ausschalten des Erregerstromes, entsprechend dem Ladezustand der Batterie. Gleichzeitig hält der Regler die Betriebsspannung konstant bei ca. 14 Volt, unabhängig von der Drehzahl.

Sicherheitshinweise für den Drehstromgenerator

- Bei Arbeiten an der elektrischen Anlage im Motorraum grundsätzlich das Batterie-Massekabel (–) abklemmen. **Achtung:** Dadurch werden aus dem Speicher des elektronischen Einspritz-Steuergerätes »Betriebswerte« und aus dem Speicher des Radios der Keycode für die Diebstahlsicherung sowie die eingestellten Sender gelöscht. Vor dem Abklemmen daher unbedingt Hinweise im Kapitel »Batterie aus- und einbauen« durchlesen.
- Kabel an Spannungsregler und Generator **nicht** vertauschen. Kabel vor dem Abklemmen mit Tesaband kennzeichnen.
- Batterie oder Spannungsregler **nicht** bei laufendem Motor abklemmen.
- Generator **nicht** bei angeschlossener Batterie ausbauen.
- Beim Elektroschweißen Batterie grundsätzlich abklemmen.

Bosch-Generator

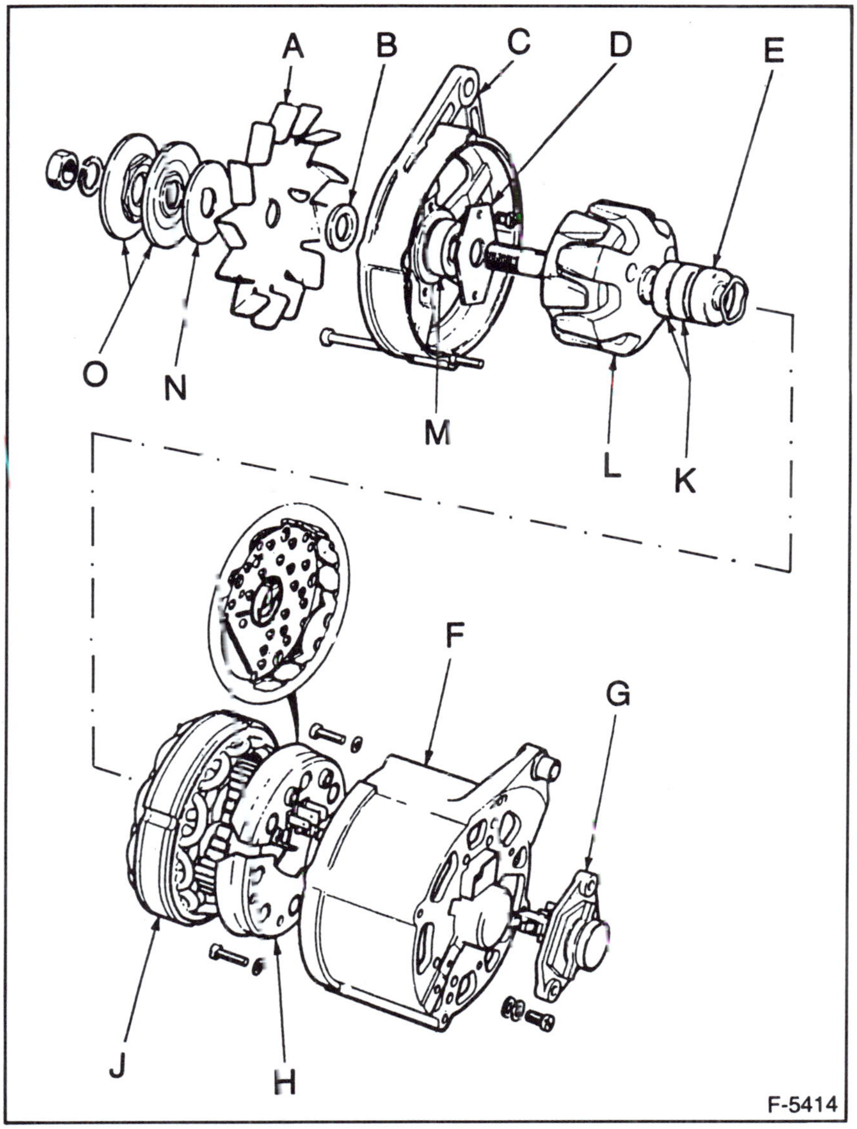

A – Lüfter
B – Abstandscheibe
C – Antriebslagerschild
D – Lagerhalteplatte
E – Lager für Schleifring
F – Schleifring-Lagerschild
G – Bürstenhalter/Spannungsregler
H – Gleichrichter (Diodenträger)
J – Ständer
K – Schleifringe
L – Läufer
M – Lager
N – Abstandscheibe
O – Riemenscheibe

Generatorspannung prüfen

- Voltmeter zwischen Plus- (+) und Minuspol (–) der Batterie anschließen.
- Motor starten. Spannung darf beim Startvorgang bis 9,5 Volt absinken.
- Motordrehzahl auf 4000/min erhöhen. Die Spannung soll 13,7 bis 14,6 Volt betragen. Dies ist ein Beweis, daß Generator und Regler arbeiten.
- Regelstabilität prüfen. Dazu Fernlicht einschalten und Messung bei 4000/min wiederholen. Die gemessene Spannung darf nicht mehr als 0,4 Volt über dem vorher gemessenen Wert liegen.
- Liegen die gemessenen Werte außerhalb der Sollwerte, Generator von Fachwerkstatt überprüfen lassen.

Generator aus- und einbauen

Alle Generatoren außer »Mitsubishi A002T«

Ausbau

- Batterie-Massekabel (–) abklemmen. **Achtung:** Dadurch werden aus dem Speicher des elektronischen Einspritz-Steuergerätes »Betriebswerte« und aus dem Speicher des Radios der Keycode für die Diebstahlsicherung sowie die eingestellten Sender gelöscht. Vor dem Abklemmen daher unbedingt Hinweise im Kapitel »Batterie aus- und einbauen« durchlesen.

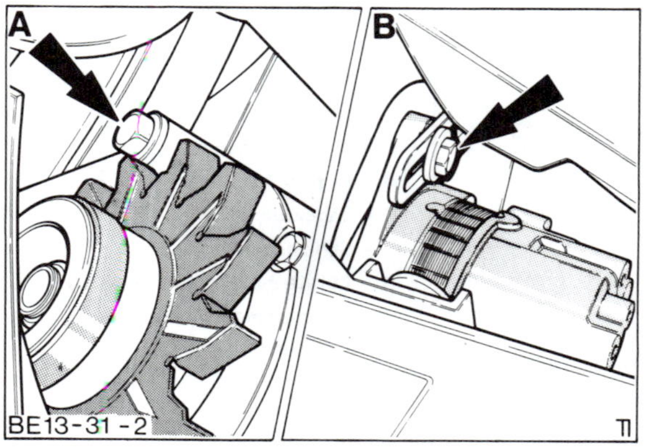

- Obere Schraube/Mutter am Generator herausdrehen.
- Untere Befestigungsschrauben lösen.
- Generator zum Motor hin schwenken und Keilriemen abnehmen.
- Spritzschutzabdeckung ausclipsen und abnehmen und, falls vorhanden, Phasenanschluß abklemmen.
- Elektrische Leitungen am Generator abklemmen.

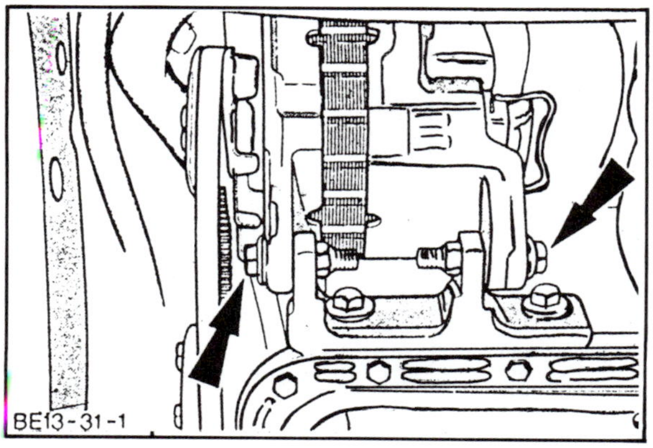

- Die unteren 2 Befestigungsschrauben und Muttern abschrauben.
- Generator herausnehmen.

Einbau

- Keilriemen auf einwandfreien Zustand prüfen. Sind die Flanken ausgefranst, Risse oder Bruchstellen vorhanden, Keilriemen in jedem Fall ersetzen.
- Generator einsetzen und unten mit 2 Schrauben und Muttern anschrauben.
- Elektrische Leitungen anklemmen. **Achtung:** Leitungen nicht vertauschen.
- Falls vorhanden, Spritzschutz aufschieben. Phasenanschluß anklemmen.
- Keilriemen auflegen.

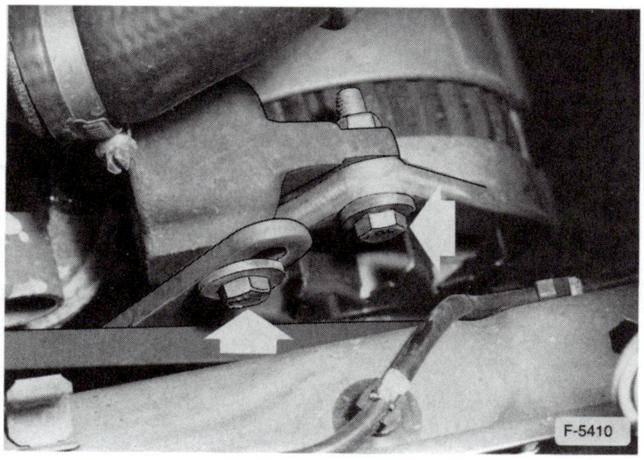

- Obere Schraube/Mutter einsetzen und Keilriemen spannen, siehe Seite 48.
- Klemmschraube festziehen.
- Batterie-Massekabel (–) anklemmen.

Generator »Mitsubishi A002T«

Ausbau

- Batterie-Massekabel (–) abklemmen. **Achtung:** Dadurch werden aus dem Speicher des elektronischen Einspritz-Steuergerätes »Betriebswerte« und aus dem Speicher des Radios der Keycode für die Diebstahlsicherung sowie die eingestellten Sender gelöscht. Vor dem Abklemmen daher unbedingt Hinweise im Kapitel »Batterie aus- und einbauen« durchlesen.
- Fahrzeug aufbocken, siehe Seite 105.
- Kabel vom Drehstromgenerator abklemmen.
- Plastik-Schutz für Keilriemenscheibe ausbauen, siehe Seite 49.

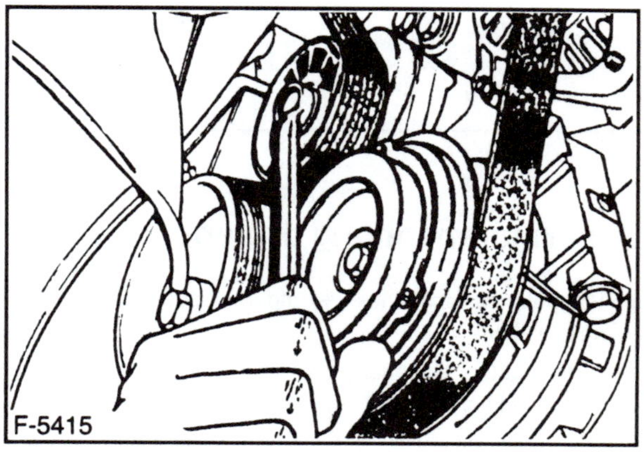

- Spannrolle für Keilriemen mit einem Ringschlüssel im Uhrzeigersinn drehen und Riemenspannung entlasten. Anordnung des Keilriemens auf den Riemenscheiben merken und Keilriemen abnehmen.
- Untere Befestigungsschraube für Drehstromgenerator herausdrehen und die oberen 2 Muttern und Schrauben entfernen.

- Unteren Spritzschutz des Kühlers ausbauen.

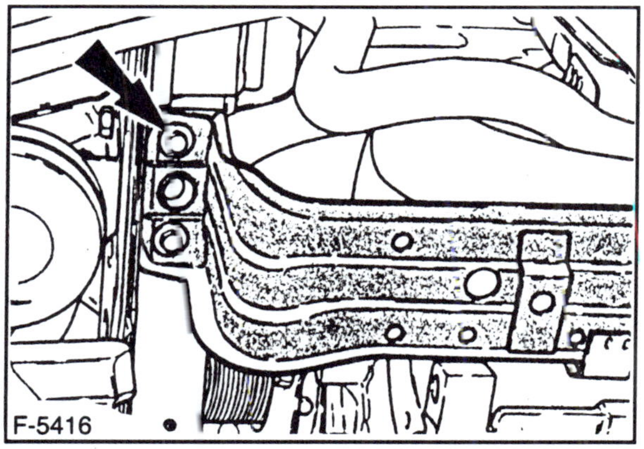
F-5416

- 2 rechte Befestigungsschrauben für Kühlerhalterung herausdrehen und linke Schrauben lösen.
- Kühlerhalterung etwas nach unten und nach vorn schwenken, dann Drehstromgenerator herausnehmen.

Achtung: Der Kühler wird dabei größtenteils nur noch durch die Kühlmittelschläuche gestützt, daher bei ausgebautem Generator Kühler ausreichend abstützen; also untere Halterung wieder anbauen.

Einbau

- Vor Einbau des Generators untere Kühler-Halterung wieder lösen.
- Drehstrom-Generator einsetzen und mit der unteren Schraube sowie den beiden oberen Schrauben und Muttern befestigen.
- Kühler-Halterung rechts anschrauben, linke Schrauben festziehen.
- Spritzschutz anbauen.

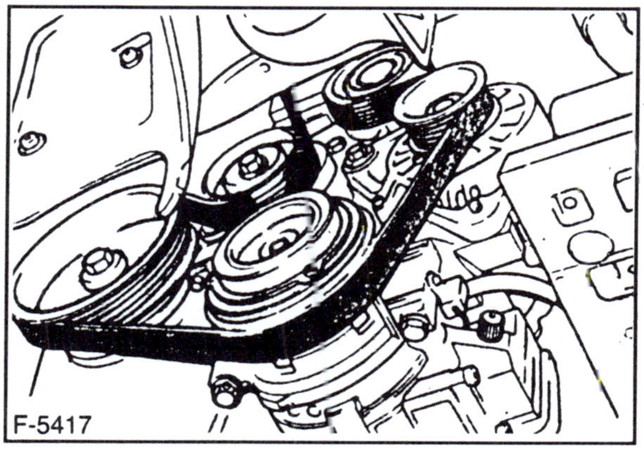
F-5417

- Keilriemenspanner lösen und Keilriemen auflegen, siehe Abbildung.
- Nochmals überprüfen, ob der Keilriemen korrekt auf den Riemenscheiben angeordnet ist.
- Kabel am Generator anklemmen. **Achtung:** Leitungen nicht vertauschen.
- Fahrzeug ablassen, siehe Seite 105.
- Batterie-Massekabel (–) anklemmen.

Schleifkohlen für Generator/ Spannungsregler ersetzen/prüfen

BOSCH-Generator

Ausbau

- Hintere Abdeckung abbauen.
- Batterie-Massekabel (–) abklemmen. **Achtung.** Dadurch werden aus dem Speicher des elektronischen Einspritz-Steuergerätes »Betriebswerte« und aus dem Speicher des Radios der Keycode für die Diebstahlsicherung sowie die eingestellten Sender gelöscht. Vor dem Abklemmen daher unbedingt Hinweise im Kapitel »Batterie aus- und einbauen« durchlesen.

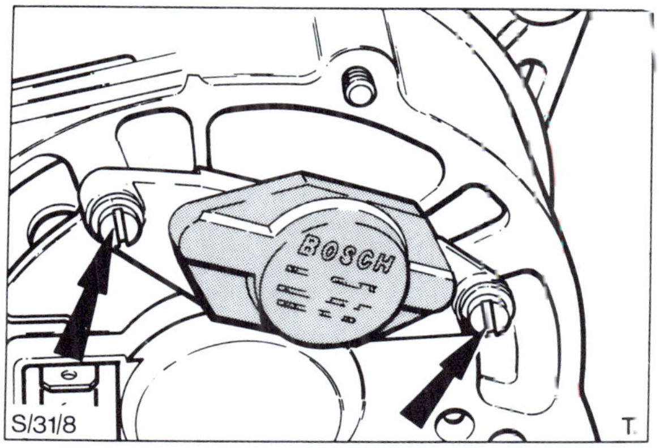

S/31/8

- Spannungsregler an der Rückseite des Generators abschrauben und vorsichtig herausziehen.

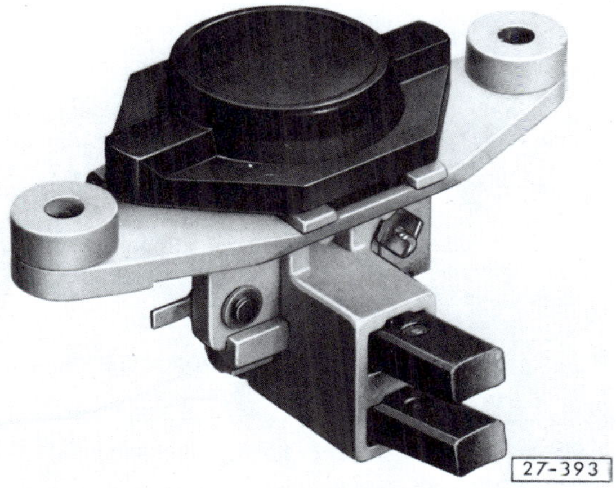
27-393

- Länge der Schleifkohlen prüfen. Wenn die Länge 5 mm oder weniger beträgt, Schleifkohlen ersetzen. Dazu Anschlußlitze auslöten.
- Schleifringe auf Verschleiß prüfen, gegebenenfalls feinstüberdrehen und polieren.
- Kontaktfläche reinigen und Vorspannung der Kontaktfeder prüfen, gegebenenfalls erneuern.

Einbau

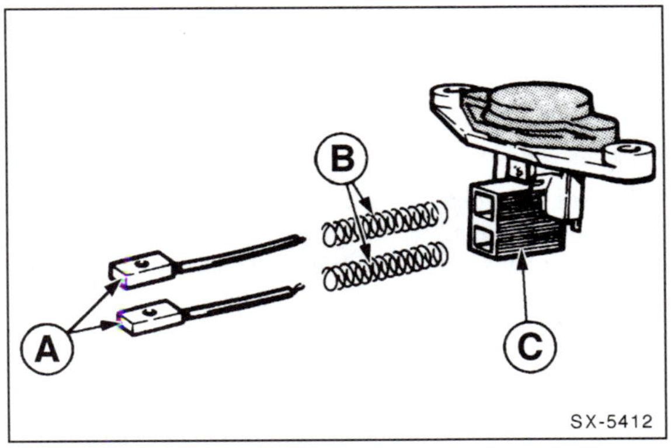

- Kohlebürsten –A– und Federn –B– in den Bürstenhalter –C– einsetzen und Anschlüsse verlöten.
- Damit beim Anlöten der neuen Bürsten kein Lötzinn in der Litze hochsteigen kann, Anschlußlitze der Bürsten mit einer Flachzange fassen. **Achtung:** Durch hochsteigendes Lötzinn würde die Litze steif und die Kohlebürste unbrauchbar werden.
- Der Isolierschlauch über der Litze muß neben der Lötstelle mit der vorhandenen Öse festgeklemmt werden.
- Nach dem Einbau neue Kohlebürsten auf leichten Lauf in den Bürstenhaltern prüfen.
- Spannungsregler erst mit einer Schraube von Hand befestigen, dann vorsichtig in endgültige Einbaulage drücken und festschrauben.
- Abdeckung einclipsen.
- Batterie-Massekabel (–) anklemmen.

Störungsdiagnose Generator

Störung	**Ursache**	**Abhilfe**
Ladekontrollampe brennt nicht bei eingeschalteter Zündung	Batterie leer	■ Laden
	Kabel an Generator locker oder korrodiert	■ Kabel auf einwandfreien Kontakt prüfen, Schraube festziehen
	Ladekontrollampe durchgebrannt	■ Ersetzen
	Regler defekt	■ Regler prüfen, gegebenenfalls austauschen
	Unterbrechung in der Leitungsführung zwischen Generator, Zündschloß und Kontrollampe	■ Mit Voltmeter nach Stromlaufplan untersuchen
	Steckverbindungen zwischen Gleichrichterplatte und Spannungsregler nicht gesteckt	■ Generator demontieren, gegebenenfalls Stecker ersetzen
	Kohlebürsten liegen nicht auf dem Schleifring auf	■ Freigängigkeit der Kohlebürsten und Mindestlänge (5 mm) prüfen
	Erregerwicklung im Generator durchgebrannt	■ Läufer austauschen
Ladekontrollampe verlöscht nicht bei Drehzahlsteigerung	Keilriemen locker	■ Keilrippenriemen spannen
	Befestigungslaschen des Generators oder des Halters gebrochen/ausgeschlagen	■ Drehstromgenerator bzw. Halter ersetzen
	Kohlebürsten abgenutzt	■ Kohlebürsten sichtprüfen, gegebenenfalls austauschen
	Regler defekt	■ Regler prüfen, gegebenenfalls austauschen
	Leitung zwischen Drehstromgenerator und Regler defekt	■ Leitung und Kontakte prüfen, ggf. Leitungsstrang ersetzen
Ladekontrollampe brennt bei ausgeschalteter Zündung	Plusdiode hat Kurzschluß	■ Dioden prüfen, gegebenenfalls Diodenplatte austauschen

Der Anlasser

Zum Starten des Verbrennungsmotors ist ein kleiner elektrischer Motor, der Anlasser, erforderlich. Der Anlasser muß den Verbrennungsmotor auf eine Drehzahl von mindestens 300 Umdrehungen in der Minute beschleunigen. Das funktioniert aber nur, wenn der Anlasser einwandfrei arbeitet und die Batterie hinreichend geladen ist.

Der Anlasser besteht aus einem Antriebs-, Pol- und Kollektorgehäuse. In dem Pol- und Kollektorgehäuse sind der Anker und der Kollektor gelagert sowie der Bürstenhalter. Im Bürstenhalter befinden sich Kohlebürsten, die ein Verschleißteil darstellen und sich zwar langsam, aber stetig abnutzen. Bei starker Abnutzung der Kohlebürsten kann der Anlasser nicht mehr einwandfrei arbeiten.

In dem vorderen Antriebsgehäuse ist der Ritzelantrieb untergebracht. Wenn über den Zündanlaßschalter der Anlasser Spannung erhält, wird über den Magnetschalter, der auf dem Anlassergehäuse sitzt, das Ritzel auf einem Steilgewinde gegen den Zahnkranz des Schwungrades geschoben. Sobald das Ritzel bis zum Anschlag auf der Spindel vorgelaufen ist, ist es formschlüssig mit dem Schwungrad verbunden. Nun kann der Anlasser den Motor auf die erforderliche Anlaßdrehzahl bringen. Wenn der Verbrennungsmotor angelaufen ist, wird das Ritzel vom Motor her beschleunigt, es läuft also kurzzeitig schneller als der Motor und spurt aus, wodurch die Verbindung zum Verbrennungsmotor aufgehoben ist.

Da zum Starten des Verbrennungsmotors eine hohe Stromaufnahme erforderlich ist, ist im Rahmen der Wartung auf eine einwandfreie Kabelverbindung zu achten. Korrodierte Anschlüsse säubern und mit Polschutzfett einstreichen.

BOSCH-Anlasser
0,8 kW, 0,9 kW, 1,0 kW mit kurzem Gehäuse

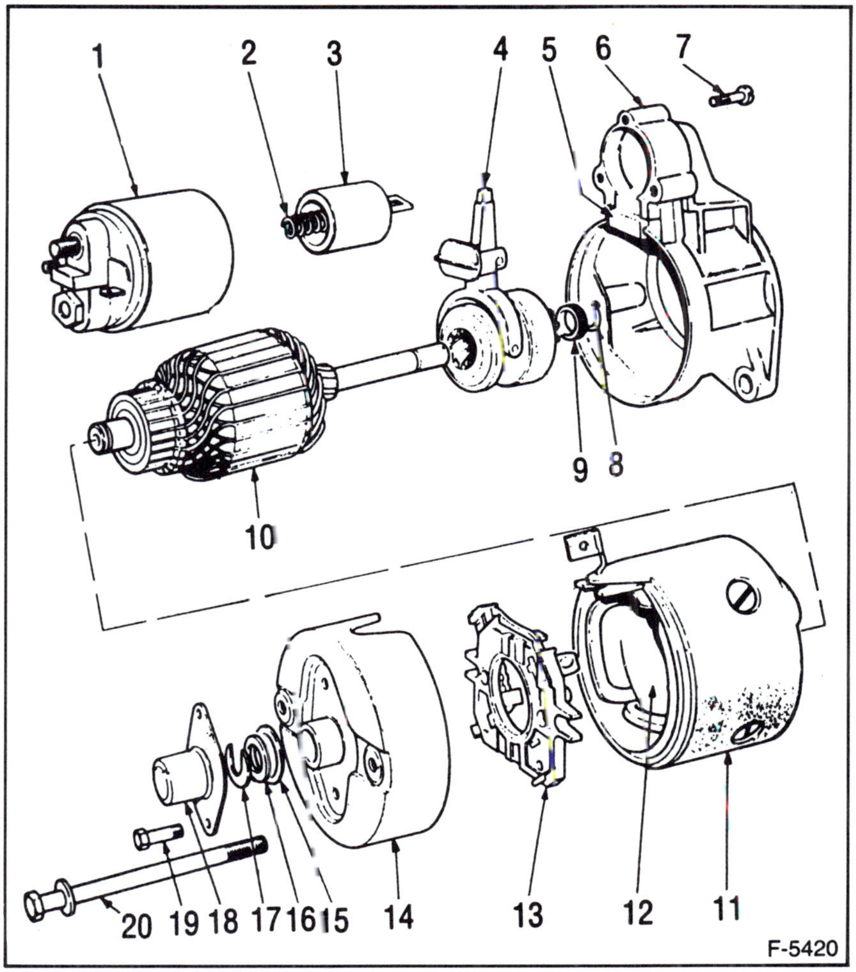

1 – **Magnetschalter**
2 – **Feder Magnetschalter**
3 – **Anker Magnetschalter**
4 – **Einrückgabel**
5 – **Gummi-Isolator**
6 – **Antriebslagerschild**
7 – **Befestigungsschrauben** für Magnetschalter (3 Stück)
8 – **Sicherungsclip**
9 – **Anlaufring**
10 – **Anker**
11 – **Gehäuse**
12 – **Polgehäuse**
13 – **Bürstenhalter**
14 – **Kollektorlagerschild**
15 – **Dichtring**
16 – **Ausgleichscheibe**
17 – **Sicherungsclip**
18 – **Schutzkappe**
19 – **Halteschraube**
20 – **Durchgangsschraube (2 Stück)**

Anlasser aus- und einbauen

Ausbau

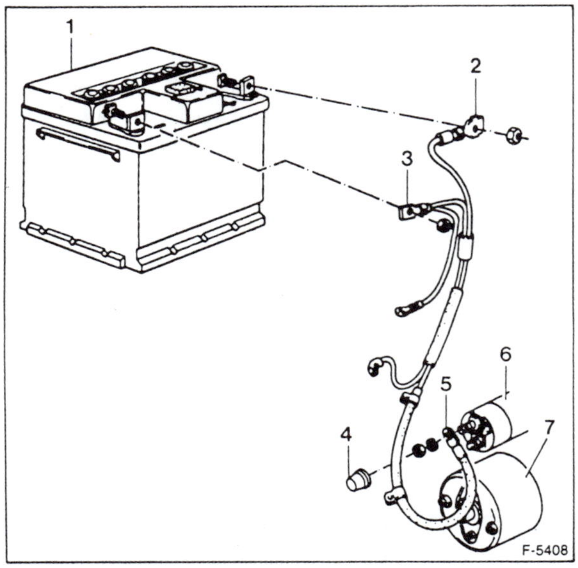

Achtung: Zuerst das Massekabel (–) –3–, dann das Pluskabel (+) –2– von der Batterie –1– abklemmen.

- Fahrzeug vorn aufbocken, siehe Seite 105.
- Abdeckkappe –4– am Magnetschalter –6– des Anlassers –7– abziehen.
- Hauptstromkabel –5– abschrauben.

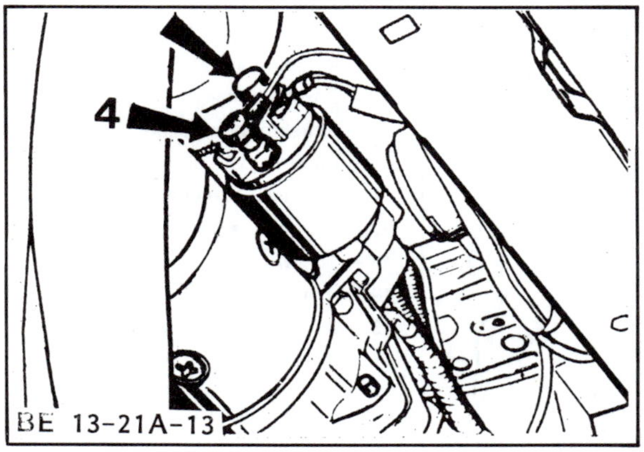

- Elektrische Leitung Klemme 50 –4– am Magnetschalter abziehen beziehungsweise abschrauben.
- Mehrfachstecker für Lambda-Sonde abziehen, siehe Seite 10.3.

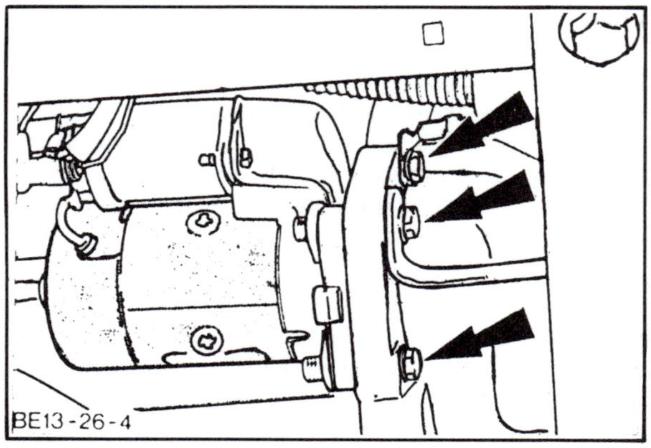

- Anlasser abschrauben.

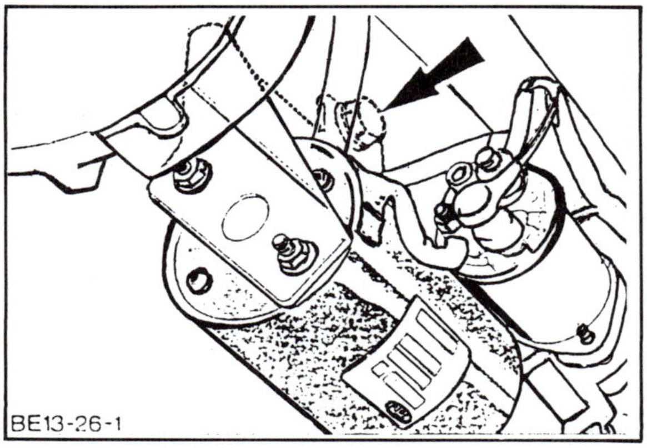

- Befestigungsschraube –Pfeil– für hinteren Halter des Anlassers herausdrehen und Anlasser komplett mit Halter herausnehmen. Anschließend Halter mit 2 Muttern vom Anlasser abschrauben.

Einbau

- Halter am Anlasser anschrauben.
- Anlasser einsetzen und festschrauben, dabei Motor-Masseband mit anschrauben. Halter anschrauben.
- Hauptstromkabel anklemmen, Stecker für elektrische Leitung Klemme 50 aufschieben beziehungsweise anklemmen.
- Mehrfachstecker für Lambda-Sonde aufschieben.
- Fahrzeug ablassen, siehe Seite 105.
- Batterie anklemmen, zuerst das Pluskabel (+), dann das Massekabel (–).

Magnetschalter prüfen / aus- und einbauen

Bei einem Defekt des Magnetschalters wird das Ritzel im Anlasser nicht gegen den Zahnkranz des Schwungrades gezogen. Dadurch kann der Anlasser den Motor nicht durchdrehen. Dieser Defekt tritt häufiger auf als daß der Anlassermotor selbst schadhaft ist.

Prüfen in eingebautem Zustand

Achtung: Gang herausnehmen, Schalthebel in Leerlaufstellung, Handbremse anziehen. Unfallgefahr!

- Mit Hilfskabel Klemme 30 (=dickes Pluskabel) und 50 (dünnes Kabel zum Zündschloß) am Anlasser kurz überbrücken, das Anlasserritzel muß nach vorne schnellen (klicken) und der Anlasser anlaufen. Wenn nicht, Anlasser abschrauben und im ausgebauten Zustand überprüfen.

Ausbau

- Anlasser ausbauen und Prüfung bei ausgebautem Anlasser mit einer Autobatterie wiederholen. Als Zuleitung zu Klemme 50 des Anlassers eignet sich ein Starthilfekabel. Schnellt das Ritzel nach vorne, ohne daß der Anlasser anläuft, Anlassermotor von einer Werkstatt überholen lassen.
- Schnellt das Ritzel nicht nach vorn, Magnetschalter abschrauben und ersetzen.

Einbau

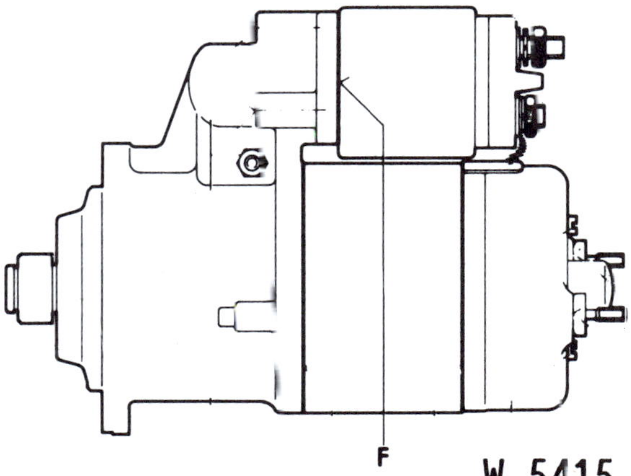

W-5415

- Trennfuge –F– zum Anlasser mit geeignetem Dichtmittel abdichten.
- Magnetschalter an Gabelhebel im Anlasser einhängen, dann anschrauben.
- Anlasser erneut prüfen, wie oben beschrieben.
- Anlasser einbauen.

Störungsdiagnose Anlasser

Wenn ein Anlasser nicht durchdreht, ist zunächst zu prüfen, ob beim Starten des Motors an der Klemme 50 des Magnetschalters die zum Einziehen benötigte Spannung von mindestens 10 Volt vorhanden ist. Liegt die Spannung unter dem genannten Wert, dann müssen die Leitungen, die zum Anlasserstromkreis gehören, nach dem Stromlaufplan überprüft werden. Ob der Anlasser bei voller Batteriespannung einzieht, kann folgendermaßen geprüft werden:

- Keinen Gang einlegen, Zündung eingeschaltet.
- Mit einer Leitung (Querschnitt mindestens 4 mm^2) die Klemmen 30 und 50 am Anlasser überbrücken, siehe auch Stromlaufplan.

Spurt der Anlasser dabei einwandfrei ein, so liegt der Fehler in der Leitungsführung zum Anlasser. Andernfalls Anlasser in ausgebautem Zustand überprüfen.

Prüfvoraussetzung: Leitungsanschlüsse müssen festsitzen und dürfen nicht oxydiert sein.

Störung	Ursache	Abhilfe
Anlasser dreht sich nicht beim Betätigen des Zündanlaßschalters.	Batterie entladen.	■ Batterie laden.
	Klemmen 30 und 50 am Anlasser überbrücken: Anlasser läuft an. Leitung 50 zum Zündanlaßschalter unterbrochen, Anlaßschalter defekt.	■ Unterbrechung beseitigen, defekte Teile ersetzen.
	Kabel oder Masseanschluß ist unterbrochen. Batterie entladen.	■ Batteriekabel und Anschlüsse prüfen. Spannung der Batterie messen, ggf. laden.
	Ungenügender Stromdurchgang infolge lockerer oder oxydierter Anschlüsse.	■ Batteriepole und -klemmen reinigen. Stromsichere Verbindungen zwischen Batterie, Anlasser und Masse herstellen.
	Keine Spannung an Klemme 50 (Magnetschalter).	■ Leitung unterbrochen Zündanlaßschalter defekt.
Anlasser dreht sich zu langsam und zieht den Motor nicht durch.	Batterie entladen.	■ Batterie laden.
	Ungenügender Stromdurchgang infolge lockerer oder oxydierter Anschlüsse.	■ Batteriepole und -klemmen und Anschlüsse am Anlasser reinigen, Anschlüsse festziehen.
	Kohlebürsten liegen nicht auf dem Kollektor auf, klemmen in ihren Führungen, sind abgenutzt, gebrochen, verölt oder verschmutzt.	■ Kohlebürsten überprüfen, reinigen bzw. auswechseln. Führungen prüfen.
	Ungenügender Abstand zwischen Kohlebürsten und Kollektor.	■ Kohlebürsten ersetzen und Führungen für Kohlebürsten reinigen.
	Kollektor riefig oder verbrannt und verschmutzt.	■ Kollektor abdrehen oder Anker ersetzen.
	Spannung an Klemme 50 fehlt (mind. 10 Volt).	■ Zündanlaßschalter oder Magnetschalter überprüfen.
	Magnetschalter defekt.	■ Schalter auswechseln.
Anlasser spurt ein und zieht an, Motor dreht nicht oder nur ruckweise.	Ritzelgetriebe defekt.	■ Ritzelgetriebe ersetzen.
	Ritzel verschmutzt.	■ Ritzel reinigen.
	Zahnkranz am Schwungrad defekt.	■ Zahnkranz nacharbeiten, falls erforderlich, Schwungrad erneuern.
Ritzelgetriebe spurt nicht aus.	Ritzelgetriebe oder Steilgewinde verschmutzt bzw. beschädigt.	■ Ritzelgetriebe reinigen, ggf. ersetzen.
	Magnetschalter defekt.	■ Magnetschalter ersetzen.
	Rückzugfeder schwach oder gebrochen.	■ Rückzugfeder erneuern.
Anlasser läuft weiter, nachdem der Zündschlüssel losgelassen wurde.	Magnetschalter hängt, schaltet nicht ab.	■ Zündung sofort ausschalten, Magnetschalter ersetzen.
	Zündschloß schaltet nicht ab.	■ Sofort Batterie abklemmen, Zündschloß ersetzen.

Die Beleuchtungsanlage

Zur Beleuchtungsanlage zählen: Hauptscheinwerfer, Heckleuchten, Bremsleuchten, Rückfahrscheinwerfer, Blinkleuchten, Nebelscheinwerfer und Nebelschlußleuchten, Kennzeichenleuchten und Innenleuchten. Die Instrumentenbeleuchtung wird im Kapitel »Armaturen« behandelt.

Vor dem Auswechseln einer Glühlampe zugehörige Sicherung überprüfen. **Achtung: Glaskolben nicht mit bloßen Fingern anfassen.** Der Fingerabdruck würde verdunsten und sich – aufgrund der Wärme – auf dem Reflektor niederschlagen und diesen erblinden lassen. Grundsätzlich Glühlampe nur durch eine gleiche Ausführung ersetzen. Versehentlich entstandene Berührungsflecken mit sauberem, nicht faserndem Tuch und Alkohol oder Spiritus entfernen.

Glühlampen auswechseln

Scheinwerfer

- Motorhaube öffnen.
- Schalter der betreffenden Lampe ausschalten, beziehungsweise Massekabel (–) von der Batterie abklemmen. **Achtung:** Dadurch werden aus dem Speicher des Motor-Steuergerätes »Betriebswerte« und aus dem Speicher des Radios der Diebstahlcode sowie die eingestellten Sender gelöscht. Vor dem Abklemmen daher unbedingt Hinweise im Kapitel »Batterie aus- und einbauen« lesen.

Bis 1/95

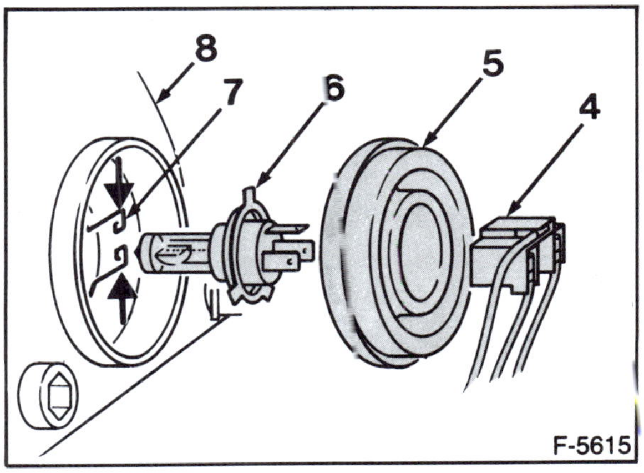

F-5615

- Mehrfachstecker –4– und Abdeckkappe –5– abziehen.
- Drahtbügel –7– zusammendrücken und zur Seite klappen.
- Glühlampe –6– aus dem Reflektor –8– herausnehmen.

Ab 2/95

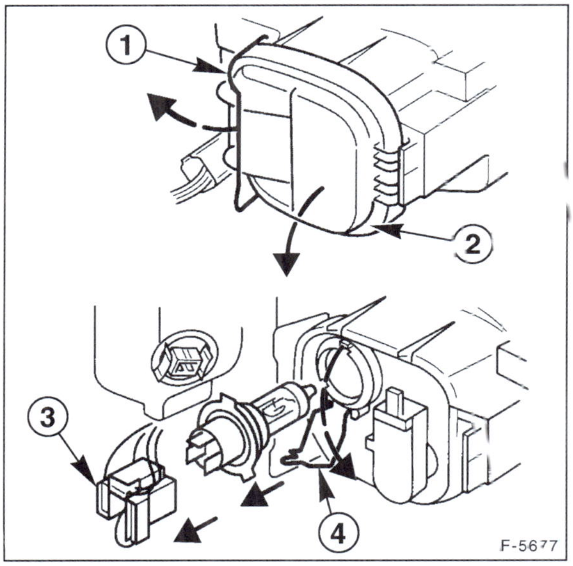

F-5677

- Drahtbügel –1– zur Seite drücken und Abdeckkappe –2– abnehmen.
- Lampenstecker –3– abziehen.
- Drahtbügel –4– nach unten drücken und zur Seite aushängen.
- Glühlampe herausziehen.

- Neue Glühlampe so einsetzen, daß die Führungsnaser in die Aussparungen am Reflektor eingreifen.
- Drahtbügel zurückklappen und einrasten.
- Abdeckkappe und Mehrfachstecker aufschieben.
- **Ab 2/95:** Abdeckkappe mit Drahtbügel sichern.

Standlicht

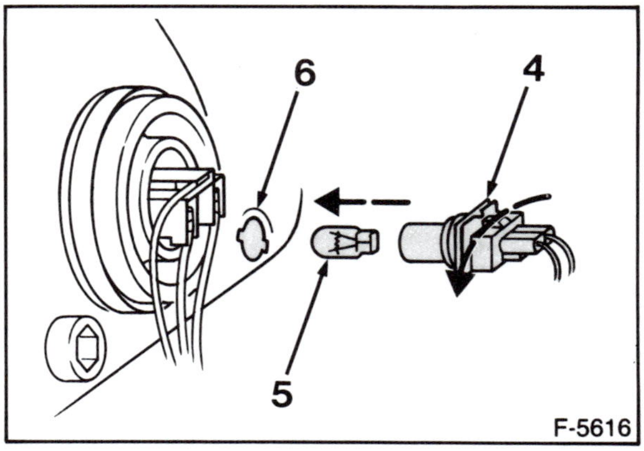

- Lampenfassung –4– nach links drehen und herausziehen.
- Lampe –5– aus der Fassung herausziehen.
- Neue Lampe in die Fassung drücken.
- Lampenfassung in die Öffnung –6– des Reflektors einsetzen und nach rechts drehen.

Blinker

Achtung: Die folgende Beschreibung für den Ausbau der Blinkleuchte bezieht sich auf Fahrzeuge bis 1/95. Ab 2/95 befindet sich die Blinkleuchte im Scheinwerfergehäuse. Der Wechsel der Lampe erfolgt bei eingebautem Scheinwerfer/Blinkleuchen-Gehäuse.

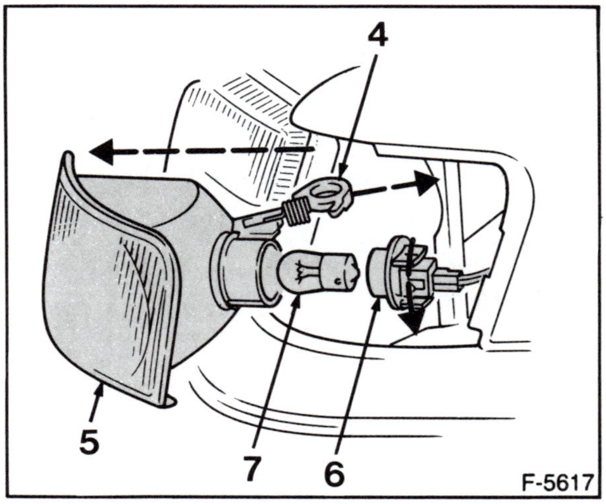

- Haltefeder –4– für Blinkleuchte –5– vom Motorraum aus an der Zugöse aushängen.
- Blinkleuchte nach vorn herausnehmen.
- Lampenfassung –6– nach links drehen und herausziehen.
- Lampe –7– in die Fassung drücken, nach links drehen und herausnehmen.
- Neue Lampe einsetzen und durch Rechtsdrehen einrasten.
- Lampenfassung in den Reflektor einsetzen und nach rechts drehen.
- Blinkleuchte in die Öffnung einsetzen, Haltefeder nach hinten ziehen und einhängen.
- Motorhaube schließen.

Seitliche Blinker

Bis 1/95

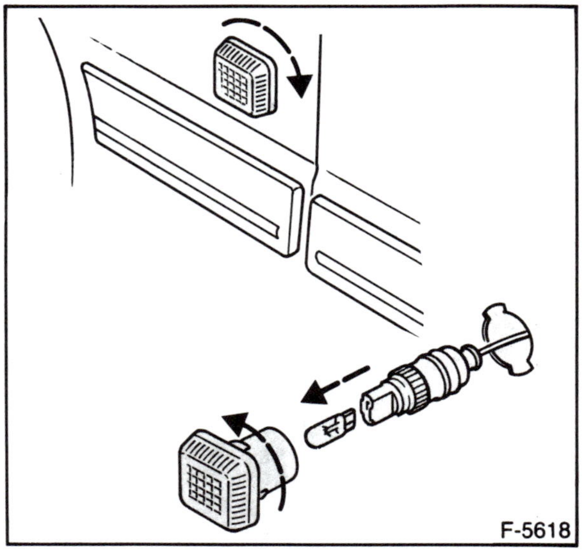

- Lampengehäuse nach rechts drehen und herausziehen.

Ab 2/95

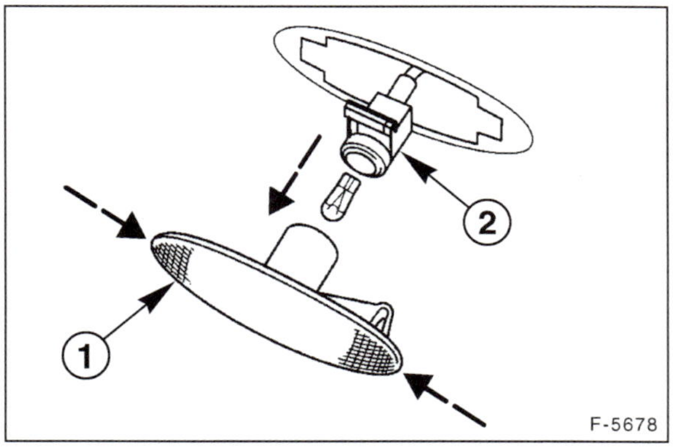

- Komplettes Lampengehäuse –1– nach rechts oder nach links schieben und herausziehen.

- Lampenfassung –2– festhalten, Gehäuse nach links drehen und abnehmen.
- Glühlampe aus der Fassung ziehen.
- Neue Glühlampe einsetzen.
- Lampengehäuse durch Rechtsdrehen mit der Lampenfassung verbinden.
- Leuchte in den Kotflügel so einsetzen, daß die Nasen in die Aussparungen eingreifen. Gehäuse nach links drehen und einrasten.

Rückleuchten

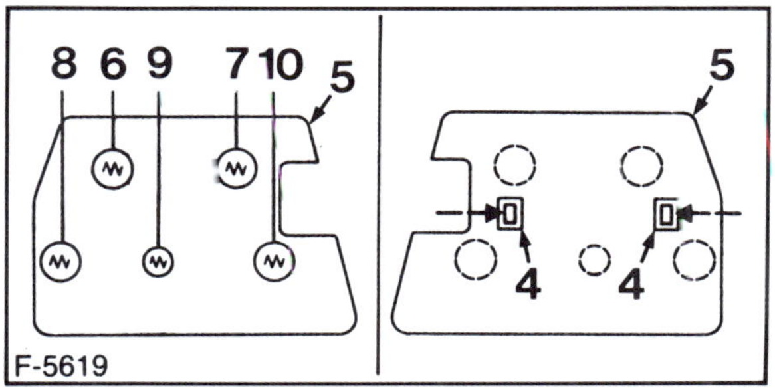

F-5619

- Heckklappe öffnen.
- Die beiden Laschen –4– zusammendrücken und Lampenhalter –5– abnehmen.
- Gegebenenfalls Mehrfachstecker abziehen.
- Defekte Lampe in die Fassung drücken, nach links drehen und herausnehmen.

Lampenbestückung

6 – Blinklicht, 21 W; 7 – Rückfahrlicht, 21 W; 8 – Nebelschlußlicht, 21 W; 9 – Schlußlicht, 5 W; 10 – Bremslicht, 21 W.

- Neue Lampe einsetzen und durch Rechtsdrehen einrasten.
- Mehrfachstecker aufschieben.
- Lampenhalter andrücken und einrasten.
- Heckklappe schließen

Rückleuchten TURNIER/EXPRESS

- Abdeckung der Rückleuchte abziehen.

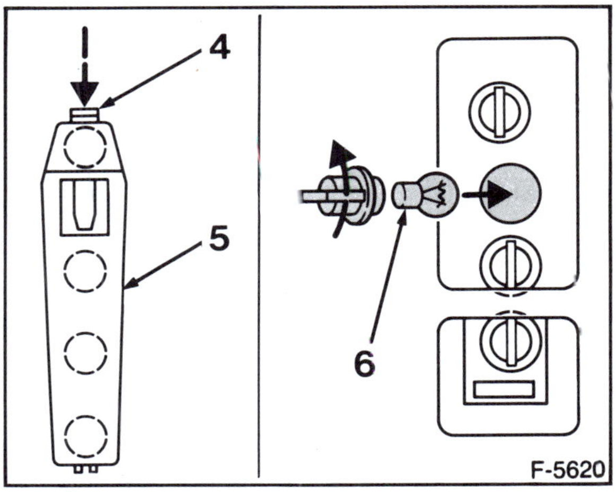

F-5620

- Lasche –4– nach unten drücken, komplette Lampenleiste –5– etwas anheben und abnehmen.
- Beim Express entsprechende Lampenfassung vom Laderaum her nach links drehen und herausziehen.
- Lampe –6– unter leichtem Druck nach links drehen und herausnehmen.
- Neue Lampe eindrücken und durch Rechtsdrehen sichern.
- Lampenfassung einsetzen, nach rechts drehen und einrasten beziehungsweise Lampenträger unten einhängen und oben einrasten.

Innenleuchte

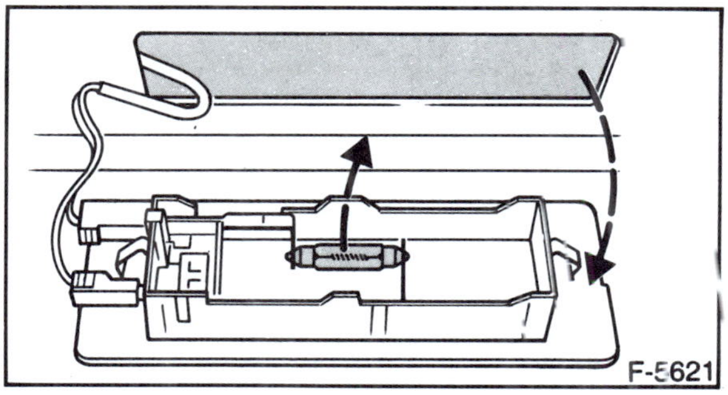
F-5621

- Betätigungsschalter in Mittelstellung bringen.
- Kleinen Schraubendreher an der dem Schalter gegenüberliegenden Seite einführen und Leuchte herausdrücken.
- Lampe nach links oder rechts drehen und herausnehmen.
- Neue Lampe einsetzen, nach links oder rechts drehen und sichern.
- Innenleuchte eindrücken und einrasten.

Leseleuchte

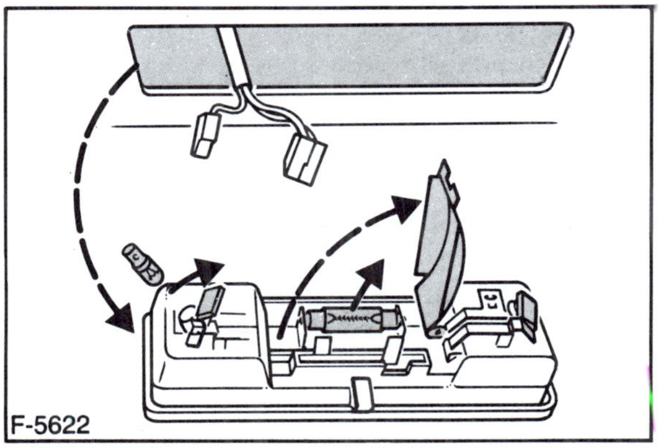
F-5622

- Kontaktplatte wegschwenken und Lampe herausnehmen.
- Lampe einsetzen und Kontaktplatte zurückschwenken.

Gepäckraumleuchte

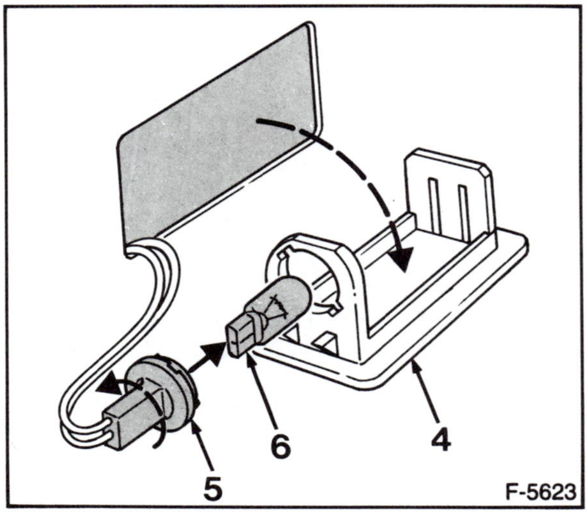

F-5623

- Leuchte –4– mit flachem Schraubendreher herausheben.
- Lampenhalter –5– nach links drehen und herausziehen.
- Lampe –6– herausziehen.
- Lampe eindrücken.
- Lampenhalter einsetzen und durch Rechtsdrehen arretieren.
- Leuchte in die Öffnung der Seitenverkleidung drücken.

Kennzeichenleuchte/Limousine/Turnier

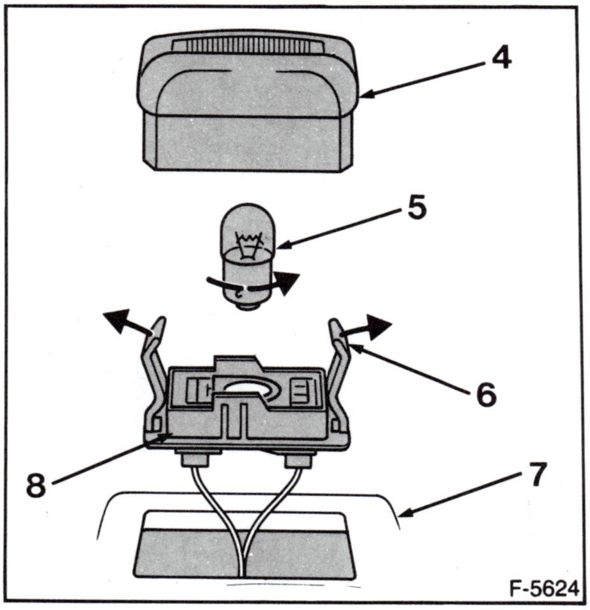

F-5624

- Lampengehäuse –4– mit kleinem Schraubendreher aus dem Stoßfänger –7– herausheben.
- Seitliche Klemmhalter –6– nach außen drücken und Lampengehäuse von der Fassung –8– trennen.
- Lampe –5– in die Fassung drücken, nach links drehen und herausnehmen.
- Neue Lampe einsetzen und durch Rechtsdrehen einrasten.
- Gehäuse auf die Fassung stecken.
- Komplettes Lampengehäuse in die Öffnung des Stoßfängers eindrücken.

Kennzeichenleuchte/Express

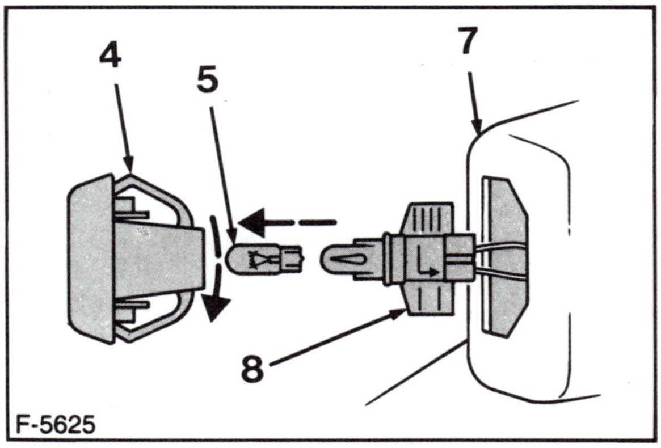

F-5625

- Lampengehäuse –4– mit kleinem Schraubendreher aus dem Stoßfänger –7– herausheben.
- Lampenfassung –8– nach links herausdrehen.
- Lampe –5– aus der Fassung herausziehen.
- Neue Lampe einsetzen und Fassung durch Rechtsdrehen einrasten.
- Komplettes Lampengehäuse in die Öffnung des Stoßfängers eindrücken.

Lampentabelle

Um jederzeit eine Lampe auswechseln zu können, sollte stets ein Kasten mit Ersatzlampen im Wagen mitgeführt werden. Der FORD-Kundendienst führt solche Ersatzlampenboxen. Eine Zusammenstellung der im ESCORT/ORION verwendeten Lampen enthält die Tabelle.

12-V-Glühlampe für	Fassung	Watt
Hauptscheinwerfer	H 4	60/55
Stand- und Parklicht	Glassockel	5
Blinkleuchten vorn und hinten	Bajonett	21
Rückfahrleuchte	Bajonett	21
Nebelschlußleuchte	Bajonett	21
Bremsleuchte (Limousine)	Bajonett	21
Schlußleuchte (Limousine)	Bajonett	5
Brems-/Schlußleuchte (Turnier/Express)	Bajonett	21/5
Seitliche Blinker	Glassockel	5
Kennzeichenleuchte (Lim./Turn.)	Bajonett	10
Kennzeichenleuchte (Express)	Glassockel	5
Innenleuchte	Soffitte	10
Leseleuchte	Bajonett	5
Kofferraumleuchte	Glassockel	5

Blinkleuchte aus- und einbauen

Bis 1/95

Ausbau

- Motorhaube öffnen

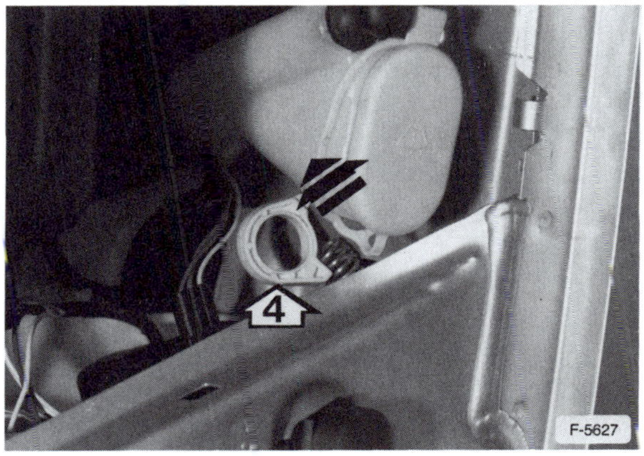

- Haltefeder –4– in Pfeilrichtung ziehen und aushängen.

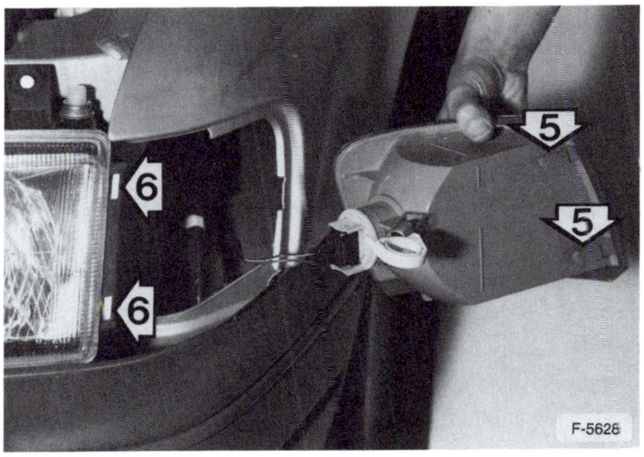

- Blinkleuchte nach vorn aus dem Scheinwerfergehäuse herausziehen.
- Lampenfassung gegen den Uhrzeigersinn drehen und aus dem Gehäuse herausnehmen.

Einbau

- Lampenfassung in das Gehäuse einsetzen und durch Drehen im Uhrzeigersinn befestigen.
- Beide Haltelaschen –5– der Blinkleuchte in die Aufnahmeschlitze –6– des Scheinwerfergehäuses einsetzen, Blinkleuchte ausrichten und Haltefeder für Blinkleuchte am Stehblech einhängen.
- Funktion der Blinkleuchte prüfen.
- Motorhaube schließen.

Scheinwerfer aus- und einbauen

Bis 1/95

Achtung: Ab 2/95 befinden sich Blinkleuchte und Scheinwerfer in einem gemeinsamen Gehäuse. Der Ausbau des Scheinwerfers erfolgt prinzipiell auf die gleiche Weise.

Ausbau

- Motorhaube öffnen.
- Kühlergrill ausbauen, siehe Seite 178.
- Blinkleuchte ausbauen.
- Von der Rückseite des Scheinwerfers die Mehrfachstecker abziehen von: H4-Lampe, Standlichtlampe, Motor Leuchtweitenregulierung.

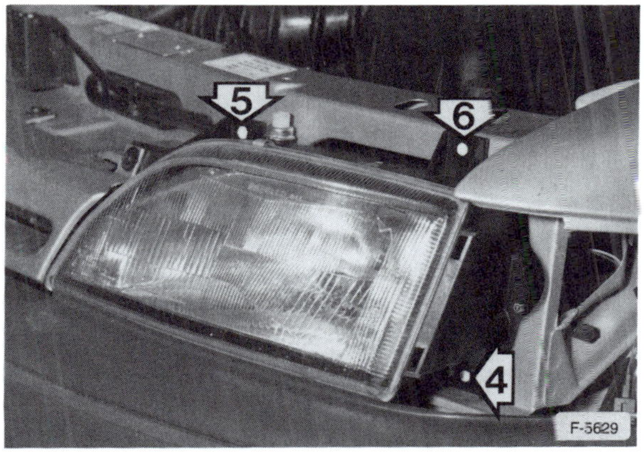

- Zuerst die untere Befestigungsschraube –4– herausdrehen, dann die beiden oberen Schrauben –5/6– herausschrauben.
- Scheinwerfer aus dem Halteblech herausnehmen.

Einbau

- Neuen Scheinwerfer komplettieren.
- Scheinwerfer in das Halteblech einsetzen. Auf festen Sitz des Scheinwerfer-Führungszapfens achten.
- Scheinwerfer ausrichten und die 3 Befestigungsschrauben lose reindrehen.
- Blinkleuchte einbauen, zum Kotflügel ausrichten und mit Haltefeder befestigen.
- Scheinwerfer so zur Blinkleuchte ausrichten, daß die obere und untere Abstandsrippe an der Blinkleuchte anliegt. Darauf achten, daß der Spalt zwischen Scheinwerfer und Blinkleuchte parallel verläuft.
- In dieser Stellung die beiden oberen Schrauben des Scheinwerfers festziehen.
- Blinkleuchte ausbauen.
- Untere Schraube für Scheinwerfer anziehen.
- Blinkleuchte einbauen.
- Sämtliche Mehrfachstecker aufschieben.
- Kühlergrill einbauen, siehe Seite 178.
- Funktion der Scheinwerfer prüfen, gegebenenfalls Scheinwerfer einstellen.

Scheinwerfer einstellen / Leuchtweitenregulierung prüfen

Für die Verkehrssicherheit ist die richtige Einstellung der Scheinwerfer von großer Bedeutung. Die exakte Einstellung der Scheinwerfer ist nur mit einem Spezialeinstellgerät möglich. Es wird deshalb nur gezeigt, wo der Scheinwerfer eingestellt werden kann und welche Bedingungen zum richtigen Einstellen der Scheinwerfer erfüllt sein müssen.

- Reifen müssen den vorgeschriebenen Reifenfülldruck haben.
- Das Fahrzeug muß vollgetankt sein. Falls der Tank nur halb voll ist, muß ein Gewicht von ca. 20 kg in den Kofferraum gelegt werden.
- Das unbeladene Fahrzeug muß mit 75 kg (eine Person) auf dem Fahrersitz belastet sein.
- Fahrzeug auf ebene Fläche stellen.
- Vorderwagen mehrmals kräftig nach unten drücken, damit die Federung der Vorderradaufhängung sich setzt.
- Falls vorhanden, Leuchtweitenregulierung an der Schalttafel auf »0« drehen.
- Die Scheinwerfer dürfen nur bei Abblendlicht eingestellt werden. Das Neigungsmaß beträgt für Normalscheinwerfer X = 12 cm auf 10 m Entfernung.

F-5630

- Lage der Einstellschrauben:
  A = Schraube für Seitenverstellung
  B = Schraube für Höhenverstellung

Leuchtweitenregulierung prüfen

Die Leuchtweitenregulierung funktioniert nur bei eingeschaltetem Abblendlicht.

- Schalter für Leuchtweitenregulierung in Stellung »5« drehen. Bei richtig eingestellten Scheinwerfern muß nun ein Neigungsmaß von mindestens 50 cm auf 10 m angezeigt werden.
- Falls dieser Wert nicht erreicht wird, Spannungs- und Widerstandsprüfung am Stecker vom Motor für Leuchtweitenregulierung vornehmen.

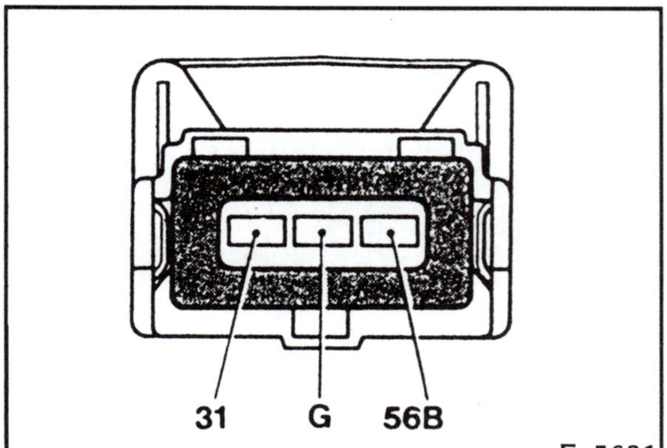

F-5631

- Voltmeter zwischen die Klemmen 56B und 31 (–) anschließen: Sollwert mind. 12 V.
- Ohmmeter zwischen die Klemmen G und 31 anschließen: Sollwert 100 – 120 Ω.
- Beide Messungen sind von der Schalterstellung unabhängig.
- Liegt keine Leitungsunterbrechung vor und wird der angegebene Widerstandswert nicht erreicht, ist der Schalter der Leuchtweitenregulierung defekt.
- Liegt keine Leitungsunterbrechung vor und wird der angegebene Widerstandswert erreicht, muß der Motor ausgebaut werden und der Verstellweg der Verstellspindel zwischen Schalterstellung »0« und »5« gemessen werden.

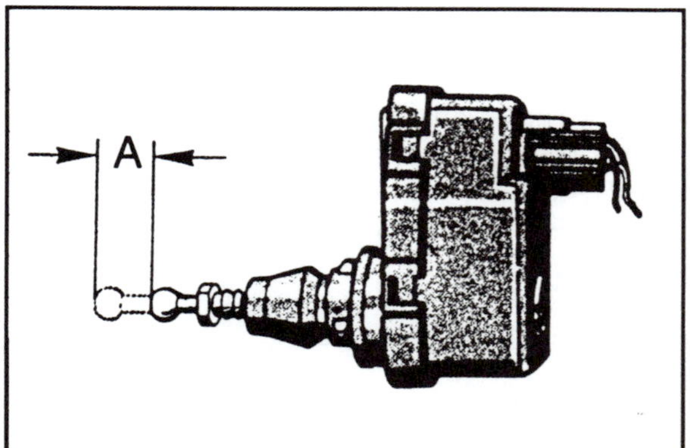

F-5632

- Der Verstellweg der Stellspindel muß A = 5 ± 0,5 mm betragen. Andernfalls Motor austauschen.

Motor für Leuchtweitenregulierung aus- und einbauen

Ausbau

- Scheinwerfer ausbauen.

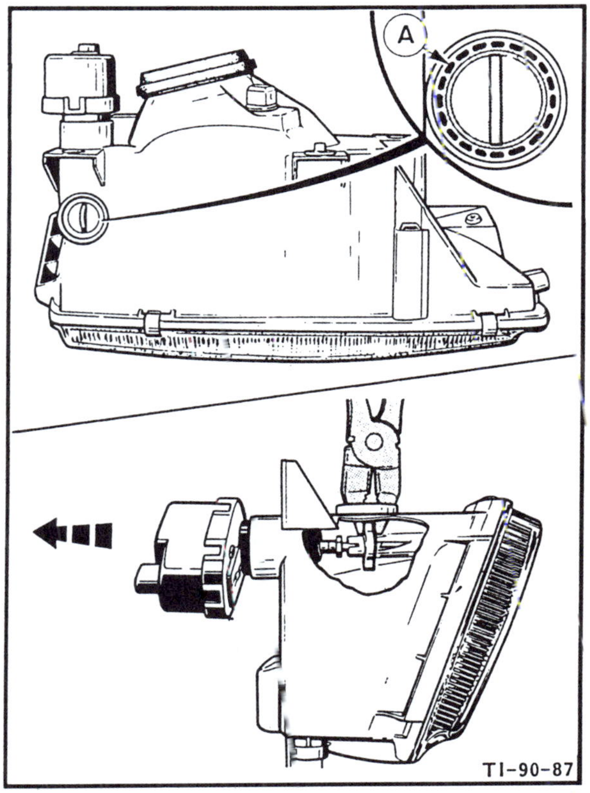

- Motor aus dem Scheinwerfergehäuse herausziehen, dabei gleichzeitig die Kunststoffpfanne mit einer Zange festhalten, siehe unterer Teil der Abbildung. **Achtung:** Damit die Zange angesetzt werden kann, muß vorher im Bereich –A– eine Öffnung in das Scheinwerfergehäuse geschnitten werden, siehe oberer Teil der Abbildung.

Einbau

- Motor für Leuchtweitenregulierung in das Scheinwerfergehäuse einsetzen und in die Kugelpfanne eindrücken.
- Ausbau-Öffnung im Scheinwerfergehäuse mit einer Gummikappe verschließen. Die Gummikappe wird mit einem neuen Scheinwerfer oder Verstellmotor mitgeliefert.
- Scheinwerfer einbauen.

Heckleuchte aus- und einbauen

Ausbau

- Haltelaschen im Lampenträger zusammendrücken, Lampenträger ausrasten und abnehmen.

- 4 Muttern abschrauben.
- Gehäuse der Schlußleuchte nach außen abnehmen.
- Dichtung abnehmen.

Einbau

- Dichtung auf Beschädigungen und Porosität prüfen, gegebenenfalls ersetzen.
- Dichtung auf Schlußleuchte auflegen.
- Schlußleuchte ansetzen und mit 4 Muttern festschrauben.
- Lampenträger einsetzen und einrasten lassen.
- Funktion der Glühlampen prüfen.

Die Armaturen

Beim FORD ESCORT/ORION sind die Armaturen in einem Schalttafeleinsatz zusammengefaßt. Nach Ausbau des Schalttafeleinsatzes können die Instrumente, beziehungsweise Glühlampen, ausgebaut werden.

Achtung: Die Abbildungen zeigen weitgehend den ESCORT bis 1/95, abweichende Hinweise zum ESCORT ab 2/95 stehen am Ende des jeweiligen Kapitels.

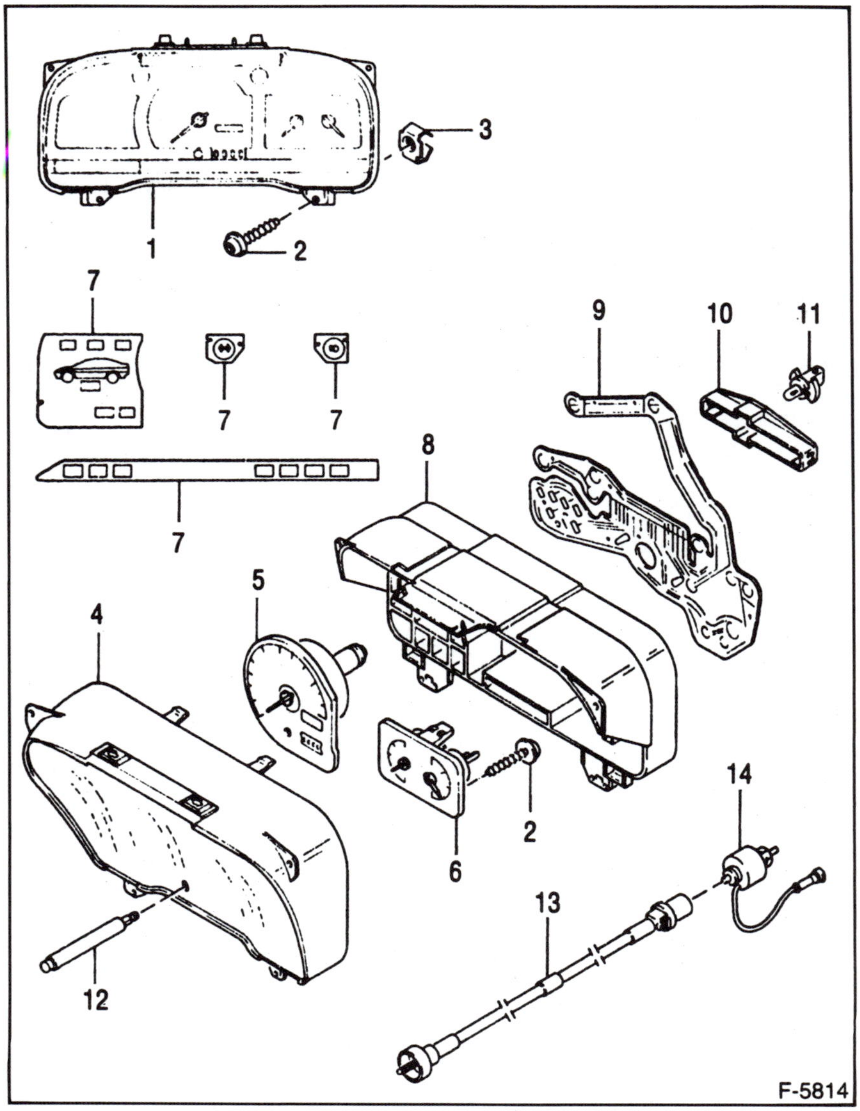

1 – Schalttafeleinsatz
2 – Linsenblechschraube
3 – Spreizmutter
4 – Gehäuse
5 – Geschwindigkeitsmesser
6 – Kombi-Anzeige-Instrument
Anzeige für Kraftstoffvorrat und Kühlmitteltemperatur
7 – Filterfolie für Instrumentenbeleuchtung
8 – Instrumententräger
9 – Leiterfolie
10 – Halter für Leiterfolie
11 – Glühlampe mit Fassung
12 – Einstellknopf für Tageskilometerzähler
13 – Tachowelle
14 – Sensor

Schalttafeleinsatz aus- und einbauen

Ausbau

- Batterie-Massekabel (–) abklemmen. **Achtung:** Dadurch werden aus dem Speicher des elektronischen Einspritz-Steuergerätes »Betriebswerte« und aus dem Speicher des Radios der Keycode für die Diebstahlsicherung sowie die eingestellten Sender gelöscht. Vor dem Abklemmen daher unbedingt Hinweise im Kapitel »Batterie aus- und einbauen« durchlesen.
- Tachowelle am Getriebe abschrauben.
- Obere und untere Lenksäulenverkleidung abschrauben.

F-5815

- Instrumentenblende abschrauben –4–. **Hinweis:** Das Lenkrad ist nur zur besseren Darstellung abgebaut.
- Blende vorziehen und Federklammern an den Positionen –5– ausclipsen.

F-5816

- Schalttafeleinsatz abschrauben.
- Schalttafeleinsatz vorziehen.

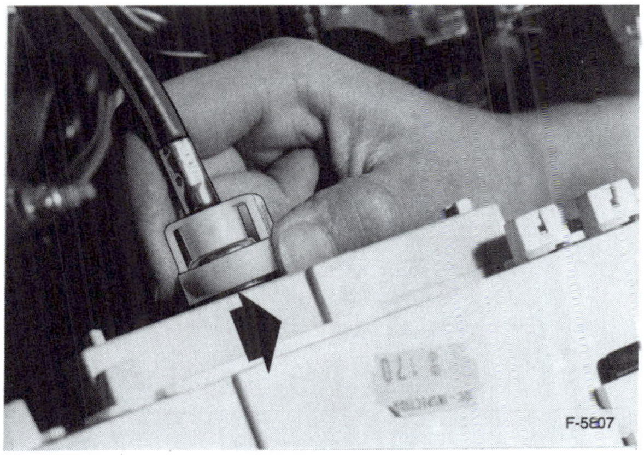
F-5807

- Hinter den Schalttafeleinsatz greifen und Tachowelle ausclipsen. Dazu Haltering am großen Durchmesser in Pfeilrichtung verschieben, indem kräftig gegen die geriffelte Fläche des Kunststoffringes gedrückt wird, siehe Abbildung.
- Schalttafeleinsatz weiter vorziehen und Mehrfachstecker abziehen.
- Schalttafeleinsatz herausnehmen.

Einbau

- Mehrfachstecker aufschieben.
- Tachowelle einführen und einrasten. **Achtung:** Tachowelle **muß** einrasten. Festen Sitz der Tachowelle durch Ziehen an der Welle prüfen.
- Schalttafeleinsatz in die Öffnung einführen und festschrauben.
- Blende für Schalttafeleinsatz ansetzen, einclipsen und anschrauben. Beschädigte Blechklammern gegebenenfalls ersetzen.
- Obere und untere Lenksäulenverkleidung anschrauben.
- Tachowelle am Getriebe anschrauben.
- Batterie-Massekabel (–) anklemmen.
- Funktion der Instrumente prüfen. Wenn die Tachoanzeige schwankt oder Geräusche im Bereich des Geschwindigkeitsmessers auftreten, kann das an einer falsch verlegten Tachowelle liegen, siehe auch unter »Tachowelle aus- und einbauen«.

Speziell ab 2/95

- Lenkstockschalter ausbauen, siehe Seite 243.
- Bedienungsknöpfe für Heizung abziehen.

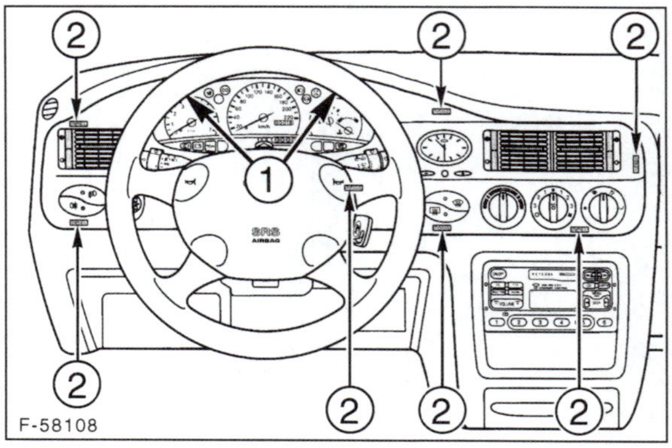

- Oberhalb vom Schalttafeleinsatz 2 Schrauben –1– für Blende herausdrehen.
- Blende vom Armaturenbrett abclipsen –2–.
- Blende mit Schraubendreher vorsichtig vom Armaturenbrett loshebeln. Dabei Papierpolster unter Schraubendreher legen, um Beschädigungen am Armaturenbrett zu vermeiden.
- Blende etwas vorziehen und von der Rückseite sämtliche Stecker von den Schaltern abziehen.
- Schalttafeleinsatz mit 4 Schrauben abschrauben.
- Tachowelle im Motorraum aus den Halterungen lösen und vorsichtig durch die Öffnung der Spritzwand nach Innen drücken.
- Schalttafeleinsatz vorziehen und von der Rückseite Tachowelle und Mehrfachstecker abziehen.
- Schalttafeleinsatz herausnehmen.
- Der Einbau erfolgt in umgekehrter Reihenfolge.

Abdeckscheibe aus- und einbauen

Ausbau

- Batterie-Massekabel (–) abklemmen. **Achtung:** Dadurch werden aus dem Speicher des elektronischen Einspritz-Steuergerätes »Betriebswerte« und aus dem Speicher des Radios der Keycode für die Diebstahlsicherung sowie die eingestellten Sender gelöscht. Vor dem Abklemmen daher unbedingt Hinweise im Kapitel »Batterie aus- und einbauen« durchlesen.
- Schalttafeleinsatz ausbauen.

Achtung: Um eine Verschmutzung oder Beschädigung der Anzeigeinstrumente und ihrer Zeiger zu verhindern, Schalttafeleinsatz auf ein sauberes Papier oder einen weichen, nicht fusselnden Lappen legen.

- Stellknopf für Tageskilometerzähler abziehen.

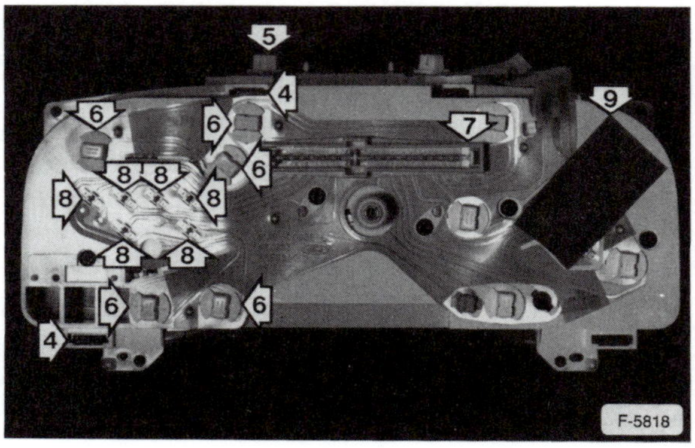

- 2 Glühlampen an der schmalen Seite (in der Abbildung oben –5–) nach links drehen und herausnehmen.
- 4 Halteclipse mit Hilfe eines dünnen Schraubendrehers lösen und Abdeckscheibe abnehmen. In der Abbildung sind 2 der Halteclipse mit –4– bezeichnet.

Einbau

- Abdeckscheibe einclipsen.
- 2 Glühlampen einsetzen und durch Rechtsdrehen arretieren.
- Schalttafeleinsatz einbauen.
- Batterie-Massekabel (–) anklemmen.

Speziell ab 2/95

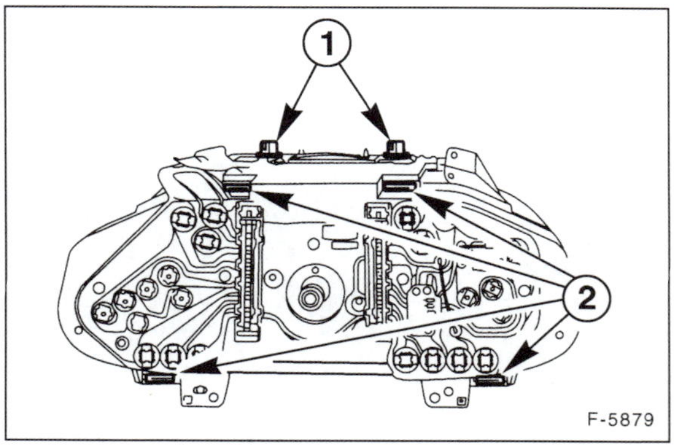

- 2 Glühlampen –1– mit Fassung nach links drehen und herausnehmen.
- 4 Haltelaschen –2– ausclipsen und Abdeckscheibe abnehmen.

Armaturen aus- und einbauen

Ausbau

- Batterie-Massekabel (–) bei ausgeschalteter Zündung abklemmen. **Achtung:** Dadurch werden elektronische Speicher gelöscht, wie zum Beispiel der Radiocode. Hinweise im Kapitel »Batterie aus- und einbauen« beachten.
- Schalttafeleinsatz ausbauen.

Achtung: Um eine Verschmutzung oder Beschädigung der Anzeigeinstrumente und ihrer Zeiger zu verhindern, Schalttafeleinsatz auf ein sauberes Papier oder einen weichen, nicht fusselnden Lappen legen.

- Abdeckscheibe für Schalttafeleinsatz ausbauen.

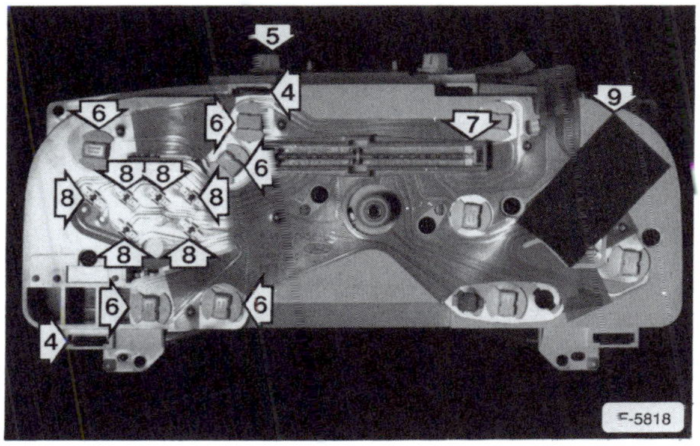

F-5818

- Dünnen Schraubendreher rechts in die Mehrfachsteckerfassung einführen –7–, Fassung lösen und abnehmen.
- Sämtliche Glühlampen, welche die Kontaktfolie befestigen, nach links drehen und herausnehmen.
- Clipse –8– der Kontaktplatte (Leiterfolie) vorsichtig von den Anschlüssen abziehen. Vorher Schaumstoff –9– abziehen.
- Kontaktplatte abnehmen.

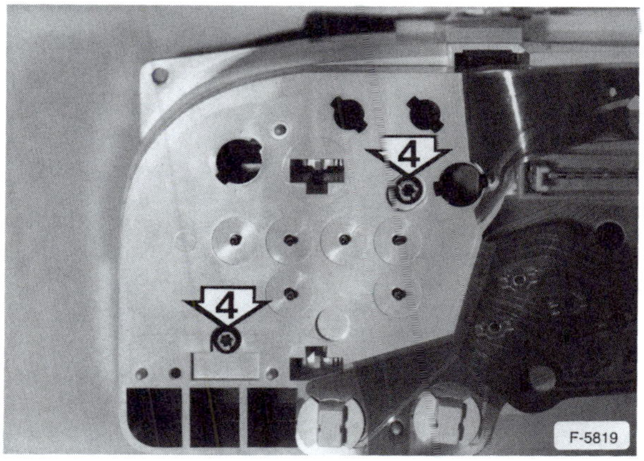

F-5819

- **Drehzahlmesser:** 2 Torxschrauben –4– herausdrehen, Drehzahlmesser herausnehmen. **Achtung:** Der Drehzahlmesser darf **nicht** längere Zeit mit der Vorderseite nach unten abgelegt werden, da sonst Silikon-Flüssigkeit austreten könnte.
- **Geschwindigkeitsmesser:** 2 Torxschrauben herausdrehen und Tacho herausnehmen.
- **Kraftstoffvorrats- und Kühlmitteltemperaturanzeiger:** 2 Torxschrauben herausdrehen, kombiniertes Anzeigegerät herausnehmen.

Einbau

- Jeweiliges Instrument einsetzen und anschrauben.
- Kontaktplatte ansetzen und durch gleichmäßigen Druck auf die Kontakthalter aufdrücken.
- Mehrfachsteckerfassung links einhängen, rechts herunterdrücken und einrasten.
- Sämtliche Glühlampen einsetzen, nach rechts drehen und arretieren.
- Abdeckscheibe einbauen.
- Schalttafeleinsatz einbauen.
- Batterie-Massekabel (–) anklemmen.
- Funktion der Instrumente prüfen.

Speziell ab 2/95

Die Armaturen werden von der Vorderseite her aus dem Schalttafeleinsatz herausgeschraubt. Daher ist es nicht erforderlich die Kontaktplatte abzubauen. Andrerseits ist es erforderlich zum Ausbau der Kontaktplatte vorher die Instrumente (Armaturen) auszubauen.

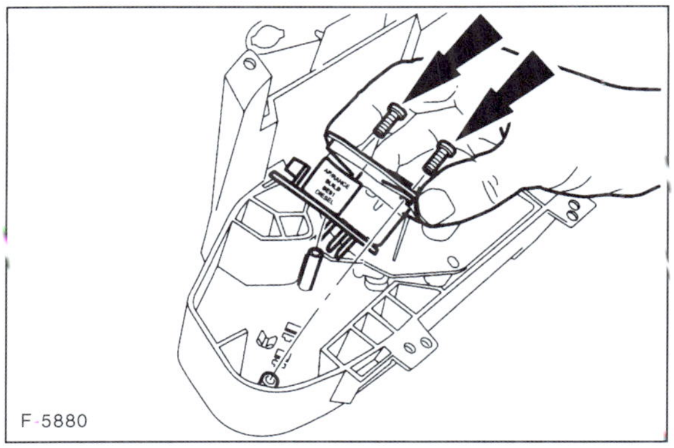
F-5880

- Drehzahlmesser mit 2 Schrauben abschrauben und herausnehmen.

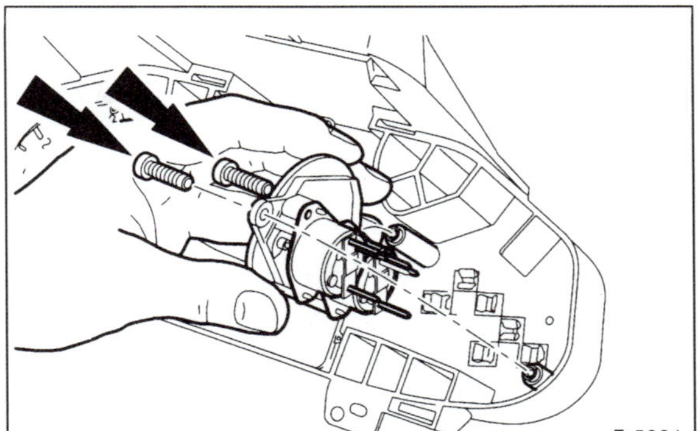

F-5881

- Tankanzeige/Kühlmitteltemperaturanzeige mit 2 Schrauben abschrauben und herausnehmen. **Achtung:** Die beiden Instrumente sind eine Einheit und können nicht getrennt werden.

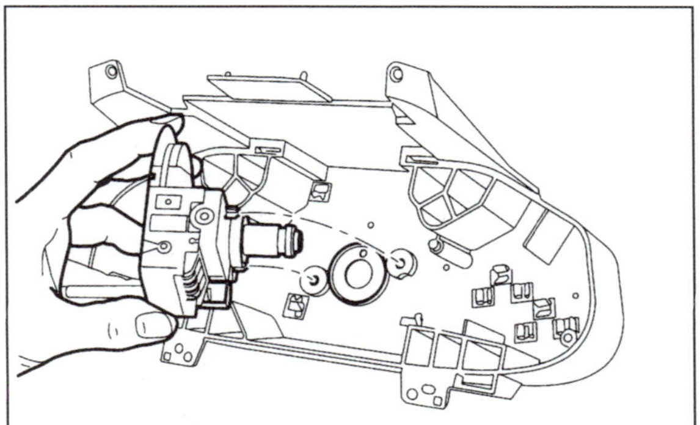

F-5882

- Tacho abschrauben und herausziehen.

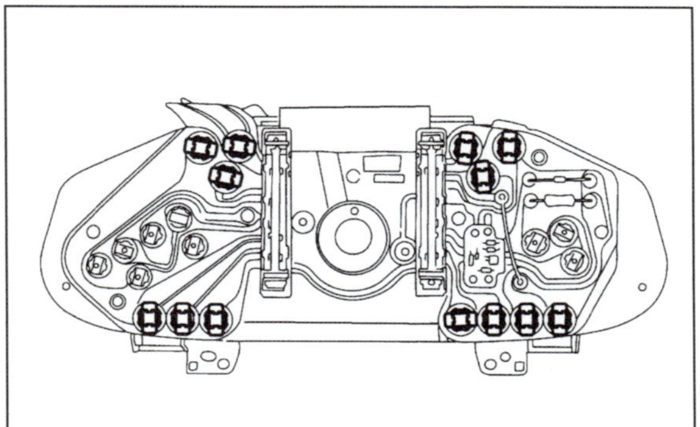

F-5883

- Defekte Kontrollampe nach links drehen und herausnehmen. **Achtung:** Glühlampe und Fassung bilden eine Einheit und können nur zusammen ersetzt werden.
- Der Einbau erfolgt in umgekehrter Reihenfolge.

Tachowelle aus- und einbauen

Ausbau

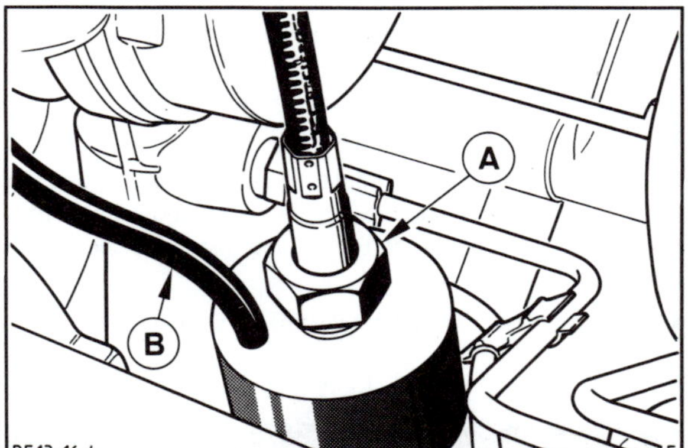

BE 13-16-4 E

- Überwurfmutter –A– am Getriebe abschrauben und Tachowelle herausziehen. B = Anschlußkabel für Geschwindigkeitssensor.
- Schalttafeleinsatz ausbauen.
- Verlegung der Tachowelle im Motorraum merken beziehungsweise notieren. **Achtung:** Eine falsch verlegte Tachowelle kann dazu führen, daß die Tachoanzeige schwankt, Geräusche im Bereich des Geschwindigkeitsmessers auftreten, oder daß die Tachowelle bricht.
- Im Motorraum Tachowelle aus den Clipsen lösen, gegebenenfalls Kabelbinder aufschneiden. Spritzwanddichtung abziehen und Tülle für Tachowelle aus dem Ausschnitt des Abdeckbleches herausziehen.
- Tülle für Tachowelle aus der Stirnwand herausdrücken.
- Tachowelle in den Motorraum durchziehen.

Einbau

- Neue Tüllen auf die Tachowelle schieben.
- Tachowelle in den Innenraum führen, Tülle in die Öffnung eindrücken.
- Tachowelle in den Geschwindigkeitsmesser einführen und einrasten. **Achtung:** Tachowelle **muß** einrasten. Festen Sitz der Tachowelle durch Ziehen an der Welle prüfen.
- Schalttafeleinsatz einbauen.
- Tachowelle im Motorraum einclipsen. Auf einwandfreie Verlegung der Tachowelle im Motoraum achten.
- Welle am Getriebe anschrauben.
- Dichtung für Spritzwand aufdrücken.
- Prüfen, ob sich die Tachowelle frei in der Gummitülle der Spritzwand bewegen läßt. Gegebenenfalls Tachowelle leicht einfetten. Der farbige Klebestreifen auf der Tachowelle muß sich in Höhe des Durchgangs durch die Spritzwand befinden, praktisch also in der Tülle drin.

Lenkstockschalter/Relais für Blinkanlage aus- und einbauen

Ausbau

- Lenkrad ausbauen, siehe Seite 140/142.
- Obere und untere Lenksäulenverkleidung abschrauben und abnehmen.
- Mehrfachstecker für Lenkstockschalter abziehen.

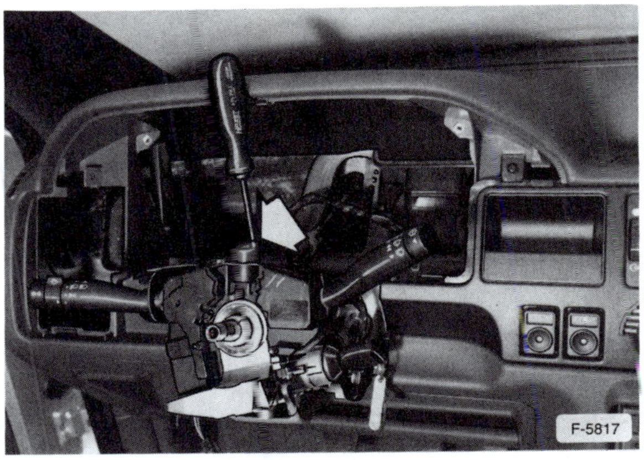

- 1 Schraube herausdrehen und Lenkstockschalter komplett nach oben abziehen. Schalttafeleinsatz und linke Belüftungsdüse brauchen nicht ausgebaut zu werden, wie in der Abbildung dargestellt.
- Relais für Blinkanlage unten am Blinkerschalter abziehen.

Einbau

- Relais für Warnblinkanlage aufschieben.
- Lenkstockschalter aufschieben und festschrauben.
- Mehrfachstecker für Lenkstockschalter aufschieben.
- Obere und untere Lenksäulenverkleidung anschrauben.
- Lenkrad einbauen, siehe Seite 140/142.
- Funktion des Lenkstockschalters prüfen. Dazu Zündung einschalten, Lenkstockschalter in die verschiedenen Schalterstellungen durchschalten und prüfen, ob die entsprechenden Verbraucher funktionieren.
- Auf einer Probefahrt prüfen, ob die Blinkerrückstellung funktioniert.

Glühlampe für Warnblinkschalter aus- und einbauen

Ausbau

- Rote Abdeckung für Warnblinkschalter nach oben abziehen.
- Glühlampe herausziehen.

Einbau

- Neue Glühlampe eindrücken.
- Rote Abdeckung aufdrücken.

Schalter für Leuchtweitenregulierung aus- und einbauen

Ausbau

- Linke Belüftungsdüse ausbauen, siehe Seite 206.
- Schalterknopf der Leuchtweitenregulierung abziehen.

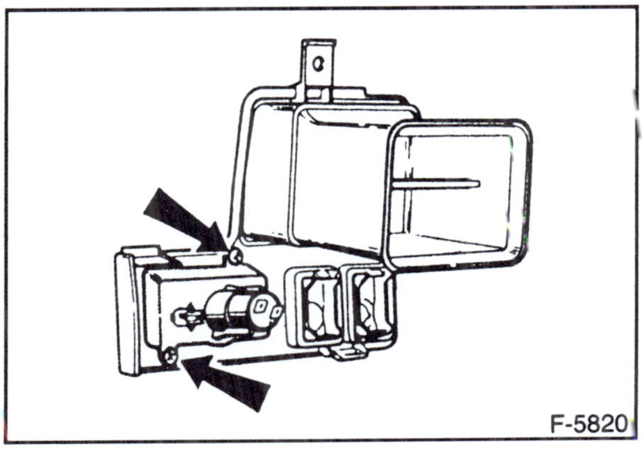

- 2 Schrauben aus dem Gehäuse der Schalterbeleuchtung herausdrehen.
- Gehäuse komplett mit Schalter abnehmen.

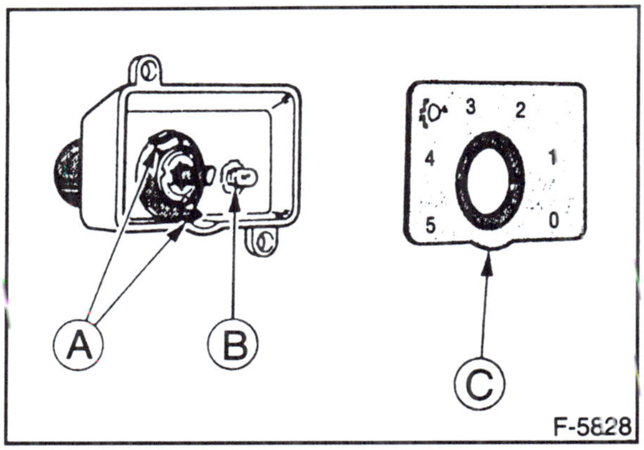

- Skalenfolie –C– vorsichtig vom Gehäuse abziehen.
- Beide Haltelaschen –A– zusammendrücken und Schalter nach vorn aus dem Gehäuse herausziehen. B = Glühlampe für Schalterbeleuchtung.

Einbau

- Schalter in das Gehäuse einrasten.
- Selbstklebende Skalenfolie auflegen und am Rand vorsichtig andrücken.
- Gehäuse für Schalterbeleuchtung in den Ausschnitt der Belüftungsdüse einsetzen und mit 2 Schrauben anschrauben.
- Schalterknopf aufstecken.
- Belüftungsdüse einbauen, siehe Seite 206.
- Funktion der Leuchtweitenregulierung bei eingeschaltetem Abblendlicht prüfen, siehe Kapitel »Scheinwerfer einstellen«.

Schalter/Leuchte für Handschuhkasten aus- und einbauen

Ausbau

- Batterie-Massekabel (–) abklemmen. **Achtung:** Dadurch werden aus dem Speicher des elektronischen Einspritz-Steuergerätes »Betriebswerte« und aus dem Speicher des Radios der Keycode für die Diebstahlsicherung sowie die eingestellten Sender gelöscht. Vor dem Abklemmen daher unbedingt Hinweise im Kapitel »Batterie aus- und einbauen« durchlesen.
- Handschuhkasten öffnen.

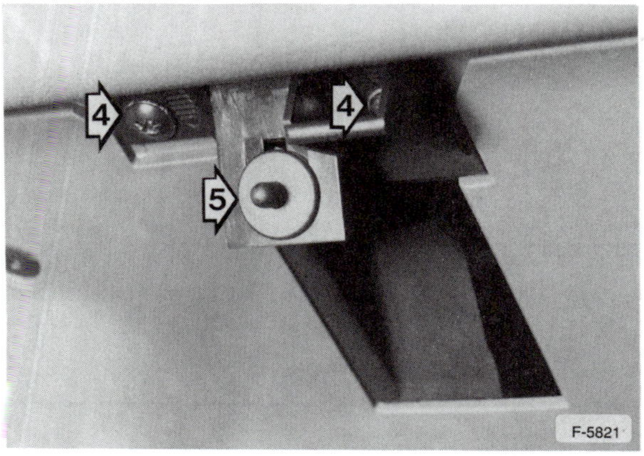

F-5821

- 2 Kreuzschlitzschrauben –4– herausdrehen und Schaltereinheit –5– abziehen.
- Schalter mit flachem Schraubendreher vorsichtig herausdrücken.
- Glühlampe eindrücken, nach links drehen und herausnehmen.

Einbau

- Glühlampe eindrücken und durch Rechtsdrehen arretieren.
- Schalter in den Halter einrasten.
- Schaltereinheit anschrauben.
- Batterie-Massekabel (–) anklemmen.
- Funktion der Beleuchtung prüfen.

Zeituhr aus- und einbauen

Ausbau

- Batterie-Massekabel (–) abklemmen. **Achtung:** Dadurch werden aus dem Speicher des elektronischen Einspritz-Steuergerätes »Betriebswerte« und aus dem Speicher des Radios der Keycode für die Diebstahlsicherung sowie die eingestellten Sender gelöscht. Vor dem Abklemmen daher unbedingt Hinweise im Kapitel »Batterie aus- und einbauen« durchlesen.

F-5822

- Schmalen Schraubendreher zwischen Zeituhr und Armaturenbrett einführen. Dabei Lappen oder Papierpolster unterlegen, damit die Einfassung nicht zerkratzt wird.
- Zeituhr vorsichtig heraushebeln.
- Mehrfachstecker abziehen.

Einbau

- Mehrfachstecker aufschieben.
- Zeituhr in die Öffnung des Armaturenbretts eindrücken.
- Batterie-Massekabel (–) anklemmen.
- Funktion der Zeituhr prüfen, Zeit einstellen.

Speziell ab 2/95

- Blende für Schalttafeleinsatz ausbauen, siehe Seite 239.
- Falls die Glühlampen für Zeituhr ausgebaut werden sollen: Von der Rückseite der Blende her, an der Zeituhr die Glühlampen mit Fassung nach links drehen und herausnehmen.
- Zeituhr mit 3 Schrauben von der Blende abschrauben.

Schalter für Nebellicht/heizbare Front- und Heckscheibe aus- und einbauen

Ausbau

- Batterie-Massekabel (–) abklemmen. **Achtung:** Dadurch werden aus dem Speicher des elektronischen Einspritz-Steuergerätes »Betriebswerte« und aus dem Speicher des Radios der Keycode für die Diebstahlsicherung sowie die eingestellten Sender gelöscht. Vor dem Abklemmen daher unbedingt Hinweise im Kapitel »Batterie aus- und einbauen« durchlesen.

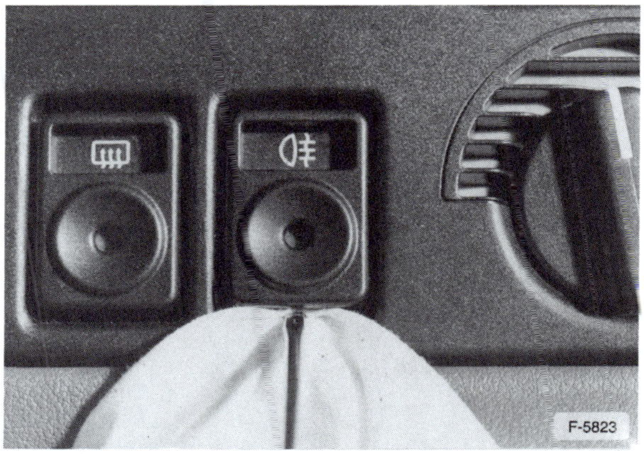

- Schmalen Schraubendreher zwischen Schalter und Armaturenbrett einführen. Dabei Lappen oder Papierpolster unterlegen, damit die Einfassung nicht zerkratzt wird.
- Schalter vorsichtig heraushebeln, dabei Schraubendreher abwechselnd oben und unten ansetzen. Schraubendreher nicht zu flach ansetzen, sonst wird nur der Deckel des Schalters abgedrückt.
- Mehrfachstecker abziehen.

Einbau

- Mehrfachstecker aufschieben.
- Schalter in die Öffnung des Armaturenbretts eindrücken.
- Batterie-Massekabel (–) anklemmen.
- Funktion der Schalter prüfen.

Speziell ab 2/95

- Blende für Schalttafeleinsatz ausbauen, siehe Seite 239.
- Von der Rückseite der Blende her Schalter herausdrücken.

Bremslichtschalter prüfen/ersetzen

Der Bremslichtschalter sitzt im Fußraum am Pedalbock für das Bremspedal.

Prüfen

- Wenn das Bremslicht nicht aufleuchtet, zuerst Sicherung Nr. 27 überprüfen. Anschließend Glühlampen überprüfen. Wenn die betreffenden Glühlampen nicht defekt sind, Bremslichtschalter überprüfen.
- Stecker vom Bremslichtschalter abziehen.
- Zündung einschalten.
- Beide Kontakte im Kabelstecker des Bremslichtschalters mit einer kurzen Hilfsleitung verbinden. Wenn das Bremslicht jetzt aufleuchtet, Bremslichtschalter auswechseln.

Ausbau

- Batterie-Massekabel (–) abklemmen. **Achtung:** Dadurch werden aus dem Speicher des elektronischen Einspritz-Steuergerätes »Betriebswerte« und aus dem Speicher des Radios der Keycode für die Diebstahlsicherung sowie die eingestellten Sender gelöscht. Vor dem Abklemmen daher unbedingt Hinweise im Kapitel »Batterie aus- und einbauen« durchlesen.
- Kabelstecker vom Schalter abziehen

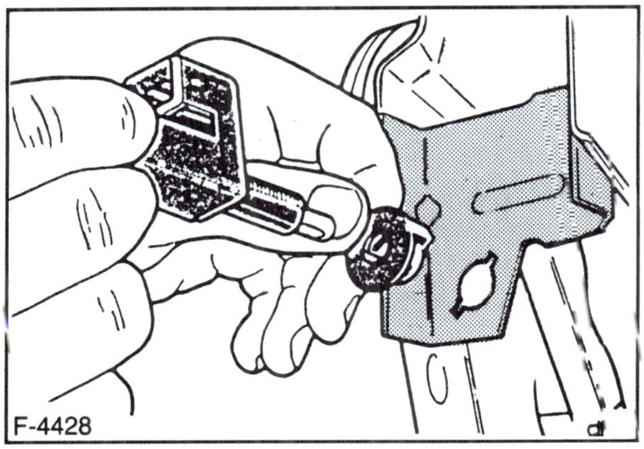

- Bremspedal etwas herunterdrücken, Schalter durch Linksdrehen lösen und herausziehen.

Einbau

- Schalter in die Öffnung des Halterings einsetzen, auf die Pedalstütze drücken und im Uhrzeigersinn drehen.
- Mehrfachstecker aufschieben.
- Batterie-Massekabel (–) anklemmen.
- Kontrollieren, ob das Bremslicht bei eingeschalteter Zündung aufleuchtet.

Schalter einstellen

- Schalter so einstellen, daß das Bremslicht noch nicht leuchtet, wenn das Bremspedal ca. 5 mm betätigt wird. Innerhalb der nächsten 20 mm Bremspedalweg soll der Bremslichtschalter ansprechen. Die Bremspedalstellung wird immer von der Pedalmitte aus gemessen.

Glühlampe für Schaltskala aus- und einbauen

Nur Automatik-Fahrzeuge

Ausbau

- Batterie-Massekabel (–) abklemmen. **Achtung:** Dadurch werden aus dem Speicher des elektronischen Einspritz-Steuergerätes »Betriebswerte« und aus dem Speicher des Radios der Keycode für die Diebstahlsicherung sowie die eingestellten Sender gelöscht. Vor dem Abklemmen daher unbedingt Hinweise im Kapitel »Batterie aus- und einbauen« durchlesen.
- Mit flachem Schraubendreher die Schaltskala-Abdeckung vorsichtig abhebeln, dabei Lappen oder Papierpolster unterlegen, damit die Mittelkonsole nicht zerkratzt wird.

F-5829

- Lampenfassung aus der Schaltskala herausziehen und Abdeckung für Glühlampe abziehen.
- Glühlampe etwas hineindrücken, nach links drehen und herausnehmen.

Einbau

- Glühlampe etwas hineindrücken und durch Rechtsdrehen arretieren.
- Abdeckung anbringen und Lampenfassung einrasten.
- Batterie-Massekabel (–) anklemmen.
- Abblendlicht einschalten und Funktion der Glühlampe prüfen.
- Deckel für Schaltskala ansetzen und aufdrücken.

Radio aus- und einbauen

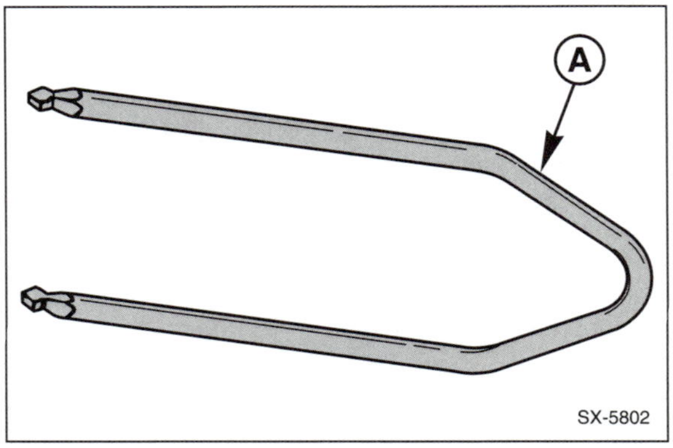

SX-5802

Das vom Werk eingebaute Radiogerät ist mit einer Einschubhalterung ausgestattet, die den schnellen Ein- und Ausbau des Radios ermöglicht. Allerdings gelingt das nur mit 2 Ausziehbügeln –A–, die beim Kauf des Radios beigelegt oder im Fachhandel erhältlich sind.

Achtung: Ab ca. 8/95 hat das werksseitig eingebaute Radio andere Abmessungen. Und zwar hat sich die Bauhöhe von 60 mm auf 100 mm vergrößert. Für den Aus- und Einbau ergeben sich jedoch keine Änderungen.

Ausbau

- Batterie-Massekabel (–) abklemmen. **Achtung:** Dadurch werden aus dem Speicher des elektronischen Einspritz-Steuergerätes »Betriebswerte« und aus dem Speicher des Radios der Keycode für die Diebstahlsicherung sowie die eingestellten Sender gelöscht. Vor dem Abklemmen daher unbedingt Hinweise im Kapitel »Batterie aus- und einbauen« durchlesen.

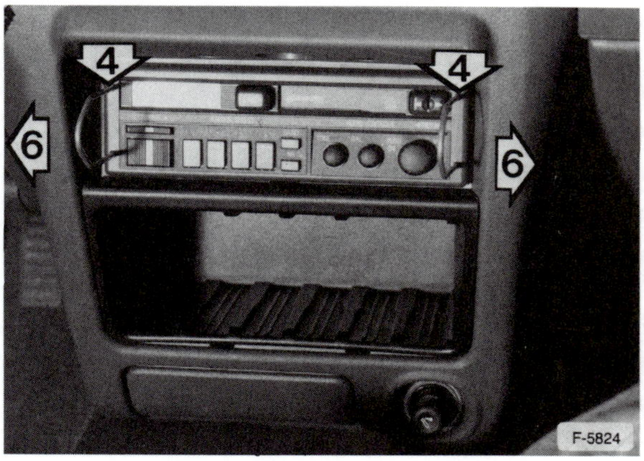

F-5824

- Beide Auszieher links und rechts in die Öffnungen der Frontplatte einführen und einrasten.

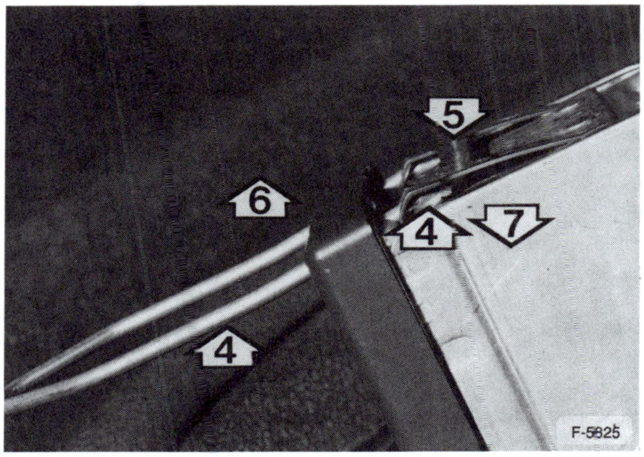

● Auszieher –4– leicht nach außen drücken –6–, dadurch werden die Haltelaschen –5– nach innen gedrückt –7–. In dieser Stellung Radio gleichmäßig herausziehen. Radio beim Herausziehen nicht verkanten.

Achtung: Wenn sich das Radio auf diese Weise nicht herausziehen läßt, weil es in der Führung klemmt oder weil die Auszieher nicht zur Verfügung stehen, ist folgendermaßen vorzugehen: Ablageschale unter dem Radio mit 2 Schrauben abschrauben und herausziehen. Durch die Öffnung der Ablageschale die beiden Haltelaschen –5– mit den Fingern nach innen drücken und gleichzeitig das Radio herausschieben.

● Steckverbindungen für Lautsprecher mit Tesaband kennzeichnen (links/rechts) und abziehen. Stecker für Antennenleitung herausziehen. Steckverbindung für B+ und Masse abziehen.

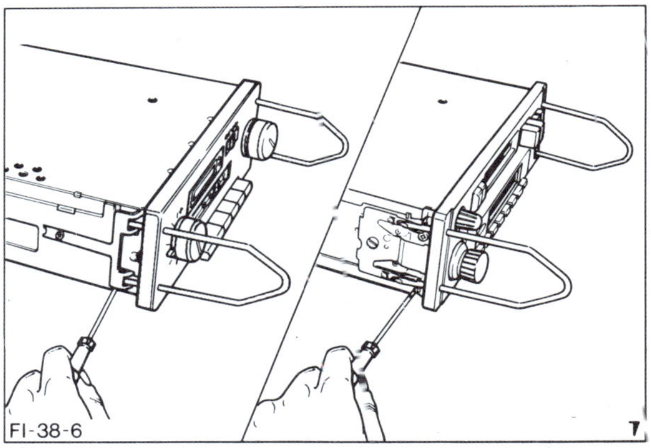

● Auszieher abnehmen. Dazu Halteclipse mit kleinem Schraubendreher zusammendrücken.

Einbau

● Elektrische Anschlüsse und Antenne an der Rückseite des Radiogerätes anbringen, siehe unter »Ausbau«.

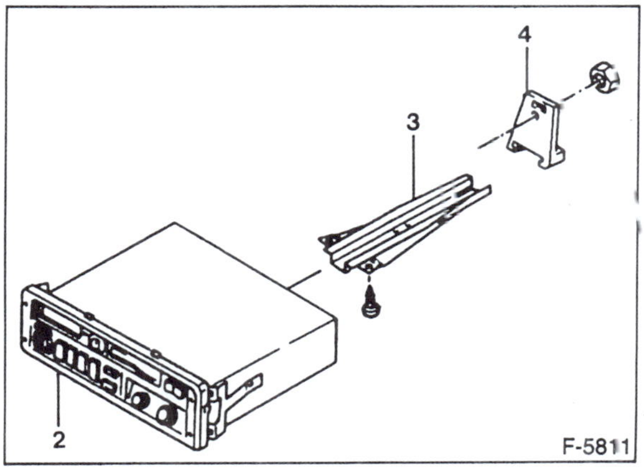

● Plastikhalterung –4– in die Schiene –3– einsetzen und Radio –2– so weit in die Armaturentafel eindrücken, bis die Haltefedern einrasten.

● Batterie-Massekabel (–) anklemmen.

● Radio einschalten und Funktion überprüfen. Falls das Radio mit einer Keycode-Diebstahlsicherung ausgerüstet ist, Keycode neu eingeben. Nach Wiederherstellen der Stromzufuhr funktioniert das Gerät erst wieder wenn der richtige Keycode eingegeben wurde.

Keycode eingeben (bis ca. 7/95)

Der Keycode ist auf der Keycodekarte eingetragen, die der Radio-Bedienungsanleitung beiliegt. Bei Verlust kann der FORD-Händler aufgrund von Radiotyp, Seriennummer und Eigentumsnachweis den Keycode beim Werk in Erfahrung bringen.

● Zündschlüssel in Stellung »1« drehen.

● Radio einschalten, es blinken dann entweder drei Striche oder das Wort »CODE« und 3 Striche im Display.

● Mit den Stationstasten 1 bis 3 den dreistelligen Code eingeben. Dabei wird mit Taste 1 die erste Stelle, mit Taste 2 die zweite Stelle und mit Taste 3 die dritte Stelle eingegeben.

● Sobald der richtige, dreistellige Keycode im Display erscheint, Stationstaste 4 drücken. Daraufhin erscheint im Display eine Frequenz und das Gerät ist jetzt voll funktionsfähig.

Achtung: Es sind nur 10 Keycode-Eingabeversuche möglich. Durch jeden weiteren Versuch wird das Gerät dauerhaft funktionsunfähig. Das heißt es ist blockiert und muß neu programmiert werden. Mit dem Zündschlüssel in Stellung 1 und eingeschaltetem Gerät sind zu Anfang 3 aufeinanderfolgende Eingaben möglich. Wenn 3 falsche Codes eingegeben wurden, folgt eine Wartezeit von 30 Minuten, während der das Gerät eingeschaltet und der Zündschlüssel in Stellung »1« bleiben muß. Das Display zeigt eine Daueranzeige von 3 Strichen. Nach ungefähr 30 Minuten zeigt ein Blinken der Striche an, daß eine weitere Keycode-Eingabe erfolgen kann. Insgesamt sind 10 Versuche möglich. Durch einen weiteren Versuch wird das Gerät blockiert.

Keycode eingeben (ab ca. 8/95)

- Stromversorgung herstellen, Radio einschalten. In der Radioanzeige erscheint »CODE _ _ _ _« oder »COdE«.
- Mit Hilfe der Stationstasten 1 bis 4 die geheime Code-Nummer eingeben. Dabei zunächst die Stationstaste 1 so oft drücken, bis die erste Ziffer im Display richtig angezeigt wird. Mit Taste 2 die zweite Stelle usw. eingeben.
- Wenn anstelle der 4 Striche die richtige Codenummer erscheint, die Stationstaste 5 am Radio drücken. Das Radio ist nun betriebsbereit.

Achtung: Wird versehentlich eine falsche Code-Nummer eingegeben, kann der gesamte Vorgang **zweimal** wiederholt werden. Wird erneut eine falsche Code-Nummer eingegeben, ist das Radio für ca. 30 Minuten gesperrt, es kann nicht in Betrieb genommen werden. In der Anzeige erscheint dann »WAIT 30M« mit Restzeitanzeige. Nach Ablauf von 30 Minuten – das Gerät muß dabei eingeschaltet bleiben – kann die elektronische Sperre wieder aufgehoben werden. Dieser Zyklus gilt für alle weiteren Versuche. Nach **10 Fehlversuchen** erscheint im Display »LOCK 10« oder »LOCKED 10« und das Gerät bleibt gesperrt! Es muß dann zum Hersteller eingesandt werden, damit die Sperre aufgehoben wird.

Hinweis: Zusätzlich zu dem Anti-Diebstahl-Code kann bei einigen FORD-Radios auch das Kfz-Kennzeichen oder die Fahrgestellnummer gespeichert werden. Einmal eingegeben, bleibt sie permanent gespeichert und wird auch nicht gelöscht, wenn die Batterie abgeklemmt oder die ursprüngliche Nummer aus irgendeinem Grund geändert wird.

- Sender neu speichern.

Lautsprecher aus- und einbauen

Türlautsprecher vorn

- Türverkleidung ausbauen, siehe Seite 185.
- Lautsprecher mit 2 oder 3 Kreuzschlitzschrauben abschrauben und herausnehmen.
- Lautsprecherkabel abziehen.
- Kabel anschließen, Lautsprecher anschrauben.
- Lautsprecher auf Funktion prüfen.
- Türverkleidung einbauen, siehe Seite 185.

Seitenlautsprecher hinten

Achtung: Die Lautsprecherkabel zu den hinteren Lautsprechern sind rechts und links unter den Verkleidungen der Einstiegleisten verlegt.

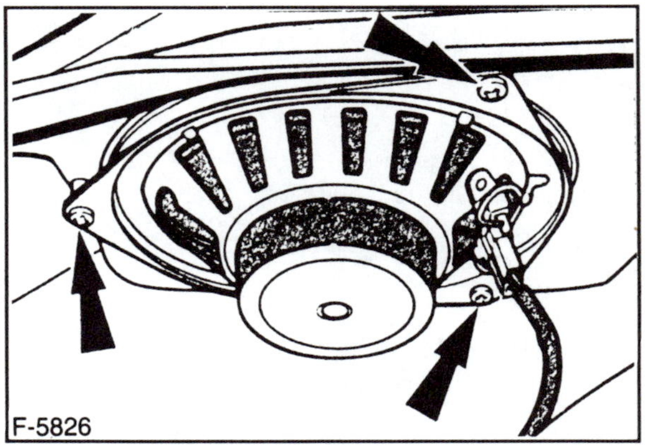

F-5826

- Von unten 3 Kreuzschlitzschrauben herausdrehen und Lautsprecher absenken.
- Anschlußkabel abziehen.
- Kabel anschließen.
- Lautsprecher ansetzen, ausrichten und mit 3 Schrauben befestigen.
- Lautsprecher auf Funktion prüfen.

Antenne aus- und einbauen

Achtung: Das Antennenkabel ist vom Dachbefestigungspunkt über die rechte A-Säule (Dachsäule vor der Vordertür) durch das Armaturenbrett zum Radio verlegt.

Ausbau

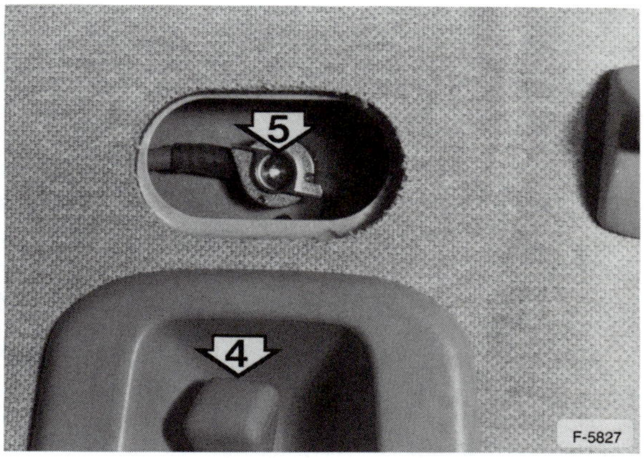

F-5827

- Abdeckung vor der Schiebedachkurbel –4– mit flachem Schraubendreher abhebeln. Dazu Lappen unterlegen.
- Durch die Öffnung Torxschraube –5– herausdrehen.
- Antenne und Antennenfuß mit Kabel vom Dach abnehmen.

Einbau

- Antenne auf dem Dach ansetzen und Antennenfuß von unten festschrauben. Darauf achten, daß die Aufnahmehülse der Torxschraube korrekt im Dach sitzt.
- Antenne auf Funktion prüfen.
- Abdeckung eindrücken.

Die Scheibenwischanlage

Scheibenwischergummi ersetzen

Ausbau

- Wischerblatt hochklappen und einrasten.

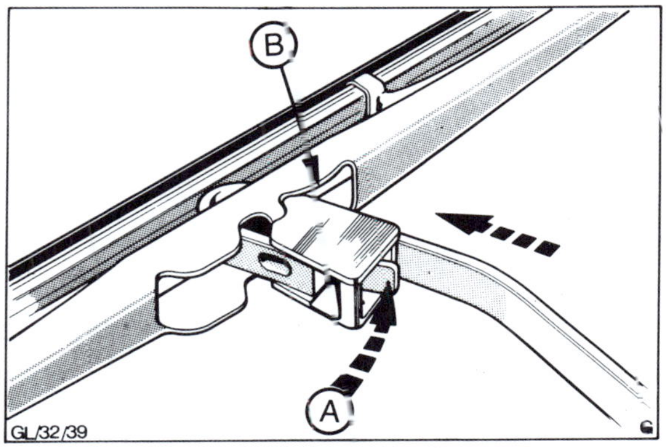

- Wischerblatt senkrecht zum Wischerarm stellen.
- Federklammer –A– niederdrücken und Wischerblatt nach unten aus dem Haken am Wischerarm schieben.
- Wischerblatt nach oben schieben und durch die Öffnung –B– vom Haken des Wischerarms abnehmen.

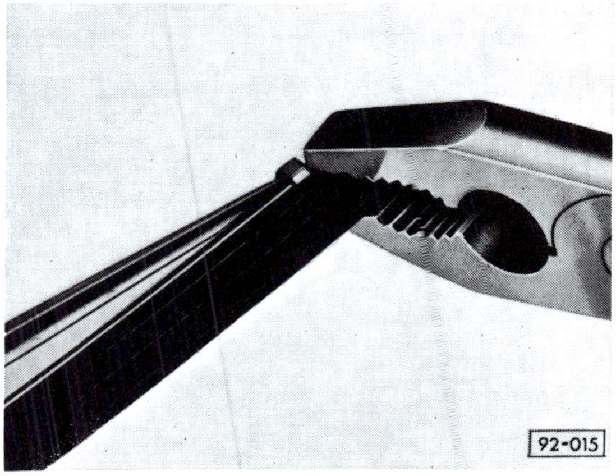

- An der geschlossenen Seite des Wischgummis beide Stahlschienen mit Kombizange zusammendrücken, seitlich aus der oberen Klammer herausnehmen und Gummi komplett mit Schienen aus den restlichen Klammern des Wischerblattes herausziehen.

Einbau

- Neues Wischgummi ohne Halteschienen in die eine Klammer des Wischerblattes lose einlegen.

- Beide Schienen so in das Wischgummi einführen, daß die Aussparungen der Schienen zum Gummi zeigen und in die Gumminasen der Rille einrasten.
- Beide Stahlschienen und das Gummi mit Kombizange zusammendrücken und so in die andere Klammer einsetzen, daß die Klammernasen beidseitig in die Haltenuten des Wischgummis einrasten.
- Wischerblatt über den Wischerarm schieben und Federklammer in den Haken des Wischerarms einclipsen.
- Wischerarm zurückklappen. Darauf achten, daß das Wischgummi überall an der Scheibe anliegt.

Scheibenwaschdüse einstellen/ aus- und einbauen

Einstellen

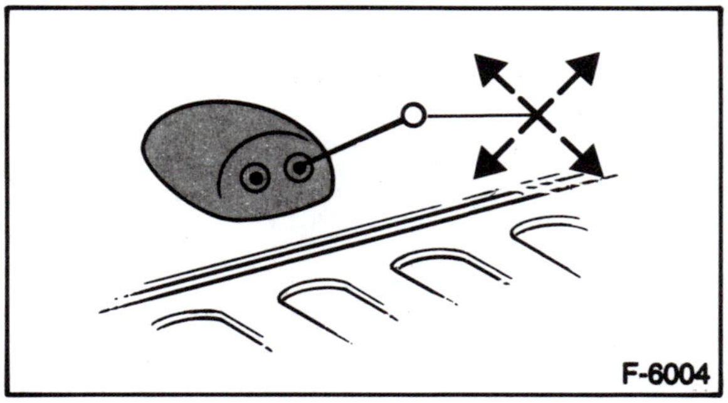

- Die Spritzrichtungen der Düsen können gegebenenfalls mit einer Nadel korrigiert werden.

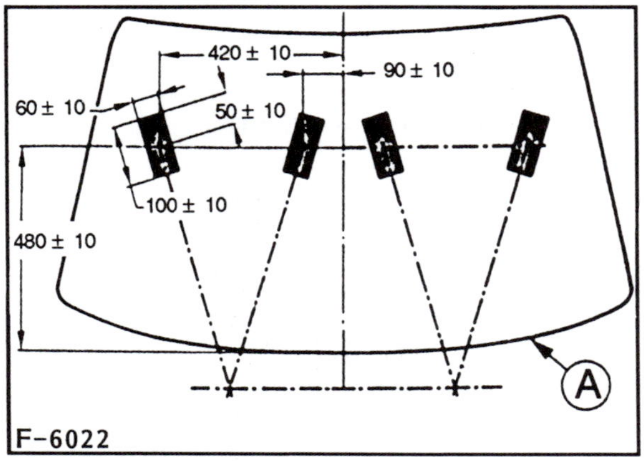

- Düseneinstelldiagramm für die Windschutzscheibe; Maße in mm. A = Kante Windlaufgrill.

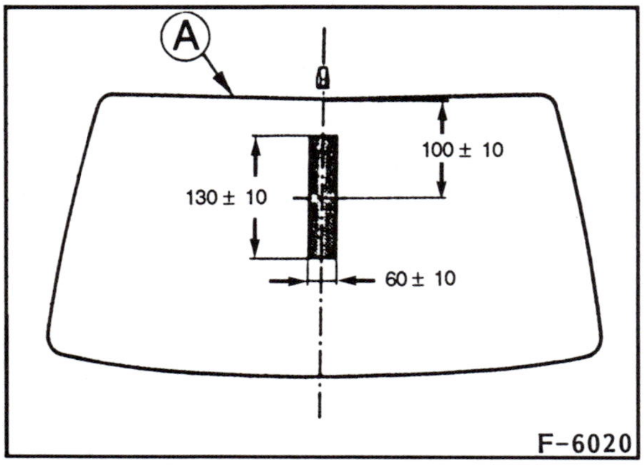

- Düseneinstelldiagramm für die Heckscheibe; Maße in mm. A = Kante Heckscheibe.

Ausbau

- Motorhaube öffnen.

- Winkelstück –4– mit Waschwasserschlauch von der Düse –5– abziehen.
- Spritzdüse mit dem Finger aus der Motorhaube herausdrücken.

Einbau

- Düse in die Öffnung der Motorhaube eindrücken und einrasten.
- Wasserschlauch mit Winkelstück aufschieben.
- Motorhaube schließen.
- Spritzrichtung der Düse einstellen.

Pumpe für Scheibenwaschanlage prüfen/ersetzen

Die vordere und hintere Scheibenwaschanlage werden aus einem gemeinsamen Vorratsbehälter versorgt, der sich vor dem linken Vorderrad befindet. Je nach Drehrichtung der Pumpe wird das Waschwasser entweder zur Windschutzscheibe oder zur Heckscheibe gefördert.

Prüfen

- Linken Innenkotflügel ausbauen, siehe Seite 176.

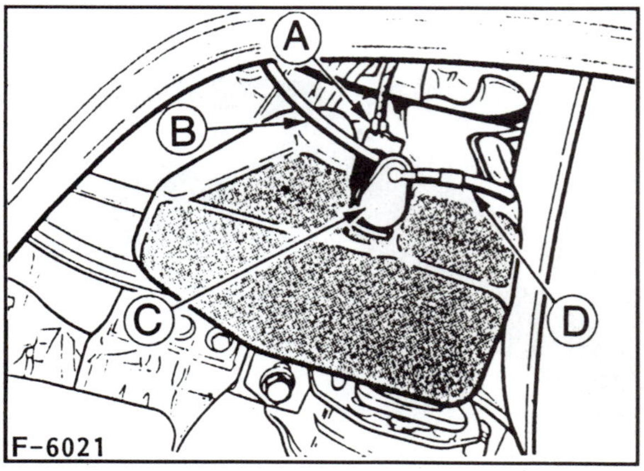

- Mehrfachstecker –A– von der Pumpe –C– abziehen.

- Spannungsprüfer an den Stecker anschließen. Zündung einschalten und Schalter für Scheibenwaschanlage betätigen. Wenn Spannung anliegt, Pumpe ersetzen. Für diese Prüfung kann auch eine Prüflampe verwendet werden.

Ersetzen

- Neue Pumpe bereitlegen.
- Bisherige Pumpe herausziehen. Öffnung des Behälters mit dem Finger zuhalten. Gegebenenfalls Dichtung für Pumpe abnehmen. Anschließend neue Pumpe mit neuer Dichtung einstecken.
- Schläuche umstecken. B = Schlauch für Heckscheiben-Waschanlage, D = Schlauch für Windschutzscheiben-Waschanlage. Der Schlauch mit dem weißen Klebeband –D– kommt auf den weißen Anschlußstutzen.
- Mehrfachstecker aufschieben und einrasten.
- Falls erforderlich, Scheibenwaschbehälter auffüllen.
- Scheibenwaschpumpe auf Funktion prüfen.
- Innenkotflügel einbauen, siehe Seite 176.

Scheibenwischeranlage vorn

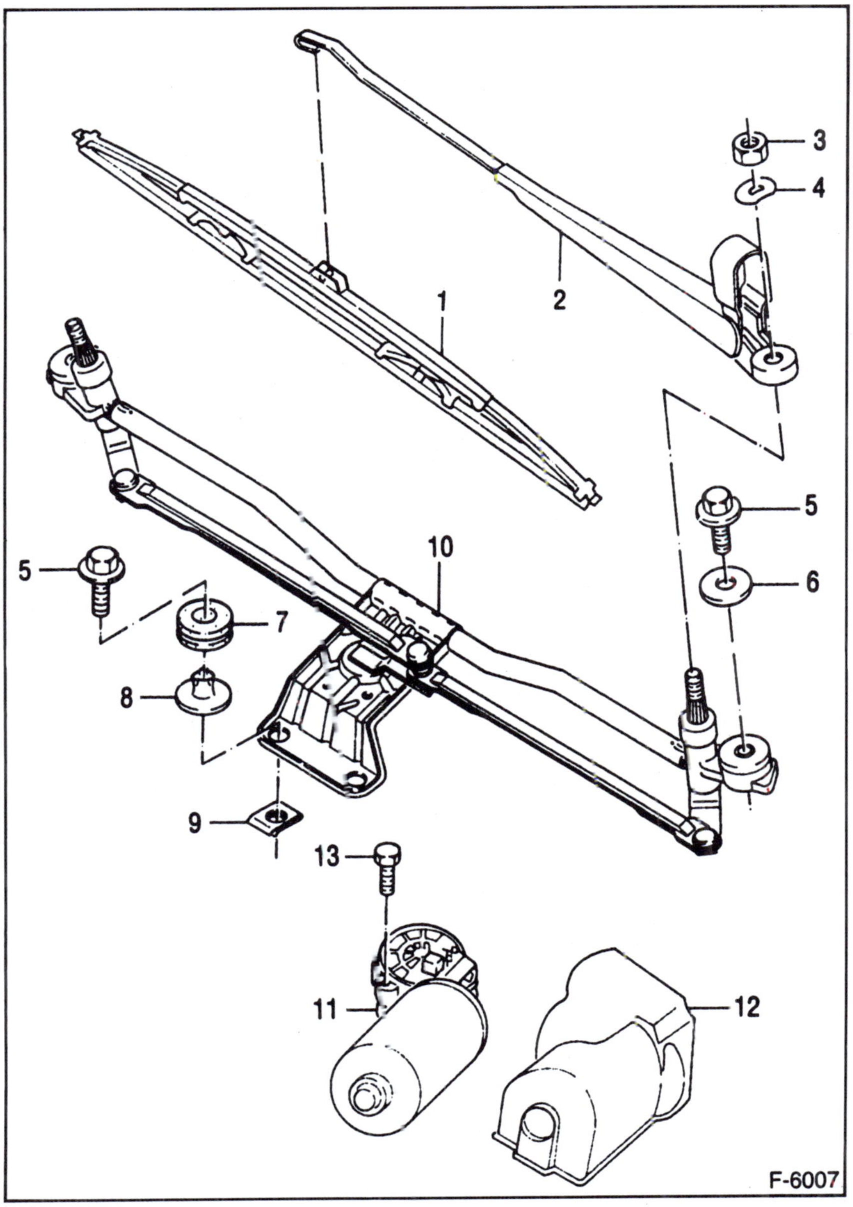

1 – **Wischerblatt**
2 – **Wischerarm**
3 – **Sechskantmutter**
4 – **Federscheibe**
5 – **Schraube mit Ansatz**
6 – **Spezialscheibe**
7 – **Gummitülle**
8 – **Büchse**
9 – **Federmutter**
10 – **Scheibenwischergestänge**
11 – **Wischermotor**
12 – **Schutzkappe**
13 – **Sechskantschraube**

Scheibenwischermotor vorn aus- und einbauen

Ausbau

- Batterie-Massekabel (–) abklemmen. **Achtung:** Dadurch werden aus dem Speicher des elektronischen Einspritz-Steuergerätes »Betriebswerte« und aus dem Speicher des Radios der Keycode für die Diebstahlsicherung sowie die eingestellten Sender gelöscht. Vor dem Abklemmen daher unbedingt Hinweise im Kapitel »Batterie aus- und einbauen« durchlesen.

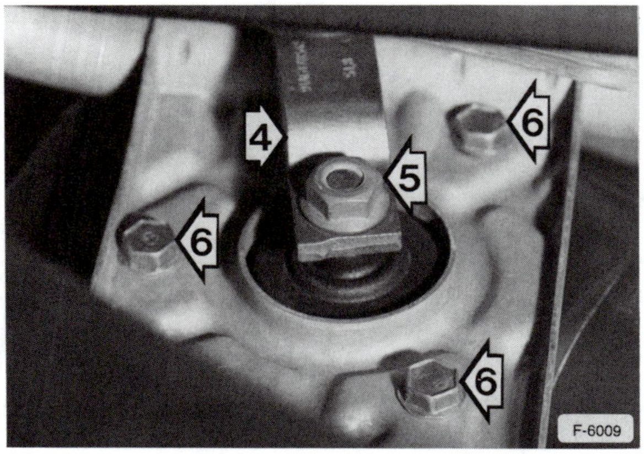

- Mutter –5– von der Antriebswelle abschrauben und Kurbel –4– vom Konus abziehen.
- 3 Befestigungsschrauben –6– für Wischermotor herausdrehen.
- Wischermotor seitlich vom Halter abnehmen.

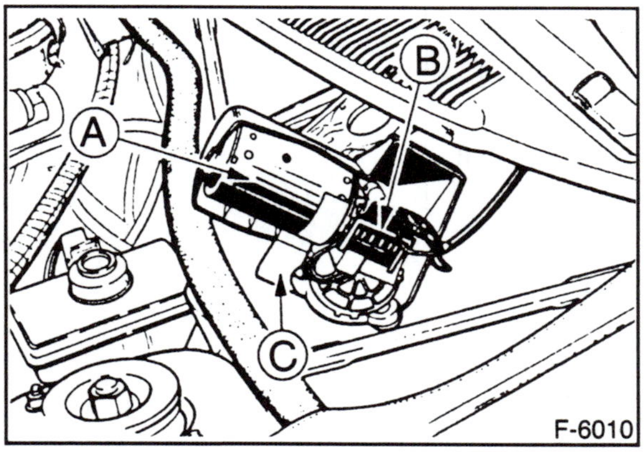

- Mehrfachstecker –B– abziehen.
- Motor –A– herausheben und Abdeckung –C– vom Motor abnehmen.

Einbau

Achtung: Vor dem Einbau prüfen, ob sich der Wischermotor in Endstellung befindet. Dazu kurzzeitig Mehrfachstecker aufschieben und Batterie-Massekabel anschließen. Motor kurz laufen lassen und anschließend mit Wischerschalter ausschalten, damit der Motor in Endstellung stehenbleibt.

- Abdeckung auf Motor aufstecken und Mehrfachstecker anschließen.
- Wischermotor einsetzen und mit 3 Schrauben am Halter anschrauben.
- Keil der Kurbel in die Nut am Konus der Antriebswelle einsetzen und Kurbel mit Mutter festschrauben.
- Batterie-Massekabel (–) anklemmen.

Scheibenwischergestänge/ Tandemlager aus- und einbauen

Ausbau

- Windschutzscheibe mit Wasser benetzen.
- Scheibenwischeranlage ca. 2 Minuten laufen lassen und mit dem Scheibenwischerschalter abschalten. Dadurch läuft der Wischer in die Endstellung.
- Ruhestellung der Wischerblätter auf der Windschutzscheibe mit Abdeck-Klebeband markieren. Dazu einen Streifen Klebeband direkt neben das Wischerblatt auf die Windschutzscheibe kleben. Beim Einbau wird der Wischerarm wieder so auf die Verzahnung des Tandemlagers gesetzt, daß sich das Wischerblatt direkt neben dem Klebestreifen befindet.
- Batterie-Massekabel (–) abklemmen. **Achtung:** Dadurch werden aus dem Speicher des elektronischen Einspritz-Steuergerätes »Betriebswerte« und aus dem Speicher des Radios der Keycode für die Diebstahlsicherung sowie die eingestellten Sender gelöscht. Vor dem Abklemmen daher unbedingt Hinweise im Kapitel »Batterie aus- und einbauen« durchlesen.

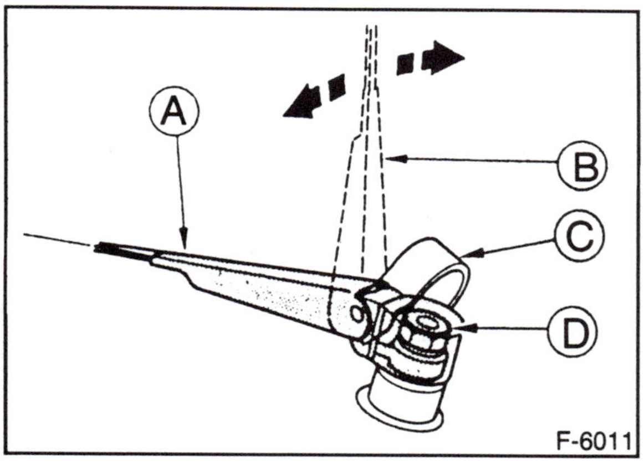

- Scheibenwischerarme ausbauen. Dazu Kunststoffkappe –C– hochklappen.
- Befestigungsmutter –D– ca. 2 Umdrehungen lösen.
- Wischerarm von der Scheibe abheben (Position –A–) und hochklappen (Position –B–). Wischerarm durch seitliche Bewegungen –Pfeile– vom Konus des Tandemlagers lösen. Festsitzenden Wischerarm mit Schlagauszieher 1966-5 von HAZET lösen.
- Wischerarm wieder zurückklappen, Mutter abschrauben und Wischerarm abnehmen.

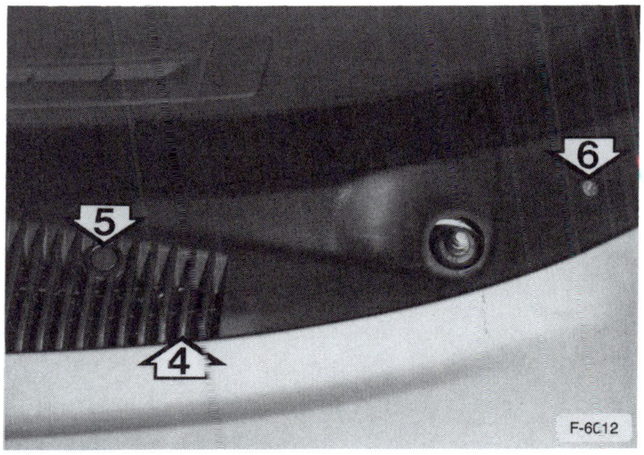

- Windlaufgrill –4– ausbauen. Dazu Abdeckkappen –5– mit schmalem Schraubendreher abhebeln und 6 Kreuzschlitzschrauben –6– herausdrehen.

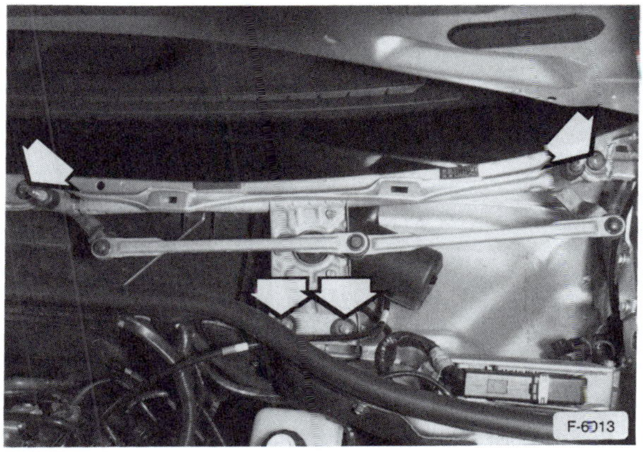

- 4 Befestigungsschrauben herausdrehen und Wischergestänge mit Motor herausheben.
- Mehrfachstecker vom Wischermotor abziehen.
- Gestänge mit Gabelschlüssel von den Kugelköpfen der Tandemlager abdrücken.

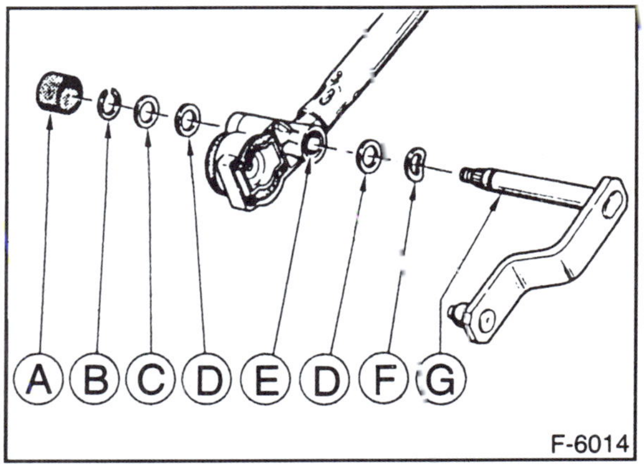

- Kappe –A– für Tandemlager vom Gehäuse abziehen.
- Sicherungsring –B– sowie 2 Scheiben (C = 1,8 mm, D = 0,15 mm) abnehmen und Tandemachse –G– aus der Buchse –E– herausziehen. Die Scheiben –D– und –F– von der Tandemachse abnehmen.

Einbau

Achtung: Falls die Lauffläche eines Kugelkopfes beschädigt ist, muß die Tandemachse beziehungsweise die Kurbel der Antriebswelle erneuert werden.

- Federscheibe –F– und Scheibe –D– auf die Tandemachse auflegen. Achse einfetten und einsetzen. Die Werkstatt verwendet hierfür das Fett FORD-SAM-1C-9111-A.
- 2 Scheiben –C– und –D– in der gezeigten Reihenfolge auflegen und Tandemachse mit Sicherungsring –B– sichern. Abdeckkappe –A– aufstecken.

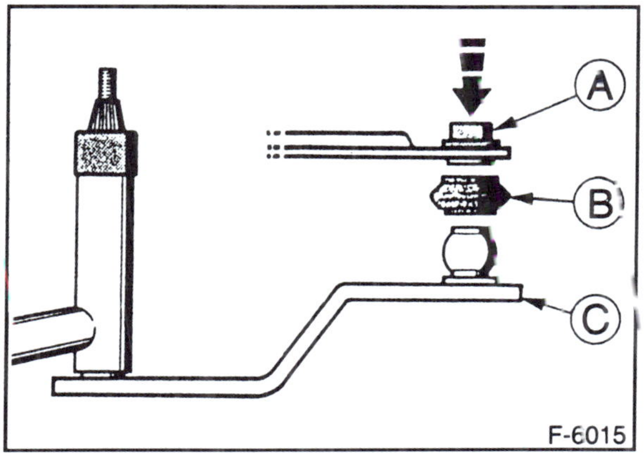

- Lagerschale –A– des Wischergestänges und neuen Gummibalg –B– einfetten (FORD-SAM-1C-9111-A).
- Gummibalg über den Rand der Lagerschale auflegen. Wischergestänge auf den entsprechenden Kugelkopf des Tandemlagers –C– auflegen und mit Steckschlüssel aufdrücken.
- Wischergestänge in Einbaulage bringen, siehe Abbildung F-6013.
- Mehrfachstecker aufschieben.
- Wischergestänge einsetzen und die 4 Schrauben mit 7 Nm festziehen.
- Windlaufgrill einsetzen, anschrauben, Abdeckkappen aufdrücken.

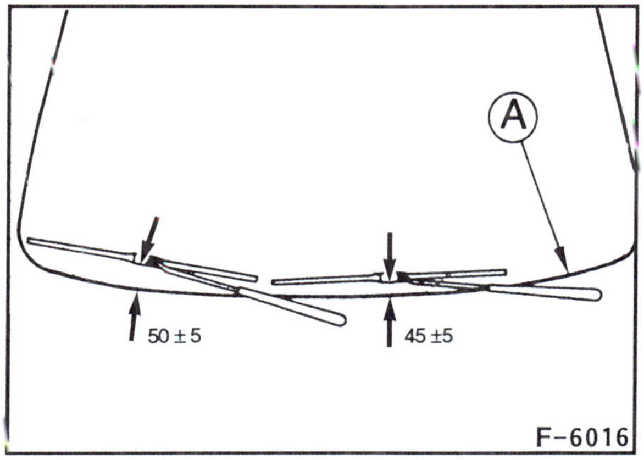

- Wischerarme einbauen. Dazu Wischerarm auf den Konus des Tandemlagers auflegen, nach den Klebe-Markierungen auf der Windschutzscheibe oder den Maßen in der

Abbildung ausrichten. Alle Maße in mm, A = Kante Windlaufgrill.

- Federscheibe auflegen und Wischerarm mit Mutter und 18 Nm festschrauben.
- Batterie-Massekabel (–) anklemmen.
- Windschutzscheibe mit Wasser benetzen. Funktion der Scheibenwischeranlage prüfen, gegebenenfalls Wischerblätter umsetzen.

Achtung: Nach Probelauf der Scheibenwischer in der 1. und 2. Stufe auf nasser Scheibe, Muttern für Wischerblätter mit 18 Nm nachziehen.

Heckscheibenwischer-/Scheibenwaschanlage

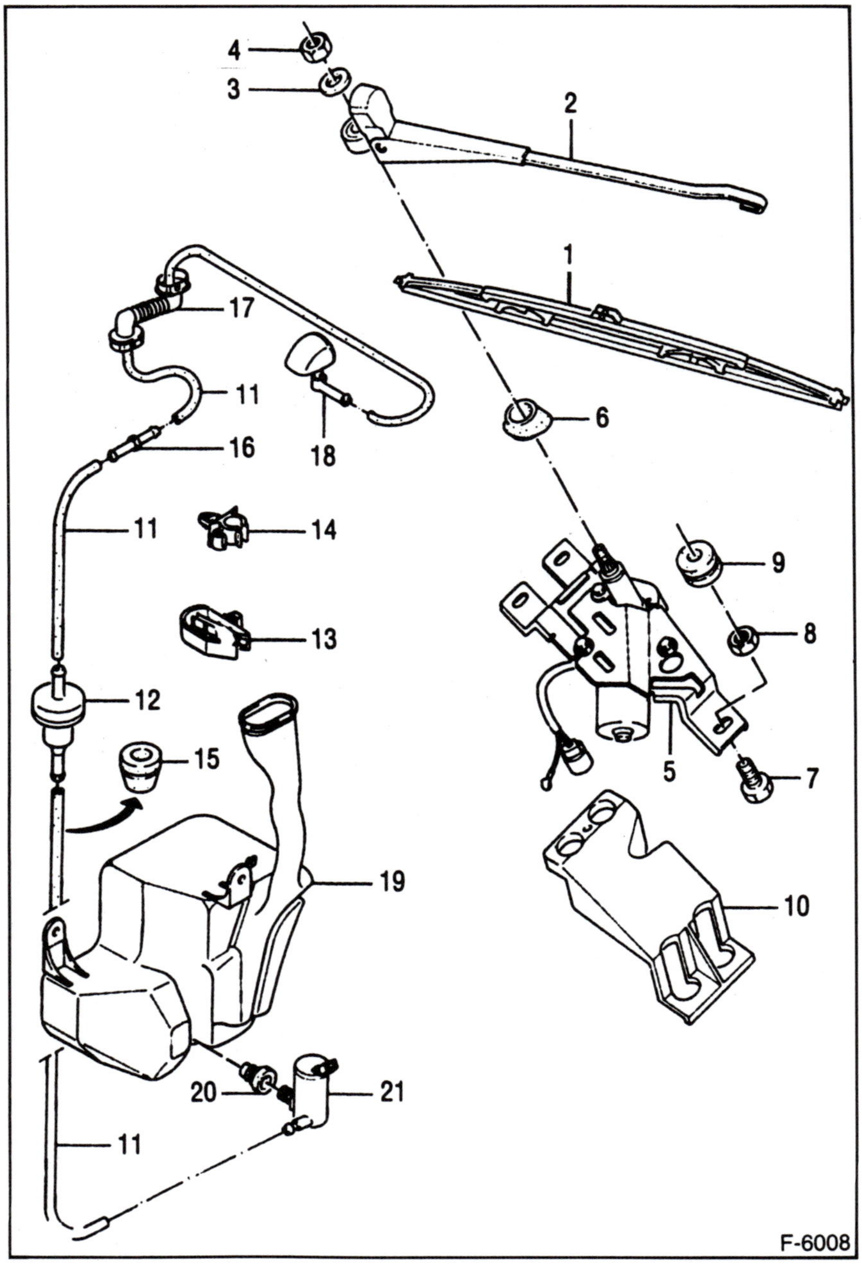

1 – Wischerblatt
2 – Wischerarm
3 – Federscheibe
4 – Sechskantmutter
5 – Wischermotor mit Halter
6 – Tülle
7 – Sechskantschraube
8 – Käfigmutter
9 – Gummitülle
10 – Abdeckung
11 – Schlauch
12 – Ventil
13 – Clip
14 – Clip
15 – Gummitülle
16 – Verbindungsrohr
17 – Gummitülle
18 – Düse
19 – Waschwasserbehälter
20 – Tülle
21 – Wascherpumpe

Scheibenwischermotor hinten prüfen/aus- und einbauen

Prüfen

- Wenn der Heckscheibenwischer nicht funktioniert zunächst Stromversorgung prüfen:
- Prüfen, ob die federbelasteten Kontaktstifte in der Heckklappe freigängig sind. Gegebenenfalls Stiftplatte auswechseln.
- Die Stiftplatte und die Kontaktplatte müssen richtig zueinander ausgerichtet sein.
- Steckverbindungen zwischen Stiftplatte und Wischermotor auf einwandfreie Verbindung und guten Kontakt prüfen. Durchgang prüfen, siehe Kapitel »Meßtechnik«.
- Massekabel zwischen Heckklappe und Wischermotor auf einwandfreien Kontakt prüfen.

Ausbau

- Heckscheibe mit Wasser benetzen.
- Heckscheiben-Wischeranlage ca. 2 Minuten laufen lassen und mit dem Scheibenwischerschalter abschalten. Dadurch läuft der Wischer in die Endstellung.
- Ruhestellung des Wischerblattes auf der Heckscheibe mit Abdeck-Klebeband markieren. Dazu einen Streifen Klebeband direkt neben das Wischerblatt auf die Heckscheibe kleben. Beim Einbau wird der Wischerarm wieder so auf die Verzahnung der Antriebswelle gesetzt, daß sich das Wischerblatt direkt neben dem Klebestreifen befindet.
- Batterie-Massekabel (–) abklemmen. **Achtung:** Dadurch werden aus dem Speicher des elektronischen Einspritz-Steuergerätes »Betriebswerte« und aus dem Speicher des Radios der Keycode für die Diebstahlsicherung sowie die eingestellten Sender gelöscht. Vor dem Abklemmen daher unbedingt Hinweise im Kapitel »Batterie aus- und einbauen« durchlesen.

S/32/30

- Kunststoffkappe –A– hochschwenken.
- Mutter –B– 2 Umdrehungen lösen.
- Wischerarm hochschwenken und vom Konus etwas abziehen.
- Wischerarm zurückschwenken, Mutter abschrauben und mit Unterlegscheibe –C– abnehmen.
- Wischerarm von der Welle –D– abziehen.
- Heckklappe öffnen und Verkleidung mit 8 Plastikschrauben abschrauben.
- Befestigungsclip für den Mehrfachstecker aus dem Innenblech der Heckklappe herausdrücken und Mehrfachstecker abziehen.

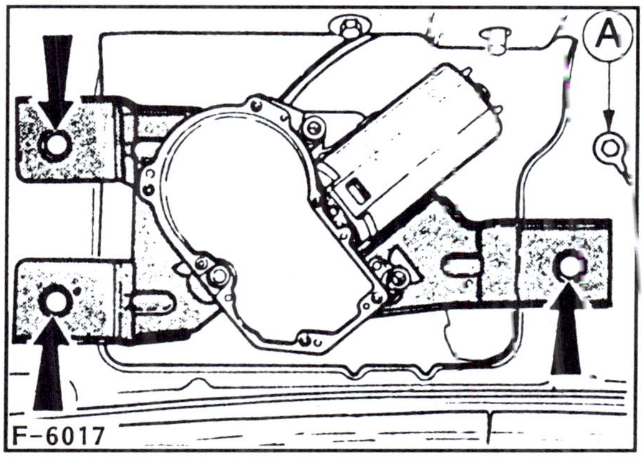

F-6017

- Massekabel –A– abschrauben.
- Halter für Wischermotor abschrauben.
- Motor komplett mit Halter herausnehmen.
- Motor vom Halter mit 3 Schrauben abschrauben. Führungsscheiben abnehmen und 3 Gummilager aus dem Halter herausziehen.

Einbau

- 3 Gummilager in den Halter einsetzen, Führungsscheiben auflegen und Halter am Wischermotor mit 3 Schrauben und 10 Nm festschrauben. Vorher Gummilager auf Porosität und Beschädigung überprüfen, gegebenenfalls ersetzen.
- Wischermotor mit Halter an der Heckklappe anschrauben und mit 8 Nm festziehen.
- Massekabel anschrauben.
- Mehrfachstecker anschließen, Halteclip am Innenblech einclipsen.
- Batterie-Massekabel (–) kurzzeitig anklemmen.
- Wischermotor kurz laufen lassen und mit Wischerschalter abschalten, damit der Motor in Endstellung stehenbleibt.
- Wischerarm einbauen. Dazu Wischerarm auf den Konus der Antriebswelle auflegen, nach den Klebe-Markierungen auf der Heckscheibe ausrichten und aufdrücken.

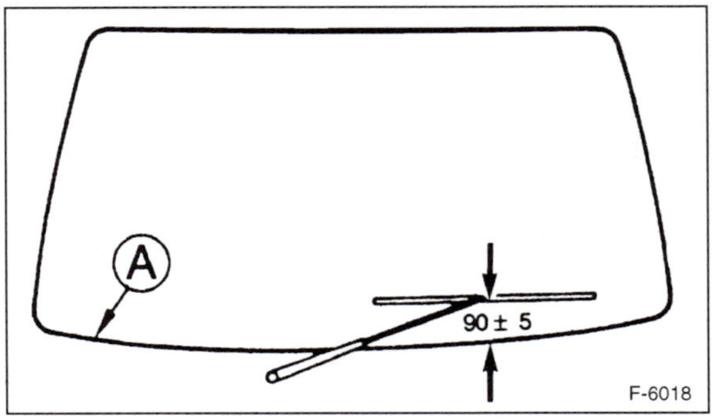

- Falls keine Klebe-Markierung auf der Heckscheibe vorhanden ist, Wischerarm nach dem Maß in der Abbildung ausrichten. Maß in mm, A = Kante der Heckscheibe. Beim **Turnier** beträgt das Abstandsmaß 75 ± 5 mm.

- Federscheibe auflegen und Wischerarm mit Mutter und **18 Nm** festschrauben.
- Batterie-Massekabel (–) anklemmen.
- Heckscheibe mit Wasser benetzen, Heckscheibenwischer auf Funktion prüfen, gegebenenfalls Wischerblatt umsetzen

Achtung: Nach Probelauf des Wischers auf nasser Scheibe Mutter für Wischerblatt mit **18 Nm** nachziehen.

- Verkleidung mit Plastikschrauben anschrauben.

Störungsdiagnose Scheibenwischergummi

Wischbild	Ursache	Abhilfe
Schlieren	Wischgummi verschmutzt	■ Wischgummi mit harter Nylonbürste und einer Waschmittellösung oder Spiritus reinigen
	Ausgefranste Wischlippe, Gummi ausgerissen oder abgenutzt	■ Wischgummi erneuern
	Wischgummi gealtert, rissige Oberfläche	■ Wischgummi erneuern
Im Wischfeld verbleibende Wasserreste ziehen sich sofort zu Perlen zusammen	Windschutzscheibe durch Lackpolitur oder Öl verschmutzt	■ Windschutzscheibe mit sauberem Putzlappen und einem Fett-Öl-Silikonentferner reinigen
Wischerblatt wischt einseitig gut - einseitig schlecht, rattert	Wischgummi einseitig verformt, »kippt nicht mehr«	■ Neues Wischgummi einbauen
	Wischerarm verdreht, Blatt steht schief auf der Scheibe	■ Wischerarm einstellen (vorsichtig verdrehen), siehe Abbildung F-6049
Nicht gewischte Flächen	Wischgummi aus der Fassung herausgerissen	■ Wischgummi vorsichtig in die Fassung einsetzen
	Wischerblatt liegt nicht mehr gleichmäßig an der Scheibe an, da Federschienen oder Bleche verbogen	■ Wischerblatt ersetzen. Dieser Fehler tritt vor allem bei unsachgemäßem Montieren eines Ersatzblattes auf
	Anpreßdruck durch Wischerarm zu gering	■ Wischerarmgelenke und Feder leicht einölen oder neuen Arm einbauen

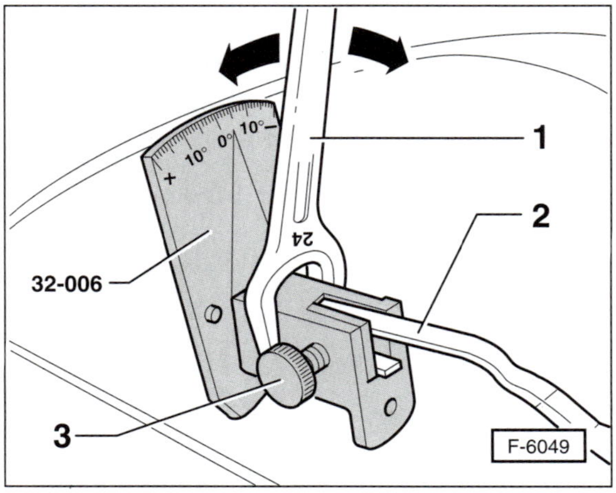

Einstellen der Scheibenwischerarme

- Wischerarme in Ruhestellung bringen und Wischerblatt ausbauen.
- Falls das Spezialwerkzeug 32-006 vorhanden ist, Wischerarm –2– in Werkzeug einlegen und mit Schraube –3– arretieren.
- Wischerarm mit Werkzeug vorsichtig auf die Scheibe auflegen. Das Werkzeug zeigt nun den Winkel des Wischerarms zur Scheibe an. **Sollwert Frontscheibe:** 3° ± 1°, **Heckscheibe:** 0° ± 1°.
- Gegebenfalls Werkzeug mit Maulschlüssel –1– vorsichtig drehen bis an der Skala der Sollwert angezeigt wird. **Achtung:** Zum Verdrehen Werkzeug mit Wischerarm von der Scheibe abheben.
- Anschließend Winkel erneut prüfen, gegebenenfalls Einstellung wiederholen.

Die Wagenpflege

Fahrzeug waschen

Achtung: In vielen Gemeinden ist das Waschen des Autos auf öffentlichen Plätzen verboten.

- Verschmutzten Wagen möglichst umgehend waschen.
- Tote Insekten **vor** der Wagenwäsche einweichen und abwaschen.
- Reichlich Wasser verwenden.
- Weichen Schwamm oder sehr weiche Waschbürste mit Schlauchanschluß benutzen.
- Lackierung nicht scharf abspritzen, sondern nur abbrausen und Schmutz aufweichen lassen.
- Aufgeweichten Schmutz von oben nach unten mit reichlich Wasser abwaschen.
- Schwamm oft ausspülen.
- Zum Abtrocknen sauberes Leder verwenden.
- Nur gute, rückfettende Markenwaschmittel verwenden (falls überhaupt). Mit klarem Wasser gründlich nachspülen, um die Reste des Waschmittels zu entfernen.
- Zum Schutz der Lackierung kann dem Waschwasser ein Waschkonservierer beigegeben werden.
- Bei regelmäßiger Benutzung von Waschmitteln muß öfter konserviert werden.
- Wagen niemals in der Sonne waschen oder trocknen. Wasserflecken auf der Lackierung sind sonst unvermeidlich.
- Durch Streusalze besonders gefährdet sind alle innenliegenden Falze, Flansche und Fugen an Türen und Hauben. Diese Stellen müssen deshalb bei jedem Wagenwaschen – auch nach der Wäsche in automatischen Waschstraßen – mit einem Schwamm gründlich gereinigt und anschließend abgespült und abgeledert werden.

Achtung: Nach der Wagenwäsche ergibt sich eine verringerte Bremswirkung durch Nässe. Deshalb Bremsscheiben kurz trockenbremsen.

Durch Waschen allein lassen sich Teerspritzer, Ölspuren, Insekten und andere Verschmutzungen nicht immer entfernen. Grundsätzlich sollten derartige Verunreinigungen so bald wie möglich beseitigt werden, da sie sonst bleibende Lackschäden verursachen können. Anschließend sollte der Lack an diesen Stellen konserviert werden.

Lackierung pflegen

Konservieren: So oft wie möglich, soll die sauber gewaschene und getrocknete Lackierung mit einem Konservierungsmittel behandelt werden, um die Oberfläche durch eine porenschließende und wasserabweisende Wachsschicht gegen Witterungseinflüsse zu schützen.

Übergelaufenen Kraftstoff, übergelaufenes Öl oder Fett beziehungsweise übergelaufene Bremsflüssigkeit **sofort entfernen,** sonst kommt es zu Lackverfärbungen.

Das Konservieren muß wiederholt werden, wenn Wasser nicht mehr vom Lack abperlt, sondern großflächig verläuft. Regelmäßiges Konservieren bewirkt, daß der ursprüngliche Glanz der Lackierung sehr lange erhalten bleibt.

Eine weitere Möglichkeit, den Lack zu konservieren, bieten Wasch-Konservierer. Wasch-Konservierer schützen die Lackierung jedoch nur ausreichend, wenn sie bei **jeder** Wagenwäsche verwendet werden und der zeitliche Abstand zwischen 2 Wäschen nicht mehr als 2 bis 3 Wochen beträgt. Nur Lackkonservierer verwenden, die Carnauba- oder synthetische Wachse enthalten.

Nach dem Anwenden von Waschmitteln (Schaumwäsche) ist eine Nachbehandlung mit einem Konservierungsmittel besonders zu empfehlen (Gebrauchsanweisung beachten).

Das Konservieren darf nicht in der prallen Sonne erfolgen.

Polieren: Das Polieren der Lackierung ist nur dann erforderlich, wenn der Lack infolge mangelhafter Pflege unter der Einwirkung von Straßenstaub, industriellen Abgasen, Sonne und Regen unansehnlich geworden ist und sich durch eine Behandlung mit Konservierungsmitteln kein Glanz mehr erzielen läßt. Zu warnen ist vor stark schleifenden oder chemisch stark angreifenden Poliermitteln, auch wenn der erste Versuch damit noch so sehr zu überzeugen scheint.

Vor jedem Polieren muß der Wagen sauber gewaschen und sorgfältig abgetrocknet werden. Im übrigen ist nach der Gebrauchsanweisung für das jeweilige Poliermittel zu verfahren.

Die Bearbeitung soll in nicht zu großen Flächen erfolgen, um ein vorzeitiges Eintrocknen der Politur zu vermeiden. Bei manchen Poliermitteln muß anschließend noch konserviert werden. Nicht in der prallen Sonne polieren! Matt lackierte Teile dürfen nicht mit Konservierungs- oder Poliermitteln behandelt werden.

Leichtmetallteile an der Karosserie brauchen nicht besonders gepflegt zu werden.

Teerflecke entfernen: Teerflecke fressen sich innerhalb kurzer Zeit in den Lack ein und können dann nicht mehr vollkommen entfernt werden. Frische Teerflecke können mit einem in Waschbenzin getränkten weichen Lappen entfernt werden. Notfalls kann auch Tankstellenbenzin, Petroleum oder Terpentinöl verwendet werden. Sehr gut gegen Teerflecke eignet sich auch ein Lackkonservierer. Bei Verwendung dieses Mittels kann auf ein Nachwaschen verzichtet werden.

Insekten entfernen: Die Reste von Insektenleichen tragen Stoffe in sich, die den Lackfilm beschädigen können, wenn sie nicht innerhalb kurzer Zeit entfernt werden. Einmal festgeklebt, lassen sie sich durch Wasser und Schwamm allein nicht entfernen, sondern müssen mit schwacher, lauwarmer Seifen- oder Waschmittel-Lösung abgewaschen werden. Es gibt auch spezielle Insekten-Entferner.

Baumaterial-Spritzer entfernen: Spritzer jeglichen Baumaterials mit einer lauwarmen Lösung neutraler Waschmittel abwaschen. Nur leicht reiben, da sonst die Lackierung zerkratzt werden kann. Nach dem Waschen sorgfältig mit klarem Wasser nachspülen.

Kunststoffteile pflegen: Kunststoffteile, Kunstledersitze, Himmel, Leuchtengläser sowie mattschwarz gespritzte Teile mit Wasser und eventuell einem Shampoo-Zusatz säubern, Himmel nicht durchfeuchten. Kunststoffteile gegebenenfalls mit Kunststoffreiniger behandeln. Keinesfalls Lösungsmittel wie Nitroverdünner, Kaltreiniger oder Kraftstoff verwenden.

Scheiben reinigen: Fensterscheiben innen und außen mit sauberem, weichem Lappen abreiben. Bei starker Verschmutzung helfen Spiritus oder Salmiakgeist und lauwarmes Wasser, oder auch ein spezieller Scheibenreiniger. Beim Reinigen der Windschutzscheibe Scheibenwischerarm nach vorn klappen.

Bei der Reinigung der Windschutzscheibe sind auch die Wischerblätter zu säubern.

Achtung: Bei Verwendung silikonhaltiger Mittel dürfen die zur Reinigung der Lackierung verwendeten Waschbürsten, Schwämme, Lederlappen und Tücher nicht für die Scheiben verwendet werden. Beim Einsprühen der Lackierung mit silikonhaltigen Pflegemitteln sollten die Scheiben mit Pappe oder anderem Material abgedeckt werden.

Gummidichtungen pflegen: Von Zeit zu Zeit Gummidichtungen durch Einpudern der Dicht- und Gleitflächen mit Talkum oder Besprühen mit Silikonspray geschmeidig halten. So werden auch quietschende oder knarrende Geräusche beim Türenschließen vermieden. Auch das Einreiben der betreffenden Flächen mit Schmierseife beseitigt die Geräusche.

Leichtmetall-Scheibenräder mit Felgenreiniger besonders während der kalten Jahreszeit pflegen, jedoch keine aggressiven, säurehaltigen, stark alkalischen und rauhen Reinigungsmittel oder Dampfstrahler über 60° C verwenden.

Sicherheitsgurte nur mit milder Seifenlauge in eingebautem Zustand säubern, nicht chemisch reinigen, da dadurch das Gewebe zerstört werden kann. Automatikgurte nur in trockenem Zustand aufrollen und gegebenenfalls mit Gleitspray einsprühen, um das Zurücklaufen besonders am Umlenkbügel zu erleichtern. Gurtband nicht bei einer Temperatur von über 80° C oder direkter Sonneneinstrahlung trocknen.

Unterbodenschutz/ Hohlraumkonservierung

An den Unterbaulängsseiten, am hinteren Unterboden sowie in den hinteren Radkästen ist PVC-Unterbodenschutz aufgebracht, der als Dauerschutz keiner besonderen Wartung bedarf. Die nicht mit PVC bedeckten Flächen sind mit einer Schutzwachsschicht versehen. Diese Schicht sollte vor der kalten Jahreszeit und nach einer Unterbauwäsche erneuert werden. Bei dieser Gelegenheit ist gleichzeitig die PVC-Schicht zu prüfen und, falls erforderlich, auszubessern. Die Hohlräume des ESCORT/ORION sind mit Spezialwachs beschichtet. In den vorderen Radkästen befinden sich als Steinschlagschutz Kunststoffeinsätze.

Im Schleuderbereich des Unterbaues können sich Staub, Lehm und Sand ablagern. Das Entfernen des angesammelten Schmutzes, der während der Winterzeit auch noch mit Salz angereichert sein kann, ist besonders wichtig. Wird der angesammelte Schmutz nicht restlos beseitigt, so besteht die Gefahr, daß diese Stellen ebenfalls nicht austrocknen und die Karosserie von innen durchrostet.

Motorraum konservieren: Zur Verhinderung von Korrosion am Vorderwagen (z. B. Seitenteile, Längsträger oder Abschlußblech) und des Antriebaggregates muß der Motorraum einschließlich der im Motorraum befindlichen Teile der Bremsanlage sowie der Vorderachselemente und der Lenkung mit einem hochwertigen Konservierungswachs eingesprüht werden. Vor allen Dingen natürlich nach einer Motorwäsche.
Achtung: Vor der Motorwäsche, die zum Beispiel mit Kaltreiniger und einem Dampfstrahlgerät durchgeführt werden kann, sind der Generator und der Bremsflüssigkeitsbehälter mit Plastikhüllen abzudecken.

Nach der Inbetriebnahme des Fahrzeugs kann es kurzzeitig zur Geruchsbelästigung kommen, da das Wachs an thermisch stark belasteten Teilen verbrennt.

Polsterbezüge pflegen

Textilbezüge: Polsterbezüge mit Staubsauger absaugen oder mit einer nicht zu weichen Bürste ausbürsten. Bei starker Verschmutzung Textilbezüge mit Trockenschaum reinigen.

Fett- und Ölflecke mit Reinigungsbenzin oder Fleckenwasser behandeln. Das Reinigungsmittel darf aber nicht unmittelbar auf den Stoff gegossen werden, da sich sonst unweigerlich Ränder bilden. Fleck durch kreisförmiges Reiben von außen nach innen bearbeiten. Andere Verschmutzungen lassen sich meistens mit lauwarmem Seifenwasser entfernen.

Das Werkzeug

Der Aufwand an Werkzeug richtet sich ganz nach dem Umfang der Arbeiten, die am Fahrzeug ausgeführt werden sollen. Neben einer Grundausstattung ist in jedem Fall ein Drehmomentschlüssel empfehlenswert.

Gutes und stabiles Werkzeug wird von der Firma HAZET (42804 Remscheid, Postfach 100461) angeboten. In den Tabellen sind die Spezialwerkzeuge mit der HAZET-Bestellnummer aufgeführt. Vertrieben wird das Werkzeug über den Fachhandel.

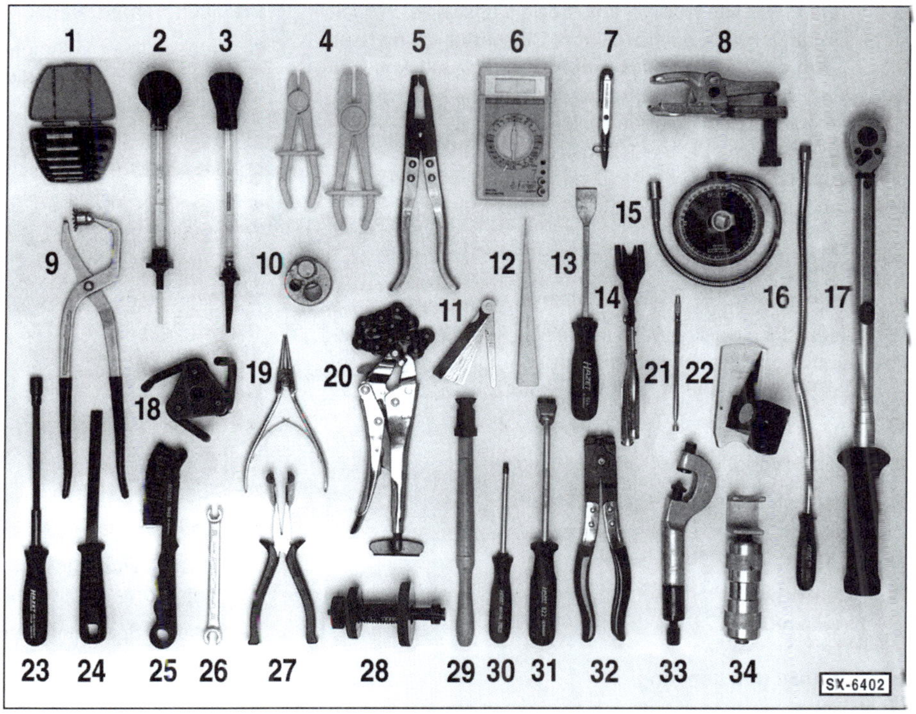

Abb.	Werkzeug	Hazet-Nr.
1	Schraubenausdreher für verschiedene Schrauben	840/5
2	Batteriesäureprüfer	4650-1
3	Kühlmittel-Frostschutzprüfer	–
4	Schlauchklemmen	4590/2
5	Ausziehzange für Ventilschaft-abdichtungen	791-5
6	Multimeter	–
7	Spannungsprüflampe mit Spitze	2153
8	Ausdrücker für Spurstangenköpfe	779/1
9	Bremsfedernzange	797
10	Stehbolzenausdreher	845
11	Fühlerblattlehre 0,05–1,0 mm	2147
12	Montagekeil	1965/20
13	Flachschaber zur Beseitigung von Dichtungsrückständen am Zylinderkopf sowie Motorblock	824
14	Abdrückzange für Verkleidungen	799/4
15	Winkelscheibe für drehwinkelgesteuerten Schraubenanzug	6690
16	Magnet-Sucher	1976
17	Drehmomentschlüssel 40 – 200 Nm	6122–1CT
18	Ölfilterschlüssel	2172
19	Spitzzange für Sicherungsringe	1846C/2
20	Ketten-Abgasrohrschneider	4682

Abb.	Werkzeug	Hazet-Nr.
21	Spritzdüseneinsteller für Scheibenwaschanlage	4850-1
22	Winkeleinsteller für Scheibenwischerarme	4851-1
23	Steckschlüssel flexibel, 8 und 10 mm	426-8, -10
24	Bremssattelfeile	4968-1
25	Stahldrahtbürste für Bremssattelreinigung	4968-2
26	Offene Doppelringschlüssel für Überwurfmuttern der Bremsleitungen	612-8x10, 612-10x11
27	Zündkerzensteckerzange	1849-1
28	Kupplungs-Zentrierwerkzeug	2174
29	Ventileinschleifer	795
30	Torxschraubendreher (verschied. Größen)	837-T20....T45
31	Ziehklinge zum Entfernen von Unterbodenschutz etc.	822
32	Klemmzange für Haltebänder der Gelenkwellenmanschetten	1847-1
33	Hydraulischer Mutternsprenger	846-22
34	Schlag-Ausziehgerät für Bremsbeläge, Scheibenwischerarme etc.	1966
ohne Abbildung:		
	Zange für Federbandschellen (z.B. für Kühlmittelschläuche)	798-5
	Ventilniederdrücker (1,3-l-Motor)	2577
	Ventilniederdrücker (Dieselmotor)	3474
	Ventilplattenzange (Dieselmotor)	3499

W Wartungsplan ESCORT ORION

Die Wartung ist **alle 10.000 km,** beziehungsweise mindestens **einmal jährlich** durchzuführen. **Der Motor-Ölwechsel ist bei Fahrzeugen mit Dieselmotor alle 10.000 km, bei Benzinern alle 15.000 km durchzuführen.** Bei erschwerten Betriebsbedingungen, wie überwiegend Stadt- und Kurzstreckenverkehr, häufigen Gebirgsfahrten, Anhängerbetrieb und staubigen Straßenverhältnissen, Wartung entsprechend öfter durchführen.

Motor

- Motoröl: Wechseln, Ölfilter ersetzen.
- Kühl- und Heizsystem: Flüssigkeitsstand prüfen, Konzentration des Frostschutzmittels prüfen. Sichtprüfung auf Undichtigkeiten und äußere Verschmutzung des Kühlers.
- Abgasanlage: Auf Beschädigungen prüfen.
- Motor: Sichtprüfung auf Ölundichtigkeiten.
- Dieselmotor: Kraftstoffilter entwässern.

Getriebe, Achsantrieb

- Gelenkschutzhüllen: Auf Undichtigkeiten und Beschädigungen prüfen.

Vorderachse und Lenkung

- Spurstangenköpfe: Spiel und Befestigung prüfen, Staubkappen prüfen.
- Achsgelenke: Staubkappen prüfen.
- Lenkung: Spiel prüfen, Faltenbälge auf Undichtigkeiten und Beschädigungen prüfen.
- Servolenkung: Ölstand prüfen.

Karosserie

- Türen: Feststeller, Schlösser Schließkeil/klaue auf Funktion prüfen und schmieren.
- Motorhaube/Heckklappe: Verschluß auf Funktion prüfen und schmieren.
- Unterbodenschutz und Hohlraumkonservierung: Prüfen.
- Sicherheitsgurte: Auf Beschädigungen prüfen.

Bremsen, Reifen, Räder

- Bremsanlage: Leitungen, Schläuche, Bremszylinder und Anschlüsse auf Undichtigkeiten und Beschädigungen prüfen. Bremsflüssigkeitsstand prüfen, gegebenenfalls auffüllen.
- Bremsbeläge: Belagstärke vorn und hinten prüfen.
- Bereifung: Profiltiefe und Reifenfülldruck prüfen; Reifen auf Verschleiß und Beschädigungen (einschließlich Reserverad) prüfen.
- Radmuttern: Auf Drehmoment nachziehen.

Elektrische Anlage

- Alle Stromverbraucher: Funktion prüfen.
- Beleuchtungsanlage: Prüfen, gegebenenfalls Scheinwerfer einstellen.
- Signalhorn: Prüfen.
- Scheibenwischer: Wischergummis auf Verschleiß prüfen.
- Scheibenwaschanlage: Funktion prüfen, Düsenstellung kontrollieren, Flüssigkeit nachfüllen.
- Batterie: Spannung und Säurestand prüfen.

Folgende Arbeiten zusätzlich durchführen:

Alle 2 Jahre oder 20.000 km

- Zündkerzen: Erneuern (Benzinmotor).
- Ventilspiel: Prüfen ggf. einstellen (nur 1,3-l-Benzinmotor).
- Leerlaufdrehzahl-Regelventil: Reinigen (nur 1,6-l-EFI-Motor).
- Keilriemen: Spannung und Zustand prüfen.
- Abgasrückführungssystem: Funktion prüfen (Dieselmotor).
- Schaltgetriebe: Ölstand prüfen ggf. korrigieren.
- Automatik-Getriebe: Ölstand prüfen, Wählhebelgestänge ölen.
- Klimaanlage: Füllstand prüfen.
- Vorderräder: Spur prüfen.

Alle 2 Jahre

■ Kühlflüssigkeit: Wechseln, Verschlußdeckel prüfen.

Achtung: Die Kühlflüssigkeit braucht im Rahmen der Wartung **nicht** gewechselt zu werden, wenn das Kühlsystem ausschließlich mit einer Mischung aus dem Kühlkonzentrat FORD-Super Plus 4 und Wasser gefüllt ist.

Alle 40.000 km

■ Trockenluftfilter: Filtereinsatz erneuern.

■ Ansaugluftvorwärmung: Prüfen (Benzinmotor).

■ Kraftstoffilter: Einsatz erneuern (Dieselmotor).

■ Ventilspiel: Prüfen ggf. einstellen (nur Dieselmotor).

■ Motorentlüftungssystem: Auf Dichtheit prüfen.

Alle 3 Jahre oder wenn überwiegend im Gebirge gefahren wird bei jedem Bremsbelagwechsel:

■ Bremsflüssigkeit: Wechseln.

Alle 3 Jahre oder nach 45 000 km

■ CTX-Getriebe: Getriebeöl erneuern, ab 8/95 ebenfalls Ölsieb erneuern.

Alle 60.000 km

■ Zahnriemen: Erneuern (CVH-Motor).

■ Zahnriemen: Beide Riemen erneuern (Dieselmotor).

■ Trommelbremse: Bremstrommel ausbauen, Sichtprüfung auf Dichtigkeit.

Alle 90.000 km

■ Benzin-Einspritzanlage: Kraftstoffilter erneuern.

W Die Wartungsarbeiten

Hier werden, nach den verschiedenen Baugruppen des Fahrzeugs aufgeteilt, alle Wartungsarbeiten beschrieben, die gemäß dem Wartungsplan durchgeführt werden müssen. Auf die erforderlichen Verschleißteile sowie das möglicherweise benötigte Sonderwerkzeug wird jeweils hingewiesen.

Es empfiehlt sich, Reifendruck, Motorölstand und Flüssigkeitsstände für Kühlung, Wisch-/Wasch-Anlage etc. mindestens alle 4 bis 6 Wochen zu prüfen und gegebenenfalls zu ergänzen.

Achtung: Beim **Einkauf von Ersatzteilen** sind immer der **KFZ-Schein** und die Modellnummer (siehe Kapitel »Der Motor«) mitzunehmen, da zur einwandfreien Fahrzeugidentifizierung oftmals die genaue Angabe der Fahrgestellnummer, des Modells oder des Baujahres erforderlich ist.

Um ganz sicher zu sein, daß man die richtigen Ersatzteile erhalten hat, empfiehlt es sich nach Möglichkeit, das Altteil auszubauen und zum Ersatzteilhändler mitzunehmen. Dort kann man es mit dem Neuteil vergleichen.

Achtung: Bei einigen Wartungsarbeiten wird das Abklemmen des Batterie-Massekabels empfohlen. Dadurch werden aus dem Speicher des elektronischen Einspritz-Steuergerätes »Betriebswerte« und aus dem Speicher des Radios der Keycode für die Diebstahlsicherung sowie die eingestellten Sender gelöscht. Vor dem Abklemmen daher unbedingt Hinweise im Kapitel »Batterie aus- und einbauen« durchlesen.

Motor und Abgasanlage

Folgende Wartungspunkte müssen nach dem Wartungsplan durchgeführt werden:

- Dieselmotor: Ventilspiel prüfen, einstellen.
- Motor: Ölwechsel, Sichtprüfung auf Ölundichtigkeiten.
- Kühl- und Heizsystem: Konzentration des Frostschutzmittels prüfen. Sichtprüfung auf Undichtigkeiten und äußere Verschmutzung des Kühlers. Kühlmittel erneuern (nicht erforderlich, wenn ausschließlich FORD-Super Plus 4 als Kühlkonzentrat verwendet wurde).
- Klimaanlage: Kältemittelstand prüfen.
- Keilriemen: Spannung und Zustand prüfen.
- Kraftstoffleitungen und -Behälter: Schläuche und Leitungen auf Verlegung, Zustand und Dichtheit prüfen.
- Kraftstoffilter ersetzen beziehungsweise entwässern.
- Abgasanlage: Auf Beschädigungen prüfen.
- Zündkerzen: Erneuern (Benzinmotor).
- Trockenluftfilter: Filtereinsatz erneuern.
- Ansaugluftvorwärmung: Prüfen (Benzinmotor), siehe Seite 78.
- Benzin-Einspritzanlage: Kraftstoffilter erneuern
- Leerlaufdrehzahl-Regelventil: Reinigen (nur 1,6-l-CVH-Motor), siehe Seite 85.
- Motorentlüftungssystem: Auf Dichtheit prüfen.
- Zahnriemen ersetzen.

Ventilspiel prüfen/einstellen

Das Ventilspiel muß nur beim **1,3-l-Benzin-** und beim **1,8-l-Dieselmotor** geprüft/eingestellt werden.

Zum Ventilspiel prüfen/einstellen ist folgendes **Spezialwerkzeug** erforderlich:

- Eine Fühlerblattlehre in 0,05 mm-Abstufungen.
- Ein Gabel- oder Ringschlüsselsatz.
- **Dieselmotor:** Ventilniederdrücker HAZET 3474, Ventilplattenzange HAZET 3499.

Folgende **Verschleißteile** sind erforderlich:

- Dichtung für Zylinderkopfdeckel.
- **Dieselmotor:** Ventilplättchen mit entsprechendem Durchmesser.

Um unterschiedliche Wärmeausdehnungen im Ventiltrieb zu kompensieren, muß ein gewisser Abstand zwischen den Nocken der Nockenwelle und dem Tassenstößel beziehungsweise zwischen Ventil und Kipphebel vorhanden sein. Dieses Ventilspiel verändert sich mit der Zeit durch Setzen der Ventile und Abnutzung des Ventilantriebs.

Bei zu geringem Spiel verändern sich die Steuerzeiten, die Verdichtung ist schlecht, die Motorleistung nimmt ab, der Motorlauf ist unregelmäßig. In extremen Fällen können sich die Ventile verziehen oder die Ventile beziehungsweise Ventilsitze verbrennen.

Bei zu großem Spiel stellen sich starke mechanische Geräusche ein, die Steuerzeiten verändern sich, der Motor gibt wegen mangelhafter Zylinderfüllung weniger Leistung ab, der Motorlauf ist unregelmäßig.

Das Ventilspiel ist beim **1,3-l-OHV-Motor** alle **20.000 km,** beim **Dieselmotor** alle **40.000 km** zu überprüfen und gegebenenfalls zu berichtigen. Die anderen Motoren besitzen hydraulische Ventilspielausgleicher, die das Ventilspiel automatisch ausgleichen. Daher entfällt hier das Einstellen des Ventilspiels.

Das Ventilspiel wird bei kaltem, stehendem Motor geprüft bzw. eingestellt.

Prüfen 1,3-l-OHV-Motor

- 3 Befestigungsschrauben für Luftfilter herausdrehen und Luftfilter etwas anheben.
- Schlauch für Motordurchlüftung aus dem Halter am Luftfilter ausclipsen und Anschlußstutzen aus der Luftfilterunterseite herausziehen. Benzinabscheider am Clip aushängen und Stecker für Ansaugluft-Sensor (ACT-Sensor) abziehen.
- Luftfilter abnehmen.
- Zündkerzenstecker abziehen.
- Zylinderkopfdeckel ausbauen.

- Kurbelwellen-Riemenscheibe in Motordrehrichtung, also im Uhrzeigersinn, drehen, bis die Kerbe auf der Riemenscheibe der **»O«-Marke** am Stirnraddeckel gegenübersteht. **Achtung:** In der Abbildung steht die Riemenscheibe auf 10° Frühzündung. Um die Kurbelwelle zu drehen, gibt es 3 Möglichkeiten: 1. Getriebe in Leerlaufstellung bringen, Handbremse anziehen und Stecknuß mit Umschaltknarre an der Zentralschraube der Riemenscheibe ansetzen. 2. Vierten Gang einlegen, Handbremse lösen und Fahrzeug etwas verschieben. 3. Fahrzeug vorn rechts anheben, bis das Rad frei ist. Ersten Gang einlegen und rechtes Vorderrad von Hand verdrehen.

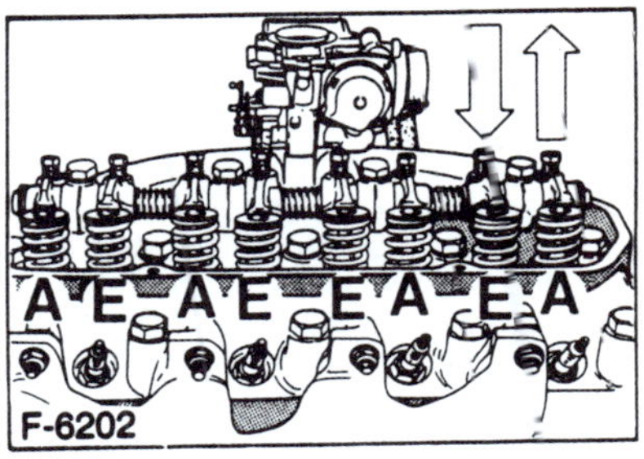

- Riemenscheibe etwas hin- und herdrehen, dabei müssen sich entweder am 1. oder am 4. Zylinder die Ventile überschneiden. Das heißt, während sich ein Kipphebel nach oben bewegt, beginnt der andere Kipphebel sich nach unten zu bewegen, und sobald sich beide Kipphebel auf gleicher Höhe befinden, überschneiden sich die Ventile. Wenn sich zum Beispiel die Ventile des 4. Zylinders überschneiden –Pfeile–, dann kann das Ventilspiel des 1. Zylinders geprüft oder eingestellt werden. **A = Auslaßventil, E = Einlaßventil.**

Ventil	Ventilspiel in mm	
	Prüfwert	Einstellw.
Einlaß	0,20-0,25	0,20
Auslaß 9/91-9/95	0,30-0,35	0,30
Auslaß 10/95-8/96	0,50-0,55	0,50

- Anschließend Riemenscheibe eine halbe Umdrehung weiterdrehen und nächstes Ventil entsprechend der Zündfolge 1-2-4-3 prüfen und einstellen. **Achtung:** Die 180°-Kerbe befindet sich auf der gegenüberliegenden Kante der Riemenscheibe.

Ventile überschneiden	Ventile einstellen
Zylinder 4	Zylinder 1
Zylinder 3	Zylinder 2
Zylinder 1	Zylinder 4
Zylinder 2	Zylinder 3

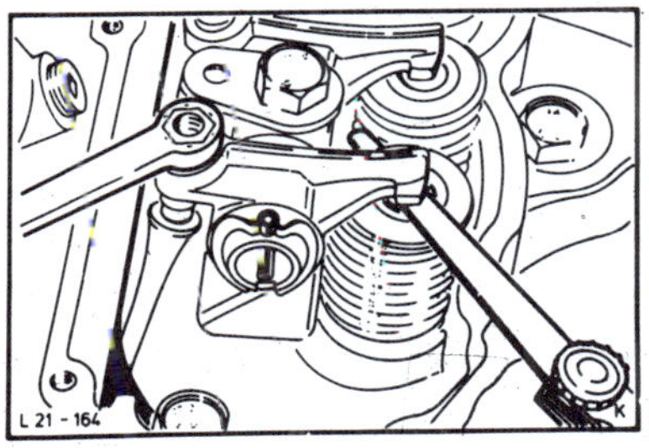

- Ventilspiel mit Fühlerblattlehre prüfen. Liegt der Wert innerhalb der Prüftoleranz, braucht das Ventilspiel nicht eingestellt zu werden.

Einstellen

- Andernfalls Einstellschraube so verdrehen, daß sich die Fühlerblattlehre (Einstellwert) gerade noch bewegen läßt.
- Probehalber Fühlerblattlehre mit 0,05 mm Übermaß (über Sollwert in der Tabelle) ansetzen, sie darf nicht mehr zwischen Ventil und Kipphebel passen. Gegebenenfalls Ventilspiel verringern.
- Ventile für nächsten Zylinder in Zündreihenfolge prüfen und einstellen.
- Zylinderkopfdeckel mit neuer Dichtung aufsetzen und Schrauben gleichmäßig ganz leicht mit 5 Nm anziehen.
- Zündkerzenstecker gemäß Zündfolge aufstecken, siehe Seite 268.
- Luftfilter einbauen, siehe Seite 77.
- Schlauch für Kurbelgehäuseentlüftung einclipsen.
- Kabel an ACT-Sensor anschließen.

Ventilspiel prüfen Dieselmotor

- Motordurchlüftungsschläuche vom Zylinderkopfdeckel abziehen.
- Zylinderkopfdeckel ausbauen.
- Ölabweisblech mit 4 Muttern abschrauben.

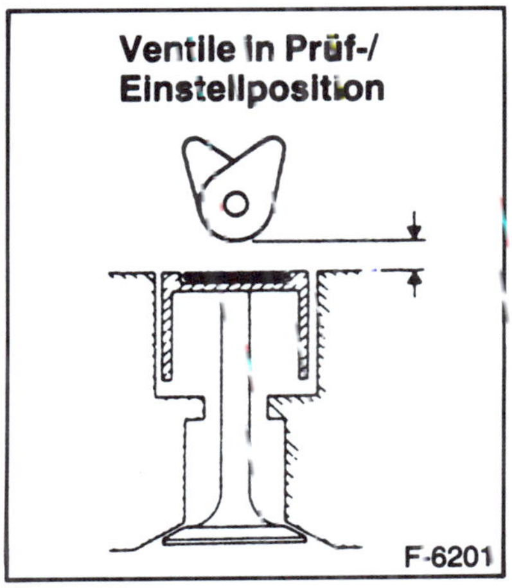

- Kurbelwelle drehen, bis das Nockenpaar des einzustellenden Zylinders gleichmäßig nach oben zeigt.

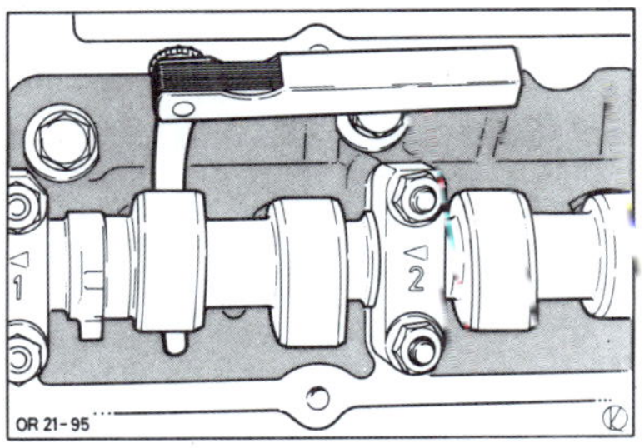

- Fühlerblattlehre zwischen Nocken und Tassenstößel einführen und Ventilspiel messen.

Ventilspiel in mm	
Einlaßventil	Auslaßventil
0,35 ± 0,05	0,50 ± 0,05

Achtung: Die Reihenfolge der Ventile von vorn (Zahnriemenseite) ist für alle Zylinder: 1. Einlaßventil, 2. Auslaßventil.

- Die entsprechende Fühlerblattlehre muß sich spielfrei zwischen Nocken und Stößel schieben lassen. Gemessenes Ventilspiel notieren.
- Kurbelwelle ½ Umdrehung weiterdrehen und Ventilspiel des in Zündreihenfolge nächsten Zylinders (3) prüfen. Zündreihenfolge: 1–3–4–2.

Einstellen

Zum Einstellen des Ventilspiels wird die vorhandene Einstellscheibe gegen eine neue mit anderer Stärke ausgetauscht.

Beispiel:

Prüftoleranz:	0,30 – 0,40 mm (= 0,35 ± 0,05 mm)
Meßwert:	0,45 mm
Spiel um:	0,05 mm zu groß

Liegen die Werte innerhalb der Toleranz, muß die Einstellscheibe nicht ausgewechselt werden. Wird die Toleranz überschritten, ist beim Einstellen der Mittelwert, hier: 0,35 mm, anzustreben.

Vorhandene Einstellscheibe:	3,85 mm
Erforderliche Einstellscheibe:	3,95 mm
(um den Mittelwert zu erreichen)	

- Vor Einsetzen des Niederhalters Tassenstößel so verdrehen, daß nach dem Niederdrücken die Zange in die Aussparungen eingreifen kann.

Achtung: Beim Einstellen des Ventilspiels darf der Kolben **nicht** im OT stehen, sonst können Ventile und/oder Kolben beschädigt werden. Daher Kurbelwelle ca. ¼ Umdrehung weiterdrehen.

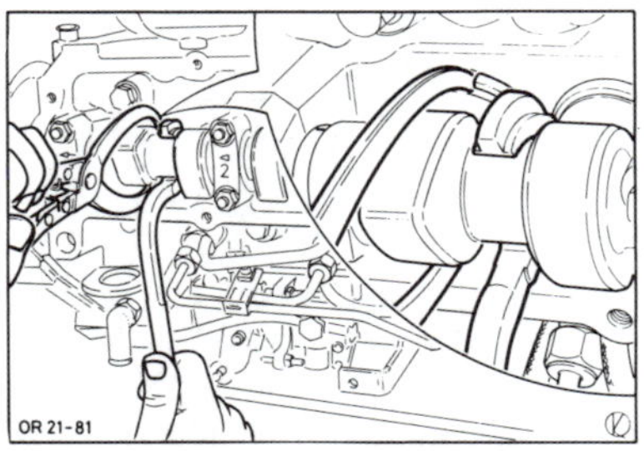

- Ventilspiel korrigieren. Hierzu benutzt die FORD-Werkstatt die Spezialwerkzeuge 21-106 und 21-107 beziehungsweise HAZET-3474 und 3499. Ohne diese Werkzeuge ist ein Einstellen der Ventile nicht möglich.
- Tassenstößel mit dem Niederhalter nach unten drücken und Einstellscheibe mit Ventilplattenzange herausnehmen. Anschließend neue Einstellscheibe so einlegen, daß die Beschriftung nach unten zeigt.
- Niederhalter entfernen. Nockenwelle weiterdrehen und Ventile der folgenden Zylinder genauso einstellen.
- Ölabweisblech mit **20 Nm** anschrauben.
- Zylinderkopfdeckel mit neuer Dichtung ganz leicht (5 Nm) anschrauben.
- Motorbelüftungsschläuche aufschieben.

Motorölwechsel

Zum Motorölwechsel ist folgendes Werkzeug erforderlich:

- Eine Grube oder ein hydraulischer Werkstatt-Wagenheber mit Unterstellböcken.
- Spezialwerkzeug zum Lösen des Ölfilters (Ölfilterzange, Spannbandschlüssel oder HAZET-Werkzeug 2172).
- Stecknuß-Satz zum Lösen der Ölablaßschraube sowie eine Ölauffangschale, die mindestens 5,5 Liter Öl faßt (nur wenn Öl nicht abgesaugt wird).

Folgende Verschleißteile werden benötigt:

- Nur wenn Öl nicht abgesaugt wird: Aluminium- oder Kupfer-Dichtring für die Ölablaßschraube (wird manchmal mit dem Ölfilter mitgeliefert).
- Öl-Filterpatrone.
- Je nach Motor 3,25 bis 5,0 Liter Motoröl. Nur von FORD freigegebenes Motoröl verwenden, siehe Seite 54.

Ölwechselmenge:

Motor	m. Filterw.	o. Filterw.
1,3-l OHV	3,25 l	2,75 l
1,4-l	3,50 l	3,25 l
1,6-l CVH	3,50 l	3,25 l
1,6-/1,8-l Zet.	4,25 l	3,75 l
2,0-l DOHC	4,50 l	4,00 l
Saugdiesel	4,50 l	4,10 l
Turbodiesel	5,00 l	4,50 l

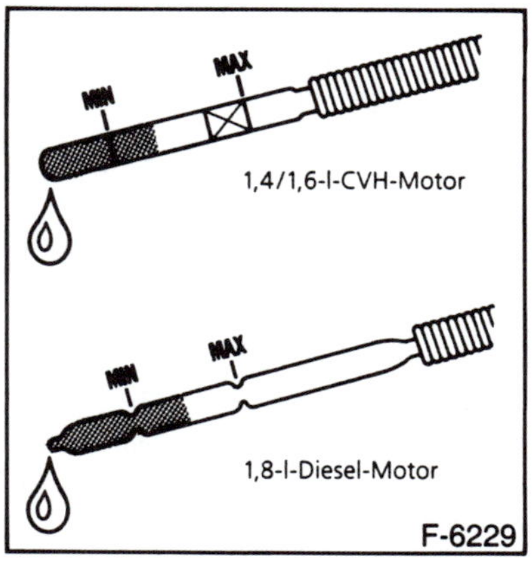

Die Mengendifferenz zwischen der MIN- und MAX-Markierung am Ölpeilstab beträgt: **1 Liter.**

Der Ölwechsel ist alle 10 000 km durchzuführen. Falls sehr wenig gefahren wird, Ölwechsel einmal im Jahr vornehmen. Dabei wird gleichzeitig die Filterpatrone gewechselt.

Bei erschwerten Einsatzbedingungen wie Kurzstreckenverkehr, häufiger Kaltstart und staubige Straßenverhältnisse sollten Motoröl und Ölfilter in kürzeren Abständen gewechselt werden.

Das Motoröl darf auch mittels einer Sonde (an der Tankstelle) über das Ölmeßrohr abgesaugt werden. Allerdings muß das neue Öl dann meistens bei der betreffenden Tankstelle gekauft werden.

Achtung: Altöl, Ölfilter und ölgetränkte Putzlappen müssen auf jeden Fall bei den Altöl-Sammelstellen abgegeben werden. Die Öl-Verkaufsstellen nehmen die entsprechende Menge Altöl kostenlos entgegen, daher Quittung und Ölkanister für spätere Altölrückgabe aufbewahren! Außerdem informieren Gemeinde- und Stadtverwaltungen darüber, wo sich die nächste Altöl-Sammelstelle befindet. **Keinesfalls dürfen Altöl und Ölfilter einfach weggeschüttet oder dem Hausmüll mitgegeben werden.** Größere Umweltschäden wie beispielsweise Grundwasserverseuchung wären sonst unvermeidbar.

Motoröl ablassen

- Motor auf Betriebstemperatur bringen (+60° C Öltemperatur).
- Fahrzeug waagerecht aufbocken, siehe Seite 105.
- Gefäß zum Auffangen des Altöls unter die Ölwanne stellen.
- Ölablaßschraube seitlich an der Ölwanne herausdrehen und Altöl ganz ablassen.

Achtung: Werden im Motoröl Metallspäne und Abrieb in größeren Mengen festgestellt, deutet dies auf Freßschäden hin, zum Beispiel Kurbelwellen- oder Pleuellagerschäden. Um Folgeschäden zu vermeiden, müssen nach der Motorreparatur die Ölkanäle und Ölschläuche sorgfältig gereinigt werden.

Ölfilter ersetzen

- Ölfilter abschrauben. Hierfür gibt es spezielle Werkzeuge, zum Beispiel HAZET 2172. Man kann auch einen spitzen Schraubendreher seitlich in den Ölfilter eintreiben. Beim Drehen läuft dann allerdings Öl aus – Gefäß unterstellen.
- Anlagefläche des Ölfilters am Motorblock mit einem Lappen abwischen.

- Gummidichtring am neuen Ölfilter leicht mit Motoröl bestreichen. **Achtung:** Hinweise auf dem Ölfilter beachten.
- Neuen Ölfilter nur von Hand anschrauben, kein Werkzeug benutzen.

Motoröl auffüllen

- Ölablaßschraube mit neuem Dichtring einschrauben und fest, aber nicht mit zu großer Gewalt anziehen. Anzugsdrehmoment: **25 Nm**.
- Je nach Modell vorgeschriebene Menge neues Öl am Einfüllstutzen des Zylinderkopfdeckels einfüllen, siehe Tabelle.
- Motor starten und mit erhöhter Drehzahl (ca. 2500/min) laufen lassen bis die Ölkontrollampe erlöscht (ca. 5 s). Motor abstellen.
- Nach 5minütiger Wartezeit Ölstand mit Meßstab kontrollieren.
- Nach Probefahrt Dichtigkeit der Ablaßschraube und des Ölfilters überprüfen, gegebenenfalls vorsichtig nachziehen.
- Betriebswarmen Motor abstellen und Ölstand nach ca. 2 Minuten nochmals prüfen, gegebenenfalls korrigieren.
- Um die Betriebsverhältnisse des Motors besser überwachen zu können, soll beim Ölwechsel immer ein Öl gleichen Typs und möglichst auch gleicher Marke verwendet werden. Daher ist es zweckmäßig, bei jedem Ölwechsel ein Hinweisschild am Motor zu befestigen, auf dem Marke und Viskosität des Öles vermerkt sind.
- Wahllos abwechselnder Gebrauch verschiedener Öltypen ist ungünstig. Motorenöle gleichen Typs, aber verschiedener Marken sollen möglichst nicht gemischt werden. Motorenöle gleichen Typs und gleicher Marke, aber verschiedener Viskosität können im Bedarfsfall während jahreszeitlicher Überschneidung ohne weiteres nachgefüllt werden.

Sichtprüfung auf Ölverlust

Bei ölverschmiertem Motor und hohem Ölverbrauch überprüfen, wo das Öl austritt. Dazu folgende Stellen überprüfen:

F-6230

- Öleinfülldeckel öffnen und Dichtung auf Porosität oder Beschädigung prüfen.
- Belüftungsschläuche vom Öleinfülldeckel zum Luftfilter, beziehungsweise zum Ansaugkrümmer auf festen Sitz prüfen.
- Zylinderkopfdeckel-Dichtung
- Zylinderkopf-Dichtung
- Ölfilterdichtung
- Ölablaßschraube (Dichtring)
- Ölwannendichtung
- Trennstelle zwischen Motor und Getriebe (Dichtung an Schwungrad oder Getriebewelle).

Da sich bei Undichtigkeiten das Öl meistens über eine größere Motorfläche verteilt, ist der Austritt des Öls nicht auf den ersten Blick zu erkennen. Bei der Suche geht man zweckmäßigerweise wie folgt vor:

- Motorwäsche durchführen. Motor mit handelsüblichem Kaltreiniger einsprühen und nach einer kurzen Einwirkungszeit mit Wasser abspritzen. Vorher Zündspulen und Generator mit Plastiktüte abdecken.
- Trennstellen und Dichtungen am Motor von außen mit Kalk oder Talkumpuder bestäuben.
- Ölstand kontrollieren, gegebenenfalls auffüllen.
- Probefahrt durchführen. Da das Öl bei heißem Motor dünnflüssig wird und dadurch schneller an den Leckstellen austreten kann, sollte die Probefahrt über eine Strecke von ca. 30 km auf einer Schnellstraße durchgeführt werden.
- Anschließend Motor mit Lampe absuchen, undichte Stelle lokalisieren und Fehler beheben.

Motorölstand prüfen

Etwa alle 1000 km sollte der Ölstand des Motors überprüft, gegebenenfalls ergänzt werden. Auf 1000 Kilometer soll der Motor nicht mehr als 1,0 Liter Öl verbrauchen. Mehrverbrauch ist ein Anzeichen für verschlissene Ventilschaftabdichtungen und/oder Kolbenringe beziehungsweise Öldichtungen.

- Das Fahrzeug muß beim Messen auf einer waagerechten Fläche stehen.
- Der Motor muß betriebswarm sein.
- Nach Abstellen des Motors mindestens 3 Minuten lang warten, damit sich das Öl in der Ölwanne sammelt.
- Ölpeilstab am Motor herausziehen und mit sauberem Lappen abwischen.

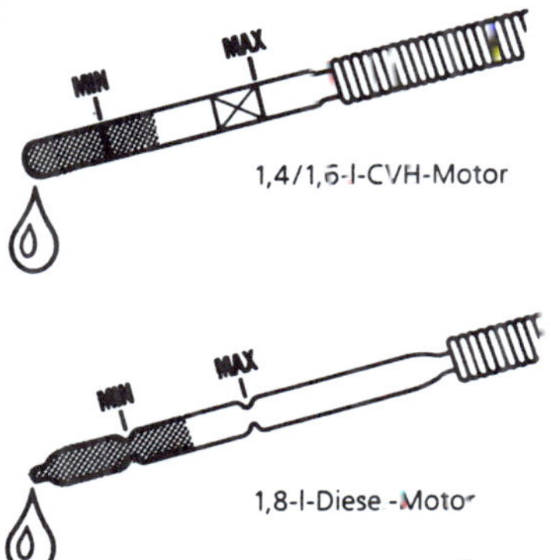

F-6229

- Anschließend Meßstab bis zum Anschlag einführen und wieder herausziehen. Der Ölstand muß zwischen den beiden Markierungen liegen.
- Neues Öl erst nachfüllen, wenn sich der Ölstand der unteren Marke nähert. Die Ölmenge von der MIN- bis zur MAX-Markierung beträgt **1 Liter**. Nicht mehr Öl als bis zur MAX-Markierung einfüllen.
- Nachgefüllt wird am Verschluß des Zylinderkopfdeckels. Beim Nachfüllen richtige Ölsorte verwenden, keine Ölzusätze verwenden.

Motorentlüftung auf Dichtheit prüfen

Die Motorentlüftung ist erforderlich, damit im Kurbelgehäuse kein schädlicher Überdruck entstehen kann.

Da die Kolbenringe nicht vollständig abdichten können gelangen Verbrennungsgase in das Kurbelgehäuse. Vermischt mit heißen Öl- und Kraftstoffdämpfen kann sich dadurch ein für den Kurbeltrieb schädlicher Überdruck aufbauen. Um dies zu vermeiden, werden die Gase über einen Verbindungsschlauch vom Motor angesaugt und verbrannt.

- Anschlußschläuche auf festen Sitz prüfen.
- Beim Dieselmotor führen die Motorentlüftungsschläuche vorn links vom Kurbelgehäuse zum Zylinderkopfdeckel und vorn rechts vom Zylinderkopfdeckel zum Ansaugkrümmer.
- Beim Benzinmotor führen die Motorentlüftungsschläuche vom Kurbelgehäuse links hinten zum Zylinderkopfdeckel und rechts hinten vom Zylinderkopfdeckel über einen Filter zum Ansaugkrümmer.

Kühlmittelstand prüfen

Der Kühlmittelstand sollte in regelmäßigen Abständen – etwa alle vier Wochen – geprüft werden, zumindest aber vor jeder größeren Fahrt.

Zum Nachfüllen – auch in der warmen Jahreszeit – nur eine Mischung aus Kühlerfrostschutzmittel und kalkarmem, sauberem Wasser verwenden.

Achtung: Um die Weiterfahrt zu ermöglichen, kann auch, insbesondere im Sommer, reines Wasser nachgefüllt werden. Der Kühlerfrostschutz muß dann jedoch baldmöglichst korrigiert werden.

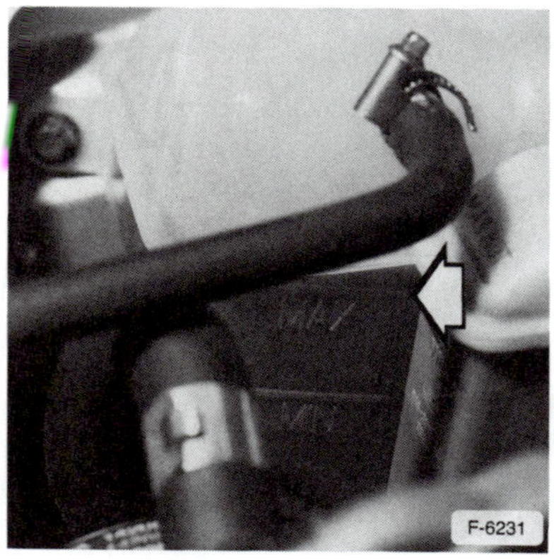

- Der Kühlmittelstand soll bei kaltem Motor (Kühlmitteltemperatur ca. +20° C) an der MAX-Markierung am Ausgleichbehälter liegen.
- **Kaltes** Kühlmittel nur bei **kaltem Motor** nachfüllen, um Motorschäden zu vermeiden.

Achtung: Verschlußdeckel bei heißem Motor vorsichtig öffnen. Verbrühungsgefahr! Beim Öffnen Lappen über den Verschlußdeckel legen. Verschlußdeckel möglichst bei einer Kühlmittel-Temperatur unter +90° C öffnen.

- Verschlußdeckel beim Öffnen zuerst etwas aufdrehen und Überdruck entweichen lassen. Danach Deckel weiterdrehen und abnehmen.
- Sichtprüfung auf Dichtheit durchführen, wenn der Kühlmittelstand in kurzer Zeit absinkt.

Kühlmittel wechseln

Seit 2/92 muß die Kühlflüssigkeit im Rahmen der Wartung nicht mehr gewechselt werden, vorausgesetzt es ist ausschließlich eine Mischung aus dem Kühlkonzentrat »Motorcraft Super Plus 4« und Wasser eingefüllt.

Achtung: Wird die Kühlflüssigkeit im Rahmen einer Reparatur abgelassen, sollte sie zur Wiederverwendung aufgefangen werden. Werden allerdings die Kühlmittelpumpe, der Kühler oder der Zylinderkopf ersetzt, ist die Kühlflüssigkeit grundsätzlich zu erneuern.

Folgende Werkzeuge sind erforderlich:

- Auffanggefäß für das Kühlmittel.

Folgende Verschleißteile werden benötigt:

- Nur das Kühlkonzentrat »Motorcraft Super Plus 4« oder ein anderes Frostschutzmittel nach FORD-Spezifikation ESDM-97B49-A verwenden. Siehe auch Hinweise auf Seite 61.
- Sauberes, kalkarmes, am besten destilliertes Wasser.

Motor	Kühlmittelmenge in Liter	
	Kühlkonzentrat	Wasser
1,3-l OHV	3,2	3,9
1,4-l	3,4	4,2
1,6-l CVH	3,5	4,3
1,6-/1,8-l Z.	3,2	3,8
2,0-l	3,6	4,4
Diesel	4,2	5,1

Achtung: Auch in der warmen Jahreszeit zum Auffüllen nur eine Mischung aus Kühlkonzentrat und Wasser verwenden.

Ablassen

- Batterie-Massekabel (–) abklemmen. **Achtung:** Dadurch werden aus dem Speicher des elektronischen EinspritzSteuergerätes »Betriebswerte« und aus dem Speicher des Radios der Keycode für die Diebstahlsicherung sowie die eingestellten Sender gelöscht. Vor dem Abklemmen daher unbedingt Hinweise im Kapitel »Batterie aus- und einbauen« durchlesen.

- Verschlußdeckel des Kühlsystems etwas nach links drehen und Überdruck aus dem Kühlsystem entweichen lassen. Dann Deckel weiterdrehen und ganz abnehmen.

Achtung: Bei heißem Motor vor dem Öffnen des Deckels einen dicken Lappen auflegen, um Verbrühungen durch heiße Kühlflüssigkeit oder Dampf zu vermeiden. Deckel nur bei Kühlmitteltemperaturen unter +90° C abnehmen.

- Sauberes Auffanggefäß unter den Kühler stellen und Ablaßschraube unten am Kühler lösen. Zum Drehen der Schraube kann eine Münze genommen werden.
- Kühlmittel ganz ablaufen lassen.

Achtung: Kühlmittel ist leicht giftig und sollte nicht einfach weggeschüttet werden. Gemeinde- und Stadtverwaltungen informieren darüber, wo sich die nächste Problemstoff-Sammelstelle befindet beziehungsweise wie das alte Kühlmittel entsorgt werden soll.

- Ablaßschraube am Kühler ganz leicht festziehen. Dazu eine Münze in den Schlitz der Schraube stecken und Ablaßschraube handfest anziehen.

Auffüllen

Dieselmotor:

- Entlüfterschraube am oberen Kühlerschlauch lösen.
- Kühlsystem über die Öffnung des Ausgleichbehälters auffüllen, bis Kühlflüssigkeit an der Entlüfterschraube austritt.
- Entlüfterschraube schließen.

- Kühlsystem über die Öffnung des Ausgleichbehälters bis zur MAX-Markierung füllen.
- Batterie-Massekabel (–) anklemmen.
- Motor starten und warmlaufen lassen, Drehzahl durch stoßweises Gasgeben über 2500/min halten. Die im System enthaltene Restluftmenge führt zum Absinken des Flüssigkeitsspiegels.
- Während des Warmlaufens eventuell Kühlmittel nachfüllen und anschließend Verschlußdeckel schließen.
- Kühlsystem, insbesondere Schlauchanschlüsse sowie Ablaßschraube und Kühlmittelpumpe, auf Dichtheit prüfen.

Kühlsystem-Sichtprüfung auf Dichtheit

- Kühlmittelschläuche durch Zusammendrücken und Verbiegen auf poröse Stellen untersuchen, hartgewordene Schläuche ersetzen.
- Die Schläuche dürfen nicht zu kurz auf den Anschlußstutzen sitzen.
- Festen Sitz der Schlauchschellen kontrollieren.

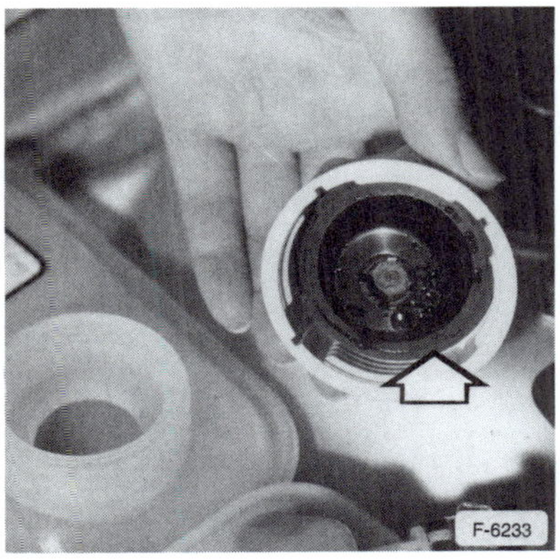

- Dichtung des Verschlußdeckels auf Beschädigungen überprüfen.

Achtung: Ein zu niedriger Kühlmittelstand kann auch von einem nicht richtig aufgeschraubten Verschlußdeckel herrühren.

- Festen Sitz der Ablaßschraube kontrollieren.
- Wenn der Kühlmittelstand häufig absinkt, ohne daß eine undichte Stelle lokalisiert werden kann, Kühlsystem bei warmem Motor prüfen. Dazu Motor warmfahren und im Leerlauf so lange drehen lassen, bis der Lüfter einschaltet. Darauf achten, ob Kühlflüssigkeit im Bereich der Kühlmittelpumpe austritt.
- Deutlicher Kühlmittelverlust und/oder Öl in der Kühlflüssigkeit, sowie weiße Abgaswolken bei warmem Motor deuten auf eine defekte Zylinderkopfdichtung hin.

Achtung: Mitunter ist es schwierig, die Leckstelle ausfindig zu machen. Dann empfiehlt sich eine Druckprüfung durch die Werkstatt (Spezialgerät erforderlich). Hierbei kann ebenfalls das Überdruckventil des Verschlußdeckels geprüft werden.

Frostschutz prüfen

Folgendes Prüfwerkzeug wird benötigt:

- Eine Prüfspindel, die es preiswert im Zubehörhandel gibt und auch oft an Tankstellen zur Benutzung vorliegt.

Regelmäßig vor Winterbeginn sollte sicherheitshalber die Konzentration des Frostschutzmittels geprüft werden, insbesondere wenn zwischendurch reines Wasser nachgefüllt wurde.

- Motor warmfahren, bis der Kühler oben ca. handwarm ist.
- Verschlußdeckel am Ausgleichbehälter vorsichtig öffnen. **Achtung:** Nicht bei heißem Motor öffnen, siehe unter »Kühlmittel wechseln«.

- Mit Meßspindel Kühlflüssigkeit ansaugen und am Schwimmer Kühlmitteldichte ablesen. Der Frostschutz soll in unseren Breiten bis –30° C reichen.

FORD-Kühlkonzentrat ergänzen

Beispiel: Die Frostschutz-Messung mit der Spindel ergibt einen Frostschutz bis –10° C. In diesem Fall beim 1,6-l-Benzinmotor 2,5 l Kühlflüssigkeit ablassen und dafür 2,5 l reines Frostschutzkonzentrat auffüllen. **Achtung:** Nur von FORD freigegebenes Frostschutzmittel nachfüllen.

Gemess.Wert in°C	0	–10	–15	–20
Motor	Differenzmenge in l			
1,3-/1,8-l	3,2	2,0	1,2	0,7
1,4-/1,6-/2,0-l	3,5	2,5	1,7	1,0
1,8-l Diesel	4,2	3,0	2,2	1,5

- Verschlußdeckel am Kühler verschließen und nach Probefahrt Frostschutz erneut überprüfen.

Kältemittelstand der Klimaanlage prüfen

Für die Prüfung sollte die Außentemperatur +18° C oder mehr betragen. Der Motor sollte Umgebungstemperatur haben.

- Motor starten und im Leerlauf drehen lassen.
- Klimaanlage einschalten. Gebläseschalter auf Umluftstufe 3 stellen.

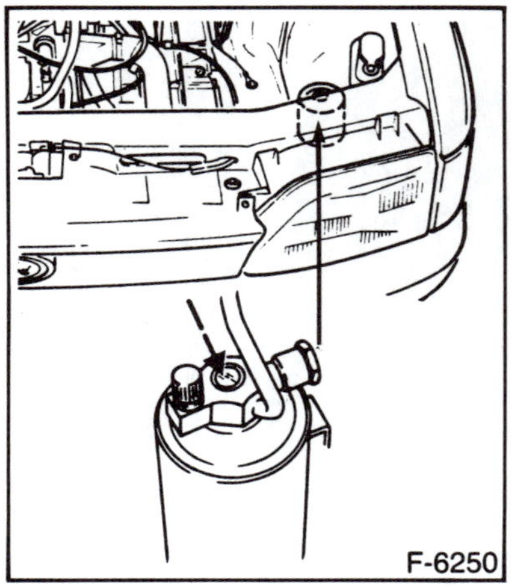

- Schauglas am Kältemittelsammler beobachten: Etwa 10 Sekunden nach Zuschalten des Kompressors muß die durchströmende Flüssigkeit blasenfrei sein. Andernfalls enthält die Klimaanlage zu wenig Kältemittel und arbeitet nicht mit voller Leistung.
- Werden nach dem Einschalten der Klimaanlage keinerlei Blasen festgestellt, enthält die Anlage sehr wenig oder kein Kältemittel. In diesem Fall Klimaanlage sofort ausschalten, da sonst der Klimakompressor beschädigt wird.

Achtung: Kältemittelanlage **nicht** öffnen. Berührung des Kältemittels mit der Haut kann zu Erfrierungen führen.

- Gegebenenfalls Kältemittel in der Werkstatt auffüllen lassen.

Zündkerzen ersetzen / elektrische Anschlüsse prüfen

Als Spezialwerkzeug wird benötigt:

- Ein Zündkerzenschlüssel, der preiswert im Zubehörhandel zu kaufen ist.

Folgende Verschleißteile müssen gekauft werden:

- 4 Zündkerzen. Die richtige Zündkerze, siehe Seite 72.

Ausbau

- Sämtliche Kerzenstecker abziehen, dabei nur an den Steckern und nicht an den Kabeln ziehen.
- Zündkerzen-Nischen, wenn möglich, mit Preßluft ausblasen, damit bei ausgebauten Kerzen kein Schmutz in die Gewindebohrung fällt.
- Zündkerzen mit Zündkerzenschlüssel herausdrehen. **Achtung:** Der Motor muß dabei mindestens auf Handwärme abgekühlt sein. Bei zu warmem Motor kann beim Herausschrauben das Gewinde im Zylinderkopf beschädigt werden.
- Sieht die Kerze verölt aus, deutet das auf Aussetzen der betreffenden Zündkerze oder schlecht abdichtende Kolbenringe hin (Kompression prüfen).
- Isolatoren der Zündkerzen auf Kriechströme untersuchen. Kriechströme zeigen sich als dünne, unregelmäßige Spuren auf der Oberfläche. Eventuell undichten Zündkerzenstecker austauschen.

Einbau

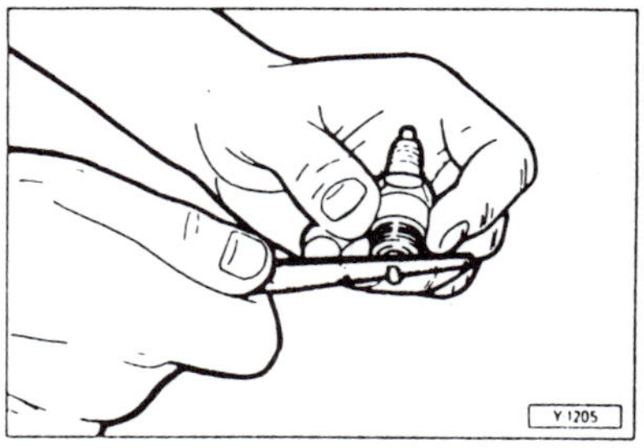

- Vor dem Einbau Elektrodenabstand mit Fühlerblattlehre prüfen. Sollwert: **1,0 mm** (1,6-/1,8-l-Zetec-Motor: **1,3 mm**.). Bei neuen Zündkerzen ist der Elektrodenabstand in der Regel richtig eingestellt.
- Zum Einstellen des Kontaktabstandes Masse-Elektrode nachbiegen. Dafür gibt es ein einfaches, praktisches Werkzeug, andernfalls seitlich gegen die Masse-Elektrode klopfen. Beim Aufbiegen kleinen Schraubendreher am Gewinderand der Kerze abstützen, keinesfalls jedoch an der Mittel-Elektrode, da diese sonst beschädigt wird.
- Zündkerzen von Hand bis zur Anlage am Zylinderkopf einschrauben. **Achtung:** Dabei Kerzen nicht verkantet ansetzen. Beim 2,0-l/150-PS-Motor Gewinde der Zündkerzen vor dem Einsetzen mit dem FORD-Schmiermittel »Never Seez« dünn bestreichen.
- Zündkerzen mit **20 Nm** festziehen. **Achtung:** Steht kein Drehmomentschlüssel zur Verfügung, neue Zündkerzen mit Kerzenschlüssel um ca. 90° (1/4 Umdrehung) anziehen. Gebrauchte Zündkerzen nur ca. 15° anziehen. Zu fest angezogene Zündkerzen können beim Herausschrauben abreißen oder das Gewinde im Zylinderkopf beschädigen. In diesem Fall Kerzengewinde mit UTC- oder Heli-Coil-Einsätzen reparieren.
- Kerzenstecker entsprechend der Zündfolge **1–3–4–2** aufstecken. **Achtung:** Beim **1,3-l-Motor** Stecker entsprechend der Zündfolge **1–2–4–3** aufstecken.
- Durch Hin- und Herbewegen festen Sitz der Kerzenstecker und Zündkabel prüfen.

Elektrische Anschlüsse prüfen

- Sämtliche elektrischen Anschlüsse an den Zündspulen auf festen Sitz prüfen.
- Angerissene Klemmen ersetzen.
- Korrodierte Anschlüsse mit einer Drahtbürste oder Schmirgelleinen reinigen, gegebenenfalls mit Kontaktspray einsprühen.
- Die Kontakte dürfen nicht feucht sein, andernfalls Kontakte reinigen und mit Kontaktspray einsprühen.
- Zündkabel auf engen Radius biegen und auf Risse prüfen. Gegebenenfalls alle Zündkabel ersetzen.

Luftfiltereinsatz wechseln

Es wird kein Sonderwerkzeug benötigt.

Folgendes Verschleißteil muß gekauft werden:

- Luftfiltereinsatz. Beim Ersatzteilkauf beachten, daß ein Luftfiltereinsatz entsprechend dem Fahrzeugmodell und der Motorleistung benötigt wird.

Ausbau

Benzinmotor

- Luftfilterdeckel abschrauben –5–.
- Spannverschlüsse –4– am Filtergehäuse öffnen. Die Abbildung zeigt den Luftfilter vom 1,6-l-Benzinmotor.
- Luftfilterdeckel nach oben anheben und Filtereinsatz herausnehmen.
- Filtergehäuse mit einem Lappen auswischen.
- Filtereinsatz bei geringer Verschmutzung vorsichtig mit der Schmutzseite nach unten ausklopfen. Verölten Filtereinsatz auf jeden Fall ersetzen.

Achtung: Filtereinsatz weder mit Benzin reinigen, noch mit Öl benetzen. Filtereinsatz nicht mit Preßluft ausblasen.

Hinweis: Falls der Filtereinsatz stark verölt ist, kann je nach Motor ein zusätzlicher Ölabscheider mit neuen Schläuchen anstelle des Kurbelgehäuseentlüftungsschlauches eingebaut werden. Dabei darauf achten, daß der Ölabscheider nur in senkrechter Lage eingebaut wird.

Einbau

- Neuen Filtereinsatz in das Luftfiltergehäuse einlegen.
- Deckel von oben ansetzen. Schnellverschlüsse zuschnappen lassen.
- Luftfilterdeckel anschrauben.

Kraftstoffilter für Dieselmotor entwässern/ Kraftstoffilter ersetzen

Es wird kein Sonderwerkzeug benötigt.

Folgendes Verschleißteil muß gekauft werden:

- Kraftstoffilter für den jeweiligen Motor.

Dieselmotor

Zum Auffangen des Wassersatzes ist ein geeignetes Auffanggefäß erforderlich. **Achtung:** Auslaufender Dieselkraftstoff muß von den Gummiteilen (Kühlmittelschläuche) sofort naß abgewischt werden, sonst werden die Gummiteile im Lauf der Zeit zerstört.

Entwässern

- Geeignete Auffangwanne unter den Ablaßstutzen –5– stellen. Die Abbildung zeigt den BOSCH-Filter. Zur Erleichterung kann beim BOSCH-Filter ein geeigneter Schlauch auf den Ablaßstutzen gesteckt und nach unten aus dem Motorraum herausgeführt werden. **Achtung:** Kupplungsgehäuse abdecken, damit kein Kraftstoff hineingelangen kann.
- Ablaßschraube –6– von Hand öffnen.
- Entlüftungsschraube –4– oben am Filter lösen. Gegebenenfalls Schlauch abziehen.
- Etwa 200 cm^3 Wassersatz ablaufen lassen bis reiner Dieselkraftstoff austritt. Entwässerungsventil von Hand festziehen.
- Entlüftungsschraube oben am Filter festziehen.
- Kraftstoffanlage auf Dichtheit prüfen. Dazu Motor starten.

Achtung: Bei Fahrzeugen mit CAV-Kraftstoffanlage Filter entlüften, siehe Seite 92.

Filterwechsel

- Batterie-Massekabel (–) abklemmen. **Achtung:** Dadurch werden aus dem Speicher des elektronischen EinspritzSteuergerätes »Betriebswerte« und aus dem Speicher des Radios der Keycode für die Diebstahlsicherung sowie die eingestellten Sender gelöscht. Vor dem Abklemmen daher unbedingt Hinweise im Kapitel »Batterie aus- und einbauen« durchlesen.
- Flüssigkeit vollständig aus dem Filter wie beim Entwässern ablassen.

BOSCH-Filter

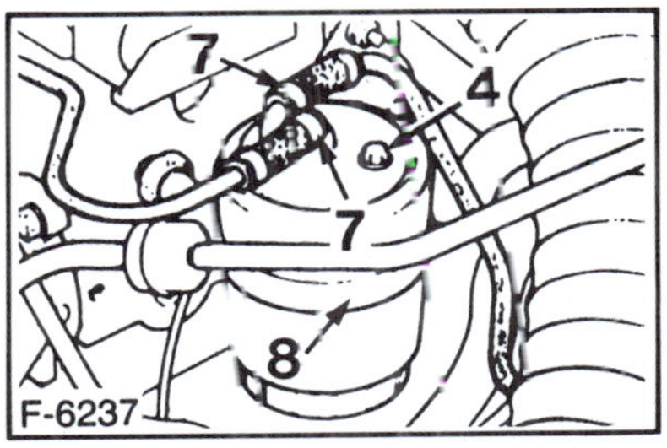

- Schlauchschellen –7– mit Zange zusammendrücken, zurückschieben und Kraftstoffschläuche abziehen.
- Klemmschraube der Filterhalterung –8– lösen und Filter komplett herausnehmen. 4–Entlüftungsschraube.

CAV-Filter

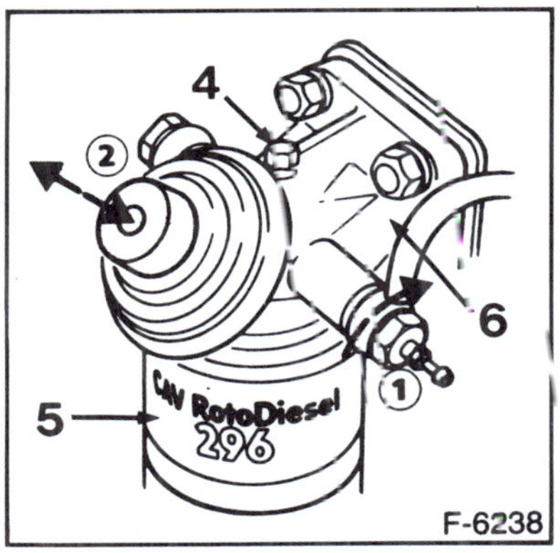

- Filtereinsatz –5– festhalten und Befestigungsschraube –4– herausdrehen. 1 = Entlüftungsschraube, 2 = Handpumpe.
- Filtereinsatz abnehmen.
- O-Dichtringe am Filtergehäuse –6– oben und unten abnehmen.
- Neue O-Ringe in das Gehäuse einsetzen.
- Neuen Filter randvoll mit Diesel füllen und anschrauben.
- **BOSCH-Filter:** Kraftstoffschläuche aufschieben und mit Schellen sichern.
- Batterie-Massekabel (–) anklemmen.
- **CAV-Filter:** Kraftstoffanlage entlüften, siehe Seite 92.
- Auffangbehälter und Abdeckung unter dem Filter entfernen, gegebenenfalls Schlauch abziehen.
- Nach Probefahrt Dichtigkeit der Kraftstoffanlage überprüfen.

Benzinmotoren

Der Kraftstoffilter sitzt im Motorraum zwischen Motor und Spritzwand. Zum Abklemmen der Zu- und Ablaufleitung sind 2 Schlauchklemmen nötig. Es können auch stattdessen kleine Schraubzwingen verwendet werden.

Ausbau

Achtung: Kein offenes Feuer, Brandgefahr!

- Batterie-Massekabel (–) abklemmen. **Achtung:** Dadurch werden aus dem Speicher des elektronischen Einspritz-Steuergerätes »Betriebswerte« und aus dem Speicher des Radios der Keycode für die Diebstahlsicherung sowie die eingestellten Sender gelöscht. Vor dem Abklemmen daher unbedingt Hinweise im Kapitel »Batterie aus- und einbauen« durchlesen.
- Geeigneten Auffangbehälter unter den Kraftstoffilter halten.
- Zufluß- und Ablaufleitung mit Tesaband kennzeichnen. Die Zuordnung der Leitungen ist an der Pfeilrichtung auf dem Filter zu erkennen, der Pfeil zeigt in Durchflußrichtung.
- Kraftstoffleitungen abklemmen.
- Anschluß der Zufluß- oder Ablaufleitung vorsichtig lösen, damit der Druck in der Leitung langsam abgebaut wird. Gegebenenfalls Lappen um das Schlauchende legen.
- Anschließend beide Leitungen abschrauben.

- Klemmschraube lösen und Filter –4– aus der Halterung –5– herausziehen.

Achtung: Der Kraftstoffilter ist auch nach dem Lösen der Leitungen mit Benzin gefüllt.

Einbau

Achtung: Kraftstoffilter so einbauen, daß die Pfeile auf dem Gehäuse in Durchflußrichtung zeigen.

- Kraftstoffilter in den Halter einsetzen und Klemmschraube festziehen.
- Kraftstoffleitungen am Filter anschrauben.
- Klemmen abnehmen.
- Fahrzeug ablassen.
- Batterie-Massekabel (–) anklemmen.
- Zündung 5mal an- und ausschalten. Dichtheit der Kraftstoffanschlüsse kontrollieren.

Keilriemen/Keilrillenriemen prüfen

Keilriemen prüfen

Benötigte Sonderwerkzeuge:

- Die FORD-Werkstatt prüft die Keilriemenspannung mit einem Spezialgerät. Steht das Prüfgerät nicht zur Verfügung, »Daumenprobe« durchführen.

Benötigte Verschleißteile:

- 1 Keilriemen.

Zu niedrige Keilriemenspannung führt zum erhöhten Verschleiß oder Ausfall des Keilriemens. Bei zu hoher Spannung können Lagerschäden an den betreffenden Aggregaten auftreten.

- Ein Keilriemen muß ersetzt werden bei: Übermäßiger Abnutzung, Ausgefransten Flanken, Ölspuren, Porosität, Querschnittbrüchen.
- Spannung des Keilriemens prüfen, und zwar durch kräftigen Daumendruck in der Mitte zwischen den beiden Riemenscheiben, die den größten Abstand voneinander haben. Der Keilriemen darf sich um ca. 4 mm durchdrücken lassen.
- **Keilriemen für Generator** ersetzen bzw. spannen, siehe Seite 48.

Keilrillenriemen prüfen

Der Keilrillenriemen wird durch eine automatische Spannvorrichtung gespannt. Die Riemenspannung muß daher in der Wartung nicht geprüft werden.

Zustand prüfen

- Sämtliche Riemenscheiben und Spannrollen auf Beschädiungen und fehlerhafte Ausrichtung sichtprüfen. Die Riemenscheiben müssen parallel zueinander laufen. Andernfalls können während des Betriebs Quietschgeräusche auftreten. Riemen bzw. Riemenspanner **nicht** schmieren.
- Getriebe in Leerlaufstellung bringen, Handbremse anziehen.
- Riemen an gut sichtbarer Stelle mit einem Kreidestrich markieren.
- Motor von Hand durchdrehen, bis die Markierung am Riemen wieder sichtbar ist. Dazu Stecknuß an der Zentralschraube der Kurbelwellen-Riemenscheibe ansetzen.
- Keilrillenriemen sichtprüfen.

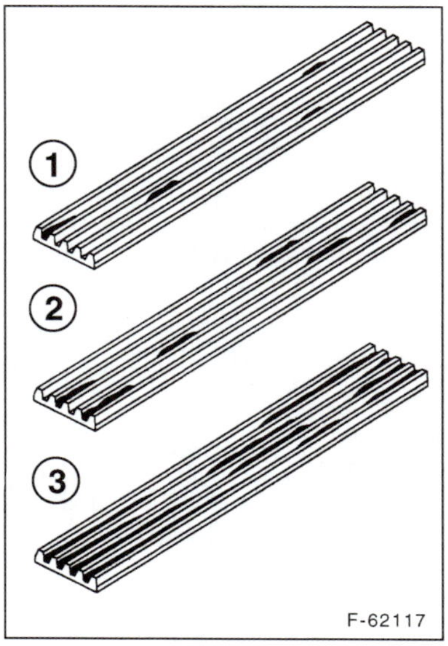

- Der Riemen braucht nicht gewechselt zu werden bei:
  - ◆ Geringen, verstreuten Gummiablagerungen –1–.
  - ◆ Größeren Gummiablagerungen –2– bis zu 50% der Rillentiefe, solange keine übermäßig lauten Geräusche erzeugt werden.
- Bei sehr großen Ablagerungen –3– entlang der Rillen, die zu Geräuschbildung und Instabilität des Riemens führen, Keilrippenriemen ersetzen.

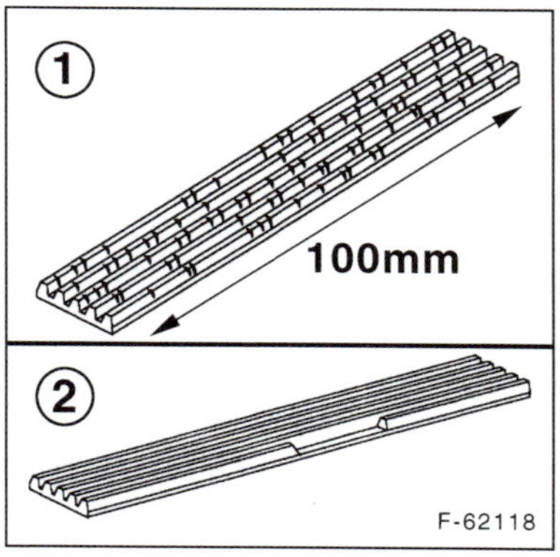

- Riemen auf Risse prüfen –1–. Für jede Rippe sind bis zu 15 Risse pro 100 mm zulässig. Sind mehr Risse vorhanden, Keilrillenriemen ersetzen.
- Wenn einzelne Rippen abgelöst oder herausgebrochen sind, Keilrillenriemen ersetzen.

Getriebe/Achsantrieb

Zahnriemen prüfen

Zustand prüfen

- Zahnriemenabdeckung ausbauen und Motor langsam von Hand durchdrehen, siehe Kapitel »Motor«.

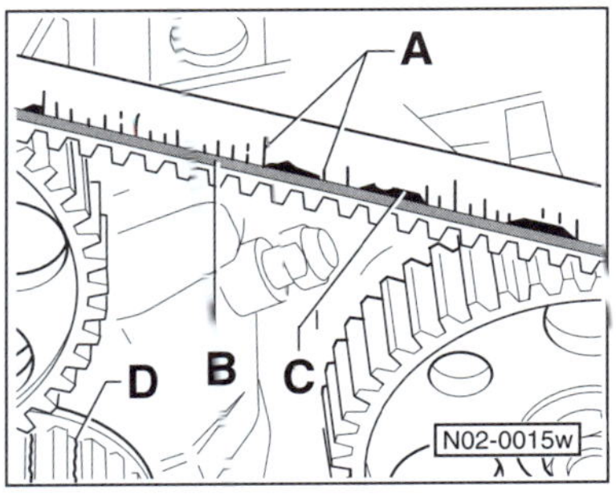

- Zahnriemen sichtprüfen. Dabei besonders auf folgende Schäden achten: A – Risse in der Abdeckung
  B – Seitliches Anlaufen
  C – Ausfransungen
  D – Risse im Zahngrund
- Gegebenenfalls Zahnriemen ersetzen. Außerdem Ursache für den Schaden ermitteln und beseitigen.

Dieselmotor bis 8/95: Bei stark verschmutztem Zahnriemen muß nach dem Einbau des neuen Riemens der Staubschutz der oberen Zahnriemenabdeckung so eingestellt werden, daß sich die Befestigungsschrauben in der Mitte der Langlöcher befinden. Gegebenenfalls untere Zahnriemenabdeckung ersetzen (Werkstattarbeit).

Spannung prüfen/Zahnriemen ersetzen

Da die Arbeit, falsch ausgeführt, zu erheblichen Motorschäden führen kann, ist auf eine exakte Arbeitsweise zu achten. Der Arbeitsablauf wird im Kapitel »Motor« beschrieben.

Sichtprüfung der Abgasanlage

- Fahrzeug aufbocken.
- Befestigungsschellen auf festen Sitz prüfen.
- Abgasanlage mit Lampe auf Löcher, durchgerostete Teile sowie Scheuerstellen absuchen.
- Stark gequetschte Abgasrohre ersetzen.
- Gummihalterungen durch Drehen und Dehnen auf Porosität überprüfen und gegebenenfalls austauschen.
- **Dieselmotor:** Abgasrückführungsanlage auf Dichtheit prüfen.

- Achswellen: Gelenkschutzhüllen auf Undichtigkeiten und Beschädigungen prüfen.
- Schaltgetriebe: Ölstand prüfen, gegebenenfalls auffüllen.
- Automatisches Getriebe: Flüssigkeitsstand prüfen, gegebenenfalls ATF auffüllen, wechseln.

Achtung: Altöl muß auf jeden Fall bei den Altöl-Sammelstellen abgegeben werden. In der Regel nehmen die Verkaufsstellen für neues Getriebeöl das Altöl kostenlos entgegen. Außerdem informieren Gemeinde- und Stadtverwaltungen darüber, wo sich die nächste Altöl-Sammelstelle befindet. **Keinesfalls darf Altöl einfach weggeschüttet oder dem Hausmüll mitgegeben werden.** Größere Umweltschäden wie beispielsweise Grundwasserverseuchung wären sonst unvermeidbar.

Schaltgetriebe: Ölstand prüfen

Benötigtes Sonderwerkzeug:

- Innensechskant-Schlüsseleinsatz zum Herausdrehen der Ölstandkontrollschraube.

Verschleißteile:

- Getriebeöl nach hier angegebener Spezifikation.

Getriebe auf Undichtigkeiten sichtprüfen.

- Fahrzeug waagerecht aufbocken.

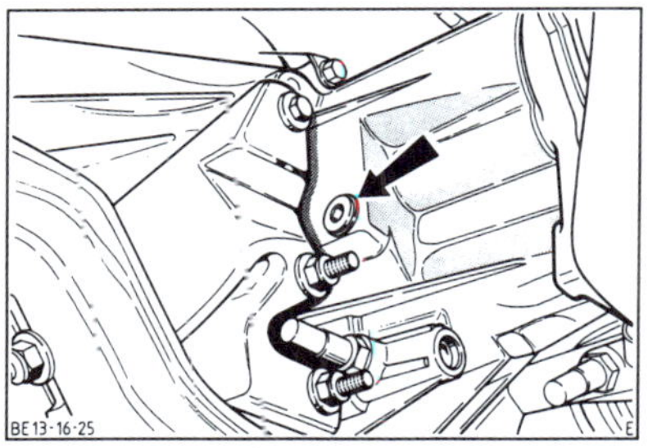

- Einfüllschraube am Getriebe herausdrehen.
- Der Ölspiegel muß an der Unterkante der Einfüllöffnung liegen (MTX-Getriebe) beziehungsweise 5 bis 10 mm darunter (BC-Getriebe).
- Das Öl muß von FORD zugelassen sein (steht auf der Öldose). Für die 4- und 5-Gang-Getriebe (außer MTX-75) wird Getriebeöl SAE 80 der FORD-Spezifikation SQM-2C9008-A benötigt. Für das MTX-75/5-Gang-Getriebe ist das Getriebeöl FORD-ESD-M2C186-A erforderlich.
- Zum Einfüllen wird eine Ölspritzkanne oder ein Schlauch benötigt. Gefäß unterstellen und überschüssiges Öl ablaufen lassen. Nicht zuviel Öl auf einmal einfüllen.

Gesamtfüllmenge:

4-Gang-Getriebe	– **2,8 l**
5-Gang-Getriebe »BC«	– **3,1 l**
5-Gang-Getriebe »MTX-75«	– **2,4 l**

Achtung: Grundsätzlich darauf achten, daß nicht mehr Öl eingefüllt wird als bis zur Unterkante der Öleinfüllbohrung.

- Einfüllschraube mit **25 Nm** festziehen.
- Fahrzeug ablassen.

Automatisches Getriebe: Ölstand prüfen/Öl wechseln

Prüfen

Der vorgeschriebene Ölstand ist für die einwandfreie Funktion des automatischen Getriebes äußerst wichtig. Darum ist die Prüfung mit großer Sorgfalt durchzuführen.

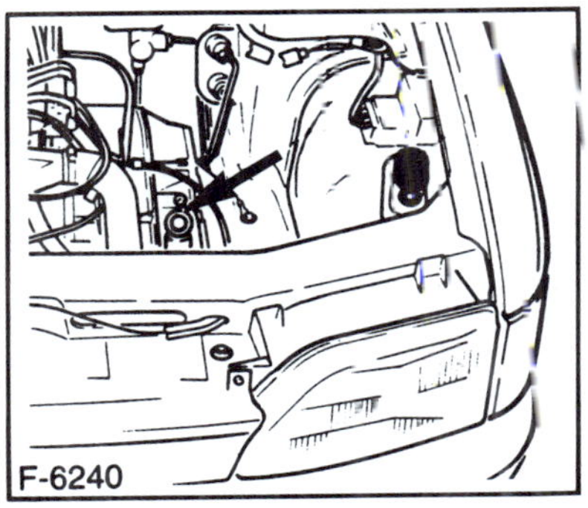

Der Peilstab für die Prüfung befindet sich im Motorraum. Hier wird auch das Automatik-Getriebeöl eingefüllt. Nur Automatik-Getriebeöl der FORD-Spezifikation ESP-M2C166-H, **ab 9/95:** WSD-M2C199A verwenden.

Achtung: Die Prüfung soll bei betriebswarmem Motor durchgeführt werden.

- Motor warmfahren
- Fahrzeug unbeladen auf waagerechter Fläche abstellen.
- Handbremse anziehen, Fußbremse betätigen.
- Bei Leerlaufdrehzahl des Motors alle Schalt-Positionen dreimal durchschalten.
- **Wählhebel in Stellung »P« legen.**

- Der Motor dreht während der Prüfung im Leerlauf.

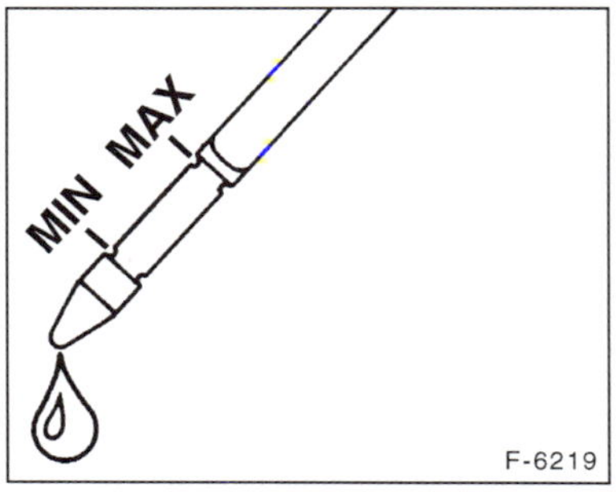

- Ölmeßstab herausziehen und mit einem sauberen, nicht fasernden Lappen, abwischen. Anschließend Meßstab voll eintauchen, wieder herausziehen und Ölstand ablesen.
- Der Flüssigkeitsstand muß zwischen den MIN- und MAX-Markierungen liegen.

Achtung: Bei zu niedrigem Ölstand wird von der Ölpumpe deutlich hörbar Luft angesaugt. Das Öl schäumt dadurch auf und kann bei der Ölstandsprüfung zu einem falschen Ergebnis führen. In diesem Fall Motor abstellen, nach ca. 2 Minuten etwas Öl nachfüllen und anschließend Ölstand nochmals bei laufendem Motor prüfen.

- Muß Getriebeöl nachgefüllt werden, sauberen Trichter und feinmaschiges Sieb verwenden.
- Automatik-Getriebeöl bei stehendem Motor durch das Getriebe-Meßstabrohr einfüllen.

Achtung: Nicht zuviel Öl einfüllen. Zuviel Öl kann Störungen in der Automatik hervorrufen. In jedem Fall muß zuviel eingefülltes Öl wieder abgelassen werden.

- Altes Öl gleichzeitig am Peilstab auf Aussehen und Geruch prüfen. Normalerweise ist das Öl sauber und rot. Verbrannte Reibbeläge verursachen Brandgeruch und färben das Öl dunkel. Befinden sich Metallabrieb im Öl oder wenn das Öl verharzt und klebrig ist, muß das Getriebe ausgebaut und repariert werden (Werkstattarbeit). Durch verschmutztes Öl können Störungen in der Getriebesteuerung auftreten.
- Nach Prüfung/Korrektur des Ölstandes Meßstab wieder ganz einführen.
- Fußbremse betätigen und sämtliche Wählhebelstellungen langsam durchschalten. Anschließend Ölstand nochmals kontrollieren.

Automatik-Getriebeöl wechseln

Beim Getriebeöl-Wechsel ist auf allerpeinlichste Sauberkeit zu achten. Selbst geringste Verunreinigungen können zum Ausfall der Automatik führen.

Achtung: Ohne Getriebeöl-Füllung darf der Motor nicht laufengelassen werden. Auch darf das Fahrzeug ohne Getriebeöl-Füllung nicht abgeschleppt werden.

- Der Ölwechsel soll bei betriebswarmem Getriebe durchgeführt werden.
- Fahrzeug aufbocken, siehe Seite 105.
- Auffangwanne unterstellen.
- Ölablaßschraube aus der Getriebeölwanne herausdrehen und Öl vollständig ablaufen lassen.

Achtung: Hat das Öl einen verbrannten Geruch, eine schwärzliche Färbung oder wenn sich Metallabrieb im Öl befindet, muß das Getriebe überholt werden.

- Ablaßschraube festziehen.

Ab 8/95:

- Ölwanne abschrauben.
- Ölsieb abschrauben und herausnehmen.
- Neuer Ölsieb mit neuem O-Ring ansetzen und mit 10 Nm festschrauben.
- Ölwanne mit neuer Dichtung ansetzen und Schrauben zuerst mit 3 Nm, dann mit 9 Nm über Kreuz festziehen.

- Fahrzeug ablassen, siehe Seite 105.
- Ca. 3,6 Liter Automatik-Getriebeöl einfüllen. **Achtung:** Es dürfen nur die von FORD freigegebenen Öle verwendet werden.
- Ölstand kontrollieren, siehe unter »prüfen«.

Gummimanschetten der Gelenkwellen prüfen

- Fahrzeug aufbocken.

- Auf sichtbare Fettspuren an Manschetten und in deren Umgebung achten.
- Festen Sitz der Halteschellen prüfen.
- Gummi der Manschette mit Lampe auf Porosität und Risse untersuchen. Eingerissene Gelenkschutzhüllen umgehend erneuern.
- Nach innen gezogene oder defekte Manschette auszutauschen.

Bremsen/Reifen/Räder

- Bremsanlage: Bremsflüssigkeitsstand und Dicke der Bremsbeläge prüfen.
- Bremsanlage: Leitungen, Schläuche, Bremszylinder und Anschlüsse auf Undichtigkeiten und Beschädigungen prüfen.
- Bremstrommel ausbauen und sichtprüfen, riefige Bremstrommeln ausdrehen lassen oder erneuern. Dieser Wartungspunkt ist im Kapitel »Bremsanlage« beschrieben.
- Bereifung: Profiltiefe und Reifenfülldruck prüfen; Reifen auf Verschleiß und Beschädigungen (einschließlich Reserverad) prüfen.
- Radmuttern nachziehen.

Bremsflüssigkeitsstand/ Warnleuchte prüfen

Der Vorratsbehälter für die Bremsflüssigkeit befindet sich im Motorraum. Er hat zwei Kammern, je eine für jeden Bremskreis. Der Schraubverschluß hat eine Belüftungsbohrung, die nicht verstopft sein darf.

Der Vorratsbehälter ist durchscheinend, so daß der Bremsflüssigkeitsstand jederzeit von außen überwacht werden kann. Es ist ratsam, regelmäßig einen Blick auf den Vorratsbehälter zu werfen.

- Der Flüssigkeitsstand soll, bei geschlossenem Deckel, nicht höher als die MAX-Markierung und nicht unterhalb der MIN-Marke liegen.
- Nur Bremsflüssigkeit der Spezifikation **Super DOT 4** oder FORD-**ESD-M6C57-A** einfüllen.
- Durch Abnutzung der Scheibenbremsen entsteht ein geringfügiges Absinken der Bremsflüssigkeit. Das ist normal.
- Sinkt die Bremsflüssigkeit jedoch innerhalb kurzer Zeit stark ab, ist das ein Zeichen für Bremsflüssigkeitsverlust.
- Die Leckstelle muß dann sofort ausfindig gemacht werden. In der Regel liegt es an verschlissenen Manschetten in den Radbremszylindern. Sicherheitshalber sollte die Überprüfung der Anlage von einer Fachwerkstatt durchgeführt werden.

Warnleuchte prüfen

- Zündung einschalten, Feststellbremse lösen.

- Kontakt im Verschlußdeckel mit dem Daumen nach unten drücken.
- Ein Helfer kontrolliert, ob die Warnleuchte jeweils aufleuchtet. Falls nicht, elektrische Zuleitung gemäß Stromlaufplan prüfen.

Bremsbelagdicke prüfen

- Scheibenrad zur Radfelge mit Farbe kennzeichnen, damit das ausgewuchtete Rad wieder an gleicher Stelle montiert werden kann. Radmuttern lösen
- Fahrzeug aufbocken, Räder abnehmen.

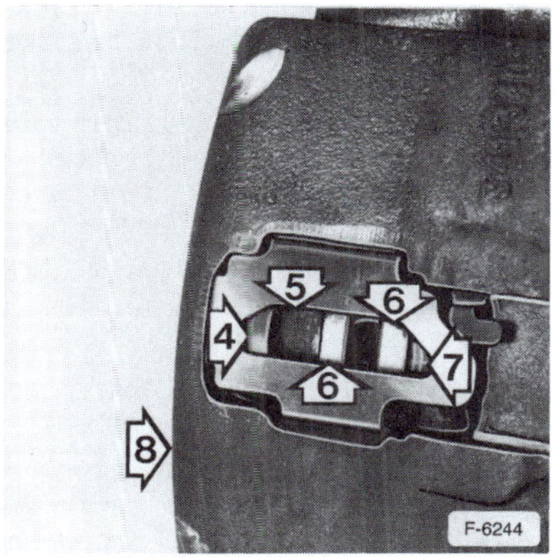

- Dicke des Bremsbelages –5–, also ohne metallne Rückenplatte –4–, von vorn durch das Bremskolbengehäuse –8– sichtprüfen. Im Zweifelsfall Bremsbeläge ausbauen und Belagdicke mit Schieblehre messen. 6 – Bremsscheibe, 7 – Innerer Bremsbelag.
- Die Verschleißgrenze der **Scheibenbremsbeläge** ist erreicht, wenn der Belag nur noch eine Dicke von **1,5 mm** aufweist.
- An den hinteren Bremsträgern Gummikappe vom Schauloch abnehmen und mit Taschenlampe durch die Öffnung leuchten. Die Verschleißgrenze ist erreicht, wenn der Belag eine Stärke von **1,0 mm** hat. Im Zweifelsfall Bremstrommel ausbauen und Belagstärke messen.
- Ist die Verschleißgrenze erreicht, Bremsbeläge auswechseln. Grundsätzlich alle Beläge einer Achse erneuern.

Hinweis: Nach einer Faustregel entspricht 1 mm Bremsbelag einer Fahrleistung von mindestens 1000 km. Diese Faustregel gilt unter ungünstigen Bedingungen. Im Normalfall halten die Beläge viel länger. Bei einer Belagdicke der Scheibenbremsbeläge von 5,0 mm (ohne Rückenplatte) beträgt die Restnutzbarkeit der Bremsbeläge also noch mindestens 3500 km.

- Räder ansetzen und anschrauben.
- Fahrzeug ablassen.
- Radmuttern über Kreuz mit **100 Nm** festziehen.

Sichtprüfung bei allen Bremsleitungen

- Fahrzeug aufbocken, siehe Seite 105.
- Bremsleitungen mit Kaltreiniger reinigen.

Achtung: Die Bremsleitungen sind zum Schutz gegen Korrosion mit einer Kunststoffschicht überzogen. Wird diese Schutzschicht beschädigt, kann es zur Korrosion der Leitungen kommen. Aus diesem Grund dürfen Bremsleitungen nicht mit Drahtbürste, Schmirgelleinen oder Schraubendreher gereinigt werden.

- Bremsleitungen vom Hauptbremszylinder zu den einzelnen Radbremszylindern mit Lampe überprüfen. Der Hauptbremszylinder sitzt im Motorraum unter dem Vorratsbehälter für Bremsflüssigkeit.

- Bremsleitungen dürfen weder geknickt noch gequetscht sein. Auch dürfen sie keine Rostnarben oder Scheuerstellen aufweisen. Andernfalls Leitung bis zur nächsten Trennstelle ersetzen.
- Bremsschläuche verbinden die Bremsleitungen mit den Radbremszylindern an den beweglichen Teilen des Fahrzeugs. Sie bestehen aus hochdruckfestem Material, können aber mit der Zeit porös werden, aufquellen oder durch scharfe Gegenstände angeschnitten werden. In einem solchen Fall sind sie sofort zu ersetzen.

F-6245

- Bremsschläuche mit der Hand hin- und herbiegen, um Beschädigungen festzustellen. Schläuche dürfen nicht verdreht sein, farbige Kennlinie beachten, falls vorhanden!
- Lenkrad nach links und rechts bis zum Anschlag drehen. Die Bremsschläuche dürfen dabei in keiner Stellung Fahrzeugteile berühren.
- Anschlußstellen von Bremsleitungen und -schläuchen dürfen nicht durch ausgetretene Flüssigkeit feucht sein.

Achtung: Wenn der Vorratsbehälter und die Dichtungen durch ausgetretene Bremsflüssigkeit feucht sind, so ist das nicht unbedingt ein Hinweis auf einen defekten Hauptbremszylinder. Vielmehr dürfte die Bremsflüssigkeit durch die Belüftungsbohrung im Deckel oder durch die Deckeldichtung ausgetreten sein.

Bremsflüssigkeit wechseln

Benötigtes Sonderwerkzeug:

- Ringschlüssel für Entlüfterschrauben.

Benötigte Verschleißteile:

- Bremsflüssigkeit der Spezifikation **Super DOT 4** oder FORD-**ESD-M6C57-A**.

Die Bremsflüssigkeit nimmt durch die Poren der Bremsschläuche sowie durch die Entlüftungsöffnung des Vorratsbehälters Luftfeuchtigkeit auf. Dadurch sinkt im Laufe der Betriebszeit der Siedepunkt der Bremsflüssigkeit. Bei starker Beanspruchung der Bremse kann es deshalb zu Dampfblasenbildung in den Bremsleitungen kommen, wodurch die Funktion der Bremsanlage stark beeinträchtigt wird.

Die Bremsflüssigkeit soll alle 2 Jahre, möglichst im Frühjahr, erneuert werden. Bei vielen Gebirgsfahrten, Bremsflüssigkeit in kürzeren Abständen wechseln.

- Vorsichtsmaßregeln beim Umgang mit Bremsflüssigkeit beachten, siehe Seite 159.
- Mit einer Absaugflasche aus dem Bremsflüssigkeitsbehälter Bremsflüssigkeit bis zu einem Stand von ca. 10 mm absaugen.

Achtung: Vorratsbehälter nicht ganz entleeren, damit keine Luft in das Bremssystem gelangt.

- Vorratsbehälter bis zur „Maximum"-Marke mit **neuer** Bremsflüssigkeit füllen.
- Am linken vorderen Bremssattel sauberen Schlauch auf Entlüfterventil aufschieben, geeignetes Gefäß unterstellen.
- Mit dem Bremspedal mehrmals »pumpen«, Bremspedal runtertreten, Entlüfterventil öffnen. Fuß auf dem Bremspedal halten, Entlüfterschraube schließen. Fuß vom Bremspedal nehmen. Diesen Vorgang circa 10mal wiederholen und alte Bremsflüssigkeit so herauspumpen.
- Entlüfterventil schließen, Vorratsbehälter mit **neuer** Bremsflüssigkeit auffüllen.
- Auf die gleiche Weise alte Bremsflüssigkeit aus den anderen Bremssätteln bzw. Radbremszylindern herauspumpen. Reihenfolge, siehe Seite 159.

Achtung: Die abfließende Bremsflüssigkeit muß in jedem Fall klar und blasenfrei sein.

- Alte Bremsflüssigkeit bei der örtlichen Deponie für Sondermüll abgeben.

Achtung: Bremsflüssigkeit **nicht** mit Motoröl vermischen. Eine solche Mischung darf nicht als Altöl abgegeben werden.

Handbremse prüfen

Die Handbremse wirkt auf die beiden Hinterräder.

- Fahrzeug hinten aufbocken.
- Handbremse um 2 Zähne anziehen. Beide Räder von Hand durchdrehen. An den Hinterrädern muß nun eine leichte Bremswirkung spürbar sein.
- Handbremse 5 Rasten anziehen, die Hinterräder müssen jetzt blockieren.
- Andernfalls Handbremse einstellen, siehe Kapitel »Bremsanlage«.
- Bei gelöstem Handbremshebel prüfen, ob beide Räder frei laufen. Falls die Bremsbacken schleifen, Bremseinstellung wiederholen beziehungsweise Bremsanlage überprüfen.
- Fahrzeug ablassen.

Reifenfülldruck prüfen

- Reifenfülldruck nur am kalten Reifen prüfen.
- Reifenfülldruck einmal im Monat sowie im Rahmen der Wartung prüfen. Fülldrucktabelle, siehe Seite 170.
- Zusätzlich sollte der Fülldruck vor längeren Autobahnfahrten kontrolliert werden, da hierbei die Temperaturbelastung für den Reifen am größten ist.

Reifenprofil prüfen

Die Reifen ausgewuchteter Räder nutzen sich bei gewissenhaftem Einhalten des vorgeschriebenen Fülldrucks und bei fehlerfreier Radeinstellung und Stoßdämpferfunktion auf der gesamten Lauffläche annähernd gleichmäßig ab. Bei ungleichmäßiger Abnutzung, siehe Störungsdiagnose im Kapitel »Reifen«. Im übrigen läßt sich keine generelle Aussage über die Lebensdauer bestimmter Reifenfabrikate machen, denn die Lebensdauer hängt von unterschiedlichen Faktoren ab:

- Fahrbahnoberfläche
- Reifenfülldruck
- Fahrweise
- Witterung

Vor allem sportliche Fahrweise, scharfes Anfahren und starkes Bremsen fördern den schnellen Reifenverschleiß.

Achtung: Die Rechtsprechung verlangt, daß Reifen lediglich bis zu einer Profiltiefe von 1,6 mm abgefahren werden dürfen, und zwar müssen die Profilrillen auf der gesamten Lauffläche noch mindestens 1,6 mm Tiefe aufweisen. Es empfiehlt sich jedoch, sicherheitshalber die Reifen bereits bei einer Mindestprofiltiefe von 2 mm auszutauschen.

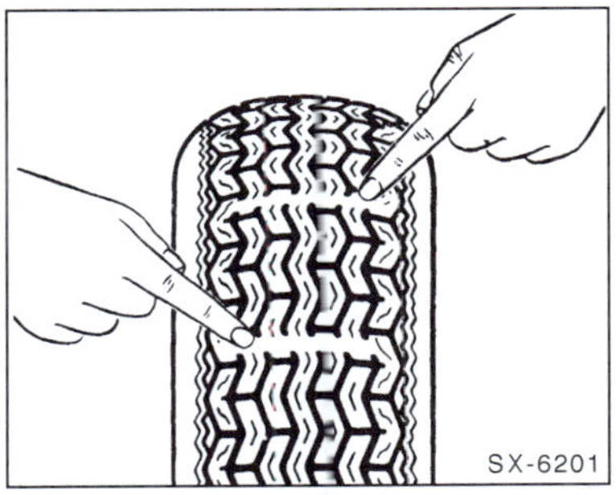

SX-6201

Nähert sich die Profiltiefe der gesetzlich zulässigen Mindestprofiltiefe, das heißt, weist der mehrmals am Reifenumfang angeordnete 1,6 mm hohe Verschleißanzeiger an diesen Stellen kein Profil mehr auf, sollten die Reifen bald gewechselt werden.

Achtung: M + S-Reifen haben auf Matsch und Schnee nur ausreichende Wirkung, wenn ihr Profil noch mindestens 4 mm tief ist.

Achtung: Reifen auf Schnittstellen untersuchen und mit kleinem Schraubendreher Tiefe der Schnitte feststellen. Wenn die Schnitte bis zur Karkasse reichen, korrodiert durch eindringendes Wasser der Stahlgürtel. Dadurch löst sich unter Umständen die Lauffläche von der Karkasse, der Reifen platzt. Deshalb: Bei tiefen Einschnitten im Profil aus Sicherheitsgründen Reifen austauschen.

Reifenventil prüfen

- Staubschutzkappe vom Ventil abschrauben.
- Etwas Speichel oder Seifenwasser auf das Ventil geben. Wenn sich eine Blase bildet, Ventil mit umgedrehter Schutzkappe festdrehen.

Achtung: Zum Anziehen des Ventils kann nur eine Metallschutzkappe verwendet werden. Metallschutzkappen sind an der Tankstelle erhältlich.

- Ventil erneut prüfen. Falls sich wieder Blasen bilden oder sich das Ventil nicht weiter anziehen läßt, Ventil erneuern.
- Grundsätzlich Schutzkappe wieder befestigen.

Radmuttern nachziehen

- Radkappen abdrücken.
- Radmuttern an allen Rädern über Kreuz mit **100 Nm** festziehen.

Lenkung/Vorderachse

- Spurstangenköpfe: Spiel und Befestigung prüfen, Staubkappen prüfen.
- Achsgelenke: Staubkappen sowie korrekten Sitz des Zapfens in der Aufnahme prüfen.
- Lenkung: Spiel prüfen, Faltenbälge auf Undichtigkeiten und Beschädigungen prüfen.
- Achsgelenke auf Spiel prüfen.
- Servolenkung: Ölstand prüfen.
- Vorderachse: Spur prüfen, siehe Seite 148.

Staubkappen für Spurstangengelenke/ Achsgelenke prüfen

- Fahrzeug vorn aufbocken.

Spurstangengelenk

F-6246

Achsgelenk

F-6251

- Staubkappen links und rechts mit Lampe anstrahlen und auf Beschädigungen überprüfen, dabei auf Fettspuren an den Manschetten und in deren Umgebung achten.
- Manschette auf Risse, Einschnitte und festen Sitz prüfen.
- Bei beschädigter Staubkappe, sicherheitshalber entsprechendes Gelenk mit Schutzkappe auswechseln. Eingedrungener Schmutz zerstört mit Sicherheit das Gelenk.
- Befestigungsmutter für die Gelenke sowie Sicherungssplint auf festen Sitz prüfen, dabei Mutter jedoch nicht verdrehen.
- Beim Achsgelenk besonders darauf achten, daß der Gelenkzapfen bündig in der Aufnahme sitzt. Der Gelenkzapfen darf praktisch nicht sichtbar sein. Richtige Einbaulage siehe Abbildung F-6251.

Lenkungsspiel prüfen

- Lenkrad in Mittelstellung bringen.

F-6247

- Durch das geöffnete Fenster Lenkrad hin- und herbewegen.
- Die Lenkung muß in Mittelstellung spielfrei sein.
- Ein Nachstellen der Lenkung ist in der Regel nicht erforderlich.
- Falls Spiel vorhanden ist, Spurstangen kräftig von Hand hin- und herbewegen. Die Kugelgelenke dürfen kein Spiel aufweisen, andernfalls Gelenke oder Spurstange ersetzen.
- Gegebenenfalls Fachwerkstatt aufsuchen und eine Prüfung des Lenkgetriebes vornehmen lassen.

Manschetten für Spurstangen prüfen

- Auf sichtbare Fettspuren (ölig glänzender Schmutz) an den Faltenbälgen und in deren Umgebung achten.
- Festen Sitz der Schraub- oder Klemmschellen prüfen.

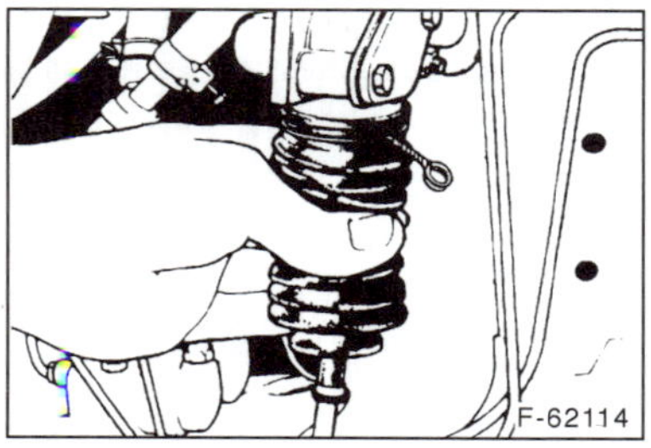

F-62114

- Gummi der Faltenbälge mit einer Taschenlampe auf Porosität oder Risse untersuchen, dabei Räder nach beiden Seiten einschlagen.
- Defekten Faltenbalg umgehend ersetzen.

Achsgelenke auf Spiel prüfen

Spiel im Achsgelenk macht sich in der Regel durch Quietschen, Knarren, Knirschen oder Klopfen beim Fahren oder Lenken auf unebener/welliger Fahrbahn bemerkbar. Außerdem kann ein defektes Achsgelenk erhöhten Reifenverschleiß an den Innenkanten der Vorderreifen verursachen.

- Fahrzeug vorn aufbocken.

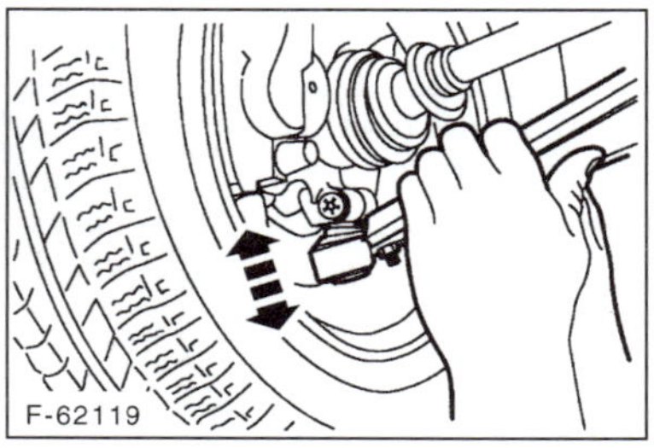

F-62119

- Äußeres Ende des Querlenkers fest in die Hand nehmen und versuchen, es nach unten und oben zu bewegen. Dabei auf jede Bewegung achten. Läßt sich das äußere Ende bewegen, ist meistens ein Klicken zu hören
- Spiel kontrollieren. Das Spiel ist die vom unteren Querlenker zurückgelegte Strecke, bis die Bewegung auf das Schwenklager übertragen wird.
- Es darf kein Spiel vorhanden sein. Andernfalls muß das verschlissene Gelenk erneuert werden.
- Fahrzeug ablassen.
- Spur einstellen lassen.

Ölstand für Servolenkung prüfen

- Motor abstellen.

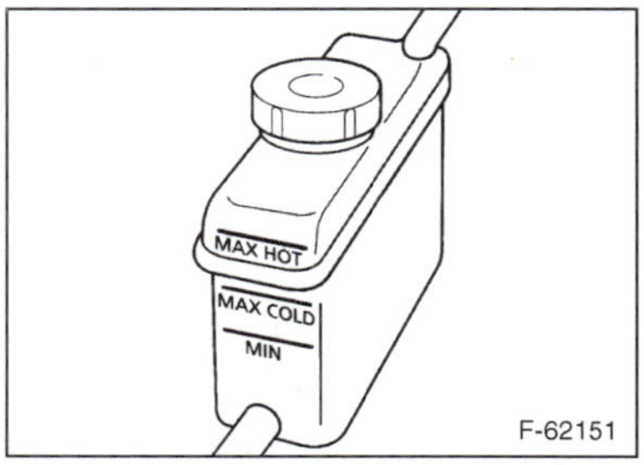

F-62151

- Der Ölstand soll bei betriebswarmer Lenkung bis zur MAX HOT-Markierung des Vorratsbehälters reichen. Bei kaltem Hydrauliköl soll der Flüssigkeitsspiegel an der Marke MAX COLD liegen.
- Liegt der Ölstand im Bereich der MIN-Markierung, von FORD freigegebenes Hydrauliköl nachfüllen

FORD-**Spezifikation**: ESPM-2C-166H

- Grundsätzlich nur **neues** Öl nachfüllen, da selbst kleinste Verunreinigungen zu Störungen an der hydraulischen Anlage führen können.
- Darauf achten, daß das Hydrauliköl vor dem Einfüllen nicht geschüttelt wird, da es sonst zur Bildung von Luftblasen kommt.
- Öl langsam einfüllen, um die Entstehung von Luftblasen zu vermeiden.
- Nach dem Auffüllen bei laufendem Motor Lenkrad mindestens 4mal von Anschlag zu Anschlag bewegen, dadurch entlüftet sich die Anlage. Falls die Lenkhilfe beim Betätigen außergewöhnliche Geräusche macht, Lenkhilfe nochmals entlüften, siehe Seite 145.
- Falls Öl nachgefüllt wurde, Lenksystem auf Dichtheit prüfen. Dazu Leitungsanschlüsse, Manschetten der Zahnstange und das Ventilgehäuse auf Ölverlust nach außen überprüfen.

Elektrische Anlage

- Beleuchtungsanlage: Sämtliche Glühlampen in Scheinwerfer, Schlußleuchten und Blinklampen prüfen, gegebenenfalls Scheinwerfer einstellen.
- Alle Stromverbraucher auf Funktion prüfen.
- Signalhorn: Prüfen.
- Scheibenwischer: Wischergummis auf Verschleiß prüfen.
- Scheiben- und Scheinwerferwaschanlage: Funktion prüfen, Düsenstellung kontrollieren, Flüssigkeit nachfüllen, Scheinwerfer-Waschanlage prüfen.
- Batterie: Spannung und Säurestand prüfen.

Batterie prüfen

Benötigtes Sonderwerkzeug:

- Säureschutzfett, zum Beispiel BOSCH-Polfett.
- Stahldrahtbürste (Pol- und Klemmenreinigungsbürste)

Benötigte Verschleißteile:

- Destilliertes Wasser.

Batterie-Pole reinigen

Bei der regelmäßigen Durchsicht des Wagens sind auch die Batterie-Pole und Anschlußklemmen zu reinigen und mit Säureschutzfett einzureiben.

Säurestand prüfen

Bei der serienmäßig eingebauten Batterie reicht die einmal eingefüllte Säuremenge normalerweise für die gesamte Lebensdauer der Batterie. Dennoch sollte der Säurestand regelmäßig kontrolliert werden.

Achtung: Nicht mit offener Flamme in die Batterie leuchten. Explosionsgefahr!

- Der Flüssigkeitsspiegel soll ca. 5 mm über den Bleiplatten, also etwa bis zur Markierung außen an der Batterie stehen. Bei niedrigerem Stand bis zur Sollhöhe auffüllen. Dazu die Stopfen herausdrehen oder mit schmalem Schraubendreher herausheben. Jede Zelle bis zu den in den Verschlußstopfenöffnungen sichtbaren Markierungen auffüllen.

Achtung: Zum Nachfüllen nur destilliertes Wasser verwenden.

- Batteriespannung prüfen, siehe Seite 203.

Flüssigkeitsstand Scheibenwaschanlage prüfen

Benötigte Verschleißteile

- Frostschutzmittel für Scheibenwaschanlage.

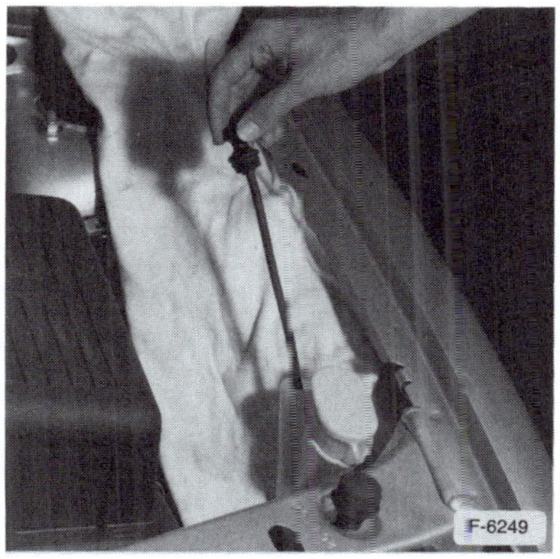

- Meßstab herausziehen und Flüssigkeitsstand ablesen.
- Falls erforderlich Scheibenwaschbehälter mit sauberem, kalkarmem Wasser sowie Frostschutz- und Reinigungszusatz auffüllen. Gesamtfüllmenge: 4 Liter, mit Scheinwerfer-Reinigungsanlage: 8 Liter.

Karosserie/Innenausstattung

- Türfeststeller, Türschlösser, Schließkeil/klaue, Deckelschloßoberteil und -unterteil: Mit etwas Mehrzweckfett fetten.
- Unterbodenschutz und Hohlraumkonservierung: Prüfen.
- Sicherheitsgurte: Auf Beschädigungen prüfen.

Sichtkontrolle Unterboden/Karosserie

Bei der regelmäßigen Pflege Augenmerk auf Lackbeschädigungen legen und auch Unterboden öfters reinigen, siehe Seite 257.

Sichtprüfung aller Sicherheitsgurte

Achtung: Geräusche, die beim Aufrollen des Gurtbandes entstehen, sind funktionsbedingt. Bei störenden Geräuschen kann nur der Sicherheitsgurt ausgetauscht werden. Auf keinen Fall darf zur Behebung von Geräuschen Öl oder Fett verwendet werden. Der Aufrollautomat darf nicht zerlegt werden, da hierbei die vorgespannte Feder herausspringen kann. Unfallgefahr!

- Sicherheitsgurt ganz herausziehen und Gurtband auf durchtrennte Fasern prüfen. Beschädigungen können zum Beispiel durch Einklemmen des Gurtes oder durch brennende Zigaretten entstehen. In diesem Fall Gurt austauschen.
- Sind Scheuerstellen vorhanden, ohne daß Fasern durchtrennt sind, braucht der Gurt nicht ausgewechselt zu werden.
- Schwergängigen Gurt auf Verdrehungen prüfen, gegebenenfalls Verkleidung an der Mittelsäule ausbauen.
- Wenn die Aufrollautomatik nicht mehr funktioniert, Gurt auswechseln.
- Gurtbänder nur mit Seife und Wasser reinigen, keinesfalls Lösungsmittel oder chemische Reinigungsmittel verwenden.

Schlösser schmieren

- Schließeinrichtungen für Türen, Front- und Gepäckraumklappe ölen beziehungsweise fetten.
- Türschlösser an den Schließzapfen, Schließösen und Anlageflächen der Drehfallen fetten.

Stromlaufpläne

Der Umgang mit dem Stromlaufplan

In einem Personenwagen werden bis zu 1000 Meter Leitungen verlegt, um alle elektrischen Verbraucher (Scheinwerfer, Radio usw.) mit Strom zu versorgen.

Will man einen Fehler in der elektrischen Anlage aufspüren oder nachträglich ein elektrisches Zubehör montieren, kommt man nicht ohne Stromlaufplan aus; anhand dessen der Stromverlauf und damit die Kabelverbindungen aufgezeigt werden. Grundsätzlich muß der betreffende Stromkreis geschlossen sein, sonst kann der elektrische Strom nicht fließen. Es reicht beispielsweise nicht aus, wenn an der Plusklemme eines Scheinwerfers Spannung anliegt, wenn nicht gleichzeitig über den Masseanschluß der Stromkreis geschlossen ist.

Deshalb ist auch das Massekabel von der Batterie mit der Karosserie verbunden. Mitunter reicht diese Masseverbindung jedoch nicht aus, und der betreffende Verbraucher bekommt eine direkte Masseleitung, deren Isolierung in der Regel braun eingefärbt ist. In den einzelnen Stromkreisen können Schalter, Relais, Sicherungen, Meßgeräte, elektrische Motoren oder andere elektrische Bauteile integriert sein. Damit diese Bauteile richtig angeschlossen werden können, haben die einzelnen Kontakte entsprechende Klemmenbezeichnungen.

Um das Kabelgewirr zumindest auf dem Stromlaufplan übersichtlich zu ordnen, sind die einzelnen Strompfade senkrecht nebeneinander angeordnet.

Im Stromlaufplan sind oben die plusseitigen Anschlüsse (+) des Stromkreises aufgeführt, während unten die Masseanschlüsse (–) dargestellt sind. Die Masseverbindung wird normalerweise direkt über die Karosserie hergestellt oder aber über eine zusätzliche Leitung von einem an der Karosserie angebrachten Massepunkt.

Achtung: Die Darstellung der Bauteile und Kabel erfolgt nicht maßstabsgerecht. So erscheint zum Beispiel ein Kabel von über 1m Länge nicht anders, als ein Kabel, das nur wenige cm lang ist. Außerdem werden Leitungen innerhalb eines komplexen Bauteils vereinfacht dargestellt.

Die wichtigsten Klemmenbezeichnungen sind:

Klemme 15 wird über das Zündschloß gespeist. Die Leitungen führen nur bei eingeschalteter Zündung Strom. Die Kabel sind meist grün oder grün mit farbigem Streifen.

Klemme 30. An dieser Klemme liegt immer die Batteriespannung an. Die Kabel sind meist rot oder rot mit farbigem Streifen.

Klemme 31 führt zur Masse. Die Masse-Leitungen sind in der Regel schwarz.

Im Stromlaufplan sind in den einzelnen Leitungen Buchstabenkombinationen und Ziffern eingefügt.

Beispiel: 31S-AC3A / 1.5 BK/RD

31 = Klemme 31 = Masse (–)
S = die Leitung ist zusätzlich geschaltet (nicht Serie)
AC = System (AC=Leuchtweitenregulierung)
3A = Anschluß
3 = Leitungsnummer
A = Abzweigungskennzeichnung
1.5 = 1,5 mm^2
BK = Grundfarbe (BK=schwarz)
/RD = Kennfarbe (RD=rot)

Schlüssel für Leitungsfarben

BK = schwarz	GY = grau	SR = silber
BN = braun	LG = hellgrün	VT = violett
BU = blau	OG = orange	WH = weiß
GN = grün	RD = rot	YE = gelb

Stromlaufpläne FORD ESCORT

Modelljahr 1996

Da die Original-Schaltpläne für den ESCORT ab 9/95 ca. 400 Seiten umfassen, beschränkt sich die hier getroffene Auswahl vorwiegend auf Pläne, die für alle Modelle gelten.

Kabelstrangverlegung

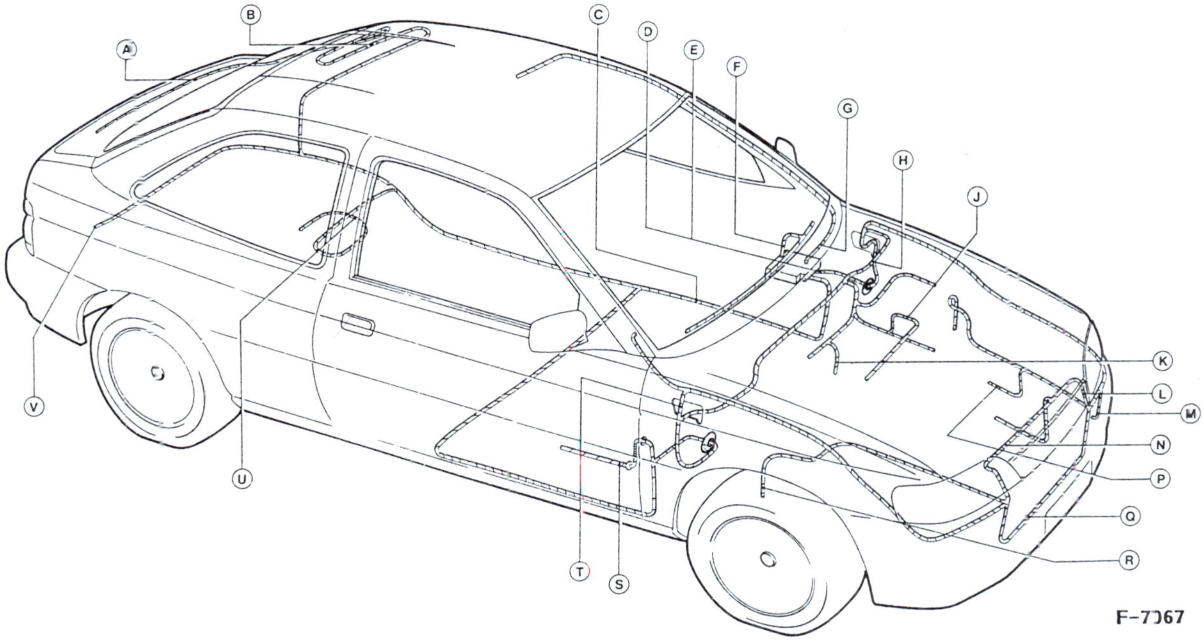

F–7067

A = Kofferraumleuchte
 = Zentralverriegelung oder Diebstahlwarnanlage
B = Zentralverriegelung oder Diebstahlwarnanlage
C = Kabelstrang hinten
D = Türverriegelung oder Diebstahlwarnanlage
E = Beheizbare Windschutzscheibe
 = Elektrisch betätigter Außenspiegel
 = Klimaanlage
F = Instrumententafel
G = Innenleuchte
H = Motorraum
 = Zündsystem
J = Kraftstoff-Abschaltventil
K = Zündspule (HCS-Motor)
L = Scheinwerfer-Leuchtweitenregulierung
M = Scheinwerfer
N = Motor-Kühlgebläse
P = Startsperrschalter (CTX-Getriebe)
Q = Generator (Lichtmaschine)
R = ABS-Radsensor
S = Zentralverriegelung oder Diebstahlwarnanlage
T = Heizbare Windschutzscheibe
U = Tankgeber
 = Kraftstoffpumpe
V = Heckleuchten

Gebrauchsanleitung für Stromlaufpläne

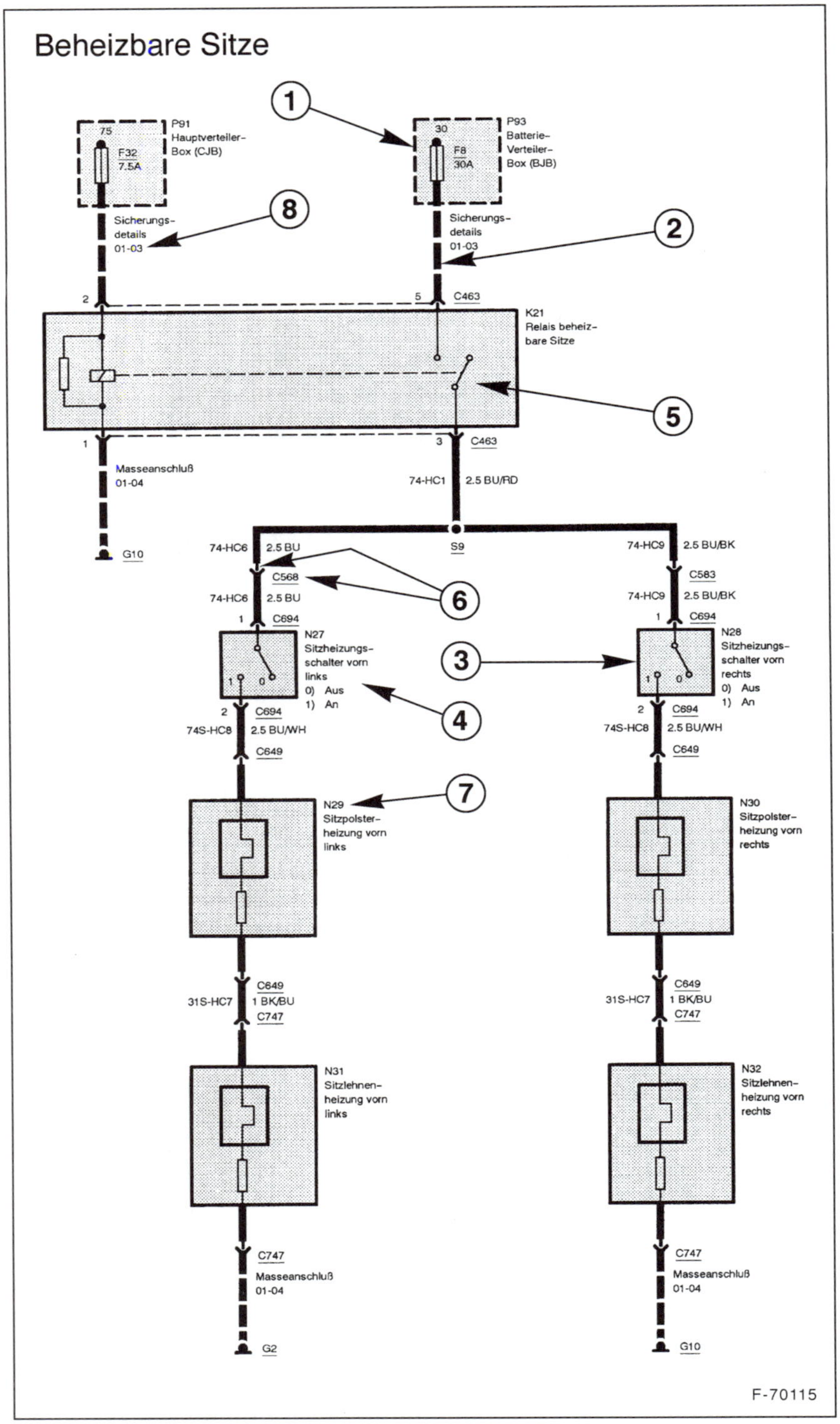

1 – **Gestrichelte Box**
Steht für ein teilweise dargestelltes Bauteil.

2 – **Durchbrochene Linie**
Steht für 2 oder mehr Leitungen.

3 – **Schalter**
Die Schalter sind immer in »Ruhestellung« abgebildet.

4 – **Anmerkungen**
Enthalten Zusatzinformationen zu den einzelnen Bauteilen.

5 – **Bauteil, hier: Relais**
In die Bauteile sind die Schaltsymbole eingezeichnet, um deren Funktion zu erläutern.

6 – **Steckverbindung**
Die C-Nr. stellt die Kennzeichnung einer Steckverbindung dar.

7 – **Bauteil-Bezeichnung**

8 – **Querverweise**
Querverweise auf zusätzliche FORD-Stromlaufpläne.

ohne Abbildung:

9 – **Geschweifte Klammer**
Die Klammer zeigt Unterschiede zwischen den einzelnen Ausstattungsvarianten auf.

10 – **Dreieck am Leitungsanfang**
Hier erfolgt die Fortsetzung der Leitung aus einem anderen Stromlaufplan (der Zahlencode steht für die interne FORD-Bezeichnung).

11 – **Geschweifte Trennlinie**
Bauteil wird im folgenden Plan fortgesetzt.

Motorregelung 1,6-l-Motor Zetec E

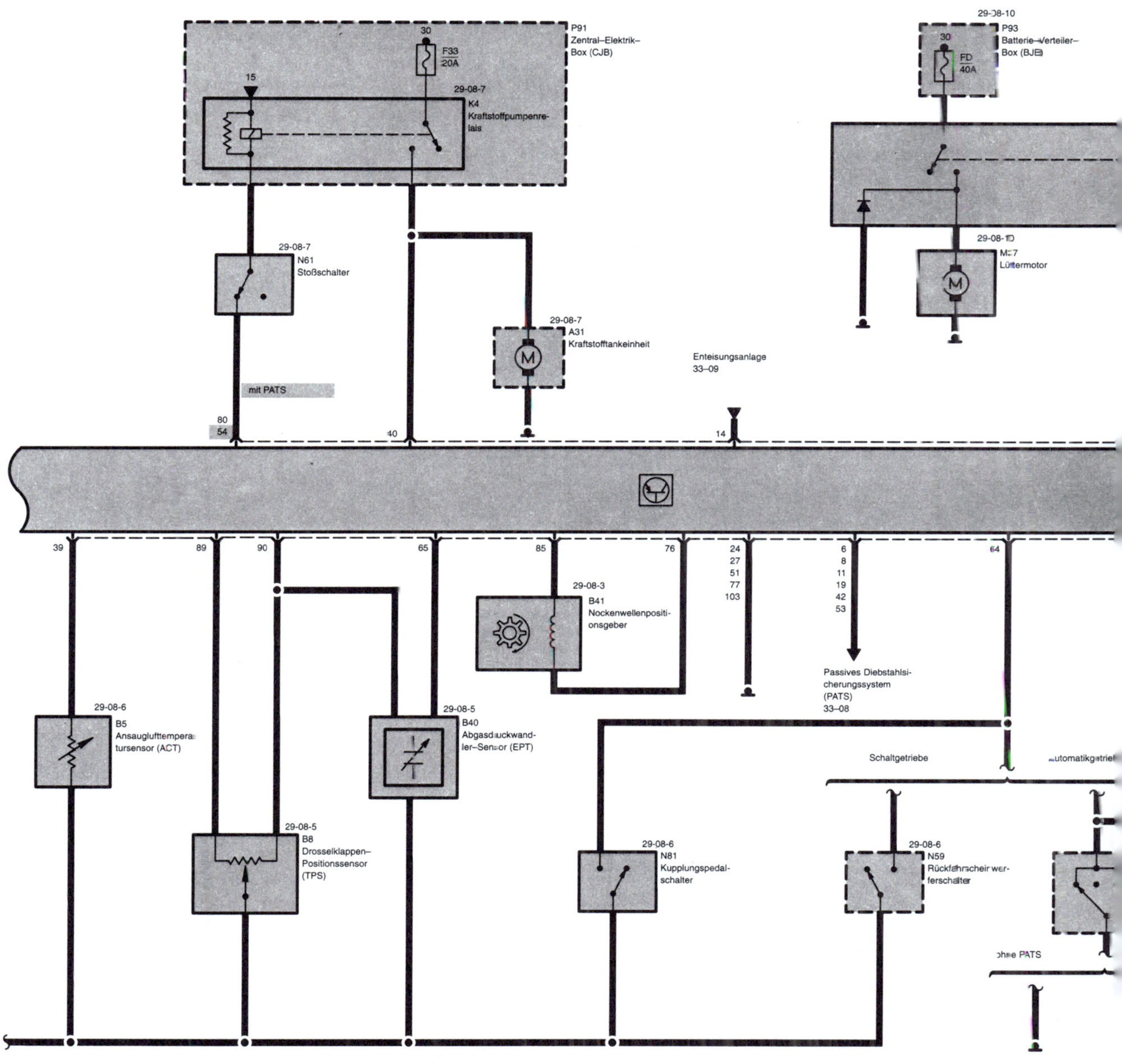

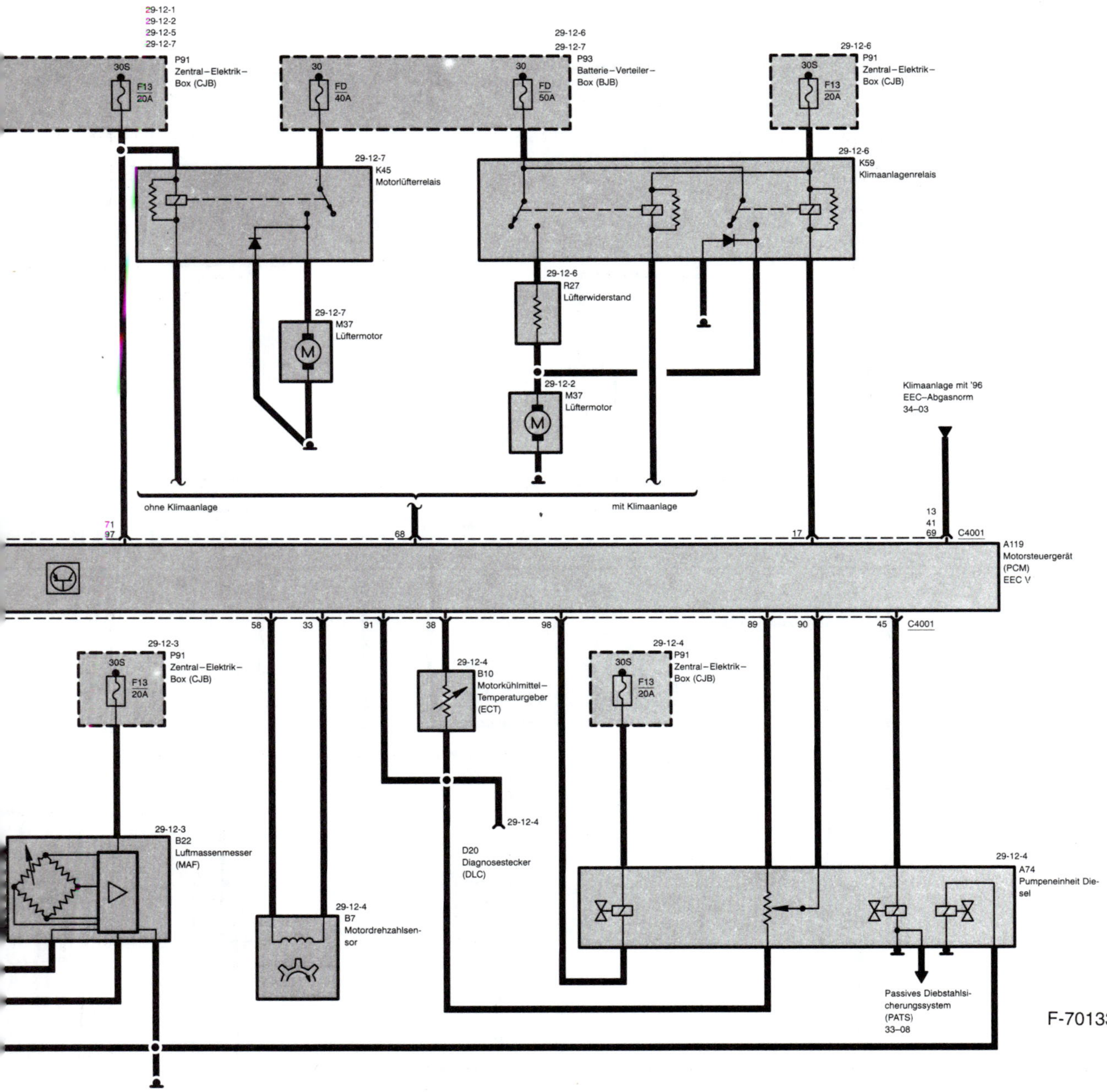
29-12-1
29-12-2
29-12-5
29-12-7
30S
F13
20A
P91
Zentral–Elektrik–
Box (CJB)
30
FD
40A
30
FD
50A
29-12-6
29-12-7
P93
Batterie–Verteiler–
Box (BJB)
29-12-6
30S
F13
20A
P91
Zentral–Elektrik–
Box (CJB)
29-12-7
K45
Motorlüfterrelais
29-12-6
K59
Klimaanlagenrelais
29-12-7
M37
Lüftermotor
29-12-6
R27
Lüfterwiderstand
29-12-2
M37
Lüftermotor
Klimaanlage mit '96
EEC–Abgasnorm
34–03
ohne Klimaanlage
mit Klimaanlage
71
97
68
17
13
41
69
C4001
A119
Motorsteuergerät
(PCM)
EEC V
58
33
91
38
98
89
90
45
C4001
29-12-3
30S
F13
20A
P91
Zentral–Elektrik–
Box (CJB)
29-12-4
B10
Motorkühlmittel–
Temperaturgeber
(ECT)
29-12-4
30S
F13
20A
P91
Zentral–Elektrik–
Box (CJB)
29-12-4
D20
Diagnosestecker
(DLC)
29-12-3
B22
Luftmassenmesser
(MAF)
29-12-4
B7
Motordrehzahlsen-
sor
29-12-4
A74
Pumpeneinheit Die-
sel
Passives Diebstahlsi-
cherungssystem
(PATS)
33–08

F-70133

Motorregelung 1,8-l-Dieselmotor Endura E

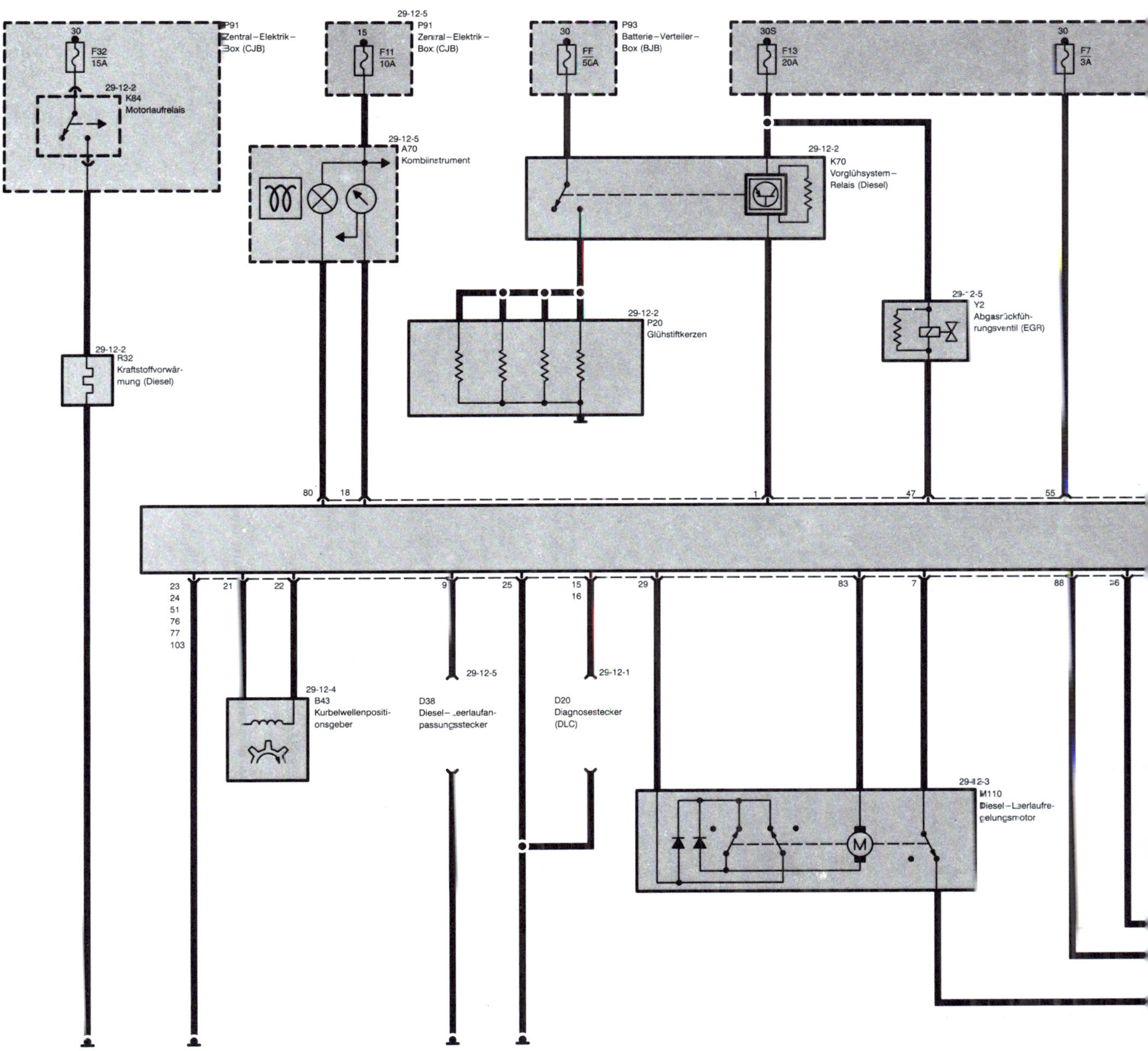

Stromzufuhr

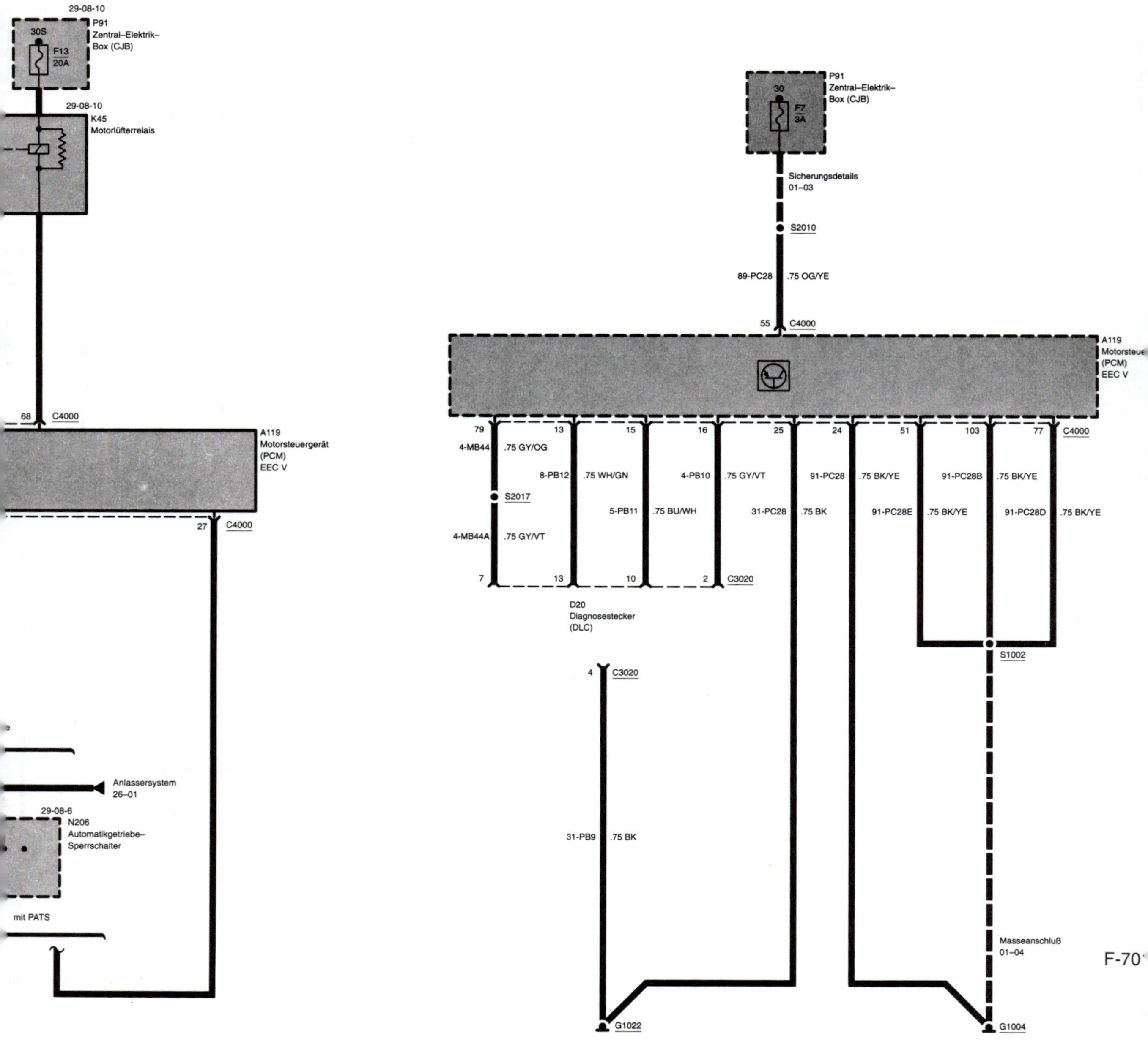

Scheinwerfer

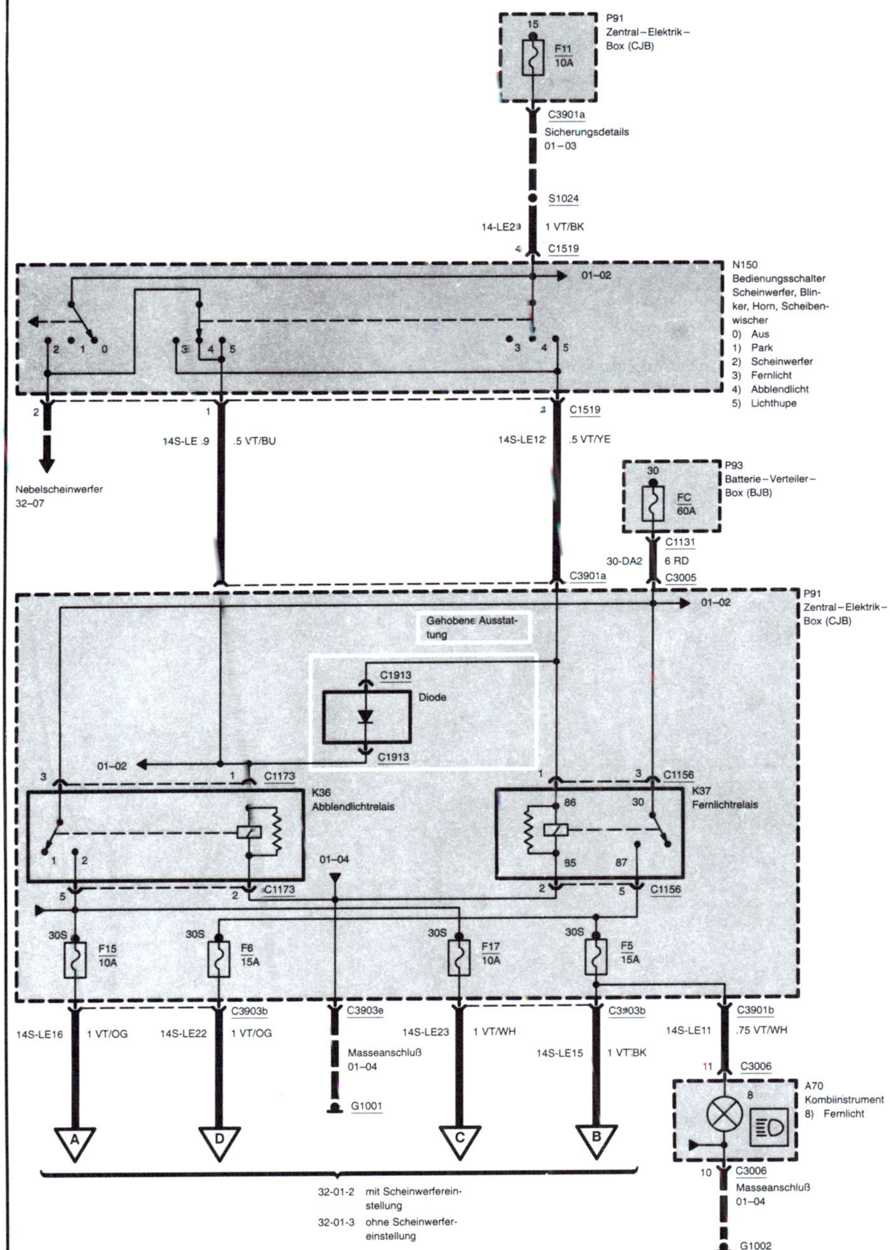

mit Scheinwerfereinstellung

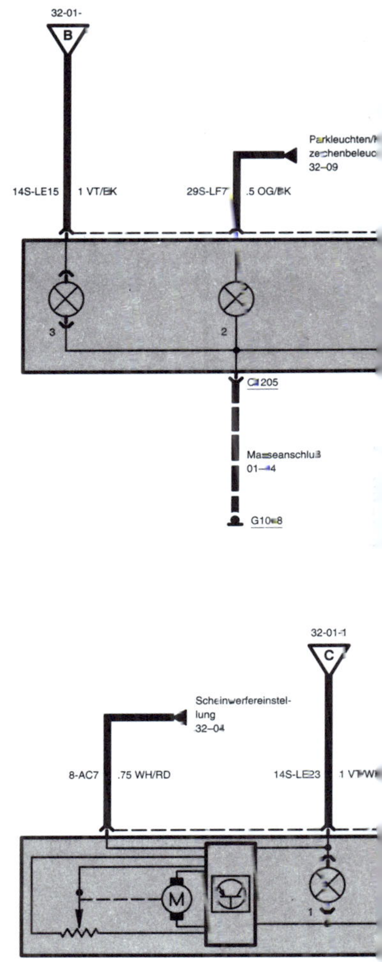

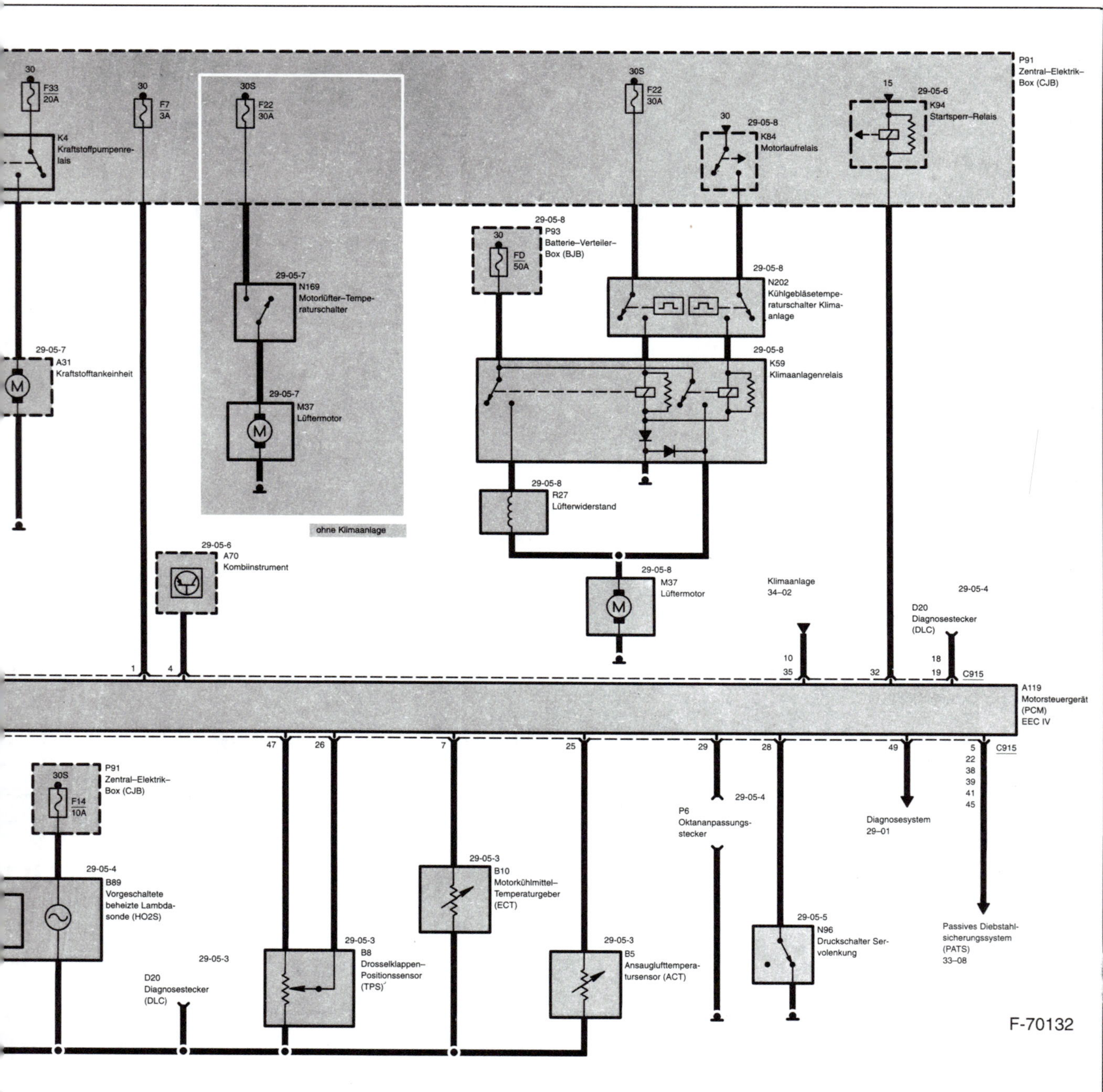

P91
Zentral–Elektrik–
Box (CJB)
F33
20A
K4
Kraftstoffpumpenrelais
F7
3A
F22
30A
29-05-7
N169
Motorlüfter–Temperaturschalter
29-05-7
A31
Kraftstofftankeinheit
29-05-7
M37
Lüftermotor
ohne Klimaanlage
29-05-6
K94
Startsperr–Relais
29-05-8
K84
Motorlaufrelais
29-05-8
P93
Batterie–Verteiler–
Box (BJB)
FD
50A
29-05-8
N202
Kühlgebläsetemperaturschalter Klimaanlage
29-05-8
K59
Klimaanlagenrelais
29-05-8
R27
Lüfterwiderstand
29-05-6
A70
Kombiinstrument
29-05-8
M37
Lüftermotor
Klimaanlage
34–02
29-05-4
D20
Diagnosestecker
(DLC)
C915
A119
Motorsteuergerät
(PCM)
EEC IV
P91
Zentral–Elektrik–
Box (CJB)
F14
10A
29-05-4
B89
Vorgeschaltete
beheizte Lambdasonde (HO2S)
29-05-3
D20
Diagnosestecker
(DLC)
29-05-3
B8
Drosselklappen–
Positionssensor
(TPS)
29-05-3
B10
Motorkühlmittel–
Temperaturgeber
(ECT)
29-05-3
B5
Ansauglufttemperatursensor (ACT)
29-05-4
P6
Oktananpassungsstecker
29-05-5
N96
Druckschalter Servolenkung
Diagnosesystem
29–01
Passives Diebstahlsicherungssystem
(PATS)
33–08

F-70132

Motorregelung 1,4-l-Motor PTE

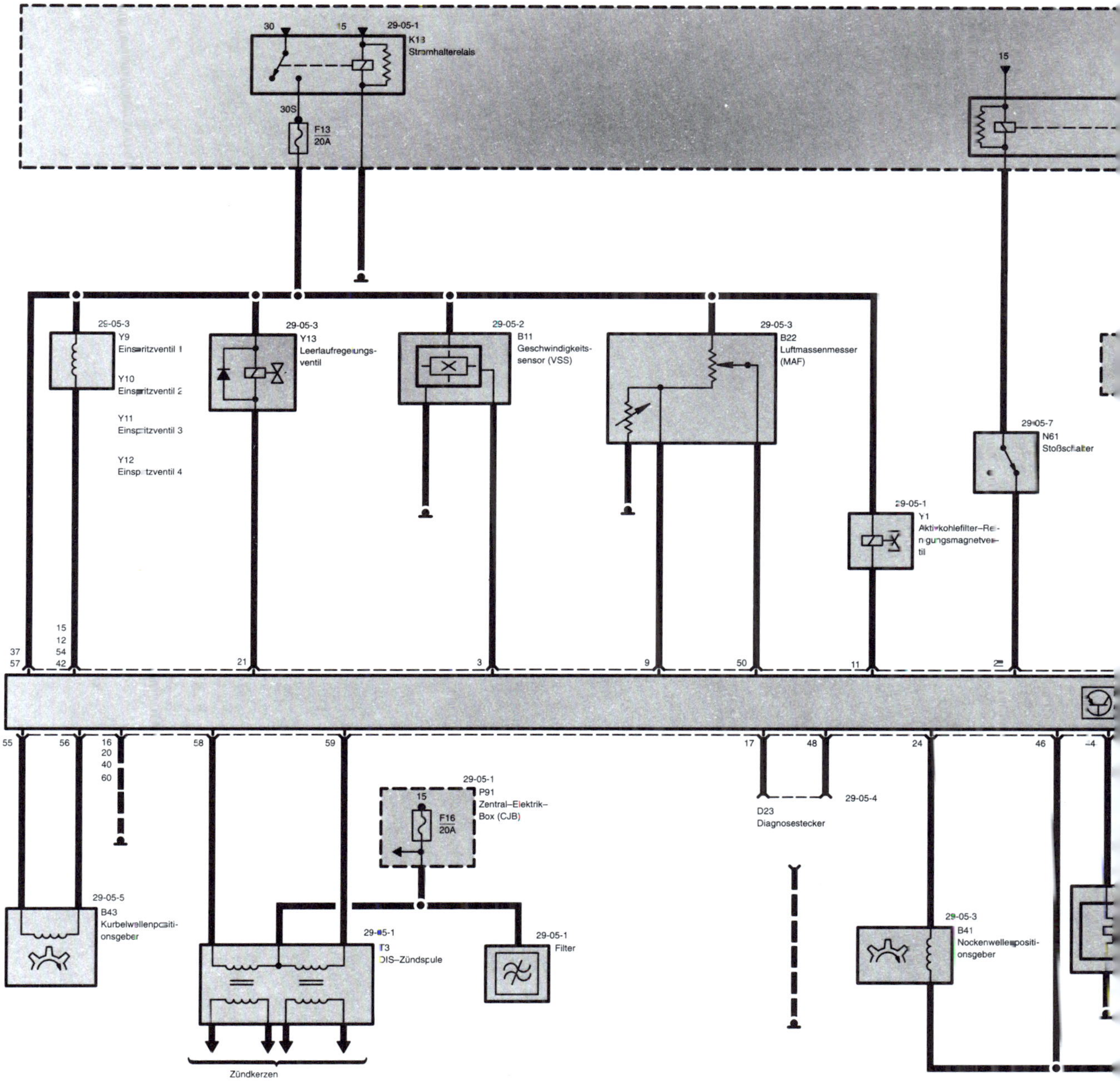

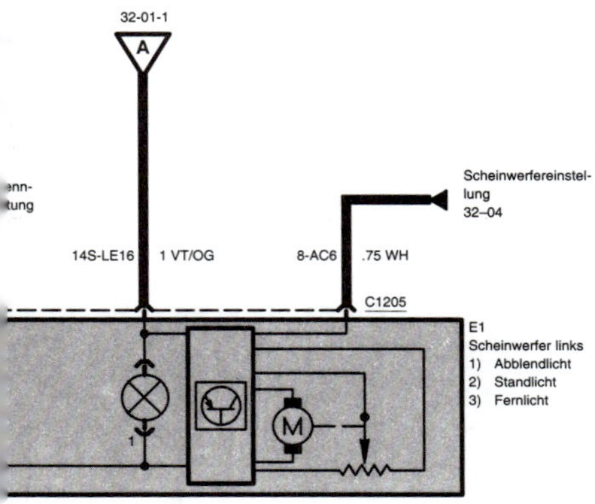
32-01-1
A
Scheinwerfereinstel-
lung
32–04
14S-LE16
1 VT/OG
8-AC6
.75 WH
C1205
E1
Scheinwerfer links
1) Abblendlicht
2) Standlicht
3) Fernlicht
M
1

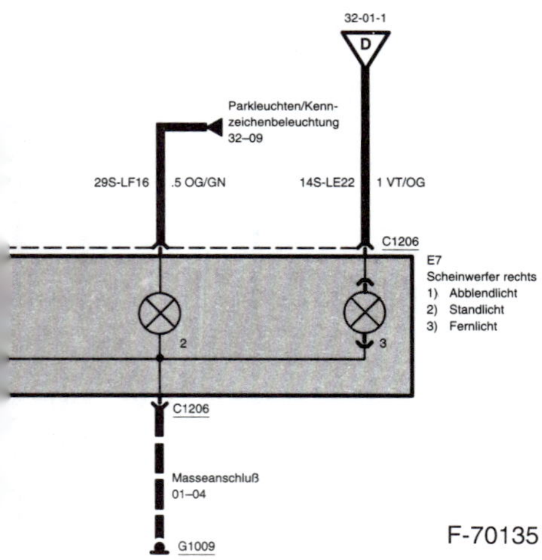
32-01-1
D
Parkleuchten/Kenn-
zeichenbeleuchtung
32–09
29S-LF16
.5 OG/GN
14S-LE22
1 VT/OG
C1206
E7
Scheinwerfer rechts
1) Abblendlicht
2) Standlicht
3) Fernlicht
2
3
C1206
Masseanschluß
01–04
G1009

F-70135

Signalhorn

Zeituhr/Zigarettenanzünder

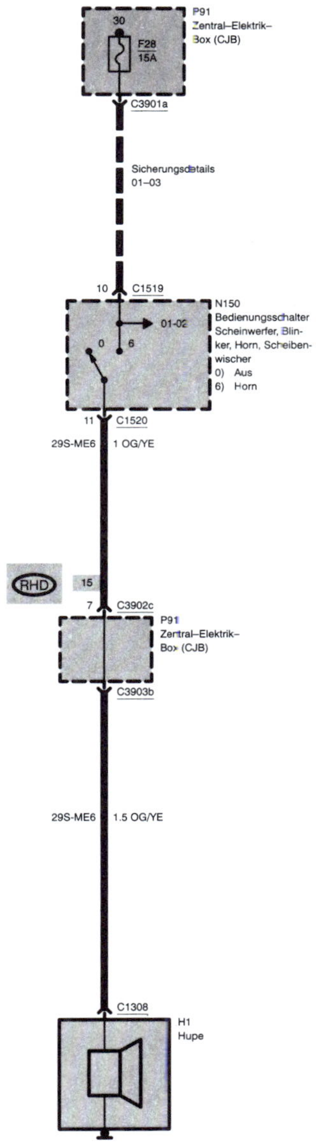

F-70140

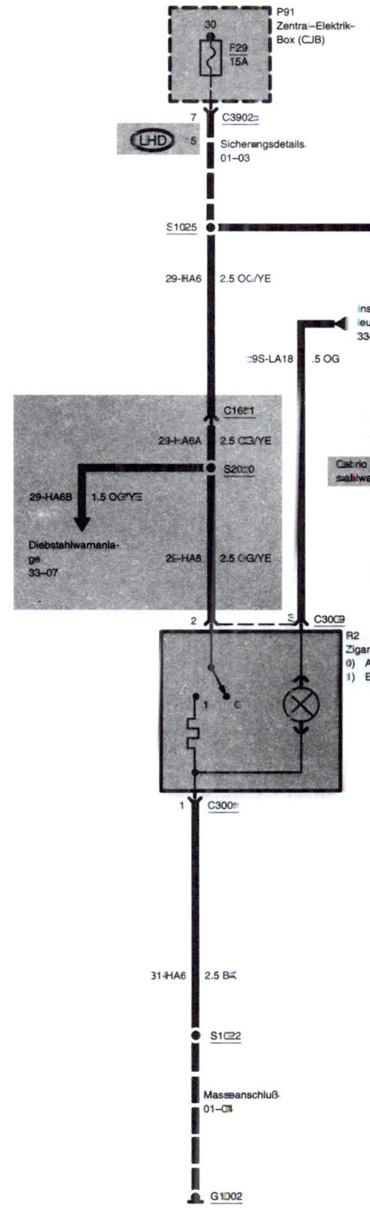

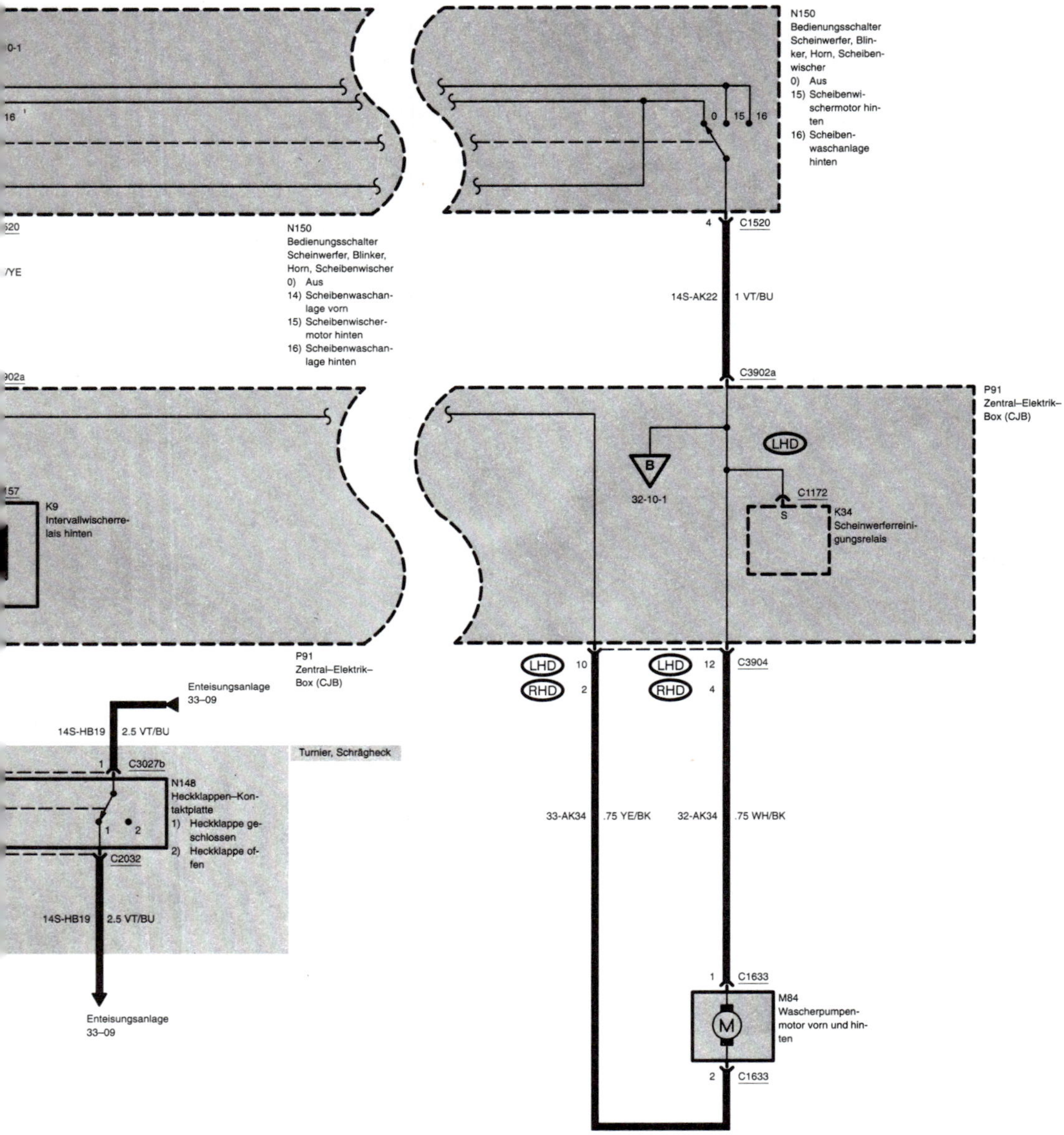

0-1
16
N150
Bedienungsschalter Scheinwerfer, Blinker, Horn, Scheibenwischer
0) Aus
15) Scheibenwischermotor hinten
16) Scheibenwaschanlage hinten
0 15 16
4 C1520
520
/YE
N150
Bedienungsschalter Scheinwerfer, Blinker, Horn, Scheibenwischer
0) Aus
14) Scheibenwaschanlage vorn
15) Scheibenwischermotor hinten
16) Scheibenwaschanlage hinten
14S-AK22 1 VT/BU
C3902a
902a
P91
Zentral–Elektrik–Box (CJB)
LHD
B
32-10-1
C1172
S
K34
Scheinwerferreinigungsrelais
157
K9
Intervallwischerrelais hinten
P91
Zentral–Elektrik–Box (CJB)
LHD 10
RHD 2
LHD 12
RHD 4
C3904
Enteisungsanlage 33–09
14S-HB19 2.5 VT/BU
Turnier, Schrägheck
1 C3027b
N148
Heckklappen–Kontaktplatte
1) Heckklappe geschlossen
2) Heckklappe offen
1 2
C2032
14S-HB19 2.5 VT/BU
Enteisungsanlage 33–09
33-AK34 .75 YE/BK
32-AK34 .75 WH/BK
1 C1633
M84
Wascherpumpenmotor vorn und hinten
M
2 C1633

F-70139

cheibenwischer vorn

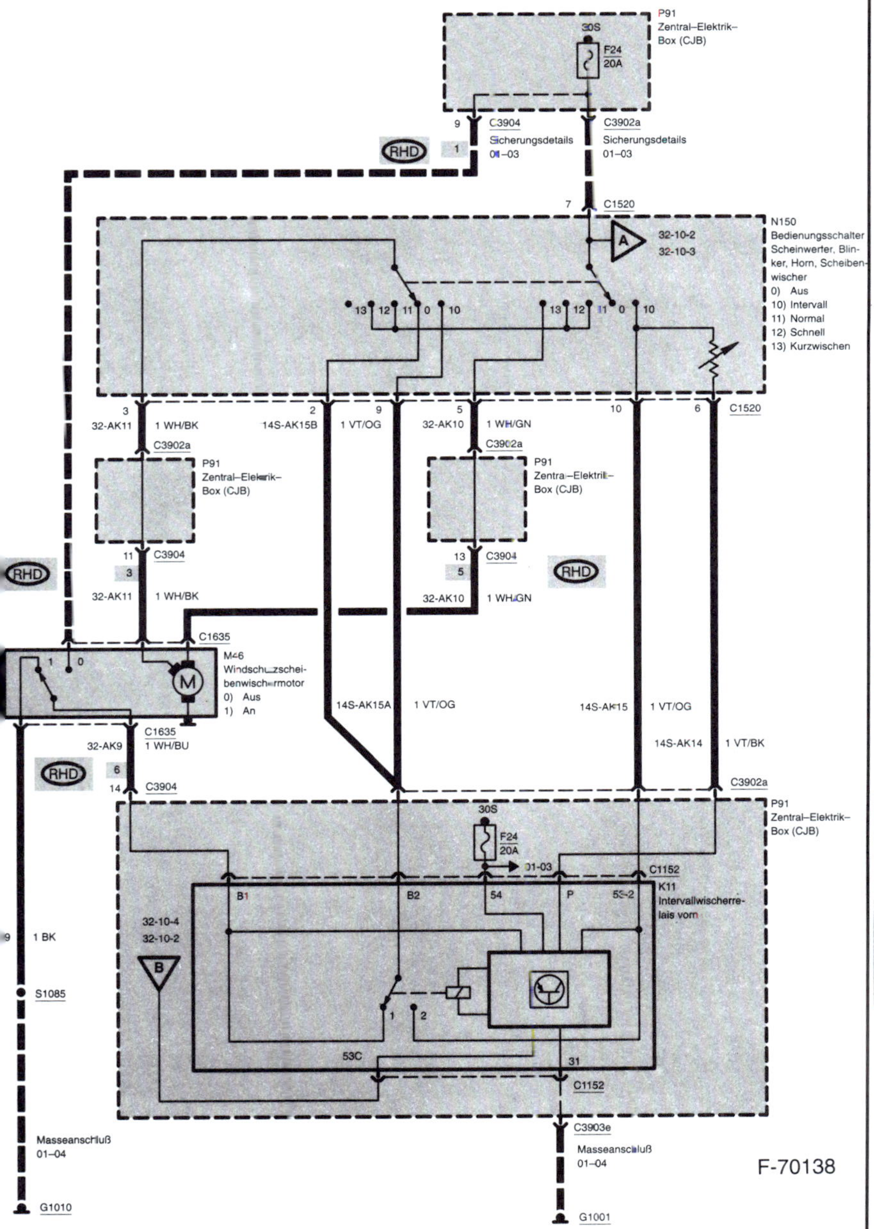

Heckscheibenwischer

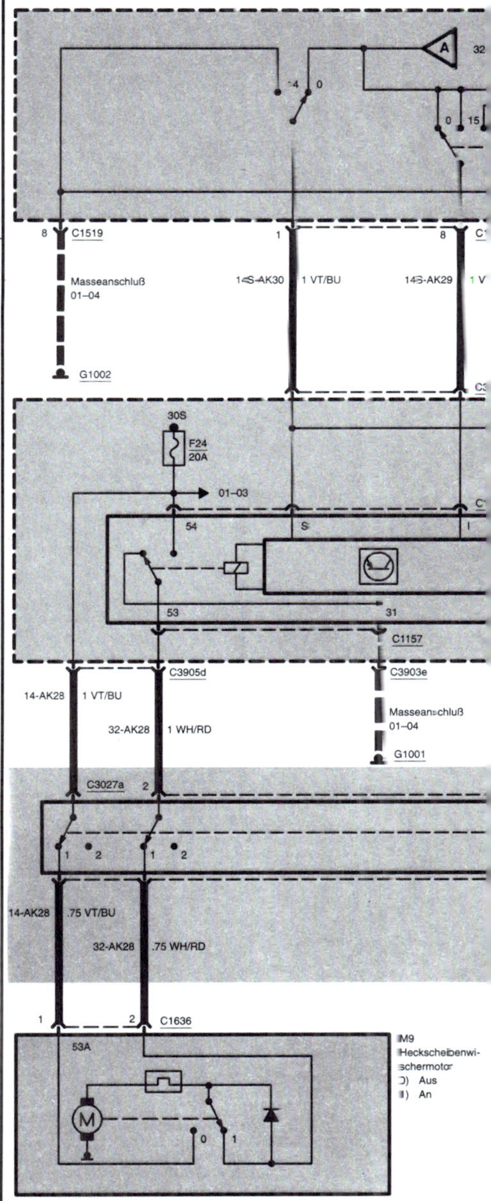

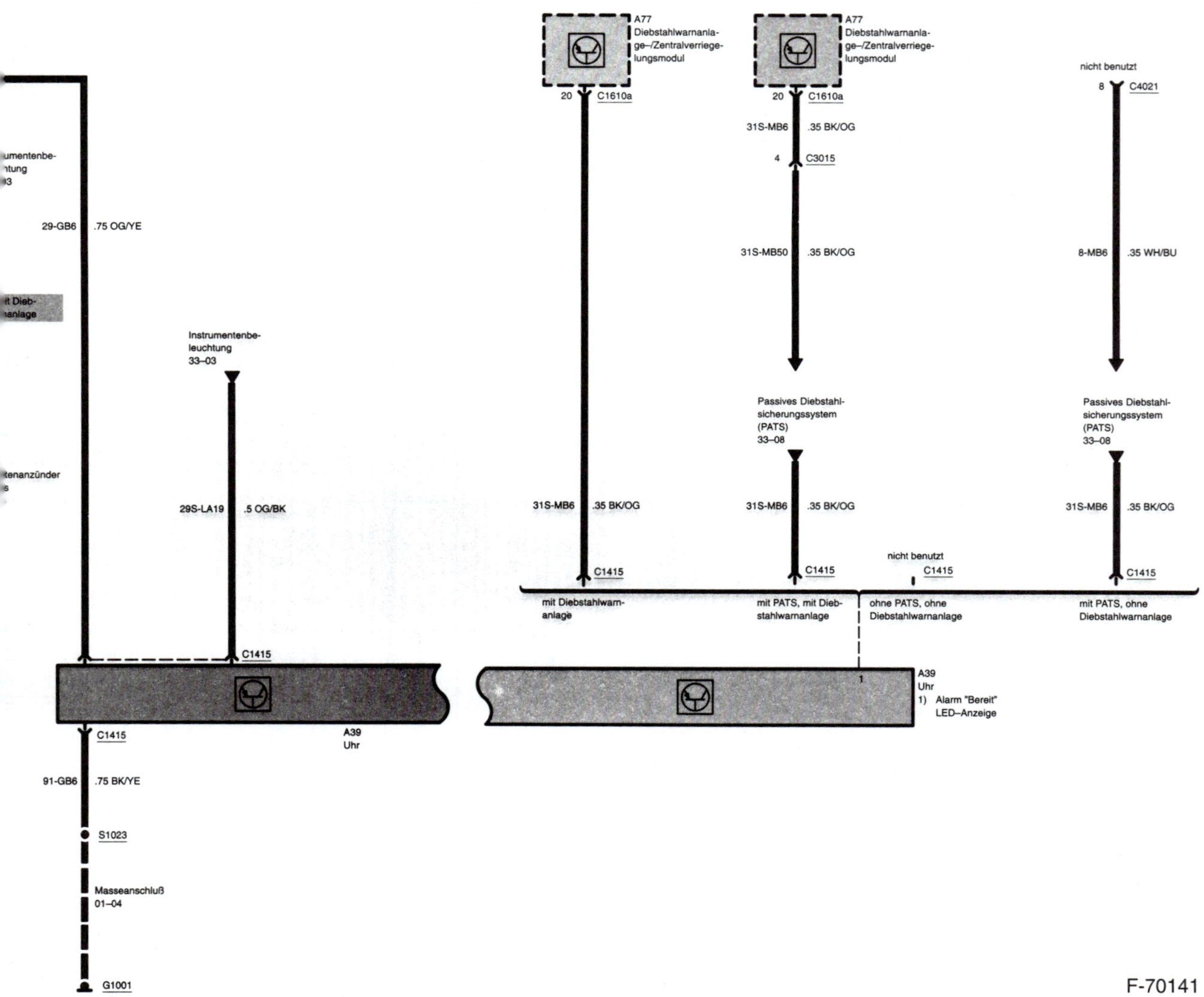

A77
Diebstahlwarnanlage-/Zentralverriegelungsmodul
20
C1610a
A77
Diebstahlwarnanlage-/Zentralverriegelungsmodul
20
C1610a
31S-MB6
.35 BK/OG
4
C3015
31S-MB50
.35 BK/OG
nicht benutzt
8
C4021
8-MB6
.35 WH/BU
Passives Diebstahlsicherungssystem (PATS) 33–08
Passives Diebstahlsicherungssystem (PATS) 33–08
29-GB6
.75 OG/YE
Instrumentenbeleuchtung 33–03
29S-LA19
.5 OG/BK
31S-MB6
.35 BK/OG
31S-MB6
.35 BK/OG
31S-MB6
.35 BK/OG
C1415
C1415
nicht benutzt
C1415
C1415
mit Diebstahlwarnanlage
mit PATS, mit Diebstahlwarnanlage
ohne PATS, ohne Diebstahlwarnanlage
mit PATS, ohne Diebstahlwarnanlage
C1415
1
A39
Uhr
1) Alarm "Bereit" LED–Anzeige
C1415
A39
Uhr
91-GB6
.75 BK/YE
S1023
Masseanschluß 01–04
G1001

F-70141

Beheizung Front- +Heckscheibe

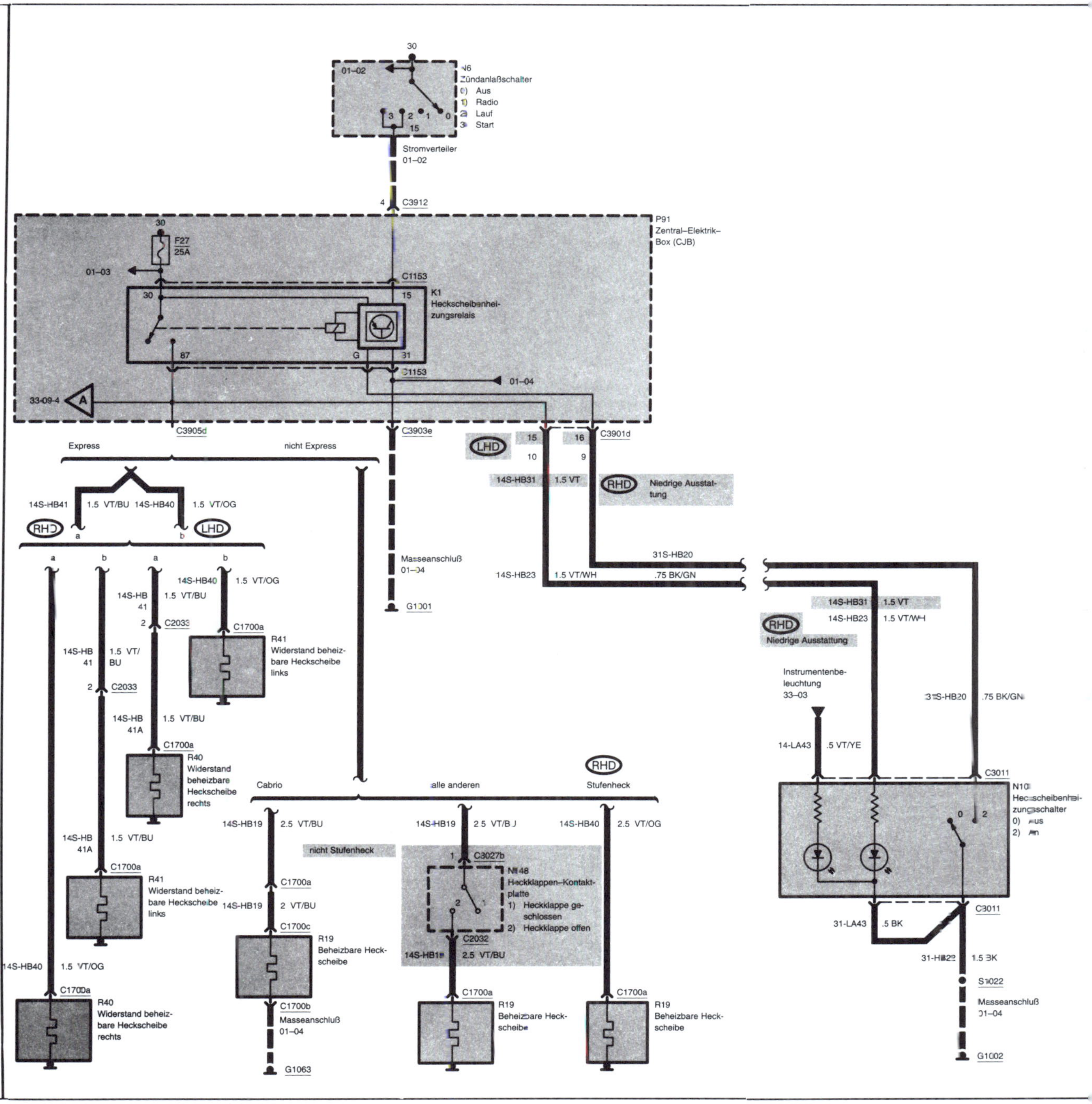

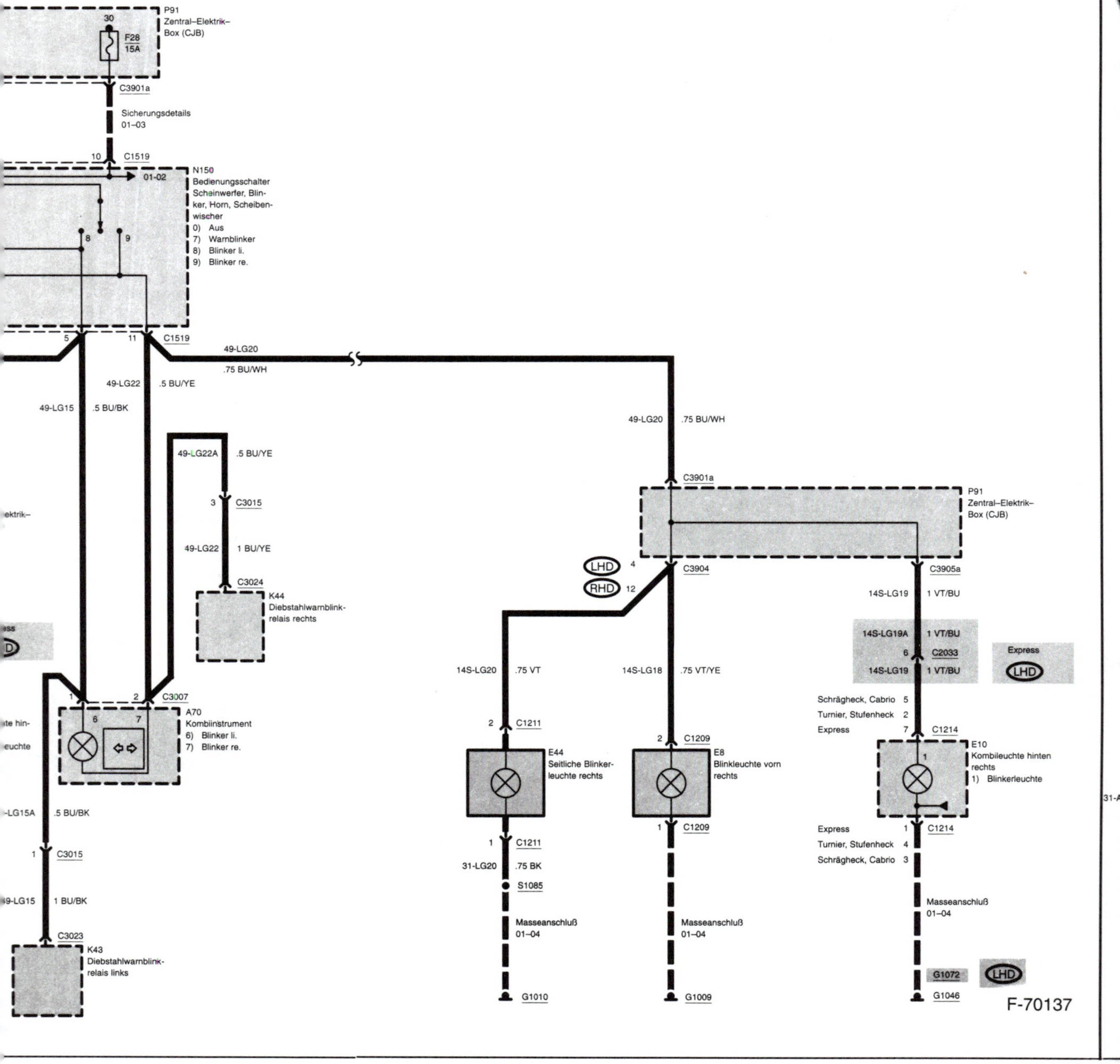

P91
Zentral-Elektrik-
Box (CJB)
30
F28
15A
C3901a
Sicherungsdetails
01-03
10
C1519
N150
Bedienungsschalter
Scheinwerfer, Blinker, Horn, Scheibenwischer
0) Aus
7) Warnblinker
8) Blinker li.
9) Blinker re.
01-02
8
9
5
11
C1519
49-LG20
.75 BU/WH
49-LG22
.5 BU/YE
49-LG15
.5 BU/BK
49-LG22A
.5 BU/YE
3
C3015
49-LG22
1 BU/YE
C3024
K44
Diebstahlwarnblink-
relais rechts
1
2
C3007
6
7
A70
Kombiinstrument
6) Blinker li.
7) Blinker re.
-LG15A
.5 BU/BK
1
C3015
49-LG15
1 BU/BK
C3023
K43
Diebstahlwarnblink-
relais links
49-LG20
.75 BU/WH
C3901a
P91
Zentral-Elektrik-
Box (CJB)
LHD
4
RHD
12
C3904
C3905a
14S-LG19
1 VT/BU
14S-LG19A
1 VT/BU
6
C2033
14S-LG19
1 VT/BU
Express
LHD
14S-LG20
.75 VT
14S-LG18
.75 VT/YE
Schrägheck, Cabrio 5
Turnier, Stufenheck 2
Express 7
C1214
2
C1211
E44
Seitliche Blinker-
leuchte rechts
2
C1209
E8
Blinkleuchte vorn
rechts
E10
Kombileuchte hinten
rechts
1) Blinkerleuchte
1
C1211
31-LG20
.75 BK
S1085
1
C1209
Express 1
Turnier, Stufenheck 4
Schrägheck, Cabrio 3
C1214
Masseanschluß
01-04
Masseanschluß
01-04
Masseanschluß
01-04
G1010
G1009
G1072
LHD
G1046
F-70137
31-A

Bremsleuchten

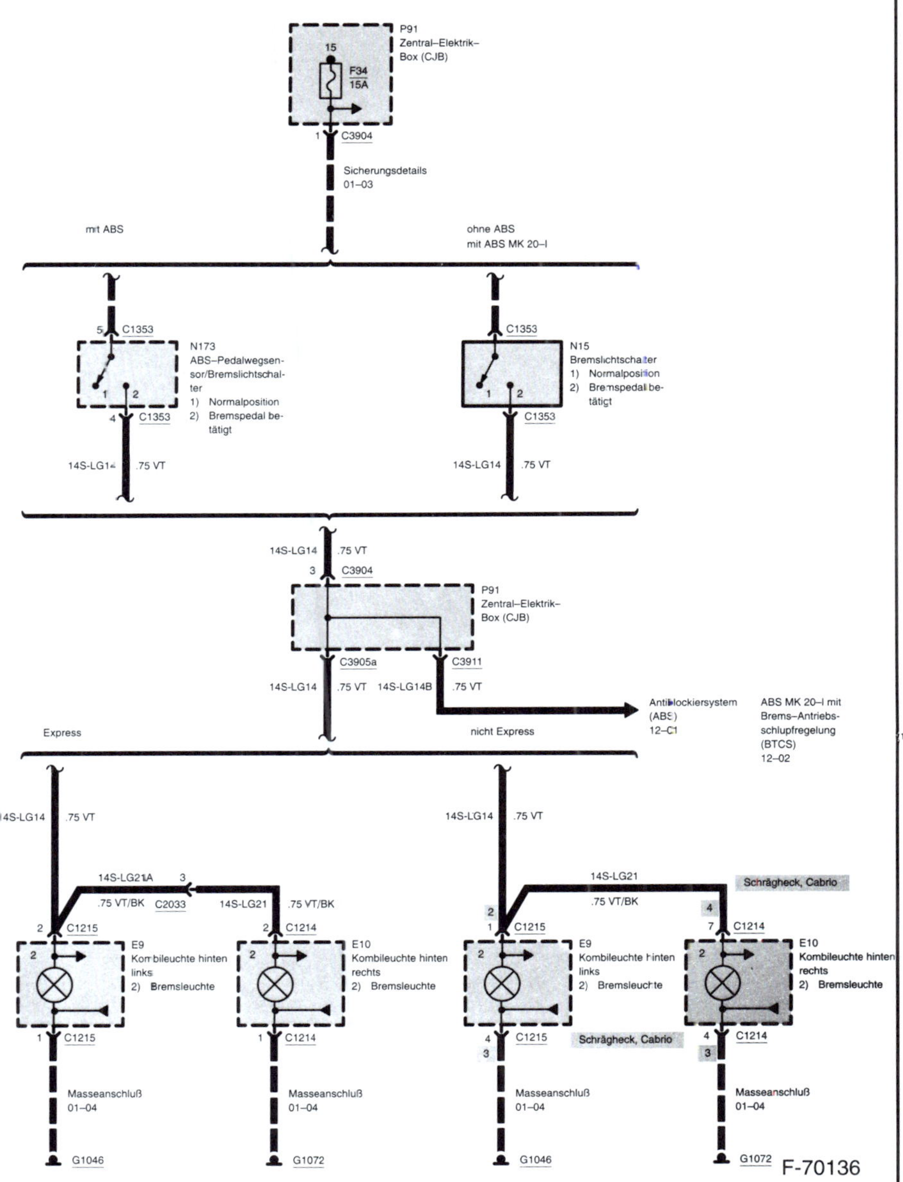

Blinkleuchten

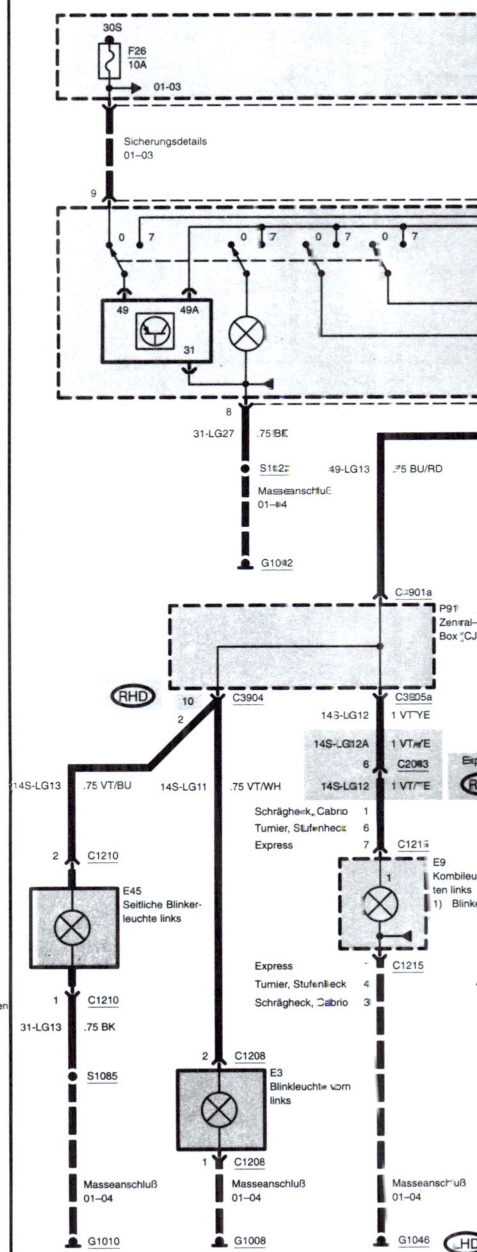

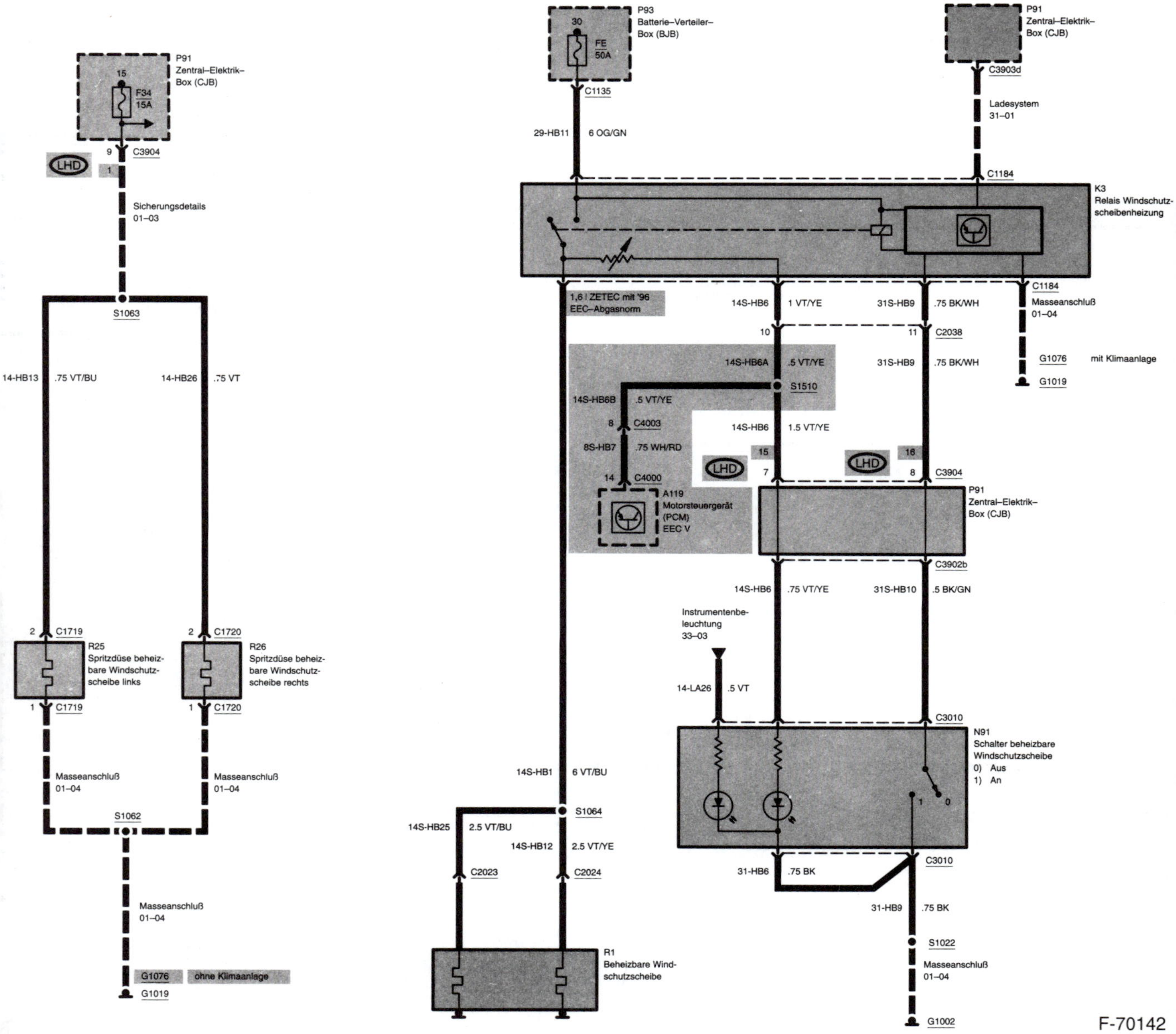

P91
Zentral–Elektrik–Box (CJB)
F34
15A
C3904
LHD
Sicherungsdetails
01–03
S1063
14-HB13
.75 VT/BU
14-HB26
.75 VT
C1719
R25
Spritzdüse beheizbare Windschutzscheibe links
C1720
R26
Spritzdüse beheizbare Windschutzscheibe rechts
Masseanschluß
01–04
S1062
G1076
ohne Klimaanlage
G1019
P93
Batterie–Verteiler–Box (BJB)
FE
50A
C1135
29-HB11
6 OG/GN
C3903d
Ladesystem
31–01
C1184
K3
Relais Windschutzscheibenheizung
1,6 l ZETEC mit '96 EEC–Abgasnorm
14S-HB6
1 VT/YE
31S-HB9
.75 BK/WH
C2038
14S-HB6A
.5 VT/YE
S1510
14S-HB6B
.5 VT/YE
C4003
8S-HB7
.75 WH/RD
C4000
A119
Motorsteuergerät (PCM)
EEC V
1.5 VT/YE
G1076
mit Klimaanlage
G1019
C3902b
.75 VT/YE
31S-HB10
.5 BK/GN
Instrumentenbeleuchtung
33–03
14-LA26
.5 VT
C3010
N91
Schalter beheizbare Windschutzscheibe
0) Aus
1) An
14S-HB1
6 VT/BU
S1064
14S-HB25
2.5 VT/BU
14S-HB12
2.5 VT/YE
C2023
C2024
R1
Beheizbare Windschutzscheibe
31-HB6
.75 BK
31-HB9
.75 BK
S1022
G1002
F-70142

Scott, Foresman

Discover SCIENCE

Authors

Dr. Michael R. Cohen
Professor of Science and Environmental Education
School of Education
Indiana University
Indianapolis, Indiana

Dr. Timothy M. Cooney
Chairperson K-12 Science Program
Malcolm Price Laboratory School
University of Northern Iowa
Cedar Falls, Iowa

Cheryl M. Hawthorne
Science Curriculum Specialist
Mathematics, Engineering, Science Achievement Program (MESA)
Stanford University
Stanford, California

Dr. Alan J. McCormack
Professor of Science Education
San Diego State University
San Diego, California

Dr. Jay M. Pasachoff
Director, Hopkins Observatory
Williams College
Williamstown, Massachusetts

Dr. Naomi Pasachoff
Research Associate
Williams College
Williamstown, Massachusetts

Karin L. Rhines
Science/Educational Consultant
Valhalla, New York

Dr. Irwin L. Slesnick
Professor of Biology
Western Washington University
Bellingham, Washington

Scott, Foresman and Company
Editorial Offices: Glenview, Illinois

Regional Offices: Sunnyvale, California • Tucker, Georgia • Glenview, Illinois • Oakland, New Jersey • Dallas, Texas

Consultants

Special Content Consultant

Dr. Abraham S. Flexer
Science Education Consultant
Boulder, Colorado

Health Consultant

Dr. Julius B. Richmond
John D. MacArthur Professor of Health Policy
Director, Division of Health Policy Research and Education
Harvard University
Advisor on Child Health Policy
Children's Hospital of Boston
Boston, Massachusetts

Safety Consultant

Dr. Jack A. Gerlovich
Science Education Safety Consultant/Author
Des Moines, Iowa

Process Skills Consultant

Dr. Alfred DeVito
Professor Emeritus Science Education
Purdue University
West Lafayette, Indiana

Activity Consultants

Edward Al Pankow
Teacher
Petaluma City Schools
Petaluma, California

Valerie Pankow
Teacher and Writer
Petaluma City Schools
Petaluma, California

Science and Technology Consultant

Dr. David E. Newton
Adjunct Professor—Science and Social Issues
University of San Francisco
College of Professional Studies
San Francisco, California

Cooperative Learning Consultant

Dr. Robert E. Slavin
Director, Elementary School Program
Center for Research on Elementary and Middle Schools
Johns Hopkins University
Baltimore, Maryland

Gifted Education Consultants

Hilda P. Hobson
Teacher of the Gifted
W.B. Wicker School
Sanford, North Carolina

Christine Kuehn
Assistant Professor of Education
University of South Carolina
Columbia, South Carolina

Nancy Linkel York
Teacher of the Gifted
W.B. Wicker School
Sanford, North Carolina

Special Education Consultants

Susan E. Affleck
Classroom Teacher
Salt Creek Elementary School
Elk Grove Village, Illinois

Dr. Dale R. Jordan
Director
Jordan Diagnostic Center
Oklahoma City, Oklahoma

Dr. Shirley T. King
Learning Disabilities Teacher
Helfrich Park Middle School
Evansville, Indiana

Jeannie Rae McCoun
Learning Disabilities Teacher
Mary M. McClelland Elementary School
Indianapolis, Indiana

Thinking Skills Consultant

Dr. Joseph P. Riley II
Professor of Science Education
University of Georgia
Athens, Georgia

Reading Consultants

Patricia T. Hinske
Reading Specialist
Cardinal Stritch College
Milwaukee, Wisconsin

Dr. Robert A. Pavlik
Professor and Chairperson of Reading/Language Arts Department
Cardinal Stritch College

Dr. Alfredo Schifini
Reading Consultant
Downey, California

Cover painting commissioned by Scott, Foresman
Artist: Ralph Giguere

ISBN: 0-673-42306-9

5678910RRW999897969594

Reviewers and Content Specialists

Dr. Ramona J. Anshutz
Science Specialist
Kansas State Department of Education
Topeka, Kansas

Teresa M. Auldridge
Science Education Consultant
Amelia, Virginia

Annette M. Barzal
Classroom Teacher
Willetts Middle School
Brunswick, Ohio

James Haggard Brannon
Classroom Teacher
Ames Community Schools
Ames, Iowa

Priscilla L. Callison
Science Teacher
Topeka Adventure Center
Topeka, Kansas

Rochelle F. Cohen
Education Coordinator
Indianapolis Head Start
Indianapolis, Indiana

Linda Lewis Cundiff
Classroom Teacher
R. F. Bayless Elementary School
Lubbock, Texas

Dr. Patricia Dahl
Classroom Teacher
Bloomington Oak Grove Intermediate School
Bloomington, Minnesota

Audrey J. Dick
Supervisor, Elementary Education
Cincinnati Public Schools
Cincinnati, Ohio

Nancy B. Drabik
Reading Specialist
George Washington School
Wyckoff, New Jersey

Bennie Y. Fleming
Science Supervisor
Providence School District
Providence, Rhode Island

Mike Graf
Classroom Teacher
Branch Elementary School
Arroyo Grande, California

Thelma Robinson Graham
Classroom Teacher
Pearl Spann Elementary School
Jackson, Mississippi

Robert G. Guy
Classroom Teacher
Big Lake Elementary School
Sedro-Woolley, Washington

Dr. Claude A. Hanson
Science Supervisor
Boise Public Schools
Boise, Idaho

Dr. Jean D. Harlan
Psychologist, Early Childhood Consultant
Lighthouse Counseling Associates
Racine, Wisconsin

Dr. Rebecca P. Harlin
Assistant Professor of Reading
State University of New York—Geneseo
Geneseo, New York

Richard L. Ingraham
Professor of Biology
San José State University
San José, California

Ron Jones
Science Coordinator
Salem Keizer Public Schools
Salem, Oregon

Sara A. Jones
Classroom Teacher
Burroughs-Molette Elementary School
Brunswick, Georgia

Dr. Judy LaCavera
Director of Curriculum and Instruction
Learning Alternatives
Vienna, Ohio

Jack Laubisch
K-12 Science, Health, and Outdoor Education Coordinator
West Clermont Local School District
Amelia, Ohio

Douglas M. McPhee
Classroom Teacher/Consultant
Del Mar Hills Elementary School
Del Mar, California

Larry Miller
Classroom Teacher
Caldwell Elementary School
Caldwell, Kansas

Dr. Robert J. Miller
Professor of Science Education
Eastern Kentucky University
Richmond, Kentucky

Jan Murphy
Classroom Teacher
Rosemeade Elementary School
Carrollton, Texas

Sam Murr
Teacher—Elementary Gifted Science
Academic Center for Enrichment—Mid Del Schools
Midwest City—Del City, Oklahoma

Janet Nakai
Classroom Teacher
Community Consolidated School District #65
Evanston, Illinois

Patricia Osborne
Classroom Teacher
Valley Heights Elementary School
Waterville, Kansas

Elisa Pinzón-Umaña
Classroom Teacher
Coronado Academy
Albuquerque, New Mexico

Dr. Jeanne Phillips
Director of Curriculum and Instruction
Meridian Municipal School District
Meridian, Mississippi

Maria Guadalupe Ramos
Classroom Teacher
Metz Elementary School
Austin, Texas

Elissa Richards
Math/Science Teacher Leader
Granite School District
Salt Lake City, Utah

Mary Jane Roscoe
Teacher and Team Coordinator
Fairwood Alternative Elementary School of Individually Guided Education
Columbus, Ohio

Sister Mary Christelle Sawicki, C. S. S. F.
Science Curriculum Coordinator
Department of Catholic Education Diocese of Buffalo
Buffalo, New York

Linda Shepard
Classroom Teacher
Oscar Hinger School
Canyon, Texas

Ray E. Smalley
Classroom Teacher/Science Specialist
Cleveland School of Science
Cleveland, Ohio

Anita Snell
Elementary Coordinator for Early Childhood Education
Spring Branch Independent School District
Houston, Texas

Norman Sperling
Chabot Observatory
Oakland, California

Sheri L. Thomas
Classroom Teacher
McLouth Unified School District #342
McLouth, Kansas

Lisa D. Torres
Science Coordinator
Lebanon School District
Lebanon, New Hampshire

Alice C. Webb
Early Childhood Resource Teacher
Primary Education Office
Rockledge, Florida

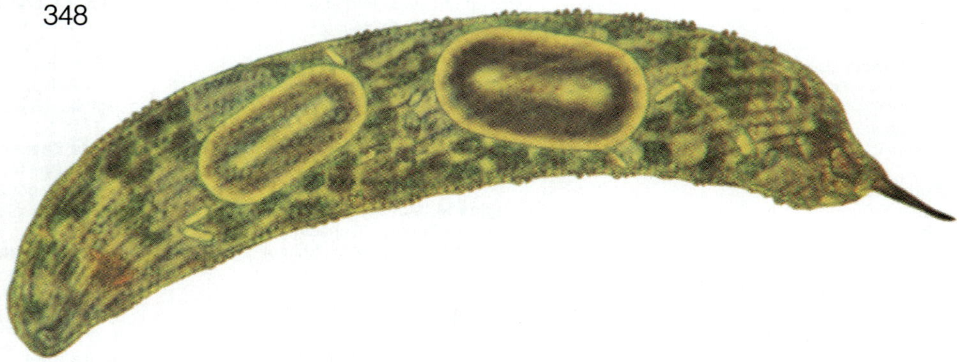

Unit 2 Physical Science 90

Unit 4 Human Body

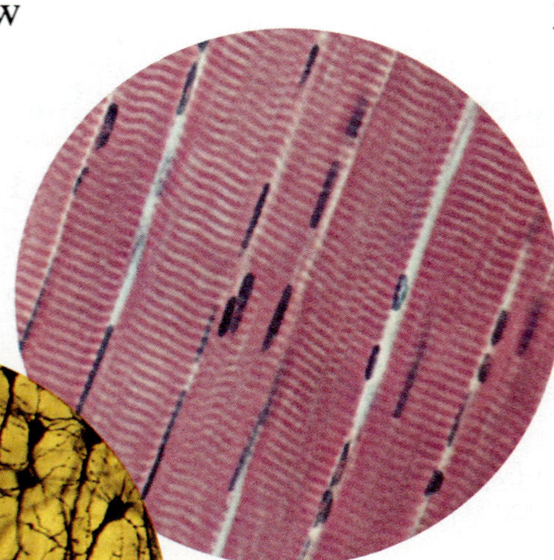

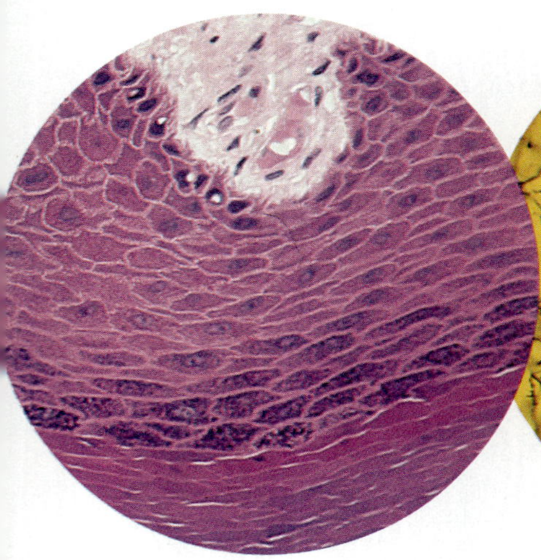

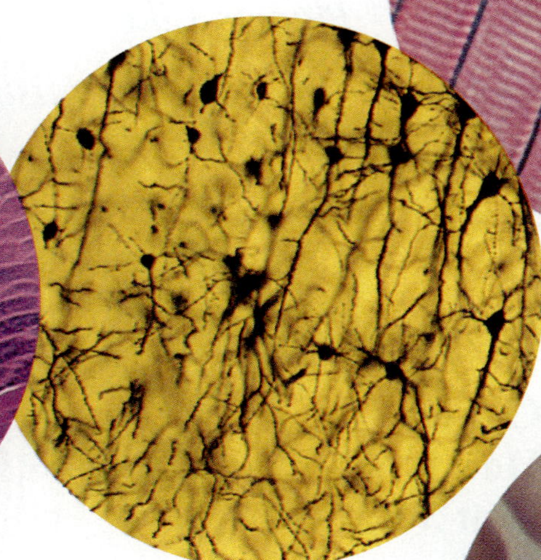

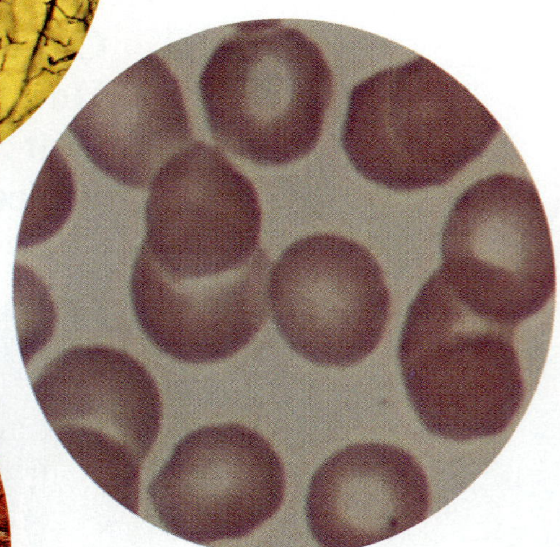

TOM

Discovering Science

Scientific Methods

The instruments in an orchestra make many different sounds. Some instruments make loud, sharp sounds. Some make soft, low sounds. Others make sounds in between. How do the instruments make the sounds? You can use a **scientific method** to find the answer to this question.

Scientists use scientific methods to study problems. These methods have certain steps. The order of the steps might change depending on the problem. Read on to see how you can use these steps to answer some of your own questions.

Identify Problem

The problem is the question you want to answer.

Nicole had a question about the flute. She wondered how the many different sounds of the flute were made. Her problem was: How does the flute make different sounds?

Make Observations

Observations are anything you notice about the problem.

The first step in finding the answer to the problem is to make observations. Nicole noticed that a flute has several holes. A flute player blows across the mouthpiece of the flute. Each time the player opens a hole the flute makes a different sound. Nicole wrote down what she observed.

State Hypothesis

A hypothesis is a possible answer to the problem.

Nicole thought about her problem and her observations. She knows that there is air in the flute. You change the amount of air inside the flute when you open different holes. Nicole thought of a hypothesis. Her hypothesis was that changing the amount of air inside a flute causes different sounds.

Test Hypothesis

You can test a hypothesis by doing an experiment.

Nicole thought about how she could do an experiment to test her hypothesis. She decided to use four straws. Nicole cut three of the straws. One straw she made 14 centimeters long. Another straw she made 10 centimeters long. Nicole made the third straw 6 centimeters long. So each straw had a different amount of air inside. Then Nicole blew across the top of each straw to find out if the sound changed. She started with the longest straw.

Anything in an experiment that can be changed is a **variable.** The variable Nicole changed was the length of the straws. Would it matter if she blew harder across each straw? Yes, because then she would be changing two variables. She would not know which variable caused the different sounds.

If possible, an experiment should have a **control.** The control is the part of the experiment that does not change. In Nicole's experiment, the uncut straw is the control.

Collect Data

Data are observations from the experiment.

To collect her data, Nicole blew across the top of each straw. She noticed the sound each straw made.

Study Data

Decide what the information means.

Nicole looked at her data and thought about what it meant. To help study the data, she put some of it into a chart. Then she could quickly see what the experiment showed.

Make Conclusions

Decide if your hypothesis is correct.

Nicole decided that changing the amount of air inside a flute causes different sounds. Notice how her conclusion is like her hypothesis.

Applying Science

Synthesizers

Scientists discovered new ways to make musical sounds.

Some sounds from musical instruments are made by plucking or rubbing strings. Other sounds are made by blowing into a tube or hitting the instrument. Today, some musicians use a new kind of instrument called a synthesizer (sin′ thə sī′ zər).

A scientist named Robert Moog invented the synthesizer in 1964. This instrument uses electric current to make sounds.

A synthesizer has a keyboard and many switches and dials. Some musicians use synthesizers because they can sound like different instruments. By flipping the right switch or turning the right dial, a synthesizer can sound like a trumpet, a drum, a piano, or a violin. It can also make sounds like wind, rainfall, and thunder. Most musicians use synthesizers because they can make sounds that no other instrument can make.

Today, synthesizers use computers to put together the sounds of many instruments. From this one machine, you can get the sounds of a whole orchestra!

Life Science

Unit 1

These zebras stay together most of the time. Together, they look for food and water. Zebras usually live in places where tall grass grows.

Many other living things live in groups. In this unit, you will learn about living things. You will discover ways living things affect each other.

SCIENCE IN THE NEWS During the next few weeks, look in newspapers or magazines for stories about plants and animals. Also look for news about places, such as parks or forests, where plants and animals live. Share the news with your class.

Chapter 1

Plant Growth

Have you seen plants like some of the ones in this garden? Notice how the plants look different from each other. Yet all these plants are alike in some ways.

Introducing the Chapter

In this chapter, you will learn about the parts of a plant. You also will learn how plants live and grow. The activity below will help you learn how leaves of some plants look different.

Observing Leaves

DISCOVER!

You probably have seen leaves with many shapes and sizes. A maple leaf is about the size and shape of your hand. An oak leaf can be long and thin. A horse chestnut leaf has more than one part. You can make a leaf collection to compare the sizes and shapes of leaves.

Make leaf rubbings to record the sizes and shapes of your leaves. First, cover your desk with heavy paper. Place a leaf on the paper with the rough side facing up. Next, place a sheet of white paper on top of the leaf. Then rub the paper lightly with a pencil or crayon.

Compare your leaf rubbings with the leaves in the picture. Notice how some of your leaves look alike. Group your leaves in two different ways, such as by color and size.

Talk About It

1. Describe the sizes and shapes of the leaves you found.
2. How did you group your leaves?

1 How Are Roots, Stems, and Leaves Important?

LESSON GOALS

You will learn
- how plant roots help plants live and grow.
- how plant stems are important to plants.
- how green leaves make food for plants.

mineral (min′ər əl), a material that was never alive and that can be found in soil.

Your body has many parts. Each part of your body helps you in a different way. Plants also have many parts. Each part of a plant helps the plant in a different way.

How Roots Are Important

Imagine trying to pull a weed like this one out of the ground. You might find that the weed does not come out easily. Compare the pictures of plant roots. Notice that the weed has a long, thick root that grows deep into the soil. The grass plant has thin roots that spread out under the plant. Both kinds of roots hold plants tightly in soil.

Roots take in water and **minerals**—materials in the soil that were never alive. Plants need water and minerals to live.

How Stems Are Important

The stems of most plants hold up the leaves and other plant parts that grow above the ground. Look at the different kinds of stems in the picture. Find the plants with thin stems growing along the ground. Which plant has thick, woody stems that hold up many leaves?

Stems have tiny tubes. These tubes carry water and minerals from the roots to the other parts of a plant. The tubes also carry food from the leaves to the roots.

How Leaves Are Important

carbon dioxide (kär′bən dī ok′sīd), a gas in the air that plants use to make food.

oxygen (ok′sə jən), a gas in the air that living things need to stay alive.

Think about different kinds of leaves you have seen. The leaves of green plants make most of the food a plant needs. This food is sugar.

Look at the picture as you read about the way a plant makes sugar. Find the arrow that goes from the soil to the leaves. This arrow shows that water goes from the soil through the roots and stems to the leaves. Now find the arrows that point to the leaf. A gas from the air, called **carbon dioxide,** goes into the plant through tiny openings in the leaves. Green leaves use sunlight to change water and carbon dioxide to sugar and **oxygen.** Oxygen is a gas in the air that living things need to stay alive. The oxygen from the plant goes into the air. Plants use the sugar to live and grow.

Green Plants Make Food

Spring Summer Autumn Winter

Most plants store some of the sugar they make in their stems and roots. Plants use stored food when the leaves cannot make enough food for the plant.

Notice how this tree changes from season to season. How do leaves help the tree in the summer? What happens to the leaves in the autumn? You can see that the tree has no leaves in the winter. Then the tree uses stored food. The tree also uses stored food to make new leaves in the spring.

SCIENCE IN YOUR LIFE

People eat some plant roots and stems that store food. You eat roots when you eat carrots, radishes, or beets. You eat stems when you eat potatoes or asparagus.

Lesson Review

1. How do roots help plants?
2. How are stems important to plants?
3. How do green leaves make food for plants?
4. **Challenge!** What makes this tree need more water in the summer than in the winter?

Study on your own, pages 316–317.

PHYSICAL SCIENCE

FIND OUT ON YOUR OWN

CONNECTION

Look in a book about plants to find out what chemical makes some plants green. Write a few sentences explaining how this chemical helps plants make food.

ACTIVITY

Observing the Movement of Water in Plants

Purpose

Observe the movement of water up through celery.

Gather These Materials

• cup containing red food coloring in water • celery stalk • scissors

Follow This Procedure

1. Use a chart like the one shown to record your observations.
2. Using scissors, cut a small piece off the bottom of the celery. *CAUTION: Use scissors carefully.*
3. Put the cut end of the celery into the cup of food coloring like you see in the picture.
4. Record what you think will happen to the celery.
5. After 30 minutes, remove the celery from the cup.
6. Use a pair of scissors to cut the celery in half.

7. Notice any color changes in the cut ends of the celery. If you see color in both ends, cut the celery higher to see where the color stops. If you do not see color in the ends, cut lower to find the color.
8. Put the pieces of celery back in order. Measure how far the food coloring went up the celery.

Record Your Results

What you think might happen	What happened	Distance the color moved

State Your Conclusion

1. Explain the color changes you saw in the celery stalk.
2. Suppose you left the celery in the food coloring for two more hours. How would you expect the color to change in the celery? Explain your answer.

Use What You Learned

Suppose the stem of a green plant was broken. What might happen to the plant?

Helping Roots Do Their Jobs

Roots have many jobs. One of these jobs is to hold a plant in the soil. Another job is to hold the soil in its place. Roots help keep soil from being washed away. When a forest is cut down, the tree roots no longer hold the soil. The soil washes away. New plants have trouble growing on the bare land. Without plants, animals leave the area to find food or hiding places.

The same problem can happen in oceans. The water can become polluted—filled with harmful materials. This can kill sea grasses that grow on the ocean floor. Then the sea grass roots do not hold down the sand. The ocean floor can get stirred up, making the water muddy. Fish and other animals leave the area when the plants are gone.

Dr. Anitra Thorhaug is working to help protect the oceans. She finds places where polluted water has killed the sea grasses. Then, she plants new grasses. They spread out and cover the bare area. The grasses then hold down the sand.

If the polluted water has been cleaned up, Dr. Thorhaug plants the same kind of grasses that were there before. If the water is still polluted, she plants other grasses. These other grasses are tough. They can live even if the area is still polluted.

Dr. Anitra Thorhaug

To do her job, Dr. Thorhaug has to swim in rough water. Sometimes the water is muddy and dark. In the picture, you can see her working at her difficult job. She also teaches other people how to plant sea grasses. Dr. Thorhaug goes all over the world to help protect the oceans and their plants.

What Do You Think?

1. How do sea grasses help protect the ocean floor?
2. Why do you think Dr. Thorhaug does not plant the same kind of grasses in areas that still have a pollution problem?

2 How Are Flowers and Cones Important?

LESSON GOALS

You will learn
- how plants with flowers form seeds.
- two ways pollen is scattered.
- how plants with cones form seeds.

petal (pet′l), the outside parts of a flower that often are colored.

You might have seen flowers like the ones in the picture. Flowers look different from each other. Some plants have only one flower on a stem. Other plants have many flowers on one stem. Seeds grow inside each flower. These seeds can grow into new plants.

How Flowers Form Seeds

Look at the different colors of these flowers. **Petals** are the outside parts of the flower that often are colored. Some flowers have more petals than other flowers. Notice the sizes and shapes of these petals. What are the colors of these flower petals?

Seeds grow inside flowers.

Look inside the flower petals in the picture below. The center part of the flower makes seeds. A yellow powder called **pollen** must move to the center part of the flower before seeds can form.

The picture in the margin shows what happens after pollen reaches the center part of the flower. This part of the flower swells and changes into a fruit. Then the flower petals dry up and fall off the plant.

You can see seeds inside fruit. Find the seeds in the picture. The fruit helps protect the seeds as they grow. Many foods people eat are fruits. You probably have seen seeds inside apples and oranges. What other kinds of fruit can you name?

SCIENCE IN YOUR LIFE

You might have seen peas growing in a long, thin cover called a pod. The peas people eat are seeds. The pod is the fruit of the pea plant.

pollen (pol′ən), a fine yellowish powder in a flower.

Fruit with seeds

The parts of a flower

Pollen sticks to a bee's body.

A moth pollinates a flower.

How Pollen Is Scattered

pollinate (pol′ə nāt), to carry pollen to the center part of a flower.

You might have seen bees buzzing near flowers. Bees help flowers form seeds by moving pollen from one flower to another.

A bee lands on a flower and brushes against pollen. The picture shows that pollen sticks to a bee's body. The bee carries the pollen to another flower. Some of the pollen falls off the bee and sticks to the second flower. When a bee moves pollen to the center part of a flower, it **pollinates** the flower. Other animals, such as butterflies and hummingbirds, also help pollinate flowers. Look at the picture of the moth pollinating a flower.

Wind scatters the pollen of some flowers. Wind can blow pollen off a flower and carry the pollen through the air. The pollen can land on the flower of another plant. Wind pollinates corn and many other grasses and trees.

How Cones Form Seeds

You might have seen small objects called cones growing on a tree. Look at the cones on this pine branch. Some cones have pollen. Wind blows the pollen into the air. Some of the pollen reaches other cones. Then new seeds grow inside these cones.

Most trees with cones have leaves shaped like needles. These trees usually keep their leaves all year. Pine trees, spruce trees, and fir trees are trees with cones.

Cones on a pine tree

Lesson Review

1. How do plants with flowers form seeds?
2. What are two ways pollen is scattered?
3. How do cones form seeds?
4. **Challenge!** What might happen to a plant if you cut off all the flowers?

Study on your own, pages 316–317.

EARTH SCIENCE
FIND OUT ON YOUR OWN
CONNECTION

Ferns and mosses live mainly in wet places on earth. Use library books to find out how these plants are different from other kinds of plants. Also find out why water is especially important to them.

Fern

Moss

3 How Do Plants Grow from Seeds?

LESSON GOALS

You will learn
- the parts of a seed.
- different ways seeds are scattered.
- how a seed produces a new plant.

seed leaf (sēd lēf), a part that looks like a leaf and is inside each seed.

seed coat (sēd kōt), the outside covering of a seed.

Think about different seeds you have seen. The seeds in the picture are different sizes and shapes, but they are alike in one way. These seeds can grow into new plants.

Parts of a Seed

The drawings show that a tiny new plant grows inside each seed. This new plant uses stored food to grow.

Find the **seed leaf** in each seed. Some seeds, such as the bean seed, have two seed leaves. Food is stored in these seed leaves. Other seeds, such as corn, have only one seed leaf. Notice that food is stored outside of this seed leaf. A hard covering, called the **seed coat,** protects the seed. Find the seed coat of each of these seeds.

Parts of a seed

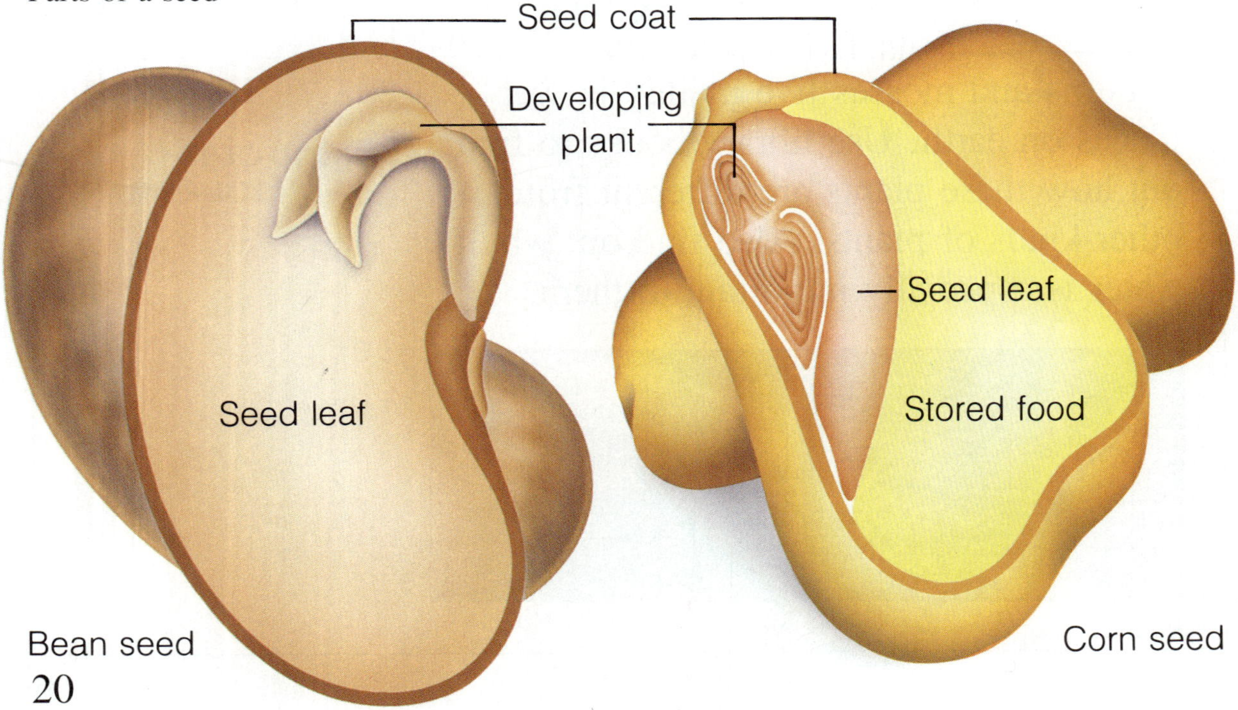

Water lily

Milkweed plant

How Seeds Are Scattered

Suppose you planted seeds in a garden. You probably would spread out the seeds in the soil. Scattering seeds helps each plant get enough water and sunlight to grow.

Animals can help scatter seeds. Some fruits can stick to an animal's fur or a bird's feathers. Some of the fruits fall to the ground as the animals move from place to place.

Water and wind also help scatter seeds. The fruits of this water lily can float long distances on water. How can wind help scatter the seeds of this milkweed plant?

How a Seed Grows into a New Plant

Many seeds grow into new plants. A seed **germinates** when the small plant inside begins to grow. A seed germinates only when it gets enough air and water. A seed also needs the proper temperature to germinate.

INVESTIGATE!

Find out if plant stems grow toward light. Write a hypothesis and test your hypothesis with an experiment. You might observe a house plant sitting on a window ledge for several days and a similar plant elsewhere in the room.

germinate (jėr′mə nāt), begin to grow and develop.

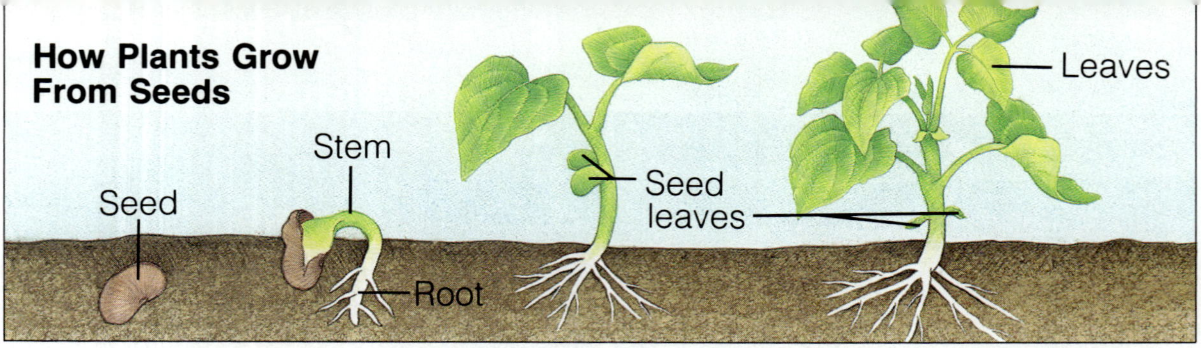

seedling (sēd′ling), a young plant that grows from a seed.

life cycle (sī′kəl), the stages in the life of a plant or animal.

The pictures show how a bean plant grows from a seed. The root pushes through the seed coat and into the soil. Then the young plant, or **seedling,** grows out of the ground. The seedling uses the stored food in the seed leaves. Finally, the seed leaves fall off and the new plant begins to make its own food.

All the stages in the life of a plant make up the **life cycle** of a plant. A seed grows into a new plant that forms seeds. Then the new seeds repeat the life cycle.

Lesson Review

1. What are the parts of a seed?
2. What are three ways seeds are scattered?
3. How does a seed grow into a new plant?
4. **Challenge!** Explain why some seeds people plant might not germinate.

Study on your own, pages 316–317.

LIFE SCIENCE

FIND OUT ON YOUR OWN

Look in a book about flowers to find out how plants grow from bulbs. Draw a picture of a bulb. Under your picture, write a few sentences telling about bulbs.

ACTIVITY

Observing How Seeds Germinate and Grow Without Light

Purpose

Observe how seeds germinate and grow without light.

Gather These Materials

- 2 cups • potting soil • pencil
- 4 radish seeds • spoon

Follow This Procedure

1. Use a chart like the one shown to record your observations.
2. Fill your cups almost full with potting soil as shown.
3. Poke about 4 centimeters of the pencil into the soil in each cup.
4. Plant 2 seeds in each cup.
5. Cover the seeds with soil. Pour 2 spoonfuls of water over the seeds in each cup.
6. Put your name on each cup. Label one cup *light.* Put this cup in a well-lighted place. Label the second cup *no light.* Place this cup in a dark place.
7. Give both of your plants a little water every few days.
8. When the plants in one cup are about 6–8 centimeters tall, put both cups on your desk.
9. Draw a picture of each plant. Describe the way each plant appears.

Record Your Results

	Drawing	Description
Plant in light		
Plant in dark		

State Your Conclusion

1. How do the plants grown in the dark look different from the plants grown in the light?
2. If you kept your plants in the dark for several weeks, what would happen to the plants? Explain your answer.

Use What You Learned

Sometimes people use special lights to shine on plants all the time. How would you expect such plants to appear?

Skills for Solving Problems

Using Thermometers and Bar Graphs

Problem: How does temperature affect the number of seeds that germinate?

Part A. Using Thermometers to Collect Information

1. The thermometers in the picture measure temperature in degrees Celsius. Notice that the heating lamp is 20 cm away from Tray A and 100 cm away from Tray B. Tray C is outdoors in February. Twenty seeds were planted in each tray. What is the temperature of Tray A? How many seeds have germinated in the tray?
2. What is the temperature of Tray B? of Tray C? How many plants have germinated in Tray B? in Tray C?

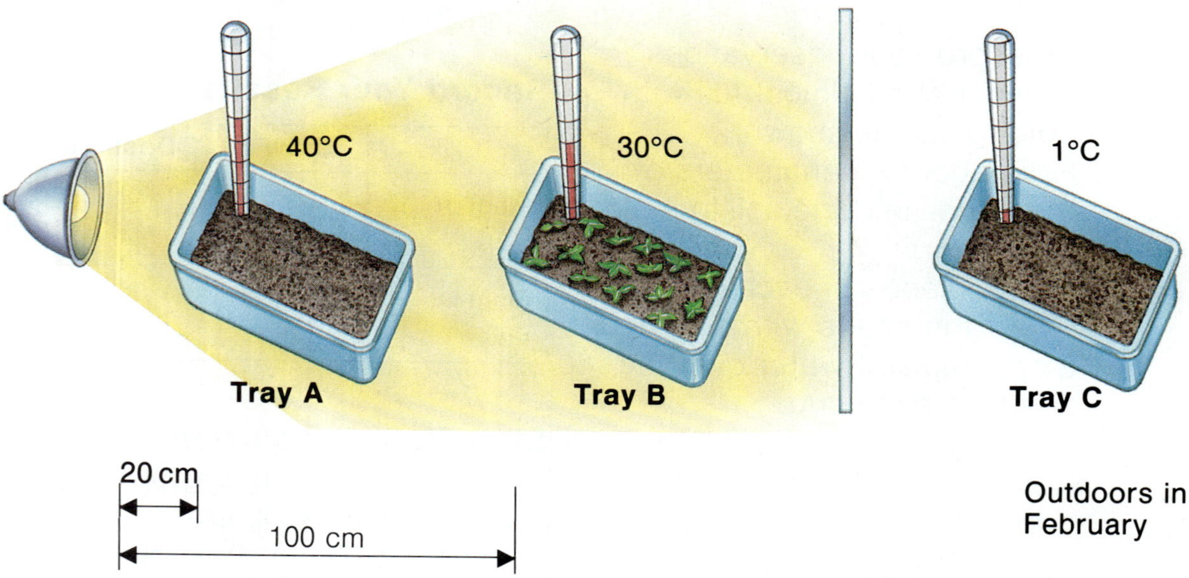

Part B. Using Bar Graphs to Organize and Interpret Information

3. The bar graph contains the information you collected about thermometer readings for each tray in Part A. Look at the scale on the left side of the graph. What does each line on the scale stand for?
4. Look at the first bar. It shows the temperature of Tray A. With your finger, follow across from the top of this bar to the left side of the graph. What is the temperature of Tray A?

How many seeds germinated in Tray A?

5. What is the temperature of Tray B? Tray C? How many seeds germinated in Tray B? in Tray C?
6. Which temperature seemed best for seeds to germinate?

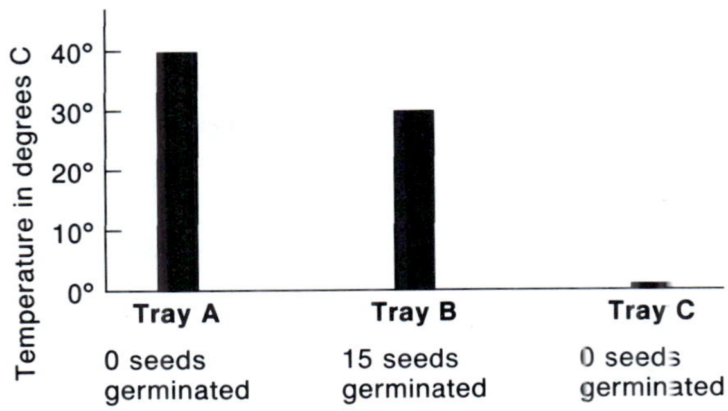

Part C. Using Thermometers and Bar Graphs to Solve a Problem

Problem: How do temperatures in a different season affect the number of seeds that germinate?

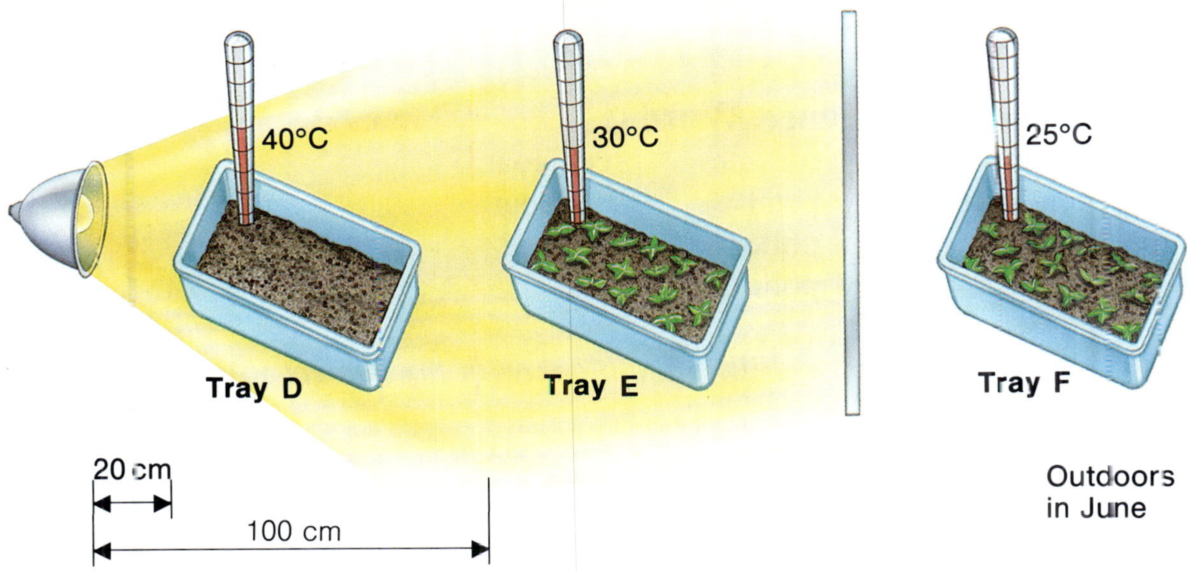

7. Use the thermometers to collect the information you need to solve the problem. Make a bar graph similar to the one shown in Part B to organize your information.
8. Look at your bar graph. Compare it to the bar graph in Part B. How does the temperature in a different season affect how many seeds germinate?
9. You might want to do this experiment in another season and use your results to make a bar graph.

Chapter 1 Review

Chapter Main Ideas

Lesson 1 • Roots hold plants in soil and take in water and minerals the plants need. • Stems hold up plant parts that grow above the ground and carry water and minerals through the plants. • Leaves make the food a plant needs.

Lesson 2 • Plants with flowers form seeds when pollen reaches the center part of the flower. • Animals and wind help pollinate flowers. • Seeds form inside a cone when pollen reaches the cone.

Lesson 3 • A seed has a small plant, at least one seed leaf, and stored food. • Animals, wind, and water help scatter seeds. • A seed can germinate and grow into a new plant that forms seeds.

Reviewing Science Words

carbon dioxide	oxygen	seed coat
germinates	petal	seed leaf
life cycle	pollen	seedling
minerals	pollinate	

Copy each sentence. Fill in the blank with the correct word from the list.

1. The ___ protects a seed.
2. All the stages in the life of a plant make up the ___ of the plant.
3. A ___ is an outside part of a flower that often is colored.
4. A bee can help ___ a flower.
5. The ___ of a bean seed has stored food.
6. Green leaves make sugar and ___.
7. Roots take in water and ___ from the soil.
8. Seeds often form when ___ reaches the center part of a flower.
9. Plants need ___ from the air to make food.
10. A seed ___ when the small plant inside starts to grow.
11. A young plant is a ___.

Reviewing What You Learned

Write the letter of the best answer.

1. The part of a plant that forms seeds is the
   (a) stem. (b) root. (c) leaf. (d) flower.
2. A seedling uses stored food from the
   (a) petals. (b) seed leaf. (c) pollen. (d) seed coat.
3. What helps protect seeds?
   (a) fruit (b) seed leaf (c) bees (d) wind
4. What part holds a plant tightly in the soil?
   (a) stem (b) root (c) leaf (d) flower
5. Leaves use sunlight to make
   (a) carbon dioxide. (b) cones. (c) water. (d) sugar.
6. The seeds of a pine tree form in the
   (a) flowers. (b) leaves. (c) cones. (d) trunk.
7. What is the number of seed leaves in a bean seed?
   (a) two (b) three (c) one (d) zero
8. When a bee lands on a flower, it brushes against
   (a) seeds. (b) cones. (c) pollen. (d) fruits.

Interpreting What You Learned

Write a short answer for each question or statement.

1. How can animals help scatter seeds?
2. How do trees live without leaves in winter?
3. Describe two kinds of plant roots.
4. How do a bean seed and a corn seed differ?
5. How can you tell that a tomato is a fruit?

Extending Your Thinking

Write a paragraph to answer each question or statement.

1. Can a seed germinate without sunlight? Explain your answer.
2. Suppose you took off all the petals of a flower. Could the flower form seeds? Explain your answer.

To explore scientific methods, see Experiment Skills on pages 348–349.

Chapter 2

How Animals Grow and Change

A mother cheetah feeds her babies and keeps them safe. This mother takes care of her cubs. The cubs will stay with their mother until they can take care of themselves.

Introducing the Chapter

You probably have seen many animals that look different from each other. Different animals live and grow in different ways. In this chapter, you will learn how scientists group animals. The activity below will help you learn about some ways to group animals.

DISCOVER!

Classifying Animals

Think about how you might describe the animals in the picture. You might tell about the sizes or colors of the animals. You also might tell how the animals move from one place to another.

On a piece of paper, draw a picture of an imaginary animal. Your animal can be any size, shape, or color. It can walk on land, swim in the water, or fly in the air. Now exchange papers with one of your classmates.

Talk About It

1. How does each animal in this picture move from one place to another?
2. How can you tell whether the animal in your classmate's drawing walked, swam, or flew?

1 How Can Animals Be Grouped?

LESSON GOALS

You will learn
- that animals with backbones make up one main group of animals.
- that animals without backbones make up the other main group of animals.

Think about groups of animals at the zoo. You might find all the bears in one part of the zoo and the sea lions in another part of the zoo.

Scientists group animals in a different way. The main groups of animals are animals with backbones and animals without backbones.

Animals with Backbones

Feel the backbone in the middle of your back. Your backbone helps you stand straight. Your backbone also helps you bend and move.

You probably have seen many animals with backbones. Bears and sea lions are animals with backbones. Birds, fish, and turtles also have backbones. Look at the animals with backbones in the pictures.

Tree frog

Swan

Whitetail buck

Ladybird beetles

Praying mantis

Starfish on purple coral

Animals Without Backbones

Suppose you were having a picnic. You might notice bees or ants. A spider might crawl near you. You might see a worm in the dirt. Bees, ants, spiders, and worms are animals without backbones. Other animals without backbones are in the pictures.

Lesson Review

1. What are three animals with backbones?
2. What are three animals without backbones?
3. **Challenge!** Could a dog sit if it did not have a backbone? Explain your answer.

Study on your own, pages 318–319.

SCIENCE IN YOUR LIFE

You might have seen different kinds of seashells on a beach. Seashells come from animals without backbones, such as clams. Most of the time, these shells are empty by the time you find them. The animals have been eaten by other sea animals or birds.

LIFE SCIENCE

FIND OUT ON YOUR OWN

Use pictures from magazines to make a poster that shows three animals with backbones and three animals without backbones. List the animals you chose from each group.

2 How Do Some Animals With Backbones Grow and Change?

LESSON GOALS

You will learn
- how birds, reptiles, and fish live and take care of their young.
- how a frog grows and changes.
- how mammals are different from other animals.

warm-blooded (wôrm′-blud′id), animals that have about the same body temperature even when the air or water temperature around them changes.

Think about sizes and shapes of some animals with backbones. These animals often look very different from each other. Animals with backbones live and grow in different ways.

How Birds, Reptiles, and Fish Live

Imagine a bird flying high in the air. Most birds use their wings and feathers to fly. Birds also have feet and breathe with lungs.

Baby birds hatch from eggs. The parents usually protect and care for young birds. Notice how this bird feeds its young. The nest keeps the young birds warm.

Feathers also help keep birds warm. Birds are **warm-blooded** animals because they keep about the same body temperature when the temperature of the air around them changes.

A robin takes care of its young.

Scarlet milk snake

Angelfish

You might have seen animals like those in the pictures. Snakes, turtles, lizards, and alligators are **reptiles.** These animals are **cold-blooded** because their body temperatures change with the temperature of the air around them. How does heat from sunlight change the body temperature of this snake?

Reptiles have scales and breathe with lungs. Many reptiles live on land, but some reptiles spend most of their lives in water. Young reptiles hatch from eggs. Most young reptiles can take care of themselves right away.

Which animal in the picture lives in water all its life? Find the fins a fish uses for swimming. Fish also have parts called **gills** that take in oxygen from the air in water. Fish are cold-blooded animals with scales. Fish lay eggs in the water. Young fish can care for themselves as soon as they hatch.

reptile (rep′təl), a cold-blooded animal that has a backbone, has scales, and breathes with lungs.

cold-blooded (kōld′-blud′id), an animal with a body temperature that changes with the temperature of the air or water around it.

gills (gils), the parts of fish that are used to take in oxygen from the water.

INVESTIGATE!

Find out how temperature affects cold-blooded animals. Write a hypothesis and test it with an experiment. You might observe how fishes in an aquarium act when the water cools.

tadpole (tad′pōl′), a young frog.

How a Frog Changes as It Grows

Some young animals look very different from their parents. Look at the pictures of the frog. A young frog is a **tadpole.** How does the tadpole look different from its parents?

A frog is an **amphibian**—a cold-blooded animal with a backbone that lives part of its life in water and part on land. Young frogs hatch from eggs. A tadpole has gills and swims in the water. A fully grown frog breathes with lungs. An adult frog can live on land or swim in water.

Frogs have smooth, wet skin. They eat such animals as flies, mosquitoes, and moths.

Tadpole

Adult frog

amphibian (am fib′ē ən), a cold-blooded animal with a backbone that lives part of its life in water and part on land.

Bat

Whale

Jaguar

How Mammals Live

Imagine touching a puppy's fur. What other animals have fur? Animals that have backbones and have hair or fur are **mammals**. This covering helps keep mammals warm. Dogs have a great deal of hair. Other mammals, such as dolphins, have very little hair.

The pictures show different kinds of mammals. All mammals breathe with lungs. Whales and dolphins are mammals that live in water. Notice how the whale comes out of the water for air. Many mammals live on land. Look at the pictures. Find a mammal that climbs trees. Name a mammal that can fly.

mammal (mam′əl), an animal that has a backbone and has hair.

A mother lion feeds her cubs.

Most young mammals grow inside their mothers' bodies until they are born. Young mammals get milk from their mothers. Notice how this lion feeds her cubs. Baby mammals need care for a long time from their parents. People are mammals. What kinds of care did you need when you were a baby?

Lesson Review

1. How do birds, reptiles, and fish take care of their young?
2. Explain how a frog changes as it grows.
3. How is a mammal different from other animals?
4. **Challenge!** Why do most reptiles live in places that have warm weather?

Study on your own, pages 318–319.

LIFE SCIENCE

FIND OUT ON YOUR OWN

Animals with backbones protect themselves in different ways. Use library books to find out about frogs, turtles, and porcupines. Write sentences telling how each animal can protect itself.

ACTIVITY

Observing Bones and Feathers of a Bird

Purpose
Observe that a bird's bones and feathers are light, have hollow parts, and enable a bird to fly.

Gather These Materials
• bird feather • scissors • hand lens • chicken bone • pliers • beef bone

Follow This Procedure
1. Use a chart like the one shown to record your observations.
2. Use scissors to cut the feather in half as shown in the picture. *CAUTION: Be careful with the scissors.*
3. Use a hand lens to look at the cut ends of the feather. On the chart, record what the inside of the feather looks like.
4. Use pliers to break the chicken bone into two pieces. *CAUTION: Be careful with the pliers.*
5. Use a hand lens to look at the cut ends of the chicken bone. On the chart, record what the bone looks like.
6. Look at the surface and the ends of the beef bone. On the chart, describe what you see.

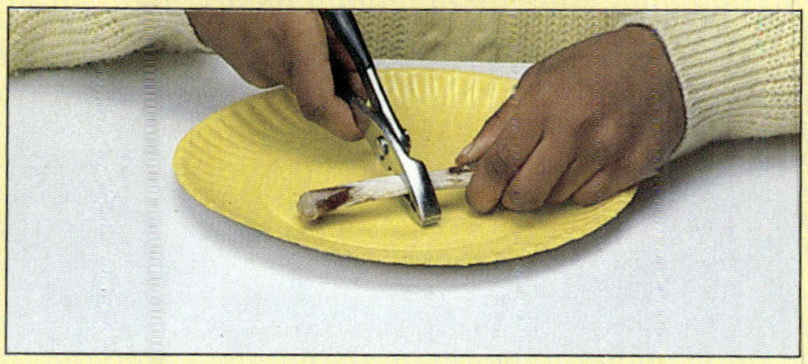

Record Your Results

Bird feather	
Chicken bone	
Beef bone	

State Your Conclusion
1. Describe the bird feather and the chicken bone.
2. What makes a chicken bone more suitable for flying than a beef bone?

Use What You Learned
Suppose you wanted to make a kite. Which material would you use, a thin tube of paper or a thick block of wood? Explain your answer.

3 How Do Some Animals Without Backbones Live and Grow?

LESSON GOALS

You will learn
- how worms, snails, spiders, and insects are different from each other and from other animals.
- how a butterfly changes as it grows.

You probably have seen many animals without backbones. Most of these animals can take care of themselves as soon as they hatch from eggs. Most of the animals in the world have no backbones. Different animals without backbones live and grow in different ways.

How Some Animals Without Backbones Live

A worm has a thin, soft body and no legs. Some worms live in water. Others live on land. You might have seen an earthworm like this one. Earthworms make tunnels in the soil. Air and water can move through the tunnels. Plants need this air and water to live and grow.

An earthworm digs through the soil.

Snail

Treehopper

The snail in the picture lives on land. Other snails live in water. Look at the snail's soft body and hard shell. How does a shell help protect a snail?

Think about how a spider looks. A spider has two main body parts and eight legs. Most spiders live on land. A spider spins a web out of silk that it makes inside its body. Flies and other insects get caught in spider webs. The spider uses these insects for food.

Insects are the largest group of animals without backbones. Insects have three main body parts and six legs. Many insects also have wings. Most insects lay eggs. Some young insects, like this treehopper, look like their parents. Other young insects, such as caterpillars, look very different from their parents.

SCIENCE IN YOUR LIFE

Many insects are useful to people. For example, bees carry pollen from plant to plant. Then the plants can form seeds. People eat many of these plants. Some bees also make honey that people use for food.

larva (lär′və), the young of an animal that is different from the adult. [Plural: **larvae** (lär′vē)]

pupa (pyü′pə), stage in the insect life cycle between larva and adult. [Plural: **pupae** (pyü′pē)]

How a Butterfly Grows and Changes

All the stages in the life of an animal make up the animal's life cycle. The pictures show the stages in the life cycle of the butterfly.

The egg is the first stage of the life cycle. Butterflies often lay eggs on leaves the insects can eat after they hatch.

Find the picture of the caterpillar that hatches from the egg. The caterpillar is the second stage—or **larva**—of the butterfly. The larva looks different from the adult. A larva eats all the time and grows very quickly.

The insect is called a **pupa** when the larva makes a hard covering for itself. Inside this covering, the pupa changes.

Finally, the hard case around the pupa splits open. A butterfly like the one in the picture comes out. An adult is the fourth stage of the butterfly's life cycle.

The Life Cycle of a Butterfly

An adult butterfly

A new adult butterfly has damp wings when it comes out of its case. When the butterfly's wings dry out, the insect will fly away.

Lesson Review

1. How are worms, snails, spiders, and insects different from each other?
2. What are the four stages of a butterfly's life cycle?
3. **Challenge!** How can the larva of the butterfly be harmful to plants?

Study on your own, pages 318–319.

PHYSICAL SCIENCE

FIND OUT ON YOUR OWN

CONNECTION

Ants live in nests that have many tunnels. Some ants bring food back to the nest. These ants collect seeds and carry them underground. Look in a book about insects to find out what other work ants do. Write a few sentences describing the work.

ACTIVITY

Making Models of Spiders and Insects

Purpose

Make and use models of spiders and insects.

Gather These Materials

- photograph of a spider
- photograph of an insect • clay
- tooth picks • pipe cleaners
- photograph of daddy long-legs

Follow This Procedure

1. Use a chart like the one shown to record your observations.
2. Look at the photograph of the spider.
3. Make a spider body out of clay. Use toothpicks to join the body parts as in picture A.
4. Use pipe cleaners to make legs for your spider. Attach the legs to the correct body part.
5. Look at the photograph of the insect.
6. Make an insect body using clay. Use toothpicks to join the body parts.
7. Use pipe cleaners to make legs for your insect. Attach the legs to the correct body part as shown in picture B.
8. Look again at the photographs. Are there any other body parts you can add to your models?
9. In the chart, draw pictures of your spider model and your insect model. Label the parts of each animal.

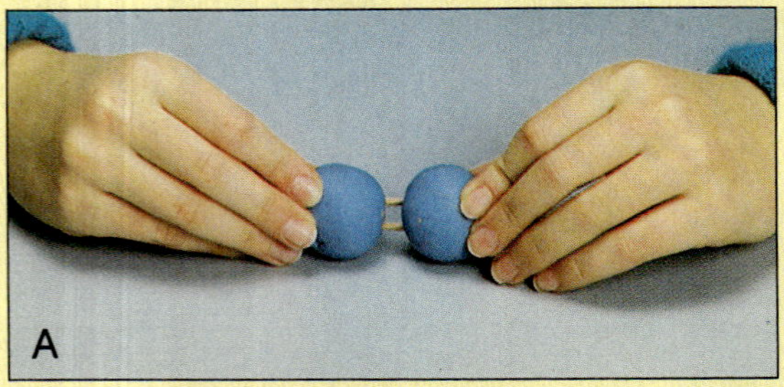

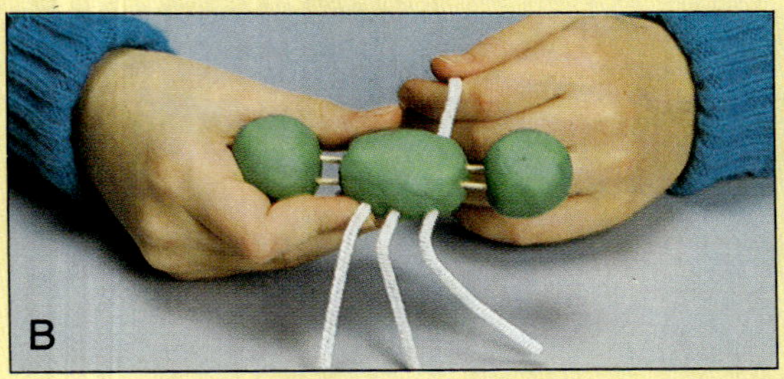

Record Your Results

Spider	Insect

State Your Conclusion

1. How many body parts and legs does a spider have?
2. How does an insect differ from a spider?

Use What You Learned

Look carefully at the daddy long-legs shown in the picture. Is a daddy long-legs an insect? Explain your answer.

Seeing How Insects Behave

The bee in the picture flies back and forth between its hive and the yellow flower. How does it find its way? Can it tell apart the colors of flowers? More than a hundred years ago, Dr. Charles Henry Turner wondered about questions like these. As a boy, he watched bees, wasps, ants, and other insects. Later, as a scientist, he made up experiments to find out how insects behave.

Dr. Turner discovered that bees and wasps find their way by remembering how their surroundings look. When Dr. Turner changed the surroundings, the insects became confused. In another experiment, Dr. Turner studied bees and color. He used colored circles of paper and colored boxes filled with honey. He discovered that bees use color as well as smell to help them find flowers. Dr. Turner found that bees can even tell colors apart when they are far away.

In other experiments, Dr. Turner studied how wasps get food for their young. He also found out how insects act when light is shined on them. His work has helped people understand how insects behave. Also, his experiments showed other scientists ways to make discoveries of their own.

Bee pollinating flower

Dr. Charles Henry Turner

What Do You Think?

1. If you moved a beehive, what do you think would happen to the bees? Why?
2. Pretend you are Dr. Turner. Then, choose an insect. Think of a question you might ask about how that insect behaves.

Skills for Solving Problems

Using Calendars and Pictographs

Problem: Does how long a bird stays in its egg affect whether the bird is active as soon as it hatches?

Part A. Using Calendars to Collect Information

1. A calendar is divided into squares. Each month is divided into days. How many days are in a week? a month?
2. Look at the first calendar. How long does a chicken stay in its egg? Is a newly hatched chicken active?
3. How long does the killdeer stay in its egg? the meadowlark? Is a newly hatched killdeer active? a newly hatched meadowlark?

Time a chicken stays in its egg in days (28)

Active at birth

Time a killdeer stays in its egg in days (26)

Active at birth

Time a meadowlark stays in its egg in days (14)

Helpless at birth

Part B. Using a Pictograph to Organize and Interpret Information.

4. This pictograph contains the information you collected about how long each chick stays in its egg. How many days was the chicken in its egg? the killdeer? the meadowlark?

5. A bird that is active and can look for food as soon as it hatches is more likely to stay alive. Compare how active these three birds are when they hatch. How do you think the amount of time spent in the egg affects how active the bird is as soon as it hatches?

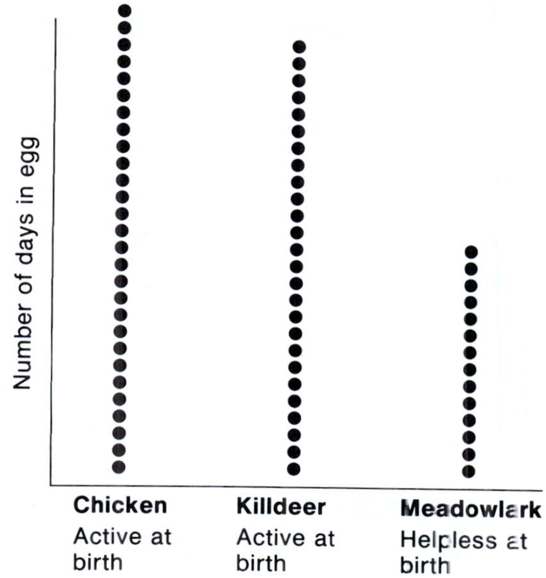

Part C. Using Calendars and Pictographs to Solve a Problem

Problem: Does the size of the egg affect how long the bird stays in the egg?

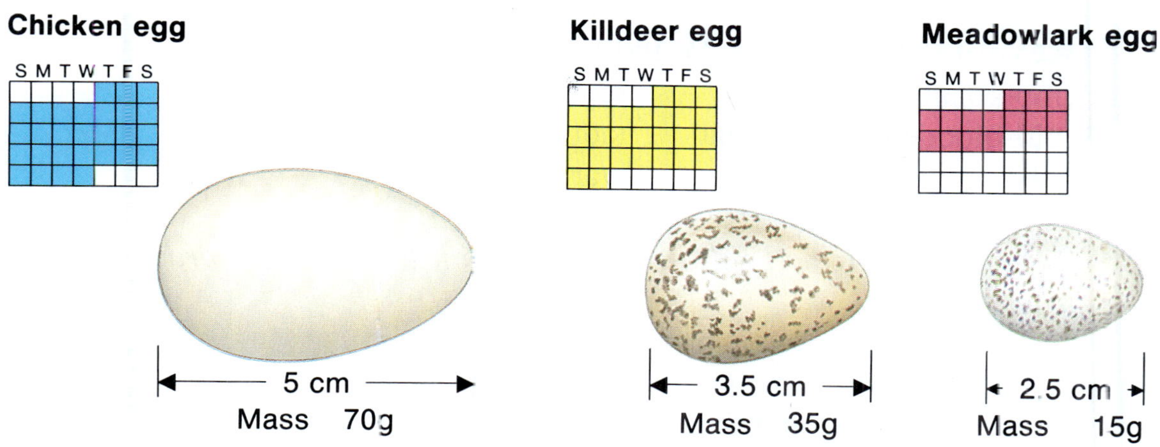

6. Use the calendars to collect the information you need to solve the problem. The calendars show how many days each bird stays in its egg. Make a pictograph like the one shown in Part B to organize your information.

7. Look at your pictograph. How does the size of an egg affect how long the bird stays in the egg? What might your pictograph look like if you used the mass of an egg instead of its size?

Chapter 2 Review

Chapter Main Ideas

Lesson 1 • Animals with backbones make up one main group of animals. • Animals without backbones make up the other main group of animals.

Lesson 2 • Birds are warm-blooded animals with backbones, feathers, and wings. Reptiles are cold-blooded and have backbones. Fish are cold-blooded, have backbones, and live in water. • Amphibians live part of their lives on land and part in water. • Mammals have backbones and hair and feed their young with mother's milk.

Lesson 3 • Worms have thin, soft bodies and no backbones or legs. Snails have soft bodies, shells, and no backbones. Spiders have two main body parts, eight legs, and no backbones. Insects have three main body parts, six legs, and no backbones. • Egg, larva, pupa, and adult are the four stages in the life cycle of a butterfly.

Reviewing Science Words

amphibian	larva	reptile
cold-blooded	mammal	tadpole
gills	pupa	warm-blooded

Copy each sentence. Fill in the blank with the correct word from the list.

1. Fish use ____ to get oxygen from the water.
2. A hard case forms around the ____ of the butterfly.
3. A ____ is a young frog.
4. A ____ animal has a body temperature that changes with the temperature of the air around it.
5. The ____ of a butterfly eats all the time.
6. A ____ animal keeps about the same body temperature even when the air temperature around it changes.
7. A ____ is a cold-blooded animal that has scales and breathes with lungs.
8. An animal that has a backbone and has hair is a ____.
9. A frog is an ____.

Reviewing What You Learned

Write the letter of the best answer.

1. Young animals that can care for themselves as soon as they hatch are
   (a) birds. (b) fish. (c) dogs. (d) lions.
2. What is the third stage of a butterfly's life cycle?
   (a) larva (b) tadpole (c) egg (d) pupa
3. One animal with a backbone is a
   (a) fish. (b) grasshopper. (c) spider. (d) worm.
4. An animal with two main body parts and eight legs is a
   (a) insect. (b) spider. (c) larva. (d) reptile.
5. What part of a snail helps protect its body?
   (a) gills (b) scales (c) shell (d) pupa
6. One young animal that gets milk from its mother is a
   (a) turtle. (b) whale. (c) bee. (d) frog.
7. How many legs do insects have?
   (a) four (b) eight (c) ten (d) six
8. One animal that is warm-blooded is a
   (a) snake. (b) fish. (c) frog. (d) bird.

Interpreting What You Learned

Write a short answer for each question or statement.

1. How does a tadpole get oxygen from the water?
2. How do birds keep warm?
3. List two young animals that need care from their parents.
4. What are the two main groups of animals?
5. List three kinds of reptiles.

Extending Your Thinking

Write a paragraph to answer each question or statement.

1. How might some kinds of worms be useful to farmers?
2. Mammals have fewer young at one time than fish. Explain how this helps young mammals live and grow.

To explore scientific methods, see Experiment Skills on pages 350–351.

Chapter 3

Living Things Need Each Other

The hummingbird is having a meal. It is using its long, thin beak to suck sweet-tasting liquid from the flower. The bird also eats small insects that are on the flower.

Introducing the Chapter

The activity below will help you learn how to group objects. In this chapter, you will learn how scientists divide living things into groups. You also will learn how living things need other living things to stay alive.

DISCOVER!

Classifying Objects

Look at the buttons you get from your teacher. Think about how you would describe the different buttons.

Divide the buttons into two groups. You might group the buttons by their sizes, shapes, or colors. What other ways can you divide your buttons into groups? Ask a classmate to figure out how you grouped the buttons. Now think of another way to divide the buttons into groups. Ask your classmate to try to figure out how you grouped the buttons the second time.

Talk About It

1. What two ways did you group the buttons?
2. How could you divide one of your groups into two smaller groups?

1 What Are the Five Groups of Living Things?

LESSON GOALS

You will learn
- how living things are alike.
- how scientists group living things.

organism (ôr′gə niz′əm), a living thing.

cell (sel), the basic unit of an organism.

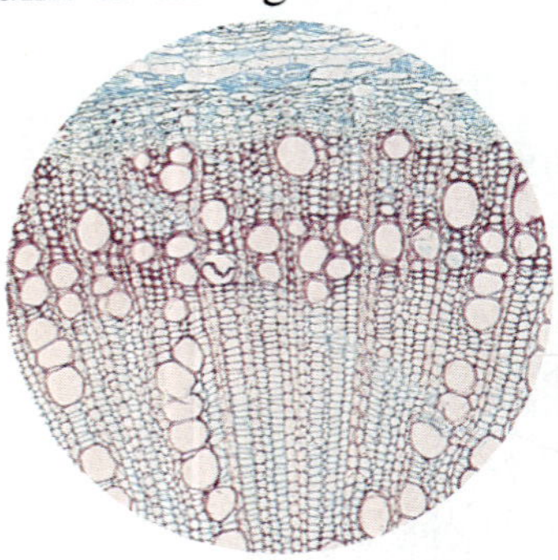

Plant cells

Look at the pictures at the bottom of these two pages. Notice that each picture looks different. All of these pictures show things that are alive.

How Living Things Are Alike

You cannot always easily tell what is alive and what is not. How can you tell if something is alive? Living things—or **organisms**—are alike in certain ways. All organisms grow. Organisms need food. They make more organisms like themselves. Organisms are made of one or more cells.

Cells are the basic units of an organism. Think about how bricks can make up a building. In much the same way, cells make up an organism. The picture on the left shows plant cells. Most cells are so tiny you need to use a microscope to see them.

Protist

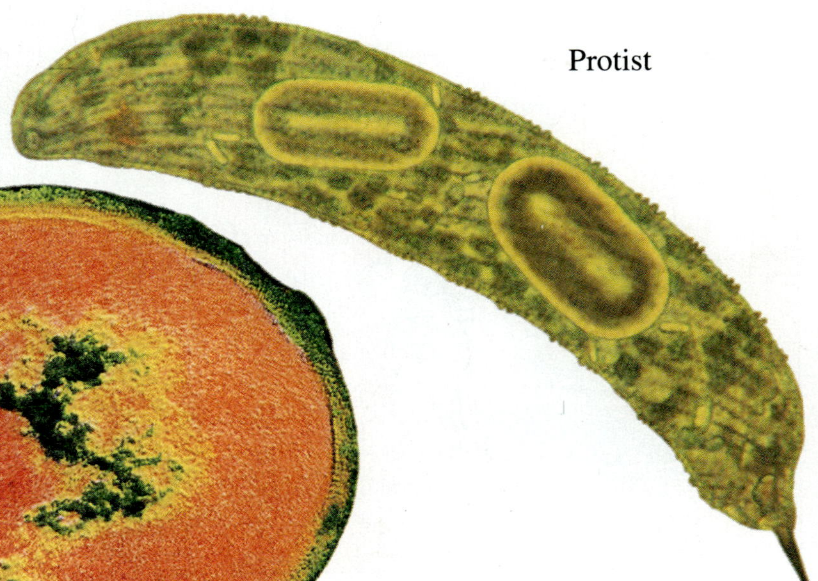

Bacteria

How Scientists Group Living Things

Millions of different kinds of organisms live on the earth. Scientists have divided these organisms into five groups: bacteria, protists, fungi, plants, and animals. These pictures show an organism from each group.

Bacteria are made of one cell. Some bacteria use other living things for food. Some bacteria can make their own food. Many kinds of bacteria help people. For example, certain bacteria are used to make medicines. A few bacteria cause illnesses, such as sore throats.

Protists are made of one or more cells. They live in wet places. Many protists have parts that help them move. Some protists can make their own food and some cannot. The picture shows a protist that is made of one cell. This protist moves by whipping its tail back and forth. Most seaweeds are protists. Seaweeds have many cells and make their own food.

bacteria (bak tir′ē ə), organisms made of one cell that can be seen through a microscope.

protists (prō′tists), organisms that live in wet places and have one or more cells.

Animal

Fungus

Plant

SCIENCE IN YOUR LIFE

Kelp are large protists that live in oceans. They are used as food and in making ice cream and some medicines.

fungus (fung′gəs), an organism, such as a mold or mushroom, that gets food from dead material or by growing on foods or living things. [Plural: **fungi** fun′jī]

A **fungus** can be only one cell, but most fungi are more than one cell. Fungi cannot make their own food. Some fungi grow on foods. The mold in the picture is a fungus that grows on bread. Other fungi grow on living things and can make them sick. Mushrooms are fungi that get food from dead material in the soil.

Plants and animals are made of many cells. Plants can make food. Animals must eat food. Plants do not move from place to place on their own. Their roots keep them attached to the soil. Animals can move around. What are some ways animals move from place to place?

Mold

Lesson Review

1. How are living things alike?
2. What are the five groups of organisms?
3. **Challenge!** How are animals and fungi alike?

Study on your own, pages 320–321.

PHYSICAL SCIENCE
FIND OUT ON YOUR OWN
CONNECTION

Yeast is a fungus used in baking bread. Find out what gas yeast gives off that causes bread to rise.

Feeding the Jays

ACTIVITY

Purpose
Observe how the food supply affects a population in a habitat.

Gather These Materials
• 25 small paper plates • colored markers • 20 sunflower seeds

Follow This Procedure

1. Use a chart like the one shown to record your observations.
2. Write the word *Jay* on 20 paper plates.
3. Place 4 of the plates in front of you and put 5 sunflower seeds on each plate, as shown in the picture. Each Jay gets to eat 5 seeds.
4. Record the number of Jays and how many seeds each Jay gets to eat.
5. Place 1 more plate in front of you. Divide the seeds equally among all the Jays.

6. Repeat step 4.
7. Place 5 more Jay plates in front of you. Divide the seeds equally among all the Jays.
8. Repeat step 4.
9. Lay all the Jay plates out and divide the seeds equally among all the Jays.
10. Repeat step 4.
11. Make 5 more Jay plates. Divide the seeds equally.

Record Your Results

Number of Jays	Seeds each Jay had to eat
4	
5	
10	
20	
25	

State Your Conclusion

1. How did changing the number of Jays change the number of seeds that each Jay could eat?
2. How many Jays can get food in your habitat?

Use What You Learned
How might the population of Jays change when the population of sunflowers changes?

2 How Do Organisms Live Together?

LESSON GOALS

You will learn
- what a population is and what can cause the size of a population to change.
- how groups of different kinds of organisms live in a community.
- how each organism in a community lives in its own place.

population (pop′yə lā′shən), organisms of the same kind that live in the same place.

The swans in the picture stay together most of the time. They look for food together, drink water together, and rest together. Many animals and other organisms live in groups.

Populations

A **population** is a group of organisms of the same kind that live in the same place. These swans are part of a population. What other population do you see in the picture?

The size of a population can change from time to time. Every year, some members of the population die and new members are born. Populations often grow larger when there is plenty of food. Populations often become smaller when there is not enough food. How might the amount of sunlight and water cause the size of a plant population to change?

Population of swans

Communities

Think of your favorite outdoor place. How many different populations live there? Most places have more than one kind of population. For example, a meadow has populations of birds, deer, and trees. An ocean has populations of fish, crabs, and seaweeds.

All the populations that live together in the same place make up a **community**. The organisms in a community depend on each other for food and shelter. The picture shows a forest community. Think about how the organisms in a forest depend on each other. This squirrel makes its nest in the tree. The rabbit eats plants. The birds feed on worms and insects that live in the forest. Insects, such as this butterfly, pollinate the plants.

INVESTIGATE!

The populations in a garden need space, sun, soil, and water. Find out how pulling the weeds out of a garden affects the growth of other populations. Write a hypothesis and test it with an experiment.

community
(kə myü′nə tē), all plants, animals, and other organisms that live in the same place.

Forest community

habitat (hab′ə tat), the place where an organism lives.

Red-necked grebe

Habitats

Each organism in a community lives in its own special place—or **habitat.** An organism gets everything it needs from its habitat. It gets food, water, shelter, and space to live.

The bird in the picture lives in a pond community. The bird's habitat is its nest and the part of the pond where it swims and finds food.

Lesson Review

1. What might cause the size of a population to change?
2. What makes up a community?
3. What does an organism get from its habitat?
4. **Challenge!** How do you depend on other organisms for food and shelter?

Study on your own, pages 320–321.

LIFE SCIENCE

FIND OUT ON YOUR OWN

Choose a plant or animal that lives near you. Draw a map of the organism's habitat. Use a meter stick to measure the distances between objects. Then record the meters on a map like this.

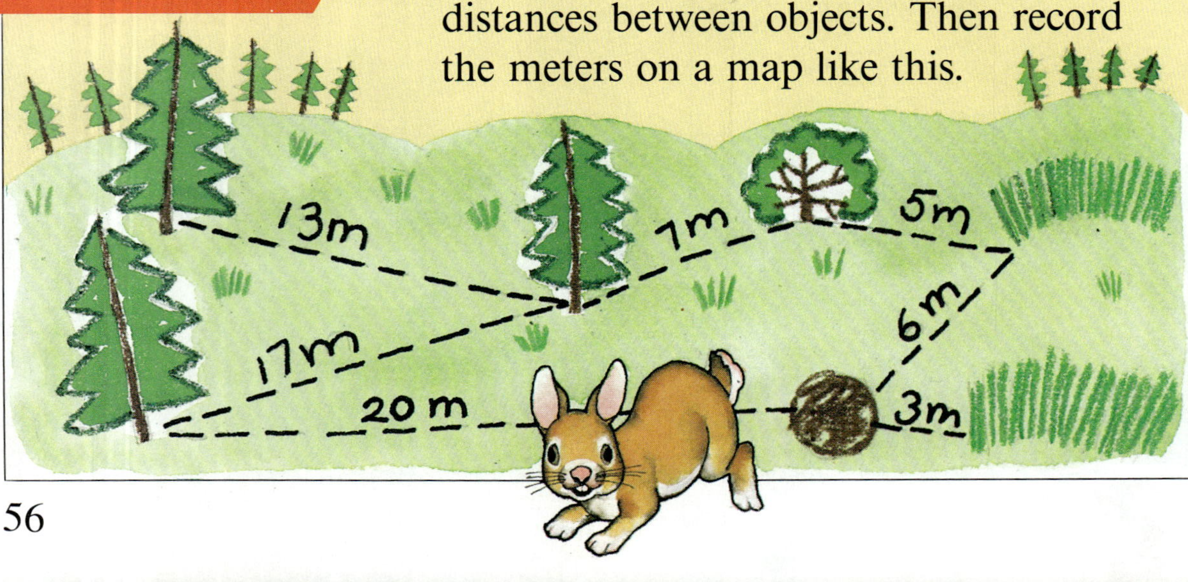

Making a Model of a Food Chain

ACTIVITY

Purpose
Make a model of a food chain and *observe* that the links of a food chain depend on each other.

Gather These Materials
• strips of paper • tape • crayons or pencil

Follow This Procedure
1. Use a chart like the one shown to record your observations.

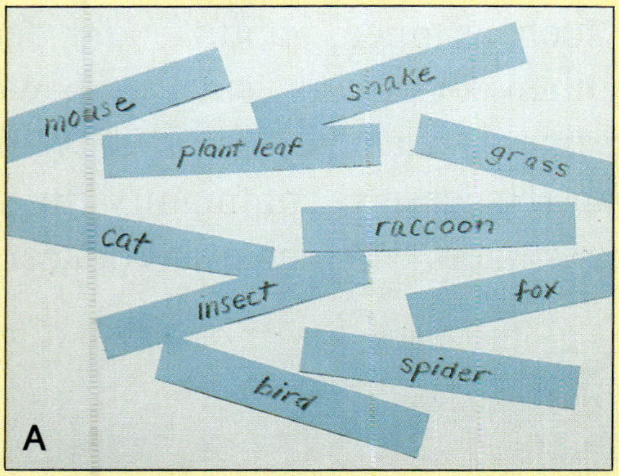

A

B

2. Picture A shows the names of plants and animals. Choose at least four of these names to make a food chain. Write the name of each of your organisms on a separate strip of paper.
3. Arrange the strips in the correct order for a food chain.
4. Tape the first paper strip so that it makes a circle.
5. Loop the second strip through the first strip and tape it to make a chain as shown in the picture.
6. Add the other links to your chain.
7. Record the names of the organisms you used.

Record Your Results

Food chain

___ ← ___ ← ___ ← ___

State Your Conclusion
1. Explain how the organisms you chose make up a food chain.
2. What happens to a food chain if one of the links breaks?

Use What You Learned
Explain why two producers cannot be in the same food chain.

3 How Do Organisms Get Food?

LESSON GOALS

You will learn
- that, to get food, some organisms make food and some organisms eat food.
- how some animals catch and eat other animals.
- how organisms depend on each other for food.

producer (prə dü′sər), an organism that makes its own food.

consumer (kən sü′mər), an organism that eats food.

Think about the different kinds of food you eat every day. All living things need food. Different organisms get food in different ways.

Producers and Consumers

You learned in Chapter 1 that green plants use sunlight to make—or produce—their own food. Plants and other organisms that make their own food are called **producers.**

Most organisms cannot make their own food. They must eat—or consume—food. These organisms are called **consumers.** Some consumers, such as mice, rabbits, and deer, eat plants. Other consumers, such as hawks, wolves, and tigers, eat other animals. Which organisms in the desert community in the picture are consumers? Which are producers?

Lion hunting for food

Predators and Prey

Many consumers hunt for their food. Hawks fly over fields and look for animals to catch and eat. Some snakes quietly wait for small animals to come near. Then they catch and eat the animals. Tigers follow herds of antelope. They wait for an antelope to wander away from the herd. Then the tigers chase and catch the antelope for food.

Animals that hunt for their food are **predators.** The animals they catch and eat are their **prey.** Which animal in the picture is the predator? Which animals are the prey?

predator (pred′ə tər) organism that captures and eats other organisms.

prey (prā), organism that is captured and eaten by another organism.

Food chain

SCIENCE IN YOUR LIFE

You are part of a food chain when you eat a hamburger. The food chain begins with plants, which make their own food. Cattle eat the plants. Then you eat hamburger meat which comes from cattle.

food chain, the way food passes from one organism to another organism in a community.

Food Chains

Organisms in a community depend on each other for food. A **food chain** is the way food passes from one organism to another in a community. The picture shows a food chain in a meadow. The grass makes its own food. Mice feed on the grass. Snakes eat the mice. Coyotes eat the snakes.

All communities have food chains. Food chains are found in the soil, on land, and in water.

Lesson Review

1. What is a producer? What is a consumer?
2. How are predators and prey different?
3. What is an example of a food chain in a meadow?
4. **Challenge!** Why do food chains begin with plants or some other kinds of producers?

Study on your own, pages 320–321.

LIFE SCIENCE

FIND OUT ON YOUR OWN

Look in library books to find out about marshes and the organisms that live in them. Write a few sentences explaining how these organisms depend on each other for food.

Helping Pandas Survive

The Problem You might have trouble thinking of the animal in the picture as a picky eater. Giant pandas like this one eat a lot of mostly one food—bamboo. Wild giant pandas live in bamboo forests in the mountains of China. The problem is that populations of pandas are getting smaller. Only about 700 remain in the whole world. China is trying to protect pandas by not letting people hunt them. Even so, sometimes pandas fall into traps set for other animals. Scientists are trying to understand how pandas live to try to save them. Understanding the problem is the first step to solving it.

Giant panda

The Breakthrough During the last ten years, photographs of panda habitats were taken from space satellites. These photographs show how the clearing of forests has hurt panda populations. Now scientists know that when trees are cut down, the pandas move. Sometimes they cannot find bamboo in their new home. Cleared forest areas split pandas into groups of fewer than twenty animals. If they cannot find bamboo, small groups are easily wiped out.

New Technology Scientists have made a special kind of community to help pandas live and grow. One community is in a large protected area in China. About one hundred pandas live there. Each panda in the community has its own house. A hungry panda can go to feed in a nearby bamboo thicket. When a female panda is ready to mate, she can walk around until she finds a male. Pandas do have babies, but many do not live to be adults in the wild. Scientists hope that the pandas born in their new community can be released into the wild.

What Do You Think?

1. How have people harmed pandas?
2. Why is it especially hard for a small group of pandas in the wild to produce a new generation?

Skills for Solving Problems

Using Diagrams and Pie Graphs

Problem: How does the number of producers in a marsh community compare to the number of consumers?

Part A. Using a Diagram to Collect Information

1. Look at the diagram below. All the organisms in an area make up a community. How many organisms are shown in the diagram?
2. Producers are organisms that make their own food. Plants use sunlight to make their food. How many producers are in the community?
3. Organisms that cannot make their own food are consumers. All animals are consumers. How many consumers are in the community?

Marsh community

Part B. Using Pie Graphs to Organize and Interpret Information

4. This pie graph contains the information you collected in Part A about producers and consumers. A pie graph is a circle divided into pieces like slices. What does each slice of the graph stand for? How many organisms are shown in the pie graph?

5. In the graph, producers are pink and consumers are green. How many producers are shown? How many consumers are shown?
6. Can the number of living things in a community change? How would this affect the number of slices in the pie graph?

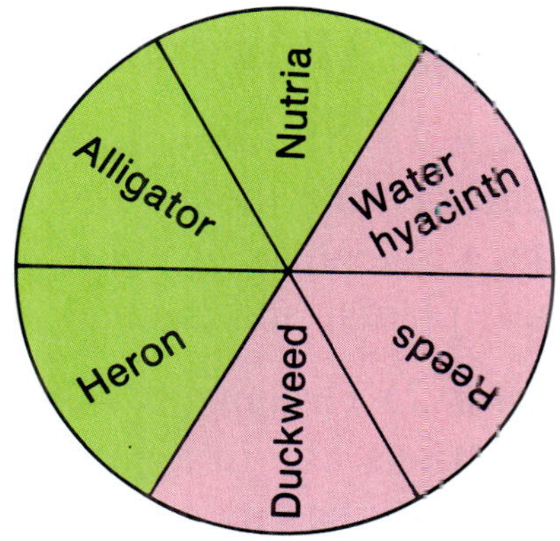

Part C. Using a Diagram and a Pie Graph to Solve a Problem

Problem: How does the number of producers in a pond community compare to the number of consumers in the community?

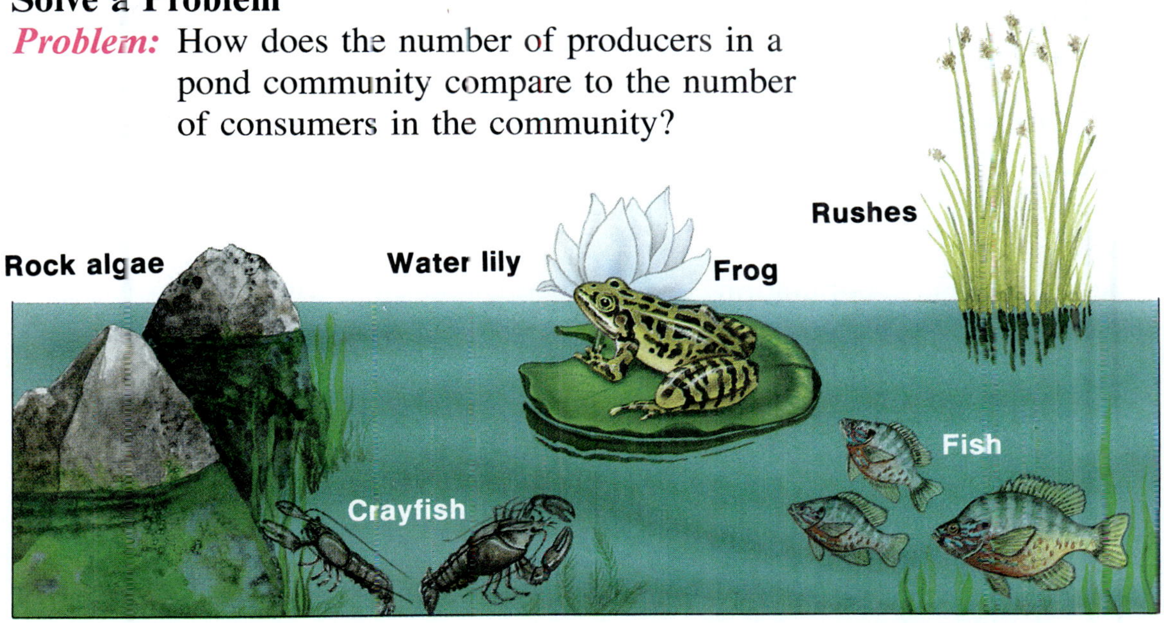

Pond community

7. Use the diagram to collect the information you need to solve the problem. Make a pie graph similar to the one shown in Part B to organize your information.
8. How many organisms are in the pond community shown here? How many of these organisms are producers? How many are consumers? How many slices does your pie graph have?
9. How is the pond community like the marsh community shown in Part A? How is it different?

Chapter 3 Review

Chapter Main Ideas

Lesson 1 • All living things grow, need food, make more organisms like themselves, and are made of one or more cells. • Scientists group living things into bacteria, protists, fungi, plants, and animals.

Lesson 2 • Organisms live in populations. • Different populations live in a community. • Each organism in a community has its own habitat.

Lesson 3 • Organisms can be producers or consumers. • Some animals catch and eat other animals. • Organisms depend on each other for food.

Reviewing Science Words

bacteria	fungi	predator
cell	habitat	prey
community	organisms	producer
consumers	population	protist
food chain		

Copy each sentence. Fill in the blank with the correct word from the list.

1. A ___ is the way food passes from one organism to another in a community.
2. An animal that is captured and eaten by another animal is called ___.
3. Each organism in a community lives in its own ___.
4. ___ are organisms that are made of one cell and sometimes cause illnesses.
5. ___ are organisms that get food from dead material.
6. A ___ is a group of organisms of the same kind that live in the same place.
7. The smallest living part of an organism is a ___.
8. An organism that makes its own food is called a ___.
9. All the organisms that live in one place make up a ___.
10. Scientists have divided ___ into five main groups.

11. A ___ catches and eats another organism.
12. A ___ is an organism that lives in a wet place and has one or more cells.
13. Living things that depend on other living things for food are ___.

Reviewing What You Learned

Write the letter of the best answer.

1. A group of goldfish that live in a pond make up a
   (a) community. (b) population. food chain. (d) habitat.
2. All organisms are made of one or more
   (a) bacteria. (b) food chains. (c) prey. (d) cells.
3. A frog that catches and swallows a grasshopper is a
   (a) predator. (b) producer. (c) protist. (d) prey.
4. Most seaweeds are
   (a) fungi. (b) animals. (c) protists. (d) bacteria.
5. A pine tree is a
   (a) predator. (b) producer. (c) consumer. (d) protist.

Interpreting What You Learned

Write a short answer for each question or statement.

1. What might happen to a plant population if the weather is unusually dry for a long period of time?
2. What are two ways plants and animals differ?
3. List these steps in a food chain in order: a bird eats a grasshopper, the grasshopper eats a plant, a fox eats the bird, the plant makes its own food.

Extending Your Thinking

Write a paragraph to answer each question.

1. What would happen to the population of mice in a field if the population of snakes grew larger? Explain.
2. Suppose all the plants in a pond died. What would happen to the food chain in the pond? Explain your answer.

To explore scientific methods, see Experiment Skills on pages 352–353.

Chapter 4

How People Affect Plants and Animals

These raccoons find food, water, shelter, and space to live in their wooded habitat.

Introducing the Chapter

In this chapter you will learn how people affect plants and animals. You will also learn how plants and animals affect people. People make many things from plants and animals. In the activity below you will make a dye from a cabbage plant.

DISCOVER!

Making a Plant Dye

Plants have different colors. Some plants are green. Others are red, yellow, or purple. People make dyes from the colored parts of some plants. They use the dyes to color fabrics, paper, and other things.

You can use a red cabbage plant to make a dye. Then, you can use the dye to paint a picture.

Tear some cabbage into small pieces. Place the pieces into a cup. Add a few tablespoons of water to the cup. Stir the pieces of cabbage until the water becomes darkly colored. Remove the cabbage from the cup. Use the dye in the cup to paint a picture.

Talk About It

1. What part of the cabbage plant did the dye in your cup come from?
2. What are some other things people make from plants?

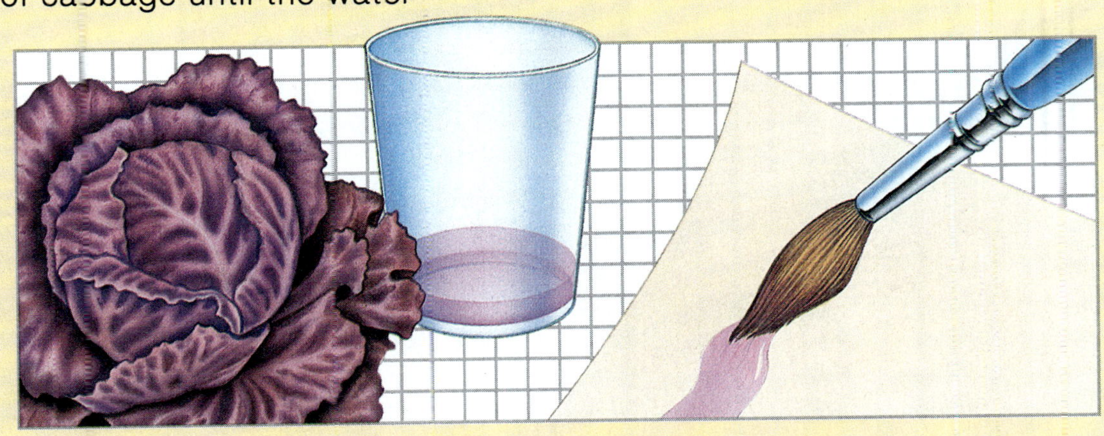

1 How Do People Change the Lives of Plants and Animals?

LESSON GOALS

You will learn
- how people change habitats.
- about endangered organisms.
- about extinct organisms.

The owl in the picture lives in a forest. Suppose people cut down the forest so they could build new houses. Then the owl would have to look for a new home.

How People Change Habitats

When people build houses, roads, or factories, they change the habitats of many organisms. An organism gets everything it needs from its habitat, such as food, water, and shelter. If the habitat changes, the organism might not be able to live there anymore.

Owl in tree

Sometimes, people change habitats by adding harmful things to them. **Pollution** is anything harmful added to the air, water, or land. Pollution can kill organisms and can destroy their habitats.

People pollute the air when they burn fuels in their homes, cars, and factories. Gasoline, coal, and oil are some kinds of fuels. When a fuel burns, it gives off harmful chemicals.

Look at the water pollution in the picture. Some factories pollute water by dumping chemical wastes into lakes and streams. The chemicals can poison fish and other organisms in the water.

When people litter, they pollute the land. Litter can change the appearance of the land. It can also change the habitats of plants and animals.

pollution (pə lü′shən), anything harmful added to the air, water, or land.

INVESTIGATE!

Find out how people can affect the plants and animals in a habitat. Write a hypothesis and test your hypothesis with an experiment. You might set up two terrariums and then observe them for a few weeks, changing one variable at a time in one of the terrariums.

Polluted river

Endangered Plants and Animals

SCIENCE IN YOUR LIFE

Scientists thought the ivory-billed woodpecker was extinct. It lived in forests in the United States. When the forests were cut down, the bird's habitat was destroyed. To their surprise, scientists found a few of the woodpeckers in Cuba in 1986.

endangered (en dān′jərd) **organisms,** kinds of organisms that are very few in number and might someday no longer be found on the earth.

Some organisms can find new homes when their habitats are changed. Other organisms cannot find new homes. Those organisms die.

When many organisms of the same kind die, that kind of organism might become endangered. **Endangered organisms** are kinds of organisms that are very few in number. Someday these organisms might no longer be found on the earth.

People have caused many kinds of organisms to become endangered by changing their habitats or by killing the organisms. Tigers are endangered animals. They used to live in many parts of Asia. Over the years, people killed many tigers for sport and for their fur. People also cut down the forests where the tigers lived. Endangered organisms live in many parts of the world. What endangered organisms do you see in the pictures?

Pitcher's thistle flower

Loggerhead turtle

Extinct Plants and Animals

Some kinds of plants and animals no longer are found on the earth. These organisms are **extinct.** The picture on the right shows a fossil of an extinct plant.

The dodo bird in the picture used to live on an island that had no people. In the 1500s, sailors landed on the island. They killed many dodo birds for food. The sailors' dogs destroyed the eggs of the dodo birds. The number of dodos became smaller and smaller. Finally, dodo birds became extinct.

extinct (ek stingkt′) **organisms,** kinds of organisms that no longer are found on the earth.

Leaves of Maidenhair tree

Dodo bird

Lesson Review

1. How do people change the habitats of plants and animals?
2. How have people caused some plants and animals to become endangered?
3. What are extinct plants and animals?
4. **Challenge!** How can people prevent tigers from becoming extinct?

Study on your own, pages 322–323.

EARTH SCIENCE

FIND OUT ON YOUR OWN

CONNECTION

Scientists think the weather might have caused dinosaurs to become extinct millions of years ago. Use an encyclopedia to find out how the weather might have changed the dinosaurs' habitat. Write a report about what you learned.

2 How Do People Protect Plants and Animals?

LESSON GOALS

You will learn
- how people protect the habitats of plants and animals.
- how people protect endangered plants and animals.

Mountain Goat in Glacier National Park

The bird in the picture is a bald eagle. At one time only 15,000 bald eagles were alive. Then, people began to protect these birds. Today, about 37,000 bald eagles live on the earth. Without the help of people, these birds might have become extinct.

Protecting Habitats of Plants and Animals

People can protect plants and animals from becoming endangered or extinct. One way of protecting organisms is by protecting their habitats. Look at the park in the picture on the left. People have made large parks such as this one to protect plants and animals. No one is allowed to disturb the habitats in these parks. People cannot build houses there. They cannot hunt animals. No one can collect plants or animals in the parks.

People have made laws that protect organisms and their habitats. Hunting laws do not allow people to hunt certain kinds of animals. Some laws limit the number of trees that can be cut down in forests. Other laws do not allow people to build houses, stores, or factories in certain places.

People can also protect habitats by trying not to pollute them. For example, some factories remove chemical wastes from water before returning the used water to lakes and streams. Factories also use certain kinds of coal that cause less air pollution when they are burned.

SCIENCE IN YOUR LIFE

Many bluebirds used to live in the eastern United States. Today, these birds are rare. Other birds took their nesting places. Now, people are trying to protect bluebirds. Some people have made boxes that are safe places for bluebirds to build nests.

Field of wildflowers

Protecting Endangered Plants and Animals

Scientists protect endangered plants by saving their seeds, growing the seeds indoors, and later putting the plants in their habitats. These people protect wildflowers.

Some endangered animals are placed in zoos. Someday the animals might be returned to their habitats.

Lesson Review

1. How do people protect the habitats of plants and animals?
2. How do people protect endangered plants and animals?
3. **Challenge!** How can you help fight pollution?

Study on your own, pages 322–323.

LIFE SCIENCE

FIND OUT ON YOUR OWN

The black-footed ferret is an endangered animal. Use library books to find out how many populations of black-footed ferrets remain alive, and where these animals live. Write a few sentences telling what you learned.

ACTIVITY

Making a Model of an Animal Habitat

Purpose
Identify the kind of habitat an animal lives in and *make a model* of that habitat.

Gather These Materials
- crayons or colored markers
- scissors • construction paper
- glue • shoe box

Follow This Procedure
1. Use a chart like the one shown to record your observations.
2. Choose one wild animal, such as a tiger. Draw a picture of it. Color and cut out your picture.
3. Make a model of the animal's habitat. Use construction paper for different parts of the habitat. You might cut out the outline of a tree or a rock. Glue the parts of the habitat inside the shoe box.
4. Glue the picture of the animal in the habitat.
5. List all the parts of the habitat in the chart. For each part of the habitat, write what might happen to the animal if that part was destroyed.

Record Your Results

Part of Habitat Destroyed	What Might Happen to Animal
1.	
2.	
3.	

State Your Conclusion
1. What kind of a model habitat did you make?
2. Why is the habitat you made a good place for your animal to live in?

Use What You Learned
What might happen to your animal if a road were built through the animal's habitat?

3 How Do People Use Plants and Animals?

LESSON GOALS

You will learn
- how people get foods from plants and animals.
- that some useful things are made from plants and animals.
- that some plants and animals are harmful.

Plants and animals are important to you. Many foods you eat come from plants and animals. Some of the clothes you wear also come from plants and animals. Plants and animals help keep you alive.

Food from Plants and Animals

Look at the foods in the picture. Where do these foods come from? Fruits and vegetables come from plants. Grains, such as wheat, oats, and corn, also come from plants. People use grains to make bread, macaroni, and cereal. You can see in the picture that people eat almost every kind of plant part. Grains are seeds. Lettuce is leaves. Potatoes are stems. Apples are fruits. What kind of plant part are carrots?

Meat comes from animals. A chicken leg, a hamburger, and a piece of fish are some kinds of meat. Milk and eggs also come from animals. People use milk in many ways. People drink milk. They also make cheese, butter, yogurt, and ice cream from it.

Many of the foods you eat look different from the plants or animals from which they came. Look at the foods below. What plant did the juice in the picture come from? What animal did the eggs come from?

SCIENCE IN YOUR LIFE

Silk cloth comes from caterpillars called silkworms. Silkworms make long, thin threads of silk and then wrap themselves up in the silk. This silk covering is called a cocoon. People get silk by unwinding the silk threads of cocoons.

fibers (fī′bərz), strong thin threads in plants that can be used to make cloth.

Useful Things from Plants and Animals

You get more than food from plants and animals. You also get things you can use. For example, wood comes from trees. People use wood to build houses and to make furniture, paper, and toys. What are some other ways people use wood?

Look at the clothes the girl is wearing. Her blouse is made of cotton cloth. Cotton comes from cotton plants. These plants have strong, thin threads—**fibers**—that are used to make cloth. The girl's skirt is linen. Flax plants have fibers that are used to make linen cloth. The girl is also wearing leather shoes. People make leather from animal skins. The girl's sweater is woolen. Wool is made from sheep's hair.

Black widow spider

Poison sumac

Harmful Animals and Plants

Some animals can hurt people. When the spider in the picture bites, it releases a poison that can make people very sick. What other animals are dangerous to people?

Some plants also can hurt people. If you touched the poison sumac in the picture, you might get an itchy rash. Some plants, such as buttercups, are poisonous to eat.

Lesson Review

1. What are three kinds of food people get from plants? from animals?
2. What are two useful things people get from plants? from animals?
3. How are some plants harmful to people?
4. **Challenge!** What things did you use today that came from plants or animals?

Study on your own, pages 322–323.

PHYSICAL SCIENCE

FIND OUT ON YOUR OWN

CONNECTION

Use an encyclopedia to find out what chemicals are used in tanning leather to make clothes.

ACTIVITY

Looking at Fibers

Purpose
Compare the fibers in objects made from plants.

Gather These Materials
• paper • cotton cloth • linen cloth • hand lens • paper plate • colored water

Follow This Procedure
1. Use a chart like the one shown to record your observations.
2. Tear the paper and the cloths two ways—up and down and across. Look at the edges with the hand lens. Record your observations.

3. Place a torn edge of each sample on the paper plate. Leave the opposite edge out of the plate, as shown in the picture.
4. Slowly pour some colored water into the plate until it reaches the edges of the samples. Compare how fast the samples soak up the water. Record the order of the samples from fastest to slowest.

Record Your Results

	How Fibers Looked	Order Samples Soaked Water
Paper Cotton Linen		

State Your Conclusions
1. What do plant fibers look like?
2. Which of the three samples would you use to wipe up a water spill? Why?

Use What You Learned
How do you think the fibers in wool cloth would compare with the cotton and linen fibers?

Protecting the Wilderness

More than 100 years ago, a man named John Muir decided to take a trip. He had had an accident that almost left him blind. Now he could see again. He wanted to see the beautiful world with his own eyes. On his trip, he studied plants and animals. He did see quite a lot on his trip. He walked all the way from Kentucky to Florida!

This long walk was not the only trip John Muir made. Throughout his life, he enjoyed living outdoors and traveling to new places. He visited the Yosemite Valley in California. There he saw beautiful mountains and giant trees. He could also see that cutting trees, mining, and grazing sheep might soon ruin the wilderness. This valley, like all habitats, was formed over a long period of time. If people destroyed it, they could not build it over again. Muir felt that the best idea was to save the land before it was harmed.

John Muir wrote about the valley in books and magazines. He told about trees that were thousands of years old. He told about winter snows and spring flowers and birds. He also talked to people who make laws. Many people agreed that saving the wilderness was important. Due to his hard work, the land he loved became Yosemite National Park.

John Muir

Waterfall in Yosemite Park

Throughout his life, John Muir kept working to save wild lands and make them national parks. He wanted people like you to be able to enjoy the lands just as he did.

What Do You Think?

1. John Muir is sometimes called the father of the national parks. Why do you think people gave him that name?
2. If a forest was cut down, what do you think would happen to the plants and animals that lived there?

Skills for Solving Problems

Using Pictographs and Time Lines

Problem: How has the population of trumpeter swans changed since 1850?

Part A. Using Pictographs to Collect Information

1. The key shows that each picture in the pictograph stands for a number of swans. What do the large pictures stand for? medium-sized pictures? small pictures?
2. The pictograph shows how many swans were alive in certain years. To find out how many were alive in 1850, add the numbers the pictures for that year stand for. Many hunters shot trumpeter swans. Habitats were changed. Later, people protected the swans. How many swans were alive in 1900? in 1950? in 1980?

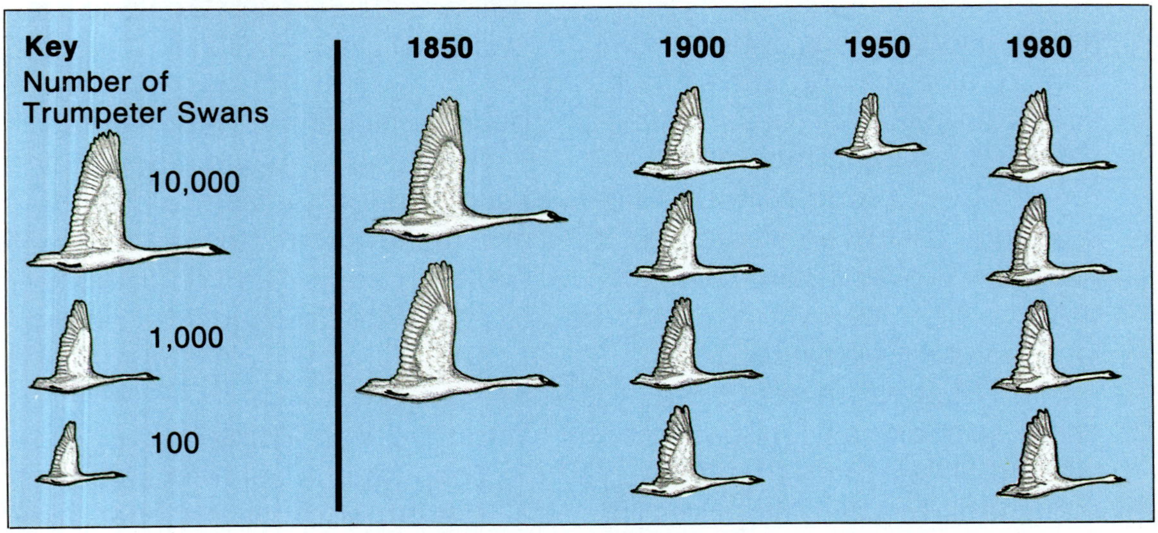

Part B. Using a Time Line to Organize and Interpret Information

3. The time line contains the information you collected. The spaces on the line stand for lengths of time. What is the length of time between the marks on the time line?

4. What happened to the swan population between the years 1850 and 1900? between 1900 and 1950? between 1950 and 1980?
5. What might have changed the population of swans between 1850 and 1980? What changes could you infer might take place by the year 2000?

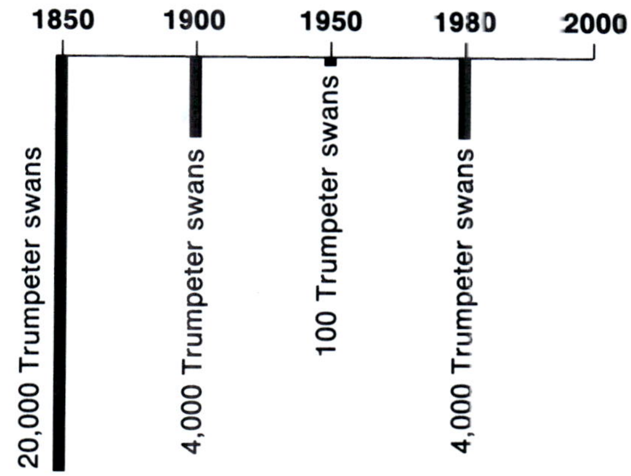

Part C. Using Pictographs and Time Lines to Solve a Problem

Problem: How has the woolly spider monkey population changed?

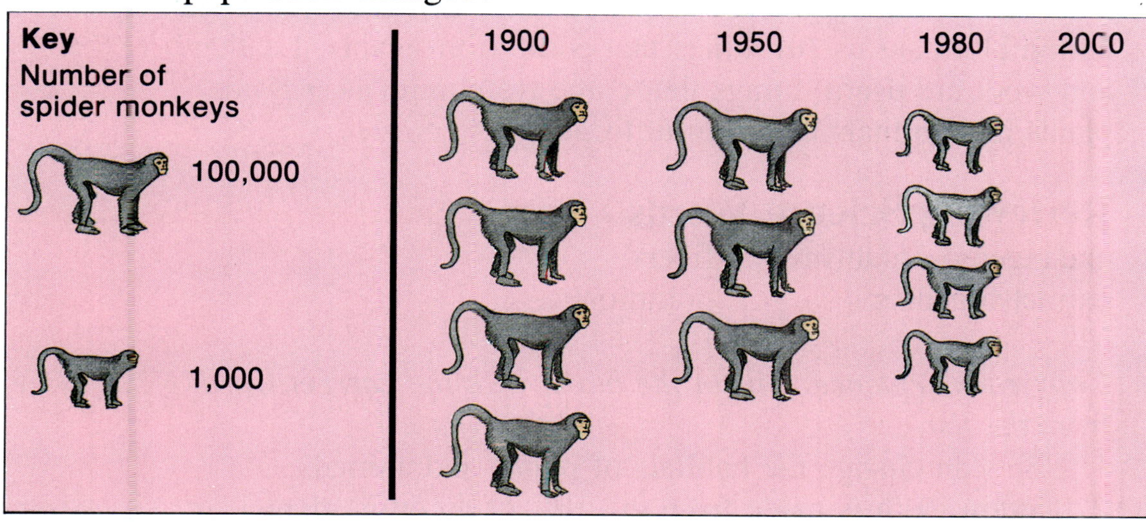

6. Use the pictograph to collect the information you need to solve the problem. Make a time line similar to the one shown in Part B to organize your information.
7. Look at your time line. The woolly spider monkey lives in the jungle forests in Brazil. People are cutting down these forests to make farms. Compare the time line you made with the time line shown in Part A. How are they different? What might cause this difference?
8. What changes in the monkey population might take place by the year 2000?

Chapter 4 Review

Chapter Main Ideas

Lesson 1 • People change the habitats of plants and animals when they build things and when they pollute. • Many kinds of organisms are endangered because people changed their habitats or killed many of them. • An extinct organism is a kind of organism that no longer is found on the earth.

Lesson 2 • People protect habitats by making large parks where habitats cannot be disturbed, by passing laws that protect habitats, and by trying not to pollute habitats. • Scientists protect endangered plants by saving their seeds and by growing the seeds indoors. Zoos protect endangered animals.

Lesson 3 • Fruits, vegetables, and grains come from plants. Meat, milk, and eggs come from animals. • Wood, linen, and cotton cloth are useful things that come from plants. Leather and wool are useful things that come from animals. • Some plants and animals are harmful to people.

Reviewing Science Words

endangered organisms	fibers
extinct organisms	pollution

Copy each sentence. Fill in the blank with the correct word from the list.

1. ____ can change the habitats of plants and animals.
2. Cotton cloth is made from the ____ of a cotton plant.
3. ____ are kinds of organisms that no longer are found on the earth.
4. ____ are so few in number they might someday no longer be found on the earth.

Reviewing What You Learned

Write the letter of the best answer.

1. An organism gets everything it needs from its
   (a) community. (b) population. (c) food. (d) habitat.

2. When a fuel is burned, it often releases harmful
   (a) plants. (b) chemicals. (c) fibers. (d) light.
3. To protect the habitats of organisms, people have
   (a) made parks. (b) stopped making chemicals.
   (c) closed zoos. (d) opened museums.
4. Which of the following animals are extinct?
   (a) tigers (b) lions (c) dodo birds (d) goldfish
5. Scientists protect endangered plants by saving their
   (a) leaves. (b) names. (c) pictures. (d) seeds.
6. Which of these animals is endangered?
   (a) tiger (b) bee (c) dog (d) dodo bird
7. Grains are
   (a) roots. (b) seeds. (c) stems. (d) leaves.
8. Wool is made from
   (a) cotton plants. (b) sheep's hair. (c) flax plants.
   (d) animal skins.
9. When a black widow spider bites, it releases
   (a) an odor. (b) a poison. (c) water. (d) food.

Interpreting What You Learned

Write a short answer for each question.

1. Why might an animal not be able to live in its habitat if the habitat is changed?
2. How did tigers become endangered organisms?
3. What is the difference between endangered organisms and extinct organisms?
4. How are plants and animals important to people?

Extending Your Thinking

Write a paragraph to answer each question.

1. How might an endangered organism become an extinct organism?
2. How do people help themselves when they protect plants and animals?

To explore scientific methods, see Experiment Skills on pages 354–355.

Careers

You can probably think of many different kinds of living things. Just imagine how many different jobs there must be for people who like living things.

Fish-culture technician

Foresters like to work with trees. They help protect forests from fire, harmful insects, and disease. They might make maps of forest areas. Foresters spend a great deal of time outside. To become a forester, you need to go to college.

Like foresters, **gardeners** work outside a great deal. They plant flower or vegetable gardens. Then they take care of the plants by watering them and pulling weeds. Gardeners usually learn their skills by working with other gardeners.

A person who likes fish might enjoy becoming a **fish-culture technician.** This person raises young fish and then lets them go into lakes or rivers. Fish-culture technicians can learn their skills on the job, or they can go to college.

Microbiologists study the tiny living things that can be seen only under a microscope. Some microbiologists study bacteria that cause disease. To become a microbiologist, you must graduate from college. Then you need to take special classes.

Some people are interested in the food we get from animals. **Meat inspectors** check meat and poultry to make sure it is safe for people to eat. They also check the place where food is handled. They make sure the place and the equipment are clean. People who want to be food inspectors must pass a special test.

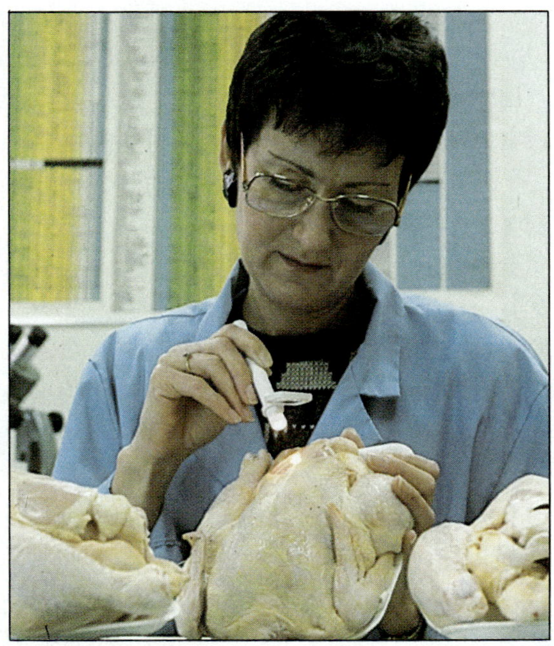

Meat inspector

An Aquarium Filter

Air, water, and gravel are three things that pet fish need to stay healthy. In a good aquarium, water always moves. It travels in a circle from the top of the tank to the bottom and back up again. At the bottom of the tank, the water passes through a gravel filter.

The filter helps keep the fish healthy. It collects leftover food and wastes from the tank. The wastes and old food could make the fish sick if they stayed in the water. Here is how an aquarium filter works.

1 A plastic screen covers the bottom of the aquarium. The plate contains many small holes. A layer of gravel rests on top of the screen.

2 An air pump pushes air into the tank. The air goes down a small tube to the bottom of the tank.

3 Then, the air goes up the large tube that is around the small tube. The flow of air up the tube pulls water along with it. Here, oxygen in the air mixes with the water. Fish take in the oxygen that is mixed with the water.

4 When water is pulled up the tube, it makes water underneath the filter move toward the tubes. This movement makes the water in the tank move down through the filter. The water carries wastes and old food along with it.

5 Wastes and food are trapped in the gravel filter. Bacteria on the gravel eat the wastes and food. The water becomes clean as it moves through the filter.

Unit 1 Review

Complete the Sentence

Fill in the blank with the correct word or words from the list.

cell	oxygen
fibers	petals
germinate	pollution
gills	prey
habitat	pupa
larva	reptiles

1. ____ takes place when harmful things are added to the air, water, or land.
2. A fish uses its ____ to take in oxygen from the water.
3. The ____ of plants can be used to make cloth.
4. Plants give off the gas ____ into the air.
5. A caterpillar is the ____ of a butterfly.
6. The ____ is the basic unit of an organism.
7. A seed will ____ only when it gets enough air and water.
8. Mice, birds, and other small animals often are the ____ of snakes.
9. Snakes, turtles, and alligators are ____.
10. An organism finds everything it needs to live in its ____.
11. An insect is a ____ when it forms a hard shell around itself.
12. The ____ of a plant often are colored.

Short Answer

Write a short answer for each question or statement.

1. How are trunks of trees like stems of small plants?
2. Name two ways that pollen can be carried to the center part of a flower.
3. Why do most cold-blooded animals live in warm places?
4. Tell the order of these stages in an insect's life cycle: pupa, egg, adult, larva.
5. Name two groups of organisms that can have one cell or many cells.
6. How might a population of lions be affected by the size of their habitat?
7. Explain why all animals are consumers.
8. How do you think that eyes set toward the sides of their heads help rabbits survive?
9. What causes plants and animals to become endangered?
10. Name four ways that people use plants.

Essay

Write a paragraph for each question or statement.

1. How are reptiles and fish alike? How are they different?
2. Describe the important parts of a plant's habitat.

Science Projects

1. Ask permission to cut off a small piece of a house plant, such as ivy, that has trailing vines. Use scissors to cut a piece that is about 12 centimeters long. Be careful not to cut yourself with the scissors. Put the cut end of the plant in a jar of water. Observe the cut end of the plant for several weeks. Draw a picture of the plant and its new roots.
2. Obtain several mealworms from a pet store. Put the mealworms in a container with a small amount of oatmeal. Cover the container with a lid that has several tiny holes. Feed the mealworms every few days with oatmeal. Observe the mealworms for several weeks. Describe the life cycle of a mealworm. Draw pictures to illustrate the life cycle.
3. A terrarium can be thought of as a small habitat for plants. Use library books to help you make a terrarium in a clear plastic container with a lid. Watch your project for several weeks. How is your terrarium like the real world?
4. Look through magazines and cut out pictures of plants and animals. Sort these pictures into two groups. One group should be helpful organisms; the other group should be harmful organisms. Using the pictures, make a poster of helpful and harmful organisms.

Books About Science

Plants and Flowers by Brian Holley. Penworthy, 1986. Learn about plants and their flowers.

Salmon by Elma Schemenauer. Grolier, 1986. Find out about the life cycle of a salmon.

Science and Society

Protecting Habitats Some people in the community want to build a new baseball field. But other people object. The new field would be built in Henson's meadow. This meadow is the only place the Mariposa blue butterfly still lives. If the ball field is built, the butterfly might become extinct. Many members of the community do not see the problem. They wonder what difference it makes if one kind of butterfly becomes extinct. They know that playing baseball helps keep boys and girls out of trouble. They think baseball is more important than a butterfly. What are some good reasons to build the new ball field? What are some good reasons not to?

Unit 2

Physical Science

This picture shows some parts of a machine. Notice the jagged edges on the wheels. These edges help the wheels turn around to make the machine work.

Machines use energy to help make work easier for people. In this unit, you will learn about different kinds of energy, such as electricity. You also will discover what makes up all the objects around you.

SCIENCE IN THE NEWS During the next few weeks, look in newspapers or magazines for stories about electricity. Also look for pictures of machines that use electricity. Share the news stories and pictures with your class.

Chapter 5

Properties of Matter

Have you ever made an animal out of sand? If you look closely, you can see that many tiny parts of sand make up this dragon.

Introducing the Chapter

Many objects around you look different from each other. In some ways, all the objects are alike. In this chapter you will learn about parts that make up all the objects in the world around you. In the activity below, you can observe and describe different objects.

DISCOVER!

Observing Different Materials

Notice that each glass in the picture has a small amount of white material in it. One glass has salt. The other glass has sugar.

You can get a glass with salt and a glass with sugar from your teacher. You will not know which material is in each glass. Look at the two materials. Add a few drops of water to each glass. Touch each material. Mix a small amount of each material in water. Compare the way the materials look when they are mixed in water. Notice the smell of each material. *CAUTION: Do not taste these materials. Never taste any materials, even if you think you know what they are.*

Talk About It

1. How were the materials alike?
2. How did you find out which material was salt and which material was sugar?

1 What Is Matter?

LESSON GOALS

You will learn
- how objects have mass and are made of matter.
- how matter can be described by its properties.
- the three forms of matter.

volume (vol′yəm), the amount of space an object takes up.

Notice how the objects in the picture look different from each other. The desk looks larger than the pencil. The notebooks have different colors. Yet all the objects are alike in some ways.

Mass and Matter

These objects are alike because they all take up space. Notice how the paper clip takes up a small amount of space. Find an object that takes up more space than the paper clip. Which object takes up the most space?

The amount of space an object fills is its **volume.** Look at objects around you. Name an object in your classroom that has a large volume. What object has a small volume?

All of these objects are made of matter.

All these objects are alike in another way. They all have **mass.** An object's mass is the measure of how much material makes up the object. You can use a balance to measure how much mass an object has. Find the picture of the apple on the balance. The apple has more mass than the eraser. The rock has more mass than the apple.

Everything that takes up space and has mass is called **matter.** All the objects around you are made of matter. You take up space and have mass. You are made of matter.

Imagine dreaming about your classroom. A dream does not take up space and have mass. A dream is not made of matter.

mass (mas), the measure of how much matter an object contains.

matter (mat′ər), anything that takes up space and has mass.

You can describe these objects by naming their properties.

Properties of Matter

property (prop′ər tē), something about an object that can be observed, such as size, shape, color, or sound.

Think about how you might describe some of the objects in the picture. The dinner plate is large. The strawberries are small and juicy. The napkin is pink and soft. How can you describe the flowers? When you describe an object, you tell about its **properties.** A property tells exactly what an object is like. You can describe matter by naming its properties.

Suppose you wanted to describe a slice of lemon. You probably would tell about its size, shape, and color. You also might describe its smell and sour taste. Size, shape, color, smell, and taste are properties of the lemon.

Matter can be solid, liquid, or gas.

States of Matter

Notice the diver in the picture. The diver is solid. The water in the picture is liquid. Find the air bubbles in the water. Air is a gas. Matter comes in three forms—solid, liquid, and gas. These forms are called the **states of matter.**

A solid keeps a certain shape and has a certain volume. Find some objects in the picture that are solid.

Suppose you poured water into a glass. The water would take the shape of the glass. A liquid takes the shape of its container. A liquid keeps its volume when it changes shape. Imagine pouring water from a glass into a bowl. The volume of water would stay the same. How would the shape change?

INVESTIGATE!

Find out if changing the shape of an object can change another property of that object. Write a hypothesis and test it with an experiment. Floating or sinking is a property of clay. You might observe how changing the shape of clay affects how it floats.

states of matter, the three forms of matter—solid, liquid, and gas.

Solid, liquid, and gas

Notice the different shapes of the balloons in the picture. Air is a gas that fills the balloons. A gas takes the same shape as its container. Find the broken balloon. The air from the broken balloon spread out into the whole room. The same amount of gas can spread out to fill a larger volume.

Lesson Review

1. What is matter?
2. What are properties of matter?
3. What are the three states of matter?
4. **Challenge!** Suppose you added marbles to a full glass of milk. Would the shape and volume of the milk change? Explain your answer.

Study on your own, pages 324–325.

PHYSICAL SCIENCE

FIND OUT ON YOUR OWN

Find objects like those shown above to measure. Using metric measures, guess the length or height of each object. Also guess each object's mass. Then measure the objects.

ACTIVITY

Observing That Air Has Volume

Purpose

Observe that air takes up space.

Gather These Materials

• plastic glass • paper towels (or napkins) • large bowl • water

Follow This Procedure

1. Use a chart like the one shown to record your observations.
2. Loosely crumple a paper towel and put it in the bottom of the empty glass. Make sure the towel will not come out when the glass is turned upside down.
3. Run water into the large bowl. Turn the glass upside down. Push it straight down into the water as shown. Hold the glass there while you count to 30.

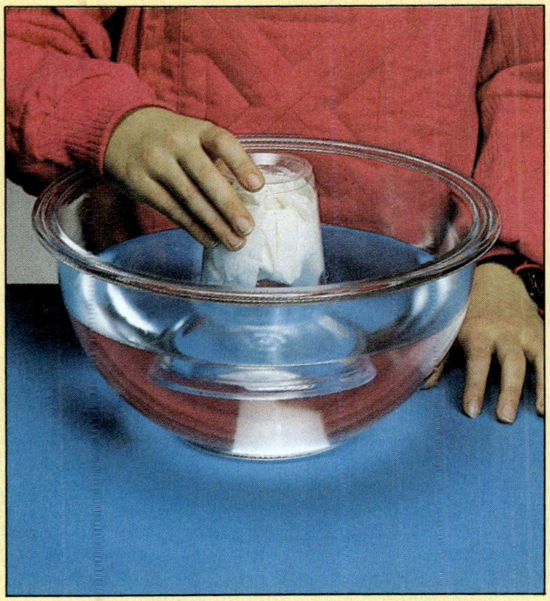

4. Lift the glass straight up out of the water. Pull the towel out of the glass. Record what you observe.
5. With the paper towel in the glass, turn the glass upside down and push it to the bottom of the water.
6. When the glass is at the bottom, slowly turn the glass over. Record what happens.

Record Your Results

Towel after glass is pushed straight into water	
Towel after glass is turned over under water	

State Your Conclusion

1. What kept the water from reaching the paper towel in the glass when you pushed the glass straight into the water?
2. What happened to the paper towel when you turned the glass over under water? Explain.

Use What You Learned

How could people use the results of this experiment to help them work under water?

2 What Makes Up Matter?

LESSON GOALS

You will learn
- what makes up matter.
- how particles of matter move.

SCIENCE IN YOUR LIFE

Some matter has only one kind of atom. You breathe oxygen from the air. All the atoms of oxygen are the same. Other matter has more than one kind of atom. Two different kinds of atoms join together to make water.

atom (at′əm), a small particle that makes up matter.

Imagine looking at a pin like the one in the first picture. The tiny pin can be hard to see. Now imagine adding more pins like those in the second picture. You can see the group of pins more easily than one pin. Each pin is like a small particle of matter. The group of pins is like matter you can see.

Particles in Matter

The particles that make up matter are called **atoms.** You cannot see atoms because they are so small. Two or more atoms can join together to form larger particles of matter. Then many of these larger particles can join together to form the matter you see.

Scientists know about many kinds of atoms. These atoms can join together in different ways to make different kinds of matter.

Small particles make up matter.

How Particles of Matter Move

Particles in matter are different in different states of matter. The pictures show how the particles in a solid look different from those in a liquid. Which state of matter has particles that are closer together?

The particles in solids pull toward each other. A solid keeps a certain shape because its particles stay close together. The particles in matter are always moving. Particles in solids move back and forth, but they do not exchange places.

Notice how the particles in liquids are farther apart than those in solids. The pull between particles is weaker in liquids than in solids. Liquids change shape because the particles can move around each other.

Particles in a liquid

Particles in a solid

Particles in a gas

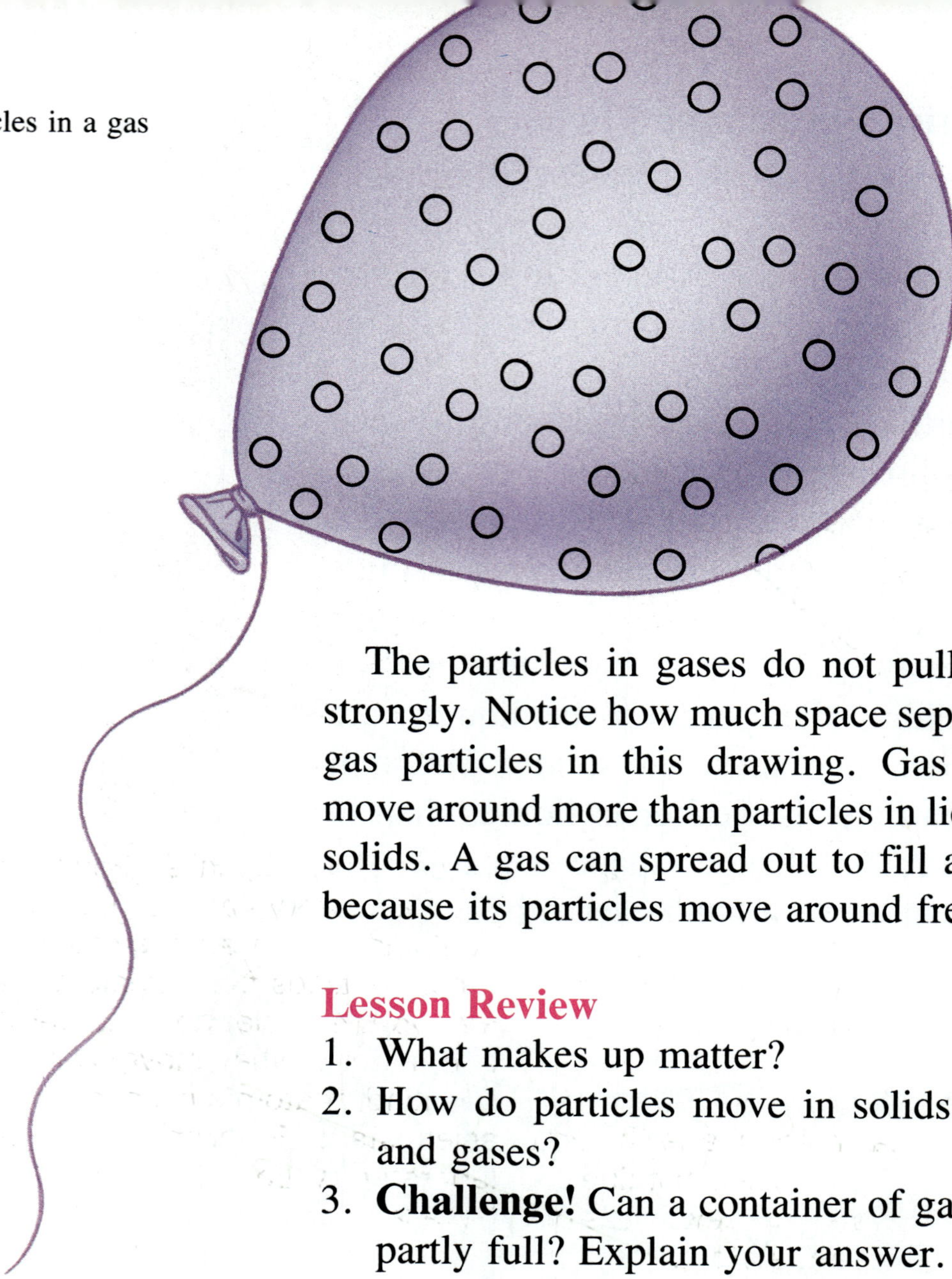

The particles in gases do not pull together strongly. Notice how much space separates the gas particles in this drawing. Gas particles move around more than particles in liquids and solids. A gas can spread out to fill any space because its particles move around freely.

Lesson Review

1. What makes up matter?
2. How do particles move in solids, liquids, and gases?
3. **Challenge!** Can a container of gas be only partly full? Explain your answer.

Study on your own, pages 324–325.

PHYSICAL SCIENCE

FIND OUT ON YOUR OWN

Draw a picture of a glass of water. Now imagine adding several drops of grape juice to the water. Color the picture to show how the liquid would look. Write a few sentences explaining what would cause the color to change.

Exploring the Inside of Atoms

Control room at Fermilab

The Problem Our word *atom* comes from a Greek word, *atomos.* Over two thousand years ago, a Greek thinker wondered what the smallest particle of matter must be like. He called this pretend particle *atomos,* which means "not cuttable." Many years later, in 1803, an English scientist discovered the atom. He said it could not be split. However, in 1897, another English scientist found out that atoms are made of even smaller particles. Since that time, scientists have been trying to find out what the smallest particles of matter really are. You know an atom is tiny. How could scientists find out what is inside such a small particle?

The Breakthrough In 1930, Ernest O. Lawrence made the first "atom smasher." This machine helps scientists find new kinds of particles inside the atom. Scientists first make the smaller particles inside of atoms move very fast. Then they use these fast particles to smash apart even smaller particles inside the atom. Using atom smashers, scientists found many new types of particles inside the atom.

New Technology The picture shows part of a laboratory near Chicago, Illinois, called Fermilab. This laboratory has a tunnel that contains a giant atom smasher. Small particles from atoms move around the circle, going faster and faster as they move. Using this kind of atom smasher, scientists at Fermilab and at other laboratories around the world have learned much more about matter. Soon, the United States plans to build an even larger and more powerful atom smasher. It will help scientists find out even more about the smallest particles of matter.

What Do You Think?

1. How has the meaning of the word *atom* changed?
2. How is an atom smasher like a telescope and microscope?

3 How Can Matter Change?

LESSON GOALS

You will learn
- what physical changes are and how matter can change from one state to another.
- how chemical changes can cause some kinds of matter to become new matter.

The pictures on these two pages show some ways you can change matter. Changes in matter happen around you every day. Some changes make matter look different. Other changes make one kind of matter become another kind of matter.

Physical Changes

physical (fiz′ə kel) **change,** a change in the size, shape, state, or appearance of matter.

Notice the different shapes of the clay. Changing the clay's shape does not change the clay into something else. The clay is still clay. **Physical changes** are changes in the way matter looks. Changes in size and shape, such as these changes in the clay, are physical changes. How is a person making a physical change in the piece of paper?

Physical changes

Another kind of physical change happens when matter changes from one state to another state. Matter looks different when it changes state but it stays the same kind of matter.

Notice the liquid water in the glass. What happens if you put water in the freezer? Water changes to a solid when it is cooled to a temperature of 0° Celsius (0°C). This temperature is called the freezing point of water. How do particles in ice move differently from those in liquid water?

Solids also can change to liquids. Heat speeds up the moving particles in ice. The particles move apart. Heat melts ice and changes it to liquid water.

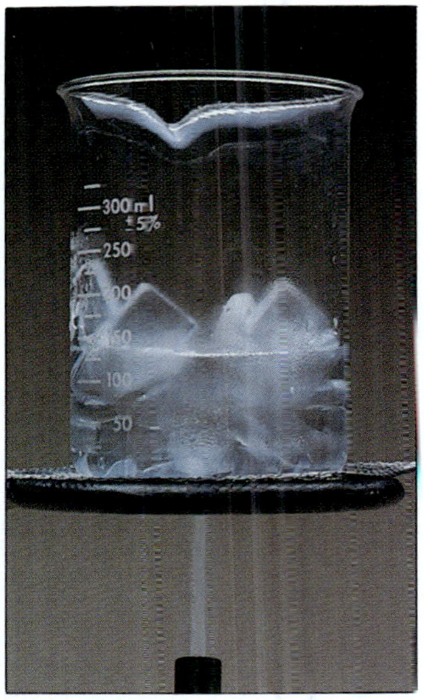

Liquid water and ice

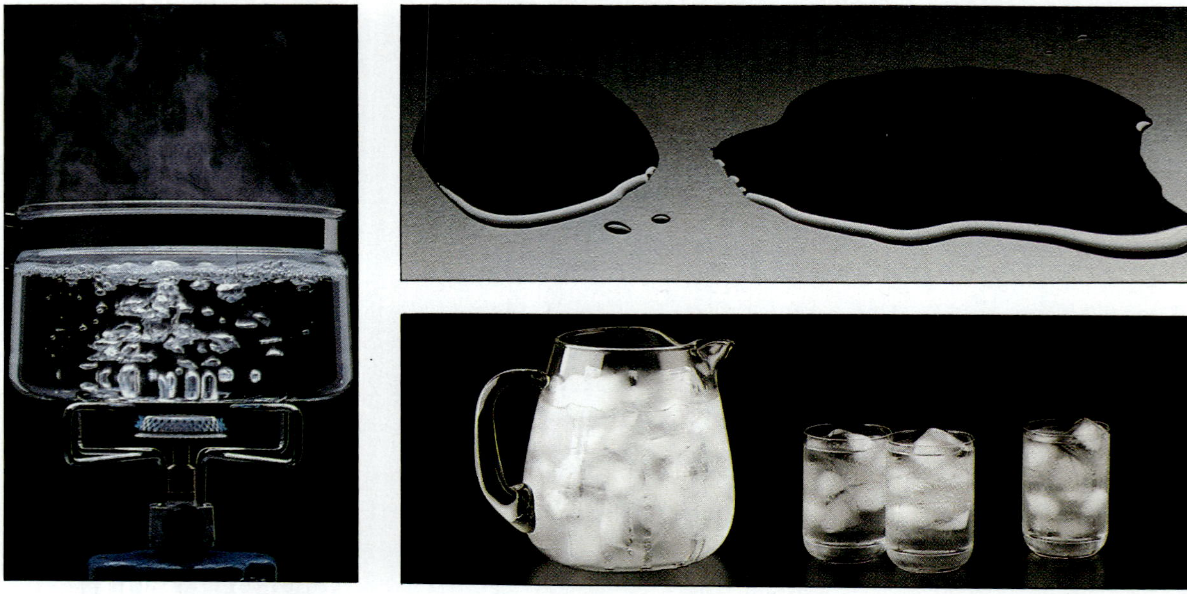

Matter can change states.

SCIENCE IN YOUR LIFE

The strong smell of an onion comes from an oil. When you cut an onion, the oil changes into a gas. This gas evaporates and then spreads through the air.

evaporate (i vap′ə rāt′), to change from a liquid state to a gas.

water vapor (wô′ter vā′pər), water in the form of a gas.

condense (kən dens′), to change from a gas to a liquid state.

You probably have seen a puddle of water that disappears after a time. The water in the puddle changes into a gas. Matter **evaporates** when it changes from a liquid to a gas. Water in the form of a gas is called **water vapor.** Compare the two puddles in the picture. Water evaporates from the top part of each puddle. Which puddle will evaporate faster?

Heat makes water particles move fast. Water quickly changes to a gas when water heats to a temperature of 100° Celsius. This temperature is the boiling point of water. Notice the bubbles in the pot of water. The gas in the bubbles is water vapor.

Cooling air causes water vapor to change to a liquid. Matter **condenses** when it changes from a gas to a liquid. This cold pitcher and the glasses cool the air around them. Then water vapor in the air condenses to small drops of water on the outsides of the containers.

Chemical Changes

You probably have seen different shapes carved out of wood. The wood does not change into a different material when it is carved. What kind of change happens to wood when carving changes its shape?

The wood in the picture is burning. The fire changes the wood into ashes and smoke. The wood becomes a different kind of matter. A **chemical change** takes place when matter changes to a different kind of matter.

Notice the rust on these nails. The material that makes up the nails mixes with the air to form rust. Rusting is a chemical change.

chemical (kem′ə kəl) **change,** a change that causes matter to become a new kind of matter

Chemical changes

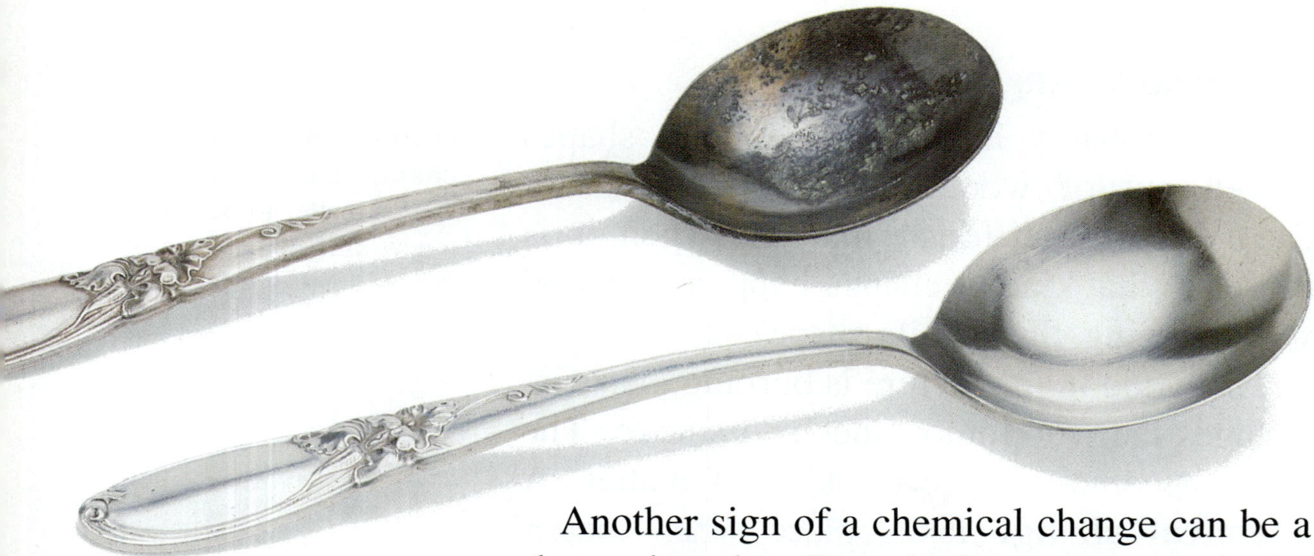

Tarnish

Another sign of a chemical change can be a change in color. How do the two spoons in the picture look different? The spoons are made of silver. A gas in the air causes a black covering called tarnish to form on silver. A chemical change takes place because tarnish has different properties from the materials that form it.

Lesson Review

1. What is a physical change?
2. What are two examples of a chemical change?
3. **Challenge!** Why can you see your breath outside on a cold day?

Study on your own, pages 324–325.

LIFE SCIENCE

FIND OUT ON YOUR OWN

CONNECTION

Foods are often packed in dry ice to keep them safe to eat. Use library books to find out about dry ice. Write a paragraph telling how dry ice is formed. Tell whether a physical or chemical change happens when dry ice forms.

ACTIVITY

Observing Physical and Chemical Changes

Wear cover goggles for this activity.

Purpose
Observe a physical change and a chemical change.

Gather These Materials
- sugar • vinegar • baking soda
- 2 plastic cups • 2 plastic spoons
- 2 white labels

Follow This Procedure
1. Use a chart like the one shown to record your result.
2. Put one spoonful of sugar into a cup. Label the cup as shown.
3. Put 4 spoonfuls of vinegar into the cup with the sugar. Stir for one minute. Observe what happens. Record the result. *CAUTION: Do not taste.*

4. Use the other spoon to put one spoonful of baking soda into the other cup. Label the cup.
5. Put 4 spoonfuls of vinegar into the cup with the baking soda as shown in the picture. Observe what happens. Record the result. *CAUTION: Do not taste.*

Record Your Results

Sugar and vinegar	
Baking soda and vinegar	

State Your Conclusion
1. In each of these tests, did a physical change or chemical change take place?
2. What is one way you can tell that a chemical change takes place?

Use What You Learned
If you mix a spoonful of salt with 4 spoonfuls of water, the salt seems to disappear. Is this a chemical change or a physical change? Explain your answer.

Using Equal Arm Balances and Pictographs

Problem: How can the mass of solids be measured and compared?

Part A. Using balances to collect information

1. Balances measure mass. A solid is placed on the left pan of the balance. Objects of known mass are placed on the right pan. When the pans balance, the mass of the things on the right pan is the same as the mass of the solid being measured. How can you tell the pans balance?
2. Look at the first picture. What is the total mass on the right pan? What is the mass of the wood cube?
3. What is the mass of the brick cube? the sponge cube? Are all the cubes the same size?

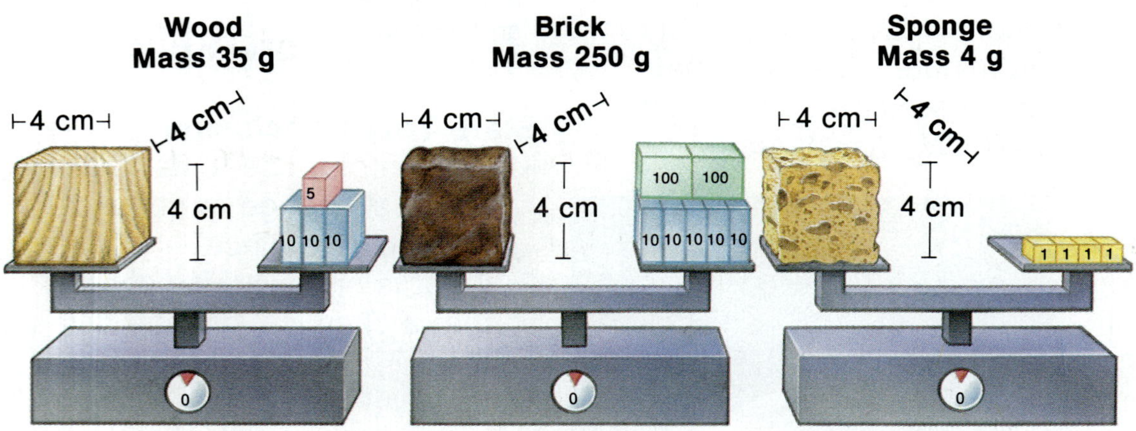

Part B. Using a Pictograph to Organize and Interpret Information.

4. This pictograph contains the information you collected about the mass of solids in Part A. What do the large objects stand for? The medium-sized objects? The small objects?

5. Look at the pictograph on the right. The solids in the pictograph are shown in order by mass. Which object has the least amount of mass? Which object has the most mass? Are all of the objects in the pictograph the same size?

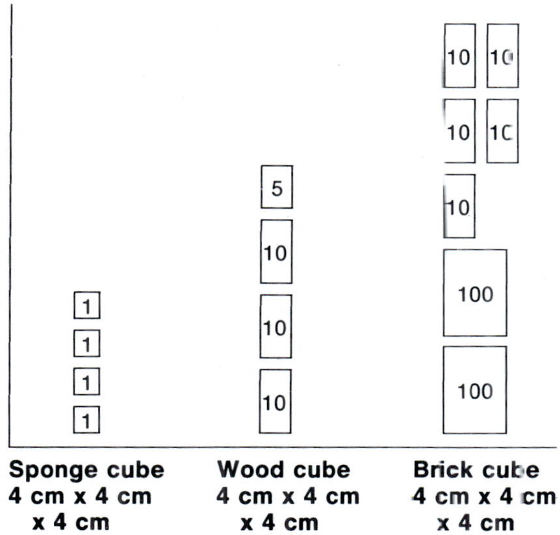

Part C. Using Balances and a Pictograph to Solve a Problem

Problem: How can liquids be arranged in order by mass?

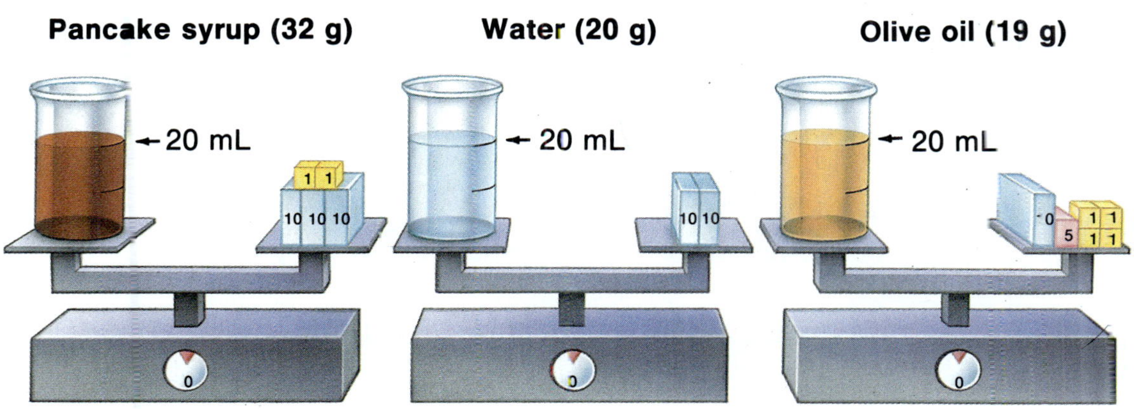

6. Use the balances to collect the information you need to solve the problem. Make a pictograph similar to the one shown in Part B to organize your information.
7. Look at your pictograph. How much liquid is in each jar? Which jar has the liquid with the greatest mass? the least mass?
8. If you mixed the oil with the water in the same jar, which liquid would float?

Chapter 5 Review

Chapter Main Ideas

Lesson 1 • Everything that takes up space and has mass is matter. • Matter can be described by its properties. • The three states of matter are solid, liquid, and gas.

Lesson 2 • All matter is made of atoms. • Particles in solids are close together and move back and forth. The particles in liquids can move around each other. The particles in gases are far apart and move around freely.

Lesson 3 • Changes in the way matter looks are physical changes. A physical change takes place when matter changes from one state to another. • A chemical change takes place when matter changes to a different kind of matter.

Reviewing Science Words

atom	mass	states of matter
chemical change	matter	volume
condense	physical change	water vapor
evaporates	property	

Copy each sentence. Fill in the blanks with the correct word or words from the list.

1. Color is one ___ of matter.
2. A liquid takes the shape of its container and keeps the same ___.
3. A ___ takes place when fire changes wood into ashes and smoke.
4. The measure of how much matter makes up an object is called ___ .
5. Matter ___ when it changes from a liquid to a gas.
6. Solid, liquid, and gas are the three ___ .
7. Cooling the air causes water vapor to ___ .
8. A change in the shape of matter is a ___ .
9. Water in the form of a gas is called ___ .
10. A small particle that makes up matter is called an ___ .
11. All the objects around you are made of ___ .

Reviewing What You Learned

Write the letter of the best answer.

1. A balance measures an object's
   (a) volume. (b) mass. (c) properties. (d) atoms.
2. A chemical change can take place when matter
   (a) evaporates. (b) condenses. (c) burns. (d) melts.
3. Which object has particles that move around the most?
   (a) a brick (b) water (c) air (d) a pencil
4. What makes up matter?
   (a) atoms (b) states (c) volume (d) properties
5. A physical change takes place when matter
   (a) rusts. (b) tarnishes. (c) burns. (d) condenses.
6. When you tell about an object's length, you describe a
   (a) volume (b) property (c) state (d) mass

Interpreting What You Learned

Write a short answer for each question or statement.

1. How are a flower and a book alike?
2. How is the shape of a gas different from the shape of a solid?
3. How can matter be described?
4. Explain how you would put these steps in the correct order:
   a. ashes
   b. log
   c. burning log

Extending Your Thinking

Write a paragraph to answer each question or statement.

1. Suppose a snowstorm covers the grass with snow. A week later, all of the snow is gone. Explain how this can happen.
2. When sugar is heated for a long time, it forms a solid black substance. What kind of change takes place? Explain your answer.

To explore scientific methods, see Experiment Skills on pages 356–357.

Chapter 6

Work and Machines

People use tools to make work easier. This man is helping his grandson fix a bike. Find the tool the man is using.

Introducing the Chapter

The activity below will help you learn how people move objects. The lessons in this chapter will tell you what happens when people push and pull objects. You also will learn how people can move objects quickly and easily.

DISCOVER!

Observing How People Move Objects

A person is moving this car up a ramp that was made with a book. How is the person making the car move? What are two ways a person could move the car down the ramp?

Use a book to make a ramp like the one shown. Place a crayon box at the top of the ramp. Now try to move the box down the ramp without touching the box. You can use objects to help you.

Talk About It

1. How did you move the box down the ramp?
2. What would happen if you put a Ping-Pong ball at the top of the ramp?

1 What Is Work?

LESSON GOALS

You will learn
- how forces make objects move.
- how work is done.
- how work uses energy.

force (fôrs), a push or pull.

You probably have seen a shopping cart like the one in the picture. The cart cannot move by itself. A person must push or pull the cart to make it move.

Force

A push or a pull is a **force.** Which picture shows a pushing force? Which picture shows a pulling force? A force changes the way an object moves. The shopping cart moves in the same direction the person pushes. Changing the direction of the force can make the shopping cart move in a different direction. You also can change the speed of an object. You can make an object move faster by using more force.

You need different amounts of force to move different objects. The heavier the object, the more force you need to move it. Would you need more force to move a book or a piece of paper?

Pushing and pulling forces

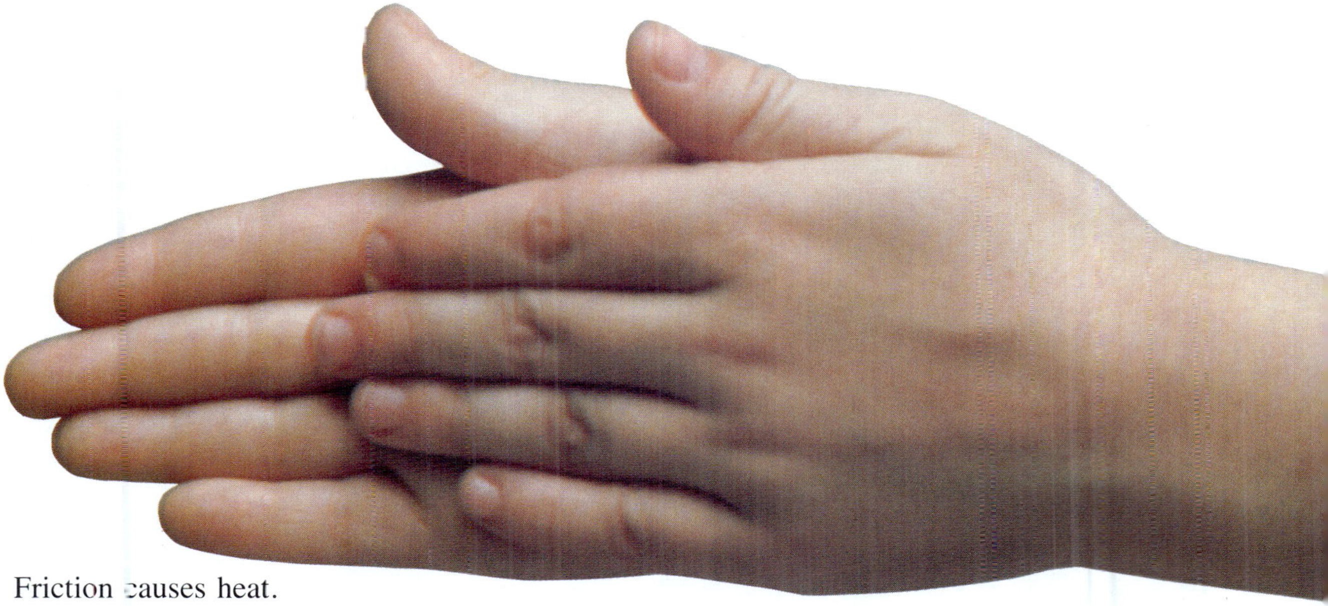

Friction causes heat.

What happens to a ball if you throw it into the air? **Gravity** will pull the ball down. The earth's gravity is a force that pulls objects toward the center of the earth.

The more mass an object has, the more gravity pulls on it. How much an object weighs tells how much gravity pulls on the object. Suppose you weigh sixty pounds. Then the pull of the earth's gravity on you is sixty pounds.

Imagine rolling a ball across a floor. Think about how the ball would stop moving. **Friction** is a force that makes moving objects slow down or stop. Two objects rubbing against each other cause friction. The friction between the ball and floor would make the ball stop moving.

Look at the hands in the picture rubbing together. Rub your own hands together. Notice how your hands feel warm. Objects always become warm when they rub together. Friction causes heat.

INVESTIGATE!

Some objects have rough surfaces. Others have smooth. Find out how the roughness or smoothness of surfaces affects the amount of friction they produce. Write a hypothesis and test it with an experiment. You might compare how an object slides across a rough surface and a smooth surface.

gravity (grav′ə tē), the force that makes objects pull toward each other.

friction (frik′shən), the force caused by two objects rubbing together that slows down or stops moving objects.

These students use force to lift the pumpkins.

Work

work (wėrk), something done whenever a force makes an object move through a distance.

Place a pencil on the top of your desk. Now move the pencil to the side of the desk. You need to use a force to make the pencil move. **Work** is done whenever a force makes an object move. You do work when you move the pencil across the desk.

The amount of work you do depends on how much force you use and how far the object moves. Suppose you lifted a pumpkin like one of those in the picture. You would be doing work when you used force to make the pumpkin move. Now suppose you lifted several pumpkins the same distance as you lifted the first pumpkin. You would use more force to lift several pumpkins. You do more work if you use more force to move something the same distance.

The children in the picture on the left are using the same amount of force to make the swings move. Look for one person in the picture who is swinging higher than the other. This boy is doing more work because he is moving his swing a greater distance. The amount of work being done depends on how far the swing moves. More work is done when the same amount of force moves an object a greater distance.

Now look at the boy in the picture on the right. This boy is not doing work because he is not making the wall move through a distance.

Which students are doing work?

Energy and Work

energy (en′ər jē), the ability to do work.

You can move around because you have **energy**—the ability to do work. You use energy whenever you use force to move an object through a distance. The more work you do, the more energy you need. Your body releases energy from food. You use this energy to do work. The boy in the pictures uses energy from his body to pull the dog. All objects that have energy can do work.

This boy is using energy to do work.

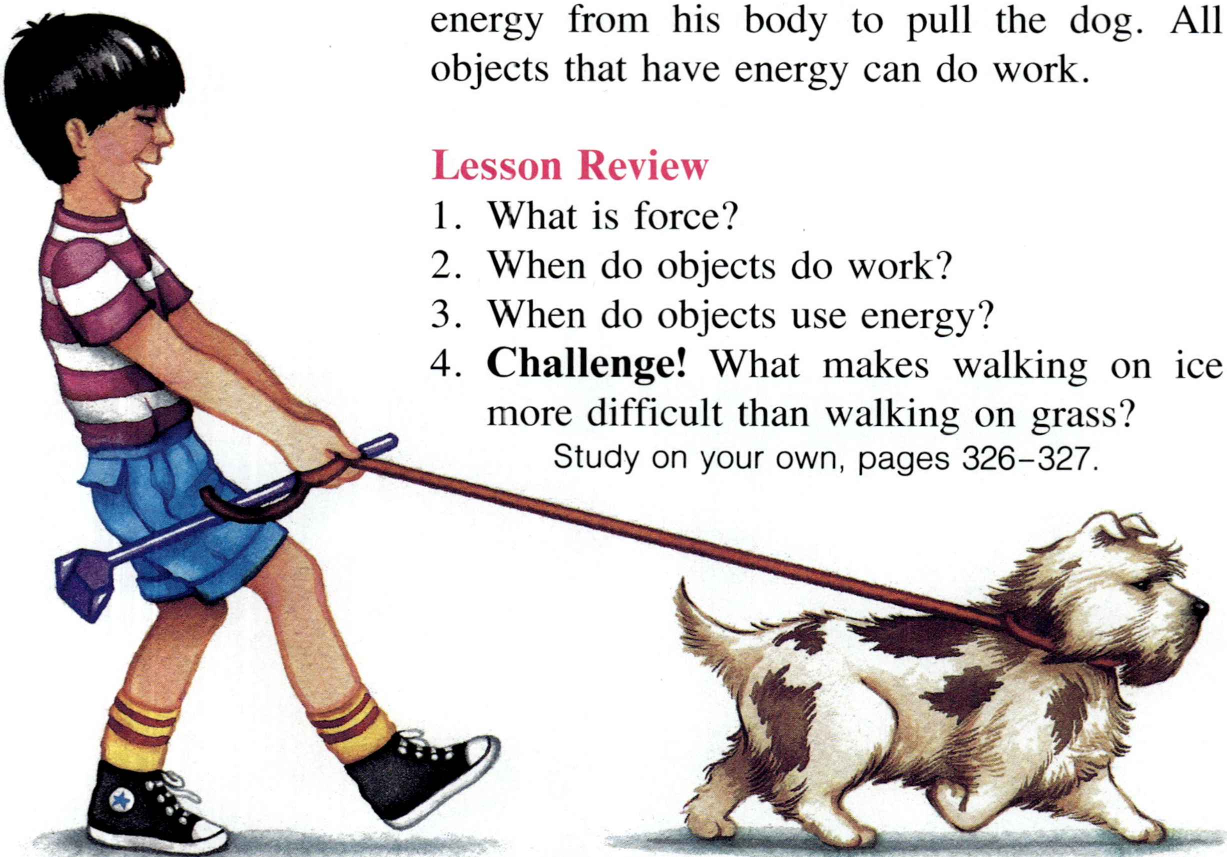

Lesson Review

1. What is force?
2. When do objects do work?
3. When do objects use energy?
4. **Challenge!** What makes walking on ice more difficult than walking on grass?

Study on your own, pages 326–327.

PHYSICAL SCIENCE

FIND OUT ON YOUR OWN

A lubricant is a material that can lessen friction between two objects. Look in library books to find out about lubricants. Write a few sentences telling about different kinds of lubricants. Explain how using a lubricant might help a door open easily.

ACTIVITY

Observing How Friction Affects Motion

Purpose

Measure and *compare* the amount of force needed to drag a book across materials that cause different amounts of friction.

Gather These Materials

- string • large paper clip • book
- waxed paper • small towel
- metal washers

Follow This Procedure

1. Use a chart like the one shown to record your observations.
2. Tie the ends of the string together to make a loop. Put the string around the cover of the book.
3. Place the book on your desk top about 10 cm from the edge. Let the loop of the string hang over the edge of the desk.
4. Straighten a paper clip to form an *S*-shape. Hang the paper clip from the string. *CAUTION: Use the paper clip carefully.*
5. Put a metal washer on the paper clip as shown in the picture. Add metal washers one at a time, until the book begins to move. Record the number of washers needed.
6. Tape waxed paper to the desk top. Repeat steps 3–5.
7. Tape a towel to the desk top. Repeat steps 3–5.

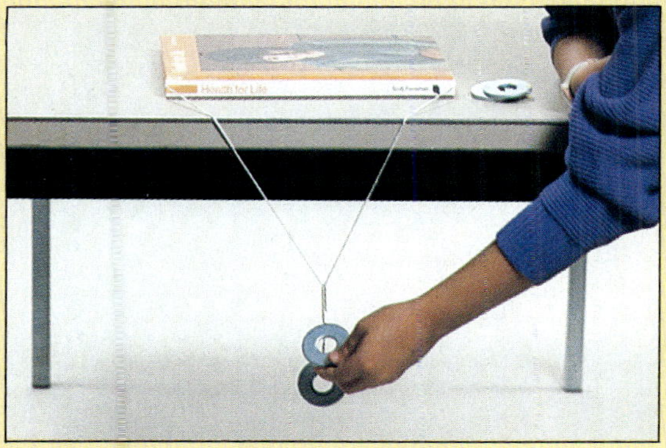

Record Your Results

Surface	Number of washers
Desk top	
Waxed paper	
Towel	

State Your Conclusion

1. On which surface did you need the most force to move the book?
2. Compare the amounts of friction caused by each of the materials under the book.

Use What You Learned

Would it be easier to move a heavy carton across a wood floor or across a rug? Explain your answer.

2 What Are Simple Machines?

LESSON GOALS

You will learn
- how levers and inclined planes help make work easier.
- how wedges and screws help people do work.
- how people can use a wheel and axle and a pulley to do work.

simple machine (sim′ pəl mə shēn′), one of six kinds of tools with few or no moving parts that make work easier.

lever (lev′ər), a simple machine made of a bar that is supported underneath at some point.

fulcrum (ful′krəm), point on which a lever is supported and turns.

load (lōd), an object that is being moved.

Suppose you needed to move an object. You might use tools to help you. Machines are tools that use energy to do work. **Simple machines** are machines with a few or no moving parts. You probably have used several of the six kinds of simple machines.

Lever and Inclined Plane

Pretend you are lifting a heavy object like the one in the picture. Notice how these children use a board as a **lever.** A lever is a simple machine made of a board that is used to move objects. Find the point where the post holds up the board. The point on which a lever is held up is called the **fulcrum.** The lever moves back and forth on the fulcrum. The children push down on one end of the lever to move the object on the other end. The object being lifted is called the **load.**

Lifting a rock with a lever

A lever moves back and forth on a fulcrum.

A hammer can be used as a lever.

This seesaw is really a lever. Which person on the seesaw is the force? Which person is the load? Notice how one person can lift the other person. Which person is closer to the fulcrum? You can lift a load most easily by moving the fulcrum close to the load. Suppose the children moved the fulcrum away from the load. A person would need more force to lift the other person.

A hammer is another kind of lever. This hammer pulls a nail out of a piece of wood. Which part of the hammer is the fulcrum?

inclined (in klīnd′) **plane**, a simple machine that is a flat surface with one end higher than the other.

The man in the picture is using a ramp to move a heavy object into a truck. A ramp is an **inclined plane** that helps move objects. An inclined plane is a simple machine with a flat surface that is higher at one end. You can use an inclined plane to help move an object to a higher or lower place.

You might have seen inclined planes in other places. A slanted road is an inclined plane. The person in the picture uses an inclined plane to go into the building. A path going up a hill also is an inclined plane. Notice that this path is steeper than the ramps in the picture. You would need more force to move an object up the path than up the ramps.

Inclined planes

Find the wedges and the screws.

Wedge and Screw

Have you seen a doorstop like the one in the picture? This doorstop is a **wedge**—a simple machine used to push objects apart. Notice how two inclined planes come together to make a wedge. You might have seen other wedges. An ax is a wedge that splits wood. Find another wedge in the picture.

A **screw** is a simple machine used to hold objects together. The picture shows that a screw really is an inclined plane wrapped around a rod. Find the colored edge of the inclined plane being wrapped around the pencil. This edge is like the ridges on a screw. What are some places you have seen screws?

SCIENCE IN YOUR LIFE

A jar lid is a large screw. The ridges inside the lid of the jar are the ridges of the screw. These ridges hold the jar and the lid together.

wedge (wej), a simple machine used to cut or split an object.

screw (skrü), a simple machine used to hold objects together.

Wheel and Axle and Pulley

wheel and axle (hwēl ənd ak′səl), a simple machine that has a center rod attached to a wheel.

gear (gir), a wheel with jagged edges like teeth.

Wheel and axle

The picture shows different kinds of wheels. Find the rod attached to each wheel. A **wheel and axle** is a simple machine made of a rod attached to the center of a wheel. A wheel and axle is a special kind of lever that moves or turns objects. The axle, or rod, turns when you put force on the wheel.

You probably have seen a wheel and axle on cars, roller skates, and wagons. A doorknob also is a wheel and axle. What other machines with a wheel and axle have you seen?

Notice the jagged edges of the wheels in the watch shown below. **Gears** are wheels with jagged edges like teeth. The teeth help the wheels turn each other. You can find gears in bicycles, cars, and many other machines.

A person pulls down on this rope to raise this paint can. The person is using a **pulley** to raise the can. A pulley is a simple machine with a wheel with a rope. The rope fits around the edge of the wheel. You can use a pulley to move a load up, down, or sideways.

A pulley can help move an object to a place that is hard to reach. For example, you might use a pulley to raise a flag to the top of a pole. A pulley also can help move a heavy load.

pulley (pu̇l′ē), a simple machine made of a wheel and a rope.

Lesson Review

1. How can levers and inclined planes help move objects?
2. How can a wedge and a screw help make work easier?
3. How do wheels and axles and pulleys help people do work?
4. **Challenge!** What kind of simple machine is a baseball bat?

Study on your own, pages 326–327.

PHYSICAL SCIENCE

FIND OUT ON YOUR OWN

Find pictures of simple machines and use the pictures to make a poster. Include at least two pictures of each of the six simple machines. Label the kind of simple machine used in each tool or object.

ACTIVITY

Observe the Force Needed to Move an Object with a Lever

Purpose

Observe that the closer the fulcrum is to the load, the less force is needed to lift an object.

Gather These Materials

• tongue depressor • pencil • 2 sugar cubes • glue • tape • metric ruler

Follow This Procedure

1. Use a chart like the one shown to record your observations.
2. Mark the tongue depressor with lines to divide it into 4 parts. Label the lines *A, B,* and *C.*
3. Glue the sugar cubes to one end of the tongue depressor.
4. Tape the pencil to your desk as a fulcrum. Place the tongue depressor on the pencil with the fulcrum at line *C* as shown.
5. Use the ruler to measure the height from the desk to the end of the tongue depressor.
6. Push on the end of the tongue depressor. Observe how much force you use to lift the sugar cubes.
7. Repeat steps 5–6 with the fulcrum at line *B* and line *A*. Compare the distances you moved the sugar cube. Compare the amount of force you needed to move the sugar cubes each time.

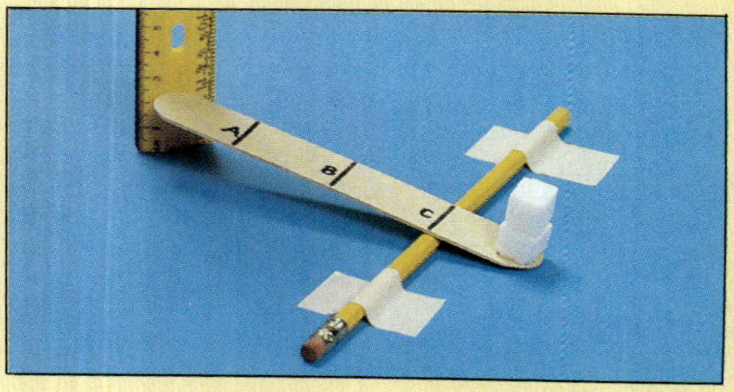

Record Your Results

Fulcrum	Line A	Line B	Line C
Force (easier, harder, hardest)			
Height: desk to tongue depressor end			

State Your Conclusion

1. Where was the fulcrum when you moved the sugar cubes the longest distance?
2. Compare the amount of force you used to move the sugar cubes when the fulcrum was moved from line *A*, to *B*, to *C*.

Use What You Learned

To move a heavy box with a lever, would you place the fulcrum close to the box or far away from the box? Explain.

Teaching an Old Machine New Tricks

The Problem A windmill is a machine that uses energy to produce power. People have used windmills to do work for more than a thousand years. Early windmills often had four or five blades covered with cloth sails to catch the wind. These windmills pumped water, ground corn, and sawed timber. In 1890, for the first time a windmill pumped water to make electricity. Soon, nearly six million windmills made electricity in the United States. Then large power companies began using oil to make less costly electricity. Many people took down their windmills. In the 1970s, supplies of oil were short. The cost of oil and other types of fuel rose. People had to find a way to make electricity and run machines without using fuels.

The Breakthrough Scientists and engineers began to work on the problem of energy needs. Windmills seemed to be part of the answer. Scientists designed new kinds of windmills, like the one in the picture. The new windmills have metal blades. The blades spin easily in wind from any direction. These windmills can work even when the wind is not blowing very hard.

New Technology Some of today's windmills have blades that measure 100 meters long from tip to tip. This is about the length of a football field! Some places have wind farms with several hundred large windmills. Wind farms can make as much electricity as a power plant. California has more than sixty-five wind farms that use five thousand windmills.

What Do You Think?

1. How did the low supply of oil cause people to start using windmills again?
2. Many years ago an eight-ton windmill blade tore loose from a windmill. Where should windmills be put to keep people safe?

3 What Are Compound Machines?

LESSON GOALS

You will learn
- how simple machines can be put together to make compound machines.
- that using machines carefully can help keep you safe.

compound machine (kom′pound mə shēn′), a machine made of two or more simple machines.

Look at the different machines that make up the paddle boat in the picture. The front of the boat is a wedge that pushes through the water. Screws hold parts of the boat together. What kind of simple machine is the paddle?

Compound Machines

A **compound machine** is two or more simple machines put together. The paddle boat is a compound machine. You probably use many other compound machines. Look for the different parts of the pencil sharpener in the picture. The handle is a wheel that turns on an axle. Wedges sharpen the pencil. Find the gears that move the wedges. What kind of simple machine holds the pencil sharpener together?

Compound machines

Using Machines Safely

Using machines carefully is important. Asking an adult before using a machine and following safety rules can help keep you safe.

The picture shows compound machines you might use. A pair of scissors is made of two levers. The edge of each blade has the shape of a wedge. The screw that holds the two levers together is the fulcrum. You can use scissors safely by pointing them away from yourself.

What kind of simple machines make up the stapler in the picture? How can you use a stapler safely?

SCIENCE IN YOUR LIFE

A bicycle is a compound machine. Several different simple machines make up a bicycle. Handbrakes are levers. You can find a wheel and axle in the front and back wheels, as well as the pedals. The chain on the bicycle is a pulley. Screws hold parts of the bicycle together.

Lesson Review

1. What is a compound machine?
2. How can you use machines safely?
3. **Challenge!** How is a shovel a compound machine?

Study on your own, pages 326–327.

People need to use machines safely.

HUMAN BODY

FIND OUT ON YOUR OWN

CONNECTION

Invent a compound machine that people can use to exercise properly. Draw a picture of it. Label each simple machine you use in your drawing. Write a few sentences explaining what your machine would do and how it would work.

Skills for Solving Problems

Using Rulers and Bar Graphs

Problem: How does the length of the longest line of an inclined plane change when the bottom changes?

Part A. Using Rulers to Collect Information

1. The diagram shows three inclined planes that have the same slant. How do they differ?
2. The sides of the planes are measured with a metric ruler. The long lines on the ruler stand for centimeters. A centimeter is divided into 10 millimeters.
3. Look at the ruler below Plane A. Count the centimeters starting from the left end of the ruler. It measures 4 cm. How long is the bottom of Plane B? Plane C?
4. Measure the upright lines at the right end of each plane. How long is each one?
5. Measure the longest line of each plane. How long is each one?

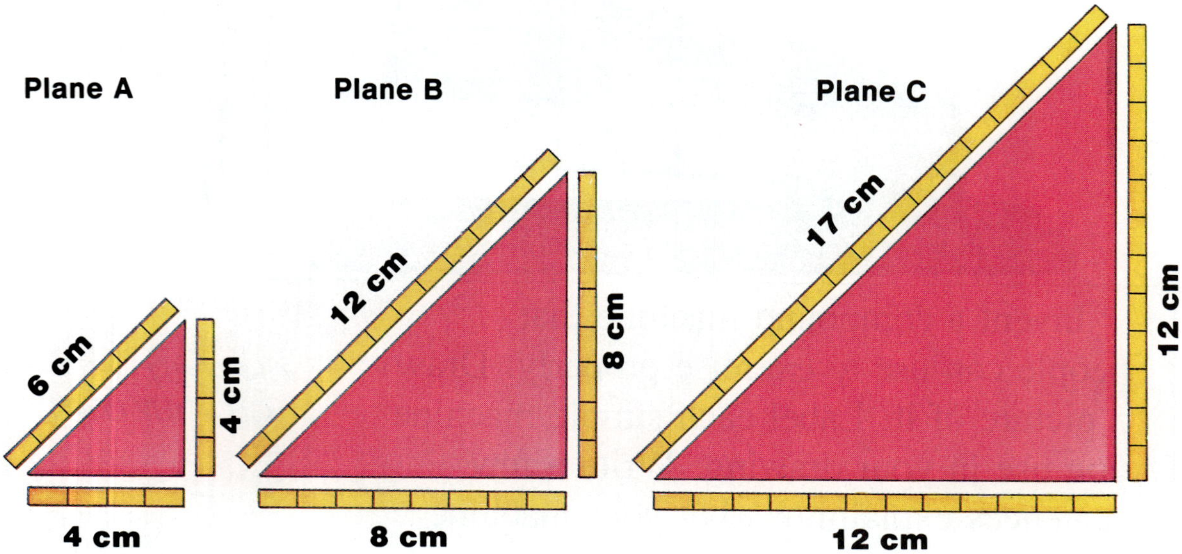

Part B. Using Bar Graphs to Organize and Interpret Information

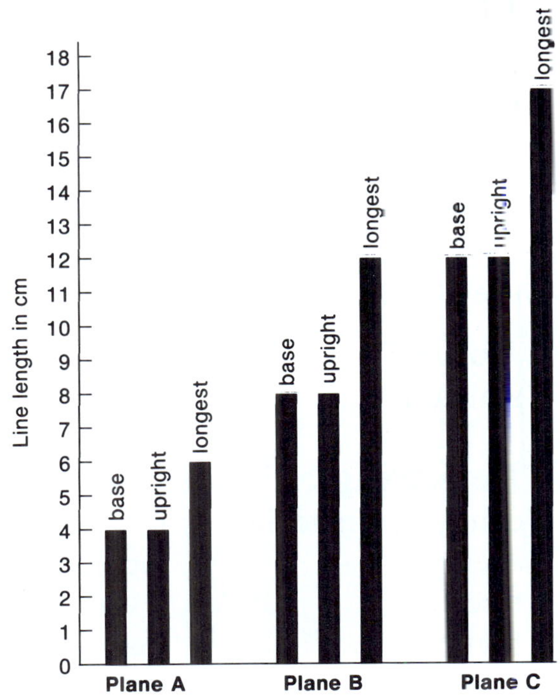

6. This bar graph contains the information you collected about inclined planes. The bottom line and the upright line are the same length in each plane. How long is the longest line of the plane with a 4 cm bottom? an 8 cm bottom? a 12 cm bottom?
7. If a plane had a bottom line 16 cm long, how would the length of its longest line compare with the longest lines of these planes?

Part C. Using Rulers and Bar Graphs to Solve a Problem

Problem: How does the length of the incline change when the slant is smaller and the bottom stays the same length as in Part A?

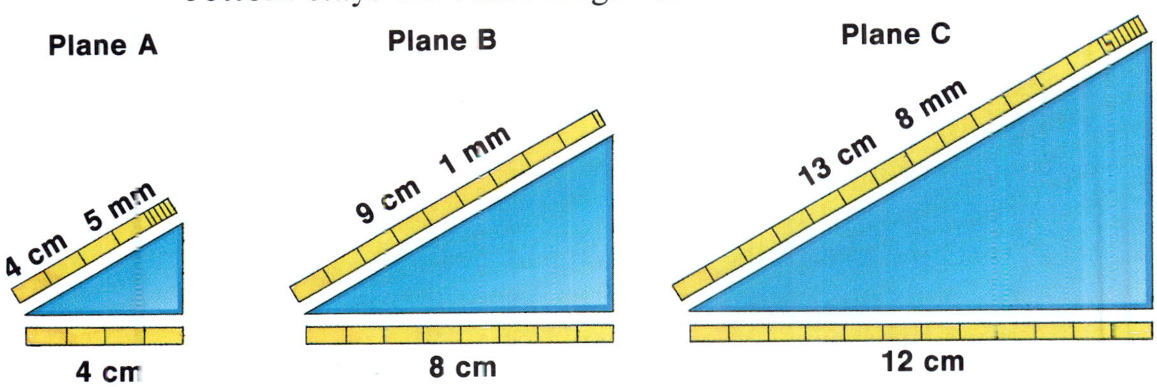

8. Use the rulers to collect the information you need to solve the problem. Make a bar graph like the one shown in Part B to organize your information.
9. Look at your bar graph. Compare it to the bar graph you made in Part B. How does the length of the longest line change when the slant is smaller and the bottom stays the same length?

Chapter 6 Review

Chapter Main Ideas

Lesson 1 • A force changes the way an object moves. • Work is done whenever force makes an object move. • Energy is used whenever work is done.

Lesson 2 • Levers and inclined planes help make work easier. • Wedges and screws help people do work. • A person can use a wheel and axle and a pulley to do work.

Lesson 3 • A compound machine is made of two or more simple machines. • Using machines safely is important.

Reviewing Science Words

compound machine	gravity	screw
energy	inclined plane	simple machines
force	lever	wedge
friction	load	wheel and axle
fulcrum	pulley	work
gear		

Copy each sentence. Fill in the blank with the correct word from the list.

1. A ___ has jagged edges like teeth.
2. A lever turns back and forth on a ___.
3. Six different ___ can help make work easier.
4. A push or a pull is a ___.
5. A machine that turns objects is a ___.
6. A machine that pushes objects apart is a ___.
7. ___ pulls objects toward the center of the earth.
8. A pencil sharpener is an example of a ___.
9. ___ causes heat.
10. A ___ is made of a wheel and a rope.
11. A ramp is an example of an ___.
12. An object being lifted or moved is a ___.
13. ___ is done whenever a force moves an object through a distance.

14. A seesaw is a ____.
15. All objects that have ____ can do work.
16. A ____ is a machine used to hold objects together.

Reviewing What You Learned

Write the letter of the best answer.

1. The blade of a knife is an example of a
   (a) screw. (b) lever. (c) wedge. (d) force.
2. Gravity is one kind of
   (a) machine. (b) friction. (c) heat. (d) force.
3. A bicycle is a
   (a) compound machine. (b) pulley. (c) simple machine. (d) load.
4. A lever turns on a point called the
   (a) wedge. (b) force. (c) load. (d) fulcrum.
5. How much an object weighs measures the pull of
   (a) friction. (b) gravity. (c) energy. (d) work.
6. A simple machine sometimes used to raise a flag is a
   (a) wedge. (b) pulley. (c) gear. (d) axle.

Interpreting What You Learned

Write a short answer for each question or statement.

1. When is energy used?
2. Explain how using more force changes an object's speed.
3. Where can a fulcrum be moved to lift a load most easily?
4. Is more force needed to move an object the same distance across a level floor or up a hill?
5. What is one way a person can use scissors safely?

Extending Your Thinking

Write a paragraph to answer each question or statement.

1. Explain how the wheels of roller skates can become hot.
2. How do you use energy when you throw a ball?

To explore scientific methods, see Experiment Skills on pages 358–359.

Chapter 7

Forms of Energy

Look at the many lights shining at night. Energy from electricity and light makes this city look bright.

Introducing the Chapter

In this chapter, you will read about electricity and magnets. You also will learn about heat and light. In the activity below, you will learn about the force of a magnet.

DISCOVER!

Observing Magnets

You can find out how the force of a magnet moves through different materials. Get a magnet, a paper clip, and pieces of paper, aluminum foil, and cloth.

Place the paper clip on your desk. Hold the magnet near the paper clip. Do not touch the clip with the magnet. What happens to the paper clip? Does the magnet's force move through air? Put the paper on top of the paper clip. Place the magnet against the top of the paper. Notice what happens to the paper clip. Place the aluminum foil and then the cloth between the magnet and the paper clip. Notice what happens.

Talk About It

1. How did you know the magnet had a force?
2. What happened when each of the materials was between the paper clip and magnet?

1 What Are Some Kinds of Energy?

LESSON GOALS

You will learn
- that energy comes in different forms.
- how people on earth get energy.

energy of motion (mō′shən), energy that moving objects have.

You use energy when you move objects from one place to another. You also use energy to do other things every day.

Different Kinds of Energy

How might you make this train move? You might push it with your hand. The moving train would have **energy of motion.** Moving objects have energy of motion.

You also could turn on electricity to make this train move. Electricity carries energy that can move the train. What other objects use electric energy?

Light and sound are other kinds of energy. One kind of energy can change to another kind of energy. For example, energy from electricity changes to light energy when you turn on an electric lamp.

Electric train

How People Get Energy

A boy uses energy to kick the ball in the picture. Light from the sun brings people most of their energy on earth. How can the sun's energy help you work and play? You get energy to move your body from the food you eat. Your food comes from plants or from animals that eat plants. These plants get energy from the sun.

INVESTIGATE!

Find out how wind energy affects the motion of objects. Write a hypothesis and test your hypothesis with an experiment. You might try using a toy sailboat or a kite.

Lesson Review

1. What are some kinds of energy?
2. How do people on earth get energy?
3. **Challenge!** What happens to electric energy when you turn on a radio?

Study on your own, pages 328–329.

PHYSICAL SCIENCE

FIND OUT ON YOUR OWN

Energy from the sun is called solar energy. Find out how people can use solar energy to heat buildings. For what reason might people who live in Florida use more solar energy than people who live in Alaska? Write a few sentences explaining your answer.

2 What Is Electricity?

LESSON GOALS

You will learn
- about electric charges and electric current.
- how magnets work.
- how electricity can be used wisely.

SCIENCE IN YOUR LIFE

Try rubbing your feet on a wool rug and then reaching for a doorknob. You might see a spark. Sometimes electric charges jump between objects with unlike charges. These jumping charges make the sparks you see.

electric charges, tiny bits of electricity in all matter.

Imagine walking into a dark room. What would you do first? You might turn on an electric light. Electric energy can help make your life easier. How have you used electricity today?

Electric Charge and Electric Current

Sometimes objects stick together. Look at the balloons in the picture. These balloons are sticking to the wall.

All matter has tiny bits of electricity called **electric charges.** Rubbing objects together can cause these electric charges to move from one object to another. These balloons were rubbed against wool cloth. The balloons picked up charges from the cloth. The balloons and the wall have unlike, or opposite, charges. Unlike charges pull on, or attract, each other. The pulling force between unlike charges makes the balloons stick to the wall.

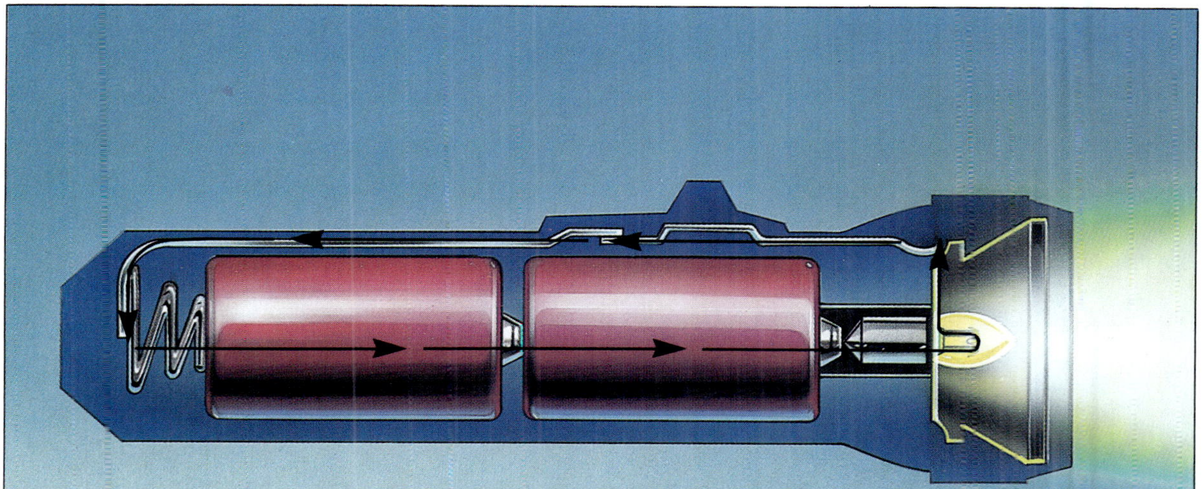

Circuit inside a flashlight

Suppose you rubbed two balloons against a piece of wool. If you held the two balloons near each other, they would push away from each other. The balloons would have charges that are alike. Like charges push away from, or repel, each other.

Think about times that you have used a flashlight. Electricity from a battery can make a flashlight work. A battery pushes electric charges from place to place. The moving of electric charges from one place to another is called **electric current.**

Follow the path of electric current shown in the picture. Notice how the current moves from one end of the battery through the wire to the bulb. Then the current moves from the bulb back to the battery. Electric current travels in a **circuit** when it travels in a path. This bulb lights because the circuit is complete.

electric current (kėr′ənt), the movement of electric charges from one place to another.

circuit (sėr′kit), the path along which electric current moves.

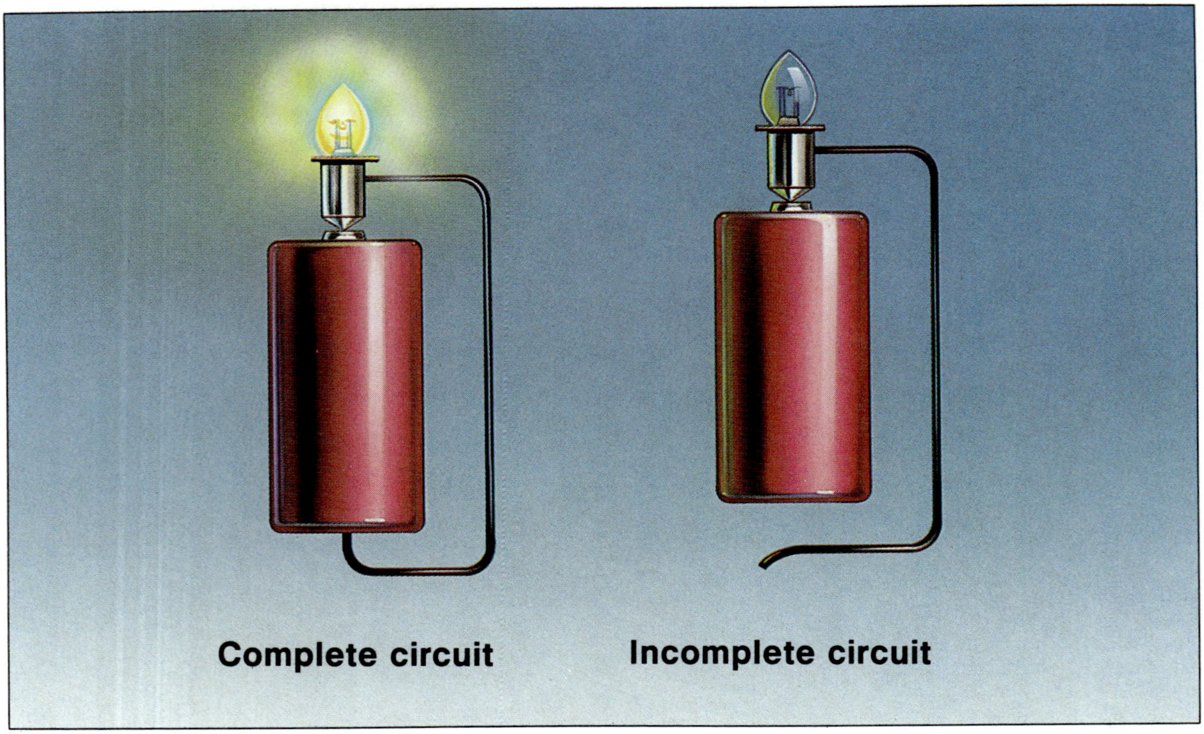

Compare these pictures of batteries. Follow the path of electric current shown in the picture on the left. Find the place where the path stops in the picture on the right. Notice that current cannot move from the battery through the wire back to the battery. The bulb does not light because the circuit is not complete.

Electric current can easily move through some materials, such as copper and other metals. Some other materials, such as rubber, plastic, and glass, do not carry electric current well. Look at the picture of the electric cord. Electric charges move through the copper wire inside the cord. The rubber covering keeps the charges from moving outside the cord.

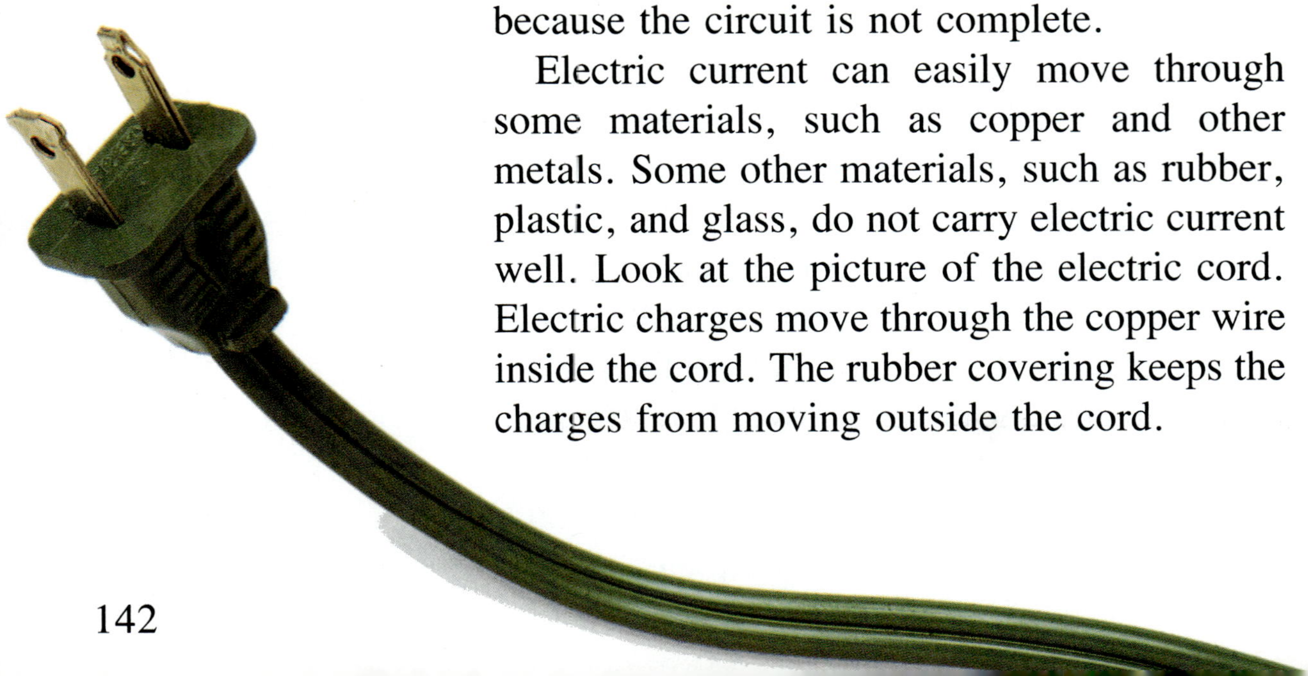

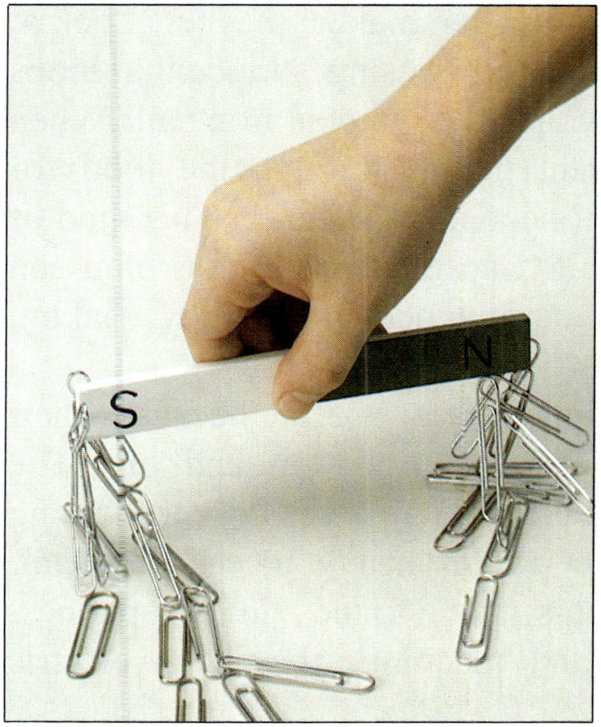

Magnetism is strongest at magnet's poles.

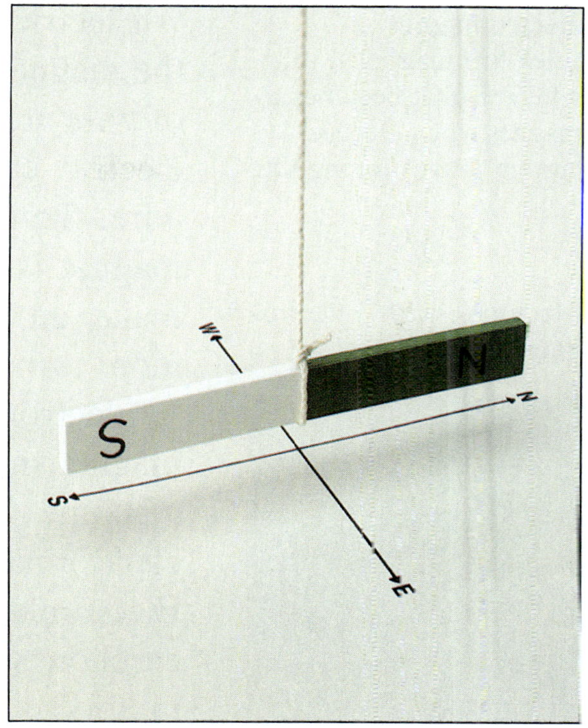

Poles of a magnet

Electricity and Magnets

Look at the picture of the magnet picking up paper clips. A magnet attracts objects with iron in them. Magnets have a force called **magnetism.** Does this magnet pick up more clips at its ends or at its center? The poles of a bar magnet are usually at its ends. Magnetism is strongest at a magnet's poles.

The second picture shows a magnet at the end of a string. Find the marks *N* and *S* on the poles. The magnet turns until the pole marked with an *N* points north. The pole marked *S* points in the opposite direction, or south. A north pole and a south pole are unlike poles. If you hold unlike poles of two magnets near each other, they will attract each other. Like poles of magnets repel each other.

magnetism
(mag′nə tiz′əm), the force around a magnet.

electromagnet
(i lek′trō mag′nit), a wire coil that becomes a magnet when electric current moves through it.

Electric current can make a magnet. Look at the magnet this girl is using. Notice that loops of wire are wrapped around an iron nail. When electric current moves through the loops of wire, the nail becomes a magnet. This kind of magnet is called an **electromagnet.** You can make an electromagnet stronger by making more turns of wire in the loops.

Machine with electromagnet

Electromagnets are useful because their magnetism can be turned on and off. The machine in the picture uses a very strong electromagnet to lift heavy pieces of metal. Electromagnets are found in telephones, earphones, and machines that have electric motors.

Electricity can cause magnetism. Also, magnetism can cause electricity. Moving a magnet through loops of wire causes electric current to move through the wire. Power plants use magnets to make electricity. Wires carry the electricity to your home and school.

Using an electromagnet

How Electricity Can Be Used Wisely

Many power plants use energy from coal or oil to make electricity. Energy from the sun long ago was stored in coal and oil. People can make supplies of coal and oil last longer by using less electricity. How can you use less electricity?

Using electricity wisely also means using it safely. Electricity can be harmful if it is not used properly. You can help keep yourself safe by following the safety rules in this chart.

Safety Rules

1. Always use dry hands to touch electric appliances and switches.
2. Keep electric appliances away from water.
3. Disconnect electric appliances when not in use.
4. Keep electric cords in places where the cords will not be damaged.
5. Check electric cords to make sure they are not worn.

Lesson Review

1. How are electric charges and electric current different?
2. How can electric current make a magnet?
3. How can electricity be used wisely?
4. **Challenge!** Many toys with batteries have switches to turn the toys on and off. What does a switch do to a circuit?

Study on your own, pages 328–329.

EARTH SCIENCE

FIND OUT ON YOUR OWN

CONNECTION

The earth acts like a giant magnet. Magnetism is strongest near the north and south magnetic poles of the earth. A compass is a tool that helps people use the earth's magnetism to find directions. Find out more about compasses. On a piece of paper, draw a picture of a compass. Write a few sentences explaining how you could use a compass to find directions.

Wear cover goggles for this activity.

ACTIVITY

Making an Electric Circuit

Purpose
Make an electric circuit.

Gather These Materials
- three 20 cm pieces of thin insulated wire with about 1 cm of insulation scraped from the end
- flashlight battery (size D)
- flashlight bulb • masking tape
- heavy paper

Follow This Procedure
1. Use a chart like the one shown to record your observations.
2. Tape one end of one wire to the tip of the bulb's base. Tape one end of another wire to the metal on the side of the bulb's base.
3. Tape the other end of one of the wires to the point at one end of the battery. Tape one end of the third wire to the other end of the battery.
4. Tape the wires to the paper, like the picture shows, so that the free ends of the wires are close to each other but not touching. Leave enough wire free at the ends to make them touch in the next step. Observe the bulb.
5. Touch the free ends of the wires. Observe what happens.
6. Untape the battery, and tape it in backwards. Observe what happens when you touch the free ends of the wires.

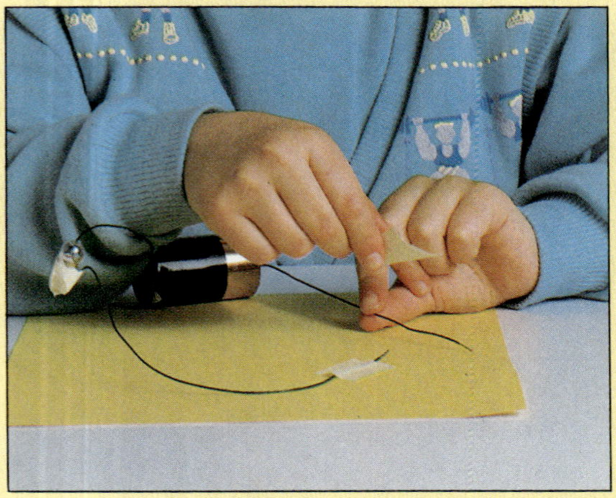

Record Your Results

	What happens to bulb
Wires not touched	
Battery first way	
Battery second way	

State Your Conclusion
1. Why does the bulb look different when the wires touch?
2. Explain what happens when you turn the battery backwards.

Use What You Learned
How do you think the switch on a flashlight works?

Finding Out About Energy

In 1938, some scientists were experimenting with a special kind of matter called uranium. They tried shooting it with tiny particles. They found that it changed to form a different type of matter! How could this happen? A scientist named Lise Meitner, along with her nephew Otto Frisch, figured out what happened to the uranium.

Dr. Meitner found that the special treatment made each atom of uranium split into two new atoms. These new atoms were different kinds of matter. Splitting up the uranium had caused the change. Dr. Meitner called this splitting nuclear fission.

Dr. Meitner knew that energy is stored in each atom of uranium. She found that uranium releases a huge amount of energy when it splits apart. Dr. Meitner figured out just how much energy was released. This energy is called nuclear energy.

Like other forms of energy, nuclear energy can be used to do work. It can be used to make electricity in the same way coal and oil are used. However, just 1 gram of uranium can make the same amount of energy as 3 million grams of coal!

Electricity made by using nuclear energy provides light and heat to many homes and factories. Also, nuclear energy can be used to run submarines and spacecraft. The energy stored in a tiny bit of matter can make big things happen.

Dr. Lise Meitner

Nuclear energy plant

What Do You Think?

1. Describe what happens to a uranium atom when nuclear fission occurs.
2. Which can do more work, splitting one gram of uranium or burning one gram of coal?

3 How Is Matter Heated?

LESSON GOALS

You will learn
- how heat moves through matter.
- how you can measure temperature.
- how you can control home temperature.

source (sôrs), a place from which something comes.

Imagine walking outside on a hot summer day. You would feel warm. The sun is an energy **source** because it gives off energy that can warm you. A source is a place from which anything comes. What are some other energy sources?

How Energy Moves Through Matter

Heat is the flow of energy from warmer places and objects to cooler ones. Pretend that you are holding an ice cube in your fist. Your hand is warmer than the ice cube. Energy from your hand moves to the ice cube. What happens to the ice cube?

Electric energy and most other forms of energy give off heat. Look at the hair dryer in the picture. When energy from electric current passes through the wires in this dryer, the wires become hot. This energy can warm air to dry the girl's hair.

Energy gives off heat.

Energy moves through matter.

You may have cooked food in a pan like this one. The burner on the stove is the energy source. Energy moves from the stove to the pan to the food. You know that the pan and the food are solids. Energy moves through one solid directly to another solid.

Materials that carry energy easily are called good **conductors.** Most metals are good conductors. Materials that do not carry energy easily are called **insulators.** Notice the wood handle on this pan. Wood is an insulator.

Energy also can move through liquids and gases. However, most liquids and gases are poor conductors.

The sun's energy can travel through empty space. When energy from the sun strikes an object, the sun's energy warms the object.

SCIENCE IN YOUR LIFE

You might have used an ice chest to keep food cold. An ice chest is made with materials that are good insulators. These materials keep energy from the air from moving through the ice chest to the cold food inside.

conductor (kən duk′tər), a material that easily carries heat.

insulator (in′sə lā′tər), a material through which energy cannot easily flow.

Measuring Temperature

You might listen to a weather report to find out how hot or cold a day is. The report tells about the temperature of the air. You learned in Chapter 5 that particles in matter are always moving. Temperature is a measure of how fast particles of matter are moving. The faster the particles of matter move, the higher the temperature of the matter.

A thermometer is a tool that measures temperature. The thermometer in the picture measures temperature in degrees Celsius. What temperature does this thermometer show?

Thermometer

Thermostat

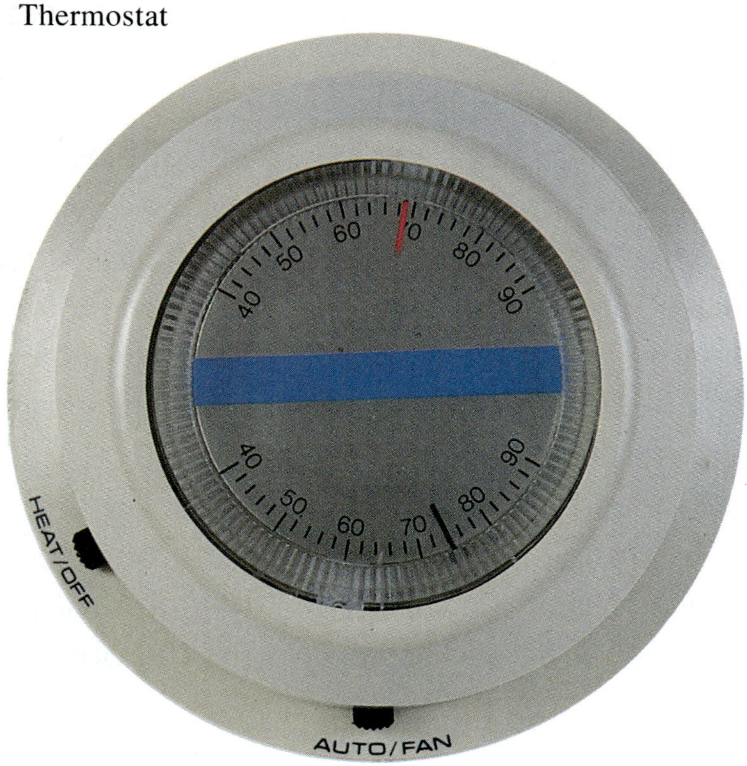

Insulating an attic

Controlling Home Temperature

A **thermostat**, like the one shown on page 150, can control the temperature in a home. When the room temperature falls below the set temperature, the thermostat turns on the furnace. A thermostat also can control cooling systems.

thermostat (thėr′mə stat), a tool that controls the temperature in a home or building.

People can help stop heat from moving out of a building. The man in the picture lines an attic with a good insulator to help keep heat in.

Lesson Review

1. How does energy move through solids?
2. What is used to measure temperature?
3. How can home temperature be controlled?
4. **Challenge!** How does touching a cold object make your fingers feel cold?

Study on your own, pages 328–329.

PHYSICAL SCIENCE

FIND OUT ON YOUR OWN

Look in library books to find out how feathers keep birds warm in the winter. Write a few sentences explaining what you learned.

4 How Does Light Travel?

LESSON GOALS

You will learn
- that white light is made of colors.
- how lenses work.
- how people see.

reflect (ri flekt′), to turn back.

SCIENCE IN YOUR LIFE

Perhaps you have seen fireflies on a clear summer evening. A firefly has a tiny taillight. Part of the firefly's tail has two different materials that can give off light when they mix together.

Suppose you tried to draw on paper when you were in a dark room. You would not be able to see. Paper does not give off light. This boy can see his paper because he turned on a lamp. The lamp is a light source. What are some other sources of light?

The arrow shows how light travels in a straight line from the light source to the paper. Then light bounces off the paper to the boy's eyes. Light **reflects** when it bounces off an object. Light reflects best from smooth, shiny surfaces.

Light cannot go around objects. Suppose an object blocked the light from this lamp. The boy would see a shadow on his paper. A shadow forms whenever an object blocks light. Suppose your body blocks the sun's light when you are outside. What will you see?

Notice how this light travels and reflects.

A rainbow

Colors in White Light

Most of the light you see is white light. Have you ever seen a rainbow like this one? The rainbow shows how many different colors really make up the white light you see.

You might have seen a rainbow when the sun shines through rain. Light energy travels in waves. Raindrops in the air reflect and bend the light waves coming from the sun. Then the sunlight is separated into different colored parts. The band of colors you see in a rainbow is called the **visible spectrum.** The seven colors of the visible spectrum are red, orange, yellow, green, blue, indigo (in′də gō), and violet.

You also can use certain shapes of glass or plastic to bend white light. A **prism** is a piece of glass or plastic shaped like a triangle. A prism can separate white light into the colors of the visible spectrum.

visible spectrum (viz′ə bəl spek′trəm), the band of colors formed when a wave of white light is bent.

prism (priz′əm), a clear piece of glass or plastic that is shaped like a triangle and can be used for separating white light.

How Lenses Work

lens, a piece of glass or other clear material that bends light waves that pass through it.

You might have seen a **lens** like one of those in the picture. A lens is a curved piece of glass, plastic, or other clear material. Light waves bend when they pass through a lens.

Lenses can make objects look different. What you see depends on the kind of lens you use. Notice that lenses have different shapes. Some lenses are thick in the middle and thin at the edges. This kind of lens sometimes makes objects look bigger. Other lenses are thin in the middle and thick at the edges. This kind of lens always makes objects look smaller.

Both kinds of lenses are used in eyeglasses to help people see clearly. Lenses have many uses. The lens in this magnifying glass makes objects look bigger. Cameras, telescopes, and microscopes also have lenses.

How People See

Look at these pictures of a person's eye. How are the pictures different? The black circle in the center of your eye is really an opening called the **pupil.** Light enters your eye through a clear layer that bends it. Then light passes through the pupil.

The colored part of your eye is the **iris.** Muscles in the iris control the size of the pupil. The pupil changes size to let in more or less light. The pupil opens wide when light is dim. The pupil becomes small when light is bright.

A lens is behind the pupil and iris of your eye. This lens bends light waves in much the same way as a glass lens does. The lens in your eye can change shape to help you see objects clearly. The lens becomes thicker when you look at a close object. The lens becomes thinner when you look at a faraway object.

pupil (pyü′pəl), the opening in the center of the eye that lets in light.

iris (ī′ris), the colored part of the eye.

Pupil in bright light

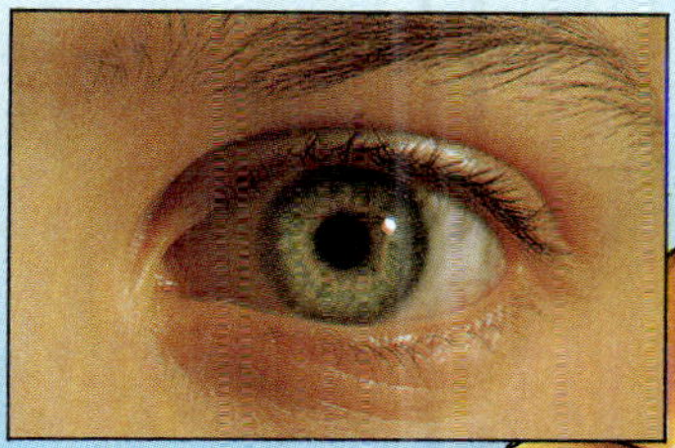

Pupil in dim light

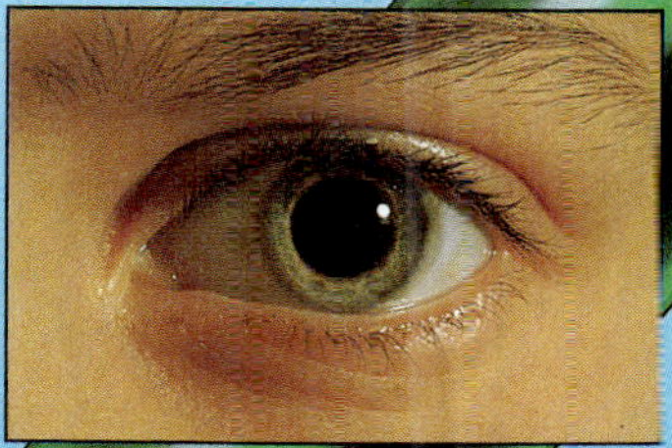

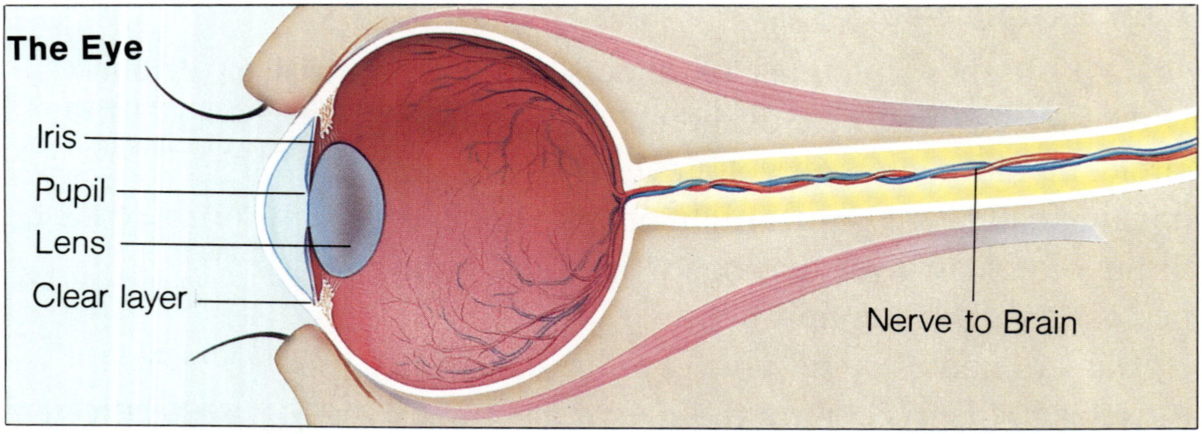

image (im′ij), a copy or likeness.

Use this picture to help you understand what happens when light waves bounce off an object and enter your eye. With your finger, trace the path of the light waves through the pupil and the lens. An **image,** or copy, of what you see forms on the back of your eye. Cells in the back of your eye send a message through a nerve to your brain. Your brain tells you what you see.

Lesson Review

1. What makes up white light?
2. How do lenses change light waves?
3. How does light enter the eye?
4. **Challenge!** Can you see a rainbow when the sun is blocked by clouds? Explain.

Study on your own, pages 328–329.

HUMAN BODY

FIND OUT ON YOUR OWN

CONNECTION

Many people who cannot see are still able to read. Look in library books to find out about Braille. Explain how blind people use Braille to read.

ACTIVITY

Using a Prism

Purpose
Observe how a prism separates white light.

Gather These Materials
- prism • white heavy paper
- colored markers or crayons

Follow This Procedure
1. Use a chart like the one shown to record your observations.
2. Hold a prism on end in direct sunlight as shown in the picture.

3. Turn the prism until a block of colored bands appears on the wall.
4. Have your partner hold the white paper so that the colored bands can be seen on it.
5. Observe the colors you see. Notice the order in which the colors appear.
6. In the chart, draw and color what you see. List the colors.

Record Your Results

What you see	Names of colors

State Your Conclusion
1. What was the order of the colors in the visible spectrum?
2. How are the colors that you saw like a rainbow?

Use What You Learned
What do you think would happen if you passed the visible spectrum you made through a second prism?

Skills for Solving Problems

Using Thermometers and Bar Graphs

Problem: How does temperature change when distance between a thermometer and a heat source is greater?

Part A. Using a Thermometer to Collect Information

1. Thermometers measure temperature in degrees Celsius. Spaces between the lines on a thermometer stand for 2°C. The colored liquid shows the temperature. Look at the top of the liquid in Thermometer A. What is the temperature? How far is the thermometer from the lamp?
2. What is the temperature on Thermometer B? How far is this thermometer from the lamp?
3. What is the temperature of the thermometer that is 6 cm from the lamp? 8 cm from the lamp?

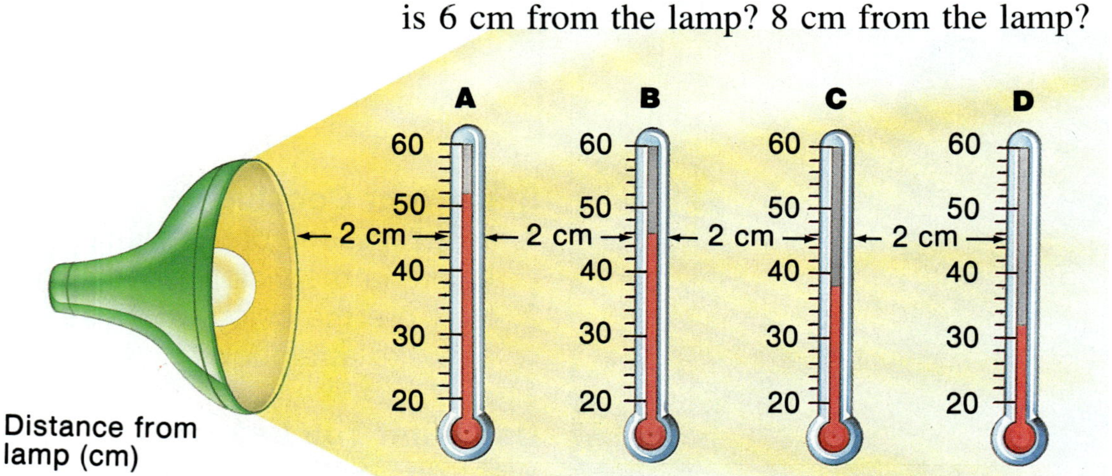

Part B. Using a Bar Graph to Organize and Interpret Information

4. The bar graph contains information you collected about how temperature changes with the distance from the heat source. The first bar shows the temperature of the thermometer that is 2 cm from the lamp. Move your finger

from the top of the bar to the line at the left of the graph. This point tells the temperature on the thermometer. What is the temperature?

5. What temperature is on the thermometer that is 4 cm from the lamp? 6 cm? 8 cm? How far from the heat source is the temperature highest? lowest?
6. What would the temperature be on a thermometer that is 10 cm from the lamp?

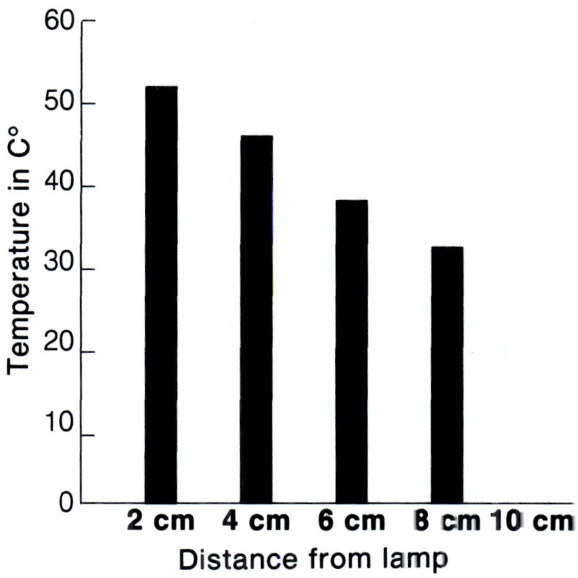

Part C. Using Thermometers and Bar Graphs to Solve New Problems

Problem: How does temperature change when the amount of electric power, or number of watts, of a heat source is greater?

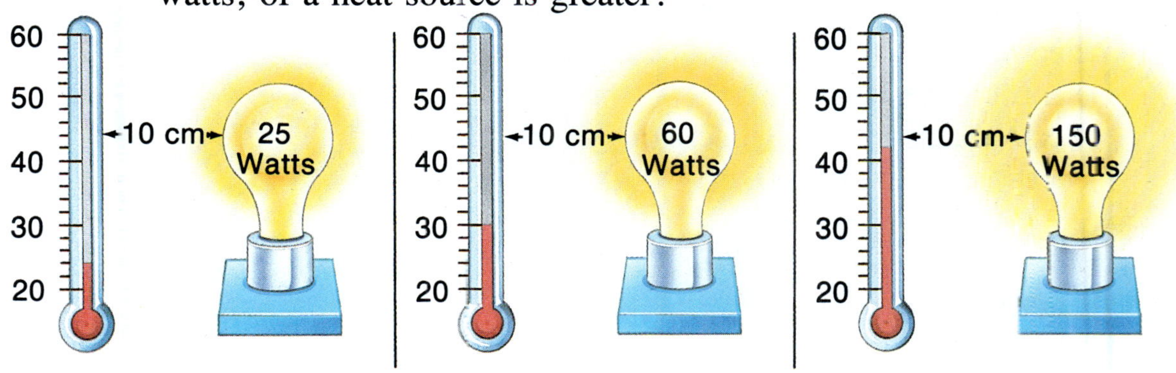

7. Use the picture to collect the information you need to solve the problem. Make a bar graph similar to the one in Part B to organize your information.
8. Look at the bar graph. How does temperature change when the amount of power, or number of watts, of a heat source increases?
9. You might want to do this experiment and use your own results to make a bar graph. *CAUTION: Light bulbs can get hot enough to cause burns. Do not touch hot bulbs.*

Chapter 7 Review

Chapter Main Ideas

Lesson 1 • Energy of motion, electricity, light, and sound are different kinds of energy. • People on earth get most of their energy from sunlight.

Lesson 2 • All matter has electric charges, and electric current travels in a circuit. • Electric current can make a magnet, and magnetism can cause electricity. • Electricity should be used wisely.

Lesson 3 • Heat is energy in motion. • Temperature is the measure of how fast particles of matter move. • People can control temperature in homes and buildings.

Lesson 4 • White light is made of colors. • A lens can change the way an object looks. • Light must travel through the eye for a person to see.

Reviewing Science Words

circuit	image	pupil
conductor	insulator	reflects
electric charges	iris	source
electric current	lens	thermostat
electromagnet	magnetism	visible spectrum
energy of motion	prism	

Copy each sentence. Fill in the blank with the correct word from the list.

1. All matter has ____.
2. Moving objects have ____.
3. The ____ is the colored part of the eye.
4. Electricity can travel in a path called a ____.
5. Light ____ when it bounces off an object.
6. A ____ can control home temperature.
7. An ____ can be made with wire and an iron nail.
8. A ____ is a material that carries heat easily.
9. The band of colors in a rainbow is the ____.
10. ____ is the force around a magnet.

11. ___ is produced when charges move along a path.
12. The ___ is an opening in the eye.
13. A lamp is a ___ of light.
14. An ___ does not carry heat easily.
15. A ___ can separate white light.
16. An ___ is a copy.
17. The glass in a magnifying glass is a ___.

Reviewing What You Learned

Write the letter of the best answer.

1. Which material is the best heat conductor?
   (a) wood (b) metal (c) water (d) air
2. What brings people most of their energy on earth?
   (a) gasoline (b) air (c) wind (d) sunlight
3. When moving particles in matter speed up, temperature
   (a) goes up. (b) goes down.
   (c) stays the same. (d) keeps going up and down.
4. Magnets can attract
   (a) plastic. (b) paper. (c) iron. (d) glass.
5. What forms when an object blocks light?
   (a) a prism (b) a rainbow (c) a shadow (d) an image

Interpreting What You Learned

Write a short answer for each question.

1. What are three kinds of energy?
2. What are two ways to control home temperature?
3. What is a complete circuit?

Extending Your Thinking

Write a paragraph to answer each question or statement.

1. What happens if a hot piece of metal is attached to a cold piece of metal?
2. Suppose the lens in your eye could not change shape. How would you have to move in order to see objects that were close and far away?

To explore scientific methods, see Experiment Skills on pages 360–361.

Chapter 8

Sound

Look at the dolphins in the picture. Dolphins make clicking sounds as they swim. They can use sounds to send messages to each other. They also listen to sounds to help them find their way.

Introducing the Chapter

In this chapter, you will learn how sounds are alike and how sounds are different. You will learn how sound travels through matter. You also will read about how people make and hear sound. The activity below will help you learn what makes sound.

DISCOVER!

Inferring What Makes Sounds

You hear many different sounds every day. You can make sound with objects in your classroom. Place a plastic ruler on your desk so that part of it hangs over the edge. Hold the ruler tightly on the desk with one hand as shown in the picture. Gently press down on the free end of the ruler with your other hand. Let go of the free end of the ruler. How does the ruler move? What do you hear? What happens when the ruler stops moving? Slide the ruler on the desk to make the part that moves longer and then shorter. Listen to the different sounds you can make.

Talk About It

1. What was happening to the ruler when sounds were made?
2. How did the sounds change when you moved the ruler?

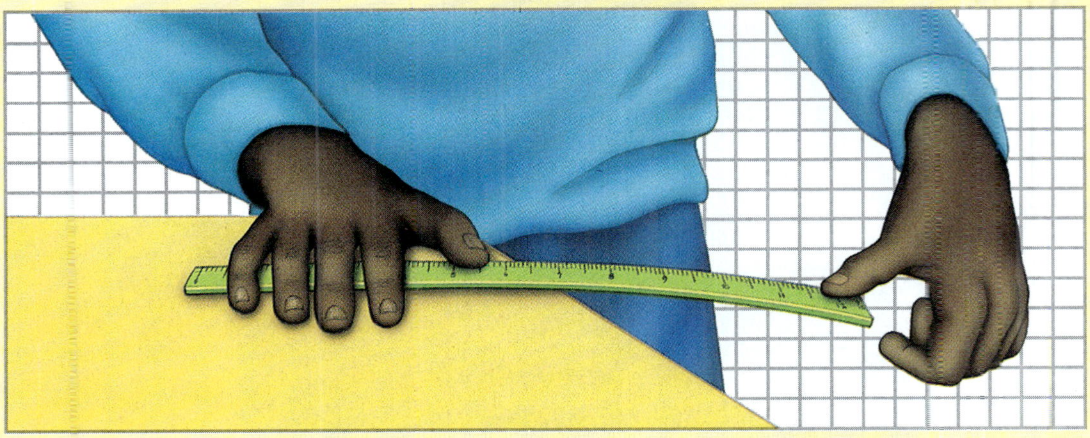

1 What Is Sound?

LESSON GOALS

You will learn
- how sounds are alike.
- how sounds are different.

vibrate (vī′brāt), move quickly back and forth.

You learned in Chapter 7 that you use many different kinds of energy each day. Electricity and light are some kinds of energy. Sound is another kind of energy.

How Sounds Are Alike

Suppose you took a walk outside. You might hear people, animals, or cars making sounds. All these sounds are different. Yet all sounds are alike in some ways.

Sound happens when matter **vibrates,** or moves back and forth very quickly. Look at the drum in the picture. If you hit a drum, parts of the drum will vibrate. The drum makes sound. All the sounds around you happen only when objects vibrate.

How Sounds Are Different

Suppose you lightly tapped a drum. You would hear a soft sound. Suppose you hit the drum harder. How would the sound change? The loudness or softness of a sound is called **volume.** The harder you hit the drum, the more it will vibrate. The more an object vibrates, the louder the sound will be. A loud sound has more volume than a soft sound.

Pretend you are listening to music. You probably would hear high sounds and low sounds. **Pitch** describes how high or low a sound is. Objects that vibrate slowly, such as the drum, make sounds with a low pitch. This recorder makes air particles vibrate quickly. The recorder has a high pitch. Different volumes and pitches can be combined to make pleasant music.

INVESTIGATE!

Find out if animals hear the same sounds as people. Write a hypothesis and test your hypothesis with an experiment. You might blow on a whistle with a very high pitch. See if both people and dogs can hear the sounds.

volume (vol′yəm), the loudness or softness of a sound.

pitch (pich), how high or low a sound is.

Look for strings with different lengths.

The picture shows musical instruments with strings. You can make different sounds by plucking the strings. Notice how some strings are shorter than others. As a string is shortened, it vibrates more quickly. How does making a string shorter change the pitch of the sound?

Lesson Review

1. How is sound made?
2. How are some sounds different?
3. **Challenge!** How can you change the pitch of a sound made by a vibrating rubber band?

Study on your own, pages 330–331.

PHYSICAL SCIENCE

FIND OUT ON YOUR OWN

Look through magazines for pictures of objects that can make sound. Use these pictures to make a poster about sound. Place the pictures in order from those that make the softest sound to those that make the loudest sound. Write the name of each object under its picture.

Predicting Sounds

ACTIVITY

Wear cover goggles for this activity.

Purpose

Predict how the length of a vibrating rubber band affects the sound the rubber band makes.

Gather These Materials

• large rubber band • book about 24 cm long • centimeter ruler • 2 pencils

Follow This Procedure

1. Use a chart like the one shown to record your observations.
2. Put the rubber band the long way around the book. Place the pencils under the band about 10 cm apart. *CAUTION: Handle the rubber band carefully.*
3. Ask a partner to hold a finger over the band and each pencil as shown. Gently pluck the band between the pencils. Listen to the pitch of the sound.

4. Predict how the pitch will change if you make the vibrating part of the band longer. Record your prediction.
5. Hold the rubber band and pencils 19 cm apart. Pluck the rubber band. Record the result.
6. Predict how the pitch will change if you shorten the vibrating part of the band. Record your prediction.
7. Hold the rubber band and pencils 5 cm apart. Pluck the rubber band. Record the result.

Record Your Results

	Prediction	Result
Long band		
Short band		

State Your Conclusion

1. How does the length of a vibrating object change the pitch of the sound produced?
2. At which length did the vibrating part of the rubber band vibrate the fastest?

Use What You Learned

The strings of a cello are longer than the strings of a violin. Which instrument would you use to play music with low sounds?

2 How Does Sound Travel?

LESSON GOALS

You will learn
- how sound travels through matter.
- what makes an echo.

Pretend that your friend is talking to you. Sound from your friend's voice moves through the air. You learned in Chapter 5 that particles make up matter. Sound moves from place to place by making the particles in matter vibrate.

How Sound Moves Through Matter

Sound travels in waves. The picture shows how sound waves might look if you could see them. First, the school bell vibrates when it rings. Then the air particles next to the bell begin to vibrate. The sound waves keep moving from one air particle to another. Notice how sound waves spread out in all directions.

You would hear a loud sound if you stood close to the school bell. The sound waves are strongest near the bell. These sound waves get weaker as they move away from the bell. You might hear only a soft sound from far away.

Sound waves

Suppose you placed a ticking clock in one part of a room. Now suppose you walked away from the clock. You could still hear the clock ticking. Sound waves from the clock would move through the air.

The girl in the picture is listening to a ticking clock. Notice that she places her ear on the table. Sound waves also can move through wood.

You can only hear sound when it travels through matter. Sound moves through solids, liquids, and gases. Particles of matter in solids are the closest together. For this reason, sound moves fastest and most easily through solids. Particles in liquids are farther apart. Sound moves more slowly through liquids. The particles in gases are the farthest apart. Which state of matter carries sound most slowly?

SCIENCE IN YOUR LIFE

Imagine a flash of lightning in the sky. Seconds later, the sound of thunder follows. You see lightning before you hear thunder because light travels faster than sound. Light travels about 300,000,000 meters a second. Sound travels about 300 meters a second.

Sound waves can travel through solid matter.

Echoes

echo (ek′ō), a sound that bounces back from an object.

Pretend you see a ball like this one bouncing against a smooth wall. Use your finger to trace the path of the ball in the picture. Now imagine calling out your name in a large empty room. You might hear sound even after you stop speaking. Like the ball, sound waves can bounce off different surfaces. An **echo** is a sound bouncing back from an object. Echoes can best be heard when sound bounces from hard, smooth surfaces.

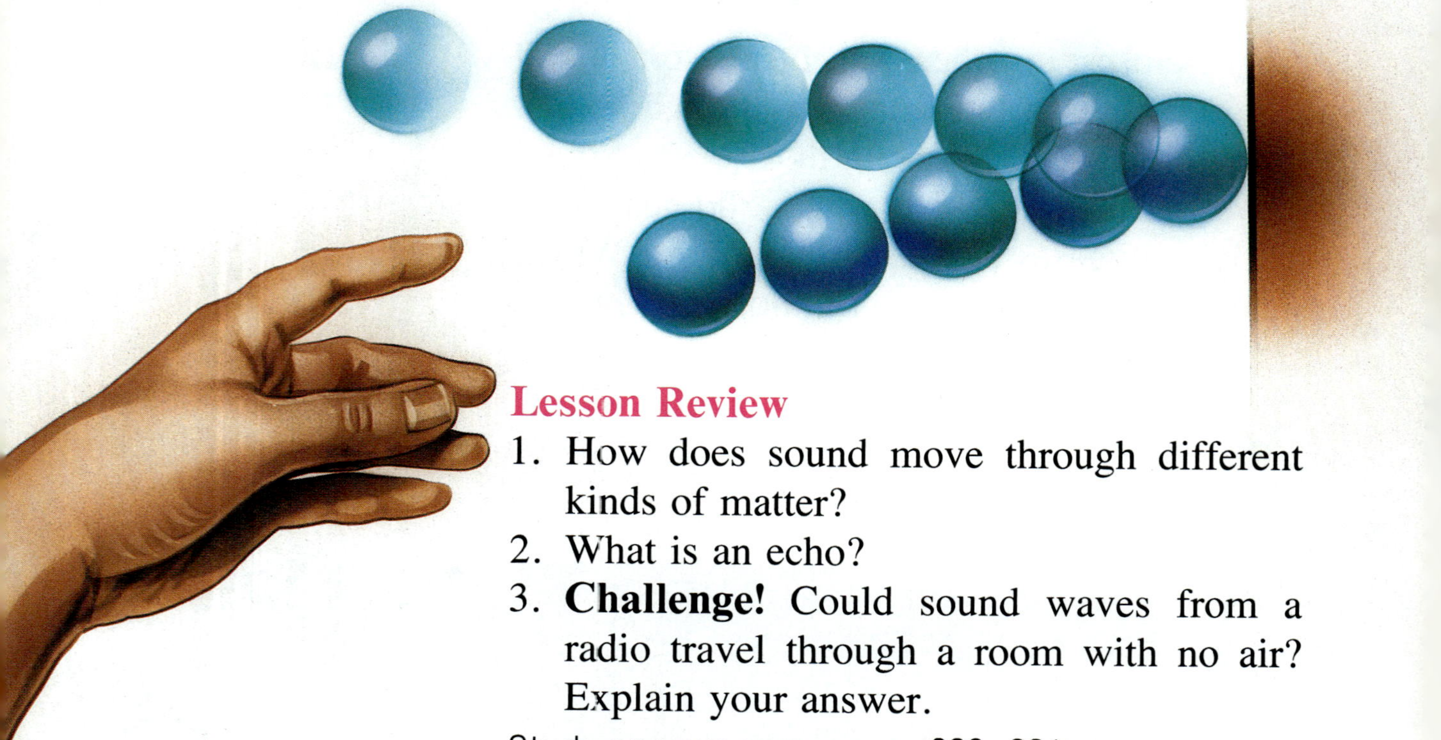

Lesson Review

1. How does sound move through different kinds of matter?
2. What is an echo?
3. **Challenge!** Could sound waves from a radio travel through a room with no air? Explain your answer.

Study on your own, pages 330–331.

LIFE SCIENCE
FIND OUT ON YOUR OWN
CONNECTION

Bats are animals that fly in the dark. Look in library books to find out what kind of sounds bats hear. Write a few sentences telling how these sounds help bats.

ACTIVITY

Listening to Sound Through Different Materials

Purpose

Test different materials to learn which substances sound travels through most easily.

Gather These Materials

• sealable bag • pencil with eraser • water • cup • wood block

Follow This Procedure

1. Use a chart like the one shown to record your observations.
2. Fill the bag with air by blowing into the bag. Seal the bag closed.
3. Hold the bag next to your ear. Cover your other ear with your hand. Listen while your partner taps the bag lightly with the pencil eraser. Record whether the sounds are loud or quiet.
4. Use the cup to fill the bag with water. Seal the bag.
5. Repeat step 3. Record whether the sounds are louder or quieter than before.
6. Hold the block next to your ear, and cover the other ear. Ask your partner to tap lightly on the block. Record whether the sounds are louder or quieter than before.

Record Your Results

	Observation
Sounds Through Air	
Sounds Through Water	
Sounds Through Wood	

State Your Conclusion

1. Through which material did you hear the loudest sound? the quietest sound?
2. Does sound travel most easily through solids, liquids, or gases? Explain your answer.

Use What You Learned

Suppose you were trying to hear footsteps. Would you put your ear next to the ground to hear the sounds better or would you hold your head up in the air? Explain.

3 How Do People Make Sound?

LESSON GOALS

You will learn
- how people make sound.
- how people hear sound.

vocal cords (vō′kəl kôrdz), two pairs of thin, ropelike flaps at the top of the windpipe.

Think about sounds you can make with your voice. You can whisper or talk. You make sound when you laugh. You might even enjoy singing.

Making Sound

Place your fingers lightly on the front of your throat like the girl in the picture is doing. Now say your name out loud. What do you feel with your fingertips?

You probably can feel your **vocal cords** moving back and forth. Vocal cords are thin flaps at the top of your windpipe. When you talk, air comes from your lungs and passes between your vocal cords. The air makes your vocal cords vibrate. This vibrating movement makes sound.

This girl can feel her vocal cords vibrate.

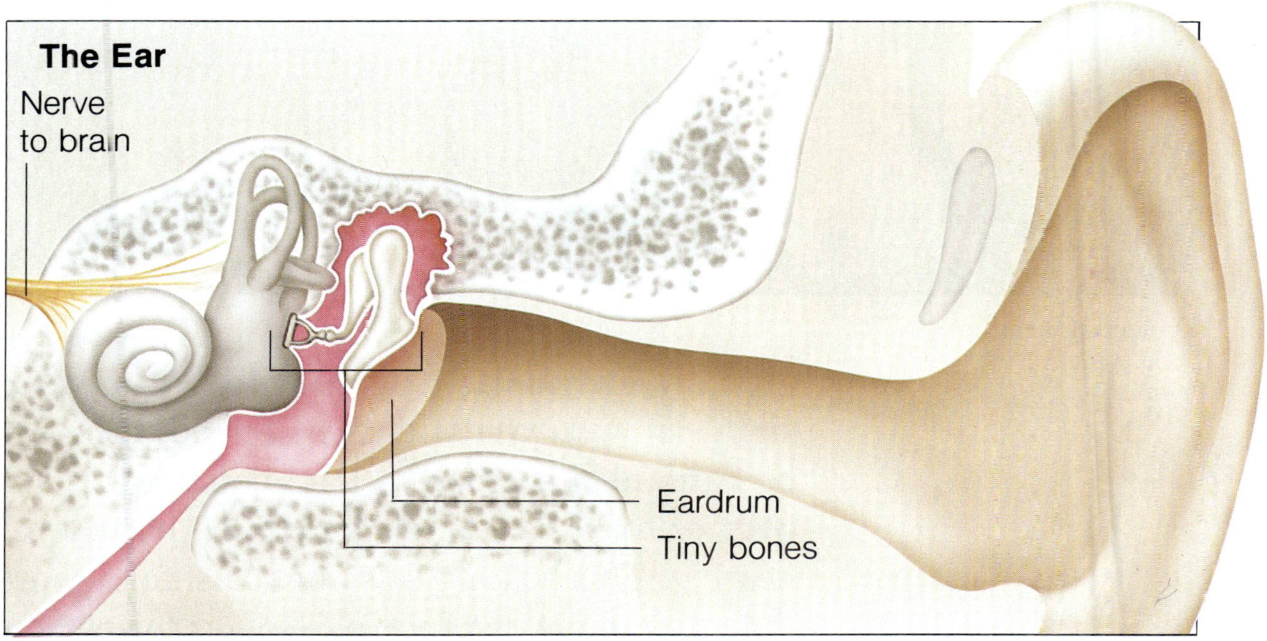

Hearing Sound

Imagine trying to catch a ball. You might cup your hands together. Shaping your hands this way helps you catch the ball. Now think about the shape of the outer part of your ear. This shape helps catch sound waves in the air.

Look at the picture to follow the path of the sound waves through the ear. First, the part of the ear you can see moves the sound waves to the part of the ear inside the head. Find the **eardrum**—the thin skin that covers the middle part of the ear. Sound waves make your eardrum vibrate. Then the tiny bones in the middle of your ear begin to vibrate. Find the part of the ear that is shaped like a shell. A liquid fills this part of your ear. This liquid carries sound waves to a special **nerve**—a part of the body that carries messages to the brain. Your brain tells you about the sound you hear.

SCIENCE IN YOUR LIFE

A rabbit has very long ears that can move around. These large ears can catch many sound waves. If another animal tries to sneak up on a rabbit, the rabbit can hear the sounds from far away. Then the rabbit has time to run away.

eardrum, thin skin that covers the middle part of the ear and vibrates when sound waves reach it.

nerve (nėrv), a part of the body that carries messages to the brain.

Protecting hearing

Many sounds can help you. For example, a siren can warn you of danger. Sounds also can be harmful. Listening to loud noises over and over or for a long time can cause you to lose hearing. This hearing loss might last for a short time or it might last forever. How is the person in the picture protecting his hearing?

Lesson Review

1. How do people make sounds with their voices?
2. What path do sound waves follow through the ear?
3. **Challenge!** Do sound waves move faster through the outer part of the ear or through the tiny bones in the ear? Explain your answer.

Study on your own, pages 330–331.

LIFE SCIENCE

FIND OUT ON YOUR OWN

CONNECTION

Many animals make sounds using different body parts. Look in library books to find out how crickets and flies make sound. Write a few sentences telling what you learned.

Sending Voices over the Telephone

The Problem By the late 1800s, the telegraph made it possible to send messages over long distances. The telegraph changed a code into electric signals, dots, and dashes. However, only one telegraph message could be sent over the wire at one time. Also, telegraph wires could not carry human voices.

Alexander Graham Bell

The Breakthrough Alexander Graham Bell was born into a family very interested in sound. His grandfather was an actor. His mother was a musician. His father taught deaf people to speak. Bell also became a teacher of the deaf. He became interested in electricity while working on ways to teach the deaf to imitate speech. Bell found a good partner for his experiments. Thomas A. Watson was a repair mechanic.

Bell and Watson worked together to develop the telephone. They were working with an instrument made of several metal reeds and electromagnets. A line ran from one room into the next room. In March 1876, Watson was at the end of the line in the other room. He heard Bell say, "Mr. Watson, come here. I want you!" This famous sentence was the first ever carried by a telephone. The sound waves from Bell's voice traveled as electrical signals along the line. More than one message could travel along the line at once.

New Technology Today new technology lets us send more messages than ever before over long distances. This is possible because of fiber optics. Scientists discovered that beams of light can carry messages. Thin threads of clear glass or plastic can carry light beams for more than 30 kilometers before they fade away. These thin threads are called optical fibers.

What Do You Think?

1. In what way was teamwork an important part of the development of the telephone?
2. How does fiber optics improve the telephone?

Skills for Solving Problems

Using Rulers and Pictographs

Problem: How does the rate an object vibrates affect the pitch of a sound?

Part A. Using Rulers to Collect Information

1. Rulers measure distance in a straight line. The marks on a ruler stand for centimeters. Move your finger up a ruler in the picture. Read the number of centimeters when your finger is even with the top of the straw. How long is the longest straw?
2. Objects make sounds when they vibrate. A straw vibrates when you blow through it. The shorter the straw, the more rapidly it vibrates. Is the pitch of the longest straw high or low?
3. How long is the shortest straw? Is its pitch high or low?

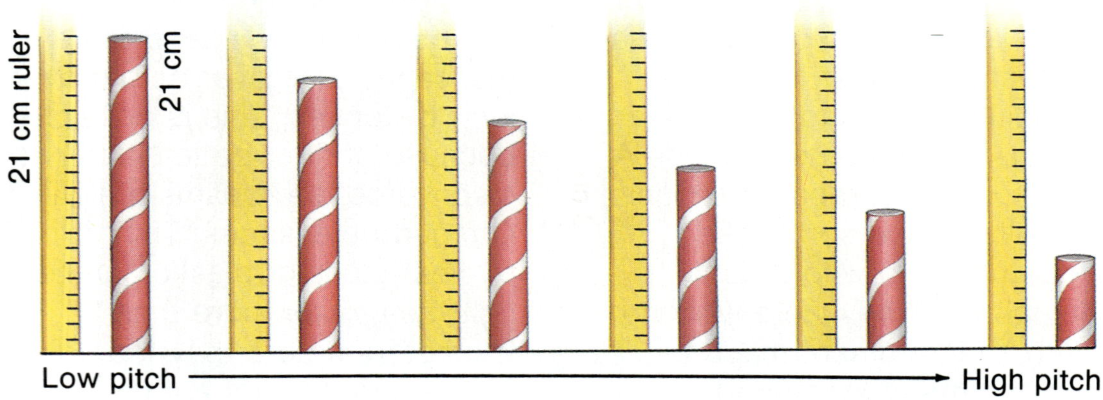

Part B. Using a Pictograph to Organize and Interpret Information

4. The pictograph contains the information you collected about how the rate an object vibrates affects the pitch of a sound. How are the lengths of the straws different?

5. How does the rate the straws vibrate change with the differences in length? How does the pitch of the sound change?

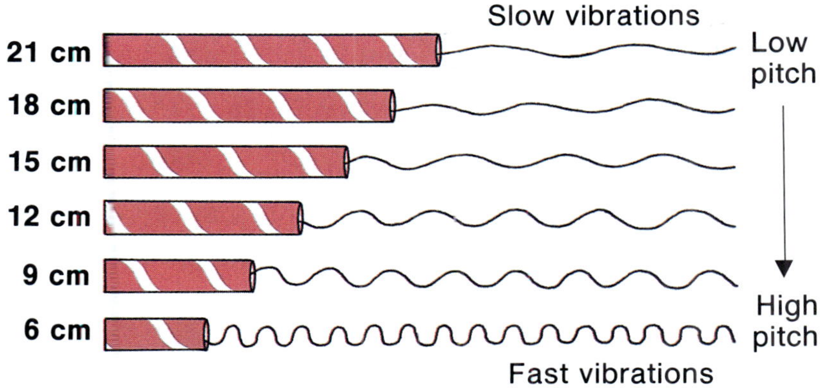

Part C. Using Rulers and Pictographs to Solve a Problem

Problem: Can the pitch change even if the length of an object that vibrates stays the same?

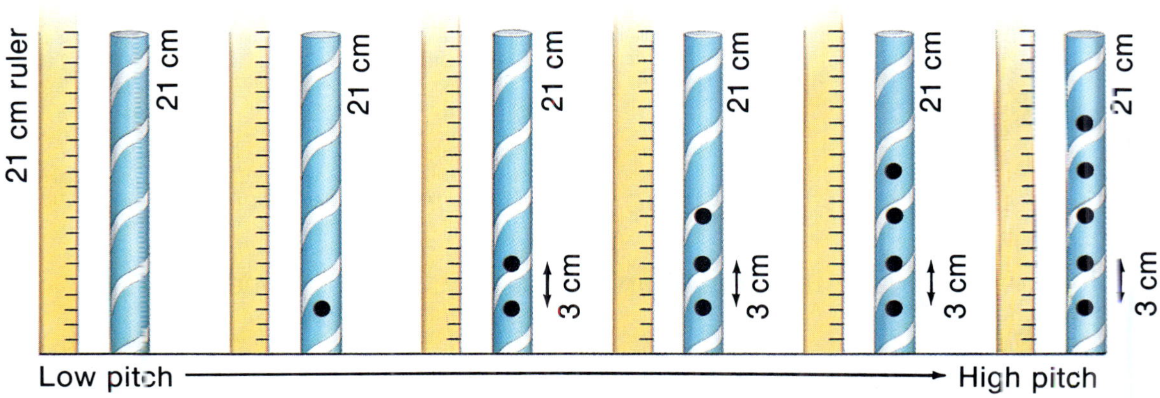

6. Use the picture to collect the information you need to solve the problem. Make a pictograph similar to the one in Part B to organize your information.
7. Look at your pictograph. Can pitch change if the length of a vibrating object stays the same?
8. Are the straws all the same length? How are the straws different from the straws in Part A? How are the straws different from each other?
9. You might want to do this experiment and use your own results to make a pictograph.

Chapter 8 Review

Chapter Main Ideas

Lesson 1 • Sound happens when particles of matter vibrate. • How much an object vibrates controls the volume of a sound. How fast an object vibrates controls the pitch of a sound.

Lesson 2 • Sound travels in waves that spread out in all directions. Sound travels through all states of matter—solids, liquids, and gases. The speed of sound through matter is fastest through solids and slowest through gases. • An echo is sound bouncing back from an object.

Lesson 3 • People make sound when the vocal cords vibrate. • Sound waves travel through all the parts of the ear. People hear when the nerve in the ear carries messages to the brain about sound.

Reviewing Science Words

eardrum	pitch	vocal cords
echo	vibrate	volume
nerve		

Copy each sentence. Fill in the blank with the correct word from the list.

1. A special ____ in the ear carries messages about sound to the brain.
2. An ____ is a sound bouncing back from an object.
3. Objects that move back and forth slowly make sounds with a low ____.
4. The air particles next to a bell begin to ____ when the bell rings.
5. The more an object vibrates, the louder the ____ will be.
6. When a person talks, air comes from the lungs and passes between the ____.
7. The ____ is a skin that covers the middle part of the ear.

Reviewing What You Learned

Write the letter of the best answer.

1. Sound waves travel most quickly through
   (a) solids. (b) gases. (c) air. (d) liquids.
2. Which part of the ear collects sound waves?
   (a) eardrum (b) nerve (c) outer part (d) bones
3. How fast an object vibrates controls
   (a) volume. (b) pitch. (c) echoes. (d) hearing.
4. What makes the vocal cords vibrate?
   (a) sounds (b) the lungs (c) air (d) the windpipe
5. Hitting an object harder will make the volume
   (a) softer. (b) the same. (c) lower. (d) louder.
6. The liquid in the ear carries sound waves to the
   (a) bones. (b) nerve. (c) eardrum. (d) brain.
7. Echoes can be heard best when sound bounces from surfaces that are
   (a) smooth. (b) rough. (c) soft. (d) bumpy.
8. Objects that vibrate slowly have a pitch that is
   (a) high. (b) loud. (c) soft. (d) low.

Interpreting What You Learned

Write a short answer for each question or statement.

1. How are all sounds alike?
2. How can sounds be harmful?
3. How does sound move through solids more easily than it moves through air?
4. What happens when sound waves reach the eardrum? What makes the vocal cords vibrate?

Extending Your Thinking

Write a paragraph to answer each question or statement.

1. How can guitar strings with different lengths make music that has different sounds?
2. Explain how covering the ears can keep a person from hearing a sound.

To explore scientific methods, see Experiment Skills on pages 362–363.

Careers

Your books, your clothes, and even your body are made up of atoms. **Chemists** are the people who study atoms. They learn about the matter that forms when different atoms join together. Some chemists study the atoms and particles inside living things. Other chemists help make useful products, such as clothing, tape,

Chemist

and medicines. To become a chemist, you need to go to college for at least four years.

Electricians work with electric energy. Electricians put electric wires, switches, and outlets into buildings. They also repair old electric wiring. Electricians work carefully so they do not get an electric shock from the wires. To become an electrician, you need to take special classes. Then you train with an electrician for about four years.

Like electricians, **carpenters** work on buildings such as houses. To build a house, carpenters first make a wooden frame. Then they put in doors and windows. Inside the house they put up walls, cabinets, and wood trim. Carpenters use many different tools, such as saws, hammers, and drills. They must measure everything closely so that all parts of the house fit together. Carpenters can learn their skills on the job or by taking classes at a special school.

Musicians create sounds that please the ear. When a musician performs music, he or she makes sound energy. Some musicians play musical instruments. Others make music by singing, writing music, or leading groups of musicians. Many musicians start their training at a very early age. Some study music in college. Others become good musicians by practicing and performing with other musicians.

Carpenter

The Violin

A violin can make beautiful music. It can also teach a lot about sounds. A violin has 84 parts. All these parts work together to make the sound that you can hear. Together, these parts vibrate and send sound waves into the air.

The picture shows the main parts of a violin. Every part adds something to the sound the violin makes.

1 The sound begins with the strings. A person draws a bow across a string. The bow makes the string vibrate. A string vibrates in many ways at once, making many different sounds. You hear all these sounds mixed together.

2 A vibrating string does not make very loud sounds. The other parts of the violin help make the sound louder. When a string vibrates, it causes the bridge to vibrate too. The bridge passes the vibrations to the belly of the violin.

3 Vibrations from the bridge also pass down the sound post to the back of the violin. The sound post and the back vibrate along with the string and the belly. Special kinds of wood are used to make the violin, because different kinds of wood make different sounds.

4 All of the vibrating parts cause the air inside the violin to vibrate too. Each vibrating part sends out sound waves and makes its own special sound. Musicians say that the violin has a rich sound. They mean that the violin has many different kinds of sounds that go together well.

Unit 2 Review

Complete the Sentence

Fill in the blank with the correct word or words from the list.

condenses	friction
conductors	nerve
echo	pitch
electromagnet	thermostat
evaporates	volume
force	work

1. The ____ controls the temperature in a home.
2. An object's ____ is the amount of space it takes up.
3. Sound is carried by a ____ from the ear to the brain.
4. An object can be made to move faster by using more ____.
5. ____ is done when an object is moved through a distance.
6. Water ____ when it changes from a liquid to a gas.
7. Energy is carried easily by materials that are good ____.
8. Objects create a sound with a high ____ when they vibrate very quickly.
9. A wire coil becomes an ____ when an electric current moves through it.
10. Water vapor ____ to a liquid on a cold glass.
11. A sound produces an ____ when it bounces back from an object.
12. Two objects rubbing together cause the force of ____.

Short Answer

Write a short answer for each question or statement.

1. Describe the change that takes place when water is boiled. Is this change a physical change or a chemical change?
2. A person removes some of the gas from a container. What happens to the volume of the gas in the container? Why?
3. Describe the forces that make a thrown ball stop moving.
4. Describe gears and tell where you might find them.
5. What kind of force do magnets have? Where is this force the strongest?
6. Why does an electric cord need to have two wires inside it?
7. How can a wood handle on a hot pot protect you from burns?
8. How does the movement of air particles change when the pitch of a flute becomes lower?
9. How are vocal cords like the strings of a violin?

Essay

Write a paragraph for each question or statement.

1. Describe a lever and explain how a lever can help lift a heavy object.
2. How can lenses make objects seem larger or smaller?

Unit Projects and Books

Science Projects

1. Compare the sizes of different objects. Use paper clips to find the perimeter of an envelope. Perimeter is the distance around the envelope. Use small squares to find the envelope's area. The number of squares needed to cover the envelope is its area. Then use the paper clips and squares to find the perimeter and area of a sheet of paper.

   Next find the perimeter and area of the envelope in metric measures. Use a ruler to find its perimeter in centimeters. Find the envelope's area by using a sheet of 1 cm graph paper. Place the envelope on top of the graph paper. Trace the outline of the envelope. Then count how many square centimeters it takes to cover the envelope. Do the same with the paper.
2. Make your own telephone. Use two paper cups. Punch a small hole through the bottom of each cup. Thread the end of a long piece of string through each hole. Fasten the string by tying large knots that will not slip through the holes. With the help of a friend, stretch the string in a straight line. Speak into one of the cups. Your friend should hold his ear close to the second cup. Can your friend hear you? Now have your friend talk to you.

Books About Science

Wheels at Work: Building and Experimenting with Models of Machines by Bernie Zubrowsky. Morrow, 1986. Learn to make a model of a pulley and a gear using readily available materials.

All About Sound by David Knight. Troll, 1983. Learn about sound, its formation, pitch, and transmission.

Science and Society

Noise Pollution More people want to fly in and out of Barnes County Airport. The airport needs to build another runway to handle more airplanes. This would bring money and jobs to the county. Neighbors of the airport object. The added noise might break their windows and damage their hearing. The airport manager agrees that there will be more noise. But she says it will only last a few hours each day. She has to think about the whole county, not just those who live near the airport. The county will buy the homes of people who want to move away. What are the arguments for a new runway? What are the arguments against the runway?

Unit 3

Earth Science

Over the years, the land in the picture has slowly changed. Notice the shapes of the mountains. Look at the snow on the mountain tops.

The earth is always changing. In this unit, you will discover what causes changes in land and changes in weather. You also will learn about places far away from earth.

SCIENCE IN THE NEWS During the next few weeks, look in newspapers or magazines for news about storms. Also, look for stories that tell how storms changed the land or changed the lives of people. Share the news with your class.

Chapter 9

Rocks and Soil

Have you ever seen a rock shaped like this? Notice that you can see different colors in the rock.

Introducing the Chapter

Different kinds of rocks are made of different materials. In this chapter, you will learn about how rocks and soil are formed. You will read about ways people use rocks and soil. The activity below will help you learn about different properties of rocks.

DISCOVER!

Observing Rocks

Put the rocks your teacher gives you on your desk. Observe the rocks carefully. On a piece of paper, write some words that describe one of the rocks. Give the paper to a classmate to read. Ask your classmate to point out the rock that you described.

Talk About It

1. How are the rocks you collected alike?
2. How was the rock you described different from the others?

1 How Are Rocks Formed?

LESSON GOALS

You will learn
- that rocks are made of minerals.
- how the three kinds of rocks are formed.

Suppose you scratched the tip of a pencil with your fingernail. Part of the tip would come off. The soft, black material in a pencil tip came from a rock.

Minerals and Rocks

The tip of a pencil is made of graphite (graf′īt), a form of the mineral carbon. You learned in Chapter 1 that a mineral forms in the earth from matter that was never alive. The pictures show a few of the 2,500 known minerals. Each mineral has its own special properties. A mineral can be any color, shiny or dull, and soft or hard.

Rocks are made of one or more minerals. If you look closely at a rock, you might see different colors. Substances in the minerals cause the different colors.

Minerals

Selenite

Calcite with fluorite

Silver

Kinds of Rocks

How would you group rocks in a rock collection? You might group them by their size, shape, color, or what they are made of. You also can group rocks by how they were formed.

The earth is so hot deep inside that minerals melt. Some rocks form from melted minerals inside the earth. Melted minerals sometimes move to the earth's surface. Then the minerals cool and harden into rock. **Igneous rocks** are rocks that form from melted minerals. The igneous rock in the first picture formed from melted minerals that poured out of an opening in a mountain.

Granite (gran′it) is an igneous rock that is very hard. People use granite to make buildings. What do you notice about the color of this piece of granite? Each color you see is a different mineral.

igneous (ig′nē əs) **rock,** a rock that forms from melted minerals.

Igneous rock

Granite

Layers in sedimentary rock

sedimentary (sed′ə men′tər ē) **rock,** rock that forms when layers of material are pressed together.

metamorphic (met′ə môr′fik) **rock,** an igneous or sedimentary rock that was changed by heat or pressure.

Another kind of rock can form under water. Rivers and streams carry bits of rock, shells, and other materials into lakes and oceans. The materials sink and form layers at the bottom of the water. The top layers press down on the bottom layers. Over millions of years, the bottom layers harden into **sedimentary rock.** You can see layers of sedimentary rock in the picture.

Sometimes, igneous or sedimentary rock can be changed into a third kind of rock—**metamorphic rock.** Great heat inside the earth can change a rock's minerals into other minerals. Pressure also can change the minerals in rocks. When the minerals in a rock change, the rock becomes metamorphic rock.

Limestone is a sedimentary rock. When limestone is heated and squeezed inside the earth, it changes into marble—a metamorphic rock. Marble is much harder than limestone. People can use very sharp tools to carve objects out of marble.

Lesson Review

1. What are rocks made of?
2. How does each of the three kinds of rock form?
3. **Challenge!** How can an igneous rock become part of a sedimentary rock?

Study on your own, pages 332–333.

SCIENCE IN YOUR LIFE

Sometimes scientists find fossils in sedimentary rocks. Fossils are signs of past life. Some fossils are bones, teeth, footprints, or whole plants or animals that lived many years ago.

PHYSICAL SCIENCE — FIND OUT ON YOUR OWN — CONNECTION

A mineral can scratch a softer mineral. For example, the mineral graphite can scratch the mineral talc because graphite is harder than talc. However, talc cannot scratch graphite.

Read about the properties of the minerals shown here. Decide which mineral is the softest and which is the hardest. On a piece of paper, list the names of the minerals from the softest to the hardest.

Diamond can scratch quartz and gypsum.

Gypsum cannot scratch diamond or quartz.

Quartz can scratch gypsum but not diamond.

ACTIVITY

Testing Objects for Hardness

Purpose

Observe and test objects for hardness by doing a scratch test.

Gather These Materials

• pencil • chalk • penny

Follow This Procedure

1. Use a chart like the one shown to record your observations.
2. One substance is harder than another if it scratches the surface of that object. A mark that rubs off is not a scratch. Test the lead of a pencil to see if it can be scratched with your fingernail as shown in the picture. Write *yes* or *no* in the chart.
3. Test a piece of chalk and a penny to see if they can be scratched with your fingernail. Record your results.
4. Test the pencil lead and penny to see if they can be scratched by the chalk. Record your results.
5. Test the chalk and penny to see if they can be scratched by the pencil lead. Record your results.
6. Test the chalk and pencil lead to see if they can be scratched by the penny. Record your results.

Record Your Results

	Object to be tested	Chalk	Pencil lead	Penny
Scratched by	Fingernail			
	Chalk			
	Pencil lead			
	Penny			

State Your Conclusions

1. Which is harder, pencil lead or chalk?
2. List the objects you tested in order of their hardness, with the softest first.

Use What You Learned

A diamond is the hardest mineral. If you had a real diamond and a fake diamond made of glass, how could you tell which one was real?

Entering the Diamond Age

The Problem Diamonds are valuable minerals made of carbon. People dig diamonds out of the ground. Diamonds make beautiful jewelry. You might be surprised to learn that diamonds are more than beautiful. They are also the hardest substance found in nature. Their hardness makes them very useful in industry. Diamonds cut, grind, and drill holes through hard metal. Diamonds also conduct heat and electricity well. The problem is that industry needs more diamonds than are found in nature.

Diamonds

The Breakthrough In 1955, a team of American scientists made the first artificial diamonds. They used a special press to squeeze carbon under great heat and pressure. Most of the artificial diamonds were very small. They worked well in industrial uses. In 1970, American scientists also made larger artificial diamonds.

New Technology Recently, scientists learned how to coat things with thin films of diamonds. The clear films are just as hard as real diamonds. They also have other properties of diamonds. Cutting tools coated with diamond films will work better than present tools made with diamonds. New tools with diamond films will last longer and are harder all over than present diamond tools. In the future, many products may have diamond films. Windows in airplanes might be covered with a diamond film. Raindrops hitting the windows at high speed would not scratch these windows. Diamond-coated parts inside the hottest parts of cars would not melt. They could keep track of how much gas the car used. Computer parts coated with diamond film would make computers work faster. Coating computer disks with diamond film would make disks last longer.

What Do You Think?

1. Why are diamonds useful for cutting in industry?
2. How could diamond films improve eyeglasses?

2 What Is Soil Made Of?

LESSON GOALS

You will learn
- how soil is formed.
- how the three kinds of soil differ.

What do you notice about the size of this rock? Over thousands of years, the rock will slowly crumble and become part of the soil.

How Soil Is Formed

How can a large solid rock break into small pieces? If you look closely at a rock, you will see many tiny holes and cracks. When it rains or snows, water fills the holes and cracks. This water freezes and pushes against the rock. As the water continues to freeze and melt, the rock slowly breaks apart. Over many years, the water causes the rock to break into small pieces and form soil.

What can you notice about the rock in the picture on the right? Soil can collect in the cracks of a rock. Plants can grow in this soil. Then plant roots can break rocks apart. Over many years, the roots can help crumble a large rock.

Soil is made of more than rock. Soil also has air, water, and matter that was once alive. When plants and animals die, they **decay,** or rot. The decayed matter—**humus**—becomes part of the soil. Humus gives soil a dark color and adds **nutrients** to the soil. Nutrients are materials plants need to live and grow.

Kinds of Soil

The soil where you live might be very different from soil in other places. You might have noticed that soil can have different colors. Soil also can have pieces of different sizes. Soil can feel very soft or very hard.

SCIENCE IN YOUR LIFE

When a rock breaks apart, its minerals become part of the soil. Some minerals can give the soil a certain color. The mineral iron can give soil a red color.

decay (di kā′), to slowly break down, or rot.

humus (hyü′məs), the decayed matter in soil.

nutrient (nü′trē ənt), a material that plants and animals need to live and grow.

Plant growing in cracks in rock

Rocks help form soil.

Clay soil

Sandy soil

Loam

clay soil, tightly packed soil with tiny grains.

sandy soil, loose soil with large grains.

loam (lōm), good planting soil that is a mixture of clay, sand, and humus.

Compare the three kinds of soil in the pictures. Tiny grains in **clay soil** make it feel smooth. Clay soil has many nutrients and holds water well. Many plants cannot grow in clay soil because the grains are so close together.

Sandy soil is loose and easy to dig. Most plants do not grow well in sandy soil. Sand does not hold water, and it has few nutrients.

Loam is a mixture of clay, sand, and humus. Many plants grow well in this soil. Loam holds water and has many nutrients for plants.

Lesson Review

1. How is soil formed?
2. How do the three kinds of soil differ?
3. **Challenge!** What might happen to a sidewalk that has a tree growing near it?

Study on your own, pages 332–333.

PHYSICAL SCIENCE

FIND OUT ON YOUR OWN

CONNECTION

The part of the soil you usually see is called topsoil. Look in library books to find out about the properties of topsoil. Write a few sentences explaining why topsoil is important.

ACTIVITY

Observing Soil Samples

Purpose
Observe soil samples to see what they are made of.

Gather These Materials
- 4 soil samples in paper cups
- white construction paper
- toothpick • hand lens • plastic spoon

Follow This Procedure
1. Use a chart like the one shown to record your observations.
2. Put two spoonfuls of soil from each sample on the white paper.
3. Use the toothpick to separate one soil sample into different materials. Look for light pieces, dark pieces, and soft material. Pile like pieces together.
4. Label each pile with a letter. Carefully look at each pile with a hand lens, as shown in the picture. Look at the color, hardness or softness, size, and shape of the bits in each pile. Record your observations.
5. Repeat steps 3 and 4 with the other three soil samples.

Record Your Results

Sample part	a	b	c	d
Color				
Hard or soft				
Size (large, medium, or small)				
Shape				

State Your Conclusions
1. How many different kinds of bits did you find in the first soil sample?
2. Did one of your piles have humus? How do you know?

Use What You Learned
Which kinds of soil were in your samples? Would plants be able to grow well in your soil samples?

3 How Do People Use Rocks and Soil?

LESSON GOALS

You will learn
- how people use rocks and soil.
- the importance of using natural resources wisely.

ore (ôr), rock that is rich in useful minerals.

Objects that came from rocks and soil

This glass is made of minerals that came from rocks. The juice and the salad came from plants that grew in soil. Every day, people use objects that came from rocks and soil.

How Rocks and Soil Are Important

People eat plants that grow in soil. People get meat from animals that eat plants. Some materials in clothing, such as cotton, also come from plants. The paper in this book was made from trees that grew in soil. What other ways do you use objects that came from soil?

Rocks are important to people too. Some rocks—called **ores**—have large amounts of useful minerals. People can separate the minerals from the rocks. The ore in the picture has the mineral copper. People use copper to make coins, electric wires, and pots and pans.

Copper

Open-pit mine

Some ores have more than one kind of useful mineral. For example, an ore might have the minerals lead and silver. Lead is used to make batteries and some kinds of pipes. People use silver to make film, jewelry, and mirrors.

Sometimes ores are found deep under the ground. Miners must dig deep tunnels to get the ores out. Other times ores are found near the earth's surface. Miners remove the soil and top layers of rock to reach the ores. As you can see in the picture, this kind of mining leaves a large pit in the ground. Miners must fill in the pit after the ores are mined. Then, people can use the land again.

Using Natural Resources Wisely

natural resource (nach′ər əl ri sôrs′), something people use that comes from the earth.

recycle (rē si′kəl), to change something so it can be used again.

A **natural resource** is something people use that comes from the earth. Minerals and soil are two kinds of natural resources. The earth has a limited amount of natural resources. People must be careful not to waste them.

Some materials can be used over and over again—or **recycled.** People use the machines in these pictures to recycle aluminum (ə lü′mə nəm) cans. Aluminum is a metal found in some minerals. The machine chops the used cans into small pieces. Then, the pieces are melted and rolled into sheets. People use the aluminum sheets to make new cans.

People can recycle some materials

Field of peas

People can grow plants in ways that use soil wisely. Some plants, such as these peas, add nutrients to the soil. Different plants use up different nutrients in the soil. People can change the kinds of plants they grow each year. Then the lost nutrients have time to build up again in the soil.

Lesson Review

1. How are rocks and soil important?
2. Why should people not waste natural resources?
3. **Challenge!** Paper is made from trees. How do people use natural resources wisely when they take newspapers to be recycled?

Study on your own, pages 332–333.

INVESTIGATE!

Fertilizers have nutrients that plants need. Find out how fertilizers affect the growth of plants. Write a hypothesis and test your hypothesis with an experiment. You might try growing one plant with fertilizer and another one without fertilizer.

EARTH SCIENCE

FIND OUT ON YOUR OWN

Think of one way you can avoid wasting minerals or soil. Write your idea on a piece of paper. Then, make a poster that shows your idea for using minerals or soil wisely.

Using Graduated Cylinders and Bar Graphs

Problem: How much water will pass through different kinds of soil?

Part A. Using Graduated Cylinders to Collect Information

1. Graduated cylinders measure volume. Each line on these cylinders stands for 10 mL.
2. Each funnel has 100 cc of soil in it. When 100 mL of water is poured into a funnel, the water soaks the soil. Extra water goes through the soil into the cylinder. Look at the line on the cylinder that measures the level of the water. How many mL of water passed through the sandy soil? the clay soil? the loam soil?

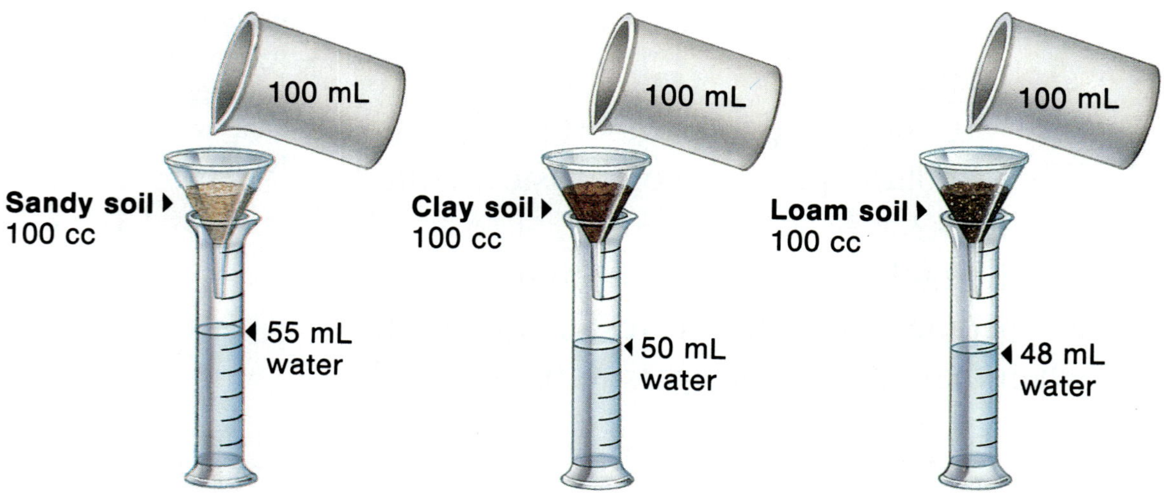

Part B. Using a Bar Graph to Organize and Interpret Information

3. This bar graph contains the information you collected about how much water will pass through soil. Each bar shows how much water passed through one kind of soil. What does each line on the scale on the left stand for?

4. The first bar shows how much water passed through the sandy soil. Trace with your finger from the top of the bar across to the scale on the left. The bar shows that 55 mL of water ran into the cylinder. How much water ran into the second cylinder? the third?

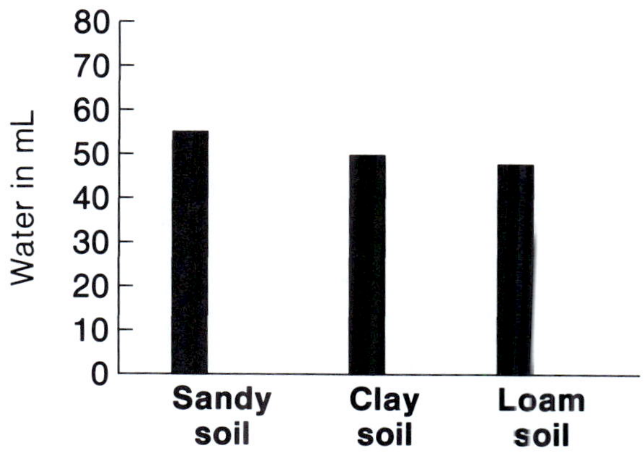

Part C. Using Graduated Cylinders and a Bar Graph to Solve a Problem

Problem: Does changing the amount of soil in the funnel affect how much water passes through it?

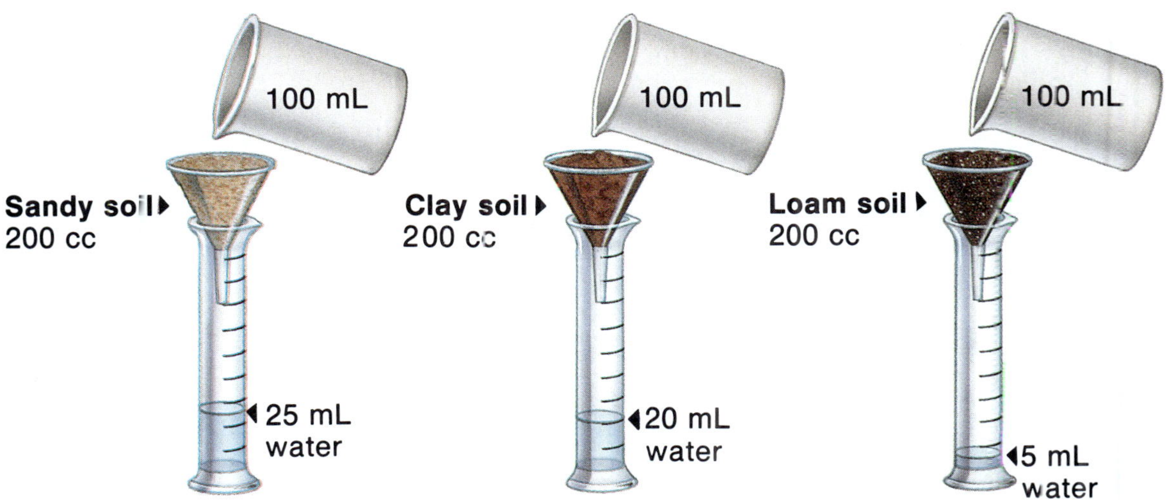

5. Use the graduated cylinders to collect the information you need to solve the problem. Make a bar graph similar to the one shown in Part B to organize your information.
6. Look at your bar graph. Does changing the amount of soil in the funnel affect how much water passes through it?
7. You might want to do this experiment and use your own results to make a bar graph.

Chapter 9 Review

Chapter Main Ideas

Lesson 1 • Rocks are made of one or more minerals. • Igneous rocks, sedimentary rocks, and metamorphic rocks are three kinds of rocks that formed in different ways.

Lesson 2 • Rock can break apart into small pieces and form part of the soil. Soil also has air, water, and decayed matter. • Three kinds of soil are clay soil, sandy soil, and loam.

Lesson 3 • Many objects people use come from rocks and soil. • People should use natural resources wisely.

Reviewing Science Words

clay soil	loam	ore
decays	metamorphic rock	recycle
humus	natural resources	sandy soil
igneous rock	nutrient	sedimentary rock

Copy each sentence. Fill in the blank with the correct word from the list.

1. A rock becomes a ___ when heat or pressure changes the minerals in an igneous or sedimentary rock.
2. ___ is loose soil with large grains.
3. A plant ___ when it slowly breaks down, or rots.
4. ___ is a mixture of clay, sand, and humus.
5. A ___ is a material in the soil that a plant needs to grow.
6. People can ___ some kinds of minerals so that they can be used again.
7. A rock that is formed from melted minerals is an ___.
8. Smooth soil with tiny grains is ___.
9. ___ is formed when layers of material are pressed together.
10. Minerals and soil are two kinds of ___.
11. ___ is decayed matter in soil.
12. A rock that has a large amount of useful minerals is an ___.

Reviewing What You Learned

Write the letter of the best answer.

1. Most plants grow well in
   (a) sandy soil. (b) clay soil. (c) ores. (d) loam.
2. The soft black material in a pencil tip comes from
   (a) a plant. (b) a rock. (c) sandy soil. (d) humus.
3. The grains in clay soil are
   (a) close together. (b) far apart. (c) very large.
   (d) loose and easy to dig.
4. Miners remove soil and top layers of rock to reach
   (a) igneous rocks. (b) loam. (c) ores. (d) clay.
5. What kind of rocks can form in layers under water?
   (a) igneous (b) sedimentary (c) humus (d) loam
6. Which plant parts often break rocks apart?
   (a) roots (b) stems (c) flowers (d) leaves
7. Which kind of rock is marble?
   (a) sedimentary (b) ore (c) igneous
   (d) metamorphic
8. Which kind of soil has few nutrients?
   (a) loam (b) clay soil (c) humus (d) sandy soil

Interpreting What You Learned

Write a short answer for each question or statement.

1. How does humus help plants grow?
2. Explain how water can break a large rock apart.
3. Describe the steps in recycling an aluminum can.
4. How can a farmer grow plants to use soil wisely?
5. How does clay soil differ from sandy soil?

Extending Your Thinking

Write a paragraph to answer each question or statement.

1. Which would dry faster after a rainstorm, a sandy beach or a field with many different plants? Explain your answer.
2. Most minerals are mined only in places where they are found in large amounts. Give one possible reason for this.

To explore scientific methods, see Experiment Skills on pages 364–365

Chapter 10

Changes in the Earth

Notice how the water flows over these rocks. Over the years, the water has worn away some of the rock.

Introducing the Chapter

In this chapter, you will read about the inside and outside of the earth. You will learn how the earth can change. In the activity below, you will learn how a drop of water can change the land.

DISCOVER!

Observing Drops of Water

Suppose you dug a small hole in a field. This would not change the land much. Suppose you and your classmates spent a week digging holes in the field. Then the field would look very different.

Place a small mound of sand on a piece of waxed paper. Use a medicine dropper to let a drop of water fall on the sand, as shown in the picture. Notice what happens to the sand. Now hold the dropper higher above the sand. Squirt all the water in one place on the sand. Refill the dropper several times. Squirt all the water in the same place.

Talk About It

1. What did one drop of water do to the mound of sand?
2. What happened when you let a lot of water fall quickly on the sand in the same place?

1 What Is the Inside of the Earth Like?

LESSON GOALS

You will learn
- that the earth has three layers.
- how scientists study the inside of the earth.

People used to think the earth was flat. They believed that if you sailed a boat far out into the ocean, the boat would fall off the earth. Today people know this is not true. The earth is not flat. It is shaped like a ball. The earth only seems flat because it is so large. When you look around you, you are seeing only a small part of the earth.

Layers of the Earth

Compare the picture of the peach with the picture of the earth. You can see that they both have three layers.

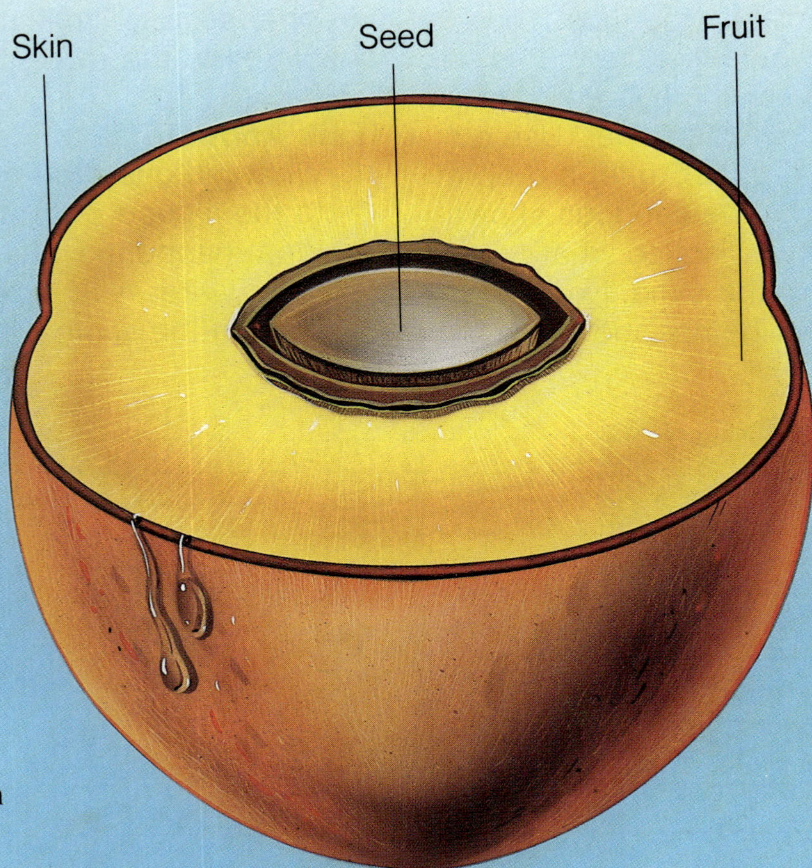

Parts of a peach

Find the outer layer of the earth. This layer is like the skin of the peach. The outer layer, or **crust,** of the earth is made up of rocks and soil. The land you walk on and the land under the oceans are part of the crust.

What part of the earth is like the middle part of the peach? The middle layer of the earth is the **mantle.** It is mostly made of rock. Some of the rock in the mantle is partly melted.

Notice that the center part of the earth is like the peach seed. The center of the earth—the **core**—is mostly iron. The outside part of the core has liquid iron. The inside part has solid iron. The core is the hottest part of the earth. The temperature of the core is almost as hot as the surface of the sun!

SCIENCE IN YOUR LIFE

Some parts of the top of the earth's crust are stronger than others. When workers build a very tall building, they first test the ground. The workers need to find out if the crust is strong enough to hold up the building.

crust (krust), the outer layer of the earth.

mantle (man′tl), the middle layer of the earth.

core (kôr), the center part of the earth.

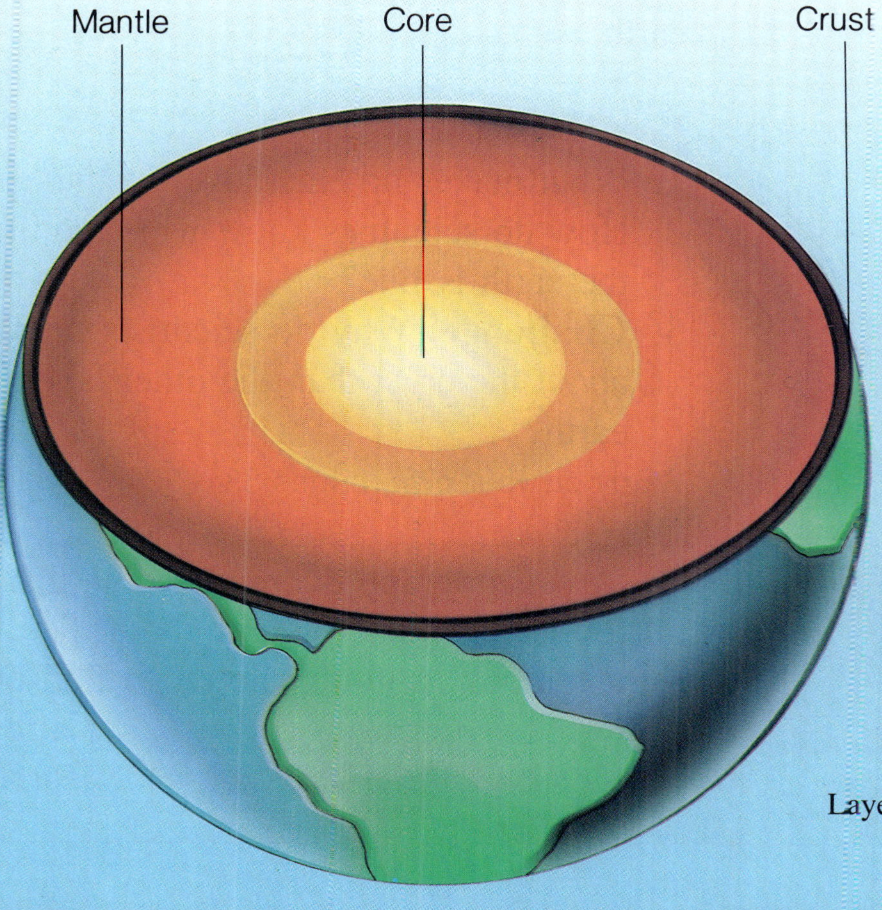

Layers of the earth

Studying the inside of the earth

How Scientists Study the Inside of the Earth

The earth's mantle and core are too far down to reach. Scientists study the inside of the earth from the outside. Movements of the earth's crust give scientists information about the inside of the earth. Scientists also use instruments to find out about the inside of the earth.

Lesson Review

1. What makes up each layer of the earth?
2. How do scientists know what the inside of the earth is like?
3. **Challenge!** Why do scientists know more about the crust than the other layers of the earth?

Study on your own, pages 334–335.

PHYSICAL SCIENCE

FIND OUT ON YOUR OWN

CONNECTION

A seismograph is one machine that scientists can use to learn about the earth's crust. Look in library books to find out how a seismograph works. Write a few sentences telling what you have learned.

ACTIVITY

Inferring Shapes From Sounds

Purpose
Describe the sounds hidden objects make when they move in a box and *infer* the shapes and types of the objects.

Gather These Materials
• covered box containing several objects • tape

Follow This Procedure
1. Use a chart like the one shown to record your observations.
2. Tilt, turn, and shake the box. Listen to the sounds the objects make. Do they sound like they are sliding or rolling? What do they sound like when they hit the sides of the box? How many objects do you think are in the box?
3. Record your observations. Write the names of the objects you think are in the box.
4. Open the box. Write the names of the objects in the chart.
5. Make up another mystery box like the one in the picture. Use objects that you get from your teacher. Seal the box with tape. Trade boxes with a partner.
6. Repeat steps 2, 3, and 4.

Record Your Results

Sounds Made	Objects you think are in box	Objects in box

State Your Conclusion
1. How did the sounds help you to tell what was in the box?
2. How did you tell how many objects were in the box?

Use What You Learned
What are some things you could not learn about the hidden objects by shaking the box? Explain your answer.

2 How Do Water and Wind Change the Earth's Crust?

LESSON GOALS

You will learn
- how rocks weather.
- how water and wind cause erosion.

weather (weᴛʜ′ər), to wear down or break apart rocks.

Notice how smooth the rocks in the picture look. These rocks used to have very sharp edges. Over many years, these sharp edges have worn away.

Weathering

You learned in Chapter 9 that rocks crumble and wear away. When rocks break down, they **weather.** Most rocks weather slowly, over many years. Rocks can weather in several different ways.

Freezing water weathers rocks. You know that water can fill the holes and cracks in a rock. What happens to the rock as the water continues to freeze and melt?

Moving water can wear away rocks.

Plants also help weather rocks. You learned that plant roots can grow in soil that collects in the cracks of rocks. The roots can break rocks apart as they grow. The roots of a large plant, such as a tree, can break a boulder apart.

Sometimes, rainwater and gases in the air can weather rocks. You learned in Chapter 1 that carbon dioxide is a gas in the air. Carbon dioxide can mix with water, such as rain, to form a new material. This material can turn hard minerals in rocks to soft clay. Then the rocks slowly break apart. Sometimes, materials in the water eat away the minerals in rocks and leave hollow spaces. Some of these hollow spaces are beautiful underground caverns, like the one in the picture.

INVESTIGATE!

Find out how moving water affects the beaches along lakes and oceans. Write a hypothesis and test it with an experiment. You might make a model to show wave action using a pan, water, and sand.

Weathered rocks can form underground caverns.

Erosion

erosion (i rô′zhən), the movement of soil or rocks by wind or water.

Every year, wind and water move tons of soil and rocks. **Erosion** is the moving of soil and rocks by wind or water. Erosion changes the earth's crust. Most of the time these changes happen very slowly, over many years.

Look at the paths on the hill. The paths were made by erosion. As rainwater rolled down the hill, it picked up some of the soil. The water carved out the paths as it moved the soil down the hill. The soil has collected at the bottom of the hill.

Soil erosion

Wind erosion

Wind erosion formed the large piles of sand in the picture. Strong desert winds blew the sand over long distances. When the winds calmed down, the sand stopped moving. Over time, the large piles of sand were formed.

Lesson Review

1. How do rocks weather?
2. What is erosion?
3. **Challenge!** How can erosion be both harmful and helpful?

Study on your own, pages 334–335.

LIFE SCIENCE
FIND OUT ON YOUR OWN
CONNECTION

Plants help keep soil from being eroded by protecting the soil from wind and water. The plants' roots help to hold down the soil. Use an encyclopedia to find out how farmers use plants to stop erosion on their land. On a sheet of paper, describe two ways that farmers fight erosion.

ACTIVITY

Making A Model of Erosion

Purpose

Observe how rocks erode in moving water.

Gather These Materials

• 30 small, rough stones • 2 coffee cans, half filled with water, with lids • 2 large, clear plastic cups
• 3 sheets of paper towel
• masking tape • marking pen

Follow This Procedure

1. Use a chart like the one shown to record your observations.
2. Divide the stones into three equal piles. Use the tape and the pen to label the piles A, B, and C.
3. Put pile A into one coffee can and pile B into the other can. Label the cans A and B.
4. Hold can A with both hands as shown in the picture. Shake the can 100 times. Ask another person in the group to shake the can 100 times.
5. Pour the water from can A into a cup. Look at the water.
6. Put the stones from can A on the paper towel. Look at the stones. Record what you see.
7. Repeat steps 4, 5, and 6 with can B. Have ten people shake the can 100 times. Compare the three piles of stones.

Record Your Results

	Water	Stones
Can A		
Can B		
Pile C		

State Your Conclusion

1. Compare the way the water in can A looks with the way the water in can B looks.
2. How are the stones in piles A, B, and C different from each other after the shaking?

Use What You Learned

How are the stones moving in the cans like the rocks moving in a stream of water?

Predicting Earthquakes

The Problem One of the clearest signs that the earth is always changing is an earthquake. Over a hundred years ago, an earthquake shook the city of Los Angeles. In 1906, an earthquake caused a lot of damage in San Francisco. In 1987, a big earthquake hit Los Angeles. Scientists have been studying the causes of earthquakes. They know that large pieces of crust called plates cover the earth. Plates move only a few millimeters each year. Earthquakes occur when two plates hit each other or move apart. If scientists could tell when the earthquakes might happen, they might help save lives.

The Breakthrough Scientists looked for ways to keep track of small movements of the earth's surface. Several discoveries in the 1960s gave them the tools they needed. Scientists learned how to send satellites into space. They also learned how to make a special kind of light, called a laser. Laser light travels long distances in a very straight line. Lasers can make measurements over long distances.

New Technology Today, scientists shoot laser light at satellites from ground stations.

These stations are on each edge of a plate in the earth's surface. Scientists time how long the laser light takes to reflect back from the satellite. Computers record the time and the position of the satellite. If the light travels back faster or slower, the station must have moved. If the station moved, then the crust must have moved. This helps people measure shifts in the earth's crust. Then they can predict that an earthquake is likely to occur. However, no one can tell exactly where or when an earthquake will hit.

What Do You Think?

1. What steps would you take if you lived where earthquakes were likely to occur?
2. Why is being prepared for earthquakes just as important as knowing when they might happen?

3 How Do Earthquakes and Volcanoes Change the Earth's Crust?

LESSON GOALS

You will learn
- how earthquakes change the earth's crust.
- how volcanoes change the earth's crust.

earthquake (ėrth′kwāk′), a shaking or sliding of the earth's crust.

Weathering and erosion usually change the earth's crust very slowly. Sometimes, however, the crust changes very quickly. The picture shows where a large crack occurs in the earth's crust. Land on either side of this crack can suddenly move a couple meters in a minute.

Earthquakes

An **earthquake** is a shaking or sliding of the earth's crust. Earthquakes happen when rocks inside the earth move. As the rocks move, they may form new cracks in the crust. Sometimes, the movement of the rocks makes the land move up, down, or sideways. The picture shows land after an earthquake. How did the earthquake change the land?

Earthquakes change the earth's crust.

Most earthquakes are too weak for people to notice. However, some earthquakes are strong enough to shake buildings. The walls of buildings might fall down during a strong earthquake. The picture shows the kind of damage an earthquake can do. The movement of the ground twisted these railroad tracks as if they were a rubber band. Earthquakes can injure or kill people. Many people are hurt by falling objects.

Scientists try to predict earthquakes. Knowing when an earthquake will happen can save lives. People would have time to go to a safe place.

If you are indoors during an earthquake, stay away from windows and furniture that could slide or fall over. If outdoors, stay away from high buildings and other objects that could fall.

Earthquake damage

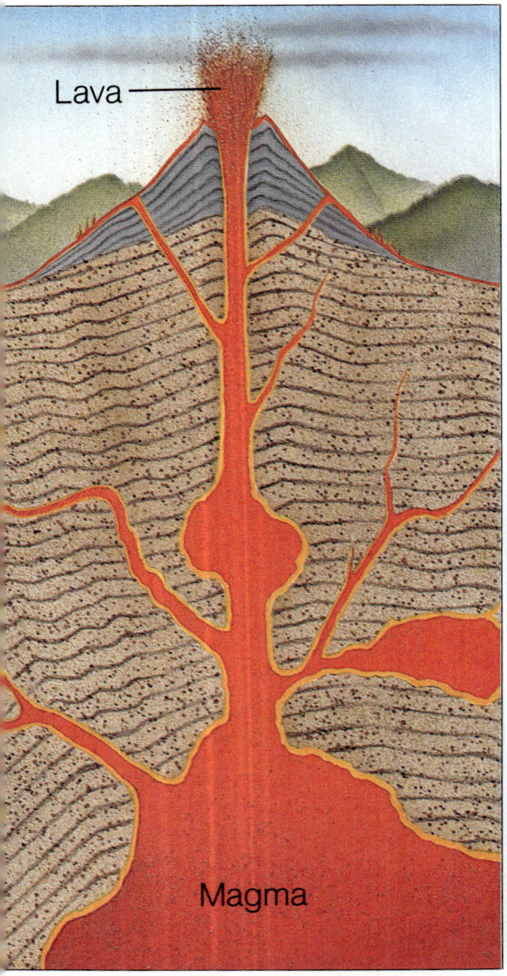

A volcano

Kilauea Volcano in Hawaii

Volcanoes

volcano (vol kā′nō), a mountain with an opening through which lava, ashes, rocks, and other materials come out.

erupt (i rupt′), to burst out.

magma (mag′mə), hot, melted rock deep inside the earth.

Hot, melted rock is shooting out from the volcano in the picture. A **volcano** is a mountain with an opening at the top. When a volcano erupts, melted rock, ashes, and other materials burst out from its opening.

What causes a volcano to **erupt**? The picture shows that hot, melted rock—or **magma**—lies deep inside the earth. The magma is squeezed up through the crust. Sometimes, the magma is forced up through the volcano, and the volcano erupts.

Magma that comes out of a volcano is called **lava.** When the lava cools, it hardens into solid rock. The rock forms new crust. Like earthquakes, volcanoes can change the earth's crust very quickly.

When a volcano erupts, it can hurt people and damage property. Hot lava that flows down a volcano can burn homes.

Scientists look for warning signals to predict when a volcano will erupt. Small earthquakes near a volcano might mean that magma is rising inside. A bulge on a volcano also might mean that the volcano is about to erupt.

SCIENCE IN YOUR LIFE

A volcano can form new land. The Hawaiian Islands were formed by underwater volcanoes. The islands are the tops of volcanoes in the Pacific Ocean.

lava (lä′və), hot, melted rock that flows from a volcano.

Lesson Review

1. How can earthquakes change the earth's crust?
2. What causes a volcano to erupt?
3. **Challenge!** Why do earthquakes occur when magma rises in a volcano?

Study on your own, pages 334–335.

EARTH SCIENCE
FIND OUT ON YOUR OWN

Look in an encyclopedia to find out where earthquakes occur most often on the earth. Then, write the answers to the following questions.

1. What part of North America has the most earthquakes?
2. What parts of the earth have the fewest earthquakes?
3. Do more earthquakes occur under water or on land?

4 How Do Living Things Change the Earth's Crust?

LESSON GOALS

You will learn
- how people change the earth's crust.
- how plants and animals change the earth's crust.

Whenever you dig a hole in the ground or split a rock in half, you are changing the earth's crust. People, plants, and animals change the earth's crust every day.

How Animals and Plants Change the Earth's Crust

Some animals, such as earthworms, live in the earth's crust. These animals change the earth's crust as they dig through the soil. Other animals look for food in the soil. How is the animal in the picture changing the land?

Plants also help change the earth's crust. Plants can protect the land from erosion by holding the soil down. How can plants help change rocks into soil?

A prairie dog

How People Change the Earth's Crust

When people build things, they change the land. People dig rocks and soil out of the ground to build roads and buildings. People cut down plants. Then wind and water can easily erode the soil. You learned in Chapter 9 that people dig mines to reach ores. Digging mines changes the earth's crust. Look at the picture. How are these workers changing the land?

Lesson Review

1. How can plants and animals change the earth's crust?
2. How do people change the land when they build things?
3. **Challenge!** Why do plants grow better in soil in which animals live or dig?

Study on your own, pages 334–335.

SCIENCE IN YOUR LIFE

You might have seen cracked sidewalks near trees. As the trees' roots grew, they pushed up on the sidewalks. The pushing caused the sidewalks to break apart.

Building a road

EARTH SCIENCE

FIND OUT ON YOUR OWN

Long ago, there were no living things on the earth. Try to imagine what the earth might have looked like then. How was the earth's surface different from the surface today? Write a short paragraph that describes what you think the earth's crust used to be like. Then, use library books to find out what scientists think the earth was like at that time in history.

Skills for Solving Problems

Using Balances and Line Graphs

Problem: What effect do plants have on soil erosion?

Part A. Using a Balance to Collect Information

1. The pictures below show three trays of soil. Tray A is fully covered with grass plants. Tray B has only half the number of plants as Tray A. How many plants does Tray C have?
2. Each tray had the same amount of water sprinkled over it. The soil that washed away from each tray was collected and put on a balance. Each balance shows the mass of soil that was eroded from each tray. Tray A had 4 grams of soil eroded from it. How much soil was eroded from Tray B? Tray C?

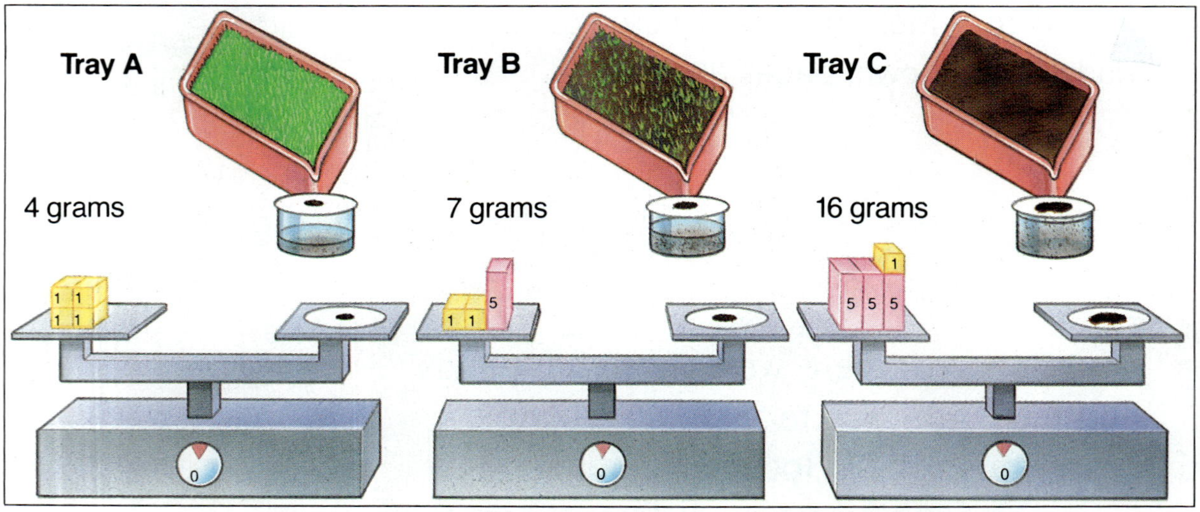

Part B. Using a Line Graph to Organize and Interpret Information

3. The line graph contains the information you collected in Part A. The dots on the graph show how many grams of soil were eroded from each tray. The line connecting the dots shows that erosion in each tray increased. If the line between two dots is not steep, the

increase in the amount of erosion was small. If the line is steep, the increase in the amount of erosion was great. Where is the line the steepest on the graph? Between which two trays did erosion increase the most? Between which two trays did erosion increase the least?

4. What effect do plants have on soil erosion?

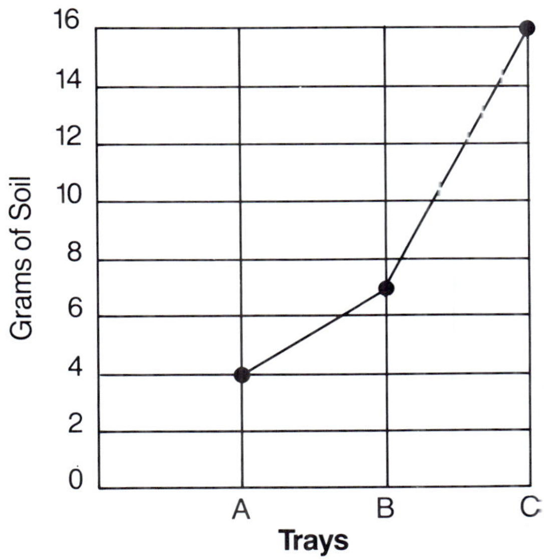

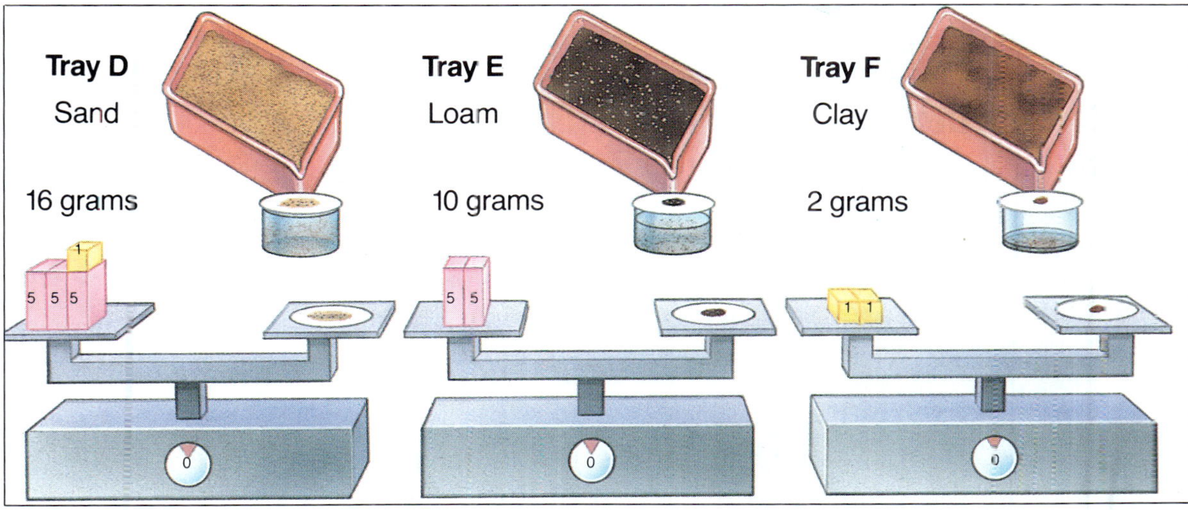

Part C. Using a Balance and Line Graph to Solve a Problem

Problem: How are different types of soil affected by erosion?

5. Use the pictures above to collect the information you need to solve the problem. Make a line graph similar to the one shown in Part B to organize your information.
6. Look at your line graph. Which kind of soil eroded the most? The least?

Chapter 10 Review

Chapter Main Ideas

Lesson 1 • The earth has three layers—the crust, the mantle, and the core. • Scientists learn about the inside of the earth by studying movements of the earth's crust and by using instruments.

Lesson 2 • Water, plants, and air help weather rocks. • Water and wind help cause erosion of the soil.

Lesson 3 • Earthquakes cause fast changes in the earth's crust. • Volcanoes cause the earth's crust to change very quickly.

Lesson 4 • Plants change the earth's crust by breaking rocks apart; animals change the earth's crust by digging in the soil. • People change the earth's crust by building roads and buildings, cutting down trees, and mining.

Reviewing Science Words

crust	erupts	mantle
core	lava	volcano
earthquake	magma	weather
erosion		

Copy each sentence. Fill in the blank with the correct word from the list.

1. ▒▒ is hot, melted rock deep inside the earth.
2. The movement of soil or rocks by wind or water is ▒▒.
3. The ▒▒ is the middle layer of the earth.
4. A ▒▒ is a mountain with an opening through which lava, ashes, rocks, and other materials come out.
5. Rocks ▒▒ when they wear down or break apart over a long time.
6. The outer layer of the earth is the ▒▒.
7. A volcano ▒▒ when melted rock, ashes, and other materials burst out from its opening.
8. A shaking or sliding of the earth's crust is an ▒▒.
9. The ▒▒ is the inner layer of the earth.
10. ▒▒ is hot, melted rock that flows from a volcano.

Reviewing What You Learned

Write the letter of the best answer.

1. The mantle is mostly made of
   (a) water. (b) rock. (c) metal. (d) soil.
2. Which of the following makes slow changes in the earth's crust?
   (a) volcano (b) earthquake (c) erosion (d) lava
3. Plants help change rocks into
   (a) soil. (b) magma. (c) volcanoes. (d) lava.
4. Plants can help change the earth's
   (a) core. (b) mantle. (c) magma. (d) crust.
5. The earth's core is mostly
   (a) cold. (b) water (c) iron. (d) soil.
6. What mixes with carbon dioxide to turn hard minerals into clay?
   (a) air (b) water (c) lava (d) rock
7. When large blocks of rock in the earth's crust move, they form
   (a) an earthquake. (b) erosion. (c) lava. (d) weathering.
8. When lava cools, it forms
   (a) humus. (b) sandy soil. (c) clay. (d) rock.

Interpreting What You Learned

Write a short answer for each question or statement.

1. What are three ways people can change the earth's crust?
2. How do scientists study the inside of the earth?
3. How does the way an earthquake changes the land differ from the way erosion changes the land?
4. Explain how water can cause rocks to weather.
5. How can people protect themselves during an earthquake?
6. What is one warning signal that a volcano is about to erupt?

Extending Your Thinking

Write a paragraph to answer each question or statement.

1. How could you get an idea of how deep a hole is without really looking into it?
2. In which place would you find more erosion, a thick forest or a bare hill?

To explore scientific methods, see Experiment Skills on pages 366–367.

Chapter 11

Clouds and Storms

Think about the last time you saw a storm. You might have seen large clouds like these in the sky. You also might have seen lightning.

Introducing the Chapter

In this chapter, you will find out how clouds form. You also will learn what causes rainy and stormy weather. The air always has some water in it—even on a clear day. This activity will help you learn about water in the air.

DISCOVER!

Observing How Water Changes

Wear cover goggles for this activity.

Wet a paper towel and squeeze out the extra water. Use the paper towel to make a wet mark on a chalkboard. Look at the chalkboard as it dries.

Place one end of a straw inside a small plastic bag. Hold the edges of the bag tightly around the sides of the straw. Now blow through the straw. How does the plastic bag look? Open the plastic bag. Run your finger along the inside of the bag. How does the inside of the bag feel?

Talk About It

1. Where did the water go as the chalkboard dried?
2. How did the inside of the plastic bag become wet?

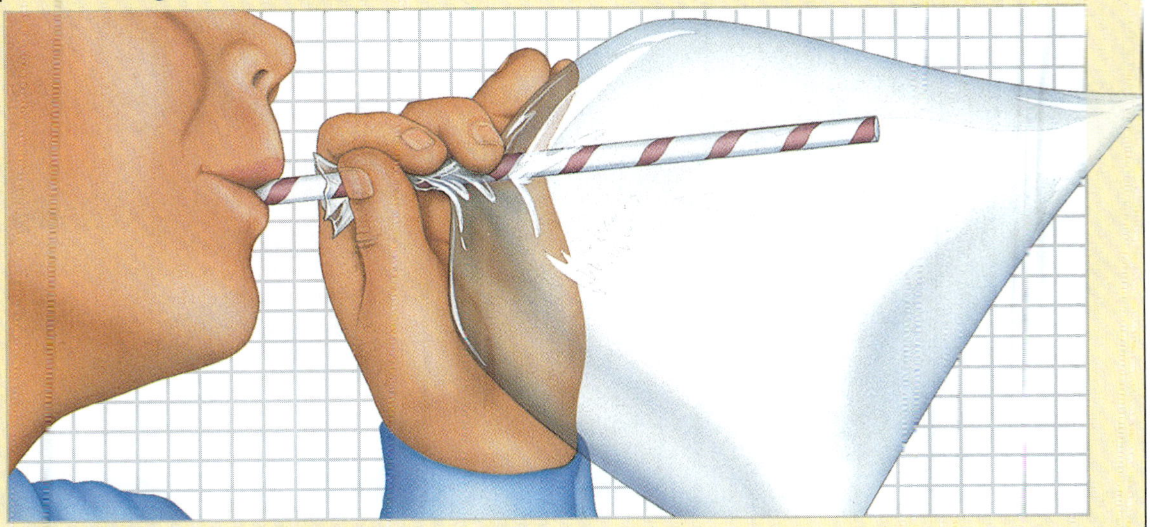

1 How Do Clouds Form?

LESSON GOALS

You will learn
- how water evaporates and condenses.
- how clouds form.
- how three kinds of clouds differ.

dew (dü), water vapor that condenses on cool surfaces, usually during the night.

Imagine climbing out of a swimming pool like the girl in the picture will do. Your skin would feel wet. Suppose you sat in the sun for a few minutes. How would your skin feel?

How Water Changes Forms

You learned in Chapter 5 that water can change from one state to another. Water on your skin evaporates and becomes water vapor. Heat from the sun helps water evaporate. Wind also helps water evaporate.

Sometimes you might notice water on the grass in the morning. When air cools during the night, water vapor in the air condenses into small drops of water. These drops of water —called **dew**—settle on the grass. What other places might you see dew?

Water evaporates from your skin.

How Clouds Form

You probably have seen your breath in the air on a cold day. Water vapor is in your warm breath. This water vapor condenses when it meets the cold air. What happens if you breathe out onto a cold window?

Water vapor in the air condenses in much the same way as water in your breath does. As warm air rises, it cools. As air cools, the water vapor in the air condenses into tiny droplets of water. The picture shows that many of these droplets come together to form clouds.

Sometimes the air just above the ground cools quickly. Then the water vapor in the air condenses to form **fog**—a cloud near the ground. You might notice that the air around you feels wet when fog forms.

INVESTIGATE!

Find out how a low temperature affects water vapor. Write a hypothesis and test it with an experiment. You might place a metal pan in a freezer for several hours. Take it out and observe what happens.

fog, a cloud that forms just above the surface of the earth.

Forming Clouds

Cirrus clouds

Cumulus clouds

Stratus clouds

Kinds of Clouds

cirrus (sir′əs) **clouds,** high, feathery white clouds made of tiny pieces of ice.

cumulus (kyü′myə ləs) **clouds,** fluffy clouds that look like puffs of cotton.

stratus (strā′təs) **clouds,** clouds that form in sheets or layers and spread out over the sky.

The pictures show three kinds of clouds. **Cirrus clouds** are made of tiny pieces of ice. These feathery clouds float high in the air. You often see cirrus clouds in good weather.

Cumulus clouds look like cotton. You usually see these clouds in good weather. Weather can become stormy when cumulus clouds become large.

Stratus clouds form in layers. These clouds usually spread across the sky. You often see stratus clouds during a rain.

Lesson Review

1. How can water change forms?
2. How do clouds form?
3. How do three kinds of clouds differ?
4. **Challenge!** How can you make water in a glass evaporate faster?

Study on your own, pages 336–337.

EARTH SCIENCE

FIND OUT ON YOUR OWN

Keep a cloud diary for a week. On a piece of paper, write down the kinds of clouds you see every day. Next to the name of each kind of cloud, write a sentence describing the weather.

ACTIVITY

Measuring Temperature at Which Dew Forms

Purpose

Measure the temperature at which dew forms.

Gather These Materials

• shiny can • water • ice cubes or crushed ice • stirring stick • thermometer

Follow This Procedure

1. Use a chart like the one shown to record your observations.
2. Use the thermometer to measure the temperature in your room.

   CAUTION: Handle thermometers carefully.
3. Half fill the can with water. Place the thermometer into the can of water as shown in the picture. Record the temperature of the water.
4. Add ice, a little at a time, to the water. Slowly stir the ice and water with the stirring stick.
5. Carefully watch the can. Read the thermometer when water forms on the outside of the can. Record the temperature.

Record Your Results

Air temperature	
Water temperature	
Temperature at which water forms on can	

State Your Conclusion

1. How did the temperature at which water formed on the can compare with room temperature?
2. What caused water to form on the outside of the can?

Use What You Learned

What can happen to water vapor in the air when it rises and cools?

2 What Happens to Water in the Clouds?

LESSON GOALS

You will learn
- how rain and snow form.
- how all the water on earth keeps moving through the water cycle.

precipitation (pri sip′ə tā′shən), moisture that falls to the ground.

Think about water vapor condensed on a mirror. What happens if you push the tiny drops of water together? The drops become large. They get heavy and run down the mirror. Rain drops form in much the same way.

Forming Rain and Snow

The tiny drops of water in clouds are light enough to float in the air. The drops can bump into each other and form larger drops. The large drops are too heavy to float in the air. These drops fall as rain. The rain that falls from clouds is called **precipitation.** Snow is another kind of precipitation. Snowflakes are feathery bits of ice formed in clouds where air is freezing.

The Water Cycle

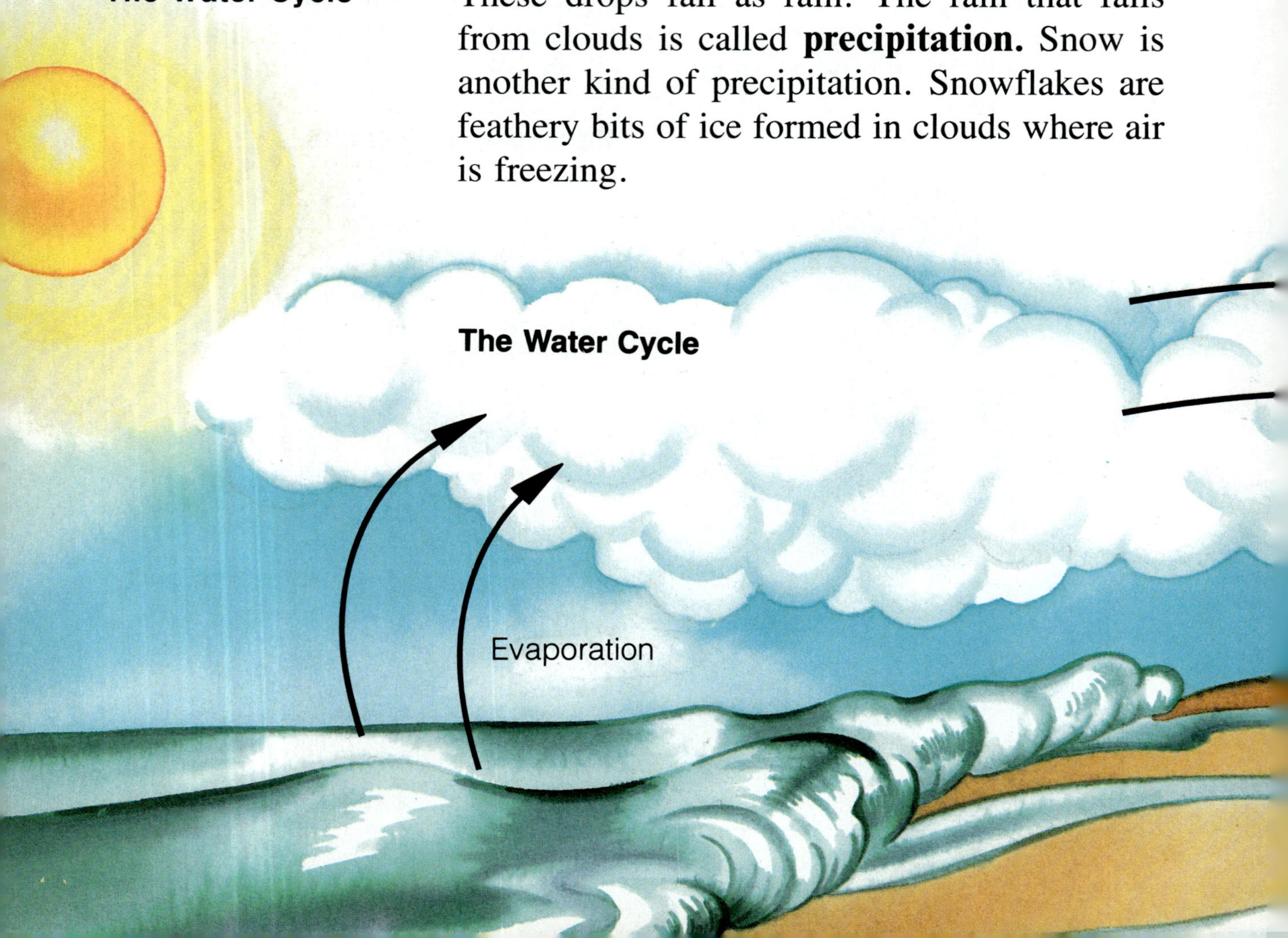

The Water Cycle

All the water on earth keeps moving and changing forms. The movement of water on the earth by evaporation, condensation, and precipitation is called the **water cycle.**

Use your finger to trace the raindrop's path through the water cycle in the picture. Suppose a raindrop falls on a hillside. Imagine the drop of water running down the hillside into a stream. Where does the water in the stream flow? Energy from the sun makes some of the water evaporate. Then the drop of water changes to water vapor. Some of the water vapor might condense into a tiny drop and form part of a cloud. Rain or snow might fall. Then the whole water cycle repeats itself.

SCIENCE IN YOUR LIFE

Hail is a kind of precipitation made up of lumps of ice. These icy lumps are formed inside storm clouds. Most hailstones are about the size of a pea. Some hailstones can get as big as a baseball.

water cycle (sī′kəl), the movement of water from the ground to the air and back to the ground by evaporation, condensation, and precipitation.

All the water on earth is part of the water cycle.

Some water evaporates from land and small bodies of water like the one in the picture. Much of the water from rivers and streams reaches lakes and oceans. Most of the earth's water is in oceans, so most water evaporates from oceans. Water evaporates, condenses, and falls as precipitation over and over again.

Lesson Review

1. How do rain and snow form?
2. What are the parts of the water cycle?
3. **Challenge!** Explain how water from your faucet might once have been in the ocean.

Study on your own, pages 336–337.

PHYSICAL SCIENCE
FIND OUT ON YOUR OWN
CONNECTION

Look in library books to find out about shapes and patterns of snowflakes. Use white paper to cut out different kinds of snowflakes. Write a few sentences explaining how snowflakes are different and how they are alike.

Activity

Observing Part of the Water Cycle

Wear cover goggles for this activity.

Purpose
Observe how water moves in the water cycle.

Gather These Materials
• large jar • hot tap water • ice cubes • plastic wrap • rubber band

Follow This Procedure
1. Use a chart like the one shown to record your observations.
2. Half fill the jar with hot water.
3. Place the plastic wrap over the opening of the jar. Let the plastic wrap droop to make a bowl shape.
4. Put a rubber band around the top of the jar to hold the plastic wrap in place.
5. Place 2 or 3 ice cubes on the plastic wrap, as shown in the picture. Wait 5 minutes.
6. Remove the ice cubes. Observe the plastic wrap. Record what you observe.
7. Replace the ice cubes on the plastic wrap. Wait 5 more minutes. Remove the plastic wrap from the jar. Observe the bottom of the plastic wrap. Record what you observe.

Record Your Results

After 5 minutes	
After 10 minutes	

State Your Conclusions
1. What happened to some of the hot water in the jar?
2. What did putting ice on the plastic wrap do to the warm air in the jar?

Use What You Learned
What part or parts of the water cycle were shown in this activity?

3 What Causes Storms?

LESSON GOALS

You will learn
- how a thunderstorm forms.
- how hurricanes and tornadoes form.
- how people can keep safe during storms.

How Storms Form

Imagine walking outside on a sunny day. Suddenly, the sky gets dark. The wind blows and rain begins to fall. Lightning flashes in the sky. A thunderstorm is beginning.

Thunderstorms

The picture shows what happens when a thunderstorm forms. Warm, moist air quickly moves up in the sky. As cool air replaces the rising air, winds begin to blow. Large cumulus clouds form. Water droplets in the clouds become large and heavy. The rain begins to fall.

You learned in Chapter 7 that electric charges can jump between objects. You see lightning when electric charges jump between clouds or from a cloud to the ground. You often can hear thunder after lightning flashes. How can you describe the sound of thunder?

How Storms Form

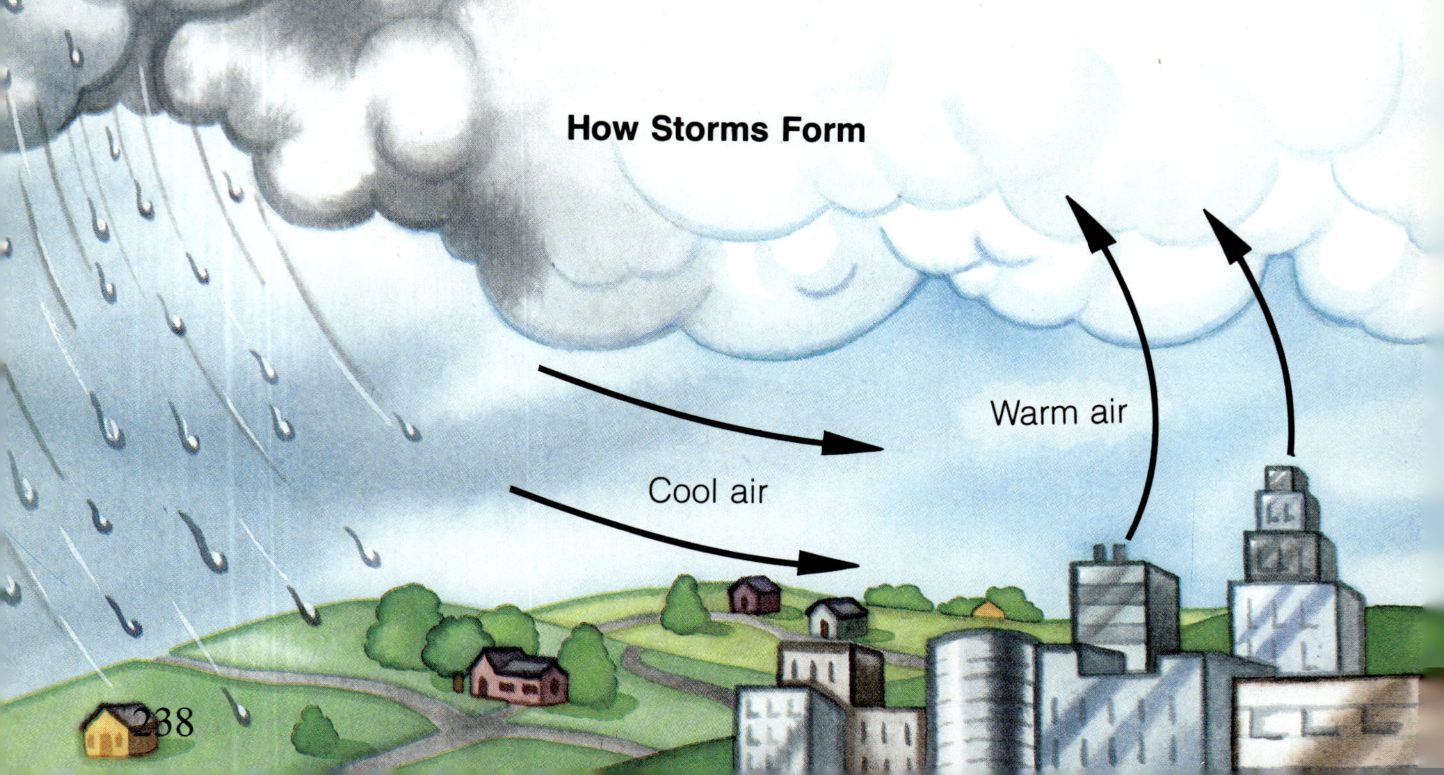

A tornado

Hurricanes and Tornadoes

A **hurricane** is a huge storm that forms when warm, moist air begins to rise very quickly from a warm ocean. The water vapor condenses to form clouds. Cool air moves in to replace the warm air that rises. The air and the clouds begin to spin around and around. As more water vapor rises from the ocean, more air begins to spin and the storm grows stronger. A hurricane has powerful winds that can destroy buildings and heavy rains that can cause floods. When a hurricane moves over land, it dies out.

Look at the **tornado** in the picture. A tornado can form during a thunderstorm when air rises very quickly. The air twists into a funnel-shaped cloud that moves along a narrow path. A tornado has the fastest winds on earth. Usually, tornadoes stay in the air. A tornado that touches the ground can destroy objects in its path.

hurricane (hėr′ə kān), a huge storm that forms over a warm ocean and has strong winds and heavy rains.

tornado (tôr nā′dō), a funnel cloud that has very strong winds and moves along a narrow path.

A tornado drill

SCIENCE IN YOUR LIFE

A lightning rod is a metal rod placed on top of a building. The rod is connected to the ground. If lightning strikes a lightning rod, the electric charges move through the rod and into the ground. Then, the electric charges do not harm the building.

Keeping Safe During Storms

You can help keep yourself safe during a thunderstorm. Going inside a building or a car with a hard top can help protect you. If you cannot go indoors, lie down in a low place. Stay away from trees and water.

Learn about the emergency plans in your community for hurricanes and tornadoes. These children are having a tornado drill at school. They stay indoors away from windows.

Lesson Review

1. How does a thunderstorm form?
2. How do hurricanes and tornadoes form?
3. How can people keep safe during thunderstorms?
4. **Challenge!** Why does a hurricane die out when it moves over land? Explain.

Study on your own, pages 336–337.

PHYSICAL SCIENCE

FIND OUT ON YOUR OWN

CONNECTION

A barometer measures air pressure. Look in library books to learn more about barometers. Write a few sentences explaining how a barometer works. Tell how a barometer can be useful for learning about weather.

Mapping Tornadoes

"The United States has the biggest and the best," says Dr. Ted Fujita. "That's why I came here from Japan." Dr. Fujita is not talking about mountains or baseball games. He is talking about tornadoes. He has been interested in these storms his whole life. Now as a scientist, he knows more about tornadoes than almost anyone in the world.

Dr. Fujita knows that in the middle of the United States tornadoes form easily. Cold winds from Canada blow south and east. Warm, moist winds from the Gulf of Mexico blow north. When these winds meet, they can twist together to make a tornado.

No one can tell just when a tornado will strike. However, Dr. Fujita found a way to help people make a good guess. He put together a map to show where tornadoes occurred from 1930 to 1978. In that time, about 23,000 tornadoes occurred. By using this map, Dr. Fujita and other scientists can tell where tornadoes are most likely to happen.

Most tornadoes last a short time—less than one hour. They usually travel just a short distance. However, tornadoes are so powerful that they can toss railroad cars and flatten houses.

Dr. Ted Fujita

Dr. Fujita thinks that the more people learn about tornadoes the more lives can be saved.

What Do You Think?

1. Why do you think a tornado is sometimes called a twister?
2. Why do you think tornadoes are not common in Oregon?

Skills for Solving Problems

Using Rain Gauges and Charts

Problem: How can rainfall be measured?

Part A. Using Rain Gauges to Collect Information

1. Rain gauges are containers that are used to collect and measure rainfall. Look at the rain gauges below. Each line on these rain gauges is 1 centimeter. What is the abbreviation for centimeter?
2. The rain gauge in example A collected 1 centimeter of rain. How much rain was collected in examples B, C, and D?

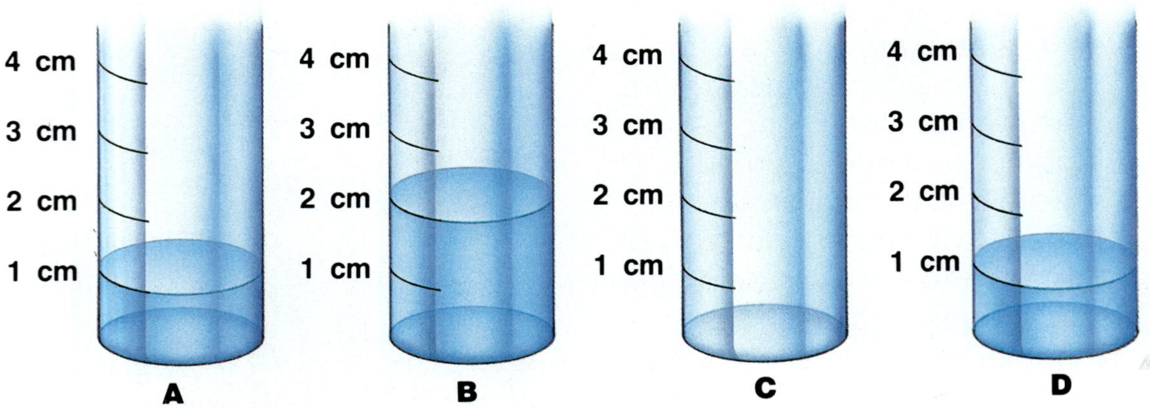

Part B. Using a Chart to Organize and Interpret Information

3. This chart contains the information you collected from the four rain gauges. Which rain gauge collected the most rainfall? Which rain gauge collected no rainfall?

Rain Gauge	Rainfall collected
A	1 cm
B	2 cm
C	0 cm
D	1 cm
Total rainfall	4 cm

4. Look again at the rain gauges. Which rain gauges collected the same amount of rainfall?

5. What is the total amount of rainfall that was collected by all of the rain gauges?

Part C. Using Rain Gauges and Charts to Solve a Problem

Problem: What was the total rainfall for one week?

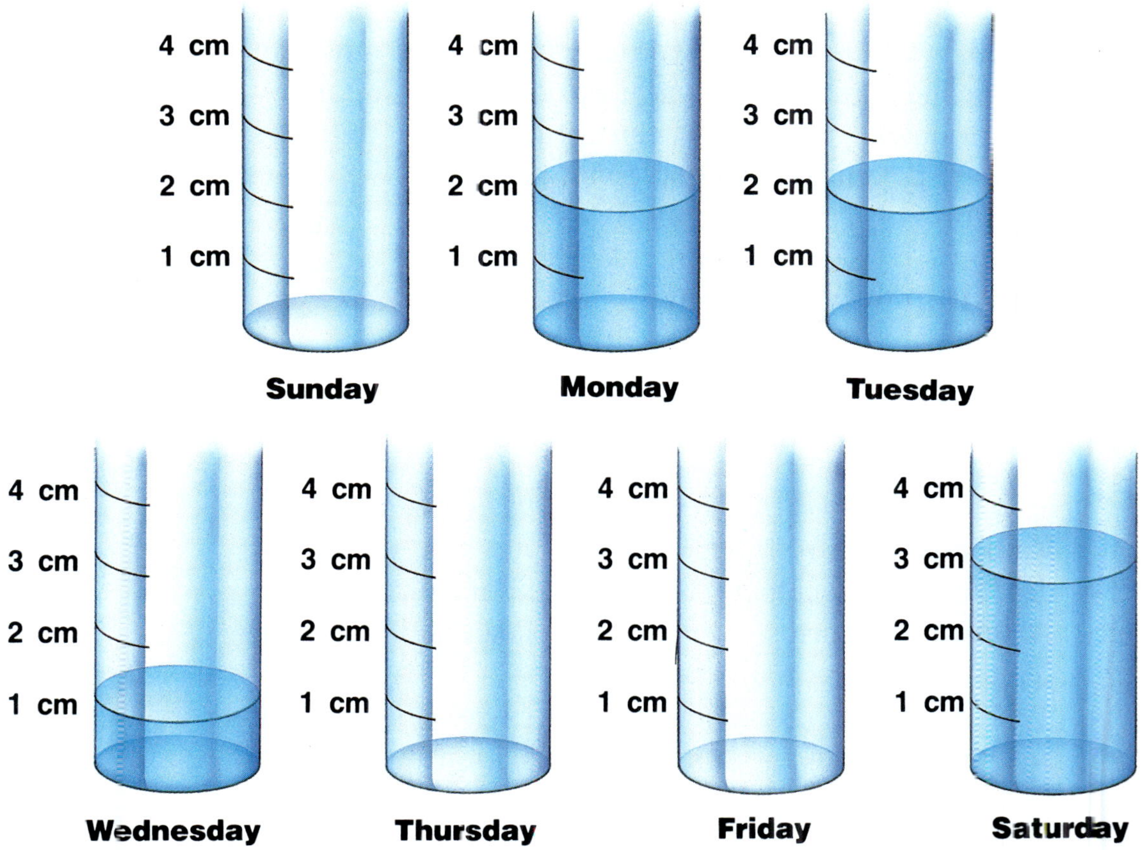

6. Use the picture to collect the information you need to solve the problem. Make a chart similar to the one in Part B to organize your information.
7. Look at your chart. How many days of the week did it rain?
8. What was the total rainfall for the week?

Chapter 11 Review

Chapter Main Ideas

Lesson 1 • Water changes forms when it evaporates and condenses. • Water vapor in the air condenses to form clouds. • Cirrus clouds, cumulus clouds, and stratus clouds are three kinds of clouds.

Lesson 2 • Rain and snow are forms of precipitation. • Water on earth evaporates, condenses, and falls as precipitation over and over again as it goes through the water cycle.

Lesson 3 • A thunderstorm forms when warm, moist air rises. • A hurricane forms when warm ocean water evaporates and rises very quickly; a tornado can form during a thunderstorm when air rises quickly. • People can help keep themselves safe during storms.

Reviewing Science Words

cirrus clouds	fog	stratus clouds
cumulus clouds	hurricane	tornado
dew	precipitation	water cycle

Write a short answer for each question or statement.

1. Rain that falls from the clouds is one kind of ___.
2. ___ are high, feathery clouds made of pieces of ice.
3. A storm that forms over a warm ocean and has strong winds and heavy rains is a ___.
4. The ___ is the movement of water between the ground and the air by evaporation, condensation, and precipitation.
5. Clouds that look like puffs of cotton are ___.
6. A cloud that forms just above the surface of the earth is called ___.
7. ___ is water vapor that condenses on cool surfaces, usually during the night.
8. ___ are clouds that form in layers and spread out over the sky.
9. A funnel cloud that has strong winds and moves along a path is called a ___.

Reviewing What You Learned

Write the letter of the best answer.

1. The fastest winds on earth are in a
   (a) hurricane. (b) tornado. (c) rainstorm. (d) stratus cloud.
2. How does wind change the speed at which water evaporates?
   (a) makes it faster (b) makes no change
   (c) makes it slower (d) stops water from evaporating
3. One kind of precipitation is
   (a) fog. (b) snow. (c) dew. (d) water vapor.
4. Clouds form when water vapor
   (a) warms up. (b) freezes. (c) evaporates. (d) condenses.
5. A hurricane forms over a warm
   (a) desert. (b) river. (c) ocean. (d) lake.
6. Which kind of clouds can usually be seen during a thunderstorm?
   (a) cumulus (b) icy (c) stratus (d) cirrus
7. Most of the earth's water is in
   (a) rivers. (b) lakes. (c) oceans. (d) soil.
8. What forms when air just above the ground cools quickly?
   (a) a storm (b) dew (c) rain (d) fog

Interpreting What You Learned

Write a short answer for each question.

1. What should you do if you are outdoors during a thunderstorm?
2. What causes lightning and thunder?
3. Suppose a raindrop falls. What steps in the water cycle would the raindrop then follow?
4. How is a cloud like condensed water vapor on a mirror?

Extending Your Thinking

Write a paragraph to answer each question.

1. How could you explain to someone that you take in water every time you breathe?
2. Which place would be safer during a tornado, the top floor of a building with many windows or a basement with no windows? Explain your answer.

To explore scientific methods, see Experiment Skills on pages 368–369.

Chapter 12

The Sun, Moon, and Planets

For hundreds of years people wondered what caused parts of the moon to look light or dark. Scientists now know that mountains and plains make the shades you see on the moon.

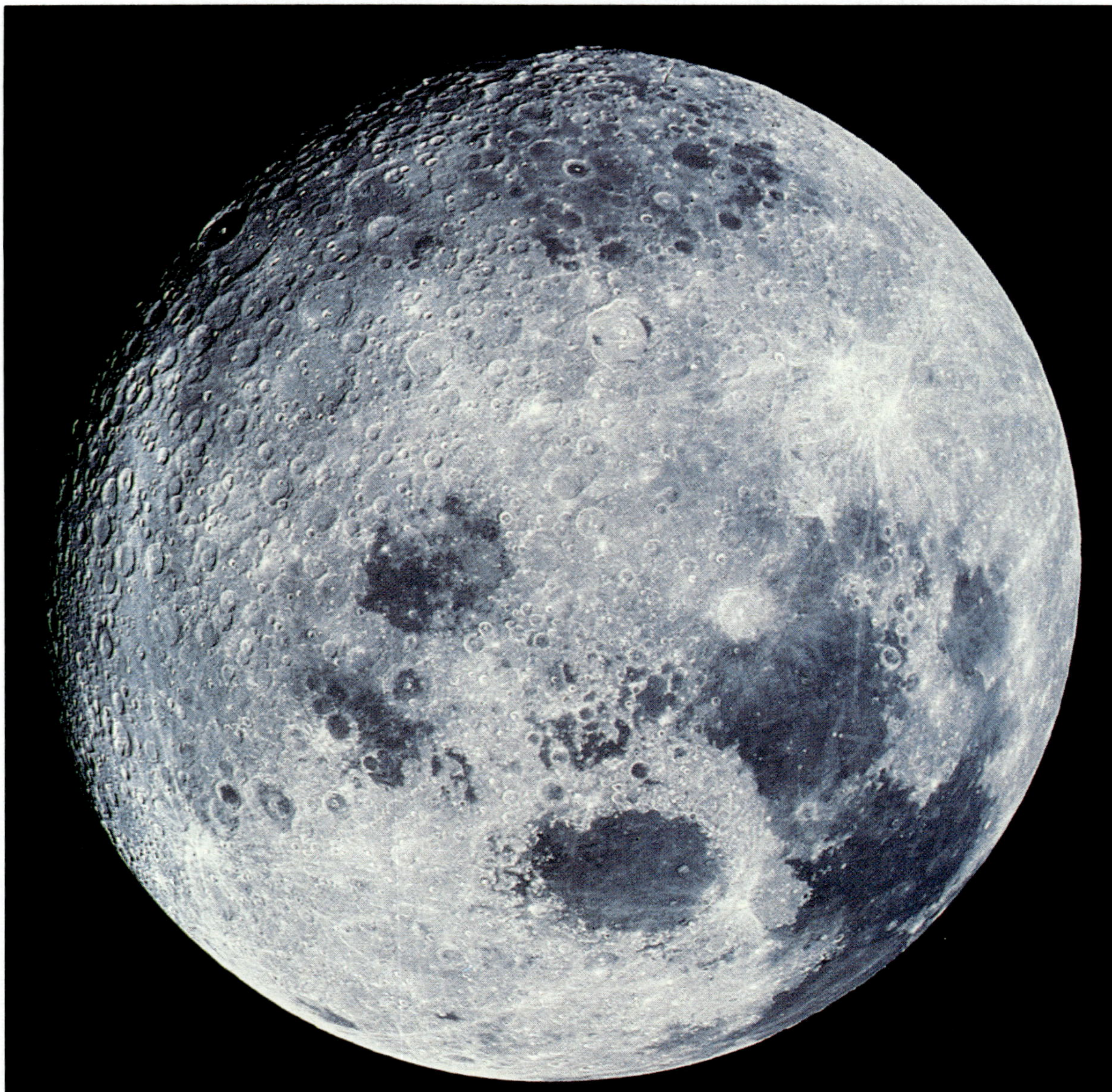

Introducing the Chapter

Think about the moon shining on a clear night. Light from the sun causes the moonlight you see. The activity below will help you learn what causes the earth's moon to shine. In this chapter, you will learn about the sun and the planets and their moons. You also will read about space travel.

DISCOVER!

Observing Light

Hold a flashlight in one hand and a dark-colored ball in the other hand. This picture shows you how to shine the flashlight directly on the ball. Pretend that the light from the flashlight is light from the sun and the ball is the earth's moon.

Move the ball slowly to the right. Notice the change in the light on the ball. Now continue to move the ball until it is completely out of the light.

Talk About It

1. Describe how the ball looked when the flashlight was shining on it.
2. How did the light on the ball change when you moved the ball away from the light?

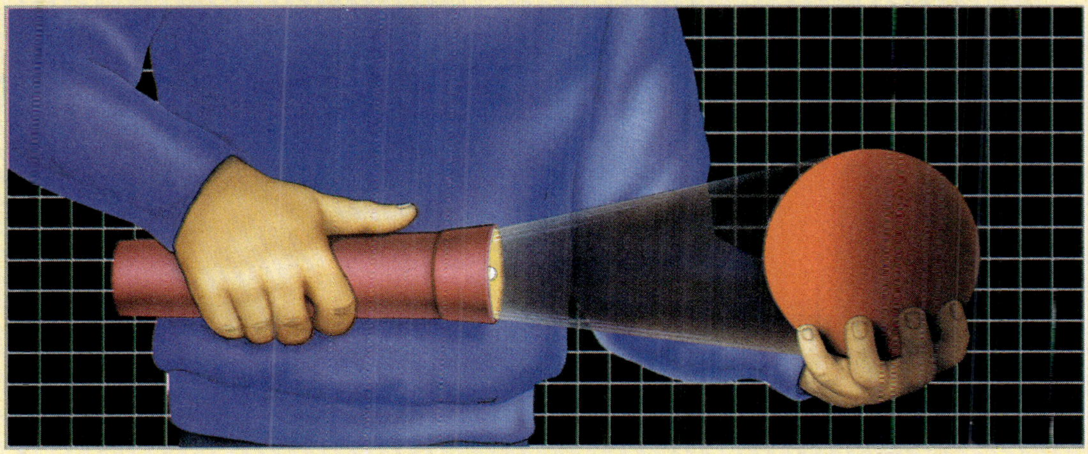

1 How Do the Earth and Moon Move?

LESSON GOALS

You will learn
- how the earth moves during 24 hours and 1 year.
- what the moon looks like and how the moon moves.
- about phases of the moon.

axis (ak′sis), an imaginary straight line through the center of the earth around which the earth rotates.

rotation (rō tā′shən), the act of spinning on an axis.

Have you ever seen a top spinning around and around? The earth spins around in much the same way as a top does.

How the Earth Moves

The earth spins around an imaginary line that runs through its center. This line is called the **axis.** Every twenty-four hours, the earth makes one complete spin, or a **rotation.**

Follow what happens to point A as the earth rotates. How does the time change? The rotation of the earth causes day and night. The part of the earth toward the sun has daylight. The part away from the sun has night.

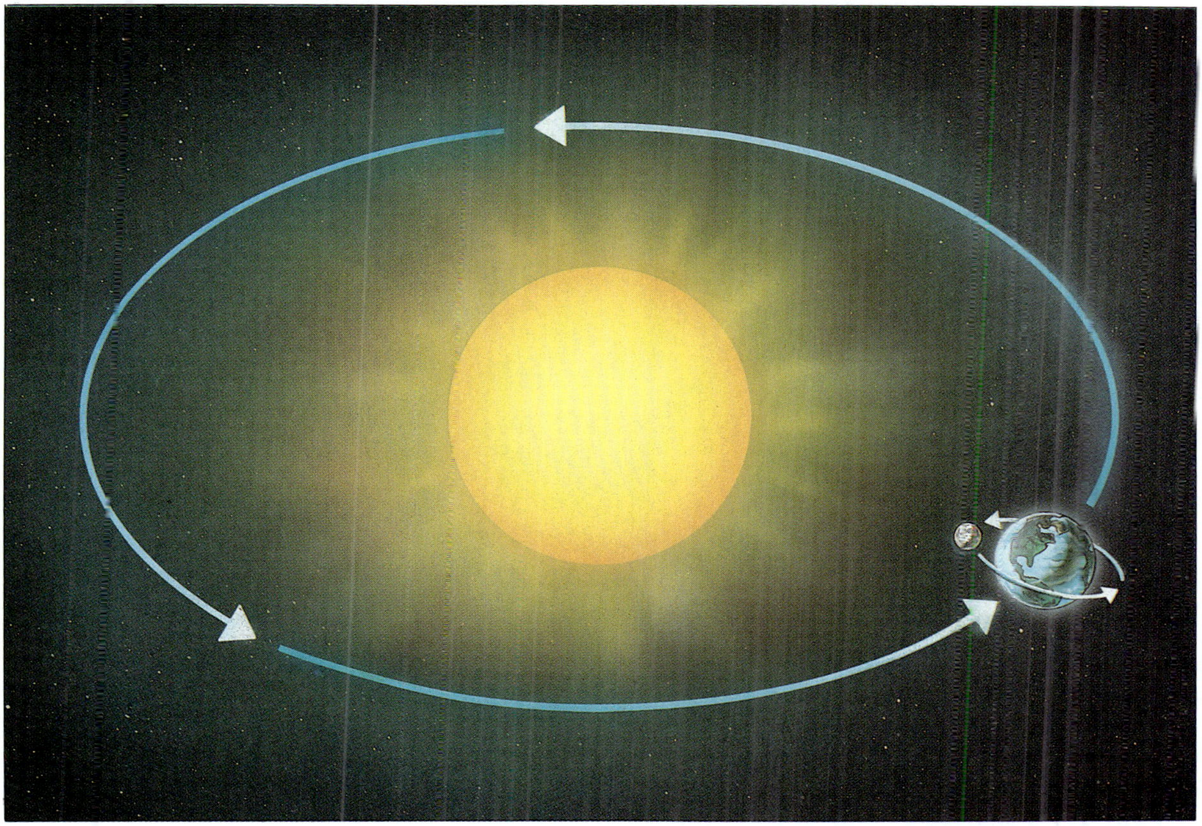

The earth's orbit around the sun

This morning you might have seen the sun in one part of the sky. Will you see the sun in the same part of the sky in the late afternoon? The sun really is not moving across the sky. The way the earth rotates makes the sun appear to move.

The earth also moves in a path around the sun. This path is called an **orbit.** Notice in the picture that the path is shaped almost like a circle. Use your finger to trace the orbit of the earth around the sun. The force of gravity from the sun pulls on the earth and keeps the earth in its orbit. Each complete orbit around the sun is called one **revolution.** The earth takes about 365 days, or one year, to make one revolution.

orbit (ôr′bit), a closed, curved path that an object follows as the object moves around another object.

revolution (rev′ə lü′shən), movement of an object in an orbit around another object

The moon's orbit around the earth

How the Moon Moves

Find the earth's moon in the picture. What is its shape? Like the earth, the moon has rocks and soil. The moon also rotates on its axis. Yet the earth's moon is different from the earth. This moon has no water or air.

The moon is called a **satellite** of the earth because it revolves around the earth. Use your finger to trace the moon's orbit. The moon takes about one month to make one revolution around the earth.

The moon does not give off its own light. The light you see comes from the sun's light reflecting off the moon. As it rotates, the part of the moon facing the sun reflects sunlight. The other part of the moon is dark. From the earth, you only see the lighted part of the moon that faces you. As the moon revolves, you see different amounts of its lighted part.

INVESTIGATE!

Find out if the earth rotates in an east-to-west or a west-to-east direction. Write a hypothesis and test it with an experiment. You might observe the directions in which the sun rises and sets. Then compare this to a model of the earth and the sun using two balls.

satellite (sat′l īt), object that revolves around another object.

Half moon

Full moon

Phases of the Moon

You probably have seen different shapes of the moon. These shapes are the **phases** of the moon. You can see all the moon's phases as the moon makes one revolution around the earth.

phase (fāz), the shape of the lighted part of the moon as it is seen from the earth.

During the new moon phase, the lighted part of the moon faces away from the earth and you cannot see it. As the moon revolves, you can see more and more of its lighted part. About one week after the new moon, the moon looks like a half circle. It is sometimes called a half moon. Find the half moon in the picture.

As the moon continues to revolve, you can see more and more of its lighted part. About a week after the half moon, you can see a complete circle. This phase is called a full moon, shown in the picture. After the full moon, you can see less and less of the moon each night. About two weeks after the full moon, the new moon phase comes again.

Sometimes you might see the moon during the daytime. You can see a full moon only at night. All the other phases of the moon can be seen during the day as well as at night.

Lesson Review

1. How does the earth move every twenty-four hours? every year?
2. How does the moon move?
3. What are the phases of the moon?
4. **Challenge!** Suppose the earth made a rotation around its axis every ten hours. How many hours would pass from the start of one day to the start of another day?

Study on your own, pages 338–339.

EARTH SCIENCE

FIND OUT ON YOUR OWN

This picture was taken during a solar eclipse. Look in a book about space to find out about a solar eclipse. Draw a picture of the sun, earth, and moon during a solar eclipse. Write a paragraph that explains your picture.

ACTIVITY

Comparing the Sun And Moon

Purpose

Infer how the sun and moon can look the same size.

Gather These Materials

• large ball • small ball • meter stick • chalk

Follow This Procedure

1. Use a chart like the one shown to record your observations.
2. Ask a classmate to hold up a large ball. Pretend that the large ball is the sun.
3. Ask another classmate to hold up a small ball in front of the sun. Pretend that the small ball is the moon.
4. Stand in front of the classmate holding the moon, as shown. The distance between you and the sun should be about 5 meters.
5. Ask the classmate holding the moon to move back and forth between you and the sun. When the moon and the sun appear to be the same size, tell the classmate to stop moving.
6. Use chalk to mark an *X* where you are standing. Measure the distance between the *X* and the moon. Record the distance.
7. Measure the distance between the *X* and the sun. Record the distance.

Record Your Results

Distance to Moon	
Distance to Sun	

State Your Conclusion

1. Was the moon closer to you or closer to the sun when it looked the same size as the sun?
2. In what way does distance affect how large an object looks?

Use What You Learned

Why do the sun and moon in the sky appear to be the same size?

2 What Are the Sun and the Planets Like?

LESSON GOALS

You will learn
- what the sun is like and how the sun produces energy.
- that the sun and the planets and their moons make up most of the solar system.

Scientists have learned many things about the sun. They know the sun is much larger than the earth. They also know that the sun is the most important source of energy for the earth.

The Sun

Have you ever watched twinkling stars at night? Each star is made of hot, glowing gases. The sun is a star. The sun looks much larger than other stars because it is closer to the earth. Objects that are closer to you often seem to be larger. You cannot see other stars during the day because the sun is so bright.

This picture shows that the sun is shaped like a ball. Notice how the sun glows. The temperature at the sun's surface is about twelve times hotter than the hottest temperature you need to cook food. The temperature in the center of the sun is even hotter. Changes in matter take place in the center of the sun. Energy comes from these changes. This energy produces the sun's heat and light.

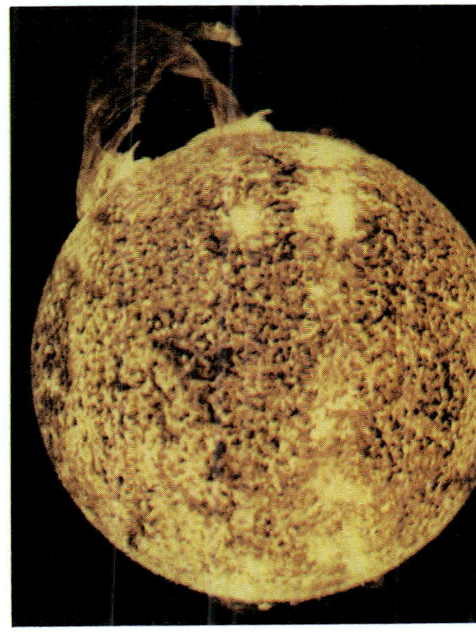

The sun

Even though the sun is the closest star to earth, it is still very far away. The light from the sun you see now really left the sun eight and one-half minutes ago.

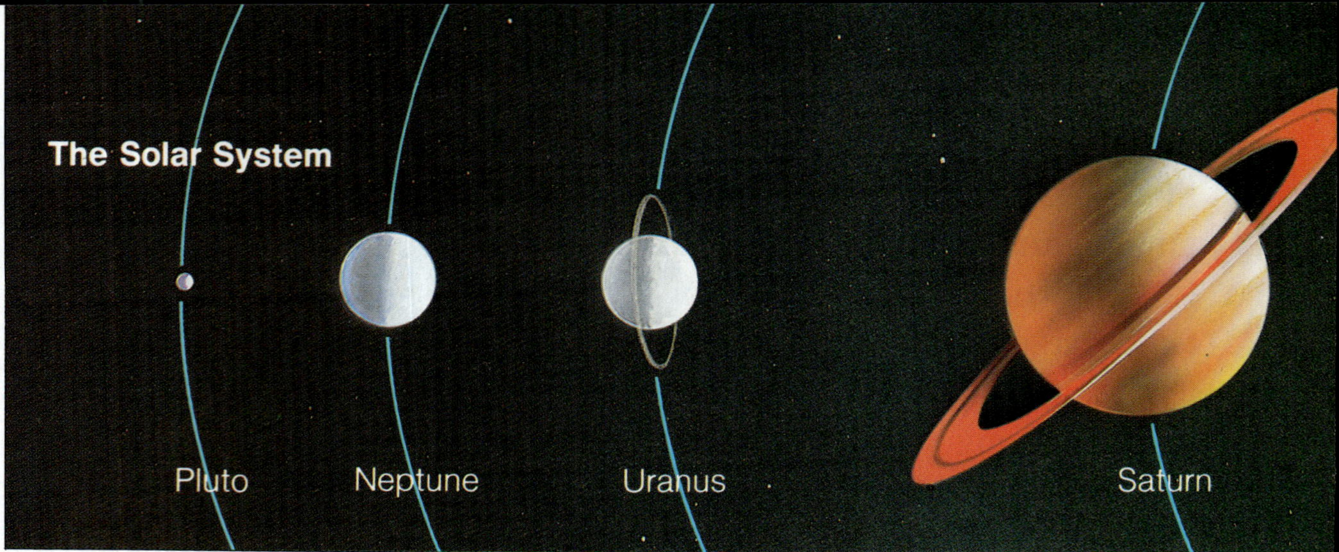

The Planets and Their Moons

planet (plan′it), a large body of matter revolving around the sun.

solar system (sō′lər sis′təm), the sun, the planets and their moons, and other objects that revolve around the sun.

You know that the earth revolves around the sun. Earth is a **planet**—a large body of matter that revolves around the sun. The other planets also revolve around the sun. The nine planets are Mercury, Venus, Earth, Mars, Jupiter, Saturn, Uranus, Neptune, and Pluto. The sun and the planets and their moons make up most of the **solar system.**

Look at the picture of the solar system. Notice that Mercury, Venus, Earth, and Mars are the closest planets to the sun. All of these planets are rocky. Mercury and Venus are very hot. The temperatures on Mars are a little cooler than those on Earth.

Different planets have different numbers of moons. Scientists know about two moons that revolve around Mars. They know about sixteen moons that revolve around Jupiter. How many moons revolve around Earth?

Compare the sizes of the planets. Jupiter is the largest planet. More than one thousand planets the size of Earth could fit into Jupiter. What is the smallest planet?

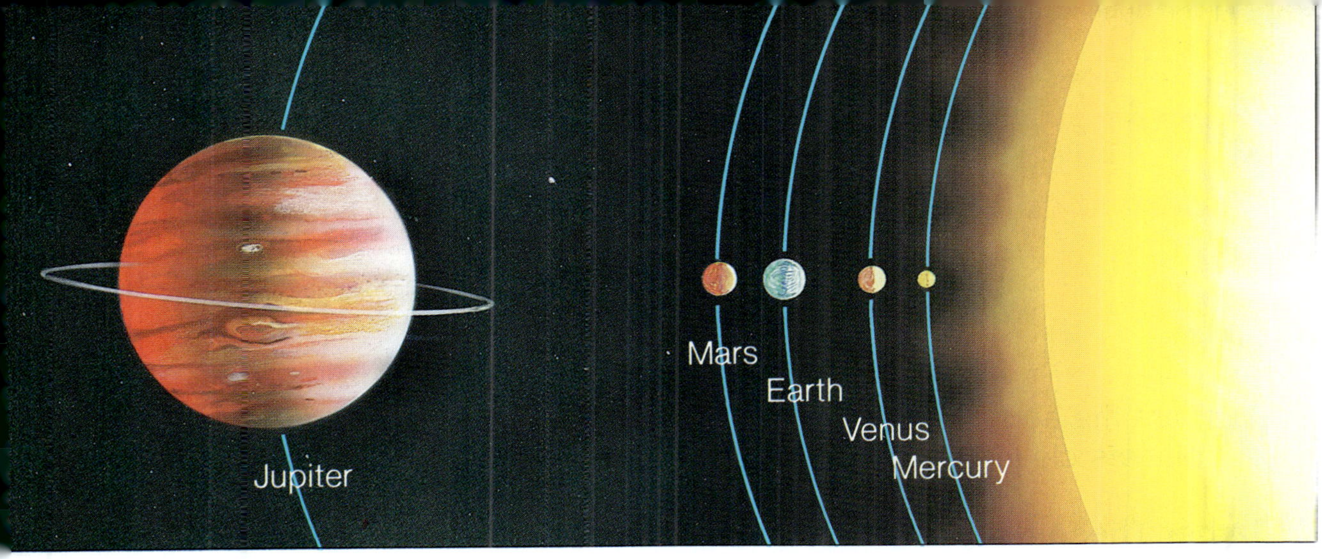

Jupiter, Saturn, Uranus, and Neptune are made mostly of gases. These planets are cold because they are far away from the sun. Notice the rings around Saturn. Scientists have learned that these rings are made of millions of pieces of ice. Scientists are still learning about the planets and their moons.

Lesson Review

1. What is the sun made of?
2. What makes up the solar system?
3. **Challenge!** What is one reason why Mercury is hotter than Earth?

Study on your own, pages 338–339.

SCIENCE IN YOUR LIFE

The time a planet takes to revolve around the sun is called a year. Mercury makes one revolution around the sun every 88 days. Therefore, a year on Mercury is only 88 days long. Jupiter takes twelve of Earth's years to revolve around the sun. A year on Jupiter is twelve Earth years long.

PHYSICAL SCIENCE
FIND OUT ON YOUR OWN
CONNECTION

Look in recent books about space to find out more about Mars. Draw a picture of Mars. Next to your picture, tell what minerals give Mars its color.

ACTIVITY

Making Models of Planets

Purpose

Compare the appearances of the four planets closest to the sun.

Gather These Materials

• cardboard • compass • ruler • string • scissors • crayons or markers • coat hanger

Follow This Procedure

1. Use a chart like the one shown to record your observations.
2. Cut out 2 circles for each planet you make. The table shows how wide to make the circles for each planet.
3. Use the ruler to draw a line from the center of each circle to the edge. Cut each line.
4. Use crayons or markers to color your circles.

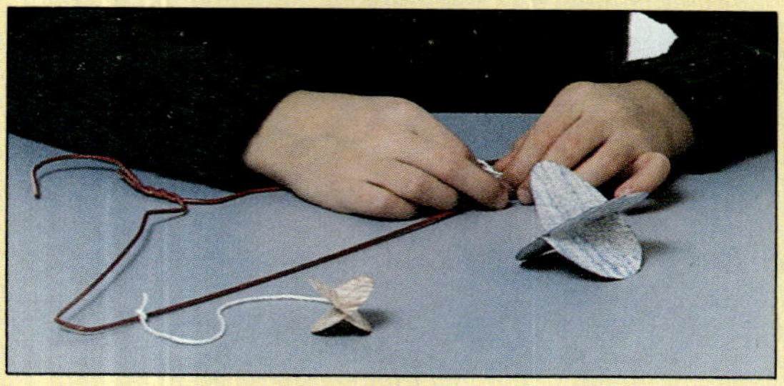

5. Using the two circles for each planet, push the circle together at the slits as shown.
6. Tape string to each planet model. Attach the models to the coat hanger, as shown. Attach the models in the correct order as shown in the table.
7. In the chart, draw a picture of each planet model you made. Write the name of the planet under the picture.

Planet	Width of Circle
Mercury	3 cm
Venus	7 cm
Earth	8 cm
Mars	4 cm

Record Your Results

Picture of Planet				
Name of Planet				

State Your Conclusion

1. How do Mercury, Venus, Earth, and Mars compare in size?
2. What is the order of the first four planets from the sun?

Use What You Learned

Which of these planets takes the longest to orbit the sun? Explain.

Doing Experiments in Space

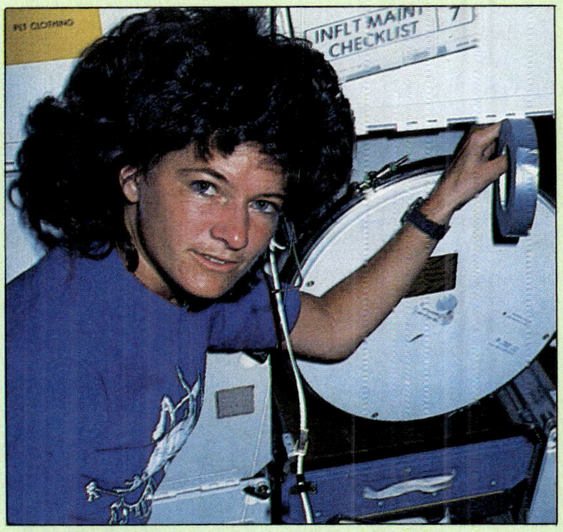

Dr. Sally Ride

Sally Ride saw an advertisement in the newspaper. It said that the space program needed new astronauts, and they wanted scientists. Dr. Ride was a scientist who was interested in stars and planets. She decided to try to get the job. More than 8,000 other people also wanted to become astronauts, but only thirty-five were chosen. When Dr. Ride found out she was one of them, she was so excited she wanted to go up in space the next day! However, she and the other new astronauts needed to spend several years training before they were ready to fly. The picture shows Dr. Ride training for her flight.

Finally, Dr. Ride got her chance. She became the first American woman to fly in space in 1983. On her flight, the spacecraft made one orbit around the earth every 90 minutes. In her six days in space, she went around the earth ninety-eight times!

One of Dr. Ride's main jobs on the flight was to use a robot arm to reach out from the spacecraft. Dr. Ride and another astronaut used the arm to practice releasing and picking up satellites in space. One of the satellites was a space lab. This type of satellite could be left in space to do experiments and take pictures. Later, another spacecraft could pick it up and bring it back to Earth.

Dr. Ride also did experiments to see how plants grow when they do not feel the pull of gravity. What she learned could help scientists plan for future farms in space.

The work that Sally Ride did helps everyone understand more about space. Dr. Ride and the other astronauts know that a great deal is still left to discover.

What Do You Think?

1. Why do you think some experiments are done on a space lab satellite and not by astronauts in flight?
2. How would farms in space be useful?

3 What Do Scientists Learn From Space Travel?

LESSON GOALS

You will learn
- how space travel helped scientists learn about the moon.
- how spacecraft helped scientists learn about Mars, Venus, and other planets.

People have always wondered about objects in the sky. For many years, people thought everything in the sky revolved around the earth. Almost four hundred years ago, a man named Galileo first used a telescope to study distant objects in the sky. Galileo found mountains and valleys on the moon. He found that Venus has phases like the moon. Galileo also saw four moons revolving around Jupiter. The telescope helped scientists prove that the earth was not the center of the solar system.

Today, people use large telescopes like this one to study objects in space. Scientists also use spacecraft that carry special cameras and other tools that help us find out about the solar system.

Using a telescope

Astronaut James Irwin

Rocket on a launch pad

Learning About the Moon

Rockets, like the one in the picture, have carried people to the moon. **Astronauts** are people who travel in space. Astronauts Neil Armstrong and Buzz Aldrin were the first people to land on the moon and return to the earth. They traveled in the spacecraft named Apollo 11.

The picture shows another astronaut on the moon. American astronauts landed on the moon six times. They visited different parts of the moon. They saw large **craters** on the moon. A crater is a hole in the ground that is shaped like a bowl. Most scientists think that rocks from space crashed into the moon and caused these craters. Scientists on earth study rocks that astronauts collected to learn about the moon.

SCIENCE IN YOUR LIFE

People on earth use some foods and some kinds of medical equipment that were first made for astronauts. Other objects used on earth, such as solar batteries, also were first made for space travel.

astronaut (as′trə nôt), a person who travels in space.

crater (krā′tər), a large hole in the ground that is shaped like a bowl.

Scientists learn about planets.

Learning About the Planets

Scientists use spacecraft to study planets. The Viking spacecraft landed on the planet Mars. No astronauts traveled on this spacecraft. Cameras on the Viking took many pictures of Mars. Scientists learned that Mars has many hills and valleys. The pictures also showed large volcanoes.

Scientists sent spacecraft into orbit around Venus. Spacecraft also have landed on Venus. Clouds always cover Venus. Spacecraft also have taken pictures of rocks under the clouds.

The scientists in the picture are studying photographs of Venus to learn more about this planet.

Spacecraft also have taken pictures of Jupiter, Saturn, and Uranus. Scientists will keep learning about the planets as they send more spacecraft into space.

Lesson Review

1. How has space travel helped scientists learn about the moon?
2. How have spacecraft helped scientists learn about the planets?
3. **Challenge!** Suppose you stood on the surface of Venus. Would you be able to see the earth and the stars? Explain your answer.

Study on your own, pages 338–339.

EARTH SCIENCE

FIND OUT ON YOUR OWN

The pictures show satellites made by people. Scientists have sent such satellites into orbit around the earth. Look in library books to find out how some of these satellites help scientists learn about weather on earth. Write a few sentences explaining what you learned.

Skills for Solving Problems

Using Calendars and Charts

Problem: How many days pass between full moons?

Part A. Using Calendars to Collect Information

1. A calendar divides time into years, months, and days. Calendars tell about time. How many months does this calendar show?
2. A full moon is when you see all of the lighted side of the moon. Between each full moon, the moon revolves once around the earth. The dates of the full moons are circled below. When was the full moon in January? in February? How many days passed between the two dates?
3. How many days passed between full moons in February and in March? in March and in April? in April and in May? in May and in June?

January

S	M	T	W	T	F	S
					1	2
3	4	5	6	7	8	9
10	11	12	13	14	15	16
17	18	19	20	21	22	23
24	25	26	27	28	29	30
31						

February

S	M	T	W	T	F	S
	1	2	3	4	5	6
7	8	9	10	11	12	13
14	15	16	17	18	19	20
21	22	23	24	25	26	27
28	29					

March

S	M	T	W	T	F	S
		1	2	3	4	5
6	7	8	9	10	11	12
13	14	15	16	17	18	19
20	21	22	23	24	25	26
27	28	29	30	31		

April

S	M	T	W	T	F	S
					1	2
3	4	5	6	7	8	9
10	11	12	13	14	15	16
17	18	19	20	21	22	23
24	25	26	27	28	29	30

May

S	M	T	W	T	F	S
1	2	3	4	5	6	7
8	9	10	11	12	13	14
15	16	17	18	19	20	21
22	23	24	25	26	27	28
29	30	31				

June

S	M	T	W	T	F	S
			1	2	3	4
5	6	7	8	9	10	11
12	13	14	15	16	17	18
19	20	21	22	23	24	25
26	27	28	29	30		

Part B. Using Charts to Organize and Interpret Information

4. The chart contains the information you collected about the number of days between the full moons. What do the numbers in the column on

the right stand for? What periods of time are shown in the left column?

5. What might be the reason that the number of days between full moons is not always exactly the same?

Times	Number of days
January to February	29 days
February to March	30 days
March to April	30 days
April to May	29 days
May to June	30 days

Part C. Using Calendars and Charts to Solve a Problem

Problem: How many days pass between new moons?

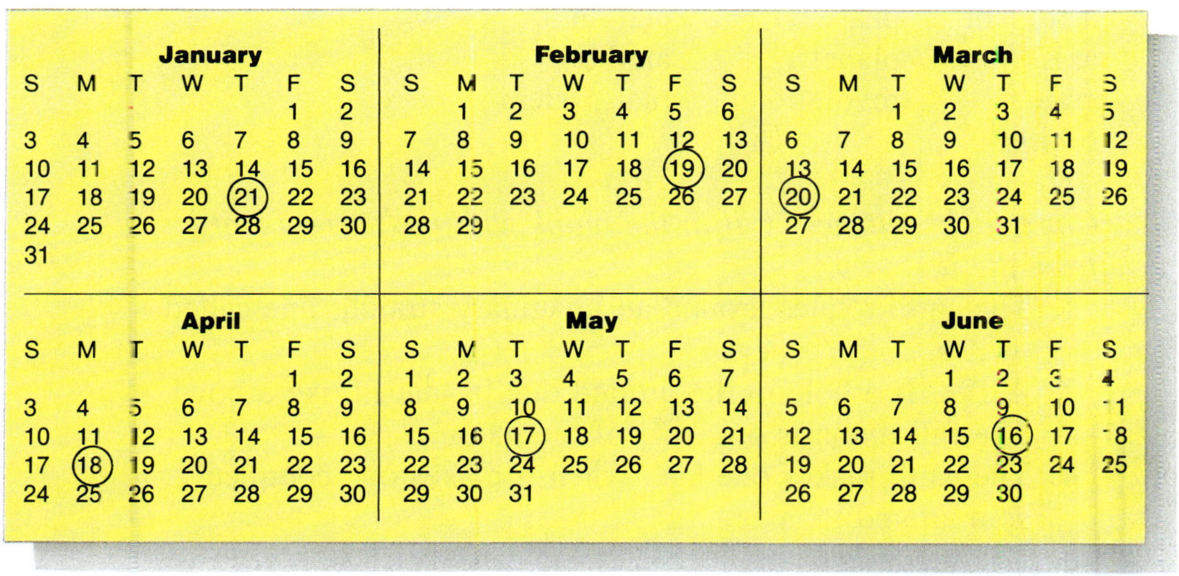

6. Use the calendar to collect the information you need to solve the problem. Make a chart similar to the one in Part B to organize your information.
7. Look at your chart. How many days pass between new moons?
8. Compare your chart with the chart in Part B. How are the numbers of days between full moons and the numbers between new moons alike or different?

Chapter 12 Review

Chapter Main Ideas

Lesson 1 • The earth rotates on its axis and revolves in an orbit around the sun. • The moon rotates on its axis and revolves around the earth. • All the phases of the moon can be seen as the moon makes one revolution.

Lesson 2 • The sun is a ball of hot, glowing gases and is the most important source of energy for the earth. • The sun and the planets and their moons make up most of the solar system.

Lesson 3 • Space travel has helped scientists learn about the moon. • Spacecraft have helped scientists learn about Mars, Venus, and other planets.

Reviewing Science Words

astronaut	phase	rotation
axis	planet	satellite
crater	revolution	solar system
orbit		

Copy each sentence. Fill in the blank with the correct word from the list.

1. The earth rotates around an imaginary straight line called its ____.
2. A ____ is a hole in the ground that is shaped like a bowl.
3. The full moon is one ____ of the moon.
4. The earth makes one ____ when it makes one complete spin around its axis.
5. The moon is called a ____ of the earth because it revolves around the earth.
6. Each complete orbit the earth makes around the sun is called a ____.
7. An ____ is a person who travels in space.
8. A large body of matter that revolves around the sun is called a ____.
9. The sun and the planets and their moons make up the ____.
10. An ____ is a path an object follows as it moves around another object.

Reviewing What You Learned

Write the letter of the best answer.

1. The earth rotates once every
   (a) 15 hours. (b) 18 hours. (c) 20 hours. (d) 24 hours.
2. The earth revolves around the sun once every
   (a) month. (b) 365 days. (c) day. (d) 29 days.
3. Which phase of the moon looks like a bright circle?
   (a) new moon (b) complete moon
   (c) full moon (d) half moon
4. The spacecraft Apollo 11 landed on
   (a) the moon. (b) Mars. (c) Pluto. (d) Venus.
5. What is the most important source of energy on earth?
   (a) moon (b) solar system (c) sun (d) planets
6. The planet closest to the sun is
   (a) Pluto. (b) Earth. (c) Neptune. (d) Mercury.
7. Which is the largest planet?
   (a) Neptune (b) Jupiter (c) Earth (d) Mars
8. The Viking landed on
   (a) Mars. (b) Uranus. (c) Saturn. (d) Venus.

Interpreting What You Learned

Write a short answer for each question or statement.

1. Name two planets that are colder than Earth.
2. Name three ways Mars and Earth are alike.
3. What makes the moon shine?

Extending Your Thinking

Write a paragraph to answer each question or statement.

1. Neptune takes longer to revolve around the sun than Mercury does. What can explain this difference?
2. Suppose the moon revolved completely around the earth in one week. How long would it take to see all the phases of the moon?

To explore scientific methods, see Experiment Skills on pages 370–371.

Careers

Can you imagine trying to measure the height of a mountain? How would you measure the distance around a very large lake? If you were a **surveyor,** you would know how to solve these problems. Surveyors measure different distances on the earth. They might figure out the boundary lines between houses. They might measure the length and width of rivers. People who make maps use their measurements. Surveyors spend a great deal of time outdoors. Sometimes they must walk long distances carrying heavy equipment. Surveyors learn their skills by taking special classes after high school. They also learn by working with other surveyors.

Aerial photographers also help map makers. These photographers use special cameras to take pictures from above the earth. They might take pictures while riding in an airplane or a helicopter. A map maker might use these pictures to check the exact location of a lake. Then he or she can place the lake correctly on a map. Aerial photographers take courses in photography. They improve their skills by practicing on the job.

Aerospace assemblers

Many other careers involve earth science. **Volcanologists** study volcanoes. They collect lava samples from volcanoes. One of their most important jobs is to try to predict when volcanoes will erupt. You need to go to college for at least four years to become a volcanologist.

Other careers involve watching for severe storms. Hurricanes are dangerous storms with strong winds, rain, and thunder and lightning. They are like tornadoes at sea. When hurricanes come near land, they can cause great damage to communities. **Hurricane hunters** search for these storms. They try to find hurricanes in time to warn people in the path of a hurricane.

Many other careers involve the world beyond earth. For example, **aerospacecraft assemblers** build spacecraft. The space shuttles are built by teams of assemblers. Aerospacecraft assemblers must be very careful to put parts together in exactly the right way. They learn their skills during two years of college.

Space Suits

This astronaut is ready to travel in space outside her spacecraft. Living in outer space will be very different from living on earth. For one thing, she will find no oxygen in space. She must have oxygen to breathe and stay alive. Also, space will be very cold. She will feel no gravity in space. Gravity is the force that holds you to the earth. Without gravity, a person just floats around.

Also, space contains many kinds of harmful rays like the ones that cause sunburn. In space, these powerful rays can kill a person easily. This diagram shows parts of the astronaut's space suit that protect her.

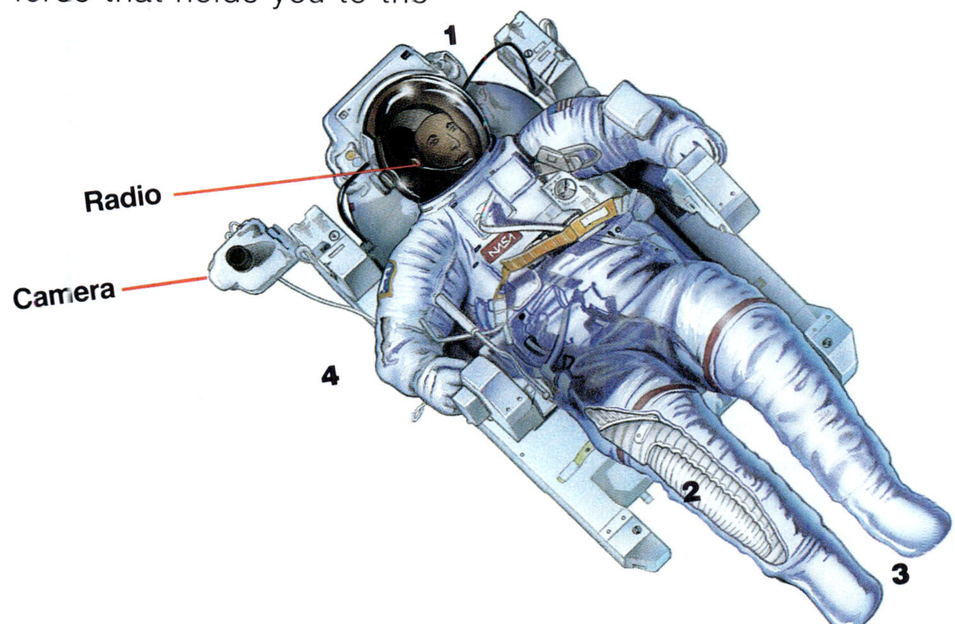

1 First, the suit contains a tank filled with oxygen. The tank is carried in her backpack. It has enough oxygen for her to work in space for many hours.

2 The suit is made of special materials that keep heat inside. These materials are like the ones in a winter coat, but they are much better at holding in heat.

3 The astronaut's shoes are special too. Sometimes they have a sticky material on the bottom. The material helps the astronaut stick to the spacecraft. Sometimes the shoes contain heavy weights. The weights would help the astronaut walk on the moon, where gravity is low.

4 The outside coating on the suit contains a thin layer of metal. The metal reflects harmful rays and keeps them out of the suit.

5 The suit also contains other special items. Inside the helmet is a radio set. The radio lets the astronaut talk and listen to other astronauts and to people on the earth.

Unit 3 Review

Complete the Sentence

Fill in the blank with the correct word or words from the list.

axis	ores
core	precipitation
craters	phase
decay	sedimentary rock
dew	tornado
magma	weather

1. Plants and animals ____ when they die.
2. Objects from space create ____ when they crash into the moon.
3. Snow and rain are two kinds of ____.
4. The earth rotates around its ____.
5. Useful minerals are found in some rocks called ____.
6. A volcano erupts when ____ comes up through the crust.
7. A ____ has the most powerful winds on earth.
8. The layers in ____ are formed when material is pressed together.
9. The ____ is the center part of the earth and is its hottest layer.
10. A complete circle can be seen during the ____ called the full moon.
11. Water and gases in the air ____ rocks slowly.
12. During the night, ____ often forms on cold surfaces.

Short Answer

Write a short answer for each question or statement.

1. How can you tell that a rock has many different minerals by looking at it?
2. What are two kinds of natural resources?
3. How are weathering and erosion alike?
4. Why does erosion happen faster on hilly land than on flat land?
5. How do you know magma and lava are made of the same minerals?
6. What is the main difference between fog and a cloud?
7. Why are places far away from oceans safe from hurricanes?
8. How many times does the earth orbit the sun in one year?
9. The moon has no water and almost no wind. Would you see erosion on the moon? Explain your answer.

Essay

Write a paragraph for each question or statement.

1. Describe the steps in the water cycle.
2. Tell how the earth and other planets are alike and how they are different.

Science Projects

1. When animals of long ago died, some fell into soft mud or clay. This made a hole. The animals rotted, and the hole, or mold, was filled in with sand, mud, and other materials. The materials hardened and formed a cast. Molds and casts are two kinds of fossils. You can make a mold and a cast. Obtain some clay. Press it out into a rectangle. Place the clay in a shallow box. Press objects, such as a shell and a twig into the clay. Remove the objects from the clay. Now mix some plaster of Paris with water so that it looks like thick soup. Pour the plaster into the molds. Allow the plaster to dry. Remove the plaster cast from the clay mold.
2. Use a clear plastic container with straight sides as a simple rain gauge. Set your rain gauge outside. After rain has fallen, place a centimeter ruler up against the outside of the container. How many centimeters of rain did you collect?

Books About Science

Natural Wonders of North America by Catherine O'Neill. National Geographic Society, 1984. Discover the natural wonders of North America created by the powers of nature.

To Space and Back by Sally Ride, with Susan Okie. Lothrop, 1986. Learn about the space shuttle flight with Sally Ride, the first woman astronaut.

Science and Society

Land Use About fifty people live in the forests and meadows of Bayonne Ridge. The town is close to a large city. Some people want a new housing development. Here is what some people of Bayonne Ridge are saying about this development: "We need better schools and new stores." "We like the Ridge just the way it is. We love the trees, the animals, and space." "But if we build new houses, city people would move here and create new businesses. So what if we have to tear down a few trees?" "Maybe, but clearing the land might cause erosion and water pollution." What are some good reasons to build a new development on Bayonne Ridge? What are some good reasons not to build the development?

Unit 4

Human Body

These children know that active play can help them get exercise. Getting enough exercise helps keep your bones and muscles strong. It also helps you feel your best.

Following good health habits can help keep all the parts of the body healthy. In this unit, you will discover how your bones and muscles work. You also will learn about ways you can reduce your chances of getting some illnesses.

SCIENCE IN THE NEWS During the next few weeks, look in newspapers or magazines for stories about bones and muscles. Also, look for news about eating habits that can help people stay healthy. Share the news with your class.

Chapter 13

The Body's Support

How is this person using her body? Notice how she twists and turns her body in different ways. She is using many different parts of her body.

Introducing the Chapter

In this chapter you will learn about what makes up your body. You will also learn how bones and muscles are important to your body. The activity below will help you learn how one part of your body works.

DISCOVER!

Observing Body Parts

Bend your right elbow. Have your partner put a hand on your upper arm as shown. Squeeze your right hand into a fist and then let go. Notice how your upper arm changes. Repeat several times. Ask your partner to feel different parts of your arm moving. Exchange places with your partner and repeat the activity.

Talk About It

1. How did your upper arm change when you made a fist?
2. What parts of your arm would move if you lifted a book?

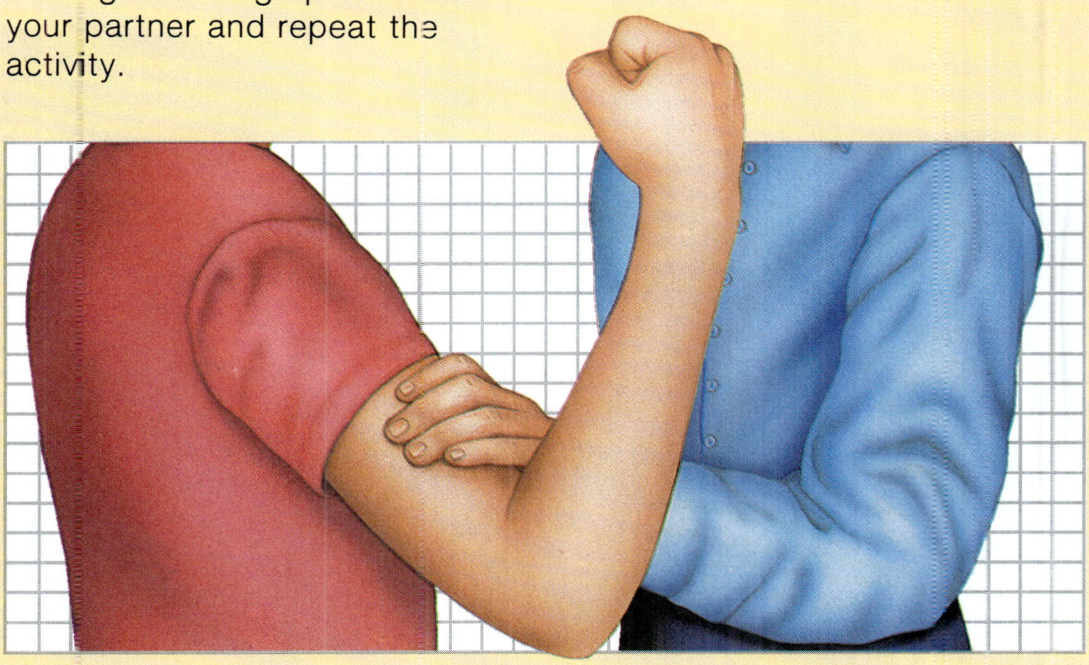

1 What Makes Up Your Body?

LESSON GOALS

You will learn
- that different kinds of cells are found in the body.
- how cells form tissues, organs, and systems in the body.

Notice how the students in the picture use small blocks to make a house with different parts. The house has windows, walls, and a roof. Your body has many different parts too. You have bones and muscles. You also have a brain, a stomach, and a heart. You need all these parts for your body to work properly.

Cells

Cells are the building blocks of the body.

How is the roof in the picture different from the walls? How are the roof and the walls alike? The parts of your body also are different from each other. Yet all these parts are alike in one way. You learned in Chapter 3 that a cell is the basic unit of an organism. All the parts of your body are made of cells.

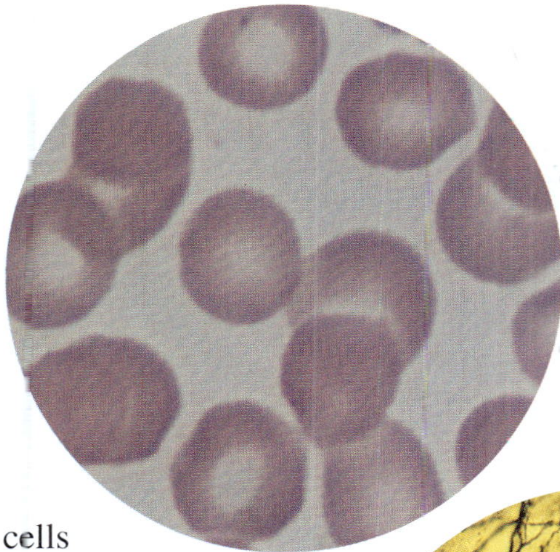

Blood cells

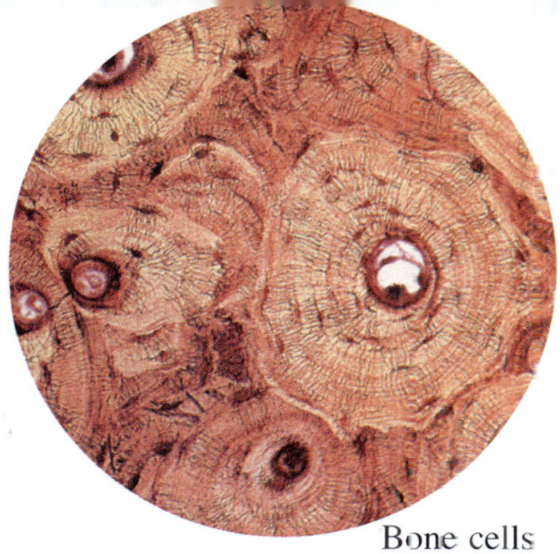

Bone cells

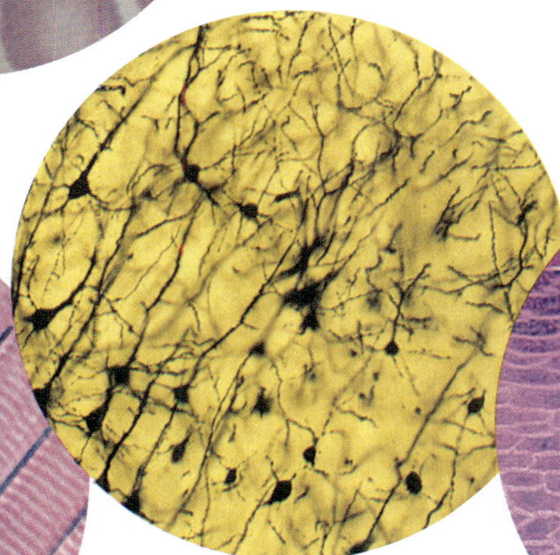

Nerve cells

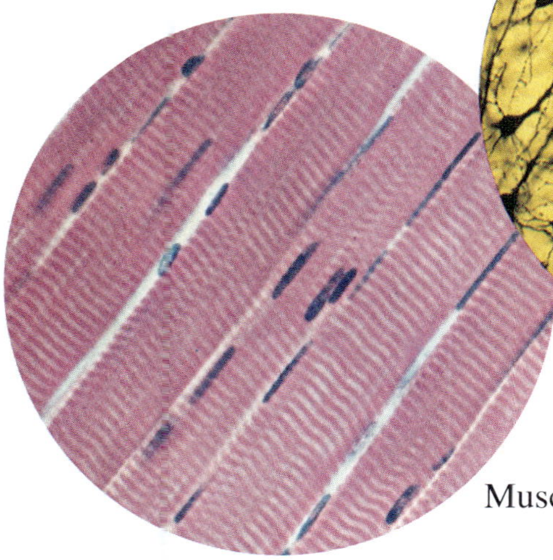

Muscle cells

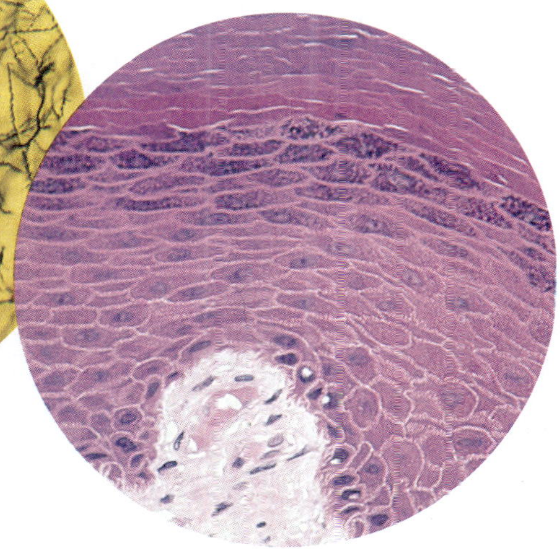

Skin cells

How Cells Make Up the Body

Billions of cells make up your body. Notice how the cells in the picture look different from each other. Each kind of cell does a different job in the body. For example, skin cells cover and protect your body. Notice how the nerve cells look different from the muscle cells. Find the blood cells in the picture.

Groups of cells form the parts of your body. A group of the same kind of cells forms a **tissue.** A group of bone cells forms bone tissue. A group of muscle cells forms muscle tissue. What does a group of nerve cells form?

SCIENCE IN YOUR LIFE

Scientists use microscopes to study cells. Most body cells are colorless. Cells can be stained with special dyes. Then the cells can be seen under a microscope.

tissue (tish′ü), a group of cells that look alike and do the same job.

organ (ôr′gən), a group of tissues that work together to do a job in the body.

system (sis′təm), a group of organs that work together to do a job in the body.

A group of different tissues forms an **organ.** The tissues in an organ work together to keep you alive. Your heart, stomach, eyes, and brain are some of your body organs.

Different organs in your body work together. The picture shows your heart and other organs that move blood through your body. Different organs working together are called a **system.** Your body has many systems. Each body system works to keep you healthy.

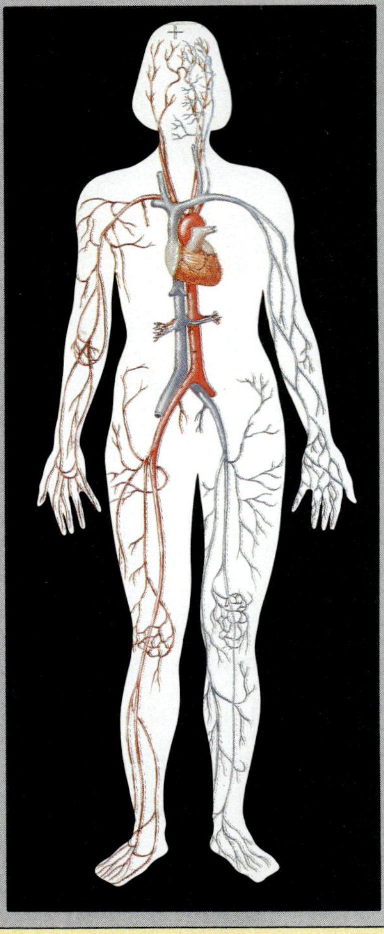
System that moves blood through the body

Lesson Review

1. What makes up all of the parts of the body?
2. What makes up a body system?
3. **Challenge!** Look at your hand. Feel the different parts. What different kinds of tissues do you have in your hand?

Study on your own, pages 340–341.

HUMAN BODY

FIND OUT ON YOUR OWN

Look in library books to find out about a body system. Draw a picture that shows the different parts of the system. Write a few sentences explaining how this system helps keep the body alive and healthy.

Using Computers to Make Joints

The Problem More than 31 million people in this country have arthritis—a disease of the joints. People with arthritis feel pain, stiffness, or swelling in their joints. Arthritis cripples many people. Often, a joint of an elderly person will simply wear out. This form of joint disease cannot be cured. Doctors can only try to relieve the pain.

Designing a joint with a computer

The Breakthrough For many years, doctors have tried to replace badly damaged joints. In 1890, a German doctor made the first artificial hip. He replaced the natural joint of the hip with a joint made of ivory. Soon, doctors in America and Europe began using other materials to repair joints. It was not easy to make a new joint. First, a designer looked at the patient's X ray. Then a model of the new joint was drawn. A technician would try to shape a block of metal to fit the patient. The doctor sometimes would have to cut away bone and tissue to make the new joint fit.

New Technology Today, with the help of computers, people make artificial joints that fit the patient better. These new joints take less time to make and are cheaper. The computer gets some information about the patient from the X rays. Then the doctor tells the computer how much the patient weighs and how active the patient is. The computer uses this and other information to choose a design. The design appears on the screen, as you can see in the picture. The doctor checks the design to make sure it will fit. The doctor tells the computer when everything looks fine. The computer then sends instructions to the computer-run equipment. The equipment cuts out the new joint. During surgery, the doctor replaces the patient's joint with the new one.

What Do You Think?

1. Why are computers better at making new joints than people?
2. How can computers be used to design and make cars?

2 How Are Bones Important?

LESSON GOALS

You will learn
- that bones protect certain body parts and give the body shape and support.
- that joints allow bones to move in different ways.

What can make this puppet move? What might happen if a person let go of the puppet? The hand inside the puppet holds up the puppet. The hand also makes the puppet move.

Bones

Think about how your body is like the puppet. Your body needs help to stay up and to move. The bones of your body make up your skeleton. Your skeleton helps hold you up. Your bones also work with your muscles to help you move.

Your bones help protect organs in your body. Look at this picture of the skeleton. Find the ribs. These bones protect your heart and lungs. The bones of the head protect your brain.

Look at the many different kinds of bones in this skeleton. Notice how the long, narrow parts of your body have long, narrow bones. All the different kinds of bones help give your body shape.

Bones in the Body

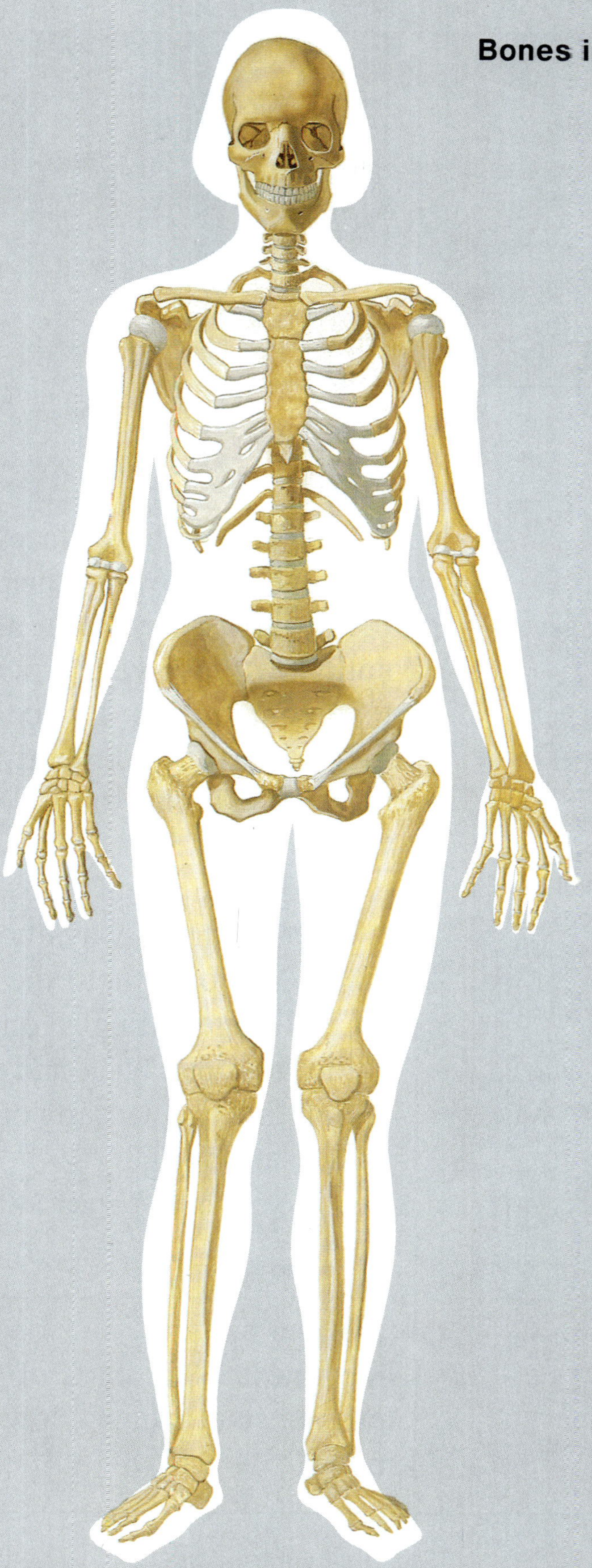

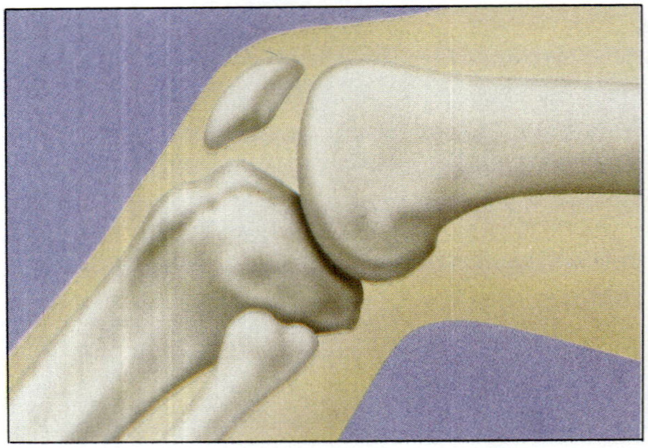

Knee joint

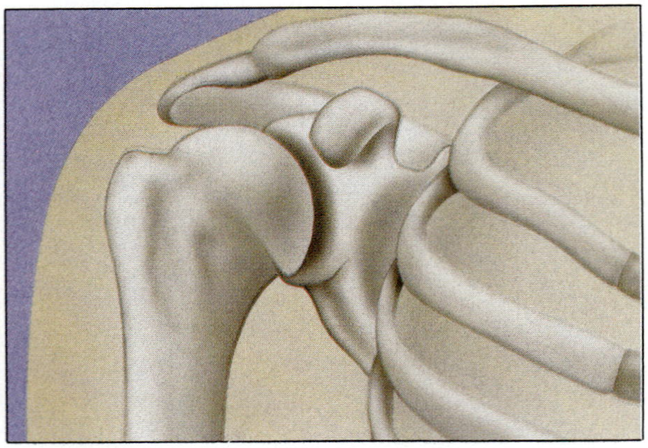

Shoulder joint

INVESTIGATE!

Animals with backbones have joints. Find out how the different joints help them move in different ways. Write a hypothesis and test it with an experiment. You might compare the joints in a chicken's skeleton to those in your body.

joint, a place where bones join together; different joints allow different movement.

Joints

The pictures show places in the body where two bones come together. These places are called **joints.** Move your arm at your shoulder joint. Now move your arm at your elbow joint. Move your fingers. Notice how you can move different parts of your body. Different kinds of joints allow bones to move in different ways.

Lesson Review

1. What are three ways bones help the body?
2. How do joints help the body?
3. **Challenge!** Hinges on a door allow the door to move back and forth. Where is one joint that allows parts of your body to move back and forth?

Study on your own, pages 340–341.

PHYSICAL SCIENCE
FIND OUT ON YOUR OWN
CONNECTION

Some parts of your body are simple machines. What parts of your arms and legs act like levers? How do the levers move?

ACTIVITY

Observing Cells

Purpose
Observe the cells in an onion skin.

Gather These Materials
• microscope slide • hand lens • onion skin • paper clip • cover slip • black construction paper

Follow This Procedure
1. Use a chart like the one shown to record your observations.
2. Wet the microscope slide.
3. Get a very thin slice of onion skin from your teacher. Lay the onion skin flat on the wet slide.
4. Use the paper clip to flatten out the onion skin.
5. Place the cover slip on the slide over the onion skin. *CAUTION: Be careful handling the glass slide and the cover slip.*
6. Stand near a bright light or window. Hold your hand lens and your slide above a black piece of paper.
7. Look at the onion skin through the hand lens as shown in the picture. Does it look like the onion skin is made of little boxes?

Record Your Results

How the onion skin looks

State Your Conclusion
1. Can you see the pieces that make up an onion skin without a hand lens?
2. Do you see the tiny pieces that make up the onion skin more clearly in the light or dark places of the onion skin?

Use What You Learned
If the onion skin is made of thousands of pieces, what can you infer about the whole onion?

3 How Are Muscles Important?

LESSON GOALS

You will learn
- that the body has different kinds of muscles.
- how muscles help the body move.

voluntary (vol′ən ter′ē) **muscle,** the kind of muscle a person can control.

involuntary (in vol′ən ter′ē) **muscle,** the kind of muscle that works without a person's control.

These children are playing soccer. They use their muscles to run and kick the ball. Your muscles help you move your body.

Kinds of Muscles

Muscles also help you in another way. Feel the back of your leg and the top of your arm. Muscles give your body its shape.

Look at the picture of the muscles on the next page. You can control many of these muscles. Muscles you can control are called **voluntary muscles.** You use voluntary muscles to turn your head and move your arms.

Other muscles in your body work without you thinking about them. Muscles that work without your control are called **involuntary muscles.** Some kinds of involuntary muscles help you breathe and keep your heart working.

Muscles help people move.

Muscles in the Body

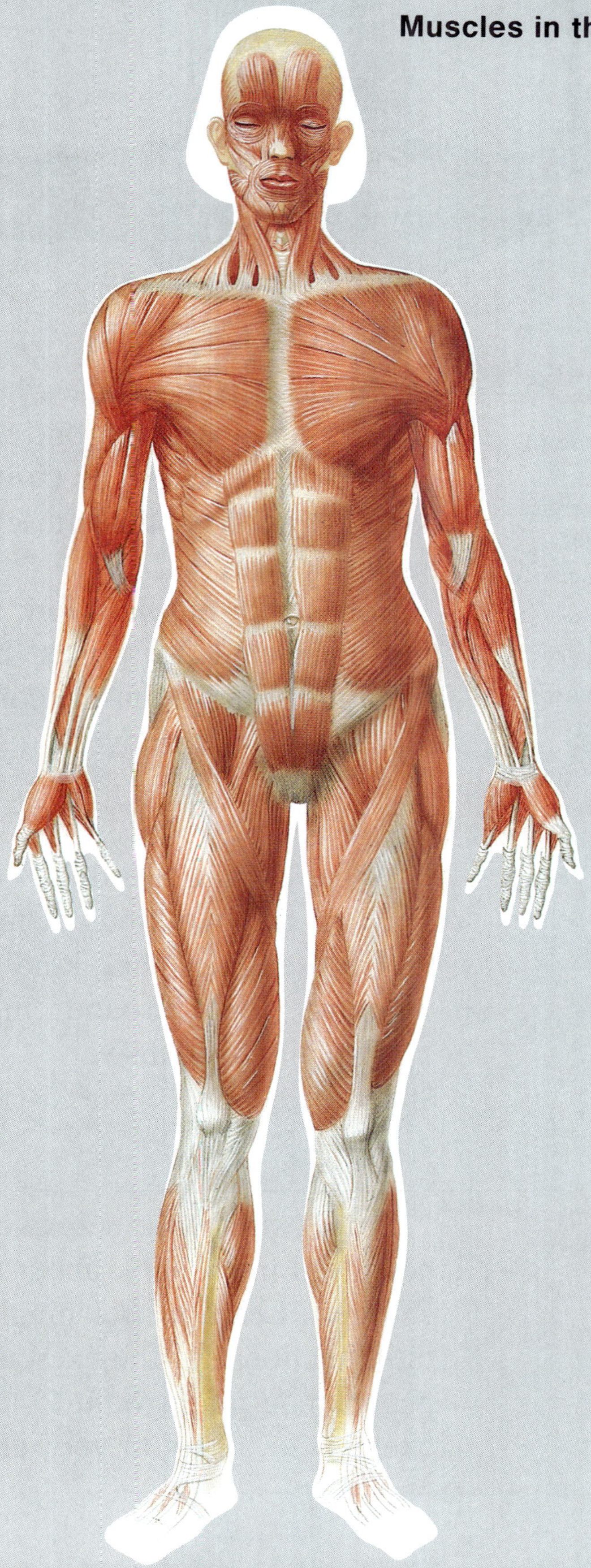

Muscles change shape.

How Muscles Work

Muscles change shape when you move. The picture shows how one muscle becomes shorter and thicker, or **contracts,** to lift the hand. How does this muscle look when the hand is down?

Bones and muscles work together. Muscles are connected to bones by tissues called **tendons.** When a muscle contracts, the tendon causes a bone to move.

SCIENCE IN YOUR LIFE

A muscle is made of many muscle cells. When a person exercises the muscle cells get larger.

contract (kən trakt′), the action that occurs when a muscle becomes shorter.

tendon (ten′dən), a tissue that holds a muscle to a bone.

Lesson Review

1. What do muscles do?
2. What are two kinds of muscles?
3. **Challenge!** What kind of muscle helps move food around in your stomach? Explain your answer.

Study on your own, pages 340–341.

HUMAN BODY

FIND OUT ON YOUR OWN

Proper stretching helps keep muscles healthy. Find a book about exercise for children. Learn a stretching exercise. Write the directions for the exercise on a piece of paper. You might want to teach this exercise to others in your classroom.

Making a Model of Arm Muscles

ACTIVITY

Purpose
Observe how muscles work in pairs by *making a model* of upper arm muscles.

Gather These Materials
• cardboard • scissors • paper punch • paper fastener • string • tape

Follow This Procedure
1. Use a chart like the one shown to record your observations.
2. Ask a partner to trace your lower arm and hand on a piece of cardboard. Draw a rectangle about the same size as your upper arm on another piece of cardboard. The rectangle will be used for the upper arm shape. Cut out the shapes.
3. The picture shows how the pieces of cardboard should be joined. Punch holes in the upper and lower arm shapes. Join the two elbow holes with the paper fastener.
4. Thread the strings through the holes. Tie the lower end of each string in a loop. Place a piece of tape over each string.
5. Hold the back edge of the upper arm. Pull up on the string on the inside of the elbow, as shown in the picture.
6. Hold the front edge of the upper arm. Pull on the string on the back side of the elbow

Record Your Results

String pulled	How arm model looks
Back edge	
Front edge	

State Your Conclusion
1. What happens when you raise each of the two strings?
2. Compare your arm muscles to the model and explain how muscles work in pairs.

Use What You Learned
How do your arm muscles change in length when you raise and lower your lower arm?

Using Metric Scales and Line Graphs

Problem: How does the amount of air boys can breathe out change with age?

Part A. Using Metric Scales to Collect Information

1. An involuntary muscle below your lungs helps you breathe. You can meaure how many cc of air you can let out. What does cc stand for?
2. Look at the picture. People breathed into the tubes that go to the upside down jars. Air rises up into the top part of the jar. The metric scale on each jar shows how many cc of air entered the jar. Look at the level of air in the first jar. The scale reads 1100 cc. How much air did the 7-year-old boy breathe out? the 8-year-old?
3. How is the amount of air a 6-year-old breathed out different from that of a 9-year-old?

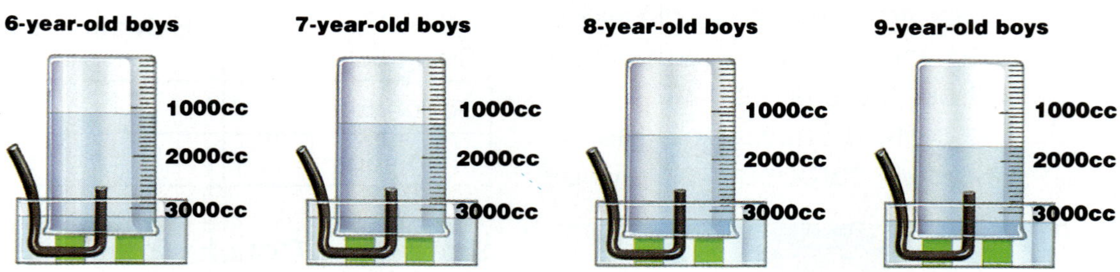

Part B. Using a Line Graph to Organize and Interpret Information

4. The line graph contains the information you collected about how much air boys of different ages can breathe out. What does the scale on the left stand for? the scale at the bottom?
5. Look at the first dot on the graph. Move your finger down until you reach the scale at the

bottom of the graph. What does the dot show? Move your finger to the scale at the left. What else does the dot show?

6. Look at the next dot. How much air can 7-year-olds breathe out? 8-year-olds? 9-year-olds?
7. Does the amount of air a boy can breathe out change as he gets older? How much air do you think a 10-year-old boy could breathe out?

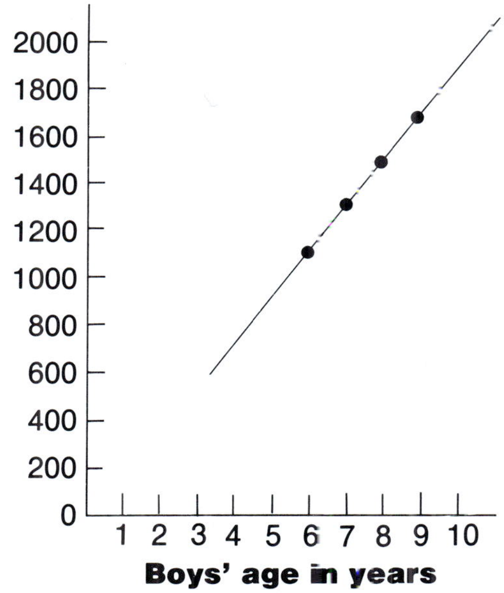

Part C. Using Metric Scales and Line Graphs to Solve a Problem

Problem: How does the amount of air girls can breathe out change as they get older?

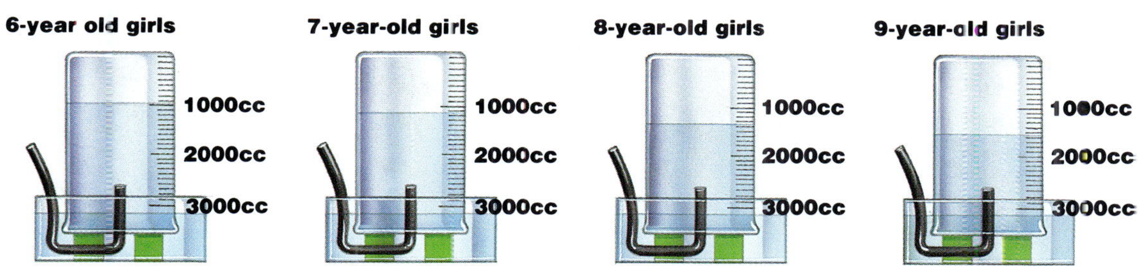

8. Use the picture to collect the information you need to solve the problem. Make a line graph similar to the one shown in Part B to organize your information.
9. Look at your line graph. Does the amount of air girls can breathe out change as they get older? How is the amount of air 6-, 7-, 8-, and 9-year-old girls can breathe out different?
10. Compare your graph with the line graph in Part B. Is the amount of air girls can breathe out different from the amount boys can breathe out? How?
11. You might want to do this experiment and use your own results to make a line graph.

Chapter 13 Review

Chapter Main Ideas

Lesson 1 • The body is made up of billions of cells. Many different kinds of cells make up the body. • Groups of cells work together, forming tissues, organs, and systems.

Lesson 2 • Bones support the body and help a person move. Some bones protect organs in the body. • The body has different kinds of bones that come together at places called joints. Different kinds of joints allow the body to move in different ways.

Lesson 3 • The body has muscles that work with bones to help a person move. • A person can control the use of voluntary muscles. Involuntary muscles work without a person's control.

Reviewing Science Words

contracts	organ	tissue
involuntary muscles	system	voluntary muscles
joints	tendon	

Copy each sentence. Fill in the blank with the correct word or words from the list.

1. Muscles that a person cannot control are ____.
2. ____ allow the bones in the knee and the shoulder to move in different ways.
3. A group of tissues that work together form an ____.
4. A group of the same kind of cells form a ____.
5. The stomach works with other organs to form a ____.
6. Muscles a person can control are called ____.
7. A muscle becomes shorter and thicker when it ____.
8. A ____ is a tissue that connects a muscle to a bone.

Reviewing What You Learned

Write the letter of the best answer.

1. The building blocks of the body are
   (a) tissues. (b) systems. (c) organs. (d) cells.

2. A group of bone cells form bone
   (a) tissue. (b) organ. (c) organisms. (d) system.
3. A heart is an example of
   (a) a cell. (b) a tissue.
   (c) an organ. (d) a system.
4. Different organs that work together are called a
   (a) tissue. (b) system. (c) cell. (d) brain.
5. Bones help a person
   (a) think. (b) see. (c) move. (d) feel.
6. An elbow is a
   (a) nerve. (b) muscle. (c) joint. (d) bone.
7. The muscles of the upper arm are
   (a) voluntary muscles. (b) involuntary muscles.
   (c) systems. (d) tendons.
8. When a muscle contracts it becomes
   (a) longer. (b) thinner. (c) softer. (d) shorter.

Interpreting What You Learned

Write a short answer for each question or statement.

1. Put the following groups in the correct order: tissue, systems, cells, organs.
2. What is one way bones protect inside parts of the body?
3. What are two joints in your body?
4. How do voluntary muscles and involuntary muscles differ?
5. Tell what happens to the muscle on the top of the upper arm when a person bends the elbow.

Extending Your Thinking

Write a paragraph to answer each question or statement.

1. What do different sized and shaped bones do to help the body? Give examples.
2. How could a bone injury change the way a person uses his or her muscles?

To explore scientific methods, see Experiment Skills on pages 372–373.

Chapter 14

Your Body's Health Needs

All of the members of this family enjoy good health. They know that good health helps them work and play better.

Introducing the Chapter

Exercise is a good health habit that can help all the parts of your body. The activity below will help you learn about exercising. In this chapter, you will learn how you can help protect yourself from certain diseases. Following good health habits and saying *no* to drugs also can help keep you healthy.

DISCOVER!

Observing How Exercise Changes Breathing

Find out what happens to your breathing when you exercise. First, sit quietly in a chair. Use a clock or watch with a second hand to count how many times you breathe in one minute. Write this number on a sheet of paper.

Now run in place about twenty-five times. When you stop running, count how many times you breathe in one minute. Write this number on the sheet of paper. Compare the two numbers on your paper.

Talk About It

1. Did you breathe faster before or after you exercised?
2. What other way did your breathing change when you exercised?

1 How Can You Stay Healthy?

LESSON GOALS

You will learn
- that eating properly can help you stay healthy.
- that exercising can help keep your body healthy.
- that getting enough sleep is important for your health.

Eating, exercising, and getting enough sleep are good health habits. Following these habits can help keep your body working well.

Eating Properly

How can you plan healthy meals? You can follow the four food group plan shown in the picture. You need to eat foods from each of these food groups. This plan tells you how much of each kind of food to eat each day.

You learned in Chapter 9 that plants and animals need nutrients. Foods contain nutrients that your body uses to grow and stay healthy. Eating the right amounts of foods from each food group helps you get all the nutrients you need.

Vegetable-fruit group
Four servings

Bread-cereal group
Four servings

Exercising Properly

What kind of activities do you enjoy? Exercising can help build **physical fitness.** Physical fitness helps you work and play without getting tired or hurt easily. Playing sports and active games can help build physical fitness. Walking, dancing, or riding a bicycle also can help you keep fit.

Your heart is a muscle. Your heart beats faster during exercise. When you exercise properly, you help your heart get stronger. When your heart is strong, you can work and play for a long time without getting tired.

Exercise helps all the parts of your body work well. Exercise also helps you sleep well. Getting enough exercise helps you look and feel your best. How can playing every day give you the exercise you need?

INVESTIGATE!

Find out if different kinds of exercises affect how fast your heart beats. Write a hypothesis and test it with an experiment. You might count your heartbeats for one minute after walking. Then run in place and count your heartbeats again for a minute.

physical (fiz′ə kəl) **fitness**, the ability to work, play, and exercise without getting tired or injured easily.

Meat-poultry-fish-bean group
Two servings

Milk-cheese group
Three servings

This girl works better when she gets enough sleep.

Getting Enough Sleep

Your body needs time to rest after a busy day. You need sleep to grow properly. Your body makes and repairs cells while you sleep. Sleep also helps give you energy for the next day. This girl knows she can work, play, and learn better when she gets enough sleep.

Lesson Review

1. How can you plan healthy meals for a day?
2. How does exercise help a person stay healthy?
3. How does sleep help the body?
4. **Challenge!** What are some ways to make exercise fun?

Study on your own, pages 342–343.

HUMAN BODY

FIND OUT ON YOUR OWN

Cut out pictures from magazines to make a poster about healthy meals. Show healthy meals and snacks for a day. The pictures of the four food groups will give you some ideas for foods to choose. Write a few sentences telling about your poster.

ACTIVITY

Testing Foods for Sugar

Purpose
Classify different types of foods according to the presence or absence of sugar.

Gather These Materials
• sugar test paper • several kinds of food

Follow This Procedure
1. Use a chart like the one shown to record your observations.
2. Touch the sugar test paper against each of your foods as shown in the picture. The paper will change color when it touches foods that have sugar. Record what you see.

Record Your Results

Food	Sugar (yes/no)
1.	
2.	
3.	

State Your Conclusion
1. Which of your foods have sugar? How do you know?
2. Which of your foods do not contain sugar?

Use What You Learned
If you want to eat only snacks that do not have sugar, what foods can you eat?

2 What Causes Disease?

LESSON GOALS

You will learn
- how some diseases can spread from person to person.
- about diseases that do not spread from person to person.

disease (də zēz′), an illness.

Think about a time when you felt sick. Most people become sick from time to time. In many cases, you can help keep yourself well by following good health habits.

Diseases That Spread

The girl in the picture has a cold. Her nose is runny and her eyes are watery. A cold is a **disease,** or illness, that can spread from person to person.

Germs cause colds and can cause other diseases that spread. Germs are too small for you to see. They are found everywhere. They are in air and water. They are in food and on other objects. You have germs inside you and on your skin all the time.

Cover your nose and mouth when you sneeze.

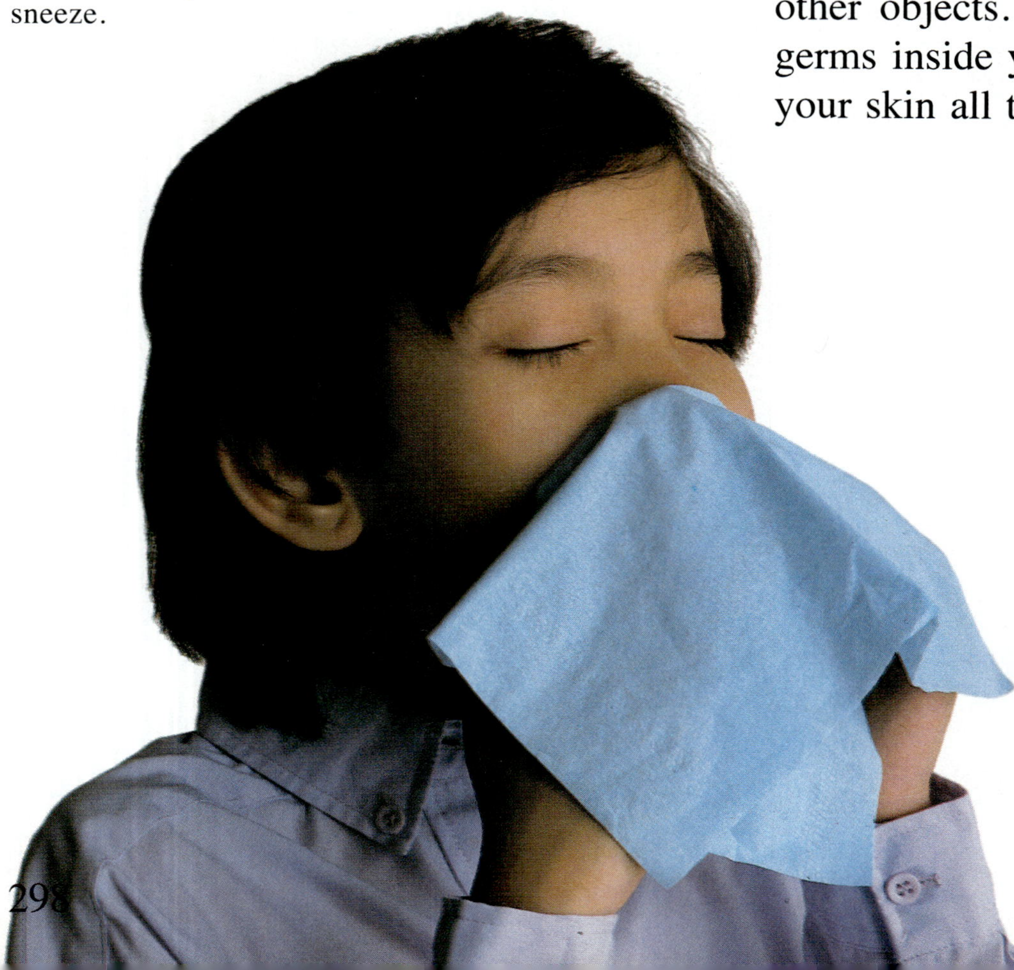

Germs can get into your body through a cut on your skin. You might breathe germs from the air. You might take in germs on food or touch an object that has germs. Sometimes disease germs grow inside your body. Then you feel sick.

You get different diseases from different kinds of disease germs. You learned in Chapter 3 that some bacteria cause diseases. For example, bacteria germs can cause strep throat and other infections. **Viruses** are germs that are smaller in size than bacteria. Flu, chicken pox, and measles are caused by viruses.

The pictures show some ways you can help keep germs from spreading. Keeping your skin clean is important. Washing with soap and water can get rid of many germs on your skin. Proper food, exercise, and sleep can help keep your body strong enough to fight off many diseases.

SCIENCE IN YOUR LIFE

Medicines called antibiotics can kill many kinds of bacteria that cause diseases. Taking antibiotics for a disease caused by certain bacteria can help a sick person get well.

virus (vī′rəs), a kind of disease germ that causes diseases such as colds and flu.

Use your own glass.

diabetes (dī/ə bē/tis), a disease in which the body cannot use sugar properly.

cancer, a disease in which cells that are not normal destroy healthy body cells.

Diseases That Do Not Spread

Some diseases are not passed from person to person. These diseases are caused by changes that happen inside a person's body.

Diabetes is one kind of disease that you cannot catch from another person. Diabetes is a disease in which the body cannot use sugar properly. Children with this disease need to take medicine every day. People with diabetes also must eat carefully. They can help control their disease by eating fewer sweets and fats, and exercising regularly.

Cancer is a disease that cannot spread from person to person. In this disease, cells that are not normal destroy healthy body cells. Operations, medicines, and other treatments can control some kinds of cancers. Doctors are trying to find better ways to treat cancer.

People can help reduce their chances of getting some kinds of cancer. Not smoking can help keep people from getting lung cancer. Not spending long periods of time in the sun can help keep people from getting skin cancer.

Heart disease can keep the heart from working properly. Heart disease does not spread from person to person. Following good health habits can help keep a person's heart healthy. What ways to keep your body strong and healthy are shown on these posters?

Lesson Review

1. How can diseases spread from person to person?
2. What are some diseases that do not spread from person to person?
3. **Challenge!** Why should you cover your nose when you sneeze?

Study on your own, pages 342–343.

LIFE SCIENCE — FIND OUT ON YOUR OWN — CONNECTION

Some people have allergies to certain plants. Find out what an allergy is. What are some plants that people have allergies toward?

ACTIVITY

Making a Model of Bacteria Growth

Purpose
Observe how bacteria increase in their number.

Gather These Materials
- package of popcorn kernels
- glue • 8 file cards

Follow This Procedure
1. Use a chart like the one shown to record your observations.
2. Label your first file card 12:00. Label the second file card 12:30. Continue labeling the file cards with the times of every half hour. Label the last file card 3:30.
3. Pretend the popcorn kernels are bacteria. On the 12:00 card, glue 1 popcorn kernel as shown in the picture.
4. At 12:30, your bacteria cell divides to form 2 cells. Glue 2 kernels on the 12:30 card.
5. At 1:00, the two bacteria divide to make 4 bacteria cells. Glue 4 kernels on the 1:00 card.
6. At 1:30, the 4 bacteria divide again. Glue the right number of kernels on the 1:30 card. Keep going until you have finished the 3:30 card.
7. Count the number of popcorn kernels on each card.

Record Your Results

Time	Number of Bacteria
12:00	
12:30	
1:00	
1:30	
2:00	
2:30	
3:00	
3:30	

State Your Conclusion
1. How many bacteria did you have at 3:30?
2. How many bacteria would you have at 4:00?

Use What You Learned
How many hours do you think it would take to go from one bacteria cell to a thousand cells?

Becoming a Doctor

When José Sandoval was your age, he was already a farm worker. He traveled with his family, and they found jobs wherever they could. They picked cotton, chilies, and other crops. José was so busy working, he could not go to school regularly.

When José was twelve years old his father made an important decision. He decided that his family would not travel and be farm workers anymore. His children would go to school full-time. José studied science because he was interested in spiders and bugs. He became a very good student even though he spoke very little English until he went to school.

José went to college in California. Then, he got a job as a United States Peace Corps volunteer in a faraway country. There, he became interested in medicine. He wanted to help people get well and stay healthy. He returned to California to go to medical school and became a doctor.

Dr. Sandoval especially likes taking care of people who cannot easily afford care. He teaches his patients how important it is to take care of themselves. He reminds them to see a doctor when they show early signs of illness.

Dr. José Sandoval

Dr. Sandoval also works with other doctors to help encourage young people to become doctors. He feels that if young people see that he worked hard and became a doctor, they will feel like they could do it too.

What Do You Think?

1. Why do you think Dr. Sandoval tells people to see a doctor when they first feel ill?
2. If you were a doctor, what would you tell your patients about how to stay healthy?

3 How Can Alcohol, Tobacco, and Drugs Affect the Body?

LESSON GOALS

You will learn
- how alcohol can harm the body.
- how tobacco is harmful to a person's health.
- how using harmful drugs can be dangerous to a person's health.

alcohol (al′kə hôl), a drug that can be harmful and is found in beer, wine, and liquor.

This boy is taking medicine because he is ill. Medicines can help sick people get better. Some medicines can keep people from getting ill. You need to be careful with medicines. They can be dangerous if taken in the wrong way. Medicines are a kind of drug. All drugs cause changes in the body. Many drugs can harm a person's health. Some drugs can change the way a person thinks, feels, or acts.

Alcohol

Some drinks have a drug called **alcohol.** This drug is found in beer, wine, and liquor. Drinking too much alcohol can harm the body. Alcohol changes the way a person's brain works. A person who drinks alcohol might have trouble thinking clearly.

Medicines can help sick people.

People who drink too much alcohol can become quarrelsome. Alcohol can cause a person to get a stomachache or a bad headache. Alcohol also affects the way a person moves. A person who drinks too much alcohol can have trouble walking. Drinking too much alcohol can change the way a person talks. The person might forget the correct words or not be able to speak clearly.

Alcohol can keep a person from acting quickly. A person who drinks too much alcohol might feel dizzy and have trouble seeing clearly. Alcohol also can make a person feel tired and go to sleep. A person who has been drinking alcohol should not ride a bicycle or drive a car.

SCIENCE IN YOUR LIFE

Some drugs that doctors use to help people are placed in patches that a person wears like a bandage. These patches can be placed on the skin so that the medicine goes into the body through the skin.

Tobacco

nicotine (nik′ə tēn′), a drug in tobacco that can harm a person's body.

Cigarettes and cigars are made from the leaves of the tobacco plant. Tobacco contains a drug called **nicotine.** This drug can be harmful to the health. Nicotine makes the heart beat faster than normal. A person who smokes is more likely to get heart disease than a person who never smokes.

Cigarette smoke also can be harmful. Some of the materials in cigarette smoke can damage the lungs. A person who smokes is more likely to get lung cancer and other lung diseases than a person who never smokes. Cigarette smoke can harm the health of people who are around smokers. Many buildings have signs like the one in the picture. How can this sign help protect people's health?

Find the sign that warns people not to smoke.

Other Harmful Drugs

Sometimes people use drugs that are against the law. These **illegal drugs** include marijuana and cocaine. These drugs can damage body organs and change the way the brain works. They can change the way a person thinks or acts.

illegal (i lē′gəl) **drug,** a drug that is against the law to use or have.

A person should always say *no* to illegal drugs. The boy in the picture enjoys doing activities that make him feel good. He knows that staying away from harmful drugs will help keep him healthy.

Exercising can help a person feel good.

Lesson Review

1. How can alcohol harm a person?
2. How can tobacco harm the body?
3. How are illegal drugs harmful?
4. **Challenge!** What are some ways a person can say no to illegal drugs?

Study on your own, pages 342–343.

HUMAN BODY

FIND OUT ON YOUR OWN

Caffeine is a drug found in many drinks. Caffeine speeds up the heartbeat and can make some people very nervous. Use library books to find out about caffeine. Make a list of drinks with caffeine. Also make a list of healthy drinks people can choose.

Skills for Solving Problems

Using Diagrams and Bar Graphs

Problem: How are the servings a child needs from the four food groups different from the servings an adolescent needs?

Part A. Using Diagrams to Collect Information

1. The diagram shows the four basic food groups. Eating the right amounts of foods from each group helps you get all the nutrients you need. What are the four food groups?
2. The diagram shows how many servings from each group children, teenagers, and adults need each day. A child needs four servings a day from the bread-cereal group. How many servings does a teenager need? an adult?
3. How many servings from the fruit-vegetable group does a child need? a teenager? an adult?
4. How many servings from the meat-poultry-fish-bean group does a child need? a teenager? an adult?
5. How many servings from the milk group does a child need? a teenager? an adult?

Food group		Total number of servings		
		Child	Teenager	Adult
Milk group		3	4	2
Meat poultry fish bean group		2	2	2
Fruit vegetable group		4	4	4
Bread cereal group		4	4	4

Part B. Using a Bar Graph to Organize and Interpret Information

6. The bar graph contains information you collected about the servings needed of the four food groups. The bars show how many daily servings of the four food groups a child and a teenager need. Compare the two bars shown for each food group. For which groups do a child and a teenager need the same number of servings? a different number of servings?
7. Why might a teenager need a different number of servings of a food group than a child does?

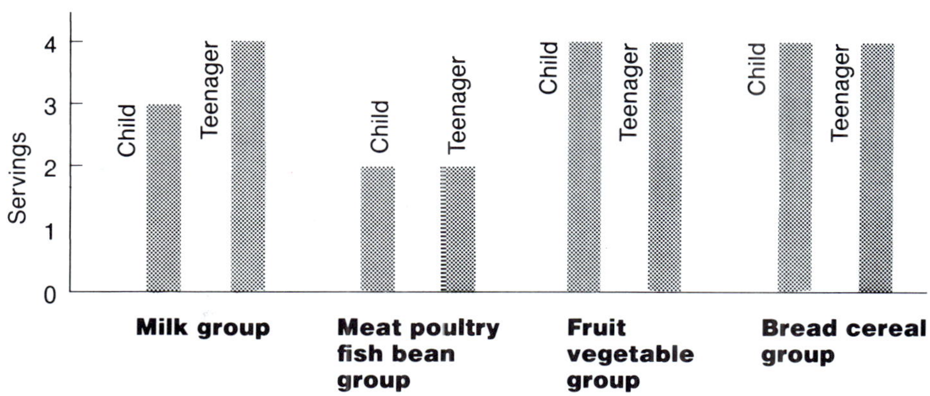

Part C. Using Diagrams and Bar Graphs to Solve a Problem

Problem: How are the numbers of servings a child needs from the four food groups different from the numbers of servings an adult needs?

8. Use the diagram in Part A to collect the information you need to solve the problem. Make a bar graph similar to the one shown in Part B to organize your information.
9. Look at your bar graph. For which food groups does an adult need a different number of servings than a child does? Why might an adult need a different number of servings of a food group than a child does?

Chapter 14 Review

Chapter Main Ideas

Lesson 1 • Eating the right amounts of foods from each of the four food groups helps a person get all the needed nutrients. • Exercising properly helps all the parts of the body work well. • Getting the right amount of sleep also helps a person stay healthy.

Lesson 2 • People can help keep themselves well by following good health habits. Germs such as bacteria and viruses can cause diseases that spread from person to person. • Some diseases do not spread from person to person.

Lesson 3 • Drinking too much alcohol can harm the body. • Smoking is harmful to the health. • Illegal drugs can be harmful to the body.

Reviewing Science Words

alcohol	disease	physical fitness
cancer	illegal drugs	virus
diabetes	nicotine	

Copy each sentence. Fill in the blank with the correct word from the list.

1. The ability to exercise, work, and play without getting tired easily is ___.
2. ___ is a disease in which the body cannot use sugar properly.
3. ___ is a drug that is contained in beer, wine, and liquor.
4. An illness is called a ___.
5. Marijuana and cocaine are two kinds of ___ that can harm a person's health.
6. Tobacco contains a drug called ___ that makes the heart beat faster and can be harmful to health.
7. ___ is a disease in which cells that are not normal destroy healthy body cells.
8. A ___ is a kind of germ that can cause flu, chicken pox, and measles.

Reviewing What You Learned

Write the letter of the best answer.

1. Materials in food that help the body grow and stay healthy are
   (a) bread. (b) nutrients. (c) viruses. (d) fruit.
2. One way to help the heart get stronger is to
   (a) read. (c) watch television.
   (b) sleep. (d) play active games.
3. How many servings do you need each day from the milk-cheese group?
   (a) one (b) none (c) three (d) six
4. Which disease can be passed from person to person?
   (a) flu (b) cancer (c) diabetes (d) heart disease
5. Cocaine is a drug that is
   (a) legal. (b) illegal. (c) not harmful. (d) weak.
6. A disease that cannot spread from person to person is
   (a) flu. (b) measles. (c) cancer. (d) a cold.
7. How many servings do you need each day from the meat-poultry-fish-bean group?
   (a) one (b) two (c) six (d) five

Interpreting What You Learned

Write a short answer for each question or statement.

1. What are some ways a person can stay healthy?
2. Explain how a person can get the nutrients he or she needs for good health.
3. Why should a person never drink alcohol and drive?
4. Explain how a person with diabetes can help control his or her disease.

Extending Your Thinking

Write a paragraph to answer each question or statement.

1. Why is it important for people to wash their hands before they cook food or eat a meal?
2. What advice would you give to someone who is thinking of smoking a cigarette?

To explore scientific methods, see Experiment Skills on pages 374–375.

Careers

How do you help your body stay healthy? You can eat healthy foods and exercise regularly. Many people work to keep other people healthy.

When you think of a doctor, perhaps your family doctor comes to mind. Family doctors treat all kinds of health problems. Some doctors only treat certain health problems. **Sports medicine physicians** help athletes get back into top physical condition after injuries. They also help athletes keep in good physical shape. To become a sports medicine doctor, you must go to medical school after college. Then you must work with experienced doctors for several years.

Some athletes and others might lose the use of one or more body parts from injuries. **Physical therapists** help these people recover the use of their body parts. A physical therapist works out a treatment plan for each patient. This plan might include exercise, massage, and whirlpool baths. If a patient will remain partly disabled, the therapist will show him or her how to do everyday tasks. To become a physical therapist, you must go to college for at least four years.

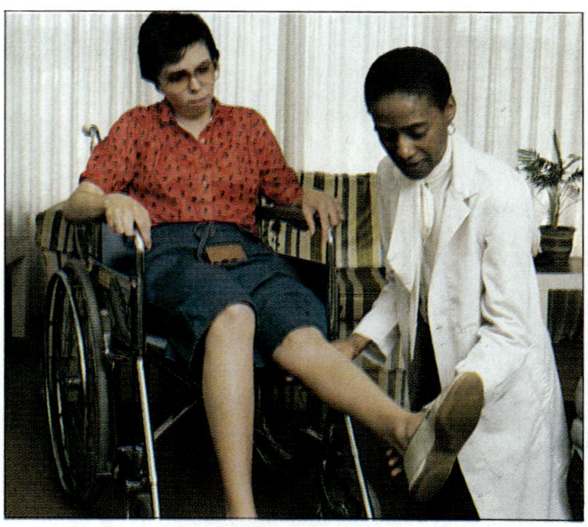

Physical therapist

Registered nurses care for hospital patients in many ways. They observe and record a patient's progress in getting well. They teach patients how to care for themselves when they get home. Many registered nurses work in hospitals. Registered nurses also work in doctors' offices, nursing homes, schools, homes, and industry. Nurses who work in hospitals or nursing homes might have to work nights and weekends. Registered nurses go to school for two to five years after high school.

Sometimes a nurse takes a sample of your blood. A **medical laboratory technician** then looks at the sample under a microscope. He or she can find out more about your illness by seeing this sample. Medical laboratory technicians might also look at samples from other body tissues. Medical laboratory technicians take classes for two years after high school.

Canning of Food

Food spoils when germs grow in it. Germs grow best when food is warm and moist. Air also helps most germs to grow.

Food can be stored for a long time if germs and air are kept away from it. Some foods can be dried or frozen to keep them safe from germs. Canning is another way to keep food from spoiling. The picture shows how food is packed in cans.

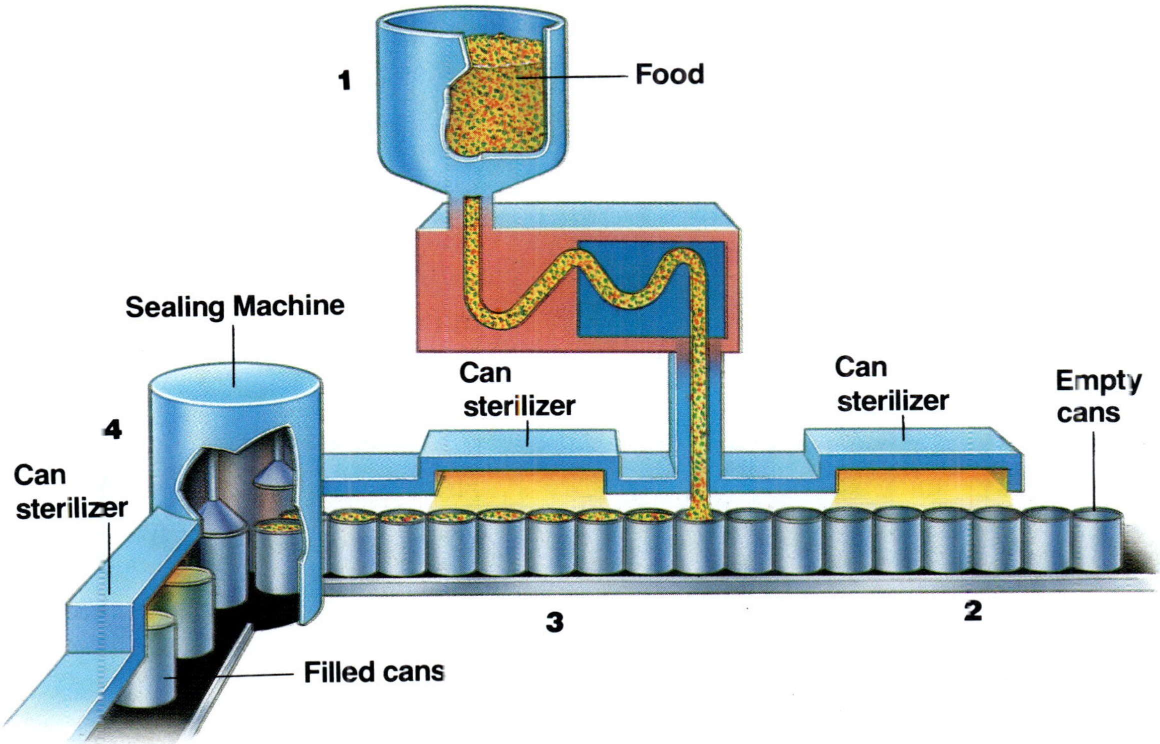

1 First, the food is washed and prepared. Fruits and vegetables might be peeled or cut up. Some foods, such as soup, are cooked just like you cook soup at home. Cooking helps kill germs in the food.

2 Next, the food is sent to the canning machine. The machine contains empty cans with no tops. The cans are heated to a very high temperature, or sterilized, to kill germs in them. Then the machine fills the cans with food.

3 The filled cans are then sterilized. This kills germs that might be left in the cans. Also, heating pushes air out of the cans. The hot food expands and fills the can to the top.

4 Finally, a machine puts a top tightly on each can. Then, the can is sterilized again to make sure all the germs have been killed.

Unit 4 Review

Complete the Sentence

Fill in the blank with the correct word or words from the list.

alcohol	nicotine
cancer	organ
contracts	physical fitness
diabetes	tendon
illegal	virus
joints	

1. When a person has the disease of ___, the body cannot use sugar properly.
2. Tissues in an ___ work together to do a job in your body.
3. A muscle ___ when it becomes shorter.
4. A kind of germ that causes diseases such as colds and flu is a ___.
5. A disease in which cells that are not normal destroy healthy body cells is ___.
6. The drug ___ is found in beer and wine.
7. A place where two bones join together is a ___.
8. A ___ holds a muscle to a bone.
9. Tobacco has a drug called ___ that can harm a person's heart.
10. Cocaine and marijuana are ___ drugs.
11. Being able to exercise, work, and play without getting tired easily is ___.

Short Answer

Write a short answer for each question or statement.

1. Why does your body need many different kinds of cells?
2. Compare the ways a shoulder joint and a knee joint help a person move.
3. What happens to upper arm muscles when you bend your arm at the elbow?
4. Name three ways to keep your body healthy.
5. In what ways can a person build physical fitness?
6. How can germs on the skin get inside the body and make a person sick?
7. How is diabetes different from measles, flu, or a cold?
8. Name two ways that people can help reduce their chances of getting cancer.
9. In what ways can drinking alcohol make people feel sick?
10. How can cigarette smoke harm the health of people who don't smoke?

Essay

Write a paragraph for each question or statement.

1. Describe what the muscles and bones do when a person throws a ball.
2. How does smoking cigarettes harm a person's health?

Science Projects

1. Some bones are not covered by very many muscles. These bones can be felt easily. Feel your face, your sides, your arms, and your legs. Make a list of the bones you can feel.
2. One kind of joint allows you to bring one part of your body closer to another part of your body. For example, if you bend your elbow, you bring your lower arm closer to your upper arm. What happens when you bend your fingers and your knees. How does the movement of these joints differ from the movement of your hip joint?
3. Make a poster with a slogan that says no to drinking, smoking, or using harmful drugs.

Books About Science

Cells and Tissues by Leslie Jean LeMaster. Children's Press, 1985. Learn about cells and what they are made of. Also find out how cells form tissues.

Muscles and Movement by Gwynne Vevers. Lothrop, 1984. Find out about different kinds of muscles and what they help you do.

Germs Make Me Sick! by Melvin Berger. T.Y. Crowell, 1985. Learn about germs and how your body fights them.

Science and Society

Smokeless Flights People on a flight from San Francisco to Los Angeles are talking about smoking. A recent law banned smoking on all airline flights within California. Some people like the ban on smoking. "This new policy has really cleared the air," they say. "Smokers do not have the right to harm our health." The smokers are not happy with the law. "We have rights too," they say. "We do not tell others what to eat or drink. How can they tell us not to smoke?" The nonsmokers reply, "We have the right to clean air. In a crowded airplane, we get sick when other people smoke." The smokers answer that they can smoke on flights in other parts of the country. What are reasons for banning smoking on airplane flights? What are reasons for allowing smoking in one section of an airplane?

Independent Study Guide

Use the *Independent Study Guide* to review the lessons in each chapter.

Chapter 1 Study Guide

On a separate sheet of paper, write the word or words that best complete the sentence or answer the question.

LESSON 1
pages 10–13

1. How are the roots of weeds and grasses different?
2. What two things do roots do for a plant?
3. Materials in the soil that were never alive are ___.
4. The ___ of most plants hold up the leaves and other plant parts that grow above the ground.
5. How do water and minerals get from the roots of a plant to its leaves?
6. The ___ of green plants make most of the food for the plant.
7. How does a plant take in carbon dioxide?
8. Most plants store some ___ in their roots and stems.

LESSON 2
pages 16–19

1. The ___ from flowers grow into new plants.
2. What part of the plant in each of the pictures below makes seeds?

3. What must happen before a flower can form seeds?
4. When the center part of a flower changes into a fruit, the flower ____ dry up and fall off.
5. What does the fruit of a plant do for the seeds?
6. How do bees move pollen between flowers?
7. Name two other animals that help pollinate flowers.
8. Animals and ____ can scatter pollen.
9. How are corn and other grasses pollinated?
10. The ____ on some trees have pollen inside.
11. Most trees with cones have needle-shaped ____.
12. What is one kind of tree that has cones?

LESSON 3

pages 20–22

1. What does a seed coat do for the seed?
2. Water, wind, and ____ help scatter seeds.
3. A seed needs enough air and water and the proper ____ to germinate.
4. A young plant that has just pushed through the ground is called a ____.
5. The time during which a plant grows from a seed until it makes its own seeds is the plant's ____.
6. How would you put the following pictures in the order that they happen?

Chapter 2 Study Guide

On a separate sheet of paper, write the word or words that best complete the sentence or answer the question.

LESSON 1

pages 30–31

1. One way that scientists classify animals is by whether or not they have a ___.
2. What does your backbone help you do?
3. Why would bees and birds not be classified into the same group?

LESSON 2

pages 32–36

1. How do birds breathe?
2. How do baby birds get food?
3. Snakes are ___ because their body temperatures change with the temperature of the air around them.
4. Young reptiles come from ___.
5. A fish's ___ help it swim.
6. How do fish breathe?
7. How are fish and reptiles the same?
8. What happens to young fish after they hatch?
9. Which of the animals in the pictures is warm-blooded and which are cold-blooded?

10. Animals with backbones and hair or fur are ___.
11. What are two kinds of mammals that live on land?
12. What is one kind of mammal that lives in water?
13. Mammals breathe with ___.
14. How are the ways mammals and birds are born different from one another?
15. People belong in the group of ___.
16. What food do young mammals eat?

LESSON 3
pages 38–41

1. A ___ has a thin, soft body and no legs.
2. Earthworms make ___ in the soil.
3. A ___ has a soft body and a hard shell.
4. A spider has two main body parts and ___ legs.
5. A spider spins a ___ from silk that it makes inside its body.
6. The largest group of animals without backbones are the ___.
7. How are insects different from spiders?
8. The butterfly has ___ stages in its life cycle.
9. Describe the larva of the butterfly.
10. These pictures show the way a butterfly changes. Describe how you would put the pictures in the correct order.

Chapter 3 Study Guide

On a separate sheet of paper, write the word or words that best complete the sentence or answer the question.

LESSON 1

pages 50–52

1. Living things are called ____.
2. Organisms are made of one or more ____.
3. How can you see cells?
4. Scientists have divided organisms into ____ different groups.
5. Some ____ move by whipping their tails back and forth.
6. A plant's ____ keep it attached to the soil.
7. Name the kind of organism in each picture.

LESSON 2

pages 54–56

1. A group of sheep living in one place together form a ____.
2. The ____ of a population often changes because of the number of births and deaths in the group.
3. What happens to the size of a population when it has plenty of food?
4. The organisms in a ____ depend on each other for food and shelter.

5. Why do the squirrels in a forest community need the trees?
6. What do insects do for a forest community?
7. What organisms live in the community you see in the picture below?

8. An organism gets everything it needs from its ____.
9. How is a habitat different from a community?

LESSON 3

pages 58–60

1. Why are green plants producers?
2. Mice, deer, and rabbits are ____ because they eat other organisms for food.
3. Snakes and lions are ____ because they hunt for their food.
4. Lions hunt for antelope, so antelope are the lion's ____.
5. Grass growing in a meadow and then a mouse eating the grass is an example of a part of a ____.
6. Where are food chains found?

Chapter 4 Study Guide

On a separate sheet of paper, write the word or words that best complete the sentence or answer the question.

LESSON 1
pages 68–71

1. What are three things organisms get from their habitats?
2. Air, water, and land habitats are often destroyed by ▒▒.
3. How do factories cause air pollution?
4. How do factories cause water pollution?
5. Litter can change the ▒▒ of plants and animals.
6. When many organisms of the same kind die, that kind of organism can become ▒▒.
7. Look at the pictures below. Tell whether each organism is endangered or extinct.

LESSON 2
pages 72–74

1. People cannot hunt animals or collect plants in ▒▒.
2. What is one way factories can keep water from becoming polluted?

3. What is one way factories can keep the air from becoming polluted?
4. How do scientists help protect endangered plants?
5. Some endangered animals are kept in ___ to keep them from becoming extinct.

LESSON 3
pages 76–79

1. What are two things you get from plants and animals?
2. Fruits, grains, and ___ come from plants.
3. Name three different kinds of grains.
4. What part of the celery plant do people eat?
5. What part of a plant is an apple?
6. Cheese, butter, yogurt, and ice cream come from ___.

7. Look at the pictures above. Tell whether each food comes from a plant or an animal.
8. People use ___ from trees to make paper.
9. Where does linen come from?
10. Leather comes from the ___ of animals.
11. Name a plant that can cause some people to get an itchy rash.

Chapter 5 Study Guide

On a separate sheet of paper, write the word or words that best complete the sentence or answer the question.

LESSON 1
pages 94–98

1. The objects on your desk are alike because they all take up ____.
2. The amount of space an object fills is its ____.
3. A car has a ____ volume than a bicycle does.
4. How can you measure how much mass an object has?
5. An apple has ____ mass than an eraser.
6. How are people like objects in a room?
7. When you describe an object, you tell about its ____.
8. What are five properties you can use to describe an object?
9. What state of matter is a rock?
10. What state of matter is the air you breathe?
11. How are solid objects and liquid objects different from one another?
12. What happens to the air in a balloon when the balloon breaks?
13. Using a chart like the one below, list some of the properties of three objects you have at your desk.

Object	Properties

LESSON 2

pages 100–102

1. Two or more ___ join to form larger particles of matter.
2. A solid has particles that are ___ than the particles in liquids.
3. How do liquids change their shape?
4. In which of the states of matter do the particles have the weakest pull?
5. A ___ can spread to fill any space.

LESSON 3

pages 104–108

1. Changes in the shape of an object made of clay are ___ changes.
2. What are three kinds of physical changes?
3. How can liquid water be changed to a solid?
4. 0° Celsius is the ___ of water.
5. What does heat do to the particles in ice?
6. Over time, water in a puddle changes into a ___.
7. Liquid water ___ to form water vapor.
8. What happens to liquid water when it is heated to a temperature of 100° Celsius?
9. Water vapor ___ when it cools.
10. Burning wood causes a ___ to take place.
11. How does rust form on a can?
12. Rusting is a ___ change.
13. A change in the color of silver is a ___ change.
14. What kind of change has taken place below?

Chapter 6 Study Guide

On a separate sheet of paper, write the word or words that best complete the sentence or answer the question.

LESSON 1

pages 116–120

1. A ___ changes the way an object moves.
2. Would you need more force to move a chair or a pencil?
3. A ball thrown in the air is pulled down by the force of ___.
4. The more ___ an object has, the more gravity pulls on it.
5. If you weigh 85 pounds the pull of the earth's gravity on you is ___ pounds.
6. What is one reason a ball stops when it is rolled across the floor?
7. You do ___ when you move a book across the room.
8. You are able to do work because you have ___.

LESSON 2

pages 122–127

1. What is a simple machine?
2. What kind of simple machines are each of the objects in the pictures?

3. If you use a board to lift a heavy object, you use the board as a ___.
4. Pushing down on a lever makes it move back and forth on its ___.
5. What kind of simple machine is a seesaw?
6. An ___ is a simple machine with a flat surface that is higher at one end.
7. How do inclined planes help a person do work?
8. What are two examples of inclined planes?
9. How does a wedge help do work?
10. What simple machine is like an inclined plane wrapped around a rod?
11. The axle turns when you put force on the ___.
12. A ___ can be used to move a load up, down, or sideways.
13. What kind of simple machine would you use to move an object to a hard-to-reach place?

LESSON 3

pages 130–131

1. What makes a paddle boat a compound machine?
2. The ___ in a pencil sharpener sharpen the pencil.
3. Following ___ can help keep you safe when using machines.
4. How is the person in this picture using a machine safely?

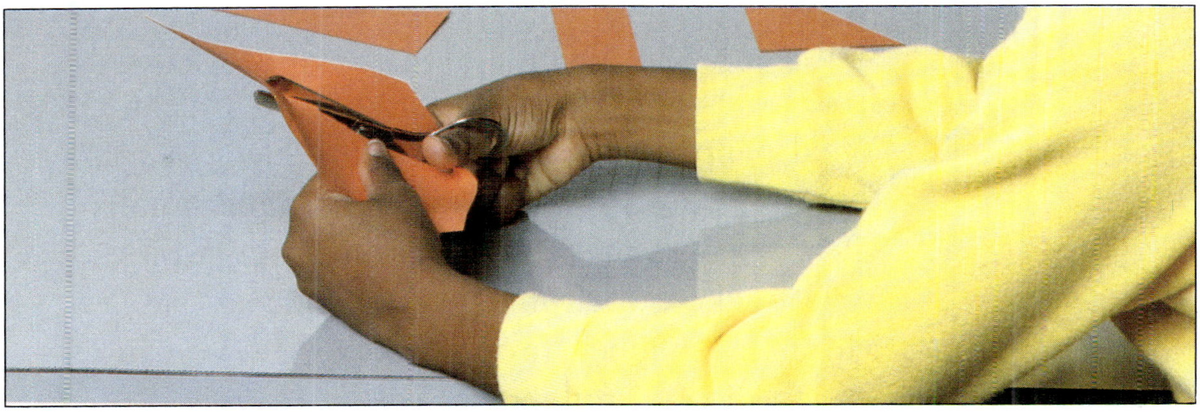

Chapter 7 Study Guide

On a separate sheet of paper, write the word or words that best complete the sentence or answer the question.

LESSON 1

pages 138–139

1. You use ____ when you move objects from one place to another.
2. What is energy of motion?
3. What happens to the energy from electricity when you turn on an electric lamp?
4. Plants get energy from the ____.

LESSON 2

pages 140–145

1. What happens when you rub two objects together?
2. Unlike charges ____ each other.
3. Like charges ____ each other.
4. A ____ pushes electric charges from place to place.
5. What is electric current?
6. A bulb lights when the ____ is complete.
7. Name two kinds of materials that do not carry electric current well.
8. What does the rubber on an electric cord do?
9. Magnetism is strongest at a magnet's ____.
10. The unlike poles of two magnets near each other will ____ each other.
11. Like poles of magnets will ____ each other.
12. What happens when electric current moves through loops of wire wrapped around a nail?
13. How can you make an electromagnet stronger?
14. What makes electromagnets useful?
15. Moving a magnet through loops of wire causes ____ to move through the wire.

LESSON 3

pages 148–151

1. What is a source?
2. ___ is the flow of energy from warmer places and objects to cooler ones.
3. Tell why the ice cube in the picture below is melting.

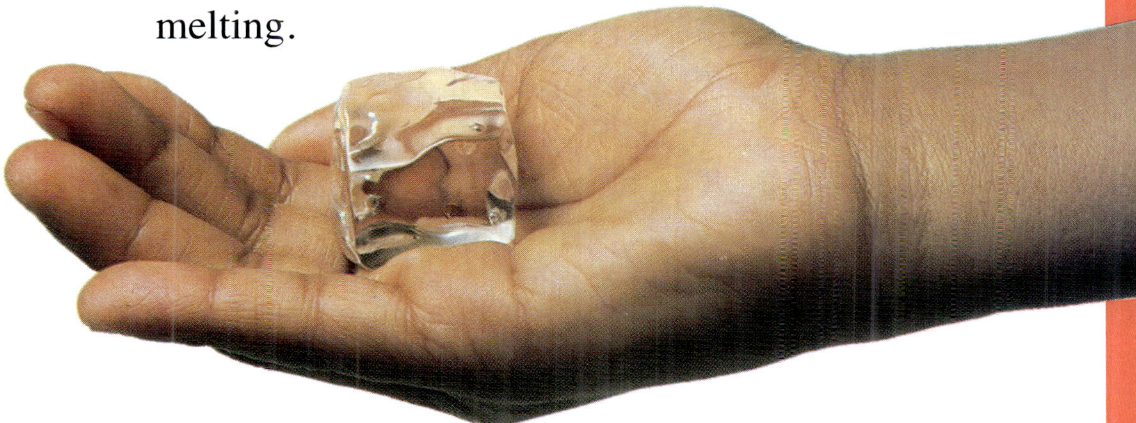

4. Why do many cooking pans have wooden handles?
5. Most liquids and gases are ___ energy conductors.
6. ___ is a measure of how fast particles of matter are moving.
7. The faster the particles of matter move, the ___ the temperature of the matter.
8. Some thermometers measure temperature in degrees ___.
9. What are thermostats used for?
10. Lining a building's roof and walls with an ___ helps keeps heat from moving into the outside air.

LESSON 4

pages 152–156

1. What happens when light strikes an object?
2. Most of the light you see is ___ light.
3. Light energy travels in ___.
4. Light waves ___ when they pass through a lens.
5. What are two uses of lenses?
6. Muscles in the iris of the eye control the size of the ___.

Chapter 8 Study Guide

On a separate sheet of paper, write the word or words that best complete the sentence or answer the question.

LESSON 1

pages 164–166

1. When you hit a drum, parts of the drum ____.
2. What is volume?
3. The more an object vibrates, the ____ the sound.
4. A soft sound has ____ volume than a loud sound.
5. What is pitch?
6. When an object vibrates ____, it makes a sound with a high pitch.
7. An object that vibrates ____ makes a sound with a low pitch.
8. How can you make a string vibrate more quickly?
9. Look at the rubber bands in the picture below. Tell which rubber band would have the sound with the highest pitch.

LESSON 2

pages 168–170

1. How does sound travel?
2. When a bell rings, it causes the ____ around it to vibrate.
3. Sound waves get ____ as they move away from the object that made them.
4. You can only hear sounds when they travel through ____.

5. Sound moves more ___ through liquids than it does through solids.
6. When sound bounces back from an object, you hear an ___.
7. What kind of surfaces produce echoes best?

LESSON 3

pages 172–174

1. What happens to your vocal cords when you speak?
2. Vocal cords are thin flaps at the top of your ___.
3. When you talk, air comes from your ___ and passes between your vocal cords.
4. What does the outer part of the ear do?
5. What do sound waves do to the eardrum?
6. The eardrum makes the ___ in the middle of your ear vibrate.
7. What part inside the ear tells your brain about sounds you hear?
8. Name the parts of the ear shown in the picture below.

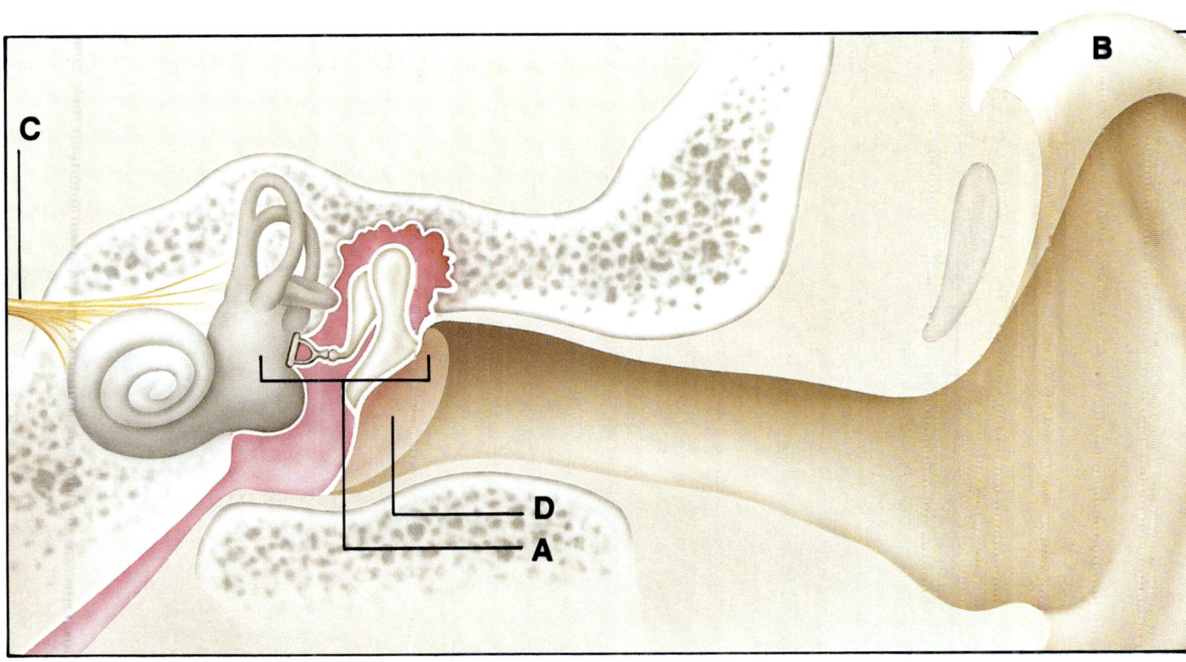

Chapter 9 Study Guide

On a separate sheet of paper, write the word or words that best complete the sentence or answer the question.

LESSON 1

pages 188–191

1. Each mineral has its own special ___.
2. What are some properties a mineral might have?
3. What makes the different colors you might see in a rock?
4. Why do minerals melt when they are deep inside the earth?
5. What happens when melted rocks reach the earth's surface?
6. What happens as layers of rocks and shells harden at the bottom of lakes and oceans?
7. Pressure can change igneous or sedimentary rock to ___.
8. Limestone is a ___ rock.
9. What happens to limestone when it is heated and squeezed inside the earth?
10. Marble is much ___ than limestone.

LESSON 2

pages 194–196

1. How does water get inside a rock?
2. How can this plant break apart the rock?

3. How can water break apart a rock?
4. Over many years, rock is broken down and forms ___.
5. What materials make up soil?
6. What gives soil its dark color?
7. Soil can have pieces of different sizes and ___.
8. Tiny grains in ___ make it feel smooth.
9. Why might plants be unable to grow in clay soil?
10. ___ is loose and easy to dig.
11. Why might plants not grow well in sandy soil?
12. Loam is a mixture of clay, sand, and ___.
13. Which soil type would be best for growing plants?

LESSON 3

pages 198–201

1. The glass you drink from is made of ___ that come from rock.
2. People need soil to get ___ to make clothing.
3. What object do you use each day in school that was made from trees?
4. People use the mineral ___ to make coins, electric wires, and pots and pans.
5. A rock with large amounts of copper would be copper ___.
6. People who dig deep tunnels to search for minerals are ___.
7. A ___ is something people use that comes from the earth.
8. What is one way people can prevent wasting natural resources?
9. Why should farmers change the kinds of plants they grow from year to year?

Chapter 10 Study Guide

On a separate sheet of paper, write the word or words that best complete the sentence or answer the question.

LESSON 1

pages 208–210

1. Name the three layers of Earth shown below.

2. The land under the oceans makes up part of the earth's ___.
3. Some of the rock inside the earth's mantle is solid and some of it is ___.
4. What is the earth's core made of?
5. The ___ part of the core has liquid iron.
6. The ___ part of the core has solid iron.
7. ___ of the earth's crust give scientists information about the inner layers of the earth.

LESSON 2

pages
212–215

1. What happens when rocks weather?
2. Water that ___ and melts weathers rocks.
3. What parts of plants help weather rocks?
4. A material made from the ___ in the air and water helps weather rocks.
5. Underground ___ often form in weathered rock.
6. What has happened in the picture below?

LESSON 3

pages
218–221

1. What makes earthquakes dangerous?
2. Scientists try to ___ earthquakes to help save lives.
3. What should you do if you are indoors during an earthquake?
4. What should you do if you are outdoors during an earthquake?
5. What is magma?
6. How does lava form new crust?
7. Why are volcano eruptions dangerous?

LESSON 4

pages
222–223

1. How does building roads and buildings change the earth's crust?
2. What can happen to the land when people cut down plants and trees?
3. How do people change the earth's crust when they search for ores?
4. How do earthworms change the earth's crust?
5. How do plants protect the land from erosion?

Chapter 11 Study Guide

On a separate sheet of paper, write the word or words that best complete the sentence or answer the question.

LESSON 1

pages 230–232

1. After you swim, water on your skin ___ and becomes water vapor.
2. Water vapor in the air at night ___ into drops of dew.
3. Why can you see your breath on a cold day?
4. As warm air rises, it ___.
5. When air condenses into tiny droplets of water high in the sky, a ___ forms.
6. How is fog different from a cloud?
7. What kinds of clouds might you see in good weather?
8. What are cirrus clouds made of?
9. The weather can become ___ when cumulus clouds become large.
10. You might see ___ clouds during a light rain.
11. What has happened to the air in this picture?

LESSON 2

pages 234–236

1. Why can the tiny drops of water in clouds float in the air?
2. When drops of water become larger they might fall as ___.
3. Snow is one kind of ___.
4. Explain how the pictures below show the steps in the water cycle.

LESSON 3

pages 238–240

1. Thunderstorms occur when ___ air moves in to replace warm air that is quickly rising.
2. You see ___ when electric charges jump between clouds.
3. What do you often hear after lightning flashes?
4. Where do hurricanes form?
5. What two things make hurricanes dangerous?
6. What do tornados look like?
7. Why might a tornado be dangerous when it touches ground?
8. Where should people go when there is a hurricane or a tornado?

Chapter 12 Study Guide

On a separate sheet of paper, write the word or words that best complete the sentence or answer the question.

LESSON 1

pages 248–252

1. The earth is like a spinning top in the way that it ___.
2. What is the earth's axis?
3. How long does it take the earth to complete one rotation?
4. Why does the earth have daylight and darkness each day?
5. What is the earth's orbit?
6. The earth's orbit is shaped like a ___.
7. How long does it take the earth to complete one revolution around the sun?
8. What is one way in which the earth and the moon are different?
9. The moon is a satellite of the earth because it ___ around the earth.
10. How long does it take for the moon to complete one revolution around the earth?
11. The moon's light comes from the ___ light reflecting off the moon.
12. What are phases of the moon?

LESSON 2

pages 254–257

1. Stars are made of hot, glowing ___.
2. The closer an object is to you, the ___ it looks.
3. Why does the sun look larger than other stars?
4. The surface temperature of the sun is ___ than the temperature in the center of the sun.
5. What is a planet?

6. Name the nine planets that revolve around the sun.
7. Why are the temperatures on Mercury and Venus very hot?
8. The temperatures on Earth are close to those on ___.
9. Saturn is ___ in size than Earth.
10. Jupiter is made mostly of ___.
11. The rings around Saturn are made of ___.
12. Look at the picture below. Which planet has the coolest temperatures.

LESSON 3

pages 260–263

1. What did the telescope help scientists learn about the earth?
2. What are astronauts?
3. What do scientists think caused the craters on the moon?
4. Venus is always covered by ___.

Chapter 13 Study Guide

On a separate sheet of paper, write the word or words that best complete the sentence or answer the question.

LESSON 1

pages 276–278

1. What is the basic unit of an organism?
2. About how many cells make up your body?
3. What kind of cells cover and protect your body?
4. A group of nerve cells forms a nerve ____.
5. Name four body organs.
6. Your heart and the other organs that work together to move blood through your body form a ____.

LESSON 2

pages 280–282

1. Your bones and ____ work together to help you move.
2. Your bones help ____ organs in your body.
3. What kind of bones would the long parts of your body, like your legs, have?
4. Your shoulder and arm come together at the ____.
5. What do the joints below do for the body?

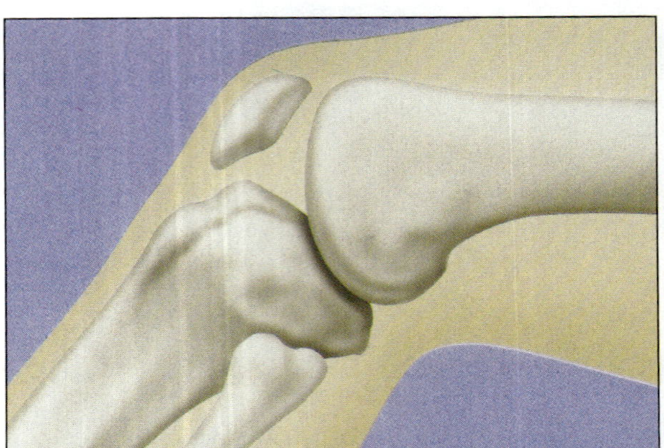

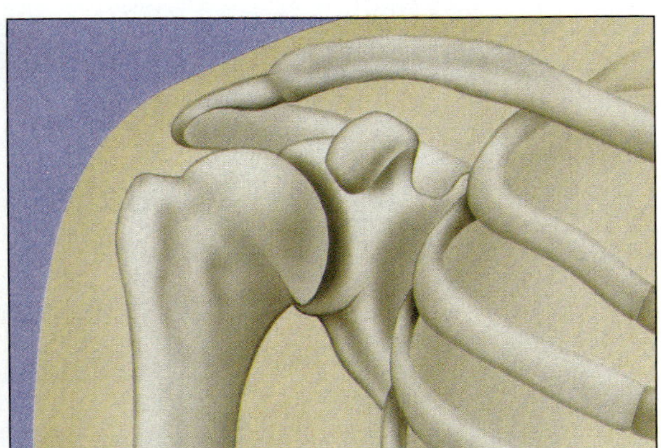

LESSON 3

pages 284–286

1. What helps give your body its shape?
2. When you move your arms or your legs you are using ___ muscles.
3. The ___ muscles of your body help you breathe and keep your heart working.
4. What kind of muscles work without you thinking about them?
5. When you move your body, your muscles ___ or become shorter and thicker.
6. When a muscle contracts, the ___ causes a bone to move.
7. Look at the boy in the picture. Tell what kind of muscles he is using to exercise.

Chapter 14 Study Guide

On a separate sheet of paper, write the word or words that best complete the sentence or answer the question.

LESSON 1

pages 294–296

1. What do you get from foods that help you grow and stay healthy?
2. How many servings from each food group are needed each day?
3. Look at the meal in the picture below. Tell why this is a healthy meal.

4. Why is it important to build physical fitness?
5. What are three types of exercise you can do to build physical fitness?
6. Your heart is a ____.
7. How does exercising help your heart?
8. How does sleeping help your body grow properly?

LESSON 2

pages 298–301

1. What is a disease that can spread from person to person?
2. Germs that might be on your skin can get into your body through a ___.
3. What makes you feel sick?
4. What are two diseases caused by viruses?
5. Why is it important to keep your skin clean?
6. People who have diabetes cannot use ___ properly.
7. What are two ways in which people with diabetes can control their disease.
8. How does cancer hurt the body?
9. What are two ways doctors can treat some kinds of cancer?
10. What is one way people can help keep from getting lung cancer?
11. People protect themselves from ___ cancer by not spending long periods of time in the sun.
12. Cancer and ___ disease do not spread from person to person.

LESSON 3

pages 304–307

1. What is one way medicines help people?
2. Medicines are a kind of ___.
3. Alcohol changes the way a person's ___ works.
4. What are two skills people might have trouble doing after they have drunk too much alcohol?
5. What drug is contained in tobacco?
6. What disease are people who smoke more likely to get than those who do not smoke?
7. Drugs that are against the law to use are ___ drugs.
8. What are two drugs that are against the law?
9. How can people protect themselves from the harmful effects of drugs?

Using Scientific Methods

Scientists ask many questions. No one may know the answers. Then scientists use scientific methods to find answers. Scientific methods include steps like the ones on the next page. Sometimes scientists use the steps in different order. You can use these steps to do the experiments in this section.

Identify Problem
The problem is usually a question such as, "Does sound travel faster through water than through air?"

Make Observations
Notice many things about an object such as its size, color, or shape.

State Hypothesis
Try to answer the problem.

Test Hypothesis
If possible, do an experiment to see if your hypothesis is correct. Then you should do the experiment again to be sure.

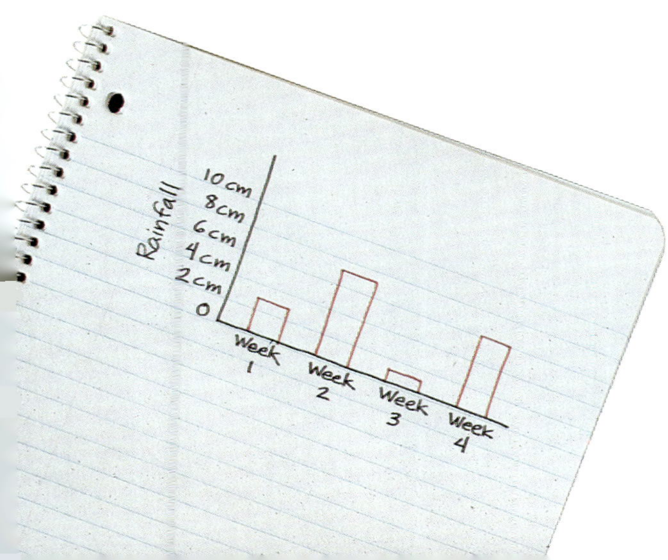

Collect Data
Your observations from the experiment are your data.

Study Data
You can understand your data better if you put it in charts and graphs.

Make Conclusions
Decide if your hypothesis is correct.

Safety in Science

Scientists are careful when they do experiments. You need to be careful too. The next page shows some rules to remember.

- Never taste or smell unknown things.
- Handle thermometers carefully.

- Read each experiment carefully.
- Wear cover goggles when needed.
- Clean up spills right away.

- Put things away when you finish an experiment.
- Wash your hands after each experiment.

Chapter 1 Experiment Skills

Setting Up a Control

Marianne wanted to have colored glass put in her bedroom window. She had several plants in her room. She wondered if colored light coming in through the window would change how the plants grew. She decided to do an experiment with plants and light to find out. In her experiment, Marianne found out that plants grow better in regular light than in colored light.

Read Marianne's experiment on the next page. Then answer the questions on this page.

Thinking About the Experiment

1. How many cups did Marianne use for her experiment?

Anything in an experiment that could change is called a variable. Only one variable should change during an experiment.

2. What variable did Marianne change between the two cups using cellophane?
3. Why was it important for the two cups to have all the same things except for the kind of cellophane?

The cup with a clear cellophane cone was the control in Marianne's experiment. It let in all light, just as clear glass would. Marianne could compare the plant from the control cup with the plant from the other cup.

4. Suppose Marianne did not have a control cup. Could she tell if the plant with red cellophane was growing any differently? Why or why not?

Experimenting with Plants

Problem
How does red light affect bean seed growth?

Hypothesis
A bean plant will not grow as well in red light as in regular sunlight.

Materials
2 bean seeds
cellophane, clear and red squares
metric ruler
2 plastic cups
potting soil
stapler
tape
water

Procedure
1. Fill one of the cups with water. Soak 2 bean seeds in it overnight.
2. Empty the water from the cup. Fill both cups more than half full with potting soil.
3. Put a seed in each. Add a little soil on top of the seeds.
4. Water both cups well.
5. Make cones out of the two squares of cellophane. Use a staple to keep their shapes.
6. Tape a cone onto each cup.
7. Place the cups in a sunny spot.
8. After a week, measure the height of the plants. Count the number of leaves on each.

Data and Observations

	Red wrap	Clear wrap
Plant height		
Number of leaves		

Conclusions
You might do Marianne's experiment to find your own data and make observations. Draw conclusions based on your data.

Practice Setting Up a Control

Plants need minerals to grow. Suppose you want to find out if plants grow better when minerals are added to the soil.

1. How would you change Marianne's experiment to find out how well plants grow with added minerals?
2. What would the control in your experiment be?

Chapter 2 Experiment Skills

Making Observations

Tom liked visiting his uncle's farm. One day he noticed some tiny animals called mealworms. They were living in a damp sack of grain that an animal had spilled. Tom wondered if the mealworms like to live in a damp place or a dry place. He decided to do an experiment with ten mealworms to find out.

At the end of his experiment, Tom observed that only two of the ten mealworms crawled to a dry place. All the rest crawled to a wet place.

Read Tom's experiment on the next page. Then answer the questions on this page.

Thinking About the Experiment

1. Where did Tom first observe the mealworms?
2. What was Tom trying to find out in his experiment?
3. What materials did Tom use in his experiment?

Making observations means watching closely. Tom used his observations to make a conclusion.

4. How many mealworms did Tom observe at the dry sponge?
5. How many mealworms did Tom observe at the wet sponge?
6. What conclusion do you think Tom made?

See pages 344-347 to review scientific methods and safety.

Experimenting with Mealworms

Problem
Do mealworms prefer to live in a damp place or a dry place?

Hypothesis
Mealworms prefer to live in a damp place.

Materials

small cake pan	2 sponges
10 mealworms	water
cardboard	sand

Procedure
1. Fill the bottom of the pan with sand.
2. Wet 1 sponge. Then squeeze it.
3. Place the wet sponge in the sand on one side of the pan.
4. Place the dry sponge opposite the wet sponge.
5. Use a piece of cardboard to put the mealworms on the sand in the middle of the pan.
6. Observe the mealworms after 30 minutes. Write down how many are at each sponge

Data and Observations

	Number of mealworms
Wet sponge	
Dry sponge	

Conclusions
You might do Tom's experiment to find your own data and make observations. Draw conclusions based on your data.

Practice Making Observations

1. Suppose you observed the mealworms for five days. Set up the data table that you would use.
2. Suppose you wanted to see if the mealworms grew. How could you make observations about growth?
3. What would you use to measure how much they grew?

Chapter 3 Experiment Skills

Stating a Hypothesis

When Robert started to make a peanut butter sandwich, he saw that mold was growing on the bread. He also noticed water on the bread wrapper. Robert wondered if water helped the mold to grow. He thought mold would grow faster on wet bread than on dry bread. He did an experiment with dry and wet bread to see if he was right. In his experiment, Robert observed that more mold grew on the wet bread than on the dry bread.

Read Robert's experiment on the next page. Then answer the questions on this page.

Thinking About the Experiment

1. What question did Robert have about how fast bread mold grows?
2. How would Robert finish this sentence? "Mold grows faster on . . ."

Robert's sentence is his hypothesis. A good hypothesis is one that can be tested with an experiment.

3. What materials did Robert use to test the hypothesis he made?
4. What procedure did Robert follow to test his hypothesis?

Suppose Robert wanted to show that mold grow better in the dark than in light.

5. What would be his new hypothesis?

See pages 344-347 to review scientific methods and safety.

Experimenting with Mold

Problem
Will mold grow faster on wet bread than on dry bread?

Hypothesis
Give your own hypothesis for this experiment.

Materials
2 slices bread
marker
masking tape
2 plastic sandwich bags
water

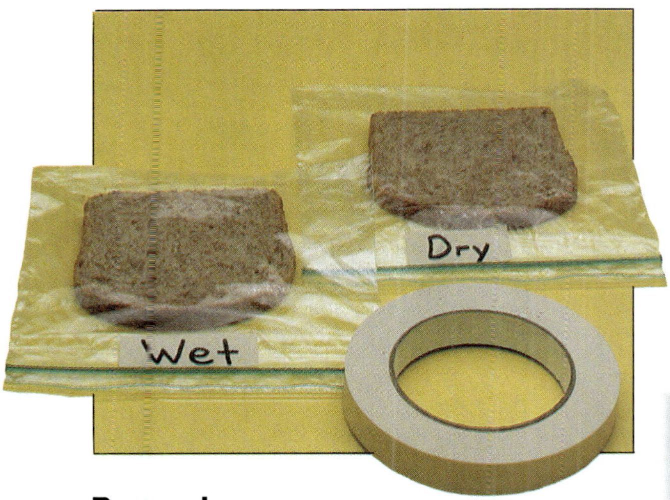

Procedure
1. Leave 2 slices of bread out overnight. This will allow mold to start growing on the bread.
2. The next day, place 1 of the slices in a plastic sandwich bag.
3. Wet the second slice. Let several drops of water fall from your finger onto the bread in several places. Place the slice in a plastic sandwich bag.
4. Tape both bags shut. Label them by writing on the tape.
5. Place the bags in a warm, dark place.
6. Observe the bread slices through the plastic every other day for 1 week. Write your observations in a data table.
7. After the experiment, throw the closed bags away.

Data and Observations

	Day			
	1	3	5	7
Wet bread				
Dry bread				

Conclusions
You might do Robert's experiment to find your own data and make observations. Draw conclusions based on your data.

Practice Stating a Hypothesis
Some breads have chemicals called preservatives that keep the bread from getting moldy. Other breads do not have preservatives. Do preservatives keep mold from growing on bread?
1. Write a hypothesis to answer this question.
2. How could you test this hypothesis?

Chapter 4 Experiment Skills

Setting Up an Experiment

Lori's grandmother lived on a farm with a big pond. A garden was near the pond. Lori noticed that the water nearest the garden looked greener than the rest of the pond. This water was covered with many tiny floating duckweed plants. Her grandmother said she used fertilizer in the garden. Lori wondered if the fertilizer had washed into the pond and made the duckweed near the garden grow quickly.

She set up an experiment using pond water, duckweed, and fertilizer to find out. In her experiment, Lori found out that duckweed with fertilizer grows faster than duckweed without fertilizer.

Read Lori's experiment on the next page. Then answer the questions on this page.

Thinking About the Experiment

1. What was Lori's hypothesis?
2. How many cups did Lori use to set up her experiment?

When Lori set up her experiment, she made sure the cups were the same size. She put the same amount of pond water with duckweed in each cup. Then she put the cups in the sun. Lori changed one variable. This was the variable she was testing.

3. What variable did Lori change?

The cup without fertilizer was Lori's control.

4. How did the control help Lori with her observations?

Experimenting with Fertilizer on Plants

Problem
Does fertilizer change how fast duckweed grows?

Hypothesis
Fertilizer helps duckweed grow quickly in water.

Materials

gloves	phosphate fertilizer
2 large plastic cups	water with duckweed
marker	medicine dropper

Procedure
1. Fill each cup half full with pond water.
2. Put on the gloves. Add 10 drops of fertilizer to one of the cups. Stir the fertilizer in the water.
3. Place 20 duckweed plants in each cup.
4. Record the number of plants in your data table beside "At start."
5. Label the cups. Put them in a sunny place.
6. Observe the cups once a week for two weeks. Count the duckweed plants in each cup each time. Record the numbers on your data table.

Data and Observations

Number of Duckweed

	With fertilizer	Without fertilizer
At start		
After 1 week		
After 2 weeks		

Conclusions
You might do Lori's experiment to find your own data and make observations. Draw conclusions based on your data.

Practice Setting Up an Experiment

Does the temperature of water affect how fast duckweed plants grow? Suppose you wanted to set up an experiment to find out. You could use two cups of pond water with duckweed.

1. What would be the same about each cup?
2. What would be the variable?
3. What would be the control?

Chapter 5 Experiment Skills

Identifying Variables

Mario was making a snack. His father had given him a cup of warm water. Mario was mixing a packet of instant tomato soup in the water. He noticed that the instant soup mixed quickly in the warm water. He wondered if the temperature of water changes how fast something will mix. Mario decided to do an experiment to find out. In his experiment, he mixed sugar in water of different temperatures.

Read Mario's experiment on the next page. Then answer the questions on this page.

Thinking About the Experiment

In his experiment, Mario used jars that were the same size. He put the same amount of water and of sugar in each jar.

1. What else was the same for all the jars?
2. What was different in the three jars?

A variable is anything in the experiment that can be changed. An experiment should test only one variable at a time.

3. What variable did Mario want to test?
4. Would it have been a mistake for Mario to stir the liquid in only one of the jars? Explain your answer.

Experimenting with Mixtures

Problem
Does the temperature of water change how fast something will mix in it?

Hypothesis
A substance will mix faster in warm water than in cold water.

Materials

warm water	sugar
room temperature water	spoon
cold water	clock
3 jars of the same size	tape
graduated cylinder	marker

Procedure
1. Label the jars *Warm, Cold,* and *Room temperature.*
2. Put 25 mL of sugar in each jar.
3. Measure 100 mL of warm water. Pour it into the jar marked *Warm.* Observe the time.
4. Stir the sugar and water until the sugar crystals disappear.
5. Observe how much time the sugar took to disappear. Write the time on a chart like this one.
6. Follow the same procedure again. Add cold water to the jar marked *Cold.* Add room temperature water to the jar marked *Room temperature.*

Data and Observations

Water temperature	Time for sugar to disappear
Warm	
Room temperature	
Cold	

Conclusions
You might do Mario's experiment to find your own data and make observations. Draw conclusions based on your data.

Practice Identifying Variables

Suppose you wanted to do an experiment to find out if the amount of water changes how fast sugar will dissolve.

1. How would you set up the experiment?
2. What would have to be the same in your experiment?
3. What variable changes?

Chapter 6 Experiment Skills

Setting Up an Experiment

Jeff's father used a wedge to split wood. The hammer pushed the wedge into the wood and the wood split or cracked. Jeff wondered if the sharpness of a wedge makes a difference in how well it works. He decided to set up an experiment to find out. Jeff knew it was not safe to use his father's sharp wedge. He used wedges made out of chalk.

Read Jeff's experiment on the next page. Then answer the questions on this page.

Thinking About the Experiment

Jeff set up his experiment carefully. He kept every part of the setup the same except for one variable. That was the variable he wanted to test.

1. What variable is Jeff testing?
2. What variables did Jeff keep the same in the experiment?
3. What kind of data did Jeff get from the experiment?

See pages 344-347 to review scientific methods and safety.

Experimenting with Wedges

Problem
Does the sharpness of a wedge make a difference in how easily it can be pushed into something?

Hypothesis
A wedge is most useful if it has a sharp edge.

Materials
3 pieces of chalk
large ball of modeling clay
rough surface

Procedure
1. Rub one end of each piece of chalk on the rough surface to make a wedge shape. Make the ends of the wedges sharp, rounded, and flat.
2. Push each chalk wedge into the ball of clay.
3. Record how hard or easy it is to push each wedge.

Data and Observations

Wedge shape	Force needed
Rounded	
Flat-ended	
Sharp	

Conclusions
You might do Jeff's experiment to find your own data and make observations. Draw conclusions based on your data.

Practice Setting Up an Experiment

Suppose you wanted to know if the material a wedge is made of affects how well it works.

1. What might be your hypothesis?
2. What variable would you test?
3. How would you set up your experiment?

Making Conclusions

Kelly was studying magnets at school. Her teacher said there were ways you could make your own magnet. He said that to do this you would need only a paper clip and a bar magnet. These were the only directions her teacher would give.

Kelly decided she would do an experiment to find out how to make a magnet. She tried to make a magnet in three different ways.

Read Kelly's experiment on the next page. Then answer the questions on this page.

Thinking About the Experiment

Kelly tested the paper clip that the laid next to the magnet. It did not pick up any small paper clips.

1. What is Kelly's conclusion about making a magnet this way?

Kelly tested the paper clip that she rubbed back and forth with a magnet. The paper clip picked up another paper clip.

2. What is Kelly's conclusion?

Next, Kelly tested the paper clip that she rubbed in one direction with the magnet. The paper clip picked up four other paper clips.

3. What is Kelly's conclusion about the best way to make a magnet?

See pages 344-347 to review scientific methods and safety.

Experimenting with Magnets

Problem
How can you make a magnet?

Hypothesis
Rubbing a paper clip with one end of a bar magnet can turn the paper clip into a magnet.

Materials
three large paper clips
bar magnet
several small paper clips

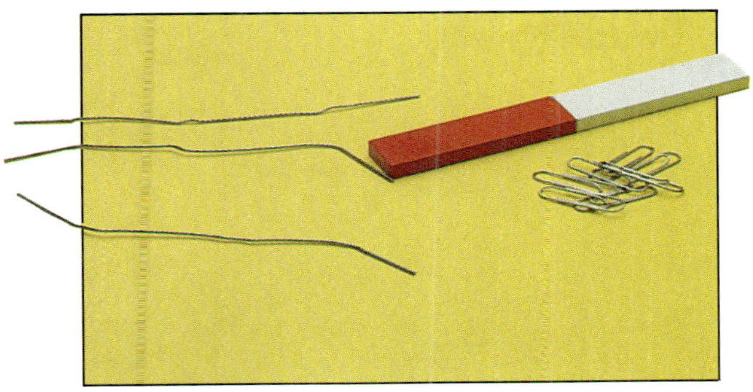

Procedure
1. Straighten out the large clips.
2. Set one end of the magnet next to one end of a straightened clip for 30 minutes.
3. Rub one end of the magnet back and forth over the end of another paper clip. Do this at least 20 times.
4. Rub one end of the magnet over the end of the third paper clip. But this time rub the clip in only one direction. Do this at least 20 times.
5. Test each of your straightened clips to see how well they are magnetized. Write down how many small paper clips are attracted to each of your homemade magnets.

Data and Observations

Straightened paper clips	Number of paper clips picked up
Laid next to magnet	
Rubbed back and forth	
Rubbed in only one direction	

Conclusions
You might do Kelly's experiment to find your own data and make observations. Draw conclusions based on your data.

Practice Making Conclusions

1. Suppose the paper clip laid next to the magnet was able to pick up the most paper clips. What would be your conclusion to this experiment?
2. Suppose a conclusion does not agree with a hypothesis. Explain why the experiment is still useful.

Chapter 8 Experiment Skills

Collecting Data

Ann tapped gently with a spoon on her glass of fruit juice. She was keeping time with music on the radio. Then she drank most of the juice. When she tapped the glass again she noticed that the sound was different. The sound was higher with less juice in the glass.

Ann wondered if this would be true if she tapped bottles. She thought of this hypothesis to answer her question. *The more liquid in a bottle, the lower the sound made when you tap on the bottle.* She decided to set up an experiment to test her hypothesis.

Read Ann's experiment on the next page. Then answer the questions on this page.

Thinking About the Experiment

In an experiment, you collect data about the problem you want to solve.

1. What is the problem in Ann's experiment?
2. What did Ann collect data about?
3. How did Ann organize the data she collected?
4. After looking at her data, what do you think Ann's conclusions were?

See pages 344-347 to review scientific methods and safety.

Experimenting with Sound

Problem
Does the amount of liquid in a bottle make a difference in the sound made by tapping on the bottle?

Hypothesis
The more liquid in a bottle, the lower the sound made when you tap on the bottle.

Materials
4 bottles of the same size
water
spoon

Procedure
1. Put four bottles on a desk or table.
2. Leave the first bottle empty. Put a little water in the second bottle. Fill the third bottle about halfway. Fill the fourth bottle almost full.
3. Tap the first and second bottles gently with a spoon. Compare the sounds. Record which is higher.
4. Tap the third bottle. Compare the sound with the sounds of the first and second bottles. Record your observations.
5. Tap the fourth bottle and compare the sounds. Record your observations.

Data and Observations

Amount of water in bottle	Sound from tapping
Empty	
A little water	
Half full	
Full	

Conclusions
You might do Ann's experiment to collect your own data and make observations. Make conclusions based on your data.

Practice Collecting Data

Suppose you wanted to do an experiment to find out if the size of the bottle makes a difference in the sound produced.
1. What might your hypothesis be?
2. How could you set up an experiment to test the hypothesis?
3. What data is important to collect in your experiment?

Chapter 9 Experiment Skills

Making Observations

Alice helped her father get the soil in the garden ready for new plants. They mixed decaying leaves and grass clippings into the soil. Alice wondered if plants grow better in mixed soil than in sandy soil or in gravel. Alice did an experiment to find out.

She planted bean seeds in different kinds of soil and in gravel. She observed and measured the growing plants. In the experiment, Alice found out that plants grow best in mixed soil.

Read Alice's experiment on the next page. Then answer the questions on this page.

Thinking About the Experiment

The first step in solving a problem is to make observations.

1. What observations did Alice make about the plants?
2. What units of measurement did Alice use?
3. Where did Alice record her observations and measurements?

Alice treated the bean seeds alike except for one thing.

4. What variable did Alice change?
5. What was Alice trying to find out about the plants?

See pages 344-347 to review scientific methods and safety.

Experimenting with Soil

Problem
Do plants grow better in some substances than in others?

Hypothesis
Plants grow better in some substances than in others.

Materials
9 bean seeds soaked in water overnight
3 paper or plastic cups
loam, sand, and fine gravel
large plastic or metal tray
measuring cup
metric ruler
masking tape
water
pencil
marker

Procedure
1. Label the cups *1*, *2*, and *3*.
2. Poke a hole in the bottom of each cup with a pencil.
3. Put soil in cup *1*, gravel in cup *2*, and sand in cup *3*.
4. Plant 3 seeds in each cup. Plant the seeds about 2 cm deep.
5. Put the tray of cups on a windowsill.
6. Every 3 days, add 15 mL of water to each cup.
7. On days you water the cups, observe each plant. Measure the height of the plants in centimeters. Record your observations and measurements on a chart like the one shown.

Data and Observations

Cup	Substance	Height and appearance
1		
2		
3		

Conclusions
You might do Alice's experiment to find your own data and make observations. Draw conclusions based on your data.

Practice Making Observations

Suppose you wanted to find out if the amount of water makes a difference in how a plant grows.
1. What hypothesis could you make?
2. How would you set up an experiment to test your hypothesis?
3. What observations would you make?

Chapter 10 Experiment Skills

Identifying Variables

Bob was digging in his garden when it started to rain. He ran inside and left a pile of dirt out in the rain. Then he watched the pouring rain wash away the dirt. He wondered if a lot of rain washed away more dirt than only a little bit of rain could. He decided to do an experiment using sand and water to find out.

In his experiment Bob found out that a lot of water washes away more sand than a small amount of water. Read Bob's experiment on the next page. Then answer the questions on this page.

Thinking About the Experiment

Bob made three mounds of sand all the same size. He poured a different amount of water over each mound.

1. Why was it important for Bob to make all three mounds of sand the same size?
2. What did Bob use to shape the mounds?

Only one variable should change in an experiment. That is the variable you want to test.

3. What variable did Bob want to test?
4. How did he test this variable?

Experimenting with Sand and Water

Problem
Does a large amount of water wash away more sand than a small amount of water does?

Hypothesis
A large amount of water washes away more sand than a small amount does.

Materials
1 plastic cup
3 pans of the same size
measuring cup
3 plastic straws
sand
marker
water

Procedure
1. Fill the plastic cup with sand. Pack sand firmly in the cup.
2. Turn the cup over into a pan. Remove the cup so that the sand forms a mound.
3. Repeat step 2 to form the same size sand mounds in each of the other pans.
4. Stand a straw up in the center of each mound. Mark how high the sand comes on each straw.
5. Pour 50 mL of water over the first mound. Observe what happens to the sand. Record how the height of the sand changes.
6. Pour 250 mL of water over the second mound. Pour 500 mL of water over the third mound. Record your observations

Data and Observations
Effect of Water on Mounds

	How mounds look after using water
Mound 1	
Mound 2	
Mound 3	

Conclusions
You might do Bob's experiment to find your own data and make observations. Make conclusions based on your data.

Practice Identifying Variables

Suppose you wanted to do an experiment to find out how much sand is washed away when the same amount of water is poured onto different amounts of sand.
1. What should be the variable in this experiment?
2. How would this experiment be different from Bob's experiment?

Chapter 11 Experiment Skills

Testing a Hypothesis

Nathan was keeping a weather chart as part of his science project. He noticed that the air seemed to get colder on clear nights than on cloudy nights. He wondered if clouds really affected the temperature of the air below them. He thought of this hypothesis as a possible answer to his question: *Covering air in some way helps keep it warm.*

Nathan did an experiment to test his hypothesis. He placed thermometers in two boxes. Then he covered both boxes and placed them in the sun for twenty minutes.

Read Nathan's experiment on the next page. Decide if Nathan's hypothesis was correct. Then answer the questions on this page.

Thinking About the Experiment

Usually in an experiment, parts of the experiment take the place of things in nature. For example, the bottom of Nathan's shoe boxes act like the ground.

1. What does the plastic cover on the boxes take the place of?
2. Why did Nathan remove the cover from one of his boxes?
3. To test his hypothesis, did Nathan really need to remove the cover from one box? Why?
4. What do you think happened to the temperature of the air in each of the boxes?

See pages 344-347 to review scientific methods and safety.

Experimenting with Heating Air

Problem
Do clouds help keep air warm?

Hypothesis
Covering air in some way helps keep it warm.

Materials
2 shoe boxes the same size
2 thermometers
plastic wrap
masking tape
60-watt bulb

Procedure
1. Place a thermometer in the bottom of 2 shoe boxes. Cover both with a double thickness of clear plastic wrap.
3. Set the boxes under a lighted bulb, about 10 cm from the bulb. Be careful, light bulbs can cause burns!
4. After 20 minutes, remove the plastic wrap from one of the boxes.
5. Record the temperature in each box every minute for the next 5 minutes. Do not remove the thermometers.

Data and Observations
Temperature of Air in Each Box

Time	Uncovered Box	Covered Box
0		
1		
2		
3		
4		
5		

Conclusions
You might do Nathan's experiment to find your own data and make observations. Draw conclusions based on your data.

Practice Testing a Hypothesis

1. Suppose you wanted to do an experiment to find out if the color of the ground affects how fast air heats up. What would be your hypothesis?
2. How could you change Nathan's experiment to test your hypothesis?
3. What variable would change in testing this hypothesis?

Chapter 12 Experiment Skills

Using Models

Lupe observed an eclipse of the moon one evening. She watched the shape of the full moon change as though something was covering it. She knew that the shadow of the earth is important in an eclipse. She wondered what the positions of the moon, sun, and earth are during an eclipse. She made this hypothesis to answer her question. *The earth blocks the sun's light from shining on the moon during an eclipse of the moon.* Lupe decided to experiment with a model to understand how an eclipse takes place.

Read Lupe's experiment on the next page. Then answer the questions on this page.

Thinking About the Experiment

Models stand for the real thing.

1. In Lupe's model what do the flashlight, the globe, and the plastic ball stand for?
2. How did Lupe's model help her test her hypothesis?
3. After reading Lupe's experiment, draw sketches of where you think the earth, moon, and sun would be during an eclipse of the moon.

See pages 344-347 to review scientific methods and safety.

Experimenting with Models

Problem
What causes an eclipse of the moon?

Hypothesis
The earth blocks the sun's light from shining on the moon during an eclipse of the moon.

Materials

globe	dowel rod
flashlight	modeling clay
plastic foam ball	meter stick

Procedure
1. Push one end of the dowel rod halfway into the ball.
2. Push the other end of the rod into the clay. Use the clay to hold the rod and ball upright.
3. Place the globe on the floor or on a table. Place the rod and ball 50 cm from the globe.
4. Darken the room. Shine the light on the globe from a distance of 1 m.
5. Move the light around the globe until the shadow of the globe covers the ball. Observe the positions of the light, globe, and ball.
6. Draw three circles in the data table to show the positions in Step 5. Your table shows a model of an eclipse.

Data and Observations

Sun	Earth	Moon

Conclusions
You might do Lupe's experiment to collect your own data and make observations. Draw conclusions based on your data.

Practice Using Models
Suppose you wanted to find the positions of the earth, moon, and sun during the moon's phases
1. What would you use to make models to experiment with the moon's phases?
2. How could you find the moon's positions at different phases?

Chapter 13 Experiment Skills

Testing a Hypothesis

Andy helped his father rake leaves. The muscles in his arms got tired and sore. He had learned at school that he had two kinds of muscles, voluntary and involuntary. He knew that involuntary muscles work all the time. He wondered if they got tired and sore like voluntary muscles. He thought of this hypothesis to answer his question. *Involuntary muscles can work longer without getting sore than voluntary muscles can.*

Andy set up an experiment to test his hypothesis. He compared how voluntary muscles and involuntary muscles felt after they each worked for a minute.

Read Andy's experiment on the next page. Then answer the questions on this page.

Thinking About the Experiment

1. What muscles did Andy test in his experiment?
2. How long did Andy test each muscle?

A variable is anything in the experiment that changes. An experiment should have only one variable that changes. The variable is the one you are testing.

3. What variable is being tested in this experiment?
4. What things stayed the same in the experiment?

See pages 344-347 to review scientific methods and safety.

Experimenting with Muscles

Problem
Do involuntary muscles get tired and sore as easily as voluntary muscles?

Hypothesis
Involuntary muscles can work longer without getting sore than voluntary muscles can.

Materials
clock or watch with a second hand

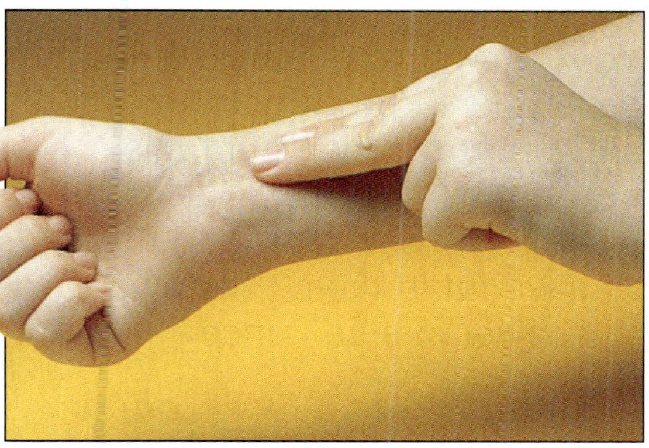

Procedure
1. Make a fist. Squeeze and open your fist for 1 minute. Try to squeeze 90 times in a minute.
2. Record how many times you squeezed your hand. Record how your hand muscles feel.
3. Count the number of times your heart beats in a minute. Feel your heartbeat by putting your hand on your chest. You can count the beats by feeling the pulse on your wrist.
4. Record the number of heartbeats in a minute. Record how your heart muscle feels.

Data and Observations

Kind of muscle muscle	Number of beats	How the muscles feel
Hand (voluntary)		
Heart (involuntary)		

Conclusions
You might do Andy's experiment to find your own data and make observations. Draw conclusions based on your data.

Practice Testing a Hypothesis

Suppose you wonder if one kind of voluntary muscle can work faster than another kind.
1. What hypothesis might you make?
2. How could you set up an experiment to test your hypothesis?
3. What variable would you change in your experiment?

Making Conclusions

Sarah had some pizza in a box. She noticed a shiny grease spot on the box. It came from the fat in the pizza. She knew that eating too much fat was not good for a person's health. Sarah wondered what foods she ate had fat in them. She decided to do an experiment to find out.

In Sarah's experiment, she put several kinds of foods into paper bags. The next day, she looked at the bags. The foods that made grease spots had fat in them.

Read Sarah's experiment on the next page. Then answer the questions on this page.

Thinking About the Experiment

1. What was Sarah trying to find out in her experiment?

Sarah tested an apple, a potato, some oatmeal, and peanut butter.

2. Which of these foods do you think have fat? Write your answer in a sentence. This sentence is your hypothesis.

When Sarah looked at the bags the next day, she saw only one grease spot.

3. Which of the foods had fat in it? Write your answer in a sentence.

Your answer to question 3 is a conclusion. You can also make another conclusion from this experiment.

4. Which of the foods did not have fat in them? Write your answer in a sentence.

Experimenting with Fat

Problem

What are some foods that have fat in them?

Hypothesis

Write your own hypothesis for this experiment.

Materials

- 1 slice of apple
- dry oatmeal
- peanut butter
- newspaper
- 1 slice of raw potato
- 4 small paper bags

Procedure

1. Place the potato slice and apple slice into different paper bags.
2. Put a tablespoon of oatmeal and tablespoon of peanut butter into different bags.
3. Fold the bags over so the food does not spill out. Place the bags on the newspaper.
4. Let the bags sit overnight.
5. The next day, look on the outside of each bag. A fatty food will leave a grease spot.

Data and Observations

Food	Grease spot	No grease spot
Apple		
Oatmeal		
Potato		
Peanut butter		

Conclusions

You might do Sarah's experiment to find your own data and make observations. Draw conclusions based on your data.

Practice Making Conclusions

Matt put peanuts, almonds, cashews, walnuts, and pecans in five different paper bags. All the nuts made greasy spots in the bags.

1. What conclusion did he make about the nuts he tested?
2. Should he make the same conclusion about all nuts? Explain.

Glossary

Pronunciation Key

The pronunciation of each word is shown just after the word, in this way: **ab bre vi ate** (ə brē′vē āt). The letters and signs used are pronounced as in the words to the right. The mark ′ is placed after a syllable with primary or heavy accent, as in the example above. The mark ′ after a syllable shows a secondary or lighter accent, as in **ab bre vi a tion** (ə brē′vē ā′shən).

a	hat, cap
ā	age, face
ä	father, far
b	bad, rob
ch	child, much
d	did, red
e	let, best
ē	equal, be
ėr	term, learn
f	fat, if
g	go, bag
h	he, how
i	it, pin
ī	ice, five
j	jam, enjoy
k	kind, seek
l	land, coal
m	me, am
n	no, in
ng	long, bring
o	hot, rock
ō	open, go
ȯ	order, all
oi	oil, voice
ou	house, out
p	paper, cup
r	run, try
s	say, yes
sh	she, rush
t	tell, it
th	thin, both
ᴛʜ	then, smooth
u	cup, butter
u̇	full, put
ü	rule, move
v	very, save
w	will, woman
y	young, yet
z	zero, breeze
zh	measure, seizure
ə	represents: **a** in about, **e** in taken, **i** in pencil, **o** in lemon, **u** in circus

A

alcohol (al′kə hôl), a drug that can be harmful and is found in beer, wine, and liquor.

amphibian (am fib′ē ən), an animal that has a backbone and lives some of the time in water and some of the time on land.

astronaut (as′trə nôt), a person who travels in space.

atom (at′əm), a small particle that makes up matter.

axis (ak′sis), imaginary line through the center of the earth around which the earth rotates.

B

bacteria (bak tir′ē ə), organisms made of one cell that can be seen through a microscope.

C

cancer, a disease in which cells that are not normal destroy healthy body cells.

carbon dioxide (kär′bən dī ok′sīd), a gas in the air that plants use to make food.

cell (sel), the basic unit of an organism.

chemical (kem′ə kəl) **change,** a change that causes matter to become a new kind of matter.

circuit (sėr′kit), the path along which electric current moves.

cirrus (sir′əs) **clouds,** feathery white clouds made of ice.

clay soil, tightly packed soil with tiny grains.

cold-blooded (kōld′ blud′id), an animal with a body temperature that changes with the temperature of the air or water around it.

community (kə myü′nə tē), all organisms that live in a place.

compound machine (kom′pound mə shēn′), a machine made of two or more simple machines.

condense (kən dens′), to change from a gas to a liquid.

conductor (kən duk′tər), a material that carries energy.

consumer (kən sü′mər), an organism that eats food.

contract (kən trakt′), the action of a muscle becoming shorter.

control (kən trōl′), the part of an experiment that does not change.

core (kôr), Earth's center part.

crater (krā′tər), a large hole in the ground shaped like a bowl.

crust (krust), the outer layer of the earth.

cumulus (kyü′myə ləs) **clouds**, clouds that look like cotton.

D

data (dā′tə), information gathered from an experiment.

decay (di kā′), to slowly rot.

degrees Celsius (di grēz′ sel′sē əs), metric unit for measuring temperature.

dew (dü), water vapor that condenses on cool surfaces, usually during the night.

diabetes (dī′ə bē′tis), a disease in which the body cannot use sugar properly.

dinosaur (dī′nə sôr), one of a group of extinct reptiles that lived millions of years ago.

disease (də zēz′), an illness.

E

eardrum, thin skin that covers the middle ear.

earthquake (ėrth′kwāk′), a shaking of the earth's crust.

echo (ek′ō), a sound that bounces back from an object.

electric charges (i lek′tric chärjəz), tiny bits of electricity in all matter.

electric current (kėr′ənt), the smooth flow of electric charges from one place to another.

electromagnet (i lek′trō mag′nit), a wire coil that is a magnet when electric current moves through it.

endangered (en dān′jərd) **organisms,** kinds of organisms that are very few in number and might someday no longer be found on the earth.

energy (en′ər jē), the ability to do work.

energy of motion (mō′shən), energy of moving objects.

erosion (i rō′zhən), the movement of soil or rocks by wind or water.

erupt (i rupt′), to burst out.

evaporate (i vap′ə rāt′), to change from a liquid to a gas.

extinct (ek stingkt′) **organisms,** organisms that no longer are found on the earth.

F

fibers (fī′bərz), strong thin threads in plants that can be used to make cloth.

fog, a cloud that forms just above the surface of the earth.

food chain, the way food passes from one organism to another organism in a community.

force (fôrs), a push or pull.

fossil (fos′əl), the hardened remains or traces of an animal or plant of a former age.

friction (frik′shən), force caused by objects rubbing together that slows moving objects.

fuel (fyü′əl), coal, wood, oil, or any other material that can be burned to produce useful heat or power.

fulcrum (ful′krəm), point on which a lever is supported and turns.

fungus (fung′gəs), an organism, such as a mold or mushroom, that gets food from dead material or by growing on food or a living thing. [Plural: **fungi** (fun′jī)]

G

gear (gir), a wheel with jagged edges like teeth.

germinate (jėr′mə nāt), begin to grow and develop.

gills (gils), the parts of fish that are used to take in oxygen from the water.

gravity (grav′ə tē), the force that makes objects pull toward each other.

H

habitat (hab′ə tat), the place where an organism lives.

humus (hyü′məs), the decayed matter in soil.

hurricane (hėr′ə kān), a huge storm that forms over a warm ocean and has strong winds and heavy rains.

hypothesis (hī poth′ə sis), a possible answer to a problem.

I

igneous (ig′nē əs) **rock,** a rock formed from melted minerals.

illegal (i lē′gəl) **drug,** a drug that is against the law to use or have.

image (im′ij), a copy.

inclined (in klīnd′) **plane,** a simple machine that is a flat surface with one end higher than the other.

insect (in′sekt), an animal with three main body parts, six legs, and no backbone.

insulator (in′sə lā′tər), a material through which energy cannot easily flow.

involuntary (in vol′ən ter′ē) **muscle,** a muscle that works without a person's control.

iris (ī′ris), colored part of the eye.

J

joint, a place where bones join together; different joints allow different movement.

L

larva (lär′və), the young of an animal that is different from the adult. [Plural: **larvae** (lär′vē)]

lava (lä′və), hot, melted rock that flows from a volcano.

lens (lenz), a piece of clear material that bends light waves that pass through it.

lever (lev′ər), a simple machine made of a bar that is supported underneath at some point.

life cycle (sī′kəl), the stages in the life of a plant or animal.

load (lōd), an object that is being moved.

loam (lōm), soil that is a mixture of clay, sand, and humus.

M

machine (mə shēn), a tool that makes work easier.

magma (mag′ma), hot, melted rock deep inside the earth.

magnet (mag′nit), object that attracts objects with iron in them.

magnetism (mag′nə tiz′əm), the force around a magnet.

mammal (mam′əl), an animal with a backbone and hair.

mantle (man′tl), the middle layer of the earth.

mass (mas), how much matter an object contains.

matter (mat′ər), a substance of which all objects are made.

medicine (med′ə sən), a drug that can help protect people from sickness, or treat or cure a disease.

metamorphic (met′ə môr′fik) **rock,** an igneous or sedimentary rock that was changed by heat or pressure.

mineral (min/ər əl), material that was never alive and that can be found in soil.

N

natural resource (nach/ər əl ri/sôrs), something people use that comes from the earth.

nerve (nėrv), a body part that carries messages to the brain.

nicotine (nik/ə tēn/), a drug in tobacco that can harm the body.

nutrient (nü/trē ənt), a material that plants and animals need to live and grow.

O

orbit (ôr/bit), a closed, curved path an object follows as it moves around another object.

ore (ôr), rock with useful minerals.

organ (ôr/gən), a group of tissues that work together to do a job in the body.

organism (ôr/gə niz/əm), a living thing.

oxygen (ok/sə jən), a gas in air that living things need to stay alive.

P

particle (pär/tə kəl), a little bit.

petal (pet/l), the outside, colored part of a flower.

phase (fāz), the shape of the lighted part of the moon as it is seen from the earth.

physical (fiz/ə kel) **change,** a change in the size, shape, state, or appearance of matter.

physical (fiz/ə kəl) **fitness,** the ability to work, play, and exercise without getting tired or injured easily.

pitch (pich), how high or low a sound is.

planet (plan/it), a large body of matter revolving around the sun.

pollen (pol/ən), a fine yellowish powder in a flower.

pollinate (pol/ə nāt), to carry pollen to the center part of a flower.

pollution (pə lü/shən), anything harmful added to the air, water, or land.

population (pop/yə lā/shən), organisms of the same kind that live in the same place.

precipitation (pri sip/ə tā/shən), moisture that falls to the ground.

predator (pred/ə tər), organism that captures and eats other organisms.

prey (prā), organism that is captured and eaten by another organism.

prism (priz′əm), a clear piece of glass or plastic that is used for separating white light.

producer (prə dü′sər), an organism that makes food.

property (prop′ər tē), something about an object that can be observed, such as size or shape.

protist (prō′tist), an organism that lives in a wet place and has one or more cells.

pulley (pul′ē), a simple machine made of a wheel and a rope.

pupa (pyü′pə), stage in the insect life cycle between larva and adult. [Plural: **pupae** (pyü′pē)]

pupil (pyü′pəl), the opening in the eye that lets in light.

R

recycle (rē sī′kəl), to change something so it can be reused.

reflect (ri flekt′), to turn back.

reptile (rep′təl), a cold-blooded animal with a backbone, scales, and lungs.

revolution (rev′ə lü′shən), movement of an object in an orbit around another object.

rotation (rō tā′shən), the act of spinning on an axis.

S

sandy soil, loose soil with large grains.

satellite (sat′l īt), object that revolves around another object.

scale, one of the thin, hard plates that cover fish and reptiles.

scientific methods, organized ways of solving problems.

screw (skrü), a simple machine used to hold objects together.

sedimentary (sed′ə men′tər ē) **rock,** rock that forms when layers of material are pressed together.

seed coat (sēd kōt), the outside covering of a seed.

seed leaf (sēd lēf), a part that looks like a leaf and is inside each seed.

seedling (sēd′ling), a young plant that grows from a seed.

simple machine (sim′pəl mə shēn′), one of six kinds of tools with few or no moving parts that makes work easier.

skeleton (skel′ə tən), the bones of a body, fitted together in their natural places.

solar system (sō′lər sis′təm), the sun, the planets and their moons, and other objects that revolve around the sun.

source (sôrs), a place from which something comes.

star, a ball of hot, glowing gases.

states of matter, the three forms of matter—solid, liquid, and gas.

stratus (strā′təs) **clouds,** clouds that form in sheets or layers.

system (sis′təm), a group of organs that work together to do a job in the body.

T

tadpole (tad′pōl′), young frog.

temperature (tem′pər ə chər), a measurement of the speed at which particles of matter are moving.

tendon (ten′dən), a tissue that holds a muscle to a bone.

thermometer (thər mom′ə tər), tool for measuring temperature.

thermostat (thėr′mə stat), a tool that controls temperature in a home or building.

tissue (tish′ü), a group of cells that look alike and do the same job.

tornado (tôr nā′dō), a funnel cloud that has very strong winds and moves along a narrow path.

V

variable (ver′ē ə bəl), anything in an experiment that can be changed.

vibrate (vī′brāt), move quickly back and forth.

virus (vī′rəs), a kind of disease germ that causes diseases such as colds and flu.

visible spectrum (viz′ə bəl spek′trəm), the band of colors formed when a wave of white light is bent.

vocal cords (vō′kəl kôrdz), thin flaps at the top of the windpipe.

volcano (vol kā′nō), a mountain with an opening through which lava, ashes, rocks, and other materials come out.

volume (vol′yəm), (1) amount of space an object takes up; (2) loudness or softness of a sound.

voluntary (vol′ən ter′ē) **muscle,** a muscle a person can control.

W

warm-blooded (wôrm′ blud′id), animals that usually keep about the same body temperature.

water cycle (sī′kəl), the movement of water by evaporation, condensation, and precipitation.

water vapor (wô′tər vā′pər), water in the form of gas.

weather (weᵺ′ər), to wear down or break apart rocks.

wedge (wej), a simple machine used to cut or split an object.

wheel and axle (hwēl ənd ak′səl), a simple machine with a center rod attached to a wheel.

work (wėrk), something done when a force moves an object through a distance.

Index

A **bold-faced** number indicates a page with a picture about the topic

M

N

O

P

R

Acknowledgments

Unless otherwise acknowledged, all photos are the property of Scott, Foresman and Company. Page positions are as follows: (T)top, (C)center, (B)bottom, (L)left, (R)right, (INS)inset.

iv: Biophoto Associates/Photo Researchers **viii(1):** Stuart Cohen **viii(c):** FPG **x(tl):** Ed Reschke **x(tc):** Centre National de Recherches Iconographiques **x(tr):** Eric V. Grave/Phototake **x(bl):** Manfred Kage/Peter Arnold, Inc. **x(br):** Ed Reschke **xii:** Jim Steers/Chicago Symphony Orchestra **4T:** David Burnett/Woodfin Camp & Associates **4B:** Courtesy Moog Music, Inc. **5B:** Roger Ressmeyer/Starlight **6:** Mitch Reardon/Tony Stone Worldwide/Masterfile **8:** Lynn M. Stone **13ALL:** Walter Chandoha **15:** Anitra Thorhaug **16:** Robert E. Lyons/Color Advantage **17T:** Dan Suzio **18(BOTH):** Dwight R. Kuhn **19T:** Ruth Dixon **19BL:** William E. Ferguson Photography **19BR:** Ed Cooper **21L:** Robert E. Lyons/Color Advantage **21R:** Lynn M. Stone **28:** Wolfgang Bayer Productions **30L:** Jim Brandenburg **30BR:** Jim Brandenburg **30TR:** Gwen Fidler **31TL:** D. Wilder **31R:** Marty Snyderman **31BL:** Dwight R. Kuhn **32:** Don and Pat Valenti **33L:** Lynn M. Stone **33R:** Carl Roessler **34L:** G.I.Bernard/ANIMALS ANIMALS **34R:** Zig Leszczynski/ANIMALS ANIMALS **35TL:** Dr. Merlin D. Tuttle **35BL:** C.Allan Morgan/Peter Arnold, Inc. **35R:** Loren McIntyre **36:** G.Ziesler/Peter Arnold, Inc. **38:** Dwight R. Kuhn **39L:** Doug Wechsler **39R:** Dwight R. Kuhn **41:** Bill Ivy **43B:** Transactions of the Academy of Science of St. Louis Vol.XXIV, No. 9, December 1923/Academy of Science of St. Louis **43T:** Don and Pat Valenti **48:** Bob & Clara Calhoun/Bruce Coleman Inc. **50T:** Manfred Kage/Peter Arnold, Inc. **50BL:** CNRI/Science Photo Library/Photo Researchers **50BR:** Biophoto Assoc./Photo Researchers **51L:** Leonard LaRue III/Bruce Coleman Inc. **56T:** Johnny Johnson/DRK Photo **56BL:** Dr. M.P.Kahl/DRK Photo **56BC:** Alex Kerstitch/Sea of Cortez Enterprises **56BR:** Don and Pat Valenti **59:** Stephen J. Krasemann/DRK Photo **61:** WWF/Timm Rautert/Bruce Coleman Ltd. **66:** Bill Ivy **68:** C.C.Lockwood/Cactus Clyde Productions **69:** Milt & Joan Mann/Cameramann International, Ltd. **70L:** Larry West **70R:** Fred Bavendam/Peter Arnold, Inc. **71T:** Jane Burton/Bruce Coleman Inc. **72:** Lynn M. Stone **74:** Jose Azel/Contact Press Images **79L:** J. Serrao **79R:** Lynn M. Stone **81T:** Sierra Club/William E. Colby Memorial Library **81B:** Harald Sund **90:** Michael Melford/The Image Bank **92:** Harald Sund **97:** Jeffrey L. Rotman **103:** Fermilab Photo Dept. **118:** (c) Mickey Plefeger 1987 **123R:** Jeanne Trombly **124L:** Tom Bean/DRK Photo **124BR:** Yoav/Phototake **126:** Greg Pease **129:** Milt & Joan Mann/Cameramann International, Ltd. **130R:** Milt & Joan Mann/Cameramann International, Ltd. **136:** Greg Pease **144T:** Harald Sund **147T:** UPI/Acme/Bettmann Newsphotos **147B:** Peter Menzel **151:** Courtesy Owens-Corning **153:** David R. Frazier Photolibrary **162:** Howard Hall **175:** Brown Brothers **180B:** Bob Daemmrich **184:** Luis Padilla/The Image Bank **186:** Tom Algire **188ALL:** Stuart Cohen **189L:** Harald Sund **189R:** David R. Frazier Photolibrary **190:** Gary Braasch **191L:** FPG **191R:** Stuart Cohen **193:** G. Marche/FPG **194-195:** Harald Sund **195INS:** Lawrence Hudetz **196(ALL):** Barry L. Runk/Grant Heilman Photography **199:** Milt & Joan Mann/Cameramann International, Ltd. **200:** L.L.T.Rhodes/Taurus Photos, Inc. **200(ALL):** L.L.T.Rhodes/Taurus Photos, Inc. **201:** Charlton Photos **206:** Tom Algire **210:** U.S. Geological Survey **212:** Harald Sund **213:** Chip Clark **214:** Steven C. Wilson/Entheos **215:** Lawrence Hudetz **217:** Rob Lewine Photography **218:** James Balog/Black Star **219:** Guillermo Aldana **220:** Greg Vaughn/Black Star **222:** Don and Pat Valenti **228:** John Foster/Masterfile **230:** Ewing Galloway **232L:** Gary Braasch **232C:** David R. Frazier Photolibrary **232R:** David R. Frazier Photolibrary **236L:** Tom Branch/Photo Researchers **236TR:** Gary Braasch **236BR:** Tom Algire **239:** Howie Bluestern/Science Source/Photo Researchers **241:** Dan McCoy/Rainbow **246:** NASA **251L:** NASA **251R:** Dennis Milon **252:** NASA **255:** NASA **259:** NASA **261ALL:** NASA **262:** James Sugar/Black Star **263:** NASA **268:** NASA **274:** David Black **277BC:** Centre National de Recherches Iconographiques **277BR:** Ed Reschke **277TL:** Ed Reschke **277TR:** Manfred Kage/Peter Arnold, Inc. **277BL:** Eric V. Grave/Phototake **279:** Medichrome/Tsiaras/The Stock Shop **303:** Courtesy Dr.Jose Sandoval **307:** (c) Mickey Pfleger 1987 **312:** Brent Jones **316L:** Lynn M. Stone **316R:** Ruth Dixon **318L:** Carl Roessler **318C:** Bob & Clara Calhoun/Bruce Coleman Inc. **318R:** Lynn M. Stone **320CL:** Leonard LaRue III/Bruce Coleman Inc. **320L:** CNRI/Science Photo Library/Photo Researchers **322L:** The Bettmann Archive **322R:** Fred Bavendam/Peter Arnold, Inc. **335: ALL** Lawrence Hudetz **337L:** Tom Branch/Photo Researchers **337TR:** Gary Braasch **337BR** Tom Algire

Using Metric